| 제3판 |

확률 및 랜덤 프로세스

Probability, Statistics, and Random Processes for Electrical Engineering

확률 및 랜덤 프로세스

Probability, Statistics, and Random Processes for Electrical Engineering

제3판

Alberto Leon-Garcia 지음

고한석, 김순자, 김진영, 박승권, 조성호, 최상방, 홍광석, 황찬식 옮김

Pearson

자유아카데미

역자서문

Foreword

전 공학분야뿐만 아니라 자연과학을 포함한 모든 분야에서도 필수이지만, 특히 전자 및 컴퓨터 공학 계열에 절대적으로 중요한 기초 교과목으로 확률 및 랜덤 프로세스를 꼽을 수 있다. 분야마다 확률론을 보는 각도가 다르겠지만 그 동안 단순한 수학 정도로만 생각하였다면, 이제 전자 및 컴퓨터 분야에서 관련된 여러 응용을 중심으로 확률 이론을 접목하여 실제 문제를 풀 수 있는 흥미로운 과목으로 재발견을 할 것이다. 모든 전기적 신호를 하나의 복잡하고 불확실한 파형으로 본다면, 이것을 확률적으로 표현하는 확률적 모델과 시간적인 요소를 포함한 확률과정 모델로 표현할 수 있을 것이다. 이 중 특정한 확률 모델에서 표현할 수 있는 확률 변수와 랜덤신호의 해석, 그리고 마코프 체인을 포함한 대표적인 확률과정 이론을 이해하고 응용할 수 있다면 여러 해결해야 하는 실제적인 공학 문제들을 잘 접근할 수 있을 것이다.

최근에 외국에서 출간된 확률 이론에 대한 서적들을 살펴보면, 공학도가 갖추어야 할 중요한 교과목임에도 불구하고 응용을 접목하여 실제적으로 잘 이해할 수 있게 설명된 초보자를 위한 확률 입문 서적이 부족함을 알 수 있다. 그러나 본 교재는 전자 및 컴퓨터 분야를 공부하는데 있어서 필요한 이론과 응용을 기초부터 이해하기 쉽게 잘 설명한 우수한 책이라고 할 수 있다. 특히 이해도를 높이기 위하여 내용을 단순히 나열한 형태가 아니라, 실제적인 확률 현상을 여러 응용 시나리오를 통해 설명하여 딱딱하고 이해하기 힘든 내용을 쉽게 풀이하면서 전개하여 흥미를 한층 더 유발할 수 있는 교재라고 판단한다.

저자의 의도를 충실히 전달하기 위한 나름의 노력으로 번역을 하였으나 우리말 표현에 어색한 부분이 있다면 미리 양해를 구한다. 이 교재는 저자가 서문에서 밝혔듯이 기본적인 확률 이론의 소개와 더불어 확률변수와 확률과정을 심층적으로 다루고 있다. 따라서 전자 및 컴퓨터 공학을 처음 접하는 학생들에게는 기본 이론과 이에 따른 공학 개념의 소개가 가능하다고 보고, 또 신호처리나 통신을 포함한 관련 분야에 연구를 염두에 두고 있는 대학원생이나 연구자들에게는 좋은 길잡이의 역할을 할 수 있을 것이다 .

마지막으로 본 역서를 출판할 수 있도록 도와주신 피어슨코리아와 자유아카데미에 감사를 드리며, 번역 작업에 많은 도움을 준 역자들의 연구실 대학원생들에게 고마움을 전한다.

2008년 12월

역자대표 고한석

저자 서문

Preface

이 책은 전자/컴퓨터공학 엔지니어에게 확률과 통계 및 확률 과정에 대한 동기를 부여하고 쉽게 접근할 수 있도록 흥미로운 내용을 소개하고 있다. 공학 현장에서 직면하게 되는 복잡한 시스템은 확률의 개념에 대한 이해와 확률도구 사용의 능숙함을 요구한다. 그러므로 확률에 관한 개론 수업은 기본적인 이론에 대한 개념과 엔지니어링 현장에서 일어날 수 있는 문제를 해결하는 방법 모두를 학생들에게 가르쳐야 한다. 이번 제3판은 이전 판에서 유용함이 증명되었던 특징들을 유지하되 다음과 같은 목표에 맞춰 집필되었다.

- 공학 현장과의 적절성
- 확률에 대한 간결하고 쉬운 접근
- 무질서도에 대한 직관적 통찰력을 높이는 컴퓨터 예제
- 다양한 종류의 풍부한 연습문제
- 풍부한 주제 선택권을 통한 교과 과정의 융통성
- 확률 과정의 개념에 대한 꼼꼼한 전개

또한 개정판에서는 다음의 새로운 두 가지 특징을 추가하였다.

- 통계에 대한 소개
- MATLAB/Octave의 광범위한 사용

공학 현장과의 관련성

학생들에게 동기부여는 기초 확률 수업에 있어 쉽지 않은 문제다. 공학 현장과 확률 이론의 연관성을 학생들에게 보여줄 필요가 있다. 1장은 공학 설계에서 확률 모델의 역할을 설명한다. 무작위성을 지닌 시스템 설계를 다룸에 있어 어떻게 평균과 상대 빈도가 적절한 수단을 제공하는가를 보여주기 위해 전기/컴퓨터공학의 여러 분야에서 다양한 응용들이 사용된다. 이러한 응용 분야는 무선 디지털통신, 디지털 미디어 및 신호처리, 시스템 신뢰도, 컴퓨터 네트워크 및 웹 시스템을 포함한다. 책 전체에 걸쳐 이러한 응용 분야는 예제와 연습문제에 사용된다.

확률 이론의 이해하기 쉬운 소개

확률 이론은 본래 수학의 한 가지 주제이기 때문에, 이 이론의 개념은 조심스럽고 쉽게 그리고 점진적으로 다뤄야만 한다. 확률의 공리와 정리는 간결하고 사려 깊은 방법으로 전개되었다. 모델 생성 관점은 이산 표본공간과 연속 표본공간에 확률의 할당을 통하여 소개한다. 단일 이산 확률 변수의 개념은 학생들이 복잡한 분석 없이 기본적인 확률의 개념에 집중할 수 있도록 완전하게 서술하였다. 비슷한 이유로, 확률 변수의 쌍과 벡터 확률 변수는 서로 다른 장에서 논의되었다.

가장 중요한 몇몇의 확률 변수와 확률 과정은 모델 생성 인자를 사용하여 체계적인 방법으로 설명하였다. 예를 들어 이러한 개념에 대한 체계적인 설명은 최초의 논의인 동전던지기와 베르누이 시도, 가우스 확률 변수, 중심극한정리, 중간부쯤의 장에서 다루는 신뢰 구간, 책의 끝 부분에서 다루는 위너 확률 과정과 시뮬레이션 데이터 분석 등 이 책의 모든 장에서 찾아볼 수 있다. 이 책의 목표는 학생들에게 확률의 기본적인 개념과 확률을 다루는 방법을 가르치는 것뿐만 아니라 중요한 확률 모델과 그것들 간의 관계에 대해 설명하는 데에도 그 의미가 있다.

무질서도에 대한 직관적 통찰력의 향상을 위한 컴퓨터 예제

확률에 대한 진정한 이해는 변화성과 무질서도에 대한 직관적 통찰력의 향상을 필요로 한다. 컴퓨터 예제의 사용은 무질서도에 대한 직관적 통찰력을 높이는 데 도움이 될 수 있다. 어디든지 적용가능하면서도 중요한 개념들은 실험 데이터를 이용함으로써 동기부여와 보강이 이루어진다. 모든 장에서 학생들이 이용가능하면서 개념에 적합한 하나 또는 그 이상의 계산적인 혹은 시뮬레이션(모의실험) 기법을 소개하였다. 이렇게 다루어진 주제는 다음과 같다: 난수 생성, 확률 변수와 확률 벡터, 선형 변환과 빠른 퓨리에 변환에의 응용, 통계적 검정의 응용, 확률 과정의 시뮬레이션, 마코프 체인과 대기 모델, 통계적 신호처리, 시뮬레이션 데이터 분석.

컴퓨터 기법에 관한 절들은 선택 가능한 부분이다. 그러나 컴퓨터를 통해 생성된 데이터는 새로운 주제에 대한 동기부여에 아주 효과적임이 밝혀졌다. 또한 컴퓨터 기법들은 기존의 강의에 쉽게 추가할 수 있다. 컴퓨터 예제는 MATLAB이나 Octave를 사용하여 수행이 가능하다. 이 책에서는 여러 예제들의 수행에 적합하며 웹에서 쉽게 읽을 수 있는 무료 컴퓨터 프로그램인 Octave를 선택하였다. MATLAB을 사용할 수 있는 학생은 Octave 대신 MATLAB을 사용할 수도 있다.

확률 모델을 실제 세계로 연결시키는 통계

통계는 확률 모델과 실제 세계 간의 연결에서 중요한 역할을 하기 때문에, 학부생을 위한 확률 개론 수업은 통계에 대한 소개를 포함하는 것이 추세가 되었다. 개정판은 기초 통계의 모든 주제(표본 분포, 매개변수 추정, 최대 우도 추정(maximum likelihood estimation), 신뢰 구간, 가설 검정, 베이즈 결정 이론, 분포의 적합도 등)를 다루는 새로운 장을 포함한다. 이전 장들로부터 얻어진 확률 변수에 관한 기초는 기존의 요리책자 방식보다 정밀한 방법으로 통계적 기법의 유도를 가능하게 해준다. 이 장은 MATLAB/Octave가 임의의 데이터를 생성하고 통계적 기법들의 응용에 매우 유용함을 증명한다.

예제와 연습문제

문제 분석력과 문제 해결 능력을 점검하고, 간단한 예를 통해 개념을 이해하며, 응용문제들을 해석할 수 있도록 하기 위해 각 절마다 많은 예제를 사용하였다. 이 책은 이전 판보다 거의 두 배가 많아진 1,200개 이상의 문제를 포함하고 있다. 새로운 문제들의 대부분은 계산 결과나 시뮬레이션 결과를 얻기 위한 MATLAB 또는 Octave의 사용이 포함되었다. 문제들은 강사가 숙제 문제를 고르기 편하도록 각 절로 정의되어 있다. 축적된 지식을 요하는 추가 문제들이 각 장의 마지막 부분에서 제공된다. 완벽한 해답을 지닌 **강사 해답집** 또한 이용 가능하다.

Pearson은 학습의 용이함을 위해 전 세계에서 서로 다른 많은 제품들을 제공한다. 미국이 아닌 다른 나라에서는 이 책과 관련된 몇몇의 제품이나 서비스가 저작권이나 허가제한으로 인하여 이용이 불가능할 수 있다. 궁금한 점이 있다면, www.pearsonhighered.com/international로 접속하거나 독자가 거주하는 지역의 Pearson 지사로 연락하기 바란다.

확률 변수에서 확률 과정까지

이산시간 확률 과정은 확률 변수에서 연속시간 확률 과정으로 이행하는 중요한 다리를 제공한다. 처음 일곱 개의 장에서는 이러한 변환을 위한 적절한 토대를 쌓는다. 그리하여 마코프 체인(Markov Chains)의 맛보기로 일련의 종속 사건이 2장에서 설명된다. 6장에서는 어떻게 결합분포가 주변 분포의 일관된 군(consistent family)을 생성하는가에 중점을 둔다. 7장에서는 일련의 독립항등분포(independent identically distribution, iid) 확률 변수를 소개한다. 8장에서는 중요한 확률 과정의 예를 독립항등분포 수열의 합을 이용하여 유도한다.

확률 과정에 관한 전통적인 개론 수업에서는 선형 시스템으로부터의 응용과 임의 신호 분석에 초점을 맞춰 왔다. 그러나 이제는 대부분의 수업에서 마코프 체인의 소개와 대기 이론의 몇 가지 예제들 또한 다루고 있다. 이 책은 교수가 두 분야 간에 최적의 균형을 맞출 수 있도록 양쪽 모두에 대하여 충분한 자료를 제공한다. 여기서도 관련 있는 개념 간의 체계적인 유도가 계속된다. 따라서 임의 신호 분석의 유도는 이산시간 신호처리와 연속시간 신호처리를 연관시켜 주는 추출 정리(sampling theorem)를 포함한다. 비슷한 논지로, 연속시간 마코프 연쇄의 비고립 연쇄 수식화 과정이 강조되었고, 뒤에 연속시간 대기 시스템의 시뮬레이션 모델을 유도하는 데 사용되었다.

풍부한 주제 선택권을 통한 융통성

이 책은 교수들이 주제를 선택하는 데에 최대한의 융통성을 부여하도록 구성되었다. 확률, 확률 변수, 확률 과정에 대한 전반적인 과정에서 배울 수 있는 기본적인 주제와 모델링, 기본 통계 기법, 컴퓨터 시뮬레이션, 신뢰도, 추정 및 엔트로피에 관한 내용뿐만 아니라 마코프 체인과 대기 이론에 대해서 소개하는 장을 제공한다.

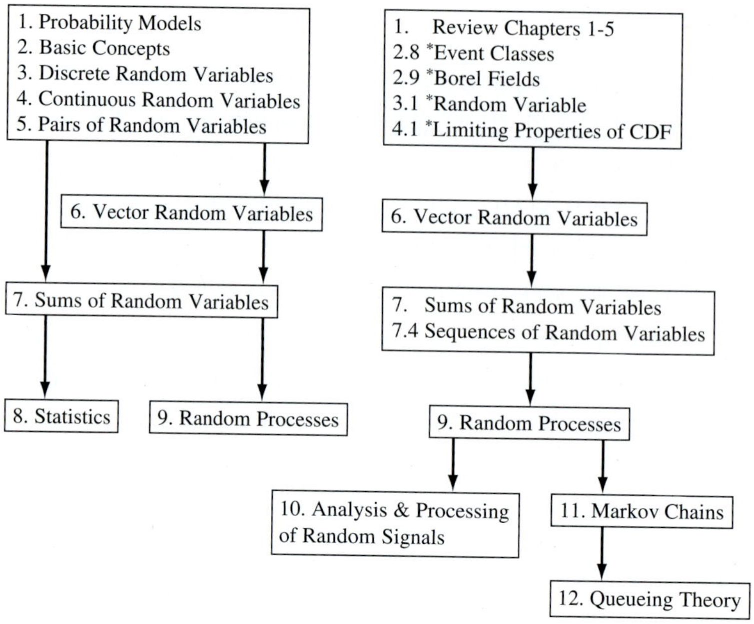

본 교재를 이용한 강의 방법

이 책은 학부 과정과 대학원 과정 수업을 위한 다양한 강의 방법을 지원한다. 위의 흐름도는 기본적인 장들 간의 종속성을 보여주고, 차례는 각 장의 절들에 대한 세부적인 설명을 제공한다.

처음 다섯 장(별표가 있는 선택 절을 제외한)은 확률에 대한 한 학기 설명의 기본적인 내용으로 이루어진다. 확률과 통계를 다루는 수업은 5장부터 7장의 앞 세 절, 그리고 8장으로 진행될 수 있다. 간략한 확률 과정의 소개와 함께하는 첫 확률 수업은 5장부터 6.1절, 7.1~7.3절, 그리고 시간이 허락한다면 9장의 처음 몇 절이 포함될 수 있다. 많은 다른 강의 방법이 다양한 선택 절을 이용하여 가능하다.

첫 단계의 확률 과정에 대한 대학원 수업은 선택 절(2.8절, 2.9절, 3.1절, 4.1절)을 포함한 확률의 공리들과 확률 변수의 개념에 대한 빠른 복습으로 시작할 수 있다. 다음으로 6장의 내용인 벡터 확률 변수들과 그것들의 결합 확률 분포 및 변환들이 다루어질 수 있다. 7장에서 토의하는 중심극한정리와 수렴에 관한 개념도 포함 가능하다. 그 다음 이 수업은 9, 10, 11장을 다루게 될 것이다. 수업은 확률 변수의 추정(6.5절), 최대 우도 추정 및 크라머-라오(Cramer-Rao) 하한(8.3절)과 베이즈 결정이론(8.6절)을 포함함으로써 통계적 신호처리에 중점을 둘 수 있다. 갱신 과정(7.5절)과 12장을 포함시켜 대기 모델에 중점을 두는 것도 가능하다. 끝으로 대부분의 다른 교과서에서 다루지 않는 시뮬레이션 모델과 출력 데이터 분석에 대한 소개를 12장의 마지막 절에서 제공하고 있음을 특별히 밝혀둔다.

3판에서의 변화

이번 개정판의 본문에는 몇 가지 큰 변화가 있었다.

- 확률 변수의 개념에 대한 소개를 두 단계에 걸쳐 다룬다: 이산 확률 변수(3장)와 연속 확률 변수(4장)
- 확률 변수의 쌍과 벡터 확률 변수는 분리된 장에서 다룬다(5장과 6장). 좀 더 고급스러운 주제는 6장에서 다룬다(일반적인 변환, 결합 특성 함수).
- 새로이 추가된 8장은 통계에 대한 일반적인 주제들에 대해 소개한다.
- 9장은 이제 임의보행, 포아송, 위너 과정에 대하여 분리되고 더 자세한 유도를 제공한다.
- 10장에서는 새로이 이산시간 선형 시스템의 범위가 확장되었으며, 이산시간과 연속시간 간 신호처리 과정의 연결이 추출 정리에 대한 논의를 통하여 연결되었다.
- 11장은 연속시간 마코프 연쇄를 소개하기 전에 이산시간 마코프 연쇄에 대하여 완벽하게 다룬다. 새로운 절은 추이 행동이 수치 계산적 방법이나 시뮬레이션 방법을 통하여 조사될 수 있는지 보여준다.
- 12장은 이제 대기 시스템의 시뮬레이션과 시뮬레이션 데이터에 대한 세부적인 토의까지 다룬다.

감사의 말

제3판을 준비함에 있어 여러분들의 도움에 감사를 드린다. 무엇보다도 이번 판에 통합된 많은 제안을 해준 제2판의 사용자인 교수와 학생 모두에게 감사드린다. 지난 몇 년간 세계를 돌며 만난 많은 학생들과 긍정적인 조언을 통해 이번 개정을 할 수 있도록 용기를 주신 분들에게 특별히 감사드린다. 또한 피드백과 여러 도움을 제공해준 필자의 대학원생들과 졸업생(특별히 Hadi Bannazadeh, Nadeem Abji, Ramy Farha, Khash Khavari, Ivonne Olavarrieta, Shad Sharma, Ali Tizghadam, Dr.Yu Cheng)에게도 감사를 드린다. 통신 그룹의 동료 교수인, Frank Kschischang, Pas Pasupathy, Sharokh Valaee, Parhaam Aarabi, Elvino Sousa, 그리고 T.J.Lim은 유용한 조언과 제안을 해주었다. Delbert Dueck은 특별히 유용하고 통찰력 있는 조언을 해주었다. 원고에 상세하고 귀중한 피드백을 해준 Ben Liang 교수에게 특별히 감사드린다.

다음의 검토자는 이번 판의 제안과 조언으로 나를 도와주었다.

William Bard(University of Texas at Austin), In Soo Ahn(Bradley University), Harvey Bruce(Florida A&M University and Florida State University College of Engineering), V. Chandrasekar(Colorado State University), YangQuan Chen(Utah State University), Suparna Datta(Northeastern University), Sohail Dianat(Rochester Institute of Technology), Petar Djuric(Stony Brook University), Ralph Hippenstiel(University of Texas at Tyler), Fan Jiang(Tuskegee University), Todd Moon(Utah State University), Steven Nardone(University of Massachusetts), Martin Plonus(Northwestern University), Jim Ritcey(University of Washington), Robert W. Scharstein(University of Alabama), Frank Severance(Western Michigan University), John Shea(University of Florida), Surendra Singh(The University of Tulsa), 그리고 Xinhui Zhang(Wright State University).

이 책이 제 시간에 출간될 수 있도록 대단한 노력을 해준 Scott Disanno, Craig Little, 그리고 composition house Laserwords의 모든 팀에게 감사드린다. 나의 아내인 Karen Caryle의 사랑, 지원, 그리고 동료애에 무엇보다 감사드린다. 그녀의 도움이 없었다면 이 책의 출판은 불가능했을 것이다.

차 례

Contents

CHAPTER 1

전기공학과 컴퓨터공학에서의 확률모델

Probability Models in Electrical and Computer Engineering

전기공학과 컴퓨터공학 엔지니어들은 현재의 정보통신 시스템 설계에서 중심적인 역할을 해오고 있다. 매우 성공적인 이러한 시스템들은 아주 변덕스럽고 혼란스러운 환경에서도 높은 신뢰성을 가지고 예측 가능하게 동작한다.

- 무선통신망은 간섭이 심각한 환경에서도 모바일 사용자에게 음성과 데이터 통신을 제공한다.
- 대부분의 미디어 신호, 음성, 오디오, 이미지, 비디오들은 디지털로 처리된다.
- 대형 웹 서버 팜(server farm)은 막대한 양의 매우 구체적인 정보를 사용자에게 전달한다.

이러한 성공으로 인해, 오늘날의 설계자들은 더 큰 도전에 직면하게 되었다. 그들이 만든 시스템은 그 규모에서 전례가 없었고, 이러한 시스템들이 동작해야 하는 혼란스러운 환경은 아직 밝혀지지 않은 영역이다:

- 웹 정보는 가속도가 붙어 생성되고 게시된다. 미래의 검색 어플리케이션은 거대한 정보의 바다에서 필요한 정보를 찾기 위해 좀 더 똑똑해져야 한다.
- 정보화 시대의 악당들은 컴퓨터를 공격하여 이를 부정한 방법으로 이용한다. 따라서 이러한 위협을 식별하고 저지하기 위한 방법이 필요하다.
- 컴퓨터 기계학습 시스템은 검색과 구매를 위한 어플리케이션의 단계를 넘어서 건강과 환경의 실시간 감시로 나아가야 한다.
- 피어-투-피어와 그리드 컴퓨팅 영역에서 대규모 분산시스템이 출현하여 미디어 전달, 게임, 사회적 상호 작용의 형태를 변화시켜 왔다. 그러나 이러한 시스템을 어떻게 제어하고 관리해야 하는지 아직 모르고 있다.

확률모델은 설계자가 무질서 속에서 이치를 찾아내고 효율성, 신뢰성, 비용효과 등을 두루 갖춘 시스템을 성공적으로 구축할 수 있게 하는 도구들 중 하나다. 앞으로 이 책에서는 이러한 모델 개발에 사용할 수 있는 확률모델의 기본적 이론과 테크닉에 대해 소개할 것이다.

이 장에서는 확률모델을 소개하고, 공학에서 널리 사용하는 결정모델과의 차이점을 설명한다. 또한 확률개념의 중요한 특성을 체계적으로 설명하고, 확률모델이 중요한 역할을 하는 전기공학과 컴퓨터공학의 다양한 예제를 제시한다. 마지막으로 1장 6절에서는 이 책의 전반적인 개요를 설명한다.

1.1 분석과 설계 도구로서의 수리적 모델

모든 복잡한 시스템의 설계나 변경은 여러 가지 가능한 대안들 중에서 선택되어야 한다. 이러한 선택은 비용, 신뢰성, 성능 등을 기준으로 결정된다. 이때 판단 기준들의 수치적 평가는 여러 대안에 대한 실제 구현이나 실험을 통해서가 아니라 대안들의 모델을 사용하여 얻어지는 추정에 기반을 둔다.

모델(model)은 실제 상황을 근사적으로 표현한 것이다. 모델은 간단하고 이해할 수 있는 규칙들의 집합을 사용하는 관찰된 행동을 설명하기 위한 시도이다. 이 규칙은 주어진 실제 상황과 관련된 실험의 결과를 예측하는 데 이용될 수 있다. 유용한 모델은 주어진 상황과 관련된 모든 양상을 설명해줄 수 있다. 따라서 그러한 모델은 주어진 상황에 대한 해답을 얻기 위하여 실험 대신 사용될 수 있다. 모델은 이를 통해 공학자들에게 노동, 설비, 시간 등의 실험에 드는 비용을 절감할 수 있게 해준다.

수학적 모델(mathematical model)은 관측 현상이 측정 가능할 때 쓰인다. 수학적인 모델은 시스템이나 물리적 과정이 동작하는 방법에 대한 가정들로 구성된다. 이 가정은 시스템의 중요한 매개변수와 변수들 사이의 수학적 관계를 의미한다. 그러한 시스템과 관련된 실험이 수행되는 조건은 수학적인 관계에서 '주어진' 식으로 나타난다. 그리고 이 관계의 해답을 통해서 우리는 실험이 수행되어진다면 얻을 수 있는 측정치를 예측할 수 있게 된다.

수학적 모델은 시스템 설계와 변경을 결정하는 데 있어서 설계자에 의해 폭넓게 사용된다. 복잡하고 새로운 시스템 수행을 예측하는 데 있어 직관과 경험이 항상 맞는 것은 아니다. 그리고 실험은 시스템 설계의 초기 단계에서는 불가능하다. 더구나 현재 시스템의 광범위한 실험에 때때로 너무 많은 비용이 든다. 그들의 상호 작용에 대한 경험을 토대로 복잡한 시스템의 구성요소에 대한 적절한 모델을 이용하여, 과학자와 기술자는 시스템에 대한 전체적인 수학적 모델을 개발할 수 있다. 그 결과로 복잡한 시스템의 수행에 대한 질문에 신속하고 저렴하게 대답하는 것이 가능하다. 실제로 수학적인 모델의 해법을 얻기 위한 컴퓨터 프로그램은 컴퓨터를 이용한 분석과 설계 시스템의 기초가 된다.

모델을 유용하게 사용하기 위해서는 주어진 상황들을 고려해야 한다. 그러므로 모델을 개발하고 검증하는 과정은 그림 1.1에서 볼 수 있듯이 반드시 일련의 실험과 모델 수정으로 이루어져야 한다. 각 실험은 현상의 어떤 양상을 조사하고, 명시된 조건의 집합 하에서 관찰과 측정을 하게 된다. 모델은 실험의 결과를 예측하는 데 이용되고, 이러한 예측은 실험 결과의 실제 관측치와 비교된다. 중대한 차이가 생기면 모델은 그것을 해결하기 위해 수정된다. 이러한 모델링 과정은 연구자가 현상과 관련된 모든 양상이 요구된 수준으로 정확하게 예측된다고 만족할 때까지 계속된다. 모델링 과정을 언제 멈출 것인가는 연구자의 당면한 목표에 달렸다는 것을 알아야 한다. 그러므로 한 어플리케이션에 적합한 모델이 다른 환경에서는 전혀 맞지 않을 수도 있다는 점을 명심해야 한다.

수학적 모델의 예측은 그 모델이 실험 측정과의 비교를 통해 검증될 때까지 가설로 다루어

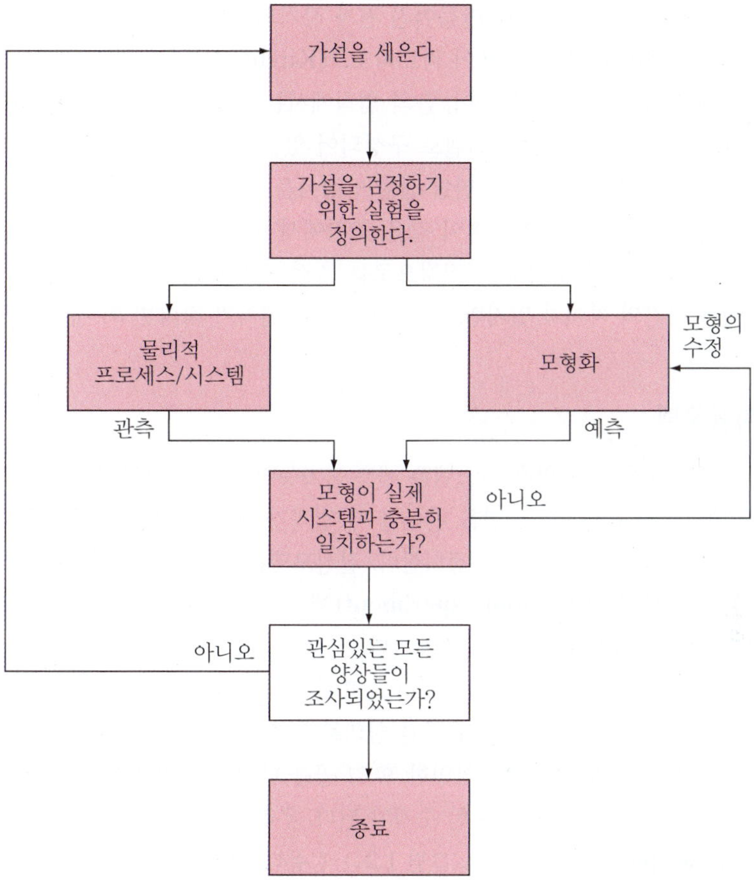

그림 1.1 ● 모델링 과정

져야 한다. 그러나 실제 시스템이 존재하지 않기 때문에 그 모델은 실험적으로 검증될 수 없고, 따라서 시스템 설계 과정에 딜레마가 생기게 된다. 이러한 상황에서 컴퓨터 모의실험은 시스템 동작을 예측하는 대체 수단으로서 유용한 역할을 하며, 수학적 모델에 의한 예측을 검사하는 수단으로 사용된다. **컴퓨터 모의실험 모델(computer simulation model)**은 시스템의 동적 상태를 흉내내거나 모의실험하는 컴퓨터 프로그램으로 구성된다. 그리고 컴퓨터 프로그램은 관련된 성능 매개변수를 측정하는 명령어들로 이루어진다. 일반적으로 모의실험 모델은 수학적인 모델보다 더 자세하게 시스템을 나타낼 수 있다. 그러나 융통성이 부족하고, 수학적 모델에 비하여 더 많은 계산 시간을 요구한다.

다음 두 절에서 수학적 모델의 두 가지 기본형인 결정모델과 확률모델에 대해 논의할 것이다.

1.2 결정모델

결정모델(deterministic model)에서는 실험이 수행되는 조건이 실험의 정확한 결과를 결정한다. 수학적 결정모델에서는 일련의 수학 방정식의 해가 실험의 정확한 결과를 나타낸다.

회로이론은 수학적 결정모델의 예다. 회로이론은 이상화된 전압-전류 특성을 갖춘 개별 소자들의 이상적인 회로로 만들어진 전자 장치의 상호 연결을 모델링한 것이다. 이 이론은 이상적인 소자 사이의 상호 작용이 키르히호프(Kirchhoff)의 전압과 전류 법칙에 의해 완전하게 설명된다고 가정한다. 예를 들어, 옴의 법칙에서는 저항의 전압-전류 특성을 $I = V/R$이라고 나타낸다. 전지와 저항의 상호 연결로 구성되어 있는 모든 회로에서의 전압과 전류는 키르히호프의 법칙과 옴의 법칙을 적용한 연립 선형 방정식을 이용해 구할 수 있다.

만약 전압의 측정 실험이 같은 조건에서 여러 번 반복된다면, 회로이론은 항상 정확하게 같은 값을 예측할 것이다. 실질적으로는 측정 오차와 제어할 수 없는 요소들 때문에 얻어진 값들에는 약간의 차이가 있지만, 예측 값에 대한 편차가 작다면 이 결정모델은 적절한 것이다.

1.3 확률모델

우리가 관심을 갖는 많은 시스템은 예측 불가능한 변이와 불규칙성을 나타내는 현상을 수반한다. 우리는 같은 조건에서 실험을 반복할 때 결과가 예측 불가능한 식으로 다양하게 나오는 실험일 경우 이것을 확률 실험이라 정의한다. 결정모델은 실험을 반복할 때마다 같은 결과를 예측하기 때문에 **확률 실험(random experiment)**에 적절하지 않다. 이 절에서는 확률 실험을 위한 확률모델(probability model)을 소개한다.

확률 실험의 한 예로 0, 1, 2라고 표시된 세 개의 동일한 공이 들어 있는 항아리에서 1개의 공을 꺼낸다고 가정하자. 먼저, 공을 임의로 추출하기 위해서 항아리를 흔든 후 공을 꺼낸다. 꺼낸 공에 표시되어 있는 숫자를 확인한 후 그 공을 다시 항아리에 넣는다. 이 실험의 **결과(outcome)**는 집합 $S = \{0, 1, 2\}$에 있는 한 숫자가 된다. 우리는 가능한 모든 결과들의 집합인 S를 **표본 공간(sample space)**이라고 한다. 그림 1.2는 컴퓨터 모의실험을 통하여 이 항아리 실험을 100번 반복했을 때 나온 결과를 보여준다. 이것은 우리가 이 실험의 결과를 정확하게 예측할 수 없다는 것을 의미한다.

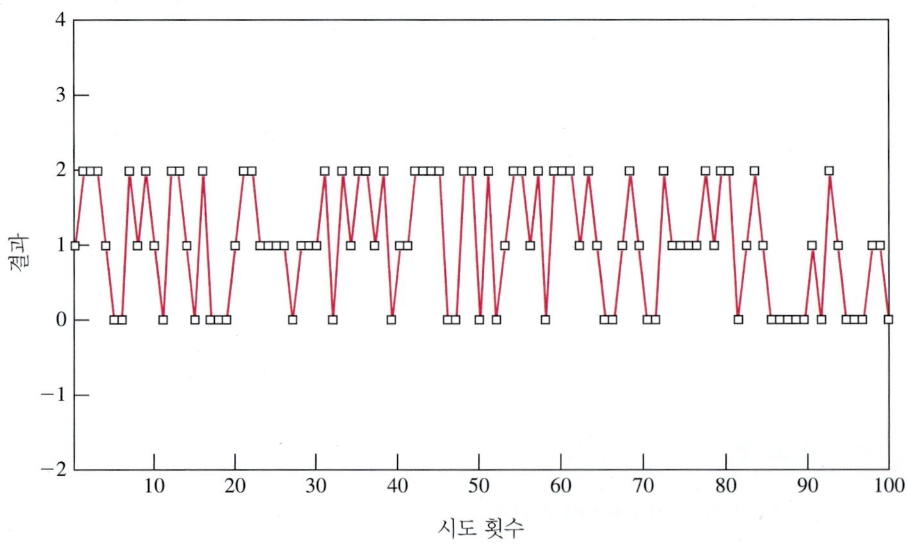

그림 1.2 ● 항아리 실험의 결과

1.3.1 통계적 정규성

유용한 모델은 우리가 시스템의 미래 행동에 대해 예측할 수 있게 해야 한다. 그리고 예측 가능하기 위해서 현상은 규칙성을 가져야 한다. 공학에 있어서 확률모델은, 확률 실험을 반복적으로 시도해서 얻은 평균이 대체로 일관되게 같은 값을 갖는다는 사실에 기반을 둔다. 이러한 특성을 **통계적 정규성(statistical regularity)**이라 한다.

앞에서 말한 항아리 실험이 동일한 조건에서 n번 반복된다고 가정하고, 번호가 0, 1, 2인 공을 꺼낸 횟수를 각각 $N_0(n)$, $N_1(n)$, $N_2(n)$이라고 하자. 그리고 결과 k의 상대도수를 다음과 같이 정의하자.

$$f_k(n) = \frac{N_k(n)}{n} \tag{1.1}$$

우리는 통계적 정규성에 의해 n이 커짐에 따라 $f_k(n)$이 어떤 일정한 값에 가까워짐을 알 수 있다.

$$\lim_{n\to\infty} f_k(n) = p_k \tag{1.2}$$

그 일정한 값 p_k를 결과 k의 **확률(probability)**이라고 한다. 식 (1.2)는 결과의 확률이 일련의 많은 시도에서 나타나는 발생 횟수의 장기간 비율이라는 것을 의미한다. 우리는 앞으로 이 책을 통해서 식 (1.2)가 물리적인 양의 측정을 확률모델로 연결하는 중요한 역할을 한다는 것을 알 수 있을 것이다.

그림 1.3과 1.4는 시도 횟수 n을 증가시킬 때 위 항아리 실험의 세 결과에 대한 상대적인 빈도수를 보여준다. 두 그림을 통해서 모든 상대도수가 1/3값으로 수렴하는 것을 확인할 수 있다. 이것은 세 결과의 발생가능성이 같다는 우리의 직관과 일치한다.

앞에서의 항아리 실험을 변경하여 0이라고 표시된 네 번째 같은 공을 넣는다고 가정하자.

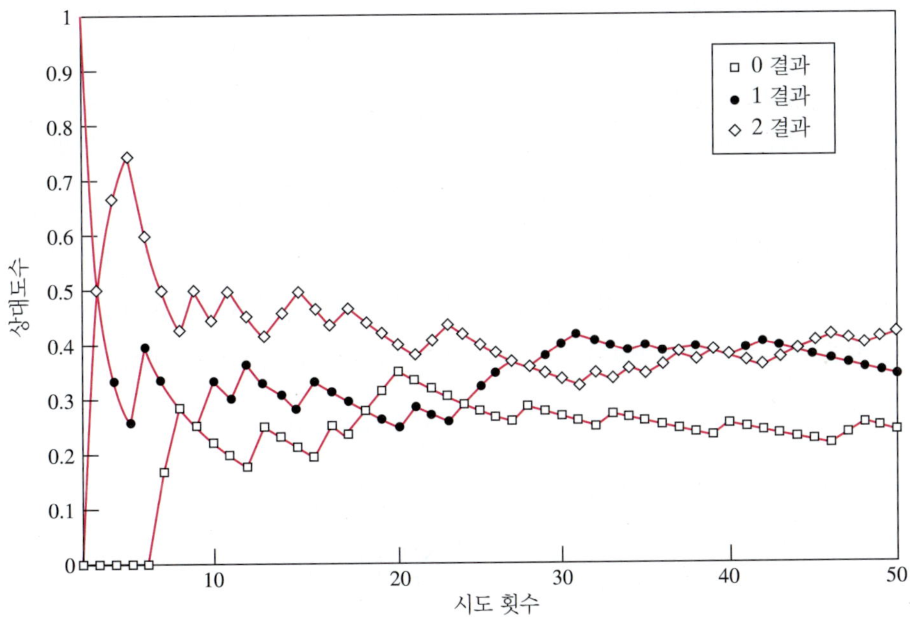

그림 1.3 ● 항아리 실험의 상대도수

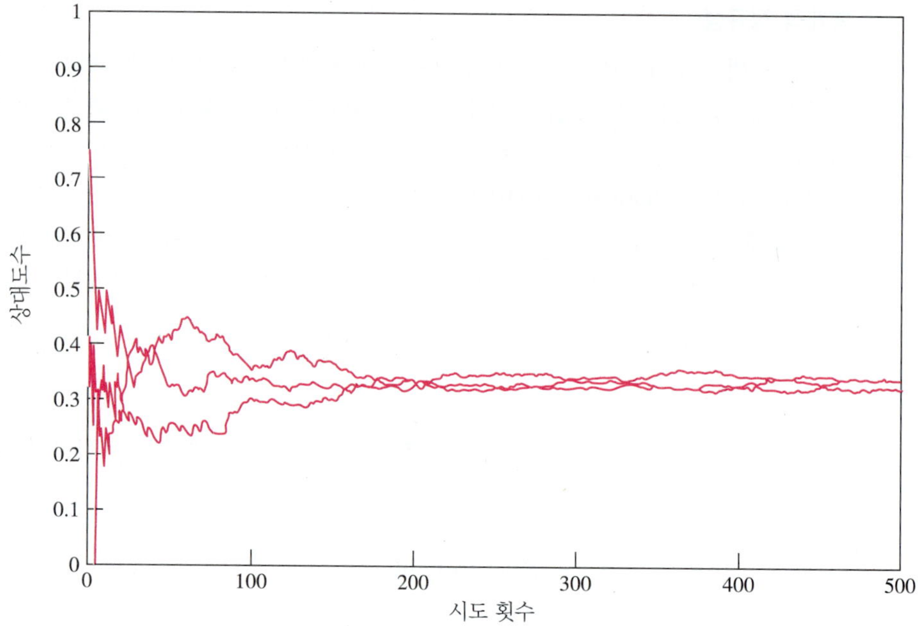

그림 1.4 ● 항아리 실험의 상대도수

그러면 항아리에 있는 4개의 공 중에서 2개가 0이라고 표시되어 있으므로 꺼낸 공이 0이 될 확률은 2/4다. 그리고 1번 공과 2번 공을 꺼낼 확률은 각각 1/4로 감소될 것이다. 이것은 실험이 수행되는 조건이 실험 결과의 확률을 결정한다는 확률모델의 중요한 특성을 보여준다.

1.3.2 상대도수의 특성

이제부터 상대도수의 여러 가지 특성에 대해서 알아보자. 확률 실험이 K개의 가능한 결과를 가질 수 있고, 그것을 $S = \{1, 2, \ldots, K\}$로 나타낸다고 가정하자. n번의 시도에서 각 결과가 발생할 수 있는 횟수는 0과 n 사이의 수가 되므로 다음과 같은 관계식을 얻을 수 있다.

$$0 \le N_k(n) \le n \quad k = 1, 2, \ldots, K\text{에 대하여}$$

그리고 위의 방정식을 n으로 나누면, 상대도수는 0 과 1 사이의 수가 된다는 것을 알 수 있다.

$$0 \le f_k(n) \le 1 \quad k = 1, 2, \ldots, K\text{에 대하여} \tag{1.3}$$

모든 가능한 결과가 발생할 수 있는 수의 합은 반드시 n 이 되어야 한다.

$$\sum_{k=1}^{K} N_k(n) = n$$

만약 위의 방정식 양변을 n으로 나누면 모든 상대도수의 합이 1인 것을 알 수 있다.

$$\sum_{k=1}^{K} f_k(n) = 1 \tag{1.4}$$

때때로 우리는 실험의 결과와 연관된 사건의 발생에 관심을 갖는다. 예를 들어, 앞의 항아리 실험에서 짝수 번호의 공이 선택되는 사건을 고려할 때, 이 사건의 상대도수는 얼마가 될까?

이 사건은 공의 번호가 0이나 2일 때마다 발생하게 된다. 따라서 결과가 짝수 번호의 공이 되는 시행 횟수는 $N_E(n) = N_0(n) + N_2(n)$이 된다. 그러므로 이 사건의 상대도수는 다음 식과 같다.

$$f_E(n) = \frac{N_E(n)}{n} = \frac{N_0(n) + N_2(n)}{n} = f_0(n) + f_2(n)$$

이 예제는 한 사건의 상대도수가 연관된 결과들의 상대도수의 합임을 보여준다. C를 A 또는 B가 발생하는 사건이라고 가정하고, 여기서 A와 B가 동시에 일어날 수 없는 사건이라고 하면, 일반적으로 C가 발생하는 횟수는 $N_C(n) = N_A(n) + N_B(n)$이 된다.

$$f_C(n) = f_A(n) + f_B(n) \tag{1.5}$$

식 (1.3), (1.4), 그리고 (1.5)는 우리가 다른 많은 유용한 결과를 유도해낼 수 있는 상대도수의 세 가지 기본 특성이다.

1.3.3 확률론의 공리적 접근

식 (1.2)에서 우리는 장기간의 상대도수로 사건의 확률을 정의했다. 수학적 확률론을 개발하는 데 이러한 확률의 정의를 이용하는 것은 문제가 있다. 첫째, 식 (1.2)가 포함하는 극한이 언제 그리고 어떤 수학적 의미에서 존재하는지 명확하지 않다. 둘째, 우리는 실험을 무한히 많이 수행할 수 없으므로, 확률 P_k를 정확하게 알 수 없다. 마지막으로, 상대도수를 사용하여 확률을 정의하면, 반복해서 실험할 수 없는 환경에서는 확률론을 적용할 수 없다. 따라서 특정 어플리케이션이나 확률의 의미에 대한 특정 개념에 묶여 있지 않은 수학적 확률론을 개발하는 것이 실질적 의미가 있다. 한편, 때에 따라서는 그 이론은 우리의 직관을 이용하여 확률을 상대도수로 해석할 수 있어야 한다.

상대도수로 해석하는 것과 일치하기 위해서 '사건의 확률'에 대한 모든 정의는 식 (1.3)에서 (1.5)까지의 정의를 만족해야 한다. 현대 확률론의 시작은 확률의 할당이 이러한 특성을 만족해야 한다는 공리의 집합을 구성하는 것이다. (1)확률 실험은 정의되어야 하고, 모든 가능한 결과의 집합 S는 확인되어야 한다. (2)사건이라 불리는 S의 부분집합들의 클래스는 상세히 기술되어야 한다. (3)각 사건 A는 다음의 공리가 만족되도록 숫자 $P[A]$가 할당되어야 한다.

1. $0 \le P[A] \le 1$
2. $P[S] = 1$
3. 만약 A와 B가 동시에 일어날 수 없는 사건이라면,
$P[A \text{ 또는 } B] = P[A] + P[B]$

세 가지 공리와 식 (1.3)부터 (1.5)까지에서 언급한 상대도수의 특성이 일치함은 명백하다. 이 세 가지 공리는 유용하고 강력한 결과를 많이 이끌어낸다. 실제로 이러한 수많은 결과들을 개발하는 데 이 책의 나머지 부분을 할애할 것이다.

확률론은 확률이 어떻게 얻어지고 그것이 무엇을 의미하는지에 대해서는 별로 관심이 없다. 위의 공리를 만족하면 사건들에 대한 어떠한 확률의 할당도 정당성을 갖는다. 주어진 어플리케이션에 대해 무엇을 확률로 할당해야 하는지 또는 어떤 확률 해석이 이치에 맞는지를 결정하는 것은 이 이론의 사용자나 확률모델의 설계자에게 달려 있다.

1.3.4 확률모델 만들기

불규칙성을 갖는 실제의 문제로부터 그 문제를 위한 **확률모델**을 만들어내는 과정이 어떻게 진행되는지 살펴보자. 이 이론은 위 공리에 있는 모든 사항을 확인해야 한다. 이것은 (1)어플리케이션 고유의 확률 실험을 정의하고, (2)모든 가능한 결과의 집합 S와 관심이 있는 사건을 상술하고, (3)관심이 있는 모든 사건들의 확률을 계산할 수 있는 확률의 할당을 자세히 기술하는 것을 포함한다. 여기서 어려운 점은 실제 문제와 관련된 모든 면을 설명하는 가장 간단한 모델을 개발하는 것이다.

예를 들면, 전화상에서 화자가 말을 하는지 아니면 조용히 있는지를 판단하는 전화통화 실험을 한다고 가정하자. 우리는 일반 화자가 평균적으로 1/3 통화 시간만큼 말하는 것을 알고 있다. 나머지 시간은 상대방의 말을 듣거나 단어나 문구 사이에서 잠시 멈춘 상태이다. 우리는 이러한 물리적 상황을 흰 공(조용한 상태)과 검은 공(말하는 중)이 들어 있는 항아리에서 공 하나를 선택하는 항아리 실험으로 모델링할 수 있다. 여기서 우리는 모든 화자가 같지 않고, 모든 언어가 말할 때와 조용할 때의 습성이 같지 않다는 등의 조건을 고려하지 않고 매우 단순화시켰다. 이러한 간략화의 유용성과 효력은 시스템 설계에서 다음과 같은 질문을 할 때 분명해진다. 48명의 독립인 화자 중에 24명 이상의 화자가 동시에 말하게 될 확률은 얼마인가? 이 질문은 다음과 같다. 항아리 실험에서 48번의 독립인 반복시행에서 24개 이상의 검은 공이 선택될 확률은 얼마인가? 2장의 끝에 가면 여러분은 마지막 질문의 답과 그러한 형태로 단순화될 수 있는 실제 문제들에 대해 답할 수 있을 것이다.

1.4 상세한 예: 패킷 음성 전송 시스템

이 장의 시작에서 우리는 불규칙한 환경에서 반드시 동작해야 하지만, 그럼에도 불구하고 효율적이며 신뢰성 있고, 그리고 비용 효과적인 시스템을 설계자가 성공적으로 설계하기 위한 수단을 확률모델이 제공한다고 주장했다. 이 절에서는 그러한 시스템의 자세한 예를 설명한다. 이 절의 목표는 확률론의 능력과 유용함을 여러분에게 확신시켜 주는 것이다. 여러분의 직관을 끌어들여 설명하는 많은 유도과정이 지금은 정확해 보이지 않겠지만 이 책을 마칠 즈음이면 분명해질 것이다.

음성정보의 '패킷'을 이용하여 도시 A에서 도시 B로 48개의 통화를 동시에 전송해야 하는 통신 시스템이 있다고 가정하자. 각 화자의 말은 전압 파형으로 바뀌어 우선 디지털화(즉, 연속된 2진수로 변환)한 후, 10 ms 동안의 음성에 해당하는 정보의 패킷으로 묶인다. 전송되기 전에 발신지와 수신지의 주소가 각 음성 패킷에 덧붙여진다(그림 1.5 참조).

가장 간단한 통신 시스템의 설계는 각 방향으로 매 10 ms마다 48개의 패킷을 전송하는 것이다. 그러나 모든 패킷의 평균 약 2/3는 무음을 포함하고 있어 음성정보가 없기 때문에 이는 매우 비효율적인 설계다. 다시 말하면, 평균 48 명의 화자는 매 10 ms 주기마다 약 48/3 = 16개의 유효한(음성의) 패킷만을 만들어낸다. 따라서 10 ms마다 $M < 48$ 패킷들을 전송하는 다른 시스템을 고려해본다.

새로운 시스템은 10 ms마다 어떤 화자가 말을 하여 패킷을 생성하는지를 결정한다. 이 확률 실험의 결과를 A, 즉 주어진 10 ms 동안 생성되는 유효한 패킷의 개수라고 하자. A는 0(모든

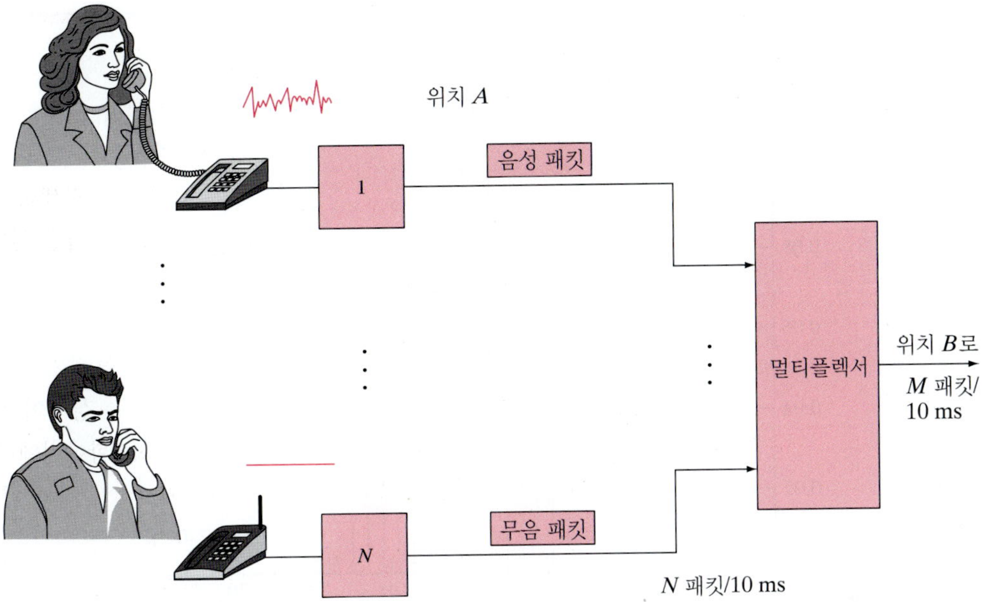

그림 1.5 ● 패킷 음성 전송 시스템

화자가 조용할 때)에서 48(모든 화자가 말할 때) 사이의 값을 갖는다. 만약 $A \leq M$이면, 모든 유효한 패킷은 전송된다. 그러나 만약 $A > M$이라면, 시스템은 모든 유효한 패킷을 전송할 수 없다. 따라서 $A - M$개의 유효한 패킷을 임의로 선택하여 버린다. 유효한 패킷의 손실은 결과적으로 음성의 손실을 초래하게 되므로, 우리는 화자가 불쾌하지 않을 정도의 수준으로 패킷 손실률을 유지하고 싶어할 것이다.

우선 A의 상대도수를 고려해보자. 위의 실험이 n번 반복된다고 가정하자. $A(j)$ 를 j번째 시도의 결과라고 하고, $N_k(n)$ 을 유효한 패킷의 수가 k가 되는 시도의 횟수라고 하자. 처음 n번의 시도에서 결과 k의 상대도수는 $f_k(n) = N_k(n)/n$이고, 이 상대도수는 확률 p_k로 수렴한다고 가정한다.

$$\lim_{n \to \infty} f_k(n) = p_k \qquad 0 \leq k \leq 48 \tag{1.6}$$

2장에서 k명의 화자가 말을 할 확률 p_k를 구할 것이다. 그림 1.6은 k에 대한 p_k를 보여준다. 이 그림으로부터 말을 하는 화자의 가장 빈번한 수는 16이고, 말을 하는 화자의 수가 24보다 많은 경우는 극히 드물다는 것을 알 수 있다.

다음으로 유효한 패킷이 생성되는 비율을 고려해보자. 10 ms 주기 당 생성되는 유효한 패킷의 평균 개수는 유효한 패킷 수의 **표본 평균(sample mean)**에 의해 주어진다.

$$\langle A \rangle_n = \frac{1}{n}\sum_{j=1}^{n} A(j) \tag{1.7}$$

$$= \frac{1}{n}\sum_{k=0}^{48} k N_k(n) \tag{1.8}$$

처음 수식은 관측이 기록되는 순서로 처음 n번의 시도에서 생성되는 유효한 패킷의 수를 더한

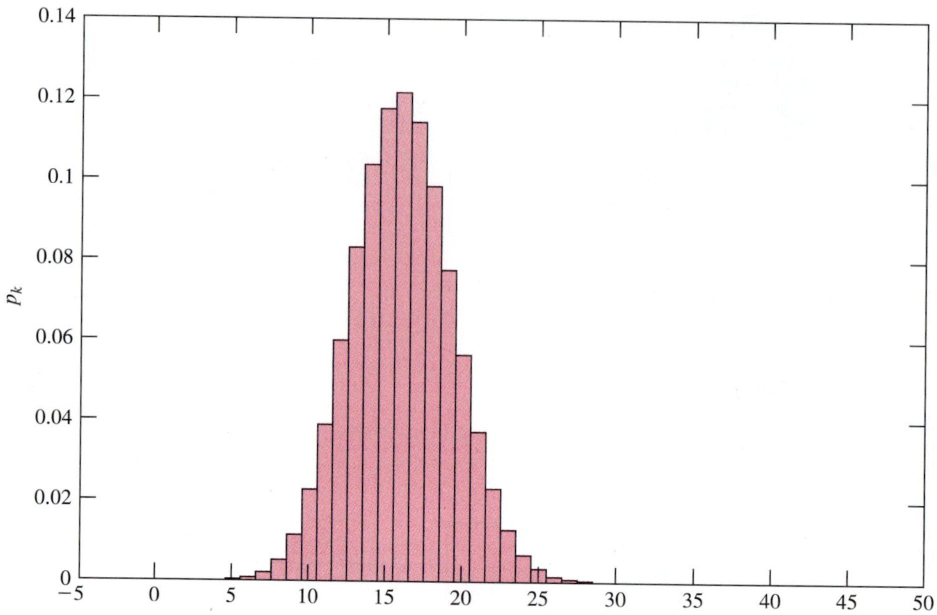

그림 1.6 ● 48명 중 말하는 화자의 수에 대한 확률

것이다. 두 번째 수식은 각각의 가능한 값 k에 대해 k개의 유효한 패킷이 얼마나 많이 관측되었는지를 센 후 합을 계산한 것이다.[1)] 두 번째 식에서 n이 커지면 비율 $N_k(n)/n$은 p_k로 접근해 간다. 따라서 매 10 ms 동안 생성되는 유효한 패킷의 평균 개수는 다음과 같이 접근한다.

$$\langle A \rangle_n \rightarrow \sum_{k=0}^{48} k p_k \triangleq E[A] \tag{1.9}$$

오른쪽의 식은 3.3절에서 **A의 기대값(expected value of A)**으로 정의될 것이다. $E[A]$는 완전히 확률 p_k에 의해 결정되고, 3장에서는 $E[A] = 48 \times 1/3 = 16$이 되는 것을 보일 것이다. 식 (1.9)는 매 10 ms 주기로 생성되는 유효한 패킷의 장기 평균 개수가 10 ms 당 $E[A] = 16$ 화자임을 나타낸다.

확률 p_k에 의해 얻어지는 정보는 효율적이면서 동시에 고품질의 음성을 제공하는 시스템을 설계할 수 있게 한다. 예를 들면, 전송능력을 절반인 10 ms 당 24패킷으로 줄여도 버려지는 유효한 패킷의 수는 지각할 수 없을 정도로 적다.

이 절에서 우리가 공부한 것을 요약해보자. 시스템의 행동이 본질적으로 불규칙하고, 시스템의 성능을 장기(long-term) 평균의 항으로 나타낼 수 있는 예를 소개하였다. 또한 이러한 장기간 측정을 통하여 여러 가지 결과의 확률을 포함하는 수식을 어떻게 이끌어내는지 공부하였다. 마지막으로, 몇몇의 경우에 확률론이 우리가 이러한 확률을 유도할 수 있게 하는 것을 보였다. 우리는 관심을 갖는 다양한 수치의 장기 평균을 예측하여 시스템 설계를 진행할 수 있다.

[1)] 당신의 주머니에서 동전을 꺼낸다고 가정해보자. 쿼터(25센트) 1개, 다임(10센트) 1개, 쿼터(25센트) 1개, 니켈(5센트) 1개가 있을 때, 식 (1.7)에 의해 총액은 25 + 10 + 25 + 5 = 65센트가 된다. 식 (1.8)을 사용하여도 당신의 총액은 (1)5 + (1)10 + (2)25 = 65센트가 된다.

1.5 다른 예제들

이 절에서 우리는 확률모델이 불규칙한 환경에서 동작하는 시스템을 설계하기 위해 사용되는 전기공학과 컴퓨터공학의 몇 가지 예를 보여줄 것이다. 여기서 우리의 목적은 확률과 장기 평균이 많은 시스템의 성능측정에서 어떻게 자연스럽게 나타나는지를 보이는 것이다. 그러나 이 책의 의도는 확률론의 기본 개념을 설명하는 것이므로 자세한 어플리케이션은 설명하지 않는다는 것을 숙지하기 바란다. 관심 있는 독자들을 위해 각 장의 마지막에 더 읽어볼 수 있는 참고자료를 제공한다.

1.5.1 신뢰할 수 없는 채널에서의 통신

많은 통신 시스템은 다음과 같은 방법으로 작동한다. 매 T초에 송신기는 0과 1로 된 이진수의 입력을 받아들이고, 그에 상응하는 신호를 보낸다. T초가 지난 후에 수신기는 받아들여진 신호에 따라 그 입력이 무엇인지 결정하게 된다. 대부분의 통신 시스템은 수신기의 결정이 송신기의 입력과 항상 같지는 않다는 의미에서 신뢰할 수 없다. 그림 1.7(a)는 확률 ε의 무작위한 전송 오류가 발생하는 시스템 모델이다. 그림에서 보여주듯이 출력과 입력이 같지 않을 가능성은 ε이다. 따라서 ε은 수신기로 전송되어진 비트 오류의 장기 비율이다. 이 오류율이 받아들여질 수 없는 상황에서는 전송된 정보의 오류율을 줄이는 오류제어 기술이 사용된다.

전송되는 정보의 오류율을 줄이는 한 가지 방법은 그림 1.7(b)에서 설명하는 오류 정정 코드를 사용하는 것이다. 간단한 예로, 각 정보 비트가 세 번씩 전송되는 반복 코드를 생각해보자.

$$0 \rightarrow 000$$
$$1 \rightarrow 111$$

만약 디코더가 수신기로 전송된 세 비트의 다수결로 정보 비트에 대한 결정을 내린다고 가정하면, 디코더는 두 개나 세 개의 비트에서 오류가 있는 경우에만 잘못된 결정을 내릴 것이다. 예제 2.37에서 이러한 오류는 확률 $3\varepsilon^2 - 2\varepsilon^3$으로 발생하는 것을 보여준다. 따라서 만약 부호화를 사용하지 않는 채널의 오류율이 10^{-3}이라면, 위의 간단한 코드를 사용하여 전송되는 비트의 오류

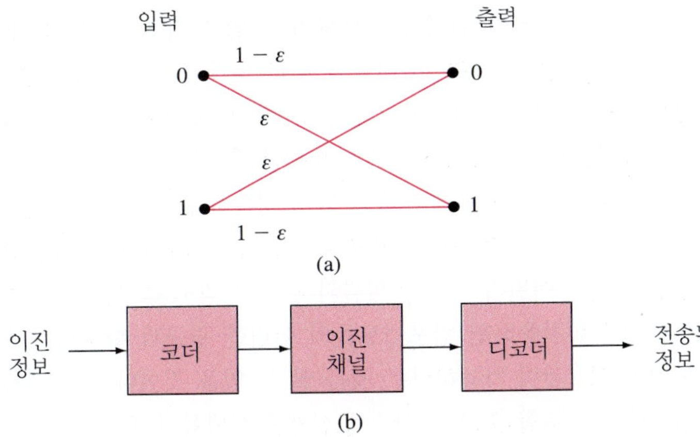

그림 1.7 ● (a) 이진 통신 채널에 대한 모델 (b) 오류제어 시스템

는 3×10^{-6}으로 세제곱이나 감소한 것이다. 그러나 이런 향상은 추가비용이 따른다. 즉, 정보의 전송률이 $3T$초당 1 비트로 감소했다. 좀 더 길고 복잡한 코드를 사용하면, 이러한 간단한 예제에서는 전송률의 큰 감소 없이 비트 오류율을 줄이는 것이 가능하다.

오류검출과 정정 방법은 라디오나 다른 잡음 채널에서 신뢰성 높은 통신을 가능하게 하는 중요한 역할을 한다. 확률은 발생할 수 있고 따라서 정정되어야만 하는 에러 패턴을 결정하는 역할을 수행한다.

1.5.2 신호의 압축

확률 실험의 결과는 단일 숫자가 아니라 전체 시간에 대한 함수일 수 있다. 예를 들면, 실험의 결과가 음성이나 음악에 대한 전압 파형일 수 있다. 이러한 상황에서 우리는 신호와 그 신호의 처리된 형태의 특성에 관심을 갖게 된다.

예를 들면, 음악신호 $S(t)$의 압축에 관심이 있다고 가정하자. 압축하기 위해서는 신호를 일련의 비트로 나타내어야 한다. 압축 기술에서는 과거의 부호화된 값을 사용하여 신호의 다음 값을 예측하는 효과적인 표현 방법을 사용한다. 예측된 값에서의 오차만을 부호화하면 되고, 따라서 비트의 수를 줄일 수 있다.

예측 시스템이 잘 동작하기 위해 우리는 신호 값들이 어떻게 상호 관련이 있는지 알 필요가 있다. 이러한 상관관계의 구조가 주어지면, 최적의 예측 시스템을 설계할 수 있다. 확률은 이러한 문제를 해결하는 데 중요한 역할을 한다. 압축 시스템은 매우 성공적이고, 셀 폰, 디지털 카메라, 캠코더 등에서 사용되고 있다.

1.5.3 시스템의 신뢰도

신뢰도는 최신 시스템 설계에서 주요한 관심사다. 주요한 예로, 은행들 사이에 자금의 전자 전송을 지원하는 컴퓨터와 통신 네트워크 시스템을 들 수 있다. 이 시스템은 하부 시스템이 고장나더라도 계속 작동할 수 있어야 한다는 점이 매우 중요하다. 문제는 '어떻게 신뢰할 수 없는 컴포넌트로 신뢰할 수 있는 시스템을 만들 것인가?' 이다. 확률모델은 우리에게 정량적으로 이 질문에 답할 수 있는 방법을 제공한다.

시스템이 동작하기 위해서는 전체 또는 일부 컴포넌트들이 작동해야 한다. 예를 들어, 그림 1.8(a)는 모든 컴포넌트들이 작동할 때만 동작하는 시스템을 보여준다. 그리고 그림 1.8(b)는 컴포넌트들 중 적어도 하나만 기능을 수행하여도 동작하는 시스템을 보여준다. 더 복잡한 시스템은 이 두 가지 기본 구성을 결합하여 얻을 수 있다.

우리는 컴포넌트가 언제 고장이 날지 정확하게 예측하는 것은 불가능하다는 것을 이미 경험으로부터 알고 있다. 확률론은 평균 무고장시간(*time to failure*)이나 컴포넌트가 얼마간의 시간이 지난 후에도 여전히 작동할 확률과 같은 신뢰도 측정을 가능하게 한다. 더구나 2장과 4장에서는 확률론을 사용하면 컴포넌트들의 이러한 평균과 확률의 항으로 전체 시스템의 평균과 확률을 결정하는 것이 가능하다는 것을 알 수 있을 것이다. 이 확률론은 신뢰도로 시스템의 구성을 평가하고, 신뢰할 수 있는 시스템 설계를 선택할 수 있게 한다.

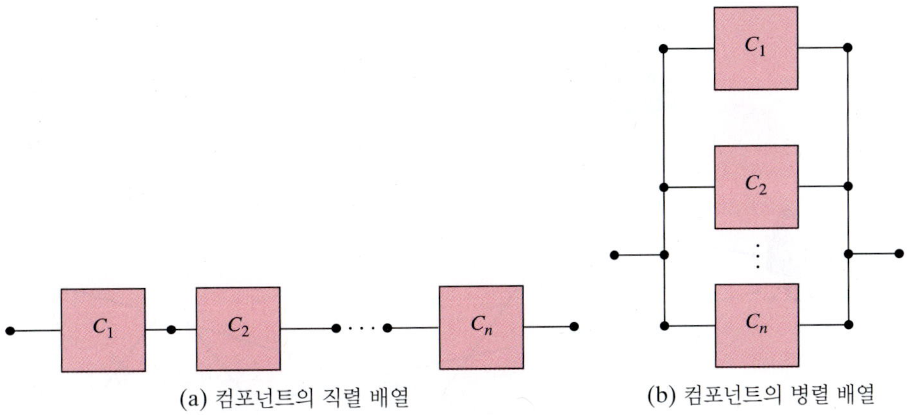

그림 1.8 ● n개의 컴포넌트로 이루어진 시스템

1.5.4 자원 공유 시스템

많은 어플리케이션에서 자원 공유는 무작위로 불규칙하게 이루어진다. 클라이언트는 아무것도 하지 않는 상대적으로 긴 시간들 사이사이에 짧은 기간의 서비스들을 요구한다. 클라이언트들의 요구는 각 개별 클라이언트에 충분한 자원을 전용으로 할당하여 충족시킬 수 있다. 그러나 이러한 접근 방법은 클라이언트가 활동하지 않으면 그 자원은 사용되지 않기 때문에 매우 비경제적이다. 더 좋은 접근 방법은 동적 자원 공유를 통해서 클라이언트들의 요구를 충족시키는 시스템을 구성하는 것이다.

예를 들어, 많은 웹 서버 시스템은 그림 1.9와 같이 동작한다. 이러한 시스템들은 어떤 주어진 시간에라도 c 클라이언트까지 서버에 연결될 수 있도록 해준다. 클라이언트는 서버에 쿼리를 보낸다. 쿼리는 대기선에 있다가 서버에 의해 수행된다. 각 클라이언트는 서버로부터 응답을 받은 후, 다음 쿼리를 보내기 전에 약간의 생각할 시간을 갖는다. 타임아웃 시간이 지나면 시스템은 기존 클라이언트의 연결을 끊고, 새로운 클라이언트를 서비스한다.

시스템은 클라이언트에 빠른 응답을 제공하고, 연결이 조기에 종료되는 것을 방지하며, 컴퓨팅 자원을 효율적으로 사용할 수 있도록 구성되어야 한다. 그러기 위해서는 쿼리 처리시간, 연결당 클릭 횟수, 그리고 두 클릭 사이의 시간에 대한 확률적 특성화가 필요하다. 이러한 매개변수들은 타임아웃 값뿐만 아니라 최적의 c 값을 결정하는 데 사용된다.

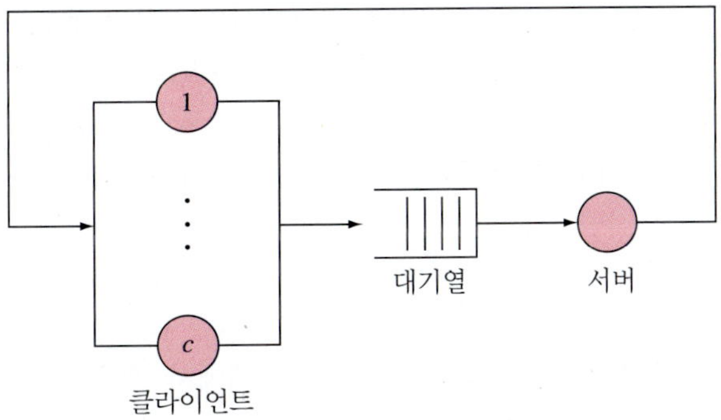

그림 1.9 ● 웹 서버 시스템에 대한 간단한 모델

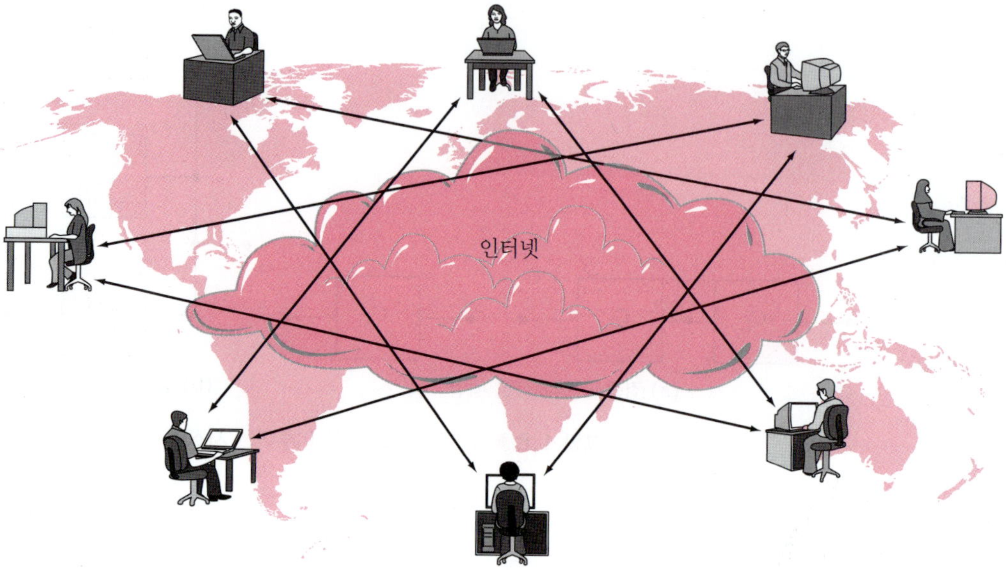

그림 1.10 ● 인터넷을 통하여 상호 작용하는 대규모 사용자 집단

1.5.5 인터넷 규모의 시스템

오늘날 주요 당면과제 중의 하나는 그림 1.9의 클라이언트-서버 시스템을 대규모 분산시스템으로 발전시킴으로써 그림 1.10과 같은 인터넷 규모의 시스템을 설계하는 것이다. 이러한 새로운 시스템에서는 동시에 온라인으로 접속한 사용자의 수가 몇만이 될 수 있고, 피어-투-피어 시스템의 경우에는 수백만이 될 수 있다.

인터넷 사용자 간의 상호 작용은 서버를 액세스하는 클라이언트들의 경우보다 훨씬 더 복잡하다. 예를 들면, 웹 페이지 내의 링크는 다른 웹 페이지를 가리키고, 이러한 링크들로 상호 연결된 문서들은 거대한 망을 형성한다. 이러한 논리적 관계를 나타내기 위한 그래프와 매핑 기술의 개발은 사용자의 행동을 이해하는 데 매우 중요하다. 이러한 그래프를 만들기 위하여 다양한 웹 크롤링 기술이 개발되어 왔다[14]. 확률적 기술은 이러한 그래프에서 노드의 상대적인 중요성을 평가할 수 있을 뿐 아니라, 검색엔진 동작에서 중심적인 역할을 한다. 피어-투-피어 파일 공유와 콘텐츠 분배 같은 새로운 어플리케이션은 그들 스스로의 상호 연결 패턴과 그래프를 사용하여 새로운 집단을 만든다. 이러한 집단에서의 사용자 행동은 인터넷에서 트래픽 흐름의 양, 패턴, 동적인 특성에 대하여 극적인 영향력을 가질 수 있다. 이러한 시스템들이 높은 신뢰도를 가지고 예측할 수 있는 방식으로 동작할 수 있도록 하기 위하여, 확률적 방법은 시스템을 이해하고 자원을 관리하고 제어하는 방법을 개발하는 데 중요한 역할을 한다[15].

1.6 책의 개요

이 장에서는 불규칙성을 포함하는 시스템 설계에서 확률모델이 수행하는 중요한 역할에 대해 설명했다. 이 책의 주요 목적은 전자공학과 컴퓨터공학에서 사용되는 확률모델을 이해하기 위한 확률론의 기본 개념을 학생들에게 소개하는 것이다. 본 교재는 어플리케이션 자체를 다루려고 의도된 것이 아니다. 너무 많은 어플리케이션들이 있고, 각 어플리케이션은 나름대로의 상세한 설명을 필요로 하기 때문이다. 한편 독자와 연관된 예는 관련 어플리케이션 분야에서 뽑아 포함시키기 위해 노력하였다.

이 책의 또 다른 목적은 확률모델을 개발하기 위해 필요한 기본 기술을 소개하는 것이다. 이 장에서는 모델에 사용되는 확률은 반드시 실험적으로 결정되어야 함을 배웠다. 이를 위해서는 통계적 기술이 필요하기 때문에 기본적이지만 핵심이 되는 통계적 기술 몇 가지에 대한 설명을 포함시켰다. 또한 확률모델을 확인하는 데 유용한 컴퓨터 모의실험 모델에 대해 언급했다. 대부분의 장은 몇 가지 유용한 컴퓨터 방법을 소개하는 절을 포함하고 있다. 이런 절은 별표로 표시했고, 계속 공부하는 데 지장이 없으므로 건너뛸 수도 있다. 그러나 학생들에게 이러한 기술을 탐구할 것을 추천한다. 그것들은 즐겁게 다룰 수 있으며, 확률성의 본질에 대한 통찰력을 제공해줄 것이다.

이 책의 나머지 부분은 다음과 같이 구성된다.

- 2장에서는 확률론의 기본 개념을 소개한다. 1장 3절에 설명한 확률의 공리로 시작하여 그것들의 함축된 의미를 논의한다. 또한 몇 가지 기본적인 확률모델을 소개한다.
- 일반적으로 확률론은 확률 실험의 결과가 숫자일 것을 요구하지는 않는다. 따라서 결과들은 사물(예, 흰 공 또는 검은 공)이거나 조건(예, 컴퓨터 시스템이 작동하거나 멈춘 상태)이 될 수 있다. 그러나 일반적으로 결과가 숫자인 실험에 관심을 갖는다. 확률 변수의 개념은 이러한 상황을 고려한 것이다. 3장과 4장은 결과가 각각 단일 숫자와 숫자의 벡터인 실험에 관해 논의한다. 이 두 장에서 우리는 여러 가지 매우 유용한 문제 해결 기술을 개발한다.
- 5장에서는 확률 변수의 쌍을 설명하고, 확률 변수 사이에 상호의존의 상관관계를 기술하는 방법을 소개한다. 6장에서는 이러한 방법을 벡터 확률 변수로 확장한다.
- 7장에서는 독립적인 반복 실험을 오랫동안 계속할 때 어떤 일이 일어나는지에 대한 질문에 답할 수 있는 수학적 결과(극한 정리)를 제시한다. 제시된 결과는 확률개념의 동기가 되는 상대도수의 광범위한 사용을 정당화할 것이다.
- 8장에서는 기초적인 통계적 방법을 소개한다.
- 9장에서는 확률 과정의 개념에 대해 소개한다. 이것은 단순히 결과가 시간의 함수인 실험이다.
- 10장에서는 힘 스펙트럼 밀도의 개념과 그것이 불규칙 신호의 처리나 분석에서 어떻게 사용되는지를 소개한다.
- 11장에서는 일련의 비독립적인 실험을 모델링할 수 있게 하는 확률 과정, 마코프 연쇄에 대해 설명한다.
- 12장에서는 대기 이론과 다양한 어플리케이션을 소개한다.

요약

- 수학적 모델은 수학적 관계를 사용해서 중요한 시스템 매개변수와 변수를 연관시킨다. 이것은 실험이 불가능하거나 비용이 너무 많이 들 때, 시스템 설계자들이 방정식을 이용해 시스템의 성능을 예측할 수 있게 한다.

- 컴퓨터 모의실험 모델은 시스템의 성능을 예측하기 위한 대체수단이다. 이것은 수학모델을 확인하는 데 사용할 수 있다.
- 결정모델에서는 실험의 조건이 결과를 정확히 결정한다. 결정모델의 방정식은 정확한 결과를 예측할 수 있다.
- 확률모델에서는 확률 실험이 수행되는 조건이 가능한 결과의 확률을 결정한다. 확률모델에서 방정식의 해는 여러 가지 유형의 평균뿐 아니라 결과와 사건의 확률을 산출한다.
- 확률 실험을 위한 확률과 평균은 확률 실험을 여러 번 반복 수행하여 상대도수와 표본 평균을 계산함으로써 실험적으로 찾을 수 있다.
- 실제로 관심을 갖는 많은 시스템의 성능측정은 상대도수와 장기 평균을 필요로 한다. 확률모델은 이러한 시스템 설계에 사용된다.

주요 용어

결정모델	기대값
기대값 사건	상대도수
통계적 정규성	표본 공간
표본 평균	확률
확률모델	확률 실험

참고문헌

참고문헌 [1]에서 [5]까지는 공학과 관련하여 확률모델을 논의한다. 참고문헌 [6]과 [7]은 고전적인 연구이고, 확률모델의 기초에 대한 우수한 설명을 담고 있다. 참고문헌 [8]은 오류제어를 소개한다. 참고문헌 [9]는 통신 시스템과 관련하여 불규칙 신호분석을 논의하고, 참고문헌 [10]과 [11]은 불규칙신호 분석의 다양한 양상을 설명한다. 참고문헌 [12]와 [13]은 컴퓨터 통신의 성능의 관점에서 소개한다.

1. A. Papoulis and S. U. Pillai, *Probability, Random Variables, and Stochastic Processes*, 4th ed., McGraw-Hill, New York, 2002.
2. D. P. Bertsekas and J. N. Tsitsiklis, *Introduction to Probability*, Athena Scientific, Belmont, MA, 2002.
3. T. L. Fine, *Probability and Probabilistic Reasoning for Electrical Engineering*, Prentice Hall, Upper Saddle River, N.J., 2006.
4. H. Stark and J. W. Woods, *Probability and Random Processes with Applications to Signal Processing*, 3d ed., Prentice Hall, Upper Saddle River, N.J., 2002.
5. R. D. Yates and D. J. Goodman, *Probability and Stochastic Processes*, Wiley, New York, 2005.
6. H. Cramer, *Mathematical Models of Statistics*, Princeton University Press, Princeton, N.J., 1946.
7. W. Feller, *An Introduction to Probability Theory and Its Applications*, Wiley, New Tork, 1968.

8. S. Lin and R. Costello, *Error Control Coding: Fundamentals and Applications*, Prentice Hall, Upper Saddle River, N.J., 2005.
9. S. Haykin, *Communications Systems*, 4th ed., Wiley, New York, 2000.
10. A. V. Oppenheim, R. W. Schafer, and J. R. Buck, *Discrete-Time Signal Processing*, 2d ed., Prentice Hall, Upper Saddle River, N.J., 1999.
11. J. Gibson, T. Berger, and T. Lookabough, *Digital Compression and Multimedia*, Morgan Kaufmann Publishers, San Francisco, 1998.
12. L. Kleinrock, *Queueing Theory*, *Volume 1: Theory, Wiley*, New York, 1975.
13. D. Bertsekas and R. G. Gallager, *Data Networks*, Prentice Hall, Upper Saddle River, N.J., 1987.
14. Broder et al., 'Graph Structure in the Web,' *Proceedings of the 9th international World Wide Web conference on Computer networks: the international journal of computer and telecommunications networking*, North-Holland, The Netherlands, 2000.
15. P. Baldi et al., *Modeling the Internet and the Web*, Wiley, Hoboken, N.J.,2003.

연습문제

1.1. 다음의 세 가지 확률 실험이 있다.

실험 1: 동전 던지기

실험 2: 주사위 던지기

실험 3: 1부터 10까지의 숫자가 적힌 공들이 들어 있는 항아리에서 임의로 공 하나를 선택하기

(a) 각 실험의 표본 공간을 자세히 말하라.

(b) 실험을 여러 번 반복했을 때 각 실험에서 각 결과의 상대도수는 얼마인가? 결과를 설명하라.

1.2. 다음 실험이 무작위의 항아리 실험과 어떻게 같은지를 설명하라.

(a) 공정한 동전 던지기

(b) 한 쌍의 공정한 주사위 던지기

(c) 52장의 서로 다른 카드로 이루어진 한 벌의 카드에서 두 장의 카드를 뽑는데, 첫 번째 카드를 뽑은 후 다시 제자리에 되돌려 놓는 경우와 그렇지 않는 경우

1.3. 다음 실험들이 어떤 조건 하에서 임의의 동전 던지기와 같아지는지 설명하라. 실험에서 앞면의 확률은 얼마인가?

(a) 스캔한 흑백문서에서 한 픽셀(점) 관찰하기

(b) 통신 시스템에서 이진 신호 받기

(c) 장치가 동작하는지 테스트하기

(e) 당신의 친구 조(Joe)가 온라인 상태인지 결정하기

(e) 잡음이 있는 통신채널에서 전송 중에 비트 오류가 발생하였는지 결정하기

1.4. 어떤 항아리가 00, 01, 10으로 전자 라벨을 붙인 공을 세 개 가지고 있다. 리사, 호머, 그리고 바트는 무작위로 한 공을 선택하여 그 공의 라벨을 읽는 확률 실험의 특성을 기술할 것을 요청받았다. 리사의 라벨 판독기는 정상적으로 동작한다. 호머의 라벨 판독기는 최상위 비트를 항상 1로 판독하고 (stuck at 1); 바트의 라벨 판독기는 최하위 비트를 항상 0으로 판독한다(stuck at 0).

(a) 리사, 호머, 그리고 바트에 의해 결정되는 표본 공간은 무엇인가?

(b) 실험을 여러 번 반복할 때 리사, 호머, 그리고 바트에 의해 관찰되는 상대도수는 얼마인가?

1.5. 확률 실험의 표본 공간은 $S = \{1, 2, 3, 4, 5\}$이고, 확률 $p_1 = 1/4$, $p_2 = 1/4$, $p_3 = 1/8$, $p_4 = 1/8$, $p_5 = 1/4$이다.

(a) 공정한 동전 던지기를 이용하여 이 확률 실험을 어떻게 시뮬레이션할 수 있는지 설명하라.

(b) 항아리 실험을 이용하여 이 확률 실험을 어떻게 시뮬레이션할 수 있는지 설명하라.

(c) 52장의 서로 다른 카드로 이루어진 한 벌의 카드를 이용하여 이 확률 실험을 어떻게 시뮬레이션할 수 있는지 설명하라.

1.6. 2개의 검은 공과 1개의 흰 공이 담긴 항아리에서 연속으로 2개의 공을 꺼내는 확률 실험이 있다.

(a) 이 실험의 표본 공간을 자세히 말하라.

(b) 첫 번째 선택 후 항아리에 다시 공을 넣는 실험으로 바꾸었다고 가정하자. 변경된 실험의 표본 공간은 무엇인가?

(c) (a)에서의 실험을 여러 번 반복했을 때(흰 공, 흰 공)의 결과가 나오는 상대도수는 얼마인가? (b)의 경우는?

(d) 이 두 실험에서, 항아리에서 두 번째 꺼낸 결과가 첫 번째 꺼낸 결과에 어떤 식으로든 의존하고 있는가?

1.7. 사건 A를 어떤 확률 실험의 결과와 연관된 사건으로 놓고, 사건 B를 '사건 A가 일어나지 않는다.'로 정의하자. $f_B(n) = 1 - f_A(n)$임을 보여라.

1.8. A, B, C는 둘이나 셋이 동시에 일어나지 않는 사건이라고 하자. D가 'A 또는 B 또는 C가 일어난다.'인 사건이면, $f_D(n) = f_A(n) + f_B(n) + f_C(n)$임을 보여라.

1.9. 일련의 확률 실험에서 수치로 나오는 결과 $X(1), X(2), \ldots, X(n)$의 표본 평균은 다음과 같이 정의된다.

$$\langle X \rangle_n = \frac{1}{n}\sum_{j=1}^{n} X(j)$$

표본 평균이 다음 재귀공식을 만족함을 보여라.

$$\langle X \rangle_n = \langle X \rangle_{n-1} + \frac{X(n) - \langle X \rangle_{n-1}}{n}, \qquad \langle X \rangle_0 = 0$$

1.10. 신호 $2 \sin 2\pi t$가 임의의 순간에 추출된다고 가정하자.

(a) 장기 표본 평균을 구하라.

(b) '전압이 양의 값', '전압이 -2보다 작은 값'이라는 사건들의 장기 상대도수를 구하라.

(c) 만약 추출시간이 주기적이어서 매 τ초마다 표본을 취한다고 하면, (a)와 (b)의 답은 어떻게 바뀌는가?

1.11. 난수의 임의 수열을 만들기 위해 전화번호부에서 한 행을 선택한다. 그리고 그 행에 있는 전화번호의 제일 마지막 숫자가 짝수이면 '0', 홀수이면 '1'을 출력한다. 그 결과로 얻어지는 수열이 '랜덤'하다는 것을 어떻게 설명할 수 있는지 논의하라. 단일 결과의 상대도수를 결정하기 위하여 어떤 테스트를 적용할 수 있는가? 한 쌍의 결과에 대한 경우는?

CHAPTER 2

확률론의 기본

Basic Concepts of Probability Theory

2장에서는 확률론의 기본 개념에 대해 소개한다. 여기서 소개된 기본 개념들은 이 책의 나머지 부분에서 더 발전시키거나 자세히 설명할 것이다. 여러분이 이 장에 소개된 기본 개념을 잘 이해한다면 이 책의 나머지 부분을 이해하는 데 훨씬 수월할 것이다.

다음과 같은 기본 개념들에 대해 설명할 것이다. 첫째, 집합 이론(set theory)은 표본 공간과 확률 실험의 사건을 자세히 기술하는 데 사용된다. 둘째, 확률의 공리(the axioms of probability)는 사건의 확률을 계산하기 위한 규칙을 자세히 기술하기 위하여 사용된다. 셋째, 조건부 확률(conditional probability)의 개념은 실험의 결과에 대한 부분적인 정보가 어떻게 사건의 확률에 영향을 미치는지 판단하게 해준다. 조건부 확률은 또한 실험이나 사건의 독립성에 대한 개념을 공식으로 나타낼 수 있게 해준다. 마지막으로 일련의 하위 확률 실험의 수행으로 이루어지는 순차 확률 실험(sequential random experiments)을 살펴볼 것이다. 이러한 실험에서 사건의 확률이 더 간단한 하위 실험의 확률로부터 어떻게 유도되는지 설명한다. 이 책을 통해 복잡한 확률 실험은 간단한 하위 실험으로 분해되어 분석될 수 있음을 알게 된다.

2.1 확률 실험의 기술

확률 실험은 실험이 같은 조건에서 반복될 때 그 결과가 예측할 수 없는 방식으로 변하는 실험이다. 확률 실험은 실험절차와 하나 이상의 측정이나 관찰들에 대해 자세히 기술되어야 한다.

예제 2.1

실험 E_1 : 1부터 50까지 번호를 매긴 공을 담은 항아리에서 공을 선택하여 그 공의 번호를 기록한다.

실험 E_2 : 1부터 4까지 번호를 매긴 공을 담은 항아리에서 공을 선택한다. 이때 공 1과 2는 검은색이고, 공 3과 4는 흰색이라고 하자. 선택한 공의 색깔과 번호를 기록한다.

실험 E_3 : 동전을 3번 던져서 앞면과 뒷면의 순서를 기록한다.

실험 E_4 : 동전을 3번 던져서 앞면이 나온 횟수를 기록한다.

실험 E_5 : 10 ms의 주기 동안 N명의 화자 집단에서 생성되는 무음의 음성 패킷의 수를 센다.

실험 E_6 : 정보의 한 블록이 잡음이 있는 채널을 통해 수신기에 오류 없이 도달할 때까지 반복적으로 전송된다. 필요한 전송의 횟수를 센다.

실험 E_7 : 0과 1 사이에서 임의로 한 수를 선택한다.

실험 E_8 : 메시지 센터에서 두 메시지 도착 사이의 시간을 측정한다.

실험 E_9 : 특정한 환경에서 주어진 컴퓨터 메모리 칩의 수명을 측정한다.
실험 E_{10} : 시간 t_1 에서 음성 신호의 값을 측정한다.
실험 E_{11} : 시간 t_1과 t_2에서 음성 신호의 값을 측정한다.
실험 E_{12} : 0과 1 사이에서 임의로 2개의 수를 선택한다.
실험 E_{13} : 0과 1 사이에서 임의로 한 수 X를 선택하고, 0과 X 사이에서 임의로 한 수 Y를 선택한다.
실험 E_{14} : 시스템의 한 부품이 시간 $t = 0$에서 설치된다. $t \geq 0$에서 부품이 작동하면 $X(t) = 1$이라 하고, 부품이 고장나면 $X(t) = 0$이라 한다.

확률 실험에 대해 자세히 기술하려면 무엇이 관찰되고 측정되는지 명확하게 언급해야 한다. 예를 들면 E_3과 E_4에서 설명한 것처럼, 확률 실험들은 같은 절차로 이루어지지만 관찰에서는 다를 수 있다.

E_2, E_3, E_{11}, E_{12}, E_{13}에서 설명된 것처럼, 확률 실험은 하나 이상의 측정이나 관찰을 수반할 수 있다. 심지어 확률 실험은 E_{14}와 같이 연속된 측정일 수도 있다.

실험 E_3, E_4, E_5, E_6, E_{12}, E_{13}은 간단한 하위 실험의 연속으로 볼 수 있는 순차 실험의 예다. 여러분은 각각에서 하위 실험을 확인할 수 있는가? E_{13}에서는 두 번째 하위 실험이 첫 번째 하위 실험의 결과에 의존하고 있음에 주의하라.

2.1.1 표본 공간

확률 실험은 일관되게 같은 결과를 내지 않기 때문에, 가능한 결과들의 집합을 결정해야 한다. 우리는 확률 실험의 **결과(outcome)**나 **표본점(sample point)**을 더 이상 다른 결과들로 나누어질 수 없는 결과로 정의한다. 확률 실험을 할 때 단 하나의 결과만 나온다. 따라서 결과들은 동시에 발생할 수 없다는 점에서 서로 배반적이다. 확률 실험의 **표본 공간(sample space)** S는 모든 가능한 결과들의 집합으로 정의된다.

우리는 한 실험의 결과를 ζ로 표시한다. 여기서 ζ는 S의 한 원소이거나 점이다. 확률 실험의 각 수행은 S에서 한 점(결과)을 임의로 선택하는 것으로 볼 수 있다.

표본 공간 S는 집합 기호를 사용하여 간략하게 나타낼 수 있다. 이것은 표, 다이어그램, 실직선의 구간, 평면의 영역으로 시각화할 수 있다. 집합을 표현하기 위한 두 가지 기본적인 방법이 있다.

1. 모든 원소들을 한 쌍의 중괄호 안에 콤마로 구분하여 열거한다.

$$A = \{0, 1, 2, 3\}$$

2. 집합의 원소를 나타내는 특성을 기술한다.

$$A = \{x : x\text{는 } 0 \leq x \leq 3\text{인 정수}\}$$

열거된 항목들의 순서가 바뀌어도 집합은 달라지지 않는다는 점에 주의하라. 예를 들면, {0, 1, 2, 3}과 {1, 2, 3, 0}은 같은 집합이다.

예제 2.2

예제 2.1의 실험에 해당하는 표본 공간은 집합의 개념을 이용하여 다음과 같이 주어진다.

$S_1 = \{1, 2, \ldots, 50\}$

$S_2 = \{(1, b), (2\ b), (3\ w), (4, w)\}$

$S_3 = \{\text{HHH, HHT, HTH, THH, TTH, THT, HTT, TTT}\}$

$S_4 = \{0, 1, 2, 3\}$

$S_5 = \{0, 1, 2, \ldots, N\}$

$S_6 = \{1, 2, 3, \ldots\}$

$S_7 = \{x : 0 \le x \le 1\} = [0, 1]$ (그림 2.1a 참조)

$S_8 = \{t : t \ge 0\} = [0, \infty)$

$S_9 = \{t : t \ge 0\} = [0, \infty)$ (그림 2.1b 참조)

$S_{10} = \{v: -\infty < v < \} = (-\infty, \infty)$

$S_{11} = \{(v_1, v_2) : -\infty < v_1 < \infty$ 그리고 $-\infty < v_2 < \infty\}$

$S_{12} = \{(x, y) : 0 \le x \le 1$ 그리고 $\{0 \le y \le 1\}$ (그림 2.1c 참조)

$S_{13} = \{(x, y) : 0 \le y \le x \le 1\}$ (그림 2.1d 참조)

$S_{14} = 0 \le t \le t_0$일 때 $X(t) = 1$이고, $t \ge t_0$일 때 $X(t) = 0$인 함수들의 집합, 여기서 $t_0 > 0$는 부품이 고장나는 시간이다.

같은 실험 절차를 포함하는 확률 실험은 실험 E_3와 E_4처럼 서로 다른 표본 공간을 가질 수 있다. 따라서 실험의 목적이 표본 공간의 선택에 영향을 미친다.

결과의 개수에 대해 세 가지 표본 공간이 가능하다. 표본 공간은 유한하거나, 셀 수 있는 무한대이거나, 셀 수 없는 무한대일 수 있다. S가 셀 수 있으면 S를 **이산 표본 공간(discrete sample space)**이라고 한다. 즉, 결과를 양의 정수와 일대일 대응시킬 수 있다. S가 셀 수 없으면 S를 **연속 표본 공간(continuous sample space)**이라 한다. 실험 E_1, E_2, E_3, E_4, E_5는 유한 **이산 표본 공간**을 갖고 있다. 실험 E_6은 셀 수 있는 무한 이산 표본 공간이다. 실험 E_7에서 E_{13}까지는 연속 표본 공간이다.

실험 결과는 하나 이상의 관찰이나 측정으로 이루어질 수 있기 때문에 표본 공간 S는 다차원일 수 있다. 예를 들면, 실험 E_2, E_{11}, E_{12}, E_{13}의 결과는 2차원이고, 실험 E_3의 결과는 3차원이다. 몇 개의 예에서 표본 공간은 다른 집합의 데카르트 곱으로 나타낼 수 있다.[1)] 예를 들면, R이 실수의 집합일 때 $S_{11} = R \times R$이고, $S = \{\text{H, T}\}$일 때 $S_3 = S \times S \times S$이다.

때로는 표본 공간에 불가능한 결과를 포함시키는 것이 편리하다. 예를 들면, 비록 장치의 수명이 무한하지는 않지만, 실험 E_9에서 표본 공간을 양의 실직선으로 정의하는 것이 편리하다.

2.1.2 사건

우리는 일반적으로 특정한 결과의 발생보다는 어떤 사건(즉, 결과가 어떤 조건을 만족하는지의 여부)에 대해 관심이 있다. 그러기 위해서는 S의 부분집합을 고려해야 한다. A의 모든 원소가 B에 포함되면, A는 B의 부분집합이라고 한다. 예를 들면, 전압 측정과 관련된 실험 E_{10}에서, 우리는 '신호 전압이 음' 인 사건에 대해 관심을 가질 수 있다. 관심을 갖는 조건은 표본 공간의 부분집합, 즉 S에서 주어진 조건을 만족하는 점 ζ의 집합을 정의한다. 예를 들면, '전압이 음이다.' 는 집합 $\{\zeta : -\infty < \zeta < 0\}$에 해당한다. 실험의 결과 ζ가 이 부분집합에 들어 있으면 사건은 발생한

---

1) 집합 A와 B의 데카르트 곱은 순서쌍 (a, b)의 집합으로 이루어지며, 여기서 첫 번째 원소는 A로부터 취하고 두 번째는 B로부터 취한다.

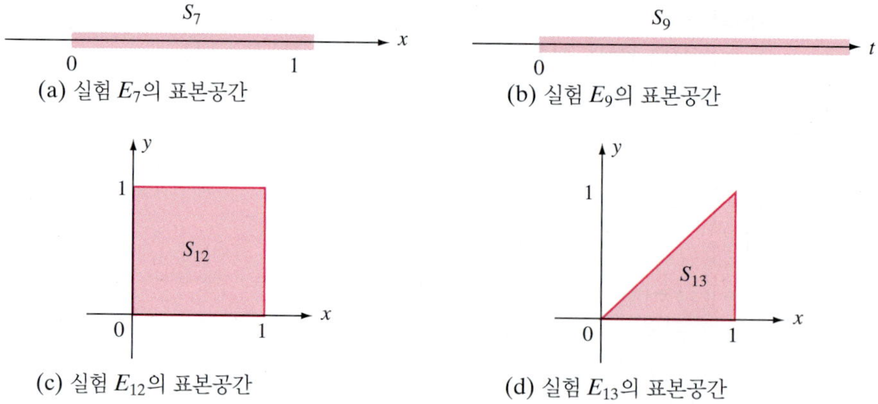

그림 2.1 ● 실험 E_7, E_9, E_{12}, E_{13}에 대한 표본공간

다. 이러한 이유로 우리는 **사건(event)**을 S의 부분집합으로 정의한다.

특별히 관심을 가져야 할 두 사건은, 모든 결과를 포함하고 있어서 항상 발생하는 **확실한 사건(certain event)** S와, 결과를 전혀 포함하지 않아서 결코 발생하지 않는 **불가능한 사건(impossible event)** 또는 **공사건(null event)** $\varnothing$이다.

예제 2.3

다음의 보기에서 A_k는 예제 2.1에 있는 실험 E_k에 해당하는 한 사건을 나타낸다.

E_1 : '짝수가 표시된 공이 선택된다.' $A_1 = \{2, 4, \ldots, 48, 50\}$
E_2 : '공이 흰색이고 짝수다.' $A_2 = \{(4, w)\}$
E_3 : '3번 던진 것이 같은 결과를 보인다.' $A_3 = \{\text{HHH, TTT}\}$
E_4 : '앞면이 나온 횟수와 뒷면이 나온 횟수가 같다.' $A_4 = \varnothing$
E_5 : '유효한 패킷이 생성되지 않는다.' $A_5 = \{0\}$
E_6 : '필요한 전송 횟수가 10번 미만이다.' $A_6 = \{1, \ldots, 9\}$
E_7 : '선택된 수가 음수가 아니다.' $A_7 = S_7$
E_8 : '메시지 사이의 도착 시간 간격이 t_0초보다 작다.' $A_8 = \{t : 0 \le t < t_0\} = [0, t_0)$
E_9 : '칩이 1,000시간 초과, 1,500시간 미만으로 작동한다.' $A_9 = \{t : 1000 < t < 1500\} = (1000, 1500)$
E_{10} : '전압의 절대값이 1볼트보다 작다.' $A_{10} = \{v : -1 < v < 1\} = (-1, 1)$
E_{11} : '두 전압이 반대의 극성을 가진다,' $A_{11} = \{(v_1, v_2) : (v_1 < 0, v_2 > 0)\}$ 또는 $\{(v_1 > 0, v_2 < 0)\}$
E_{12} : '두 수의 차이가 1/10보다 작다.' $A_{12} = \{(x, y) : (x, y) \text{ in } S_{12}, |x - y| < 1/10)\}$
E_{13} : '두 수의 차이가 1/10보다 작다.' $A_{13} = \{(x, y) : (x, y) \text{ in } S_{13}, |x - y| < 1/10)\}$
E_{14} : '시스템이 t_1 시간에 작동한다.' $A_{14} = \{X(t_1) = 1\text{인 } S_{14} \text{ 의 부분집합}\}$

사건은 A_2와 A_5에서처럼 한 개의 결과로 이루어질 수 있다. 한 개의 결과로 이루어진 이산 표본 공간에서의 사건을 **기본사건(elementary event)**이라 한다. 사건 A_2와 A_5는 기본사건이다. A_7에서처럼 사건은 전체의 표본 공간으로 이루어질 수도 있다. 공사건 $\varnothing$는 A_4에서처럼, 주어진 사건을 나타내는 조건을 만족하는 결과가 없을 때 발생한다.

2.1.3 집합이론의 복습

확률 실험에서 우리는 집합으로 표현되는 사건의 발생에 관심이 있다. 다른 사건을 구하기 위하여 집합 연산을 사용하여 사건들을 결합할 수 있다. 또한 복잡한 사건을 간단한 사건들의 조합으로 표현할 수도 있다. 사건과 확률 실험에 대해 더 자세히 설명하기에 앞서, 집합이론의 몇 가지 필수적인 개념들을 소개한다.

집합은 대상들의 모임으로 대문자 $S, A, B, \ldots$ 등으로 나타낼 수 있다. U는 주어진 환경이나 어플리케이션에서 관심 있는 모든 가능한 대상들로 구성된 **전체집합(universal set)**으로 정의된다. 확률 실험에서는 전체집합을 표본 공간이라고 부른다. 예를 들면, 실험 E_6의 전체집합은 $U = \{1, 2, \ldots\}$이다. 집합 A는 U의 대상들의 모임이다. 이러한 대상들을 집합 A의 **원소(elements)** 또는 **점(points)**이라고 부르며, 소문자 $\zeta, a, b, x, y, \ldots$ 등으로 표시할 수 있다. 'x는 A의 원소이다.' 또는 'x는 A의 원소가 아니다.'를 각각 나타내기 위하여 우리는 다음과 같은 표기법을 사용한다.

$$x \in A \quad \text{그리고} \quad x \notin A$$

집합을 설명할 때는 벤다이어그램(Venn diagram)을 사용할 수 있다. 벤다이어그램은 집합과 집합들 간의 상호관계를 나타내는 그림이다. 전체집합 U는 일반적으로 그림 2.2(a)에서 보여주는 것과 같이 직사각형 내의 모든 점들의 집합으로 표현된다. 그러면 집합 A는 직사각형 안에서 닫힌 영역 내의 점들의 집합이 된다.

만약 A의 모든 원소가 B에 속하면, A는 B의 **부분집합(subset)**이라고 한다. 즉, 만약 $x \in A$이라면 $x \in B$를 의미한다. 이때 'A는 B에 포함된다.'라고 말하며, 다음과 같이 나타낸다.

$$A \subset B$$

만약 A가 B의 부분집합이라면, 벤다이어그램은 그림 2.2(e)와 같이 B 영역 내부에 자리하는 A 영역으로 나타난다.

예제 2.4

실험 E_6에서는 다음과 같이 세 가지 집합에 대하여 관심을 가질 수 있다. $A = \{x : x \geq 10\} = \{10, 11, \ldots\}$, 즉, 10번 또는 그 이상의 전송이 요구된다. $B = \{2, 4, 6, \ldots\}$, 전송 횟수가 짝수다. 그리고 $C = \{x : x \geq 20\} = \{20, 21, \ldots\}$. 이들 집합 중 어느 것이 다른 집합의 부분집합인가?

C는 확실히 A의 부분집합이다($C \subset A$). 그러나 C는 B의 부분집합이 아니고, B도 C의 부분집합이 아니다. 두 집합 모두 다른 집합이 가지고 있지 않은 원소를 가지고 있기 때문이다. 마찬가지로, B는 A의 부분집합이 아니고, A 역시 B의 부분집합이 아니다.

공집합(empty set) $\varnothing$는 아무 원소도 가지고 있지 않은 집합으로 정의된다. 공집합 $\varnothing$은 모든 집합의 부분집합이다. 즉, 어떤 집합 A에 대해서도 $\varnothing \subset A$가 된다.

만약 두 집합 **A와 B가 같은** 원소를 포함하고 있다면, 두 집합은 같다고 한다. A의 모든 원소가 B에도 있으므로, $x \in A$는 $x \in B$를 의미하고, 따라서 $A \subset B$가 된다. 마찬가지로, B의 모든 원소가 A에도 있으므로, $x \in B$는 $x \in A$를 의미하고, 따라서 $B \subset A$가 된다.

$$A = B \quad \text{단} \quad A \subset B \quad \text{그리고} \quad B \subset A\text{의 경우에 한하여}$$

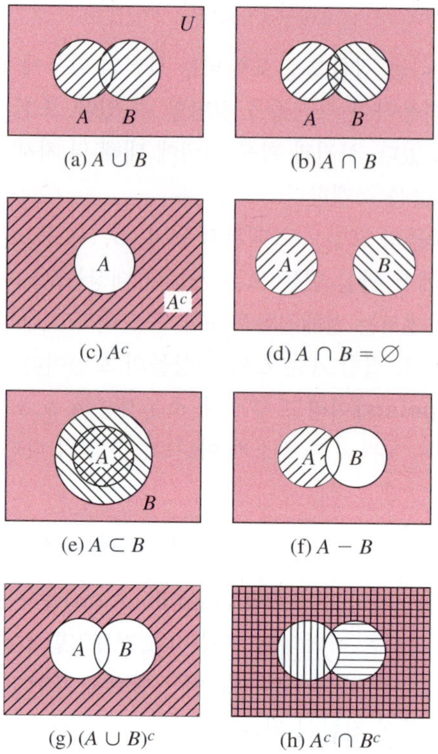

그림 2.2 ● 집합 연산과 집합 관계

두 집합 A, B가 같음을 보이기 위한 일반적인 방법은 $A \subset B$이고 $B \subset A$임을 보이는 것이다. 두 번째 방법은 A의 모든 항목과 B의 모든 항목을 나열하여 그 항목들이 같다는 것을 보이는 것이다. 두 번째 방법의 변형된 방법은, 벤다이어그램을 사용하여 A에 대응하는 영역을 확인하고, 그런 다음 B에 대한 부분이 같은 영역을 차지하고 있음을 보이는 것이다. 두 방법에 대한 예를 곧 소개할 것이다.

집합에 대하여는 세 가지 기본적인 연산을 사용한다. 합집합(*union*)과 교집합(*intersection*) 연산을 두 집합에 적용하면 세 번째 집합이 만들어진다. 여집합(*complement*) 연산을 한 집합에 적용하면 또 다른 집합이 생성된다.

두 집합 A, B의 **합집합(union)**은 $A \cup B$로 나타내고, A에 속하거나 B에 속하거나 또는 양쪽 모두에 속하는 결과들의 집합으로 정의된다.

$$A \cup B = \{x : x \in A \text{ 또는 } x \in B\}$$

연산 $A \cup B$는 집합 A와 집합 B를 정의하는 특성들의 논리적 'or'에 해당한다. 즉, x가 A를 정의하는 특성을 만족하거나 x가 B를 정의하는 특성을 만족하거나 또는 양쪽 모두를 만족하는 경우, x는 $A \cup B$에 포함된다. $A \cup B$에 대한 벤다이어그램은 그림 2.2(a)에서 빗금 친 부분과 같다.

두 집합 A와 B의 **교집합(intersection)**은 $A \cap B$로 나타내고, A와 B 양쪽 모두에 속하는 결과들의 집합으로 정의된다.

$$A \cap B = \{x : x \in A \text{ 그리고 } x \in B\}$$

연산 $A \cap B$는 집합 A와 집합 B를 정의하는 특성들의 논리적 'and'에 해당한다. $A \cap B$에 대한 벤다이어그램은 그림 2.2(b)에서 이중으로 빗금 친 부분과 같다. 만약 두 집합의 교집합이 공집합, 즉 $A \cap B = \varnothing$ 이면 두 집합은 **서로소(disjoint)** 또는 **서로 배반적(mutually exclusive)**이라고 한다. 그림 2.2(d)는 서로 배반적인 두 집합 A와 B를 보여준다.

집합 A의 여집합은 A^c로 나타내고, A에 속하지 않는 모든 원소의 집합으로 정의된다.

$$A^c = \{x : x \notin A\}$$

연산 A^c는 집합 A를 정의하는 특성의 논리적 'not'에 해당한다. 그림 2.2(c)는 A^c를 보여준다. $S^c = \varnothing$ 이고 $\varnothing^c = S$임에 주의하라.

집합 A와 B의 **상대적 여집합(relative complement)** 또는 **차집합(difference)**은 B에 속하지 않는 A의 원소의 집합이다.

$$A - B = \{x : x \in A \text{ 그리고 } x \notin B\}$$

$A - B$는 그림 2.2(f)가 보여주는 것처럼, A의 원소 중 B에도 속하는 모든 원소를 A에서 제거함으로써 얻어진다. $A - B = A \cap B^c$이고, $B^c = S - B$임에 주목하라.

예제 2.5

A, B, C를 예제 2.4에서의 실험 E_6의 사건이라고 하자. 다음의 사건을 구하라.

$$A \cup B, A \cap B, A^c, B^c, A - B, B - A$$

$$A \cup B = \{2, 4, 6, 8, 10, 11, 12, \ldots\};$$
$$A \cap B = \{10, 12, 14, \ldots\};$$
$$A^c = \{x : x < 10\} = \{1, 2, \ldots, 9\};$$
$$B^c = \{1, 3, 5, \ldots\};$$
$$A - B = \{11, 13, 15, \ldots\};$$
$$B - A = \{2, 4, 6, 8\}$$

세 가지 기본적인 집합 연산은 다른 집합들을 만들기 위해 결합될 수 있다. 집합 연산에 대한 다음의 특성들은 집합들의 조합에 대한 새로운 식을 얻는 데 유용하다.

교환법칙(*commutative properties*)

$$A \cup B = B \cap A \text{ 그리고 } A \cap B = B \cap A \quad (2.1)$$

결합법칙(*associative properties*)

$$A \cup (B \cup C) = (A \cup B) \cup C \quad \text{그리고} \quad A \cap (B \cap C) = (A \cap B) \cap C \quad (2.2)$$

분배법칙(*distributive properties*)

$$A \cup (B \cap C) = (A \cup B) \cap (A \cup C) \quad \text{그리고}$$
$$A \cap (B \cup C) = (A \cap B) \cup (A \cap C) \quad (2.3)$$

위의 특성을 적용하여 새로운 항등식을 유도할 수 있다. 그러한 중요한 예가 드모르간의 법칙이다.

드모르간의 법칙(*DeMorgan's rules*)

$$(A \cup B)^c = A^c \cap B^c \quad \text{그리고} \quad (A \cap B)^c = A^c \cup B^c \tag{2.4}$$

예제 2.6

드모르간의 법칙을 벤다이어그램을 이용하여 증명하고, 다시 집합 등식을 사용하여 증명하라.

먼저 벤다이어그램을 사용하여 첫 번째 등식을 증명한다. 그림 2.2(g)의 빗금 친 부분은 위 식의 왼쪽과 같은 $A \cup B$의 여집합을 보여준다. 그림 2.2(h)에서 이중으로 빗금 친 영역은 A^c와 B^c의 교집합이다. 두 영역이 같으므로 집합도 역시 같다. 식 (2.4)의 두 번째 등식에 대하여 벤다이어그램을 그려보아라.

다음으로 집합 등식을 증명함으로써 드모르간의 법칙을 증명한다. 증명은 두 부분으로 이루어진다: 먼저 $(A \cup B)^c \subset A^c \cap B^c$임을 보이고, 그 다음에 $A^c \cap B^c \subset (A \cup B)^c$임을 보인다. 이 두 결과는 $(A \cup B)^c = A^c \cap B^c$을 의미한다.

먼저, $x \in (A \cup B)^c$라고 하면 $x \notin A \cup B$가 된다. 특히, $x \notin A$는 $x \in A^c$을 의미한다. 비슷하게, $x \notin B$는 $x \in B^c$을 의미한다. 따라서, x는 A^c와 B^c 모두에 포함된다. 즉, $x \in A^c \cap B^c$이다. 이상으로 $(A \cup B)^c \subset A^c \cap B^c$임을 보였다.

반대 방향으로 포함되는 것을 증명하기 위해 $x \in A^c \cap B^c$라고 하자. 이것은 $x \in A^c$임을 의미하고, 따라서 $x \notin A$가 된다. 비슷하게, $x \in B^c$이고 $x \notin B$이다. 따라서, $x \notin (A \cup B)$이고 $x \in (A \cup B)^c$가 된다. 이상으로 $A^c \cap B^c \subset (A \cup B)^c$를 보였다. 이는 $(A \cup B)^c = A^c \cap B^c$임을 증명한다.

두 번째 드모르간의 법칙을 증명하기 위해 첫 번째 드모르간의 법칙을 A^c와 B^c에 적용하여 다음을 얻는다.

$$(A^c \cup B^c)^c = (A^c)^c \cap (B^c)^c = A \cap B$$

여기서 $A = (A^c)^c$을 사용하였다. 위 식의 양변에 대하여 여집합을 취한다.

$$A^c \cup B^c = (A \cap B)^c$$

예제 2.7

실험 E_{10}에서 사건 A, B, C는 다음과 같이 정의된다고 하자.

$A = \{v : |v| > 10\}$, 'v의 전압 크기는 10볼트보다 크다.'
$B = \{v : v < -5\}$, 'v는 −5볼트보다 작다.'
$C = \{v : v > 0\}$, 'v는 양이다.'

다음을 확인하기 바란다.

$A \cup B = \{v : v < -5 \text{ 또는 } v > 10\}$,
$A \cap B = \{v : v < -10\}$,
$C^c = \{v : v \le 0\}$,
$(A \cup B) \cap C = \{v : v > 10\}$,
$A \cap B \cap C = \varnothing$,
$(A \cup B)^c = \{v : -5 \le v \le 10\}$.

합집합과 교집합 연산은 임의 개수의 집합에 대하여 반복할 수 있다. 따라서 다음과 같이 n개의 집합의 합집합은 적어도 한 A_k에 포함되는 모든 원소들로 구성된다.

$$\bigcup_{k=1}^{n} A_k = A_1 \cup A_2 \cup \cdots \cup A_n \tag{2.5}$$

셀 수 있는 무한 집합열의 합집합에도 동일한 정의가 적용된다.

$$\bigcup_{k=1}^{\infty} A_k \tag{2.6}$$

n개의 집합의 교집합은 모든 집합 $A_1, \ldots, A_n$에 속하는 원소들로 구성된다.

$$\bigcap_{k=1}^{n} A_k = A_1 \cap A_2 \cap \cdots \cap A_n \tag{2.7}$$

셀 수 있는 무한 집합열의 교집합에도 동일한 정의가 적용된다.

$$\bigcap_{k=1}^{\infty} A_k \tag{2.8}$$

집합들의 셀 수 있는 합집합과 교집합은 유한하지 않은 표본 공간을 다루는 데 있어서 매우 중요하다는 것을 앞으로 알게 될 것이다.

2.1.4 사건 클래스

앞에서 표본 공간 S는 확률 실험의 모든 가능한 결과의 집합이라고 소개하였다. 또한 사건은 S의 부분집합이라고 소개하였다. 확률론에서는 관심이 있는 사건의 클래스 $\mathcal{F}$를 명확히 제시하는 것이 필요하다. 오직 이 클래스의 사건에만 확률이 할당된다. $\mathcal{F}$ 내의 사건들에 대한 어떤 집합 연산도 역시 $\mathcal{F}$ 내의 사건인 집합을 생성한다고 예상할 수 있다. 특히, $\mathcal{F}$에 속한 사건의 셀 수 있는 합집합과 교집합뿐만 아니라 여집합(즉, 식 (2.1)과 식 (2.5)부터 (2.8)까지)도 그 결과로 $\mathcal{F}$ 내의 사건을 얻는다고 단언할 수 있다. 표본 공간 S가 유한하거나 셀 수 있으면 간단히 $\mathcal{F}$는 S의 모든 부분집합으로 구성된다고 하고, $\mathcal{F}$에 대하여는 더 이상 걱정하지 않고 진행할 수 있다. 그러나 S가 실직선 R(또는 실직선의 구간)인 경우에는, $\mathcal{F}$가 R의 모든 가능한 부분집합이면서 여전히 확률의 공리를 만족한다고 할 수 없다. 다행히도 $\mathcal{F}$를 실직선의 구간, 예를 들어 $(a, b]$ 또는 $(-\infty, b]$의 여집합 그리고 셀 수 있는 합집합과 교집합으로 얻어지는 사건들의 클래스라고 함으로써, 실제 관심 있는 모든 사건을 얻을 수 있다. 이 사건의 클래스를 보렐 집합체(*Borel field*)라고 하고, 가끔 사건 클래스 $\mathcal{F}$를 언급할 것이다. 확률의 소개수준 과정에서는 이 절에서 설명한 내용 이상을 알 필요는 없다.

사건의 클래스에 관하여 말할 때 우리는 사건들(집합들)의 모임(집합)을 의미하는 것이다. 즉, '집합들의 집합'을 말하는 것이다. 클래스의 원소가 집합이라는 것을 상기시키기 위하여 집합의 모임을 클래스라고 말한다. 클래스는 $\mathcal{C}, \mathcal{F}, \mathcal{G}$와 같이 필기체 대문자를 사용하여 표시한다. 클래스 $\mathcal{C}$가 집합 $A_1, \ldots, A_k$의 모임으로 구성된다면, $C = \{A_1, \ldots, A_k\}$라고 쓴다.

예제 2.8

$S = \{T, H\}$를 동전 던지기의 결과라고 하고, S의 각 부분집합을 사건이라고 하자. S의 모든 가능한 사건을 구하라.

사건은 S의 한 부분집합이다. 따라서 S의 모든 가능한 부분집합을 구할 필요가 있다. 이러한 부분집합은 다음과 같다.

$$\mathcal{S} = \{\varnothing, \{H\}, \{T\}, \{H, T\}\}$$

$\mathcal{S}$는 공집합과 S 자신을 모두를 포함하고 있다는 것에 주의하라. i_T와 i_H를 이진 숫자라고 하고, $i = 1$은 주어진 부분집합에서 S의 대응 원소를 가리킨다고 하자. i_T와 i_H 쌍에 대하여 모든 가능한 값을 취함으로써 모든 가능한 부분집합을 생성할 수 있다. 따라서 $i_T = 0, i_H = 1$은 집합 $\{H\}$에 해당한다. 분명히 위에 열거한 것과 같이 2^2개의 가능한 부분집합이 있다.

유한 표본 공간(*finite sample space*) $S = \{1, 2, \ldots, k\}$[2)]에 대해, 보통 S의 모든 부분집합을 사건이라고 한다. 이러한 사건의 클래스를 **S의 멱집합(power set)**이라고 부르고, $\mathcal{S}$로 나타낼 것이다. 이진수 $i_1, i_2, \ldots, i_k$로 S의 모든 가능한 부분집합을 나타낼 수 있고, 2^k개의 항을 가진 S의 멱집합을 구할 수 있다. 이러한 이유로, 멱집합은 $\mathcal{S} = 2^S$로도 나타낸다.

2장 8절에서 사건 클래스에 대해 더 자세히 설명한다.

2.2 확률의 공리

확률은 실험이 수행될 때 사건들이 얼마나 '일어날 가능성이 있는지'를 나타내는, 사건에 할당되는 수다. 확률 실험에 대한 **확률법칙(probability law)**은 사건 클래스 $\mathcal{F}$에 속한 실험의 사건에 확률을 할당하는 규칙이다. 따라서 확률법칙은 집합(사건)에 수를 할당하는 함수가 된다. 1장 3절에서 우리는 확률의 모든 정의가 만족시켜야 하는 상대도수의 여러 특성을 알아보았다. 확률의 공리(the axioms of probability)는 확률법칙이 이러한 특성을 만족해야 한다고 공식적으로 말한다. 이 절에서는 이러한 공리들의 집합을 따르는 많은 결과들을 알아본다.

E를 표본 공간 S와 사건 클래스 $\mathcal{F}$를 갖는 확률 실험이라 하자. 실험 E에 대한 확률법칙은 각 사건 $A \in \mathcal{F}$에 대해 다음의 공리를 만족하는, **A의 확률**이라 부르는 숫자 $P[A]$를 할당하는 규칙이다.

공리 *I* $0 \le P[A]$

공리 *II* $P[S] = 1$

공리 *III* $A \cap B = \varnothing$이면 $P[A \cup B] = P[A] + P[B]$

공리 *III'* 사건 $A_1, A_2, \ldots$ 이 모든 $i \ne j$에 대해
$A_i \cap A_j = \varnothing$인 일련의 사건이라면,

2) 이 설명은 임의의 대상 $S = \{x_1, \ldots, x_k\}$에 대한 어떤 유한 표본공간에도 적용할 수 있다. 그러나 표현을 간단하게 하기 위해 $\{1, 2, \ldots, k\}$을 사용한다.

$$P\left[\bigcup_{k=1}^{\infty} A_k\right] = \sum_{k=1}^{\infty} P[A_k]$$

공리 I, II, III은 유한 표본 공간을 갖는 실험을 다루기에 충분하다. 무한 표본 공간을 갖는 실험을 다루기 위해서는 공리 III은 공리 III′로 대체되어야 한다. 공리 III′는 공리 III을 $k \geq 3$일 때 $A_k = \varnothing$인 특별한 경우로서 포함한다는 것에 주목하라. 따라서 우리는 실질적으로 공리 I, II, III′만이 필요하다. 그럼에도 공리 I, II, III으로 시작함으로써 더 큰 통찰력을 얻게 될 것이다.

공리는 우리에게 사건을 물리적인 질량과 유사한 속성(확률)을 갖는 객체로 보게 한다. 공리 I은 확률(질량)은 음수가 아님을 말하고, 공리 II는 확률(질량)의 총량이 일정한, 즉 1단위임을 나타낸다. 공리 III은 서로소인 객체의 전체 확률(질량)은 개별 확률(질량)의 합임을 말한다.

공리는 모든 정당한 확률할당이 만족시켜야 하는 일관성 있는 규칙들을 제공한다. 이제부터 우리는 공리로부터 나온 확률계산에 유용한 여러 가지 특성을 찾아낼 것이다.

첫 번째 특성은 표본 공간을 상호 배반적인 사건 A와 A^c로 나눌 경우, 이 두 사건의 확률을 더하면 1이 된다는 것이다.

정리 1

$P[A^c] = 1 - P[A]$

[증명] 사건 A와 그 여집합 A^c는 서로 배반적이므로 $A \cap A^c = \varnothing$이 된다. 따라서 공리 III에서 다음을 얻는다.

$$P[A \cup A^c] = P[A] + P[A^c]$$

$S = A \cap A^c$이므로, 공리 II에서

$$1 = P[S] = P[A \cup A^c] = P[A] + P[A^c]$$

$P[A^c]$을 위해 이항하면 정리가 나온다.

다음의 정리는 사건의 확률이 항상 1보다 작거나 같음을 말한다. 정리 2를 공리 I과 결합하면 문제 풀이를 위한 좋은 검증 방법이 된다. 만약 여러분이 계산한 확률이 음이거나 1보다 크다면, 여러분은 어디에선가 실수한 것이다!

정리 2

$P[A] \leq 1$

[증명] 정리 1에서 다음을 얻을 수 있다.

$$P[A] = 1 - P[A^c] \leq 1$$

이유는 $P[A^c] \geq 0$이기 때문이다.

정리 3은 불가능한 사건의 확률이 0임을 설명한다.

정리 3

$P[\varnothing]=0$

[증명] 정리 1에서 $A=S$, $A^c=\varnothing$이라 하자.

$$P[\varnothing] = 1 - P[S] = 0$$

정리 4는 복잡한 사건 A의 확률 계산을 위한 일반적인 방법을 제공한다. 그 방법으로 사건 A를 서로소인 사건들 $A_1, A_2, \ldots, A_n$의 합집합으로 나눈다. 확률 A는 확률 A_k들의 합이다.

정리 4

$A_1, A_2, \ldots A_n$이 짝으로 서로 배반적이면 다음과 같다.

$$P\left[\bigcup_{k=1}^{n} A_k\right] = \sum_{k=1}^{n} P[A_k],\ n \geq 2$$

[증명] 수학적 귀납법을 사용하여 증명한다. 공리 III은 $n=2$일 때 결과가 참임을 뜻한다. 만약 결과가 어떤 n에 대해서 참이면, $n+1$에 대해서도 역시 참임을 증명해야 한다. $n=2$일 때 결과가 참이라는 사실과 결합하여, 이것은 결과가 $n \geq 2$에 대해서 참임을 뜻한다.

결과가 $n>2$에 대해서 참이라고 가정하자.

$$P\left[\bigcup_{k=1}^{n} A_k\right] = \sum_{k=1}^{n} P[A_k] \tag{2.9}$$

그리고 $n+1$인 경우를 생각하면 다음과 같다.

$$P\left[\bigcup_{k=1}^{n+1} A_k\right] = P\left[\left\{\bigcup_{k=1}^{n} A_k\right\} \cup A_{n+1}\right] = P\left[\bigcup_{k=1}^{n} A_k\right] + P[A_{n+1}] \tag{2.10}$$

여기서 우리는 사건 A_1부터 A_n까지의 합집합이 A_{n+1}과 서로 배반적이라는 것에 주목하여 공리 III을 두 번째 식에 적용하였다. 분배법칙은 다음을 의미한다.

$$\left\{\bigcup_{k=1}^{n} A_k\right\} \cap A_{n+1} = \bigcup_{k=1}^{n}\{A_k \cap A_{n+1}\} = \bigcup_{k=1}^{n}\varnothing = \varnothing$$

식 (2.9)를 식 (2.10)에 대입하면 $n+1$의 경우에 대해 다음과 같은 식을 얻을 수 있다.

$$P\left[\bigcup_{k=1}^{n+1} A_k\right] = \sum_{k=1}^{n+1} P[A_k]$$

정리 5는 반드시 서로 배반적일 필요가 없는 두 사건의 합집합을 위한 식을 제공한다.

정리 5

$$P[A \cup B] = P[A] + P[B] - P[A \cap B]$$

[증명] 먼저 $A \cup B$, A, B를 서로소인 사건의 집합으로 나눈다. 그림 2.3의 벤다이어그램에서 다음 식을 얻을 수 있다.

$$P[A \cup B] = P[A \cap B^c] + P[B \cap A^c] + P[A \cap B]$$

$$P[A] = P[A \cap B^c] + P[A \cap B]$$

$$P[B] = P[B \cap A^c] + P[A \cap B]$$

위의 마지막 두 방정식을 이용하여 첫 번째 식의 $P[A \cap B^c]$와 $P[B \cap A^c]$를 치환함으로써 정리를 얻는다.

그림 2.3의 벤다이어그램을 보면, $P[A] + P[B]$에서 집합 $A \cap B$의 확률(질량)은 두 번 계산되는 것을 알 수 있다. 정리 5의 수식은 이것을 감안한 것이다. 정리 5는 세 개의 사건으로 쉽게 일반화된다.

$$P[A \cup B \cup C] = P[A] + P[B] + P[C] - P[A \cap B] - P[A \cap C] - P[B \cap C] + P[A \cap B \cap C] \tag{2.11}$$

그리고 일반적으로 n개의 사건에 대해서는 정리 6에서 설명한다.

정리 6

$$P\left[\bigcup_{k=1}^{n} A_k\right] = \sum_{j=1}^{n} P[A_j] - \sum_{j<k} P[A_j \cap A_k] + \cdots + (-1)^{n+1} P[A_1 \cap \cdots \cap A_n]$$

증명은 귀납법(문제 2.26과 2.27 참조)을 사용하면 된다.

확률은 음수가 될 수 없기 때문에 정리 5는 두 사건에 대한 합집합의 확률이 개별사건에 대한 확률의 합보다 크지 않음을 뜻한다.

$$P[A \cup B] \le P[A] + P[B] \tag{2.12}$$

위의 부등식은, 어떤 집합의 부분집합은 반드시 더 작은 확률을 갖는다는 사실의 특별한 경우다. 이 결과는 관심 있는 확률의 상위 경계를 얻기 위해서 흔히 사용된다. 대표적인 예로, 확률을 구하기 힘든 사건 A에 관심이 있다면 부분집합으로 A를 포함하는, 확률을 구할 수 있는 사건 B를 찾으면 된다.

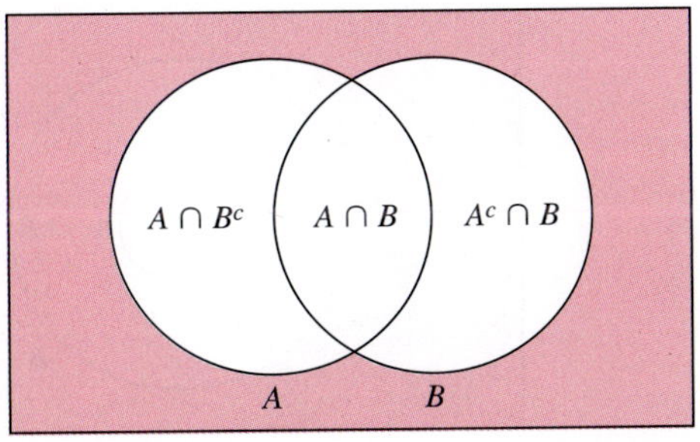

그림 2.3 ● 집합 $A \cup B$를 세 개의 서로소인 집합으로 분해

정리 7

$A \subset B$이면, $P[A] \le P[B]$

[증명] 그림 2.4에서 B는 A와 $A^c \cap B$의 합집합이고, $P[A^c \cap B] \ge 0$이므로 다음과 같다.

$$P[B] = P[A] + P[A^c \cap B] \ge P[A]$$

정리와 공리는 다른 사건의 항으로 어떤 사건의 확률을 구하는 방법을 제공한다. 그러나 모든 다른 사건의 확률을 계산하기 위해서는 몇몇 기본사건의 집합에 대한 **초기 확률할당 (initial probability assignment)**이 여전히 필요하다. 이 문제는 다음 절에서 다룰 것이다.

2.2.1 이산 표본 공간

이 절에서는 셀 수 있는 표본 공간을 갖는 실험에 대한 확률법칙은 기본사건의 확률로 자세히 기술될 수 있음을 알게 될 것이다. 우선 표본 공간은 유한하고, $S = \{a_1, a_2, \cdots, a_n\}$, 그리고 $\mathcal{F}$는 S의 모든 가능한 부분집합으로 구성된다고 하자. 모든 개별 기본사건은 서로 배반적이며, 따라서 정리 4에 의해 어떤 사건 $B = \{a'_1, a'_2, \cdots, a'_m\}$의 확률은 다음과 같이 주어진다.

$$\begin{aligned} P[B] &= P[\{a'_1, a'_2, \ldots, a'_m\}] \\ &= P[\{a'_1\}] + P[\{a'_2\}] + \cdots + P[\{a'_m\}] \end{aligned} \tag{2.13}$$

즉, 한 사건의 확률은 그 사건을 이루는 결과들의 확률의 합과 같다. 따라서 유한한 표본 공간을 갖는 확률 실험을 위한 확률법칙은 기본사건의 확률로 기술된다고 결론 내린다.

만약 표본 공간이 $S = \{a_1, \cdots, a_n\}$인 n개의 원소를 갖는다면, 특별히 관심을 갖는 확률할당은 **같은 빈도의 결과(equally likely outcomes)**를 갖는 경우다. 기본사건의 확률은 다음과 같다.

$$P[\{a_1\}] = P[\{a_2\}] = \cdots = P[\{a_n\}] = \frac{1}{n} \tag{2.14}$$

k개의 결과로 이루어진 어떤 사건 $B = \{a'_1, \cdots, a'_k\}$의 확률은 다음과 같다.

$$P[B] = P[\{a'_1\}] + \cdots + P[\{a'_k\}] = \frac{k}{n} \tag{2.15}$$

따라서 만약 모든 결과가 같은 확률을 가지고 있다면, 한 사건의 확률은 그 사건의 결과 개수를 표본 공간의 원소 개수로 나눈 값과 같다. 2.3절에서는 같은 빈도의 결과를 갖는 실험에서 확률을 찾는

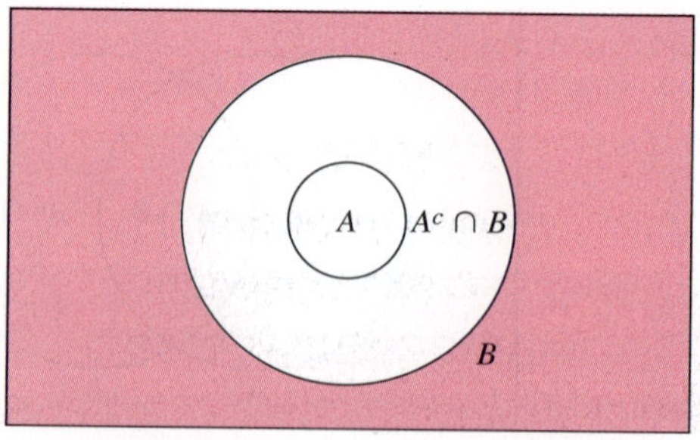

그림 2.4 ● $A \subset B$이면 $P(A) \le P(B)$

데 유용한 계수방법에 대해 살펴보겠다.

표본 공간이 셀 수 있는 무한대 $S = \{a_1, a_2, \ldots\}$인 경우에 대하여 고려해보자. 사건 클래스 $\mathcal{F}$는 S의 모든 부분집합으로 이루어진 클래스라고 하자. 사건은 집합들의 셀 수 있는 합집합으로 이루어질 수 있으므로, $\mathcal{F}$는 식 (2.8)을 만족해야 한다는 것에 주의하기 바란다. 공리 III′은 $D = \{b_1, b_2, b_3, \ldots\}$와 같은 사건의 확률이 다음과 같이 주어진다는 것을 의미한다.

$$P[D] = P[\{b'_1, b'_2, b'_3, \ldots\}] = P[\{b'_1\}] + P[\{b'_2\}] + P[\{b'_3\}] + \ldots$$

셀 수 있는 무한 표본 공간을 가지고 있는 사건의 확률은 기본사건의 확률로부터 결정된다.

예제 2.9

0에서 9까지 번호를 매긴 10개의 공이 한 항아리에 있다. 항아리에서 공을 꺼낸 후 번호를 확인하는 확률 실험을 한다. 다음 사건들의 확률을 구하라.

A = '선택된 공의 번호가 홀수다.'
B = '선택된 공의 번호가 3의 배수다.'
C = '선택된 공의 번호가 5보다 작다.'

그리고 $A \cup B$와 $A \cup B \cup C$의 확률을 구하라.

표본 공간은 $S = \{0, 1, \cdots, 9\}$이다. 따라서 위 사건에 해당하는 결과의 집합은 다음과 같다.

$$A = \{1, 3, 5, 7, 9\}, \quad B = \{3, 6, 9\}, \quad C = \{0, 1, 2, 3, 4\}$$

그 결과들이 같은 확률을 가지고 있다고 가정하면,

$$P[A] = P[\{1\}] + P[\{3\}] + P[\{5\}] + P[\{7\}] + P[\{9\}] = \frac{5}{10}$$

$$P[B] = P[\{3\}] + P[\{6\}] + P[\{9\}] = \frac{3}{10}$$

$$P[C] = P[\{0\}] + P[\{1\}] + P[\{2\}] + P[\{3\}] + P[\{4\}] = \frac{5}{10}$$

정리 5에서 다음을 구할 수 있다.

$$P[A \cup B] = P[A] + P[B] - P[A \cap B] = \frac{5}{10} + \frac{3}{10} - \frac{2}{10} = \frac{6}{10}$$

여기서 우리는 $A \cap B = \{3, 9\}$라는 사실을 이용하였으며, 따라서 $P[A \cap B] = 2/10$이다. 정리 6에서 다음을 구할 수 있다.

$$\begin{aligned} P[A \cup B \cup C] &= P[A] + P[B] + P[C] - P[A \cap B] \\ &\quad - P[A \cap C] - P[B \cap C] + P[A \cap B \cap C] \\ &= \frac{5}{10} + \frac{3}{10} + \frac{5}{10} - \frac{2}{10} - \frac{2}{10} - \frac{1}{10} + \frac{1}{10} \\ &= \frac{9}{10} \end{aligned}$$

사건의 결과들을 열거하여 $P[A \cup B]$와 $P[A \cup B \cup C]$에 대한 해를 확인하기 바란다.

확률할당을 변경시킴으로써 같은 표본 공간과 사건에 대해 많은 확률모델을 만들 수 있다. 유한 표본 공간의 경우, 기본사건들의 확률로 합이 1이 되는 n개의 음이 아닌 수를 찾아내는 것이 우리가 해야 할 일의 전부이다. 다음의 예는 하나 이상의 '적절한' 확률할당이 가능하고 적절한 할당을 결정하기 위해 실험적 근거가 필요한 상황을 보여준다.

예제 2.10

동전을 3번 던진다고 가정하자. 동전의 앞면과 뒷면의 순서를 관찰한다면, 8개의 가능한 결과 $S_3 = \{HHH, HHT, HTH, THH, TTH, THT, HTT, TTT\}$가 있다. 만약 S_3의 결과가 각각 같은 확률을 갖는다고 가정하면, 8개의 기본사건의 각 확률은 1/8이 된다. 이 확률할당은 3번의 동전 던지기에서 앞면이 2번 나올 확률이 정리 4에 의해 다음과 같이 됨을 뜻한다.

$$\begin{aligned} P[\text{3번 던져서 앞면이 2번 나옴'}] &= P[\{HHT, HTH, THH\}] \\ &= P[\{HHT\}] + P[\{HTH\}] + P[\{THH\}] = \frac{3}{8} \end{aligned}$$

이제 세 번의 동전 던지기에서 앞면과 뒷면의 순서를 관찰하는 대신에 앞면이 나온 횟수를 센다고 가정하자. 그러면 표본 공간은 $S_4 = \{0, 1, 2, 3\}$이 된다. 만약 S_4의 각 결과의 확률이 같다고 가정하면, S_4의 각 기본사건의 확률은 1/4이 된다. 이 두 번째 확률할당은 3번의 동전 던지기에서 앞면이 2번 나오는 확률이 다음과 같음을 예측한다.

$$P[\text{3번 던져서 앞면이 2번 나옴}] = P[\{2\}] = \frac{1}{4}$$

처음의 확률할당은 세 번의 동전 던지기에서 앞면이 두 번 나올 확률이 3/8이 됨을 뜻하고, 두 번째 확률할당은 그 확률이 1/4이 됨을 예측한다. 따라서 이 두 확률할당은 서로 일치하지 않는다. 이론적으로는 어느 확률할당이든 받아들일 수 있다. 어떠한 확률할당이 더 적합한지를 결정하는 것은 우리에게 달려 있다. 이 장의 뒷부분에서 첫 번째의 확률할당만이 동전이 공정하고 동전 던지기가 '독립'이라는 가정과 일치함을 알게 될 것이다. 이 확률할당은 실제 동전 던지기 실험에서 관찰하게 되는 상대도수를 정확하게 예측한다.

마지막으로 셀 수 있는 무한 표본 공간을 갖는 예제를 살펴보자.

예제 2.11

공정한 동전을 앞면이 처음 나올 때까지 반복해서 던진다. 실험의 결과는 앞면이 처음 나올 때까지 던진 횟수다. 이 실험의 확률법칙을 찾아라.

앞면이 나올 때까지 던지는 횟수는 임의의 큰 수가 될 것이라고 생각할 수 있고, 따라서 표본 공간은 $S = \{1, 2, 3, \dots\}$이 된다. 실험이 n번 반복된다고 가정하자. N_j를 처음 앞면이 나올 때까지 j번 던진 결과의 시행 횟수라고 하자. 만약 n이 아주 크다면, 동전이 공정하기 때문에 우리는 N_1이 대략 $n/2$이 될 것이라고 예상한다. 이것은 두 번째 던지기가 필요한 경우는 결과적으로 약 $N - N_1 \approx n/2$번이 됨을 뜻하고, 이것의 약 반인 $n/4$은 앞면이 나올 것이라고 예상한다. 그리고 이러한 과정은 그림 2.5에서처럼 계속된다. 따라서 매우 큰 n에 대하여 상대도수는 다음과 같다.

$$f_j \approx \frac{N_j}{n} = \left(\frac{1}{2}\right)^j \qquad j = 1, 2, \dots$$

그러므로 이 실험에 타당한 확률법칙은 다음과 같다는 결론을 얻는다.

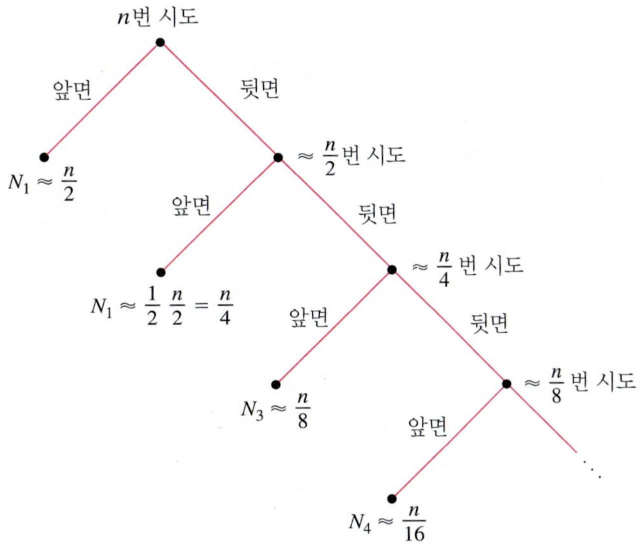

그림 2.5 ● n번의 시도에서 약 $n/2$번은 처음 던질 때 앞면이 나오고, 약 $n/4$번은 두 번 던질 때 앞면이 나오며, 이러한 과정은 계속된다.

$$P[\text{처음 앞면이 나올 때까지 } j\text{번 던짐}] = \left(\frac{1}{2}\right)^j \qquad j = 1, 2, \ldots \tag{2.16}$$

이러한 확률의 합은 $\alpha = 1/2$인 기하급수를 사용하여 1이 됨을 확인할 수 있다.

$$\sum_{j=1}^{\infty} \alpha^j = \frac{\alpha}{1-\alpha}\bigg|_{\alpha=1/2} = 1$$

2.2.2 연속 표본 공간

연속 표본 공간은 결과가 연속된 값을 갖는다고 생각할 수 있는 수로 나타나는 실험에서 일어난다. 따라서 표본 공간 S는 전체의 실직선 R(또는 실직선의 어떤 구간)로 놓는다. 사건 클래스는 R의 모든 부분집합으로 구성된다고 생각할 수도 있다. 그러나 이 클래스는 '너무 커서' R의 모든 부분집합에 확률을 할당할 수 없게 된다. 다행히 실제로 관심이 있는 모든 사건들을 포함하는 보다 작은 클래스에 속한 각 사건에 확률을 할당하는 것은 가능하다. 이러한 클래스를 $\mathcal{B}$로 표시하고, **보렐 집합체(Borel field)**라고 부른다. 이는 셀 수 있는 합집합, 교집합, 여집합으로 얻을 수 있는 모든 사건뿐만 아니라 실직선의 모든 개구간과 폐구간도 포함한다.[3] 공리 III′는 사건의 확률을 계산하기 위해 다시 한 번 중요한 역할을 한다. $A_1, A_2, \ldots$를 실직선의 구간으로 표현할 수 있는 서로 배반적인 사건의 열이라고 하자. 그러면 다음과 같이 그 확률을 계산할 수 있다.

[3] 2.9절에서 $\mathcal{B}$에 대해 좀 더 자세히 설명한다.

$$P\left[\bigcup_{k=1}^{\infty} A_k\right] = \sum_{k=1}^{\infty} P[A_k]$$

위 식에서 각 $P[A_k]$는 확률법칙으로 구할 수 있다. 이러한 이유로 연속 표본 공간을 갖는 실험에서의 확률법칙은 실직선의 구간에 숫자를 할당하기 위한 법칙과 같게 된다.

예제 2.12

'0과 1 사이에서 임의로 수 x를 뽑는다.' 는 확률 실험을 가정하자. 이 확률 실험의 표본 공간 S는 셀 수 없이 무한한 단위구간 [0, 1]이다. 모든 결과 S가 선택될 확률이 같다고 가정하면, 우리는 결과가 구간 [0, 1/2]에 있을 확률이 구간 [1/2, 1]에 있을 확률과 같음을 추측할 수 있다. 또한 같은 확률을 갖는 결과들이 셀 수 없이 무한히 많으므로, 결과가 정확하게 1/2이 되는 확률은 0임을 추측할 수 있다.

다음의 확률법칙을 살펴보자. '결과가 S의 부분 구간에 있을 확률은 부분 구간의 길이와 같다.' 즉, 식으로 표현하면 다음과 같다.

$$P[[a, b]] = (b - a) \qquad 0 \le a \le b \le 1 \tag{2.17}$$

여기서 $P[[a, b]]$는 구간 $[a, b]$에 해당하는 사건의 확률을 나타낸다. 분명히 $B \ge a \ge 0$이므로 공리 I은 만족된다. 공리 II는 $S = [a, b]$에서 $A = 0$, $b = 1$일 때 만족된다.

우리는 다음에서 확률법칙이 사건 [0, 1/2], [1/2, 1], {1/2}의 확률에 대한 앞에서의 추측과 일치함을 볼 수 있다.

$$P[[0, 0.5]] = 0.5 - 0 = .5$$
$$P[[0.5, 1]] = 1 - 0.5 = .5$$

게다가, 만약 X_0가 S의 한 점이라면 각 점의 폭은 0이므로, $P[[x_0, x_0]] = 0$이 된다.

이제 여러 구간의 합집합인 사건에 관심이 있다고 하자. 예를 들어, '결과가 단위구간의 중심에서 적어도 0.3 떨어져 있다.' 는 $A = [0, 0.2] \cup [0.8, 1]$로 나타낼 수 있다. 두 구간은 서로소이므로 공리 III에 따라 다음을 얻는다.

$$P[A] = P[[0, 0.2]] + P[[0.8, 1]] = .4$$

다음 예제는 반무한 구간의 확률을 부여하는 초기 확률할당도, 관심을 갖는 모든 사건의 확률을 명확하게 결정하기에도 충분함을 보여준다.

예제 2.13

컴퓨터 메모리 칩의 수명을 측정한다고 가정하고, '수명이 t시간을 넘는 메모리의 비율은 α의 비율로 지수적으로 감소한다.' 는 것을 알고 있다. 적절한 확률법칙을 찾아라.

이 실험에서 표본 공간을 $S = (0, \infty)$라고 하자. 만약 위의 사실을 '칩의 수명이 t시간을 넘을 확률은 α의 비율로 지수적으로 감소한다.' 라고 해석하면, (t, ∞) 형식의 사건에 대한 확률할당은 다음과 같이 얻을 수 있다.

$$P[(t, \infty)] = e^{-\alpha t} \qquad t > 0 \tag{2.18}$$

여기서 $\alpha > 0$. 지수는 $t > 0$ 에서 0과 1 사이의 수이므로, 공리 I을 만족시킨다. 공리 II는 다음의 식에 의해

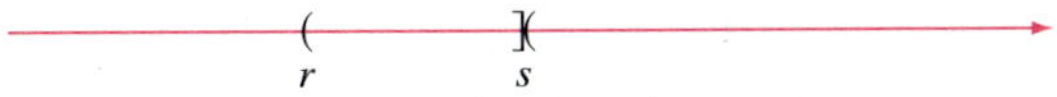

그림 2.6 ● $(r, \infty) = (r, s] \cup (s, \infty)$

만족된다.

$$P[S] = P[(0, \infty)] = 1$$

수명이 구간 $(r, s]$에 있을 확률은 그림 2.6에서 $(r, s] \cup (s, \infty) = (r, \infty)$임에 주목하면 구할 수 있다. 따라서 공리 III에 의해 다음을 얻는다.

$$P[(r, q)] = P[(r, s]] + P[(s, \infty)]$$

위 식을 다시 정리하면 다음 식을 얻는다.

$$P[(r, s]] = P[(r, \infty)] - P[(s, \infty)] = e^{-\alpha r} - e^{-\alpha s}$$

따라서 우리는 S의 임의구간에 대한 확률을 얻는다.

예제 2.12와 2.13에서 결과가 특정값을 갖는 확률은 0이다. 여러분은 다음과 같이 질문할 수 있다. 만약 결과(혹은 사건)의 확률이 0이라면 그 사건은 발생할 수 없음을 뜻하는가? 또 다음과 같이 질문할 수 있다. 어떻게 표본 공간의 모든 결과들이 0의 확률을 가질 수 있는가? 이러한 역설은 확률을 상대도수로 해석하여 설명할 수 있다. 무한히 많은 시행 횟수에서 단 한 번 발생하는 사건의 상대도수는 0이다. 그러므로 사건이나 혹은 결과의 상대도수가 0이라는 사실이 그것이 발생할 수 없음을 뜻하지는 않는다. 그보다는 매우 드물게 발생함을 뜻한다. 연속 표본 공간의 경우, 가능한 결과의 집합은 매우 크기 때문에 모든 결과는 상대도수가 0일 정도로 드물게 발생한다.

끝으로 사건이 평면에서의 영역인 예제를 살펴보자.

예제 2.14

0과 1 사이에서 임의로 두 수 x와 y를 뽑는 실험 E_{12}를 생각해보자. 표본 공간은 그림 2.7(a)와 같이 단위 정사각형이다. 만약 단위 정사각형에서 모든 수의 짝이 같은 확률로 선택된다고 가정하면, 단위 정사각형 안의 어떤 영역 R의 확률은 R의 면적과 같게 확률을 할당하는 것이 타당하다. 다음 사건의 확률을 구하라.

$$A = \{x > 0.5\}, B = \{y > 0.5\}, C = \{x > y\}$$

그림 2.7(b)에서 2.7(d)까지는 사건 A, B, C에 해당하는 영역을 보여준다. 각각의 영역은 분명히 1/2의 넓이를 가진다. 따라서 다음과 같다.

$$P[A] = \frac{1}{2}, \qquad P[B] = \frac{1}{2}, \qquad P[C] = \frac{1}{2}$$

우리는 문제에 대한 서술을 어떻게 그 확률모델로 만드는지 되풀이하여 설명한다. 문제에 대한 서술은 실험 절차와 일련의 측정과 관찰을 자세히 기술하는 확률 실험을 암시적 또는 명시적으로 정의한다. 이 측정과 관찰은 모든 가능한 결과의 집합, 즉 표본 공간 S를 결정한다.

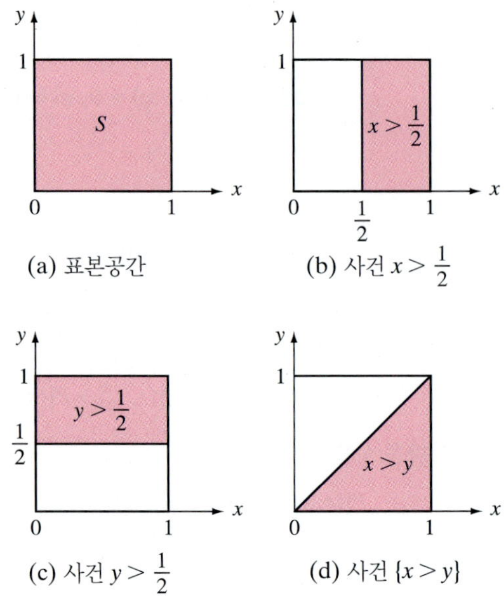

그림 2.7 ● 2차원 표본공간과 세 사건

그 다음에는 어떤 사건들의 확률을 정하기 위한 초기 확률할당이 결정되어야 한다. 이 확률할당은 반드시 확률공리를 만족시켜야 한다. 만약 S가 이산공간이라면 기본사건의 확률을 정하는 것으로 충분하고, 만약 S가 연속공간이라면 S는 실직선의 구간이나 평면의 영역에 해당하는 확률을 정하는 것으로 충분하다. 관심을 갖는 다른 사건의 확률은 초기 확률할당, 확률공리, 정리들로부터 결정될 수 있다. 많은 확률할당이 가능하고, 따라서 확률할당의 선택은 실험에 의한 관찰 또는 이전의 실험을 반영해야 한다.

*2.3 계수방법을 이용한 확률 계산[4)]

유한 표본 공간을 갖는 많은 실험에서 결과의 발생 확률은 같다고 가정한다. 한 사건의 확률은 표본 공간에 있는 결과의 전체 개수에 대한 관심 있는 사건의 결과 개수의 비율이다(식 (2.15)). 확률 계산은 한 사건에서 결과의 개수를 세는 것으로 단순화된다. 이 절에서 몇 가지 유용한 계수(조합) 공식에 대해 알아보자.

선다형 시험에서 k개의 질문이 있고, 질문 i에 대해 학생은 n_i개의 가능한 답 중 하나를 선택한다고 가정하자. 전체 질문에 답하는 방법의 수는 얼마인가? 질문 i에 대한 답을 k개로 이루어진 짝의 i번째 구성요소로 보면, 위 질문은 다음과 같다. 만약 x_i가 n_i개의 서로 다른 원소를 갖는 집합의 한 원소라면, 얼마나 많은 서로 다른 순서 있는 k-짝 $(x_1, \cdots, x_k)$이 가능한가?

$k=2$인 경우를 생각해보자. 만약 x_1과 x_2에 대한 모든 가능한 선택을 그림 2.8에서와 같이 표의 양쪽 변을 따라 배열한다면, $n_1 n_2$개의 서로 다른 순서쌍이 있음을 알 수 있다. 3차원 공

4) 이 절뿐만 아니라 별표가 되어 있는 모든 절은 공부를 계속하는 데 지장이 없으므로 건너뛸 수 있다.

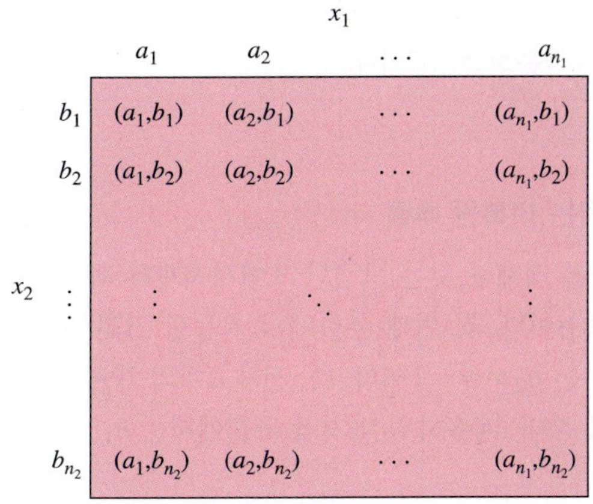

그림 2.8 ● 만약 x_1에서 서로 다른 n_1개의 선택이 있고 x_2에서 서로 다른 n_2개의 선택이 있다면, n_1n_2개의 서로 다른 순서쌍 (x_1, x_2)가 있다.

간에서 표의 수직 축을 따라 n_1n_2개의 가능한 짝 (x_1, x_2)을 배열하고, 수평 축을 따라 x_3에 대한 n_3 개의 가능한 선택들을 배열할 수 있다. 가능한 3-짝의 개수는 분명히 $n_1n_2n_3$이다.

일반적으로 x_i가 서로 다른 n_i 개의 원소를 갖는 집합의 구성요소일 때, 서로 다른 순서 있는 k-짝 $(x_1, \cdots, x_k)$의 수는 다음과 같다.

$$\text{서로 다른 순서 있는 } k\text{-짝의 수} = n_1n_2 \cdots n_k \tag{2.19}$$

많은 계수 문제는 '항아리' 에서 '공' 을 선택하거나 '모집단' 에서 '객체' 를 선택하는 표본 추출 문제로 볼 수 있다. 지금부터 식 (2.19)를 사용하여 여러 가지 형태의 표본 추출 문제를 위한 조합(combinatoriol) 공식을 개발해보자.

2.3.1 순서 매김을 하는 복원 추출

n개의 객체를 갖는 집합 A에서 k개의 객체를 복원 추출한다고 가정하자. 즉, 이는 하나의 객체를 선택하고 목록에 순서대로 기록한 후, 다음 선택을 하기 전에 집합에 선택된 객체를 다시 원위치시키는 것이다. 우리는 집합 A를 '모집단' 이라고 한다. 실험은 다음과 같이 순서 있는 k-짝을 만들어낸다.

$$(x_1, \cdots, x_k)$$

여기서 $x_i \in A$이고 $i = 1, \cdots, k$이다. 식 (2.19)는 $n_1 = n_2 = \cdots = n_k = n$일 때 다음을 뜻한다.

$$\text{서로 다른 순서 있는 } k\text{-짝의 수} = n^k \tag{2.20}$$

예제 2.15

항아리에 1부터 5까지 번호를 매긴 5개의 공이 있다. 항아리에서 2개의 공을 꺼내는 복원 추출한다고 가정하자. 얼마나 많은 서로 다른 순서쌍이 가능한가? 두 번 꺼냈을 때 공의 번호가 같을 확률은 얼마인가?

식 (2.20)로부터 순서쌍의 수는 $5^2 = 25$임을 알 수 있다. 표 2.1은 25개의 가능한 짝을 보여준다. 25

개의 결과 중 5개는 같은 번호의 공을 꺼내는 경우이다. 만약 모든 짝들의 발생 가능성이 같다면, 같은 번호의 공을 꺼낼 확률은 5/25 = .2이다.

2.3.2 순서 매김을 하는 비복원 추출

n개의 서로 다른 객체를 갖는 모집단 A에서 k개의 객체를 연속하여 비복원 추출한다고 가정하자. 분명히 $k \le n$이다. 첫 번째 추출에서 가능한 결과의 수는 $n_1 = n$이다. 두 번째 추출에서 가능한 결과의 수는 $n_2 = n - 1$이다. 즉, 전체 n개의 객체 중에서 첫 번째 추출에서 선택된 것 하나를 제외한 객체 수다. 계속하면 마지막 추출에서는 $n_k = n - (k - 1)$이 된다. 식 (2.19)에서 다음을 구할 수 있다.

$$\text{서로 다른 순서 있는 } k\text{-짝의 수} = n(n-1)\cdots(n-k+1) \tag{2.21}$$

예제 2.16

항아리에 1부터 5까지 번호를 매긴 5개의 공이 있다. 연속해서 2개의 공을 비복원 추출한다고 가정하자. 얼마나 많은 서로 다른 순서쌍이 가능한가? 처음 뽑은 공의 번호가 두 번째 공의 번호보다 클 확률은 얼마인가?

식 (2.21)에 따라 순서쌍의 수는 5(4) = 20이다. 20개의 가능한 순서쌍은 표 2.1(b)에서 볼 수 있다. 표 2.1(b)에서 10개의 순서쌍은 처음 꺼낸 공의 번호가 두 번째 꺼낸 공의 번호보다 크다. 이 사건의 확률은 10/20 = 1/2이다.

표 2.1 서로 다른 5개의 공이 있는 항아리에서 2개의 공을 꺼내는 여러 가지 방법에서 가능한 결과들

(a) 복원 추출에서의 순서쌍

(1, 1)	(1, 2)	(1, 3)	(1, 4)	(1, 5)
(2, 1)	(2, 2)	(2, 3)	(2, 4)	(2, 5)
(3, 1)	(3, 2)	(3, 3)	(3, 4)	(3, 5)
(4, 1)	(4, 2)	(4, 3)	(4, 4)	(4, 5)
(5, 1)	(5, 2)	(5, 3)	(5, 4)	(5, 5)

(b) 비복원 추출에서의 순서쌍

	(1, 2)	(1, 3)	(1, 4)	(1, 5)
(2, 1)		(2, 3)	(2, 4)	(2, 5)
(3, 1)	(3, 2)		(3, 4)	(3, 5)
(4, 1)	(4, 2)	(4, 3)		(4, 5)
(5, 1)	(5, 2)	(5, 3)	(5, 4)	

(c) 순서매김을 하지 않는 비복원 추출에서의 순서쌍

	(1, 2)	(1, 3)	(1, 4)	(1, 5)
		(2, 3)	(2, 4)	(2, 5)
			(3, 4)	(3, 5)
				(4, 5)

예제 2.17

1부터 5까지 번호를 매긴 5개의 공이 항아리에 있다. 3개의 공을 복원 추출한다고 가정하자. 3개의 공이 모두 다른 번호를 가질 확률은 얼마인가?

식 (2.20)에 따라 가능한 결과의 수는 $5^3 = 125$이다. 여기서 우리는 모든 결과가 발생할 가능성이 같다고 가정한다. 꺼낸 세 공의 번호가 다를 결과의 수는 식 (2.21)에 따라 $5(4)(3) = 60$이 된다. 따라서 세 공의 번호가 모두 다를 확률은 $60/125 = .48$이다.

2.3.3 *n*개의 서로 다른 객체의 순열

$k = n$인 비복원 추출을 생각해보자. 이것은 n개의 서로 다른 객체가 들어 있는 항아리에서 항아리가 빌 때까지 객체를 꺼내는 것이다. 따라서 n개의 서로 다른 객체에서 가능한 순서(배열, 순열)의 개수는 $k = n$인 비복원 추출에서 순서 있는 n-짝의 수와 같다. 식 (2.21)에서 우리는 다음 식을 얻는다.

$$n \text{ 개의 객체에서 가능한 순서(순열)의 개수} = n(n-1)\cdots(2)(1) \triangleq n!. \tag{2.22}$$

$n!$은 ***n* 계승(factorial)**이라 한다.

앞으로 $n!$을 여러 조합 공식에서 보게 될 것이다. n이 크면, **스털링의 공식(Stirling's formula)**이 매우 유용하다.

$$n! \sim \sqrt{2\pi}\, n^{n+1/2}e^{-n} \tag{2.23}$$

여기서 ~ 기호는 $n \to \infty$일 때 양쪽의 값이 같아짐을 나타낸다(Feller, 52페이지).

예제 2.18

3개의 서로 다른 객체 {1, 2, 3}의 순열의 개수를 구하라. 식 (2.22)에 따라 $3! = 3(2)(1) = 6$이다. 6개의 순열은 다음과 같다.

123 312 231 132 213 321

예제 2.19

12개의 공을 12개의 칸에 임의로 놓는다고 가정한다. 1칸에 1개 이상의 공을 놓을 수 있다. 모든 칸이 다 채워질 확률은 얼마인가?

각 공을 한 칸에 놓는 것은 1부터 12까지 번호를 매긴 칸을 선택하는 것으로 볼 수 있다. 식 (2.20)에 따라 12개의 공을 12개의 칸에 놓는 배치 방법의 수는 12^{12}이다. 모든 칸을 채우기 위해서는, 첫 번째 공을 12칸 중 하나에 넣고, 두 번째 공을 나머지 11칸 중 하나에 넣는다. 이러한 과정은 계속될 수 있다. 따라서 모든 칸을 다 채우는 배치 방법의 수는 12!이다. 만약 12^{12}개의 모든 가능한 배치 방법의 발생 가능성이 같다면, 모든 칸들이 채워질 확률은 다음과 같음을 알 수 있다.

$$\frac{12!}{12^{12}} = \left(\frac{12}{12}\right)\left(\frac{11}{12}\right)\cdots\left(\frac{1}{12}\right) = 5.37(10^{-5})$$

질문을 다음과 같이 재해석하면 이 답은 놀라운 것이다. 12번의 비행기 충돌이 1년 동안에 무작위로 발생한다고 가정하면, 매달 정확히 1번의 충돌이 일어날 확률은 얼마인가? 위의 예제는 이 확률이 매우 낮다는 것을 나타낸다. 따라서 시간에 대해 무작위로 충돌이 발생한다고 가정하는 모델은, 충돌이 모든 시간에 걸쳐 고르게 발생하는 경향이 있다고 예측하는 것이 아니다[Feller, 32페이지].

2.3.4 순서 매김을 하지 않는 비복원 추출

n 개의 서로 다른 객체를 갖는 집합에서 k개의 객체를 비복원 추출하고 그 결과를 순서에 상관없이 기록한다고 가정하자(예를 들어, 선택된 각 객체를 또 다른 항아리에 넣는다고 가정하면, k개의 선택이 완료될 때 우리는 선택된 순서의 기록을 가지고 있지 않을 것이다). 이때 k개의 선택된 객체로 이루어진 부분집합을 '크기가 k인 조합'이라고 한다.

식 (2.22)에서, 두 번째 항아리에 들어 있는 k개의 객체가 선택될 수 있는 순서는 $k!$개다. 따라서 C_k^n가 n개의 원소를 갖는 집합에서 크기가 k인 조합 수를 나타낸다면, 식 (2.21)에 따라 k개 객체의 서로 다른 순서로 이루어진 표본의 총수는 $C_k^n k!$이 되어야 한다.

$$C_k^n k! = n(n-1)\ldots(n-k+1) \tag{2.24}$$

따라서 n개의 원소를 갖는 집합에서 크기가 k인 조합의 수는 $k <= n$일 때 다음과 같이 구해진다.

$$C_k^n = \frac{n(n-1)\ldots(n-k+1)}{k!} = \frac{n!}{k!\,(n-k)!} \triangleq \binom{n}{k} \tag{2.25}$$

위 식에서 $\binom{n}{k}$은 이항계수라 하며, 'n에서 k개 선택'이라고 읽는다.

크기 n의 집합에서 k개의 객체를 선택하는 것은 남게 되는 $n-k$의 객체를 선택하는 것과 같음에 주목하자. 식으로 나타내면 다음과 같다(문제 2.60 참조).

$$\binom{n}{k} = \binom{n}{n-k}$$

예제 2.20

$A = \{1, 2, 3, 4, 5\}$에서 순서에 상관없이 2개의 객체를 선택하는 방법의 수를 구하라.

식 (2.25)를 이용하면 다음과 같다.

$$\binom{5}{2} = \frac{5!}{2!\,3!} = 10$$

표 2.1(c)에 그 10개의 쌍이 있다.

예제 2.21

k개의 흰 공과 $n-k$개의 검은 공으로 만들 수 있는 순열의 개수를 구하라.

이 문제는 다음의 표본 추출 문제와 같다. 항아리 안에 1부터 n까지의 번호를 매긴 n개의 토큰을 넣는데, 여기서 각 토큰의 번호는 공이 배치될 위치를 나타낸다. k개 토큰의 조합을 추출해 k개의 흰 공을 토

큰 번호에 해당하는 곳에 놓는다. 크기가 k인 각 조합은 k개의 흰 공과 $n-k$개의 검은 공의 서로 다른 배치(순열)가 된다. 따라서 k개의 흰 공과 $n-k$개의 검은 공의 서로 다른 순열의 수는 C_k^n가 된다.

구체적인 예로 $n=4$와 $k=2$인 경우를 살펴보자. 4개의 서로 다른 객체를 가진 집합에서 크기가 2인 조합의 수는 다음과 같다.

$$\binom{4}{2} = \frac{4!}{2!\,2!} = \frac{4(3)}{2(1)} = 6$$

2개의 흰 공(0)과 2개의 검은 공(1)으로 이루어진 6개의 서로 다른 순열은 다음과 같다.

1100　0110　0011　1001　1010　0101

예제 2.22　**품질 관리**

한 묶음이 50개로 구성된 제품에는 10개의 불량품이 들어 있다. 그 중 10개를 무작위로 선택해서 테스트한다고 가정하자. 테스트된 것들 중에서 정확하게 5개가 불량일 확률은 얼마인가?

50개들이 한 묶음에서 10개를 선택하는 방법의 수는 50개의 객체를 갖는 집합에서 크기가 10인 조합의 수와 같다.

$$\binom{50}{10} = \frac{50!}{10!\,40!}$$

50개 중에서 5개의 불량품과 5개의 합격품을 선택하는 방법의 수는, 10개의 불량품 중에서 5개를 선택하는 방법의 수인 n_1과 40개의 합격품 중에서 5개의 품목을 선택하는 방법의 수인 n_2의 곱 n_1n_2이다. 따라서 테스트된 품목 중에서 정확하게 5개가 불량일 확률은 다음과 같다.

$$\frac{\binom{10}{5}\binom{40}{5}}{\binom{50}{10}} = \frac{10!\,40!\,10!\,40!}{5!\,5!\,35!\,5!\,50!} = .016$$

예제 2.21은 순서 매김을 하지 않는 비복원 추출이 n개의 서로 다른 객체들을 갖는 집합을 두 집합으로 나누는 것과 같음을 보여준다. 항아리에서 꺼낸 k개를 포함하는 집합 B와 남은 $n-k$개를 포함하는 집합 B^c로 나눌 수 있다. 우리가 n개의 서로 다른 객체들을 갖는 집합을 $\mathcal{J}$개의 부분집합 $B_1, B_2, \cdots, B_{\mathcal{J}}$로 분할한다고 가정하자. 이때 $B_{\mathcal{J}}$에는 $k_{\mathcal{J}}$개의 원소들이 할당되고, $k_1 + k_2 + \cdots + k_{\mathcal{J}} = n$이다.

연습문제 2.61에서 서로 다른 분할의 수는 다음과 같음을 알 수 있다.

$$\frac{n!}{k_1!\,k_2!\ldots k_{\mathcal{J}}!} \tag{2.26}$$

식 (2.26)은 '다항계수'라 한다. 이항계수는 다항계수에서 $\mathcal{J}=2$인 경우이다.

예제 2.23

각 면에 서로 다른 숫자(집합 {1, 2, 3, 4, 5, 6}의 숫자)가 새겨진 육면체 주사위를 12번 던진다. 주사위의 각 숫자가 정확히 2번씩 나오는 서로 다른 주사위 면들의 수열의 개수는 얼마인가? 그러한 수열을 얻을 확률은 얼마인가?

주사위의 각 면이 정확히 2번씩 나오는 서로 다른 수열의 개수는 집합 $\{1, 2, \cdots, 12\}$를 크기가 2인 6개의 부분집합으로 분할하는 가짓수와 같다.

$$\frac{12!}{2!\,2!\,2!\,2!\,2!\,2!} = \frac{12!}{2^6} = 7{,}484{,}400$$

식 (2.20)에서 하나의 주사위를 12번 던질 때 우리는 6^{12}개의 가능한 결과를 얻는다. 만약 모든 경우가 같은 확률을 갖는다면, 각 면이 정확히 2번씩 나오는 수열을 얻을 확률은 다음과 같다.

$$\frac{12!/2^6}{6^{12}} = \frac{7{,}484{,}400}{2{,}176{,}782{,}336} \simeq 3.4(10^{-3})$$

2.3.5 순서 매김을 하지 않는 복원 추출

n개의 서로 다른 객체의 집합에서 k개의 객체를 복원 추출하고 순서에 상관없이 결과를 기록한다고 가정하자. 이것은 n개의 열을 가진 서식에 서로 다른 객체를 각 열에 할당하여 채우는 것과 같다. 1개의 객체가 선택될 때마다 해당하는 열에 'x'를 놓는다. 예를 들어, 4개의 서로 다른 객체에서 5개를 선택한다면, 다음과 같은 결과가 나올 수 있다.

Object 1		*Object 2*		*Object 3*		*Object 4*
xx	/		/	x	/	xx

여기서 사선 기호 ('/')는 서로 다른 열에 기재된 사항을 구분하기 위해 사용된다. 이 형식은 다음과 같은 순서로 요약할 수 있다.

xx//x/xx

여기서 $n-1$개의 '/'는 열 사이의 선을 나타내고, 해당하는 객체가 선택되지 않았다면 연속된 '/' 사이에 아무것도 나타나지 않는다. 5개의 x와 3개의 '/'로 이루어진 서로 다른 배열은 별개의 형식이 된다. 만약 x를 '흰 공', '/'를 '검은 공'이라 한다면, 이 문제는 예제 2.21에서 다룬 것이 되고, 서로 다른 배열의 수는 $\binom{8}{3}$이 된다.

일반적인 경우, 이 형식은 k개의 'x'와 $n-1$개의 '/'를 포함할 것이다. 따라서 n개의 서로 다른 객체의 집합에서 k개의 객체를 비순차적으로 복원 추출하는 방법의 가짓수는 다음과 같다.

$$\binom{n-1+k}{k} = \binom{n-1+k}{n-1}$$

2.4 조건부 확률

두 사건 A와 B가 발생하는 경우, 우리는 흔히 한 사건(예를 들면, B)의 발생에 대한 정보가 다른 한 사건(예를 들면, A)의 발생 가능성을 변화시키는 관계에 있는지를 판단하는 데 관심을 갖는다. 여기서 우리는 사건 B가 발생했다고 가정하는 경우, 사건 A의 **조건부 확률(conditional**

probability) 인 $P[A|B]$ 를 찾을 필요가 있으며, 이는 다음과 같이 정의된다.

$$P[A \mid B] = \frac{P[A \cap B]}{P[B]} \qquad P[B] > 0\text{에 대하여} \tag{2.27}$$

사건 B가 발생했다는 정보는 실험의 결과가 집합 B 안에 포함된다는 것을 뜻한다. 그러므로 $P[A|B]$를 계산할 때, 우리는 이 실험을 그림 2.9와 같이 줄어든 표본 공간 B를 갖는 실험으로 볼 수 있다. 사건 A는 결과 ζ가 $A \cap B$에 포함되는 경우에만 줄어든 표본 공간에서 발생한다. 식 (2.27)은 B와 결합하여 일어나는 사건의 확률을 단순히 다시 정규화한 것이다. 따라서 $A = B$이면, 식(2.27)에 의해 $P[B|B] = 1$이 된다. 고정된 B에 대하여 $P[A|B]$가 확률의 공리를 만족시킨다는 것을 쉽게 알 수 있다(연습문제 2.74 참조).

확률을 상대도수로 해석하면, $P[A|B]$는 사건 B가 일어난 실험에서 사건 $A \cap B$의 상대도수가 된다. 실험이 N번 수행되었고, 사건 B는 n_B번, 사건 $A \cap B$는 $n_{A\cap B}$번 일어났다고 가정하자. $P[B] > 0$라고 간주하면 우리가 관심을 갖는 상대도수는 다음과 같다.

$$\frac{n_{A\cap B}}{n_B} = \frac{n_{A\cap B}/n}{n_B/n} \to \frac{P[A \cap B]}{P[B]}$$

이것은 식 (2.27)과 일치한다.

예제 2.24

1과 2로 표시된 2개의 검은 공과 3과 4로 표시된 2개의 흰 공이 들어 있는 항아리에서 1개의 공을 꺼낸다. 꺼낸 공의 숫자와 색이 기록되며, 따라서 표본 공간은 $\{(1, b), (2, b), (3, w), (4, w)\}$이다. 각각의 결과가 같은 확률을 가진다고 가정하고, A, B, C가 다음의 사건일 때 $P[A|B]$와 $P[A|C]$를 구하라.

$A = \{(1, b), (2, b)\}$ '검은 공 선택'

$B = \{(2, b), (4, w)\}$ '짝수 번호로 표시된 공 선택'

$C = \{(3, w), (4, w)\}$ '2보다 큰 수의 공'

$P[A \cap B] = P[(2, b)]$와 $P[A \cap C] = P[\varnothing] = 0$이므로, 식 (2.27)에 따라 다음과 같이 된다.

$$P[A \mid B] = \frac{P[A \cap B]}{P[B]} = \frac{.25}{.5} = .5 = P[A]$$

$$P[A \mid C] = \frac{P[A \cap C]}{P[C]} = \frac{0}{.5} = 0 \neq P[A]$$

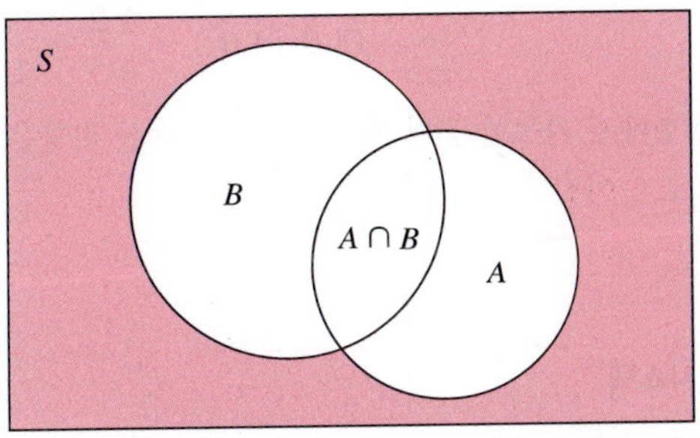

그림 2.9 ● B의 발생이 알려진 경우, $A \cap B$가 발생해야만 A가 발생할 수 있다.

첫 번째 경우에, B의 정보는 A의 확률에 영향을 주지 않았다. 두 번째 경우에, C의 정보는 A가 발생하지 않음을 알려주었다.

$P[B]$와 $P[A|B]$를 곱하면 다음 식을 얻을 수 있다.

$$P[A \cap B] = P[A|B]P[B] \tag{2.28a}$$

마찬가지로 다음 식도 얻을 수 있다.

$$P[A \cap B] = P[B|A]P[A] \tag{2.28b}$$

다음 예제를 통해 우리는 이 식이 순차 실험의 확률을 찾는 데 얼마나 유용한지 알 수 있을 것이다. 또한 다음 예제를 통해 확률 계산을 손쉽게 할 수 있는 **트리 다이어그램(tree diagram)**도 소개한다.

예제 2.25

한 항아리 안에 2개의 검은 공과 3개의 흰 공이 들어 있다. 항아리에서 임의로 2개의 공을 비복원 추출하고, 나온 공의 색을 순서대로 기록한다. 이 때 두 공 모두 검은색일 확률을 구하라.

이 실험은 순차적인 두 개의 하위 실험으로 이루어진다. 이 실험은 그림 2.10과 같이 최상위 노드부터 하위 노드들 중 하나로 트리를 내려가는 방법으로 생각할 수 있다. 처음 꺼낸 공이 검은 공이라면 우리는 트리의 노드 1에 도달한다. 그러면 다음 하위 실험은 3개의 흰 공과 1개의 검은 공이 들어 있는 항아리에서 1개의 공을 꺼내는 실험이 된다. 반대의 경우로, 처음 꺼낸 공이 흰 공이라면, 우리는 트리의 노드 2에 도달하고, 2번째 하위 실험은 2개의 검은 공과 2개의 흰 공이 들어 있는 항아리에서 1개의 공을 꺼내는 실험이 된다. 따라서, 처음 하위 실험이 수행된 후에 도달하는 노드를 안다면, 다음 하위 실험 결과의 확률을 식으로 나타낼 수 있다.

첫 번째와 두 번째 선택에서 검은 공이 나오는 사건을 각각 B_1과 B_2라고 하자. 식 (2.28b)을 통해 다음 식을 얻을 수 있다.

$$P[B_1 \cap B_2] = P[B_2|B_1]\mathrm{P}[B_1]$$

그림 2.10의 트리 다이어그램에서 $P[B_1]$은 노드 1에 도달할 확률이고, $P[B_2|B_1]$은 노드 1에서 하단의 가장 왼편 노드에 도달할 확률이다. 첫 번째 선택에서는 항아리에 2개의 검은 공과 3개의 흰 공이 들어 있기 때문에 $P[B_1] = 2/5$가 된다. B_1이 주어지면, 두 번째 선택은 1개의 검은 공과 3개의 흰 공이 들어 있는 항아리에서 시행되기 때문에 $P[B_2|B_1] = 1/4$이 된다.

따라서 다음과 같다.

$$P[B_1 \cap B_2] = \frac{1}{4}\frac{2}{5} = \frac{1}{10}$$

일반적으로, 이 실험에서 가능한 공의 색상들의 열에 대한 확률은 그림 2.10의 트리에서 노드 천이에 해당하는 확률의 곱으로 얻어진다.

예제 2.26 **이진 통신 시스템**

많은 통신 시스템은 다음과 같은 방법으로 모델링할 수 있다. 첫 번째, 사용자가 0 혹은 1을 시스템에 입력하면 해당하는 신호가 전송된다. 두 번째, 신호를 받은 수신기는 시스템에 대한 입력값을 결정한다. 사용자

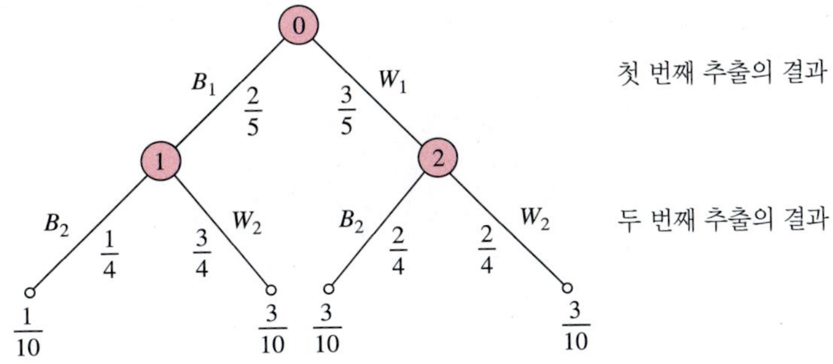

그림 2.10 ● 상위 노드에서 하위 노드로의 경로는 항아리에서 2개의 공을 비복원 추출하는 실험의 가능한 결과에 해당한다. 한 경로의 확률은 관련된 천이 확률의 곱이다.

가 1을 보낼 확률은 p, 0을 보낼 확률은 $1-p$라고 하고, 수신자가 임의의 결정 오류를 범할 확률은 ε라고 가정하자. $i=0, 1$에 대해 A_i를 '입력이 i'인 사건, B_i를 '수신기의 결정이 i'인 사건이라 하자. $i=0, 1$이고 $j=0, 1$일 때, $P[A_i \cap B_j]$의 확률을 구하라.

그림 2.11은 이 실험의 트리 다이어그램이다. 트리 다이어그램을 통해 우리는 원하는 확률을 쉽게 얻을 수 있다.

$$P[A_0 \cap B_0] = (1-p)(1-\varepsilon),$$
$$P[A_0 \cap B_1] = (1-p)\varepsilon,$$
$$P[A_1 \cap B_0] = p\varepsilon,$$
$$P[A_1 \cap B_1] = p(1-\varepsilon)$$

$B_1, B_2, \cdots, B_n$은 그림 2.12와 같이 그 합집합이 표본 공간 S와 동일한, 서로 배반적인 사건이라고 하자. 우리는 이러한 형태의 집합을 S의 **분할(partition)**이라고 한다. 어떤 사건 A는 다음과 같은 방법으로 서로 배반적인 사건의 합집합으로 나타낼 수 있다.

$$\begin{aligned} A = A \cap S &= A \cap (B_1 \cup B_2 \cup \cdots \cup B_n) \\ &= (A \cap B_1) \cup (A \cap B_2) \cup \cdots \cup (A \cap B_n) \end{aligned}$$

A의 확률은 정리 4에 따라 다음과 같이 구할 수 있다(그림 2.12 참조).

$$P[A] = P[A \cap B_1] + P[A \cap B_2] + \cdots + P[A \cap B_n]$$

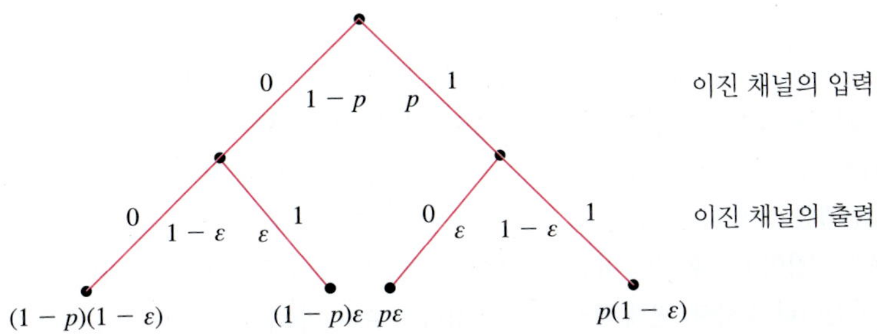

그림 2.11 ● 이진 전송 시스템에서 입력-출력 짝의 확률

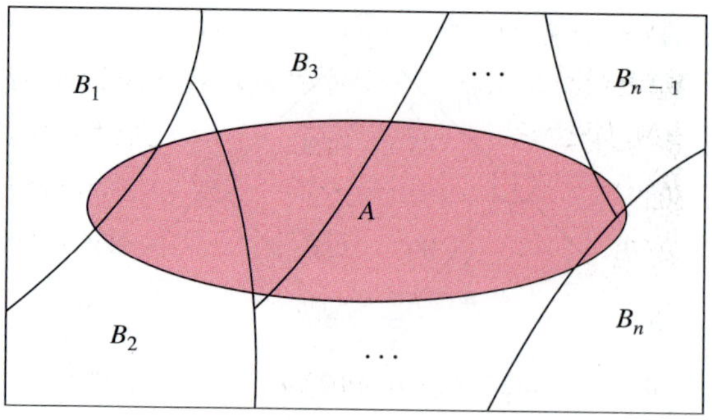

그림 2.12 ● *S*를 서로소인 집합으로 분할

우변의 각 항에 식 (2.28a)를 적용하여 다음의 **전체 확률에 대한 정리(theorem on total probability)**를 구할 수 있다.

$$P[A] = P[A|B_1]P[B_1] + P[A|B_2]P[B_2] + \cdots + P[A|B_n]P[B_n] \tag{2.29}$$

이 결과는 그림 2.10의 트리 다이어그램에서처럼 한 실험이 연속된 두 개의 하위 실험으로 구성된 것으로 볼 때 특히 유용하다.

예제 2.27

예제 2.25의 실험에서 두 번째로 선택된 공이 흰 공일 사건 W_2의 확률을 구하라.

두 개의 사건인 $B_1 = \{(b, b), (b, w)\}$와 $W_1 = \{(w, b), (w, w)\}$는 표본 공간의 분할을 이룬다. 따라서 식 (2.29)를 적용하면 다음 식을 얻을 수 있다.

$$P[W_2] = P[W_2|B_1]P[B_1] + P[W_2|W_1]P[W_1]$$

$$= \frac{3}{4}\frac{2}{5} + \frac{1}{2}\frac{3}{5} = \frac{3}{5}$$

계산한 결과가 첫 번째 선택에서 흰 공을 선택할 확률과 같다는 것은 흥미로운 일이다. 우리가 처음 선택의 결과에 대한 정보를 모른다는 가정 하에 두 번째 선택에서 흰 공이 나올 확률을 계산했기 때문에 이러한 결과가 가능하다.

예제 2.28

제조 과정에서 '정상' 메모리 칩과 '불량' 메모리 칩이 섞여서 생산된다. 정상 칩의 수명은 예제 2.13에서 소개된, 고장률 α인 지수법칙을 따른다. 불량 칩의 수명도 역시 지수법칙을 따르지만, 고장률은 1000α가 된다. 전체 칩에서 정상 칩이 차지하는 비율은 $1 - p$이고, 불량 칩이 차지하는 비율은 p라고 가정하자. 무작위로 선택한 칩이 시간 t초 후에도 여전히 작동할 확률을 구하라.

C는 '칩이 t초 후에도 여전히 작동한다.' 인 사건, G는 '칩이 정상이다.' 인 사건, B는 '칩이 불량이다.' 인 사건이라고 하자. 전체 확률에 대한 정리에 따라 $P[C]$를 다음과 같이 구할 수 있다.

$$\begin{aligned} P[C] &= P[C|G]P[G] + P[C|B]P[B] \\ &= P[C|G](1-p) + P[C|B]p \\ &= (1-p)e^{-\alpha t} + pe^{-1000\alpha t} \end{aligned}$$

이 때, $P[C|G] = e^{-\alpha t}$, $P[C|B] = e^{-1000\alpha t}$이다.

2.4.1 베이즈 법칙

$B_1, B_2, \cdots, B_n$을 표본 공간 S의 분할이라고 하자. 사건 A가 발생했다고 가정할 때, 사건 B_j가 일어날 확률은 얼마인가? 조건부 확률의 정의에서 다음 식을 얻을 수 있다.

$$P[B_j|A] = \frac{P[A \cap B_j]}{P[A]} = \frac{P[A|B_j]P[B_j]}{\sum_{k=1}^{n} P[A|B_k]P[B_k]} \tag{2.30}$$

여기서 우리는 $P[A]$를 대체하기 위해 전체 확률에 대한 정리를 사용했다. 식 (2.30)을 **베이즈 법칙(Bayes' rule)**이라고 한다.

베이즈 법칙은 흔히 다음과 같은 상황에 적용된다. 관심 있는 사건이 분할 형태로 된 어떤 확률 실험이 있다. 이러한 사건들의 '사전 확률' $P[B_j]$는 실험하기 전의 사건의 확률이다. 현재 실험이 진행되고, 우리는 사건 A가 발생한 것을 안다고 가정하자. 이러한 추가적인 정보가 주어진다면, '사후 확률' $P[B_j|A]$는 분할 안에서의 사건의 확률이 된다. 다음의 두 예제는 이 상황을 설명해준다.

예제 2.29 **이진 통신 시스템**

예제 2.26의 이진 통신 시스템에서 수신기의 출력이 1일 때, 이 시스템에 대한 입력 중 어느 입력이 더 높은 가능성을 갖는지 구하라. 사전에 입력으로 0과 1이 같은 가능성을 가진다고 가정하자.

A_k을 입력이 k인 사건이라 하면(단, $k = 0, 1$), A_0과 A_1은 입력-출력 짝으로 이루어진 표본 공간의 분할이 된다. B_1을 '수신기 출력이 1이다.'인 사건이라고 하면, B_1의 확률은 다음과 같다.

$$\begin{aligned} P[B_1] &= P[B_1|A_0]P[A_0] + P[B_1|A_1]P[A_1] \\ &= \varepsilon\left(\frac{1}{2}\right) + (1-\varepsilon)\left(\frac{1}{2}\right) = \frac{1}{2} \end{aligned}$$

사후 확률은 베이즈 법칙을 적용해 다음과 같이 구한다.

$$P[A_0|B_1] = \frac{P[B_1|A_0]P[A_0]}{P[B_1]} = \frac{\varepsilon/2}{1/2} = \varepsilon$$

$$P[A_1|B_1] = \frac{P[B_1|A_1]P[A_1]}{P[B_1]} = \frac{(1-\varepsilon)/2}{1/2} = (1-\varepsilon)$$

따라서 만약 ε가 1/2보다 작다면, 채널에서 1이 출력되는 경우 입력이 0보다 1이 될 가능성이 더 크다.

예제 2.30 **품질 관리**

예제 2.28에서 논의한 메모리 칩의 경우를 생각해보자. 전체 칩 중 불량 칩의 비율은 p이고, 정상 칩보다 더 빨리 고장나는 경향이 있음을 기억하자. 불량 칩을 '제거하기' 위해, 모든 칩을 출하하기 전에 t초 동안 테스트한다고 가정하자. 불량 칩은 폐기되고 남은 칩은 소비자에게 보낸다. 소비자에게 보낸 칩의 99%가 정상적으로 작동하게 하는 시간 t를 구하라.

C는 '칩이 t초 후에도 여전히 작동한다.' 인 사건, G는 '칩이 정상이다.' 인 사건, B는 '칩이 불량이다.' 인 사건이라 하자. 본 예제는 다음의 경우에서 t값을 찾는 것으로 볼 수 있다.

$$P[G|C] = .99$$

여기서 $P[G|C]$는 베이즈 법칙을 적용해 구할 수 있다.

$$\begin{aligned} P[G|C] &= \frac{P[C|G]P[G]}{P[C|G]P[G] + P[C|B]P[B]} \\ &= \frac{(1-p)e^{-\alpha t}}{(1-p)e^{-\alpha t} + pe^{-\alpha 1000t}} \\ &= \frac{1}{1 + \dfrac{pe^{-\alpha 1000t}}{(1-p)e^{-\alpha t}}} = .99 \end{aligned}$$

위 식을 t에 대해 정리하면 다음과 같다.

$$t = \frac{1}{999\alpha}\ln\left(\frac{99p}{1-p}\right)$$

예를 들어, $1/\alpha = 20{,}000$시간 그리고 $p = 0.10$이면, 칩을 테스트하는 시간 $t = 48$이다.

2.5 사건의 독립

사건 B의 발생에 대한 정보가 어떤 다른 사건 A의 확률을 바꾸지 않는다면, 사건 A가 B에 대해 독립이라는 것은 당연하다. 확률의 관점에서 볼 때, 이 상황은 다음과 같을 때 발생한다.

$$P[A] = P[A|B] = \frac{P[A \cap B]}{P[B]}$$

위 식은 $P[B] = 0$일 때 우변이 정의되지 않는다는 문제점이 있다.

우리는 두 사건 A와 B가 다음과 같으면 **독립(independent)**이라고 정의한다.

$$P[A \cap B] = P[A]P[B] \tag{2.31}$$

식 (2.31)은 다음 두 식을 뜻한다.

$$P[A|B] = P[A] \tag{2.32a}$$

$$P[B|A] = P[B] \tag{2.32b}$$

또한, $P[B] \neq 0$일 때 식 (2.32a)는 식 (2.31)을 뜻하고, $P[A] \neq 0$일 때 식 (2.32b)는 식 (2.31)을 뜻함에 주목하자.

예제 2.31

번호 1과 2가 표시된 2개의 검은 공과 번호 3과 4가 표시된 2개의 흰 공이 담긴 항아리에서 공을 선택한다. 이때, 사건 A, B, C가 다음과 같이 정의된다면 사건 A와 B는 독립인가? 그리고 사건 A와 C는 독립인가?

$A = \{(1, b), (2, b)\}$ '검은 공이 선택된다.'

$B = \{(2, b)(4, w)\}$ '짝수로 표시된 공이 선택된다.'

$C = \{(3, w), (4, w)\}$ '공의 번호가 2보다 크다.'

우선, 사건 A와 B를 생각해보자, 식 (2.31)에서 필요한 확률은 다음과 같다.

$$P[A] = P[B] = \frac{1}{2}$$

$$P[A \cap B] = P[\{(2, b)\}] = \frac{1}{4}$$

따라서

$$P[A \cap B] = \frac{1}{4} = P[A]P[B]$$

그러므로 사건 A와 B는 독립이다. 우리는 식 (2.32a)을 통해 독립의 의미에 대하여 더 깊이 이해할 수 있다.

$$P[A|B] = \frac{P[A \cap B]}{P[B]} = \frac{P[\{(2, b)\}]}{P[\{(2, b), (4, w)\}]} = \frac{1/4}{1/2} = \frac{1}{2}$$

$$P[A] = \frac{P[A]}{P[S]} = \frac{P[\{(1, b), (2, b)\}]}{P[\{(1, b), (2, b), (3, w), (4, w)\}]} = \frac{1/2}{1}$$

S의 결과 중에서 A가 발생되는 부분과 B의 결과 중에서 A가 발생되는 부분이 같기 때문에 위 두 식은 $P[A] = P[A|B]$임을 뜻한다. 따라서, B의 발생에 대한 정보가 A가 발생할 확률을 변화시키지 않는다.

$P[A \cap C] = P[\varnothing] = 0$이고 $P[A|C] = 0 \neq [A] = .5$이므로 사건 A와 C는 독립이 아니다. 실제로 $A \cap C = \varnothing$이기 때문에 사건 A와 C는 서로 배반적이고, 따라서 사건 C의 발생은 사건 A가 분명히 발생하지 않았음을 뜻한다.

일반적으로 두 사건의 확률이 0이 아니고 서로 배반적이면 그 두 사건은 서로 독립일 수 없다. 만약 그 두 사건이 독립이고 서로 배반적이라고 가정한다면 다음과 같다.

$$0 = P[A \cap B] = P[A]P[B]$$

이것은 두 사건 중 적어도 한 사건은 0의 확률을 가져야 함을 뜻한다.

예제 2.32

0과 1 사이에서 무작위로 두 수 x와 y를 선택한다고 하자. 이때 사건 A, B, C가 다음과 같이 정의된다면 사건 A와 B는 독립인가? 그리고 사건 A와 C도 독립인가?

$$A = \{x > 0.5\}, \quad B = \{y > 0.5\}, \quad C = \{x > y\}$$

그림 2.13은 위의 사건들에 해당하는 단위 정사각형의 영역을 보여준다. 식 (2.32a)를 사용해서 우리는 다음 식을 얻는다.

$$P[A|B] = \frac{P[A \cap B]}{P[B]} = \frac{1/4}{1/2} = \frac{1}{2} = P[A]$$

따라서 사건 A와 B는 독립이다. 다시 우리는 S의 결과 중에서 A를 발생시키는 '부분' 과 B에서 A를 발생시키는 '부분' 이 같음을 알았다.

식 (2.32b)를 이용하여 우리는 다음 식을 얻는다.

$$P[A|C] = \frac{P[A \cap C]}{P[C]} = \frac{3/8}{1/2} = \frac{3}{4} \neq \frac{1}{2} = P[A]$$

따라서 A와 C는 독립이 아니다. 그림 2.13(b)를 통해 x가 y보다 크다는 사실은 x가 0.5보다 클 확률을 증가시킴을 알 수 있다.

세 사건 A, B, C가 독립이기 위해서 어떤 조건들이 만족되어야 하는가? 첫째로 그 사건들이 짝으로 독립이어야 한다.

$$P[A \cap B] = P[A]P[B], P[A \cap C] = P[A]P[C], P[B \cap C] = P[B]P[C]$$

또한 어떤 두 사건(예를 들면, A와 B)이 함께 발생한다는 정보는 세 번째 사건의 발생 확률에 영향을 주지 않아야 한다.

$$P[C|A \cap B] = P[C]$$

이 식이 성립되기 위해선 아래 식이 성립되어야 한다.

$$P[C|A \cap B] = \frac{P[A \cap B \cap C]}{P[A \cap B]} = P[C]$$

이 식은 다음 식의 성립을 뜻한다.

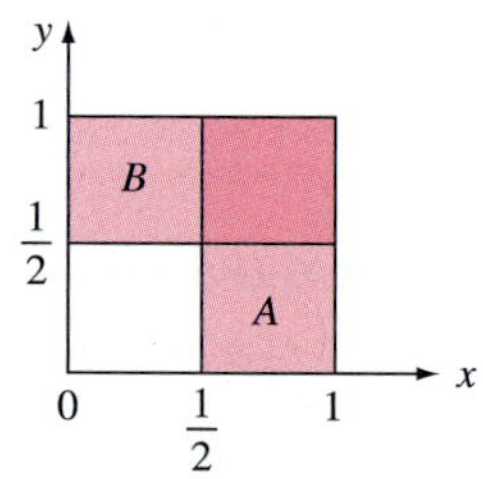

(a) 사건 A와 B가 독립이다.

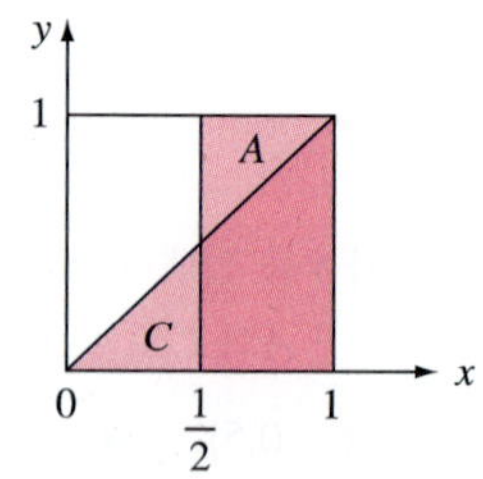

(b) 사건 A와 C는 독립이 아니다.

그림 2.13 ● 독립 사건과 비독립 사건의 예

$$P[A \cap B \cap C] = P[A \cap B]P[C] = P[A]P[B]P[C]$$

여기서 우리는 A와 B가 짝으로 독립이라는 사실을 이용했다. 따라서 우리는 세 개의 사건 중에 어떠한 두 개 또는 세 개 사건의 교집합의 확률이 개별 사건의 확률의 곱과 같다면, 세 개의 사건 A, B, C는 독립이라는 결론을 얻는다.

다음 예제는 세 개의 사건 A, B, C가 짝으로 독립일 때, 항상 $P[A \cap B \cap C] = P[A]P[B]P[C]$가 성립하는 것은 아님을 보여준다.

예제 2.33

단위 간격에서 임의로 2개의 수를 선택하는 예제 2.32의 실험에 대해 생각해보자. 사건 B, D, F는 다음과 같이 정의된다고 하자.

$$B = \left\{y > \frac{1}{2}\right\}, \qquad D = \left\{x < \frac{1}{2}\right\}$$

$$F = \left\{x < \frac{1}{2} \text{ 그리고 } y < \frac{1}{2}\right\} \cup \left\{x > \frac{1}{2} \text{ 그리고 } y > \frac{1}{2}\right\}$$

이 세 사건은 그림 2.14와 같이 나타낼 수 있다. 이 사건의 모든 짝들은 서로 독립임을 쉽게 확인할 수 있다.

$$P[B \cap D] = \frac{1}{4} = P[B]P[D]$$

$$P[B \cap F] = \frac{1}{4} = P[B]P[F], \text{ 그리고}$$

$$P[D \cap F] = \frac{1}{4} = P[D]P[F]$$

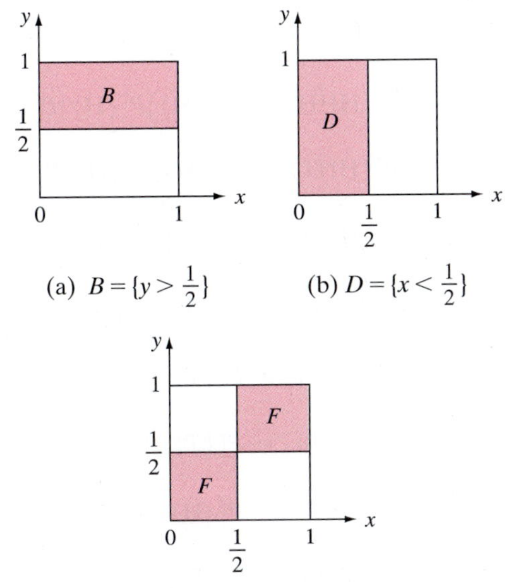

(a) $B = \{y > \frac{1}{2}\}$ (b) $D = \{x < \frac{1}{2}\}$

(c) $F = \{x < \frac{1}{2}, y < \frac{1}{2}\} \{x > \frac{1}{2}, y > \frac{1}{2}\}$

그림 2.14 ● 사건 B, D, F는 짝으로 독립이지만, 세 짝 B, D, F는 독립이 아니다.

그러나 $B \cap D \cap F = \varnothing$이기 때문에 세 사건은 독립이 아니다. 따라서 다음과 같은 결과를 얻을 수 있다.

$$P[B \cap D \cap F] = P[\varnothing] = 0 \neq P[B]P[D]P[F] = \frac{1}{8}$$

n개의 사건으로 이루어진 집합이 독립이기 위해서는 다른 사건들의 어떠한 부분집합이 함께 발생하는 경우에도 한 사건의 확률은 변하지 않아야 한다. 이러한 조건에 따라 다음의 독립에 대한 정의를 자연스럽게 이끌어낼 수 있다. $k = 2, \cdots, n$에 대하여 다음 식이 성립되면 사건 $A_1, A_2, \cdots, A_n$는 **독립(*independent*)**이라고 말한다.

$$P[A_{i_1} \cap A_{i_2} \cap \cdots \cap A_{i_k}] = P[A_{i_1}]P[A_{i_2}] \ldots P[A_{i_k}] \tag{2.33}$$

여기서 $1 \leq i_1 < i_2 < \cdots < i_k \leq n$. n개의 사건으로 이루어진 집합에 대하여 $2^n - n - 1$개의 모든 가능한 교집합의 확률이 올바른 방법으로 인수분해되는 것을 검증할 필요가 있다.

이러한 독립에 대한 정의는 너무나 많은 조건들을 검증해야 하므로 상당히 귀찮아 보인다. 그러나 독립의 개념을 이용하는 대부분의 일반적인 어플리케이션에서는 개별 실험의 사건들이 서로 독립적이라고 가정하게 되며, 우리는 그러한 실험을 독립실험이라 한다. 예를 들면, 동전 던지기의 결과는 그 동전 던지기가 행해진 이전과 이후의 모든 동전 던지기 결과에 대하여 독립이라고 가정하는 것은 일반적이다.

예제 2.34

공정한 동전을 세 번 던져서 앞면과 뒷면의 나오는 순서를 차례로 관찰한다고 하자. 이때 기본사건의 확률을 구하라.

이 실험의 표본 공간은 $S = \{\text{HHH, HHT, HTH, THH, TTH, THT, HTT, TTT}\}$이다. 동전이 공정하다는 가정은 한 번 던질 때 나오는 결과들의 발생 가능성이 같음을 뜻한다. 즉, $P[\text{H}] = P[\text{T}] = 1/2$. 만약 동전 던지기의 결과가 독립이라고 가정하면, 다음의 결과를 얻을 수 있다.

$$P[\{\text{HHH}\}] = P[\{\text{H}\}]P[\{\text{H}\}]P[\{\text{H}\}] = \frac{1}{8}$$
$$P[\{\text{HHT}\}] = P[\{\text{H}\}]P[\{\text{H}\}]P[\{\text{T}\}] = \frac{1}{8}$$
$$P[\{\text{HTH}\}] = P[\{\text{H}\}]P[\{\text{T}\}]P[\{\text{H}\}] = \frac{1}{8}$$
$$P[\{\text{THH}\}] = P[\{\text{T}\}]P[\{\text{H}\}]P[\{\text{H}\}] = \frac{1}{8}$$
$$P[\{\text{TTH}\}] = P[\{\text{T}\}]P[\{\text{T}\}]P[\{\text{H}\}] = \frac{1}{8}$$
$$P[\{\text{THT}\}] = P[\{\text{T}\}]P[\{\text{H}\}]P[\{\text{T}\}] = \frac{1}{8}$$
$$P[\{\text{HTT}\}] = P[\{\text{H}\}]P[\{\text{T}\}]P[\{\text{T}\}] = \frac{1}{8}$$
$$P[\{\text{TTT}\}] = P[\{\text{T}\}]P[\{\text{T}\}]P[\{\text{T}\}] = \frac{1}{8}$$

예제 2.35 **시스템 신뢰도**

한 개의 제어장치와 세 개의 보조장치로 구성된 시스템이 있다. 이 시스템이 동작하기 위해서는 그 제어장치와 적어도 두 개 이상의 보조장치가 작동해야 한다. 모든 부품이 독립적으로 고장난다고 가정하는 경우 이 시스템이 동작할 확률을 구하라.

이 예제에서는 다음과 같은 사건을 정의한다. 사건 A는 '제어장치가 작동한다.' 이고, 사건 B_i는 '보조장치 i가 작동한다.' 이다(단, $i = 1, 2, 3$). '두 개 또는 그 이상의 보조장치가 작동한다.' 라는 사건 F는 세 개의 모든 장치가 작동하거나 정확히 두 개의 장치가 작동할 때 발생한다.

$$F = (B_1 \cap B_2 \cap B_3^c) \cup (B_1 \cap B_2^c \cap B_3)$$
$$\cup (B_1^c \cap B_2 \cap B_3) \cup (B_1 \cap B_2 \cap B_3)$$

위의 합집합에 있는 사건들은 서로 배반적임에 주의하라.

$$P[F] = P[B_1]P[B_2]P[B_3^c] + P[B_1]P[B_2^c]P[B_3]$$
$$+ P[B_1^c]P[B_2]P[B_3] + P[B_1]P[B_2]P[B_3]$$
$$= 3(1 - a)^2a + (1 - a)^3$$

여기서 각 보조장치는 a의 확률로 고장난다고 가정했으며, 따라서 $P[B_i] = 1 - a$, $P[B_i^c] = a$가 된다.

따라서 '시스템이 동작한다.' 는 사건은 $A \cap F$이다. 제어장치가 고장날 확률을 p라고 가정하면, 시스템이 동작할 확률은 다음과 같다.

$$P[\text{'시스템동작'}] = P[A \cap F] = P[A]P[F]$$
$$= (1 - p)P[F]$$
$$= (1 - p)\{3(1 - a)^2a + (1 - a)^3\}$$

$a = 10\%$라고 하면, 세 보조장치는 주어진 시간의 $(1 - a)^3 = 72.9\%$ 동안 모두 작동하고, $3(1 - a)^2a = 24.3\%$ 동안에는 두 개가 작동하고 한 개가 고장난다. 따라서 두 개나 그 이상의 보조장치들은 97.2% 동안 작동한다. 제어장치의 신뢰도가 매우 높지 않다면, 예를 들어 $p = 20\%$라면, 주로 제어장치의 고장으로 인해 시스템은 단지 주어진 시간의 77.8% 동안만 동작하게 된다.

이제, $p = 20\%$를 갖는 두 번째의 동일한 제어장치가 시스템에 추가로 장착된다고 가정하자. 그러면 적어도 한 개의 제어장치가 작동하고 두 개 이상의 보조장치가 작동한다면 그 시스템은 작동하게 된다. 문제 2.94에서, 여러분은 적어도 한 개의 제어장치가 주어진 시간의 96% 동안 작동하고, 시스템은 전체 시간의 93.3% 동안 동작함을 보여야 할 것이다. 이 시스템은 한 개의 제어장치가 장착된 시스템보다 16%의 향상을 보인다.

2.6 순차 실험

많은 확률 실험들은 그것보다 더 단순한 연속되는 하위 실험들로 구성된 순차 실험으로 볼 수 있다. 이러한 하위 실험들은 독립일 수도 있고 아닐 수도 있다. 이 절에서는 순차 실험에서 사건들의 확률을 얻는 방법에 대해 설명한다.

2.6.1 독립실험의 연속

한 확률 실험이 하위 실험들인 $E_1, E_2, \cdots, E_n$의 수행으로 구성된다고 가정하자. 이 실험의 결과는 n-짝 $S = (s_1, \cdots, s_n)$이 될 것이다. 여기서 S_k는 k번째 하위 실험의 결과다. 순차 실험의 표본 공간은 위의 n-짝을 원소로 갖는 집합으로 정의되고, 개별 하위 실험의 표본 공간의 데카르트(Cartesian) 곱인 $S_1 \times S_2 \times \cdots \times S_n$ 으로 나타낸다.

물리적으로 생각해보았을 때 한 하위 실험의 결과가 다른 하위 실험의 결과에 영향을 미칠 수 없다는 의미에서, 우리는 일반적으로 언제 하위 실험이 독립인지를 알 수 있다. 사건 $A_1, A_2, \cdots, A_n$이 있다고 하자. 여기서 A_k는 오직 k번째 하위 실험의 결과에만 관여하는 사건이다. 만약 하위 실험들이 독립이면, 위 사건 $A_1, A_2, \cdots, A_n$은 독립이라고 가정하는 것이 타당하다. 따라서 다음 식을 얻을 수 있다.

$$P[A_1 \cap A_2 \cap \cdots \cap A_n] = P[A_1]P[A_2] \ldots P[A_n] \tag{2.34}$$

위 식은 순차 실험의 사건들에 대한 모든 확률을 계산할 수 있게 한다.

예제 2.36

[0, 1] 구간에서 임의로 10개의 수를 선택한다고 가정하자. 처음 선택한 5개의 수는 1/4보다 작고, 나머지 5개의 수는 1/2보다 클 확률을 구하라. 연속적으로 선택된 10개의 수를 $x_1, x_2, \cdots, x_{10}$이라 하자. 그러면 관심을 가지고 있는 사건은 다음과 같이 나타낼 수 있다.

$$k = 1, \ldots, 5 \text{ 에 대하여 } A_k = \left\{x_k < \frac{1}{4}\right\}$$

$$k = 6, \ldots, 10 \text{ 에 대하여 } A_k = \left\{x_k > \frac{1}{2}\right\}$$

한 수의 선택이 나머지 다른 수의 선택에 대해서 독립이라고 가정하면 다음과 같은 결과를 얻는다.

$$P[A_1 \cap A_2 \cap \cdots \cap A_{10}] = P[A_1]P[A_2] \ldots P[A_{10}]$$

$$= \left(\frac{1}{4}\right)^5 \left(\frac{1}{2}\right)^5$$

앞으로 우리는 서로 독립인 하위 실험들의 연속으로 이루어진 실험들에 대한 몇 가지 중요한 모델들을 소개할 것이다.

2.6.2 이항확률법칙

베르누이 시행(Bernoulli trial)은 한 번 실험하고 특정한 사건 A의 발생 여부를 기록하는 것이다. 베르누이 시행의 결과는 만약 사건 A가 발생하면 '성공'이라고 하고, 그렇지 않으면 '실패'라고 한다. 이 절의 주된 관심사는 n번 독립적으로 반복되는 베르누이 시행에서 k번 성공할 확률을 찾는 것이다.

예를 들면, 앞면(성공)이 나올 확률이 $p = P[A]$인 동전 던지기의 결과를 한 번의 베르누이 시행의 결과로 볼 수 있다. 따라서, n번의 베르누이 시행에서 k번 성공할 확률은 n번의 동전 던지기에서 k번 앞면이 나올 확률과 같다.

예제 2.37

동전을 세 번 던진다고 가정하자. 각각의 동전 던지기는 서로 독립이고 앞면이 나올 확률이 p라면, 앞면과 뒷면의 모든 순서에 대한 확률은 다음과 같다.

$$P[\{HHH\}] = P[\{H\}]P[\{H\}]P[\{H\}] = p^3$$
$$P[\{HHT\}] = P[\{H\}]P[\{H\}]P[\{T\}] = p^2(1 - p)$$
$$P[\{HTH\}] = P[\{H\}]P[\{T\}]P[\{H\}] = p^2(1 - p)$$
$$P[\{THH\}] = P[\{T\}]P[\{H\}]P[\{H\}] = p^2(1 - p)$$
$$P[\{TTH\}] = P[\{T\}]P[\{T\}]P[\{H\}] = p(1 - p)^2$$
$$P[\{THT\}] = P[\{T\}]P[\{H\}]P[\{T\}] = p(1 - p)^2$$
$$P[\{HTT\}] = P[\{H\}]P[\{T\}]P[\{T\}] = p(1 - p)^2$$
$$P[\{TTT\}] = P[\{T\}]P[\{T\}]P[\{T\}] = (1 - p)^3$$

여기서 우리는 동전 던지기가 서로 독립이라는 사실을 이용했다. 세 번의 시행에서 앞면이 나온 횟수를 k라고 하면, 각 k에 대한 확률은 다음과 같다.

$$P[k = 0] = P[\{TTT\}] = (1 - p)^3$$
$$P[k = 1] = P[\{TTH, THT, HTT\}] = 3p(1 - p)^2$$
$$P[k = 2] = P[\{HHT, HTH, THH\}] = 3p^2(1 - p)$$
$$P[k = 3] = P[\{HHH\}] = p^3$$

예제 2.37의 결과는 이항확률법칙에서 $n = 3$인 경우이다.

정리

n번의 독립적인 베르누이 시행에서 성공한 횟수를 k라 하면, **이항확률법칙(binomial probability law)**에 의해 다음과 같이 k의 확률을 구할 수 있다.

$$p_n(k) = \binom{n}{k} p^k(1 - p)^{n-k} \qquad k = 0, \ldots, n \text{ 에 대하여} \tag{2.35}$$

여기서 $p_n(k)$는 n번 시도에서 k번 성공할 확률이다. 그리고 다음 식은 이항계수를 나타낸다.

$$\binom{n}{k} = \frac{n!}{k!\,(n - k)!} \tag{2.36}$$

식 (2.36)에서 항 $n!$은 n계승이라 하고, $n! = n(n - 1) \ldots (2)(1)$로 정의된다. 정의에 의해 0!은 1과 같다. 이제 위 정리를 증명해보자.

예제 2.34를 통해 우리는 k번 성공과 $n - k$번 실패의 모든 순서는 각각 같은 확률 $p^k(1 - p)^{n-k}$를 갖는 것을 알 수 있다. $N_n(k)$를 k번 성공과 $n - k$번 실패를 갖는 서로 다른 순서의 개수라고 하면,

$$p_n(k) = N_n(k)p^k(1-p)^{n-k} \tag{2.37}$$

여기서, 식 $N_n(k)$는 n개의 위치 중에서 성공에 해당하는 k개의 위치를 선택하는 방법의 수다. 이것은 다음 식으로 나타낼 수 있다.[5)]

$$N_n(k) = \binom{n}{k} \tag{2.38}$$

이 정리는 식 (2.37)에 식 (2.38)을 대입해서 얻어진다.

예제 2.38

식 (2.35)를 사용하면 예제 2.37에서 찾은 확률을 구할 수 있는지 확인하라.

예제 2.37에서 '동전 던지기에서 앞면이 나오는 결과'를 '성공'이라고 한다면 다음의 식들을 얻는다.

$$p_3(0) = \frac{3!}{0!\,3!}p^0(1-p)^3 = (1-p)^3$$

$$p_3(1) = \frac{3!}{1!\,2!}p^1(1-p)^2 = 3p(1-p)^2$$

$$p_3(2) = \frac{3!}{2!\,1!}p^2(1-p)^1 = 3p^2(1-p)$$

$$p_3(3) = \frac{3!}{0!\,3!}p^3(1-p)^0 = p^3$$

이것은 이전의 결과와 같다.

여러분은 이미 미적분학 입문 과정에서 **이항정리(binomial theorem)**를 설명할 때 이항계수에 대해 배웠을 것이다.

$$(a+b)^n = \sum_{k=0}^{n}\binom{n}{k}a^k b^{n-k} \tag{2.39a}$$

만약 $a = b = 1$이라 하면,

$$2^n = \sum_{k=0}^{n}\binom{n}{k} = \sum_{k=0}^{n}N_n(k)$$

위 식은 n번의 시도에서 2^n개의 서로 다른 성공과 실패의 순서가 있다는 사실과 일치한다. 만약 식 (2.39a)에서 $a = p$이고 $b = 1 - p$라고 한다면, 우리는 다음과 같은 식을 얻는다.

$$1 = \sum_{k=0}^{n}\binom{n}{k}p^k(1-p)^{n-k} = \sum_{k=0}^{n}p_n(k) \tag{2.39b}$$

위 식을 통해 우리는 모든 이항확률들의 합이 1이 되는 것을 확인할 수 있다.

$n!$ 항은 n의 증가에 따라 매우 빠르게 증가하므로, 직접 식 (2.35)를 이용하여 $p_n(k)$의 계산을 시도한다면 상대적으로 작은 숫자 n에 대해서도 계산상의 어려움에 직면한다. 다음의 재귀

5) 예제 2.21 참조

적인 식을 이용하면 직접 $n!$을 계산할 필요가 없고, 그러므로 계산상의 어려움에 직면하기 전에 $p_n(k)$를 계산할 수는 n의 범위를 확장시킨다.

$$p_n(k+1) = \frac{(n-k)p}{(k+1)(1-p)} p_n(k) \tag{2.40}$$

이 책의 후반부에서 n이 큰 경우에 이항확률을 계산하는 두 가지 방법을 소개한다.

예제 2.39

서로 대화하지 않는(즉, 독립적으로 혼자 말하는) 8명의 화자 집단에서 말하는(조용히 하지 않는) 화자의 수를 k라고 하자. 한 화자는 1/3의 확률로 말한다고 가정할 때, 말하는 화자의 수가 6보다 클 확률을 찾아라.

$i = 1, \ldots, 8$에 대하여 A_i는 'i번째 화자가 말한다.' 인 사건을 뜻한다. 그러면 말하는 화자의 수는 확률 $p = 1/3$인 8번의 베르누이 시행에서 성공한 횟수가 된다. 따라서 6명보다 많은 화자가 말할 확률은 다음과 같이 계산된다.

$$P[k=7] + P[k=8] = \binom{8}{7}\left(\frac{1}{3}\right)^7\left(\frac{2}{3}\right) + \binom{8}{8}\left(\frac{1}{3}\right)^8$$
$$= .00244 + .00015 = .00259$$

예제 2.40 **오류 정정 코딩**

한 통신 시스템이 $\varepsilon = 10^{-3}$의 확률로 불규칙하게 비트 오류가 발생하는 채널을 통해 이진 정보를 전송한다고 하자. 송신기는 각 정보 비트를 세 번씩 송신하고, 디코더는 송신기가 보낸 비트를 결정하기 위해 수신된 비트에 대하여 다수결을 취한다. 수신기가 잘못된 결정을 내릴 확률을 구하라.

수신기는 단일 오류는 정정할 수 있지만, 만약 채널에서 두 개 이상의 오류가 발생한다면 잘못된 결정을 내릴 것이다. 각 전송을 베르누이 시행으로 보고 오류의 발생을 '성공'으로 대응시키면, 세 번의 베르누이 시행에서 두 개나 그 이상의 오류가 발생할 확률은 다음과 같다.

$$P[k \geq 2] = \binom{3}{2}(.001)^2(.999) + \binom{3}{3}(.001)^3 \simeq 3(10^{-6})$$

2.6.3 다항확률법칙

이항확률법칙은 두 개 이상의 사건이 발생하는 경우로 일반화될 수 있다. $B_1, B_2, \cdots, B_M$을 어떤 확률 실험의 표본 공간 S의 분할이라고 가정하고, $P[B_j] = p_j$라고 하자. 사건들이 서로 배반적이므로,

$$p_1 + p_2 + \cdots + p_M = 1$$

실험이 독립적으로 n번 반복하여 실행된다고 가정하자. k_j를 사건 B_j가 발생하는 횟수라고 하면, 벡터$(k_1, k_2, \cdots, k_M)$은 각 사건 B_j가 발생하는 횟수를 나타낸다. 벡터$(k_1, k_2, \cdots, k_M)$의 확률은 다음의 **다항확률법칙(multinomial probability law)**을 만족한다.

$$P[(k_1, k_2, \ldots, k_M)] = \frac{n!}{k_1!\, k_2! \ldots k_M!} p_1^{k_1} p_2^{k_2} \ldots p_M^{k_M} \qquad (2.41)$$

여기서 $k_1 + k_2 + \cdots + k_M = n$이다. 이항확률법칙은 다항확률법칙에서 $M = 2$인 경우다. 다항확률을 구하는 방법은 이항확률을 구하는 방법과 같다. 우리는 각 사건 $B_1, B_2, \cdots B_M$이 $k_1, k_2, \cdots, k_M$번 발생하는 서로 다른 순서의 개수는 식 (2.26)의 다항 계수로 구할 수 있음을 알 필요가 있다.

예제 2.41

세 영역으로 나누어진 과녁을 향해 다트를 9번 던진다. 던진 다트가 영역 1, 2, 3에 꽂힐 확률이 각각 .2, .3, .5일 때, 다트가 서로 다른 영역에 정확하게 세 번씩 꽂힐 확률을 구하라.

이 실험은 세 가지의 결과가 나올 수 있는 하위 실험을 독립적으로 아홉 번 반복 시행하는 것으로 이루어진다. 각 결과의 발생 횟수에 대한 확률은 매개변수가 $n = 9, p_1 = .2, p_2 = .3, p_3 = .5$인 다항확률법칙으로 구할 수 있다.

$$P[(3, 3, 3)] = \frac{9!}{3!\, 3!\, 3!}(.2)^3(.3)^3(.5)^3 = .04536$$

예제 2.42

전화번호부에서 10개의 전화번호를 무작위로 뽑고, 각 전화번호의 마지막 숫자만을 기록한다고 가정하자. 0에서 9까지의 각 숫자가 한 번씩만 기록될 확률은 얼마인가?

0에서 9까지 범위의 10개 정수 각각이 나올 가능성은 같다고 가정하면, 그러한 정수의 발생 횟수에 대한 확률은 매개변수 $M = 10, n = 10, p_j = 1/10$인 다항확률법칙으로 구할 수 있다. 10번의 선택에서 각 정수가 한 번씩 나올 확률은 다음과 같다.

$$\frac{10!}{1!\, 1! \ldots 1!}(.1)^{10} \simeq 3.6(10^{-4})$$

2.6.4 기하확률법칙

처음 성공할 때까지 독립 베르누이 시행을 반복하는 순차적인 실험을 생각해보자. 이 실험의 결과는 처음 성공할 때까지 시도한 횟수라 하고, 그 값을 m이라 하자. 이 실험의 표본 공간은 양의 정수의 집합이다. m번의 시도가 필요한 확률 $p(m)$ 은 처음 $m-1$번의 시행은 실패하고 m번째 시행은 성공하는 경우에만 발생한다는 것을 알면 구할 수 있다.[6] 이 사건의 확률은 다음과 같이 주어진다.

$$p(m) = P[A_1^c A_2^c \ldots A_{m-1}^c A_m] = (1 - p)^{m-1} p \qquad m = 1, 2, \ldots \qquad (2.42a)$$

여기서 A_i는 'i번째 시행에서 성공' 하는 사건이다. 식 (2.42a)에 따라 결정되는 확률할당을 **기하확률법칙(geometric probability law)**이라 한다.

[6] 2.2절의 예제 2.11에 기하확률법칙이 어떻게 나오는지에 대한 상대도수 해석이 나와 있다.

식 (2.42a)의 확률의 합은 1이다.

$$\sum_{m=1}^{\infty} p(m) = p\sum_{m=1}^{\infty} q^{m-1} = p\frac{1}{1-q} = 1 \tag{2.42b}$$

여기서 $q = 1 - p$이고, 우리는 기하급수의 합의 공식을 사용했다. 성공하기 전에 K번을 초과하여 시도해야 하는 확률은 다음과 같은 간단한 형태를 가진다.

$$\begin{aligned} P[\{m > K\}] &= p\sum_{m=K+1}^{\infty} q^{m-1} = pq^K \sum_{j=0}^{\infty} q^j \\ &= pq^K \frac{1}{1-q} \\ &= q^K \end{aligned}$$

예제 2.43 **재전송에 의한 오류제어**

컴퓨터 A는 신뢰성이 보장되지 않은 무선 링크를 통해 컴퓨터 B로 메시지를 보낸다. 전송되는 동안 메시지에 오류가 발생했는지를 수신 컴퓨터 B가 찾아낼 수 있게 메시지를 부호화한다. 만약 컴퓨터 B가 메시지에서 오류를 발견하면, B는 컴퓨터 A에게 해당 메시지를 재전송하라고 요구한다. 메시지 전송 오류가 발생하는 확률이 $q = .1$이라고 가정하면, 메시지가 2번을 초과하여 전송되어야 하는 확률은 얼마인가?

각각의 메시지 전송은 성공 확률이 $p = 1 - q$인 베르누이 시행이다. 베르누이 시행은 처음으로 성공(오류가 없는 전송)할 때까지 반복된다. 식 (2.43)에 따라 메시지가 두 번을 초과하여 전송되어야 하는 확률은 다음과 같다.

$$P[m > 2] = q^2 = 10^{-2}$$

2.6.5 종속실험의 연속

이 절에서는 주어진 하위 실험의 결과가 다음에 수행될 하위 실험을 결정하는 하위 실험들의 연속 혹은 '체인'에 대해 설명한다. 우리는 먼저 이러한 실험들의 간단한 예제를 제시하고, 표본 공간을 나타내는 데 다이어그램이 어떻게 사용되는지를 보인다.

예제 2.44

두 항아리 중 한 항아리에서 공 하나를 꺼내 그 공의 번호를 기록한 후, 다시 원래의 항아리에 그 공을 집어넣는 실험을 여러 번 수행하는 연속 실험이 있다. 항아리 0에는 번호가 1인 공 하나와 번호가 0인 공 2개가 들어 있고, 항아리 1에는 번호가 1인 공 5개와 번호가 0인 공 1개가 들어 있다. 처음 공을 꺼낼 항아리는 공정한 동전 던지기에 따라 임의로 선택한다. 이때 동전의 앞면이 나오면 항아리 0을, 동전의 뒷면이 나오면 항아리 1을 선택한다. 그 다음부터 하위 실험에서 사용되는 항아리는 이전 하위 실험에서 꺼낸 공의 번호에 해당한다.

이 실험의 표본 공간은 0과 1의 수열로 구성된다. 각각의 가능한 수열은 그림 2.15(a)의 '격자' 모양의 다이어그램을 통과하는 경로와 같다. 다이어그램의 노드들은 n번째 하위 실험에서 사용하는 항아리를 나타내고, 가지에 붙어 있는 라벨은 하위 실험의 결과를 나타낸다. 따라서 경로 0011은 다음과 같은 실험 순서가 된다. 동전을 던져서 앞면이 나왔으므로 처음은 항아리 0에서 뽑았다. 첫 번째 뽑기의 결과가 0이므로 두 번째는 항아리 0에서 뽑았다. 두 번째 뽑기의 결과가 1이므로 세 번째는 항아리 1에서 뽑았다. 그리고 세 번째 뽑기의 결과가 1이므로 네 번째는 항아리 1에서 뽑았다.

이제 우리는 결과들(예를 들면 s_0, s_1, s_2)의 특정 순서에 대한 확률 계산을 원한다고 가정하고, 이 확률을 $P[\{s_0\} \cap \{s_1\} \cap \{s_2\}]$로 표시하자. $A = \{s_2\}$, $B = \{s_0\} \cap \{s_1\}$이라고 하면, $P[A \cap B] = P[A|B]P[B]$이므로 다음과 같은 식을 얻는다.

$$\begin{aligned} P[\{s_0\} \cap \{s_1\} \cap \{s_2\}] &= P[\{s_2\}|\{s_0\} \cap \{s_1\}]\, P[\{s_0\} \cap \{s_1\}] \\ &= P[\{s_2\}|\{s_0\} \cap \{s_1\}]P[\{s_1\}|\{s_0\}]P[\{s_0\}] \end{aligned} \quad (2.44)$$

위 항아리 예제에서 가장 최근의 결과가 다음에 수행되는 하위 실험을 결정하기 때문에 확률 $P[\{s_n\}|\{s_0\} \cap \cdots \cap \{s_{n-1}\}]$은 $\{s_{n-1}\}$에만 의존한다는 것에 주의하라.

$$P[\{s_n\}|\{s_0\} \cap \ldots \cap \{s_{n-1}\}] = P[\{s_n\}|\{s_{n-1}\}] \quad (2.45)$$

그러므로 관심을 갖는 순서는 다음과 같이 나타낼 수 있다.

$$P[\{s_0\} \cap \{s_1\} \cap \{s_2\}] = P[\{s_2\}|\{s_1\}]P[\{s_1\}|\{s_0\}]P[\{s_0\}] \quad (2.46)$$

식 (2.45)를 만족하는 순차 실험을 **마코프 체인(Markov chain)**이라고 한다. 이 실험에서 순서 $s_0, s_1, \ldots, s_n$의 확률은 다음과 같다.

$$P[s_0, s_1, \ldots, s_n] = P[s_n|s_{n-1}]P[s_{n-1}|s_{n-2}] \ldots P[s_1|s_0]P[s_0] \quad (2.47)$$

위 식에서는 중괄호를 제거하고 간단하게 표기했다. 따라서 순서 $s_0, s_1, \ldots, s_n$의 확률은

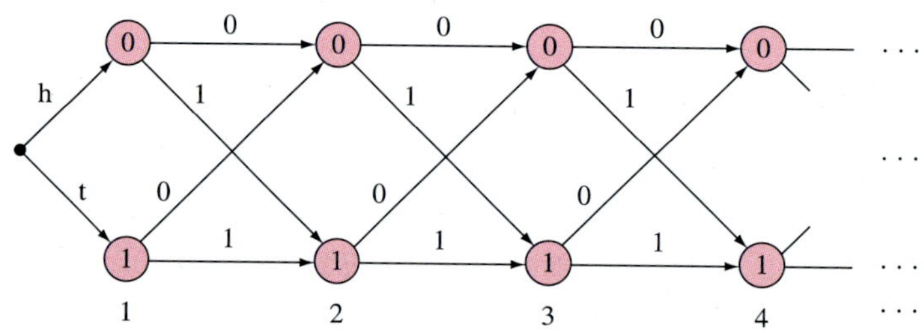

(a) 결과들의 순서는 격자 다이어그램의 경로에 해당한다.

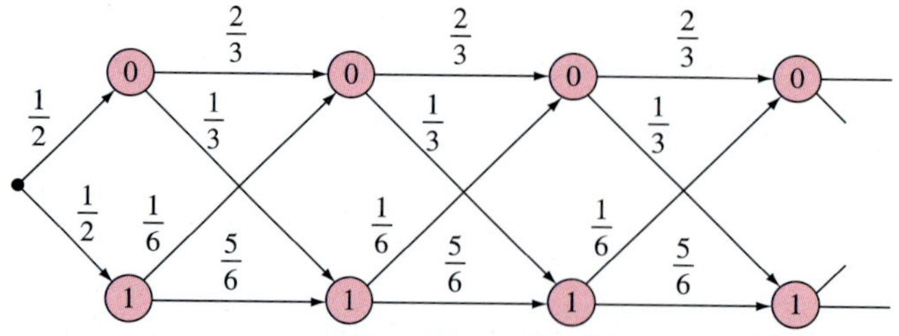

(b) 결과들의 한 순서의 확률은 해당 경로의 확률의 곱과 같다.

그림 2.15 ● 마코프 체인을 위한 격자 다이어그램

처음 결과 s_0의 확률과 이후에 계속 발생하는 모든 천이(s_0에서 s_1, s_1에서 s_2 등등) 확률의 곱으로 주어진다. 마코프 체인은 11장에서 다룬다.

예제 2.45

예제 2.44에서 소개한 항아리 실험에서 순서 0011의 확률을 구하라.

앞의 예제를 상기하면, 항아리 0에는 번호가 0인 공 2개와 번호가 1인 공 1개가 담겨 있고, 항아리 1에는 번호가 1인 공 5개와 번호가 0인 공 1개가 담겨 있다. 그림 2.15(b)와 같이 격자 다이어그램의 가지에 해당 천이 확률로 라벨을 붙이면, 결과의 순서에 대한 확률을 쉽게 계산할 수 있다. 따라서 순서 0011의 확률은 다음과 같이 주어진다.

$$P[0011] = P[1|1]P[1|0]P[0|0]P[0]$$

여기서 천이 확률은 다음과 같다.

$$P[1|0] = \frac{1}{3} \quad \text{그리고} \quad P[0|0] = \frac{2}{3}$$

$$P[1|1] = \frac{5}{6} \quad \text{그리고} \quad P[0|1] = \frac{1}{6}$$

초기 확률은 다음과 같다.

$$P(0) = \frac{1}{2} = P[1]$$

따라서 $P[0011]$을 구하기 위한 식에 위의 값들을 대입하면, 다음과 같은 확률을 얻는다.

$$P[0011] = \left(\frac{5}{6}\right)\left(\frac{1}{3}\right)\left(\frac{2}{3}\right)\left(\frac{1}{2}\right) = \frac{5}{54}$$

예제 2.44와 2.45의 두 항아리 실험은 우리가 11장에서 논의할 마코프 체인 모델의 가장 간단한 예다. 여기서 논의된 두 항아리 실험은 오직 두 개의 결과만 있는 상황과, 짧은 시간에 사건이 집중적으로 발생하는 경향이 있는 상황을 모델링하기 위해 사용된다. 예를 들면, 두 항아리 모델은 단일 화자에 의해 생성되는 음성 패킷의 '폭발적인' (상대적으로 긴 조용한 시간들 사이에 많은 유효한 패킷이 집중적으로 발생하는) 행동을 모델링하기 위해 사용되고, 흑백 영상을 선단위(line by line)로 스캔하여 얻어지는 흑과 백의 점들의 순서에서도 사용된다.

*2.7 난수를 합성하기 위한 컴퓨터 사용법: 난수 발생기

이 절에서는 컴퓨터를 사용하여 난수의 수열을 생성하는 기본적인 방법에 대해 소개한다. 임의성을 포함하는 시스템의 컴퓨터 모의실험에는 반드시 난수의 수열을 생성하기 위한 방법이 포함되어야 한다. 이러한 난수들은 모의실험의 대상이 되는 프로세스들의 장기 평균(long-term average) 특성들을 만족시켜야 한다. 이 절에서 우리는 구간 [0, 1] 에서 '균일하게 분포하는' 난수들을 생성하는 문제에 초점을 맞춘다. 다음 장에서는 이러한 난수들을 이용해 임의의 확률법칙을 따르는 수를 생성하는 방법들에 대해 알아볼 것이다.

구간 [0, 1]에서 난수를 생성하는 데 있어서 첫 번째 문제점은, 비록 그 구간에 무수히 많은 점들이 있지만, 컴퓨터에 의한 그 수의 표현은 유한한 정밀도로 제한된다는 점이다. 그러므로 우리는 "$\{0, 1, \ldots, M-1\}$" 또는 "$\{1, 2, \ldots, M\}$"과 같이 어떤 유한한 집합에서 발생 가능성이 같은 수들을 생성하는 것에 만족해야 한다. 그리고 생성된 수를 M으로 나눠 단위구간에서의 수를 얻는다. 이 때 M을 매우 크게 하면 단위구간 안에서 이러한 수들은 더욱 조밀해진다.

다음 단계는 난수들을 생성시키는 기법을 찾아내는 것이다. 직접적인 접근 방법은 확률 실험을 하는 것이다. 예를 들면, 공정한 동전을 m번 던지고, 정수를 이진수로 표현하기 위해 동전의 앞면과 뒷면의 순서를 0과 1로 대체한다면 0에서 2^{m-1}까지 범위의 정수를 생성할 수 있을 것이다. 또 다른 예는 1부터 M까지 번호를 매긴 공을 담고 있는 항아리에서 하나의 공을 꺼내는 실험을 하는 것이다. 컴퓨터 모의실험에서는 난수들의 긴 수열을 생성하게 된다. 만약 난수를 생성하기 위해 위의 기법들을 사용하려면 아주 많이 실험해야 하며, 모의실험 프로그램이 액세스할 수 있도록 모든 결과들을 컴퓨터에 저장해야 한다. 따라서 이러한 접근법은 매우 귀찮고 필요한 난수가 많아지면 비실용적이 된다.

2.7.1 유사난수 발생

컴퓨터의 난수 생성에서 선호하는 접근 방법은 쉽고 빠르게 구현할 수 있는 재귀적 공식을 사용하는 것이다. 이러한 **유사난수 발생기(pseudo-random number generator)**는 무작위로 보이는 수열을 생성하지만 실제로는 매우 긴 주기로 반복된다. 현재 널리 사용되는 유사난수 발생기는 이른바 Mersenne Twister라고 불리고, 이는 이진 집합체(binary field)에서 행렬선형재귀(matrix linear recurrence)에 기반을 둔다. 이 알고리즘은 $2^{19937}-1$의 매우 긴 주기로 수열을 만들어낼 수 있다. Mersenne Twister는 32비트 정수를 생성하며, 따라서 앞서 설명한 표현에서 $M = 2^{32}-1$이 된다. 32비트 정수를 2^{32}로 나누면 단위구간의 수열을 얻는다. 그러한 수열은 매우 높은 차원의 단위 큐브에서 균일하게 분포해야 한다. Mersenne Twister는 이 조건을 632-차원까지 만족시켜 왔다. 또한 이 알고리즘은 저장 측면에서 빠르고 효율적이다.

Mersenne Twister는 소프트웨어로 구현되어 광범위하게 이용되고, MATLAB®과 Octave[7] 같은 수치 소프트웨어 패키지에 들어 있다. MATLAB과 Octave는 모두 `rand` 명령어를 사용하여 단위구간 내의 난수를 생성하기 위한 방법을 제공한다. `rand (n, m)` 연산자는 구간 [0, 1)에 속한 난수를 원소로 갖는 $n \times m$ 행렬을 반환한다. 이 연산자는 모든 유형의 난수를 생성하기 위한 출발점이 된다.

예제 2.46 **단위구간 내의 수 생성**

먼저 단위구간 내에 속한 6개의 숫자를 생성한다. 다음으로, 단위구간 내에 속한 10,000개의 숫자들을 생성한다. 10,000개의 수열에 대한 히스토그램과 경험적 분포함수를 그려라.

다음의 명령어는 단위구간 내에 속한 6개의 숫자를 생성한다.

---

[7] MATLAB®과 Octave는 행렬을 포함하는 수치계산을 위한 대화식 컴퓨터 프로그램이다. MATLAB®은 The Mathworks, Inc에 의해 판매되는 프로그램이고, Octave는 계산에 관한 한 대부분 MATLAB과 호환되는 오픈소스 프로그램으로 무료이다. 참고문헌 Long [9]에서 Octave를 소개한다.

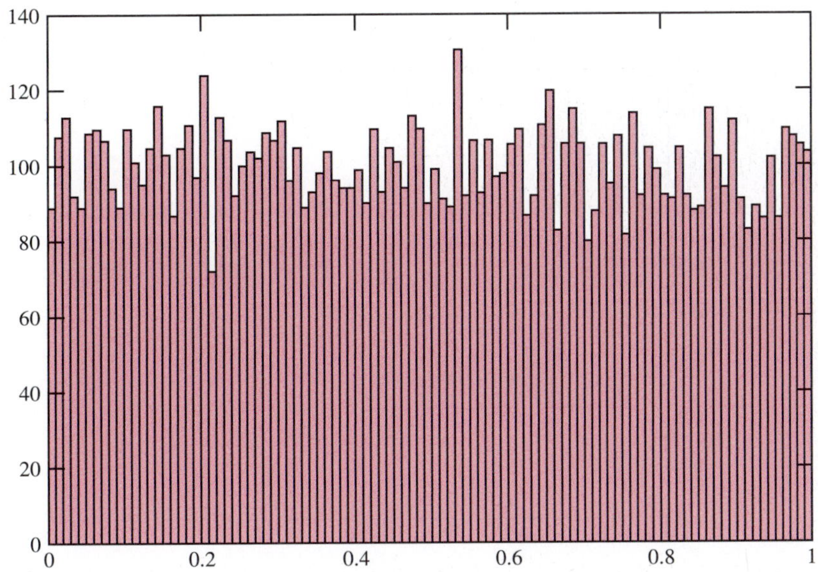

그림 2.16 ● 단위구간 내에서 10,000개의 숫자를 생성하는 실험에서 얻어진 히스토그램

```
>rand(1,6)
ans =
Columns 1 through 6:
0.642667 0.147811 0.317465 0.512824 0.710823 0.406724
```

다음 명령어들은 10,000개의 숫자를 생성하고, 그림 2.16의 히스토그램을 만든다.

```
>X-rand(10000,1);               % 10,000의 원소를 갖는 열 백터 X를 반환한다.
>K=0.005:0.01;0.995;            % 단위구간 내에서 폭이 0.01인 100개의 저장소에 대한
                                % 중간점으로 구성된 열 백터 K를 만든다.
>Hist(X,K)                      % 그림 2.16에 있는 히스토그램을 그린다.
>plot(K,empirical_cdf(K,X))     % 배열 X에서 k와 같거나 작은 원소의 비율을 그린다.
                                % 여기서 k는 K의 한 원소이다.
```

경험적 cdf(누적 분포함수)는 그림 2.17에 나타내었다. 난수의 배열이 단위구간에서 균일하게 분포하는 것이 분명하다.

2.7.2 확률 실험의 시뮬레이션

MATLAB®과 Octave는 대부분의 일반적인 분포와 관련된 확률의 수치적 계산을 하는 데 매우 유용한 함수를 제공한다. 또한 특정 확률분포를 갖는 난수를 생성하기 위한 함수도 제공한다. 이 절에서는 베르누이 시행과 이항분포를 살펴보고, 3장에서는 이산 표본 공간을 갖는 실험들을 살펴본다.

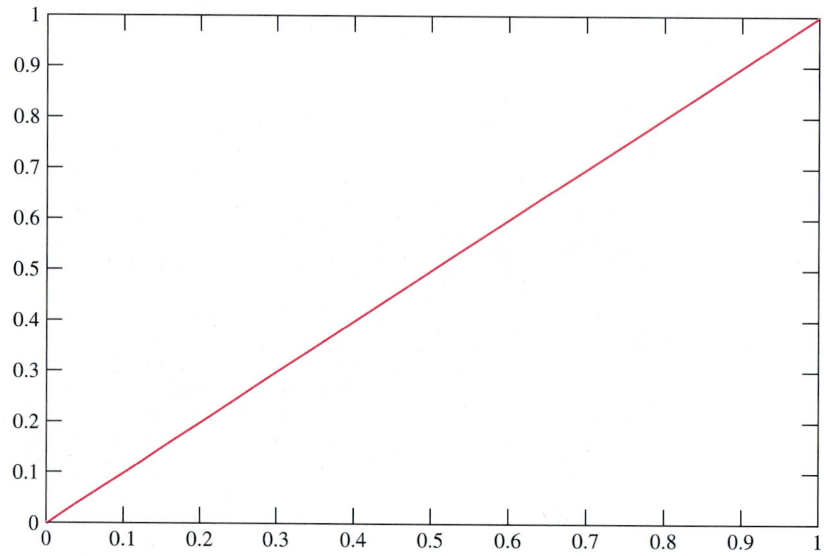

그림 2.17 ● 10,000개의 숫자를 생성하는 실험의 경험적 cdf(누적분포함수)

예제 2.47 **베르누이 시행과 이항확률**

먼저 8번의 베르누이 시행의 결과를 생성한다. 다음으로 $^1/_2$의 성공확률을 갖는 16번의 베르누이 시행에서 성공 횟수를 세는 확률 실험을 100번 반복한 결과를 생성한다. 100번 실험 결과를 히스토그램으로 그리고, $n = 16$이고 $p = 1/2$인 이항확률과 비교하라.

다음 명령어는 아래 응답에서 보여주는 것과 같이 8번의 베르누이 시행의 결과를 생성한다.

```
>X = rand(1,8)<0.5;          % p = 0.5인 베르누이 시행을 하는 1개의 행을 생성한다.
X =
 0 1 1 0 0 0 1 1
```

주어진 베르누이 시행에서 만약 rand에 의해 생성되는 숫자가 $p = 0.5$보다 작으면 베르누이 시행의 결과는 1이다.

다음은 16번의 베르누이 시행을 하는 확률 실험을 100번 반복한 결과를 생성하기 위한 명령어들이다.

```
>X=rand(100,16)<0.5;             % p = 0.5인 16번의 베르누이 시행을 하는
                                 % 100개의 행을 생성한다.
>Y=sum(X,2);                     % 각 실험에서 성공한 횟수를 구하기 위해 각 행의
                                 % 결과를 더한다. Y는 100개의 결과를 저장한다.
>K=0:16;
>Z=empirical_pdf(K,Y));          % Y에 저장된 결과의 상대도수를 구한다.
>Bar(K,Z)                        % 상대도수의 막대그래프를 생성한다.
>hold on                         % 다음 명령을 위해 그래프를 그대로 유지한다.
>stem(K,binomial_pdf(K,16,0.5))  % 이항확률을 해당 상대도수와 함께 도시한다.
```

그림 2.18은 상대도수와 이항확률이 상당히 일치한다는 것을 보여준다.

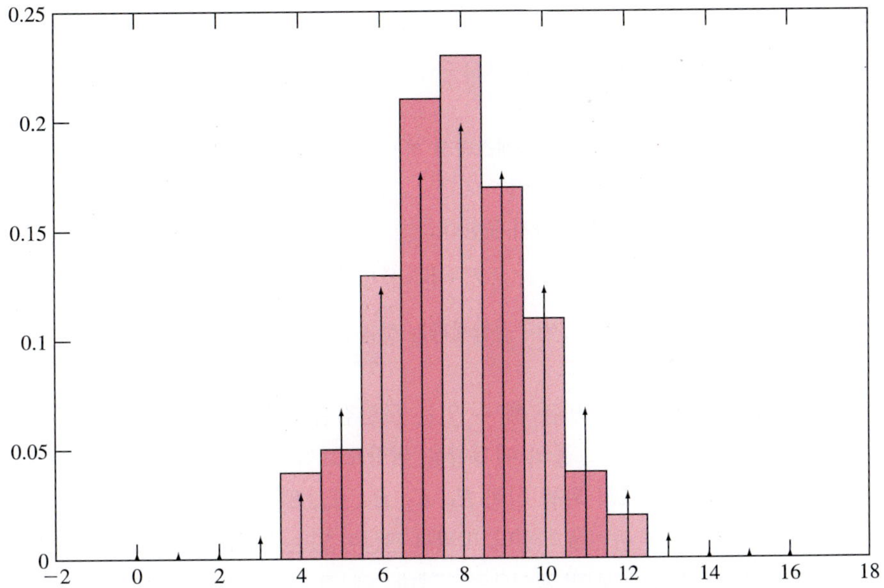

그림 2.18 ● 100번 반복한 베르누이 시행의 상대도수와 대응되는 이항확률

*2.8 심화 학습: 사건 클래스[8)]

만일 표본 공간 S가 이산적이면, 사건 클래스는 S의 모든 부분집합으로 이루어질 수 있다. 우리는 때로 원해서 또는 할 수 없이 사건 클래스 $\mathcal{F}$를 S의 부분집합의 더 작은 클래스로 해야 하는 상황이 발생할 수 있다. 이러한 상황에서는 오직 이 클래스에 속하는 부분집합만이 사건으로 생각한다. 이 절에서 어떻게 이러한 상황이 발생하는지 설명한다.

$\mathcal{C}$를 확률 실험에서 관심이 있는 사건들의 클래스라고 하자. $\mathcal{C}$에 속한 사건들의 어떤 집합 연산도 역시 $\mathcal{C}$에 속하는 사건인 집합을 생성한다고 예상하는 것이 타당하다. 그러면 확률 실험에 관한 어떤 질문이든 할 수 있으며, 그것을 집합 연산을 사용하여 표현할 수 있고, 그리고 $\mathcal{C}$에 속한 사건을 얻을 수 있다. 수학적으로 $\mathcal{C}$는 집합체가 되어야 한다.

집합의 모임 $\mathcal{F}$가 다음 조건을 만족하는 경우에 **집합체(field)**라고 한다.

(i) $\varnothing \in \mathcal{F}$ (2.48a)

(ii) 만약 $A \in \mathcal{F}$이고 $B \in \mathcal{F}$이면, $A \cup B \in \mathcal{F}$ (2.48b)

(iii) 만약 $A \in \mathcal{F}$이면, $A^c \in \mathcal{F}$ (2.48c)

만약 $A \in \mathcal{F}$이고 $B \in \mathcal{F}$이면, (ii)와 (iii)에 의해 $A \cap B \in \mathcal{F}$임을 의미한다는 것은 드모르간의 법칙을 사용하여 보일 수 있다. 그리고 조건 (ii)와 (iii)은 $\mathcal{F}$에 속한 사건들의 유한 합집합 또는 교집합도 $\mathcal{F}$에 속한 사건이 되는 것을 의미한다.

---

8) 심화 학습 절은 입문과정에서 필요하지 않은 개념과 특별한 것들에 대하여 부연 설명하였다. 이 절의 내용은 더 깊은 수학적 지식을 요구하지 않는다. 그러나 일반적으로 확률의 첫 교육과정에서는 다루지 않는다.

예제 2.48

$S = \{T, H\}$라고 하자. S의 기본사건으로 구성된 클래스에서 집합 연산에 의해 생성되는 집합체를 찾아라: $\mathcal{C} = \{\{H\}, \{T\}\}$

$\mathcal{F}$를 $\mathcal{C}$에 의해 생성되는 클래스라고 하자. 먼저 $\{H\} \cup \{T\} = \{H, T\} = S$임을 주목하라. 이것은 S가 $\mathcal{F}$에 속한다는 것을 의미한다. 다음으로 $\varnothing \in \mathcal{F}$을 의미하는 $S^c = \varnothing$을 구한다. 다른 어떤 집합 연산도 아직 $\mathcal{F}$에 속하지 않는 사건을 생성하지 못한다.

$$\mathcal{F} = \{\varnothing, \{H\}, \{T\}, \{H, T\}\} = \mathcal{S}$$

S의 멱집합을 생성하였고, 그것이 집합체라는 것을 보인 것에 주목하라.

위의 예제는 유한 또는 셀 수 있는 무한집합 S에 대하여 일반화될 수 있다. 기본사건들의 모든 가능한 합집합과 그들의 여집합을 취함으로써 멱집합 $\mathcal{S}$를 생성할 수 있고, $\mathcal{S}$는 집합체를 형성한다. 예제 2.1에서 확률 실험 E_1, E_2, E_3, E_4, E_5가 여기에 포함된다는 것 주목하라. 고전적인 확률은 유한 표본 공간을 다룬다. 따라서 관심이 있는 사건들의 클래스를 멱집합으로 취급하는 것은 확률모델을 결정하는 마지막 과정으로 진행하기에, 즉 사건에 확률을 할당하기 위한 법칙을 제공하기에 충분하다.

다음 예제는 일부 상황에서 관심이 있는 사건의 집합체 $\mathcal{F}$가 표본 공간 S의 모든 부분집합을 포함할 필요가 없다는 것을 보여준다. 이런 경우에는 오직 $\mathcal{F}$에 속한 S의 부분집합만이 유효한 사건으로 고려된다. 이런 이유로 '사건' 이란 용어의 사용을 주어진 확률 실험과 관련된 집합체 $\mathcal{F}$에 속한 집합으로 제한할 것이다.

예제 2.49 **리사와 호머의 항아리 실험**

한 항아리에 세 개의 흰색 공이 있다. 한 공은 빨간색 점, 또 다른 공은 녹색 점, 그리고 세 번째 공은 암록색 점이 있다. 실험은 무작위로 공 하나를 선택하여 그 색을 기록하는 것이다.

리사가 실험하는 경우, 그녀의 표본 공간은 $S_L = \{r, g, t\}$이고, 그녀의 멱집합은 $2^3 = 8$개의 사건을 갖는다.

$$\mathcal{S}_{\mathcal{L}} = \{\varnothing, \{r\}, \{g\}, \{t\}, \{r, g\}, \{r, t\}, \{g, t\}, \{r, g, t\}\}$$

호머는 녹색과 암록색을 구분하지 못하기 때문에, 호머가 실험하는 경우는 더 작은 표본 공간 $S_H = \{R, G\}$을 갖는다. 호머의 멱집합은 4개의 사건을 갖는다.

$$\mathcal{S}_{\mathcal{H}} = \{\varnothing, \{R\}, \{G\}, \{R, G\}\}$$

호머는 무엇이 문제인지 알지 못한다. 그는 $\mathcal{S}_{\mathcal{H}}$ 내의 사건들의 합집합, 교집합, 여집합을 다룰 수 있다.

당연히 문제는 리사가 암록색에 관한 질문을 포함하는 집합에 관심이 있다는 것이다. 호머의 사건 클래스 $\mathcal{S}_{\mathcal{H}}$는 이런 질문들을 다룰 수 없다. 리사는 어떻게 이런 일이 일어나는지 다음과 같이 생각해냈다. 그녀는 호머가 그녀의 표본 공간 S_L을 다음과 같이 분할하였음을 알았다(그림 2.19b 참조).

$$A_1 = \{r\} \quad \text{그리고} \quad A_2 = \{g, t\}$$

호머의 실험에서 각 사건은 리사의 실험에서 동치인 한 사건들과 연관된다. 호머의 사건 클래스에서의 모든 합집합, 교집합, 여집합은 이 분할에서 대응되는 A_k의 합집합, 교집합, 여집합에 해당한다. 예를 들

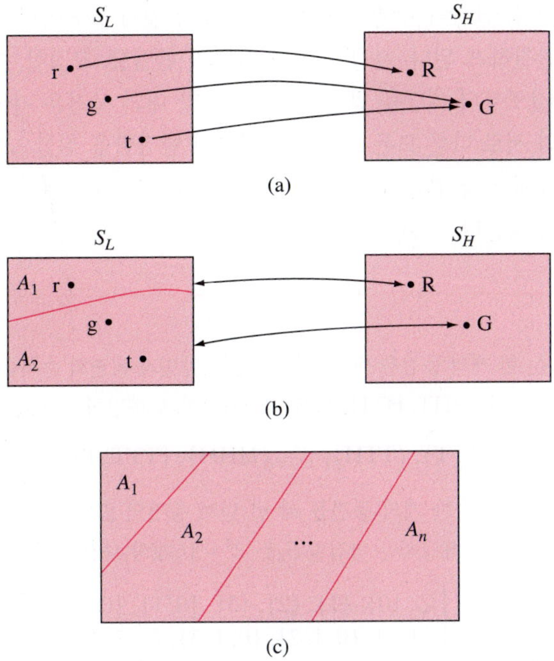

그림 2.19 ● (a) 호머의 매핑 (b) 리사의 표본공간의 분할 (c) 표본공간의 분할

면, 호머의 시행에서 '결과가 R 또는 G'인 사건은 다음과 같이 된다.

$$\{R\} \cup \{G\}\text{에 대응하는 } A_1 \cup A_2 = \{r, g, t\}$$

호머의 실험에서는 사건들에 대하여 합집합, 교집합, 여집합의 어떤 조합이든 그 연산을 시도할 수 있고, A_1 및 또는 A_2에 대한 대응되는 연산은 다음 집합체에 속한 사건이 될 것이다.

$$\mathcal{F} = \{\varnothing, \{r\}, \{g, t\}, \{r, g, t\}\}$$

집합체 $\mathcal{F}$는 리사의 멱집합 $\mathcal{S}_\mathcal{L}$의 모든 사건을 포함하지 않는다. 집합체 $\mathcal{F}$는 단지 $\mathcal{S}_\mathcal{H}$에 속한 결과만을 포함하는 사건을 처리하는 데 충분하다. 녹색과 암록색을 구분하는 문제는 $\{r, t\}$와 같이 $\mathcal{S}_\mathcal{L}$의 부분집합이 되고, 이것은 집합체 $\mathcal{F}$의 사건이 아니므로 실험의 범위에서 벗어난다.

리사는 이 모든 것을 호머에게 설명했고, 예상대로 그의 반응은 '아차!' 였다.

관심이 있는 사건들을 명시한 집합체 $\mathcal{F}$의 집합은 잴 수 있다(*measurable*)라고 한다. $\mathcal{F}$에 없는 S의 부분집합은 잴 수 없다. 위의 예제에서 집합 $\{r, t\}$는 $\mathcal{F}$에 대하여 잴 수 없다. 확률 실험에 대한 질문의 범위를 제한하기로 결정을 내리는 경우, 위의 예제에서의 상황은 실제로 매우 빈번하게 일어난다. 이는 실제로 프로세스 모델링의 한 부분이다!

일반적인 경우에, 본래의 확률 실험에서의 표본 공간 S는 그림 2.19(c)에서 보여주는 것과 같이 서로 배반적인 사건들 $A_1, \ldots, A_n$으로 나눠진다.

$$S = A_1 \cup A_2 \cup \cdots \cup A_n$$

여기서 $i \neq j$에 대해 $A_i \cap A_j = \varnothing$이다. 사건 $A_1, \ldots, A_n$의 모임은 S의 **분할(partition)**을 형성

한다고 말한다. 실험이 수행될 때, 우리는 특정 결과 ζ가 아니라 분할에 속한 어떤 사건이 발생하는지를 관찰하게 된다. 분할에 속한 사건의 합집합, 교집합, 여집합에 관련된 모든 질문(사건)들은 이 관찰로부터 해답을 얻을 수 있다. 분할 내의 사건은 기본사건과 같다. $A_1, \ldots, A_n$과 이들 여집합의 서로 다른 모든 조합들에 대하여 합집합을 취함으로써 분할에 속한 사건에 의해 생성되는 집합체 $\mathcal{F}$를 얻을 수 있다. 이 경우 $\mathcal{F}$에 없는 S의 부분집합은 잴 수 없고, 따라서 사건으로 고려되지 않는다.

예제 2.50

실험 E_3에서는 한 개의 동전을 세 번 던져 동전의 앞면과 뒷면의 순서를 기록한다. 표본 공간은 $S_3 = \{$TTT, TTH, THT, HTT, HHT, HTH, THH, HHH$\}$이고, 해당하는 멱집합 $\mathcal{S}_3$은 $2^8 = 256$개의 사건을 갖는다.

$$\mathcal{S}_3 = \{\varnothing, \{\text{TTT}\}, \{\text{TTH}\}, \ldots, \{\text{HHH}\}, \{\text{TTT}, \text{TTH}\}, \ldots, \{\text{THH}, \text{HHH}\}, \ldots, S_3\}$$

실험 E_4에서는 한 개의 동전을 세 번 던져 동전의 앞면이 나오는 횟수만을 기록한다. 표본 공간은 $S_4 = \{0, 1, 2, 3\}$이고, 해당하는 멱집합 $\mathcal{S}_4$는 $2^4 = 16$개의 사건을 갖는다.

$$\mathcal{S}_4 = \left\{\begin{matrix}\varnothing, \{0\}, \{1\}, \{2\}, \{3\}, \{0,1\}, \{0,2\}, \{0,3\}, \{1,2\}, \{1,3\}, \\ \{2,3\}, \{0,1,2\}, \{0,1,3\}, \{0,2,3\}\ \{1,2,3\}, S_4\end{matrix}\right\}$$

실험 E_4에서는 표본 공간 S_3가 다음과 같이 분할된다.

$$A_0 = \{\text{TTT}\}, A_1 = \{\text{TTH, THT, HTT}\},$$
$$A_2 = \{\text{THH, HTH, HHT}\}, A_3 = \{\text{HHH}\}$$

$\mathcal{S}_4$에 속한 모든 사건들은 A_0, A_1, A_2, A_3의 합집합, 교집합, 여집합들에 해당된다. 이 네 개의 사건들의 합집합, 교집합, 여집합들에 의해 생성되는 집합체 $\mathcal{F}$는 16개의 사건을 갖고, 실험 E_4와 관련된 모든 질문들에 대하여 답할 수 있다.

관심 있는 사건을 앞면과 뒷면의 자세한 순서가 아니라 단지 앞면이 나온 전체 횟수와 관련된 것으로 제한함으로써, 사건공간이 매우 단순하게 되고 크기가 줄어드는 것을 알 수 있다. 이러한 단순화는 던지는 횟수를 증가시킬수록 더욱 현저하게 나타나게 된다. 예를 들면, 실험 E_3에서 던지는 횟수를 100번으로 증가시키면 S_3는 2^{100}개라는 엄청난 개수의 결과를 갖는데, 이에 반해 S_4는 단지 101개의 결과만을 갖는다.

이제 표본 공간 S가 셀 수 있는 무한개의 원소를 갖고 있다고 가정하자. 예를 들면, 실험 E_6에서 $S = \{1, 2, \ldots\}$이고, '전송 횟수는 10보다 크다.' 라는 조건에 관심을 가질 수 있다. 이 조건은 집합 $\{10, 11, 12, \ldots\}$에 대응하고, 이는 기본 집합들의 셀 수 있는 합집합이다. 관심이 있는 클래스에 속한 사건들에 대해, 사건들의 셀 수 있는 합집합도 역시 사건이 되어야 한다는 것이 이제는 필요하다는 것이 분명하다. 즉,

(i) $\varnothing \in \mathcal{F}$ (2.49a)

(ii) 만일 $A_1, A_2, \ldots \in \mathcal{F}$이면, $\bigcup_{k=1}^{\infty} A_k \in \mathcal{F}$ (2.49b)

(iii) 만일 $A \in \mathcal{F}$이면, $A^c \in \mathcal{F}$ (2.49c)

식 (2.49a)–(2.49c)를 만족하는 집합의 클래스 $\mathcal{F}$를 **시그마 집합체(sigma field)**라고 부른다.

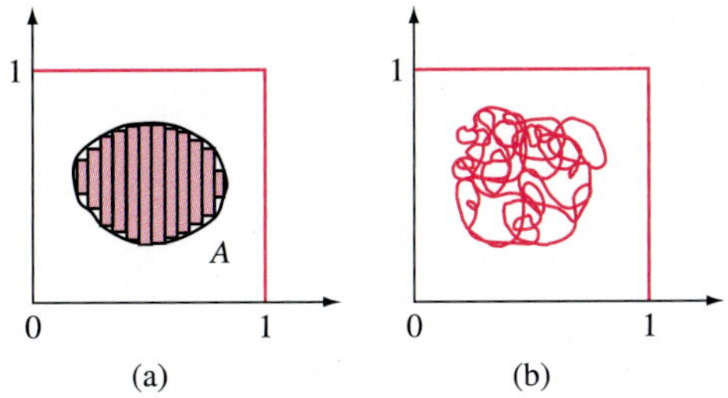

그림 2.20 ● 만약 $A \subset B$ 이면, $P(A) \leq P(B)$

전과 같이, 식 (ii)와 (iii) 그리고 드모르간의 법칙은 사건들의 셀 수 있는 교집합 $\bigcap_{k=1}^{\infty} A_k$도 역시 $\mathcal{F}$에 속한다는 것을 의미한다.

다음으로 실험 E_7에서의 실직선 단위구간이나 E_{12}에서의 실수평면에 속한 단위 정사각형과 같이, 표본 공간 S가 셀 수 없는 경우를 고려해보자(그림 2.1(a)와 (c) 참조). 실험의 결과가 S_{12}에서 정확히 한 점이 되는 확률은 분명히 0이다. 그러나 이 결과는 별로 쓸모가 없다. 대신, '결과 (x, y)는 $x > y$를 만족한다.' 라는 사건의 확률은, S_{12}의 절반이 이 사건의 조건을 만족하는 것에 주목하여, 1/2이라고 말할 수 있다. 비슷하게 S_{12} 내의 직사각형에 대응하는 모든 사건의 확률은 단순히 그 직사각형의 면적이다. S 내에서 직사각형으로 표시되는 사건들의 집합을 취하여 셀 수 있는 합집합, 교집합, 여집합을 수행함으로써 사건들의 집합체를 만들 수 있다. 평면의 면적을 계산하기 위해 적분을 사용한 이전의 경험으로부터, 그림 2.20(a)와 같이 일련의 매우 작은 직사각형들의 합집합을 취함으로써 적절한 모양의 도형, 즉 사건 확률의 근사치를 구할 수 있음을 알 수 있다. 적분을 계산하는 것, 면적을 구하는 것, 그리고 사건에 확률을 할당하는 것 사이에는 분명히 밀접한 연관성이 있다.

마지막으로 표본 공간이 셀 수 없는 무한개의 원소를 갖는 경우, S의 모든 부분집합이 사건이 될 수 없는 이유에 대해(정성적으로) 설명한다. 본질적으로, 매우 불규칙하여(그림 2.20(b) 참조) 적분을 사용하여 측정할 수 없는 부분집합이 있다. 이러한 부분집합은 잴 수 없다고 한다. 이것을 설명하기 위해서는 고급수학이 필요로 하므로 더 이상 깊게 다루지 않을 것이다. 다행인 것은 적절히 적분하여 확률을 할당할 수 있는 R의 구간 또는 R^2 내의 직사각형에 대하여 셀 수 있는 합집합, 교집합, 여집합들을 수행함으로써 시그마 집합체를 만들 수 있다는 것이다. 이는 잘 알려진 분야이다. 앞으로 이 책에서는 R과 R^2에서의 이러한 집합체를 **보렐 집합체(Borel field)**라고 할 것이다.

*2.9 심화 학습: 사건열의 확률

이 절에서는 보렐 집합체에 대하여 더 자세히 알아보고, 일련의 구간들이 어떻게 실제로 관심이 있는 많은 사건들을 생성할 수 있는지에 대해 설명한다. 그 다음에 사건열에 대한 확률함수의 연속성에 관한 결과를 설명한다. 이 결과가 보렐 사건열의 극한의 확률을 구하기 위하여 어떻게 적용되는지를 보인다.

2.9.1 사건들의 보렐 집합체

S를 실직선 R이라고 하자. 실직선의 반무한구간인 사건을 고려하자.

$$(-\infty, b] = \{x : -\infty < x \leq \mathrm{b}\}$$

우리가 관심을 가지고 있는 **보렐 집합체**는 $(-\infty, b]$의 형태를 갖는 사건의 셀 수 있는 합집합, 교집합, 여집합에 의해 생성되는 시그마 집합체이다. 다음과 같은 형태의 사건들 역시 $\mathcal{B}$에 속한다는 것을 보일 것이다.

$$(a, b), [a, b], (a, b], [a, b), [a, \infty), (a, \infty), (-\infty, b), \{b\}$$

$(-\infty, b] \in \mathcal{B}$이므로, 그 여집합 또한 $\mathcal{B}$에 속한다.

$$(-\infty, b]^c = (b, \infty) \in \mathcal{B}$$

다음의 교집합은 $\mathcal{B}$에 포함되어야만 한다.

$$a < b\text{에 대하여} \quad (a, \infty) \cap (-\infty, b] = (a, b]$$

우선은 $(-\infty, b) \in \mathcal{B}$라고 하자. 그러면 다음의 여집합과 교집합 역시 $\mathcal{B}$에 포함된다.

$$(-\infty, b)^c = [b, \infty) \text{ 그리고 } (a, \infty) \cap (-\infty, b) = (a, b) \quad a < b\text{에 대하여}$$
$$[a, \infty) \cap (-\infty, b] = [a, b] \text{ 그리고 } [a, \infty) \cap (-\infty, b) = [a, b) \quad a < b\text{에 대하여}$$
$$[b, \infty) \cap (-\infty, b] = \{b\}$$

게다가, $\mathcal{B}$는 위와 같은 형태의 사건들의 모든 여집합, 셀 수 있는 합집합, 그리고 교집합을 포함한다. 특히 주목해야 할 점은 $\mathcal{B}$가 모든 한원소 집합(기본사건) $\{b\}$를 포함하기 때문에 실수의 이산적이고 셀 수 있는 표본 공간에 대한 모든 사건들을 포함한다는 점이다.

앞에서 말한 $(-\infty, b) \in \mathcal{B}$을 증명해보자. 정의에 의해, $(-\infty, b]$ 형태의 모든 사건은 $\mathcal{B}$의 원소이다. 사건열 $A_n = (-\infty, b - 1/n] = \{x: -\infty < x \leq b - 1/n\}$을 고려해보자. A_n은 증가하는 사건열, 즉 $A_n \subset A_{n+1}$임에 주의하라. 모든 A_n에 대하여 $A_n \in \mathcal{B}$이다. 따라서 식 (2.49b)에 의해 그들의 셀 수 있는 합집합 또한 $\mathcal{B}$에 속한다.

$$\bigcup_{n=1}^{\infty} A_n = \bigcup_{n=1}^{\infty} \{x: -\infty < x \leq b - 1/n\} = (-\infty, b)$$

이 셀 수 있는 합집합은 $(-\infty, b)$와 같다고 주장할 수 있다. 가장 오른쪽의 두 집합이 같음을 보이기 위해, 우선 $x \in \cup_{n=1}^{\infty} A_n$이라고 가정하자. $x < b - 1/n < b$(즉, 엄밀히 x는 b보다 작다)가 되도록 충분히 큰 지수 n을 찾을 수 있으며, 이것은 $x \in (-\infty, b)$를 의미한다. 따라서 $\cup_{n=1}^{\infty} A_n \subset (-\infty, b)$임을 보였다.

이제 $x \in (-\infty, b)$라고 가정하면, $x < b$이다. 따라서 $x < b - 1/n_0 < b$가 되는 정수 n_0를 찾을 수 있고, 따라서 $x \in A_{n_0}$이고 $x \in \cup_{n=1}^{\infty} A_n$이다. 그러므로 $(-\infty, b) \subset \cup_{n=1}^{\infty} A_n$이다. 결론적으로 $\cup_{n=1}^{\infty} A_n = (-\infty, b)$이 되고, 따라서 $(-\infty, b) \in \mathcal{B}$가 된다.

2.9.2 확률의 연속성

공리 III′는 서로 배반적인 사건들의 확률의 합을 통해 사건에 확률을 할당하는 것을 가능하게 하는 중요한 특성을 제공한다. 이번 절에서는 사건열의 확률을 구하는 데 매우 유용한 공리 III′의 두 가지 결과를 소개한다.

다음과 같이, $A_1, A_2, \ldots$ 을 시그마 집합체에서의 사건열이라고 하자.

$$A_1 \subset A_2 \subset \ldots \subset A_n \ldots$$

이러한 일련의 사건을 **증가하는 사건열(increasing sequence of events)**이라고 한다. 예를 들면, $a < b - 1$에 대하여 구간열 $[a, b - 1/n]$은 증가하는 사건열이다. 사건열 $(-n, a]$ 또한 증가한다. 증가하는 사건열의 극한은 사건열에 속한 모든 사건의 합집합으로 정의한다.

$$\lim_{n\to\infty} A_n = \bigcup_{n=1}^{\infty} A_n$$

합집합은 이 사건열에 속한 모든 사건의 모든 원소를 포함하고 그 외의 원소는 포함하지 않는다. 사건의 셀 수 있는 합집합 역시 시그마 집합체에 속하는 것에 주의하라.

만약 다음과 같다면, 사건열 $A_1, A_2, \ldots$ 은 **감소하는 사건열(decreasing sequence of events)**이라고 한다.

$$A_1 \supset A_2 \supset \ldots \supset A_n \ldots$$

예를 들면, 구간열 $(a - 1/n, a + 1/n)$은 감소하는 사건열이며 사건열 $(-\infty, a + 1/n]$ 또한 같다. 감소하는 사건열의 극한은 사건열에 속한 모든 사건의 교집합으로 정의한다.

$$\lim_{n\to\infty} A_n = \bigcap_{n=1}^{\infty} A_n$$

교집합은 이 사건열 내의 모든 사건에 속한 모든 원소를 포함하고 그 외의 원소는 포함하지 않는다. 만일 사건열 내의 모든 사건이 시그마 집합체에 속한다면 셀 수 있는 교집합 또한 시그마 집합체에 속할 것이다.

정리 8 **확률함수의 연속성**

$A_1, A_2, \ldots$ 을 $\mathcal{F}$에서 증가하는 또는 감소하는 사건열이라고 하자.

$$\lim_{n\to\infty} P[A_n] = P[\lim_{n\to\infty} A_n] \tag{2.50}$$

먼저 연속성의 결과가 보렐 집합체에서의 사건들을 포함하는 문제에 어떻게 적용되는지를 설명한다.

예제 2.51

보렐 집합체에서 다음 사건열의 확률에 대한 식을 구하라. $[a, b - 1/n]$, $(-n, a]$, $(a - 1/n, a + 1/n)$, $(-\infty, a + 1/n]$.

$$\lim_{n\to\infty} P[\{x: a \le x \le b - 1/n\}] = P[\lim_{n\to\infty} \{x: a \le x \le b - 1/n\}] = P[\{x: a \le x < b\}]$$

$$\lim_{n\to\infty} P[\{x: -n < x \le a\}] = P[\lim_{n\to\infty} \{x: -n < x \le a\}] = P[\{x: -\infty < x \le a\}]$$

$$\lim_{n\to\infty} P[\{x: a - 1/n < x < a + 1/n\}] = P[\lim_{n\to\infty}\{x: a - 1/n < x < a + 1/n\}] = P[\{x = a\}]$$

$$\lim_{n\to\infty} P[\{x: -\infty < x \le a + 1/n\}] = P[\lim_{n\to\infty}\{x: -\infty < x \le a + 1/n\}]$$
$$= P[\{x: -\infty < x \le a\}]$$

증가하는 사건열에 대한 연속성을 증명하기 위해 다음과 같이 서로 배반적인 사건열을 만든다.

$$B_1 = A_1, B_2 = A_2 - A_1, \ldots, B_n = A_n - A_{n-1}, \ldots \tag{2.51a}$$

그림 2.21에 나타낸 것과 같이, 사건 B_n은 A_1, $A_2, \ldots A_{n-1}$에 아직 속하지 않은 A_n의 결과들의 집합을 포함한다. 따라서 $B_j \cap B_k = \varnothing$임을 보이는 것은 쉽다. 그리고

$$\bigcup_{j=1}^{n} B_j = \bigcup_{j=1}^{n} A_j \qquad n = 1, 2, .. \text{에 대하여} \tag{2.51b}$$

마찬가지로

$$\bigcup_{j=1}^{\infty} B_j = \bigcup_{j=1}^{\infty} A_j \tag{2.51c}$$

사건열이 확장하므로 다음을 또한 얻을 수 있다.

$$A_n = \bigcup_{j=1}^{n} A_j \tag{2.51d}$$

연속성을 증명하기 위해 식 (2.51c)에 공리 III′을 적용한다.

$$P\Big[\bigcup_{j=1}^{\infty} A_j\Big] = P\Big[\bigcup_{j=1}^{\infty} B_j\Big] = \sum_{j=1}^{\infty} P[B_j]$$

합을 극한으로 표현하고, 공리 II를 적용한다.

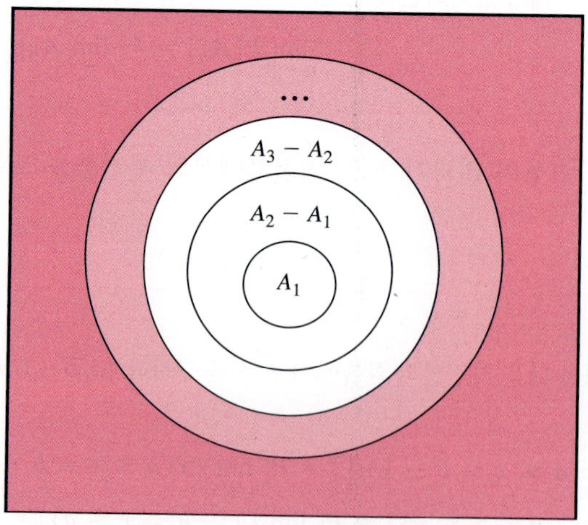

그림 2.21 ● 증가하는 사건열

$$\sum_{j=1}^{\infty} P[B_j] = \lim_{n\to\infty}\sum_{j=1}^{n} P[B_j] = \lim_{n\to\infty} P\Big[\bigcup_{j=1}^{n} B_j\Big]$$

마지막으로, 식 (2.51b)와 (2.51d)를 사용한다.

$$\lim_{n\to\infty} P\Big[\bigcup_{j=1}^{n} B_j\Big] = \lim_{n\to\infty} P\Big[\bigcup_{j=1}^{n} A_j\Big] = \lim_{n\to\infty} P[A_n]$$

이것은 증가하는 사건열에 대한 연속성을 증명한다.

$$\lim_{n\to\infty} P[A_n] = P\Big[\bigcup_{n=1}^{\infty} A_n\Big] = P[\lim_{n\to\infty} A_n]$$

감소하는 사건열에 대해서는, 감소하는 사건열의 여집합이 증가하는 사건열임에 주목하라. 따라서 연속성의 결과를 감소하는 사건열 A_n의 여집합에 적용한다.

$$P\Big[\bigcup_{j=1}^{\infty} A_j^c\Big] = \lim_{n\to\infty} P[A_n^c] \tag{2.52a}$$

다음에 드모르간의 법칙을 적용한다.

$$\left(\bigcup_{j=1}^{\infty} A_j^c\right)^c = \bigcap_{j=1}^{\infty}(A_j^c)^c = \bigcap_{j=1}^{\infty} A_j$$

그리고 정리 1을 적용하여 다음 식을 얻는다.

$$1 - P\Big[\bigcap_{j=1}^{\infty} A_j\Big] = P\Big[\bigcup_{j=1}^{\infty} A_j^c\Big]$$

이제 식 (2.52a)를 사용하면,

$$1 - P\Big[\bigcap_{j=1}^{\infty} A_j\Big] = P\Big[\bigcup_{j=1}^{\infty} A_j^c\Big] = \lim_{n\to\infty} P\big[A_n^c\big] = \lim_{n\to\infty}\big(1 - P[A_n]\big)$$

다음과 같이 원하는 결과를 얻는다.

$$P\Big[\bigcap_{j=1}^{\infty} A_j\Big] = \lim_{n\to\infty}[A_n] \tag{2.52b}$$

요약

- 확률모델은 표본 공간 S, 관심을 갖는 사건, 초기의 확률할당, 모든 사건의 확률을 계산하기 위해 사용하는 '확률법칙' 을 자세히 기술하는 것이다.
- 표본 공간 S는 모든 가능한 결과들의 집합이다. 만약 표본 공간 S가 유한하거나 원소를 셀 수 있으면 S는 이산공간이다. 그렇지 않으면 S는 연속공간이다.
- 사건들은 특정 실험에서 우리가 관심을 갖는 조건을 구체적으로 언급하여 얻어지는 S의 부분집합들이다. S가 이산공간이면 사건들은 기본사건의 합집합으로 구성된다. S가 연속공간이면 사건들은 실직선에서 구간들의 교집합이나 합집합으로 구성된다.

- 확률의 공리는 사건의 확률에 의해 만족되어야 하는 속성들의 집합을 명시한다. 공리에서 얻어지는 정리는 다른 관련된 사건들의 확률의 항으로 사건의 확률을 계산하기 위한 규칙을 제공한다.
- 어떤 사건들의 확률을 정하는 초기 확률할당은 모델을 만드는 사람이 결정해야 한다. 만약 S가 이산공간이면 기본사건의 확률을 정하는 것으로 충분하며, 만약 S가 연속공간이면 구간이나 반 무한구간의 확률을 정하는 것으로 충분하다.
- 조합 공식은 발생 가능성이 같은 유한개수의 결과를 갖는 확률을 구하는 데 이용된다.
- 조건부 확률은 실험 결과의 부분적인 정보가 사건의 확률에 미치는 영향을 수량화한다. 하위 실험의 결과가 부분적인 정보가 되는 순차 실험에서 특히 유용하다.
- 베이즈 법칙은 또 다른 사건이 관찰되었을 때 한 사건의 사후 확률 계산에 사용된다. 그것은 관찰 결과에 비추어 가장 가능성 있는 원인을 결정하는 결정 법칙을 종합하는 데 이용될 수 있다.
- 한 사건의 발생 정보가 다른 사건의 확률을 바꾸지 않는다면 두 사건은 독립이다. 각 실험에 해당하는 모든 사건들이 독립이라면 두 실험은 독립이다. 독립의 개념은 서로 영향을 미치지 않는 하위 실험을 포함하는 실험의 확률을 계산하는 데 유용하다.
- 많은 실험은 연속된 독립인 하위 실험으로 구성된 것으로 볼 수 있다. 이러한 환경에서 발생하는 모델로서 우리는 이 장에서 이항, 다항, 기하확률법칙을 소개하였다.
- 마코프 체인은 하나의 하위 실험의 결과가 다음에 시행되는 하위 실험을 결정짓는 연속된 하위 실험으로 구성된다. 마코프 체인에 있는 연속된 결과의 확률은 첫 번째 결과의 확률 이후에 천이되는 모든 확률을 곱하여 구할 수 있다.
- 컴퓨터 모의실험 모델은 유사난수의 수열을 생성하기 위해서 재귀적 공식을 사용한다.

주요 용어

결과	공사건
기본사건	독립사건
마코프 체인	베르누이 시행
베이즈 법칙	분할
사건	사건 클래스
서로 배반적인 사건	연속 표본 공간
이산 표본 공간	이항계수
이항정리	전체 확률에 관한 정리
조건부 확률	집합 연산
초기 확률할당	트리 다이어그램
표본 공간	확률법칙
확률의 공리	확실한 사건

참고문헌

확률과 통계를 소개하는 책자는 수십 권에 달한다. 다음의 참고문헌들은 본 저자가 가장 선호하는 책들이다. 이 책들은 아주 기초가 되는 것들부터 다루고 있으며, 직관을 이용하여 설명하고, 표현에는 드러나지 않는 이면의 신비스러우리만큼 복잡한 점을 지적하고, 그리고 무엇보다 재미있게 읽을 수 있다. 참고문헌 [9]는 Octave를 소개한 자료이다. 그리고 참고문헌 [10]은 확률 시스템의 컴퓨터 모의실험 방법들에 대한 훌륭한 소개 책자이다.

1. Y. A. Rozanov, *Probability Theory: A Concise Course*, Dover Publications, New York, 1969.
2. P. L. Meyer, *Introductory Probability and Statistical Applications*, Addison-Wesley, Reading, Mass., 1970.
3. K. L. Chung, *Elementary Probability Theory*, Springer-Verlag, New York, 1974.
4. Robert B. Ash, *Basic Probability Theory*, Wiley, New York, 1974.
5. L. Breiman, *Probability and Stochastic Processes*, Houghton Mifflin, Boston, 1969.
6. Terrence L. Fine, *Probability and Probabilistic Reasoning for Electrical Engineering*, Prentice Hall, Upper Saddle River, N.J., 2006.
7. W.Feller, *An Introduction to Probability Theory and Its Applications*, 3d ed., Wiley, New York, 1968.
8. A. N. Kolmogorov and S. V. Fomin, *Introductory Real Analysis*, Dover Publications, New York, 1970.
9. P. J. G. Long, 'Introduction to Octave,' University of Cambridge, September 2005, available online.
10. A. M. Law and W. D. Kelton, *Simulation Modeling and Analysis*, McGraw-Hill, New York 2000.

연습문제

2.1절 : 확률 실험의 기술

2.1. 주사위를 던져서 나온 점의 개수를 세어 기록한다.

- **(a)** 표본 공간을 구하라.
- **(b)** '짝수 개의 점이 나온다.' 인 사건 A에 해당하는 집합들을 구하라.
- **(c)** 집합 A^c를 구하라.

2.2. 주사위를 두 번 던진다. 매번 던질 때마다 나온 점의 개수를 세어 나타난 순서대로 기록한다.

- **(a)** 표본 공간을 구하라.
- **(b)** '처음 던질 때 나온 점의 개수가 두 번째 던진 때 나온 점의 개수보다 작지 않다.' 인 사건에 해당하는 집합 A를 구하라.
- **(c)** '처음 던질 때 나온 점의 개수가 6이다.' 인 사건에 해당하는 집합 B를 구하라.
- **(d)** 집합 A가 집합 B를 포함하는가? 아니면 집합 B가 집합 A를 포함하는가?
- **(e)** $A \cap B^c$를 구하고 이에 해당하는 사건을 설명하라.
- **(f)** '두 주사위에서 점의 개수의 차이가 2이다.' 인 사건을 C라고 하자. $A \cap C$를 구하라.

2.3. 두 개의 주사위를 던져서 나온 점의 전체 개수를 세어 기록한다.

(a) 표본 공간을 구하라.

(b) '점의 전체 개수가 짝수다.' 인 사건에 해당하는 집합 A를 구하라.

(c) 이 실험의 각 기본사건을 문제 2.2의 기본사건의 합집합으로 표현하라.

2.4. 신호 X를 +2 V 또는 −2 V신호로 전송하는 이진 통신 시스템이 있다. 오동작을 하는 채널은 동전을 두 번 던져 앞면이 나온 횟수만큼 수신신호의 크기를 감소시킨다. 결과 신호를 Y라고 한다.

(a) 표본 공간을 구하라.

(b) '송신된 신호는 확실히 +2 V였다.' 인 사건에 해당하는 결과들의 집합을 구하라.

(c) 결과 $Y=0$에 해당하는 사건을 말로 설명하라.

2.5. 책상 서랍 안에 들어 있는 5개의 펜 중에서 3개는 잉크가 마른 것이다.

(a) 쓸 수 있는 펜을 찾을 때까지 무작위로 펜을 하나씩 선택하여 테스트하고, 그 결과를 순서대로 기록한다. 이 실험의 표본 공간을 구하라.

(b) (a)번 문제에서 테스트한 펜의 순서는 기록하지 않고 단지 테스트한 펜의 개수만을 기록한다고 가정하자. 이 실험의 표본 공간을 구하라.

(c) 쓸 수 있는 두 개의 펜을 찾을 때까지 펜을 하나씩 선택하여 테스트하고, 그 테스트 결과를 순서대로 기록한다고 가정하자. 이 실험의 표본 공간을 구하라.

(d) (c)번 문제에서 테스트한 펜의 개수만을 기록하는 경우 표본 공간을 구하라.

2.6. 세 친구인 알, 밥, 크리스는 모자 안에 자신들의 이름을 적어 넣은 후, 각각 모자에서 이름을 꺼낸다(알, 밥, 크리스의 순으로 고른다고 가정한다).

(a) 이 실험의 표본 공간을 구하라.

(b) '알이 자신의 이름을 꺼낸다.' 인 사건 A, '밥이 자신의 이름을 꺼낸다.' 인 사건 B, '크리스가 자신의 이름을 꺼낸다.' 인 사건 C에 해당하는 집합을 구하라.

(c) '아무도 자신의 이름을 꺼내지 않는다.' 인 사건에 해당하는 집합을 구하라.

(d) '모두 자신의 이름을 꺼낸다.' 인 사건에 해당하는 집합을 구하라.

(e) '한 사람 이상 자신의 이름을 꺼낸다.' 인 사건에 해당하는 집합을 구하라.

2.7. 실험 E_6에서 메시지 전송횟수를 M이라 한다.

(a) 'M은 짝수이다.' 인 사건에 해당하는 집합 A를 구하라.

(b) 'M은 5의 배수이다.' 인 사건에 해당하는 집합 B를 구하라.

(c) '필요한 전송 횟수가 6회 이하이다.' 인 사건에 해당하는 집합 C를 구하라.

(d) 집합 $A \cap B$, $A - B$, $A \cap B \cap C$을 구하고 그 집합에 해당하는 사건을 설명하라.

2.8. 단위구간 내에서 무작위로 한 숫자 U를 선택한다. A는 'U는 1/2 지점으로부터 1/4 길이보다 멀리 떨어져 있다.' 인 사건이고, B는 '$1 - U$는 1/2보다 작다.' 인 사건이다. 사건 $A \cap B$, $A^c \cap B$, $A \cup B$를 구하라.

2.9. 한 실험의 표본 공간이 실직선이다. 사건 A와 B가 다음과 같이 실직선의 부분집합에 해당한다고 하자: $A = (-\infty, r]$, $B = (-\infty, s]$, 이때 $r \le s$. 사건 $C = (r, s]$를 A와 B의 항으로 표현하여라. 그리고 $B = A \cup C$이고 $A \cap C = \varnothing$ 임을 보여라.

2.10. 벤다이어그램을 사용하여 식 (2.2)와 (2.3)에 있는 집합의 항등 관계를 검증하라. 서로 다른 색이나 명암을 사용하여 여러 영역을 명확하게 나타내어라.

2.11. 다음을 증명하라.

(a) 만약 사건 A가 B를 포함하고 B가 C를 포함하면, A 는 C를 포함한다.

(b) 만약 사건 A가 B를 포함하면, B^c는 A^c를 포함한다.

2.12. 만약 $A \cup B = A$이고 $A \cap B = A$이면, $A = B$임을 보여라.

2.13. 사건 A와 B가 있다. '사건 A와 B 중에서 단 하나만 발생한다.' 인 사건을 표현하는 식을 구하고, 이 사건을 벤다이어그램으로 나타내어라.

2.14. 사건 A, B, C가 있다. 다음 사건을 표현하는 식을 구하라.

(a) 세 사건 중 정확하게 한 사건만 발생한다.

(b) 세 사건 중 정확하게 두 사건만 발생한다.

(c) 한 개 이상의 사건이 발생한다.

(d) 한 개보다 많은 사건이 발생하지 않는다.

(e) 아무런 사건도 발생하지 않는다.

2.15. 그림 P2.1은 세 컴포넌트 C_1, C_2, C_3로 구성된 세 종류의 시스템을 나타낸다. 그림 P2.1(a)는 세 컴포넌트가 모두 작동을 해야 시스템이 동작하는 '직렬' 시스템이고, 그림 P2.1(b)는 세 컴포넌트 중 적어도 하나만 작동하여도 시스템이 동작하는 '병렬' 시스템이다. P2.1(c)는 세 컴포넌트 중 적어도 두 개만 작동하면 시스템이 동작하는 '셋 중에서 둘' 시스템이다. A_k를 '컴포넌트 k가 작동하고 있다.' 인 사건이라고 정의하자. 세 가지 시스템 구성 각각에 대하여 '시스템이 동작하고 있다.' 인 사건을 사건 A_k 항으로 표현하라.

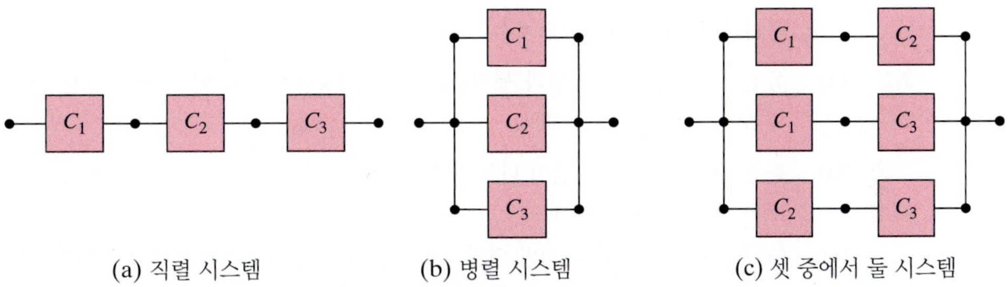

그림 P2.1

2.16. 한 시스템이 중복성(redundancy)을 위해 삼중화된 두 개의 중요한 하위 시스템으로 구성되어 있다. 각 하위 시스템에서 적어도 한 개의 장치가 작동하면 하위 시스템이 작동하며, 두 개의 하위 시스템이 모두 작동해야 전체 시스템이 작동한다. A_{jk}를 '하위 시스템 j의 장치 k가 동작하고 있다.' 인 사건이라고 정의하자(단, $j = 1, 2, 3$ 그리고 $k = 1, 2$).

(a) '시스템 전체가 작동한다.' 인 사건을 표현하는 식을 구하라.

(b) 이 문제가 그림 P2.2의 스위치 네트워크의 연결 문제와 같은 이유를 설명하라.

2.17. 지정된 24시간을 주기로, 한 학생이 시간 t_1에 일어나고 일정 시간 후인 t_2에 잠을 잔다.

(a) 이 실험의 결과를 (t_1, t_2) 쌍으로 나타낸다고 하자. 이때의 표본 공간을 구하고 이것을 x - y 평면에 나타내어라.

(b) '학생이 아홉 시에 일어난다.' 에 해당하는 사건 A를 구하고 평면에 이 사건의 영역을 나타내어라.

2.18. 가파른 언덕 꼭대기에서 도로와 철로가 교차한다. 기차는 다가오는 차를 위해 정지하지 못하고, 차

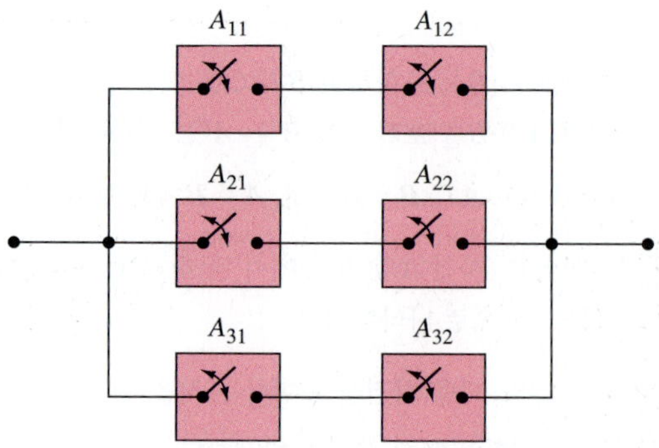

그림 P2.2

는 기차를 보지 못한다. 기차는 시간 t_1에 도로를 횡단하기 시작하고, 차는 시간 t_2에 철로를 횡단하기 시작한다. 여기서 $0 < t_1 < T$이고 $0 < t_2 < T$이다.

(a) 이 실험의 표본 공간을 구하라.

(b) 기차는 도로를 완전히 통과하는 데 d_1초가 걸리고, 차는 철로를 완전히 통과하는 데 d_2초가 걸린다. 충돌이 발생하는 사건에 대응하는 집합을 구하라.

(c) 1초 이하의 차이로 충돌을 피하는 사건에 해당하는 집합을 구하라.

2.19. 한 확률 실험이 표본 공간 $S = \{-1, 0, +1\}$을 갖는다.

(a) S의 모든 부분집합을 구하라.

(b) 어떤 확률 실험의 결과는 S의 서로 다른 원소의 쌍으로 구성된다. 이 실험의 표본 공간 S'을 구하라. S'의 부분집합의 개수는 얼마인가?

2.20. (a) 동전을 2번 던져서 앞면과 뒷면의 순서를 기록한다. S를 이 실험의 표본 공간이라고 하자. S의 모든 부분집합을 구하라.

(b) 동전을 2번 던져서 앞면이 나온 횟수를 기록한다. S'을 이 실험의 표본 공간이라고 하자. S'의 모든 부분집합을 구하라.

(c) (a)와 (b)에서 동전을 10번 던지는 경우를 고려하자. S와 S'의 부분집합의 개수는 몇 개인가? 각각의 가능한 부분집합에 이진수를 할당하기 위해 필요한 비트의 수는 얼마인가?

2.2절 : 확률의 공리

2.21. 주사위를 던져서 나온 점의 개수를 기록한다.

(a) 주사위의 모든 면은 나올 확률이 같다는 가정 하에서 기본사건들의 확률을 구하라.

(b) 사건 $A = \{$점의 개수가 4개보다 많다$\}$, $B = \{$점의 개수가 짝수이다$\}$의 확률을 구하라.

(c) $A \cup B$, $A \cap B$, A^c의 확률을 구하라.

2.22. 주사위를 두 번 던진다. 매번 던질 때마다 나온 점의 개수를 세어 나타난 순서대로 기록한다.

(a) 기본사건들의 확률을 구하라.

(b) 연습문제 2.2에서 정의한 사건 A, B, C, $A^c \cap B^c$, $A \cap C$의 확률을 구하라.

2.23. 한 확률 실험이 표본 공간 $S = \{a, b, c\}$를 가지고 있다. $P[\{a, c\}] = 5/8$이고, $P[\{b, c\}] = 7/8$이라고 가정하자. 확률의 공리를 이용하여 기본사건들의 확률을 구하라.

2.24. 다음 사건들의 확률을 $P[A]$, $P[B]$, $P[A \cap B]$의 항으로 표현하라.

(a) A는 일어나고 B는 일어나지 않는다. B는 일어나고 A는 일어나지 않는다.

(b) A, B 중에서 정확히 하나만 일어난다.

(c) A, B 둘 다 일어나지 않는다.

2.25. 사건 A와 B가 있다. $P[A] = x$, $P[B] = y$, $P[A \cup B] = z$일 때, 벤다이어그램을 사용하여 $P[A \cap B]$, $P[A^c \cap B^c]$, $P[A^c \cup B^c]$, $P[A \cap B^c]$, $P[A^c \cup B]$을 구하라.

2.26. 다음을 증명하라.

$$P[A \cup B \cup C] = P[A] + P[B] + P[C] - P[A \cap B] - P[A \cap C] - P[B \cap C] + P[A \cap B \cap C]$$

2.27. 연습문제 2.26의 증명을 이용하여 정리 6을 귀납법으로 증명하라.

2.28. 16진수의 한 문자는 세 개의 비트로 이루어진다. A_i는 '한 숫자에서 i번째 비트는 1이다.' 인 사건이라고 하자.

(a) 다음 사건들의 확률을 구하라: $A_1, A_1 \cap A_3, A_1 \cap A_2 \cap A_3, A_1 \cup A_2 \cup A_3\}$. 각 비트의 값은 공정한 동전 던지기에 의해 결정된다고 가정한다.

(b) 동전이 공정하지 않다고 가정하는 경우에 대하여 (a)를 반복하라.

2.29. 문제 2.7에서 M을 메시지 전송횟수라고 하자. 다음 사건들의 확률을 구하라: A, B, C, C^c, $A \cap B$, $A - B$, $A \cap B \cap C$. 성공적인 전송 확률은 1/2이라 가정한다.

2.30. 정리 7을 이용하여 다음을 증명하라.

(a) $P[A \cup B \cup C] \le P[A] + P[B] + P[C]$

(b) $P\left[\bigcup_{k=1}^{n} A_k\right] \le \sum_{k=1}^{n} P[A_k]$

2.31. 정리 7을 이용하여 다음을 증명하라.

$$P\left[\bigcap_{k=1}^{n} A_k\right] \ge 1 - \sum_{k=1}^{n} P[A_k^c]$$

두 번째 식은 **합집합의 경계(union bound)**라고 한다.

2.32. 이 책에서 한 개의 문자에 오류가 날 확률은 p라고 하자. 합집합의 경계를 이용하여, N개의 문자를 가지고 있는 한 페이지에서 오류가 하나라도 있을 확률을 구하라.

2.33. 주사위를 던져서 나온 점의 개수를 기록한다.

(a) 점의 개수가 홀수인 면이 짝수인 면보다 2배 더 나온다고 가정할 때, 기본사건의 확률을 구하라.

(b) 연습문제 2.21의 (b), (c)를 반복하라.

2.34. 시계의 분침이 돌아가고 있다. 분침이 멈추게 되는 분의 위치를 주목한다고 하자.

(a) 분침이 매우 느슨해 시계의 어느 곳에서든 정지할 수 있다고 가정하자. 기본사건의 확률은 얼마인가?

(b) 이제 분침이 다소 빽빽해졌다고 가정한다. 따라서 분침이 2분 위치에 설 확률은 1분 위치의 1/2이며, 3분 위치에 설 확률은 1분 위치의 1/3이고, 그리고 이런 식으로 계속된다. 기본사건

의 확률은 얼마인가?

(c) 이제 분침이 매우 뻑뻑해졌다고 가정한다. 따라서 분침이 2분 위치에 설 확률은 1분 위치의 1/2이며, 3분 위치에 설 확률은 2분 위치의 1/2이고, 그리고 이런 식으로 계속된다. 기본사건의 확률은 얼마인가?

(d) (a), (b), (c)에서 분침이 마지막 분의 위치에 설 확률을 비교하라.

2.35. 구간 $[-1, 1]$에서 임의로 한 수 x를 선택한다. 사건 $A = \{x < 0\}$, $B = \{|x - 0.5| < 1\}$, $C = \{x > 0.75\}$라고 하자.

(a) $B, A \cap B, A \cap C$의 확률을 구하라.

(b) 먼저 집합들과 그 집합들의 확률을 직접 계산하여 $A \cup B, A \cup C, A \cup B \cup C$의 확률을 구하고, 다음으로 적절한 공리나 정리를 이용하여 구하라.

2.36. 구간 $[-1, 1]$에서 임의로 한 수 x를 선택한다. 수들이 부분 구간 $[0, 1]$에서 선택될 빈도는 $[-1, 0]$에서보다 두 배 높다.

(a) 한 구간이 완전히 $[-1, 0]$ 내에 있을 때, 한 구간이 완전히 $[0, 1]$ 내에 있을 때, 그리고 한 구간이 위의 두 구간에 부분적으로 걸쳐 있을 때의 확률할당을 구하라.

(b) 이 확률할당을 이용하여 연습문제 2.35의 확률을 다시 구하라.

2.37. 어떤 장치의 수명은 예제 2.13에서 소개된 $\alpha = 1$의 지수확률법칙으로 표현할 수 있다고 하자. A는 '수명이 5보다 크다.' 인 사건, B는 '수명이 10보다 크다.' 인 사건이라고 하자.

(a) $A \cap B$와 $A \cup B$의 확률을 구하라.

(b) '수명이 5보다 크고 10보다 작거나 같다.' 인 사건의 확률을 구하라.

2.38. 표본 공간이 실직선인 한 실험을 생각해보자. 확률법칙은$(-\infty, r]$ 형태의 부분집합에 확률을 할당한다.

(a) $r < s$일 때, 반드시 $P[(-\infty, r]] \leq P[(-\infty, s]]$가 되는 것을 보여라.

(b) $P[(-\infty, r]]$와 $P[(-\infty, s]]$의 항으로 $P[(r, s]]$에 대한 식을 구하라.

(c) $P[(s, \infty)]$에 대한 식을 구하라

2.39. 구간 $[0, 1]$에서 임의로 두 수 (x, y)를 선택한다.

(a) 그 두 수의 쌍이 단위원 안에 있을 확률을 구하라.

(b) $y > 2x$일 확률을 구하라.

*2.3절 : 계수방법을 이용한 확률 계산

2.40. 집합 $\{0, 1, 2, \ldots, 59\}$ 에서 3개의 숫자를 선택하여 자물쇠 번호의 조합을 만든다. 가능한 조합의 개수를 구하라.

2.41. 첫 번째 숫자로 1과 0을 쓸 수 없다고 가정할 때, 일곱 자리 숫자로 구성되는 전화번호의 가능한 개수를 구하라.

2.42. 한 쌍의 주사위를 던지고, 동전 한 개를 두 번 던지고, 52장의 카드 한 벌에서 무작위로 한 장의 카드를 선택하는 실험이 있다. 가능한 결과들의 개수를 구하라.

2.43. 금고에 '0' 과 '1' 두 버튼이 있다. 문을 열기 위해서는 미리 설정된 6비트의 수열에 따라 버튼을 눌러야 한다. 얼마나 많은 수열이 가능한가? 6비트의 수열을 임의로 누른다고 가정할 때, 문이 열릴 확률은 얼마인가? 첫 번째 시도에서 문을 여는 데 성공하지 못하는 경우 또 다른 수를 시도한다. 두 번째 시도에서 성공할 확률은 얼마인가?

2.44. 웹 사이트의 사용자가 패스워드를 만들기 위해서는 다음의 요구사항을 지켜야 한다.

- 8~10자의 문자 길이
- 적어도 한 개의 특수문자 포함: {!, @, #, $, %, ^, &, *, (,), +, =, {, }, |, <, >, \, _, -, [,], /, ?}
- 띄어쓰기 금지
- 숫자 포함 가능(0~9), 대문자와 소문자 모두 가능(a–z, A–Z)
- 대문자와 소문자 구별

몇 가지 패스워드가 가능한가? 1개의 패스워드를 테스트하는 데 1 ms가 걸린다고 가정할 때, 모든 패스워드를 테스트하는 데 걸리는 시간은 얼마인가?

2.45. 각 질문마다 5개의 응답 중 하나를 선택하는 선다형 문제가 10개 있다. 시험에서 답을 하는 방법에는 몇 가지가 있는가? 두 시험지가 같은 답을 가질 확률을 구하라.

2.46. 한 학생이 5개의 서로 다른 티셔츠를 가지고 있고, 3벌의 청바지('새 것,' '길들여진 것,' '완벽한 것')를 가지고 있다.

(a) 청바지와 티셔츠의 조합을 반복하지 않고 며칠 동안 입을 수 있는가?

(b) 이틀 연속 같은 티셔츠를 입지 않으면서 청바지와 티셔츠의 조합을 반복하지 않고 며칠 동안 입을 수 있는가?

2.47. '디럭스' 피자를 주문하면 사용할 수 있는 15가지의 토핑 중 4가지를 선택할 수 있다. 같은 토핑을 반복하여 선택할 수 있을 때 몇 가지 조합이 가능한가? 같은 토핑을 반복하여 선택할 수 없을 때 몇 가지 조합이 가능한가? 토핑을 선택하는 순서는 상관없다고 가정한다.

2.48. 강의실에 60개의 좌석이 있다. 45명의 학생이 강의실에 앉는 방법은 몇 가지가 가능한가?

2.49. 두 개의 서로 다른 객체, 세 개의 서로 다른 객체, 네 개의 서로 다른 객체의 모든 가능한 순열을 나열하라. 그 개수가 $n!$임을 확인하라.

2.50. 어린 아이가 책장에서 백과사전 4권을 꺼낸다. 그리고 혼이 난 후, 그 책들을 임의의 순서로 꽂는다. 책이 올바른 순서로 꽂힐 확률은 얼마인가?

2.51. 다섯 개의 공을 무작위로 다섯 개의 양동이에 넣는다. 각 양동이가 공을 한 개씩 가지고 있을 확률은 얼마인가?

2.52. 두 개의 서로 다른 객체, 세 개의 서로 다른 객체, 네 개의 서로 다른 객체에서 두 개를 선택할 때 가능한 모든 조합을 나열하라. 그 개수가 이항계수임을 확인하라.

2.53. 만찬회에 4명의 남자와 4명의 여자가 참석한다. 8명의 사람이 테이블에 둘러앉는 서로 다른 방법은 몇 가지인가? 남녀가 서로 교대로 테이블에 둘러앉는 서로 다른 방법은 몇 가지인가?

2.54. 어떤 핫도그 공급자가 핫도그를 위해 양파, 렐리시, 겨자, 케첩, 디종 케첩, 고추를 제공한다. 한 가지 양념을 사용하는 경우 몇 종류의 핫도그가 가능한가? 두 가지 양념을 사용하는 경우 몇 종류가 가능한가? 양념을 사용하지 않거나, 일부만 사용하거나, 모두를 사용하는 경우 몇 종류가 가능한가?

2.55. 100개의 품목으로 이루어진 한 묶음에 k개의 불량품이 포함되어 있다. M개를 임의로 선택하여 테스트한다.

(a) m개의 불량품이 발견될 확률은 얼마인가? 이것을 초기하 분포(*hypergeometric distribution*)라고 한다.

(b) M개 중 1개 이하의 불량품이 있으면 그 묶음은 받아들여진다. 그 묶음이 받아들여질 확률은 얼마인가?

2.56. 공원에 N마리의 너구리가 살고 있는데, 그 중 10마리는 예전에 잡아서 꼬리표를 달아 놓았다. 20마리의 너구리를 잡는다고 가정하자. 그 중 4마리에 꼬리표가 달려 있을 확률을 구하라. 이 확률은 N에 따라 다르며, $p(N)$ 으로 표시한다. 이 확률이 최대가 되는 N의 값을 구하라. 힌트: 비율 $p(N)/p(N-1)$ 을 1과 비교하라.

2.57. 50개의 품목으로 이루어진 한 묶음에 정상품이 40개, 불량품이 10개 존재한다.

(a) 그 묶음에서 5개의 표본을 테스트한 후 다시 집어넣는다. X를 그 표본에서 불량품의 개수라고 하자. $P[X=k]$를 구하라.

(b) 그 묶음에서 5개의 표본을 테스트한 후 다시 집어넣지 않는다. Y를 그 표본에서 불량품의 개수라고 하자. $P[Y=k]$를 구하라.

2.58. 4개의 빨간 공, 2개의 흰 공, 3개의 검은 공이 있는 경우, 서로 다른 순열의 개수는 얼마인가?

2.59. 28명의 학생으로 이루어진 한 반에서 정확히 4명이 같은 요일에 태어났을 확률을 구하라.

2.60. $\binom{n}{k} = \binom{n}{n-k}$임을 보여라.

2.61. 이 문제에서는 다항 계수를 유도한다. n개의 서로 다른 객체로 이루어진 한 집합을 크기가 각각 $k_1, \ldots, k_J$인 J개의 부분집합 $B_1, B_2, \ldots, B_J$로 분할한다고 가정하자. 여기서 $k_i \geq 0$, 그리고 $k_1 + k_2 + \ldots + k_J = n$이다.

(a) i번째 부분집합을 선택할 때 가능한 결과의 수를 N_i로 표시한다. 다음을 보여라.

$$N_1 = \binom{n}{k_1}, N_2 = \binom{n-k_1}{k_2}, \ldots, N_{J-1} = \binom{n-k_1-\cdots-k_{J-2}}{k_{J-1}}$$

(b) 분할의 개수가 다음과 같음을 보여라.

$$N_1 N_2 \ldots N_{J-1} = \frac{n!}{k_1!\, k_2! \ldots k_J!}$$

2.4절 : 조건부 확률

2.62. 주사위를 두 번 던진다. 매번 던질 때마다 나온 점의 개수를 세어 나타난 순서대로 기록한다. A는 '처음 던질 때 나온 점의 개수가 두 번째 던진 때 나온 점의 개수보다 작지 않다.' 인 사건, B는 '처음 던질 때 나온 점의 개수가 6이다.' 인 사건이라고 하자. $P[A|B]$와 $P[B|A]$를 구하라.

2.63. 연습문제 2.5의 (a)에서 (d)까지 정의한 각 실험에서 기본사건들에 대한 확률을 조건부 확률과 트리 다이어그램을 이용하여 구하라.

2.64. 연습문제 2.6(모자 속의 이름)에서 $P[B \cap C|A]$와 $P[C|A \cap B]$을 구하라.

2.65. 연습문제 2.29(메시지 전송)에서 $P[B|A]$와 $P[A|B]$을 구하라.

2.66. 연습문제 2.8(단위구간)에서 $P[B|A]$와 $P[A|B]$을 구하라.

2.67. 연습문제 2.37(장치의 수명)에서 $P[B|A]$와 $P[A|B]$을 구하라.

2.68. 연습문제 2.33에서 A = {분침이 마지막 10분 위치(50분~60분) 사이에 정지}이고 B = {분침이 마지막 5분 위치(55분~60분) 사이에 정지}라고 하자. (a), (b), (c)에 대해 $P[B|A]$를 구하라.

2.69. 어떤 수 x가 구간 $[-2, 2]$에서 무작위로 선택된다. 사건 $A = \{x < 0\}$, $B = \{|x - 0.5| < 0.5\}$, $C = \{x > 0.75\}$라고 하자. $P[A|B]$, $P[B|C]$, $P[A|C^c]$, $P[B|C^c]$를 구하라.

2.70. 연습문제 2.37에서 A는 '수명이 t보다 길다.' 인 사건이고, B는 '수명이 $2t$보다 길다.' 인 사건이라고 하자. $P[B|A]$를 구하라. 결과가 t에 의존하는가? 설명하라.

2.71. 20명의 학생이 있는 학급에서 2명 이상의 학생이 같은 생일을 가질 확률을 구하라. 힌트: 정리 1을 이용하라. 2명 이상의 학생이 같은 생일날을 가질 확률이 1/2이 되기 위해서는 학급의 크기가 몇 명이어야 하는가?

2.72. 디지털 지문이라고 불리는 암호학적 해시(hash)는 메시지를 입력으로 받아서 고정된 길이의 문자열을 출력한다. 무차별 대입공격은 동일한 해시를 갖는 전혀 다른 메시지 쌍을 찾을 때까지 수많은 메시지에 대하여 해시를 계산한다. 짝을 찾을 확률이 1/2이 되기 위해 필요한 시도 회수는 얼마인지 구하라. 만약 디지털 지문이 64비트 길이인 경우 일치하는 짝을 구하기 위해서는 몇 번의 시도가 필요한가? 128비트 길이인 경우는?

2.73. **(a)** $A \cap B = \varnothing$ 일 때, $A \subset B$일 때, 그리고 $B \subset A$일 때, 각 경우에 대해서 $P[A|B]$를 구하라.

(b) $P[A|B] > P[A]$ 이면, $P[B|A] > P[B]$ 임을 보여라.

2.74. $P[A|B]$는 확률의 공리를 만족함을 보여라.

(i) $0 \le P[A|B] \le 1$

(ii) $P[S|B] = 1$

(iii) $A \cap C = \varnothing$이면, $P[A \cup C|B] = P[A|B] + P[C|B]$이다.

2.75. $P[A \cap B \cap C] = P[A|B \cap C]P[B|C]P[C]$ 임을 보여라.

2.76. 100개의 품목으로 이루어진 한 묶음에서 두 품목을 테스트한다. 테스트된 두 품목 중 하나라도 결함이 있으면 그 묶음은 받아들이지 않는다.

(a) 5개의 결함이 있는 품목이 들어 있는 한 묶음이 받아들여질 확률을 구하라. 10개의 품목에 결함이 있는 경우에 대해서도 반복하라.

(b) 만약 (a)에서 3개의 품목을 테스트하고, 테스트된 3개의 품목 중 최대 1개에 결함이 있으면 그 묶음을 받아들인다고 가정하는 경우, 그 확률을 다시 계산하라.

2.77. 그림 P2.3은 비대칭 이진 통신 채널을 나타낸다. 입력이 '0' 일 확률은 p이고, '1' 일 확률은 $1 - p$라고 가정한다.

(a) 출력이 0이 되는 확률을 구하라.

(b) 출력이 1로 나타날 때 입력이 0이었을 확률을 구하라. 출력이 1로 나타날 때 입력이 1이었을 확률을 구하라. 어떤 입력의 가능성이 더 큰가?

2.78. 문제 2.4에서 송신기는 동일한 확률로 $X = +2$와 $X = -2$를 보낸다. 오동작을 하는 채널은 입력의 크기를 얼마나 줄여 출력 Y를 생성해야 하는지를 정하기 위해 공정한 동전을 두 번 던져 앞면의 수를 센다.

(a) 가능한 입-출력 쌍의 집합을 구하기 위해 트리 다이어그램을 사용하라.

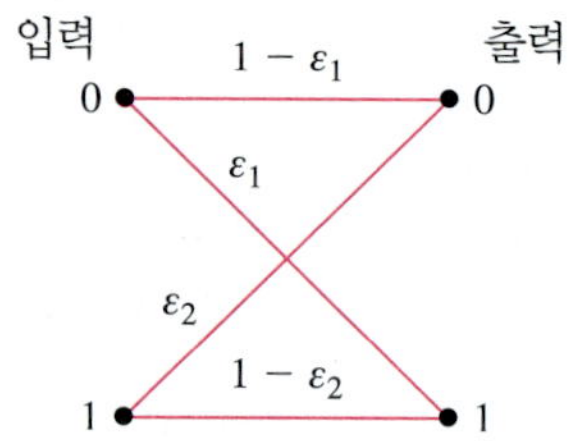

그림 P2.3

(b) 입–출력 쌍의 확률을 구하라.

(c) 출력 값의 확률을 구하라.

(d) $Y = k$로 주어질 때, 입력이 $X = +2$이었을 확률을 구하라.

2.79. 두 동전 중 하나를 임의로 선택하여 세 번 던진다. 동전 1은 p_1의 확률로 앞면이 나오고, 동전 2는 $p_2 = 2/3 > p_1 = 1/3$의 확률로 앞면이 나온다.

(a) 앞면이 나온 횟수가 k일 확률은 얼마인가?

(b) $k = 0, 1, 2, 3$에 대하여 k번 앞면이 관찰되었다고 주어지는 경우에 동전 1이 던져졌을 확률을 구하라.

(c) (b)에서 k번 앞면이 관찰되었을 때 어떤 동전이 던져졌을 가능성이 더 높은가?

(d) 선택된 동전이 m번 던져지는 경우에 대하여 (b)의 답을 일반화하라. 특히, $k > T$번 앞면이 관찰될 때에는 동전 1이 던져졌을 가능성이 더 크고, $k < T$번 관찰될 때에는 동전 2가 던져졌을 가능성이 더 크게 되는 임계치 T를 구하라.

(e) $p_2 = 1$(즉, 동전 2는 양면이 모두 앞면)이고, $0 < p_1 < 1$이라고 가정하자. 동전 1인지 또는 2인지를 확실히 결정할 수 없는 확률은 얼마인가?

2.80. 한 컴퓨터 제조업체가 세 개의 업체에서 칩을 공급받아 사용한다. 세 개의 업체 A, B, C의 칩은 각각 0.001, 0.005, 0.01의 확률로 결함이 있다. 무작위로 선택한 칩에 결함이 발견될 때, 그 칩이 A업체에서 공급받은 칩일 확률을 구하라. C업체에서 공급받은 칩일 확률을 구하라.

2.81. 그림 P2.4는 3진(ternary) 통신 채널을 나타낸다. 입력 신호 0, 1, 2는 각각 1/2, 1/4, 1/4의 확률로 발생한다고 가정하자.

(a) 각 출력 신호의 확률을 구하라.

(b) 출력 신호가 1이라고 가정하자. 입력이 0, 1, 2이었을 확률은 각각 얼마인가?

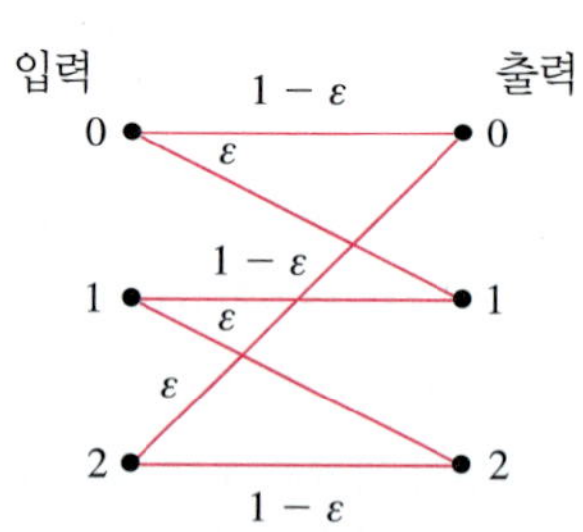

그림 P2.4

2.5절 : 사건의 독립

2.82. $S = \{1, 2, 3, 4\}$이고 $A = \{1, 2\}$, $B = \{1, 3\}$, $C = \{1, 4\}$라고 하자. 결과들의 발생 확률은 같다고 가정하라. A, B, C는 독립 사건인가?

2.83. U는 단위구간에서 무작위로 선택된다고 하자. $A = \{0 < U < 1/2\}$, $B = \{1/4 < U < 3/4\}$, $C = \{1/2 < U < 1\}$라고 하면, 이들 사건 중 어느 것이 독립인가?

2.84. 만약 A와 B가 독립 사건이면, A와 B^c, A^c와 B, A^c와 B^c의 짝들 역시 독립임을 보여라.

2.85. 만약 $P[A|B] = P[A|B^c]$이면, 사건 A와 B가 독립임을 보여라.

2.86. A, B, C는 각각 $P[A]$, $P[B]$, $P[C]$의 확률을 갖는 사건이라 하자.

(a) 사건 A와 B가 독립일 때 $P[A \cup B]$을 구하라.

(b) 사건 A와 B가 서로 배반적일 때 $P[A \cup B]$을 구하라.

(c) 사건 A, B, C가 독립일 때 $P[A \cup B \cup C]$을 구하라.

(d) 사건 A, B, C가 짝으로 서로 배반적일 때 $P[A \cup B \cup C]$을 구하라.

2.87. 2개의 항아리 중 임의로 선택한 항아리에서 1개의 공을 꺼내 그 공의 색(검은색 또는 흰색)을 기록하는 실험이 있다. A 를 '항아리 1이 선택된다.' 인 사건이라 하고, B를 '꺼낸 공이 검은색이다.' 인 사건이라 할 때, 사건 A와 B가 독립일 조건은 무엇인가?

2.88. 연습문제 2.15에서 세 종류의 시스템이 '동작' 할 확률을 구하라. 시스템 내의 모든 장치들의 고장은 독립적으로 발생하고, 장치 k가 고장날 확률은 p_k라고 가정한다.

2.89. 연습문제 2.16에서 시스템이 '동작' 할 확률을 구하라. 시스템 내의 모든 장치들의 고장은 독립적으로 발생하고, 장치 k가 고장날 확률은 p_k라고 가정한다.

2.90. 어떤 확률 실험을 여러 번 반복하면서 사건 A와 B의 발생을 기록한다. 사건 A와 B가 독립인지를 어떻게 테스트하겠는가?

2.91. 매우 긴 16진수 문자의 수열을 고려하라. 16진수 숫자의 4비트의 상대도수가 독립적인 동전 던지기와 일치하는지를 어떻게 테스트할 것인가?

2.92. 예제 2.35의 시스템에 두 번째 제어장치가 추가될 때 이 시스템이 '동작' 할 확률을 구하라.

2.93. 예제 2.26의 이진 통신 시스템에서 채널의 입력이 채널의 출력에 대해 독립이 되는 ε의 값을 구하라. 이러한 채널은 정보를 전송하기 위하여 사용될 수 있는가?

2.6절 : 순차 실험

2.94. 100비트의 한 블록이 비트 오류의 확률이 $p = 10^{-2}$인 이진 통신 채널을 통해 전송된다.

(a) 블록이 1개 이하의 오류를 가지고 있다면, 수신기는 그 블록을 받아들인다. 블록이 받아들여질 확률을 구하라.

(b) 블록이 1보다 많은 오류를 가지고 있다면, 블록은 재전송된다. M번 재전송이 요구될 확률을 구하라.

2.95. 어떤 생산라인에서 만들어지는 제품들 중 10퍼센트에 결함이 있다. n개의 제품이 들어 있는 한 묶음에서 결함 있는 제품이 1개보다 많이 있을 확률은 얼마인가?

2.96. 한 회로를 만들기 위해선 어떤 종류의 칩 10개가 필요하다. 이 칩들 중 5%가 불량이다. 이 회로를 만들기 위한 충분한 칩을 가지고 있을 확률이 90% 이상 되기 위해서는 몇 개의 칩을 사야 하는가?

2.97. n개의 단말기 각각은 주어진 타임 슬롯에 p의 확률로 메시지를 퍼뜨린다.

(a) 정확히 한 단말기가 전송하여 모든 단말기가 충돌 없이 메시지를 수신할 확률을 구하라.

(b) (a)에서 성공적인 전송의 확률을 최대화하는 p의 값을 구하라.

(c) n이 커짐에 따라 성공적인 전송 확률의 점근값을 구하라.

2.98. 한 기계가 어떤 동작에서 p의 확률로 오류를 발생시킨다. 오류는 두 가지 유형으로 나타나며, 전체 오류에서 유형 1의 오류가 발생할 확률은 α 이고, 유형 2의 오류가 발생할 확률은 $1-\alpha$ 이다.

(a) n번 동작에서 k번의 오류가 발생할 확률은 얼마인가?

(b) n번 동작에서 유형 1의 오류가 k_1번 발생할 확률은 얼마인가?

(c) n번 동작에서 유형 2의 오류가 k_2번 발생할 확률은 얼마인가?

(d) n번 동작에서 유형 1의 오류는 k_1번, 유형 2의 오류는 k_2번 발생할 결합 확률(joint probability)은 얼마인가?

2.99. 런랭스 부호기(run-length coder)는 계속되는 이진 정보열을 연속된 k개의 '0'에 마지막이 '1'로 끝나는 비트열이나(여기서 $k = 0, \ldots, m-1$), m개 모두 '0'인 비트열로 나눈다. $m = 3$인 경우는 다음과 같다.

String	Run-length k
1	0
01	1
001	2
000	3

정보열은 $P[\text{'1'}] = P[\text{성공}] = p$인 일련의 독립적인 베르누이 시행에 의하여 생성된다고 가정하자.

(a) $m = 3$인 경우에 런랭스 k의 확률을 구하라.

(b) 일반적인 m에 대하여 런랭스 k의 확률을 구하라.

2.100. 차들이 주차장에 주차하는 시간은 매개변수가 1인 지수확률법칙을 따른다. 주차비는 각 30분마다 1달러이며, 그 미만이어도 같은 요금을 받는다.

(a) 주차비로 k달러를 지불할 확률을 구하라.

(b) 5달러가 최대요금이라고 가정하자. 주차비로 k달러를 지불할 확률을 구하라.

2.101. 치우친 동전을 앞면이 세 번 나올 때까지 반복해서 던진다. 동전을 k번 던져야 할 확률을 구하라. 힌트: $A = \{$ 'k번째 던질 때 앞면이 나온다.' $\}$와 $B = \{$ '$k-1$번 던질 때 앞면이 두 번 나온다.' $\}$라고 할 때 $\{$ 'k번 던져야 한다.' $\} = A \cap B$가 됨을 보여라.

2.102. 예제 2.45에서 $p_0(n)$과 $p_1(n)$은 n번째 하위 실험에서 항아리 0 또는 항아리 1이 사용되는 확률이라 하자.

(a) $p_0(1)$과 $p_1(1)$을 구하라.

(b) $p_0(n+1)$과 $p_1(n+1)$을 $p_0(n)$과 $p_1(n)$의 항으로 표현하라.

(c) $n = 2, 3, 4$에 대하여 $p_0(n)$과 $p_1(n)$을 계산하라.

(d) (a)에서 주어진 초기 조건을 이용하여 (b)에서의 재귀적인 방법의 해를 구하라.

(e) n이 무한대로 접근할 때 각 항아리가 사용될 확률은 얼마인가?

*2.7절 : 난수를 합성하기 위한 컴퓨터 사용법: 난수 발생기

2.103. 표본 공간 $S = \{1, 2, 3, 4, 5\}$와 $p_1 = 1/3$, $p_2 = 1/5$, $p_3 = 1/4$, $p_4 = 1/7$, $p_5 = 1 - (p_1 + p_2 + p_3 + p_4)$ 의 확률을 갖는 확률 실험을 모의실험하기 위해 항아리 실험을 이용하려고 한다. 항아리에는 얼마나 많은 공이 들어 있어야 하는가? 앞의 결과를 일반화하여 유한한 표본 공간과 유리수의 확률을 갖는 모든 확률 실험을 모의실험하기 위해 항아리 실험이 사용될 수 있음을 보여라.

2.104. 발생 확률이 같은 6개의 결과를 갖는 확률 실험을 모의실험하기 위해 공정한 동전 던지기를 사용하는 데 관심이 있다고 하자. 여기서 표본 공간은 $S = \{0, 1, 2, 3, 4, 5\}$이고, 다음과 같은 일종의 '기각법(rejection method)'이 제안된다.

1. 동전을 3번 던진다. 앞면이 나오면 0, 뒷면이 나오면 1로 간주하여 세 자리의 이진수를 얻는다.
2. 단계 1에서 동전 던지기의 결과가 표본 공간 S의 한 수에 대한 이진 표현이면, 그 수를 출력한다. 그렇지 않으면 단계 1을 다시 수행한다.

(a) 단계 2에서 한 수가 출력될 확률을 구하라.

(b) 단계 2에서 생성되는 수들은 발생 확률이 같음을 보여라.

(c) 모든 무작위 항아리 실험의 모의실험을 위해 동전 던지기가 어떻게 이용되는지를 보이기 위하여 위 알고리즘을 일반화하라.

2.105. 단위 정사각형 내에서 1,000개의 숫자 쌍을 생성하기 위해 Octave의 `rand` 함수를 사용하여라. 결과로 얻어지는 점들이 단위 정사각형 내에서 균등하게 분포하는지 확인하기 위해 x - y 점도표(scattergram)를 그려라.

2.106. 단위 정사각형의 $x > y$ 부분에서 균등하게 분포되는 점들을 생성하기 위해 앞서 소개한 기각법을 적용하라. `rand` 함수를 사용하여 단위 정사각형 내의 숫자 한 쌍을 생성하여라. 만약 $x > y$ 이면 그 수를 받아들이고, 그렇지 않으면 다른 쌍을 선택한다. 받아들인 숫자 쌍에 대해 x - y 점도표를 그리고, 그 결과 점들이 단위 정사각형의 $x > y$ 부분에 균등하게 분포하는지 확인하라.

2.107. 한 실험을 n회 반복하여 얻은 일련의 수치적 결과 $X(1), X(2), \ldots X(n)$의 표본 평균제곱 값(*sample mean-squared value*)은 다음과 같이 정의된다.

$$\langle X^2 \rangle_n = \frac{1}{n}\sum_{j=1}^{n} X^2(j)$$

(a) 반복 횟수 n이 매우 커질 때 예상할 수 있는 이 식의 수렴 값은 무엇인가?

(b) 연습문제 1.9에서 얻었던 것과 비슷한 $\langle X^2 \rangle_n$의 재귀공식을 구하라.

2.108. 표본 분산(*sample variance*)은 표본 평균에 대한 표본들의 변동의 평균제곱 값으로 정의된다.

$$\langle V^2 \rangle_n = \frac{1}{n}\sum_{j=1}^{n} \{X(j) - \langle X \rangle_n\}^2$$

$\langle X \rangle_n$도 역시 표본값에 의존하는 것을 주의하라(제8장에서 논의될 기술적인 이유로 분모의 n을 $n-1$ 대체하는 것이 관례이다).

(a) 표본 분산이 다음 식을 만족함을 보여라.

$$\langle V^2 \rangle_n = \langle X^2 \rangle_n - \langle X \rangle_n^2$$

(b) 표본 분산이 다음의 반복공식을 만족함을 보여라.

$$\langle V^2\rangle_n = \left(1 - \frac{1}{n}\right)\langle V^2\rangle_{n-1} + \frac{1}{n}\left(1 - \frac{1}{n}\right)(X(n) - \langle X\rangle_{n-1})^2$$

2.109. 구간 [0, 1]에서 균등하게 분포하는 일련의 수 U_n을 발생시키는 프로그램이 있다고 가정하자. 그리고 $Y_n = \alpha U_n + \beta$라고 하자.

(a) Y_n이 구간 $[a, b]$에서 균등하게 분포하기 위한 α와 β를 구하라.

(b) $A = -5$이고 $b = 15$라고 하자. Octave를 사용하여 Y_n을 1,000번 반복하여 발생시키고, 표본 평균과 표본 분산을 계산하라. 표본 평균과 표본 분산을 각각 $(a + b)/2$, $(b - a)^2/12$와 비교하라.

2.110. Octave를 사용하여 동전을 16번 던져 앞면이 나온 횟수를 세는 확률 실험을 100번 반복하는 모의실험을 수행하라.

(a) 결과가 그림 2.18의 것과 비슷한지 확인하라.

(b) $p = 0.25$와 $p = 0.75$에 대해 실험을 되풀이하라. 예상한 결과가 나왔는가?

*2.8절 : 심화 학습: 사건 클래스

2.111. 예제 2.49에서 호머는 리사의 표본 공간 $S_L = \{\text{r, g, t}\}$에서의 결과를 더 작은 표본 공간 $S_H = \{R, G\}$: $f(r) = R$, $f(g) = G$, $f(t) = G$로 사상한다. 역상(inverse image) 사건은 다음과 같이 정의된다.

$$f^{-1}(\{\text{R}\}) = A_1 = \{r\} \quad \text{그리고} \quad f^{-1}(\{\text{G}\}) = A_2 = \{\text{g, t}\}$$

A와 B는 호머의 표본 공간에서의 사건이라고 하자.

(a) $f^{-1}(A \cup B) = f^{-1}(A) \cup f^{-1}(B)$임을 보여라.

(b) $f^{-1}(A \cap B) = f^{-1}(A) \cap f^{-1}(B)$임을 보여라.

(c) $f^{-1}(A^c) = f^{-1}(A)^c$임을 보여라.

(d) (a), (b), (c)의 결과가 표본 공간 S에서 집합 S'로의 일반적인 사상에 대해서도 성립함을 보여라.

2.112. f를 표본 공간 S에서 유한 집합 $S' = \{y_1, y_2, \dots, y_n\}$으로의 사상이라고 하자.

(a) 역상의 집합 $A_k = f^{-1}(y_k)$는 S의 분할이 되는 것을 보여라.

(b) S'의 매 사건 B는 A_k의 합집합과 관련될 수 있음을 보여라.

2.113. A를 S의 어떤 한 부분집합이라고 하자. 집합들의 클래스 $\{\varnothing, A, A^c, S\}$가 집합체임을 보여라.

2.9절 : 심화 학습: 사건열의 확률

2.114. 다음의 사건열에 대해 셀 수 있는 합집합을 구하라.

(a) $A_n = [a + 1/n, b - 1/n]$.

(b) $B_n = (-n, b - 1/n]$.

(c) $C_n = [a + 1/n, b)$.

2.115. 다음의 사건열에 대해 셀 수 있는 교집합을 구하라.

(a) $A_n = (a - 1/n, b + 1/n)$.

(b) $B_n = [a, b + 1/n)$.

(c) $C_n = (a - 1/n, b]$.

2.116. **(a)** 보렐 집합체가 개집합 (a, b)의 여집합, 그리고 셀 수 있는 교집합과 합집합으로부터 생성될

수 있음을 보여라.

(b) 보렐 집합체를 생성할 수 있는 다른 집합들의 클래스를 제안하라.

2.117. 연습문제 2.114의 사건들의 확률에 대한 식을 구하라.

2.118. 연습문제 2.115의 사건들의 확률에 대한 식을 구하라.

응용학습문제

2.119. 두 사람이 각각 3개의 공정한 동전을 던진다. 그들이 같은 수의 앞면을 얻을 확률은 얼마인가?

2.120. 2개의 동전 중에 하나를 임의로 선택하여 3번 던진다. 2개의 동전은 앞면이 나올 확률이 각각 p_1과 p_2라고 한다(단, $p_1 > p_2$).

(a) 앞면이 k번 나왔을 때 동전 1이 던져졌을 확률을 $k = 0, 1, 2, 3$에 대해 구하라.

(b) (a)에서 앞면이 k번 나왔을 때 어떤 동전이 사용되었을 가능성이 더 높은가?

(c) (b)의 해를 선택된 동전이 m번 던져지는 경우로 일반화하라. 특히, $k > T$번 앞면이 나오는 경우 동전 1이 사용되었을 가능성이 더 높고, $k \leq T$번 앞면이 나오는 경우 동전 2가 사용되었을 가능성이 더 높은 임계값 t를 구하라.

2.121. 예제 2.43에서 컴퓨터 A가 컴퓨터 B로 신뢰성이 보장되지 않은 두 무선 링크를 사용하여 동시에 각 메시지를 보낸다고 가정하자. 컴퓨터 B는 각 링크에서 언제 오류가 발생했는지 검출할 수 있다. 링크 1과 링크 2에서의 메시지 전송 오류의 확률은 각각 q_1과 q_2라고 하자. 컴퓨터 B는 어느 링크에서든 오류 없는 메시지를 받을 때까지 재전송을 요청한다.

(a) k번보다 많은 전송이 요구될 확률을 구하라.

(b) 마지막 전송에서 링크 2를 통해 오류 없는 메시지를 받게 될 확률을 구하라.

2.122. 회로기판이 동작하기 위해서는 7개의 동일한 칩들이 정상적으로 기능을 수행해야 한다. 신뢰도를 향상시키기 위해 회로기판에 또 다른 칩 하나가 포함되어 있고, 7개의 다른 칩 중 어느 것이든 고장이 나면 이 여분의 칩으로 교체되도록 설계되어 있다.

(a) 개별 칩이 동작할 확률 p의 항으로 기판이 동작할 확률 P_b를 나타내어라.

(b) n개의 회로기판들이 병렬로 동작하고, 적어도 1개 이상의 기판이 동작할 확률은 99.9%가 되어야 한다고 가정하자. 얼마나 많은 기판이 필요한가?

2.123. 4장의 에이스와 4장의 킹이 포함된 잘 섞여진 52장의 서로 다른 카드 한 벌이 있다고 가정하자.

(a) 첫 번째 뽑기에서 에이스를 얻을 확률을 구하라.

(b) 카드 한 벌에서 한 장을 뽑고 확인한다. 두 번째 뽑기에서 에이스를 얻을 확률은 얼마인가? 첫 번째 뽑은 카드를 확인하지 않았다면 확률은 바뀌는가?

(c) 한 벌의 카드에서 7장의 카드를 뽑는다고 가정하자. 7장의 카드에 3장의 에이스가 포함될 확률은 얼마인가? 7장의 카드에 2장의 킹이 포함될 확률은 얼마인가? 7장의 카드에 3장의 에이스 또는 2장의 킹이 포함될 확률은 얼마인가?

(d) 카드 한 벌 전체가 카드놀이 하는 4명에게 똑같이 분배된다고 가정하자. 카드놀이 하는 사람이 각각 한 장의 에이스를 가질 확률은 얼마인가?

CHAPTER 3

이산 확률 변수

Discrete Random Variables

대부분의 확률 실험에서는 그 실험 결과의 수치적 속성에 관심이 있다. 확률 변수는 그 실험 결과에 수치를 할당하는 함수로 정의된다. 이 장에서는 확률 변수의 개념과 확률 변수를 포함하는 사건의 확률을 계산하는 방법들을 소개한다. 가장 간단한 경우인 이산 확률 변수에 중점을 두고 확률 질량 함수를 소개한다. 확률 변수의 기대값을 정의하고 평균에 대한 직관적 개념과 연관 짓는다. 또한 확률 변수에 관한 부분적인 정보가 주어진 경우에 대해 조건확률 질량 함수를 소개한다. 이러한 개념들과 4장에서 확장된 그 개념들은 무작위성을 수반하는 시스템 설계에서 관심 분야인 확률과 평균을 계산하는 도구를 제공한다.

이 장에서는 통하여 주요 확률 변수들을 소개하고 그 확률 변수로 발생되는 전형적인 응용들을 논의한다. 또한 확률 변수를 생성하는 방법을 기술한다. 이러한 방법들은 복잡한 현대 시스템의 동작이나 성능을 예측하는 컴퓨터 모의실험 모델로 사용된다.

3.1 확률 변수의 개념

확률 실험의 결과가 숫자일 필요는 없다. 하지만 보통은 결과 자체에 있는 것이 아니고, 어떤 측정이나 결과의 수치적 속성에 오히려 관심이 있다. 예를 들면, 동전을 n번 던지는 실험에서 우리는 앞면의 총 횟수에 관심이 있을 수 있고, 앞면과 뒷면이 나온 특정 순서에는 관심이 없다. 임의로 선정된 웹 문서에서 그 문서의 길이에만 관심이 있을 수 있다. 이러한 예에서 보듯이 측정은 확률 실험의 결과에 어떤 수치를 할당하는 것이다. 결과들은 임의로 나타나므로 그 측정 결과 또한 임의성을 나타낼 것이다. 따라서 결과로 나타나는 수치들의 확률에 대해 논하는 것이 의미가 있다. 확률 변수의 개념은 이러한 관념을 형식화한다.

확률 변수(random variable) X는 확률 실험의 표본 공간 안에 있는 각 결과 ζ에 실수 $X(\zeta)$를 할당하는 함수이다. 그림 3.1에서 그림으로 보인 것 같이 이 함수는 단순히 집합의 각 원소에 수치를 할당하는 규칙임을 명심하기 바란다. 확률 실험의 결과에 대한 측정의 명세는 표본 공간에서의 함수, 즉 확률 변수를 정의한다. 표본 공간 S는 확률 변수의 정의역(*domain*)이 되고, X가 취하는 모든 값들의 집합 S_X는 확률 변수의 치역(*range*)이 된다. 따라서 S_X는 모든 실수 집합의 부분집합이다. 다음 표시법을 사용하기로 한다. 대문자, 예로 X 혹은 Y는 확률 변수를 표시한다. 그리고 소문자, 예로 x 혹은 y는 확률 변수의 가능한 값을 표시한다.

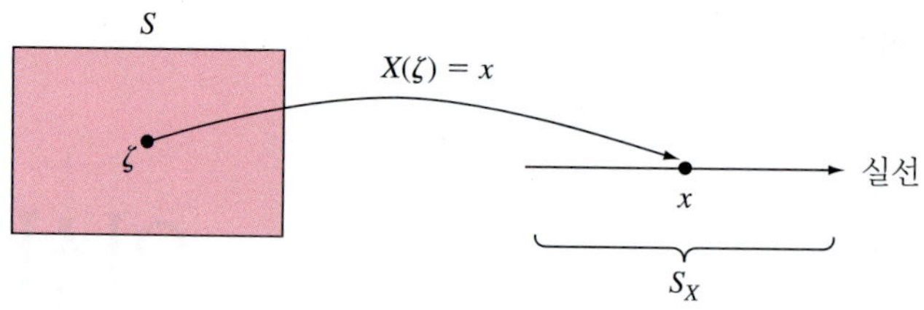

그림 3.1 ● 확률 변수는 확률 실험의 표본공간 S 안에 있는 각 결과 ζ에 수 $X(\zeta)$를 할당한다.

예제 3.1 **동전 던지기**

한 개의 동전을 3번 던져서 나온 앞면과 뒷면의 순서를 기록한다. 이 실험의 표본 공간은 S = HHH, HHT, HTH, HTT, THH, THT, TTH, TTT}이다. X를 3번 던져서 나온 앞면의 수라고 하자. X는 S 안에 각 결과 ζ에 집합 $S_X = \{0, 1, 2, 3\}$로부터 한 수를 할당한다. 다음 표는 S의 여덟 개 결과와 각각에 해당하는 X의 값을 나열한 것이다.

ζ:	HHH	HHT	HTH	THH	HTT	THT	TTH	TTT
$X(\zeta)$:	3	2	2	2	1	1	1	0

따라서 X는 집합 $S_X = \{0, 1, 2, 3\}$에서 값을 갖는 확률 변수다.

예제 3.2 **베팅 게임**

경기자는 다음 게임을 하기 위해 \$1.50을 낸다. 동전을 3번 던지고 앞면의 수 X를 센다. 그 경기자는 $X = 2$이면 \$1을 받고 $X = 3$이면 \$8을 받지만, 그 외에는 아무 것도 받지 못한다. Y를 그 경기자가 받는 상금이라 한다. Y는 확률 변수 X의 함수이고 그 결과는 다음과 같이 원래 확률 실험의 표본 공간에 다시 연관이 된다.

ζ:	HHH	HHT	HTH	THH	HTT	THT	TTH	TTT
$X(\zeta)$:	3	2	2	2	1	1	1	0
$X(\zeta)$:	8	1	1	1	0	0	0	0

Y는 그러면 집합 $S_Y = \{0, 1, 8\}$에서 값을 갖는 확률 변수다.

위 예제는 확률 변수의 함수가 또 다른 확률 변수를 생성하는 것을 보여준다.

확률 변수에 대해서 각 결과에 값을 할당하는 함수나 규칙은, 예를 들면 '주사위 2개를 던져서 윗면에 나타나는 점의 수를 세는' 규칙에서처럼 불변이고 확정적이다. 그 실험에서 임의성은 주사위가 던져진 이상 끝이다. 윗면에 나타난 점을 세는 과정은 확정적이다. 따라서 확률 변수 X의 값에 대한 분포는 그 확률 실험의 결과 ζ의 확률에 의해 결정된다. 다시 말하면, X의 관찰된 값에 있는 임의성은 근원적인 확률 실험에 의해 유도되고, 따라서 근원적인 결과의 확률의 항으로 X의 관찰된 값의 확률을 계산할 수 있어야 한다.

예제 3.3 **동전 던지기와 베팅**

X를 정상적인 동전을 독립적으로 세 번 던져서 나온 앞면의 수라 하자. 사건 $\{X=2\}$의 확률을 구하라. 예제 3.2에서 경기자가 \$8를 딸 확률을 구하라.

$X(\zeta)=2$ 일 필요충분조건이 ζ가 {HHT, HTH, THH}에 있음을 유의한다. 그러므로

$$\begin{aligned} P[X = 2] &= P[\{\text{HHT, HTH, HHT}\}] \\ &= P[\{\text{HHT}\}] + P[\{\text{HTH}\}] + P[\{\text{HHT}\}] \\ &= 3/8 \end{aligned}$$

사건 $\{Y=8\}$이 일어날 필요충분조건은 결과 ζ가 HHH이다. 따라서 다음과 같다.

$$P[Y = 8] = P[\{\text{HHH}\}] = 1/8$$

예제 3.3은 확률 변수 X를 포함하는 사건의 확률을 구하기 위한 일반적인 기술을 예시한다. 원래 확률 실험은 표본 공간 S와 사건 클래스 $\mathcal{F}$를 갖는다고 하자. R의 부분집합 B, 예를 들어 $B=\{x_k\}$의 확률을 구하기 위해 B로 맵핑되어지는 S 안에 있는 결과들을 찾을 필요가 있다. 즉,

$$A = \{\zeta : X(\zeta) \in B\} \tag{3.1}$$

그림 3.2에서 보여지는 것과 같다. 사건 A가 발생하고 $X(\zeta) \in$ B이면, 그런 사건 B가 발생한다. 역으로, 사건 B가 발생한다면 값 $X(\zeta)$는 ζ가 A에 있다는 것을 의미하고, 그런 사건 A가 발생한다. 그러므로, X가 B에 있을 확률은 다음과 같다.

$$P[X \in B] = P[A] = P[\{\zeta : X(\zeta) \in B\}] \tag{3.2}$$

A와 B는 **동등한 사건(equivalent events)**이라 부른다.

어떤 확률 실험에서 결과 ζ는 이미 우리가 관심을 가지고 있는 수의 값이다. 그런 경우에 확률 변수를 구하기 위해 간단하게 $X(\zeta)=\zeta$, 즉 항등 함수로 둔다.

*3.1.1 미세점 : 확률 변수의 형식적 정의

식 (3.1)에서 식 (3.2)로 가는 데 있어서, 실제로 사건 A는 $\mathcal{F}$ 안에 있다는 것을 확인할 필요가 있다. 왜냐하면 오직 $\mathcal{F}$에 있는 사건들이 그것들에 할당된 확률을 가지고 있기 때문에 $\mathcal{F}$에 있는 사건 A를 확인할 필요가 있다. 4장에서 확률 변수의 형식적 정의로 이러한 요구사항들에 대해 분명하게 진술할 것이다.

만일 사건 클래스 $\mathcal{F}$가 S의 모든 부분집합들로 이루어져 있다면, 집합 A는 항상 $\mathcal{F}$에 있을 것이고 S로부터 R까지 어떤 함수도 확률 변수가 된다. 그러나, 만일 사건 클래스 $\mathcal{F}$가 S의

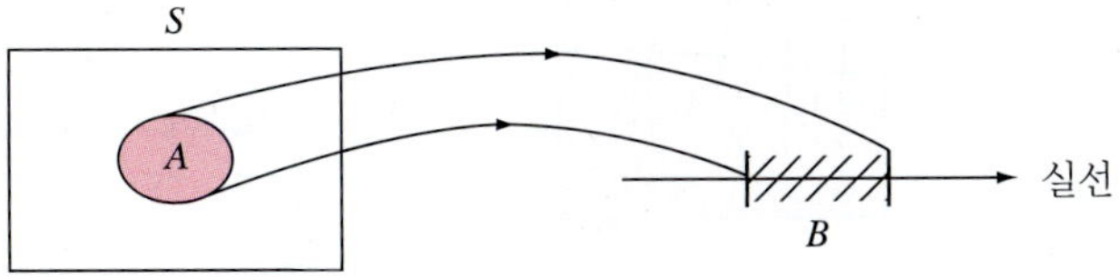

그림 3.2 $P[X \text{ in } B] = P[\zeta \text{ in A}]$

모든 부분집합들로 이루어져 있지 않다면, 다음 예제에 설명되어진 것처럼 S로부터 R까지 몇몇 함수들은 확률 변수가 아닐 수도 있다.

예제 3.4 **확률 변수가 아닌 함수**

이 예제는 왜 확률 변수의 정의가 집합 A는 $\mathcal{F}$에 있다는 확인을 요구하는지를 보여준다. 항아리에 공 3개가 들어 있다. 한 개의 공은 전자적으로 라벨 00으로 코드화되어 있다. 또 다른 공은 01로, 그리고 세 번째 공은 10으로 코드화되어 있다. 이 실험에 대한 표본 공간은 $S = \{00, 01, 10\}$이다. 사건 클래스 $\mathcal{F}$는 사건 $A_1 = \{00, 10\}$과 $A_2 = \{01\}$의 모든 합집합, 교집합 그리고 여집합으로 이루어져 있다고 하자. 이 사건 클래스에서 결과 00은 결과 10으로부터 구별될 수 없다. 예를 들어, 이것은 00과 10을 구별할 수 없는 결함 라벨 판독기로부터 발생할 수 있다. 사건 클래스는 $\mathcal{F} = \{\varnothing, \{00, 10\}, \{01\}, \{00, 01, 10\}$으로 4개의 사건을 가진다. $\mathcal{F}$에서 사건에 대한 확률할당은 $P[\{00, 10\}] = 2/3$과 $P[\{01\}] = 1/3$로 한다.

S로부터 R까지 다음의 함수 X는 $X(00) = 0$, $X(01) = 1$, $X(10) = 2$로 간주한다. $\{X = 0\}$의 확률을 구하기 위해 $\{\zeta: X(\zeta) = 0\} = \{00\}$의 확률이 필요하다. 그러나 $\{00\}$은 클래스 $\mathcal{F}$에 있지 않고, $X = 0$의 확률을 결정할 수 없기 때문에 X는 확률 변수가 아니다.

3.2 이산 확률 변수와 확률 질량 함수

이산 확률 변수(discrete random variable) X는 셀 수 있는, 즉 집합 $S_X = \{x_1, x_2, x_3, \dots\}$로부터 값을 가정하는 확률 변수로 정의된다. 이산 확률 변수는 그 치역이 유한, 즉 만일 $S_X = \{x_1, x_2, \dots, x_n\}$이면 **유한(finite)**하다고 말한다. 이산 확률 변수 X를 포함하는 사건들의 확률을 구하는 것은 관심이 있다. 표본 공간 S_X가 이산이기 때문에, 원래 확률 실험에서 사건 $A_k = \{\zeta: X(\zeta) = x_k\}$에 대한 확률을 얻을 필요만이 있다. X를 포함한 모든 사건의 확률은 A_k의 확률로부터 구할 수 있다.

이산 확률 변수 X의 확률 질량 함수는 다음과 같이 정의된다.

$$\text{실수 } x\text{에 대해서 } p_X(x) = P[X = x] = \mathrm{P}[\{\zeta: X(\zeta) = x\}] \tag{3.3}$$

$p_X(x)$는 실선 상에 있는 x의 함수이고, $p_X(x)$는 오직 $x_1, x_2, x_3, \dots$ 값에서 0이 아니다. S_X에서 x_k에 대해 $p_X(x_k) = P[A_k]$이다.

사건 $A_1, A_2, \dots$는 그림 3.3에서 나타나는 것처럼 S의 분할을 형성한다. 이것을 확인하기 위해 우선 사건들이 공통 원소를 갖지 않는다는 것을 보인다. $j \neq k$이라면 다음과 같다.

$$A_j \cap A_k = \{\zeta: X(\zeta) = x_j \text{ 그리고 } X(\zeta) = x_k\} = \varnothing$$

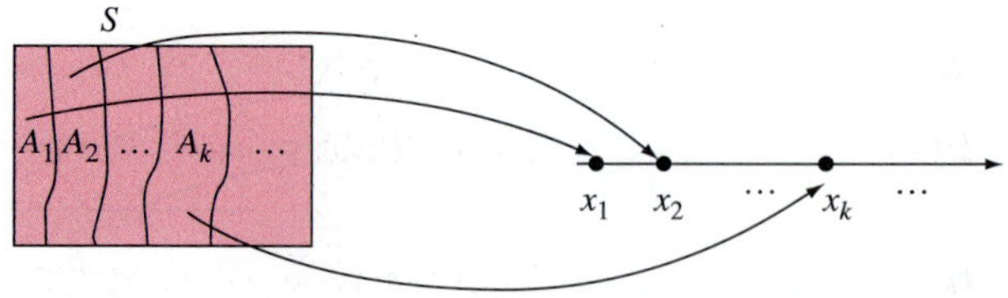

그림 3.3 ● 이산 확률 변수와 연관된 표본공간 S의 분할

여기서 각 ζ는 S_X 안의 오직 하나의 값으로 매핑되기 때문이다. 다음은 S가 A_k들의 합집합임을 보인다. S 안에 있는 모든 ζ는 어떤 x_k로 매핑되어서 모든 ζ는 분할 상에서 사건 A_k에 속한다. 그러므로 다음과 같다.

$$S = A_1 \cup A_2 \cup \ldots.$$

확률 변수 X를 포함하는 모든 사건들은 사건 A_k의 합집합으로 표현될 수 있다. 예를 들어 $B = \{x_2, x_5\}$에 있는 사건 X에 관심이 있다고 가정한다. 그러면

$$\begin{aligned} P[X \text{ in } B] &= P[\{\zeta : X(\zeta) = x_2\} \cup \{\zeta : X(\zeta) = x_5\}] \\ &= P[A_2 \cup A_5] = P[A_2] + P[A_5] \\ &= p_X(2) + p_X(5) \end{aligned}$$

확률 질량 함수 $p_X(x)$는 이산 확률 변수 X를 포함하는 사건들에 대한 확률을 계산하는 데 요구되는 모든 정보들을 제공하는 세 가지 특성을 만족한다.

(i) 모든 x에 대해서 $p_X(x) \geq 0$ (3.4a)

(ii) $\displaystyle\sum_{x \in S_X} p_X(x) = \sum_{\text{all } k} p_X(x_k) = \sum_{\text{all } k} P[A_k] = 1$ (3.4b)

(iii) $\displaystyle P[X \text{ in } B] = \sum_{x \in B} p_X(x)$ 여기에서 $B \subset S_X$ (3.4c)

특성 (i)은 확률 질량 함수 값이 어떤 확률, $p_X(x) = P[X = x]$로 정의되기 때문에 참이다. 특성 (ii)는 사건 $A_k = \{X = x_k\}$가 S의 분할을 형성하기 때문에 참이다. 식 (3.4b)와 (3.4c)의 합이 확률 변수가 유한인지 아닌지에 의존하여 유한 또는 무한 수의 항을 가질 것을 유의하자. 다음 특성 (iii)를 생각해보자. X를 포함하는 어떤 사건 B는 기본사건의 합집합이다. 따라서 공리 III에 의하여 다음 식을 얻는다.

$$P[X \text{ in } B] = P[\bigcup_{x \in B} \{\zeta : X(\zeta) = x\}] = \sum_{x \in B} P[X = x] = \sum_{x \in B} p_X(x)$$

X의 확률 질량 함수는 S_X로부터의 모든 기본사건들에 대한 확률을 제공한다. S_X의 어떤 부분집합의 확률은 거기에 대응하는 기본사건들의 합으로부터 얻어진다. 사실 S_X 안에 있는 결과들에 대해 확률법칙을 규정하는 데 요구되는 모든 것을 알고 있다. 만일 오직 X에 관한 사건들에만 관심을 가진다면, 원래 확률 실험과 그에 연관된 확률법칙에 대해서는 무시해도 되고 단지 S_X와 X의 확률 질량 함수만 다룬다.

예제 3.5 **동전 던지기와 이항 확률 변수**

X를 한 개의 동전을 독립적으로 세 번 던진 앞면의 수라 하자. X의 확률 질량 함수를 구하라.

예제 3.3과 같은 과정으로 다음을 얻는다.

$$\begin{aligned} p_0 &= P[X = 0] = P[\{\text{TTT}\}] = (1-p)^3 \\ p_1 &= P[X = 1] = P[\{\text{HTT}\}] + P[\{\text{THT}\}] + P[\{\text{TTH}\}] = 3(1-p)^2 p \\ p_2 &= P[X = 2] = P[\{\text{HHT}\}] + P[\{\text{HTH}\}] + P[\{\text{THH}\}] = 3(1-p)p^2 \\ p_3 &= P[X = 3] = P[\{\text{HHH}\}] = p^3 \end{aligned}$$

$p_X(0) + p_X(1) + p_X(2) + pX(3) = 1$임을 유의한다.

예제 3.6 **베팅 게임**

만일 세 번의 동전 던지기에서 앞면의 수가 2이면 경기자는 \$1를 받고, 만일 그 수가 3이면 \$8를 받지만 그 외 경우는 아무것도 받지 못한다. 보상 Y의 확률 질량 함수를 구하라

$$p_Y(0) = P[\zeta \in \{TTT, TTH, THT, HTT\}] = 4/8 = 1/2$$

$$p_Y(1) = P[\zeta \in \{THH, HTH, HHT\}] = 3/8$$

$$p_Y(8) = P[\zeta \in \{HHH\}] = 1/8$$

$p_Y(0) + p_Y(1) + p_Y(8) = 1$임을 유의한다.

그림 3.4(a)와 (b)는 각각 예제 3.5와 3.6의 확률 변수에 대한 $p_X(x)$ 대 x의 그래프를 나타낸다. 일반적으로 이산 확률 변수의 확률 질량 함수 그래프는 S_X의 값 x_k에서 높이 $p_X(x_k)$인 수직 화살표를 가진다. 총 확률을 질량의 한 단위로, 그리고 $p_X(x)$를 각 이산점 $x_1, x_2, \ldots$ 에 위치하는 확률 질량의 그 양으로 볼 수 있다. 다른 점에서 확률 질량 함수의 상대적인 값들은 발생할 상대적인 유사성을 표시한다.

예제 3.7 **난수 발생기**

난수 발생기는 집합 $S_X = \{0, 1, 2, \ldots, M-1\}$에서 어떤 요소가 될 가능성이 동등하게 같은 정수 X를 생성한다. X의 확률 질량 함수를 구하라.

S_X에서의 각 k에 대해서 $p_X(k) = 1/M$이다.

$$p_X(0) + p_X(1) + \ldots + p_X(M-1) = 1$$

X를 집합 $\{0, 1, \ldots, M-1\}$에서 **균등 확률 변수(uniform random variable)**라 부른다.

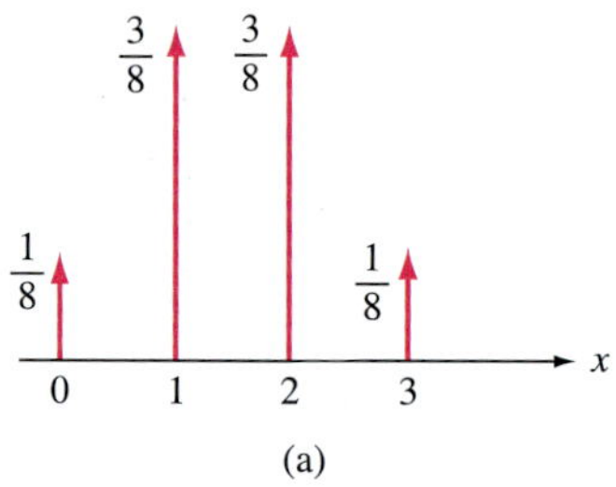

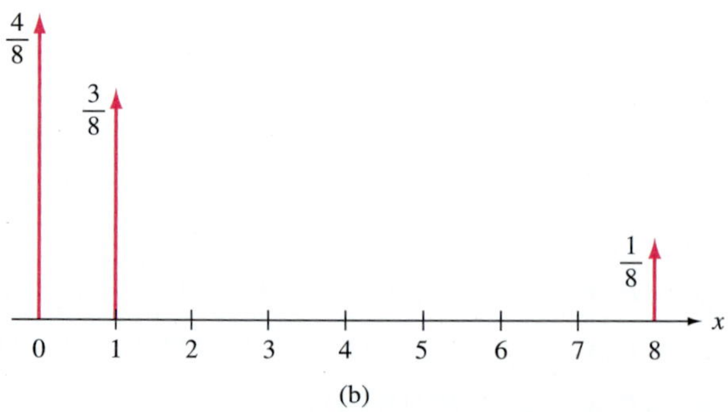

그림 3.4 ● (a) 세 번 동전 던지기에서의 확률 질량 함수 그래프; (b) 베팅 게임에서의 확률 질량 함수 그래프

예제 3.8 **베르누이 확률 변수**

A를 어떤 확률 실험에서 관심사건, 예를 들어 어떤 소자가 결함이 없다는 사건이라 하자. 실험을 실행했을 때 만일 A가 일어난다면 '성공'이 발생했다고 한다. 만일 A가 발생했다면 베르누이 확률 변수 I_A는 1이 되고 그 외에는 0이다. 그리고 A에 대한 지표함수로 주어진다.

$$I_A(\zeta) = \begin{cases} 0 & \zeta \text{가 } A\text{에 없는 경우} \\ 1 & \zeta \text{가 } A\text{에 있는 경우} \end{cases} \tag{3..5a}$$

I_A의 확률 질량 함수를 구하라

$I_A(\zeta)$는 $S_I = \{0, 1\}$로부터의 값들을 가지는 유한 이산 확률 변수이고, 확률 질량 함수는 다음과 같다.

$$\begin{aligned} p_I(0) &= P[\{\zeta : \zeta \in A^c\}] = 1 - p \\ p_I(1) &= P[\{\zeta : \zeta \in A\}] = p \end{aligned} \tag{3.5b}$$

여기서 I_A를 **베르누이 확률 변수(Bernoulli random variable)**라 부른다. $p_I(0) + p_I(1) = 1$임을 유의한다.

예제 3.9 **메시지 전달**

X를 메시지가 목적지에 정확하게 도달할 때까지 전송되는 데 필요한 시행 횟수라고 하자. X의 확률 질량 함수를 구하라. X가 짝수일 확률을 구하라.

X는 $S_X = \{1, 2, 3, \ldots\}$로부터 값을 취하는 이산 확률 변수이다. 사건 $\{X = k\}$는 원 확률 실험이 한 개의 에러 없는 전송('성공') 전에 연속적인 $k-1$개 에러 전송('실패')인 경우에 발생한다.

$$p_X(k) = P[X = k] = P[00\ldots01] = (1 - p)^{k-1}p = q^{k-1}p \quad k = 1, 2, \ldots. \tag{3.6}$$

X를 **기하 확률 변수(geometric random variable)**라 부른다. 그리고 X가 기하학적으로 분포되었다고 한다. 식 (2.42b)에서, 기하 확률의 합이 1임을 보았다.

$$P[X \text{ is even}] = \sum_{k=1}^{\infty} p_X(2k) = p\sum_{k=1}^{\infty} q^{2k-1} = p\frac{q}{1-q^2} = \frac{q}{1+q}$$

예제 3.10 **전송 에러**

이진 통신 채널은 확률 p로 전송에서의 비트 에러를 가진다. X를 n번 독립적인 전송에서 에러의 수라 하자. X의 확률 질량 함수를 구하라. 한 개 또는 더 적은 에러의 확률을 구하라.

X는 집합 $S_X = \{0, 1, \ldots, n\}$에서의 값을 가진다. 각 전송은 에러가 없다면 '0'으로 결과가 나타나고, 에러가 있다면 '1'이 되어 $P[\text{"1"}] = p$이고 $P[\text{"0"}] = 1 - p$이다. n비트 전송에서 k개 에러의 확률은 1이 k개 그리고 0이 $n - k$개인 에러 패턴의 확률로 주어진다.

$$p_X(k) = P[X = k] = \binom{n}{k} p^k (1 - p)^{n-k} \quad k = 0, 1, \ldots, n \tag{3.7}$$

X를 매개변수 n과 p를 가지는 **이항 확률 변수(binomial random variable)**라 부른다. 식 (2.39b)에서 이항 확률의 합이 1임을 보았다.

$$P[X \le 1] = \binom{n}{0} p^0 (1 - p)^{n-0} + \binom{n}{1} p^1 (1 - p)^{n-1} = (1 - p)^n + np(1 - p)^{n-1}$$

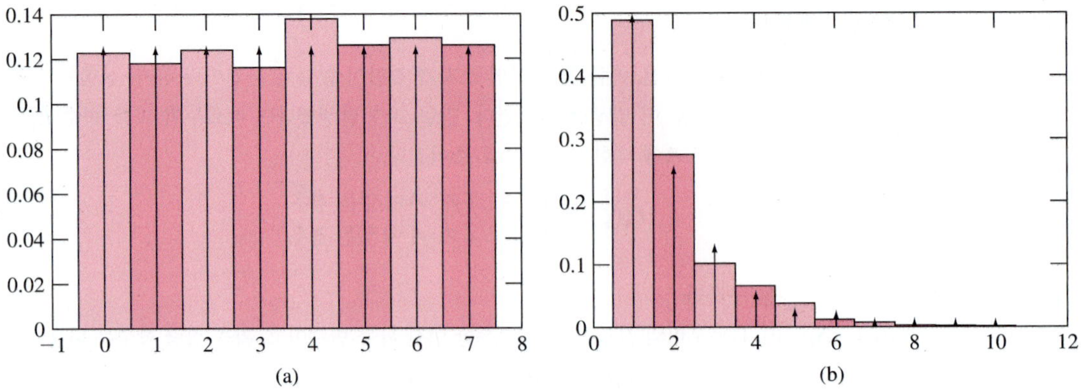

그림 3.5 ● (a) 상대적인 빈도와 상응하는 균등 확률 질량 함수; (b) 상대적인 빈도와 상응하는 기하 확률 질량 함수

마지막으로, 상대적인 빈도와 확률 질량 함수 $p_X(x_k)$ 사이의 관계를 생각해보자. 이산 확률 변수 X의 n번 관찰을 얻기 위해 n번의 독립적인 반복을 수행한다고 가정한다. $N_k(n)$를 사건 $X = x_k$가 발생하는 시행 횟수라 하고, $f_k(n) = N_k(n)/n$을 거기에 상응하는 상대적인 빈도라고 하자. n이 커짐에 따라 $f_k(n) \to p_X(x_k)$을 예상한다. 그러므로 상대적인 빈도의 그래프는 확률 질량 함수의 그래프에 접근해야 한다.

그림 3.5(a)는 집합 $\{0, 1, \ldots, 7\}$에서 균등 확률 변수를 생성하는 실험의 1,000번 반복에 대한 상대빈도의 그래프와 그 상응하는 확률 질량 함수를 나타낸다. 그림 3.5(b)는 $p = 1/2$과 $n = 1{,}000$ 반복인 함께 기하 확률 변수에 대한 상대 빈도와 확률 질량 함수의 그래프를 나타낸다. 양쪽 경우에서 상대 빈도의 그래프가 확률 질량 함수의 그래프로 근접하는 것을 본다.

3.3 이산 확률 변수의 기대값과 모멘트

이산 확률 변수의 작용을 완벽하게 기술하기 위해 완벽한 함수, 즉 $p_X(x)$가 주어져야 한다. 어떤 상황에서는 확률 질량 함수에 의해 제공된 정보를 요약하는 약간의 매개변수에 관심이 있다. 예를 들어, 그림 3.6은 두 확률 변수를 산출하는 실험의 많은 반복에 대한 결과를 보여준다. 확률 변수 Y는 0의 값 주위에서 변하는데 반하여, 확률 변수 X는 5의 값 주위에서 변한다. 또한 X가 Y보다 더 퍼져 있음이 명확하다. 이 절에서 이러한 특성들을 정하는 매개변수를 소개한다.

이산 확률 변수 X의 **기대값(expected value)** 또는 **평균(mean)**은 다음과 같이 정의된다.

$$m_X = E[X] = \sum_{x \in S_X} x p_X(x) = \sum_k x_k p_X(x_k) \tag{3.8}$$

기대값 $E[X]$는 위의 합이 절대 수렴할 때 정의된다. 즉, 다음과 같다.

$$E[|X|] = \sum_k |x_k| p_X(x_k) < \infty \tag{3.9}$$

식 (3.9)가 수렴하지 않는 확률 변수들이 있다. 이러한 경우, 기대값이 존재하지 않는다고 말한다.

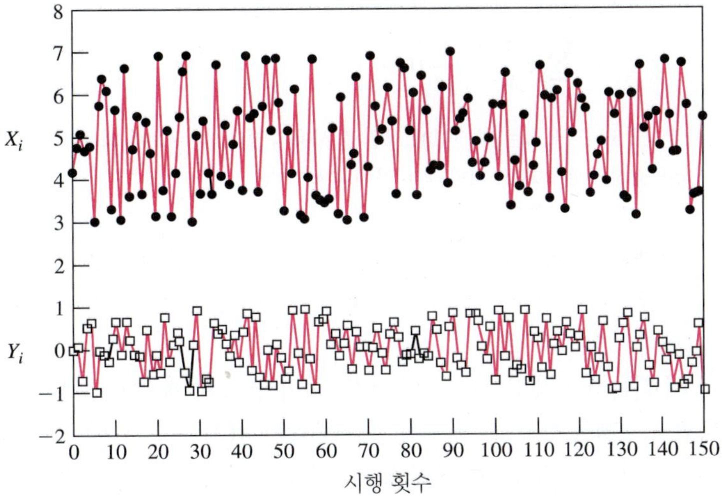

그림 3.6 ● 그래프는 X와 Y를 산출하는 실험의 150회 반복을 나타낸다. X는 5의 값에 중심을 두고 있는 반면, Y는 0의 값에 중심을 두고 있다. 또한 X가 Y보다 더 퍼져 있음이 명확하다.

만약 $p_X(x)$를 실선에 있는 점들 $x_1, x_2, \ldots$ 에서 질량의 분포라고 본다면, $E[X]$은 이 분포의 질량 중심을 나타낸다. 예를 들어, 그림 3.5(a)에서 $\{0, \ldots, 7\}$에 균등하게 분포된 이산 확률 변수의 확률 질량 함수는 3.5에서 질량 중심을 가진다는 것을 볼 수 있다.

예제 3.11 **베르누이 확률 변수의 평균**

베르누이 확률 변수 I_A의 기대값을 구하라.

예제 3.8에서 다음을 얻는다.

$$E[I_A] = 0p_I(0) + 1p_I(1) = p$$

여기서 p는 베르누이 시행에서 성공 확률이다.

예제 3.12 **세 번 동전 던지기와 이항 확률 변수**

X를 정상적인 동전을 세 번 던져서 나온 앞면의 수라 하자. $E[X]$를 구하라.

식 (3.8)과 예제 3.5에서 구한 X의 확률 질량 함수가 산출한다.

$$E[X] = \sum_{k=0}^{3} k p_X(k) = 0\left(\frac{1}{8}\right) + 1\left(\frac{3}{8}\right) + 2\left(\frac{3}{8}\right) + 3\left(\frac{1}{8}\right) = 1.5$$

위는 이항 확률 변수의 $n = 3$, $p = 1/2$인 경우이고, $E[X] = np$임을 알 수 있다.

예제 3.13 **균등 이산 확률 변수의 평균**

X를 예제 3.7에서의 난수 발생기라 하자. $E[X]$를 구하라.

예제 3.5로부터 $j = 0, \ldots, M-1$에 대해 $p_X(j) = 1/M$임을 얻었다.

$$E[X] = \sum_{k=0}^{M-1} k\frac{1}{M} = \frac{1}{M}\{0 + 1 + 2 + \cdots + M - 1\} = \frac{(M-1)M}{2M} = \frac{(M-1)}{2}$$

여기서 $1 + 2 + \ldots + L = (L+1)L/2$임을 사용하였다. $M = 8$에 대해 $E[X] = 3.5$이고, 이는 그림 3.5(a)에서 질량 중심의 관측과 일치하다는 것에 유의한다.

'기대값' 항의 사용은 X를 생성하는 실험을 수행할 때 $E[X]$가 관측될 수 있을 것이라는 것을 의미하지는 않는다. 예를 들어, 베르누이 시행의 기대값은 p이다. 그러나 그 결과는 항상 0 또는 1이다.

$E[X]$는 X의 많은 관찰 횟수에서 'X의 평균'에 해당한다. X를 생성하는 실험의 n번 독립적인 반복 수행을 하고, 그 관측된 값들을 $x(1), x(2), \ldots, x(n)$으로 기록한다고 가정하자, 여기서 $x(j)$는 j번째 실험에서의 관측값을 기록한다. $N_k(n)$을 x_k가 관측되는 횟수라 하자. 그리고 $f_k(n) = N_k(n)/n$는 상응하는 상대적인 빈도라 하자. 관측 결과의 산술 평균 또는 **표본 평균(sample mean)**은 다음과 같다.

$$\begin{aligned}\langle X\rangle_n &= \frac{x(1) + x(2) + \cdots + x(n)}{n} = \frac{x_1N_1(n) + x_2N_2(n) + \cdots + x_kN_k(n) + \cdots}{n} \\ &= x_1f_1(n) + x_2f_2(n) + \cdots + x_kf_k(n) + \cdots \\ &= \sum_k x_kf_k(n) \end{aligned} \tag{3.10}$$

첫 번째 분자는 발생하는 순서대로 관측값을 더하고, 두 번째 분자는 각 x_k가 몇 번 발생하는지 세어서 총합을 계산한다. n이 커짐에 따라 상대적인 빈도는 확률 $p_X(x_k)$에 근접하리라 기대한다.

$$\lim_{n\to\infty} f_k(n) = p_X(x_k) \qquad \text{모든 } k\text{에 대하여} \tag{3.11}$$

식 (3.10)은 다음을 의미한다.

$$\langle X\rangle_n = \sum_k x_kf_k(n) \to \sum_k x_kp_X(x_k) = E[X] \tag{3.12}$$

그러므로 n이 커짐에 따라 표본 평균은 $E[X]$에 수렴할 것을 기대한다.

예제 3.14 **베팅 게임**

한 시장에서 경기자는 동전을 세 번 던지기 위해 \$1.50을 낸다. 그 경기자는 앞면의 수가 2이면 \$1를 받고, 그 수가 3이면 \$8를 받지만, 그 외에는 아무것도 받지 못한다. 보상 Y의 기대값을 구하라. 이익의 기대값은 얼마인가?

기대되는 보상은 다음과 같다.

$$E[Y] = 0p_Y(0) + 1p_Y(1)) + 8p_Y(8) = 0\left(\frac{4}{8}\right) + 1\left(\frac{3}{8}\right) + 8\left(\frac{1}{8}\right) = \left(\frac{11}{8}\right)$$

기대되는 이익은 다음과 같다.

$$E[Y - 1.5] = \frac{11}{8} - \frac{12}{8} = -\frac{1}{8}$$

경기자는 각 게임당 평균 12.5센트를 잃는다. 그래서 그 상점은 경기가 진행되면서 많은 수익을 낸다. 예제 3.18에서 어떤 공학은 사용자가 확실한 방법을 취하는 '내기'를 설계하는 것을 볼 것이다.

예제 3.15 기하 확률 변수의 평균

X를 메시지의 바이트 수라 하고, X는 매개변수 p인 기하학 분포를 가진다고 가정하자. X의 평균을 구하라.

X는 $S_X = \{1, 2, \ldots\}$이므로 임의의 큰 값을 가질 수 있다. 기대값은 다음과 같다.

$$E[X] = \sum_{k=1}^{\infty} kpq^{k-1} = p\sum_{k=1}^{\infty} kq^{k-1}$$

이 표현은 다음 수열을 미분해서 쉽게 계산된다.

$$\frac{1}{1-x} = \sum_{k=0}^{\infty} x^k \tag{3.13}$$

미분 결과는 다음과 같다

$$\frac{1}{(1-x)^2} = \sum_{k=0}^{\infty} kx^{k-1} \tag{3.14}$$

$x = q$로 하고, 다음을 얻는다.

$$E[X] = p\frac{1}{(1-q)^2} = \frac{1}{p} \tag{3.15}$$

X는 $p > 0$인 한 유한 기대값을 가진다는 것을 본다.

어떤 확률 변수에 대해 큰 값은 자주라고 하기에 충분할 만큼 발생해서 그 기대값이 존재하지 않으며, 다음 예제에서 보여준다.

예제 3.16 상트페테르부르크 패러독스

동전을 뒷면이 나올 때까지 반복해서 던진다. 만일 X번 던질 필요가 있다면, 카지노는 도박꾼에게 $Y = 2^X$ 달러를 지불한다. 도박꾼은 이 게임을 하기 위해 얼마의 돈을 기꺼이 지불하겠는가?

만일 도박꾼이 많은 횟수의 경기를 한다면, 지불은 $Y = 2^X$의 기대값이 되어야 한다. 만일 동전이 정상이라면, $P[X = k] = (1/2)^k$이고 $P[Y = 2^k] = (1/2)^k$이다.

$$E[Y] = \sum_{k=1}^{\infty} 2^k p_Y(2^k) = \sum_{k=1}^{\infty} 2^k \left(\frac{1}{2}\right)^k = 1 + 1 + \cdots = \infty$$

이 게임은 실로 도박꾼에게 좋은 거래를 제공하는 것으로 나타난다. 그래서 도박꾼은 이 게임을 하기 위해 얼마라도 기꺼이 지불할 것이다! 패러독스는 분별 있는 사람이라도 이 게임을 하기 위해 거금을 지불하지 않는다는 것이다. 문제 3.35에서 이 패러독스를 해결할 방법을 논의한다.

한정되지 않은 기대값을 갖는 확률 변수는 진귀한 것이 아니며, 극단적으로 큰 값을 가지는 결과가 드물지 않는 모델에서 나타난다. 예제들로 웹 전송에서의 파일 크기, 큰 용량의 텍스트에서 단어들의 빈도, 다양한 재무 그리고 경제 문제들이 있다.

3.3.1 확률 변수 함수의 기대값

X를 이산 확률 변수라 하고 $Z = g(X)$라 하자. X가 이산이기 때문에, $Z = g(X)$는 $x_k \in S_X$에서 형태 $g(x_k)$ 값의 셀 수 있는 집합을 취한다. $g(X)$가 취하는 값들의 집합을 $\{z_1, z_2, \ldots\}$로 표시한다. Z의 기대값을 구하기 위한 한 방법은 식 (3.8)을 사용하는 것이고, 이는 Z의 확률 질량 함수를 먼저 구하는 것을 요구한다. 다른 방법은 다음 결과를 사용하는 것이다.

$$E[Z] = E[g(X)] = \sum_k g(x_k)p_X(x_k) \tag{3.16}$$

식 (3.16)이 각 z_j값으로 매핑되는 항 x_k로 모아지는 것을 보이면 다음과 같다.

$$\sum_k g(x_k)p_X(x_k) = \sum_j z_j\left\{\sum_{x_k:g(x_k)=z_j} p_X(x_k)\right\} = \sum_j z_j p_Z(z_j) = E[Z]$$

중괄호 안의 합은 $g(x_k) = z_j$에 대한 모든 항 x_k의 확률이고, 이는 $Z = z_j$, 즉 $p_Z(z_j)$의 확률이다.

예제 3.17 **자승법칙 소자**

X를 S_X에서 k에 대해 $p_X(k) = 1/4$인 $S_X = \{-3, -1, -1, +3\}$ 상에서 균등하게 분포된 잡음 전압이라 하자. $Z = X^2$에서 $E[Z]$를 구하라.

첫 번째 방법을 사용해서 Z의 확률 질량 함수를 구한다.

$$p_Z(9) = P[X \in \{-3, +3\}] = p_X(-3) + p_X(3) = 1/2$$
$$p_Z(1) = p_X(-1) + p_X(1) = 1/2$$

그리고,

$$E[Z] = 1\left(\frac{1}{2}\right) + 9\left(\frac{1}{2}\right) = 5$$

두 번째 방법 결과는 다음과 같다.

$$E[Z] = E[X^2] = \sum_k k^2 p_X(k) = \frac{1}{4}\{(-3)^2 + (-1)^2 + 1^2 + 3^2\} = \frac{20}{4} = 5$$

식 (3.16)은 여러 가지 매우 유용한 결과들을 함축한다. Z를 다음과 같은 함수라 하자.

$$Z = ag(X) + bh(X) + c$$

여기서 a, b, c는 실수이다.

$$E[Z] = aE[g(X)] + bE[h(X)] + c \tag{3.17a}$$

식 (3.16)으로부터 다음 식을 얻는다.

$$\begin{aligned} E[Z] = E[ag(X) + bh(X) + c] &= \sum_k (ag(x_k) + bh(x_k) + c)p_X(x_k) \\ &= a\sum_k g(x_k)p_X(x_k) + b\sum_k h(x_k)p_X(x_k) + c\sum_k p_X(x_k) \\ &= aE[g(X)] + bE[h(X)] + c \end{aligned}$$

식 (3.17a)은 a, b, 그리고 c를 0 또는 1로 설정함으로써 다음과 같이 나타낸다.

$$E[g(X) + h(X)] = E[g(X)] + E[h(X)] \tag{3.17b}$$

$$E[aX] = aE[X] \tag{3.17c}$$

$$E[X + c] = E[X] + c \tag{3.17d}$$

$$E[c] = c \tag{3.17e}$$

예제 3.18 **자승법칙 소자**

이전 예제에서의 잡음 전압 X는 증폭되고 천이되어 $Y = 2X + 10$이 되며, 그 다음 제곱되어 $Z = Y^2 = (2X + 10)^2$을 산출한다. $E[Z]$를 구하라.

$$E[Z] = E[(2X + 10)^2] = E[4X^2 + 40X + 100]$$
$$= 4E[X^2] + 40E[X] + 100 = 4(5) + 40(0) + 100 = 120$$

예제 3.19 **음성 패킷 다중통신장치**

X를 1.4절에서 논의했던 것처럼 10 ms의 구간에서 $n = 48$인 독립적인 화자에 의해 산출된 능동 음색을 포함하는 음성 패킷의 수라 하자. X는 매개변수 n, 확률 $p = 1/3$인 이항 확률 변수이다. 패킷 다중통신장치는 매 10 ms마다 최대 $M = 20$까지 능동 패킷을 전송한다고 가정하고, 초과하는 능동 패킷들은 폐기된다. Z를 폐기되는 패킷의 수라 하자. $E[Z]$를 구하라.

매 10 ms마다 폐기되는 패킷의 수는 X의 다음과 같은 함수이다.

$$Z = (X - M)^+ \triangleq \begin{cases} 0 & X \le M \text{ 일 경우} \\ X - M & X > M \text{ 일 경우} \end{cases}$$

$$E[Z] = \sum_{k=20}^{48} (k - 20)\binom{48}{k}\left(\frac{1}{3}\right)^k\left(\frac{2}{3}\right)^{48-k} = 0.182$$

매 10 ms마다 $E[X] = np = 16$인 능동 패킷들이 평균적으로 산출되고, 따라서 폐기된 능동 패킷의 비율은 사용자가 허용하는 범위인 $0.182/16 = 1.1\%$이다. 이 예제는 설계된 시스템 형편에 알맞은 통계치가 자원을 효율적으로 사용하기 위해 활용되는 '배팅' 게임을 하는 것을 보여준다. 이 예제에서, 다중통신장치는 $28/48 = 58\%$ 감축을 위해 48 패킷 대신에 구간당(10 ms) 20 패킷을 전송한다.

3.3.2 확률 변수의 분산

기대값 $E[X]$, 그 자체로는 X에 대해 제한된 정보를 제공한다. 예를 들어, 만일 $E[X] = 0$를 안다면 X가 항상 0일 수도 있다. 그러나, X는 매우 큰 양의 값이나 음의 값을 가지는 것도 가능하다. 그러므로 확률 변수의 평균뿐만 아니라 그 평균에 대한 확률 변수의 변화의 정도에도 관심을 두어야 한다. 평균에 대한 확률 변수 X의 편차를 $X - E[X]$라 하면 그 값은 양과 음의 값을 가질 수 있다. 단지 변화의 크기에만 관심이 있기 때문에 편차의 제곱으로 다루는 것이 편리하고, 그 값은 항상 양으로 $D(X) = (X - E[X])^2$이다. 기대값은 상수이므로 $m_X = E[X]$이다. **확률 변수 X의 분산은** D의 기대값으로 정의된다.

$$\sigma_X^2 = \text{VAR}[X] = E[(X - m_X)^2]$$
$$= \sum_{x \in S_X} (x - m_X)^2 p_X(x) = \sum_{k=1}^{\infty} (x_k - m_X)^2 p_X(x_k) \tag{3.18}$$

확률 변수 X의 표준편차는 다음과 같이 정의된다.

$$\sigma_X = \text{STD}[X] = \text{VAR}[X]^{1/2} \tag{3.19}$$

분산의 제곱근을 취함으로 X와 같은 단위를 갖는 양을 얻는다.

분산에 대한 다른 표현은 다음과 같이 얻을 수 있다.

$$\text{VAR}[X] = E[(X - m_X)^2] = E[X^2 - 2m_X X + m_X^2]$$
$$= E[X^2] - 2m_X E[X] + m_X^2 \tag{3.20}$$
$$= E[X^2] - m_X^2$$

$E[X^2]$를 **X의 2차 모멘트**라 부른다. **X의 n차 모멘트**는 $E[X^n]$로서 정의된다.

식 (3.17c), (3.17d) 그리고 (3.17e)는 분산에 대한 다음 유용한 표현들을 나타낸다. $Y = X + c$라 하자. 그러면.

$$\text{VAR}[X + c] = E[(X + c - (E[X] + c))^2]$$
$$= E[(X - E[X])^2] = \text{VAR}[X] \tag{3.21}$$

확률 변수에 상수를 더하는 것은 분산에 영향을 미치지 않는다. $Z = cX$라 두자.

$$\text{VAR}[cX] = E[(cX - cE[X])^2] = E[c^2(X - E[X])^2] = c^2\,\text{VAR}[X] \tag{3.22}$$

확률 변수를 c로 크기를 변화시키는 것은 분산은 c^2로, 표준편차는 $|c|$으로 크기 변화를 준다.

이제 $X = c$, 확률 1로 상수와 같은 확률 변수이다.

$$\text{VAR}[X] = E[(X - c)^2] = E[0] = 0 \tag{3.23}$$

상수 확률 변수는 0 분산을 갖는다.

예제 3.20 **동전 세 번 던지기**

X를 정상적인 동전을 세 번 던져서 나온 앞면의 수라 하자. VAR[X]를 구하라.

$$E[X^2] = 0\left(\frac{1}{8}\right) + 1^2\left(\frac{3}{8}\right) + 2^2\left(\frac{3}{8}\right) + 3^2\left(\frac{1}{8}\right) = 3 \quad \text{그리고}$$

$$\text{VAR}[X] = E[X^2] - m_X^2 = 3 - 1.5^2 = 0.75$$

이는 $n = 3, p = 1/2$인 이항 확률 변수임을 상기한다. 나중에 이항 확률 변수의 분산이 npq임을 본다.

예제 3.21 **베르누이 확률 변수의 분산**

베르누이 확률 변수 I_A의 분산을 구하라.

$$E[I_A^2] = 0p_I(0) + 1^2 p_I(1) = p \quad \text{and so}$$
$$\text{VAR}[I_A] = p - p^2 = p(1-p) = pq \tag{3.24}$$

예제 3.22 **기하 확률 변수의 분산**

기하 확률 변수의 분산을 구하라.

다음 식을 얻기 위해 식 (3.14)에서 항 $(1-x^2)^{-1}$을 미분한다.

$$\frac{2}{(1-x)^3} = \sum_{k=0}^{\infty} k(k-1)x^{k-2}$$

$x = q$라 하고, 다음 식을 얻기 위해 양변에 pq를 곱한다.

$$\frac{2pq}{(1-q)^3} = pq\sum_{k=0}^{\infty} k(k-1)q^{k-2}$$
$$= \sum_{k=0}^{\infty} k(k-1)pq^{k-1} = E[X^2] - E[X]$$

그래서 2차 모멘트는 다음과 같다.

$$E[X^2] = \frac{2pq}{(1-q)^3} + E[X] = \frac{2q}{p^2} + \frac{1}{p} = \frac{1+q}{p^2}$$

분산은 다음과 같다.

$$\text{VAR}[X] = E[X^2] - E[X]^2 = \frac{1+q}{p^2} - \frac{1}{p^2} = \frac{q}{p^2}$$

3.4 조건확률 질량 함수

많은 상황에서 확률 변수 X 또는 원래 확률 실험의 결과에 대한 부분적인 정보를 가지고 있다. 이 정보가 확률 변수를 포함하는 사건의 확률을 어떻게 바꾸는지 관심이 있다. 조건확률 질량 함수는 이산 확률 변수에 대한 이 문제를 다룬다.

3.4.1 조건확률 질량 함수

X를 확률 질량 함수 $p_X(x)$를 가지는 이산 확률 변수라 하고, C를 0이 아닌 확률 $P[C] > 0$인 사건이라 하자. 그림 3.7을 보라. X의 **조건확률 질량 함수(conditional probability mass function)**는 조건부 확률에 의해 다음과 같이 정의된다.

$$p_X(x \mid C) = P[X = x \mid C] \qquad \text{실수 } x\text{에 대해서} \tag{3.25}$$

조건부 확률의 정의를 적용하면 다음을 얻는다.

$$p_X(x \mid C) = \frac{P[\{X = x\} \cap C]}{P[C]} \tag{3.26}$$

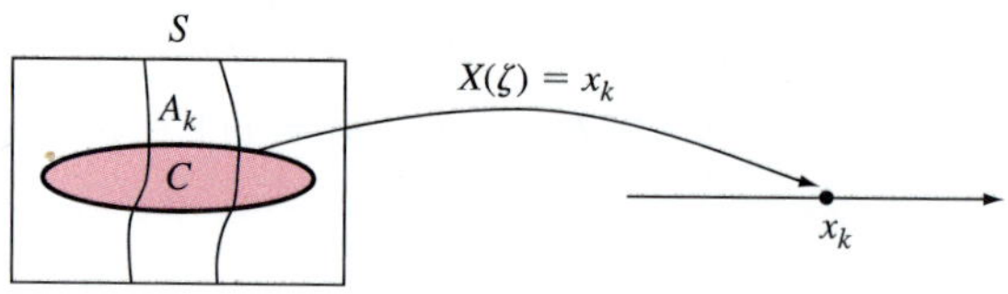

그림 3.7 ● 주어진 사건 C에서 X의 조건확률 질량 함수

위 표현에는 직관적으로 이해 가능한 해석이 있다. 사건 $\{X = x_k\}$의 조건부 확률은 $X(\zeta) = x_k$이고, 또 ζ가 C 안에 있을 결과 ζ의 확률이 $P[C]$로 표준화된 것으로 주어진다.

조건확률 질량 함수는 식 (3.4a)-(3.4c)를 만족한다. 식 (3.4b)를 생각해보라. 사건 $A_k = \{X = x_k\}$의 집합은 S의 한 부분이다. 그래서 다음과 같다.

$$C = \bigcup_k (A_k \cap C), \text{ 그리고}$$

$$\sum_{x_k \in S_X} p_X(x_k | C) = \sum_{\text{all } k} p_X(x_k | C) = \sum_{\text{all } k} \frac{P[\{X = x_k\} \cap C]}{P[C]}$$

$$= \frac{1}{P[C]} \sum_{\text{all } k} P[A_k \cap C] = \frac{P[C]}{P[C]} = 1$$

마찬가지로 다음과 같이 나타낼 수 있다.

$$P[X \text{ in } B | C] = \sum_{x \in B} p_X(x | C) \text{ where } B \subset S_X$$

예제 3.23 랜덤 시계

결과 ζ는 시계의 분침이 회전해서 그 침이 멈추게 되는 분이다. X를 그 침이 멈추게 되는 시간이라 하자(역주 : X는 시계의 시침이란 의미가 아니고 분침이 2, 3, 4, 5이면 $X = 1$로 정의된 확률 변수이다). X의 확률 질량 함수를 구하라. $B = \{$처음 4시간$\}$이 주어졌을 때와 $D = \{1 < \zeta \leq 11\}$가 주어졌을 때, 각각의 X에 대한 조건확률 질량 함수를 구하라.

분침은 $S = \{1, 2, \ldots, 60\}$의 범위에 있는 어느 분에서나 동등하게 멈춘다고 가정한다. 따라서 S 안의 모든 k에 대해서 $P[\zeta = k] = 1/60$이다. X는 집합 $S_X = \{1, 2, \ldots, 12\}$에서 값을 가지며, S_X의 값 j에 대해 $p_X(j) = 1/12$로 보이는 것은 쉬운 일이다. $B = \{1, 2, 3, 4\}$이므로 다음과 같다.

$$p_X(j|B) = \frac{P[\{X = j\} \cap B]}{P[B]} = \frac{P[X \in \{j\} \cap \{1, 2, 3, 4\}]}{P[X \in \{1, 2, 3, 4\}]}$$

$$= \begin{cases} \dfrac{P[X = j]}{1/3} = \dfrac{1}{4} & j \in \{1, 2, 3, 4\} \text{ 일 경우} \\ 0 & \text{그 외의 경우} \end{cases}$$

사건 B는 X만을 필요로 한다. 하지만, 사건 D는 원 실험, 즉 시간이 아니라 분에서 결과의 항으로 설명된다. 따라서 그 교집합의 확률은 다음에 따라 표현되어야 한다.

$$p_X(j|D) = \frac{P[\{X = j\} \cap D]}{P[D]} = \frac{P[\zeta : X(\zeta) = j \text{ 그리고 } \zeta \in \{2, \ldots, 11\}]}{P[\zeta \in \{2, \ldots, 11\}]}$$

$$= \begin{cases} \dfrac{P[\zeta \in \{2,3,4,5\}]}{10/60} = \dfrac{4}{10} & j = 1\text{에 대하여} \\ \dfrac{P[\zeta \in \{6,7,8,9,10\}]}{10/60} = \dfrac{5}{10} & j = 2\text{에 대하여} \\ \dfrac{P[\zeta \in \{11\}]}{10/60} = \dfrac{1}{10} & j = 3\text{에 대하여} \end{cases}$$

대개 사건 C는 X의 항, 예를 들어 $C = \{X > 10\}$ 혹은 $C = \{a \le X \le b\}$로 정의된다. S_X에 있는 x_k에 대해 다음의 일반적인 결과를 얻는다.

$$p_X(x_k|C) = \begin{cases} \dfrac{p_X(x_k)}{P[C]} & x_k \in C\text{일 경우} \\ 0 & x_k \notin C\text{일 경우} \end{cases} \tag{3.27}$$

위 식은 전적으로 X의 확률 질량 함수에 의해 정의된다.

예제 3.24 **나머지 대기시간**

X를 메시지의 전송에 걸리는 시간이라 하고, X는 $S_X = \{1, 2, \ldots, L\}$인 균등 확률 변수이다. 메시지가 이미 m시간단위 동안 전송중이라고 가정할 때, 남은 전송시간이 j시간단위일 확률을 구하라.

$C = \{X > m\}$이므로, $m + 1 \le m + j \le L$이다.

$$p_X(m + j|X > m) = \frac{P[X = m + j]}{P[X > m]}$$

$$= \frac{\frac{1}{L}}{\frac{L - m}{L}} = \frac{1}{L - m} \qquad m + 1 \le m + j \le L\text{에 대하여} \tag{3.28}$$

X는 나머지 $L - m$의 가능한 모든 값의 어느 것이나 동등하게 같이 된다. m이 증가함에 따라 $1/(L - m)$은 증가하여 메시지 전송의 끝에 가까워진 것을 의미한다.

많은 확률 실험은 서로소인 이벤트 $B_1, B_2, \ldots, B_n$의 합집합으로 표본 공간 S를 나누는 방법을 갖는다. $p_X(x|B_i)$를 사건 B_i가 주어졌을 때 X의 조건확률 질량 함수라고 하자. 전확률(total probability) 정리에 의해 조건확률 질량 함수의 항으로 X의 확률 질량 함수를 구할 수 있다.

$$p_X(x) = \sum_{i=1}^{n} p_X(x|B_i)P[B_i] \tag{3.29}$$

예제 3.25 **소자 수명**

생산라인은 두 가지 종류의 소자를 생산한다. 종류 1 장치는 확률 α로 발생하고 비교적 짧은 시간 동안 동작한다. 그 시간은 매개변수 r로 기하확률분포를 따른다. 종류 2소자는 확률 $1 - \alpha$로 발생하고, 그 시간은 매개변수 s로 기하확률분포인 수명을 갖는다. X를 임의의 소자 수명이라고 할 때, X의 확률 질량 함수를 구하라.

X를 생성하는 확률 실험은 소자 종류를 선택하고 그 수명을 관측하는 것을 필요로 한다. 이 실험에서 결과 집합을 사건 B_1(소자가 종류 1인 결과로 이루어진 사건)과 사건 B_2(소자가 종류 2인 결과로 이루어진 사건)로 나눌 수 있다. 주어진 소자의 종류에서 X의 조건확률 질량 함수는 다음과 같다.

$$p_{X|B_1}(k) = (1 - r)^{k-1} r \qquad k = 1, 2, \ldots \text{에 대하여}$$

그리고

$$p_{X|B_2}(k) = (1 - s)^{k-1} s \qquad k = 1, 2, \ldots \text{에 대하여}$$

식 (3.29)로부터 X의 확률 질량 함수를 얻는다.

$$\begin{aligned} p_X(k) &= p_X(k|B_1)P[B_1] + p_X(k|B_2)P[B_2] \\ &= (1 - r)^{k-1} r\alpha + (1 - s)^{k-1} s(1 - \alpha) \qquad k = 1, 2, \ldots \text{에 대하여} \end{aligned}$$

3.4.2 조건부 기대값

X를 이산 확률 변수라 하고, 사건 B가 발생했다는 것을 안다고 가정하자. **주어진 B에서 X의 조건부 기대값**은 다음과 같이 정의된다.

$$m_{X|B} = E[X|B] = \sum_{x \in S_X} x p_X(x|B) = \sum_k x_k p_X(x_k|B) \tag{3.30}$$

여기서 절대 수렴 조건을 합산에 적용한다. **주어진 B에서 X의 조건부 분산**은 다음과 같이 정의된다.

$$\begin{aligned} \text{VAR}[X|B] &= E[(X - m_{X|B})^2|B] = \sum_{k=1}^{\infty} (x_k - m_{X|B})^2 p_X(x_k|B) \\ &= E[X^2|B] - m_{X|B}^2 \end{aligned}$$

분산은 m_X가 아닌, $m_{X|B}$로 계산되는 것을 주의한다.

$B_1, B_2, \ldots, B_n$을 S의 분할이라 하고, $p_X(x|B_i)$를 주어진 사건 B_i에서 X의 조건확률 질량 함수라 하자. $E[X]$는 조건부 기대값 $E[X|B]$에서 계산될 수 있다.

$$E[X] = \sum_{i=1}^{n} E[X|B_i]P[B_i] \tag{3.31a}$$

전확률 정리에 의해 다음 식을 얻는다.

$$\begin{aligned} E[X] &= \sum_k k p_X(x_k) = \sum_k k \left\{ \sum_{i=1}^{n} p_X(x_k|B_i)P[B_i] \right\} \\ &= \sum_{i=1}^{n} \left\{ \sum_k k p_X(x_k|B_i) \right\} P[B_i] = \sum_{i=1}^{n} E[X|B_i]P[B_i] \end{aligned}$$

여기서 $p_X(x_k)$를 조건확률 질량 함수의 항으로 먼저 표현하고, 다음 합의 순서를 바꾼다. 같은 방법을 사용하여 또한 다음과 같이 나타낼 수 있다.

$$E[g(X)] = \sum_{i=1}^{n} E[g(X)|B_i]P[B_i] \tag{3.31b}$$

예제 3.26 **소자 수명**

예제 3.25의 소자에 대해 평균과 분산을 구하라.

각 소자종류의 조건부 평균과 2차 모멘트는 상응하는 매개변수를 가진 기하확률 변수의 값이다.

$$m_{X|B_1} = 1/r \quad E[X^2|B_1] = (1 + r)/r^2$$
$$m_{X|B_2} = 1/s \quad E[X^2|B_2] = (1 + s)/s^2$$

그러면 X의 평균과 2차 모멘트는 다음과 같다.

$$m_X = m_{X|B_1}\alpha + m_{X|B_2}(1 - \alpha) = \alpha/r + (1 - \alpha)/s$$
$$E[X^2] = E[X^2|B_1]\alpha + E[X^2|B_2](1 - \alpha) = \alpha(1 + r)/r^2 + (1 - \alpha)(1 + s)/s^2$$

마지막으로, X의 분산은 다음과 같다.

$$\text{VAR}[X] = E[X^2] - m^2{}_X = \frac{\alpha(1 + r)}{r^2} + \frac{(1 - \alpha)(1 + s)}{s^2} - \left(\frac{\alpha}{r} + \frac{(1 - \alpha)}{s}\right)^2$$

식 (3.31b)이 조건부 분산에 적용되지 않기 때문에 VAR[Y]를 구하는 데 조건부 분산을 사용하지 않는 것을 유의한다(연습문제 3.41을 보라). 그렇지만 그 식은 조건부 2차 모멘트에는 적용된다.

3.5 중요한 이산 확률 변수들

어떤 확률 변수들은 많은 다양한, 서로 관련이 없는 응용들에서 나타난다. 이러한 확률 변수들이 널리 사용되는 이유는 이것들이 불규칙한 동작 근거가 되는 근본적인 구조를 모형화한다는 사실 때문이다. 이 절에서는 가장 중요한 확률 변수들을 표현하고 그것들이 어떻게 나타나는지 또 어떠한 관계를 가지는지 논의한다. 표 3.1에서는 이 절에서 논의될 이산 확률 변수들의 기본적인 특성들을 정리하였다. 이 장의 끝으로 가면서 표에서 정리한 대부분의 특성에 대해 소개해나갈 것이다.

이산 확률 변수는 수를 세는 과정을 필요로 하는 응용에서 대부분 나타난다. 하나의 동전을 던지는 모델로서 베르누이 확률 변수부터 시작한다. 여러 개의 동전을 던진 결과를 세어서 이항, 기하, 포아송 확률 변수를 얻는다.

3.5.1 베르누이 확률 변수

A를 어떤 확률 실험의 결과와 관련된 사건이라 하자. 베르누이 확률 변수 I_A(예제 3.8에서 정의된)는 A가 발생한다면 1이고, 그렇지 않은 경우에는 0이다. I_A는 S의 각 결과에 수를 할당하므

표 3.1 이산 확률 변수(Discrete Random Variables)

베르누이 확률 변수(Bernoulli Random Variable)

$S_X = \{0, 1\}$

$p_0 = q = 1 - p \qquad p_1 = p \qquad 0 \le p \le 1$

$E[X] = p \quad \text{VAR}[X] = p(1-p) \qquad G_X(z) = (q + pz)$

참고: 베르누이 확률 변수는 어떤 사건 A에서 A가 발생한다면 $X = 1$이고 아니면 0에 대한 지표함수 I_A의 값이다.

이항 확률 변수(Binomial Random Variable)

$S_X = \{0, 1, \ldots, n\}$

$$p_k = \binom{n}{k} p^k (1-p)^{n-k} \qquad k = 0, 1, \ldots, n$$

$E[X] = np \quad \text{VAR}[X] = np(1-p) \qquad G_X(z) = (q + pz)^n$

참고: X는 n 베르누이 시행에서 성공한 횟수이고, 따라서 n 독립항등분포인 베르누이 확률 변수의 합이다.

기하 확률 변수(Geometric Random Variable)

첫 번째 버전: $S_X = \{0, 1, 2, \ldots\}$

$p_k = p(1-p)^k \qquad k = 0, 1, \ldots$

$$E[X] = \frac{1-p}{p} \qquad \text{VAR}[X] = \frac{1-p}{p^2} \qquad G_X(z) = \frac{p}{1-qz}$$

참고: X는 독립 베르누이 시행 열에서 첫 성공 이전에 실패의 수이다. 기하 확률 변수는 기억특성이 없는 유일한 이산 확률 변수이다.

두 번째 버전: $S_X = \{1, 2, \ldots\}$

$p_k = p(1-p)^{k-1} \qquad k = 1, 2, \ldots$

$$E[X'] = \frac{1}{p} \qquad \text{VAR}[X'] = \frac{1-p}{p^2} \qquad G_{X'}(z) = \frac{pz}{1-qz}$$

참고: $X' = X + 1$은 독립 베르누이 시행 열에서 첫 성공할 때까지의 시행 횟수이다.

음이항 확률 변수(Negative Binomial Random Variable)

$S_X = \{r, r+1, \ldots\}$ 여기서 r은 양의 정수이다.

$$p_k = \binom{k-1}{r-1} p^r (1-p)^{k-r} \qquad k = r, r+1, \ldots$$

$$E[X] = \frac{r}{p} \qquad \text{VAR}[X] = \frac{r(1-p)}{p^2} \qquad G_X(z) = \left(\frac{pz}{1-qz}\right)^r$$

참고: X는 독립 베르누이 시행 열에서 r번째 성공이 있을 때까지 시행한 횟수이다.
역주: 'negative' binomial은 이항분포의 '역'을 의미한다. 이항분포는 n 베르누이 시행에서 성공 횟수인데 비해 음이항 분포는 r번째 성공까지 시행한 횟수이다.

포아송 확률 변수(Poisson Random Variable)

$S_X = \{0, 1, 2, \ldots\}$

$$p_k = \frac{\alpha^k}{k!} e^{-\alpha} \qquad k = 0, 1, \ldots \text{ 그리고 } \alpha > 0$$

$E[X] = \alpha \qquad \text{VAR}[X] = \alpha \qquad G_X(z) = e^{\alpha(z-1)}$

참고. X는 사건들 사이의 시간이 평균 $1/\alpha$인 지수 확률분포일 때 한 시간단위 안에서 발생되는 사건의 횟수이다.

표 3.1 이산 확률 변수(Discrete Random Variables) (계속)

균등 확률 변수(Uniform Random Variable)

$S_X = \{1, 2, \ldots, L\}$

$p_k = \dfrac{1}{L} \qquad k = 1, 2, \ldots, L$

$E[X] = \dfrac{L+1}{2} \quad \text{VAR}[X] = \dfrac{L^2-1}{12} \qquad G_X(z) = \dfrac{z}{L}\dfrac{1-z^L}{1-z}$

참고. 균등 확률 변수는 결과가 동등하게 같을 때 발생한다. 이 확률 변수는 난수 발생에 핵심 역할을 한다.

지프 확률 변수(Zipf Random Variable)

$S_X = \{1, 2, \ldots, L\}$ 여기서 L은 양의 정수이다

$p_k = \dfrac{1}{c_L}\dfrac{1}{k} \qquad k = 1, 2, \ldots,$ 여기서 c_L은 식 (3.45)에서 주어진다

$E[X] = \dfrac{L}{c_L} \qquad \text{VAR}[X] = \dfrac{L(L+1)}{2c_L} - \dfrac{L^2}{c_L^2}$

참고. 지프 확률 변수는 몇몇 결과는 빈번하게 발생하지만 대부분의 결과는 드물게 발생하는 특성을 갖는다.

로 이산 확률 변수이이다. 치역 = {0, 1}인 이산 확률 변수이고, 그 확률 질량 함수는 다음과 같다

$$p_I(0) = 1 - p \text{ 그리고 } p_I(1) = p \tag{3.32}$$

여기서 $P[A] = p$이다.

예제 3.11에서 I_A의 평균을 구하였다.

$$m_I = E[I_A] = p$$

n 독립 베르누이 시행에서 표본 평균은 단순히 성공의 상대적 빈도이고, n이 증가함에 따라 p로 수렴한다.

$$\langle I_A \rangle_n = \frac{0N_0(n) + 1N_1(n)}{n} = f_1(n) \to p$$

예제 3.21에서 I_A의 분산을 구하였다.

$$\sigma_I^2 = \text{VAR}[I_A] = p(1-p) = pq$$

분산은 p에 대한 2차식, $p = 0$과 $p = 1$에서 0값을 가지고 $P = 1/2$에서 최대값이다. 이는 p의 값이 0 또는 1에 근접한 것은 성공 또는 실패에 우세이고, 따라서 관측된 값에 변이가 적다는 의미이다. 최대변이는 가장 예측하기 어려운 경우에 해당하는 $p = 1/2$일 때 일어난다.

모든 베르누이 시행은 사건 A와는 상관없이 앞면이 나올 확률을 p로 조정한 동전 던지기와 같다. 이러한 관점에서, 동전 던지기는 무작위 생성을 하는 기본적인 구조의 대표적 예로 보일 수 있고, 베르누이 확률 변수는 그것을 나타내는 모델이다.

3.5.2 이항 확률 변수

확률 실험이 독립적으로 n번 반복된다고 가정하자. 그리고 X를 이러한 n 시행에서 어떤 사건 A가 일어나는 횟수라고 하자. 그러면 X는 치역 $S_X = \{0, 1, \ldots, n\}$을 갖는 확률 변수이다. 예를 들어, X는 동전을 n번 던져 앞면이 나온 횟수일 수 있다. I_j를 j번째 시행에서 사건 A에 대한 지표함수라고 하면, 다음 식을 얻는다.

$$X = I_1 + I_2 + \ldots + I_n$$

즉, X는 각각의 n 독립시행과 관련된 베르누이 확률 변수들의 합이다.

2.6절에서, X는 n과 p에 종속적인 확률을 갖는다는 것을 구하였다.

$$P[X = k] = p_X(k) = \binom{n}{k} p^k (1 - p)^{n-k} \quad \text{for } k = 0, \ldots, n \tag{3.33}$$

X를 **이항 확률 변수(binomial random variable)**라고 부른다. 그림 3.8은 $n = 24$이고, $p = .2$와 $p = .5$인 경우에 대한 X의 확률 밀도 함수를 보여준다. $P[X = k]$는 $k_{\max} = [(n+1)p]$에서 최대임을 유의한다. 여기서 $[x]$는 x보다 작거나 같은 수에 최대의 정수를 나타낸다. $(n+1)p$가 정수일 때, 최대치는 $k_{\max}$와 $k_{\max} - 1$에서 이루어진다(연습문제 3.51을 보라).

계승 항은 매우 빠르게 커지며, $\binom{n}{k}$ 계산에서 오버플로우 문제를 일으킨다. 확률 질량 함수에서 그 다음 항의 비에 대한 식 (2.40)을 사용하여, $p_X(k)$의 항으로 $p_X(k + 1)$을 계산할 수 있고 오버플로우의 발생을 지연한다.

$$\frac{p_X(k+1)}{p_X(k)} = \frac{n-k}{k+1} \frac{p}{1-p} \quad \text{여기에서 } p_X(0) = (1 - p)^n \tag{3.34}$$

이항 확률 변수는 두 가지 유형의 객체(예를 들면, 앞면/뒷면, 정확한/오류 비트, 정상인/불량인 상품, 말하는/침묵하는 화자)가 있는 응용에서 나타나고, 무작위로 선정된 크기에서 첫 번째 유형의 개수에 관심이 있고, 여기서 각 객체의 유형은 그 묶음에 있는 다른 객체의 유형에 독립이다. 이항 확률 변수와 관련된 예제는 2.6절에 주어져 있다.

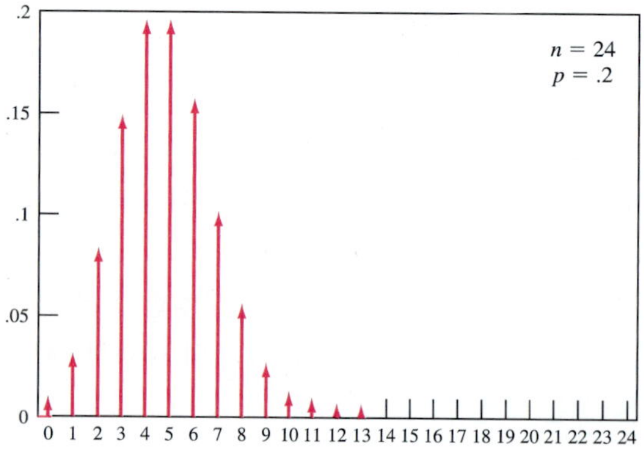

(a)

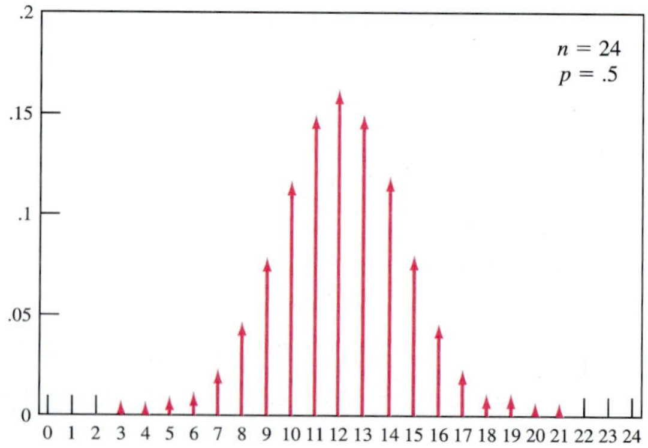

(b)

그림 3.8 ● 이항 확률 변수의 확률 질량 함수 (a) $p = 0.2$; (b) $p = 0.5$

예제 3.27 **이항 확률 변수의 평균**

X의 기대값은 다음과 같다.

$$\begin{aligned} E[X] &= \sum_{k=0}^{n} k p_X(k) = \sum_{k=0}^{n} k \binom{n}{k} p^k (1-p)^{n-k} = \sum_{k=1}^{n} k \frac{n!}{k!(n-k)!} p^k (1-p)^{n-k} \\ &= np \sum_{k=1}^{n} \frac{(n-1)!}{(k-1)!(n-k)!} p^{k-1} (1-p)^{n-k} \\ &= np \sum_{j=0}^{n-1} \frac{(n-1)!}{j!(n-1-j)!} p^j (1-p)^{n-1-j} = np \end{aligned} \quad (3.35)$$

여기서 첫 번째 줄의 합산에서 $k = 0$인 항은 0이라는 사실을 사용하고, 두 번째 줄에 k를 상쇄시키고 np 요소를 합의 밖으로 꺼내며, 마지막 줄에서는 $n - 1$과 p 매개변수를 가진 이항 확률 질량 함수에서 모든 항을 더하는 것이므로 1과 같다는 사실을 사용한다.

기대값 $E[X] = np$는 결과의 분수 p가 성공으로 나타날 것으로 기대하기 때문에 직관과 일치한다.

예제 3.28 **이항 확률 변수의 분산**

아래 $E[X^2]$를 구하기 위해 $k = 0$의 항을 제거하고, 그 다음 $k' = k - 1$로 둔다.

$$\begin{aligned} E[X^2] &= \sum_{k=0}^{n} k^2 \frac{n!}{k!(n-k)!} p^k (1-p)^{n-k} = \sum_{k=1}^{n} k \frac{n!}{(k-1)!(n-k)!} p^k (1-p)^{n-k} \\ &= np \sum_{k'=0}^{n-1} (k'+1) \binom{n-1}{k'} p^{k'} (1-p)^{n-1-k} \\ &= np \left\{ \sum_{k'=0}^{n-1} k' \binom{n-1}{k'} p^{k'} (1-p)^{n-1-k} + \sum_{k'=0}^{n-1} 1 \binom{n-1}{k'} p^{k'} (1-p)^{n-1-k'} \right\} \\ &= np\{(n-1)p + 1\} = np(np + q) \end{aligned}$$

세 번째 줄에서 첫 번째 합은 매개변수 $(n - 1)$과 p 이항 확률 변수의 평균임을 알고, 따라서 $(n - 1)p$와 같다. 두 번째 합은 이항 확률들의 합이고, 따라서 1과 같다.

분산을 다음과 같이 얻는다.

$$\sigma_X^2 = E[X^2] - E[X]^2 = np(np + q) - (np)^2 = npq = np(1 - p)$$

이항의 분산은 베르누이 확률 변수의 분산의 n배임을 확인한다. 0 또는 1에 가까운 p값은 더 작은 분산을 의미하고, 최대 변이는 $p = 1/2$일 때임을 관찰한다.

예제 3.29 **중복 시스템**

어떤 시스템이 신뢰성을 위해 3중 중복성을 사용한다. 세 개의 마이크로프로세서가 설치되어 있고, 시스템 하나의 마이크로프로세서가 작동하는 한 동작되도록 가능하도록 설계되어 있다. 마이크로프로세서가 t초 후에 여전히 동작할 확률은 $p = e^{-\lambda t}$라고 가정하자. 이 시스템이 t초 후에도 여전히 동작할 확률을 구하라.

X를 시간 t초에 동작하고 있는 마이크로프로세서의 수라고 하자. X는 $n = 3$과 p의 매개변수를 가지는 이항 확률 변수이다. 그러므로 다음 식과 같다.

$$P[X \geq 1] = 1 - P[X = 0] = 1 - (1 - e^{-\lambda t})^3$$

3.5.3 기하 확률 변수

기하 확률 변수(geometric random variable)는 성공이 처음 일어날 때까지 독립 베르누이 시행의 횟수 M을 셀 때 나타난다. M을 기하 확률 변수라고 부르고, 그 값은 집합 $\{1, 2, \ldots\}$에서 취한다. 2.6절에서 M의 확률 질량 함수는 다음과 같이 주어지는 것을 구하였다.

$$P[M = k] = p_M(k) = (1 - p)^{k-1}p \quad k = 1, 2, \ldots \tag{3.36}$$

여기서 $p = P[A]$는 각 베르누이 시행에서 '성공' 할 확률이다. 그림 3.5(b)는 $p = 1/2$에 대한 기하 확률 질량 함수를 보인다. $P[M = k]$는 k에 따라 기하학적으로 감소하고, 연속된 항과의 비율은 $p_M(k+1)/p_M(k) = (1-p) = q$임을 유의한다. p가 증가함에 따라 확률 질량 함수는 더 가파르게 감소한다.

$M \leq k$인 확률은 다음과 같이 닫힌 형식으로 표현될 수 있다.

$$P[M \leq k] = \sum_{j=1}^{k} pq^{j-1} = p\sum_{j'=0}^{k-1} q^{j'} = p\frac{1 - q^k}{1 - q} = 1 - q^k \tag{3.37}$$

때로는 $M' = M - 1$, 성공이 일어나기 전 실패한 횟수에 관심이 있다. M' 또한 기하 확률 변수로 나타난다. 확률 질량 함수는 다음과 같다.

$$P[M' = k] = P[M = k + 1] = (1 - p)^k p \quad k = 0, 1, 2, \ldots. \tag{3.38}$$

예제 3.15와 3.22에서 기하 확률 변수의 평균과 분산을 구하였다.

$$m_M = E[M] = 1/p \qquad \text{VAR}[M] = \frac{1 - p}{p^2}$$

평균과 분산은 성공확률인 p가 감소함에 따라 증가하는 것을 안다.

기하 확률 변수는 기억 특성이 없는 성질을 만족시키는 유일한 이산 확률 변수이다.

$$P[M \geq k + j | M > j] = P[M \geq k] \quad \text{모든 } j, k > 1\text{에 대해서}$$

(연습문제 3.55와 3.56을 보라.) 위 표현은 처음 j번 시행에서 성공이 일어나지 않았다면 적어도 k번 더 시행해야 할 확률은 처음부터 적어도 k번 시행해야 할 확률과 같음을 나타낸다. 따라서 실패가 발생할 때마다 시스템은 '잊고' 처음 시행하는 것처럼 새로 시작한다.

기하 확률 변수는 독립실험들의 열에서 사건발생 사이에 경과하는 시간(혹은 시행 횟수)에 관심이 있는 응용에서 예제 2.11과 2.43과 같이 나타난다. 변형된 기하 확률 변수 M'이 일어나는 예제들은, 대기 시스템에서 서비스를 기다리고 있는 고객의 수, 흑백문서의 스캔에서 연속된 검은 점들 사이의 흰 점의 개수 등이 있다.

3.5.4 포아송 확률 변수

많은 응용에서, 어떤 시간주기 혹은 어떤 공간영역에서 사건의 발생 횟수를 세는 데 관심이 있다. 포아송 확률 변수는 시간 혹은 공간에서 '완전히 임의로' 사건이 발생하는 상황에서 나타난다. 예를 들어, 포아송 확률 변수는 방사성 물질에서 방출 개수를 세는 것, 전화 접속에 대한 요구를 세는 것, 반도체 칩에서 불량을 세는 것 등에서 나타난다.

포아송 확률 변수(Poisson random variable)의 확률 질량 함수는 다음과 같이 주어진다.

$$P[N = k] = p_N(k) = \frac{\alpha^k}{k!}e^{-\alpha} \qquad \text{for } k = 0, 1, 2, \ldots \tag{3.39}$$

여기서 α는 특정한 시간 범위 혹은 공간 영역에서 사건 발생의 평균 횟수이다. 그림 3.9는 α의 여러 값에 대한 포아송 확률 질량 함수를 보인다. $\alpha < 1$에 대해 $P[N = k]$는 $k = 0$에서 최대이다. $\alpha > 1$에 대해 $P[N = k]$는 $[\alpha]$에서 최대이다. 만약 α가 양의 정수이면 $P[N = k]$는 $k = \alpha$와 $k = \alpha - 1$에서 최대이다.

포아송 확률 변수의 확률 질량 함수의 합은 다음 식에 따라 1이다.

$$\sum_{k=0}^{\infty} \frac{\alpha^k}{k!}e^{-\alpha} = e^{-\alpha}\sum_{k=0}^{\infty}\frac{\alpha^k}{k!} = e^{-\alpha}e^{\alpha} = 1$$

여기서 두 번째 합은 e^{α}의 무한급수 전개인 사실을 이용한다.

포아송 확률 변수의 평균과 분산은 다음과 같이 주어진다는 것을 쉽게 보인다.

$$E[N] = \alpha \quad \text{그리고} \quad \sigma_N^2 = \text{VAR}[N] = \alpha$$

예제 3.30 **콜센터에 문의**

콜센터에 t초 안에 도착하는 문의 개수 N은 λ가 문의/초로 평균도착률인 $\alpha = \lambda t$를 갖는 포아송 확률 변수이다. 도착률은 분당 4개 문의라고 가정한다. 다음 사건들, (a) 10초 안에 4개의 문의보다 많은 경우, (b) 2분 안에 5개 문의보다 적을 경우의 확률을 구하라.

초당 문의의 도착률은 $\lambda = 4$ 문의/60초 = 1/15 문의/초이다. a에서 시간 간격은 10초이다. 따라서 $\alpha =$ (1/15문의/초)*10초 = 10/15문의의 매개변수를 갖는 포아송 확률 변수이다. 그 확률의 계산은 다음과 같다.

$$P[N > 4] = 1 - P[N \le 4] = 1 - \sum_{k=0}^{4}\frac{(2/3)^k}{k!}e^{-2/3} = 6.33(10^{-4})$$

b에서 시간 간격은 $t = 120$초이다. 따라서 $\alpha = 1/15*120$초 $= 8$이다. 그 확률은 다음과 같다.

$$P[N \le 5] = \sum_{k=0}^{5}\frac{(8)^k}{k!}e^{-8} = 0.10$$

예제 3.31 **패킷 멀티플렉서에서 도착 개수**

멀티플렉서에 t초 안에 도착하는 패킷수 N은 λ가 패킨/초의 평균도착률인 $\alpha = \lambda t$로 포아송 확률 변수이다. t시간에 도착하는 패킷이 없을 확률을 구하라.

$$P[N = 0] = \frac{\alpha^0}{0!}e^{-\lambda t} = e^{-\lambda t}$$

이 식에는 흥미로운 해석이 있다. Z를 첫 패킷이 도착할 때까지 시간이라 하자. '$X > t$, 즉 t 혹은 그 이후에 다음 도착이 발생할 확률이 무엇이냐?' 고 질문한다고 가정하라. $\{N = 0\}$은 $\{Z > t\}$를 의미하고 그 역도 마찬가지며, 따라서 $P[Z > t] = e^{-\lambda t}$임을 유의한다. 도착이 없을 확률은 t값에 따라 지수적으로 감소한다.

또한 다음과 같이 보일 수 있음을 유의한다.

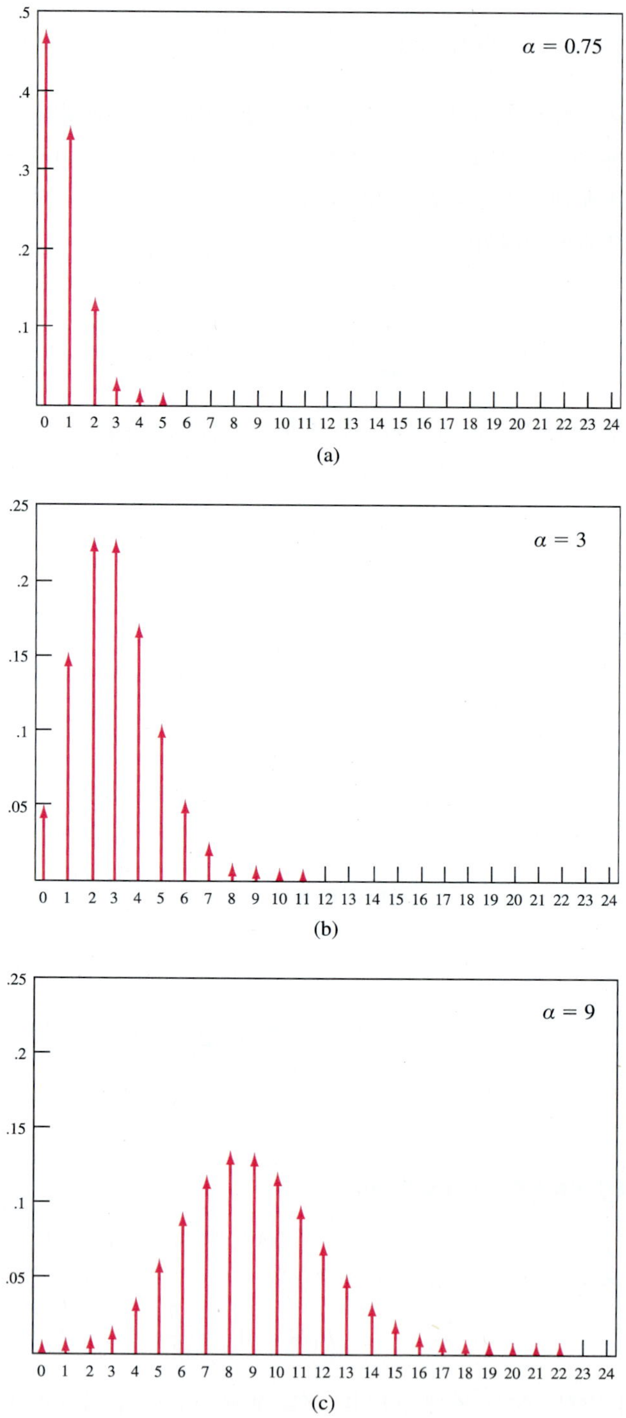

그림 3.9 ● 포아송 확률 변수의 확률 질량 함수 (a) $\alpha = 0.75$; (b) $\alpha = 3$; (c) $\alpha = 9$

$$P[N(t) \geq n] = 1 - P[N(t) < n] = 1 - \sum_{k=0}^{n-1} \frac{(\lambda t)^k}{k!} e^{-\lambda t}$$

식 (3.39)의 포아송 확률의 응용 중 하나는 p가 매우 작고 n이 매우 큰, 즉 사건 A가 매우 드물게 발생하고, 베르누이 시행 수는 매우 큰 이항 확률에 근사하는 것이다. $\alpha = np$가 고정된 값이고, n이 커짐에 따라 다음 식과 같음을 보인다.

$$p_k = \binom{n}{k} p^k (1-p)^{n-k} \simeq \frac{\alpha^k}{k!} e^{-\alpha} \qquad k = 0, 1, \ldots \text{에 대하여} \tag{3.40}$$

식 (3.40)은 p_k에 대한 식에서 극한 $n \to \infty$를 취하고, $\alpha = np$를 고정시켜서 얻어진다. 먼저, n번 시행에서 사건이 일어나지 않을 경우의 확률을 고려한다.

$$p_0 = (1-p)^n = \left(1 - \frac{\alpha}{n}\right)^n \to e^{-\alpha} \quad n \to \infty \text{에 따라} \tag{3.41}$$

여기서 마지막 표현의 극한은 미적분학에서 잘 알려진 결과다. 연속된 이항 확률의 비(ratio)를 고려한다.

$$\frac{p_{k+1}}{p_k} = \frac{(n-k)p}{(k+1)q} = \frac{(1 - k/n)\alpha}{(k+1)(1 - \alpha/n)}$$
$$\to \frac{\alpha}{k+1} \qquad n \to \infty \text{에 따라}$$

따라서 극한 확률은 다음을 만족시킨다.

$$p_{k+1} = \frac{\alpha}{k+1} p_k = \left(\frac{\alpha}{k+1}\right)\left(\frac{\alpha}{k}\right) \cdots \left(\frac{\alpha}{1}\right) p_0 = \frac{\alpha^k}{k!} e^{-\alpha} \tag{3.42}$$

따라서 포아송 확률 질량 함수는 큰 n값과 작은 p값, $\alpha = np$에 대해 이항 확률 질량 함수를 근사화하는 데 사용될 수 있다.

예제 3.32 광전송에서의 오류

어떤 광통신 시스템이 10^9비트/초로 정보를 전송한다. 광통신에서 비트 오류 확률은 10^{-9}이다. 1초에 5개 이상 에러가 발생할 확률을 구하라.

각 비트 전송은 전송에서의 비트 오류에 상응하는 '성공'으로 베르누이 시행과 일치한다. $n = 10^{-9}$ 전송(1초)에서 k 오류 확률은 $n = 10^{-9}$이고, $p = 10^{-9}$인 이항 확률로 주어진다. 포아송 근사식에서 $\alpha = np = 10^{-9}(10^{-9}) = 1$을 사용한다. 따라서 다음 식과 같다.

$$P[N \geq 5] = 1 - P[N < 5] = 1 - \sum_{k=0}^{4} \frac{\alpha^k}{k!} e^{-\alpha}$$
$$= 1 - e^{-1}\left\{1 + \frac{1}{1!} + \frac{1}{2!} + \frac{1}{3!} + \frac{1}{4!}\right\} = .00366$$

포아송 확률 변수는 많은 모델들이 스케일에서 매우 크고, 매우 드문 사건들을 수반하기 때문에 수많은 물리적 상황에서 나타난다. 예를 들면, 포아송 확률 질량 함수는 고정된 시간 구

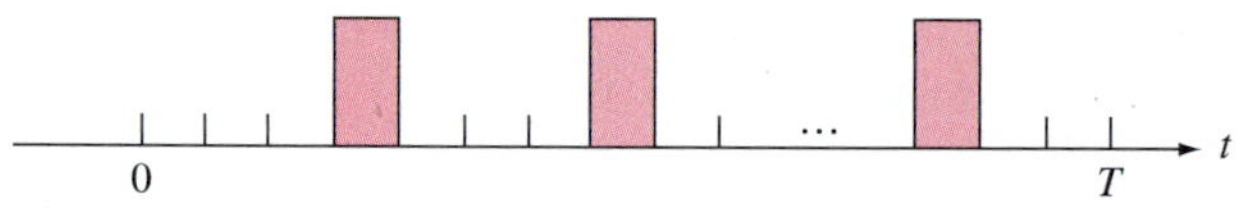

그림 3.10 ● [0, *T*]의 *n*개 부분 구간에서의 사건 발생

간 동안에 방사성 물질에 의해 방출되는 입자 수의 상대도수에 대한 정확한 예측을 나타낸다. 이러한 일치는 다음과 같이 설명될 수 있다. 방사성 물질은 매우 큰 수, 말하자면 n의 원자로 이루어져 있다. 고정된 시간 구간 안에 각 원자들은 매우 작은 확률 p로 붕괴되어 방사성 입자를 방출한다. 만약 원자가 다른 원자들에 대해 독립적으로 붕괴된다면, 시간 간격 동안 방출되는 입자의 수는 n 시행에서 성공한 횟수로 볼 수 있다. 예를 들면, 1마이크로그램 라듐은 약 $n = 10^{-16}$개의 원자를 가지고 있으며, 원자 하나가 1밀리세컨드의 시간 구간 동안 붕괴될 확률은 $p = 10^{-15}$이다[Rozanov, 58페이지]. 따라서 식 (3.40)의 근사식에 대한 조건들이 성립하는 것은 과장이 아니다. n은 매우 크고 p는 매우 작아서 극한 $n \to \infty$ 를 취하고 방출 입자 수는 정확하게 포아송 확률 변수라고 주장할 수 있다.

포아송 확률 변수는 시간 또는 공간상에서 베르누이 시행 열이 일어난다고 생각하는 상황에서 또한 발생한다. T초의 구간 동안 발생하는 사건 수를 센다고 가정하자. 시간 구간을 그림 3.10에서 보인 것과 같이 매우 큰 수, n개의 부분 구간으로 나눈다. 한 부분 구간에서 펄스는 사건의 발생을 나타낸다. 다음의 조건이 만족되면 각 부분 구간은 독립 베르누이 시행열 중 하나로 볼 수 있다. (1) 한 부분 구간에서는 많아야 한 사건만 일어날 수 있다. 즉, 두 사건 이상이 하나로 일어날 확률은 무시할 수 있다. (2) 다른 부분 구간에서의 결과는 독립이다. (3) 부분 구간에서 한 사건 발생 확률은 $p = \alpha/n$이고, 여기서 α는 T초 구간에서 관찰된 사건의 평균 개수이다. T초 동안 사건 수 N은 매개변수 n과 $p = \alpha/n$을 가지는 이항 확률 변수이다. 따라서 $n \to \infty$에 따라 N은 매개변수 α인 포아송 확률 변수가 된다. 9장에서 포아송 확률 과정을 논의할 때 이 결과를 다시 보게 될 것이다.

3.5.5 균등 확률 변수

이산 균등 확률 변수 Y는 동일한 확률을 갖는 연속된 정수의 집합 $S_Y = \{j+1, \ldots, j+L\}$에서 값을 가진다.

$$p_Y(k) = \frac{1}{L} \qquad k \in \{j+1, \ldots, j+L\} \text{ 에 대해서} \tag{3.43}$$

이 단순한 확률 변수는 결과가 언제나 같은 확률로 발생할 때, 예를 들면 정상적인 동전 또는 주사위를 던지거나, 동일한 구획으로 나누어 놓은 회전판에 화살표를 돌리거나, 항아리에서 숫자를 선택할 때 나타난다. 평균과 분산은 다음과 같음을 보이는 것은 쉽다.

$$E[Y] = j + \frac{L+1}{2} \quad \text{그리고} \quad \text{VAR}[Y] = \frac{L^2-1}{12}$$

예제 3.33 **단위구간에서 이산 균등 확률 변수**

X를 $S_X = \{0, 1, \ldots, L-1\}$에서 균등 확률 변수라 하자. 단위구간에서 이산 균등 확률 변수를 다음과 같이 정의한다.

$$U = \frac{X}{L} \quad \text{그래서} \quad S_U = \left\{0, \frac{1}{L}, \frac{2}{L}, \frac{3}{L}, \ldots, 1 - \frac{1}{L}\right\}$$

U는 다음과 같은 확률 질량 함수를 가진다.

$$p_U\left(\frac{k}{L}\right) = \frac{1}{L} \qquad k = 0, 2, \ldots, L - 1\text{에 대해서}$$

U의 확률 질량 함수는 단위구간에서 동일한 간격인 점 $xk = k/L$ 상에서 동일한 확률 질량 $1/L$을 둔다. 단위구간의 부분 구간에서의 확률은 부분 구간 안의 점의 개수와 $1/L$의 곱과 같다. L이 매우 커짐에 따라 이 확률은 본질적으로 부분 구간의 길이이다.

3.5.6 지프 확률 변수

지프 확률 변수는 덩어리가 큰 텍스트에서 단어의 사용빈도가 그 순위에 비례하는 것을 관측한 조지 지프(George Zipf)를 위해 이름 붙여졌다. 단어를 가장 사용빈도가 높은 것으로부터 순위를 매긴다고 가정한다. X를 단어의 순위라 하면, $S_X = \{1, 2, \ldots, L\}$이고 L은 구별되는 단어 수다. X의 확률 질량 함수는 다음과 같다.

$$p_X(k) = \frac{1}{c_L}\frac{1}{k} \qquad k = 1, 2, \ldots, L\text{에 대해서} \tag{3.44}$$

여기서 c_L은 표준화 상수이다. 두 번째 단어는 첫 번째 단어 발생빈도의 1/2가 되고, 세 번째 단어는 두 번째 단어 발생빈도의 1/3이 되는 식이다. 표준화 상수 c_L은 다음과 같은 합으로 주어진다.

$$c_L = \sum_{j=1}^{L}\frac{1}{j} = 1 + \frac{1}{2} + \frac{1}{3} + \ldots + \frac{1}{L} \tag{3.45}$$

상수 c_L은 미적분학에서 자주 나타나며, L번째 조화평균이라 불리고, 근사적으로 $\ln L$로 증가한다. 예를 들어, $L = 100$에 대해 $c_L = 5.187378$이고, $c_L - \ln(L) = 0.582207$이다. $L \to \infty$에 따라 $c_L - \ln L \to 0.57721\ldots$.이 됨이 보여질 수 있다.

X의 평균은 다음 식과 같이 주어진다.

$$E[X] = \sum_{j=1}^{L} j p_X(j) = \sum_{j=1}^{L} j\frac{1}{c_L j} = \frac{L}{c_L} \tag{3.46}$$

X의 2차 모멘트와 분산은 다음과 같다.

$$E[X^2] = \sum_{j=1}^{L} j^2\frac{1}{c_L j} = \frac{1}{c_L}\sum_{j=1}^{L} j = \frac{L(L+1)}{2c_L}$$

그리고

$$\text{VAR}[X] = \frac{L(L+1)}{2c_L} - \frac{L^2}{c_L^2} \tag{3.47}$$

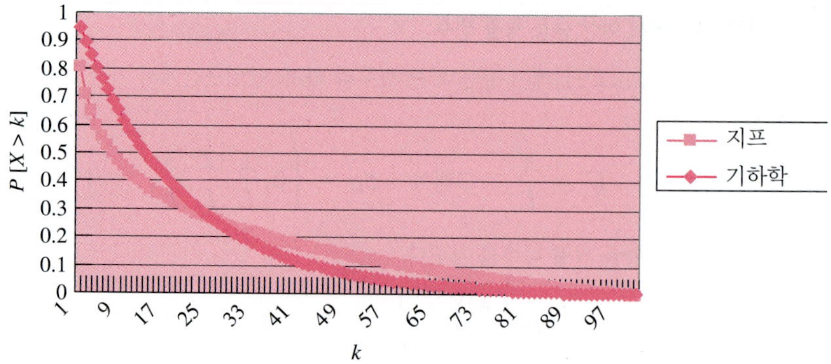

그림 3.11 ● 지프 분포와 긴 꼬리

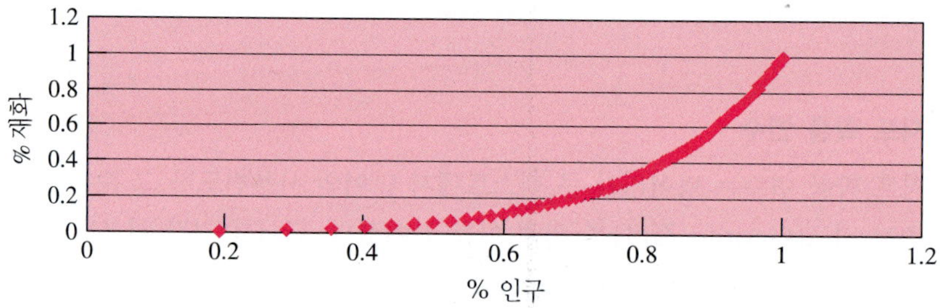

그림 3.12 ● L = 100인 지프 확률 변수의 로렌츠 곡선

지프와 관련된 확률 변수는 웹 페이지 크기, 웹 접속동향, 그리고 웹 페이지 연결성을 수반하는 다양한 측정 연구를 밝힌 인터넷 성장으로 유명해졌다. 이들 확률 변수들은 이미 부의 분포에 대한 연구에서 널리 밝혀졌으며, 놀랄 일도 아니지만 지금은 인터넷 비디오 대여와 책 판매에서 밝혀진다.

예제 3.34 **드문 사건과 긴 꼬리**

지프 확률 변수 X는 몇몇 결과(단어)는 자주 발생하지만 대부분 결과가 드물게 발생하는 특징을 가진다. m보다 높은 순위를 갖는 단어의 확률을 구하라.

$$P[X > m] = 1 - P[X \le m] = 1 - \frac{1}{c_L}\sum_{j=1}^{m}\frac{1}{j} = 1 - \frac{c_m}{c_L} \qquad m \le L\text{에 대해서} \tag{3.48}$$

$P[X > m]$를 X의 분포의 꼬리 확률이라 부른다. 그림 3.11은 $L = 100$이고 $E[X] = 100/c_{100} = 19.28$인 $P[X > m]$을 나타낸다. 그림 3.12는 또한 같은 평균, 즉 $1/p = 19.82$인 기하 확률 변수에 대한 $P[Y > m]$을 나타낸다. 기하 확률 변수에 대한 $P[Y > m]$는 $P[X > m]$보다 더욱 빠르게 떨어지는 것을 볼 수 있다. 지프 분포는 드물게 발생하는 사건이 보편적인 확률모델에서보다 더 잘 일어날 것 같으므로 '긴 꼬리'를 갖는다고 말한다.

예제 3.35 **80/20 규칙과 로렌츠 곡선**

X는 부의 레벨에 상응하고, $p_X(k)$는 부 k를 가지는 인구 비율이라고 하자. X는 지프 확률 변수라고 가정한다. 따라서 $p_X(1)$는 부 1인 인구비율, $p_X(2)$는 부 2인 비율과 같은 식이다. 지프 분포의 긴 꼬리는 매우 부유한 개인이 극히 드물지 않다고 시사한다. '인구의 20%가 부의 80%를 소유한다.'와 같은 말을 자주 듣는다. 로렌츠 곡선(*Lorenz curve*)은 인구의 가장 가난한 부분 x가 0에서 1로 변함에 따라 소유하는 부의 비율을 그린 것이다. $L = 100$에 대한 로렌츠 곡선을 구하라.

$\{1, 2, \ldots, L\}$에 있는 k에 대해 k 또는 더 적은 부를 갖는 인구 분수는 다음과 같다.

$$F_k = P[X \le k] = \frac{1}{c_L}\sum_{j=1}^{k}\frac{1}{j} = \frac{c_k}{c_L} \tag{3.49}$$

k 또는 더 적은 부를 갖는 인구가 소유하는 부의 비율은 다음과 같다.

$$W_k = \frac{\sum_{j=1}^{k} j p_X(j)}{\sum_{i=1}^{L} i p_X(i)} = \frac{\frac{1}{c_L}\sum_{j=1}^{k} j\frac{1}{j}}{\frac{1}{c_L}\sum_{i=1}^{L} i\frac{1}{i}} = \frac{k}{L} \tag{3.50}$$

위 식에서 분모는 전체 인구의 총 부(total wealth)이다. 로렌츠 곡선은 그림 3.12에서 $L = 100$에 대해 보인점 (F_k, W_k)의 그림으로 구성되어 있다. 그래프에서 인구의 하위 70% 가난한 비율이 겨우 전체 부의 20%를 소유, 또는 역으로, 인구의 상위 30% 부유한 부분이 부의 80%를 소유한다. 극단적으로 공평하고 극단적으로 불공평한 경우에 있어서 로렌츠 곡선이 어떻게 보여야 하는지에 대한 논의에 대해서는 예제 3.75를 보라.

인터넷에서 폭발적인 성장은 거대한 규모 시스템으로 발전했다. 확률모델에 대해서 이러한 성장은 아주 큰 값에 이루는 확률 변수를 의미한다. 측량 연구는 긴 꼬리 분포를 갖는 확률 변수의 많은 사례들을 밝혔다.

만약 식 (3.45)에서 L이 무한대에 근접하도록 시도한다면, c_L은 그 수열이 수렴하지 않으므로 끝없이 증가한다. 하지만, 만약 확률 질량 함수를 $(1/k)^\alpha$에 비례하도록 만들면 수열은 $\alpha > 1$인 한 수렴한다. 다음 확률 질량 함수를 갖는 치역 $\{1, 2, 3, \ldots\}$인 **지프 또는 제타 확률 변수(Zipf or zeta random variable)**를 정의한다.

$$p_Z(k) = \frac{1}{z_\alpha}\frac{1}{k^\alpha} \qquad k = 1, 2, \ldots \text{에 대해서} \tag{3.51}$$

여기서 z_α는 다음과 같이 정의되는 제타함수에 의해 주어지는 표준화 상수이다.

$$z_\alpha = \sum_{j=1}^{\infty}\frac{1}{j^\alpha} = 1 + \frac{1}{2^\alpha} + \frac{1}{3^\alpha} + \ldots \qquad \alpha > 1\text{에 대해서} \tag{3.52}$$

위의 수열의 수렴은 표준 미적분학 책에서 논의된다.

Z의 평균은 다음 식으로 주어진다.

$$E[Z] = \sum_{j=1}^{L} j p_Z(j) = \sum_{j=1}^{L} j\frac{1}{z_\alpha j^\alpha} = \frac{1}{z_\alpha}\sum_{j=1}^{L}\frac{1}{j^{\alpha-1}} = \frac{z_{\alpha-1}}{z_\alpha} \qquad \alpha > 2\text{에 대해서}$$

여기서 수열 $1/j^{\alpha-1}$의 합이 수렴하면 $\alpha - 1 > 1$, 즉 $\alpha > 2$이다. 두 번째 모멘트(그리고 따라서 분산)가 존재하면 $\alpha > 3$임을 비슷한 방법으로 보일 수 있다.

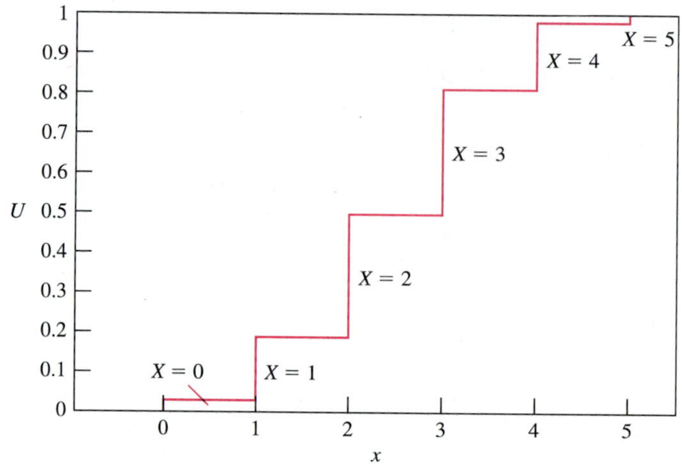

그림 3.13 ● n = 5, p = 1/2인 이항 확률 변수 생생

3.6 이산 확률 변수의 생성

기본사건의 확률 $p_j = P[\{a_j\}]$인 표본 공간 $S = \{a_1, a_2, \ldots, a_n\}$을 갖는 확률 실험의 결과를 생성한다고 가정하자. 단위구간을 n 부분 구간으로 나눈다. j번째 부분 구간은 길이 p_j이며, 결과 a_j와 일치한다.

실험의 각 시행에서 먼저 rand를 사용하여 단위구간에서 수 U를 얻는다. 실험의 결과는 U가 j번째 부분 구간 안에 있다면 a_j이다. 그림 3.13은 $n = 5, p = 0.5$인 이항 확률 변수의 확률 질량 함수에 따른 단위구간으로 분할하는 것을 보여준다.

옥타브 함수 discrete _ rnd는 위 방법을 실행하며 원하는 확률 값을 갖는 난수를 생성하는 데 사용될 수 있다. 같은 분포를 갖는 난수를 생성하는 함수도 또한 유용하다. 예를 들어, poisson _ rnd(lambda, r, c)는 람다 비율(rate lambda)을 갖는 포아송-분포 난수를 발생하는 데 사용될 수 있다.

예제 3.36 **주사위 던지기 생생**

주사위 던지기의 20 샘플을 생성하는 discrete _ rnd 사용하라.

```
> V= 1:6                                    % S_X = {1, 2, 3, 4, 5, 6,}를 정의한다.
> P = [1/6, 1/6, 1/6, 1/6, 1/6, 1/6];       % X에 대해 모든 pmf 값을 1/6로 정한다.
> discrete_rnd (20, V, P)                   % S_X로부터 pmf P를 갖는 샘플 20개를 생성한다.
ans =
     6  2  2  6  5  2  6  1  3  6  3  1  6  3  4  2  5  3  1
```

예제 3.37 **포아송 확률 변수의 발생**

$\alpha = 2$인 포아송 확률 변수의 20 샘플을 발생하는 내장 함수를 사용하라.

```
> Poisson_rnd (2, 1, 20)          % α=2인 포아송 확률변수의 1×20 샘플 열을 생성한다.
ans =
     4  3  0  2  3  2  1  2  1  4  0  1  2  2  3  4  0  1  3
```

단원의 마지막의 연습문제는 MATLAB 또는 Octave의 기본 성능을 사용하여 시뮬레이션될 수 있는 풍부한 실험 세트로 마무리 짓는다. 이 책의 나머지 부분에서 Octave를 무료로 쓸 수 있기 때문에 예제에서 사용할 것이다.

요약

- 확률 변수는 확률 실험의 각 결과에 실수를 할당하는 함수이다. 확률 변수는 확률 실험의 결과가 수인지 또는 결과의 수 속성에 관심 있는지 정의된다.
- 등가 사건 관념은 근원적인 결과를 수반하는 사건의 확률항으로 확률 변수를 수반하는 사건의 확률을 유도할 수 있게 한다.
- 확률 변수는 어떤 셀 수 있는 집합으로부터 값을 가정하면 이산이다. 확률 질량 함수는 이산 확률 변수를 수반하는 모든 사건의 확률을 계산하는 데 충분하다.
- 이산 확률 변수 X를 수반하는 사건의 확률은 확률 질량 함수 $p_X(x)$의 합으로 표현될 수 있다.
- 만약 X가 확률 변수라면 $Y=g(X)$ 또한 확률 변수이다.
- 이산 확률 변수의 평균, 분산, 그리고 모멘트는 확률 변수 X에 관한 얼마간의 정보를 요약한다. 이러한 매개변수는 확률 질량 함수보다 측정하거나 예측하기 쉽기 때문에 실용에 유용하다.
- 조건 확률 질량 함수는 확률 변수 X에 관한 부분 정보가 주어진 사건의 확률을 계산할 수 있게 한다.
- 단위구간에서 균등하게 분포되어 있는 확률 변수 항으로 미리 정해진 확률 질량 함수를 갖는 이산 확률 변수를 생성 시키는 여러 가지 방법들이 있다.

주요 용어

등가 사건
확률 변수
확률 질량 함수
X의 분산
X의 n차 모멘트
이산 확률 변수
확률 변수의 함수
X의 기대값
X의 표준편차

참고문헌

참고문헌 [1]은 확률 변수 자료에서 전자공학도를 위한 표준 참고문헌이다. 참고문헌 [2]는 이 과정의 학생들이 접근할 수 있는 수준으로 확률 변수의 개념에 대한 몇 가지 좀 더 자세한 사항을 논의한다. 참고문헌 [3]은 고전적인 텍스트로 자세한 예제가 풍부하다. 참고문헌 [4]는 특정한 분포를 갖는 난수를 발생하는 다양한 방법을 상세히 논의한다. 참고문헌 [5]는 완전히 이산 확률 변수에 초점이 맞추어져 있다.

1. A. Papoulis and S. U. Pillai, *Probability, Random Variables, and Stochastic Processes*, 4th ed., McGraw-Hill, New York, 2002.
2. K. L. Chung, *Elementary Probability Theory*, Springer-Verlag, New York, 1974.
3. W. Feller, *An Introduction to Probability Theory and Its Applications*,Wiley, New York, 1968.
4. A. M. Law and W. D. Kelton, *Simulation Modeling and Analysis*, McGraw-Hill, New York, 2000.
5. N. L. Johnson, A.W. Kemp, and S. Kotz, *Univariate Discrete Distributions,Wiley*, New York, 2005.
6. Y. A. Rozanov, *Probability Theory: A Concise Course*, Dover Publications, New York, 1969.

연습문제

3.1절 : 확률 변수의 개념

3.1. X를 카를로스와 마이클이 각각 정상적인 동전을 두 번 던졌을 때 나온 앞면 횟수의 최대값이라 한다.

(a) 이 확률 실험의 원공간 S를 기술하고 기본사건들의 확률을 열거하라.

(b) S에서 S_X로 대하는 매핑, X의 치역을 보여라.

(c) X의 여러 값에 대한 확률을 구하라.

3.2. 한 개의 주사위를 던지고 나온 확률 변수 X는 윗면에 나타나는 점들의 완전한 쌍의 수로 정의된다. (역주: 점이 하나이면 완전한 쌍의 수는 0, 점이 다섯 개면 완전한 쌍의 수는 2, 그리고 부분 쌍이 1개라고 정의한다.)

(a) 이 확률 실험의 원공간 S를 기술하고 기본사건들의 확률을 열거하라.

(b) S에서 S_X로 대하는 매핑, X의 치역을 보여라.

(c) X의 여러 값에 대한 확률을 구하라.

3.3. **(a)** Y가 주사위 윗면 점의 완전한 혹은 부분 쌍의 수일 때, 연습문제 3.2의 (a), (b), (c)를 반복하라. (역주 : 점이 세 개면 완전한 쌍 한 개와 부분 쌍 한 개로 $Y=2$이다.)

(b) $P[X=0]$과 $P[Y=0]$이 왜 같지 않은지 설명하라.

3.4. 풀린 시계 분침을 힘껏 회전한다. 분침 끝이 멈춘 지점의 좌표 (x, y)를 주목한다. Z는 x와 y의 곱의 sgn 함수로서 정의되고, 여기서 $\text{sgn}(t)$는 $t>0$일 때 1, $t=0$일 때 0, 그리고 $t<0$일 때 -1이다.

(a) 확률 실험의 근원적인 공간 S를 기술하고 그 사건의 확률을 열거하라.

(b) S에서 S_X로 대하는 매핑, X의 치역을 보여라.

(c) X의 여러 값에 대한 확률을 구하라.

3.5. 데이터 소스는 3비트로 된 문자를 발생한다. X를 그 문자에 해당하는 정수라 한다. (역주 : 예를 들어, 문자가 101이면 $X=5$이다) 문자에서 이진수는 독립이고 각각 0 또는 1이 될 확률은 동등하다고 가정한다.

(a) 이 확률 실험의 원공간 S를 기술하고 기본사건들의 확률을 열거하라.

(b) S에서 S_X로 대하는 매핑, X의 치역을 보여라.

(c) X의 여러 값에 대한 확률을 구하라.

(d) Y는 문자의 정수값이지만 MSB(most significant bit)는 '1'이 될 확률보다 '0'이 될 확률이 3배라고 가정한다.

3.6. 2개의 송신기는 안테나로 라디오 신호의 버스트(burst)를 통해 메시지를 보낸다. 각 시간대 동안 각 송신기는 확률 1/2로 메시지를 보낸다. 동시 전달은 메시지의 손실로 일어난다. X를 첫 번째 메시지가 도착할 때까지 시간대의 수라 한다.

(a) 이 확률 실험의 원공간 S를 기술하고 기본사건들의 확률을 열거하라.

(b) S에서 S_X로 대하는 매핑, X의 치역을 보여라.

(c) X의 여러 값에 대한 확률을 구하라.

3.7. 정보 소스는 세 자리 이진수 {000, 111, 010, 101, 001, 110, 100, 011}를 그에 대응하는 확률 {1/4, 1/4, 1/8, 1/16, 1/16, 1/16, 1/16}로 생성한다. 이진 코드는 3자리 k에 $-\log_2 p_k$ 길이의 코드워드를 할당한다. X를 정보 소스의 출력에 할당된 문자열의 길이라 한다.

(a) S에서 S_X로 대하는 매핑, X의 치역을 보여라.

(b) X의 여러 값에 대한 확률을 구하라.

3.8. 항아리 안에 1달러 9장과 20달러 1장이 있다. 확률 변수 X를 항아리에서 반환 없이 2장을 꺼냈을 때 나타나는 총합으로 한다.

(a) 이 확률 실험의 원공간 S를 기술하고 기본사건들의 확률을 열거하라.

(b) S에서 S_X로 대하는 매핑, X의 치역을 보여라.

(c) X의 여러 값에 대한 확률을 구하라.

3.9. 항아리 안에 1달러 9장과 20달러 1장이 있다. 확률 변수 X를 항아리에서 반환을 갖는 2장을 꺼냈을 때 나타나는 총합으로 한다.

(a) 이 확률 실험의 원공간 S를 기술하고 기본사건들의 확률을 열거하라.

(b) S에서 S_X로 대하는 매핑, X의 치역을 보여라.

(c) X의 여러 값에 대한 확률을 구하라.

3.10. 동전을 n번 던진다. 확률 변수 Y를 동전을 n번 던져서 나온 앞면 횟수와 뒷면 횟수의 차이라고 한다. P[앞면]$=p$라 가정한다.

(a) S의 표본 공간을 기술하라.

(b) 사건 $\{Y=0\}$의 확률을 구하라.

(c) Y의 다른 값에 대한 확률을 구하라.

3.11. 어떤 시스템에 접속하기 위해 m-bit 비밀번호가 요구된다. 해커는 모든 가능한 m-bit 패턴을 체계적으로 동작시킨다. X를 맞는 비밀번호가 찾아질 때까지 시험한 패턴 수라 한다.

(a) S의 표본 공간을 기술하라.

(b) S에서 S_X로 대하는 매핑, X의 치역을 보여라.

(c) X의 여러 값에 대한 확률을 구하라.

3.2절 : 이산 확률 변수와 확률 질량 함수

3.12. X는 연습문제 3.1에서 동전을 두 번 던졌을 때 나온 횟수의 최대값이라 한다.

(a) X의 확률 질량 함수를 Y, 정상적인 동전을 두 번 던져서 나온 앞면 수의 확률 질량 함수를 비

교하라. 차이를 설명하라.

(b) 카를로스가 앞면의 확률 $p = 3/4$인 동전을 사용한다고 가정하자. X의 확률 질량 함수를 구하라.

3.13. $S_X = \{1, 2, 3, 4\}$로 나타내는 이진 쌍을 만드는 정보 소스를 고려한다. 다음의 경우에서 확률 질량 함수를 구하고 그림을 그려라.

(a) S_X에 있는 모든 k에 대해 $p_k = p_1/k$

(b) $k = 2, 3, 4$에 대해 $p_{k+1} = p_k/2$

(c) $k = 1, 2, 3$에 대해 $p_{k+1} = p_k/2^k$

(d) (a), (b), (c)에서 확률 변수는 집합 $\{1, 2, \ldots\}$에 있는 값들을 갖는 것으로 확대할 수 있는가? 만약 할 수 있다면 결과로 나타나는 확률 변수의 확률 질량 함수를 열거하라. 만약 할 수 없다면 왜 안 되는지 설명하라.

3.14. X는 $k = 1, 2, \ldots$에 대해 확률 질량 함수 $p_k = c/k^2$인 확률 변수이다.

(a) 수치로 c의 값을 추정하라. 그 수열이 수렴하는 것을 유의한다.

(b) $P[X > 6]$을 구하라.

(c) $P[4 \le X \le 8]$을 구하라.

3.15. 연습문제 3.5의 데이터 소스의 결과에 대해 $P[X \ge 5]$와 $P[Y \ge 5]$를 비교하라.

3.16. 연습문제 3.6에서 주어진 시간대에서 터미널 1은 확률 1/2로 전송하고, 반면에, 터미널 2는 확률 p로 전송한다고 가정한다.

(a) 한 개의 메시지가 통과할 때까지 전달 X의 수에 대한 확률 질량 함수를 구하라.

(b) 한 개의 성공적인 전송이 주어지면 터미널 2가 전송했을 확률을 구하라.

3.17. **(a)** 연습문제 3.8에서 항아리에서 꺼내 합계가 2달러보다 많을 확률은 무엇인가? 20달러보다 많을 확률은 무엇인가?

(b) 연습문제 3.9에 대해 (a)를 반복하라.

3.18. 어떤 모뎀이 +2볼트 신호를 채널로 전송한다. 채널은 각각의 확률이 $\{4/10, 3/10, 2/10, 1/10\}$인 집합 $\{0, -1, -2, -3\}$으로부터 나오는 잡음항을 신호에 더한다.

(a) 채널의 출력 Y의 확률 질량 함수를 구하라.

(b) 채널의 출력이 채널의 입력과 같을 확률은 무엇인가?

(c) 채널의 출력이 양수일 확률은 무엇인가?

3.19. 어떤 컴퓨터가 10분 동안 네트워크의 경로를 예약한다. 예약을 확장하기 위해 컴퓨터는 만료 시간 전에 '재생' 메시지를 성공적으로 전송해야 한다. 그렇지만 메시지는 1/2 확률로 손실된다. 재생 요구를 보내고 승인을 받는 데 10초가 걸린다고 가정한다. 컴퓨터는 99%의 예약 시간 확장을 성공하기 위해서 언제 재생 메시지를 보내기 시작해야 하는가?

3.20. 어떤 모뎀이 에러가 생기기 쉬운 채널을 통해 전송하고, 따라서 이 모뎀은 매번 0 또는 1비트 전송을 5회 반복한다. 각 5비트의 그룹을 '코드워드'라 부른다. 채널은 확률 $p = 1/10$로 입력 비트를 그 보수로 바꾸고 다른 입력 비트와 독립적으로 처리된다. 모뎀 수신기는 입력 신호를 예측하기 위해 5개 수신된 비트의 과반수쪽으로 결정한다. 수신기가 잘못된 결정을 내릴 확률을 구하라.

3.21. 두 개의 주사위를 던져서 X를 뒷면 점수의 차이로 한다.

(a) **X**의 확률 질량 함수를 구하고 그림을 그려라.

(b) 모든 k에 대해서 $|X| \leq k$일 확률을 구하라.

3.3절 : 이산 확률 변수의 기대값에 대해서 모멘트

3.22. **(a)** 문제 3.12에서 X가 동전 던지기의 최대일 때 $E[Y]$와 $E[X]$를 비교하라.

(b) VAR[X]와 VAR[Y]를 비교하라.

3.23. 연습문제 3.13의 (a), (b), (c)에서 정보 소스 출력의 기대값과 분산을 구하라.

3.24. **(a)** 연습문제 3.5에서 정수에 대한 $E[X]$를 구하라.

(b) VAR[X]를 구하라.

3.25. 연습문제 3.7에서 평균 코드워드 길이를 구하라. 이 평균은 아주 큰 수의 이진 세 자리 수 부호화에서 어떻게 해석될 수 있는가?

3.26. 연습문제 3.8에서 항아리로 부터 꺼낸 금액의 평균과 분산을 구하라.

3.27. 연습문제 3.9에서 항아리로 부터 꺼낸 금액의 평균과 분산을 구하라.

3.28. 연습문제 3.14에서 $E[X]$와 VAR[X]를 구하라.

3.29. 연습문제 3.18에서 모뎀 신호의 기대값과 분산을 구하라.

3.30. 연습문제 3.19에서 예약을 갱신하는 데 걸리는 시간의 평균과 분산을 구하라.

3.31. 연습문제 3.20의 모뎀은 5비트 코드워드 1,000개를 전송한다. 오류가 있는 코드워드의 평균은 얼마인가? 만약 모뎀이 1,000비트를 반복 없이 개별적으로 전송한다면, 오류가 있는 비트의 평균은 얼마인가? 오류율은 전송 속도와 대조하여 어떻게 상충(trade off)되는지 설명하라.

3.32. **(a)** 정상적인 동전을 n번 던져졌다고 가정하자. 각 동전 던지기는 d달러 비용이 들며, X 앞면이 나온 데 대한 상금은 $aX^2 + bX$이다. 순상금의 기대값을 구하라.

(b) X 앞면이 나온 데 대한 상금이 a^X로 가정하고, 여기서 $a > 0$이다. 상금의 기대값을 구하라.

3.33. $g(X) = I_A$라고 하고, 여기서 $A = \{X > 10\}$이다.

(a) $S_X = \{1, 2, \ldots, 15\}$인 연습문제 3.13 (a)에서와 같은 X에 대한 $E[g(X)]$를 구하라.

(b) $S_X = \{1, 2, \ldots, 15\}$인 연습문제 3.13 (b)에서와 같은 X에 대해 반복하라.

(c) $S_X = \{1, 2, \ldots, 15\}$인 연습문제 3.13 (c)에서와 같은 X에 대해 반복하라.

3.34. $g(X) = (X - 10)^+$라 한다(연습문제 3.19 참고).

(a) $S_X = \{1, 2, \ldots, 15\}$인 연습문제 3.13 (a)에서와 같은 X에 대한 $E[X]$를 구하라.

(b) $S_X = \{1, 2, \ldots, 15\}$인 연습문제 3.13 (b)에서와 같은 X에 대해 (a)를 반복하라.

(c) $S_X = \{1, 2, \ldots, 15\}$인 연습문제 3.13 (c)에서와 같은 X에 대해 (a)를 반복하라.

3.35. 연습문제 3.16에서 상트페테르부르크 패러독스를 고려한다. 카지노는 총 $M = 2^m$달러를 가지고 있다고 가정하고, 따라서 동전 던지기는 유한한 횟수만 할 수 있다.

(a) 카지노는 동전 던지기를 몇 번 하게 할 수 있는가?

(b) 플레이어의 기대되는 수익을 구하라.

(c) 플레이어가 이 게임을 하기 위해 얼마를 지불해야 하는가?

3.4절 : 조건확률 질량 함수

3.36. **(a)** 연습문제 3.12(a)에서, 주어진 $X > 0$에서, X 동전 던지기의 최대값의 조건확률 질량 함수를 구하라.

(b) 마이클이 두 번 던져 앞면이 한 번 나왔다면 X 조건확률 질량 함수를 구하라.

(c) 마이클이 첫 번 던져 앞면이 나왔다면 X의 조건확률 질량 함수를 구하라.

(d) 연습문제 3.12(b)에서 $X = 2$가 주어지면 카를로스가 최대값을 얻을 확률을 구하라.

3.37. 연습문제 3.13(a), (b), (c)에서 $X < 4$가 주어지면 4변수 정보 소스의 조건확률 질량 함수를 구하라.

3.38. **(a)** 연습문제 3.6에서 시간대 1에 통과하는 메시지가 다른 것이 주어지면 X의 조건확률 질량 함수를 구하라.

(b) 시간대 1에 첫 번째 송신기가 전송했다는 것이 주어지면 X의 조건확률 질량 함수를 구하라.

3.39. **(a)** 연습문제 3.6에서 첫 번째 시간대에 통과하는 메시지가 없다는 것이 주어지면 X의 조건부 기대값을 구하라. $E[X|X > 1] = E[X] + 1$를 보여라.

(b) 연습문제 3.6에서 한 개 메시지가 첫 번째 시간대에 통과하는 것이 주어지면 X의 조건부 기대값을 구하라.

(c) (a)와 (b)의 결과를 이용하여 $E[X]$를 구하라.

3.40. $E[X^2]$와 $\text{VAR}[X]$를 연습문제 3.39(b)와 (c)에서 접근 방법을 이용하여 구하라.

3.41. 식 (3.31b)는 $E[X^2]$를 구하는 데 사용될 수 있지만, $\text{VAR}[X]$를 바로 구하는 데 사용될 수는 없는 이유를 설명하라.

3.42. **(a)** 연습문제 3.8에서 첫 번째 뽑기에 k 달러가 나왔다면 X의 조건확률 질량 함수를 구하라.

(b) (a)의 조건부 기대값을 구하라.

(c) (b)의 결과를 이용하여 $E[X]$를 구하라.

(d) (b)와 (c)의 방법을 이용하여 $E[X^2]$과 $\text{VAR}[Y]$를 구하라.

3.43. 연습문제 3.10에서 동전을 n번 던져서 나온 앞면과 뒷면 횟수 차에 대한 $E[Y]$와 $\text{VAR}[Y]$를 구하라. 힌트: 앞면 횟수에 대한 조건

3.44. **(a)** 연습문제 3.11에서 k번의 시도 후에 비밀번호를 찾지 못했다면 X의 조건확률 질량 함수를 구하라.

(b) $X > k$가 주어지면 X의 조건부 기대값을 구하라.

(c) (b)의 결과로부터 $E[X]$를 구하라.

3.5절 : 중요한 이산 확률 변수들

3.45. 표본 공간 S의 각 ζ에 대해서 사건 A에 대한 지표함수의 값, $I_A(\zeta)$를 나타내어라.

(a) $S = \{1, 2, 3, 4, 5, 6\}$과 $A = \{\zeta > 3\}$

(b) $S = [0,1]$과 $A = \{0.4 < \zeta \le 0.7\}$

(c) $S = \{\zeta = (x, y) : 0 < x < 1, 0 < y < 1\}$와 $A = \{\zeta = (x, y) : 0.25 < x + y < 1.25\}$

(d) $S = (-5,5)$와 $A = \{\zeta > a\}$

3.46. A와 B는 표본 공간 S를 갖는 확률 실험에 대한 사건이다. 베르누이 확률 변수가 다음 특성을 만족함을 보여라.

(a) $I_S = 1$이고 $I_\varnothing = 0$

(b) $I_{A \cap B} = I_A I_B$이고 $I_{A \cup B} = I_A + I_B - I_A I_B$

(c) (a)와 (b)에서 지표 함수의 기대값을 구하라.

3.47. 시스템에서 열은 생성되는 속도에 따라 제거되어야 한다. 시스템은 독립적으로 0.25의 확률로 동작되는 8개 부분을 갖는다고 가정한다. 열 제거 시스템 설계를 위해 다음 사건의 확률을 구할 필요가 있다.

(a) 어느 시스템도 동작하지 않는다.

(b) 정확하게 하나가 동작한다.

(c) 4개보다 많이 동작한다.

(d) 2개보다 많고 6개보다 적은 수가 동작한다.

3.48. 단위구간에서 임의로 8개 숫자를 선택한다.

(a) 처음 4개 숫자가 0.25보다 작고, 마지막 4개 숫자가 0.25보다 클 확률을 구하라.

(b) 4개 숫자가 0.25보다 작고, 4개 숫자가 0.25보다 클 확률을 구하라.

(c) 처음 3개의 숫자가 0.25보다 작고, 다음 2개는 0.25와 0.75 사이, 그리고 마지막 3개는 0.75보다 클 확률을 구하라.

(d) 3개 숫자가 0.25보다 작고, 2개 숫자는 0.25와 0.75 사이이고, 그리고 3개 숫자가 0.75보다 클 확률을 구하라.

(e) 처음 4개 숫자가 0.25보다 작고 마지막 4개는 0.75보다 클 확률을 구하라.

(f) 4개 숫자가 0.25보다 작고 4개 숫자가 0.75보다 클 확률을 구하라.

3.49. (a) $n = 4$와 $n = 8$, 그리고 $p = 0.10$, $p = 0.5$, 그리고 $p = 0.90$인 이항 확률 변수의 확률 질량 함수를 그려라.

(b) $n = 100$, 그리고 $p = 0.10$, $p = 0.5$, 그리고 $p = 0.90$인 이항 확률 변수의 확률 질량 함수를 옥타브를 이용하여 그려라.

3.50. X를 성공 확률 p로 n 베르누이 시행한 결과인 이항 확률 변수라 한다.

(a) $X = 1$이라고 가정한다. k번째 베르누이 시행에서 하나의 사건이 발생될 확률을 구하라.

(b) $X = 2$이라고 가정한다. 두 개의 사건이 $j < k$인 j번째와 k번째의 베르누이 시행에서 발생될 확률을 구하라.

(c) (a)와 (b)의 답을 고려하여 n 베르누이 시행을 통해 무슨 의미로 성공이 '완전히 임의로' 분산되었는가?

3.51. X를 이항 확률 변수라 한다.

(a) 다음을 보여라.

$$\frac{p_X(k+1)}{p_X(k)} = \frac{n-k}{k+1}\frac{p}{1-p} \qquad \text{여기에서} \qquad p_X(0) = (1-p)^n$$

(b) 문제 (a)가 다음을 뜻하는 것을 보여라. (1) $P[X = k]$는 $k_{\max} = [(n+1)p]$에서 최대이고, 여기서 $[x]$는 x보다 작거나 같은 가장 큰 정수를 의미한다. 그리고 (2) $(n+1)p$가 정수일 때, 그때에 최대는 $k_{\max}$와 $k_{\max-1}$}에서 얻어진다.

3.52. 식 $(a + b + c)^n$을 고려한다.

(a) 식 $(a + b + c)^n$을 얻기 위해 $(a + b)$와 c의 이항전개를 이용하라.

(b) $(a + b)^k$의 모든 항을 전개하고 $M = 3$인 상호 배타적인 사건 A_1, A_2, A_3에 대한 다항식의 계

수를 포함하는 식을 구하라.

(c) $p_1 = P[A_1]$, $p_2 = P[A_2]$, $p_3 = P[A_3]$라 한다. (b)의 결과를 이용하여 다항식 확률을 더하면 1이 되는 것을 보여라.

3.53. 문자열은 오류 확률 $p = 0.01$ 채널을 통해 전달된다.

(a) 오류가 없는 문자와 오류가 생긴 문자 사이의 수 N의 확률 질량 함수는 무엇인가?

(b) $E[N]$은 얼마인가?

(c) 오류 한 개가 발생하기 전에 적어도 1,000개 문자가 정확하게 수신된 것을 99% 확신하려고 가정한다. p의 적절한 값은 얼마인가?

3.54. N을 $S_N = \{1, 2, \ldots\}$인 기하 확률 변수라 한다.

(a) $P[N = k | N \le m]$을 구하라.

(b) N이 짝수인 확률을 구하라.

3.55. M을 기하 확률 변수라 한다. M이 기억 특성이 없는 성질임을 보여라.

모든 $j, k > 1$에 대하여 $P[M \ge k + j | M \ge j + 1] = P[M \ge k]$

3.56. X를 음이 아닌 정수값만이고 기억 특성이 없는 성질을 만족하는 이산 확률 변수라 한다. X가 반드시 기하 확률 변수임을 보여라. 힌트: $g(m) = P[M \ge m]$으로 만족되는 식을 구하라.

3.57. 어떤 오디오 플레이어가 저품질 하드드라이브 하나를 사용한다. 플레이어를 만드는 초기비용은 50달러이다. 하드드라이브는 사용하는 매달마다 확률 1/12로 고장난다. 하드드라이브 수리비용은 20달러이다. 만약 1년 품질보증이 제공된다면, 손해를 입을 확률이 1% 또는 그 이하가 되기 위해서 생산자는 얼마로 가격을 책정해야 하는가? 플레이어의 평균가격은 얼마인가?

3.58. 크리스마스 과일 케이크에는 씨 없는 건포도, 무지개 빛깔의 붉은 체리, 방사능 물질이 있는 푸른 체리가 각각 평균 케이크 당 48, 24, 그리고 12개로 독립적 포아송 분포를 따르고 있다. 각각의 케이크의 1/2 조각을 대접받는다고 가정한다.

(a) 받은 조각에 운 좋게도 푸른 체리가 없을 확률은 얼마인가?

(b) 받은 조각에 정말 운 좋게도 푸른 체리가 없고, 붉은 체리가 2개 이하로 들어 있을 확률은 얼마인가?

(c) 받은 조각에 극히 운 좋게도 푸른 혹은 붉은 체리가 없고, 5개보다 많은 건포도가 들어 있을 확률은 얼마인가?

3.59. 처리 대기중인 주문의 수가 매개변수 $\alpha = \lambda / n\mu$의 포아송 확률 변수로 주어지고, 여기서 λ는 하루에 도착하는 주문의 평균수이고, μ는 한 명의 직원이 하루에 처리할 수 있는 주문의 수, n은 직원 수이다. $\lambda = 5$ 그리고 $\mu = 1$이라 한다. 4개보다 많은 주문이 대기하고 있을 확률이 90%보다 적도록 하는 데 요구되는 직원의 수를 구하라. 대기 중인 주문이 없을 확률은 얼마인가?

3.60. 웹 서버에 도착하는 페이지 요청 수는 평균 분당 3,000회인 포아송 분포이다.

(a) 100ms 구간 동안 요청이 없을 확률을 구하라.

(b) 100ms 구간 동안 요청이 5회에서 10회 사이일 확률을 구하라.

3.61. 옥타브를 사용하여 $\alpha = 0.1, 0.75, 2, 20$인 포아송 확률 변수의 확률 질량 함수를 그려라.

3.62. 포아송 확률 변수의 평균과 분산을 구하라.

3.63. 포아송 확률 변수에 대하여 $\alpha < 1$일 경우, $P[N = k]$가 $k = 0$에서 최대이다. $\alpha > 1$의 경우 $P[N = k]$가 $[\alpha]$에서 최대, 그리고 α가 양의 정수면 $P[N = k]$가 $k = \alpha$와 $k = \alpha - 1$에서 최대임을 보여라. 힌트: 연습문제 3.50의 접근 방법을 사용하라.

3.64. $k = 0, 1, 2, 3$과 $n = 10$, $p = 0.1$, $n = 20$, $p = 0.05$, 그리고 $n = 100$, $p = 0.01$에 대해 포아송 근사와 이항 확률을 비교하라.

3.65. 어떤 주어진 시간에 인터넷에 접속한 세대의 수는 평균 50인 포아송 확률 변수이다. 세대가 쓸 수 있는 전송률은 초당 20메가비트라 가정한다.

(a) 사용자당 전송률 분포의 확률 구하라.

(b) 사용자가 90% 혹은 그 이상 확률로 쓸 수 있는 전송률을 구하라.

(c) 사용자가 초당 1메가비트 혹은 더 높은 할당 몫을 가질 확률은 얼마인가?

3.66. 2000×1000화소의 LCD 디스플레이가 있다. 디스플레이는 불량 화소가 15화소 이하라면 통과된다. 생산라인에서 나올 때 화소가 불량일 확률은 5×10^{-6}이다. 디스플레이가 통과될 비율을 구하라.

3.67. 어떤 데이터 센터가 10,000개 디스크 드라이브를 갖는다. 하나의 디스크가 하루 동안 고장날 확률은 10^{-3}이라 가정한다.

(a) 하루 동안 고장이 없을 확률을 구하라.

(b) 이틀 동안 10개보다 작은 고장이 날 확률을 구하라.

(c) 모든 고장난 디스크를 확률 99%로 교체할 수 있는 데 필요한 예비 디스크 드라이브 수를 구하라.

3.68. 10^{-5}의 확률로 비트 오류가 발생하는 이진 통신 채널이 있다. 전송은 10,000비트의 블록 단위로 일어난다고 가정한다. N을 한 전송 블록에서 채널에 발생하는 오류의 수라 한다.

(a) $P[N = 0]$, $P[N \leq 3]$을 구하라.

(b) 한 블록에 하나 이상의 오류 확률이 99%가 되는 p값을 구하라.

3.69. 동등한 확률로 집합 $\{1, 2, \ldots, L\}$ 안의 값을 갖는 균등이산 확률 변수의 평균과 분산을 구하라. 다음 식이 필요할 것이다.

$$\sum_{i=1}^{n} i = \frac{n(n+1)}{2} \qquad \sum_{i=1}^{n} i^2 = \frac{n(n+1)(2n+1)}{6}$$

3.70. 전압 X는 집합 $\{-3, \ldots, 3, 4\}$ 안에서 균등하게 분포되어 있다.

(a) X의 평균과 분산을 구하라.

(b) $Y = -2X^2 + 3$의 평균과 분산을 구하라.

(c) $W = \cos(\pi X/8)$의 평균과 분산을 구하라.

(d) $Z = \cos^2(\pi X/8)$의 평균과 분산을 구하라.

3.71. 20개의 뉴스 웹 사이트가 인기순대로 순위가 매겨져 있고, 그리고 이들 사이트의 요청 빈도는 지프 분포에 따르는 것으로 알려져 있다.

(a) 가장 순위가 높은 사이트가 요청될 확률을 구하라.

(b) 가장 순위가 낮은 5개의 사이트 중에 하나가 요청될 확률을 구하라.

3.72. 순위의 로그에 대한 지프확률의 로그 형태는 어떠한가?

3.73. $L=1$에서 $L=100$까지인 지프 확률 변수의 평균과 분산을 그려라.

3.74. 한 온라인 비디오 가게가 10,000개의 타이틀을 갖고 있다. 빠른 응답을 제공하기 위해 가게는 가장 인기 있는 타이틀을 캐시에 저장하고 있다. 확률 99%로 비디오 신청이 캐시 안에 있으려면 얼마나 많은 타이틀을 캐시 안에 저장해 두어야 하는가?

3.75. **(a)** 모든 개개인이 똑같은 수입을 가진다면 수입 분포는 완벽하게 같다. 이 경우 로렌츠 곡선은 무엇인가?

(b) 완벽하게 똑같지 않은 수입 분포에서 한 개인이 모든 수입을 가지고 있고 모든 다른 사람들은 아무것도 가지고 있지 않다. 이 경우 로렌츠 곡선은 무엇인가?

3.76. X를 집합 $\{1, 2, \ldots\}$에서 기하 확률 변수라 하자.

(a) X의 확률 질량 함수를 구하라

(b) X의 로렌츠 곡선을 구하라. L은 무한하다고 가정한다.

(c) $p=0.1, 0.5, 0.9$에 대한 곡선을 그려라.

3.77. X를 매개변수 α를 가지는 제타 확률 변수라 한다.

(a) $P[X \le k]$에 대한 식을 구하라.

(b) $\alpha=1.5, 2, 3$에 대한 X의 확률 질량 함수를 그려라.

(c) $\alpha=1.5, 2, 3$에 대한 $P[X \le k]$을 그려라.

3.6절 : 이산 확률 변수의 생성

3.78. 옥타브에는 중요한 이산 확률 변수의 확률 질량 함수를 구하기 위한 함수 호출들이 제공되어 있다. 예를 들어, 함수 `Poisson _ pdf`$(x, lambda)$는 포아송 확률 변수에 대해 x에서 확률 질량 함수를 계산한다.

(a) $\lambda=0.5, 5, 50$에 대하여 포아송 확률 질량 함수를, 그리고 마찬가지로 $P[X \le k]$와 $P[X > k]$도 그려라.

(b) $n=48$과 $p=0.10, 0.30, 0.50, 0.75$에 대하여 이항 확률 질량 함수를, 그리고 마찬가지로 $P[X \le k]$와 $P[X > k]$도 그려라.

(c) $n=100, p=0.01$에 대해 이항 확률과 포아송 근사를 비교하라.

3.79. 옥타브에서 `discrete _ pdf` 함수는 S_X에 대해 임의의 확률 질량 함수의 값을 열거할 수 있게 한다.

(a) $L=10, 100, 1000$을 가지는 지프 확률 변수에 대한 확률 질량 함수를, 그리고 마찬가지로 $P[X \le k]$와 $P[X > k]$도 그려라.

(b) 연습문제 3.35에서 $m=20$에 대하여 상트페테르부르크 패러독스에서의 보상에 대한 확률 질량 함수를, 그리고 마찬가지로 $P[X \le k]$와 $P[X > k]$도 그려라(k의 값을 위해 로그를 사용해야 할 것이다).

3.80. **(a)** 1.3절에서 논의한 항아리 실험을 시뮬레이션하기 위해 옥타브의 `discrete _ rnd` 함수를 사용하라. 항아리로부터 1,000번 뽑은 결과의 상대적인 빈도를 계산하라.

(b) $n=5$와 $p=0.2$인 이항 확률 변수에 대한 확률 질량 함수의 값을 열거하기 위해 옥타브의 `discrete _ pdf` 함수를 사용하라. 100개 샘플을 생성하기 위해 `discrete _ rnd`를 사용하고 상대적인 빈도를 그려라.

(c) 문제 (b)에서 100개 샘플을 생성하기 위해 `binomial _ rnd`를 사용하라.

3.81. 연습문제 3.79(a)에서 지프 확률 변수 200 샘플을 생성하기 위해 `discrete _ rnd` 함수를 사용하라. 결과 열(sequence of outcomes)을 그리고 마찬가지로 전체에 걸친 상대적인 빈도에 대해서도 그려라.

3.82. 연습문제 3.79(b)에서 상트페테르부르크 패러독스 확률 변수의 200 샘플을 생성하기 위해 `discrete _ rnd` 함수를 사용하라. 결과 열(sequence of outcomes)을 그리고 마찬가지로 전체에 걸친 상대적인 빈도에 대해서도 그려라.

3.83. 성분들이 독립적이고, 각 성분이 집합 {1, 2, . . . , 9, 10}에서 균등한 200쌍의 수, (X_i, Y_i)를 생성하기 위해 옥타브를 사용하라.

(a) X와 Y 결과의 상대적인 빈도를 그려라.

(b) 확률 변수 $Z = X + Y$의 상대적인 빈도를 그려라. Z의 확률 질량 함수를 식별할 수 있겠는가?

(c) $W = XY$의 상대적인 빈도를 그려라. W의 확률 질량 함수를 식별할 수 있겠는가?

(d) $V = X/Y$의 상대적인 빈도를 그려라. 그 확률 질량 함수는 식별되겠는가?

3.84. 성분들이 독립적이고, X_i는 매개변수 $n = 8, p = 0.5$인 이항식이고, Y_i는 매개변수 $n = 4, p = 0.5$인 이항식인 200쌍의 수, (X_i, Y_i)를 생성하기 위해 옥타브 함수 `binomial _ rnd`를 사용하라.

(a) X와 Y 결과의 상대적인 빈도를 그려라.

(b) 확률 변수 $Z = X + Y$의 상대적인 빈도를 그려라. 확률 질량 함수가 기대했던 것과 같은가? 설명하라.

응용학습문제

3.85. 생산 라인에서 결함 품목의 분수가 p이다. 각 품목이 테스트되고, 결함 있는 품목들은 확률 a로 정확하게 식별된다.

(a) 결함이 없는 품목들은 항상 테스트를 통과한다고 가정하자. 결함 있는 품목이 하나로도 식별될 때까지 k 품목이 테스트될 확률은 얼마인가?

(b) 식별된 결함 있는 품목들이 제거된다고 가정하자. 남아있는 품목들은 어떤 비율로 결함이 있는가?

(c) 이제 결함이 없는 품목들이 확률 b로 결함이 있는 품목들로 식별된다고 가정하자. 문제 b를 되풀이하라.

3.86. 데이터 전송 시스템이 지속시간 T초의 메시지를 사용한다. 각 메시지 전송 다음, 송신기는 정지하고 수신기로부터 회답을 T초 동안 기다린다. 수신기는 메시지를 정확하게 받았다는 것을 나타내는 메시지로 즉시 회답한다. 송신기는 T초 이내에 회답을 받았다면 새로운 메시지 전송을 계속한다. 그렇지 않으면 이전의 메시지를 재전송한다. 메시지가 전달되는 동안 완전히 왜곡될 수 있고 이는 확률 p로 발생한다고 가정하자. 메시지가 성공적으로 송신기로부터 수신기로 전송될 수 있는 최대 가능한 확률을 구하라.

3.87. 광학 통신 시스템에서 수신기로 센 광자 수 X는 신호가 있을 때 비율 λ_1인 포아송 확률 변수이고, 신호가 없을 때 비율 $\lambda_0 < \lambda_1$인 포아송 확률 변수이다. 확률 p로 신호가 있다고 가정하자.

(a) P[신호 있음 | $X = k$]과 P[신호 없음 | $X = k$]을 구하라.

(b) 수신기는 다음의 결정 규칙을 사용한다.

만일 P[신호 있음 | $X = k$] > P[신호 없음 | $X = k$]이면 신호 있음을 결정하고, 그렇

지 않으면 신호 없음을 결정한다.

이 결정 규칙이 다음의 문턱치 규칙을 이끌어낸다는 것을 보여라.

만일 $X > Y$이면 신호 있음을 결정하고, 그렇지 않으면 신호 없음을 결정한다.

(c) 위 결정 규칙에 대한 오류 확률은 얼마인가?

3.88. 이진 정보원(예, 문서 스캐너)이 매우 긴 0열 다음 드물게 1이 나타나는 문자열을 발생시킨다. 기호들은 독립이고 $p = P[\text{기호} = 0]$은 1에 매우 가깝다고 가정하자. 다음에 나타나는 1 사이에서 0의 연속 X를 부호화하기 위해 다음 방법을 고려한다.

1. 만일 $X = n$이라면, n을 정수 $M = 2^m$의 배수와 나머지 r로 표현하라.
즉, $n = kM + r$, $0 \le r < \mathrm{M} - 1$인 k와 r을 구하라.

2. n에 대한 이진 코드워드는 k개 0과 다음의 1로 이루어진 앞자리(prefix)와 나머지 r의 m−비트 표현으로 이루어진 뒷자리(suffix)로 구성된다. 복호기는 이러한 이진 문자열에서 n값을 추론할 수 있다.

(a) $p^M = 1/2$이라고 가정하고, 앞자리가 k개 0을 갖는 확률을 구하라.

(b) $p^M = 1/2$일 때 평균 코드워드 길이를 구하라.

(c) $p^M = 1/2$일 때 평균 연속 길이(run length) 대 평균 코드워드 길이의 비율로 정의되는 압축 비율을 구하라.

CHAPTER 4

확률 변수

One Random Variable

3장에서 이산 확률 변수에 대해서 확률 변수의 개념, 확률값과 평균 계산 방법을 소개했다. 이 장에서는 이산, 연속 혹은 연속과 이산이 혼합된 일반적인 확률 변수를 다룬다. 확률 변수의 정의에 사용되는 누적 분포 함수를 도입한다. 이것은 3가지 형태의 확률 변수에 적용된다. 연속 확률 변수의 확률 밀도 함수도 다룬다. 확률 변수의 사건(event) 확률은 확률 밀도 함수의 적분으로 표현된다. 연속 확률 변수의 기대값도 도입되고 직관적인 평균개념과 결부된다. 임의성을 가지는 시스템의 디자인과 분석에 기초 도구인 많은 확률과 평균 계산 방법을 다룬다.

4.1 누적 분포 함수

이산 확률 변수의 확률 질량 함수(probability mass function, pmf)는 $\{X = b\}$형태의 사건으로 정의되었다. 누적 분포 함수(cumulative distribution function, cdf)는 $\{X \le b\}$형태의 사건으로 정의된다. 누적 분포 함수는 이산 확률 변수에 국한하지 않고 모든 형태의 확률 변수에 사용할 수 있는 장점이 있다. 확률 변수의 정의로부터 시작한다.

정의: 표본 공간 S를 가지는 확률 실험과 사건 집합 $\mathcal{F}$를 고려하자. 표본 공간 S에서 실수 R로의 함수, 즉 R 내의 모든 b에 대해서 집합($A_b = \{\zeta: X(\zeta) \le b\}$)이 $\mathcal{F}$ 내에 있는 성질을 가지는 함수를 **확률 변수(random variable)**라고 한다.

이 정의는 모든 집합 A_b가 주어진 확률 실험에서 잘 정의된 확률을 가져야 된다. 왜 이 정의는 ($\{\zeta: X(\zeta) \le b\}$)이 아니고 ($\{\zeta: X(\zeta) = \mathrm{x}_b\}$)의 집합을 사용하는가? 수직선상의 모든 집합은 ($\{\zeta: X(\zeta) \le b\}$)형태의 집합으로 표현된다.

확률 변수 X의 **누적 분포 함수(cdf)**는 사건 $\{X \le x\}$의 확률로 정의된다.

$$F_X(x) = P[X \le x] \qquad \text{for } -\infty < x < +\infty \tag{4.1}$$

즉, 누적 분포 함수는 확률 변수 X가 집합 $(-\infty, x]$에서 값을 가질 확률이다. 해당되는 표본 공간의 항으로 표현하면 cdf는 사건($\{\zeta: X(\zeta) \le x\}$)의 확률이다. 사건($\{X \le x\}$)은 x가 바뀌면 그 확률도 바뀐다. 즉, $F_X(x)$는 변수 x의 함수이다.

cdf는 수직선 위의 $(-\infty, b]$ 형태의 구간 확률을 구하는 데 편리하다. 관심을 가지는 사건은 수직선상의 구간, 그 구간의 여집합, 합집합, 교집합으로 이루어진다. 이 모든 사건들의 확률은 cdf의 항으로 나타낼 수 있음을 다음에서 보인다.

cdf는 다음과 같은 상대도수의 항의 해석을 가진다. 확률 실험결과 ζ와 $X(\zeta)$를 가지는 확률 실험이 여러 번 행해졌다고 가정하자. $Fx(b)$는 $(X(\zeta) \leq b)$인 횟수의 long term 비율이다.

cdf의 일반적인 성질을 소개하기 전에 세 유형의 확률 변수에 대한 cdf의 예제를 소개한다.

예제 4.1 **동전 세 번 던지기**

그림 4.1은 동전을 세 번 던져서 앞면의 수 X의 cdf를 나타낸다. 예제 3.1에서부터 X는 각각의 확률 1/8, 3/8, 3/8, 1/8을 가지는 값 0, 1, 2, 3만을 가진다. $F_X(x)$는 {0, 1, 2, 3}으로부터 X 이하의 결과값을 가지는 확률의 합이다. 그래서 cdf는 감소하지 않는 0에서 1까지 증가하는 계단함수이다. cdf는 점 0, 1, 2, 3에서 각 각 1/8, 3/8, 3/8, 1/8씩 점프한다.

이 불연속인 점들 중에서 하나를 더 살펴보자. 우선 점 $x = 1$의 부근에서 cdf를 고려하자. 작은 양수 δ에 대해 우리는 다음을 얻는다.

$$F_X(1 - \delta) = P[X \leq 1 - \delta] = P\{0\text{ heads}\} = \frac{1}{8}$$

따라서 x 가 왼쪽에서부터 1로 접근할 때 cdf의 극한은 1/8이다. 그러나

$$F_X(1) = P[X \leq 1] = P[0 \text{ 혹은 } 1\text{ heads}] = \frac{1}{8} + \frac{3}{8} = \frac{1}{2}$$

그리고

$$F_X(1 + \delta) = P[X \leq 1 + \delta] = P[0 \text{ 혹은 } 1\text{ heads}] = \frac{1}{2}$$

따라서 cdf는 $x = 1$에서 오른쪽으로부터 연속이고, 1/2과 같다. 게다가, 점 $x = 1$에서 점프의 크기는 $P[X = 1] = 1/2 - 1/8 = 3/8$과 같음에 주목해야 한다. 이제부터 불연속인 점에서 cdf의 값을 나타내기 위해 그래프에서 점을 사용할 것이다.

cdf는 단위 계단함수의 항으로 간결하게 표현할 수 있다.

$$u(x) = \begin{cases} 0 & x < 0\text{에 대해서} \\ 1 & x \geq 0\text{에 대해서} \end{cases} \tag{4.2}$$

그러면

$$F_X(x) = \frac{1}{8}u(x) + \frac{3}{8}u(x-1) + \frac{3}{8}u(x-2) + \frac{1}{8}u(x-3)$$

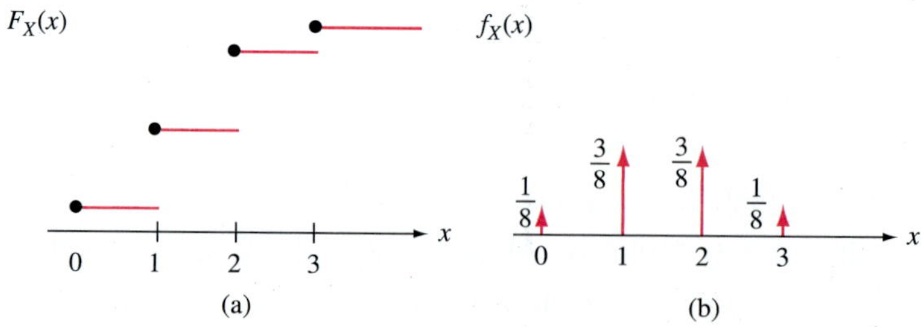

그림 4.1 ● 이산 확률 변수의 (a) 누적분포 함수와 (b) 확률밀도 함수

예제 4.2 **단위구간에서 균등 확률 변수**

원형판의 중심에 화살을 붙여 돌린다. θ를 화살의 마지막 각도라 하고, $0<\theta\leq 2\pi$이다. θ가 $(0, 2\pi]$의 부분 구간에 놓일 확률은 부분 구간의 길이에 비례한다. 확률 변수 X는 $X(\theta)=\theta/2\pi$로 정의한다. X의 cdf를 구하라.

θ가 0에서 2π까지 증가하고, 따라서 X는 0에서 1까지 증가한다. $x\leq 0$에 대한 θ는 없다.

$$F_X(x) = P[X \leq x] = P[\varnothing] = 0 \quad x<0\text{에 대해서}$$

$0<x\leq 1$에 대해서는 $\{X \leq x\}$는 $\{\theta \leq 2\pi x\}$일 때 일어난다.

$$F_X(x) = P[X \leq x] = P[\{\theta \leq 2\pi x\}] = 2\pi x/2\pi = x \qquad 0 < x \leq 1 \tag{4.3}$$

마지막으로, $x>1$에 대해서 모든 결과 θ는 $\{X(\theta) \leq 1 < x\}$이다.

$$F_X(x) = P[X \leq x] = P[0 < \theta \leq 2\pi] = 1 \quad x>1\text{에 대해서}$$

이러한 X를 단위구간에서 **균등 확률 변수(uniform random variable)**라고 한다. 그림 4.2(a)에서 일반 균등 확률 변수의 cdf를 나타낸다. $F_X(x)$는 x가 최소값에서 최대값까지 바뀔 때 0에서 1까지 감소하지 않는 함수이다.

예제 4.3

택시 승강장에서 고객의 기다리는 시간 X는 택시 승강장에 대기중인 택시가 있다면 0이고, 대기중인 택시가 없으면 [0, 1](시간단위)에 균등하게 분포한다. 고객이 도착할 때 승강장에 택시가 있을 확률은 p이다. X의 cdf를 구하라.

cdf는 전체 확률정리를 사용하여 구한다.

$$F_X(x) = P[X \leq x] = P[X \leq x \mid \text{택시 대기중}]p + P[X \leq x \mid \text{택시 없음}](1 - p)$$

$x\geq$ 이면 $P[X\leq x \mid \text{택시 대기중}]=1$, 그렇지 않으면 0이다. 또한 $P[X\leq x \mid \text{택시 없음}]$는 식 (4.3)과 같이 주어진다.

$$F_X(x) = \begin{cases} 0 & x < 0 \\ p + (1 - p)x & 0 \leq x \leq 1 \\ 1 & x > 1 \end{cases}$$

그림 4.3(a)에 나타난 cdf는 예제 4.1의 cdf(0에서 불연속)와 예제 4.2의 cdf(구간에서 연속)를 결합한 것이다. $F_X(x)$는 길이 P인 계단함수와 x의 연속함수와의 합이다.

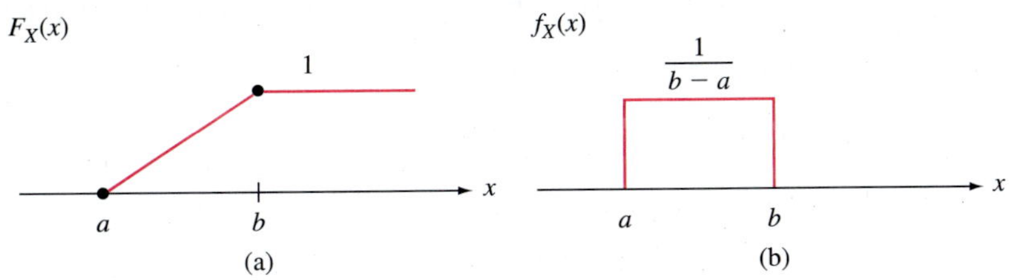

그림 4.2 ● 연속 확률 변수의 (a) cdf와 (b) pdf

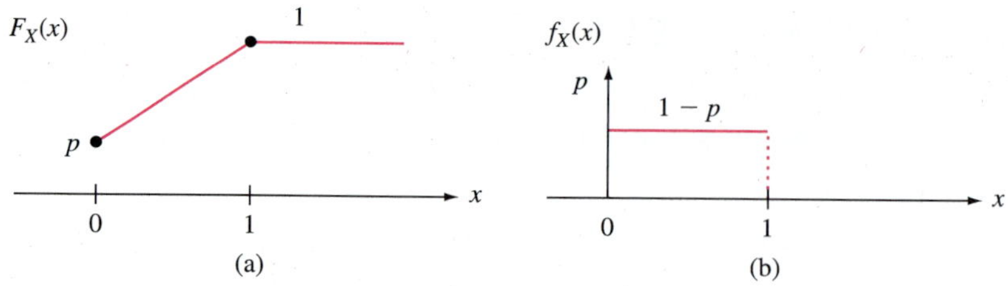

그림 4.3 ● 혼합된 확률 변수의 cdf(a)와 pdf(b)

확률의 공리와 정리에 의해 cdf는 다음의 성질들을 갖는다.

(i) $0 \leq F_X(x) \leq 1$

(ii) $\lim_{x \to \infty} F_X(x) = 1$

(iii) $\lim_{x \to -\infty} F_X(x) = 0$

(iv) $F_X(x)$는 감소하지 않는 함수다. 즉, $a < b$이면 $F_X(a) \leq F_X(b)$

(v) $F_X(x)$는 오른쪽으로부터 연속이다. 즉, $h > 0$에 대하여 $F_X(b) = \lim_{h \to 0} F_X(b+h) = F_X(b^+)$

위 다섯 성질은 x가 $-\infty$에서 ∞까지 증가함에 따라 cdf는 감소하지 않은 함수임을 확인할 수 있다. 예제 4.1, 4.2, 4.3에서 이미 관찰한 바 있다. 성질 (v)는 불연속 점에서 cdf값은 우측 극한값과 같고, 예제 4.1과 예제 4.3에서 이 성질을 관찰했다. 예제 4.2에서 cdf는 x의 모든 값에 대해서 연속이다. 즉, cdf는 모든 x에 대해서 우측과 좌측으로 연속이다.

cdf는 X의 구간이나 한 점을 포함하는 사건의 확률을 계산할 수 있는 다음의 성질을 가진다.

(vi) $P[a < X \leq b] = F_X(b) - F_X(a)$

(vii) $P[X = b] = F_X(b) - F_X(b^-)$

(viii) $P[X > x] = 1 - F_X(x)$

성질 (vii)은 $X = b$일 확률은 점 b에서 cdf의 점프의 크기로 주어진다. 따라서 만약 점 b에서 cdf가 연속이라면 사건 $X = b$의 확률은 0이 된다. 성질 (vi)과 (vii)은 다른 유형의 구간의 확률을 계산하기 위해 사용된다. 예를 들면, $\{a \leq X \leq b\} = \{X = a\} \cup \{a < X \leq b\}$이다. 따라서 다음과 같다.

$$\begin{aligned} P[a \leq X \leq b] &= P[X = a] + P[a < X \leq b] \\ &= F_X(a) - F_X(a^-) + F_X(b) - F_X(a) = F_X(b) - F_X(a^-) \end{aligned} \quad (4.4)$$

cdf가 한 구간의 끝점에서 연속이라면 그 끝점의 확률은 0이다. 따라서 끝점들은 구간에 포함되거나 구간에서 제외되더라도 확률에 영향을 미치지 않는다.

예제 4.4

X를 공정한 동전을 세 번 던져서 나온 앞면의 수라고 하자. cdf를 사용하여 사건 $A = \{1 < X \leq 2\}$, $B = \{0.5 \leq X < 2.5\}$과 $C = \{1 \leq X < 2\}$의 확률을 구하라.

성질 (vi)과 그림 4.1로부터 다음이 성립하고,

$$P[1 < X \leq 2] = F_X(2) - F_X(1) = 7/8 - 1/2 = 3/8$$

cdf는 $x = 0.5$와 $x = 2.5$에서 연속이다.

$$P[0.5 \leq X < 2.5] = F_X(2.5) - F_X(0.5) = 7/8 - 1/8 = 6/8$$

왜냐하면 $\{1 \leq X < 2\} \cup \{X = 2\} = \{1 \leq X \leq 2\}$이기 때문이다. 식 (4.4)로부터 다음을 구한다.

$$P\{1 \leq X < 2] + P[X = 2] = F_X(2) - F_X(1^-)$$

그리고 $P[X = 2]$에 대해 성질 (vii)을 사용하여 다음을 구한다.

$$\begin{aligned} P\{1 \leq X < 2] &= F_X(2) - F_X(1^-) - \mathrm{P}[X = 2] = F_X(2) - F_X(1^-) - (F_X(2) - F_X(2^-)) \\ &= F_X(2^-) - F_X(1^-) = 4/8 - 1/8 = 3/8 \end{aligned}$$

예제 4.5

예제 4.2로부터 X는 균등 확률 변수라고 하자. cdf를 사용하여 사건 $\{-0.5 < X < 0.25\}$, $\{0.3 < X < 0.65\}$과 $\{|X - 0.4| > 0.2\}$의 확률을 구하라.

X의 cdf는 모든 점에서 연속이므로 다음이 성립한다.

$$\begin{aligned} P[-0.5 < X \leq 0.25] &= F_X(0.25) - F_X(-0.5) = 0.25 - 0 = 0.25 \\ P[0.3 < X < 0.65] &= F_X(0.65) - F_X(0.3) = 0.65 - 0.3 = 0.35 \\ P[|X - 0.4| > 0.2] &= P[\{X < 0.2\} \cup \{X > 0.6] = P[X < 0.2] + P[X > 0.6] \\ &= F_X(0.2) + (1 - F_X(0.6)) = 0.2 + 0.4 = 0.6 \end{aligned}$$

이제 cdf 성질 증명을 고려하자.

- 성질 (i)은 cdf가 확률이고 Axiom I과 정리 2를 만족하므로 성립한다.
- 성질 (iv)가 성립하기 위해서는 사건 $\{X \leq a\}$은 $\{X \leq b\}$의 부분집합이고, 그래서 더 작거나 같은 확률을 가져야 한다(정리7).
- 성질 (vi)을 보이기 위해서는 $\{X \leq b\}$가 서로 배반 사건의 합집합으로 표현되어야 한다. $\{X \leq a\} \cup \{a < X \leq b\} = \{X \leq b\}$, 따라서 Axiom III에 의해서 $F_X(a) + P[a < X \leq b] = F_X(b)$이다.
- 성질 (viii)은 $\{X > x\} = \{X \leq x\}^c$과 정리 1에 의해서 나온다.

직관적으로는 분명한 반면, 성질 (ii), (iii), (v)와 (vii)은 이 절 끝에서 다루는 좀 더 어려운 극한 논의를 요구한다.

4.1.1 확률 변수의 세 유형

예제 4.1, 4.2와 4.3의 확률 변수는 전형적인 확률 변수의 세 유형이다.

이산 확률 변수는 우측 연속이고, 점 $x_0, x_1, x_2, \ldots$의 집합에서 점프하는 x의 계단함수인

cdf를 가진다. 예제 4.1에 있는 확률 변수는 이산 확률 변수의 전형적인 예이다. 이산 확률 변수의 cdf $F_X(x)$는 x보다 더 작은 결과의 확률 합이고, 예제 4.1에서와 같이 단위계단함수의 가중된 합으로 나타낼 수 있다.

$$F_X(x) = \sum_{x_k \le x} p_X(x_k) = \sum_k p_X(x_k)u(x - x_k) \tag{4.5}$$

여기서 pmf $P_X(x_k) = P[X = x_k]$은 cdf에서 점프의 크기이며, pmf는 cdf로부터 얻고 그 역도 성립한다.

연속 확률 변수는 모든 점에서 연속인 cdf $F_X(x)$를 가지고, 어떤 음 아닌 함수 $f(x)$의 적분으로 나타낼 수 있는 cdf를 가지는 확률 변수이다.

$$F_X(x) = \int_{-\infty}^{x} f(t)\,dt \tag{4.6}$$

예제 4.2에서 다룬 확률 변수는 그림 4.2(b)에서 나타낸 함수의 적분으로도 나타낼 수 있다. cdf의 연속성과 성질(vii)은 연속 확률 변수의 모든 x에 대해 $P[X = x] = 0$을 나타낸다. 모든 가능한 결과(outcome)가 확률 영을 가진다! 즉각적인 결론은 연속 확률 변수 X의 확률특성을 밝히는 데에 pmf는 사용되지 않음을 알 수 있다. 이산 확률 변수에 대해서는, 식 (4.5)을 사용하여 이산 점에서 확률 질량을 더해 확률을 계산한다. 연속 확률 변수에 대해서는 식 (4.6)을 사용하여 수직선의 구간 위에서 확률 밀도를 적분해서 확률을 계산한다.

혼합된 확률 변수는 점 $x_0, x_1, x_2, \ldots$ 에서는 점프하고 그러나 또 x의 적어도 한 구간 위에서는 연속적으로 증가하는 cdf를 가지는 확률 변수이다. 이 확률 변수의 cdf는 다음과 같다.

$$F_X(x) = pF_1(x) + (1 - p)F_2(x)$$

여기서 $0 < p < 1$이고, $F_1(x)$는 이산 확률 변수의 cdf이고, $F_2(x)$는 연속 확률 변수의 cdf이다. 예제 4.3의 확률 변수는 혼합형이다.

혼합형 확률 변수는 두 단계 과정에 의해서 만들어진다고 볼 수 있다. 동전을 던져서 동전의 앞면이 나오면 이산 확률 변수는 $F_1(x)$에 의해서 만들고, 그렇지 않으면 연속 확률 변수는 $F_2(x)$에 의해 만든다.

*4.1.2 정교한 포인트: cdf의 극한 성질

성질 (ii), 성질 (iii), 성질 (v)와 성질 (vii)은 2.9절에서 다룬 확률함수의 연속성이 필요하다. 예를 들어, 성질 (ii)에 대해서는 n이 ∞에 접근함에 따라서 표본 공간 S의 모두를 포함할 수 있도록 증가하는 사건 $\{X \le n\}$열을 고려하자. 확률함수의 연속성질(정리 8)은 다음을 뜻한다.

$$\lim_{n\to\infty} F_X(n) = \lim_{n\to\infty} P[X \le n] = P[\lim_{n\to\infty}\{X \le n\}] = P[S] = 1$$

성질 (iii)에 대해서는 공집합으로 감소하는 $\{X \le -n\}$ 열을, 즉 $-\infty$보다 더 작은 값을 가지는 결과가 없는 열을 취한다.

$$\lim_{n\to\infty} F_X(-n) = \lim_{n\to\infty} P[X \le -n] = P[\lim_{n\to\infty}\{X \le -n\}] = P[\varnothing] = 0$$

성질 (v)에 대해서는 우측으로부터 $\{X \le x + 1/n\}$에 감소하는 사건 $\{X \le x\}$을 취한다.

$$\lim_{n\to\infty} F_X(x + 1/n) = \lim_{n\to\infty} P[X \le x + 1/n]$$
$$= P[\lim_{n\to\infty}\{X \le x + 1/n\}] = P[\{X \le x\}] = F_X(x)$$

마지막으로 성질 (vii)에 대해서는 좌로부터 $\{b\}$로 감소하는 $\{b - 1/n < X \le b\}$ 열을 취한다.

$$\lim_{n\to\infty}(F_X(b) - F_X(b - 1/n)) = \lim_{n\to\infty} P[b - 1/n < X \le b]$$
$$= P[\lim_{n\to\infty}\{b - 1/n < X \le b\}] = P[X = b]$$

4.2 확률 밀도 함수

***X*의 확률 밀도 함수(probability density function: pdf)**가 존재한다면, 그것은 $F_X(x)$의 도함수로 정의된다.

$$f_X(x) = \frac{dF_X(x)}{dx} \tag{4.7}$$

이 절에서는 pdf가 누적 분포 함수가 갖고 있는 정보를 자세히 나타내는 더 유용한 또 다른 방법임을 배울 것이다. pdf는 다음과 같은 의미로 점 x에서의 확률의 '밀도'를 나타낸다. X가 x부근의 작은 구간, 즉 $\{x < X \le x + h\}$에 있을 확률은 다음과 같다.

$$\begin{aligned} P[x < X \le x + h] &= F_X(x + h) - F_X(x) \\ &= \frac{F_X(x + h) - F_X(x)}{h}h \end{aligned} \tag{4.8}$$

만약 cdf가 x에서 도함수를 갖는다면 h가 매우 작아질 때 다음과 같다.

$$P[x < X \le x + h] \simeq f_X(x)h \tag{4.9}$$

따라서 X가 x 부근의 한 작은 구간 안에 있을 확률은 대략 $f_X(x)h$가 된다는 뜻에서 $f_X(x)$는 점 x에서 확률의 '밀도'를 나타낸다. cdf는 x의 감소하지 않는 함수이므로, cdf의 도함수가 존재하면 양수가 된다.

(i) $f_X(x) \ge 0$ (4.10)

식 (4.9)와 (4.10)은 확률 변수 X와 관련된 확률들을 자세히 기술하기 위한 또 다른 접근법을 제시한다. 우선 pdf라고 불리는 음수가 아닌 함수 $f_X(x)$에 대해 먼저 언급하겠다. 여기서 $f_X(x)$는 그림 4.4(a)와 같이 'X는 폭 dx를 갖는 점 x 부근의 작은 구간에 있다.' 는 형태의 사건의 확률을 나타낸다. X와 관련된 사건의 확률은 폭 dx의 구간의 확률을 더함으로써 pdf의 항으로 표현될 수 있다. 구간의 폭이 0으로 접근하면 pdf의 항으로 된 적분을 얻는다. 예를 들면, 구간 $[a, b]$의 확률은 다음과 같다.

(ii) $P[a \le X \le b] = \int_a^b f_X(x)\,dx$ (4.11)

그림 4.4(b)와 같이 한 구간의 확률은 그 구간에서 함수 $f_X(x)$의 면적이 된다. 서로 만나지 않는 여러 구간들의 합집합으로 이루어진 모든 사건들의 확률은 각 구간에 대한 pdf의 적분을 더해서

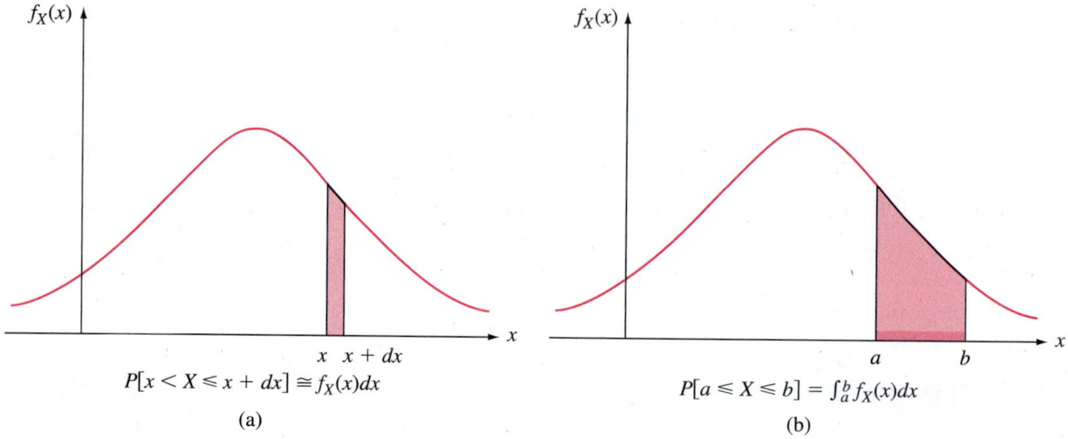

그림 4.4 ● (a) 확률밀도 함수는 무한소의 폭을 갖는 구간의 확률을 나타낸다. (b) 구간 [*a*, *b*]의 확률은 이 구간에서 pdf의 면적이다.

얻는다.

X 의 cdf는 pdf를 적분하여 얻을 수 있다.

$$\textbf{(iii)} \quad F_X(x) = \int_{-\infty}^{x} f_X(t)\, dt \tag{4.12}$$

4.1절에서 식 (4.12)에 따라 그 cdf가 주어지는 확률 변수 X로서 연속 확률 변수를 정의했다. X와 관련된 모든 사건들의 확률은 cdf의 항으로 표현 할 수 있으므로 그 확률들은 pdf의 항으로도 표현할 수 있다. 따라서 *pdf*는 연속 확률 변수의 동작을 완벽하게 나타낸다.

식 (4.12)에서 x를 무한대로 하면 pdf를 위한 정규화 조건을 얻는다.

$$\textbf{(iv)} \quad 1 = \int_{-\infty}^{+\infty} f_X(t)\, dt \tag{4.13}$$

pdf는 확률이 '물리적 질량'과 비슷한 특성을 가진다는 직관적인 개념을 분명하게 한다. 따라서 식 (4.11)은 한 구간에서의 확률 '질량'은 그 구간에서의 '확률 질량의 밀도'의 적분과 같음을 나타낸다. 식 (4.13)은 가능한 총 질량은 1단위(one unit)임을 나타낸다.

유효한 *pdf*는 유한적분을 갖고, 음수가 아니며, 조각적으로 연속인 함수 *g(x)*에서 만들어질 수 있다.

$$\int_{-\infty}^{\infty} g(x)\, dx = c < \infty \tag{4.14}$$

$f_X(x) = g(x)/c$로 놓으면, 정규화 조건을 만족하는 함수를 얻는다. pdf는 반드시 x의 모든 실수값에 대해 정의되어야 함을 주의하자. X가 실직선의 어떤 영역에서 값을 갖지 않는다면 우리는 그 영역에서 단순히 $f_X(x) = 0$이라고 놓으면 된다.

예제 4.6 **균등 확률 변수**

그림 4.2(b)에서와 같이 균등 확률 변수의 pdf는 다음과 같다.

$$f_X(x) = \begin{cases} \dfrac{1}{b-a} & a \le x \le b \\ 0 & x < a \text{ 그리고 } x > b \end{cases} \tag{4.15a}$$

식 (4.12)에서 cdf는 다음과 같이 얻는다.

$$F_X(x) = \begin{cases} 0 & x < a \\ \dfrac{x-a}{b-a} & a \le x \le b \\ 1 & x > b \end{cases} \tag{4.15b}$$

cdf는 그림 4.2(a)에서 볼 수 있다.

예제 4.7 **지수 확률 변수**

통신 시스템의 메시지 전송시간은 지수 분포이다.

$$P[X > x] = e^{-\lambda x} \qquad x > 0$$

X의 cdf와 pdf를 구하라.

지수 분포의 cdf는 $F_X(x) = 1 - P[X > x]$

$$F_X(x) = \begin{cases} 0 & x < 0 \\ 1 - e^{-\lambda x} & x \ge 0 \end{cases} \tag{4.16a}$$

pdf는 식 (4.7)에 의해서 구해진다.

$$f_X(x) = F'_X(x) = \begin{cases} 0 & x < 0 \\ \lambda e^{-\lambda x} & x \ge 0 \end{cases} \tag{4.16b}$$

예제 4.8 **라플라스 확률 변수**

음성 파형에서 진폭 표본의 pdf는 α의 비율로 지수적으로 감소함을 알고 있다. 따라서 다음의 pdf가 제안된다.

$$f_X(x) = ce^{-\alpha|x|} \qquad -\infty < x < \infty \tag{4.17}$$

상수 c를 구한 후 확률 $P[|X| < v]$를 구하라.

(iv)의 정규화 조건을 이용해 c를 찾는다.

$$1 = \int_{-\infty}^{\infty} ce^{-\alpha|x|}\,dx = 2\int_{0}^{\infty} ce^{-\alpha x}\,dx = \frac{2c}{\alpha}$$

그러므로 $c = \alpha/2$가 된다. 확률 $P[|X| < v]$는 pdf를 적분해 구할 수 있다.

$$P[|X| < v] = \frac{\alpha}{2}\int_{-v}^{v} e^{-\alpha|x|}\,dx = 2\left(\frac{\alpha}{2}\right)\int_{0}^{v} e^{-\alpha x}\,dx = 1 - e^{-\alpha v}$$

4.2.1 이산 확률 변수의 pdf

cdf의 도함수는 cdf가 불연속인 점에서는 존재하지 않는다. 따라서 식 (4.7)로 정의된 pdf의 개념은 cdf가 불연속인 점에서는 이산 확률 변수에 적용시킬 수 없다. 우리는 단위 계단함수와 델타함수 간의 관계를 이용해 pdf의 정의를 일반화할 수 있다. **단위 계단함수(unit step function)**는 다음과 같이 정의된다.

$$u(x) = \begin{cases} 0 & x < 0 \\ 1 & x \geq 0 \end{cases} \tag{4.18a}$$

델타함수(delta function) $\delta(t)$는 다음 식에 따라 단위 계단함수의 항으로 정의된다.

$$u(x) = \int_{-\infty}^{x} \delta(t)\, dt \tag{4.18b}$$

이동된 단위계단 함수는 다음과 같다.

$$u(x - x_0) = \int_{-\infty}^{x-x_0} \delta(t)\, dt = \int_{-\infty}^{x} \delta(t' - x_0)\, dt' \tag{4.18c}$$

이산 확률 변수의 cdf에 식 (4.18.c)를 대입하면 다음과 같다.

$$\begin{aligned} F_X(x) &= \sum_k p_X(x_k) u(x - x_k) = \sum_k p_X(x_k) \int_{-\infty}^{x} \delta(t - x_k)\, dt \\ &= \int_{-\infty}^{x} \sum_k p_X(x_k) \delta(t - x_k)\, dt \end{aligned} \tag{4.19}$$

이산 확률 변수의 pdf가 다음과 같이 정의됨을 의미한다.

$$f_X(x) = \frac{d}{dx} F_X(x) = \sum_k p_X(x_k) \delta(x - x_k) \tag{4.20}$$

따라서 pdf의 일반화된 정의는 cdf가 불연속인 점 x_k에 가중치 $P[X = x_k]$의 델타함수를 사용한다.

델타함수에 관한 직관적인 고찰을 위해 $t = 0$을 중심으로 하고, 면적이 1이고, 폭이 Δ인 좁은 사각 펄스를 고려하자.

$$\pi_\Delta(t) = \begin{cases} 1/\Delta & -\Delta/2 \leq t \leq \Delta/2 \\ 0 & |t| > \Delta \end{cases}$$

$\pi_\Delta(t)$의 적분을 고려하자.

$$\int_{-\infty}^{x} \pi_\Delta(t)\, dt = \left\{ \begin{aligned} &\int_{-\infty}^{x} \pi_\Delta(t)\, dt = \int_{-\infty}^{x} 0\, dt = 0 && \text{for } x < -\Delta/2 \\ &\int_{-\infty}^{x} \pi_\Delta(t)\, dt = \int_{-\Delta/2}^{\Delta/2} 1/\Delta\, dt = 1 && \text{for } x > \Delta/2 \end{aligned} \right\} \to u(x) \tag{4.21}$$

$\Delta \to 0$에 따라서 좁은 사각펄스의 적분이 단위 계단함수가 된다. 이런 이유로 $x = 0$을 제외한

모든 점에서 델타함수 $\delta(t)$가 0이 됨을 알 수 있다. $x = 0$에서 위 식은 적용되지 않는다. 식 (4.18a)에서 우측 연속성을 유지하기 위해서 다음을 사용한다.

$$u(x) = \int_{-\infty}^{x} \delta(t)\, dt$$

위 유도과정에서 $\pi_\Delta(t)$를 $g(t)\,\pi_\Delta(t)$로 바꾸면 델타함수의 이동성질을 얻는다.

$$g(0) = \int_{-\infty}^{\infty} g(t)\delta(t)\, dt \quad \text{and} \quad g(x_0) = \int_{-\infty}^{\infty} g(t)\delta(t - x_0)\, dt \tag{4.22}$$

예제 4.1에서 논의된 이산 확률 변수의 pdf는 그림 4.1(b)에 나타난다. 혼합형 확률 변수의 pdf는 cdf가 불연속점에서 델타함수를 포함한다. 예제 4.3에서 논의된 확률 변수의 pdf는 그림 4.3(b)에 있다.

예제 4.9

예제 4.1과 같이 동전을 3번 던져서 앞면이 나온 횟수를 X라고 하자. X의 pdf를 구하라. pdf를 적분하여 $P[1 < X \le 2]$와 $P[2 \le X < 3]$을 구하라.

예제 4.1에서X의 cdf는 다음과 같이 주어짐을 알았다.

$$F_X(x) = \frac{1}{8}u(x) + \frac{3}{8}u(x-1) + \frac{3}{8}u(x-2) + \frac{1}{8}u(x-3)$$

그리고 식 (4.18)과 (4.19)에서 다음을 얻는다.

$$f_X(x) = \frac{1}{8}\delta(x) + \frac{3}{8}\delta(x-1) + \frac{3}{8}\delta(x-2) + \frac{1}{8}\delta(x-3)$$

델타함수가 적분의 끝점에 있을 때, 델타함수가 적분에 포함될 것인지 여부를 나타내야 한다. 따라서 $P[1 < X \le 2] = P\,[X \text{ in } (1, 2]]$에서 1에 위치한 델타함수는 적분에서 제외되고, 2에 위치한 델타함수는 적분에 포함된다.

$$P[1 < X \le 2] = \int_{1+}^{2+} f_X(x)\, dx = \frac{3}{8}$$

같은 방법으로 다음을 얻는다.

$$P[2 \le X < 3] = \int_{2-}^{3-} f_X(x)\, dx = \frac{3}{8}$$

4.2.2 조건부 cdf와 조건부 pdf

조건부 cdf는 조건부 pmf에서 정의한 방식과 같은 방법으로 정의할 수 있다. 사건 C와 $P[C] > 0$일 때, **C가 주어진 X의 조건부 cdf**는 다음 식으로 정의된다.

$$P[C] > 0\text{이면} \quad F_X(x|C) = \frac{P[\{X \le x\} \cap C]}{P[C]} \tag{4.23}$$

$F_X(x|C)$가 cdf의 모든 특성들을 만족함을 보이기는 어렵지 않다(연습문제 4.25 참고). **C가 주어진 X의 조건부 pdf**는 다음 식으로 정의된다.

$$f_X(x \mid C) = \frac{d}{dx}F_X(x|C) \tag{4.24}$$

예제 4.10

기계의 수명 X는 연속 cdf $F_X(x)$를 갖는다. 사건 $C = \{X > t\}$가 주어진 조건부 cdf와 조건부 pdf를 구하라(즉, '기계는 시간 t에서 여전히 작동하고 있다').

조건부 cdf는 다음과 같다.

$$F_X(x|X > t) = P[X \leq x \mid X > t] = \frac{P[\{X \leq x\} \cap \{X > t\}]}{P[X > t]}$$

위 식에서 분자에 있는 두 사건의 교집합은 $x < t$이면 공집합이고, $x \geq t$이면 $\{t < X \leq x\}$가 된다.

$$F_X(x|X > t) = \begin{cases} 0 & x \leq t \\ \dfrac{F_X(x) - F_X(t)}{1 - F_X(t)} & x > t \end{cases}$$

조건부 pdf는 x에 대해 미분화해서 구할 수 있다.

$$f_X(x \mid X > t) = \frac{f_X(x)}{1 - F_X(t)} \quad x \geq t$$

표본 공간 S의 분할을 $B_1, B_2, \ldots, B_n$이라 하자. 이때 주어진 사건 B_i의 조건 cdf를 $F_X(x|B_i)$이라 하자. X의 cdf를 조건 cdf와 전체 확률 정리를 사용하여 구한다.

$$F_X(x) = P[X \leq x] = \sum_{i=1}^{n} P[X \leq x \mid B_i]P[B_i] = \sum_{i=1}^{n} F_X(x \mid B_i)P[B_i] \tag{4.25}$$

이 식을 미분해서 pdf를 얻는다.

$$f_X(x) = \frac{d}{dx}F_X(x) = \sum_{i=1}^{n} f_X(x \mid B_i)P[B_i] \tag{4.26}$$

예제 4.11

이진 전송 시스템은 $-v$ 볼트 신호로 '0' 비트를, $+v$로 '1' 비트를 보낸다. 수신 신호는 가우스 잡음에 의해서 훼손되고, 다음과 같이 주어진다.

$$Y = X + N$$

여기서 X는 전송신호이고, N은 밀도 함수 $f_N(x)$을 가지는 잡음이다. $P[\text{"1"}] = p = 1 - P[\text{"0"}]$을 가정한다. Y의 pdf를 구하라.

이때 B_0는 '0'을 전송하는 이벤트이고, B_1은 '1' 비트를 전송하는 이벤트라 하자. B_0와 B_1은 분할이 된다.

$$\begin{aligned} F_Y(x) &= F_Y(x \mid B_0)[B_0] + F_Y(x \mid B_1)[B_1] \\ &= P[Y \leq x \mid X = -v](1 - p) + P[Y \leq x \mid X = v]p \end{aligned}$$

$Y = X + N$이므로 이벤트$\{Y < x|X = v\}$은 $\{Y < x|X = v\}$과 $\{v + N < x\}$에 동등하고, 이벤트 $\{Y < x|X = -v\}$은 $\{N < x - v\}$에 동등하다. 그러므로 조건 cdf는 다음과 같다.

$$F_Y(x|B_0) = P[N \le x + v] = F_N(x + v)$$

그리고

$$F_Y(x|B_1) = P[N \le x - v] = F_N(x - v)$$

cdf는 다음과 같다.

$$F_Y(x) = F_N(x + v)(1 - p) + F_N(x - v)p$$

그때 N의 pdf는 다음과 같다.

$$\begin{aligned} f_Y(x) &= \frac{d}{dx}F_Y(x) \\ &= \frac{d}{dx}F_N(x + v)(1 - p) + \frac{d}{dx}F_N(x - v)p \\ &= f_N(x + v)(1 - p) + f_N(x - v)p \end{aligned}$$

가우스 확률 변수는 다음과 같은 pdf를 가진다.

$$f_N(x) = \frac{1}{\sqrt{2\pi\sigma^2}}e^{-x^2/2\sigma^2} \qquad -\infty < x < \infty$$

조건 pdf는 다음과 같다.

$$f_Y(x|B_0) = f_N(x + v) = \frac{1}{\sqrt{2\pi\sigma^2}}e^{-(x+v)^2/2\sigma^2}$$

그리고

$$f_Y(x|B_1) = f_N(x - v) = \frac{1}{\sqrt{2\pi\sigma^2}}e^{-(x-v)^2/2\sigma^2}$$

수신신호 Y의 pdf는 다음과 같다.

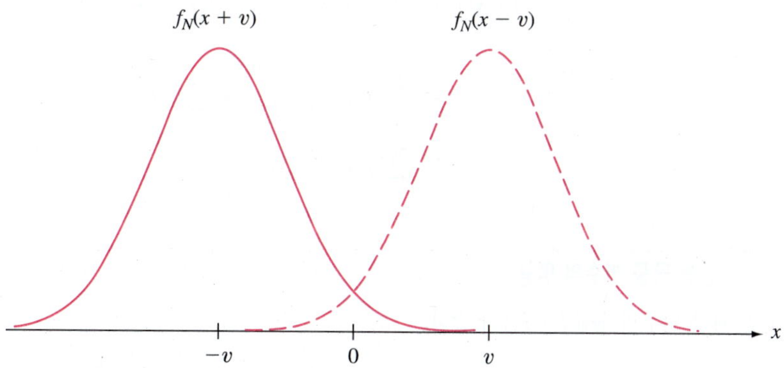

그림 4.5 ● 주어진 입력신호의 조건 pdfs

$$f_Y(x) = \frac{1}{\sqrt{2\pi\sigma^2}} e^{-(x+v)^2/2\sigma^2}(1 - p) + \frac{1}{\sqrt{2\pi\sigma^2}} e^{-(x-v)^2/2\sigma^2} p$$

그림 4.5는 두 개의 조건 pdf를 나타내고 전송신호 X는 가우스 pdf의 질량 중심 이동이다.

4.3 X의 기대값

우리는 3.3절에서 이산 확률 변수의 기대값을 논의했고, 확률 변수의 독립적 관찰의 표본 평균은 $E[X]$이 된다는 것을 알았다. 이제 연속 확률 변수에 관한 일련의 실험을 한다고 생각해보자. 연속 확률 변수는 어떠한 x값에 대해서든 $P[X = x] = 0$이므로 우리는 실선을 작은 구간으로 나누고, 구간 $\{x_k < X < x_k + \Delta\}$를 관찰하여 $N_k(n)$시간 숫자를 헤아렸다. n이 커짐에 따라 상대도수 $f_k(n) = N_k(n)/n$는 구간의 가능성인 $f_x(x_k)\Delta$이 될 것이다. 이제 n이 무한대로 커짐에 따라 상대도수의 표본 평균을 계산해보자.

$$\langle X \rangle_n = \sum_k x_k f_k(n) \to \sum_k x_k f_X(x_k)\Delta$$

우변의 식은 Δ이 감소함에 따라 적분이 될 것이다.

확률 변수 X의 **기대값** 또는 **평균**은 다음과 같이 정의된다.

$$E[X] = \int_{-\infty}^{+\infty} t f_X(t)\, dt \tag{4.27}$$

기대값 $E[X]$는 위의 적분 또는 합이 절대적으로 수렴해야만 정의된다.

$$E[|X|] = \int_{-\infty}^{+\infty} |t| f_X(t)\, dt \qquad < \infty$$

만약 $f_X(x)$를 실직선상에서 질량을 갖는 물질이 분포하는 것으로 본다면, $E[X]$는 이 분포에서 질량의 중심을 나타낸다.

이산 확률 변수의 $E[X]$는 이미 자세히 살펴보았지만 그것을 식 (4.27)에 주어진 정의, 즉 우리가 불확실한 무작위 변수의 pdf를 델타함수에 표현할 수 있다는 것을 적용하는 것에 주목해보자.

$$\begin{aligned} E[X] &= \int_{-\infty}^{+\infty} t \sum_k p_X(x_k)\delta(t - x_k)\, dt \\ &= \sum_k p_X(x_k) \int_{-\infty}^{+\infty} t \sum_k \delta(t - x_k)\, dt \\ &= \sum_k p_X(x_k) x_k \end{aligned}$$

예제 4.12 균등 확률 변수의 평균

균등 확률 변수의 평균은 다음과 같다.

$$E[X] = (b - a)^{-1} \int_a^b t\, dt = \frac{a + b}{2}$$

이것은 정확하게 구간 $[a, b]$의 중점이 된다. 그림 3.6의 결과는 실험 결과가 구간 $[-1, 1]$과 $[3, 7]$에서 각각 균등한 cdf를 갖는 확률 변수 Y와 X가 되는 실험을 반복하여 얻은 것이다. 각각의 기대값은 0과 5이며, Y와 X는 이들 값 주변에서 변한다.

예제 4.12의 결과는 pdf가 점 m에 대해 대칭일 때 $E[X]=m$이 되는 것에 주목하여 곧바로 찾아낼 수 있다.

$$f_X(m - x) = f_X(m + x) \qquad \text{모두 } x\text{에 대해서}$$

평균이 존재한다고 가정하면 다음과 같다.

$$0 = \int_{-\infty}^{+\infty} (m - t) f_X(t)\, dt = m - \int_{-\infty}^{+\infty} t f_X(t)\, dt$$

위의 첫 번째 등식은 $t=m$에 대한 $f_X(t)$의 선대칭과 같은 점에 대한 $(m-t)$의 점대칭에서 얻어진다. 따라서 $E[X]=m$을 얻을 수 있다.

예제 4.13 **가우스 확률 변수의 평균**

가우스 확률 변수의 pdf는 점 $x=m$에 대해 대칭이다. 따라서 $E[X]=m$이다.

다음 식은 X가 음수가 아닌 확률 변수일 때 유용하다.

$$E[X] = \int_0^{\infty} (1 - F_X(t))\, dt \qquad X\text{가 연속이고, 음수가 아닐 때} \tag{4.28}$$

그리고

$$E[X] = \sum_{k=0}^{\infty} P[X > k] \qquad X\text{가 음수가 아니고 정수값일 때} \tag{4.29}$$

연습문제 43번에서 이 공식들을 도출하는 방법에 대해 논의한다.

예제 4.14 **지수 확률 변수의 평균**

서비스 스테이션에서 한 고객이 도착한 후 다음 고객이 도착할 때까지의 시간 간격 X는 매개변수 λ의 지수 pdf를 갖는다. 평균 도착시간 간격을 구하라.

식 (4.17)를 식 (4.27)에 대입해 다음을 얻는다.

$$E[X] = \int_0^{\infty} t\lambda e^{-\lambda t}\, dt$$

부분적분 $(\int udv = uv - \int vdu)$를 이용해 적분한다. $u=t$, $dv = \lambda e^{-\lambda t}\, dt$로 하면 다음과 같다.

$$E[X] = -te^{-\lambda t}\Big|_0^{\infty} + \int_0^{\infty} {}^{-\lambda t}\, dt$$

$$- \lim_{t\to\infty} te^{-\lambda t} - 0 + \left\{\frac{-e^{-\lambda t}}{\lambda}\right\}_0^{\infty}$$

$$= \lim_{t\to\infty} \frac{-e^{-\lambda t}}{\lambda} + \frac{1}{\lambda} = \frac{1}{\lambda}$$

여기서 우리는 t가 무한대로 접근하면 $e^{-\lambda t}$와 $te^{-\lambda t}$가 0이 됨을 이용했다.

이 예제는 식 (4.28)로 계산하는 것이 훨씬 간단하다.

$$E[X] = \int_0^{\infty} e^{-\lambda t}\, dt = \frac{1}{\lambda}$$

λ는 초당 고객수인 고객의 도착률이 되는 것을 상기하자. 평균 도착시간 간격이 고객당 $E[X] = 1/\lambda$초가 되는 것은 직관적으로 이해할 수 있다.

4.3.1 $\{Y = g(X)\}$의 기대값

$Y = g(X)$의 기대값을 구하는 데 관심이 있다고 하자. 이산 확률 변수의 경우에는 X의 pdf 항으로 식 (3.16)을 이용해 직접적으로 $E[Y]$를 구할 수 있다. 이제부터 X의 pdf 항으로 $E[Y]$를 직접 구하는 방법을 알아보자.

$$E[Y] = \int_{-\infty}^{\infty} g(x) f_X(x)\, dx \tag{4.30}$$

식 (4.30)이 어떻게 얻어지는지 이해하기 위해 y축을 길이 h의 구간으로 나눈다고 가정하자. 그 구간들에 k로 색인을 붙이고, y_k를 k번째 구간의 중심값이라고 하자. Y의 기대값은 다음 합에 가까워진다.

$$E[Y] \simeq \sum_k y_k f_Y(y_k) h$$

$g(x)$는 순전히 증가만 한다고 가정하자. 그러면 y축의 k번째 구간은 그림 4.6처럼 x축에서 폭

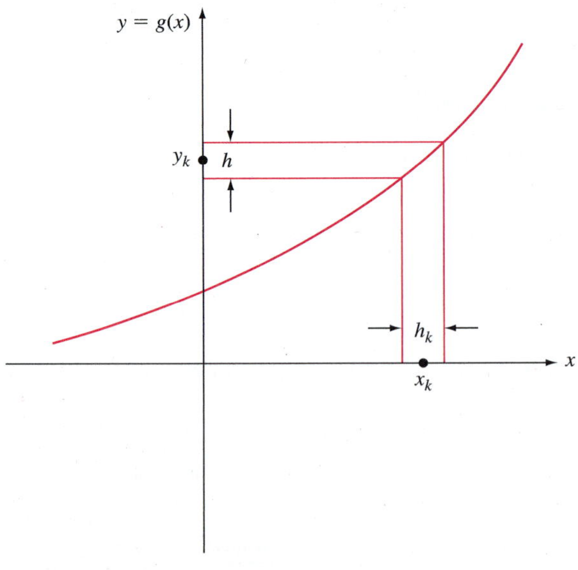

그림 4.6 ● 두 개의 무한소인 동등 사건

h_k를 갖는 유일하게 대응하는 동등 사건을 갖는다. x_k를 k번째 구간에서 $g(x_k) = y_k$인 값이라고 하면, $f_Y(y_k)h = f_X(x_k)h_k$이므로 다음과 같이 된다.

$$E[Y] \simeq \sum_k g(x_k) f_X(x_k) h_k.$$

h가 0으로 접근하면 식 (4.30)을 얻는다. 이 식은 $g(x)$가 순전히 증가만 하는 함수가 아니더라도 유효하다.

예제 4.15 **임의의 위상을 갖는 사인 곡선의 기대값**

$Y = a\cos(\omega t + \Theta)$라고 하자. 여기서 a, ω, t는 상수이고, $\mathbf{\Theta}$는 구간 $(0, 2\pi)$에서 균등 확률 변수이다. 확률 변수 Y는 임의의 위상 $\mathbf{\Theta}$을 갖는 사인 곡선의 진폭을 표본추출해서 얻은 결과이다. Y의 기대값과 Y^2의 기대값을 구하라.

$$\begin{aligned} E[Y] &= E[a\cos(\omega t + \Theta)] \\ &= \int_0^{2\pi} a\cos(\omega t + \theta)\frac{d}{2\pi} = -a\sin(\omega t + \theta)\Big|_0^{2\pi} \\ &= -a\sin(\omega t + 2\pi) + a\sin(\omega t) = 0 \end{aligned}$$

평균 전력은 다음과 같다.

$$\begin{aligned} E[Y^2] &= E[a^2\cos^2(\omega t + \Theta)] = E\left[\frac{a^2}{2} + \frac{a^2}{2}\cos(2\omega t + 2\Theta)\right] \\ &= \frac{a^2}{2} + \frac{a^2}{2}\int_0^{2\pi} \cos(2\omega t + \theta)\frac{d\theta}{2\pi} = \frac{a^2}{2} \end{aligned}$$

이 답은 사인 곡선의 시간 평균과 일치한다는 것에 주목하자. 사인 곡선의 시간 평균('dc' 값)은 0이다. 전력의 시간 평균은 $a^2/2$이다.

예제 4.16 **정의함수의 기대값**

$g(X) = I_C(X)$를 사건 $\{X \subset C\}$를 위한 정의함수라고 하자. 여기서 C는 실직선에서 어떤 구간 또는 구간들의 합집합이다.

$$g(X) = \begin{cases} 0 & X \not\subset C \\ 1 & X \subset C \end{cases}$$

그러면

$$E[Y] = \int_{-\infty}^{+\infty} g(X) f_X(x)\,dx = \int_C f_X(x)\,dx = P[X \subset C]$$

따라서 한 사건의 정의함수의 기대값은 그 사건의 확률과 같다.

식 (3.17a)~(3.17e)이 식 (4.30)을 이용한 연속 확률 변수에도 적용된다는 것을 알아보자. c를 상수라고 하면,

$$E[c] = \int_{-\infty}^{\infty} cf_X(x)\,dx = c\int_{-\infty}^{\infty} f_X(x)\,dx = c \tag{4.31}$$

그리고

$$E[cX] = \int_{-\infty}^{\infty} cxf_X(x)\,dx = c\int_{-\infty}^{\infty} xf_X(x)\,dx = cE[X] \tag{4.32}$$

확률 변수의 함수들의 합에 대한 기대값은 각 함수들의 기대값의 합과 같다.

$$\begin{aligned} E[Y] &= E\left[\sum_{k=1}^{n} g_k(X)\right] \\ &= \int_{-\infty}^{\infty}\sum_{k=1}^{n} g_k(x)f_X(x)\,dx = \sum_{k=1}^{n}\int_{-\infty}^{\infty} g_k(x)f_X(x)\,dx \\ &= \sum_{k=1}^{n} E[g_k(X)] \end{aligned} \tag{4.33}$$

예제 4.17

$Y = g(X) = a_0 + a_1X + a_2X^2 + \cdots + a_nX^n$이라고 하자. 여기서 a_k는 상수다.

$$\begin{aligned} E[Y] &= E[a_0] + E[a_1X] + \cdots + E[a_nX^n] \\ &= a_0 + a_1E[X] + a_2E[X^2] + \cdots + a_nE[X^n] \end{aligned}$$

여기서 우리는 식 (4.33)와 식 (4.31), (4.32)을 이용했다. 이 결과의 특별한 경우는 다음과 같다.

$$E[X + c] = E[X] + c$$

즉, 확률 변수의 평균은 확률 변수에 상수를 더해 이동시킬 수 있다.

4.3.2 X의 분산

확률 변수 X의 분산은 다음과 같이 정의된다.

$$\text{VAR}[X] = E[(X - E[X])^2] = E[X^2] - E[X]^2 \tag{4.34}$$

확률 변수 X의 표준편차는 다음과 같이 정의된다.

$$\text{STD}[X] = \text{VAR}[X]^{1/2} \tag{4.35}$$

예제 4.18 **균등 확률 변수의 분산**

구간 $[a, b]$에서 균등하게 분포하는 확률 변수 X의 분산을 구하라.

X의 평균은 $(a+b)/2$이므로 다음과 같다.

$$\text{VAR}[X] = \frac{1}{b-a}\int_a^b \left(x - \frac{a+b}{2}\right)^2 dx$$

$y = (x - (a+b)/2)$로 놓으면 다음과 같다.

$$\text{VAR}[X] = \frac{1}{b-a}\int_{-(b-a)/2}^{(b-a)/2} y^2\, dy = \frac{(b-a)^2}{12}$$

그림 3.6에서 두 확률 변수는 각각 구간 $[-1, 1]$와 $[3, 7]$에서 균등하게 분포되어 있다. 두 확률 변수의 분산은 1/3과 4/3이고, 해당하는 표준편차는 각각 0.577과 1.155이다.

예제 4.19 **가우스 확률 변수의 분산**

가우스 확률 변수의 분산을 구하라.

먼저 X의 pdf의 적분에 $\sqrt{2\pi}\,\sigma$를 곱해 다음을 얻는다.

$$\int_{-\infty}^{\infty} e^{-(x-m)^2/2\sigma^2}\, dx = \sqrt{2\pi}\,\sigma$$

양변을 σ에 대해 미분하면 다음과 같다.

$$\int_{-\infty}^{\infty}\left(\frac{(x-m)^2}{\sigma^3}\right) e^{-(x-m)^2/2\sigma^2}\, dx = \sqrt{2\pi}$$

위 식을 다시 정리하면 다음 식을 얻는다.

$$\text{VAR}[X] = \frac{1}{\sqrt{2\pi}\,\sigma}\int_{-\infty}^{\infty}(x-m)^2 e^{-(x-m)^2/2\sigma^2}\, dx = \sigma^2$$

이 결과는 직접 적분해서 얻을 수도 있다(연습문제 42번 참고). 그림 4.7은 여러 σ값들에 대한 가우스 pdf를 보여준다. σ가 증가함에 따라 pdf의 '폭'도 증가하는 것이 분명하다.

다음의 특성들은 3.3절에서 나온 것이다.

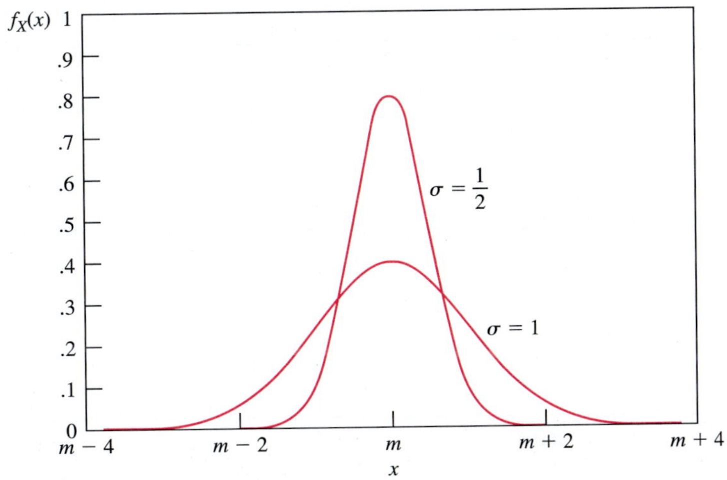

그림 4.7 ● 가우스 확률 변수의 확률 밀도 함수

$$\text{VAR}[c] = 0 \tag{4.36}$$

$$\text{VAR}[X + c] = \text{VAR}[X] \tag{4.37}$$

$$\text{VAR}[cX] = c^2\,\text{VAR}[X] \tag{4.38}$$

여기서 c는 상수다.

평균과 분산은 확률 변수의 pdf를 요약하는 데 사용되는 가장 중요한 두 가지의 매개변수들이다. 다른 매개변수들도 가끔 이용된다. 예를 들면, $E[(X - E[X])^3]/\text{STD}[X]^3$으로 정의되는 비대칭도(skewness)는 평균에 대한 비대칭의 정도를 측정하는 데 쓰인다. pdf가 평균에 대해 대칭이라면 그 비대칭도는 0이 됨을 쉽게 알 수 있다. pdf의 이런 매개변수들에 주목해야 하는 이유는 각 매개변수가 X의 더 높은 거듭제곱의 기대값을 포함하기 때문이다. X의 모든 거듭제곱들에 대한 기대값을 안다면, 어떤 조건 하에서는 pdf를 완벽하게 기술할 수 있음을 뒤에 나오는 절에서 설명할 것이다. 이러한 기대값을 X의 모멘트라 한다.

확률 변수 X의 n차 모멘트는 다음과 같이 정의한다.

$$E[X^n] = \int_{-\infty}^{\infty} x^n f_X(x)\,dx \tag{4.39}$$

평균과 분산은 처음 두 모멘트 $E[X]$와 $E[X^2]$의 항으로 정의되는 것을 볼 수 있다.

***예제 4.20 아날로그의 디지털 변환 : 상세한 예제**

양자화기의 목적은 임의의 전압 X를 2^R개의 대표값들로 이루어진 집합에서 가장 가까운 점인 $q(X)$로 사상하는 것이다(그림 4.8(a) 참고). 그러면 값 X는 R-비트의 이진수로 표현되는 근사값 $q(X)$가 된다. 이러한 방법을 통해 연속적인 값을 취하는 '아날로그' 전압 X는 R-비트 이진수로 변환된다.

양자화기는 그림 4.8(b)와 같이 오차 $Z = X - q(X)$를 낳는다. Z는 X의 함수이고, $-d/2$와 $d/2$ 사이의 범위의 값을 가지고 있음에 주목하자. 여기서 d는 양자화기에서 단계의 크기다. X는 구간$[-x_{\max}, x_{\max}]$에서 균등하게 분포하고, $2x_{\max} = 2^R d$라고 가정하자. Z는 구간 $[-d/2, d/2]$에서 균등하게 분포함을 쉽게 알 수 있다(연습문제 4.86번 참조).

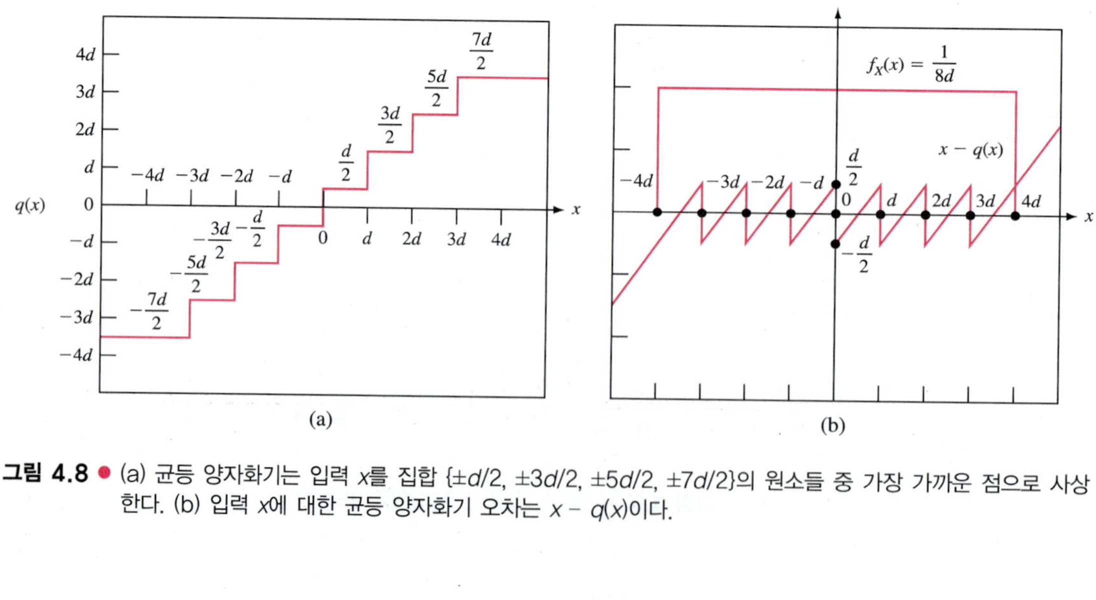

그림 4.8 ● (a) 균등 양자화기는 입력 x를 집합 $\{\pm d/2, \pm 3d/2, \pm 5d/2, \pm 7d/2\}$의 원소들 중 가장 가까운 점으로 사상한다. (b) 입력 x에 대한 균등 양자화기 오차는 $x - q(x)$이다.

그러므로 예제 4.12에서 다음을 구한다.

$$E[Z] = \frac{d/2 - d/2}{2} = 0$$

따라서 오차 Z의 평균은 0이다.

예제 4.18에 따라 다음과 같다.

$$\text{VAR}[Z] = \frac{(d/2 - (-d/2))^2}{12} = \frac{d^2}{12}$$

이 결과는 각 양자화 구간에서 어느 정도 평탄한 모든 pdf에 대해 대체로 정확하다고 할 수 있다. 이것은 2^R이 큰 경우다.

근사값 $q(x)$는 다음과 같이 X에 '잡음'이 들어 있다고 볼 수 있다.

$$Q(X) = X - Z$$

여기서 Z는 양자화 오차다. 왜곡 또는 '잡음' Z의 변동에 대한 '신호' X의 변동의 비율로 정의되는 SNR을 이용해 양자화기의 우수성을 측정할 수 있다.

$$\text{SNR} = \frac{\text{VAR}[X]}{\text{VAR}[Z]} = \frac{\text{VAR}[X]}{d^2/12}$$

$$= \frac{\text{VAR}[X]}{x_{\max}^2/3}2^{2R}$$

여기서 $d = 2x_{\max}/2^R$이라는 사실을 이용했다. X가 균등하지 않으면 값 $x_{\max}$는 $P[|X| > x_{\max}]$가 작아지도록 선택된다. 일반적인 선택은 $x_{\max} = 4\ \text{STD}\ [X]$이다. SNR은 다음과 같다.

$$\text{SNR} = \frac{3}{16}2^{2R}$$

이 중요한 공식은 데시벨로 종종 인용된다.

$$\text{SNR dB} = 10 \log_{10} \text{SNR} = 6R - 7.3 \text{ dB}$$

X를 표현하기 위하여 한 비트를 추가할 때마다. SNR은 4배(6dB)씩 증가하게 된다. 한 비트를 추가하면 양자화 레벨의 수는 두 배로 증가하므로, 결국 스텝의 크기는 1/2로 감소한다. 따라서 오차의 분산은 $2^2 = 4$로 줄어들 것이다.

4.4 중요한 연속 확률 변수

우리는 유한한 정도의 측정에 국한해왔기 때문에 모든 확률 변수는 이산 확률 변수라고 할 수 있다. 그럼에도 불구하고 연속 확률 변수 모델을 이용해야 하는 몇 가지 이유가 있다. 먼저 일반적으로 연속 확률 변수는 해석적으로 다루기가 쉽다. 두 번째로, 많은 이산 확률 변수의 극한 형태는 연속 확률 변수를 만든다. 마지막으로 많은 연속 확률 변수의 집단들은 몇몇 매개변수들을 조정함으로써 다양한 범위의 상황들을 모델화시키는 데 쓰일 수 있다. 이번 단원에서 우리는 중요한 확률 변수를 계속해서 소개할 것이다. 표 4.1은 좀 더 중요한 몇몇 연속 확률 변수들을 정리한 것들이다.

표 4.1 연속 확률 변수 (Continuous Random Variables)

균등 확률 변수(Uniform Random Variable)

$S_X = [a, b]$

$f_X(x) = \dfrac{1}{b-a} \qquad a \le x \le b$

$E[X] = \dfrac{a+b}{2} \qquad \text{VAR}[X] = \dfrac{(b-a)^2}{12} \qquad \Phi_X(\omega) = \dfrac{e^{j\omega b} - e^{j\omega a}}{j\omega(b-a)}$

지수 확률 변수(Exponential Random Variable)

$S_X = [0, \infty)$

$f_X(x) = \lambda e^{-\lambda x} \qquad x \ge 0$ 그리고 $\lambda > 0$

$E[X] = \dfrac{1}{\lambda} \qquad \text{VAR}[X] = \dfrac{1}{\lambda^2} \qquad \Phi_X(\omega) = \dfrac{\lambda}{\lambda - j\omega}$

참고: 지수 확률 변수는 단지 기억하지 못하는 성질을 가진 연속 확률 변수이다.

가우스(정규) 확률 변수(Gaussian (Normal) Random Variable)

$S_X = (-\infty, +\infty)$

$f_X(x) = \dfrac{e^{-(x-m)^2/2\sigma^2}}{\sqrt{2\pi}\sigma} \qquad -\infty < x < +\infty$ 그리고 $\sigma > 0$

$E[X] = m \qquad \text{VAR}[X] = \sigma^2 \qquad \Phi_X(\omega) = e^{jm\omega - \sigma^2\omega^2/2}$

참고: 넓은 조건 범위에서 X는 큰 독립적 확률 변수의 합을 대략 구할 때 쓰인다.

감마 확률 변수(Gamma Random Variable)

$S_X = (0, +\infty)$

$f_X(x) = \dfrac{\lambda(\lambda x)^{\alpha-1}e^{-\lambda x}}{\Gamma(\alpha)} \qquad x > 0$ 그리고 $\alpha > 0, \lambda > 0$

$\Gamma(z)$는 감마함수이다(식 (4.56)).

$E[X] = \alpha/\lambda \qquad \text{VAR}[X] = \alpha/\lambda^2 \qquad \Phi_X(\omega) = \dfrac{1}{(1 - j\omega/\lambda)^\alpha}$

감마 확률 변수의 특별한 경우
m-얼랭 확률 변수: $\alpha = m$, 양의 정수

$f_X(x) = \dfrac{\lambda e^{-\lambda x}(\lambda x)^{m-2}}{(m-1)!} \qquad x > 0 \qquad \Phi_X(\omega) = \left(\dfrac{1}{1 - j\omega/\lambda}\right)^m$

참고: m-얼랭 확률 변수는 매개변수 λ를 가지고, 지수적으로 독립적으로 분포된 확률 변수 m을 더함으로써 얻을 수 있다.
k가 양의 정수, $\lambda = 1/2$인 $a = k/2$를 가지는 k승의 카이제곱 확률 변수

$f_X(x) = \dfrac{x^{(k-2)/2}e^{-x/2}}{2^{k/2}\Gamma(k/2)} \qquad x > 0 \qquad \Phi_X(\omega) = \left(\dfrac{1}{1 - 2j\omega}\right)^{k/2}$

참고: 상호 독립적이고, 제곱된 영평균이고, 단위 분산인 가우스 확률 변수의 합은 k승의 카이제곱 확률 변수이다.

표 4.1 연속 확률 변수 (Continuous Random Variables) (계속)

라플라시안 확률 변수(Laplacian Random Variable)
$S_X = (-\infty, \infty)$ $f_X(x) = \frac{\alpha}{2}e^{-\alpha\lvert x\rvert} \quad -\infty < x < +\infty$ 그리고 $\alpha > 0$ $E[X] = 0 \quad VAR[X] = 2/\alpha^2 \quad \Phi_X(\omega) = \frac{\alpha^2}{\omega^2 + \alpha^2}$
레일리 확률 변수(Rayleigh Random Variable)
$S_X = [0, \infty)$ $f_X(x) = \frac{x}{\alpha^2}e^{-x^2/2\alpha^2} \quad x \geq 0$ 그리고 $\alpha > 0$ $E[X] = \alpha\sqrt{\pi/2} \quad VAR[X] = (2 - \pi/2)\alpha^2$
코시 확률 변수(Cauchy Random Variable)
$S_X = (-\infty, +\infty)$ $f_X(x) = \frac{\alpha/\pi}{x^2 + \alpha^2} \quad -\infty < x < +\infty$ 그리고 $\alpha > 0$ 평균과 분산은 존재하지 않는다. $\Phi_X(\omega) = e^{-\alpha\lvert\omega\rvert}$
파레토 확률 변수(Pareto Random Variable)
$S_X = [x_m, \infty) x_m > 0$ $f_X(x) = \begin{cases} 0 & x < x_m \\ \alpha\frac{x_m^\alpha}{x^{\alpha+1}} & x \geq x_m \end{cases}$ $E[X] = \frac{\alpha x_m}{\alpha - 1}$ for $\alpha > 1 \quad VAR[X] = \frac{\alpha x_m^2}{(\alpha - 2)(\alpha - 1)^2}$ for $\alpha > 2$ 참고: 파레토 확률 변수는 x축에 평행하게 수렴하는 확률 변수의 전형적인 예이고, Zipf 분산 확률 변수의 연속적인 경우로서 볼 수 있다.
베타 확률 변수(Beta Random Variable)
$f_X(x) = \begin{cases} \frac{\Gamma(\alpha + \beta)}{\Gamma(\alpha)\Gamma(\beta)}x^{\alpha-1}(1 - x)^{\beta-1} & 0 < x < 1 \text{ 그리고 } \alpha > 0, \beta > 0 \\ 0 & \text{otherwise} \end{cases}$ $E[X] = \frac{\alpha}{\alpha + \beta} \quad VAR[X] = \frac{\alpha\beta}{(\alpha + \beta)^2(\alpha + \beta + 1)}$ 참고: 베타 확률 변수는 유한한 구간범위를 가지는 확률 변수의 다양한 pdf 꼴을 모델화하는 데 유용하다.

4.4.1 균등 확률 변수

균등 확률 변수는 실직선의 한 구간에서 모든 값들이 같은 확률로 발생하는 상황에서 나타난다. 폐구간 $[a, b]$에서의 균등 확률 변수 U는 pdf 식(4.40)과 cdf 식(4.41)를 가진다.

$$f_U(x) = \begin{cases} \dfrac{1}{b-a} & a \le x \le b \\ 0 & x < a \text{ 그리고 } x > b \end{cases} \tag{4.40}$$

$$F_U(x) = \begin{cases} 0 & x < a \\ \dfrac{x-a}{b-a} & a \quad x \le b \\ 1 & x > b \end{cases} \tag{4.41}$$

그림 4.2를 보자. U의 평균과 분산은 다음과 같이 주어진다.

$$E[U] = \frac{a+b}{2} \qquad \text{VAR}[X] = \frac{(b-a)^2}{2} \tag{4.42}$$

균등 확률 변수는 연속 확률 변수를 포함한 상황에서 많이 나타난다. 명백히 U는 유한한 구간 길이에서만 정의된다. 4.9절에서는 균등 확률함수가 컴퓨터 시뮬레이션 모델에서 확률 변수를 생성할 때 중요한 역할을 한다는 것을 확인해볼 것이다.

4.4.2 지수 확률 변수

지수 확률 변수는 사건들이 발생하는 시간의 간격(예, 고객의 호 연결 요구들 사이의 시간)을 모형화하는 데 나타나고, 장치와 시스템의 수명을 모형화하는 데도 나타난다. 매개변수가 λ를 갖는 **지수 확률 변수(exponential random variable)** X는 다음의 pdf와 cdf를 갖는다.

$$f_X(x) = \begin{cases} 0 & x < 0 \\ \lambda e^{-\lambda x} & x \ge 0 \end{cases} \tag{4.43}$$

$$F_X(x) = \begin{cases} 0 & x < 0 \\ 1 - e^{-\lambda x} & x \ge 0 \end{cases} \tag{4.44}$$

그림 4.9에서 X의 cdf와 pdf를 보여주었다.

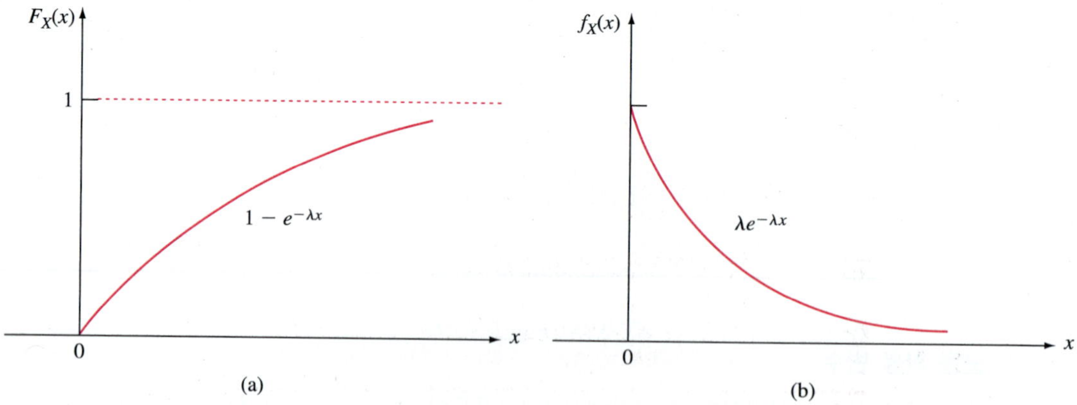

그림 4.9 • 연속 확률 변수의 예—지수 확률 변수. (a)는 cdf이고 (b)는 pdf이다.

매개변수 λ는 사건이 발생하는 비율이다. 따라서 식 (4.44)에서 시간 x까지 한 사건이 발생할 확률은 비율 λ가 증가함에 따라 증가한다. 예제 3.31에서, 포아송 시행(그림 3.10)에서 사건간의 도착 간격 시간이 지수 확률 변수라는 것을 떠올려보라.

X의 평균과 분산은 다음과 같이 주어진다.

$$E[X] = \frac{1}{\lambda} \text{ 그리고 } VAR[X] = \frac{1}{\lambda^2} \tag{4.45}$$

사건 도착 간격 상황에서 λ는 사건/시간의 단위이고, $1/\lambda$는 시간/사건 도착 간격의 단위이다.

지수 확률 변수는 **기억하지 못하는 성질**을 만족시킨다.

$$P[X > t + h | X > t] = P[X > h] \tag{4.46}$$

좌변은 이미 t초 동안 기다렸다는 가정 하에 적어도 h초를 더 기다려야 하는 확률이다. 우는 처음으로 기다리기 시작해서 적어도 h초 동안 기다리는 확률이다. 따라서 적어도 h초를 더 기다릴 확률은 이미 얼마나 오래 기다렸는지와는 상관없이 같다. 나중에 지수 확률 변수의 기억하지 못하는 성질이 컴퓨터 시스템과 통신네트워크의 성능 평가에 광범위하게 사용되는 마코프 체인 이론의 기초를 마련한다는 것을 알게 될 것이다.

다음은 기억하지 못하는 성질의 증명이다.

$$\begin{aligned} P[X > t + h | X > t] &= \frac{P[\{X > t + h\} \cap \{X > t\}]}{P[X > t]} \quad h > 0\text{에 대해서} \\ &= \frac{P[X > t + h]}{P[X > t]} = \frac{e^{-\lambda(t+h)}}{e^{-\lambda t}} \\ &= e^{-\lambda h} = P[X > h] \end{aligned}$$

지수 확률 변수는 기억하지 못하는 성질을 만족시키는 유일한 연속 확률 변수임을 보일 수 있다.

예제 2.13, 2.28, 2.30에서 지수 확률 변수를 다루었다.

4.4.3 가우스(정규) 확률 변수

많은 '성공' 확률 변수의 합으로 이루어진 확률 변수 X를 다루는 인공적이거나 자연적인 현상들이 많이 존재한다. X의 pdf를 구성하고 있는 확률 변수의 항으로 정확하게 기술하는 것은 상당히 복잡하고 다루기 힘든 일이다. 그러나 구성하고 있는 성분들의 개수가 많아지면, 매우 일반적인 조건 하에서 X의 cdf는 **가우스(정규) 확률 변수(Gaussian (normal) random variable)**로 접근하게 된다.[1] 이 확률 변수는 임의성을 포함한 문제들에서 매우 자주 나타나기 때문에 정규 확률 변수라고 알려져 있다.

가우스 확률 변수 X의 pdf는 다음과 같다.

$$f_X(x) = \frac{1}{\sqrt{2\pi}\sigma} e^{-(x-m)^2/2\sigma^2} \qquad -\infty < x < \infty \tag{4.47}$$

여기서 m과 $\sigma > 0$은 실수이며, 각각 X의 평균과 표준편차가 됨을 예제 4.13과 4.19에서 보였

[1] 이 결과를 중심극한정리라고 부르고, 7장에서 논의할 것이다.

다. 그림 4.7은 가우스 pdf가 m에 대해 대칭이고 σ에 따라 폭이 늘어나는 종모양의 곡선임을 보여준다.

가우스 확률 변수의 cdf는 다음과 같다.

$$P[X \leq x] = \frac{1}{\sqrt{2\pi}\sigma}\int_{-\infty}^{x} e^{-(x'-m)^2/2\sigma^2}\,dx' \tag{4.48}$$

변수를 $t = (x' - m)/\sigma$로 바꾸면 다음과 같다.

$$\begin{aligned} F_X(x) &= \frac{1}{\sqrt{2\pi}}\int_{-\infty}^{(x-m)/\sigma} e^{-t^2/2}\,dt \\ &= \Phi\left(\frac{x-m}{\sigma}\right) \end{aligned} \tag{4.49}$$

여기서, $\Phi(x)$은 $m = 0$과 $\sigma = 1$을 갖는 가우스 확률 변수의 cdf이다.

$$\Phi(x) = \frac{1}{\sqrt{2\pi}}\int_{-\infty}^{x} e^{-t^2/2}\,dt \tag{4.50}$$

그러므로 어떤 임의의 가우스 확률 변수와 관련된 모든 확률은 $\Phi(x)$의 항으로 표현할 수 있다.

예제 4.21

가우스 pdf를 적분하면 1이 됨을 보여라. pdf의 적분의 제곱을 생각하자.

$$\begin{aligned} \left[\frac{1}{\sqrt{2\pi}}\int_{-\infty}^{\infty} e^{-x^2/2}\,dx\right]^2 &= \frac{1}{2\pi}\int_{-\infty}^{\infty} e^{-x^2/2}\,dx \int_{-\infty}^{\infty} e^{-y^2/2}\,dy \\ &= \frac{1}{2\pi}\int_{-\infty}^{\infty}\int_{-\infty}^{\infty} e^{-(x^2+y^2)/2}\,dx\,dy \end{aligned}$$

$x = r\cos\theta$, $y = r\sin\theta$로 두고, 데카르트 좌표에서 극좌표로 변환하면 다음을 얻는다.

$$\begin{aligned} \frac{1}{2\pi}\int_{0}^{\infty}\int_{0}^{2\pi} e^{-r^2/2} r\,dr\,d\theta &= \int_{0}^{\infty} re^{-r^2/2}\,dr \\ &= [-e^{-r^2/2}]_0^{\infty} \\ &= 1 \end{aligned}$$

전기공학에서는 다음과 같이 정의되는 Q-함수를 이용해 문제를 해결하는 것이 관례이다.

$$Q(x) = 1 - \Phi(x) \tag{4.51}$$

$$= \frac{1}{\sqrt{2\pi}}\int_{x}^{\infty} e^{-t^2/2}\,dt \tag{4.52}$$

$Q(x)$는 단순히 pdf의 꼬리의 확률이다. pdf의 대칭은 다음을 뜻한다.

$$Q(0) = 1/2 \qquad \text{그리고} \qquad Q(-x) = 1 - Q(x) \tag{4.53}$$

식 (4.50)에서의 적분은 닫힌 형식의 식을 갖지 않는다. 전통적으로 적분은 $Q(x)$를 나열한 표를 찾거나 또는 수치 계산[참고문헌 8]이 필요한 근사식을 사용하여 계산했다. 최근엔 전

표 4.2 $Q(x)$와 식 (4.54)로 주어지는 근사치의 비교

x	$Q(x)$	근사치	x	$Q(x)$	근사치
0	5.00E-01	5.00E-01	2.7	3.47E-03	3.46E-03
0.1	4.60E-01	4.58E-01	2.8	2.56E-03	2.55E-03
0.2	4.21E-01	4.17E-01	2.9	1.87E-03	1.86E-03
0.3	3.82E-01	3.78E-01	3.0	1.35E-03	1.35E-03
0.4	3.45E-01	3.41E-01	3.1	9.68E-04	9.66E-04
0.5	3.09E-01	3.05E-01	3.2	6.87E-04	6.86E-04
0.6	2.74E-01	2.71E-01	3.3	4.83E-04	4.83E-04
0.7	2.42E-01	2.39E-01	3.4	3.37E-04	3.36E-04
0.8	2.12E-01	2.09E-01	3.5	2.33E-04	2.32E-04
0.9	1.84E-01	1.82E-01	3.6	1.59E-04	1.59E-04
1.0	1.59E-01	1.57E-01	3.7	1.08E-04	1.08E-04
1.1	1.36E-01	1.34E-01	3.8	7.24E-05	7.23E-05
1.2	1.15E-01	1.14E-01	3.9	4.81E-05	4.81E-05
1.3	9.68E-02	9.60E-02	4.0	3.17E-05	3.16E-05
1.4	8.08E-02	8.01E-02	4.5	3.40E-06	3.40E-06
1.5	6.68E-02	6.63E-02	5.0	2.87E-07	2.87E-07
1.6	5.48E-02	5.44E-02	5.5	1.90E-08	1.90E-08
1.7	4.46E-02	4.43E-02	6.0	9.87E-10	9.86E-10
1.8	3.59E-02	3.57E-02	6.5	4.02E-11	4.02E-11
1.9	2.87E-02	2.86E-02	7.0	1.28E-12	1.28E-12
2.0	2.28E-02	2.26E-02	7.5	3.19E-14	3.19E-14
2.1	1.79E-02	1.78E-02	8.0	6.22E-16	6.22E-16
2.2	1.39E-02	1.39E-02	8.5	9.48E-18	9.48E-18
2.3	1.07E-02	1.07E-02	9.0	1.13E-19	1.13E-19
2.4	8.20E-03	8.17E-03	9.5	1.05E-21	1.05E-21
2.5	6.21E-03	6.19E-03	10.0	7.62E-24	7.62E-24
2.6	4.66E-03	4.65E-03			

체 범위 $0 < x < \infty$에 걸쳐 $Q(x)$에 대해 매우 정확한 다음 식이 발견되었다.

$$Q(x) \simeq \left[\frac{1}{(1-a)x + a\sqrt{x^2+b}}\right]\frac{1}{\sqrt{2\pi}}e^{-x^2/2} \tag{4.54}$$

여기서 $a = 1/\pi$이고 $b = 2/\pi$이다[참고문헌 11]. 표 4.2는 $Q(x)$와 위의 근사식에 의한 값을 보여준다. 어떤 문제에서는, $Q(x) = 10^{-k}$이 되는 x의 값을 찾는 데 관심이 있다. 표 4.3은 $k = 1, \ldots, 10$에 대한 이러한 값들을 제공한다.

가우스 확률 변수는 전자의 열운동으로 발생하는 잡음전압 때문에 전송 신호에 오류가 생기는 통신 시스템에서 매우 중요한 역할을 담당한다. 이런 전압이 가우스 pdf를 가지는 것을 물리법칙들에서 알 수 있다.

예제 4.22

한 통신 시스템이 양의 전압 V를 입력으로 받아 전압 $Y = \alpha V + N$을 출력한다. 이때, $\alpha = 10^{-2}$이고, N은 매개변수 $m = 0$과 $\sigma = 2$를 갖는 가우스 확률 변수이다. $P[Y < 0] = 10^{-6}$으로 주어질 때 V의 값을 구하라.

표 4.3 $Qx = 10^{-k}$

k	$x = Q^{-1}(10^{-k})$
1	1.2815
2	2.3263
3	3.0902
4	3.7190
5	4.2649
6	4.7535
7	5.1993
8	5.6120
9	5.9978
10	6.3613

확률 $P[Y<0]$는 다음과 같이 N의 항으로 표현된다.

$$P[Y < 0] = P[\alpha V + N < 0]$$
$$= P[N < -\alpha V] = \Phi\left(\frac{-\alpha V}{\sigma}\right) = Q\left(\frac{\alpha V}{\sigma}\right) = 10^{-6}$$

표 4.3에서 우리는 Q-함수의 변수가 $\alpha V/\sigma = 4.753$이 되어야 함을 알 수 있다. 따라서 $V = (4.753)\sigma/\alpha = 950.6$이다.

4.4.4 감마 확률 변수

감마 확률 변수는 많은 응용에서 나타나는 다용도의 확률 변수이다. 예를 들면, 대기열 시스템에서 고객에게 서비스를 제공하는 데 필요한 시간, 신뢰도 연구에서 장치와 시스템의 수명, VLSI 칩에서 결점 군집화(defect clustering) 현상을 모형화하는 데 사용된다.

감마 확률 변수(gamma random variable)의 pdf는 두 개의 매개변수 $\alpha > 0$와 $\lambda > 0$를 가지며, 다음과 같다.

$$f_X(x) = \frac{\lambda(\lambda x)^{\alpha-1}e^{-\lambda x}}{\Gamma(\alpha)} \qquad 0 < x < \infty \tag{4.55}$$

여기서 $\Gamma(z)$는 다음과 같은 적분으로 정의되는 감마함수이다.

$$\Gamma(z) = \int_0^{\infty} x^{z-1}e^{-x}\,dx \qquad z > 0 \tag{4.56}$$

감마함수는 다음의 특성들을 갖는다.

$$\Gamma\left(\frac{1}{2}\right) = \sqrt{\pi},$$

$$\Gamma(z+1) = z\Gamma(z) \qquad z > 0\text{에 대해서}$$
$$\Gamma(m+1) = m! \qquad \text{음이 아닌 정수 } m\text{에 대해서}$$

감마 확률 변수가 여러 방면에 사용되는 것은 감마함수 $\Gamma(z)$의 다양함 때문이다. 감마 확률 변수의 pdf는 그림 4.10과 같이 다양한 모양을 취할 수 있다. 매개변수 α와 λ를 바꾸면 감마

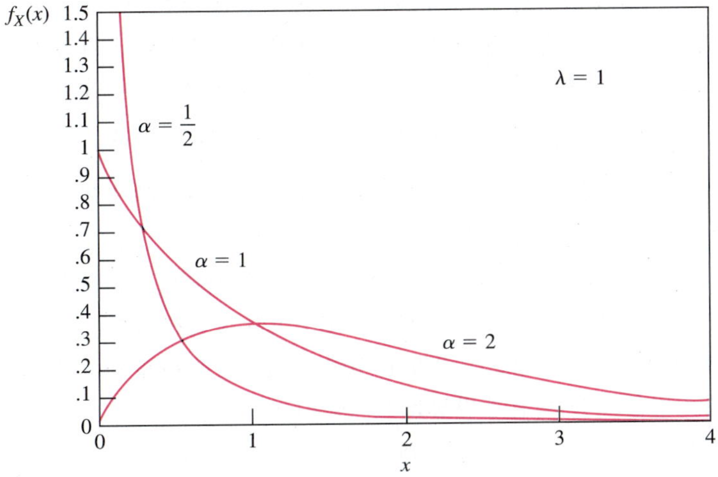

그림 4.10 ● 감마 확률 변수의 확률 밀도 함수

pdf를 실험 데이터의 다양한 형태에 맞추는 것이 가능하다. 또한, 많은 확률 변수는 감마 확률 변수의 특별한 경우로 볼 수 있다. 예를 들면, 지수 확률 변수는 $\alpha = 1$로 놓음으로써 얻을 수 있다. $\lambda = 1/2$과 $\alpha = k/2$(단, k는 양의 정수)로 놓음으로써 특정한 통계 문제에서 나타나는 **카이제곱 확률 변수(chi-square random variable)**를 얻는다. ***m*-얼랭 확률 변수(*m*-Erlang variable)**는 $\alpha = m$(단, m은 양의 정수)으로 놓을 때 얻어진다. m-얼랭 확률 변수는 시스템 신뢰도 모형과 대기열 시스템 모형에서 사용된다. 두 확률 변수는 다음 예제를 통해 다룬다.

예제 4.23

감마 확률 변수의 pdf를 적분하면 1이 됨을 보여라.

pdf의 적분은 다음과 같다.

$$\int_0^\infty f_X(x)\,dx = \int_0^\infty \frac{\lambda(\lambda x)^{\alpha-1}e^{-\lambda x}}{\Gamma(\alpha)}\,dx$$

$$= \frac{\lambda^\alpha}{\Gamma(\alpha)}\int_0^\infty x^{\alpha-1}e^{-\lambda x}\,dx$$

$y = \lambda x$로 놓으면 $dx = dy/\lambda$가 되고, 적분은 다음과 같이 구해진다.

$$\frac{\lambda^\alpha}{\Gamma(\alpha)\lambda^\alpha}\int_0^\infty y^{\alpha-1}e^{-y}\,dy = 1$$

여기서 적분은 $\Gamma(\alpha)$와 같다는 사실을 이용했다.

일반적으로, 감마 확률 변수의 cdf는 닫힌 형식의 식을 갖지 않는다. m-얼랭 확률 변수가 지수 확률 변수뿐 아니라 포아송 확률 변수와도 밀접한 상호가 있음을 이용해, 특별한 경우에 m-얼랭 확률 변수의 cdf는 닫힌 형식의 식을 갖는다는 것을 보일 것이다. cdf는 또한 pdf를 적분하여 얻을 수 있다(연습문제 4.50번 참조).

포아송 확률 변수를 이끌어내기 위해 사용한 극한과정을 다시 한 번 생각해보자. 우리가 m 번째 사건이 발생할 때까지 경과한 시간 S_m을 관찰한다고 가정하자. 사건들 사이의 시간 X_1, $X_2, \ldots, X_m$은 지수 확률 변수이다. 따라서 다음 식이 성립해야 한다.

$$S_m = X_1 + X_2 + \cdots + X_m$$

S_m이 m-얼랭 확률 변수임을 확인해보자. S_m의 cdf를 구하기 위해 $N(t)$를 t초 동안 발생한 사건의 수를 나타내는 포아송 확률 변수로 두자. m 또는 그 이상의 사건들이 t초 안에 발생하는 경우, 즉 $N(t) \geq m$인 경우에 한하여 m번째 사건은 t시간 전에 발생한다는 것에 주목하자. 즉, $S_m \leq t$가 된다. 그 이유는 다음과 같다. 만약 m번째 사건이 시간 t 이전에 발생했다면 시간 t에서는 m개 이상의 사건이 발생할 것이다. 한편으로는, 만약 m개 이상의 사건이 시간 t에 일어나면 m 번째 사건은 시간 t이전에 발생했다는 것이다.

$$F_{S_m}(t) = P[S_m \leq t] = P[N(t) \geq m] \tag{4.57}$$

$$= 1 - \sum_{k=0}^{m-1} \frac{(\lambda t)^k}{k!} e^{-\lambda t} \tag{4.58}$$

여기서 예제 3.31의 결과를 이용했다. 만약 우리가 위 cdf의 도함수를 취한다면, 우리는 최종적으로 m-얼랭 확률 변수의 pdf를 얻을 수 있다. 따라서 우리는 S_m이 m-얼랭 확률 변수이다.

예제 4.24

한 공장이 $1/\lambda = 1$개월의 평균 수명을 갖는 중요한 시스템 부품을 여분으로 두 개 더 갖고 있다. 3개 부품(동작 중인 것과 2개의 여분)이 6개월 이상 지속될 확률을 구하라. 부품의 수명은 지수 확률 변수라고 가정한다.

사용 중인 부품의 남은 수명은 기억하지 못하는 성질을 지닌 비율 λ의 지수 확률 변수이다. 따라서 3개 부품의 전체 수명 X는 매개변수 $\lambda = 1$을 갖는 세 개의 지수 확률 변수의 합이다. 따라서 X는 $\lambda = 1$을 갖는 3-얼랭 분포를 갖는다. 식 (4.58)에서 X가 6보다 클 확률은 다음과 같이 계산된다.

$$P[X > 6] = 1 - P[X \leq 6]$$

$$= \sum_{k=0}^{2} \frac{6^k}{k!} e^{-6} = .06197$$

4.4.5 베타 확률함수

베타 확률 변수 X가 pdf를 가지고 폐구간에 있는 값이라고 가정하자.

$$f_X(x) = cx^{a-1}(1 - x)^{b-1} \quad 0 < x < 1\text{에 대해서} \tag{4.59}$$

표준화 상수는 베타함수의 역수이고

$$\frac{1}{c} = B(a, b) = \int_0^1 x^{a-1}(1 - x)^{b-1}\,dx$$

베타함수가 다음의 식으로 인해 감마함수와 연관되어 있다.

$$B(a, b) = \frac{\Gamma(a)\Gamma(b)}{\Gamma(a + b)}$$

$a = b = 1$일 때 우리는 균등 확률 변수를 가질 수 있다. a와 b는 균등과는 전혀 다른 유한한 구간에서 pdf를 가질 수 있다. 연습문제 4.70을 보자 .만약 $a = b > 1$이라면 pdf가 $x = 1/2$에서 대칭이고, 또한 $x = 1/2$에 집중되어 있게 된다. $a = b < 1$일 때, pdf는 대칭이지만 밀도는 구간의 가장자리에 집중되어 있게 된다. $a < b$(또는 $a > b$)일 때 pdf는 오른쪽(또는 왼쪽)으로 빗나간다.

평균과 분산은 다음과 같이 주어진다.

$$E[X] = \frac{a}{a+b} \text{ 그리고 } \mathrm{VAR}[X] = \frac{ab}{(a+b)^2(a+b+1)} \tag{4. 60}$$

베타 확률함수의 pdf 융통성은 유한한 간격을 가지는 확률 변수의 다양한 특성들을 모델화하는 데 유용하다. 예를 들어, 베르누이의 시행 실험에서 성공가능성 p는 저절로 확률 변수가 될 수 있다. 베타 pdf는 자주 p를 모델화하는 데 쓰인다.

4.4.6 코시 확률함수

코시 확률 변수 X는 실수전체 범위에서 pdf를 가진다.

$$f_X(x) = \frac{1/\pi}{1 + x^2} \tag{4.61}$$

이 pdf의 적분값이 1이라는 것을 보여주기는 쉽다. 하지만, X는 관련된 적분들이 수렴하지 않으므로 다른 어떤 모멘트도 가지지 않는다. 코시 확률 변수는 단위 간격에서 균등 확률 변수의 탄젠트로서 생겨났다.

4.4.7 파레토 확률함수

파레토 확률 변수는 커다란 부를 가진 적은 수의 사람들의 경향을 모델화하고자 하는 부의 분포에 관한 연구에서 시작되었다. 최근에는 파레토 분포가 파일의 크기, 패킷의 지연시간, 오디오와 비디오의 제목 선호와 피어-투-피어 네트워크에서의 세션 기간 등 인터넷 행동에 관한 많은 관심을 알아냈다. 파레토 확률 변수는 Zipf 분산 확률 변수의 연속적인 경우로서 많이 볼 수 있다.

파레토 확률 변수 X는 x_m가 양의 실수이고, $x > x_m$인 범위에서 값을 가진다. X는 모형 매개변수 $\alpha > 0$인 상보적(complementary) cdf를 가진다.

$$P[X > x] = \begin{cases} 1 & x < x_m \\ \dfrac{x_m^\alpha}{x^\alpha} & x \geq x_m \end{cases} \tag{4.62}$$

X의 끝부분은 대수적으로 지수 확률 변수와 가우스 확률 변수와 비교했을 때 더 천천히 x축에 평행하게 수렴한다. 파레토 확률 변수는 x축과 평행하게 수렴하는 대표적인 예이다.

X의 cdf와 pdf는 다음과 같다.

$$F_X(x) = \begin{cases} 0 & x < x_m \\ 1 - \dfrac{x_m^\alpha}{x^\alpha} & x \geq x_m \end{cases} \tag{4.63}$$

X의 cdf는 x가 증가함에 따라 아주 천천히 $x = 1$에 수렴한다.

$$f_X(x) = \begin{cases} 0 & x < x_m \\ \alpha \dfrac{x_m^\alpha}{x^{\alpha+1}} & x \geq x_m \end{cases} \quad (4.64)$$

예제 4.25 **파레토 확률 변수의 평균과 분산**

파레토 확률 변수의 평균과 분산을 구하라.

$$E[X] = \int_{x_m}^{\infty} t\alpha \frac{x_m^\alpha}{t^{\alpha+1}} dt = \int_{x_m}^{\infty} \alpha \frac{x_m^\alpha}{t^{\alpha}} dt = \frac{\alpha}{\alpha - 1} \frac{x_m^\alpha}{x_m^{\alpha-1}} = \frac{\alpha x_m}{\alpha - 1} \quad \alpha > 1\text{에 대해서} \quad (4.65)$$

적분은 $\alpha > 1$에서 정의되고,

$$E[X^2] = \int_{x_m}^{\infty} t^2\alpha \frac{x_m^\alpha}{t^{\alpha+1}} dt = \int_{x_m}^{\infty} \alpha \frac{x_m^\alpha}{t^{\alpha-1}} dt = \frac{\alpha}{\alpha - 2} \frac{x_m^\alpha}{x_m^{\alpha-2}} = \frac{\alpha x_m^2}{\alpha - 2} \quad \alpha > 2\text{에 대해서}$$

두 번째 모멘트는 $\alpha > 2$에서 정의되어 있다.

그러면 X의 분산은 다음과 같다.

$$\text{VAR}[X] = \frac{\alpha x_m^2}{\alpha - 2} - \left(\frac{\alpha x_m^2}{\alpha - 1}\right)^2 = \frac{\alpha x_m^2}{(\alpha - 2)(\alpha - 1)^2} \quad \alpha > 2\text{에 대해서} \quad (4.66)$$

4.5 확률 변수의 함수

X를 확률 변수라 하고, $g(x)$를 실 직선에서 정의된 실수값 함수라고 하자. $Y = g(X)$로 정의하자. 즉, Y는 확률 변수 X가 취하는 값으로 함수 $g(x)$를 계산한 값이다. 따라서 Y도 확률 변수가 된다. Y가 여러 가지 값을 취하는 확률은 X의 누적 분포 함수뿐 아니라 함수 $g(x)$에 따라서도 달라진다. 이 절에서 Y의 cdf와 pdf를 구하는 방법에 대해 알아본다.

예제 4.26

함수 $h(x) = (x)^+$를 다음과 같이 정의하자.

$$(x)^+ = \begin{cases} 0 & x < 0\text{이면} \\ x & x \geq 0\text{이면} \end{cases}$$

예를 들면, X는 N명의 화자 집단에서 말하고 있는 화자의 수라 하고, Y는 말하고 있는 화자의 수가 M명에서 초과된 수라고 하면 $Y = (X - M)^+$ 가 된다. 다른 예로, X를 반파정류기의 입력 전압이라 하면 출력 전압은 $Y = (X)^+$ 가 된다.

예제 4.27

함수 $q(x)$는 그림 4.8(a)와 같이 실직선 상의 점들의 집합을 집합 $S_Y = \{-3.5d, -2.5d, -1.5d, -0.5d, 0.5d, 1.5d, 2.5d, 3.5d\}$의 원소들 중 가장 가까운 대표점으로 사상한다고 가정하자. 예를 들면, 구간 $(0, d)$의 모든 점들은 점 $d/2$로 사상된다. 함수 $q(x)$는 8단계의 균등 양자화기를 나타낸다.

예제 4.28

1차 함수 $c(x) = ax + b$를 생각하자. 여기서 a, b는 상수다. 이 함수는 많은 상황에서 나타난다. 예를 들면, $c(x)$는 x의 비용이 상수 a이고, 고정 비용 성분이 b일 때 수량 x와 관련된 비용이 될 수 있다. 신호 처리와 관련해서, $c(x) = ax$는 전압 x를 증폭($a > 1$일~때)시키거나 또는 감쇄($a < 1$일 때)시킨 것이 될 수 있다.

Y와 관련된 사건 C의 확률은 $g(X)$가 C에 포함되는 X 값으로 이루어진 동등 사건 B의 확률과 같다.

$$P[Y \text{ in } C] = P[g(X) \text{ in } C] = P[X \text{ in } B]$$

세 가지 유형의 동등 사건은 $Y = g(X)$의 cdf와 pdf를 결정하는 데 유용하다. (1) 사건 $\{g(X) = y_k\}$는 Y의 cdf가 불연속이라고 알려진 점 y_k에서 점프의 크기를 결정하는 데 사용된다. (2) 사건 $\{g(X) \le y\}$는 Y의 cdf를 직접 찾는 데 사용된다. 그리고 (3) 사건 $\{y < g(X) \le y + h\}$는 Y의 pdf를 결정하는 데 유용하다. 우리는 일련의 예제를 통해 이 세 가지 방법들의 용도를 설명할 것이다.

다음의 두 예제는 $Y = g(X)$가 이산분포인 경우에 pmf를 계산하는 방법에 대해 설명한다. 첫 번째 예제에서 X는 이산분포이며, 두 번째 예제에서 X는 연속분포이다.

예제 4.29

X를 N명의 독립인 화자 집단에서 말하고 있는 화자의 수라고 하자. p는 한 명의 화자가 말하고 있을 확률이다. 예제 2.39에서 X는 매개변수 N과 p를 갖는 이항분포를 갖고 있음을 보였다. 음성 전송 시스템은 한 번에 M개의 음성 신호를 전송할 수 있고, X가 M을 초과하면 임의로 $X - M$개의 신호를 선택해버린다고 가정하자. Y를 버려진 신호의 수라고 하면 다음 식을 얻을 수 있다.

$$Y = (X - M)^+$$

Y는 집합 $S_Y = \{0, 1, \ldots, N - M\}$에서 값을 취한다. X가 M보다 작거나 같으면 Y는 0이 될 것이고, X가 $M + k$와 같으면 Y는 $k > 0$가 될 것이다.

$$P[Y = 0] = P[X \text{ in } \{0, 1, \ldots, M\}] = \sum_{j=0}^{M} p_j$$

그리고

$$P[Y = k] = P[X = M + k] = p_{M+k} \qquad 0 < k \le N - M$$

여기서 p_j는 X의 pmf이다.

예제 4.30

X를 음성파형의 표본 전압이라 하고, 구간 $[-4d, 4d]$에서 균등 분포를 갖는다고 하자. $Y = q(X)$라고 놓자. 양자화기의 입출력 특성은 그림 4.10에서 보였다. Y의 pmf를 구하라.

S_Y에서 q에 대한 사건 $\{Y = q\}$는 사건 $\{X \text{ in } I_q\}$ 와 같다. 여기서 I_q는 대표점 q로 사상되는 점들의 구간이다. 그러므로 Y의 pmf는 다음 계산으로 구할 수 있다.

$$P[Y = q] = \int_{I_q} f_X(t)\, dt$$

대표점은 각 점에 사상되는 길이 d 구간을 갖는다는 것을 쉽게 알 수 있다. 따라서 8개 가능한 출력은 발생 가능성이 같다. 즉, S_Y의 q에 대해 $P[Y = q] = 1/8$이다.

예제 4.30에서 함수 $q(X)$의 각 상수 구간은 Y의 pdf에서 델타함수를 만든다. 일반적으로 만약 함수 $g(X)$가 어떤 구간에서 상수이고, X의 pdf가 이러한 구간에서 0이 아니라면 Y의 pdf는 델타함수를 포함할 것이다. 따라서 Y는 이산형 혹은 혼합형이 될 것이다.

Y의 cdf는 사건 $\{Y \le y\}$의 확률로 정의되며, 원칙적으로 다음 예제에서 보듯 동등 사건 $\{g(X) \le y\}$의 확률을 찾으면 된다.

예제 4.31 **1차함수**

확률 변수 Y를 다음과 같이 정의하자.

$$Y = aX + b$$

여기서 a는 0이 아닌 상수이다. X의 cdf가 $F_X(x)$라고 가정할 때 $F_Y(y)$를 구하라.

사건 $\{Y \le y\}$는 사건 $A = \{aX + b \le y\}$가 일어날 때 발생한다. 만약 $a > 0$이면 $A = \{X \le (y - b)/a\}$가 된다(그림 4.11 참고).

$$F_Y(y) = P\left[X \le \frac{y-b}{a}\right] = F_X\left(\frac{y-b}{a}\right) \qquad a > 0$$

반면에, $a < 0$이면 $A = \{X \ge (y - b)/a\}$가 된다.

$$F_Y(y) = P\left[X \ge \frac{y-b}{a}\right] = 1 - F_X\left(\frac{y-b}{a}\right) \qquad a < 0$$

y에 관해 미분하면 Y의 pdf를 얻을 수 있다. 이를 위해 도함수를 위한 연쇄법칙을 사용할 필요가 있다.

$$\frac{dF}{dy} = \frac{dF}{du}\frac{du}{dy}$$

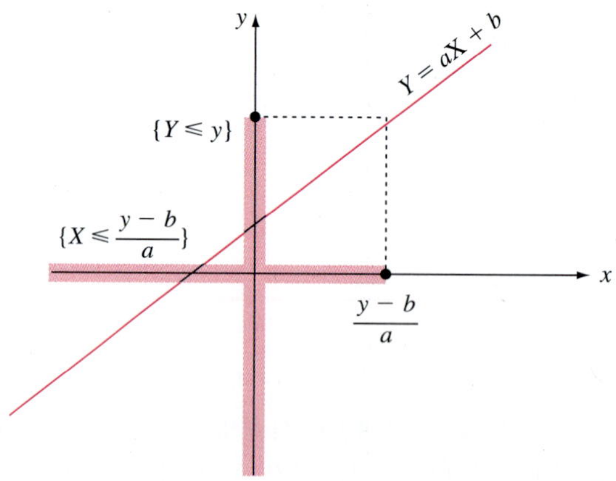

그림 4.11 ● 만약 $a > 0$이면 $\{Y \le y\}$의 동등 사건은 사건 $\{x \le (y - b)/a\}$이다.

여기서 u는 F의 변수이다. 이 경우에 $u = (y - b)/a$이고 다음 결과를 얻는다.

$$f_Y(y) = \frac{1}{a} f_X\left(\frac{y-b}{a}\right) \qquad a > 0$$

그리고

$$f_Y(y) = \frac{1}{-a} f_X\left(\frac{y-b}{a}\right) \qquad a < 0$$

위의 두 결과는 다음과 같이 간결하게 나타낼 수 있다.

$$f_Y(y) = \frac{1}{|a|} f_X\left(\frac{y-b}{a}\right) \tag{4.67}$$

예제 4.32 **가우스 확률 변수의 1차함수**

X는 평균 m과 표준편차 σ를 갖는 가우스 pdf의 확률 변수라 하자.

$$f_X(x) = \frac{1}{\sqrt{2\pi}\,\sigma} e^{-(x-m)^2/2\sigma^2} \qquad -\infty < x < \infty \tag{4.68}$$

$Y = aX + b$일 때, Y의 pdf를 구하라.

식 (4.68)을 식 (4.67)에 대입하면 다음 식을 얻는다.

$$f_Y(y) = \frac{1}{\sqrt{2\pi}|a\sigma|} e^{-(y-b-am)^2/2(a\sigma)^2}$$

Y도 평균 $b + am$과 표준편차 $|a|\,\sigma$를 갖는 가우스 분포를 갖는다는 것에 주목하자. 따라서 가우스 확률 변수의 1차함수도 가우스 확률 변수다.

예제 4.33

확률 변수 Y를 다음과 같이 정의하자.

$$Y = X^2$$

여기서 X는 연속 확률 변수이다. Y의 cdf와 pdf를 구하라.

사건 $\{Y \le y\}$는 $\{X^2 \le y\}$일 때, 또는 같은 의미로 $\{-\sqrt{y} \le X \le \sqrt{y}\}$일 때 발생한다(단, y는 음수가 아니다). 그림 4.12를 살펴보자. y가 음수일 때 공사건이 된다.

$$F_Y(y) = \begin{cases} 0 & y < 0 \\ F_X(\sqrt{y}) - F_X(-\sqrt{y}) & y > 0 \end{cases}$$

y에 대해 미분하면 다음과 같다.

$$\begin{aligned} f_Y(y) &= \frac{f_X(\sqrt{y})}{2\sqrt{y}} - \frac{f_X(-\sqrt{y})}{-2\sqrt{y}} \qquad y > 0 \\ &= \frac{f_X(\sqrt{y})}{2\sqrt{y}} + \frac{f_X(-\sqrt{y})}{2\sqrt{y}} \end{aligned} \tag{4.69}$$

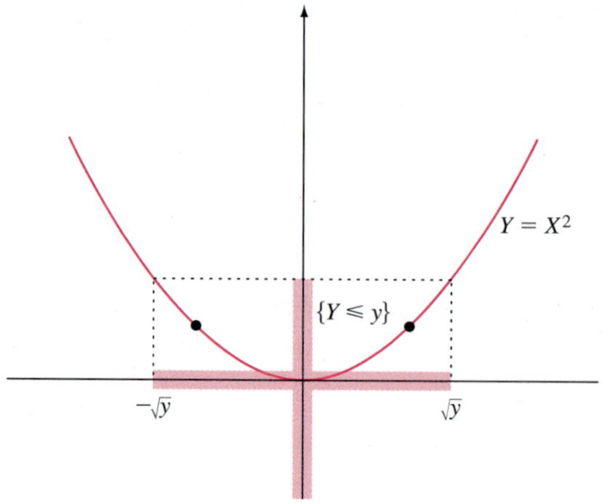

그림 4.12 ● $y \ge 0$이면 $\{Y \le y\}$에 대한 동등 사건은 사건 $\{-\sqrt{y} \le X \le \sqrt{y}\}$이다.

예제 4.34 **카이-제곱 확률 변수**

X는 평균 $m = 0$과 표준편차 $\sigma = 1$을 갖는 가우스 확률 변수라고 하자. 그러면 X는 표준 정규 확률 변수라고 한다. $Y = X^2$이라고 하자. Y의 pdf를 구하라.

식 (4.68)을 식 (4.69)에 대입하면 다음 식이 된다.

$$f_Y(y) = \frac{e^{-y/2}}{\sqrt{2y\pi}} \qquad y \ge 0 \tag{4.70}$$

표 4.1에서 $f_Y(y)$는 자유도 1을 갖는 카이-제곱 확률 변수의 pdf임을 알 수 있다.

예제 4.33의 결과는 방정식 $y_0 = g(x)$가 n개의 해 $x_0, x_1, \ldots, x_n$을 갖는다면, $f_Y(y_0)$는 식 (4.69)의 우변 형태의 항과 n개 같다는 것을 암시한다.

지금부터 이것이 일반적인 사실임을 X의 pdf의 항으로 Y의 pdf를 직접 구하는 방법을 이용해 설명한다. 그림 4.13과 같은 비선형 함수 $Y = g(X)$를 생각하자. 사건 $C_y = \{y < Y < y$

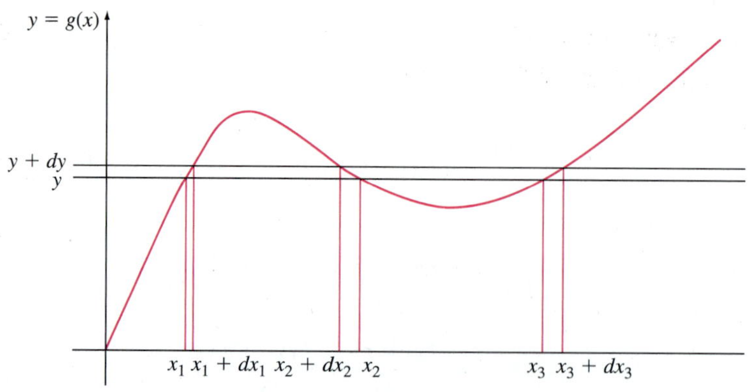

그림 4.13 ● $\{y < Y < y + dy\}$의 동등 사건은 $\{x_1 < X < x_1 + dx_1\} \cup \{x_2 + dx_2 < X < x_2\} \cup \{x_3 < X < x_3 + dx_3\}$이다.

$+ dy\}$를 고려하고 B_y를 이 사건의 동등 사건이라고 하자. 그림에서 표시한 y에 대해 방정식 $g(x) = y$는 세 개의 해 x_1, x_2, x_3을 가지며, 동등 사건 B_y는 각 해에 해당하는 선분을 갖는다.

$$B_y = \{x_1 < X < x_1 + dx_1\} \cup \{x_2 + dx_2 < X < x_2\} \cup \{x_3 < X < x_3 + dx_3\}$$

사건 C_y의 확률은 대략 다음과 같다.

$$P[C_y] = f_Y(y)|dy| \tag{4.71}$$

여기서 $|dy|$는 구간 $y < Y \le y + dy$의 길이이다. 마찬가지로, 사건 B_y의 확률은 대략 다음과 같다.

$$P[B_y] = f_X(x_1)|dx_1| + f_X(x_2)|dx_2| + f_X(x_3)|dx_3| \tag{4.72}$$

C_y와 B_y는 동등 사건이므로 그 확률은 같아야 한다. 식 (4.71)과 (4.72)를 등식화하여 다음을 얻는다.

$$f_Y(y) = \sum_k \frac{f_X(x)}{|dy/dx|}\bigg|_{x=x_k} \tag{4.73}$$

$$= \sum_k f_X(x)\left|\frac{dx}{dy}\right|\bigg|_{x=x_k} \tag{4.74}$$

방정식 $g(x) = y$가 n개의 해를 갖는다면 각 점에서 Y의 pdf를 위한 식은 식 (4.73)과 식 (4.74)에 따라 주어지며, n개의 항을 갖게 됨은 분명하다.

예제 4.35

예제 4.34와 같이 $Y = X^2$으로 놓자. $y \ge 0$에 대해 방정식 $y = x^2$은 두 개의 해 $x_0 = \sqrt{y}$, $x_1 = -\sqrt{y}$를 갖는다. 따라서 식 (4.73)은 두 개의 항을 갖는다. $dy/dx = 2x$이므로 식 (4.73)에서 다음을 얻는다.

$$f_Y(y) = \frac{f_X(\sqrt{y})}{2\sqrt{y}} + \frac{f_X(-\sqrt{y})}{2\sqrt{y}}$$

이 결과는 식 (4.69)와 일치한다. 식 (4.74)를 이용하기 위해 다음에 주목하라.

$$\frac{dx}{dy} = \frac{d}{dy} \pm \sqrt{y} = \pm\frac{1}{2\sqrt{y}}$$

위 식을 식 (4.74)에 대입하면 식 (4.69)를 다시 얻는다.

예제 4.36 **정현파의 진폭 표본**

$Y = \cos(X)$라고 하자. 여기서 X는 구간$(0, 2\pi]$에서 균등하게 분포되어 있다. Y는 정현파의 주기 안에서 균등하게 분포하는 임의의 한 순간의 정현파 표본으로 볼 수 있다. Y의 pdf를 구하라.

그림 4.14에서 $-1 < y < 1$에 대해 방정식 $y = \cos(x)$는 관심을 갖는 구간에서 두 개의 해 $x_0 = \cos^{-1}(y)$, $x_1 = 2\pi - x_0$를 갖는다는 것을 알 수 있다.

$$\frac{dy}{dx}\bigg|_{x_0} = -\sin(x_0) = -\sin(\cos^{-1}(y)) = -\sqrt{1 - y^2}$$

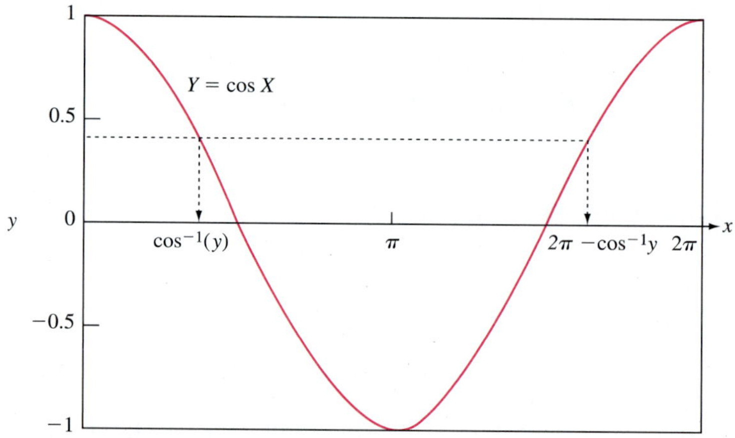

그림 4.14 ● $y = \cos x$는 구간$(0, 2\pi)$에서 두 개의 근을 갖는다.

그리고 관심을 갖는 구간에서 $f_X(x) = 1/2\pi$이므로 식 (4.73)에서 다음을 얻는다.

$$\begin{aligned} f_Y(y) &= \frac{1}{2\pi\sqrt{1-y^2}} + \frac{1}{2\pi\sqrt{1-y^2}} \\ &= \frac{1}{\pi\sqrt{1-y^2}} \qquad \text{for } -1 < y < 1 \end{aligned}$$

Y의 cdf는 위 식을 적분하여 얻는다.

$$F_Y(y) = \begin{cases} 0 & y < -1 \\ \dfrac{1}{2} + \dfrac{\sin^{-1} y}{\pi} & -1 \le y \le 1 \\ 1 & y > 1 \end{cases}$$

Y는 **역사인 분포(arcsine distribution)**를 갖는다고 말한다.

4.6 마코프와 체비셰프 부등식

일반적으로 확률 변수의 평균과 분산은 cdf/pdf를 결정하는 데 충분한 정보를 제공하지 않는다. 그러나 확률 변수 X의 평균과 분산은 우리에게 $P[|X| \ge t]$형태의 확률에 대한 경계를 얻게 한다. 우선 X를 평균이 $E[X]$인 음이 아닌 확률 변수라고 하자. **마코프(Markov) 부등식**은 다음과 같다.

$$P[X \ge a] \le \frac{E[X]}{a} \quad \text{음이 아닌 } X\text{에 대해서} \tag{4.75}$$

식 (4.75)는 다음과 같이 얻을 수 있다.

$$E[X] = \int_0^a tf_X(t)\,dt + \int_a^\infty tf_X(t)\,dt \geq \int_a^\infty tf_X(t)\,dt$$

$$\geq \int_a^\infty af_X(t)\,dt = aP[X \geq a]$$

첫 번째 부등식은 0부터 a까지의 적분을 버린 결과다. 두 번째 부등식은 t를 더 작은 수 a로 대체하여 얻은 결과다.

예제 4.37

유치원의 한 학급에서 어린이들의 평균키는 3피트 6인치다. 이 학급의 한 어린이가 9피트보다 클 확률의 경계를 구하라. 마코프 부등식은 $P[H \geq 9] \leq 42/108 = .389$이다.

위 예제에서 얻은 경계는 다소 엉뚱해 보인다. 그러나 경계에는 원래 가장 나쁜 경우가 고려되어야 한다. 마코프 부등식으로 얻는 경계가 정확하다면 우리는 확률 변수를 쉽게 구성할 수 있다. 위 예제에서 얻은 경계가 엉뚱하다는 것을 알 수 있는 이유는 어린이들의 키가 평균 부근에서 어떻게 분포하는지에 대한 지식을 갖고 있기 때문이다.

이번엔 확률 변수의 평균 $E[X] = m$과 분산 $\text{VAR}[X] = \sigma^2$을 알고, 우리는 확률 $P[|X - m| \geq a]$의 경계에 대해 관심이 있다고 가정하자. **체비셰프(Chebyshev) 부등식**은 다음과 같다.

$$P[|X - m| \geq a] \leq \frac{\sigma^2}{a^2} \tag{4.76}$$

체비셰프 부등식은 마코프 부등식의 결과이다. $D^2 = (X - m)^2$을 평균으로부터의 제곱편차라 하자. 마코프 부등식을 D^2에 적용하면 다음과 같다.

$$P[D^2 \geq a^2] \leq \frac{E[(X - m)^2]}{a^2} = \frac{\sigma^2}{a^2}$$

식 (4.76)은 $\{D^2 \geq a^2\}$과 $\{|X - m| \geq a\}$이 동등 사건임을 알면 구할 수 있다.

확률 변수 X의 분산을 0이라고 가정하면 체비셰프 부등식은 다음을 의미한다.

$$P[X = m] = 1 \tag{4.77}$$

즉, 이 확률 변수는 자신의 평균과 같을 확률이 1이다. 다시 말해서, X는 거의 모든 실험에서 상수 m과 같다.

예제 4.38

어떤 다중-사용자 컴퓨터 시스템에서 평균응답 시간과 표준편차는 각각 15초와 3초라고 한다. 응답 시간이 평균에서 5초 이상 차이가 날 확률을 추정하라.

$m = 15$ 초, $\sigma = 3$초 그리고 $a = 5$초일 때 체비셰프 부등식의 결과는 다음과 같다.

$$P[|X - 15| \geq 5] \leq \frac{9}{25} = .36$$

예제 4.39

X가 평균 m과 분산 σ^2을 갖는다면, $a = k\sigma$에 대한 체비셰프 부등식은 다음과 같다.

$$P[|X - m| \geq k\sigma] \leq \frac{1}{k^2}$$

이제 X가 가우스 확률 변수임을 알고 있다고 가정하자. 그러면 $k = 2$에 대해 $P[|X - m| \geq 2\sigma] =$ .0456

,이다. 이에 반해 체비셰프 부등식을 사용하면 상계(upper bound) .25를 얻는다.

예제 4.40 **밀집된 체비셰프 경계**

확률 변수 X가 $P[X = -v] = P[X = v] = 0.5$라고 하자. 평균은 0이고 분산은 $\text{VAR}[X] = E[X^2] = (-v)^2\, 0.5 + v^2\, 0.5 = v^2$이다.

$P[|X| \geq v] = 1$이고 체비셰프 부등식은 다음과 같다.

$$P[|X| \geq v] \leq 1 - \frac{\text{VAR}[X]}{v^2} = 1$$

우리는 경계와 정확한 값이 일치하는 것을 알 수 있다. 그러므로 경계는 밀집해 있다.

예제 4.38을 통해 체비셰프 부등식이 어떤 확률 변수에 대해선 다소 느슨한 경계를 줄 수 있음을 보았다. 그럼에도 불구하고, 그것의 평균이나 분산 이외에 확률 변수의 분포에 대한 다른 정보가 없는 상황에서는 이 부등식이 유용하다. 7장 2절에서 측정 횟수가 많아지면 같은 확률 변수의 독립적인 측정들의 산술평균은 그 확률 변수의 기대값에 가까워질 가능성이 매우 높다는 것을 증명하기 위해 체비셰프 부등식을 이용할 것이다. 연습문제 4.92와 4.93은 이 결과의 예이다.

만약 단지 평균과 분산보다 더 많은 정보를 얻을 수 있다면 마코프와 체비셰브 부등식보다도 더 밀집된 경계를 얻을 수 있다. 마코프 부등식을 다시 고려해보자. 관심 있는 범위가 $A = \{t \geq a\}$이고, $I_A(t)$가 정의함수라고 한다면, 즉 다른 면에서 만약 $t \in A$이고 $I_A(t) = 0$이라면 $I_A(t) = 1$이다. 전개에서 중요한 단계는 관심 있는 구간에서 $t/a \geq 1$이라는 것을 아는 것이다. 실제로 우리는 그림 4.15에서 볼 수 있듯이 $I_A(t)$를 t/a로부터 경계를 짓는다. 그러면 우리는 다음 식을 얻을 수 있다.

$$P[X \geq a] = \int_0^\infty I_A(t) f_X(t)\, dt \leq \int_0^\infty \frac{t}{a} f_X(t)\, dt = \frac{E[X]}{a}$$

$I_A(t)$에서 위쪽 경계를 바꿈으로써 우리는 $P[X \geq a]$에 다른 경계를 얻을 수 있다. 또한 그림 4.15에서 보여진 $s > 0$에서 경계 $I_A(t) \leq e^{s(t-a)}$를 고려해보자. 그 경계의 결과는 다음과 같다.

$$P[X \geq a] = \int_0^\infty I_A(t) f_X(t)\, dt \leq \int_0^\infty e^{s(t-a)} f_X(t)\, dt$$

$$= e^{-sa} \int_0^\infty e^{st} f_X(t)\, dt = e^{-sa} E[e^{sX}] \tag{4.78}$$

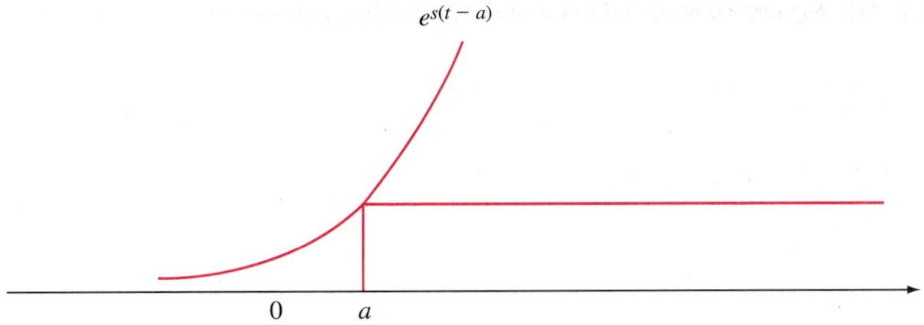

그림 4.15 ● $A = \{t \geq a\}$에 대한 정의 함수 경계

이 경계는 **체노프 경계(Chernoff bound)**이다. 이것은 지수 함수 X의 기대값에 의존하여 나타날 수 있다. 이 함수는 모멘트 발생 함수라고 불리고, 다음 장에서 소개될 변환과 연관되어 있다. 우리는 다음 장에서 체노프 경계를 좀 더 자세히 알 수 있다.

4.7 변환법

계산기와 컴퓨터가 발명되기 전에는 많은 수의 곱셈 연산을 수행하는 경우에 로그표를 사용하면 매우 편리했다. 만약 여러분이 x와 y의 곱을 원한다면, 로그표에서 $\log(x)$와 $\log(y)$의 값을 찾아서 그 값들을 더하고 결과의 역로그를 찾았을 것이다. 여러분은 초등학교 시절, 덧셈보다 곱셈이 손으로 계산할 때 훨씬 지루하고 틀리기 쉬운 연산이었음을 아마 기억할 것이다. 따라서 로그는 계산의 보조도구로서 매우 유용했다.

변환법은 함수의 미분과 적분을 포함한 식의 해를 구하는 데 계산의 보조도구로서 매우 유용하다. 이러한 많은 문제들에서 해는 두 함수의 합성곱(convolution)으로 주어진다. $f_1(x) * f_2(x)$. 우리는 나중에 합성곱 연산을 정의할 것이다. 지금은 두 식의 합성곱을 구하는 것이 손으로 하는 곱셈보다 더 지루하고 틀리기 쉬울 수 있다는 것만 알고 있으면 충분하다! 이 절에서는 함수 $f_k(x)$를 다른 함수 $\mathscr{F}_k(\omega)$로 사상하고, $\mathscr{F}[f_1(x) * f_2(x)] = \mathscr{F}_1(\omega)\mathscr{F}_2(\omega)$인 특성을 만족시키는 변환을 소개한다. 다시 말하면, 합성곱의 변환은 개별 변환들의 곱과 같다. 따라서 변환을 통해 합성곱 연산을 더욱 간단한 곱셈연산으로 대체할 수 있다. 이 절에서 소개하는 변환식은 7장에서 확률 변수의 합을 다룰 때 매우 유용함을 증명할 것이다.

4.7.1 특성 함수

X의 **특성 함수(characteristic function)**는 다음 식으로 정의된다.

$$\Phi_X(\omega) = E[e^{j\omega X}] \tag{4.79a}$$

$$= \int_{-\infty}^{\infty} f_X(x) e^{j\omega x}\, dx \tag{4.79b}$$

여기서 $j = \sqrt{-1}$은 허수의 단위수이다. 오른쪽의 두 식은 특성 함수의 두 가지 해석을 가능하게 한다. 첫 번째 식에서, $\Phi_X(\omega)$는 특별히 지정하지 않은 매개변수 ω를 갖는 X의 함수 $e^{j\omega X}$의 기대값으로 볼 수 있다. 두 번째 식에서, $\Phi_X(\omega)$은 단순히 pdf $f_X(x)$의 푸리에 변환(지수의 부호가 반대)이다. 이들 두 가지의 해석은 서로 다른 상황에서 유용함을 알 수 있다.

$\Phi_X(\omega)$을 푸리에 변환으로 보면 푸리에 역변환 공식에서 X의 pdf는 다음과 같이 주어진다.

$$f_X(x) = \frac{1}{2\pi}\int_{-\infty}^{\infty}\Phi_X(\omega)e^{-j\omega x}\,d\omega \tag{4.80}$$

따라서 모든 pdf와 그 특성 함수는 유일한 푸리에 변환쌍을 구성한다. 표 4.1은 몇 가지 연속 확률 변수들의 특성 함수를 보여준다.

예제 4.41 **지수 확률 변수**

매개변수 λ를 갖는 지수적으로 분포된 확률 변수에 대한 특성 함수는 다음과 같다.

$$\Phi_X(\omega) = \int_0^{\infty}\lambda e^{-\lambda x}e^{j\omega x}\,dx = \int_0^{\infty}\lambda e^{-(\lambda-j\omega)x}\,dx$$
$$= \frac{\lambda}{\lambda - j\omega}$$

만약 X가 이산 확률 변수라면 식 (4.20)을 $\Phi_X(\omega)$의 정의에 대입해 다음의 변환공식을 얻는다.

$$\Phi_X(\omega) = \sum_k p_X(x_k)e^{j\omega x_k} \qquad \text{이산 확률 변수}$$

대부분의 경우에서 우리는 정수값을 갖는 이산 확률 변수를 다룬다. 이러한 확률 변수의 특성 함수는 다음과 같다.

$$\Phi_X(\omega) = \sum_{k=-\infty}^{\infty} p_X(k)e^{j\omega k} \qquad \text{정수값을 갖는 확률 변수} \tag{4.81}$$

식 (4.81)은 수열 $p_X(k)$의 푸리에 변환이다. 식 (4.81)에서의 푸리에 변환은 $e^{j(\omega+2\pi)k} = e^{j\omega k}e^{jk2\pi}$이고 $e^{jk2\pi} = 1$이므로, 2π의 주기를 갖는 ω의 주기함수임에 주목하자. 그러므로 정수값을 갖는 확률 변수의 특성 함수는 ω의 주기함수이다. 우리는 다음의 역변환 공식을 사용해 Φ_X로부터 확률 $p_X(k)$를 다시 계산할 수 있다.

$$p_X(k) = \frac{1}{2\pi}\int_0^{2\pi}\Phi_X(\omega)e^{-j\omega k}\,d\omega \qquad k = 0, \pm 1, \pm 2, \ldots \tag{4.82}$$

또한 식 (4.81)과 식 (4.82)를 비교해보면, $p_X(k)$는 단순히 주기함수 $\Phi_X(\omega)$의 푸리에 급수의 계수임을 알 수 있다.

예제 4.42 **기하 확률 변수**

기하 확률 변수에 대한 특성 함수는 다음과 같다.

$$\Phi_X(\omega) = \sum_{k=0}^{\infty} pq^k e^{j\omega k} = p\sum_{k=0}^{\infty}(qe^{j\omega})^k$$
$$= \frac{p}{1 - qe^{j\omega}}$$

$f_X(x)$와 $\Phi_X(\omega)$가 변환쌍을 이루기 때문에 우리는 $\Phi_X(\omega)$에서 X의 모멘트를 얻을 수 있다고 기대한다. **모멘트 정리(moment theorem)**는 X의 모멘트가 다음 식과 같음을 말한다.

$$E[X^n] = \frac{1}{j^n}\frac{d^n}{d\omega^n}\Phi_X(\omega)\bigg|_{\omega=0} \tag{4.83}$$

이것을 설명하기 위해 우선 $\Phi_X(\omega)$의 정의에서 $e^{j\omega x}$를 멱급수로 전개한다.

$$\Phi_X(\omega) = \int_{-\infty}^{\infty} f_X(x)\left\{1 + j\omega X + \frac{(j\omega X)^2}{2!} + \cdots\right\} dx$$

X의 모든 모멘트가 유한하고 급수의 각 항들을 적분할 수 있다는 가정 하에 다음 식을 얻는다.

$$\Phi_X(\omega) = 1 + j\omega E[X] + \frac{(j\omega)^2 E[X^2]}{2!} + \cdots + \frac{(j\omega)^n E[X^n]}{n!} + \cdots$$

위 식을 한 번 미분하고 $\omega = 0$에서 결과를 계산하면 다음을 얻는다.

$$\frac{d}{d\omega}\Phi_X(\omega)\bigg|_{\omega=0} = jE[X]$$

n번 미분하고 $\omega = 0$에서 값을 구하면 마지막으로 다음 식을 얻는다.

$$\frac{d^n}{d\omega^n}\Phi_X(\omega)\bigg|_{\omega=0} = j^n E[X^n]$$

우리는 이 식에서 식 (4.83)을 얻을 수 있다.

위의 멱급수가 수렴할 때, 특성 함수와 식 (4.80)에 따른 pdf는 X의 모멘트로 완전하게 결정된다는 것에 주목하라.

예제 4.43

지수적으로 분포된 확률 변수의 평균을 구하기 위해 $\Phi_X(\omega) = \lambda(\lambda - j\omega)^{-1}$을 한 번 미분하여 다음을 얻는다.

$$\Phi'_X(\omega) = \frac{\lambda j}{(\lambda - j\omega)^2}$$

그러면, 모멘트 정리는 $E[X] = \Phi'_X(0)/j = 1/\lambda$을 뜻한다.

두 번 미분하면 다음을 얻을 수 있다.

$$\Phi''_X(\omega) = \frac{-2\lambda}{(\lambda - j\omega)^3}$$

따라서 두 번째 모멘트는 $E[X^2] = \Phi''_X(0)/j^2 = 2/\lambda^2$가 된다. X의 분산은 다음과 같다.

$$\text{VAR}[X] = E[X^2] - E[X]^2 = \frac{2}{\lambda^2} - \frac{1}{\lambda^2} = \frac{1}{\lambda^2}$$

예제 4.44 **가우스 확률 변수에서의 체노프 경계**

X를 평균이 m이고 분산이 σ^2인 가우스 확률 변수라고 할 때, X에 대한 체노프 경계를 찾아라.

체노프 경계(식 4.78)는 모멘트 생성함수에 의존한다.

$$E[e^{sX}] = \Phi_X(-js)$$

특성 함수에 대해 경계는 다음과 같이 주어진다.

$$P[X \geq a] \leq e^{-sa}\Phi_X(-js) \quad s \geq 0\text{에 대해서}$$

매개변수 s는 상계를 최소화하여 선택할 수 있다.

가우스 확률 변수의 경계는 다음과 같다.

$$P[X \geq a] \leq e^{-sa}e^{ms+\sigma^2 s^2/2} = e^{-s(a-m)+\sigma^2 s^2/2} \qquad s \geq 0\text{에 대해서}$$

최소화된 지수로 상계를 최소화하면 다음과 같이 주어진다.

$$0 = \frac{d}{ds}(-s(a-m) + \sigma^2 s^2/2)$$

이는 $s = \dfrac{a-m}{\sigma^2}$을 의미한다.

상계의 결과는 다음과 같다.

$$P[X \geq a] = Q\left(\frac{a-m}{\sigma}\right) \leq e^{-(a-m)^2/2\sigma^2}$$

이 경계는 체비셰프 경계보다 더 좋으며, 식 4.54에 의한 어림값과 유사하다.

4.7.2 확률생성 함수

확률 변수가 음수가 아닌 문제에서는 보통 z-변환이나 라플라스 변환을 사용하는 것이 더 편리하다. 음이 아닌 정수값을 갖는 확률 변수 N에 대한 **확률생성 함수(probability generating function. pgf)** $G_N(z)$는 다음과 같이 정의한다.

$$G_N(z) = E[z^N] \tag{4.84a}$$

$$= \sum_{k=0}^{\infty} p_N(k) z^k \tag{4.84b}$$

첫 번째 식은 N의 함수 z^N에 대한 기대값이다. 두 번째 식은 pmf의 z-변환(지수의 부호가 반대)을 나타낸다. 표 3.1은 몇 개의 이산 확률 변수에 대한 확률생성 함수를 보여준다. N의 특성 함수가 $\Phi_N(\omega) = G_N(e^{j\omega})$로 주어진다는 것에 주목하자.

모멘트 정리에서 사용했던 것과 비슷한 도함수를 사용하여 N의 pdf가 다음 식으로 주어지는 것을 쉽게 설명할 수 있다.

$$p_N(k) = \frac{1}{k!}\frac{d^k}{dz^k}G_N(z)\bigg|_{z=0} \tag{4.85}$$

이것이 $G_N(z)$가 확률생성 함수로 불리는 이유이다. $G_N(z)$의 처음 두 도함수를 구하고 $z=1$에서 그 결과를 계산함으로써 X의 처음 두 모멘트를 구할 수 있다.

$$\frac{d}{dz}G_N(z)\bigg|_{z=1} = \sum_{k=0}^{\infty} p_N(k)kz^{k-1}\bigg|_{z=1} = \sum_{k=0}^{\infty} kp_N(k) = E[N]$$

그리고

$$\frac{d^2}{dz^2}G_N(z)\bigg|_{z=1} = \sum_{k=0}^{\infty} p_N(k)k(k-1)z^{k-2}\bigg|_{z=1}$$

$$= \sum_{k=0}^{\infty} k(k-1)p_N(k) = E[N(N-1)] = E[N^2] - E[N]$$

따라서 X의 평균과 분산은 다음과 같다.

$$E[N] = G'_N(1) \tag{4.86}$$

$$\text{VAR}[N] = G''_N(1) + G'_N(1) - (G'_N(1))^2 \tag{4.87}$$

예제 4.45 **포아송 확률 변수**

매개변수 α를 갖는 포아송 확률 변수에 대한 확률생성 함수는 다음 식과 같다.

$$G_N(z) = \sum_{k=0}^{\infty} \frac{\alpha^k}{k!}e^{-\alpha}z^k = e^{-\alpha}\sum_{k=0}^{\infty}\frac{(\alpha z)^k}{k!}$$

$$= e^{-\alpha}e^{\alpha z} = e^{\alpha(z-1)}$$

$G_N(z)$의 처음 두 도함수는 다음과 같이 계산된다.

$$G'_N(z) = \alpha e^{\alpha(z-1)}$$

$$G''_N(z) = \alpha^2 e^{\alpha(z-1)}$$

그러므로 포아송의 평균과 분산은 다음과 같다.

$$E[N] = \alpha$$

$$\text{VAR}[N] = \alpha^2 + \alpha - \alpha^2 = \alpha$$

4.7.3 pdf의 라플라스 변환

대기열 이론에서는 서비스 시간, 대기시간, 그리고 지연을 다룬다. 이러한 것들은 모두 음이 아닌 연속 확률 변수이다. 따라서 pdf의 **라플라스 변환**을 이용해 계산하는 것이 관례다.

$$X^*(s) = \int_0^{\infty} f_X(x)e^{-sx}\,dx = E[e^{-sX}] \tag{4.88}$$

$X^*(s)$는 pdf의 라플라스 변환 또는 X의 함수 e^{-sX}의 기대값으로 해석될 수 있음에 주목하자.

모멘트 정리는 $X^*(s)$에 대해서도 성립한다.

$$E[X^n] = (-1)^n \frac{d^n}{ds^n}X^*(s)\bigg|_{s=0} \tag{4.89}$$

예제 4.46 **감마 확률 변수**

감마 pdf의 라플라스 변환은 다음과 같다.

$$X^*(s) = \int_0^\infty \frac{\lambda^\alpha x^{\alpha-1} e^{-\lambda x} e^{-sx}}{\Gamma(\alpha)} dx = \frac{\lambda^\alpha}{\Gamma(\alpha)} \int_0^\infty x^{\alpha-1} e^{-(\lambda+s)x} dx$$

$$= \frac{\lambda^\alpha}{\Gamma(\alpha)} \frac{1}{(\lambda+s)^\alpha} \int_0^\infty y^{\alpha-1} e^{-y} dy = \frac{\lambda^\alpha}{(\lambda+s)^\alpha}$$

여기서 우리는 변수 $y = (\lambda + s)x$로 변경했다. X의 처음 두 모멘트는 다음과 같이 얻을 수 있다.

$$E[X] = -\frac{d}{ds} \frac{\lambda^\alpha}{(\lambda+s)^\alpha}\bigg|_{s=0} = \frac{\alpha\lambda^\alpha}{(\lambda+s)^{\alpha+1}}\bigg|_{s=0} = \frac{\alpha}{\lambda}$$

$$E[X] = -\frac{d}{ds} \frac{\lambda^\alpha}{(\lambda+s)^\alpha}\bigg|_{s=0} = \frac{\alpha\lambda^\alpha}{(\lambda+s)^{\alpha+1}}\bigg|_{s=0} = \frac{\alpha}{\lambda}$$

따라서 X의 분산은 다음과 같다.

$$\text{VAR}(X) = E[X^2] - E[X]^2 = \frac{\alpha}{\lambda^2}$$

4.8 기초적인 신뢰도 계산

이 절에서는 지금까지 개발된 도구들 중의 몇 개를 시스템의 신뢰도를 평가하는 데 관심을 갖게 되는 측정에 적용한다. 또한 어떻게 한 시스템의 신뢰도가 그 시스템을 구성하는 부품들의 신뢰도의 항으로 계산되는지 알아본다.

4.8.1 실패율 함수

T를 부품, 하위 시스템, 또는 시스템의 수명이라 하자. 시간 t에서의 **신뢰도**는 부품, 하위 시스템, 또는 시스템이 시간 t에서 여전히 작동하고 있을 확률로 정의된다.

$$R(t) = P[T > t] \tag{4.90}$$

상대도수 해석은 많은 수의 부품 또는 시스템에서 $R(t)$가 t시간 이후에 고장날 비율임을 뜻한다. 신뢰도는 T의 cdf의 항으로 표현할 수 있다.

$$R(t) = 1 - P[T \leq t] = 1 - F_T(t) \tag{4.91}$$

$R(t)$의 도함수는 T의 pdf의 마이너스로 주어짐에 주목하자.

$$R'(t) = -f_T(t) \tag{4.92}$$

평균 고장 시간(MTTF)은 T의 기대값으로 주어진다.

$$E[T] = \int_0^\infty f_T(t)\,dt = \int_0^\infty R(t)\,dt$$

여기서 두 번째 식은 식 (4.28)과 (4.91)을 사용해 얻는다.

한 시스템이 시간 t에서 여전히 작동한다고 하자. 이 시스템은 앞으로 어떻게 작동할 것인가? 예제 4.10에서 우리는 $T > t$가 주어질 때 T의 조건부 cdf는 다음과 같음을 알았다.

$$F_T(x|T > t) = P[T \leq x|T > t] = \begin{cases} 0 & x < t \\ \dfrac{F_T(x) - F_T(t)}{1 - F_T(t)} & x \geq t \end{cases} \tag{4.93}$$

$F_T(x|T > t)$와 관련된 pdf는 다음과 같다.

$$f_T(x|T > t) = \frac{f_T(x)}{1 - F_T(t)} \quad x \geq t \tag{4.94}$$

식 (4.94)의 분모가 $R(t)$와 같다는 것에 주목하자.

실패율 함수 $r(t)$는 $x = t$에서 계산된 $f_T(x|T > t)$로 정의된다.

$$r(t) = f_T(t|T > t) = \frac{-R'(t)}{R(t)} \tag{4.95}$$

위 식에서는 식 (4.92)의 $R'(t) = -f_T(t)$를 이용했다. 실패율 함수는 다음의 뜻을 갖는다.

$$P[t < T \leq t + dt|T > t] = f_T(t|T > t)\,dt = r(t)\,dt \tag{4.96}$$

말로 설명하자면, $r(t)dt$는 시간 t까지 동작했던 부품이 다음 dt초 안에 고장날 확률이다.

예제 4.47 지수실패 법칙

한 부품이 상수의 실패율 함수, 즉 $r(t) = \lambda$를 갖는다고 가정하자. 그 부품의 수명 T에 대한 pdf와 MTTF를 구하라.

식 (4.95)는 다음을 뜻한다.

$$\frac{R'(t)}{R(t)} = -\lambda \tag{4.97}$$

식 (4.97)은 초기 조건이 $R(0) = 1$인 1차 미분방정식이다. 만약 식 (4.97)의 양변을 0에서 t까지 적분하면 다음 식을 얻는다.

$$-\int_0^t \lambda\,dt' + k = \int_0^t \frac{R'(t')}{R(t')}dt' = \ln R(t)$$

이것은 다음을 뜻한다.

$$R(t) = Ke^{-\lambda t}, \qquad \text{여기에서 } K = e^k$$

초기 조건 $R(0) = 1$은 $K = 1$을 뜻한다. 따라서

$$R(t) = e^{-\lambda t} \qquad t > 0 \tag{4.98}$$

그리고

$$f_T(t) = \lambda e^{-\lambda t} \qquad t > 0$$

따라서 T가 상수의 실패율 함수를 갖는다면, T는 지수 확률 변수이다. 지수 확률 변수는 기억하지 못하는 성질을 만족하기 때문에 이 결과는 놀라운 것이 아니다. MTTF $= E[T] = 1/\lambda$이다.

예제 4.47에서 사용했던 도함수는 일반적으로 실패율 함수와 신뢰도가 다음과 같은 관계임을 보이는 데 사용할 수 있다.

$$R(t) = \exp\left\{-\int_0^t r(t')\,dt'\right\} \tag{4.99}$$

그리고 식 (4.92)에서 다음을 얻는다.

$$f_T(t) = r(t)\exp\left\{-\int_0^t r(t')\,dt'\right\} \tag{4.100}$$

그림 4.16은 전형적인 시스템에 대한 실패율 함수를 보여준다. 초기에는 결함이 있는 부품이나 설치 때문에 실패율이 높다. 결함이 제거된 후, 시스템은 안정되고 낮은 실패율을 갖는다. 얼마 지난 후에는 시스템이 노화되고 소모되어 결국은 실패율이 증가한다. 다음 예제에서 보듯, 식 (4.99)와 (4.100)은 신뢰도 함수와 관련된 pdf를 실패율 함수의 항으로 표현할 수 있게 한다.

예제 4.48 **와이블(Weibull) 실패 법칙**

와이블 실패 법칙은 다음 식과 같은 실패율 함수를 갖는다.

$$r(t) = \alpha\beta t^{\beta-1} \tag{4.101}$$

여기서 α 와 β 는 양의 상수다. 식 (4.99)는 신뢰도가 다음과 같음을 뜻한다.

$$R(t) = e^{-\alpha t^{\beta}}$$

그러면 식 (4.100)은 T의 pdf가 다음 식과 같음을 뜻한다.

$$f_T(t) = \alpha\beta t^{\beta-1}e^{-\alpha t^{\beta}} \quad t > 0 \tag{4.102}$$

그림 4.17은 $\alpha = 1$ 그리고 여러 β값에 대한 $f_T(t)$를 보여준다. $\beta = 1$은 상수의 실패율을 갖는 지수실패 법칙을 따른다는 것에 주목하자. $\beta > 1$인 경우, 식 (3.98)은 시간에 따라 증가하는 실패율 함수가 된다. $\beta <$

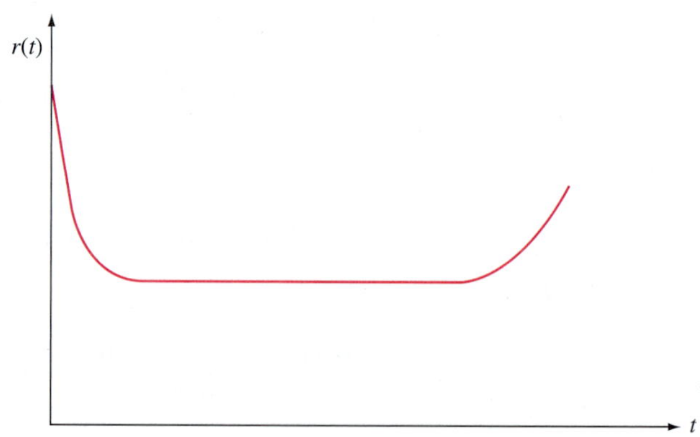

그림 4.16 ● 전형적인 시스템의 실패율 함수

1인 경우, 식 (4.101)은 시간에 따라 감소하는 실패율 함수가 된다. 그 이상의 와이블 확률 변수 특성들은 연습문제를 통해 알아보겠다.

4.8.2 시스템의 신뢰도

한 시스템이 여러 개의 부품이나 또는 하위 시스템으로 구성된다고 가정하자. 이제 부품들이 서로 독립적으로 고장난다고 할 때, 한 시스템의 신뢰도가 어떻게 하위 시스템의 신뢰도의 항으로 계산될 수 있는지 알아본다.

우선 그림 4.18(a)와 같이 n개의 부품들을 직렬로 연결해 구성한 시스템을 생각해보자. 이 시스템은 모든 부품이 작동하고 있는 경우에만 작동한다고 간주된다. A_s를 '시간 t에서 시스템이 작동하고 있다.' 인 사건이라 하고, A_j를 '시간 t에서 j번째 부품이 작동하고 있다.' 인 사건이라고 하면, 시간 t에서 시스템이 작동하고 있을 확률은 다음과 같다.

$$\begin{aligned} R(t) &= P[A_s] \\ &= P[A_1 \cap A_2 \cap \cdots \cap A_n] = P[A_1]P[A_2]\ldots P[A_n] \\ &= R_1(t)R_2(t)\ldots R_n(t) \end{aligned} \tag{4.103}$$

위 식에서 $P[A_j] = R_j(t)$, 즉 j번째 부품의 신뢰도 함수다. 확률은 1보다 작거나 같기 때문에, 우리는 $R(t)$가 가장 낮은 신뢰도를 갖는 부품보다 높은 신뢰도를 가질 수 없음을 알 수 있다. 즉, $R(t) \leq \min_j R_j(t)$이다.

식 (4.99)를 식 (4.103)의 각 $R_j(t)$에 적용하면, 직렬 시스템의 실패율 함수는 각 부품의 실패율 함수들의 합으로 주어짐을 알 수 있다.

$$\begin{aligned} R(t) &= \exp\left\{-\int_0^t r_1(t')\,dt'\right\}\exp\left\{-\int_0^t r_2(t')\,dt'\right\}\ldots\exp\left\{-\int_0^t r_n(t')\,dt'\right\} \\ &= \exp\left\{-\int_0^t [r_1(t') + r_2(t') + \cdots + r_n(t')]\,dt'\right\} \end{aligned}$$

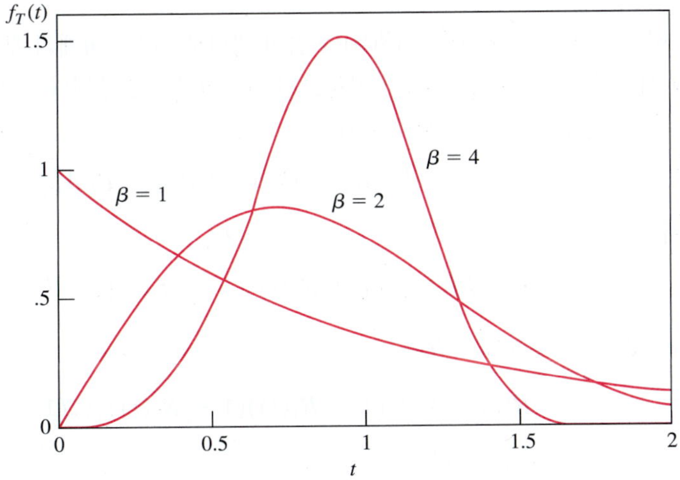

그림 4.17 ● $\alpha = 1$ 그리고 $\beta = 1, 2, 4$일 때 와이블 확률 변수의 확률밀도 함수

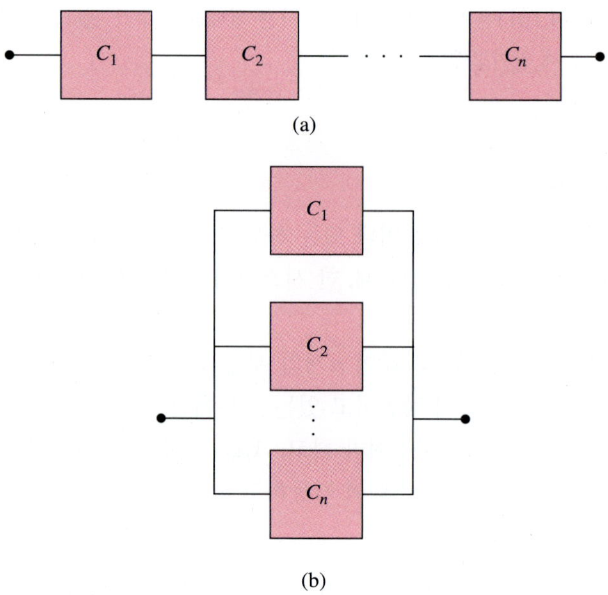

그림 4.18 ● (a) 직렬 연결된 n개의 부품들로 구성된 시스템 (b) 병렬 연결된 n개의 부품들로 구성된 시스템

예제 4.49

한 시스템이 직렬로 연결된 n개의 부품들로 구성되며, 부품들의 수명은 비율 $\lambda_1, \lambda_2, \ldots \lambda_n$을 갖는 지수 확률 변수라고 가정하자. 시스템의 신뢰도를 구하라.

식 (4.98)과 (4.103)에서 다음을 얻는다.

$$R(t) = e^{-\lambda_1 t}e^{-\lambda_2 t}\ldots e^{-\lambda_n t}$$
$$= e^{-(\lambda_1+\cdots+\lambda_n)t}$$

따라서 시스템 신뢰도는 $\lambda_1+\lambda_2+\ldots+\lambda_n$을 갖고 지수적으로 분포한다.

이제 한 시스템이 그림 4.18(b)와 같이 병렬로 연결된 n개의 부품으로 구성된다고 가정하자. 이 시스템은 적어도 한 부품만 작동하면 작동한다고 간주된다. 모든 부품들이 고장나는 경우에만 이 시스템은 작동하지 않을 것이다.

$$P[A_s^c] = P[A_1^c]P[A_2^c]\ldots P[A_n^c]$$

따라서

$$1 - R(t) = (1 - R_1(t))(1 - R_2(t))\ldots(1 - R_n(t))$$

그리고 마지막으로 다음과 같다.

$$R(t) = 1 - (1 - R_1(t))(1 - R_2(t))\ldots(1 - R_n(t)) \tag{4.104}$$

예제 4.50

단일 장치로 이루어진 시스템의 신뢰도를 두 개의 장치가 병렬로 작동하는 시스템의 신뢰도와 비교하라. 모든 장치는 비율 1을 갖고 지수적으로 분포하는 수명을 가지고 있다고 가정하자.

단일 장치로 이루어진 시스템의 신뢰도는 다음과 같다.

$$R_s(t) = e^{-t}$$

두 개의 장치로 이루어진 시스템의 신뢰도는 다음과 같다.

$$\begin{aligned} R_p(t) &= 1 - (1 - e^{-t})(1 - e^{-t}) \\ &= e^{-t}(2 - e^{-t}) \end{aligned}$$

병렬 시스템은 신뢰도가 $(2 - e^{-t})$배 더 높다.

$$(2 - e^{-t}) > 1$$

더 복잡한 구성은 직렬과 병렬 부품들로 이루어진 하위 시스템들이 결합된 것으로 볼 수 있다. 그런 시스템의 신뢰도는 하위 시스템 신뢰도의 항으로 계산할 수 있다. 예제 2.35는 그러한 계산의 예다.

4.9 확률 변수를 발생시키기 위한 컴퓨터 방법

모든 확률 현상의 컴퓨터 모의실험은 지정된 분포를 갖는 확률 변수의 발생을 수반한다. 예를 들면, 대기 시스템의 모의실험은 각 고객의 서비스 시간뿐 아니라 고객들의 도착시간 간격을 발생시켜야 한다. 일단 이러한 확률적 수치들을 모형화하는 cdf들이 선택되면, 이러한 cdf들을 갖는 확률 변수들을 발생시키기 위한 알고리즘을 반드시 찾아야 한다. MATLAB과 Octave는 잘 알려진 모든 분포의 확률 변수 발생을 위한 내장함수를 가지고 있다. 이 절에서 우리는 확률 변수를 발생시키기 위한 여러 방법들을 소개한다. 이러한 방법들은 모두 0과 1 사이에서 균등하게 분포하는 난수를 이용할 수 있다는 것에 기초를 둔다. 이러한 수를 발생시키기 위한 방법들은 2.7절에서 설명했다.

확률 변수 발생을 위한 모든 방법들은 pdf, cdf 또는 관심 있는 확률 변수의 cdf의 역함수를 구하도록 요구한다. 우리는 이러한 값들을 구하기 위한 프로그램을 작성하거나 MATLAB, Octave와 같은 프로그램의 유용한 함수들을 이용할 수 있다. 다음의 예제는 가우스 확률 변수를 구하는 전형적인 방법을 보여준다.

예제 4.51 **pdf, cdf 그리고 cdf 역함수 구하기**

X가 평균 1, 분산 2를 가지는 가우스 확률 변수라고 하자. $x = 7$일 때의 pdf를 구하라. $x = -2$일 때의 cdf를 구하라. cdf = 0.25일 때의 값을 구하라.

다음의 명령문은 이러한 결과들을 Octave를 이용하여 어떻게 얻을 수 있는지를 보여준다.

```
> normal_pdf (7, 1, 2)
ans = 3.4813e-05
> normal_cdf (-2, 1, 2)
```

```
ans = 0.016947
> normal_inv (0.25, 1, 2)
ans = 0.046127
```

4.9.1 변환법

U가 구간 [0, 1]에서 균등하게 분포한다고 가정하자. $F_X(x)$는 발생시키려는 확률 변수의 cdf라고 하자. 확률 변수 $Z = F_X^{-1}(U)$를 정의하자. 즉, 먼저 U를 선택하고 다음에 그림 4.19에서 표시한 것처럼 Z를 찾는다. Z의 cdf는 다음과 같다.

$$P[Z \leq x] = P[F_X^{-1}(U) \leq x] = P[U \leq F_X(x)]$$

그러나 만약 U가 [0, 1]에서 균등하게 분포하고 $0 \leq h \leq 1$이면 $P[U \leq h] = h$이다(예제 4.6 참고).

$$P[Z \leq x] = F_X(x)$$

그리고 $Z = F_X^{-1}(U)$는 원하는 cdf를 갖는다.

X를 발생시키기 위한 변환법:

1. [0, 1]에서 균등하게 분포하는 U를 발생시킨다.
2. $Z = F_X^{-1}(U)$로 한다.

예제 4.52 지수 확률 변수

매개변수 λ를 갖는 지수적으로 분포된 확률 변수 X를 발생시키기 위해서는 식 $u = F_X(x) = 1 - e^{-\lambda x}$

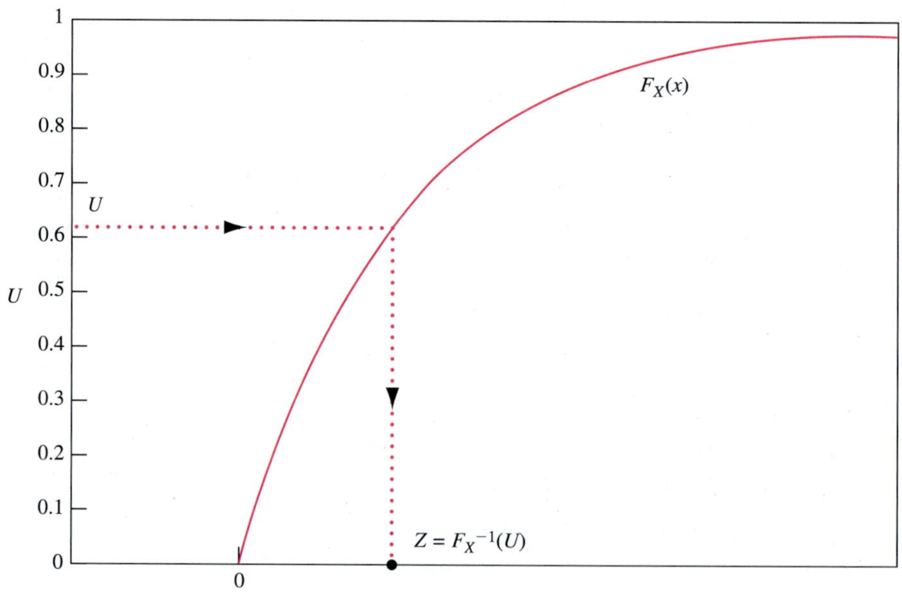

그림 4.19 ● cdf $F_X(x)$를 갖는 확률 변수를 발생시키기 위한 변환법

를 다음과 같이 역으로 해야 한다.

$$X = -\frac{1}{\lambda}\ln(1 - U)$$

$1 - U$ 또한 [0, 1]에서 균등하게 분포하기 때문에 더 간단한 식 $X = -\ln(U)/\lambda$를 사용할 수 있음에 주목하자. 다음의 Octave 명령문의 처음 두 줄은 $\lambda = 1$을 가지는 지수 확률 변수 1,000개를 발생시키기 위한 변환법을 어떻게 구현하는지를 보여준다. 그림 4.20은 얻어진 값들을 막대그래프로 보여준다. 또한 막대그래프 정보와 부합되는 확률 변수 표본을 나타내어 준다. 막대그래프와 이 확률들이 잘 일치됨을 관찰할 수 있을 것이다. 8장에서 우리는 주어진 분포에 대한 자료의 적합성을 부과하는 방법을 배우게 될 것이다. MATLAB과 Octave 모두 함수 `exponential_rnd`에서 변환법을 사용한다.

```
> U=rand (1, 1000);          % 1,000개의 균등 확률 변수를 발생시킨다.
> X=-log(U);                 % 1,000개의 지수 확률 변수를 계산한다.
> K=0.25:0.5:6;
> P(1)=1-exp(-0.5)
> for i=2:12,                % 이하의 명령문은 어떻게 막대그래프의
> P(i)=P(i-1)*exp(-0.5)      % 정보를 발생시키는지를 설명해준다.
> end;
> stem (K, P)
> hold on
> Hist (X, K, 1)
```

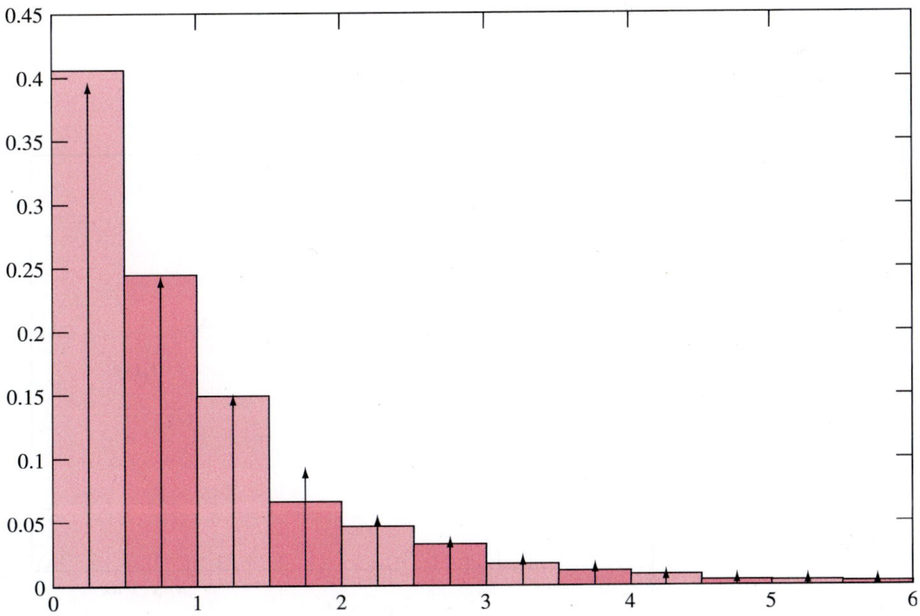

그림 4.20 ● 변환법을 사용한 1,000개의 지수 확률 변수의 히스토그램

4.9.2 기각법

우선 이 알고리즘의 단순한 형태를 고려하여 그것이 어떻게 작동하는지에 대해 설명한다. 다음에는 이것의 일반적인 형태를 설명한다. 그림 4.21에서와 같은 pdf $f_X(x)$를 갖는 확률 변수 Z를 발생시키는 데 관심이 있다고 하자. 특별히 다음을 가정한다. (1) pdf는 구간 $[0, a]$에서만 0이 아니다. (2) pdf는 $[0, b]$ 범위의 값을 취한다. 이 경우의 **기각법(rejection method)**은 다음과 같이 작동한다.

1. X_1을 구간 $[0, a]$에서 균등하게 발생시킨다.
2. Y를 구간 $[0, b]$에서 균등하게 발생시킨다.
3. 만약 $Y \le f_X(X_1)$이면 $Z = X_1$을 출력한다. 그렇지 않으면 X_1을 기각하고 단계 1로 되돌아간다.

이 알고리즘은 출력 Z를 생성하기 전에 임의의 횟수의 단계를 반복 수행할 수 있다는 것에 주목하자.

이제 출력 Z가 요구되는 pdf를 갖는다는 것을 설명한다. 단계 1과 단계 2는 폭 a와 높이 b인 직사각형에서 한 점을 임의로 선택한다. 어떤 영역에서 한 점이 선택될 확률은 단순히 그 영역을 사각형의 전체 면적 ab로 나눈 것이다. 따라서 X_1을 채택하는 확률은 $f_X(x)$ 다음의 영역을 ab로 나눈 확률이 된다. 그러나 모든 pdf의 면적은 1이다. 따라서 성공 확률(즉, 채택)은 $1/ab$이라고 결론을 내린다. 이제 다음의 확률을 고려하자.

$$\begin{aligned}
&P[x < X_1 \le x + dx \mid X_1 : \text{채택}] \\
&\quad = \frac{P[\{x < X_1 \le x + dx\} \cap \{X_1 : \text{채택}\}]}{P[X_1 : \text{채택}]} \\
&\quad = \frac{\text{빗금친 영역}/ab}{1/ab} = \frac{f_X(x)\,dx/ab}{1/ab} \\
&\quad = f_X(x)\,dx
\end{aligned}$$

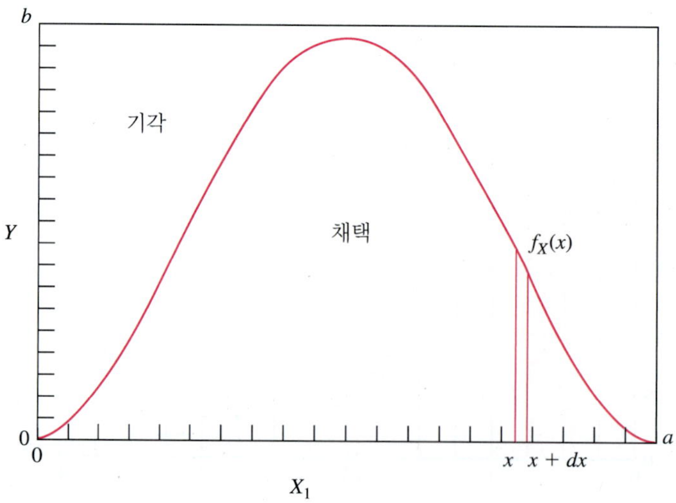

그림 4.21 ● pdf $f_X(x)$를 갖는 확률 변수를 발생시키기 위한 기각법

그러므로 채택된 X_1은 필요한 pdf를 갖게 되고, 따라서 Z도 필요한 pdf를 갖게 된다.

예제 4.53 **베타 확률 변수의 발생**

기각법을 사용하여 $a' = b' = 2$를 갖는 베타 확률 변수가 발생되어질 수 있음을 보여라.

$a' = b' = 2$를 갖는 베타 확률 변수의 pdf는 그림 4.21에서 보여지는 것과 유사하다. 이 베타 pdf는 $x = 1/$일 때 최대값을 가지고, 그때의 최대값은 다음과 같다.

$$\frac{(1/2)^{2-1}(1/2)^{2-1}}{B(2,2)} = \frac{1/4}{\Gamma(2)\Gamma(2)/\Gamma(4)} = \frac{1/4}{1!1!/3!} = \frac{3}{2}$$

그러므로 기각법을 사용하여 $b = 1.5$를 가지는 베타 확률 변수를 생성시킬 수 있다.

위에서 설명한 알고리즘은 두 가지 문제를 가질 수 있다. 첫째, 직사각형이 $f_X(x)$ 영역에 잘 맞지 않으면 채택되기 전에 생성해야 하는 X_1의 개수가 엄청날 수 있다. 둘째, 위 방법은 $f_X(x)$가 무한하거나 그 치역이 유한하지 않은 경우에는 사용할 수 없다. 이 알고리즘의 일반적인 형태는 앞의 두 문제점을 해결할 수 있다. pdf $f_X(x)$를 갖는 Z를 발생시키기 원한다고 가정하자. W는 발생시키기 쉬운 pdf $f_W(x)$를 갖는 확률 변수이고, 어떤 상수 $K > 1$에 대해 다음이 성립한다고 하자.

$$Kf_W(x) \geq f_X(x) \qquad \text{모든 } x\text{에 대해서}$$

즉, $Kf_W(x)$ 다음의 영역은 그림 4.22와 같이 $f_X(x)$를 포함한다.

***X*를 발생시키기 위한 기각법:**

1. pdf $f_W(x)$를 갖는 X_1을 발생시킨다. $B(X_1) = Kf_W(X_1)$으로 정의한다.
2. Y를 $[0, B(X_1)]$에서 균등하게 발생시킨다.
3. 만약 $Y \leq f_X(X_1)$이면 $Z = X_1$을 출력한다. 그렇지 않으면 X_1을 기각하고 단계 1로 되돌아간다.

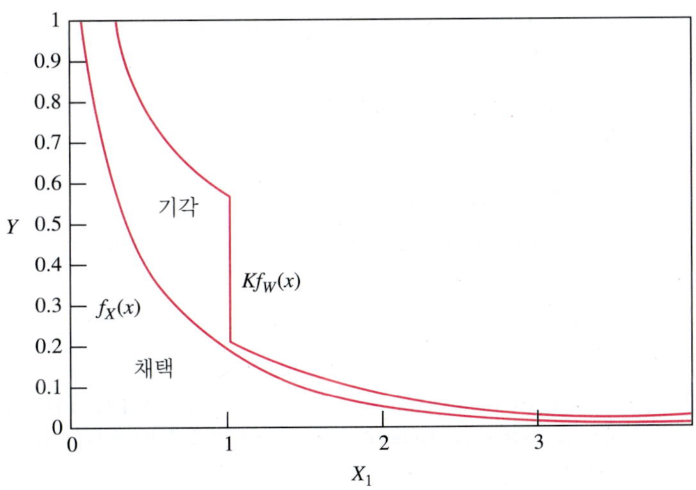

그림 4.22 ● $0 < \alpha < 1$인 감마 pdf를 갖는 확률 변수를 발생시키기 위한 기각법

Z가 필요한 pdf를 갖는 것에 대한 증명은 연습문제 4.143에서 다룬다.

예제 4.54 감마 확률 변수

이제 기각법이 어떻게 매개변수 $0 < \alpha < 1$와 $\lambda = 1$의 감마 pdf를 갖는 X를 발생시키는 데 사용될 수 있는지 알아본다. $f_X(x)$를 '감싸고 있는' $Kf_W(x)$는 쉽게 얻는다(그림 4.22 참조).

$$f_X(x) = \frac{x^{\alpha-1}e^{-x}}{\Gamma(\alpha)} \leq Kf_W(x) = \begin{cases} \dfrac{x^{\alpha-1}}{\Gamma(\alpha)} & 0 \leq x \leq 1 \\ \dfrac{e^{-x}}{\Gamma(\alpha)} & x > 1 \end{cases}$$

오른쪽 함수에 해당하는 pdf $f_W(x)$는 다음과 같다.

$$f_W(x) = \begin{cases} \dfrac{\alpha e x^{\alpha-1}}{\alpha + e} & 0 \leq x \leq 1 \\ \alpha e \dfrac{e^{-x}}{\alpha + e} & x \geq 1 \end{cases}$$

W의 cdf는 다음과 같다.

$$F_W(x) = \begin{cases} \dfrac{ex^{\alpha}}{\alpha + e} & 0 \leq x \leq 1 \\ 1 - \alpha e \dfrac{e^{-x}}{\alpha + e} & x > 1 \end{cases}$$

W는 변환법을 사용하여 쉽게 발생시킬 수 있다.

$$F_W^{-1}(u) = \begin{cases} \left[\dfrac{(\alpha + e)u}{e}\right]^{1/\alpha} & u \leq e/(\alpha + e) \\ -\ln\left[(\alpha + e)\dfrac{(1 - u)}{\alpha e}\right] & u > e/(\alpha + e) \end{cases}$$

따라서 우리는 이 $f_W(x)$를 발생시키기 위해 변환법을 사용할 수 있고, $0 < \alpha < 1$과 $\lambda = 1$을 갖는 감마 확률 변수 X를 발생시키기 위해 기각법을 사용할 수 있다. 마지막으로 $W = \lambda X$로 하면 W는 매개변수 α와 λ를 갖는 감마가 됨에 주목하자. $\alpha > 1$을 갖는 감마 확률 변수를 발생시키는 방법은 연습문제 4.128에서 논의한다.

예제 4.55 감마 확률 변수를 위한 기각법 구현

아래는 위의 변환을 이용하여 기각법을 구현한 Octave의 함수 정의이다.

```
% 0≤α≤1인 감마 분포의 난수를 발생시킨다.
function X = gamma_rejection_method_altone(alpha)
while (true),

    X = special_inverse(alpha);              % 단계 1: pdf f_X (x)를 가지는 X를 발생시킨다.
    B = special_pdf (X,alpha);               % 단계 2: [0, Kf_X(x)]에서 균등한 Y를 발생시킨다.
    Y = rand.* B;
    if (Y <= fx_gamma_pdf (X, alpha)),       % 단계 3: 받아들이거나 거절한다.
        break;
```

```
        end
end
```

% $K f_Z(x)$를 따르는 확률 변수를 발생시키는 보조 함수.

```
function X = special_inverse (alpha)
u = rand;
if (u <= e./(alpha+e)),
      X = ((alpha+e).*u./e). ^ (1./alpha);
elseif (u > e./(alpha+e)),
      X = -log((alpha+e).*(1-u)./(alpha.*e));
end
```

% $[0, Kf_X(x)]$에서 균등한 변수를 발생시키기 위하여 B를 반환한다.

```
function B = special_pdf (X, alpha)
if (X >=0 && X <= 1),
      B = alpha.*e.*X.^(alpha-1)./(alpha + e);
elseif (X > 1),
      B = alpha.*e.*(e. ^(-X)./(alpha + e));
end
```

% 감마 분포의 pdf.
% 또한 Octave에서 지원하는 내장함수 gamma_pdf (X, A, B)를 이용할 수 있다.

```
setting B = 1
function Y = fx_gamma_pdf (x, alpha)
y = (x.^ (alpha-1)).*(e.^ (-x))./(gamma(alpha));
```

그림 4.23은 이 함수를 이용하여 1,000개 표본의 막대그래프를 얻을 수 있음을 보여준다. 또한 막대그래프 정보에 부합되는 표본들의 확률을 나타내어 준다.

우리는 지금까지 확률 변수를 발생시키기 위해 이용되는 가장 일반적인 방법들을 소개했다. 이 방법들은 MATLAB, Octave와 같은 프로그램들에 의하여 제공되어지는 함수들에 포함되어 있어서 실제 문제에서 일반적인 확률 변수를 발생시키기 위하여 프로그램을 작성할 필요가 없다. 단지 적절한 함수를 구하기만 하면 된다.

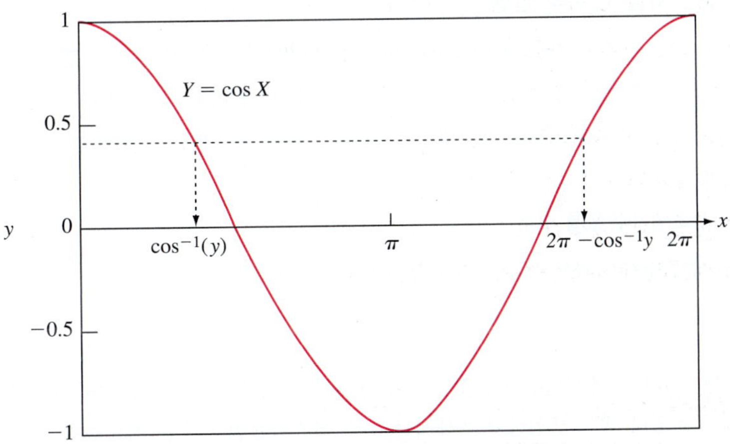

그림 4.23 ● 기각법을 이용한 1,000개의 감마 확률 변수 표본

예제 4.56 **감마 확률 변수의 발생**

$\alpha = 0.25$, $\lambda = 1$을 가지는 8개의 감마 확률 변수를 얻기 위해 Octave를 이용하라.

Octave 명령문과 상응하는 답은 아래에 주어진다.

```
> gamma_rnd (0.25, 1, 1, 8)
ans =
 Columns 1 through 6:
  0.00021529 0.09331491 0.24606757 0.08665787
  0.00013400 0.23384718
 Columns 7 and 8:
  1.72940941 1.29599702
```

4.9.3 확률 변수의 함수 발생

일단 확률 변수 X를 발생시키는 간단한 방법을 안다면 $Y = g(X)$ 또는 $Z = h(X_1, X_2, \ldots, X_n)$으로 정의되는 모든 확률 변수를 쉽게 발생시킬 수 있다. 여기서, $X_1, \ldots, X_n$은 확률 변수 발생기에 의해 생성되는 n개의 결과다.

예제 4.57 ***m*−얼랭 확률 변수**

$X_1, X_2, \ldots$는 독립이고, 매개변수 λ인 지수적으로 분포하는 확률 변수라고 하자. 7장에서 다음의 확률 변수 Y는 매개변수 λ인 m-얼랭(m-Erlang) pdf를 갖는 것을 배울 것이다.

$$Y = X_1 + X_2 + \cdots + X_m$$

그러므로 먼저 변환법을 사용하여 m개의 지수적으로 분포된 확률 변수를 발생시키고, 다음에 그것들을 합해서 m-얼랭 확률 변수를 발생시킬 수 있다. m-얼랭 확률 변수는 감마 확률 변수의 특별한 경우이므로 큰 수의 m에 대해서는 연습문제 4.128에 기술한 기각법을 사용하는 것이 바람직할 수도 있다.

4.9.4 혼합된 확률 변수의 발생

우리는 앞 절에서 가끔 여러 확률 변수의 혼합으로 이루어진 확률 변수들을 보았다. 바꾸어 말하면, 이러한 확률 변수의 생성은 우선 어떤 pmf에 따라 확률 변수의 유형을 선택하고, 다음으로 선택된 pdf 유형에서 확률 변수를 발생시키는 것으로 볼 수 있다. 이 절차는 쉽게 모의실험할 수 있다.

예제 4.58 **초월지수 확률 변수**

2-단계 초월지수 확률 변수는 다음의 pdf를 갖는다.

$$f_X(x) = pae^{-ax} + (1-p)be^{-bx}$$

위 식에서 X는 매개변수 a를 갖는 지수 함수와 매개변수 b를 갖는 지수 함수를 혼합해 구성한 것임을 쉽게 알 수 있다. X를 생성하기 위해서는 우선 성공확률 p를 갖는 베르누이 시행을 수행한다. 결과가 성공이면, 매개변수 a를 갖는 지수 확률 변수를 발생시키기 위해 변환법을 사용한다. 결과가 실패라면, 대신 매개변수 b를 갖는 지수 확률 변수를 발생시킨다.

*4.10 엔트로피

엔트로피(entropy)는 확률 실험에서 불확실성의 측정이다. 이 절에서는 우선확률 변수의 엔트로피에 대한 개념을 소개하고 그것의 여러 기본 특성들을 개발할 것이다. 그리고 엔트로피는 확률 실험의 결과를 상술하기 위해 필요한 정보의 양으로써 불확실성을 정량화하는 것을 설명할 것이다. 마지막으로 평균이나 분산 같은 소수의 매개변수만 알려진 경우에, 확률 변수들의 특성을 기술하기 위해 널리 사용되는 최대 엔트로피 방법에 대해 논의할 것이다.

4.10.1 확률 변수의 엔트로피

X는 $S_X = \{1, 2, \ldots, K\}$와 pmf $p_k = P[X = k]$를 갖는 이산 확률 변수라고 하자. 우리는 사건 $A_k = \{X = k\}$의 불확실성을 수치화하는 데 관심이 있다고 하자. A_k의 확률이 1에 가깝다면 A_k의 불확실성은 낮고, A_k의 확률이 작다면 불확실성이 높다는 것은 분명하다. 다음의 불확실성의 측정은 이 두 특성들을 만족한다.

$$I(X = k) = \ln \frac{1}{P[X = k]} = -\ln P[X = k]. \tag{4.105}$$

그림 4.24에서 $P[X = k] = 1$이면 $I(X = k) = 0$이 되고, $P[X = k]$가 감소함에 따라 $I(X = k)$는 증가한다는 것에 주목하자. 확률 변수X의 엔트로피는 그 결과들의 불확실성의 기대값으로 정의된다.

$$\begin{aligned} H_X = E[I(X)] &= \sum_{k=1}^{K} P[X = k] \ln \frac{1}{P[X = k]} \\ &= -\sum_{k=1}^{K} P[X = k] \ln P[X = k]. \end{aligned} \tag{4.106}$$

위의 정의에서 확률 변수의 함수로 $I(X)$를 사용했음에 주목하자. 2를 밑으로 하는 로그가 사용되면 엔트로피의 단위는 '비트(bits)'가 된다. 위의 식에서는 자연로그를 사용했다. 그래서 단위

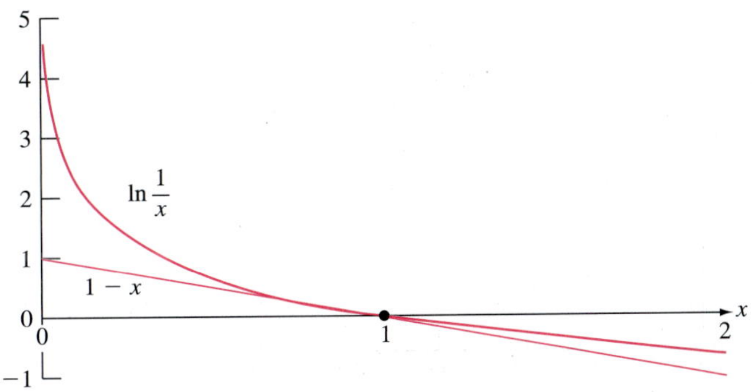

그림 4.24 ● ln(1/x) ≥ 1 − x

를 '내트(nats)'라고 말한다. $\ln(x) = \ln 2 \log_2 x$이므로 로그의 밑을 바꾸는 것은 엔트로피에 상수를 곱하는 것과 같다.

예제 4.59 이진 확률 변수의 엔트로피

$S_X = \{0, 1\}$이고 $p = P[X = 0] = 1 - P[X = 1]$이라고 하자. 그림 4.25는 p의 함수로 $-p \ln(p), -(1-p) \ln(1-p)$ 그리고 이진 확률 변수의 엔트로피 $H_X = h(p) = -p \ln(p) - (1-p) \ln(1-p)$를 보여준다. $h(p)$는 $p = 1/2$에 대해 대칭이고, $p = 1/2$에서 최대값을 갖는다는 것에 주목하자. 또한 사건 $\{X = 0\}$과 $\{X = 1\}$의 불확실성이 서로 보완적인 방식으로 어떻게 변하는지에 관해서도 주목하자. $P[X = 0]$이 매우 작으면(즉, 매우 불확실) $P[X = 1]$은 1에 가깝고(즉, 매우 확실), 그 역도 성립한다. 따라서 $P[X = 0] = P[X = 1] = 1/2$일 때 평균 불확실성은 최고가 된다.

H_X는 X를 관찰함으로써 결정되는 평균 불확실성으로 볼 수 있다. 이것은 우리가 이진 실험(예를 들면, 예/아니오 질문)을 설계할 때, 두 결과가 같은 확률이 되게 설계한다면 결정되는 평균 불확실성은 최대가 될 것임을 암시한다.

예제 4.60 부분 정보로 인한 엔트로피의 감소

확률 변수 X의 이진 표현은 원소들이 같은 확률을 갖는 집합 {000,001,010, , . . . , 111}에서 값을 취한다. 사건 $A = \{X$는 1로 시작한다$\}$가 주어질 때, X의 엔트로피 감소를 구하라.

X의 엔트로피는 다음과 같다.

$$H_X = -\frac{1}{8}\log_2\frac{1}{8} - \frac{1}{8}\log_2\frac{1}{8} - \cdots - \frac{1}{8}\log_2\frac{1}{8} = 3 \text{ bits}$$

사건 A는 X가 집합 {100,101,110,111}에 포함됨을 뜻한다. 따라서 A가 주어질 때 X의 엔트로피는 다음과 같다.

$$H_{X|A} = -\frac{1}{4}\log_2\frac{1}{4} - \cdots - \frac{1}{4}\log_2\frac{1}{4} = 2 \text{ bits}$$

따라서 엔트로피에서 감소는 $H_X - H_{X|A} = 3 - 2 = 1$ bit가 된다.

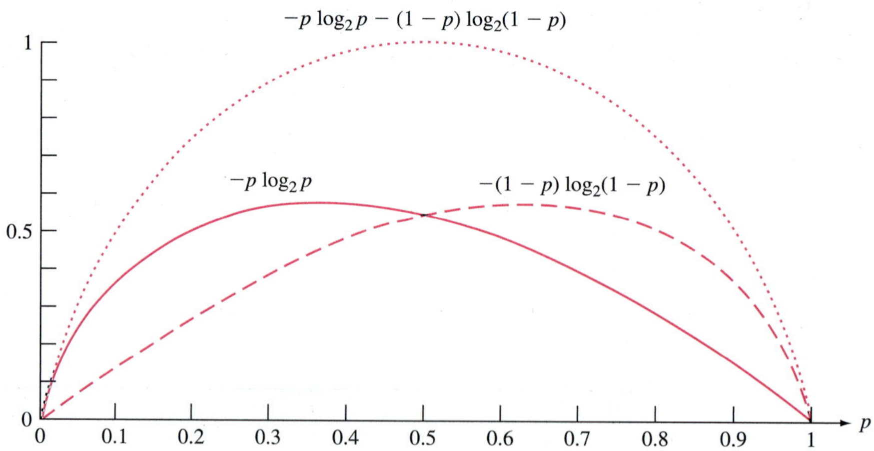

그림 4.25 ● 이진 확률 변수의 엔트로피

$\boldsymbol{p} = (p_1, p_2, \ldots, p_K)$와 $\boldsymbol{q} = (q_1, q_2, \cdots, p_K)$를 두 pmf라고 하자. $\boldsymbol{p}$에 대한 $\boldsymbol{q}$의 **상대 엔트로피**는 다음과 같이 정의된다.

$$H(p; q) = \sum_{k=1}^{K} p_k \ln\frac{1}{q_k} - H_X = \sum_{k=1}^{K} p_k \ln\frac{p_k}{q_k} \tag{4.107}$$

모든 k에 대해 상대 엔트로피는 음이 아니며, $p_k = q_k$일 때만 0이 된다.

$$H(p; q) \geq 0 \qquad \text{등호가 될 조건은} \qquad p_k = q_k \quad k = 1, \ldots, K\text{에 대해서} \tag{4.108}$$

앞으로 우리는 이 사실을 반복해서 사용할 것이다.

상대 엔트로피가 음이 아님을 설명하기 위하여 그림 4.24와 같이 $x = 1$일 때만 등식이 성립하는 부등식 $\ln(1/x) \geq 1 - x$를 사용한다. 식 (4.107)은 이제 다음 식과 같아진다.

$$H(p; q) = \sum_{k=1}^{K} p_k \ln\frac{p_k}{q_k} \geq \sum_{k=1}^{K} p_k\left(1 - \frac{q_k}{p_k}\right) = \sum_{k=1}^{K} p_k - \sum_{k=1}^{K} q_k = 0 \tag{4.109}$$

위의 식에서 등식이 성립하기 위해서는 $k = 1, \ldots, K$에 대해 $p_k = q_k$이어야 한다.

X는 $S_X = \{1,2, \ldots, K\}$와 pmf $\boldsymbol{p}$를 갖는 어떤 확률 변수라고 하자. 만약 우리가 식 (4.108)에서 $q_k = 1/K$로 하면 다음과 같다.

$$H(p; q) = \ln K - H_X = \sum_{k=1}^{K} p_k \ln\frac{p_k}{1/K} \geq 0$$

위 식은 $S_X = \{1,2, \ldots, K\}$를 갖는 모든 확률 변수 X에 대해 다음을 뜻한다.

$$H_X \leq \ln K \qquad \text{등호가 될 조건은} \qquad p_k = \frac{1}{K} \qquad k = 1, \ldots, K \tag{4.110}$$

따라서 확률 변수 X에 따라 얻는 최대 엔트로피는 $\ln K$이고, 모든 결과의 확률이 같을 때 얻어진다.

식 (4.110)은 유한한 S_X를 갖는 확률 변수의 엔트로피는 항상 유한하다는 것을 보여준다. 다른 한편으로, 이것은 S_X의 크기가 커짐에 따라 엔트로피도 한없이 커질 수 있음을 보여준다. 다음의 예제는 몇 가지 셀 수 있는 무한 확률 변수가 유한한 엔트로피를 갖는 것을 보여준다.

예제 4.61 **기하 확률 변수의 엔트로피**

$S_X = \{0, 1, 2, \ldots\}$를 갖는 기하 확률 변수의 엔트로피는 다음과 같다.

$$\begin{aligned} H_X &= -\sum_{k=0}^{\infty} p(1-p)^k \ln(p(1-p)^k) \\ &= -\ln p - \ln(1-p)\sum_{k=0}^{\infty} kp(1-p)^k \\ &= -\ln p - \frac{(1-p)\ln(1-p)}{p} \\ &= \frac{-p\ln p - (1-p)\ln(1-p)}{p} = \frac{h(p)}{p} \end{aligned} \tag{4.111}$$

여기서 $h(p)$는 이진 확률 변수의 엔트로피이다. $p = 1/2$일 때 $H_X = 2$ bits임에 주목하자.

연속 확률 변수에서는 모든 x에 대해 $P[X=x]=0$이다. 그러므로 식 (4.105)에 따라 $\{X=x\}$인 모든 사건에 대한 불확실성은 무한하고, 식 (4.106)에서 연속 확률 변수의 엔트로피는 무한하다는 것을 알 수 있다. 다음 예제를 통해 엔트로피의 개념이 어떻게 연속 확률 변수에 적용되는지 살펴보자.

예제 4.62 **양자화된 연속 확률 변수의 엔트로피**

X는 구간 $[a, b]$에서 값을 취하는 연속 확률 변수라고 하자. 구간 $[a, b]$는 길이 Δ를 갖는 많은 수의 하위구간으로 나뉘며, 그 개수를 K라고 가정한다. $Q(X)$는 X를 포함하는 하위구간의 중점이라고 하자. Q의 엔트로피를 구하라.

x_k를 k번째 하위구간의 중점이라고 하면, $P[Q = x_k] = P[X$는 k번째 하위구간에 있음$] = P[x_k - \Delta/2 < X < x_k + \Delta/2] \simeq f_X(x_k)\Delta$이고,
따라서

$$H_Q = \sum_{k=1}^{K} P[Q = x_k] \ln P[Q = x_k]$$

$$\simeq -\sum_{k=1}^{K} f_X(x_k)\Delta \ln(f_X(x_k)\Delta) \tag{4.112}$$

$$= -\ln(\Delta) - \sum_{k=1}^{K} f_X(x_k) \ln(f_X(x_k))\Delta$$

위의 식은 Q의 엔트로피와 양자화 오차 $X - Q(X)$ 사이에는 상호교환(tradeoff) 관계가 있음을 보여준다. Δ가 감소하면 오차도 감소하지만 엔트로피는 한없이 증가한다. 이것은 연속 확률 변수의 엔트로피가 무한하다는 사실을 다시 한 번 확인시켜 준다.

H_X를 위한 식 (4.112)의 마지막 식에서 Δ가 0으로 접근하면 처음 항은 무한대에 접근한다. 그러나 두 번째 항은 어떤 경우에 유한한 적분으로 접근할 수도 있다. **미분 엔트로피 (differential entropy)**는 이 적분으로 정의된다.

$$H_X = -\int_{-\infty}^{\infty} f_X(x) \ln f_X(x)\, dx = -E[\ln f_X(X)] \tag{4.113}$$

연속 확률 변수를 다룰 때는 미분 엔트로피를 사용한다고 알고 있으므로 위 식에서 H_X항을 다시 사용하였다.

예제 4.63 **균등 확률 변수의 미분 엔트로피**

구간 $[a, b]$에서 균등한 X의 미분 엔트로피는 다음과 같다.

$$H_X = -E\left[\ln\left(\frac{1}{b-a}\right)\right] = \ln(b-a) \tag{4.114}$$

예제 4.64 **가우스 확률 변수의 미분 엔트로피**

가우스 확률 변수[식 (4.47) 참고] X의 미분 엔트로피는 다음과 같다.

$$
\begin{aligned}
H_X &= -E[\ln f_X(X)] \\
&= -E\left[\ln\frac{1}{\sqrt{2\pi\sigma^2}} - \frac{(X-m)^2}{2\sigma^2}\right] \\
&= \frac{1}{2}\ln(2\pi\sigma^2) + \frac{1}{2} \\
&= \frac{1}{2}\ln(2\pi e\sigma^2)
\end{aligned}
\tag{4.115}
$$

엔트로피 함수와 미분 엔트로피 함수는 여러 가지 근본적인 방법에서 서로 다르다. 다음 절에서 우리는 확률 변수의 엔트로피가 확률 변수의 값을 상술하기 위해 필요한 정보 비트의 평균 개수라는, 매우 잘 정의된 작동상의 해석을 갖는 것을 볼 것이다. 미분 엔트로피는 이러한 작동상의 해석을 갖지 않는다. 게다가 가역변환에 의해 확률 변수 X가 Y로 사상될 때에도 엔트로피 함수는 바뀌지 않는다. 다시 한 번 말하지만, 미분 엔트로피는 이러한 특성을 갖지 않는다(연습문제 4.153과 4.160 참고). 그럼에도 미분 엔트로피는 몇 가지 유용한 특성들을 갖는다. 미분 엔트로피는 연습문제 4.159에서 설명하는 것처럼 엔트로피 감소와 관련된 문제에서 자연스럽게 나타난다. 뿐만 아니라 다음 식으로 정의되는 연속 확률 변수의 상대 엔트로피는 가역변환 하에서 바뀌지 않는다.

$$H(f_X; f_Y) = \int_{-\infty}^{\infty} f_X(x)\ln\frac{f_X(x)}{f_Y(x)}dx$$

4.10.2 정보 측정으로서의 엔트로피

X는 $S_X = \{1, 2, \ldots, K\}$와 $p_k = P[X = k]$를 갖는 이산 확률 변수라고 하자. 존(John)이 X를 생성하는 실험을 수행하고, 예/아니오의 질문에 답함으로써 매리(Mary)에게 그 결과를 전달한다고 가정하자. 우리는 X를 확인하기 위해 필요한 최소한의 평균 질문 횟수의 특성을 기술하는 데 관심이 있다.

예제 4.65

항아리에 16개의 공이 담겨 있다. '1' 이 표시된 공이 네 개, '2' 가 표시된 공이 네 개, '3' 이 표시된 공이 두 개, '4' 가 표시된 공이 두 개, 그리고 나머지 공들은 '5', '6', '7', '8' 이라고 표시되어 있다. 철수가 항아리에서 임의로 공을 꺼내, 공의 번호를 적는다. 영희가 일련의 예/아니오 질문을 통해 공의 번호를 알아내는 데 사용할 수 있는 방법에 대해 논의하라. 질문의 평균 횟수와 X의 엔트로피를 비교하라.

X를 공의 번호를 나타내는 확률 변수라고 하면, $S_X = \{1, 2, \ldots, 8\}$이고 pmf는 $\mathbf{p} = (1/4, 1/4, 1/8, 1/8, 1/16, 1/16, 1/16, 1/16)$이다. 우리는 그림 4.26(a)와 (b)에서 보여주는 두 방법을 비교할 것이다.

그림 4.26(a)에서 일련의 질문은 $\{X = k\}$의 확률이 k의 값에 따라 감소한다는 사실을 이용한다. 따라서 '예' 라는 대답이 나올 때까지 { 'X는 1과 같은가?' }, { 'X는 2와 같은가?' } 등의 질문을 하는 것이 적절하

다. L을 '예' 라는 대답이 나올 때까지 물어본 질문의 횟수라고 하면 물어본 질문의 평균 횟수는 다음과 같다.

$$\begin{aligned} E[L] &= 1\left(\tfrac{1}{4}\right) + 2\left(\tfrac{1}{4}\right) + 3\left(\tfrac{1}{8}\right) + 4\left(\tfrac{1}{8}\right) + 5\left(\tfrac{1}{16}\right) + 6\left(\tfrac{1}{16}\right) + 7\left(\tfrac{1}{16}\right) + 7\left(\tfrac{1}{16}\right) \\ &= 51/16 \end{aligned}$$

그림 4.26(b)에서 일련의 질문들은 예제 4.57에서 주목했던 사항인 예/아니오의 두 답이 같은 확률로 발생하도록 예/아니오 질문들을 설계되어야 한다는 것을 이용한다. 그림 4.26(b)의 질문은 이러한 요구를 만족시킨다. 물어본 질문의 평균 횟수는 다음과 같다.

$$\begin{aligned} E[L] &= 2\left(\tfrac{1}{4}\right) + 2\left(\tfrac{1}{4}\right) + 3\left(\tfrac{1}{8}\right) + 3\left(\tfrac{1}{8}\right) + 4\left(\tfrac{1}{16}\right) + 4\left(\tfrac{1}{16}\right) + 4\left(\tfrac{1}{16}\right) + 4\left(\tfrac{1}{16}\right) \\ &= 44/16 \end{aligned}$$

따라서 두 번째 질문 방식이 더 좋은 성능을 보인다.

마지막으로, X의 엔트로피는 다음과 같고 이것은 두 번째 질문 방식의 성능과 같다.

$$H_X = -\frac{1}{4}\log_2\frac{1}{4} - \frac{1}{4}\log_2\frac{1}{4} - \frac{1}{8}\log_2\frac{1}{8} - \cdots - \frac{1}{16}\log_2\frac{1}{16} = 44/16$$

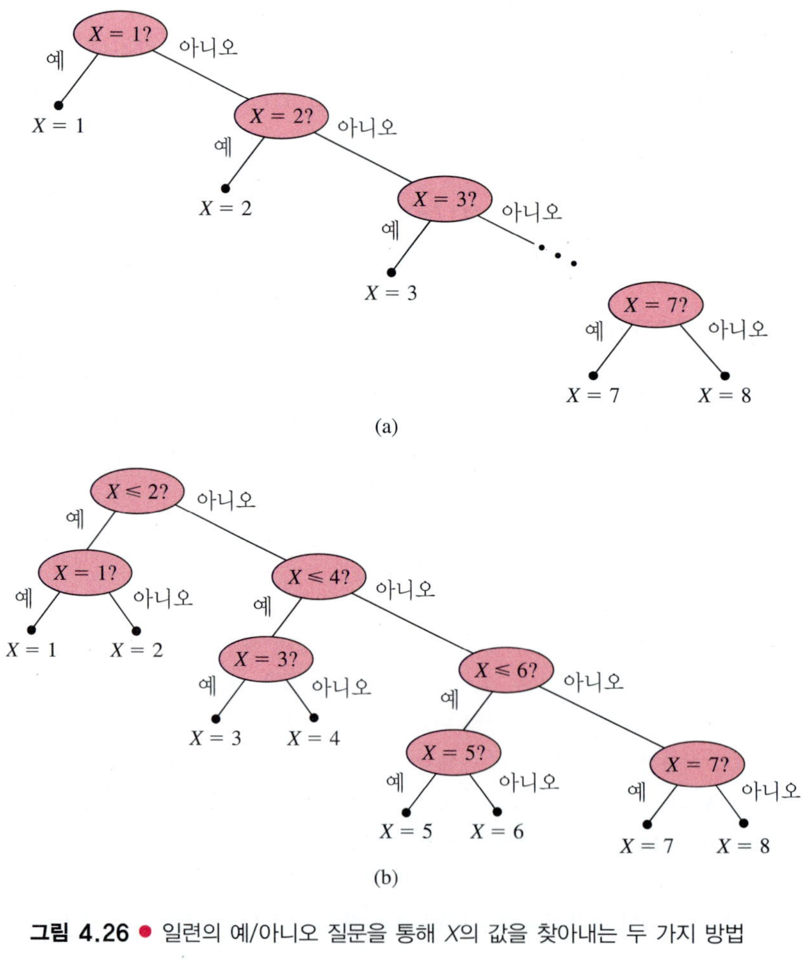

그림 4.26 ● 일련의 예/아니오 질문을 통해 X의 값을 찾아내는 두 가지 방법

확률 변수 X를 확인하기 위한 일련의 질문들을 설계하는 문제는 정보원의 출력을 부호화하는 문제와 정확히 일치한다. 정보원의 각 출력은 확률 변수 X이고, 부호화기의 역할은 각각의 가능한 출력을 유일한 이진수로 사상하는 것이다. 그림 4.26에서 트리를 선택하여 각각의 예/아니오 대답을 0/1로 간주하면 이 두 문제가 일치하는 것을 알 수 있다. 트리의 최상위 노드로부터 각 종단 노드까지의 0과 1의 수열은 각 결과에 대한 이진열('부호워드')을 정의한다. 그러면 예/아니오 질문에서 최선의 순서를 찾는 문제는 평균 부호 길이를 최소화하는 이진 트리 부호를 찾는 것과 같아진다.

이 절의 나머지 부분에서 우리는 정보이론에서 도출된 다음의 기본적인 결과들을 다룰 것이다. 첫째, 모든 부호의 평균 부호워드 길이는 엔트로피보다 작을 수 없다. 둘째, X의 pmf가 1/2의 거듭제곱으로 구성되어 있으면 엔트로피를 달성하는 트리 부호가 존재한다. 마지막으로, X의 결과를 그룹으로 부호화함으로써 엔트로피에 임의로 가까운 부호워드의 평균 길이를 달성할 수 있다. 따라서 X의 엔트로피는 X의 결과를 정하는 데 필요한 최소의 평균 비트수를 나타낸다.

우선, 모든 트리 부호의 평균 부호워드의 길이는 엔트로피보다 작을 수 없는데, 그림 4.26에서 모든 완전 이진 트리에 대한 부호워드 길이의 집합 $\{l_k\}$는 다음을 만족해야 함에 주목하자.

$$\sum_{k=1}^{K} 2^{-l_k} = 1 \tag{4.116}$$

이것을 알아보기 위해 그림 4.27과 같이 가장 긴 부호워드의 깊이로 트리를 확장하자. 그런 후에 깊이 l_k인 노드에서 트리를 '가지치기' 한다면, 우리는 전체노드 중 그 트리의 하단에 있는 2^{-l_k} 비율의 노드를 제거할 것이다. 그 역의 결과도 참임에 주목하자. 부호워드 길이의 집합이 식 (4.116)을 만족한다면 우리는 이 길이를 갖는 트리 부호를 만들 수 있다.

다음으로 엔트로피와 어떤 이진 트리 부호에 대한 $E[L]$과의 차이를 생각해보자.

$$\begin{aligned} E[L] - H_X &= \sum_{k=1}^{K} l_k P[X = k] + \sum_{k=1}^{K} P[X = k] \log_2 P[X = k] \\ &= \sum_{k=1}^{K} P[X = k] \log_2 \frac{P[X = k]}{2^{-l_k}} \end{aligned} \tag{4.117}$$

여기서 우리는 엔트로피를 비트로 표시했다. 식 (4.117)은 식 (4.107)에서 $q_k = 2^{-l_k}$인 상대 엔트로피다. 따라서 식 (4.108)에 의해 다음과 같다.

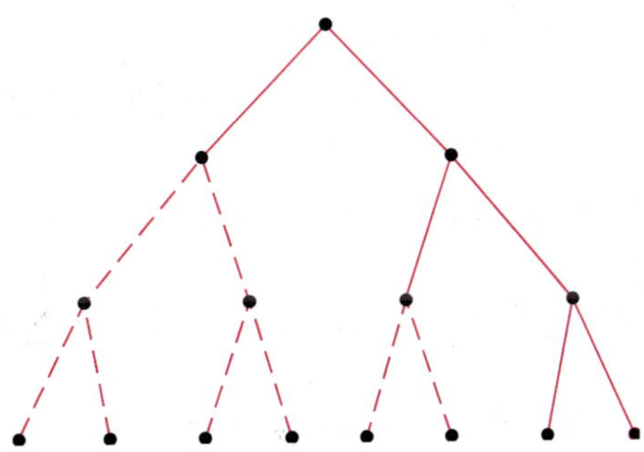

그림 4.27 ● 이진 트리를 완전 이진 트리로 확장

$$E[L] \geq H_X \qquad \text{등호가 될 조건은} \qquad P[X = k] = 2^{-l_k} \tag{4.118}$$

따라서 모든 트리 부호(특히 최상의 트리 부호)에 대한 평균 질문 횟수는 X의 엔트로피보다 작을 수 없다. 그러므로 우리는 모든 부호를 테스트하기 위한 기준으로 엔트로피 H_X를 사용한다.

또한, 식 (4.118)는 X의 모든 결과가 1/2의 정수 제곱인 확률을 갖는다면(예제 4.63과 같이) 엔트로피를 달성하는 트리 부호를 찾을 수 있음을 뜻한다. 만약 $P[X = k] = 2^{-l_k}$라면, 결과 k에 길이 l_k인 이진 부호워드를 할당한다. 우리는 확률들의 합이 1이고, 따라서 부호워드의 길이는 식 (4.116)을 만족한다는 사실을 이용해 항상 이러한 길이를 갖는 트리 부호를 찾을 수 있음을 보일 수 있다. 그러면 식 (4.118)는 $E[L] = H$를 뜻한다.

p_k가 1/2의 정수 제곱이 아니면 식 (4.117)은 0이 아니라는 것이 분명하다. 따라서 일반적으로 최상의 트리 부호는 항상 $E[L] = H_X$가 되지는 않는다. 그러나 결과들을 대략 같은 확률을 갖는 집합들로 묶는 접근 방법은 엔트로피에 가까운 길이를 갖는 트리 부호를 만든다는 것을 설명하는 것은 가능하다. 더 나아가 X의 결과들의 벡터를 부호화함으로써 엔트로피에 임의로 가까운 평균 부호워드의 길이를 얻는 것이 가능하다. 연습문제 4.151은 이것을 어떻게 얻는지에 대해 논의한다.

우리의 목표인 확률 변수 X의 엔트로피가 X의 값을 표현하기 위해 필요한 최소의 평균 비트수를 나타낸다는 것에 대해 알아보기 전에 연속 확률 변수를 다시 생각해보자. 연속 확률 변수는 셀 수 없는 무한대의 집합에서 값을 취할 수 있기 때문에, 일반적으로 그 값을 나타내기 위해서는 무한의 비트수가 필요하다. 따라서 확률 변수를 상술하기 위해 필요한 평균 비트수라는 엔트로피에 대한 해석은 곧바로 연속 확률 변수는 무한의 엔트로피를 갖는다는 것을 뜻한다. 즉, 이것은 유한의 비트수를 사용하는 연속 확률 변수의 모든 표현은 본질적으로 근사 오차를 포함한다는 것을 뜻한다.

4.10.3 최대 엔트로피 방법

X는 $S_X = \{x_1, x_2, \ldots, x_K\}$와 미지의 pmf $P[X = x_k]$를 갖는 확률 변수라고 하자. X의 어떤 함수 $g(X)$의 기대값을 주고, X의 pmf를 예측하라는 문제가 주어진다고 하자.

$$\sum_{k=1}^{K} g(x_k)P[X = x_k] = c \tag{4.119}$$

예를 들면, 만약 $g(X) = X$이면 $c = E[g(X)] = E(X)$이고, 만약 $g(X) = (X - E[X])^2$이면 $c = \text{VAR}[X]$가 된다. 분명히 pmf를 유일하게 기술해주는 매개변수에 대한 정보가 충분하지 않기 때문에 이 문제는 확정된 것이 아니다. **최대 엔트로피 방법(method of maximum entropy)**은 식 (4.119)의 조건 하에서 엔트로피를 최대로 하는 pmf를 찾는 문제로 접근한다.

라그랑주(Lagrange) 승수를 이용해 이 최대화 문제를 설정한다고 가정하자.

$$H_X + \lambda\left(\sum_{k=1}^{K} P[X = x_k]g(x_k) - c\right) = -\sum_{k=1}^{K} P[X = x_k] \ln \frac{P[X = x_k]}{Ce^{-\lambda g(x_k)}} \tag{4.120}$$

여기서 $C = e^c$이다. $\{Ce^{-\lambda g(x_k)}\}$가 pmf를 구성한다면, 위의 식은 $\boldsymbol{p}$에 대한 이 pmf의 상대 엔트로피의 음의 값이 됨에 주목하자. 식 (4.108)은 식 (4.120)이 항상 0보다 작거나 또는 $P[X = x_k]$

$= Ce^{-\lambda g(x_k)}$ 인 경우에는 0이 된다는 것을 뜻한다. 이것은 실제로 최대 엔트로피 해가 된다.

확률 변수 X는 pmf $p_k = Ce^{-\lambda g(x_k)}$를 갖는다고 가정하자. 여기서 C와 λ 는 식 (4.119)가 만족되고, $\{p_k\}$는 pmf가 되도록 선택한다.

$$\begin{aligned} H_X &= E[-\ln P[X]] = [-\ln Ce^{-\lambda g(x_k)}] = -\ln C + \lambda E[g(X)] \\ &= -\ln C + \lambda c \end{aligned} \tag{4.121}$$

지금 식 (4.121)에서의 엔트로피와 식 (4.119)을 만족하는 다른 pmf q_k의 엔트로피를 비교해보자. $\boldsymbol{q}$에 대한 $\boldsymbol{p}$의 상대 엔트로피를 생각하자.

$$\begin{aligned} 0 \le H(\boldsymbol{q}; \boldsymbol{p}) &= \sum_{k=1}^{K} q_k \ln \frac{q_k}{p_k} = \sum_{k=1}^{K} q_k \ln q_k + \sum_{k=1}^{K} q_k(-\ln C + \lambda g(x_k)) \\ &= -\ln C + \lambda c - H(q) = H_X - H(q) \end{aligned} \tag{4.122}$$

따라서 $H_X \ge H(\boldsymbol{q})$이고, $\boldsymbol{p}$는 가장 높은 엔트로피를 갖는다.

예제 4.66

X는 $S_X = \{0, 1, \ldots\}$와 기대값 $E[X] = m$을 갖는 확률 변수라고 하자. 엔트로피를 최대화하는 X의 pmf를 구하라.

이 예제에서 $g(X) = X$이다.

$$p_k = Ce^{-\lambda k} = C\alpha^k$$

여기서 $\alpha = e^{-\lambda}$이다. 분명히 X는 평균이 $m = \alpha/(1-\alpha)$인 기하 확률 변수이고, 따라서 $\alpha = m/(m+1)$이 된다. 따라서 $C = 1 - \alpha = 1/(m+1)$이 된다.

연속 확률 변수를 다룰 때는 최대 엔트로피 방법은 미분 엔트로피를 최대로 한다.

$$-\int_{-\infty}^{\infty} f_X(x) \ln f_X(x)\, dx \tag{4.123}$$

매개변수 정보는 다음과 같은 형태다.

$$c = E[g(X)] = \int_{-\infty}^{\infty} g(x) f_X(x)\, dx \tag{4.124}$$

식 (4.115)의 상대 엔트로피 표현과 이산 확률 변수를 위해 사용되는 접근법은 미분 엔트로피를 최대로 하는 pdf $f_X(x)$가 다음과 같은 형태임을 보이기 위해 사용할 수 있다.

$$f_X(x) = Ce^{-\lambda g(x)} \tag{4.125}$$

여기서 C와 λ 는 식 (4.125)의 적분이 1이 되고, 식 (4.124)가 만족되도록 선택해야 한다.

예제 4.67

연속 확률 변수 X는 알려진 분산 $\sigma^2 = E[(X - m)^2]$을 갖는다고 가정하자, 여기서 m은 지정되지 않는다. X의 엔트로피를 최대로 하는 pdf를 구하라.

식 (4.125)는 pdf가 다음과 같은 형태임을 뜻한다.

$$f_X(x) = Ce^{-\lambda(x-m)^2}$$

우리는 다음과 같이 선택함으로써 식 (4.124)의 조건을 만족시킬 수 있다.

$$\lambda = \frac{1}{2\sigma^2} \qquad C = \frac{1}{\sqrt{2\pi\sigma^2}}$$

따라서 우리는 분산이 σ^2인 가우스 pdf를 얻는다. 평균 m은 임의의 값임에 주목하자. 즉, 어떤 값의 m을 선택하더라도 미분 엔트로피를 최대로 하는 pdf를 얻는다.

최대 엔트로피 방법은 확률 변수 X의 여러 매개변수가 알려진 경우로 확장될 수 있다. 또한 이것은 확률 변수의 열과 벡터에 대한 경우로 확장될 수 있다.

요약

- 누적 분포 함수 $F_X(x)$는 X가 구간 $(-\infty, x]$에 들어 있을 확률이다. 구간의 합집합으로 이루어진 모든 사건의 확률은 cdf의 항으로 표현될 수 있다.
- 확률 변수의 cdf를 음이 아닌 함수의 적분으로 표현할 수 있으면 그 확률 변수는 연속이다. 이산과 연속 확률 변수가 혼합되어 있으면 확률 변수는 혼합형이다.
- 연속 확률 변수 X와 관련된 사건의 확률은 확률 밀도 함수 $f_X(x)$의 적분으로 표현할 수 있다.
- X가 확률 변수이면 $Y = g(X)$도 확률 변수다. 동등 사건의 개념을 이용해 Y의 cdf와 pdf에 대한 식을 X의 cdf와 pdf의 항으로 이끌어낼 수 있다.
- 확률 변수 X의 cdf와 pdf는 X만을 포함한 모든 확률들을 계산하는 데 충분하다. 확률 변수의 평균, 분산, 모멘트는 확률 변수 X에 대한 약간의 정보를 요약한다. 이 매개변수는 cdf나 pdf보다 쉽게 측정되고 추정할 수 있기 때문에 실제로 유용하다.
- 조건 cdf와 조건 pdf는 실행 결과에 대한 사건확률의 계산에서 부분 정보를 준다.
- 마코프와 체비셰프 부등식은 처음 두 모멘트의 항으로 X와 관련된 확률의 경계를 정할 수 있게 한다.
- 변환은 pmf와 pdf의 또 다른 동등한 표현을 제공한다. 어떤 유형의 문제에서는 pmf나 pdf보다 변환을 사용하는 것이 더 바람직하다. 확률 변수의 모멘트는 그 변수에 해당하는 변환에서 얻을 수 있다.
- 시스템의 신뢰도는 t시간이 지난 후에도 여전히 작동하고 있을 확률이다. 시스템의 신뢰도는 그 하위 시스템들의 신뢰도로 결정할 수 있다.
- 단위구간에서 균등하게 분포하는 확률 변수의 항으로, 요구되는 pmf나 pdf를 갖는 확률 변수를 발생시키는 많은 방법들이 있다. 이런 방법들에는 확률 실험(예, 확률 변수의 함수)과 혼합된 확률 변수들을 모의실험하는 방법뿐만 아니라 변환법과 기각법도 있다.
- 확률 변수 X의 엔트로피는 그 값을 표현하는 데 필요한 평균 정보량의 항으로 X의 불확실성을 측정한다.
- 최대 엔트로피 방법은 X의 함수들에 대한 기대값의 항으로 주어지는 X에 대한 부분 정보만 이용 가능할 때, 확률 변수의 pmf나 pdf를 추정하는 절차다.

주요 용어

기각법
동등 사건
모멘트 정리
변환법
실패율 함수
연속 확률 변수
조건부 cdf, 조건부 pdf
체노프 경계
특성 함수
혼합형 확률 변수
확률 변수
확률 생성 함수
pdf의 라플라스 변환
X의 분산
X의 n차 모멘트
누적 분포 함수
마코프 부등식
미분 엔트로피
신뢰도
엔트로피
이산 확률 변수
체비셰프 부등식
최대 엔트로피 방법
평균 고장 시간(MTTF)
확률 밀도 함수
확률 변수의 함수
확률 질량 함수
X의 기대값
X의 표준편차

참고문헌

참고문헌 [1]은 전자공학의 표준 참조이며, 참고문헌 [9]는 신호처리에 맞추어 있다. 참고문헌 [11]은 정보이론에서 엔트로피를 다룬다.

1. A. Papoulis and S. Pillai, *Probability, Random Variables, and Stochastic Processes*, McGraw-Hill, New York, 2002.
2. N. Johnson et al., *Continuous Univariate Distributions*, vol. 2,Wiley, New York, 1995.
3. K. L. Chung, *Elementary Probability Theory*, Springer-Verlag, New York, 1974.
4. A. M. Law and W. D. Kelton, *Simulation Modeling and Analysis*, McGraw-Hill, New York, 2000.
5. S. M. Ross, *Introduction to Probability Models*, Academic Press, New York, 2003.
6. H. Cramer, *Mathematical Methods of Statistics*, Princeton University Press, Princeton, N.J., 1946.
7. M.Abramowitz and I. Stegun, *Handbook of Mathematical Functions*, National Bureau of Standards,Washington, D.C., 1964. Downloadable: *www.math.sfu.ca/~cbm /aands/.*
8. R. C. Cheng, "The Generation of Gamma Variables with Nonintegral Shape Parameter," *Appl. Statist.*, 26: 71 – 75, 1977.
9. R. Gray and L.D. Davisson, *An Introduction to Statistical Signal Processing*, Cambridge Univ. Press, Cambridge, UK, 2005.
10. P. O. Börjesson and C. E. W. Sundberg, "Simple Approximations of the Error Function $Q(x)$ for Communications Applications," *IEEE Trans. on Communications*, March 1979, 639-643.

11. R. G. Gallager, *Information Theory and Reliable Communication*, Wiley, New York, 1968.

연습문제

4.1절 : 누적 분포 함수

4.1. 주사위를 던지는 확률 실험에서 X는 윗면에 보이는 점들의 수라 하고, Y는 X의 부분집합으로 이루어지는 수라고 한다. X와 Y의 각 cdf를 구하고 그래프로 나타내어라.

4.2. 시계 분침의 끝 지점의 좌표를 (x, y)라 하고, Z는 x와 y의 곱의 sgn 함수로 정의한다. 여기에 $\text{sgn}(t)$는 $t > 0$일 때 1, $t = 0$일 때 0, 그리고 $t < 0$일 때 -1이다.

(a) 확률 변수 Z의 cdf를 구하고 그래프로 나타내어라.

(b) 시계 분침이 3, 6, 9 그리고 12시 정각에 멈추는 경향이 있다면 cdf는 변하는가?

4.3. 한 항아리에 1달러 지폐 7장과 5달러 지폐 3장이 들어 있다. 항아리로부터 비복원 추출하여 두 장의 지폐를 꺼낸 합계를 X라 하자. 그리고 항아리로부터 복원추출한 두 장의 지폐를 꺼낸 합계를 Y라 하자.

(a) 확률 변수들의 cdf를 비교하고 그래프로 나타내어라.

(b) 두 가지 경우에 대해서 다음에 나오는 사건의 확률을 비교하기 위해 cdf를 사용하라.
$\{X = \$2\}, \{X < \$7\}, \{X \geq 6\}$

4.4. 어떤 다트는 반경이 4인 원형의 과녁 안의 모든 지점에 균등하게 떨어진다. 원점으로부터 떨어진 지점까지의 거리를 R이라 하자.

(a) 표본 공간 S를 구하고, R과 S_R의 표본 공간을 구하라.

(b) S에서 S_R으로의 함수를 나타내어라.

(c) '과녁의 중심'은 반경이 1인 과녁의 정중앙에 있는 원이다. '다트가 과녁의 중심에 꽂힌다.'에 대응하는 S_R의 사건 A를 구하라. S 내의 동등 사건과 $P[A]$을 구하라.

(d) R의 cdf를 구하고 그래프로 나타내어라.

4.5. 한 점은 $\{(x, y): 0 \leq x \leq b, 0 \leq y \leq b\}$으로 정의된 사각형 안에서 무작위로 뽑힌다. 그 점은 사각형 안의 어디에나 같은 확률로 떨어진다고 가정한다. 다트가 떨어지는 지점의 좌표값의 최소값을 확률 변수 Z라고 두자.

(a) 표본 공간 S를 구하고 Z의 표본 공간 S_Z을 구하라.

(b) S에서 S_Z으로의 함수를 나타내어라.

(c) 사건 $\{Z \leq z\}$에 대응하는 사각형의 영역을 찾아라.

(d) Z의 cdf를 구하고 그래프로 나타내어라.

(e) 다음 확률을 찾기 위해 cdf를 사용하라. $P[Z > 0], P[Z > b], P[Z \leq b/2], P[Z > b/4]$

4.6. 단위구간으로부터 무작위로 선택한 점을 ζ라고 하자. 확률 변수 $X = (1 - \zeta)^{-1/2}$를 고려하라.

(a) ζ의 함수로서 X를 그려라.

(b) X의 cdf를 구하고 그래프로 나타내어라.

(c) 사건 $\{X > 1\}, \{5 < X < 7\}, \{X \leq 20\}$의 확률을 구하라.

4.7. 시계 분침은 $[0, 2\pi)$ 내의 각도로 회전한다. 확률 변수 $X(\zeta) = 2\sin(\zeta/4)$을 고려하라.

(a) ζ의 함수로서 X를 그려라.

(b) X의 cdf를 구하고 그래프로 나타내어라.

(c) 사건 $\{X > 1\}$, $\{-1/2 < X < 1/2\}$, $\{X \le 1/\sqrt{2}\}$의 확률을 구하라.

4.8. 시계 침이 원 안에 어디에서든 멈출 확률이 80%이고, 시계 침이 3, 6, 9, 12시 정각에 멈출 확률은 20%라고 가정할 때 연습문제 4.7을 반복하라.

4.9. U는 구간$[-1, 1]$에서의 균등 확률 변수라고 하자. 다음의 확률들을 구하라.

$P[U > 0]$ $P[|U| < 1/3]$ $P[|U| \ge 3/4]$

$P[U < 5]$ $P[1/3 < U < 1/2]$

4.10. 확률 변수 X의 cdf는 다음과 같다.

$$F_X(x) = \begin{cases} 0 & x < -2 \\ 0.5 & -2 \le x \le 0 \\ (2+x)/4 & 0 \le x \le 2 \\ 1 & x \ge 2 \end{cases}$$

(a) 확률 변수의 유형을 확인하고 cdf를 그래프로 나타내어라.

(b) $P[X \le -2]$, $P[X = -2]$, $P[X < 1]$, $P[-1 < X < 1]$, $P[X > -2]$, $P[X \le 3]$, $P[X > 3]$을 구하라.

4.11. 확률 변수 X는 다음의 cdf를 가진다.

$$F_X(x) = \begin{cases} 0 & x < 0\text{에 대해서} \\ 1 - \dfrac{1}{4}e^{-2x} & x \ge 0\text{에 대해서} \end{cases}$$

(a) 확률 변수의 유형을 확인하고 cdf를 그래프로 나타내어라.

(b) $P[X \le 2]$, $P[X = 0]$, $P[X < 0]$, $P[2 < X < 6]$, $P[X > 10]$을 구하라.

4.12. 확률 변수 X는 그림 P4.1에 보이는 cdf를 가진다.

(a) X는 어떤 유형의 확률 변수인가?

(b) 다음의 확률들을 구하라. $P[X < -1]$, $P[X \le -1]$, $P[-1 < X < -0.75]$, $P[-0.5 \le X < 0]$, $P[-0.5 \le X \le 0.5]$, $P[|X - 0.5| < 0.5]$

4.13. $\beta > 0$, $\lambda > 0$에 대해 와이블(Weibull) 확률 변수 Y는 다음의 cdf를 가진다.

$$F_X(x) = \begin{cases} 0 & x < 0\text{에 대해서} \\ 1 - e^{-(x/\lambda)^\beta} & x \ge 0\text{에 대해서} \end{cases}$$

(a) $\beta = 0.5$, 1, 그리고 2에 대해 Y의 cdf를 그래프로 나타내어라.

(b) 확률 $P[j\lambda < X < (j+1)\lambda]$과 $P[X > j\lambda]$의 확률을 구하라.

(c) $\log P[X > x]$ 대 $\log x$의 그래프를 나타내어라.

4.2절 : 확률 밀도 함수

4.14. 확률 변수X는 다음의 pdf를 갖는다.

$$f_X(x) = \begin{cases} c(1 - x^4) & -1 \le x \le 1 \\ 0 & \text{그 외의 경우} \end{cases}$$

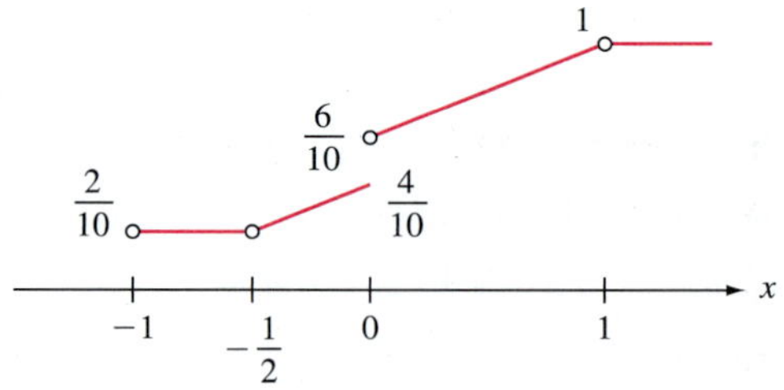

그림 P4.1

(a) c를 구하라.

(b) X의 cdf를 구하라.

(c) $P[|X| < 1/2]$를 구하라.

4.15. 확률 변수 X는 다음의 pdf를 갖는다.

$$f_X(x) = \begin{cases} cx(1-x) & 0 \le x \le 1 \\ 0 & \text{그 외의 경우} \end{cases}$$

(a) c를 구하라.

(b) $P[1/2 \le X \le 3/4]$을 구하라.

(c) $F_X(x)$를 구하라.

4.16. (a) 연습문제 4.4에서 다트와 과녁 중심 사이의 거리인 확률 변수 R의 pdf를 구하고 그래프로 나타내어라.

(b) 다트가 과녁의 중심 외부에 있을 확률을 구하기 위해 pdf를 사용하라.

4.17. (a) 연습문제 4.5에서 확률 변수 Z의 pdf를 구하고 그래프로 나타내어라.

(b) pdf를 사용해서 최소값이 $b/3$보다 클 확률을 구하라.

4.18. (a) 연습문제 4.6에서 pdf를 구하고 그래프로 나타내어라.

(b) 다음 사건의 확률을 구하기 위해 pdf를 사용하라. $\{X > a\}$, $\{X > 2a\}$

4.19. (a) 연습문제 4.10에서 pdf를 구하고 그래프로 나타내어라.

(b) $P[-1 \le X < 0.25]$을 구하기 위해 pdf를 사용하라.

4.20. (a) 연습문제 4.11에서 pdf를 구하고 그래프로 나타내어라.

(b) $P[X = 0]$와 $P[X > 8]$를 구하기 위해 pdf를 사용하라.

4.21. (a) 연습문제 4.12에서 확률 변수의 pdf를 구하고 그래프로 나타내어라.

(b) 연습문제 4.12(b)에서 확률들을 계산하기 위해 pdf를 사용하라.

4.22. 연습문제 4.13(a)에서 와이블 확률 변수의 pdf를 구하고 그래프로 나타내어라.

4.23. 다음과 같은 pdf를 갖는 코시(Cauchy) 확률 변수의 cdf를 구하라.

$$f_X(x) = \frac{\alpha/\pi}{x^2 + \alpha^2} \qquad -\infty < x < \infty$$

4.24. 전압 X는 집합 $\{-3, -2, \ldots, 3, 4\}$에 균등하게 분포한다.

(a) 확률 변수 X의 pdf와 cdf를 구하고 그래프로 나타내어라.

(b) 확률 변수 $Y = -2X^2 + 3$의 pdf와 cdf를 구하고 그래프로 나타내어라.

(c) 확률 변수 $W = \cos(\pi X/8)$ 의 pdf와 cdf를 구하고 그래프로 나타내어라.

(d) 확률 변수 $Z = \cos^2(\pi X/8)$ 의 pdf와 cdf를 구하고 그래프로 나타내어라.

4.25. C는 어떤 $P[C] > 0$에 대한 사건이라 하자. $F_X(x|C)$는 cdf의 8가지 특성을 만족시킴을 보여라.

4.26. **(a)** 연습문제 4.11에서 $F_X(x|C)$을 구하라. 여기서 $C = \{X > 0\}$이다.

(b) $F_X(x|C)$을 구하라. 여기서 $C = \{X = 0\}$이다.

4.27. **(a)** 연습문제 4.8에서 $F_X(x|B)$을 구하라. 여기서 $B =$ { 침이 3, 6, 9이나 12시 정각에 멈추지 않는다.}

(b) $F_X(x|B^c)$을 구하라.

4.28. 연습문제 4.11에서 $f_X(x|B)$과 $F_X(x|B)$을 구하라. 여기서 $B = \{x > 1\}$이다.

4.29. X는 지수 확률 변수라고 하자.

(a) $F_X(x|X > t)$를 구하고 그래프로 나타내어라. $F_X(x|X > t)$는 $F_X(x)$와 얼마나 다른가?

(b) $f_X(x|X > t)$를 구하고 그래프로 나타내어라.

(c) $P[X > t + x|X > t] = P[X > x]$임을 보여라. 이것을 왜 기억하지 못하는 성질이라고 하는지 설명하라.

4.30. 파레토(Pareto) 확률 변수 X는 다음의 cdf를 갖는다.

$$F_X(x) = \begin{cases} 0 & x < x_m \\ 1 - \dfrac{x_m^\alpha}{x^\alpha} & x \geq x_m \end{cases}$$

(a) X의 pdf를 구하고 그래프로 나타내어라.

(b) 연습문제 4.29의 (a)번과 (b)번을 파레토 확률 변수에 대해 풀어라.

(c) t가 커짐으로써 $P[X > t + x|X > t]$은 어떻게 되는가? 이 결과를 설명하라.

4.31. **(a)** $F_X(x|a \leq X \leq b)$를 구하고 그래프로 나타내어라. $F_X(x|a \leq X \leq b)$를 $F_X(x)$와 비교하라.

(b) $f_X(x|a \leq X \leq b)$를 구하고 그래프로 나타내어라.

4.32. 연습문제 4.4에서 $F_R(r|R > 1)$와 $f_R(r|R > 1)$을 구하라.

4.33. **(a)** 연습문제 4.5에서 $F_Z(z|b/4 \leq Z \leq b/2)$와 $f_Z(z|b/4 \leq Z \leq b/2)$을 구하라.

(b) $F_Z(z|B)$와 $f_Z(z|B)$을 구하라. 여기서 $B = \{x > b/2\}$이다.

4.34. 이진 전송 시스템은 −1전압 신호를 사용하여 '0' 비트를 전송하고 +1전압 신호를 보내어 '1' 비트를 전송한다. 수신된 신호는 α의 라플라스 분포를 가지는 노이즈 N에 의해 찌그러진다. '0' 비트와 '1' 비트는 동등확률로 전송된다고 가정하자.

(a) 수신신호 $Y = X + N$의 pdf를 구하라. 여기서 X는 전송신호이고 "0" 전송 혹은 "1" 전송이다.

(b) 수신기는 $Y < 0$이면 0을, $Y \geq 0$이면 1을 전송했다고 판단한다. +1을 전송했을 때 수신기의 에러확률을 구하라. 그리고 −1을 전송했을 때의 수신기 에러확률도 구하라.

(c) 전체 에러확률은 얼마인가?

4.3절 : X의 기대값

4.35. 연습문제 4.14에서 X의 평균과 분산을 구하라.

4.36. 연습문제 4.15에서 X의 평균과 분산을 구하라.

4.37. 연습문제 4.16에서 원점에서 다트까지의 거리인 Y의 평균과 분산을 구하라.

4.38. 연습문제 4.17에서 정사각형 안의 좌표 중 최소값인 Z의 평균과 분산을 구하라.

4.39. 연습문제 4.18에서 $X = (1 - \zeta)^{-1/2}$의 평균과 분산을 구하라. 식 (4.28)을 이용하여 $E[X]$를 구하라.

4.40. 연습문제 4.10과 4.19에서 X의 평균과 분산을 구하라.

4.41. 연습문제 4.10과 4.21에서 X의 평균과 분산을 구하라. 식 (4.28)을 이용하여 $E[X]$를 구하라.

4.42. 식 (4.27)과 (4.34)에서 직접 적분하여 가우스 확률 변수의 평균과 분산을 구하라.

4.43. 식 (4.28)과 (4.29)를 증명하라.

4.44. 지수 확률 변수의 분산을 구하라.

4.45. **(a)** 연습문제 4.13에서 와이블 확률 변수의 평균이 $\Gamma(1 + 1/\beta)$임을 보여라. 여기서 $\Gamma(x)$는 식 (4.56)에서 정의한 감마함수이다.

(b) 와이블 확률 변수의 두 번째 모멘트와 분산을 구하라.

4.46. 코시 확률 변수의 평균이 존재하지 않는 이유를 설명하라.

4.47. $\alpha = 1, x_m = 1$을 가지는 파레토 확률 변수에 대해 $E[X]$가 존재하지 않음을 보여라.

4.48. 식 (4.36), (4.37), (4.38)을 증명하라.

4.49. $Y = A\cos(\omega t) + c$이라 하자. 여기서 A는 평균은 m, 분산은 σ^2이고 ω와 c는 상수이다. Y의 평균과 분산을 구하라. 그 결과를 예제 4.15에서 구한 것들과 비교하라.

4.50. 어떤 리미터가 다음 그림 P4.2와 같다.

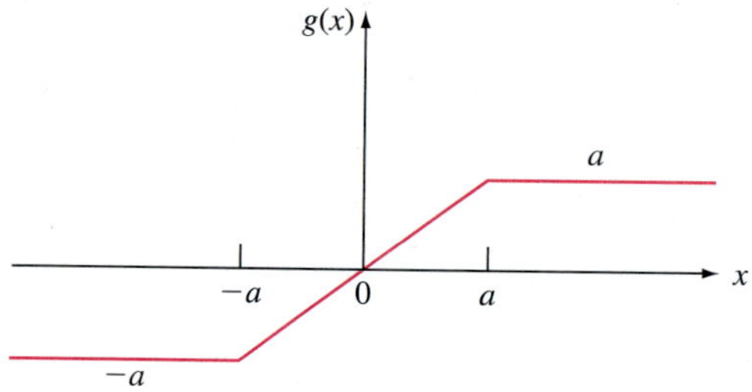

그림 P4.2

(a) 연속 확률 변수 X에 대해 $Y = g(X)$의 평균식과 분산식을 구하라.

(b) X가 $\lambda = a = 1$인 라플라스 확률 변수일 때 평균과 분산을 계산하라.

4.51. 가운데가 잘린 리미터가 그림 P4.3에 나타나 있다.

(a) 임의의 연속 확률 변수 X에 대해 $Y = g(X)$의 평균과 분산을 구하라.

(b) X가 $\lambda = a = 1$이고 $b = 2$인 라플라스 작용소일 때 평균과 분산을 계산하라.

4.52. $Y = 2X + 2$라 하자.

(a) X의 평균과 분산의 항으로 Y의 평균과 분산을 구하라.

(b) X가 라플라스 작용소일 때 Y의 평균과 분산을 계산하라.

(c) X가 임의의 가우스 확률 변수일 때 Y의 평균과 분산을 계산하라.

(d) $X = b\cos(2\pi)$일 때 Y의 평균과 분산을 계산하라. 여기서 U는 단위구간에서 균등 확률 변수이다.

4.53. 단위구간에서 균등 확률 변수인 U의 n차 모멘트를 구하라.

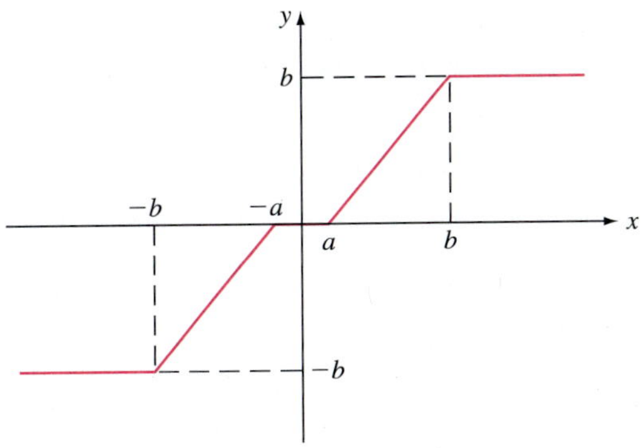

그림 P4.3

4.4절 : 중요한 연속 확률 변수

4.54. X는 구간 $[-2, 2]$에서 균등 확률 변수라고 하자. $P[|X| > x]$을 구하고 그래프로 나타내어라.

4.55. 예제 4.20에서 양자화기(quantizer)의 입력이 구간 $[-4d, 4d]$에서 균등 확률 변수라 하자. $Z = X - Q(x)$이 구간 $[-d/2, d/2]$에서 균등하게 분포되었음을 보여라.

4.56. X는 λ를 매개로 하는 지수 확률 변수라고 하자.

(a) $d > 0$이고 k가 음이 아닌 정수라 할 때, $P[kd < X < (k+1)d]$을 구하라.

(b) 양의 수직선을 4개의 같은 확률을 가진 구간으로 공통된 부분이 없도록 분할하라.

4.57. 확률 변수 X의 r번째 백분위수 $\pi(r)$은 $P[X \leq \pi(r)] = r/100$으로 정의되었다.

(a) λ를 매개로 하는 지수 확률 변수의 90%, 95%, 99% 백분위수를 구하라.

(b) $m = 0$과 σ^2을 매개로 하는 가우스 확률 변수에 대해 (a)번을 반복하라.

4.58. X는 $m = 5$, $\sigma^2 = 16$인 가우스 확률 변수이다.

(a) $P[X > 4]$, $P[X \geq 7]$, $P[6.72 < X < 10.16]$, $P[2 < X < 7]$, $P[6 \leq X \leq 8]$을 구하라.

(b) $P[X < a] = 0.8869$, a를 구하라.

(c) $P[X > b] = 0.11131$, b를 구하라.

(d) $P[13 < X \leq c] = 0.0123$, c를 구하라.

4.59. 가우스 확률 변수에 대해서 Q-함수가 $Q(-x) = 1 - Q(x)$을 만족시킴을 보여라.

4.60. 표 4.2와 4.3을 발생시키기 위해 Octave를 사용하라.

4.61. X는 평균이 m이고 분산이 σ^2인 가우스 확률 변수라 하자.

(a) $P[X \leq m]$을 구하라.

(b) $k = 1, 2, 3, 4, 5, 6$에 대해서 $P|X - m| < k\sigma$을 구하라.

(c) $Q(k) = P(X > m + k\sigma) = \sigma^{-j}$, $j = 1, 2, 3, 4, 5, 6$에 대한 k값을 구하라.

4.62. 이진 전송 시스템은 신호 X를 전송한다('0'을 전송하기 위해 −1; '1'을 전송하기 위해 +1). 전송 받은 신호는 $Y = X + N$이다. 여기서 잡음 N은 평균이 0이고 분산이 σ^2인 가우스 분포를 가진다. '0'은 '1'보다 세 배 많다고 가정하자.

(a) 입력값이 다음과 같이 주어졌을 때 Y의 조건부 pdf를 구하라.
$f_Y(y \mid X = +1)$과 $f_Y(y \mid X = -1)$

(b) 수신기는 $f_Y(y|X = -1)P[X = -1] > f_Y(y|X = +1)P[X = +1]$을 만족시키는 y의 값이 관찰될 때 '0'이 전송된 것으로 결정한다. 그렇지 않으면 '1'이 전송된 것으로 결정한다. (a)번의 결과를 사용하여 이 규칙이 다음과 같은 규칙과 동등한지 보여라. $y < T$이면 '0'을 결정하고, $y \geq Y$이면 '1'을 결정한다.

(c) $a + 1$이 전송되었을 때 수신기가 오류를 범할 확률은 무엇인가? $a - 1$이 전송되었을 때에 대해서도 구하라. $\sigma^2 = 1/16$이라고 가정한다.

(d) 전체 오류 확률을 구하라.

4.63. 어떤 시스템에서 사용하기 위하여 두 종류의 칩을 생각하고 있다. 칩 1의 수명은 평균이 20,000시간이고 표준편차가 5,000시간인 가우스 확률 변수로 모형화된다(음의 수명을 갖는 확률은 무시할 수 있다). 칩 2의 수명도 평균이 22,000시간이고 표준편차가 1,000시간인 가우스 확률 변수이다. 시스템의 목표 수명이 20,000시간이라면 어느 칩을 사용하는 것이 더 좋은가? 24,000시간일 때는 어떠한가?

4.64. 승객은 분당 한 명의 비율로 공항에 세워져 있는 택시에 탄다. 택시 운전사는 자신의 택시가 가득 채워지기 위해 세 명의 승객이 타기 전에는 출발하지 않을 것이다. 승객의 도착간격 시간이 지수 확률 변수이고, X는 택시를 가득 채울 때까지의 시간이라고 가정하자. 승객을 가득 채우기 전까지 5분 이상 경과할 확률을 구하라.

4.65. **(a)** 감마 확률 변수는 다음과 같은 평균을 가짐을 보여라.

$$E[X] = \alpha/\lambda$$

(b) 감마 확률 변수는 두 번째 모멘트를 가지고 다음에 주어진 분산을 갖는다는 것을 보여라.

$$E[X^2] = \alpha(\alpha + 1)/\lambda^2 \quad \text{그리고} \quad \text{VAR}[X] = \alpha/\lambda^2$$

(c) (a)번과 (b)번을 사용하여 m-얼랭 확률 변수의 평균과 분산을 구하라.

(d) (a)번과 (b)번을 사용하여 카이제곱 확률 변수의 평균과 분산을 구하라.

4.66. 어떤 시스템 업무 처리를 완수하기 위한 시간 X는 평균이 4이고 분산이 8인 감마 확률 변수이다. Octave를 사용하여 x의 함수로서 $P[X > x]$을 그래프로 나타내어라. 참고: Octave는 $\beta = 1/2$를 사용한다.

4.67. **(a)** $m = 1, 2, 3$이고 $\lambda = 1$에 대해서 m-얼랭 확률 변수의 pdf를 그래프로 나타내어라.

(b) $k = 1, 2, 3$에 대해서 카이제곱 pdf를 그래프로 나타내어라.

4.68. 수리공은 4개 부품의 재고를 가지고 있다. 수리공이 평균 3일마다 한 부품의 비율로 부품을 대체할 필요가 있다면 재고 부품이 15일 이상 있을 확률을 계산하라? 여기서 부품의 수명은 지수 확률 변수이다.

4.69. **(a)** pdf 적분으로 m-얼랭 확률 변수의 cdf를 구하고 그래프로 나타내어라. 힌트: 부분적분을 사용하라.

(b) 식 (4.58)에 주어진 cdf의 도함수로 m-얼랭 확률 변수의 pdf를 얻을 수 있음을 보여라.

4.70. 베타 확률 변수의 pdf를 구하고 그래프로 나타내어라. $a = b = 1/4, 1, 4, 8$; $a = 5, b = 1$; $a = 1, b = 3$; $a = 2, b = 5$.

4.5절 : 확률 변수의 함수

4.71. X는 평균이 2이고 분산이 4인 가우스 확률 변수이다. 어떤 시스템의 보상이 $Y = (X)^+$으로 주어졌을 때 Y의 pdf를 구하라.

4.72. 라디오 신호 X의 진폭은 다음과 같은 pdf를 갖는 레일라이 확률 변수이다.

$$f_X(x) = \frac{x}{\alpha^2}e^{-x^2/2\alpha^2} \qquad x > 0, \quad \alpha > 0$$

$Z = (X - r)^+$의 pdf를 구하라.

4.73. 연습문제 4.72에서 신호 X에 대해 $Z = X^2$의 pdf를 구하라.

4.74. 어떤 전선은 길이가 X이고, 평균 5π cm인 지수 확률 변수이다. 전선은 지름이 1 cm인 고리를 만들기 위해 잘려진다. 각 전선 길이로 만든 고리가 완성된 수에 대한 확률을 구하라.

4.75. 신호 X는 다음과 같이 증폭되고 이동된다. $Y = 2X + 3$, 여기서 X는 연습문제 4.10에서의 확률 변수이다. Y의 cdf와 pdf를 구하라.

4.76. 연습문제 4.50에 (a)번과 (b)번에서 리미터의 출력의 cdf와 pdf를 구하라.

4.77. 연습문제 4.51에 (a)번과 (b)번에서 중간 부분이 잘린 리미터의 출력의 cdf와 pdf를 구하라.

4.78. 연습문제 4.52에 (b)번, (c)번, (d)번에서 $Y = 2X + 2$의 cdf와 pdf를 구하라.

4.79. 어떤 반의 시험 성적은 평균이 m이고 표준편차가 σ인 가우스 pdf를 갖는다. 확률 변수 $y = aX + b$가 평균이 m'이고 표준편차가 σ'인 가우스 pdf를 갖기 위한 상수 a와 b를 구하라.

4.80. $X = U^n$에서 n은 양의 정수이고 U는 단위구간에서 균등 확률 변수라고 하자. X의 cdf와 pdf를 구하라.

4.81. 구간 $[-1, 1]$에서 균등할 때 연습문제 4.80을 반복하라.

4.82. $Y = |X|$는 입력 전압이 X인 전파 정류기의 출력이라고 하자.

(a) $\{Y \leq y\}$의 동등 사건을 구함으로써 Y의 cdf를 구하라. cdf를 미분하여 Y의 pdf를 구하라.

(b) $\{y < Y \leq y + dy\}$의 동등 사건을 구함으로써 Y의 pdf를 구하라. 이 답은 (a)번의 결과와 일치하는가?

(c) $f_X(x)$가 x의 짝함수라면 Y의 pdf는 어떻게 되는가?

4.83. 전압 X는 평균이 1이고 분산이 2인 가우스 확률 변수이다. 저항 R옴에 의해 소비된 전력 $P = RX^2$의 pdf를 구하고 그려라.

4.84. $Y = e^X$이라고 하자.

(a) X의 cdf와 pdf의 항으로 Y의 cdf와 pdf를 표현하라.

(b) X가 가우스 확률 변수일 때 Y의 pdf를 구하라. 이 경우, Y는 로그정규(lognormal) 확률 변수를 갖는다고 한다. X의 평균이 0이고 분산이 1/8일 때 Y의 pdf와 cdf를 그려라. 분산이 8일 때도 그려라.

4.85. 어떤 반경이 연습문제 4.15의 확률 변수 X에 의해 주어졌다라고 하자.

(a) 반경 X인 디스크에 둘러싸인 넓이의 pdf를 구하라.

(b) 반경 X인 구의 부피의 pdf를 구하라.

(c) R^n에 대해 구의 부피의 pdf를 구하라.

$$Y = \begin{cases} (2\pi)^{(n-1)/2} X^n/(2 \times 4 \times \cdots \times n) & \text{짝수 } n\text{에 대해서} \\ 2(2\pi)^{(n-1)/2} X^n/(1 \times 3 \times \cdots \times n) & \text{홀수 } n\text{에 대해서} \end{cases}$$

4.86. 연습문제 4.20에서 양자에 대해 $Z = X - q(X)$이라 하자. X가 $\alpha = d/2$을 매개로 하는 라플라스 확

률 변수일 때 Z의 pdf를 구하라.

4.87. $Y = \alpha \tan \pi X$라고 하자. 여기서 X는 구간 $(-1, 1)$에서 균등하게 분포한다.

(a) Y가 코시 확률 변수임을 보여라.

(b) $Y = 1/X$의 pdf를 구하라.

4.88. $X = -\ln(1 - U)$의 pdf를 구하라. 여기서 U는 구간 $(0, 1)$에서 균등하게 분포한다.

4.6절 : 마코프와 체비셰프 부등식

4.89. 마코프 부등식과 사건 $\{X > c\}$에 대한 정확한 확률을 c의 함수로 비교하라.

(a) X는 구간 $[0, b]$에서 균등 확률 변수

(b) X는 매개변수 λ를 갖는 지수 확률 변수

(c) X는 $\alpha > 1$을 갖는 파레토 확률 변수

(d) X는 레일라이 확률 변수

4.90. 마코프 부등식과 사건 $\{X > c\}$에 대한 정확한 확률을 c의 함수로 비교하라.

(a) X는 $\{1, 2, \ldots, L\}$에서 균등 확률 변수

(b) X는 기하 확률 변수

(c) X는 $L = 10$이거나 $L = 100$인 지프(Zipf) 확률 변수

(d) X는 $n = 10$, $\mathrm{p} = 0.5$이거나 $n = 50$, $p = 0.5$인 이항 확률 변수

4.91. 체비셰프 부등식과 사건 $\{|X - m| > c\}$에 대한 정확한 확률을 c의 함수로 비교하라.

(a) X는 구간 $[-b, b]$에서 균등 확률 변수

(b) C는 매개변수 α를 갖는 라플라스 확률 변수

(c) X는 평균이 0인 가우스 확률 변수

(d) X는 $n = 10$, $p = 0.5$이거나 $n = 50$, $p = 0.5$인 이항 확률 변수

4.92. X는 성공할 확률이 p인 n번의 베르누이 시행에서 성공한 횟수라고 하자. $Y = X/n$은 시행당 평균 성공 횟수라고 하자. 체비셰프 부등식을 사건 $\{|Y - p| > a\}$에 적용하라. $n \to \infty$일 때 어떻게 되는가?

4.93. 전구들이 미지의 평균 $E(X)$를 갖는 지수적으로 분포된 평균 수명을 갖는다고 가정하자. 우리가 n개 전구의 수명을 측정하고, 측정된 값들의 산술평균으로 평균 $E(X)$를 예측한다고 가정하자. 체비셰프 부등식을 사건 $\{|Y - E[X]| > a\}$에 적용하라. $n \to \infty$일 때 어떻게 되는가? 힌트: m-얼랭 확률 변수를 사용하라.

4.7절 : 변환법

4.94. **(a)** 구간 $[-b, b]$에서 균등 확률 변수의 특성 함수를 구하라.

(b) 모멘트 이론을 적용하여 X의 평균과 분산을 구하라.

4.95. **(a)** 라플라스 확률 변수의 특성 함수를 구하라.

(b) 모멘트 이론을 적용하여 X의 평균과 분산을 구하라.

4.96. 표 4.1에 주어진 특성 함수에 모멘트 이론을 적용하여 가우스 확률 변수의 평균과 분산을 구하라.

4.97. X가 가우스 확률 변수인 $Y = aX + b$의 특성 함수를 구하라. 힌트 : 식 (4.79)를 사용하라.

4.98. 코시 확률 변수에 대한 특성 함수가 $e^{-|\omega|}$임을 보여라.

4.99. $\lambda = 1$을 가지는 지수 확률 변수에 대한 Chernoff 경계를 구하라.

4.100. **(a)** 기하 확률 변수에 대한 확률생성 함수를 구하라.

(b) 확률생성 함수의 pgf에서 기하 확률 변수의 평균과 분산을 구하라.

4.101. **(a)** n과 p를 매개로 하는 이항 확률 변수 X에 대한 pgf를 구하라.

(b) 위의 pgf에서 X의 평균과 분산을 구하라.

4.102. $G_X(z)$은 n과 p를 매개로 하는 이항 확률 변수에 대한 pgf라 하자. 그리고 $G_Y(z)$은 m과 p를 매개로 하는 이항 확률 변수에 대한 pgf라 하자. 함수 $G_X(z)G_Y(z)$을 고려하자. 타당한 pgf인가? 그렇다면 어떤 확률 변수가 대응하는가?

4.103. N은 $\alpha = 1$을 매개로 하는 포아송 확률 변수라 하자. 체비셰프 경계와 $P[X \geq 5]$에 대한 정확한 값을 비교하라.

4.104. **(a)** 표 3.1의 pgf에서 음의 이항 확률 변수에 대한 $P[X = r]$을 구하라.

(b) X의 평균을 구하라.

4.105. 식 (4.89)를 유도하라.

4.106. 감마 확률 변수의 pdf의 라플라스 변환에서 n차 모멘트를 구하라.

4.107. X는 두 지수 확률 변수들의 혼합이라 하자(예제 4.58을 보라). X의 pdf의 라플라스 변환을 구하라.

4.108. 확률 변수 X의 pdf의 라플라스 변환은 다음과 같다.

$$X^*(s) = \frac{a}{s+a}\frac{b}{s+b}$$

X의 pdf를 구하라. 힌트 : $X^*(s)$의 부분 분수 전개를 사용하라.

4.109. **(a)** 감마 확률 변수에 대해 $P[X > t]$에 대한 Chernoff 경계를 구하라.

(b) 그 경계를 $m = 3$, $\lambda = 1$인 얼랭 확률 변수에 대한 $P[X \geq 9]$의 정확한 값과 비교하라.

4.8절 : 기초적인 신뢰도 계산

4.110. 한 장치의 수명 T는 다음과 같은 pdf를 갖는다.

$$f_T(t) = \begin{cases} \lambda e^{-\lambda(t-T_0)} & t \geq T_0 \\ 0 & t < T_0 \end{cases}$$

(a) 장치의 신뢰도와 MTTF를 구하라.

(b) 실패율 함수를 구하라.

(c) 이 장치가 99%의 신뢰도를 달성하려면 몇 시간 동안 작동시켜야 하는가?

4.111. 한 장치의 수명 T는 다음과 같은 pdf를 갖는다.

$$f_T(t) = \begin{cases} 1/T_0 & a \leq t \leq a + T_0 \\ 0 & \text{그 외의 경우} \end{cases}$$

(a) 장치의 신뢰도와 MTTF를 구하라.

(b) 실패율 함수를 구하라.

(c) 이 장치가 99%의 신뢰도를 달성하려면 몇 시간 동안 작동시켜야 하는가?

4.112. 한 장치의 수명 T는 레일라이 확률 변수이다.

(a) 장치의 신뢰도를 구하라.

(b) 실패율 함수를 구하라.

4.113. 한 시스템의 수명은 m-얼랭 확률 변수이다.

(a) 장치의 신뢰도를 구하라.

(b) 실패율 함수를 구하라.

4.114 예제 2.28에서 논의된 메모리 칩들의 실패율 함수를 구하라. αt에 대한 $\ln(r(t))$를 그래프로 그려라.

4.115. 한 장치가 다음과 같은 실패율 함수를 갖는다.

$$r(t) = \begin{cases} 1 + 9(1 - t) & 0 \leq t < 1 \\ 1 & 1 \leq t < 10 \\ 1 + 10(t - 10) & t \geq 10 \end{cases}$$

장치의 신뢰도 함수와 pdf를 구하라.

4.116. 한 시스템이 세 개의 같은 부품을 갖고 있고, 그 중에서 두 개 이상이 작동하면 그 시스템은 작동한다.

(a) 부품의 수명이 평균 1을 갖는 지수 확률 변수라고 가정할 때, 신뢰도와 MTTF를 구하라.

(b) 세 부품 중에서 한 부품의 평균이 2일 때, 시스템의 신뢰도를 구하라.

4.117. 부속품의 수명이 $\beta = 3$인 와이블 분포를 갖는다고 가정할 때 연습문제 4.116을 반복하라.

4.118. 한 시스템이 두 개의 프로세서와 세 개의 주변장치로 구성된다. 한 개의 프로세서와 두 개의 주변장치가 작동하는 한 이 시스템은 작동한다.

(a) 프로세서의 수명이 평균 5를 갖는 지수 확률 변수이고 주변 장치의 수명이 평균 10을 갖는 지수 확률 변수라고 가정할 때, 시스템의 신뢰도와 MTTF를 구하라.

(b) 프로세서의 수명이 평균 10을 갖는 지수 확률 변수이고 주변 장치의 수명이 평균 5를 갖는 지수 확률 변수라고 가정할 때, 시스템의 신뢰도와 MTTF를 구하라.

4.119. 세 개의 장치가 직렬로 연결되어 작동하는 한 개의 하위 시스템으로 작업이 수행된다.

(a) 장치들은 평균 1의 지수적으로 분포된 수명을 갖는다. T시간의 작동에서 99%의 신뢰도를 달성하려면 얼마나 많은 하위 시스템들이 병렬로 작동해야 하는가?

(b) 레일라이 분포 수명을 가질 때 (a)번을 반복하라.

(c) $\beta = 3$인 와이블 분포 수명을 가질 때 (a)번을 반복하라.

4.9절 : 확률 변수를 발생시키기 위한 컴퓨터 방법

4.120. Octave는 중요한 연속 확률 변수들의 pdf와 cdf를 값을 구하는 함수를 제공한다. 예를 들어, 함수들은 `\normal_cdf(x, m, var) and normal_pdf(x, m, var)`제각기 평균이 m이고 분산이 `var`인 가우스 확률 변수에 대한 x에 cdf와 pdf를 계산한다.

(a) $v = \pm 2$이고 잡음이 평균이 0이고 단위분산이라 가정할 때, 예제 4.11에서 조건부 pdf를 구하라.

(b) 가우스 확률 변수의 cdf와 예제 4.44에서 구한 체비셰프 경계를 비교하라.

4.121. 다음의 경우에 대한 감마 확률 변수의 pdf와 cdf를 그래프로 나타내어라.

(a) $\lambda = 1$이고 $\alpha = 1, 2, 4$

(b) $\lambda = 1/2$이고 $\alpha = 1/2, 1, 3/2, 5/2$

4.122. 확률 변수 X는 그림 P4.4와 같은 삼각형의 pdf를 갖는다.

(a) X를 발생시키기 위해 필요한 변환을 구하라.

(b) 100개의 X의 표본을 발생시키기 위해 Octave를 사용하라. 표본들의 경험적인 pdf와 요구

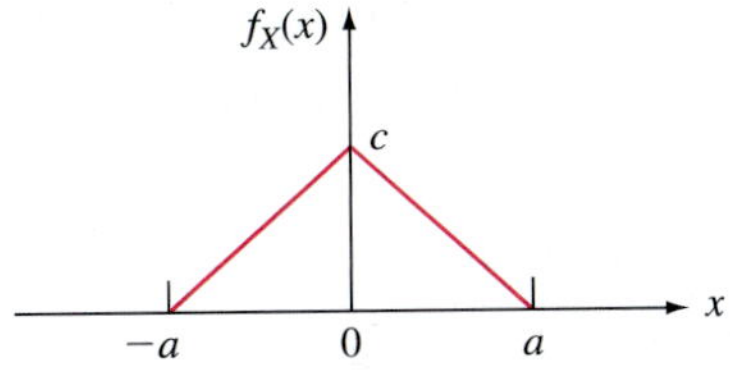

그림 P4.4

되는 pdf를 비교하라.

4.123. 다음의 확률 변수 각각에 대해서 1,000개의 X의 표본을 발생시키기 위해 Octave를 사용하고 확률 변수 X를 발생시키기 위해 필요한 변환을 구하라. 결과의 수열을 그래프로 나타내고 표본의 경험적인 pdf와 요구되는 pdf를 비교하라.

(a) $\alpha = 1$인 라플라스 확률 변수

(b) $\alpha = 1.5, 2, 2.5$인 파레토 확률 변수

(c) $\beta = 0.5, 2, 3$이고 $\lambda = 1$인 와이블 확률 변수

4.124. 혼합 유형의 확률 변수 Y는 다음의 pdf를 가진다.

$$f_Y(x) = p\delta(x) + (1 - p)f_Y(x)$$

여기서 X는 라플라스 확률 변수이고 p는 0과 1 사이의 수이다. Y를 발생시키기 위해 요구되는 변환을 구하라.

4.125. 매개변수 $p = 1/2$을 갖는 기하 확률 변수를 발생시키기 위해 필요한 변환법을 자세히 기술하라. 각각의 결과를 결정하기 위해 이 검색에서 필요한 비교의 평균 횟수를 구하라.

4.126. 작은 매개변수 α를 갖는 포아송 확률 변수를 발생시키기 위해 필요한 변환법을 자세히 기술하라. 이 검색에서 필요한 비교의 평균 횟수를 계산하라.

4.127. 다음의 기각법은 가우스 확률 변수를 발생시키기 위해 사용할 수 있다.

1. 단위구간에서 균등 확률 변수 U_1을 발생시킨다.

2. $X_1 = -\ln(U_1)$으로 한다.

3. 단위구간에서 균등 확률 변수 U_2를 발생시킨다. 만약 $U_2 \le \exp\{-(X_1 - 1)^2/2\}$이면 X_1을 채택한다. 그렇지 않으면 X_1을 기각하고 단계 1로 돌아간다.

4. 같은 확률로 임의의 부호(+ 또는 −)를 발생시킨다. X_1에 발생된 부호를 붙인 X를 출력한다.

(a) 만약 X_1이 채택되면, 그 pdf는 평균이 0이고 분산이 1인 가우스 확률 변수의 절대값의 pdf에 해당함을 보여라.

(b) X는 평균이 0이고 분산이 1인 가우스 확률 변수임을 보여라.

4.128. Cheng(1977)은 함수 $Kf_Z(x)$가 $\alpha > 1$을 갖는 감마 확률 변수의 pdf의 경계가 됨을 보였다.

$$f_Z(x) = \frac{\lambda\alpha^\lambda x^{\lambda-1}}{(\alpha^\lambda + x^\lambda)^2} \qquad \text{그리고} \qquad K = (2\alpha - 1)^{1/2}$$

$f_Z(x)$의 cdf와 Z를 발생시키기 위해 필요한 변환을 구하라.

4.129. **(a)** 수정된 기각법에서는 X_1을 채택할 확률이 $1/K$임을 보여라. 힌트: 조건부 확률을 사용하라.

(b) Z가 요구되는 pdf를 갖는다는 것을 보여라.

4.130. 이항 확률 변수를 발생시키기 위한 두 가지 방법: (1) 베르누이 확률 변수를 n번 발생시키고 결과에 더한다. (2) 이항 확률에 따라서 단위구간으로 나눈다. 다음 조건으로 두 방법을 비교하라.

(a) $p = 1/2, n = 5, 25, 50$

(b) $p = 0.1, n = 5, 25, 50$

(c) 1,000개의 이항 분포 표본들을 발생시킴으로써 두 가지 방법을 보완하기 위해 Octave를 사용하라.

4.131. 어떤 시간 간격 안에 사건발생의 수가 포아송 확률 변수라 하자. 3.4절에서 포아송 확률 변수에 대한 사건들의 시간 간격이 지수적으로 분포된 확률 변수임을 알았다.

(a) 어떻게 그것이 지수적으로 분포된 확률 변수의 수열에서 포아송 확률 변수를 발생시킬 수 있는지 설명하라.

(b) 연습문제 4.126에서 보인 것과 비교해 이 방법은 어떠한가?

(c) $\alpha = 3, \alpha = 25, \alpha = 100$일 때 두 가지 방법들을 보완하기 위해 Octave를 사용하라.

4.132. 연습문제 4.128에서 논의된 기각법을 사용해 $\alpha > 1$을 갖는 감마 pdf를 발생시키기 위한 컴퓨터 프로그램을 작성하라. $m = 2, 10$ 그리고 $\lambda = 1$을 갖는 m-얼랭 확률 변수를 발생시키기 위해 이 방법을 사용하고, 예제 4.57에서 논의된 m개의 지수 확률 변수를 직접 발생시키는 방법과 비교하라.

4.10절 : 엔트로피

4.133. X는 공정한 주사위 던지기의 결과라고 하자.

(a) X의 엔트로피를 구하라.

(b) X가 짝수라는 사실을 들었다고 가정하자. 엔트로피의 감소는 얼마인가?

4.134. 치우친 동전을 3번 던진다.

(a) 앞면과 뒷면의 순서를 기록한다고 할 때 결과의 엔트로피를 구하라.

(b) 앞면이 나온 횟수를 기록한다고 할 때 결과의 엔트로피를 구하라.

(c) (a)번과 (b)번의 엔트로피 차이를 설명하라.

4.135. X는 치우친 동전을 처음으로 앞면이 나올 때까지 던져서 나타난 뒷면의 횟수라고 하자.

(a) $X \geq k$일 때, X의 엔트로피를 구하라.

(b) $X \leq k$일 때, X의 엔트로피를 구하라.

4.136. 두 개의 동전 중에 임의로 하나가 선택된다. 동전 A는 P[앞면] = 1/10을 갖고, 동전 B는 P[앞면] = 9/10을 갖는다.

(a) 동전을 1번 던진다고 가정하자. 그 결과의 엔트로피를 구하라.

(b) 동전을 2번 던져서 앞면과 뒷면의 순서를 관찰한다. 그 결과의 엔트로피를 구하라.

4.137. 연습문제 129에서 임의로 선택한 동전을 처음으로 앞면이 나올 때까지 던진다고 하자. k번째 던지기에서 앞면이 나온다고 가정하자. 각 동전에 대한 엔트로피를 구하라.

4.138. 한 통신 채널이 집합 {0, 1, 2, 3, 4, 5, 6}에서 입력 I를 받아들인다. 채널의 출력은 $X = I + N$ 모드 7이다. 여기서 N은 같은 확률로 −1 또는 +1이다.

(a) 모든 입력의 확률이 같을 때 I의 엔트로피를 구하라.

(b) $X = 4$라고 주어질 때 I의 엔트로피를 구하라.

4.139. X는 H_X의 엔트로피를 갖는 이산 확률 변수라고 하자.

(a) $Y = 2X$의 엔트로피를 구하라.

(b) X의 모든 가역변환의 엔트로피를 구하라.

4.140. (X, Y)는 한 주사위를 2번 독립적으로 던져서 나온 결과들의 짝이라고 하자.

(a) X의 엔트로피를 구하라.

(b) 짝 (X, Y)의 엔트로피를 구하라.

(c) 한 주사위를 n번 독립적으로 던지는 경우의 엔트로피를 구하라. 이 경우 엔트로피가 덧셈의 형태가 되는 이유를 설명하라.

4.141. X는 한 주사위를 던진 결과라고 하고, Y는 X보다 작거나 같은, 임의로 선택된 정수라고 하자.

(a) Y의 엔트로피를 구하라.

(b) 짝 (X, Y)의 엔트로피를 구하고, 이것을 $H(X, Y)$로 나타내어라.

(c) $X = k$가 주어질 때 Y의 엔트로피를 구하고, 이것을 $g(k) = H(Y|X = k)$로 나타내어라. $E[g(X)] = E[H(Y|X)]$를 구하라.

(d) $H(X, Y) = H_X + E[H(Y|X)]$임을 보여라. 이 식의 의미를 설명하라.

4.142. X는 $\{1, 2, \ldots, K\}$에서 값을 취한다고 하자. $P[X = K] = p$라고 가정하고, H_Y는 X가 K와 같지 않을 때 X의 엔트로피라고 하자. $H_X = -p \ln p - (1-p) \ln (1-p) + (1-p)H_Y$임을 보여라.

4.143. X는 예제 4.62에서의 균등 확률 변수라고 하자. 오차 $X - Q(X)$의 분산의 함수로 Q의 엔트로피를 구하고 그래프로 그려라. 힌트: 오차의 분산을 d의 항으로 표현하고, Q의 엔트로피를 위한 식에 대입하라.

4.144. 한 통신 채널이 입력으로 000이나 111을 받아들인다. 이 채널이 각 이진 입력을 정확하게 전송할 확률은 $1 - p$이고 잘못 전송할 확률은 p이다. 출력이 000이라고 할 때 입력의 엔트로피를 구하라. 출력이 010일 때도 구하라.

4.145. X는 구간 $[-a, a]$에서의 균등 확률 변수이고 X가 양수라는 것을 알고 있다고 하자. 엔트로피의 감소를 구하기 위해 예제 4.62의 접근법을 사용하라. 이것은 X의 미분 엔트로피와 $\{X > 0\}$이 주어진X의 미분 엔트로피의 차이와 같음을 보여라.

4.146. X는 구간 $[a, b]$에서 균등하고, $Y = 2X$라고 하자. X와 Y의 미분 엔트로피를 비교하라. 이 결과는 연습문제 4.139의 결과와 어떻게 다른가?

4.147. 그림 4.26(a)에서 질문 순서가 최적이 되는 확률 변수 X에 대한 pmf를 구하라.

4.148. 확률 변수 X는 $S_X = \{1, 2, 3, 4, 5, 6\}$과 pmf $\{3/8, 3/8, 1/8, 1/16, 1/32, 1/32\}$을 갖는다고 하자. X의 엔트로피를 구하라. X를 위해 찾을 수 있는 최적의 부호는 무엇인가?

4.149. 서로 다른 52장의 카드로 이루어진 한 벌에서 7장을 선택한다. 모든 가능한 결과들을 표현하기 위해서는 얼마나 많은 비트가 필요한가?

4.150. $p = 1/2$을 갖는 기하 확률 변수에 대한 최적의 부호를 찾아라.

4.151 한 항아리 실험이 같은 확률의 서로 다른 10개의 결과를 갖는다. (a) 단일 실험 결과, (b) 연속된 n개의 실험 결과를 부호화하기 위한 최적의 트리 부호의 효율을 구하라.

4.152. 이진 정보원이 n개의 결과를 만들어낸다. 이 n개의 결과에는 k개의 1이 포함된다 하자.

(a) k개의 1과 $n-k$개의 0이 포함되는 패턴을 나타내는 최적의 부호는 어떤 것인가?

(b) 고정된 비트수를 갖는 부호를 사용해 k의 값을 나타내려면 얼마나 많은 비트가 필요한가?

4.153. 확률 변수 X는 집합 $\{1, 2, 3, 4\}$에서 값을 취한다. $E(X) = 2$가 주어질 때 X에 대해서 최대 엔트로피가 되는 pmf를 구하라.

4.154. 확률 변수 X는 음이 아니다. $E(X) = 10$이 주어질 때 X에 대해서 최대 엔트로피가 되는 pdf를 구하라.

4.155. $E[X^2] = c$가 주어질 때 최대 엔트로피가 되는 X의 pdf를 구하라.

4.156. 확률 변수 X에 대한 두 개의 매개변수 $E[g_1(X)] = c_1$와 $E[g_2(X)] = c_2$가 주어진다고 가정하자.

(a) X에 대해 최대 엔트로피가 되는 pdf가 다음과 같은 형식임을 보여라.

$$f_X(x) = Ce^{-\lambda_1 g_1(x) - \lambda_2 g_2(x)}$$

(b) X의 엔트로피를 구하라.

4.157. $E(X) = m$과 $\text{VAR}[X] = \sigma^2$이 주어질 때 최대 엔트로피가 되는 X의 pdf를 구하라.

응용학습 문제

4.158. 세 가지 유형의 고객들이 서비스 스테이션에 도착한다. 유형 1의 고객을 서비스하는 데 요구되는 시간은 평균이 2인 지수 확률 변수이다. 유형 2는 $\alpha = 3$이고 $x_m = 1$인 파레토 분포를 갖는다. 유형 3의 고객은 2초의 일정한 서비스 시간이 필요하다. 유형 1, 2, 3의 고객들의 비율은 각각 1/2, 1/8, 3/8이라고 가정하자. 임의의 한 고객에게 15초 이상의 서비스 시간이 필요한 확률을 구하라. 위의 확률을 마코프 부등식에 따른 경계와 비교하라.

4.159. 전구의 수명 X는 다음과 같은 확률 변수이다.

$$P[X > t] = 2/(2 + t) \qquad t > 0\text{에 대해서}$$

시간 $t = 0$에 세 개의 새 전구가 설치된다고 가정하자. 시간 $t = 1$에 세 개의 전구가 모두 여전히 작동한다. 시간 $t = 9$에서 적어도 하나의 전구가 여전히 작동할 확률을 구하라.

4.160. 확률 변수 X는 구간 $[0, a]$에서 균등하게 분포한다. a는 알려지지 않기 때문에 실험을 n번 독립적으로 반복하여 관찰된 최대값으로 a를 예측한다. 즉, a는 $Y = \max\{X_1, X_2, \ldots, X_n\}$으로 예측한다.

(a) $P[Y \leq y]$를 구하라.

(b) Y의 평균과 분산을 구하고, N이 큰 경우 Y가 a에 대한 좋은 예측이 되는 이유를 설명하라.

4.161. 이진 통신 시스템의 출력 Y는 입력이 0일 때 평균이 0이고, 입력이 1일 때 평균이 1인 분산 1의 가우스 확률 변수이다. 입력이 1이 되는 확률은 p라고 하자.

(a) $P[\text{입력이 1이다} \mid y < Y < y + h]$와 $P[\text{입력이 0이다} \mid y < Y < y + h]$를 구하라.

(b) 수신기는 다음의 판단 규칙을 사용한다.
만약 $P[\text{입력이 1이다} \mid y < Y < y + h] > P[\text{입력이 0이다} \mid y < Y < y + h]$이면 입력이 1이라고 판단한다. 그렇지 않으면 입력이 0이라고 판단한다.
이 판단 규칙은 다음의 임계 규칙이 됨을 보여라.
만약 $Y > T$이면 입력이 1이라고 판단한다. 그렇지 않으면 입력이 0이라고 판단한다.

(c) 위 판단 규칙에 대한 오류의 확률은 얼마인가?

CHAPTER 5

확률 변수의 쌍

Pairs of Random Variables

많은 확률 실험은 여러 확률 변수들을 포함한다. 몇몇 실험에서는 여러 가지 양들이 측정된다. 예를 들어, 어떤 특정 시점에서 회로의 여러 지점에서의 전압신호들에 관심이 있을 수 있다. 다른 실험들은 시간에 따라 변하는 오디오 혹은 비디오 신호 진폭의 반복된 측정과 같은 특정한 양의 반복된 측정을 포함한다. 4장에서 단일 확률 변수만 따로 분리해서 생각하는 사건의 확률을 계산하는 방법을 공부했다. 이 장에서는 두 확률 변수들로 이미 소개되었던 개념들을 확장한다.

- 두 확률 변수들의 결합 작용과 관련된 사건 확률을 계산하기 위하여 결합 확률 질량 함수, 누적 분포 함수, 확률 밀도 함수를 사용한다.
- 두 확률 변수들의 작용을 간략화하는 결합 모멘트를 정의하기 위해서 기대값을 사용한다.
- 두 확률 변수들이 독립일 때를 결정하고, 독립이 아닐 때 상관된 정도를 수량화한다.
- 확률 변수의 짝을 포함하는 조건부 확률을 획득한다.

이러한 면에서 우리는 이미 확률과 확률 변수의 모든 기본 개념을 생략하고, 단순히 둘 혹은 그 이상의 확률 변수들의 경우에 대해서 자세히 설명하고 있다. 그럼에도 불구하고, 익혀야 하는 중요한 분석 기술들이 있다. 예를 들면, 확률 질량 함수의 두 배 총합, 확률 밀도 함수의 두 배 적분. 그래서 두 개의 확률 변수들의 경우에 대해 상세히 논하고자 한다. 이는 우리의 기하학적인 직관을 요구하기 때문이다. 6장은 벡터 확률 변수들의 일반적인 경우를 고려한다. 이 두 장을 통해서 숲(기본 개념)과 나무(특정한 기술)를 주의 깊게 봐야 할 것이다.

5.1 두 확률 변수

확률 변수에 대한 개념은 관심을 갖는 몇 가지 양들이 있는 경우에 대해 쉽게 일반화된다. 표본공간 S와 사건 클래스 $\mathcal{F}$의 확률 실험을 고려해보자. S의 각 결과 ζ에 실수 쌍 $X(\zeta) = (X(\zeta), Y(\zeta))$을 할당하는 함수를 고려해보자. 결국 이는 그림 5.1(a)에서와 같이 S를 R^2 또는 실수 평면에 사상하는 벡터 함수이다. 궁극적으로 (X, Y) 쌍과 관련된 사건을 다룬다.

예제 5.1

한 개의 항아리에서 학생들의 이름을 뽑는 확률 실험이 있다고 하자. 이 실험의 한 결과를 ζ로 나타내고, 다음의 두 가지 함수를 정의하자.

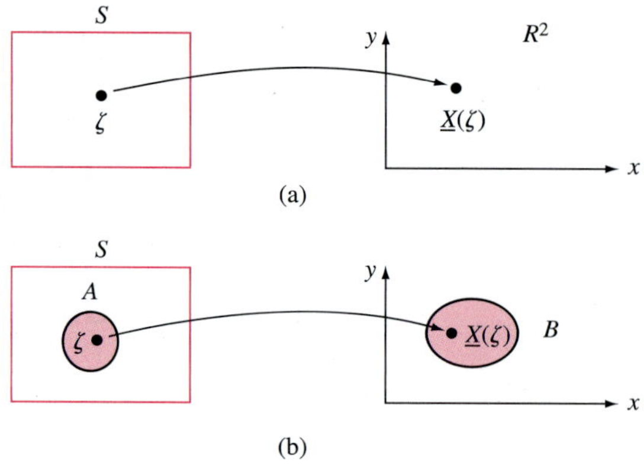

그림 5.1 ● (a) 함수는 표본공간 S의 각 결과에 실수를 할당한다. (b) 두 확률 변수의 동등 사건

$$H(\zeta) = \text{학생 } \zeta\text{의 키(cm)}$$
$$W(\zeta) = \text{학생 } \zeta\text{의 몸무게(kg)}$$

$(H(\zeta), W(\zeta))$는 각 결과 ζ에 해당하는 숫자 쌍이다.

예를 들면, 사건 $B = \{H \le 183, W \le 82\}$는 키가 183 cm(6 feet) 이하이고 몸무게가 82 kg(180 lb) 이하인 학생들을 나타낸다.

예제 5.2

사용자가 한 웹 페이지에서 간단한 광고를 볼 것인지 아니면 요청한 페이지로 바로 이동할 것인지를 선택하는 경우를 생각해보자. T초 동안 도착하는 사용자의 패턴을, 도착 횟수와 타입을 ζ로 나타내자. 바로 요청 페이지로 가는 횟수를 $N_1(\zeta)$, 광고가 선택되는 횟수를 $N_2(\zeta)$라고 하면, $(N_1(\zeta), N_2(\zeta))$는 각 ζ에 양의 실수 쌍을 할당한다. 요청 페이지가 0.001센트, 광고가 1센트의 수익을 낸다고 할 때, 'T초 동안 수익이 100달러 미만' 인 사건을 찾아라.

T초 동안의 총 수입은 $0.001N_1 + 1N_2$이고, 따라서 사건 $B = \{0.001N_1 + 1N_2 < 10{,}000\}$이다.

예제 5.3

임의로 메시지를 선택하고 이때의 길이를 확률 실험의 결과 ζ라고 하자. 각 메시지들은 최대 길이 M바이트인 패킷들로 이루어져 있다고 하자. 메시지 안에 꽉 찬 패킷의 수를 Q로, 그 나머지 메시지 길이를 R이라면 각 ζ에 $(Q(\zeta), R(\zeta))$가 주어진다. Q의 범위는 0, 1, 2, . . .이고, R의 범위는 0, 1, . . . , $M - 1$이다. 따라서 '마지막 패킷이 절반이 안 되게 채워지는' 사건은 $B = \{R < M/2\}$가 된다.

예제 5.4

바퀴를 독립적으로 두 번 회전시키는 확률 실험의 결과로 $\zeta = (\zeta_1, \zeta_2)$를 얻고 이는 $(0, 2\pi]$ 사이의 수로 주어진다. 이때 숫자 쌍 (X, Y)를 다음 평면 위에 정의하자.

$$X(\zeta) = \left(2\ln\frac{2\pi}{\zeta_1}\right)^{1/2}\cos\zeta_2 \qquad Y(\zeta) = \left(2\ln\frac{2\pi}{\zeta_1}\right)^{1/2}\sin\zeta_2$$

벡터함수 $(X(\zeta), Y(\zeta))$는 평면 위의 숫자 쌍들을 각 ζ에 할당한다. 제곱근 항과 ζ_2는 각 반지름과 각도에 대응된다.

디지털 통신에서 잡음전압의 (X, Y) 모델을 볼 수 있다. 이때 '전체 잡음의 파워가 r^2보다 작은' 사건은 $B = \{X^2 + Y^2 < r^2\}$이다.

확률 변수의 순서쌍 (X, Y)와 관련된 사건을 몇 가지 조건을 가지고 평면에 표현할 수 있다. 그림 5.2는 다음의 세 가지 사건의 예를 나타낸다.

$$A = \{X + Y \le 10\}$$
$$B = \{\min(X, Y) \le 5\}$$
$$C = \{X^2 + Y^2 \le 100\}$$

사건 A는 직선을 따라 평면을 두 개의 영역으로 분할한다. 예제 5.2의 사건이 이러한 경우이다. 사건 C는 원점을 중심으로 한 원으로 정의되고 이는 예제 5.4에 해당한다. 사건 B는 $\{\min(X, Y) \le 5\} = \{X \le 5\} \cup \{Y \le 5\}$로 표현하고, X와 Y의 최소가 5보다 작거나 같거나 아니면 X와/또는 Y가 5 이하인 경우이다.

영역 B 안의 순서쌍 $\mathbf{X} = (X, Y)$의 확률을 결정하기 위해서 3장에서와 같이 표본 공간 S에서 B의 동등 사건을 찾는다.

$$A = \mathbf{X}^{-1}(B) = \{\zeta: (X(\zeta), Y(\zeta)) \text{ in } B\} \tag{5.1a}$$

$A = \mathbf{X}^{-1}(B)$와 B의 관계를 그림 5.1(b)를 통해 알 수 있다. A가 $\mathcal{F}$ 안에 놓여 있을 때 다음의 확률을 가진다.

$$P[X \text{ in } B] = P[A] = P[\{\zeta: (X(\zeta), Y(\zeta)) \text{ in } B\}] \tag{5.1b}$$

이는 단일 확률 변수의 경우와 동일한 방법이다. 오직 다른 점은 확률 실험에 의한 X와 Y의 결합성질을 고려해준다는 점이다.

산포도(scattergram)를 통해서 두 확률 변수의 결합성질을 알아볼 수 있다. 산포도는 (X, Y)를 생성하는 실험의 결과를 각 (x, y) 좌표를 가지는 한 점으로 표현한다. 그림 5.3은 각 200번의 관찰을 통해 얻은 4종류의 확률 변수들을 보여준다. 그림 5.3(a)는 단위 정사각형 안에서

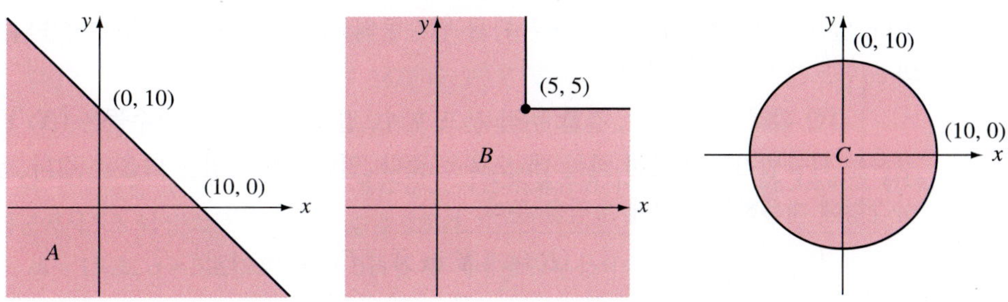

그림 5.2 ● 2차원 사건에 대한 예제

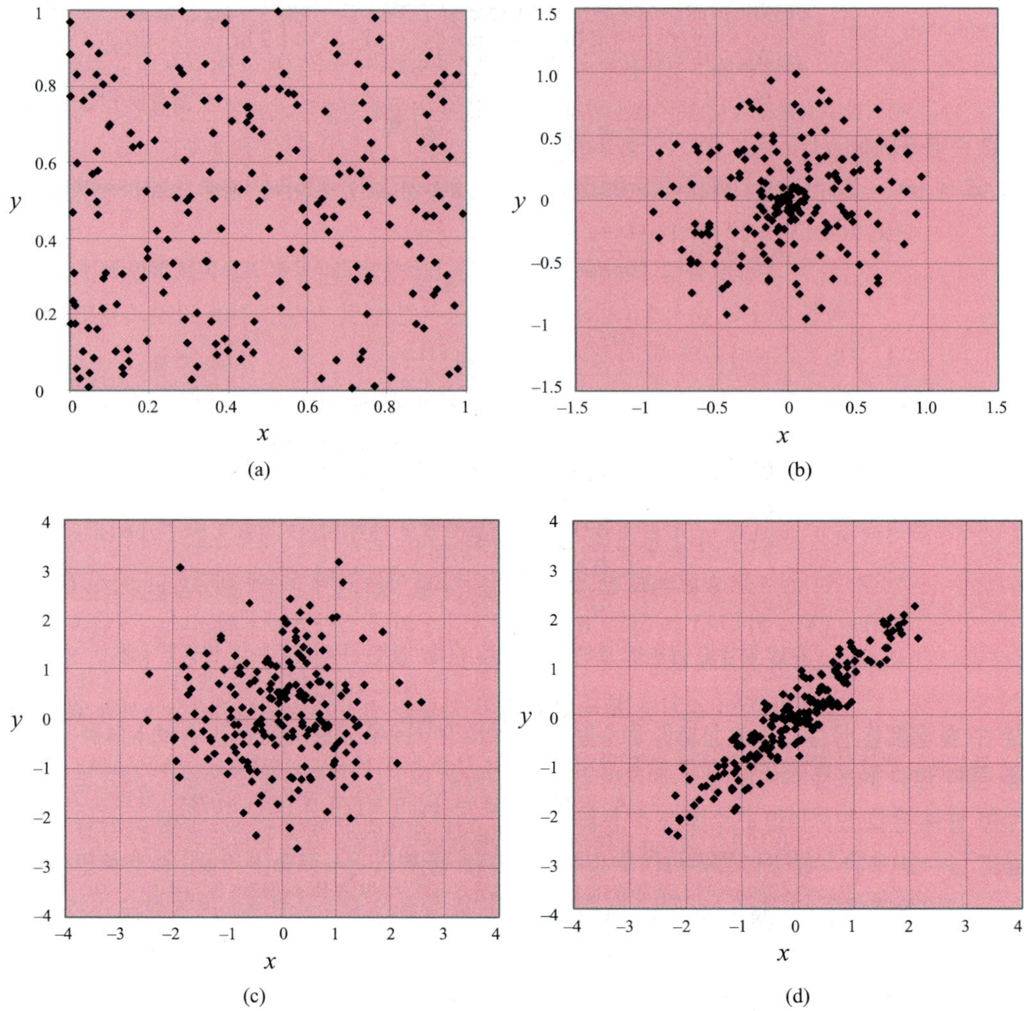

그림 5.3 ● 각 200번 측정한 4종류 확률 변수의 산포도

균일한 분포를 보여준다. 그림 5.3(b)에서는 단위원에서 원점에 집중된 분포이다. 그림 5.3(c)는 원점에 집중되어 있고 원형 대칭을 보이지만 특정한 경계는 없는 분포이다. 그림 5.3(d) 역시 원점에 집중되어 있고 선형적인 관계를 보여준다. 즉, x가 커질수록 이에 비례하여 y값 역시 커진다. 앞으로 이러한 예제에서 다룬 확률 변수들의 특성을 결정하기 위해 사용되는 다양한 함수와 모멘트를 다룰 것이다.

결합 확률 질량 함수, 결합 누적 분포 함수, 결합 확률 밀도 함수들은 (X, Y)의 특성을 결정하는 확률법칙을 명확히 하는 데 도움을 준다. 일반적인 방법은 다음과 같다. 우선 평면 안의 사각형에 대응하는 사건에 초점을 둔다.

$$B = \{X \text{ in } A_1\} \cap \{Y \text{ in } A_2\} \tag{5.2}$$

여기서 A_k는 1차원의 사건(즉, 실수축의 부분집합)이다. 이를 **곱 형식(product form)**의 사건이

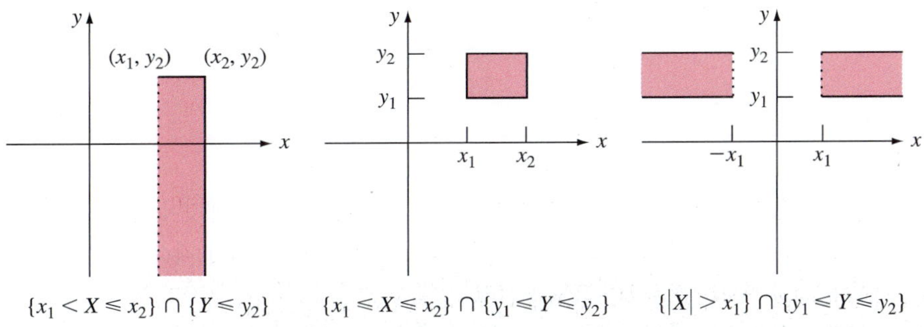

그림 5.4 ● 몇 가지 2차원 곱 형식의 사건

라 한다. 사건 B는 $\{X \text{ in } A_1\}$와 $\{Y \text{ in } A_2\}$가 같이 일어날 때 발생한다. 그림 5.4에서는 이러한 2차원 곱 형식의 사건들을 보여준다. 곱 형식 사건의 확률을 계산하기 위해서 식 (5.1b)를 사용하면 다음과 같다.

$$P[B] = P[\{X \text{ in } A_1\} \cap \{Y \text{ in } A_2\}] \triangleq P[X \text{ in } A_1, Y \text{ in } A_n] \tag{5.3}$$

적절한 A를 정의함으로써 (X, Y)의 결합 확률 질량 함수, 결합 누적 분포 함수, 결합 확률 밀도 함수 등을 구할 수 있다.

5.2 이산 확률 변수의 쌍

벡터 확률 변수 $\mathbf{X} = (X, Y)$는 어떤 가산 집합 $S = \{(x_j, y_k), j = 1, 2, \ldots, k = 1, 2, \ldots\}$ 안에서 정의되는 값으로 가정하자. **X의 결합 확률 질량 함수(joint probability mass function)**는 곱 형식의 사건 $\{X = x\} \cap \{Y = y\}$의 확률로 서술된다.

$$\begin{aligned} p_{X,Y}(x, y) &= P[\{X = x\} \cap \{Y = y\}] \\ &\triangleq P[X = x, Y = y] \qquad (x, y) \in R^2 \text{ 에 대해서} \end{aligned} \tag{5.4a}$$

집합 $S_{X,Y}$의 확률 질량 함수의 값은 기본적인 정보를 제공한다.

$$\begin{aligned} p_{X,Y}(x_j, y_k) &= P[\{X = x_j\} \cap \{Y = y_k\}] \\ &\triangleq P[X = x_j, Y = y_k] \quad (x_j, y_k) \in S_{X,Y} \end{aligned} \tag{5.4b}$$

확률 질량 함수를 그림으로 표현하는 데에는 몇 가지 방법이 있다. (1) 작은 표본 공간의 경우에는 그림 5.5(a)와 같은 테이블 형태로 확률 질량 함수를 표현할 수 있다. (2) 그림 5.5(b)에서처럼 점 $\{(x_j, y_k)\}$에서 크기 $p_{X,Y}(x_j, y_k)$의 화살표로 확률 질량 함수를 그릴 수도 있다. (3) 그림 5.5(c)에서처럼 위치 $\{(x_j, y_k)\}$에 해당하는 확률 질량 함수값을 라벨로 표기할 수도 있다.

어떤 사건 B의 확률은 B에 해당하는 결과들의 확률 질량 함수값의 합이다.

$$P[\mathbf{X} \text{ in } B] = \sum_{(x_j, y_k)} \sum_{\text{in } B} p_{X,Y}(x_j, y_k) \tag{5.5}$$

자주 그림 5.6에서처럼 B의 점들을 포함하는 영역을 그림으로 그리는 것이 도움이 될 때도 있다. 전체 표본 공간 $S_{X,Y}$가 사건 B일 때 다음과 같다.

$$\sum_{j=1}^{\infty}\sum_{k=1}^{\infty} p_{X,Y}(x_j, y_k) = 1 \tag{5.6}$$

예제 5.5

입력과 출력이 각 두 개씩인 패킷 스위치가 있다. 각 입력 포트에 패킷이 들어올 확률은 1/2이고, 동일한 빈도를 가지고 출력 포트 1, 2로 전달된다. 출력 포트 1, 2번에 도착한 패킷의 수를 각 X, Y라 할 때, X, Y의 확률 질량 함수를 찾고 그림으로 보여라.

입력 포트 j에 대한 결과 I_j는 다음을 따른다. 'n', 패킷 도착 안함(1/2의 확률로); 'a1', 출력 포트 1에 패킷 도착(1/4의 확률로); 'a2', 출력 포트 2에 패킷 도착(1/4의 확률로). 표본 공간 S는 입력 결과쌍 $\zeta = (I_1, I_2)$로 이루어져 있다. (X, Y)는 다음 표에 나와 있다.

ζ	(n, n)	(n, a1)	(n, a2)	(a1, n)	(a1, a1)	(a1, a2)	(a2, n)	(a2, a1)	(a2, a2)
X, Y	(0, 0)	(1, 0)	(0, 1)	(1, 0)	(2, 0)	(1, 1)	(0, 1)	(1, 1)	(0, 2)

(X, Y)의 확률 질량 함수는 다음과 같다.

$$p_{X,Y}(0,0) = P[\zeta = (\text{n}, \text{n})] = \frac{1}{2}\frac{1}{2} = \frac{1}{4}$$

$$p_{X,Y}(0,1) = P[\zeta \in \{(\text{n}, \text{a2}), (\text{a2}, \text{n})\}] = 2*\frac{1}{8} = \frac{1}{4}$$

그림 5.5(a)는 열과 행이 각 X, Y에 해당하는 테이블 형태의 확률 질량 함수 그림이다. 각 성분은 그 위치에 해당하는 x, y의 확률 질량 함수값이다. 그림 5.5(b)는 평면에 화살표 표시를 통해서 확률 질량 함수를 표현하였다. 화살표 $p_{X,Y}(j, k)$는 각 점 $S_{X,Y} = \{(0, 0), (0, 1), (1, 0), (1, 1), (0, 2), (2, 0)\}$에 위치한다. 그림 5.5(c)는 각 점에 라벨로 확률 질량 함수를 표현하였다. 각 점 $S_{X,Y}$에 해당하는 $p_{X,Y}(j, k)$가 라벨로 표시되어 있다.

예제 5.6

편중된 두 개의 주사위를 던져 나온 숫자 (X, Y)를 적는 확률 실험이 있다. 그림 5.6에서 2차원 테이블로 결합 확률 질량 함수 $p_{X,Y}(j, k)$를 표현하였다($j = 1, \ldots, 6$이고 $k = 1, \ldots, 6$). 성분(j, k)는 $p_{X,Y}(j, k)$ 값이다. $P[\min(X, Y) = 3]$을 찾아라.

그림 5.6은 $\{\min(X, Y) = 3\}$에 해당하는 영역을 보여준다. 이때의 확률은 다음과 같다.

$$\begin{aligned} P[\min(X,Y) = 3] &= p_{X,Y}(6,3) + p_{X,Y}(5,3) + p_{X,Y}(4,3) \\ &\quad + p_{X,Y}(3,3) + p_{X,Y}(3,4) + p_{X,Y}(3,5) + p_{X,Y}(3,6) \\ &= 6\left(\frac{1}{42}\right) + \frac{2}{42} = \frac{8}{42} \end{aligned}$$

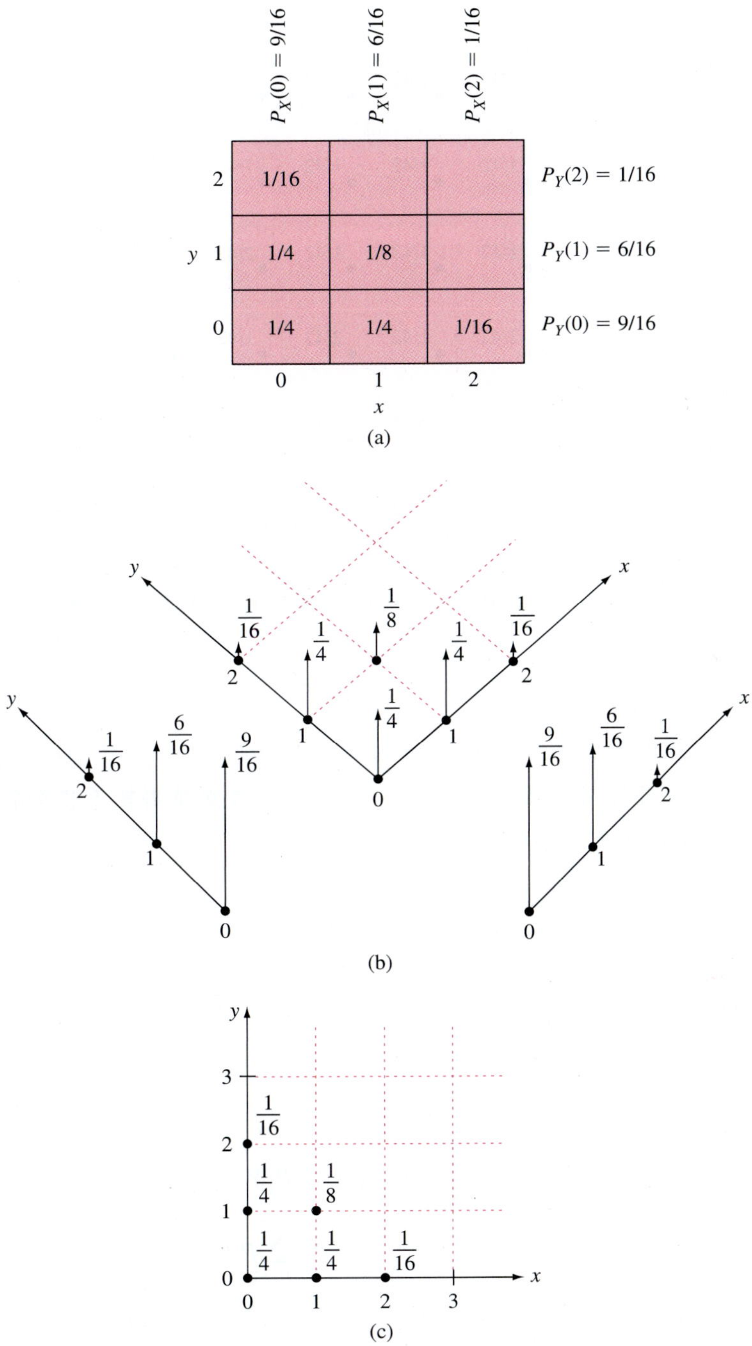

그림 5.5 ● 확률 질량 함수들의 그래프적 표현 (a) 테이블 형태; (b) 높이를 표현하기 위해 화살표 사용; (c) 각 확률 질량 함수값에 해당하는 값을 점으로 표현

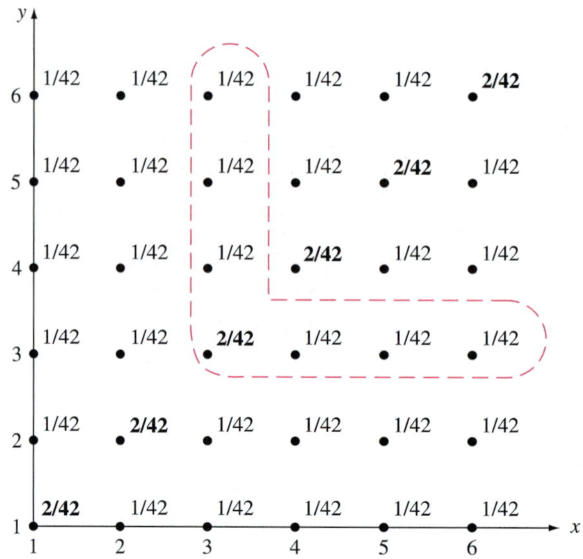

그림 5.6 ● B의 점들을 통해서 확률 질량 함수를 표현

5.2.1 한계 확률 질량 함수

X의 결합 확률 질량 함수는 X와 Y의 결합 특성에 관한 정보를 알려준다. 각 확률 변수가 분리되어 있을 때의 사건 확률에 대해서 알아보자. 이를 **한계 확률 질량 함수(marginal probabilty mass function)**라고 한다.

$$\begin{aligned} p_X(x_j) &= P[X = x_j] \\ &= P[X = x_j, Y = \text{임의의 값}] \\ &= P[\{X = x_j \text{ 그리고 } Y = y_1\} \cup \{X = x_j \text{ 그리고 } Y = y_2\} \cup \ldots] \\ &= \sum_{k=1}^{\infty} p_{X,Y}(x_j, y_k) \end{aligned} \tag{5.7a}$$

비슷하게,

$$\begin{aligned} p_Y(y_k) &= P[Y = y_k] \\ &= \sum_{j=1}^{\infty} p_{X,Y}(x_j, y_k) \end{aligned} \tag{5.7b}$$

한계질량 함수는 1차원 확률 질량 함수의 모든 성질을 만족하고, 각 확률 변수에 해당하는 사건 확률을 계산할 수 있는 정보를 제공한다.

$p_{X,Y}(x_j, y_k)$의 확률은 장기간에 걸쳐 반복적으로 시행되는 확률 실험의 결합 사건 $\{X = X_j\} \cap \{Y = Y_k\}$의 상대도수로 볼 수 있다. 식 (5.7a)는 사건 $\{X = X_j\}$의 상대도수를 X_j가 포함된 모든 결과 쌍들의 상대도수를 더해 찾을 수 있음을 보여준다. 일반적으로, X와 Y의 각각의 상대도수로부터 X, Y쌍의 상대도수를 추론하는 것은 불가능하다. 확률 질량 함수의 경우에서도 이와 같다. 일반적으로, 한계 확률 질량 함수를 알아도 결합 확률 질량 함수를 명확히 알기엔 불충분하다.

예제 5.7

예제 5.2에서의 출력 포트 (X, Y)에서의 한계 확률 질량 함수를 찾아라.

그림 5.5(a)에서 열 또는 행을 따라 각 요소들을 더해 한계 확률 질량 함수를 찾을 수 있다. 예를 들어, $x = 1$인 열을 따라 더하면 다음과 같다.

$$p_X(1) = P[X = 1] = p_{X,Y}(1, 0) + p_{X,Y}(1, 1) = \frac{1}{4} + \frac{1}{8} = \frac{3}{8}$$

이와 비슷하게, $y = 0$일 때 행을 따라 더하면 다음과 같다.

$$p_Y(0) = P[Y = 0] = p_{X,Y}(0, 0) + p_{X,Y}(1, 0) + p_{X,Y}(2, 0) = \frac{1}{4} + \frac{1}{4} + \frac{1}{16} = \frac{9}{16}$$

그림 5.5(b)는 실선 위에서 화살표를 이용해 한계 확률 질량 함수를 표시하였다.

예제 5.8

예제 5.2에서의 편중된 주사위 실험에서의 한계 확률 질량 함수를 찾아라.

$X = 1$일 때의 확률은 첫 번째 행을 모두 더해서 찾는다.

$$P[X = 1] = \frac{2}{42} + \frac{1}{42} + \cdots + \frac{1}{42} = \frac{1}{6}$$

이와 비슷하게, $P[X = j] = 1/6$ $(j = 2, \ldots, 6$일 때)임을 알 수 있다. $Y = k$의 확률은 k번째 열을 더해서 찾을 수 있다. 따라서 $P[Y = k] = 1/6$ $(k = 2, \ldots, 6$일 때)이다. 결국 각 주사위는 각 면이 동등한 확률을 가진다는 점에서 공평하다. 만약 이러한 한계 확률 질량 함수만 알고 있다면 주사위의 확률이 편중되어 있는지 없는지에 대해 전혀 알 수 없을 것이다.

예제 5.9

예제 5.3에서 메시지 안의 바이트 개수 N이 매개변수 $1 - p$와 범위 $S_N = \{0, 1, 2, \ldots\}$의 등비수열분포를 가진다. Q와 R의 한계 확률 질량 함수와 결합 확률 질량 함수를 찾아라.

만약 메시지가 N바이트를 가진다면, N을 M으로 나눈 몫 Q가 꽉 찬 패킷의 수이고 그 나머지가 R이 된다. 쌍 $\{(q, r)\}$의 확률은 다음과 같이 주어진다.

$$P[Q = q, R = r] = P[N = qM + r] = (1 - p)p^{qM+r}$$

Q의 한계 확률 질량 함수는 다음과 같다.

$$\begin{aligned} P[Q = q] &= P[N \text{ in}\{qM, qM + 1, \ldots, qM + (M - 1)\}] \\ &= \sum_{k=0}^{(M-1)} (1 - p)p^{qM+k} \\ &= (1 - p)p^{qM}\frac{1 - p^M}{1 - p} = (1 - p^M)(p^M)^q \qquad q = 0, 1, 2, \ldots \end{aligned}$$

Q의 한계 확률 질량 함수는 매개변수 p^M의 등비수열이다. R의 한계 확률 질량 함수는 다음이다.

$$\begin{aligned} P[R = r] &= P[N \text{ in}\{r, M + r, 2M + r, \ldots\}] \\ &= \sum_{q=0}^{\infty}(1 - p)p^{qM+r} = \frac{(1 - p)}{1 - p^M}p^r \quad r = 0, 1, \ldots, M - 1 \end{aligned}$$

R은 끝이 잘린 등비수열 확률 질량 함수를 가진다. 연습삼아 위의 한계질량 함수들의 합이 1이 됨을 증명해보자.

5.3 X와 Y의 결합 누적 분포 함수

3장에서 우리는 $(-\infty, x]$ 형태의 반 무한 구간에서 다른 1차원의 사건이 세워짐으로써 기본적인 블록이 세워지는 것을 볼 수 있었다. $(-\infty, x]$의 확률로 결합 누적 분포 함수 $F_x(x)$를 정의하여 결합 누적 분포 함수의 구간 내의 다른 사건들의 확률을 표현할 수 있었다. 이 절에서는 위의 내용에서 좀 더 나아가 2차원 확률 변수들에 대해 다시 반복한다.

2차원 확률 변수를 포함하는 사건을 위해 기본적으로 세워진 블록은 그림 5.7과 같이 $\{(x, y) : x \le x_1$ 그리고 $y \le y_1\}$로 정의되는 반 무한 사각형이다. **X와 Y의 결합 누적 분포 함수(joint cumulative distribution function)**는 곱 형태의 사건 $\{X \le x_1\} \cap \{Y \le y_1\}$의 확률로 정의된다.

$$F_{X,Y}(x_1, y_1) = P[X \le x_1, Y \le y_1] \tag{5.8}$$

상대도수의 관점에서, $F_{X,Y}(x_1, y_1)$은 그림 5.7의 사각형 지역 내에서 떨어진 점 X의 확률 실험의 출력으로 산출된 장시간의 시간 비율로 표현된다. 확률적 '질량' 관점에서 $F_{X,Y}(x_1, y_1)$은 사각형 지역 내에 포함된 질량의 양으로 표현된다.

결합 누적 분포 함수는 다음과 같은 속성을 만족한다.

(i) 결합 누적 분포 함수는 줄어들지 않는 x와 y의 함수이다.

$$F_{X,Y}(x_1, y_1) \le F_{X,Y}(x_2, y_2) \quad x_1 \le x_2 \text{ 그리고 } y_1 \le y_2\text{일 경우} \tag{5.9a}$$

(ii) $$F_{X,Y}(x_1, -\infty) = 0, \qquad F_{X,Y}(-\infty, y_1) = 0, \qquad F_{X,Y}(\infty, \infty) = 1 \tag{5.9b}$$

(iii) **한계 누적 분포 함수(marginal cumulative distribution function)**는 결합 누적 분포 함수를 구성하는 확률 변수 중 하나의 제한을 제거함으로써 얻을 수 있다. 결합 누적 분포 함수는 그림 5.8의 확률 영역이다.

$$F_X(x_1) = F_{X,Y}(x_1, \infty) \text{ 그리고 } F_Y(y_1) = F_{X,Y}(\infty, y_1) \tag{5.9c}$$

(iv) 결합 누적 분포 함수는 북쪽과 동쪽 방향에서부터 연속이다. 즉, 다음과 같다.

$$\lim_{x \to a^+} F_{X,Y}(x, y) = F_{X,Y}(a, y) \text{ 그리고 } \lim_{y \to b^+} F_{X,Y}(x, y) = F_{X,Y}(x, b) \tag{5.9d}$$

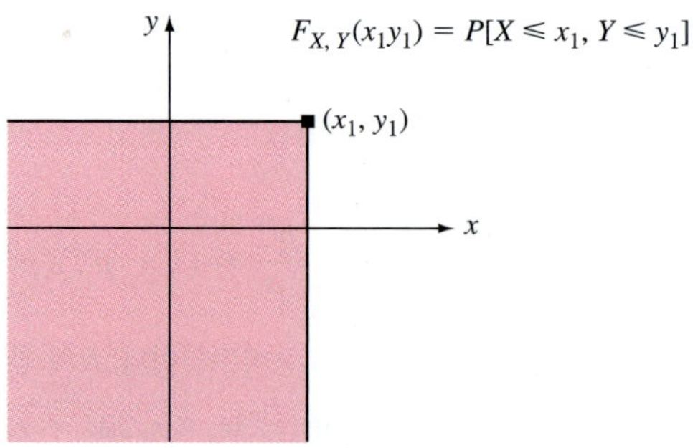

그림 5.7 • 결합 누적분포 함수는 점 (x1, y1)에 의해 결정된 반 무한 사각형의 확률로서 정의된다.

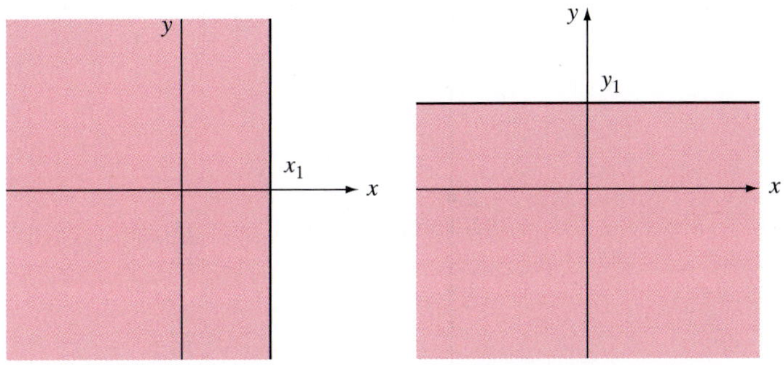

$F_X(x_1) = P[X \leqslant x_1, Y < \infty]$ $\quad$ $F_Y(y_1) = P[X < \infty, Y \leqslant y_1]$

그림 5.8 ● 한계 누적분포 함수는 이러한 반 평면 위의 확률이다.

(v) 사각형 $\{x_1 < x \le x_2, y_1 < y \le y_2\}$의 확률은 다음과 같이 얻을 수 있다.

$$P[x_1 < X \le x_2, y_1 < Y \le y_2] = \\ F_{X,Y}(x_2, y_2) - F_{X,Y}(x_2, y_1) - F_{X,Y}(x_1, y_2) + F_{X,Y}(x_1, y_1) \tag{5.9e}$$

(i) 속성은 (x_1, y_1)로 정의된 반무한 사각형이 규칙 7과 (x_2, y_2)로 정의된 반무한 사각형에 포함됨을 알려준다. (ii)부터 (iv)까지의 속성은 인자 값을 제한하면 얻을 수 있다. 예를 들어, $x \le x_1$와 $y \le -n$의 순서는 감소하면서 공집합 $\varnothing$에 다가선다.

$$F_{X,Y}(x_1, -\infty) = \lim_{n\to\infty} F_{X,Y}(x_1, -n) = P[\varnothing] = 0$$

(iii) 속성의 경우에는 $\{x \le x_1\}$로 증가되는 $\{x \le x_1$와 $y \le n\}$ 순서를 가진다.

$$\lim_{n\to\infty} F_{X,Y}(x_1, n) = P[X \le x_1] = F_X(x_1)$$

(v) 속성의 경우에는 그림 5.9(a)에 나온 $B = \{x_1 < x \le x_2, y \le y_1\} = \{X \le x_2, Y \le y_1\} - \{X \le x_1, Y \le y_1\}$를 가리킨다. 그러므로 $P[B] = P[x_1 < X \le x_2, Y \le y_1] = F_{X,Y}(x_2, y_1)$이 된다. 또한 그림 5.9(b)에서 $F_{X,Y}(x_2, y_2) = P[A] + P[B] + F_{X,Y}(x_1, y_2)$임을 알 수 있다. (v)속성은 $P[A]$를 풀고 $P[B]$를 위한 표현을 대체함을 알 수 있다.

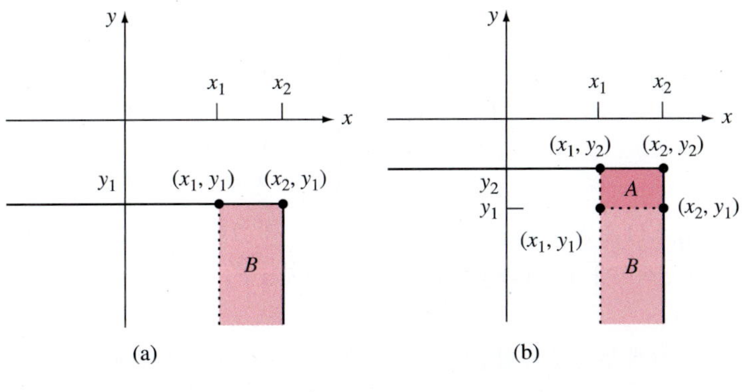

그림 5.9 ● 결합 누적분포 함수는 다양한 사건의 확률을 결정하기 위해 사용할 수 있다.

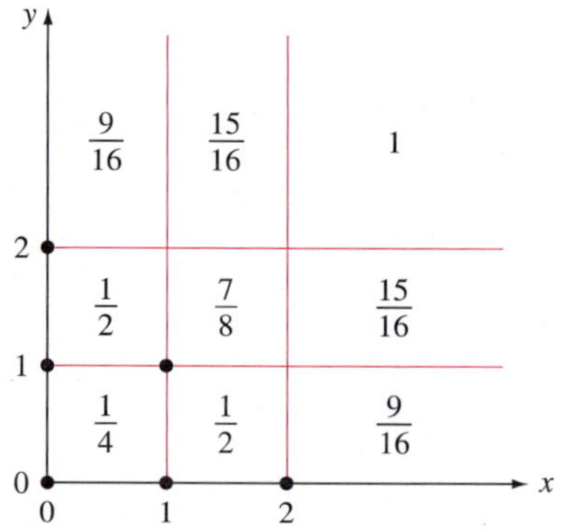

그림 5.10 ● 패킷 교환에 대한 결합 누적분포 함수 예제

예제 5.10

예제 5.6의 X와 Y의 결합 누적 분포 함수를 그래프로 표시하고, X의 한계 누적 분포 함수를 구하라.

X의 누적 분포 함수를 구하기 위해서는 (x, y)에 의해 정의된 사각형 구역에 포함되는 $S_{X,Y}$ 지점이 속하는 평면의 지점을 찾아야 한다.

- 어느 점도 포함하지 않는 1사분면 바깥쪽의 구역, $F_{X,Y}(x, y) = 0$
- $(0, 0)$ 점을 포함하는 $\{0 \le x < 1, 0 \le y < 1\}$ 구역, $F_{X,Y}(x, y) = 1/4$

그림 5.10은 모든 가능한 영역이 조사된 누적 분포 함수의 그래프이다.

$F_X(x)$를 찾기 위해 몇 가지 고려할 점이 있다. $x < 0$인 경우 $F_X(x) = 0$이 된다. $0 \le x < 1$인 경우 $F_X(x) = F_{X,Y}(x, \infty) = 9/16$이 된다. $1 \le x < 2$인 경우 $F_X(x) = F_{X,Y}(x, \infty) = 15/16$이 된다. 결국은 $x \ge 1$일 경우, $F_X(x) = F_{X,Y}(x, \infty) = 1$이 된다. 그러므로 $F_X(x)$는 계단형 함수이며, X는 $p_X(0) = 9/16$, $p_X(1) = 6/16$, $p_X(2) = 1/16$인 이산 확률 변수가 된다.

예제 5.11

확률 변수 쌍 $\mathbf{X} = (X, Y)$의 결합 누적 분포 함수는 다음과 같다. 결합 누적 분포 함수를 그리고 X의 한계 누적 분포 함수를 구하라.

$$F_{X,Y}(x, y) = \begin{cases} 0 & x < 0 \text{ 혹은 } y < 0 \\ xy & 0 \le x \le 1, 0 \le y \le 1 \\ x & 0 \le x \le 1, y > 1 \\ y & 0 \le y \le 1, x > 1 \\ 1 & x \ge 1, y \ge 1 \end{cases} \tag{5.10}$$

그림 5.11은 X와 Y의 결합 누적 분포 함수를 그림으로 표현한 것이다. $F_{X,Y}(x, y)$는 평면의 모든 점 위에서 연속이다. $x \ge 1$과 $y \ge 1$의 모든 영역에서 $F_{X,Y}(x, y) = 1$이면, X와 Y의 가정치가 1보다 같거나 작게 된다.

X의 한계 누적 분포 함수는 다음과 같고, X는 단위 범위 내에서 균등 분포를 가진다.

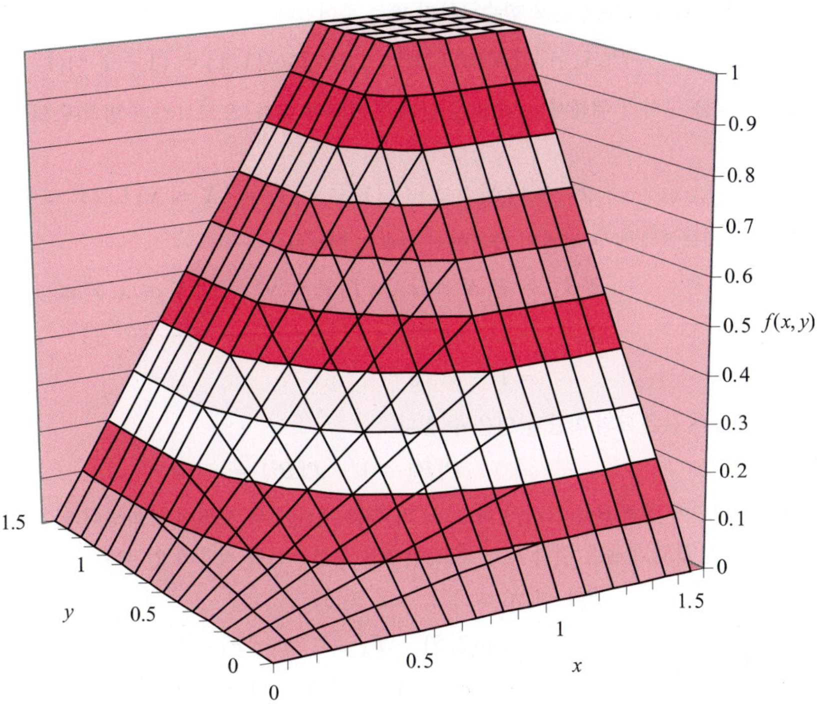

그림 5.11 ● 두 균등 확률 변수의 결합 누적분포 함수

$$F_X(x) = F_{X,Y}(x, \infty) = \begin{cases} 0 & x < 0 \\ x & 0 \le x \le 1 \\ 1 & x \ge 1 \end{cases}$$

예제 5.12

확률 변수 $\mathbf{X} = (X, Y)$의 결합 누적 분포 함수는 다음과 같다.

$$F_{X,Y}(x, y) = \begin{cases} (1 - e^{-\alpha x})(1 - e^{-\beta y}) & x \ge 0, y \ge 0 \\ 0 & \text{그 외의 경우} \end{cases}$$

한계 누적 분포는 무한에 가까운 변수들을 1로 둠으로써 얻을 수 있다.

$$F_X(x) = \lim_{y \to \infty} F_{X,Y}(x, y) = 1 - e^{-\alpha x} \quad x \ge 0$$

$$F_Y(y) = \lim_{x \to \infty} F_{X,Y}(x, y) = 1 - e^{-\beta y} \quad y \ge 0$$

그러므로 X와 Y는 각각 α, β가 매개변수인 지수 분포를 갖는다.

예제 5.13

$x > 0, y > 0$일 때 예제 5.12에 있는 확률 변수를 이용하여 사건 $A = \{X \le 1, Y \le 1\}$, $B = \{X > x, Y > y\}$, $D = (1 < X \le 2, 2 < Y \le 5)$의 확률을 구하라.

A의 확률은 누적 분포 함수로부터 바로 주어진다.

$$P[A] = P[X \le 1, Y \le 1] = F_{X,Y}(1,1) = (1 - e^{-\alpha})(1 - e^{-\beta})$$

B의 확률을 구하기 위해서는 더 많은 단계를 거쳐야 한다. 드모르간의 법칙에 의하면 다음과 같이 표현할 수 있다.

$$B^c = (\{X > x\} \cap \{Y > y\})^c = \{X \le x\} \cup \{Y \le y\}$$

2.2절의 정리 5에서 두 사건의 합집합의 확률을 얻는다.

$$\begin{aligned} P[B^c] &= P[X \le x] + P[Y \le y] - P[X \le x, Y \le y] \\ &= (1 - e^{-\alpha x}) + (1 - e^{-\beta y}) - (1 - e^{-\alpha x})(1 - e^{-\beta y}) \\ &= 1 - e^{-\alpha x}e^{-\beta y} \end{aligned}$$

결국 다음과 같은 B의 확률을 얻을 수 있다.

$$P[B] = 1 - P[B^c] = e^{-\alpha x}e^{-\beta y}$$

우리는 평면에 영역 B를 그려야 하고, B^c의 확률 계산에 두 사건이 포함되어 있는지 확인해야 한다.

사건 D의 확률은 결합 누적 분포 함수의 속성 (vi)를 적용해 얻는다.

$$\begin{aligned} &P[1 < X \le 2, 2 < Y \le 5] \\ &\quad = F_{X,Y}(2,5) - F_{X,Y}(2,2) - F_{X,Y}(1,5) + F_{X,Y}(1,2) \\ &\quad = (1 - e^{-2\alpha})(1 - e^{-5\beta}) - (1 - e^{-2\alpha})(1 - e^{-2\beta}) \\ &\qquad -(1 - e^{-\alpha})(1 - e^{-5\beta}) + (1 - e^{-\alpha})(1 - e^{-2\beta}) \end{aligned}$$

5.3.1 다른 유형의 확률 변수

몇몇 상황에서는 하나는 이산시간이고 다른 하나는 연속시간인 다른 유형의 확률 변수에 대한 결합 확률 변수를 다룰 필요가 있다. 이 경우 보통 결합 누적 분포 함수를 사용하는 것이 오히려 더 불편하고, $P[X = k, Y \le y]$나 $P[X = k, y_1 < Y \le y_2]$같은 조건부 확률을 사용하는 것이 더 편리하다. 이런 조건부 확률을 이용하여도 충분히 우리가 구하고자 하는 결합 누적 분포 함수를 계산할 수 있다.

예제 5.14 이산 입력과 연속적 출력을 갖는 통신 채널

X를 통신 채널의 입력으로, Y를 출력으로 두자. 입력은 같은 확률로 +1볼트나 −1볼트가 된다. 채널의 출력 Y는 입력 신호 X와 −2에서 +2볼트까지의 구간에서 균일하게 분포된 잡음전압 N을 더해서 나온다. $P[X = +1, Y \le 0]$을 구하라.

이 문제를 풀기 위해서는 조건부 확률을 사용한다.

$$P[X = +1, Y \le y] = P[Y \le y \mid X = +1]P[X = +1]$$

여기서 $P[X = +1] = 1/2$. 입력 $X = 1$일 때 출력 Y는 구간 $[-1, 3]$에서 균등한 분포를 가진다.

$$P[Y \le y \mid X = +1] = \frac{y+1}{4}, \; -1 \le y \le 3$$

그러므로 다음과 같은 결과를 얻을 수 있다.

$$P[X = +1, Y \le 0] = P[Y \le 0 \mid X = +1]P[X = +1] = (1/2)(1/4) = 1/8$$

5.4 두 개의 연속 확률 변수의 결합 확률 밀도 함수

결합 누적 분포 함수(cdf)는 통해서 평면에 '사각형' 모양으로 대응되는 사건의 확률을 계산할 수 있다. 하지만 '사각형' 모양으로 대응되지 않는 사건의 확률을 계산하고자 할 때는, 사각형이 아닌 다른 모양(즉, 원형, 다각형, 또는 반 평면 등)들도 분리된 무한소 사각형 $B_{j,k}$의 결합으로 구하고자 하는 원형에 근사한 형태를 얻을 수 있음을 주목해야 한다. 예를 들어, 그림 5.12는 사건 $A = \{X + Y \leq 1\}$와 $B = \{X^2 + X^2 \leq 1\}$ 들이 어떻게 무한소의 넓이를 가진 사각형에 의해 실제 확률에 근사한 값을 가지게 되는지 보여준다. 그러므로 그러한 사건의 확률들은 무한소 사각형들의 확률들의 합들로 표현되고 누적 분포 함수가 충분히 평탄할 경우의 각각 사각형들의 확률은 밀도 함수로 표현될 수 있다.

$$P[B] \approx \sum_j \sum_k P[B_{j,k}] = \sum_{(x_j,\, y_k) \in B} \sum f_{X,Y}(x_j, y_k)\, \Delta x \Delta y$$

Δx와 Δy가 0에 다가갈수록, 위 등식은 B 영역 전체의 확률 밀도 함수의 적분값이 된다.

만약 (X, Y)를 포함하는 사건들의 확률이 확률 밀도 함수의 적분값으로 표현될 때 **'X와 Y는 결합 연속이다.'** 라고 말할 수 있다. 다시 말해서, **결합 확률 밀도 함수(joint probability density function)** 인 양의 함수 $f_{X,Y}(x, y)$는 그림 5.13처럼 평면의 부분집합인 모든 사건 B와 같이 실제평면 위에 정의된다.

$$P[\mathbf{X} \text{ in } B] = \int_B \int f_{X,Y}(x', y')\, dx'\, dy' \tag{5.11}$$

위의 경우는 이산 확률 변수의 경우인 식 (5.5)와 비슷하다. B가 전체 평면일 때, 적분값은 1, 반드시 1이다.

$$1 = \int_{-\infty}^{\infty} \int_{-\infty}^{\infty} f_{X,Y}(x', y')\, dx'\, dy' \tag{5.12}$$

또한 식 (5.11)과 식 (5.12)는 사건의 확률 '질량'이 사건에 대응되는 영역의 확률 질량의 밀도를 적분함으로써 얻을 수 있음을 보여준다.

결합 누적 분포 함수는 (x, y)로 정의된 반 무한 사각형을 적분함으로써 결합 연속 확률 변

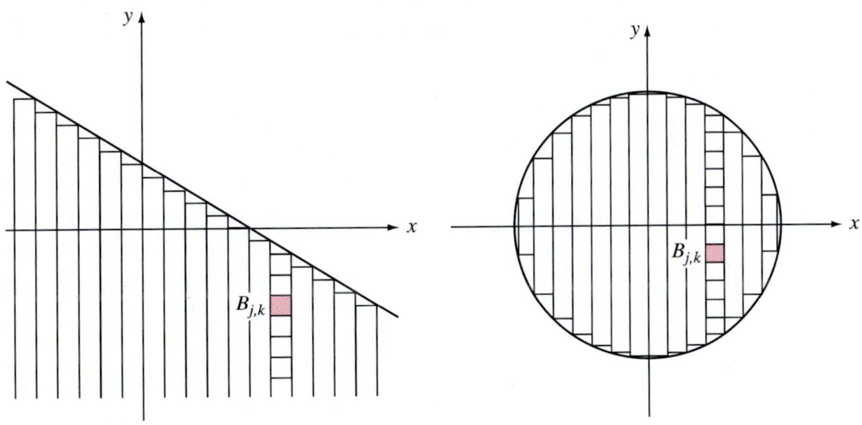

그림 5.12 ● 곱 형식이 아닌 2차원 사건

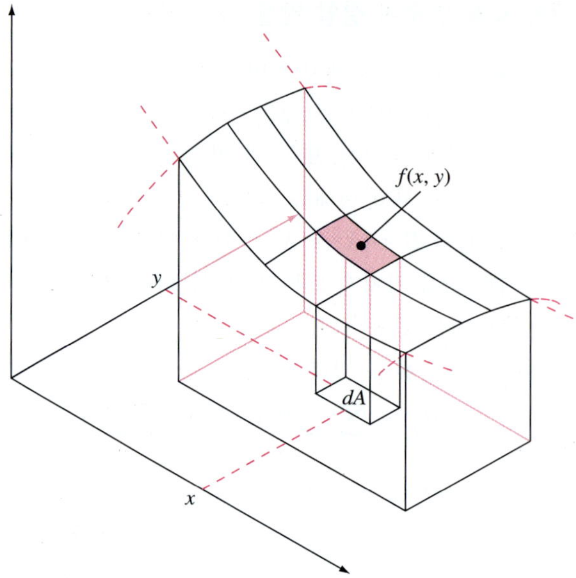

그림 5.13 ● *A*의 확률은 *A*에 의해 정해진 영역 $f_{X,Y}(x, y)$의 적분값이다.

수의 결합 확률 밀도 함수를 통해 얻을 수 있다.

$$F_{X,Y}(x, y) = \int_{-\infty}^{x}\int_{-\infty}^{y} f_{X,Y}(x', y')\,dx'\,dy' \tag{5.13}$$

만약, X와 Y가 결합 연속 확률 변수일 때의 확률 밀도 함수는 누적밀도 함수를 미분해서 얻을 수 있다.

$$f_{X,Y}(x, y) = \frac{\partial^2 F_{X,Y}(x, y)}{\partial x\,\partial y} \tag{5.14}$$

만약, X와 Y가 결합적으로 연속적이지 않다면 부분 도함수가 존재하지 않을 수도 있다. 특히, $F_{X,Y}(x, y)$가 연속적이지 않거나 또는 그 부분 도함수가 연속적이지 않을 때 결합 확률 밀도 함수는 식 (5.14)에 정의한 결합 확률 밀도 함수는 존재하지 않는다.

사각형 부분의 확률은 식 (5.11)에서 $B = \{(x, y) : a_1 < x \le b_1$ 그리고 $a_2 < y \le b_2\}$일 때 얻을 수 있다.

$$P[a_1 < X \le b_1, a_2 < Y \le b_2] = \int_{a_1}^{b_1}\int_{a_2}^{b_2} f_{X,Y}(x', y')\,dx'\,dy' \tag{5.15}$$

다음은 무한소 사각형의 확률이 확률 밀도 함수와 사각형 지역의 곱임을 보여준다.

$$\begin{aligned} P[x < X \le x + dx, y < Y \le y + dy] &= \int_{x}^{x+dx}\int_{y}^{y+dy} f_{X,Y}(x', y')\,dx'\,dy' \\ &\simeq f_{X,Y}(x, y)\,dx\,dy \end{aligned} \tag{5.16}$$

식 (5.16)은 결합 확률 밀도 함수가 곱 형태의 사건들의 확률을 나타낸다는 것으로 해석할 수 있다.

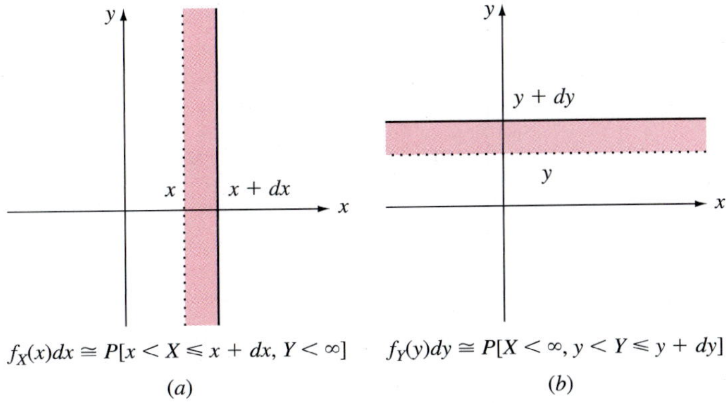

그림 5.14 ● 한계 확률 밀도 함수의 해석

$$\{x < X \le x + dx\} \cap \{y < Y \le y + dy\}$$

$f_X(x)$와 $f_Y(y)$의 **한계 확률 밀도 함수(marginal pdf's)**는 각각의 대응되는 한계 누적 분포 함수 $F_X(x) = F_{X,Y}(x, \infty)$와 $F_Y(y) = F_{X,Y}(\infty, y)$의 도함수를 취함으로써 얻을 수 있다. 그러므로 다음과 같다.

$$f_X(x) = \frac{d}{dx}\int_{-\infty}^{x}\left\{\int_{-\infty}^{\infty} f_{X,Y}(x', y')\,dy'\right\}dx'$$

$$= \int_{-\infty}^{\infty} f_{X,Y}(x,y')\,dy' \quad (5.17a)$$

비슷한 방법으로 다음이 있다.

$$f_Y(y) = \int_{-\infty}^{\infty} f_{X,Y}(x', y)\,dx' \quad (5.17b)$$

그러므로 한계 확률 밀도 함수는 필요로 하지 않는 변수들을 적분함으로 얻을 수 있다.

$f_X(x)dx \simeq p[x < X \le x + dx, Y < \infty]$는 그림 5.14(a)의 무한소의 확률이다. 우리는 이산 확률 변수들의 경우 내의 행과 열의 확률로서 한계 확률 밀도 함수의 해석을 상기해야 한다. 한계 확률 밀도 함수들의 식 (5.17a), 식 (5.17b)와 한계 확률 질량 함수들의 식 (5.7a), 식 (5.7b)는 하나는 적분을, 다른 하나는 합계를 포함한다는 사실을 제외하면 같다. 확률 질량 함수의 경우에는 일반적으로 한계 확률 밀도 함수로 결합 확률 밀도 함수를 얻을 수 없다.

예제 5.15 **결합 균등 확률 변수**

단위 사각형에서 무작위로 선택된 점 (X, Y)에 균등 결합 확률 밀도 함수가 다음과 같이 주어진다.

$$f_{X,Y}(x, y) = \begin{cases} 1 & 0 \le x \le 1 \text{ 그리고 } 0 \le y \le 1 \\ 0 & \text{그 외의 경우} \end{cases}$$

그림 5.3(a) 산포도는 확률 변수의 쌍에 대응된다. X와 Y의 결합 누적 분포 함수를 구하라.

누적 분포 함수는 식 (5.13)을 이용하여 찾을 수 있다. 적분의 한계에 주의해야 한다. 한계는 (x, y)

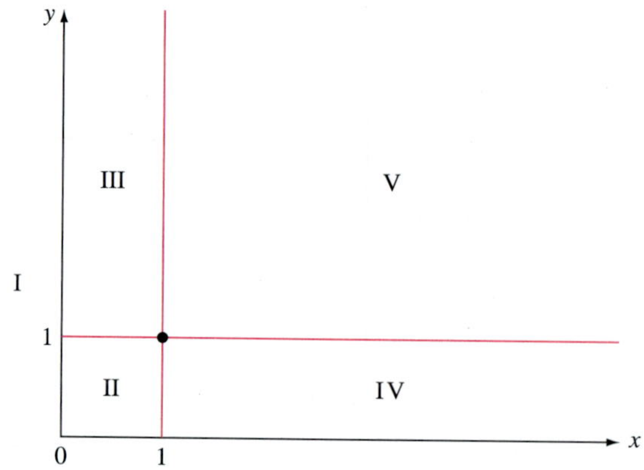

그림 5.15 ● 예제 5.15에서 누적분포 함수를 계산하는 데 고려되어야 하는 각각의 영역들

로 정의된 반 무한 직사각형의 교점으로 구성된 지역과 확률 밀도 함수가 0이 아닌 지역이다. 이 문제에는 그림 5.15의 5개의 지역에 대응하는 5가지 경우가 있다.

1. 만약 $x<0$이거나 $y<0$이면, 확률 밀도 함수는 0이고 식 (5.14)는 $F_{X,Y}(x,y)=0$에 순응한다.

2. 만약 (x,y)가 단위구간 내에 있으면 다음과 같다.

$$F_{X,Y}(x,y) = \int_0^x \int_0^y 1\,dx'\,dy' = xy$$

3. 만약 $0\le x\le 1$이고 $y>1$이면 다음과 같다.

$$F_{X,Y}(x,y) = \int_0^x \int_0^1 1\,dx'\,dy' = x$$

4. 마찬가지로, 만약 $x>1$이고 $0\le y\le 1$이면 다음과 같다.

$$F_{X,Y}(x,y) = y$$

5. 결국, 만약 $x>1$이고 $y>1$이면 다음과 같다.

$$F_{X,Y}(x,y) = \int_0^1 \int_0^1 1\,dx'\,dy' = 1$$

이것은 예제 5.11의 결합 누적 분포 함수이다.

예제 5.16

표준 상수 c와 다음 결합 확률 밀도 함수를 위해서 한계 확률 밀도 함수를 찾아라.

$$f_{X,Y}(x,y) = \begin{cases} ce^{-x}e^{-y} & 0\le y\le x<\infty \\ 0 & \text{그 외의 경우} \end{cases}$$

그림 5.16(a)의 그늘진 영역에서 확률 밀도 함수는 0이 아니다. 상수 c는 식 (5.12)로 서술된 표준화 조건에서 발견된다.

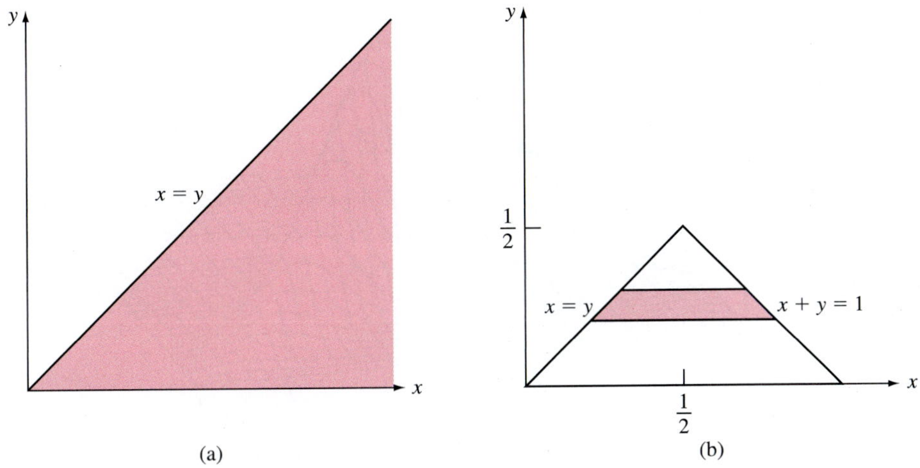

그림 5.16 ● 예제 5.16과 5.17에서의 확률 변수 *X*와 *Y*는 그늘진 영역에서 0이 아닌 확률 밀도 함수를 가진다.

$$1 = \int_0^\infty \int_0^x ce^{-x}e^{-y}\,dy\,dx = \int_0^\infty ce^{-x}(1 - e^{-x})\,dx = \frac{c}{2}$$

그러므로 $c = 2$이다. 한계 확률 밀도 함수는 식 (5.17a)와 (5.17b)를 이용하여 발견한다.

$$f_X(x) = \int_0^\infty f_{X,Y}(x, y)\,dy = \int_0^x 2e^{-x}e^{-y}\,dy = 2e^{-x}(1 - e^{-x}) \qquad 0 \le x < \infty$$

그리고

$$f_Y(y) = \int_0^\infty f_{X,Y}(x, y)\,dy = \int_y^\infty 2e^{-x}e^{-y}\,dx = 2e^{-x} \qquad 0 \le y < \infty$$

1까지 적분한 한계 확률 밀도 함수를 검증하고 적분의 값을 구하라.

예제 5.17

예제 5.16에서 $P[X + Y \le 1]$을 구하라.

사건 $\{X + Y \le 1\}$의 교차점에 대응하고, 확률 밀도 함수가 0이 아닌 영역이 그림 5.16(b)에 있다. 그림에서 dy폭의 무한소 직사각형을 더해 이벤트의 확률을 구할 수 있다.

$$P[X + Y \le 1] = \int_0^{.5} \int_y^{1-y} 2e^{-x}e^{-y}\,dx\,dy = \int_0^{.5} 2e^{-y}[e^{-y} - e^{-(1-y)}]\,dy$$
$$= 1 - 2e^{-1}$$

예제 5.18 **결합 가우스 확률 변수**

그림 5.17에서 X와 Y의 결합 확률 밀도 함수는 다음과 같다

$$f_{X,Y}(x, y) = \frac{1}{2\pi\sqrt{1 - \rho^2}} e^{-(x^2 - 2\rho xy + y^2)/2(1-\rho^2)} \qquad -\infty < x, y < \infty \tag{5.18}$$

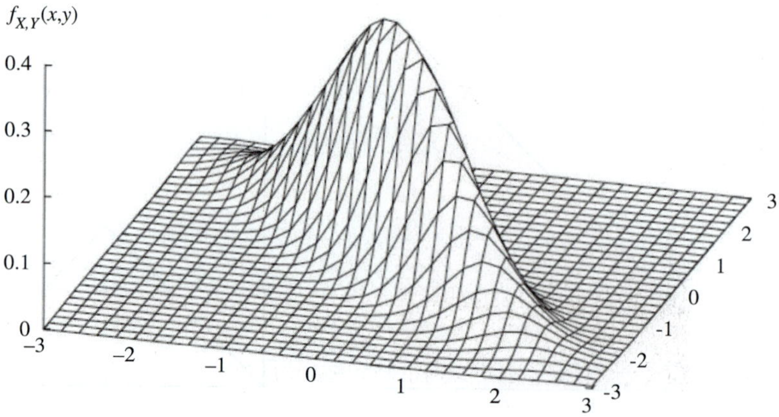

그림 5.17 ● 두 결합 가우스 확률 변수의 결합 확률 밀도 함수

X와 Y를 결합 가우스[1]라 한다. 한계 확률 밀도 함수를 구하라.

X의 한계 확률 밀도 함수는 y상에서 $f_{X,Y}(x, y)$를 적분하여 찾을 수 있다.

$$f_X(x) = \frac{e^{-x^2/2(1-\rho^2)}}{2\pi\sqrt{1-\rho^2}} \int_{-\infty}^{\infty} e^{-(y^2-2\rho xy)/2(1-\rho^2)}\,dy$$

ρ^2x^2을 더하고 빼서 지수 함수를 제곱한다. 이것은 $y^2 - 2\rho xy + \rho^2x^2 - \rho^2x^2 = (y-\rho x)^2 - \rho^2x^2$이다. 따라서 다음과 같다.

$$f_X(x) = \frac{e^{-x^2/2(1-\rho^2)}}{2\pi\sqrt{1-\rho^2}} \int_{-\infty}^{\infty} e^{-[(y-\rho x)^2-\rho^2x^2]/2(1-\rho^2)}\,dy$$

$$= \frac{e^{-x^2/2}}{\sqrt{2\pi}} \int_{-\infty}^{\infty} \frac{e^{-(y-\rho x)^2/2(1-\rho^2)}}{\sqrt{2\pi(1-\rho^2)}}\,dy$$

$$= \frac{e^{-x^2/2}}{\sqrt{2\pi}}$$

어떤 함수의 적분이 평균 ρx와 분산 $1-\rho^2$을 가진 가우스 확률 밀도 함수이므로 마지막 적분이 그것과 같음에 주목하라. X의 한계 확률 밀도 함수는 평균이 0이고 분산이 1인 1차원 가우스 확률 밀도 함수이다. x와 y에서 $f_{X,Y}(x, y)$의 대칭으로부터 Y의 한계 확률 밀도 함수 또한 평균이 0이고, 단위분산인 1차원 가우스 확률 밀도 함수라고 결론지을 수 있다.

5.5 두 확률 변수의 독립

만일 X의 변수로 정의되는 어떤 사건 A_1이 Y의 변수로 정의되는 어떤 사건 A_2에 대하여 서로 독립이면 **X와 Y는 독립 확률 변수(independent random variable)**이다.

[1] 이 형태는 결합 가우스 확률 변수의 중요하고도 특별한 형태이다. 일반적인 형태는 5.9절에서 다룬다.

$$P[X \text{ in } A_1, Y \text{ in } A_2] = P[X \text{ in } A_1]P[Y \text{ in } A_2] \tag{5.19}$$

이 절에서는 X와 Y가 독립일 때 결정을 위한 간단한 조건들의 집합을 살펴본다.

X와 Y가 한 쌍의 이산 확률 변수라고 가정하고, 사건 A는 단지 X만을 포함하는 A_1과 Y만을 포함하는 A_2의 교집합의 확률이라는 것에 관심 있다고 가정한다. 특히 X와 Y가 독립이면 A_1과 A_2도 독립인 사건이다. 만일 $A_1 = \{X = x_j\}$이고 $A_2 = \{Y = y_k\}$라 두면, X, Y의 독립성은 다음과 같다.

$$\begin{aligned} p_{X,Y}(x_j, y_k) &= P[X = x_j, Y = y_k] \\ &= P[X = x_j]P[Y = y_k] \\ &= p_X(x_j)p_Y(y_k) \qquad \text{모든 } x_j \text{ 그리고 } y_k\text{에 대해서} \end{aligned} \tag{5.20}$$

그러므로 만일 X, Y가 독립 이산 확률 변수이면 결합 확률 질량 함수는 한계 확률 질량 함수의 곱과 같다.

이제 X, Y가 독립인 사실을 모른다고 가정하지만 확률 질량 함수는 식 (5.20)을 만족한다는 것을 안다. 위와 같이 A_1과 A_2의 교집합인 A를 곱 형식의 사건이라고 하면 다음과 같다.

$$\begin{aligned} P[A] &= \sum_{x_j \text{ in } A_1} \sum_{y_k \text{ in } A_2} p_{X,Y}(x_j, y_k) \\ &= \sum_{x_j \text{ in } A_1} \sum_{y_k \text{ in } A_2} p_X(x_j)p_Y(y_k) \\ &= \sum_{x_j \text{ in } A_1} p_X(x_j) \sum_{y_k \text{ in } A_2} p_Y(y_k) \\ &= P[A_1]P[A_2] \end{aligned} \tag{5.21}$$

A_1, A_2는 독립인 사건이다. 그러므로 만일 X, Y의 결합 확률 질량 함수가 한계 확률 질량 함수의 곱과 같다면 X, Y는 독립이다. 우리는 'X, Y가 독립이다.' 라는 말이 '결합 확률 질량 함수가 한계 확률 질량 함수의 곱과 같다.' 라는 말과 같음을 검증했다. 수학 언어에서 우리는 '이산 확률 변수 X와 Y가 독립일 필요충분조건은 모든 x_j, y_k에서 결합 확률 질량 함수가 한계 확률 질량 함수의 곱과 같은 것이다.' 라고 말한다.

예제 5.19

예제 5.6에서 확률 질량 함수가 주사위를 두 번 독립적으로 던지는 실험과 일관성이 있는가?

각 면의 확률은 1/6이다. 만일 주사위를 두 번 던지고 각 던짐이 독립이면, 면이 쌍을 이룰 확률은 다음과 같다.

$$P[X = j, Y = k] = P[X = j]P[Y = k] = \frac{1}{36}$$

그러므로 모든 가능한 쌍의 결과는 같은 확률이 되어야 한다. 이것은 예제 5.6에 주어진 결합 확률 질량 함수의 경우가 아니다. 그러므로 예제 5.6의 던짐은 독립이 아니다.

예제 5.20

예제 5.9의 Q와 R은 독립인가? 예제 5.9에서 우리는 다음을 얻을 수 있다.

$$
\begin{aligned}
P[Q = q]P[R = r] &= (1 - p^M)(p^M)^q \frac{(1 - p)}{1 - p^M} p^r \\
&= (1 - p)p^{Mq+r} \\
&= P[Q = q, R = r] \qquad \text{for all } q = 0, 1, \ldots \\
&\qquad\qquad\qquad\qquad\qquad r = 0, \ldots, M - 1
\end{aligned}
$$

그러므로 Q와 R 은 독립이다.

일반적으로 확률 변수 X, Y의 결합 누적 분포 함수가 한계 결합 누적 분포 함수의 곱과 같다면 X, Y가 독립임을 보일 수 있다.

$$F_{X,Y}(x, y) = F_X(x)F_Y(y) \qquad \text{모든 } x\text{와 } y\text{에 대하여} \tag{5.22}$$

마찬가지로, X와 Y가 결합 연속이면 X, Y가 독립이고, 그들의 결합 확률 밀도 함수가 한계 결합 확률 밀도 함수의 곱과 같다.

$$f_{X,Y}(x, y) = f_X(x)f_Y(y) \qquad \text{모든 } x\text{와 } y\text{에 대하여} \tag{5.23}$$

식 (5.23)은 식 (5.22)를 미분해서 구할 수 있다. 거꾸로 식 (5.22)는 식 (5.23)을 적분해서 구할 수 있다.

예제 5.21

예제 5.16에서 확률 변수 X와 Y는 서로 독립인가?

$x > 0$이고 $y > 0$일 때 $f_X(x)$와 $f_Y(y)$는 0이 아니다. 그러므로 $f_X(x)$와 $f_Y(y)$는 1사분면에서 0이 아니다. 그러나 $f_{X,Y}(x, y)$는 오직 1사분면 내의 $y < x$ 범위에서는 0이 아니다. 그러므로 식 (5.23)은 모든 x, y를 포함하지 않고 확률 변수는 서로 독립이 아니다. 이 예제에서 결합 확률 밀도 함수는 인수로 나타나지만 한계 확률 밀도 함수의 곱이 아님에 주의해야 한다.

예제 5.22

예제 5.18에서 확률 변수 X와 Y는 서로 독립인가? 예제 5.18에서 X와 Y의 한계 확률 밀도 함수의 곱은 다음과 같다.

$$f_X(x)f_Y(y) = \frac{1}{2\pi} e^{-(x^2+y^2)/2} \qquad -\infty < x, y < \infty$$

식 (5.18)과 비교함으로써 한계치에서의 곱은 $\rho = 0$일 때의 결합 확률 밀도 함수와 같다. 그러므로 $\rho = 0$일 때 결합 가우스 확률 변수 X와 Y는 서로 독립이다. 다음 절에서 ρ는 X와 Y 사이의 상관 계수(*correlation coefficient*)임을 살펴보겠다.

예제 5.23

예제 5.12에서 확률 변수 X와 Y는 서로 독립인가? 예제 5.12에서 구한 한계 누적 분포 함수를 곱하면 다음과 같다

$$F_X(x)F_Y(y) = (1 - e^{-\alpha x})(1 - e^{-\beta y}) = F_{X,Y}(x, y) \qquad \text{모든 } x\text{와 } y\text{에 대하여}$$

그러므로 식 (5.22)는 X와 Y가 서로 독립임을 만족시킨다.

만약 X와 Y가 독립 확률 변수라면 함수 $g(X)$와 $h(Y)$로 정의되는 확률 변수 역시 독립이다. 이것을 증명하기 위해 1차원의 사건 A와 B를 생각하자. A'를 x가 A'에 포함되면 $g(x)$가 A에 포함되는 모든 x값의 집합이라 하고, B를 y가 B에 포함되면 $h(y)$가 B에 포함되는 모든 y값의 집합이라 하자(3장에서 A'와 B'를 A와 B의 동등 사건이라 정의했다). 그러면 다음과 같다.

$$\begin{aligned} P[g(X) \text{ in } A, h(Y) \text{ in } B] &= P[X \text{ in } A', Y \text{ in } B'] \\ &= P[X \text{ in } A']P[Y \text{ in } B'] \\ &= P[g(X) \text{ in } A]P[h(Y) \text{ in } B] \end{aligned} \tag{5.24}$$

첫 번째와 세 번째 성질은 A와 A', B와 B'가 동등 사건이라는 사실에서 도출된다. 두 번째 성질은 X와 Y의 독립성에서 도출된다. 그래서 $g(X)$와 $h(Y)$는 독립 확률 변수이다.

5.6 결합 모멘트와 두 확률 변수 함수의 기대값

X의 기대값은 X의 분포의 질량 중심을 나타낸다. $(X-m)^2$의 기대값으로 정의된 분산은 분포의 퍼짐의 정도를 나타낸다. 두 확률 변수의 경우 어떻게 X와 Y가 함께 변하는지에 관심을 갖는다. 특히, X와 Y의 변화가 서로 상관되는지 아닌지에 관심을 갖는다. 예를 들어, 만약 X가 증가하면 Y는 증가하거나 혹은 감소하는 경향이 있는가? X와 Y 함수의 기대값으로 정의된 X와 Y의 결합 모멘트는 이 정보를 제공한다.

5.6.1 확률 변수 함수의 기대값

둘 혹은 그 이상의 확률 변수 함수의 기대값을 찾는 문제는 단일 확률 변수 함수의 기대값을 찾는 문제와 유사하다. 기대값 $Z = g(X, Y)$는 다음과 같은 표현을 이용하여 나타내어진다.

$$E[Z] = \begin{cases} \int_{-\infty}^{\infty}\int_{-\infty}^{\infty} g(x, y) f_{X,Y}(x, y)\, dx\, dy & X, Y \text{ 결합 연속 확률 변수} \\ \sum_i \sum_n g(x_i, y_n) p_{X,Y}(x_i, y_n) & X, Y \text{ 이산 확률 변수} \end{cases} \tag{5.25}$$

예제 5.24 확률 변수의 합

$Z = X + Y$라 하자. $E(Z)$를 구하라.

$$\begin{aligned} E[Z] &= E[X + Y] \\ &= \int_{-\infty}^{\infty}\int_{-\infty}^{\infty} (x' + y') f_{X,Y}(x', y')\, dx'\, dy' \\ &= \int_{-\infty}^{\infty}\int_{-\infty}^{\infty} x' f_{X,Y}(x', y')\, dy'\, dx' + \int_{-\infty}^{\infty}\int_{-\infty}^{\infty} y' f_{X,Y}(x', y')\, dx'\, dy' \\ &= \int_{-\infty}^{\infty} x' f_X(x')\, dx' + \int_{-\infty}^{\infty} y' f_Y(y')\, dy' = E[X] + E[Y] \end{aligned} \tag{5.26}$$

따라서 두 확률 변수의 합의 기대값은 각각의 기대값들의 합과 같다. X와 Y가 독립일 필요는 없다.

예제 5.24와 간단한 유도 논제의 결과는 n개의 확률 변수의 합의 기대값은 기대값들의 합과 같다는 것을 보여준다.

$$E[X_1 + X_2 + \cdots + X_n] = E[X_1] + \cdots + E[X_n] \tag{5.27}$$

확률 변수들이 독립일 필요는 없다.

예제 5.25 독립 확률 변수 함수의 곱

X와 Y가 독립 확률 변수라고 가정하고, $g(X, Y) = g_1(X)g_2(Y)$라 가정하자. $E[g(X, Y)] = E[g_1(X)g_2(Y)]$를 구하라.

$$\begin{aligned} E[g_1(X)g_2(Y)] &= \int_{-\infty}^{\infty}\int_{-\infty}^{\infty} g_1(x')g_2(y')f_X(x')f_Y(y')\,dx'\,dy' \\ &= \left\{\int_{-\infty}^{\infty} g_1(x')f_X(x')\,dx'\right\}\left\{\int_{-\infty}^{\infty} g_2(y')f_Y(y')\,dy'\right\} \\ &= E[g_1(X)]E[g_2(Y)] \end{aligned}$$

5.6.2 결합 모멘트, 상관과 공분산

두 확률 변수 X와 Y의 결합 모멘트는 그들의 결합 행동에 관한 정보로 요약된다. X와 Y의 jk번째 **결합 모멘트(joint moment)**는 다음과 같이 정의된다.

$$E[X^jY^k] = \begin{cases} \displaystyle\int_{-\infty}^{\infty}\int_{-\infty}^{\infty} x^jy^kf_{X,Y}(x, y)\,dx\,dy & X, Y \text{ 결합 연속 확률 변수} \\ \displaystyle\sum_i\sum_n x_i^jy_n^kp_{X,Y}(x_i, y_n) & X, Y \text{ 이산 확률 변수} \end{cases} \tag{5.28}$$

만약 $j = 0$이라면 Y의 모멘트를 구할 수 있고, $k = 0$이라면 X의 모멘트를 구할 수 있다. 전기공학에서는 $j = 1$ $k = 1$인 모멘트를 관례적으로 **X와 Y의 상관(correlation)**, $E[XY]$라고 한다. 만약에 $E[XY] = 0$이면 **X와 Y는 직교(orthogonal)**이다.

X와 Y의 jk번째 **중심 모멘트(central moment)**는 중심이 있는 확률 변수들의 결합 모멘트 $X - E[X]$와 $Y - E[Y]$로 정의된다.

$$E[(X - E[X])^j(Y - E[Y])^k]$$

$j = 2$ $k = 0$으로 $\text{VAR}(X)$를 얻고, $j = 0$ $k = 2$로 $\text{VAR}(Y)$를 얻음을 유념하라.

X와 Y의 공분산(covariance)은 $j = k = 1$인 중심 모멘트로서 정의된다.

$$\text{COV}(X, Y) = E[(X - E[X])(Y - E[Y])] \tag{5.29}$$

$\text{COV}(X, Y)$에 대한 다음 형태는 때때로 유용하게 쓰인다.

$$\text{COV}(X, Y) = E[XY - XE[Y] - YE[X] + E[X]E[Y]]$$

$$= E[XY] - 2E[X]E[Y] + E[X]E[Y]$$
$$= E[XY] - E[X]E[Y] \tag{5.30}$$

두 확률 변수들 중 하나가 평균이 0이라면 $\text{COV}(X, Y) = E[XY]$이다.

예제 5.26 **독립 확률 변수들의 공분산**

X와 Y를 독립 확률 변수라 할 때 X와 Y의 공분산을 찾아라.

$$\begin{aligned}\text{COV}(X, Y) &= E[(X - E[X])(Y - E[Y])] \\ &= E[X - E[X]]E[Y - E[Y]] \\ &= 0\end{aligned}$$

두 번째 등호는 X와 Y가 독립이라는 사실에서 나왔고, 세 번째 등호는 $E[X - E[X]] = E[X] - E[X] = 0$이라는 사실에서 나왔다. 따라서 독립 확률 변수 쌍은 공분산 0을 가진다.

어떻게 공분산이 X와 Y 사이에 상관을 측정하는지 알아보자. 공분산은 $m_X = E[X]$와 $m_Y = E[Y]$로부터 편차를 측정한다. 만약 $(X - m_X)$의 양의 값이 $(Y - m_Y)$의 양의 값들에 의하여 수반되는 경향이 있고, 음의 $(X - m_X)$가 음의 $(Y - m_Y)$에 의하여 수반되는 경향이 있으면 $(X - m_X)(Y - m_Y)$는 양의 값이 되는 경향이 있을 것이다. 그리고 그것의 기대값 $\text{COV}(X, Y)$는 양의 값이 될 것이다. 이것은 양의 경사의 선을 따라 밀집하는 경향이 있는 관찰된 점들인 그림 5.3(d)의 산포도의 경우이다. 또 한편으로 $(X - m_X)$와 $(Y - m_Y)$가 반대의 부호를 가지는 경향이 있으면, $\text{COV}(X, Y)$는 음의 값이 될 것이다. 이 경우에 산포도는 음의 경사의 선을 따라 밀집하는 관찰점들이 될 것이다. 마지막으로 $(X - m_X)$와 $(Y - m_Y)$가 때로는 같은 부호, 때로는 반대의 부호를 가지면 $\text{COV}(X, Y)$는 0으로 근접하게 될 것이다. 그림 5.3(a), (b), 그리고 (c)에 있는 세 개의 산포도는 이 분류로 분할된다.

큰 수에 의해 X와 Y 중 어느 것이든 곱해지는 것은 공분산을 증가시킬 것이고, 따라서 절대눈금의 상관을 측정하기 위하여 공분산을 정규화하여야 할 것이다. **X 와 Y의 상관 계수(correlation coefficient)**는 다음과 같다.

$$\rho_{X,Y} = \frac{\text{COV}(X, Y)}{\sigma_X \sigma_Y} = \frac{E[XY] - E[X]E[Y]}{\sigma_X \sigma_Y} \tag{5.31}$$

$\sigma_X = \sqrt{\text{VAR}(X)}$와 $\sigma_Y = \sqrt{\text{VAR}(Y)}$는 각각 X와 Y의 표준편차이다.

상관 계수는 최대 1의 크기를 가진다.

$$-1 \le \rho_{X,Y} \le 1 \tag{5.32}$$

식 (5.32)를 보이기 위해 확률 변수 제곱의 기대값은 음이 아니라는 사실에 기인하는 부등식을 가지고 시작하고자 한다.

$$\begin{aligned}0 &\le E\left\{\left(\frac{X - E[X]}{\sigma_X} \pm \frac{Y - E[Y]}{\sigma_Y}\right)^2\right\} \\ &= 1 \pm 2\rho_{X,Y} + 1 \\ &= 2(1 \pm \rho_{X,Y})\end{aligned}$$

마지막 식은 식 (5.32)를 함축한다.

$\rho_{X,Y}$의 극값은 X와 Y가 선형적으로 연관될 때 얻어진다. $a > 0$인 경우, $Y = aX + b$; $\rho_{X,Y} = 1$이고, $a < 0$인 경우 $\rho_{X,Y} = -1$이다. 6.5절에서 $\rho_{X,Y}$가 X의 선형 함수에 의해 Y가 예측될 수 있는 정도의 통계적 방법으로써 보일 수 있다는 것을 살펴본다.

X와 Y는 $\rho_{X,Y} = 0$일 때 **비상관(uncorrelated)**이라 불린다. 만약 X와 Y가 독립이라면, $\text{COV}(X, Y) = 0$, 즉 $\rho_{X,Y} = 0$이다. 따라서 X와 Y가 독립이라면 X와 Y는 비상관이다. 예제 5.22에서 X와 Y가 결합 가우스이고 $\rho_{X,Y} = 0$이라면, X와 Y는 독립 확률 변수임을 보았다. 예제 5.27은 이것이 가우스 확률 변수가 아닌 것에 대하여는 항상 참이 아님을 보여준다. 즉, X와 Y가 비상관이지만 독립이 아닌 것이 가능하다.

예제 5.27 **비상관이지만 종속인 확률 변수**

Θ는 구간 $(0, 2\pi)$에서 균일하게 분포되어 있다. $X = \cos\Theta$, $Y = \sin\Theta$라 하자. 그러면 점 (X, Y)는 그림 5.18에 보인 각 Θ에 의해 구체화된 단위원 위의 점에 상응한다. 예제 4.36에서 X와 Y의 한계 확률 밀도 함수가 $(-1, 1)$에서 0이 아닌 arcsine의 확률 밀도 함수임을 보았다. 한계곱은 $-1 \le x \le 1$과 $-1 \le y \le 1$에 의해 정의되는 사각형에서 0이 아니다. 따라서 X와 Y가 독립이라면 점 (X, Y)는 이 직사각형에서의 모든 값을 가정할 수 있다. 이러한 경우가 아니라면 X와 Y는 종속이다.

이제 X와 Y가 비상관이라는 것을 보이고자 한다.

$$E[XY] = E[\sin\Theta\cos\Theta] = \frac{1}{2\pi}\int_0^{2\pi} \sin\phi\cos\phi\, d\phi$$

$$= \frac{1}{4\pi}\int_0^{2\pi} \sin 2\phi\, d\phi = 0$$

$E[X] = E[Y] = 0$이므로 식 (5.30)은 X와 Y가 비상관이라는 것을 의미한다.

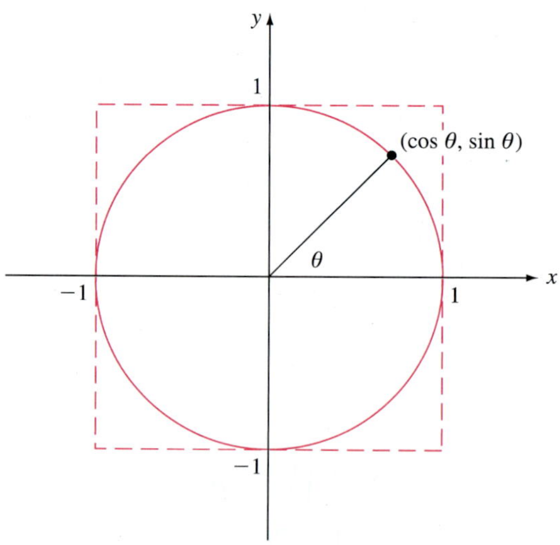

그림 5.18 ● (X, Y)는 단위원 위에서 임으로 선택된 점이다. X와 Y는 비상관이지만 독립은 아니다.

예제 5.28

X와 Y를 예제 5.16에서 논의된 확률 변수라 할 때 $E[XY]$, $\text{COV}(X, Y)$, $\rho_{X,Y}$를 구하라.

식 (5.30)과 (5.31)은 X와 Y의 평균, 분산, 상관을 찾는 데 필요하다. 예제 5.16에서 얻어진 X와 Y의 한계 확률 밀도 함수로부터 $E[X] = 3/2$, $\text{VAR}[X] = 5/4$, $E[Y] = 1/2$, $\text{VAR}[Y] = 1/4$임을 찾을 수 있다. X와 Y의 상관은 다음과 같다.

$$E[XY] = \int_0^\infty \int_0^x xy2e^{-x}e^{-y}\,dy\,dx = \int_0^\infty 2xe^{-x}(1 - e^{-x} - xe^{-x})\,dx = 1$$

따라서 상관 계수는 다음과 같이 주어진다.

$$\rho_{X,Y} = \frac{1 - \frac{3}{2}\frac{1}{2}}{\sqrt{\frac{5}{4}}\sqrt{\frac{1}{4}}} = \frac{1}{\sqrt{5}}$$

5.7 조건부 확률과 조건부 기대값

실제적으로 중요한 많은 확률 변수들은 독립이 아니다. 통신 채널의 출력 Y는 정보를 전달하기 위해 입력 X에 의존해야 한다. 서서히 변하는 파형의 연속적인 표본들은 값들이 서로 비슷할 것이므로 독립이 아니다. 이 절에서는 $X = x$라 할 때 확률 변수 Y에 대한 사건의 확률을 계산할 것이다. 또한 $X = x$라 할 때 Y의 기대값을 계산할 것이다. 조건부 확률과 조건부 기대값의 개념은 문제를 해결할 때, 심지어 확률 변수들 중 하나만 고려한 상황에서도 매우 유용한 도구이다.

5.7.1 조건부 확률

2.4절에서 조건부 확률의 정의는 $X = x$가 주어졌을 때 Y가 A에 있을 확률을 계산하는 것을 가능케 한다.

$$P[Y \text{ in } A \mid X = x] = \frac{P[Y \text{ in } A, X = x]}{P[X = x]} \quad P[X = x] > 0\text{에 대해서} \tag{5.33}$$

Case 1: X가 이산 확률 변수일 경우

X와 Y가 이산 확률 변수인 경우, **$X = x$로 주어졌을 때 Y의 조건부 확률 질량 함수(conditional pmf)**는 x에 대해서 $P[X = x] > 0$을 만족할 때 다음과 같이 정의된다.

$$p_Y(y \mid x) = P[Y = y \mid X = x] = \frac{P[X = x, Y = y]}{P[X = x]} = \frac{p_{X,Y}(x, y)}{p_X(x)} \tag{5.34}$$

$P[X = x] = 0$일 때 $p_Y(y|x) = 0$으로 정의한다. $p_Y(y|x)$는 실수에서 정의되는 y의 함수이고, 오직 이산 집합 $\{y_1, y_2, \ldots\}$에 속한 y에 대해서 $p_Y(y|x) > 0$이다.

이 조건부 확률 질량 함수는 확률 질량 함수의 모든 성질을 만족한다. 즉, 조건부 확률 질량

함수는 모든 y에 대해서 음이 아닌 값을 가지며, 그 값의 합은 1이 된다. 식 (5.34)에서 $p_Y(y|x_k)$는 그림 5.6의 $X = x_k$열 중 $p_{X,Y}(x_k, y)$의 겹친 영역이다. 그러나 확률 $p_X(x_k)$에 의해 정규화된다.

$X = x_k$로 주어진 어떤 사건 A의 확률은 그 A사건 결과의 확률 질량 함수값을 더함으로써 알 수 있다.

$$P[Y \text{ in } A \mid X = x_k] = \sum_{y_j \text{ in } A} p_Y(y_j \mid x_k) \tag{5.35}$$

X와 Y가 독립이면 식 (5.20)을 이용한다.

$$p_Y(y_j \mid x_k) = \frac{P[X = x_k, Y = y_j]}{P[X = x_k]} = P[Y = y_j] = p_Y(y_j) \tag{5.36}$$

다시 말해 $X = x_k$는 Y를 포함하는 사건 A의 확률에 영향을 주지 않는다.

식 (5.34)는 결합 확률 질량 함수 $p_{X,Y}(x, y)$가 조건부 확률 질량 함수와 한계 확률 밀도 함수의 곱으로 표현될 수 있다는 것을 의미한다.

$$p_{X,Y}(x_k, y_j) = p_Y(y_j \mid x_k)p_X(x_k) \text{ 그리고 } p_{X,Y}(x_k, y_j) = p_X(x_k \mid y_j)p_Y(y_j) \tag{5.37}$$

이 식은 계속적으로 발생되는 (X, Y)쌍을 볼 수 있을 때 매우 유용하다. 예컨대, 먼저 $X = x$로 주어지고 그 후 Y가 주어졌을 때의 경우를 말한다. 다음을 따라서 Y가 A에 포함되는 확률을 알 수 있다.

$$\begin{aligned}
P[Y \text{ in } A] &= \sum_{\text{all } x_k} \sum_{y_j \text{ in } A} p_{X,Y}(x_k, y_j) \\
&= \sum_{\text{all } x_k} \sum_{y_j \text{ in } A} p_Y(y_j \mid x_k)p_X(x_k) \\
&= \sum_{\text{all } x_k} p_X(x_k) \sum_{y_j \text{ in } A} p_Y(y_j \mid x_k) \\
&= \sum_{\text{all } x_k} P[Y \text{ in } A \mid X = x_k]p_X(x_k)
\end{aligned} \tag{5.38}$$

식 (5.38)은 2장에서 설명한 전체 확률에 있는 이론을 다시 설명하는 것이다. 말하자면, $P[Y \text{ in } A]$를 계산하기 위해서 먼저 $P[Y \text{ in } A|X = x_k]$를 계산하고 그 후 X_k에 대해서 평균을 계산하는 것을 의미한다.

예제 5.29 **편중된 주사위**

예제 5.6과 5.8에서 다루었던 편중된 주사위 실험에서 $pY(y|5)$를 구하라.

예제 5.8에서 $p_X(5) = 1/6$이다. 그러므로

$$p_Y(y \mid 5) = \frac{p_{X,Y}(5, y)}{p_X(5)} \text{ 그래서 } p_Y(5 \mid 5) = 2/7$$

$$p_Y(1 \mid 5) = p_Y(2 \mid 5) = p_Y(3 \mid 5) = p_Y(4 \mid 5) = p_Y(6 \mid 5) = 1/7$$

분명히 이 주사위는 편중되었다.

예제 5.30 **영역에서의 결합의 수 : 포아송 수의 임의 분할**

얇은 조각(칩)에 있는 전체 결합의 수 X는 평균이 α인 포아송 확률 변수라 하자. 각 결함은 특정 부분 R에 나타날 확률 p를 갖고, 각 결함의 위치는 다른 모든 결함들의 위치와 독립이다. 지역 R에 나타나는 결함 Y의 개수의 확률 질량 함수를 찾아라.

특정 부분 R에 결함이 나타났을 때 성공이 일어나는 것은 결함이 일어날 각 시간에 베르누이 시도로 수행된다고 가정할 수 있다. 결함의 총 수가 $X=k$라면 Y는 매개변수가 k와 p인 이항 확률 변수이다.

$$p_Y(j|k) = \begin{cases} 0 & j > k \\ \binom{k}{j} p^j(1-p)^{k-j} & 0 \le j \le k \end{cases}$$

식 (5.38)로부터 그리고 $k \ge j$라 하면 다음을 얻는다.

$$\begin{aligned} p_Y(j) &= \sum_{k=0}^{\infty} p_Y(j|k)p_X(k) = \sum_{k=j}^{\infty} \frac{k!}{j!(k-j)!} p^j(1-p)^{k-j} \frac{\alpha^k}{k!} e^{-\alpha} \\ &= \frac{(\alpha p)^j e^{-\alpha}}{j!} \sum_{k=j}^{\infty} \frac{\{(1-p)\alpha\}^{k-j}}{(k-j)!} \\ &= \frac{(\alpha p)^j e^{-\alpha}}{j!} e^{(1-p)\alpha} = \frac{(\alpha p)^j}{j!} e^{-\alpha p} \end{aligned}$$

따라서 Y는 평균이 αp인 포아송 확률 변수이다.

Y가 연속 확률 변수라고 가정하자. 식 (5.33)은 **$X=x_k$로 주어질 때 Y의 조건부 누적 분포 함수(conditional cdf)**를 정의하는 데 이용될 수 있다.

$$F_Y(y|x_k) = \frac{P[Y \le y, X = x_k]}{P[X = x_k]}, \qquad \text{for } P[X = x_k] > 0 \tag{5.39}$$

$F_Y(y|x_k)$가 누적 분포 함수의 모든 성질을 만족한다는 것을 보이는 것은 쉽다. 미분가능하면 **$X=x_k$로 주어질 때 Y의 조건부 확률 밀도 함수(conditional pdf)**는 다음 식에 의해 주어진다.

$$f_Y(y|x_k) = \frac{d}{dy} F_Y(y|x_k) \tag{5.40}$$

X와 Y가 독립이면, $P[Y \le y, X = X_k] = P[Y \le y]P[X = X_k]$ 그래서 $F_Y(y|x) = F_Y(y)$이고 $f_Y(y|x) = f_Y(y)$이다. $X = x_k$로 주어질 때의 사건 A의 확률은 조건부 확률 밀도 함수를 적분함으로써 얻을 수 있다.

$$P[Y \text{ in } A | X = x_k] = \int_{y \text{ in } A} f_Y(y|x_k)\, dy \tag{5.41}$$

식 (5.38)을 이용하여 $P[Y \text{ in } A]$을 얻는다.

예제 5.31 **이진 통신 시스템**

통신 채널의 입력 X가 각각 1/3과 2/3의 확률을 가지는 +1과 −1이라고 가정하자. 이 채널의 출력 Y는 $Y=X+N$으로 주어졌다. N은 평균이 0이고 분산이 1인 가우스 확률 변수이다. $X=+1$과 $X=-1$로 주어질 때 Y의 조건부 확률 밀도 함수를 각각 구하라. 그리고 $P[X=+1|Y>0]$을 구하라.

$X=+1$로 주어질 때 Y의 조건부 누적 분포 함수는 다음과 같다.

$$F_Y(y|+1) = P[Y \le y | X = +1] = P[N + 1 \le y]$$
$$= P[N \le y - 1] = \int_{-\infty}^{y-1} \frac{1}{\sqrt{2\pi}} e^{-x^2/2}\, dx$$

$X=+1$이면 $Y=N+1$과 Y는 오직 N의 값에만 영향을 받는다. 따라서 $X=+1$이면 Y는 평균이 1이고, 분산이 1인 가우스 확률 변수이다. 같은 방법으로, $X=-1$이면 Y는 평균이 -1이고 분산이 1인 가우스 확률 변수이다.

$X=+1$과 $X=-1$로 주어질 때 $Y>0$의 확률은 다음과 같다.

$$P[Y > 0 | X = +1] = \int_0^\infty \frac{1}{\sqrt{2\pi}} e^{-(x-1)^2/2}\, dx = \int_{-1}^\infty \frac{1}{\sqrt{2\pi}} e^{-t^2/2}\, dt = 1 - Q(1) = 0.841$$

$$P[Y > 0 | X = -1] = \int_0^\infty \frac{1}{\sqrt{2\pi}} e^{-(x+1)^2/2}\, dx = \int_{1}^\infty \frac{1}{\sqrt{2\pi}} e^{-t^2/2}\, dt = Q(1) = 0.159$$

식 (5.38)을 적용하여 다음 식을 얻는다.

$$P[Y > 0] = P[Y > 0 | X = +1]\frac{1}{3} + P[Y > 0 | X = -1]\frac{2}{3} = 0.386$$

베이즈 이론을 이용하여 다음과 같이 구한다.

$$P[X = +1 | Y > 0] = \frac{P[Y > 0 | X = +1]P[X = +1]}{P[Y > 0]} = \frac{(1 - Q(1))/3}{(1 + Q(1))/3} = 0.726$$

$Y>0$이면 $X=+1$이 $X=-1$일 확률보다 크다. 그러므로 수신단은 $Y>0$로 측정될 때 입력이 $X=+1$이라고 결정내려야 한다.

이전 예제를 통해서 앞으로 자주 보게 되기 때문에 공들일 만한 가치가 있는 흥미 있는 단계를 구성했다. $Y=X+N$일 때 $P[Y \le y|X=+1]=P[N+1 \le y]$. 더 자세히 살펴보자.

$$P[Y \le z | X = x] = \frac{P[\{X + N \le z\} \cap \{X = x\}]}{P[X = x]} = \frac{P[\{x + N \le z\} \cap \{X = x\}]}{P[X = x]}$$
$$= P[x + N \le z | X = x] = P[N \le z - x | X = x]$$

첫 번째 줄에서 사건 $\{X+N \le z\}$와 $\{x+N \le z\}$는 아주 다르다. 첫 번째는 X와 N 두 개의 확률 변수를 포함하는데 반하여, 두 번째는 오직 N만 포함한다. 그래서 결과적으로 더 간단하다. 그리고 $P[Y \le z]$을 얻기 위하여 식 (5.38)을 적용시킬 수 있다. 그러나 예제에서 구성한 단계가 더 유용하다. 확률 변수 X와 N이 독립이기 때문에 한 단계 더 나아가는 표현을 취할 수 있다.

$$P[Y \le z | X = x] = P[N \le z - x | X = x] = P[N \le z - x]$$

X와 N의 독립은 x 전체를 조건부로 하는 수고를 덜게 해준다.

Case 2: X가 연속 확률 변수일 경우

X가 연속 확률 변수이면 $P[X=x]=0$이고, 식 (5.33)은 모든 x에 대해 정의되지 않는다. X와 Y가 평면의 어떤 지역에서 0이 아니고 연속인 결합 확률 밀도 함수라면, 제한절차를 따름으로써 **$X=x$일 때 Y의 조건부 누적 분포 함수**라고 정의한다.

$$F_Y(y\,|\,x) = \lim_{h\to 0} F_Y(y\,|\,x < X \le x + h) \tag{5.42}$$

식 (5.42)의 우변의 조건부 누적 분포 함수는 다음과 같다.

$$F_Y(y\,|\,x < X \le x + h) = \frac{P[Y \le y, x < X \le x + h]}{P[x < X \le x + h]}$$

$$= \frac{\int_{-\infty}^{y}\int_{x}^{x+h} f_{X,Y}(x', y')\,dx'\,dy'}{\int_{x}^{x+h} f_X(x')\,dx'} = \frac{\int_{-\infty}^{y} f_{X,Y}(x, y')\,dy' h}{f_X(x)h} \tag{5.43}$$

h가 0에 접근할 때 식 (5.42)와 (5.43)은 다음을 뜻한다.

$$F_Y(y\,|\,x) = \frac{\int_{-\infty}^{y} f_{X,Y}(x, y')\,dy'}{f_X(x)} \tag{5.44}$$

$X = x$로 주어졌을 때 Y의 조건부 확률 밀도 함수는 다음과 같다.

$$f_Y(y\,|\,x) = \frac{d}{dy}F_Y(y\,|\,x) = \frac{f_{X,Y}(x, y)}{f_X(x)} \tag{5.45}$$

$f_Y(y|x)$가 확률 밀도 함수의 성질을 만족하는 것을 보이는 것은 간단하다. $f_Y(y|x)dy$는 그림 5.19와 같이 $(x, x + dx)$로 정의되는 미분의 조각 내에 있는 X가 주어질 때 $(y, y + dy)$로 정의되는 미분의 조각 내에 있는 Y의 확률로 해석될 수 있다.

$X = x$로 주어질 때 사건 A의 확률은 다음과 같이 얻어진다.

$$P[Y \text{ in } A\,|\,X = x] = \int_{y \text{ in } A} f_Y(y\,|\,x)\,dy \tag{5.46}$$

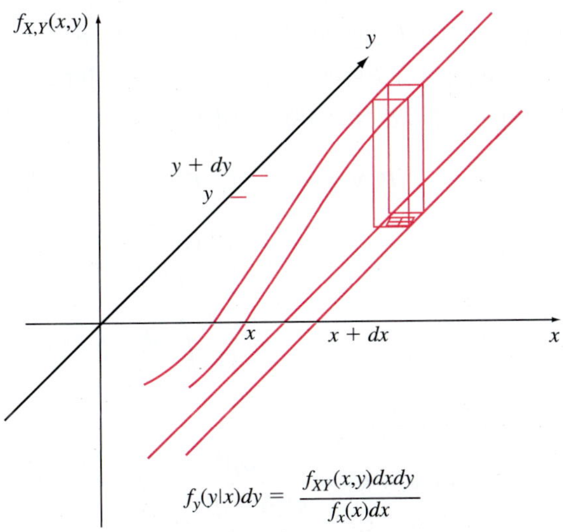

그림 5.19 ● 조건부 확률 밀도 함수의 해석

연속 경우에서의 식 (5.45)와 이산 경우에서의 식 (5.34)는 같은 성질을 많이 가지고 있어 매우 유사하다. 예를 들면, 식 (5.45)로부터 곱의 법식을 얻는다.

$$f_{X,Y}(x, y) = f_Y(y \mid x) f_X(x) \text{ 그리고 } f_{X,Y}(x, y) = f_X(x \mid y) f_Y(y) \tag{5.47}$$

X와 Y가 독립이면 $f_{X,Y}(x, y) = f_X(x)f_Y(y)$, $f_Y(y|x) = f_Y(y)$와 $f_X(x|y) = f_X(x)$, $F_Y(y|x) = F_Y(y)$와 $F_X(x|y)=F_X(x)$가 된다.

식 (5.46)과 식 (5.47)을 조합함으로써 다음을 보일 수 있다.

$$P[Y \text{ in } A] = \int_{-\infty}^{\infty} P[Y \text{ in } A \mid X = x] f_X(x)\, dx \tag{5.48}$$

식 (5.48)을 전체 확률의 연속인 경우의 이론으로 생각할 수 있다. 다음의 예제는 복잡한 사건의 확률을 계산하는 데 위의 결과가 유용하다는 것을 보여준다.

예제 5.32

X와 Y는 예제 5.8의 확률 변수이다. $f_X(x|y)$와 $f_Y(y|x)$를 구하라.

예제 5.8에서 구한 한계 확률 밀도 함수를 이용하면 다음을 얻는다.

$$f_X(y \mid x) = \frac{2e^{-x}e^{-y}}{2e^{-2y}} = e^{-(x-y)} \qquad x \geq y \text{에 대해서}$$

$$f_Y(y \mid x) = \frac{2e^{-x}e^{-y}}{2e^{-x}(1 - e^{-x})} = \frac{e^{-y}}{1 - e^{-x}} \qquad 0 < y < x \text{에 대해서}$$

X의 조건부 확률 밀도 함수는 y에 의해 오른쪽으로 옮겨진 지수 확률 밀도 함수이다. Y의 조건부 확률 밀도 함수는 구간 $[0, x]$에서 끝이 잘린 형태의 지수 확률 밀도 함수이다.

예제 5.33 고객 서비스 시간 동안의 도착 수

t시간 동안 서비스 정류장에 도착하는 고객의 수 N은 매개변수가 βt인 포아송 확률 변수이다. 각 고객을 서비스하는 데 필요한 시간 T는 매개변수가 α인 지수 확률 변수이다. 특정 고객의 서비스 시간 T 동안 도착하는 N의 확률 질량 함수를 찾아라. 고객의 도착은 고객 서비스하는 시간에 독립이라고 가정하라.

Y가 이산 확률 변수라면 식 (5.48)을 이용한다.

$$\begin{aligned} P[N = k] &= \int_0^{\infty} P[N = k \mid T = t] f_T(t)\, dt \\ &= \int_0^{\infty} \frac{(\beta t)^k}{k!} e^{-\beta t} \alpha e^{-\alpha t}\, dt \\ &= \frac{\alpha \beta^k}{k!} \int_0^{\infty} t^k e^{-(\alpha+\beta)t}\, dt \end{aligned}$$

$r = (\alpha + \beta)t$라 하면 다음과 같다.

$$\begin{aligned} P[N = k] &= \frac{\alpha \beta^k}{k!(\alpha + \beta)^{k+1}} \int_0^{\infty} r^k e^{-r}\, dr \\ &= \frac{\alpha \beta^k}{(\alpha + \beta)^{k+1}} = \left(\frac{\alpha}{(\alpha + \beta)}\right)\left(\frac{\beta}{(\alpha + \beta)}\right)^k \end{aligned}$$

마지막 적분은 감마함수이고 $k!$와 같다는 사실을 이용했다. 그래서 N은 성공일 때 확률이 $\alpha/(\alpha+\beta)$인 기하 확률 변수이다. 고객이 도착하는 매 시간, 만약 고객 서비스 시간이 다음 도착 전에 완료되면 성공이 일어나는 새로운 베르누이 시행이 시작되는 것으로 생각할 수 있다.

예제 5.34

X는 단위 범위에서 임의로 선택하고, Y는 범위 $(0, X)$에서 임의로 선택했을 때 Y의 누적밀도 함수를 구하라.

$X=x$일 때, Y는 $(0, x)$에서 균등하게 분포하므로 $X=x$로 주어진 조건부 누적밀도 함수는 다음과 같다.

$$P[Y \leq y \mid X = k] = \begin{cases} y/x & 0 \leq y \leq x \\ 1 & x < y \end{cases}$$

식 (5.48)과 위의 조건부 누적밀도 함수로 다음을 얻는다.

$$F_Y(y) = P[Y \leq y] = \int_0^1 P[Y \leq y \mid X = x] f_X(x)\,dx =$$
$$= \int_0^y 1\,dx' + \int_y^1 \frac{y}{x'}\,dx' = y - y\ln y$$

상응하는 확률 밀도 함수는 누적밀도 함수의 도함수를 취해서 얻는다.

$$f_Y(y) = -\ln y \quad 0 \leq y \leq 1$$

예제 5.35 **최대 사후 수신단**

예제 5.31의 통신 시스템에서 채널의 출력이 $Y=y$로 주어질 때 입력이 $X=+1$인 확률을 구하라.

이것은 베이즈 법칙의 다루기 힘든 경우이다. $\{Y=y\}$ 대신 $\{y<Y\leq y+\Delta\}$을 조건으로 하자.

$$P[X = +1 \mid y < Y < y + \Delta] = \frac{P[y < Y < y + \Delta \mid X = +1]P[X = +1]}{P[y < Y < y + \Delta]}$$

$$= \frac{f_Y(y \mid +1)\Delta(1/3)}{f_Y(y \mid +1)\Delta(1/3) + f_Y(y \mid -1)\Delta(2/3)}$$

$$= \frac{\frac{1}{\sqrt{2\pi}} e^{-(y-1)^2/2}(1/3)}{\frac{1}{\sqrt{2\pi}} e^{-(y-1)^2/2}(1/3) + \frac{1}{\sqrt{2\pi}} e^{-(y+1)^2/2}(2/3)}$$

$$= \frac{e^{-(y-1)^2/2}}{e^{-(y-1)^2/2} + 2e^{-(y+1)^2/2}} = \frac{1}{1 + 2e^{-2y}}$$

$y_T = 0.3466$일 때 위의 식은 1/2과 같다. $y > y_T$이면 $X=+1$일 확률이 높다. 그리고 $y < y_T$이면 $X=-1$일 확률이 높다. $Y=y$로 주어질 때 확률이 높은 입력 X를 선택하는 수신단을 최대 사후 수신단(*maximum a posteriori receiver*)이라고 부른다.

5.7.2 조건부 기대값

주어진 **$X=x$에 대한 Y의 조건부 기대값(conditional expectation)**은 다음과 같이 정의된다.

$$E[Y\,|\,x] = \int_{-\infty}^{\infty} y f_Y(y\,|\,x)\,dy \tag{5.49a}$$

특별한 경우로 X와 Y가 둘 다 이산 확률 변수일 때 다음을 갖는다.

$$E[Y\,|\,x_k] = \sum_{y_j} y_j p_Y(y_j\,|\,x_k) \tag{5.49b}$$

명백히, $E[Y|x]$는 간단히 조건부 확률 밀도 함수 또는 확률 질량 함수와 연관된 질량의 중심이라고 할 수 있다.

조건부 기대값 $E[Y|x]$는 x: $g(x) = E[Y|x]$의 함수로 정의하여 나타낼 수 있다. 그러므로 이것은 확률 변수 $g(X) = E[Y|X]$에 대해서 얘기하는 것이 이치에 맞도록 한다. 우리는 먼저 확률 실험이 수행되고, $X = x_0$을 얻은 뒤 마지막으로 $g(x_0) = E[Y|x_0]$의 값이 얻어지는 것을 예상할 수 있다. 우리가 관심을 가져야 할 것은 $E[g(X)] = E[E[Y|X]]$이다. 특히 우리는 다음을 알 수 있다.

$$E[Y] = E[E[Y\,|\,X]] \tag{5.50}$$

우변은 다음과 같다.

$$E[E[Y\,|\,X]] = \int_{-\infty}^{\infty} E[Y\,|\,x] f_X(x)\,dx \qquad X \text{ 연속 확률 변수} \tag{5.51a}$$

$$E[E[Y\,|\,X]] = \sum_{x_k} E[Y\,|\,x_k] p_X(x_k) \qquad X \text{ 이산 확률 변수} \tag{5.51b}$$

우리는 X와 Y가 결합적으로 연속인 확률 변수일 때의 식 (5.50)을 다음과 같이 증명한다.

$$\begin{aligned} E[E[Y\,|\,X]] &= \int_{-\infty}^{\infty} E[Y\,|\,x] f_X(x)\,dx \\ &= \int_{-\infty}^{\infty}\int_{-\infty}^{\infty} y f_Y(y\,|\,x)\,dy\, f_X(x)\,dx \\ &= \int_{-\infty}^{\infty} y \int_{-\infty}^{\infty} f_{X,Y}(x, y)\,dx\,dy \\ &= \int_{-\infty}^{\infty} y f_Y(y)\,dy = E[Y] \end{aligned}$$

위의 결과에서 함수 Y의 값을 기대할 수 있다.

$$E[h(Y)] = E[E[h(Y)\,|\,X]]$$

특히, Y의 k번째 모멘트는 다음과 같다.

$$E[Y^k] = E[E[Y^k\,|\,X]]$$

예제 5.36 **영역에서의 평균 결함량**

조건부 기대값을 이용하여 예제 5.30에서 Y의 평균을 구하라.

$$E[Y] = \sum_{k=0}^{\infty} E[Y \mid X = k]P[X = k] = \sum_{k=0}^{\infty} kpP[X = k] = pE[X] = p\alpha$$

두 번째 등호는 Y가 매개변수 k와 p에서 이항이기 때문에 $E[Y|X=k]=kp$란 사실을 이용한다. 두 번째에서 마지막 등호까지는 어떤 X의 확률 질량 함수에 대해서도 같다. 평균이 α인 X는 포아송이란 사실은 마지막 등호까지 이용되지 않는다.

예제 5.37 **이진 통신 채널**

예제 5.31의 통신 채널에서 출력 Y의 평균을 구하라.

Y가 $X=-1$일 때는 평균이 -1, $X=+1$일 때는 평균이 $+1$인 가우스 확률 변수이기 때문에 X가 주어질 때 Y의 조건부 기대값은 다음과 같다.

$$E[Y \mid +1] = 1 \quad \text{그리고} \quad E[Y \mid -1] = -1$$

식 (5.38b)는 다음을 뜻한다.

$$E[Y] = \sum_{k=0}^{\infty} E[Y \mid X = k]P[X = k] = +1(1/3) - 1(2/3) = -1/3$$

$X=-1$ 입력이 $X=+1$보다 2배 자주 일어나기 때문에 평균은 음수이다.

예제 5.38 **서비스 시간 내에 도착한 평균 수**

예제 (5.33)에서 특정한 고객의 서비스 시간 동안에 도착한 N명의 고객의 평균과 분산을 구하라.

$T=t$인 조건일 때, 매개변수 βt를 가지는 N은 포아송 확률 변수이므로 N의 두 개의 모멘트는 다음과 같다.

$$E[N \mid T = t] = \beta t \qquad E[N^2 \mid T = t] = (\beta t) + (\beta t)^2$$

N의 두 개의 모멘트는 식 (5.50)으로부터 얻어진다.

$$E[N] = \int_0^{\infty} E[N \mid T = t] f_T(t)\, dt = \int_0^{\infty} \beta t f_T(t)\, dt = \beta E[T]$$

$$E[N^2] = \int_0^{\infty} E[N^2 \mid T = t] f_T(t)\, dt = \int_0^{\infty} \{\beta t + \beta^2 t^2\} f_T(t)\, dt$$
$$= \beta E[T] + \beta^2 E[T^2]$$

N의 분산은 다음과 같다.

$$\begin{aligned} \text{VAR}[N] &= E[N^2] - (E[N])^2 \\ &= \beta^2 E[T^2] + \beta E[T] - \beta^2 (E[T])^2 \\ &= \beta^2\, \text{VAR}[T] + \beta E[T] \end{aligned}$$

만약 T가 임의(즉, $E[T]=$ 상수, $\text{VAR}[T]=0$)가 아니라면 N의 평균과 분산은 매개변수 $\beta E[T]$를 가지는 포아송 확률 변수이다. T가 임의로 정해질 때 N의 평균은 같은 값을 유지한다. 그러나 항

$\beta^2\text{VAR}[T]$에 따라 N의 분산은 증가한다. 즉, T의 변화율이 N의 변화율보다 크기 때문이다. 이 점에서 우리는 T가 어떤 서비스 시간 분포 $f_T(t)$의 결과로 지수 분포를 가진다는 사실을 이용하는 것은 피해야 한다. 만약 T가 매개변수 α를 가지는 지수일 때, $E[T] = 1/\alpha$과 $\text{VAR}[T] = 1/\alpha^2$이므로 다음을 만족한다.

$$E[N] = \frac{\beta}{\alpha} \quad \text{그리고} \quad \text{VAR}[N] = \frac{\beta^2}{\alpha^2} + \frac{\beta}{\alpha}$$

5.8 두 확률 변수의 함수

우리는 종종 어떤 실험과 연관이 있는 하나 또는 그 이상의 확률 변수 함수에 관심을 가진다. 예를 들어, 같은 확률량의 반복된 측정치를 표기한다면 샘플 평균, 샘플 분산뿐만 아니라 집합의 최대값, 최소값에도 관심을 가질 것이다. 이 장에서는 두 개의 확률 변수 함수를 포함하는 사건의 확률을 결정하는 방법에 대해 살펴보겠다.

5.8.1 두 확률 변수의 함수

확률 변수 Z를 두 확률 변수 함수로 정의한다.

$$Z = g(X, Y) \tag{5.52}$$

Z의 누적 분포 함수는 $\{Z \le z\}$와 동등한 사건을 찾음으로써 알아낼 수 있다. 즉, 집합 $R_z = \{g(\mathbf{x}) \le z$을 만족시키는 $\mathbf{x} = (x, y)\}$이라면 다음을 얻는다.

$$F_z(z) = P[\mathbf{X} \text{ in } R_z] = \iint_{(x,\,y)\in R_z} f_{X,Y}(x', y')\,dx'\,dy' \tag{5.53}$$

Z의 확률 밀도 함수는 $F_z(z)$의 도함수에서 얻을 수 있다.

예제 5.39 **두 확률 변수의 합**

$Z = X + Y$라 하자. $F_Z(z)$와 $f_Z(z)$를 X와 Y의 결합 확률 밀도 함수로 나타내어라.

Z의 누적 분포 함수는 X와 Y의 사건 $\{Z \le z\}$에 대응되는 영역에서의 결합 확률 밀도 함수의 적분에서 알아낸다. 그림 5.20의 영역에서,

$$F_Z(z) = \int_{-\infty}^{\infty}\int_{-\infty}^{z-x'} f_{X,Y}(x', y')\,dy'\,dx'$$

식 Z의 확률 밀도 함수는 다음과 같다.

$$f_Z(z) = \frac{d}{dz}F_Z(z) = \int_{-\infty}^{\infty} f_{X,Y}(x', z - x')\,dx' \tag{5.54}$$

따라서 두 확률 변수의 합에 대한 확률 밀도 함수는 겹침(*superposition*) 적분에 의해 주어진다.

X와 Y가 독립 확률 변수라면 식 (5.23)에 의해 X와 Y의 한계 확률 밀도 함수의 합성(*convolution*) 적분에 의해 주어진다.

$$f_Z(z) = \int_{-\infty}^{\infty} f_X(x') f_Y(z - x')\,dx' \tag{5.55}$$

7장에서 식 (5.55)와 같은 합성적분을 수행하기 위한 변환 방법을 살펴보겠다.

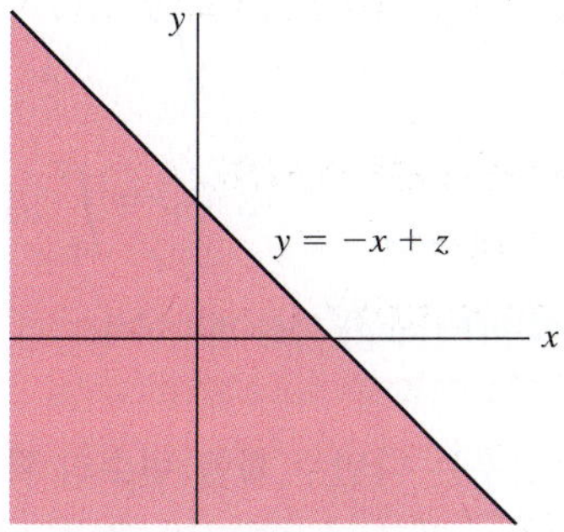

그림 5.20 ● $P[Z \le z] = P[X + Y \le z]$

예제 5.40 **비독립 가우스 확률 변수의 합**

평균 0, 분산 1이고 상관 계수가 −1/2인 가우스 확률 변수의 합 $Z = X + Y$의 확률 밀도 함수를 구하라.

이 확률 변수 쌍의 결합 확률 밀도 함수는 예제 5.18에 의해 주어진다. Z의 확률 밀도 함수는 예제 5.39의 겹침 적분에서의 결합 가우스 확률 변수에 대한 확률 밀도 함수의 차에 의해 구해진다.

$$\begin{aligned} f_Z(z) &= \int_{-\infty}^{\infty} f_{X,Y}(x', z - x')\, dx' \\ &= \frac{1}{2\pi(1-\rho^2)^{1/2}} \int_{-\infty}^{\infty} e^{-[x'^2 - 2\rho x'(z-x') + (z-x')^2]/2(1-\rho^2)}\, dx' \\ &= \frac{1}{2\pi(3/4)^{1/2}} \int_{-\infty}^{\infty} e^{-(x'^2 - x'z + z^2)/2(3/4)}\, dx' \end{aligned}$$

지수에서 독립변수의 멱승 후에 다음을 얻을 수 있다.

$$f_Z(z) = \frac{e^{-z^2/2}}{\sqrt{2\pi}}$$

따라서 이들 두 비독립 가우스 확률 변수의 합도 또한 평균이 0이고 단위분산인 가우스 확률 변수이다.

예제 5.41 **여분의 대체물을 가지는 시스템**

여분의 대체물을 가지는 시스템은 동작 중에는 하나의 키요소를 가지고 동작하고 그 요소의 복사본이 대기한다. 첫 번째 요소가 잘못되었을 때 두 번째 요소가 동작을 위해 사용된다. 요소들이 같은 평균을 가지는 독립 지수분포의 수명을 가질 때 대기 시스템의 수명의 확률 밀도 함수를 구하라.

T_1과 T_2를 두 요소의 수명이라고 한다면 시스템의 수명은 $T = T_1 + T_2$이고, T의 확률 밀도 함수는 식 (5.55)에 의해 주어진다. 다음과 같이 적분의 형태로 나타낼 수 있다.

$$f_{T_1}(x) = \begin{cases} \lambda e^{-\lambda x} & x \ge 0 \\ 0 & x < 0 \end{cases}$$

$$f_{T_2}(z - x) = \begin{cases} \lambda e^{-\lambda(z-x)} & z - x \ge 0 \\ 0 & x > z \end{cases}$$

첫 번째 방정식은 적분의 하위 한계 0까지의 집합이고, 두 번째 방정식은 상위 한계 z까지의 집합이다. 식 (5.55)는 다음과 같이 된다.

$$f_T(z) = \int_0^z \lambda e^{-\lambda x} \lambda e^{-\lambda(z-x)}\, dx$$
$$= \lambda^2 e^{-\lambda z} \int_0^z dx = \lambda^2 z e^{-\lambda z}$$

그리하여 T는 $m=2$인 얼랭(Erlang) 확률 변수이다.

조건 확률 밀도 함수는 다변수 확률 변수의 확률 밀도 함수를 구하는 데 사용될 수 있다. $Z=g(X, Y)$라 하고 $Y=y$라고 가정한다면, $Z=g(X, y)$는 하나의 확률 변수의 함수이다. 그러므로 우리는 4.5절에서 하나의 확률 변수에 대해 개발된 방법을 $Y=y$: $f_Z(z|Y=y)$로 주어진 Z의 확률 밀도 함수를 찾는 데 사용할 수 있다. Z의 확률 밀도 함수는 다음과 같이 찾을 수 있다.

$$f_Z(z) = \int_{-\infty}^{\infty} f_Z(z\,|\,y') f_Y(y')\, dy'$$

예제 5.42

$Z=X/Y$라 두고, X와 Y가 독립이고 둘 다 평균이 1인 지수 분포를 가질 때 Z의 확률 밀도 함수를 구하라.

$Y=y$라 가정하면, $Z=X/y$는 X의 간단한 형태가 된다. 그러므로 예제 4.31로부터 다음 식을 얻는다.

$$f_Z(z\,|\,y) = |\,y\,| f_X(yz\,|\,y)$$

그러므로 Z의 확률 밀도 함수는 다음과 같다.

$$f_Z(z) = \int_{-\infty}^{\infty} |\,y'\,| f_X(y'z\,|\,y') f_Y(y')\, dy' = \int_{-\infty}^{\infty} |\,y'\,| f_{X,Y}(y'z, y')\, dy'$$

여기서 X와 Y가 독립이고 둘 다 평균이 1인 지수 분포라는 것을 적용하면 다음과 같다.

$$f_Z(z) = \int_0^{\infty} y' f_X(y'z) f_Y(y')\, dy' \qquad z > 0$$
$$= \int_0^{\infty} y' e^{-y'z} e^{-y'}\, dy'$$
$$= \frac{1}{(1+z)^2} \qquad z > 0$$

5.8.2 확률 변수 변환

X과 Y는 어떤 실험과 연관된 확률 변수이고, 확률 변수 Z_1과 Z_2는 $\mathbf{X}=(X, Y)$의 2개의 함수에 의해 정의된다고 하자.

$$Z_1 = g_1(\mathbf{X}) \qquad \text{그리고} \qquad Z_2 = g_2(\mathbf{X})$$

여기서 Z_1과 Z_2의 결합 누적 분포 함수와 결합 확률 밀도 함수를 구하는 문제를 생각해보자.

점 $\mathbf{z}=z_1, z_2$에서의 Z_1과 Z_2의 누적 분포 함수는 $k=1, 2$에 대해서 $g_k(\mathbf{x}) \le z_k$를 만족하

는 $\mathbf{x}$의 영역의 확률과 같다.

$$F_{z_1, z_2}(z_1, z_2) = P[g_1(\mathbf{X}) \leq z_1, g_2(\mathbf{X}) \leq z_2] \tag{5.56a}$$

X, Y가 결합 확률 밀도 함수를 가진다면 다음과 같다.

$$F_{z_1, z_2}(z_1, z_2) = \iint\limits_{\mathbf{x}': \mathbf{g_k}(\mathbf{x}') \leq \mathbf{z_k}} f_{X,Y}(x', y')\, dx'\, dy' \tag{5.56b}$$

예제 5.43

확률 변수 W와 Z은 다음과 같이 정의된다.

$$W = \min(X, Y) \quad \text{그리고} \quad Z = \max(X, Y)$$

X와 Y의 결합 누적 분포 함수 형태로 된 W와 Z의 결합 누적 분포 함수를 구하라.

식 (5.56a)에 따르면 다음과 같다.

$$F_{W, Z}(w\ z) = P[\{\min(X, Y) \leq w\} \cap \{\max(X, Y) \leq z\}]$$

이 사건과 대응되는 영역은 그림 5.21에서 볼 수 있다. $z > w$라면 위의 확률은 점 (z, z)에 의해 정의된 무한소 사각형에서 A로 정의된 사각형을 뺀 확률임이 명백하다. 따라서 $z > w$라면 다음과 같다.

$$\begin{aligned} F_{W, Z}(w, z) &= F_{X,Y}(z, z) - P[A] \\ &= F_{X,Y}(z, z) \\ &\quad - \{F_{X,Y}(z, z) - F_{X,Y}(w, z) - F_{X,Y}(z, w) + F_{X,Y}(w, w)\} \\ &= F_{X,Y}(w, z) + F_{X,Y}(z, w) - F_{X,Y}(w, w) \end{aligned}$$

$z < w$라면 다음과 같다.

$$F_{W,Z}(w, z) = F_{X,Y}(z, z)$$

예제 5.44 **독립 가우스 확률 변수의 반지름과 각**

X와 Y를 평균이 0이고 분산이 1인 독립 가우스 확률 변수라 하자. 점 (x, y)의 반지름과 각도인 R와 Θ가 다음과 같이 정의될 때 결합 누적 분포 함수와 확률 밀도 함수를 구하라.

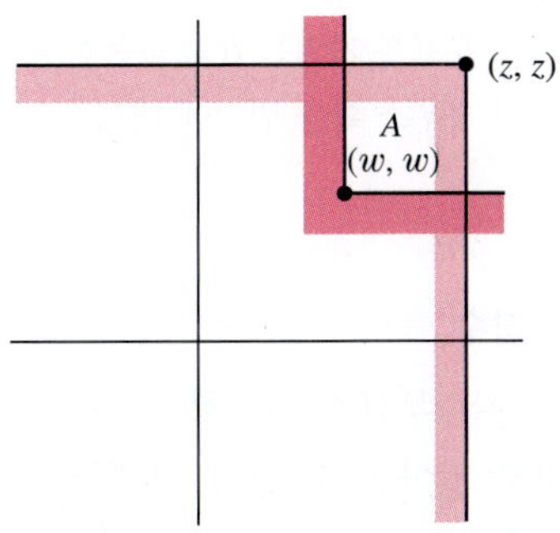

그림 5.21 ● $\{\min(X, Y) \leq w\} = \{X \leq w\} \cup \{Y \leq w\}$와 $\{\max(X, Y) \leq z = \{X \leq z\} \cap \{Y \leq z\}$

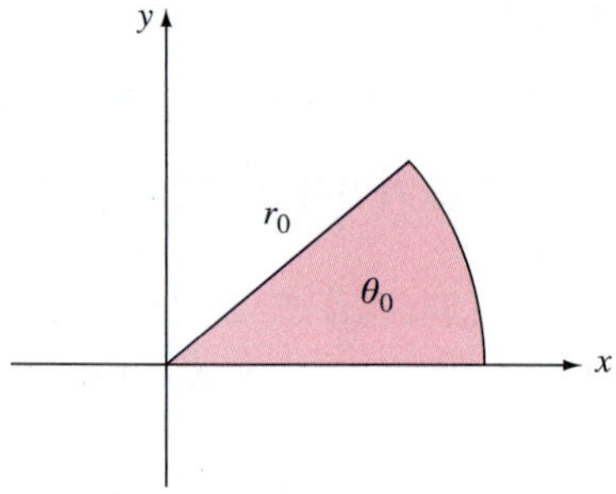

그림 5.22 ● 예제 5.44의 $R_{r_0,\ \theta_0}$적분 영역

$$R = (X^2 + Y^2)^{1/2} \qquad \Theta = \tan^{-1}(Y/X)$$

R와 $\boldsymbol{\Theta}$의 결합 누적 분포 함수는 다음과 같다.

$$F_{R,\Theta}(r_0, \theta_0) = P[R \le r_0, \Theta \le \theta_0] = \iint_{(x,\ y)\in R_{(r_0,\ \theta_0)}} \frac{e^{-(x^2+y^2)/2}}{2\pi}\, dx\, dy$$

여기에서

$$R_{(r_0,\theta_0)} = \{(x, y): \sqrt{x^2 + y^2} \le r_0, 0 < \tan^{-1}(Y/X) \le \theta_0\}$$

영역 $R_{r_0,\ \theta_0}$는 그림 5.22를 보는 것처럼 파이 모양이다. 직교 좌표계에서 극 좌표계로의 변수들을 변환시켰다.

$$F_{R,\Theta}(r_0, \theta_0) = P[R \le r_0, \Theta \le \theta_0] = \int_0^{r_0}\int_0^{\theta_0} \frac{e^{-r^2/2}}{2\pi} r\, dr\, d\theta$$

$$= \frac{\theta_0}{2\pi}\left(1 - e^{-r_0^2/2}\right), \quad 0 < \theta_0 < 2\pi \quad 0 < r_0 < \infty \tag{5.57}$$

레일라이 확률 밀도 함수를 가지는 반지름 R과 반면에 $(0, 2\pi)$ 구간에서 균등하게 분포된 R과 $\boldsymbol{\Theta}$는 독립 확률 변수라고 할 수 있다. 결합 확률 밀도 함수는 r와 θ에 대해서 편미분을 함으로써 얻어진다.

$$f_{R,\Theta}(r, \theta) = \frac{\partial^2}{\partial r \partial \theta}\frac{\theta}{2\pi}(1 - e^{-r^2/2})$$

$$= \frac{1}{2\pi}\left(re^{-r^2/2}\right), \quad 0 < \theta < 2\pi \quad 0 < r < \infty$$

이 변환은 모든 점을 직교좌표계에서 극좌표계로 표기한다. 또한 반대로 극좌표계에서 직교좌표로 표기할 수 있다. 먼저 레일라이 분포를 가지는 R과 균등한 확률 변수인 $\boldsymbol{\Theta}$를 발생시켜야 한다. 그 후에 R과 $\boldsymbol{\Theta}$를 평균이 0이고 단위분산인 가우스 확률 변수에 대해 독립적인 쌍을 얻기 위해 직교좌표계로 변환한다.

5.8.3 선형변환의 확률 밀도 함수

$\mathbf{Z}$의 결합 확률 밀도 함수는 무한소 사각형의 동등한 사건을 찾음으로써 얻어진 $\mathbf{X}$의 결합 확률 밀도 함수의 형태로 바로 알아낼 수 있다. 우리는 먼저 두 확률 변수의 **선형변환(linear transformation)**에 대해서 생각해본다.

$$V = aX + bY \qquad \text{혹은} \qquad \begin{bmatrix} V \\ W \end{bmatrix} = \begin{bmatrix} a & b \\ c & e \end{bmatrix} \begin{bmatrix} X \\ Y \end{bmatrix}$$
$$W = cX + eY$$

위의 행렬은 A로 나타낸다. A가 역원을 가진다고 가정하자. 즉, 행렬식 $|ae - bc| \neq 0$이다. 따라서 각 점 (v, w)는 (x, y)에 대응하는 유일한 점을 다음 식으로부터 얻는다.

$$\begin{bmatrix} x \\ y \end{bmatrix} = A^{-1} \begin{bmatrix} v \\ w \end{bmatrix} \tag{5.58}$$

그림 5.23에 나타난 무한소 사각형을 생각해보자. 이 사각형 내의 점은 그림에서 보이는 평행사변형으로 배치된다. 무한소 사각형과 평행사변형은 동등한 사건이어서 확률은 같다. 따라서 $f_{X,Y}(x, y)dx\,dy \simeq f_{V,W}(v, w)\,dP$이고, 여기서 dp는 평행사변형의 면적이다. 그리하여 V와 W의 결합 확률 밀도 함수는 다음과 같이 주어진다.

$$f_{V,W}(v, w) = \frac{f_{X,Y}(x, y)}{\left| \dfrac{dP}{dx\,dy} \right|} \tag{5.59}$$

여기서 x와 y는 식 (5.58)에 의해 (v, w)와 관계된다. 식 (5.59)는 (v, w)에서의 V와 W의 결합 확률 밀도 함수는 점 (x, y)에 대응되는 X와 Y의 결합 확률 밀도 함수이지만, '확장 인자' $dP/dx\,dy$에 의해 재조정되어야 한다. $dP = (|ae - bc|)dx\,dy$로 나타낼 수 있기 때문에 '확장 인자'는 다음과 같다.

$$\left| \frac{dP}{dx\,dy} \right| = \frac{|ae - bc|(dx\,dy)}{(dx\,dy)} = |ae - bc| = |A|$$

여기서 $|A|$는 A의 행렬식이다.

위의 결과는 행렬 표기법에 의해 간결하게 표현될 수 있다. 벡터 $\mathbf{Z}$는 다음과 같다.

$$\mathbf{Z} = A\mathbf{X}$$

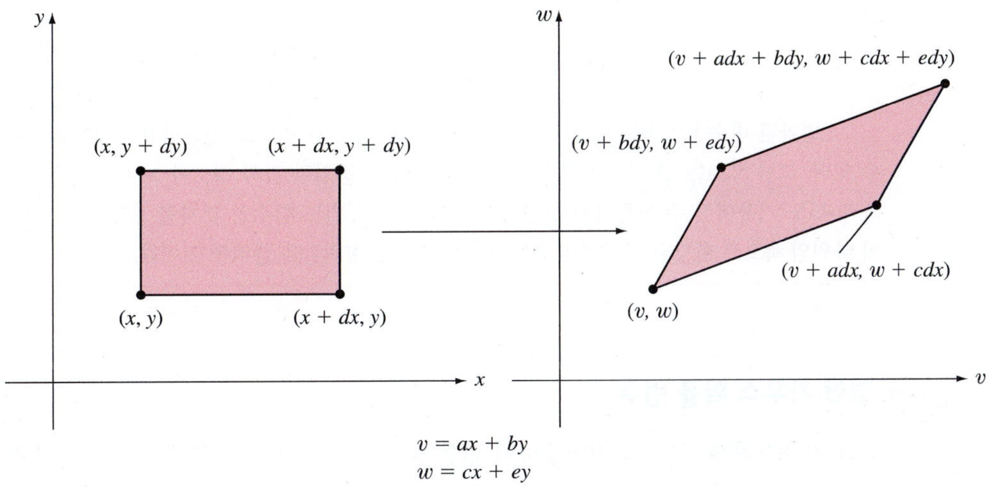

그림 5.23 ● 선형변환에서의 무한소 직사각형의 상

여기서 A는 $n \times n$의 역행렬을 가지는 행렬이다. 결합 확률 밀도 함수 $\mathbf{Z}$는 다음과 같다.

$$f_{\mathbf{Z}}(\mathbf{z}) = \frac{f_{\mathbf{X}}(A^{-1}\mathbf{z})}{|A|} \tag{5.60}$$

예제 5.45 **결합 가우스 확률 변수의 선형변환**

X와 Y를 예제 5.18에 언급된 결합 가우스 확률 변수라 하자. V와 W를 다음 식에 의해 (X, Y)로부터 얻어진 것이라고 하고,

$$\begin{bmatrix} V \\ W \end{bmatrix} = \frac{1}{\sqrt{2}}\begin{bmatrix} 1 & 1 \\ -1 & 1 \end{bmatrix}\begin{bmatrix} X \\ Y \end{bmatrix} = A\begin{bmatrix} X \\ Y \end{bmatrix}$$

V와 W의 결합 확률 밀도 함수를 구하라.

행렬식 A의 크기는 1이고, 역행렬은 다음 식으로 주어진다.

$$\begin{bmatrix} X \\ Y \end{bmatrix} = \frac{1}{\sqrt{2}}\begin{bmatrix} 1 & -1 \\ 1 & 1 \end{bmatrix}\begin{bmatrix} V \\ W \end{bmatrix}$$

따라서 X는 $(V - W)/\sqrt{2}$이고 Y는 $(V + W)/\sqrt{2}$이다. 따라서 V와 W의 확률 밀도 함수는 다음과 같다.

$$f_{V,W}(v, w) = f_{X,Y}\left(\frac{v - w}{\sqrt{2}}, \frac{v + w}{\sqrt{2}}\right)$$

$$f_{X,Y}(x, y) = \frac{1}{2\pi\sqrt{1 - \rho^2}}e^{-(x^2 - 2\rho xy + y^2)/2(1-\rho^2)}$$

X와 Y를 대체하는 것으로 지수의 변수는 다음과 같다.

$$\frac{(v - w)^2/2 - 2\rho(v - w)(v + w)/2 + (v + w)^2/2}{2(1 - \rho^2)}$$

$$= \frac{v^2}{2(1 + \rho)} + \frac{w^2}{2(1 - \rho)}$$

따라서

$$f_{V,W}(v, w) = \frac{1}{2\pi(1 - \rho^2)^{1/2}}e^{-\{[v^2/2(1+\rho)] + [w^2/2(1-\rho)]\}}$$

변환된 변수 V와 W는 분산이 각각 $1 + \rho$와 $1 - \rho$인 독립이고 평균이 0인 가우스 확률 변수로 보일 수 있다. 그림 5.24는 (X, Y)의 결합 확률 밀도 함수와 동일한 값의 경로를 보여주며, 원점에 대해 평면의 축과 45도 기울어진 주축에 타원 모양의 대칭되는 확률 밀도 함수인 것처럼 보인다. 5.9절에서 평면의 축이 타원의 축으로 할당된 좌표계의 변환과 일치하는 선형변환을 살펴볼 것이다.

5.9 결합 가우스 확률 변수

결합 가우스 확률 변수는 전기공학의 많은 응용에서 나타난다. 그것은 주로 신호처리 장치에서 신호를 모델링하는 데 이용되고, 노이즈가 나타나는 신호를 다루는 것이 포함된 통신 시스템에서 가장 중요한 모델이다. 그것은 또한 많은 통계적 방법에 중요한 역할을 한다.

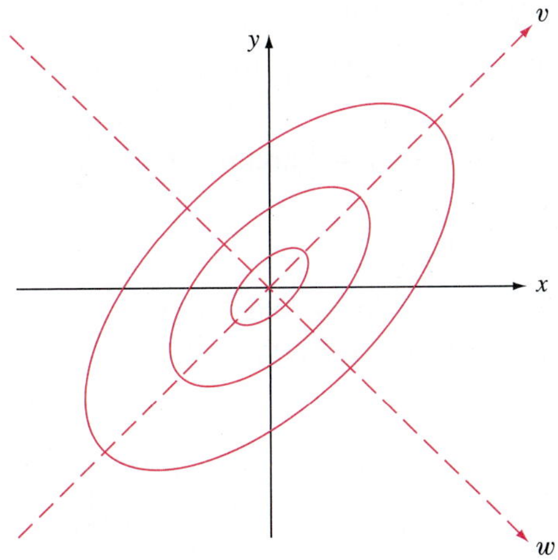

그림 5.24 ● 예제 5.45에서 논의된 결합 가우스 확률 밀도 함수와 동일한 값의 경로

확률 변수 X와 Y는 결합 확률 밀도 함수가 다음과 같을 때 **결합 가우스(jointly Gaussian)**이라고 말할 수 있다.

$$f_{X,Y}(x, y) = \frac{\exp\left\{\frac{-1}{2(1-\rho_{X,Y}^2)}\left[\left(\frac{x-m_1}{\sigma_1}\right)^2 - 2\rho_{X,Y}\left(\frac{x-m_1}{\sigma_1}\right)\left(\frac{y-m_2}{\sigma_2}\right) + \left(\frac{y-m_2}{\sigma_2}\right)^2\right]\right\}}{2\pi\sigma_1\sigma_2\sqrt{1-\rho_{X,Y}^2}} \tag{5.61a}$$

확률 밀도 함수는 (m_1, m_2)에 중심점을 가지고 σ_1, σ_2, $\rho_{X,Y}$ 값에 의존하며, 그림 5.25와 같이 종모양이다. 확률 밀도 함수는 지수 변수가 일정할 때 x, y값에 대하여 일정하다.

$$\left[\left(\frac{x-m_1}{\sigma_1}\right)^2 - 2\rho_{X,Y}\left(\frac{x-m_1}{\sigma_1}\right)\left(\frac{y-m_2}{\sigma_2}\right) + \left(\frac{y-m_2}{\sigma_2}\right)^2\right] = \text{일정} \tag{5.61b}$$

그림 5.26은 다양한 값 σ_1, σ_2, $\rho_{X,Y}$에 대해 타원형의 경로들이 생기는 방위를 보여준다.

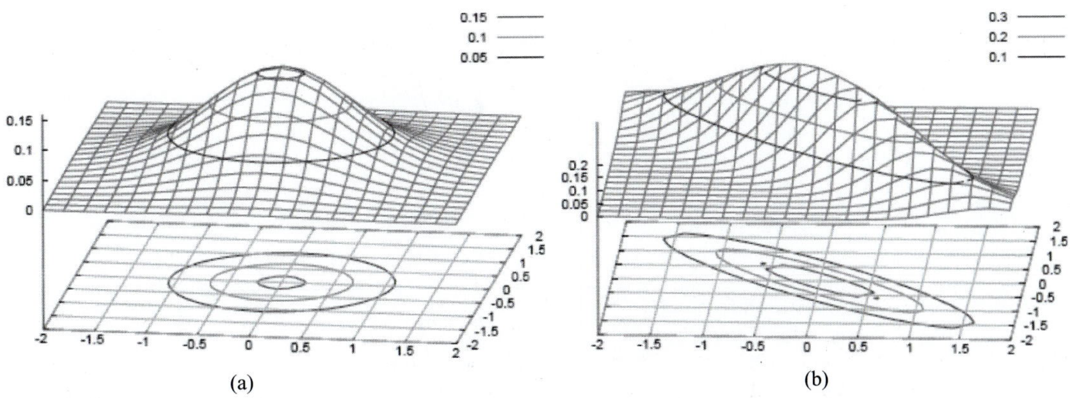

그림 5.25 ● 결합 가우스 확률 밀도 함수 (a) $\rho = 0$; (b) $\rho = -0.9$

$\rho_{X,Y} = 0$일 때, 즉 X, Y가 독립일 때 동등 확률 밀도 함수의 경로는 x, y축과 한 줄로 서는 주축을 가지는 타원이다. $\rho_{X,Y} \neq 0$일 때, 타원의 주축은 각의 방향을 따라간다.

$$\theta = \frac{1}{2}\arctan^{-1}\tan\left(\frac{2\rho_{X,Y}\sigma_1\sigma_2}{\sigma_1^2 - \sigma_2^2}\right) \tag{5.62}$$

분산들은 각이 45도일 때 같다.

한계 확률 밀도 함수는 모든 y 위에서 $f_{X,Y}(x, y)$를 적분함으로써 구할 수 있다. 적분은 예제 5.18의 지수 상에서의 제곱이 완료될 때 수행된다. 그 결과는 X의 한계 확률 밀도 함수이며 다음과 같다.

$$f_X(x) = \frac{e^{-(x-m_1)^2/2\sigma_1^2}}{\sqrt{2\pi}\sigma_1} \tag{5.63}$$

즉, X는 평균이 m_1이고 분산이 σ_1^2인 가우스 확률 변수이다. 마찬가지로 Y에 대한 한계 확률 밀도 함수는 평균이 m_2이고 분산이 σ_2^2인 가우스 확률 변수에서 발견된다.

조건부 확률 밀도 함수 $f_X(x|y)$와 $f_Y(y|x)$는 X와 Y의 상호관계에 대한 정보를 제공해준다. Y가 주어졌을 때 X의 조건부 확률 밀도 함수는 다음과 같다.

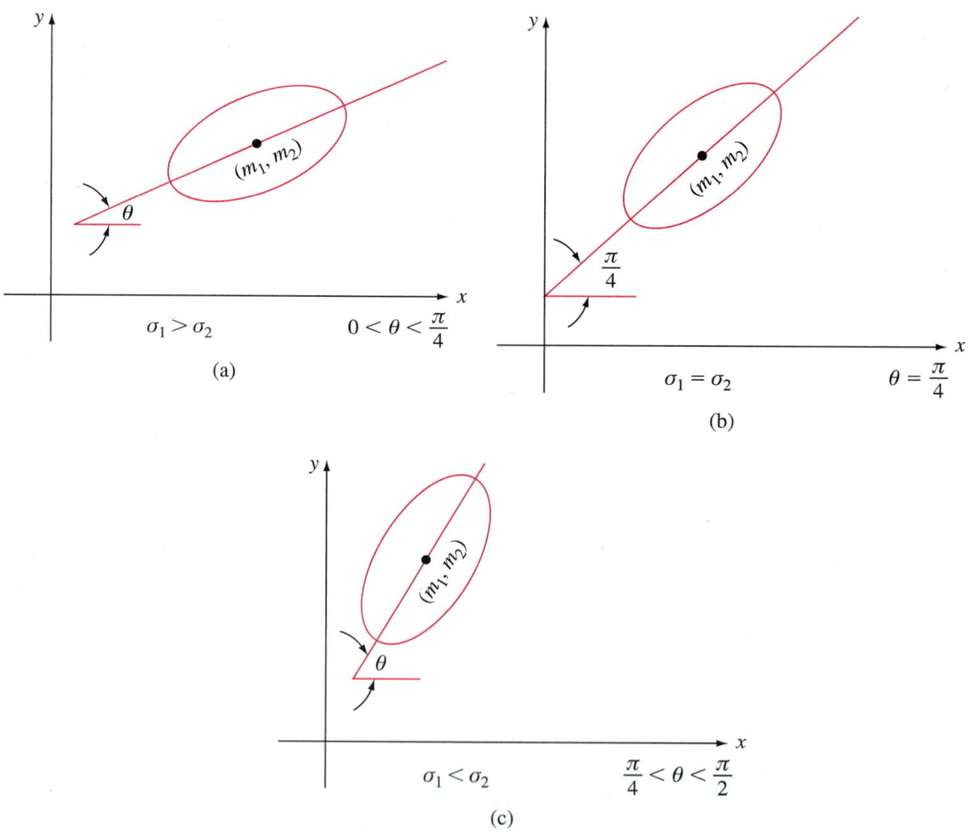

그림 5.26 ● $\rho_{X,Y} > 0$일 때 결합 가우스 확률 밀도 함수의 같은 값의 경로들이 생기는 방위

$$f_X(x \mid y) = \frac{f_{X,Y}(x, y)}{f_Y(y)}$$
$$= \frac{\exp\left\{\frac{-1}{2(1-\rho_{X,Y}^2)\sigma_1^2}\left[x - \rho_{X,Y}\frac{\sigma_1}{\sigma_2}(y - m_2) - m_1\right]^2\right\}}{\sqrt{2\pi\sigma_1^2(1-\rho_{X,Y}^2)}} \quad (5.64)$$

식 (5.64)는 $Y = y$가 주어졌을 때, X의 조건부 확률 밀도 함수가 가우스이면서 조건부 평균이 $m_1 + \rho_{X,Y}(\sigma_1/\sigma_2)(y - m_2)$, 조건부 분산이 $\sigma_1^2(1 - \rho^2_{X,Y})$임을 보여준다. $\rho_{X,Y} = 0$이고 $Y = y$가 주어졌을 경우, X의 조건부 확률 밀도 함수는 X의 한계 확률 밀도 함수와 같다. 이것은 $\rho_{X,Y} = 0$일 때 X와 Y가 서로 독립이라는 사실과 일치한다. 한편, $|\rho_{X,Y}| \to 1$로 접근함에 따라 조건부 평균에 대한 X의 분산이 0으로 접근하고, 따라서 조건부 확률 밀도 함수가 조건부 평균에서 델타 함수로 접근한다. 따라서 $|\rho_{X,Y}| = 1$일 때 조건부 분산이 0이고, X는 확률 1을 갖는 조건부 평균과 같다. 마찬가지로 우리는 $f_Y(y|x)$는 가우스이면서 조건부 평균이 $m_2 + \rho_{X,Y}(\sigma_2/\sigma_1)(x - m_1)$, 조건부 분산이 $\sigma_2^2(1 - \rho^2_{X,Y})$임에 주목한다.

식 (5.61a)에서 $\rho_{X,Y}$는 사실 X와 Y 사이의 상관 계수임을 볼 수 있다. X와 Y의 공분산은 다음의 식과 같이 주어진다.

$$\begin{aligned}\text{COV}(X, Y) &= E[(X - m_1)(Y - m_2)] \\ &= E[E[(X - m_1)(Y - m_2) \mid Y]]\end{aligned}$$

$Y = y$가 주어졌을 때 $(X - m_1)(Y - m_2)$의 조건부 평균은 다음과 같다.

$$\begin{aligned}E[(X - m_1)(Y - m_2) \mid Y = y] &= (y - m_2)E[X - m_1 \mid Y = y] \\ &= (y - m_2)(E[X \mid Y = y] - m_1) \\ &= (y - m_2)\left(\rho_{X,Y}\frac{\sigma_1}{\sigma_2}(y - m_2)\right)\end{aligned}$$

여기서 우리는 $Y = y$가 주어졌을 때의 조건부 확률이 $m_1 + \rho_{X,Y}(\sigma_1/\sigma_2)(y - m_2)$라는 사실을 이용하였다. 그러므로

$$E[(X - m_1)(Y - m_2) \mid Y] = \rho_{X,Y}\frac{\sigma_1}{\sigma_2}(Y - m_2)^2$$

$$\begin{aligned}\text{COV}(X, Y) &= E[E[(X - m_1)(Y - m_2) \mid Y]] = \rho_{X,Y}\frac{\sigma_1}{\sigma_2}E[(Y - m_2)^2] \\ &= \rho_{X,Y}\sigma_1\sigma_2\end{aligned}$$

이고, 이 식은 상관 계수 $\rho_{X,Y} = \text{COV}(X, Y)/\sigma_1\sigma_2$의 정의와 일치한다. 따라서 식 (5.61a)에서 $\rho_{X,Y}$는 사실상 X와 Y의 상관 계수이다.

예제 5.46

도시 1과 도시 2의 연간 강수량이 식 (5.61a)에서 주어진 결합 가우스 확률 변수 X, Y의 쌍으로 모델링된다. $Y = y$를 알고 있다고 했을 때, X의 최대값을 구하라.

$Y = y$로 주어졌을 때 X의 최대값은 $f_X(x|y)$이 최대일 때의 x의 값이다. $Y = y$로 주어졌을 때 X의

조건부 확률 밀도 함수는 식 (5.64)로 주어지고, 이것은 조건부 평균 $E[X \mid y] = m_1 + \rho_{X,Y}\frac{\sigma_1}{\sigma_2}(y - m_2)$에서 최대이다.
이 '최대 가능성' 추정은 관측 y의 선형 함수임을 주목하라.

예제 5.47 **잡음에서 신호의 추정**

$Y = X + N$이라고 하자. 여기서 X(신호)와 N(잡음)은 서로 독립이며, 평균이 0인 가우스 확률 변수이며, 서로 다른 분산을 가지고 있다. 요구 신호 X와 관측된 신호 Y간의 상관 계수를 구하라. $f_X(x|y)$을 최대로 하는 값을 구하라.

Y의 평균과 분산, X와 Y의 공분산은 다음과 같다.

$$E[Y] = E[X] + E[N] = 0$$

$$\sigma_Y^2 = E[Y^2] = E[(X + N)^2] = E[X^2 + 2XN + N^2] = E[X^2] + E[N^2] = \sigma_X^2 + \sigma_N^2$$

$$\text{COV}(X, Y) = E[(X - E[X])(E(Y - E[Y]))] = E[XY] = E[X(X + N)] = \sigma_X^2$$

그러므로 상관 계수는 다음과 같다.

$$\rho_{X,Y} = \frac{\text{COV}(X, Y)}{\sigma_X \sigma_Y} = \frac{\sigma_X}{\sigma_Y} = \frac{\sigma_X}{(\sigma_X^2 + \sigma_N^2)^{1/2}} = \frac{1}{\left(1 + \frac{\sigma_N^2}{\sigma_X^2}\right)^{1/2}}$$

$\rho_{X,Y}^2 = \sigma_X^2/\sigma_Y^2 = 1 - \sigma_N^2/\sigma_Y^2$을 주목하자.

X와 Y의 결합 확률 밀도 함수를 구하기 위해 다음과 같이 선형변환에 대해 살펴보자.

$$X = X, \ Y = X + N$$

역변환은 $X = X, N = -X + Y$와 같이 나타내어진다.
식 (5.52)에서 다음을 얻는다.

$$f_{X,Y}(x, y) = \frac{f_{X,N}(x, y)}{\det A}\bigg|_{x=x,\, n=y-x} = \frac{e^{-x^2/2\sigma_X^2}}{\sqrt{2\pi}\sigma_X} \frac{e^{-n^2/2\sigma_N^2}}{\sqrt{2\pi}\sigma_N}\bigg|_{x=x,\, n=y-x}$$

$$= \frac{e^{-x^2/2\sigma_X^2}}{\sqrt{2\pi}\sigma_X} \frac{e^{-(y-x)^2/2\sigma_N^2}}{\sqrt{2\pi}\sigma_N}$$

관측 Y가 주어졌을 때, 신호 X의 조건부 확률 밀도 함수는 다음과 같다.

$$f_X(x \mid y) = \frac{f_{X,Y}(x, y)}{f_Y(y)} = \frac{e^{-x^2/2\sigma_X^2}}{\sqrt{2\pi}\sigma_X} \frac{e^{-(y-x)^2/2\sigma_N^2}}{\sqrt{2\pi}\sigma_N} \frac{\sqrt{2\pi}\sigma_Y}{e^{-y^2/2\sigma_Y^2}}$$

$$= \frac{\exp\left\{-\frac{1}{2}\left(\left(\frac{x}{\sigma_X}\right)^2 + \left(\frac{y-x}{\sigma_N}\right)^2 - \left(\frac{y}{\sigma_Y}\right)^2\right)\right\}}{\sqrt{2\pi}\sigma_N\sigma_X/\sigma_Y} = \frac{\exp\left\{-\frac{1}{2}\frac{\sigma_Y^2}{\sigma_X^2\sigma_N^2}\left(x - \frac{\sigma_X^2}{\sigma_Y^2}y\right)^2\right\}}{\sqrt{2\pi}\sigma_N\sigma_X/\sigma_Y}$$

$$= \frac{\exp\left\{-\frac{1}{2(1-\rho_{X,Y}^2)\sigma_X^2}\left(x - \left(\frac{\sigma_X^2}{\sigma_X^2 + \sigma_X^2}\right)y\right)^2\right\}}{\sqrt{1 - \rho_{X,Y}^2}\,\sigma_X}$$

지수 변수가 1일 때, 조건부 확률 밀도 함수는 최대값을 가진다.

$$x = \left(\frac{\sigma_X^2}{\sigma_X^2 + \sigma_N^2}\right)y = \left(\frac{1}{1 + \frac{\sigma_N^2}{\sigma_X^2}}\right)y$$

신호와 잡음비(SNR)는 X의 분산과 N의 분산의 비율로 정의된다. 신호와 잡음비가 높으면 추정량은 $x \approx y$로 주어지고, 신호와 잡음비가 매우 낮으면 추정량은 $x \approx 0$으로 주어진다.

예제 5.48 **결합 가우스 확률 변수의 회전**

임의의 2차원 가우스 벡터의 타원이 x축으로부터 θ만큼 회전되어 있다.

$$\theta = \frac{1}{2}\arctan\left(\frac{2\rho\sigma_1\sigma_2}{\sigma_1^2 - \sigma_2^2}\right)$$

그림 5.27에 보인 타원과 같은 축을 가지는 새로운 좌표계를 정의해보자. 이것은 다음의 회전 행렬을 이용함으로써 성립된다.

$$\begin{bmatrix} V \\ W \end{bmatrix} = \begin{bmatrix} \cos\theta & \sin\theta \\ -\sin\theta & \cos\theta \end{bmatrix}\begin{bmatrix} X \\ Y \end{bmatrix}$$

새로운 확률 변수들이 독립이라는 것을 보여주기 위해서는 공분산이 0이라는 것을 보여줌으로써 충분하다.

$$\begin{aligned}
\text{COV}(V, W) &= E[(V - E[V])(W - E[W])] \\
&= E[\{(X - m_1)\cos\theta + (Y - m_2)\sin\theta\} \\
&\quad \times \{-(X - m_1)\sin\theta + (Y - m_2)\cos\theta\}] \\
&= -\sigma_1^2\sin\theta\cos\theta + \text{COV}(X, Y)\cos^2\theta \\
&\quad -\text{COV}(X, Y)\sin^2\theta + \sigma_2^2\sin\theta\cos\theta \\
&= \frac{(\sigma_2^2 - \sigma_1^2)\sin 2\theta + 2\,\text{COV}(X, Y)\cos 2\theta}{2} \\
&= \frac{\cos 2\theta[(\sigma_2^2 - \sigma_1^2)\tan 2\theta + 2\,\text{COV}(X, Y)]}{2}
\end{aligned}$$

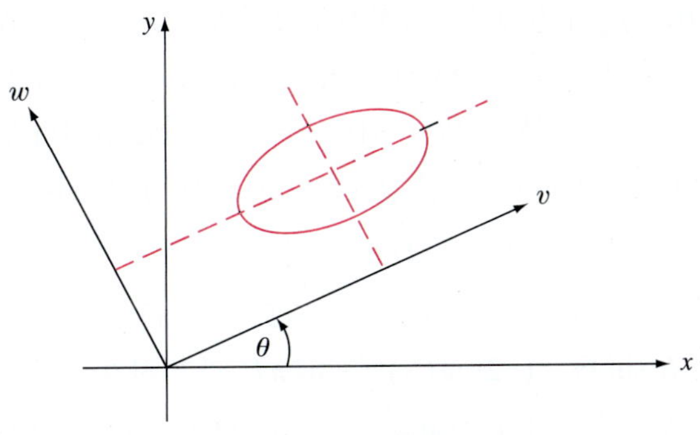

그림 5.27 ● 좌표계의 회전은 종속 가우스 확률 변수의 쌍을 독립 가우스 확률 변수의 쌍으로 변환시킨다.

만약 다음과 같은 회전각 θ을 가진다면 V와 W의 공분산은 0임이 필요하다.

$$\tan 2\theta = \frac{2\,\mathrm{COV}(X, Y)}{\sigma_1^2 - \sigma_2^2}$$

*5.10 결합 가우스 확률 변수의 쌍

이제 단위분산, 비상관(더 나아가 독립)인 가우스 확률 변수를 생성시키는 방법을 살펴보자. X와 Y가 독립이고, 0인 평균을 가지며, 단위분산을 가지는 가우스 확률 변수라고 가정하자. 그러면 결합 확률 밀도 함수는 다음과 같이 나타내어진다.

$$f_{X,Y}(x, y) = \frac{1}{2\pi} e^{-(x^2+y^2)/2}$$

예제 5.44에서 우리는 변환에 대해 보았다.

$$R = \sqrt{X^2 + Y^2} \quad \text{그리고} \quad \Theta = \tan^{-1} Y/X$$

독립 확률 변수 쌍을 이끌어낼 수 있다.

$$f_{R,\Theta}(r, \theta) = \frac{1}{2\pi} r e^{-r^2/2} = f_R(r) f_\Theta(\theta)$$

R은 레일라이 확률 변수이고 Θ는 균등 확률 변수이다. 위의 변환은 역변환이 존재한다. 이로써 우리는 변환을 통하여 독립 레일라이 확률 변수와 균등 확률 변수, 평균이 0이고 단위분산인 독립 가우스 확률 변수를 생성할 수 있다.

$$X = R\cos\Theta \quad \text{그리고} \quad Y = R\sin\Theta \tag{5.65}$$

R은 레일라이 확률 변수인 경우, $W = R^2$을 보자. 예제 5.41에서는 확률 밀도 함수를 가진다.

$$f_W(w) = \frac{f_R(\sqrt{w})}{2\sqrt{w}} = \frac{\sqrt{w} e^{-\sqrt{w}^2/2}}{2\sqrt{w}} = \frac{1}{2} e^{-w/2}$$

$W = R^2$는 $\lambda = 1/2$를 갖는 지수 분포이다.

이로써 우리는 1/2의 매개변수를 가지는 지수 확률 변수의 생성을 통해 R^2을 생성할 수 있다. 또한 $(0, 2\pi)$ 구간에서 균등하게 분포된 확률 변수를 통해서 Θ를 생성할 수 있다. 만일 우리가 이들 확률 변수를 식 (5.65)에 대입할 경우, 독립이고 영평균, 단위분산을 가지는 가우스 확률 변수의 쌍을 구해낼 수 있다. 위의 논의에서 다음 알고리즘을 이끌어낼 수 있다.

1. 단위구간 안에서 균등한 분포를 가지는 두 개의 독립 확률 변수 U_1과 U_2를 생성한다.

2. $R^2 = -2\log U_1$, $\Theta = 2\pi U_2$라 하자.

3. $X = R\cos\Theta = (-2\log U_1)^{1/2}\cos 2\pi U_2$ 그리고
$Y = R\sin\Theta = (-2\log U_1)^{1/2}\sin 2\pi U_2$라고 하자.

그리고 X와 Y는 독립이고, 영평균을 가지고, 단위분산을 가지는 가우스 확률 변수이다. 위의 과정을 반복해서 어떤 수의 확률 변수를 생성할 수 있다.

예제 5.49

옥타브 또는 매트랩을 이용하여 1, 000개의 독립이고, 평균이 0, 단위분산인 가우스 확률 변수를 생성하라. 관측된 값과 평균이 0이고, 단위분산인 확률 변수의 pdf를 막대그래프로 비교하여라.

가우스 확률 변수를 생성하는 과정을 옥타브 명령들을 다음과 같이 보여준다. 범위 (−4, 4)를 갖는 K 값의 막대그래프 집합은 정규화된 막대그래프 Z를 만들기 위하여 이용된다. Z 내에 점들은 그려지고 가우스 pdf에 의해 각 구간에서 감소한 예측된 값과 비교된다. 우수한 일치를 보여주는 이러한 그림은 그림 5.28에 나타나 있다.

```
> U1=rand(1000, 1);                 % 1,000 요소 벡터 U1 만든다(단계1).
> U2=rand(1000, 1);                 % 1,000 요소 벡터 U2 만든다(단계1).
> U2=-2*log(U1);                    % R^2를 구한다(단계2).
> TH=2*pi*U2;                       % θ를 구한다(단계2).
> X=sqrt(R2).*sin(TH);              % X를 생성한다(단계3).
> X=sqrt(R2).*cos(TH);              % Y를 생성한다(단계3).
> K=-4:.2.4;                        % 막대그래프의 값 범위 만들기.
> Z=hist(X , K)/1000                % K에 근거한 정규화 된 막대그래프 만들기.
> bar(K, Z)                         % Z를 그린다.
> hold on
> stem(K,.2*normal_pdf(K,0,1))      % pdf에 의해 예측된 값과 비교한다.
```

우리는 또한 그림 5.29에서 보이는 산포도처럼 확률 변수에 의해 생성된 5, 000개의 X와 Y의 변수 쌍을 그렸다. 평균이 0이고 단위분산인 결합 가우스 pdf가 원형 대칭으로 거의 일치하는 것을 볼 수 있다.

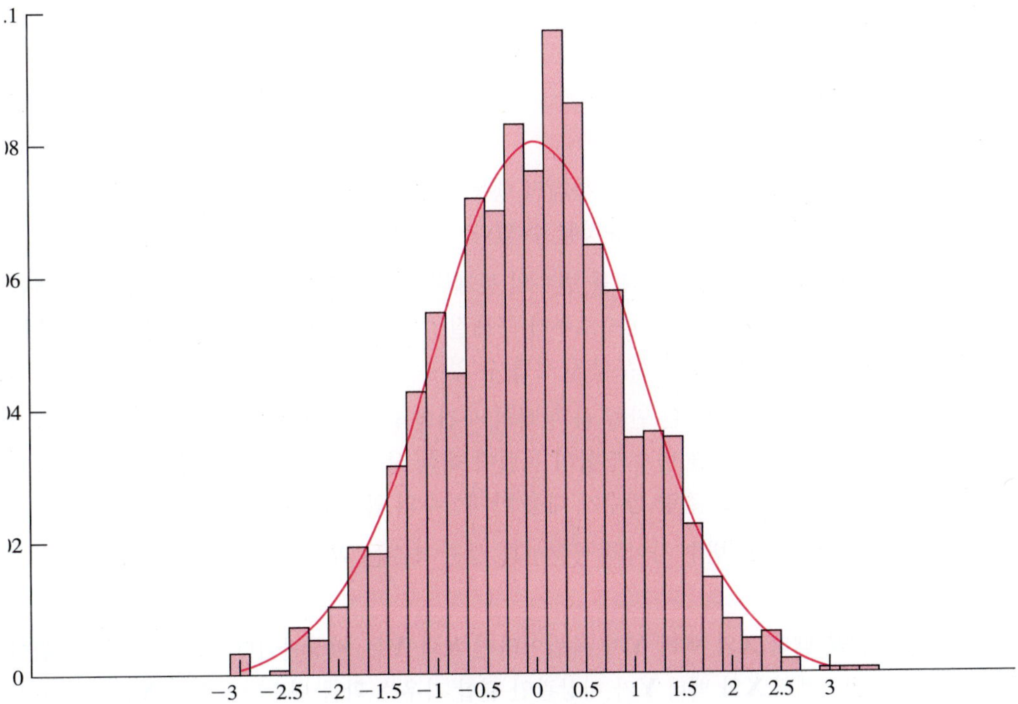

그림 5.28 ● 1, 000개 가우스 확률 변수의 히스토그램

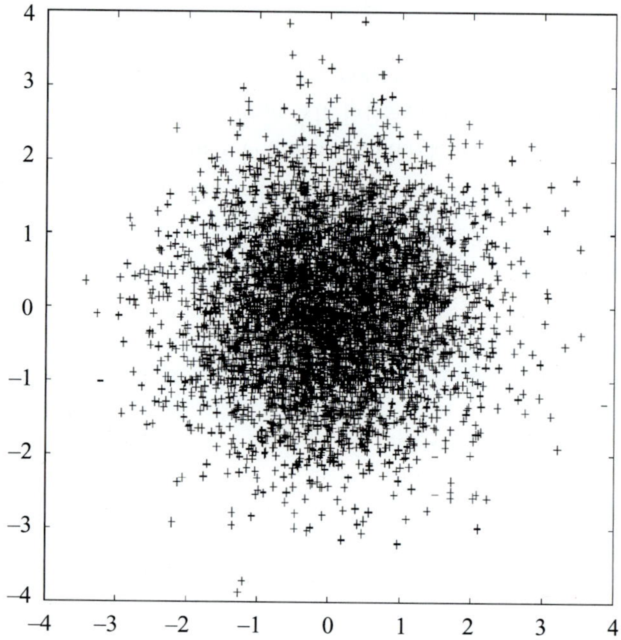

그림 5.29 ● 5, 000개 결합 가우스 확률 변수 쌍의 산포도

다음 장에서 우리는 임의의 공분산 행렬을 가지는 결합 가우스 확률 변수의 벡터를 생성하는 방법을 보게 될 것이다.

요약

- 확률 변수 벡터 X의 결합 통계적 행동은 결합 누적 분포 함수, 결합 확률 질량 함수, 결합 확률 밀도 함수의 상태로 규정될 수 있다.
- 벡터 $\mathbf{X}$의 부분집합인 확률 변수의 통계적 행동은 $\mathbf{X}$의 결합 누적 분포 함수, 결합 확률 밀도 함수, 결합 확률 질량 함수로부터 구해질 수 있는 한계 누적 분포 함수, 한계 확률 밀도 함수, 한계 확률 질량 함수로부터 규정될 수 있다
- 두 개의 확률 변수는 만일 곱 형식의 사건의 확률이 그 성분 사건들의 확률의 곱과 같다면 독립이다. 어떤 확률 변수 집합의 독립에 대한 상등조건은 결합 누적 분포 함수, 결합 확률 밀도 함수, 결합 확률 질량 함수가 대응 한계함수의 곱으로 분해되는 것이다.
- 두 개의 확률 변수 사이의 공분산과 상관 계수는 확률 변수 사이의 선형 의존에 의해 구해진다.
- 만약 벡터 $\mathbf{X}$와 벡터 $\mathbf{Y}$가 독립이라면 $\mathbf{X}$와 $\mathbf{Y}$는 비상관이다. 그러나 역은 성립하지 않는다. 만약 벡터 $\mathbf{X}$와 벡터 $\mathbf{Y}$가 비상관인 결합 가우스 확률 변수라면 $\mathbf{X}$와 $\mathbf{Y}$는 독립이다.
- X 또는 Y의 정확한 값으로 주어지면, 벡터 $\mathbf{X}$의 통계적 행동은 조건부 누적 분포 함수, 조건

부 확률 밀도 함수, 조건부 확률 질량 함수에 의해 규정된다. 많은 문제들은 확률 변수의 몇몇 값들의 상태에 따라 자연스럽게 그 문제의 해답을 제시한다. 이런 문제들에서 확률 변수의 기대값은 조건부 기대값으로부터 얻을 수 있다.

- 쌍의 결합 가우스 확률 변수의 결합 확률 밀도 함수는 평균과 분산, 공분산 행렬에 의해 결정된다. 모든 한계 확률 밀도 함수와 조건부 확률 밀도 함수는 가우스 확률 밀도 함수를 가진다.
- 독립 가우스 확률 변수는 균등 확률 변수의 변환에 의해 생성된다.

주요 용어

결합 누적 분포 함수
결합 확률 밀도 함수
곱형식 사건
독립 확률 변수
선형변환
조건부 누적 분포 함수
조건부 확률 질량 함수
한계 누적 분포 함수
한계 확률 질량 함수
X와 Y의 공분산
X와 Y의 중심 모멘트
결합 연속 확률 변수
결합 확률 질량 함수
기댓값결합 가우스 확률 변수
비상관 확률 변수
조건부 기대값
조건부 확률 밀도 함수
직교 확률 변수
한계 확률 밀도 함수
X와 Y의 결합 모멘트
X와 Y의 상관

참고문헌

Papoulis[참고문헌 1]은 전기공학의 확률 변수에 있어서 정평 있는 참고문헌이다. 참고문헌 [2]와 [3]은 다중 확률 변수를 포함하고 있는 흥미 있는 예제들을 많이 보여준다. Jayant와 Noll[참고문헌 4]이 서술한 책은 파형의 디지털 코딩에 확률개념의 응용을 많이 보여준다.

1. A. Papoulis and S. Pillai, *Probability, Random Variable*, and Stochastic Processes, McGraw-Hill, New York, 2002.
2. L. Breiman, *Probability and Stochastic Processes*, Houghton Mifflin, Boston, 1969.
3. H. J. Larson and B. O. Shubert, *Probabilistic Models in Engineering Sciences*, vol. 1, Wiley, New York, 1979.
4. N. S. Jayant and P. Noll, *Digital Coding of Waveforms*, Prentice-Hall, Englewood Cliffs, N.J., 1984.
5. N. Johnson et al., *Continuous Multivariate Distributions*, Wiley, New York, 2000.
6. H. Stark and J. W. Woods, *Probability, Random Processes, and Estimation Theory for Engineers*, Prentice-*Hall, Englewood Cliffs, N.J., 1986.*
7. H. Anton, *Elementary Linear Algebra*, 9th ed., Wiley, New York, 2005.
8. C. H. Edwards, Jr., and D. E. Penney, *Calculus and Analytic Geometry*, 4th ed., Prentice-Hall, Englewood Cliffs, N.J., 1994.

연습문제

5.1절 : 두 확률 변수

5.1. 카를로와 마이클이 앞면과 뒷면이 나올 확률이 같은 동전을 두 번씩 던질 때 나온 윗면의 수의 최대값을 X, 최소값을 Y라 하자.

(a) 이 확률 실험의 공간 S를 찾고 이를 각 순서쌍(X, Y)의 S_{XY}에 할당하여라.

(b) 모든 (X, Y)값에서의 확률을 찾아라.

(c) $P[X = Y]$를 찾아라.

5.2. 카를로가 앞면이 나올 확률 $P[\text{앞면}] = 4/5$인 동전을 가지고 문제 1번을 반복한다면 어떻겠는가?

5.3. 카를로와 마이클이 앞면과 뒷면이 나올 확률이 같은 동전을 두 번 던졌을 때 얻은 앞면의 수의 차를 X, 그 합을 Y라고 하자.

(a) 이 확률 실험의 공간 S를 찾고 이를 각 순서쌍(X, Y)의 S_{XY}에 할당하여라.

(b) 모든 (X, Y)값에서의 확률을 찾아라.

(c) $P[X + Y = 1]$, $P[X + Y = 2]$를 찾아라.

5.4. 통신 채널로 입력이 '−1' 또는 '1'이 각 1/3, 2/3의 확률을 가지고 주어진다. 이때 채널의 출력 Y는 입력 X의 확률 $1 - p - p_e$; $-X$의 확률 p; 0의 확률 p_e와 같이 주어진다.

(a) 이 확률 실험의 공간 S를 찾고 이를 각 순서쌍(X, Y)의 S_{XY}에 할당하여라.

(b) 모든 (X, Y)값에서의 확률을 찾아라.

(c) $P[X \neq Y]$, $P[Y = 0]$를 찾아라.

5.5. **(a)** 예제 5.2에서의 순서쌍 (N_1, N_2)의 범위를 구하여라.

(b) '경우 1의 수입이 경우 2의 수입보다 큰 경우'인 사건을 그리고 명시하여라.

5.6. **(a)** 예제 5.3에서의 순서쌍 (Q, R)의 범위를 구하여라.

(b) '마지막 패킷이 반 이상 차 있을 경우'인 사건을 그리고 명시하여라.

5.7. 예제 5.4에서의 2차원 잡음신호를 (X, Y)라고 하자. 다음 사건을 찾아라.

(a) '최대 잡음의 크기가 5보다 작을 경우.'

(b) '잡음의 파워 $X^2 + Y^2$가 9보다 작을 경우'

(c) '잡음의 파워 $X^2 + Y^2$가 9보다 작고 4보다 큰 경우'

5.8. 다음의 2차원 확률 변수인 $\mathbf{X} = (X, Y)$의 사건 영역을 표시하고 곱 형식인지를 밝혀라.

(a) $\{X - Y \leq 2\}$

(b) $\{e^X < 6\}$

(c) $\{\max(X, Y) < 6\}$

(d) $\{|X - Y| \leq 2\}$

(e) $\{|X| > |Y|\}$

(f) $\{X/Y < 1\}$

(g) $\{X^2 \leq Y\}$

(h) $\{XY \leq 2\}$

(i) $\{\max(|X|, |Y|) < 3\}$

5.2절 : 이산 확률 변수의 쌍

5.9. **(a)** 연습문제 5.1의 $p_{X,Y}(x, y)$를 그려라.

(b) $p_X(x)$와 $p_Y(y)$를 찾아라.

5.10. 카를로가 앞면이 나올 확률 P[앞면] = 4/5인 동전을 가지고 실험했을 때의 연습문제 5.9의 (a)와 (b)는 어떻겠는가?

5.11. **(a)** 연습문제 5.2에서 앞면과 뒷면이 나올 확률이 같은 동전으로 실험했을 때의 $p_{X,Y}(x, y)$를 찾아라.

(b) $p_X(x)$와 $p_Y(y)$를 찾아라.

5.12. **(a)** 다음과 같은 결합 확률 질량 함수를 갖는 확률 변수의 쌍의 한계 확률 질량 함수를 구하라.

(i)

Y	X		
	−1	0	1
−1	1/6	0	1/6
0	0	1/3	0
1	1/6	0	1/6

(ii)

Y	X		
	−1	0	1
−1	1/9	1/9	1/9
0	1/9	1/9	1/9
1	1/9	1/9	1/9

(iii)

Y	X		
	−1	0	1
−1	0	0	1/3
0	0	1/3	0
1	1/3	0	0

(b) 위의 결합 확률 질량 함수의 사건 $A = \{X \le 0\}$, $B = \{X \le Y\}$ 그리고 $C = \{X = -Y\}$의 확률을 구하라.

5.13. 다음의 2차원 신호 (X, Y)를 전송하는 모뎀이 있다.

$$X = r\cos(2\pi\Theta/8) \quad \text{그리고} \quad Y = r\sin(2\pi\Theta/8)$$

Θ는 집합 $\{0, 1, 2, \ldots, 7\}$에서 불연속 균등 분포를 가지는 확률 변수이다.

(a) S에서 S_{XY}로의 매핑을 보이고, 순서쌍 (X, Y)의 범위를 찾아라.

(b) X와 Y의 결합 확률 질량 함수를 찾아라.

(c) X와 Y의 한계 결합 확률 질량 함수를 찾아라.

(d) 다음 사건의 확률을 찾아라.

$$A = \{X = 0\}, B = \{Y \le r/\sqrt{2}\},$$
$$C = \{X \ge r/\sqrt{2}, Y \ge r/\sqrt{2}\}, D = \{X < -r/\sqrt{2}\}$$

5.14. 100 ms 동안의 웹 페이지 요청 수를 N_1, 그 다음 100 ms 동안의 웹 페이지 요청 수를 N_2라 하자. 1 ms 간격으로 요청이 0 또는 1번 있을 확률이 각 $1 - p = 0.95$와 $p = 0.05$라고 하자. 또한 1 ms 간의 요청은 서로 독립적이라고 하자.

(a) 이 확률 실험의 공간 S를 찾고 이를 각 순서쌍(X, Y)의 S_{XY}에 할당하여라.

(b) X와 Y의 결합 확률 질량 함수를 찾아라.

(c) X와 Y의 각 한계 확률 질량 함수를 찾아라.

(d) 사건 $A = \{X \ge Y\}$, $B = \{X = Y = 0\}$, $C = \{X > 5, Y > 3\}$의 확률을 찾아라.

(e) 사건 $D = \{X + Y = 10\}$의 확률을 찾아라.

5.15. (0, 100)ms 동안 서버에서 받는 웹 페이지 요청 수를 N_1, (0, 200)ms 동안 서버에서 받는 전체 웹 페이지 요청 수를 N_2라 하자. 연습문제 5.14에서와 같은 요청이 발생한다고 가정하자.

(a) 이 확률 실험의 공간 S를 찾고 이를 각 순서쌍(X, Y)의 S_{XY}에 할당하여라.

(b) N_1와 N_2의 결합 확률 질량 함수를 찾아라.

(c) N_1와 N_2의 각 한계 확률 질량 함수를 찾아라.

(d) 사건 $A = \{N_1 < N_2\}$, $B = \{N_2 = 0\}$,$C = \{N_1 > 5, N_2 > 3\}$, $D = \{|N_2 - 2N_1| < 2\}$의 확률을 찾아라.

5.16. 매 짝수 번째 순간마다 로봇이 동전 뒤집기의 결과에 따라 x축 방향으로 $+\Delta$ cm 또는 $-\Delta$ cm만큼 이동한다. 또 매 홀수 번째 순간마다 동전의 결과에 따라 y축 방향으로 $+\Delta$ cm 또는 $-\Delta$ cm만큼 이동한다. 로봇이 원점에서 움직이기 시작했다고 가정했을 때, $2n$번째 동전 뒤집기 후의 로봇의 위치를 X와 Y라고 하자.

(a) 이 확률 실험의 공간 S를 찾고 이를 각 순서쌍(X, Y)의 S_{XY}에 할당하여라.

(b) 좌표 X와 Y의 한계 확률 질량 함수를 찾아라.

(c) $2n$번째 시행 후에 로봇이 원점에서부터 $\sqrt{2}$ 거리 안에 있을 확률을 구하여라.

5.3절: x와 y의 결합 누적 분포 함수

5.17. **(a)** 연습문제 5.1의 (X, Y)쌍의 결합 누적 분포 함수를 그리고 결합 누적 분포 함수 성질을 만족하는지 증명하라. 면을 누적 분포 함수가 상수인 지역으로 1차 분할하는 것이 도움이 될 것이다.

(b) X와 Y의 한계 누적 분포 함수를 구하라.

5.18. 화살을 단위 반경을 가진 원형 과녁 안의 아무 지점 (X_1, X_2)에 균등한 확률로 던지고 R과 Θ를 각각 반경과 (X_1, X_2) 지점의 각도라고 할 때,

(a) R과 Θ의 결합 누적 분포 함수를 구하라.

(b) R과 Θ의 한계 누적 분포 함수를 구하라.

(c) 결합 누적 분포 함수를 이용하여 화살을 과녁의 1사분면이면서 반경이 0.5보다 큰 구역에 던질 확률을 구하라.

5.19. 연습문제 5.8의 (b), (c), (i)에 나온 사건의 확률에 대한 표현을 X와 Y의 결합 누적 분포 함수로 나타내어라.

5.20. X와 Y를 각 안테나 두 대의 잡음신호 진폭이라 할 때, 확률벡터 (X, Y)는 다음 결합 확률 밀도 함수를 가진다.

$$f(x, y) = axe^{-ax^2/2}bye^{-by^2/2} \quad x > 0, y > 0, a > 0, b > 0$$

(a) 결합 누적 분포 함수를 구하라.

(b) $P[X > Y]$를 구하라.

(c) 한계 확률 밀도 함수를 구하라.

5.21. 다음 식이 올바른 확률 밀도 함수인가? 맞는다면 그 이유는 무엇인가?

$$F_{X,Y}(x, y) = \begin{cases} (1 - 1/x^2y^2) & x > 1, y > 1\text{에 대해서} \\ 0 & \text{그 외의 경우} \end{cases}$$

5.22. $F_X(x)$와 $F_Y(y)$가 1차원 누적 분포 함수일 때, $F_{X,Y}(x, y) = F_X(x)F_Y(y)$가 이차원 누적 분포 함수의 성질을 만족하는지 증명하라.

5.23. A공장은 특정 기종의 기계를 n개 가지고 있다. p는 임의의 날짜에 기계가 기동할 확률이며, N은 특정 날짜에 운전하는 기계의 총 수량이라 할 때, 제품 생산 시 필요한 시간 T는 k개의 기계가 운

전 중일 때 $k\alpha$의 비율을 가진 지수의 분포를 가진 확률 변수이다. $P[T \leq t]$와 $t \rightarrow \infty$일 때, $P[T \leq t]$를 구하고 그 결과를 설명하라.

5.4절 : 두 개의 연속 확률 변수의 결합 확률 밀도 함수

5.24. 두 신호 X와 Y의 진폭은 결합 확률 밀도 함수를 가진다.

$$f_{X,Y}(x, y) = e^{-x/2}ye^{-y^2} \qquad x > 0, y > 0\text{에 대하여}$$

(a) c와 결합 누적 분포 함수를 구하라.

(b) $P[X > Y]$를 구하라.

(c) 한계 확률 밀도 함수를 구하라.

5.25. X와 Y는 결합 확률 밀도 함수를 가진다.

$$f_{X,Y}(x, y) = k(x + y) \qquad 0 \leq x \leq 1, 0 \leq y \leq 1\text{에 대하여}$$

(a) k를 구하라.

(b) (X, Y)의 결합 누적 분포 함수를 구하라.

(c) X와 Y의 한계 확률 밀도 함수를 구하라.

(d) $P[X, Y]$, $P[Y < X^2]$, $P[X + Y > 0.5]$를 구하라.

5.26. 확률 벡터 (X, Y)는 그림 P5.1의 영역에 균등하게 분포되어 있고(예를 들어, $f(x, y) = k$) 나머지 영역은 0이다.

(a) 사례의 k를 구하라.

(b) X와 Y 각 사례의 한계 확률 밀도 함수를 구하라.

(c) $P[X > 0, Y > 0]$을 구하라.

5.27. **(a)** 예제 5.16에 있는 벡터 확률 변수의 결합 누적 분포 함수를 구하라.

(b) (a)의 결과를 이용하여 X와 Y의 한계 누적 분포 함수를 구하라.

5.28. X와 Y의 결합 확률 밀도 함수는 다음과 같다.

$$f_{X,Y}(x, y) = ye^{-y(1+x)} \qquad x > 0, y > 0\text{에 대하여}$$

X와 Y의 한계 확률 밀도 함수를 구하라.

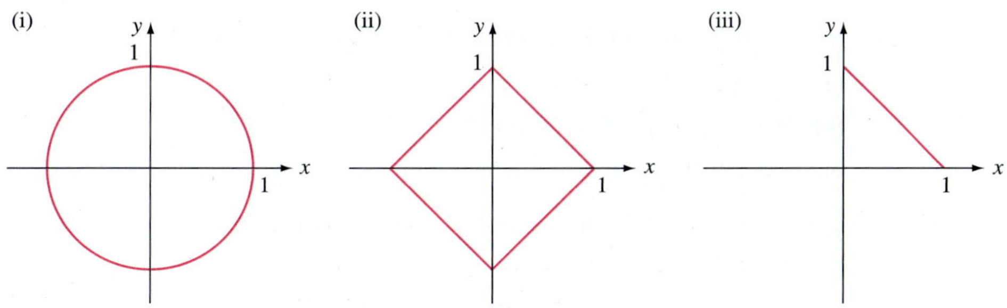

그림 P5.1

5.29. R과 Θ는 연습문제 5.18에 나온 확률 변수의 쌍이라 할 때,

(a) R과 Θ의 결합 확률 밀도 함수를 구하라.

(b) R과 $\mathbf{\Theta}$의 한계 확률 밀도 함수를 구하라.

5.30. (X, Y)를 예제 5.18에 나온 결합 가우스 확률 변수라 하고, $\rho = 0$일 때 $P[X^2 + Y^2 < r^2]$를 구하라. 힌트: 적분 계산 시 극좌표를 이용하라.

5.31. 두 개의 가우스 확률 변수로 이루어진 결합 확률 밀도 함수의 일반형이 식 (5.61a)일 때, X와 Y가 평균이 각각 m_1, m_2이고 분산이 σ_1^2, σ_2^2인 가우스 확률 변수로 이루어진 한계 확률 밀도 함수임을 증명하라.

5.32. 통신 채널에 대한 입력 X는 각각 p와 $1-p$의 확률로 +1과 −1이 된다. 수신 신호 Y는 X와 평균값 0과 단위분산을 가진 가우스 분포를 가진 잡음 N으로 이루어질 때,

(a) 결합확률 $P[X = j, Y \le y]$를 구하라.

(b) X의 한계 확률 질량 함수와 Y의 한계 확률 밀도 함수를 구하라.

(c) $Y > 0$이라 가정하자. $X = 1$과 $X = -1$ 중 어느 것이 더 확률이 높은가?

5.33. 모뎀(model)은 집합 $\{(1, 1), (1, -1), (-1, 1), (-1, -1)\}$ 중의 하나인 2차원 신호 $\mathbf{X}$를 송신한다. 채널에서 잡음 신호 (N_1, N_2)가 추가되면 수신 신호는 $\mathbf{Y} = \mathbf{X} + \mathbf{N} = (X_1 + N_1, X_2 + N_2)$이 된다. (N_1, N_2)가 예제 5.18의 $\rho = 0$인 결합 가우스 확률 밀도 함수라 가정할 때, $\mathbf{X}$와 $\mathbf{Y}$의 거리는 $d(\mathbf{X}, \mathbf{Y}) = \{(X_1 - Y_1)^2 + (X_2 - Y_2)^2\}^{1/2}$가 된다.

(a) $\mathbf{X} = (1, 1)$이라 가정할 때, 사건 {다른 $\mathbf{X}$값보다 $\mathbf{Y}$가 (1, 1)에 가깝다.}의 영역을 구하고 그림으로 표시하라. 이 사건의 확률을 평가하라.

(b) $\mathbf{X} = (1, 1)$이라 가정할 때, 사건 {다른 $\mathbf{X}$값보다 $\mathbf{Y}$가 (1, −1)에 가깝다.}의 영역을 구하고 그림으로 표시하라. 이 사건의 확률을 평가하라.

(c) $\mathbf{X} = (1, 1)$이라 가정할 때, 사건 $\{d(\mathbf{X}, \mathbf{Y}) > 1\}$의 영역을 구하고 그림으로 표시하라. 이 사건의 확률을 평가하고 왜 이 확률이 $\mathbf{Y}$가 다른 $\mathbf{X} = (1, 1)$보다 신호에 가까울 확률의 상계(upper bound)에 있는지 설명하라.

5.5절 : 두 확률 변수의 독립

5.34. 공정한 주사위를 한 번 던짐으로 관찰된 점들의 수를 3으로 나누었을 때 X는 몫이고 Y는 나머지이다. X와 Y는 독립 확률 변수인가?

5.35. X와 Y는 연습문제 5.16에서 $2n$ 순간의 시간 후에 로봇의 좌표이다. X와 Y는 독립 확률 변수인지 결정하라.

5.36. X와 Y는 연습문제 5.13에서 2차원의 모뎀 신호 (X, Y)의 좌표이다.

(a) X와 Y는 독립 확률 변수인지 아닌지 결정하라.

(b) $\mathbf{\Theta}$의 짝수 값이 홀수 값의 두 배인 경우에 (a)를 반복하라.

5.37. 연습문제 5.12의 결합 확률 질량 함수의 어떤 것이 확률 변수의 독립쌍과 상응하는 것인지 결정하라.

5.38. 마이클은 매일 아침 7시 30분에 버스를 탄다. 정거장에 도착하는 시간은 구간 [7:27, 7:37]에 균일하게 분포된다. 마이클이 정거장에 도착하는 시간은 구간 [7:25, 7:40]에 균일하게 분포된다. 마이클과 버스의 도착시간 독립 확률 변수라고 가정하자.

(a) 마이클이 버스보다 5분 이상 일찍 도착할 확률은 얼마인가?

(b) 마이클이 버스를 놓칠 확률은 얼마인가?

5.39. 연습문제 5.18에서 R과 $\mathbf{\Theta}$는 독립인가?

5.40. 연습문제 5.24에서 신호진폭 X와 Y는 독립인가?

5.41. 연습문제 5.25에서 X와 Y는 독립인가?

5.42. 연습문제 5.26에서 X와 Y는 독립인가?

5.43. X와 Y는 독립 확률 변수이다. 아래 사건의 확률을 $F_X(x)$와 $F_Y(y)$의 표현으로 구하라.

(a) $\{a < X \leq b\} \cap \{Y > d\}$

(b) $\{a < X \leq b\} \cap \{c \leq Y < d\}$

(c) $\{|X| < a\} \cap \{c \leq Y \leq d\}$

5.44. X와 Y는 $[-1, 1]$ 내에서 균등한 분포를 가지는 독립 확률 변수이다. 아래 사건의 확률을 구하라.

(a) $P[X < 1/2, |Y| < 1/2]$

(b) $P[4X^2 < 1, Y < 0]$

(c) $P[XY < 1/2]$

(d) $P[\max(X, Y) < 1/3]$

5.45. X와 Y는 집합 $\{-1, 0, 1\}$ 내의 값을 가지는 확률 변수이다.

(a) X와 Y가 독립인 결합 확률 질량 함수를 구하라.

(b) (a)의 확률 질량 함수에 대하여 X^2과 Y^2은 독립 확률 변수인가?

(c) X와 Y가 독립이 아니지만 X^2과 Y^2은 독립인 경우의 결합 확률 질량 함수를 구하라.

5.46. X와 Y는 연습문제 5.31에서 소개된 결합 가우스 확률 변수이다.

(a) $\rho = 0$일 경우에 X와 Y가 독립 확률 변수임을 보여라.

(b) $\rho = 0$이라 할 때, $P[XY < 0]$을 구하라.

5.47. 두 개의 공정한 주사위가 한 쌍이 발생할 때까지 던져지게 된다. K는 필요한 던짐의 수이고, X는 쌍이 나타나는 수이다. K와 X의 결합 확률 질량 함수를 구하고, 독립인지 아닌지 결정하라.

5.48. N_1은 100 ms 동안 서버에 도착하는 웹 페이지의 요구 수이고, N_2는 다음 100 ms 동안 서버에 도착하는 웹 페이지의 요구 수이다. N_1과 N_2가 독립 포아송 확률 변수인 모델을 만들기 위하여 연습문제 5.14(a), (b)의 결과를 사용하라.

5.49. **(a)** 식 (5.22)가 식 (5.21)을 의미함을 보여라.

(b) 식 (5.21)이 식 (5.22)를 의미함을 보여라.

5.50. 식 (5.22)와 (5.23)이 서로로부터 얻어짐을 증명하라.

5.6절 : 결합 모멘트와 두 확률 변수 함수의 기대값

5.51. **(a)** $E[(X + Y)^2]$을 구하라.

(b) $X + Y$의 분산을 구하라.

(c) 어떠한 조건 하에서 합의 분산과 각각의 분산의 합이 같은가?

5.52. X와 Y의 매개변수가 각각 $\lambda_1 = 1$과 $\lambda_2 = 1$인 독립 지수 확률 변수라 할 때, $E[|X - Y|]$를 구하라.

5.53. X와 Y는 서로 독립이고, X의 평균은 0이며, 단위분산인 가우스 확률 변수이다. 그리고 Y는 구간 $[0, 3]$에서 균등 확률 변수일 때, $E[X^2e^Y]$를 구하라.

5.54. 연습문제 5.1의 이산 확률 변수 X와 Y에 대하여 상관과 공분산을 구하라. 그리고 확률 변수들이 독립인지, 직교인지 또는 비상관인지 말하라.

5.55. 연습문제 5.2의 이산 확률 변수 X와 Y에 대하여 상관과 공분산을 구하라. 그리고 확률 변수들이 독립인지, 직교인지 또는 비상관인지 말하라.

5.56. 연습문제 5.3의 이산 확률 변수 X와 Y에 대하여 상관과 공분산을 구하라. 그리고 확률 변수들이 독립인지, 직교인지 또는 비상관인지 말하라.

5.57. 연습문제 5.12의 이산 확률 변수 세 쌍에 대하여 X와 Y의 상관과 공분산을 구하라. 그리고 확률 변수들이 독립인지, 직교인지 또는 비상관인지 말하라.

5.58. 연습문제 5.14에서 N_1과 N_2는 웹 페이지의 요구 수이다. N_1과 N_2의 상관과 공분산을 구하라. 그리고 확률 변수들이 독립인지, 직교인지 또는 비상관인지 말하라.

5.59. 연습문제 5.15에서 웹 페이지 요구 수 N_1과 N_2에 대하여 연습문제 5.58을 반복하라.

5.60. 연습문제 5.25에서 X와 Y의 상관과 공분산을 구하라. X와 Y가 독립인지, 직교인지 또는 비상관인지 결정하라.

5.61. 연습문제 5.27의 연속 확률 변수 X와 Y의 세 쌍에 대하여 상관과 공분산을 구하라. 그리고 확률 변수들이 독립인지, 직교인지 또는 비상관인지 말하라.

5.62. X와 $Y = aX + b$ 사이의 상관 계수를 구하라. 답은 a의 부호에 의존하는가?

5.63. 두 확률 변수의 공분산을 추정하는 방법을 제안하라.

5.64. 예제 5.28의 상관 계수에 대한 계산을 완성하라.

5.65. X와 Y가 다음의 확률 밀도 함수를 가질 때 연습문제 5.60의 계산을 반복하라.

$$f_{X,Y}(x, y) = e^{-(x+|y|)} \qquad x > 0, -x < y < x \text{에 대하여}$$

5.66. 입력 X와 잡음 N이 독립인 채널 $Y = X + N$의 출력은 영-평균 확률 변수이다.

(a) 입력 X와 출력 Y사이의 상관 계수를 구하라.

(b) 선형 함수 $g(Y) = aY$에 의하여 입력 X를 추정한다고 가정하자. 평균 제곱 오차 $E[(X - aY)^2]$를 최소화하는 a의 값을 구하라.

(c) σ_X/σ_N의 항에서 평균 제곱 오차의 결과를 표현하라.

5.67. 예제 5.27에서 $X = \cos\Theta$ 그리고 $Y = \sin\Theta/4$이다. X와 Y는 비상관인가?

5.68. **(a)** $COV(X, E[Y|X]) = COV(X, Y)$를 증명하라.

(b) X와 Y가 비상관임을 포함하고, 모든 x에 대하여 $E[Y|X = x] = E[Y]$를 증명하라.

5.69. 코시-슈바르쯔(cauch-Shwarz) 부등식을 증명하기 위하여 모든 t에 대하여 $E[(tX + Y)^2] \geq 0$인 사실을 사용하라.

$$(E[XY])^2 \leq E[X^2]E[Y^2]$$

힌트 : 위의 부등식으로부터 생기는 t에서 2차 방정식의 판별식을 고려하라.

5.7절 : 조건부 확률과 조건부 기대값

5.70. **(a)** 연습문제 5.1에서 $p_Y(y|x)$와 $p_X(x|y)$를 구하라.

(b) 연습문제 5.2에서 카를로스가 $p = 4/5$인 동전을 이용할 때, $p_Y(y|x)$와 $p_X(x|y)$를 구하라.

(c) 편중된 동전을 이용하는 카를로스의 $p_X(x|y)$에 대한 효과는 무엇인가?

(d) 연습문제 (a)에서 $E[Y|X = x]$와 $E[X|Y = y]$를 구하라. 그리고 $E[X]$와 $E[Y]$를 구하라.

(e) 연습문제 (b)에서 $E[Y|X = x]$와 $E[X|Y = y]$를 구하라. 그리고 $E[X]$와 $E[Y]$를 구하라.

5.71. **(a)** 연습문제 5.4의 통신 채널에서 $p_X(x|y)$를 구하라.

(b) 각 y에 대하여 $p_X(x|y)$를 최대화하는 x의 값을 구하라. p와 p_e에 대한 가정을 기술하라.

(c) 수신단이 문제 (b)의 결정 방식을 이용할 때 오차의 확률을 구하라.

5.72. **(a)** 연습문제 5.12(i)에서 X에 대한 가장 많은 정보를 제공하는 Y가 주어질 때 조건부 확률 질량 함수는 $p_Y(y|-1)$, $p_Y(y|0)$ 혹은 $p_Y(y|+1)$ 중 어떤 것인가? 이유를 설명하라.

(b) 연습문제 5.12(ii), (iii)의 조건부 확률 질량 함수를 비교하고, 이 두 경우 중 어느 것이 더 무작위적인지 설명하라.

(c) 연습문제 5.12(i), (ii), (iii)에서 $E[Y|X=x]$와 $E[X|Y=y]$를 구하라. 그리고 $E[X]$와 $E[Y]$를 구하라.

(d) 연습문제 5.12(i), (ii), (iii)에서 $E[Y^2|X=x]$와 $E[X^2|Y=y]$를 구하라. 그리고 $\text{VAR}[X]$와 $\text{VAR}[Y]$를 구하라.

5.73. **(a)** 연습문제 5.15에서 N_2가 주어질 때 N_1의 조건부 확률 질량 함수를 구하라.

(b) $k=5, 10, 2$일 때 $P[N_1=k|N_2=2k]$를 구하라. 힌트 : 스털링 공식을 이용하라.

(c) $E[N_1|N_2=k]$를 구하고 $E[N_1]$ 를 구하라.

5.74. 예제 5.30에서 지역 R 내부의 결함 수를 Y라고 하고, 지역 외부의 결함 수를 Z라고 하자.

(a) Y가 주어졌을 때 Z의 확률 질량 함수를 구하라.

(b) Y와 Z의 결합 확률 질량 함수를 구하라.

(c) Y와 Z는 독립 확률 변수인가? 결과는 직관적인가?

5.75. **(a)** 연습문제 5.25에서 $f_Y(y|x)$를 구하라.

(b) $P[Y>X|x]$를 구하라.

(c) 문제 (b)를 이용하여 $P[Y>X]$를 구하라.

(d) $E[Y|X=x]$를 구하라.

5.76. **(a)** 연습문제 5.26(i)에서 $f_Y(y|x)$를 구하라.

(b) $E[Y|X=x]$와 $E[Y]$를 구하라.

(c) 연습문제 5.26(ii)에서 문제 (a), (b)를 반복하라.

(d) 연습문제 5.26(iii)에서 문제 (a), (b)를 반복하라.

5.77. **(a)** 예제 5.27에서 $f_Y(y|x)$를 구하라.

(b) $E[Y|X=x]$를 구하라.

(c) $E[Y]$를 구하라.

(d) $E[XY|X=x]$를 구하라.

(e) $E[XY]$를 구하라.

5.78. 연습문제 5.31에서 결합 가우스 확률 밀도 함수에 대한 $f_Y(y|x)$와 $f_X(x|y)$를 구하라.

5.79. **(a)** 연습문제 5.13에서 $p_Y(y|x)$와 $p_X(x|y)$를 구하라.

(b) $E[Y|X=x]$를 구하라.

(c) $E[XY|X=x]$와 $E[XY]$를 구하라.

5.80. 가계로 들어가는 고객이 세 명의 점원 중 한 명으로부터 서비스 받을 확률이 같다. 점원 1이 걸리는 시간은 평균이 2분인 일정한 확률 변수이다. 점원 2가 걸리는 시간은 평균이 2분인 지수 분포를 가진다. 그리고 점원 3이 걸리는 시간은 평균이 2분이고 $\alpha=2.5$인 파레토 분포를 가진다.

(a) 고객에게 서비스하는 시간 T의 확률 밀도 함수를 구하라.

(b) $E[T]$와 $\text{VAR}[T]$를 구하라.

5.81. 메시지를 전달하기 위해서 N시간 단위가 요구된다. N은 확률 질량 함수 $p_i = (1-a)a^{i-1}, i = 1, 2, \ldots A$를 가지는 기하 확률 변수이다. 확률 p를 갖는 하나의 새로운 메시지는 하나의 시간 단위 동안 도착하고, 도착하지 않을 확률은 $1-p$이다. K는 하나의 메시지가 전달되는 동안 도착하는 새로운 메시지의 수이다.

(a) 조건부 기대값을 이용하여 $E[K]$와 $\text{VAR}[K]$를 구하라.

(b) K의 확률 질량 함수를 구하라. 힌트 : $(1-\beta)^{-(k+1)} = \sum_{n=k}^{\infty} \binom{n}{k} \beta^{n-k}$

(c) $K = k$로 주어질 때 N의 조건부 확률 질량 함수를 구하라.

(d) $P[N = n | X = k]$를 최대화하는 n의 값을 구하라.

5.82. VLSI 칩의 불량품의 개수는 γ율을 가지는 포아송 확률 변수이다. 그러나 γ는 매개변수 α와 λ를 갖는 자체적으로 감마 확률 변수이다.

(a) 조건부 기대값을 이용하여 $E[N]$과 $\text{VAR}[N]$을 구하라.

(b) 불량품의 수 N에 대한 확률 질량 함수를 구하라.

5.83. **(a)** 연습문제 5.32에서 출력이 $y < Y \le y + dy$ 사이로 주어질 때 통신 채널의 입력 X의 조건부 확률 질량 함수를 구하라.

(b) $y < Y \le y + dy$로 주어질 때 더 확률이 높은 X의 값을 구하라.

(c) 만약 채널의 입력이 무엇인지 결정하기 위해 문제 (b)의 결과를 이용하다면 오차의 확률에 대한 식을 구하라.

5.8절 : 두 확률 변수의 함수

5.84. 두 개의 장난감이 각각 다른 전지를 갖고 동시에 출발했다. 첫 번째 전지는 평균 100분인 지수 분포의 수명을 가진다. 두 번째 전지는 평균 100분이고 $\alpha = 3$인 파레토분포의 수명을 가진다.

(a) 한 개의 장난감의 전지를 다 썼을 때의 시간 T에 대한 누적 분포 함수를 구하라

(b) 두 개의 장난감 모두 100분 후까지 동작한다는 가정을 하자. 한 개의 장난감의 전지가 다 쓴 후에 경과하는 시간 T_2에 대한 누적 분포 함수를 구하라

(c) (b)에서 전지 하나가 가장 먼저 수명이 다했을 때까지 경과하는 총시간의 누적 분포 함수를 구하라.

5.85. **(a)** 연습문제 5.84(a)에서 두 전지 모두 다 썼을 때까지 경과되는 시간에 대한 누적 분포 함수를 구하라.

(b) 연습문제 5.84(b)에서 두 전지 모두 다 썼을 때까지 남아있는 시간에 대한 누적 분포 함수를 구하라.

5.86. K와 N은 음이 아닌 정수를 가지고 있는 독립 확률 변수라 한다.

(a) $M = K + N$을 확률 질량 함수로 표현하라.

(b) K와 N은 매개변수 (k, p)와 (n, p)를 가지는 이항 확률 변수라 한다면 M의 확률 질량 함수를 구하라.

(c) K와 N은 매개변수 α_1와 α_2를 가지는 포아송 확률 변수라 한다면 M의 확률 질량 함수를 구하라.

5.87. Bulldogs 팀이 Flames 팀에게 득점을 획득하는 수 X는 평균 2를 가지는 기하 분포를 가지고 있다. 또한 Flames 팀이 Bulldogs 팀에게 득점을 획득하는 수 Y는 평균 4를 가지는 기하 분포를 가지고 있다.

(a) $Z = X - Y$의 확률 질량 함수를 구하라. X와 Y는 독립적이다

(b) Bulldogs 팀이 Flames 팀을 이길 확률은 무엇인가? Bulldogs 팀이 Flames 팀과 동점을 이룰 확률은 무엇인가?

(c) $E[Z]$를 구하라

5.88. 승객들이 베르누이 확률 변수에 따라 매분마다 항공택시 대기소에 도착한다. 택시는 두 명의 승객을 태울 때까지 떠나지 않을 것이다.

(a) 택시가 승객 두 명을 태우는 시간 T까지인 확률 질량 함수를 구하라.

(b) 첫 승객이 기다리는 시간에 대한 확률 질량 함수를 구하라.

5.89. X와 Y를 간격 $[-1, 1]$에 균등하게 분포되어 있는 독립 확률 변수라 하자. $Z = XY$의 확률 밀도 함수를 구하라.

5.90. X_1, X_2, X_3는 간격 $[-1, 1]$에 독립적이고 균등하게 분포되어 있다.

(a) $Y = X_1 + X_2$의 누적 분포 함수와 확률 밀도 함수를 구하라.

(b) $Z = Y + X_3$의 누적 분포 함수를 구하라.

5.91. 신호 X와 Y는 독립적이다. X를 평균 1을 가진 지수 확률 변수이고, Y는 평균 1를 가진 지수 확률 변수이다.

(a) $Z = |X - Y|$의 확률 밀도 함수를 구하라.

(b) (a)의 결과를 이용해서 $E[Z]$를 구하라.

5.92. 확률 변수 X와 Y는 다음과 같은 결합 확률 밀도 함수를 갖는다.

$$f_{X,Y}(x, y) = e^{-(x+y)} \qquad 0 < y < x < 1\text{에 대하여}$$

$Z = X + Y$의 확률 밀도 함수를 구하라.

5.93. X와 Y는 매개변수 $\alpha = \beta = 1$을 가진 독립 레일라이 확률 변수이다. $Z = X/Y$의 확률 밀도 함수를 구하라.

5.94. X와 Y를 평균이 0이고 단위분산을 갖는 독립 가우스 확률 변수라 하자. $Z = X/Y$가 코시 확률 변수임을 보여라.

5.95. X와 Y가 각각 평균 1과 1/2를 가진 독립지수 확률 변수라고 한다면 $W = \min(X, Y)$ 그리고 $Z = \max(X, Y)$의 결합 확률 밀도 함수를 구하라.

5.96. $W = X + Y$그리고 $Z = X - Y$라 하자.

(a) W와 Z의 결합 확률 밀도 함수로 표현하라.

(b) X와 Y가 매개변수 $\lambda = 1$를 가진 독립지수 확률 변수라 한다면 $f_{W,Z}(z, w)$를 구하라.

(c) X와 Y가 같은 분포를 가진 독립파레토 확률 변수라 한다면 $f_{W,Z}(z, w)$를 구하라.

5.97. (X, Y)는 원점, 안쪽 반지름과 바깥쪽 반지름이 $r_1 < r_2$에 대해 원중심에 균등하게 분포되어 있다. 과 Θ는 (X, Y)에 상응하는 반지름과 각도라고 하자. R과 Θ의 결합 확률 밀도 함수를 구하라.

5.98. X와 Y를 독립적이고, 평균이 0이며, 단위분산을 갖는 가우스 확률 변수라 하자. $V = aX + bY$ 그리고 $W = cX + eY$라 하자.

(a) 변환행렬 A는 가역적이라는 가정했을 때, V와 W의 결합 확률 밀도 함수를 구하라.

(b) 변환행렬 A는 비가역적이라면 V와 W의 결합 확률 밀도 함수는 무엇인가?

5.99 X와 Y를 평균이 0이고 단위분산을 갖는 독립 가우스 확률 변수라 하자. 그리고 $W = X^2 + Y^2$ 그리고 $\Theta = \tan^{-1}(Y/X)$라 하자. W와 Θ의 결합 확률 밀도 함수를 구하라.

5.100. X와 Y는 예제 5.4에서 소개된 확률 변수라 하자. $R = (X^2 + Y^2)^{1/2}$ 그리고 $\Theta = \tan^{-1}(Y/X)$ 라 하자.

(a) R과 Θ의 결합 확률 밀도 함수를 구하라.

(b) X와 Y의 결합 확률 밀도 함수는 무엇인가?

5.9절 : 결합 가우스 확률 변수

5.101. X와 Y는 다음과 같은 확률 밀도 함수를 가지는 결합 가우스 확률 변수이다.

$$f_{X,Y}(x, y) = \frac{\exp\{-4x^2 - 9y^2/2\}}{2\pi c} \quad \text{모든 } x, y\text{에 대해서}$$

VAR[X], VAR[Y], COV(X, Y)를 구하라.

5.102. X와 Y는 다음과 같은 확률 밀도 함수를 가지는 결합 가우스 확률 변수이다.

$$f_{X,Y}(x, y) = \frac{\exp\left\{\frac{-1}{2}[x^2 + 4y^2 - 3xy + 3y - 2x + 1]\right\}}{2\pi} \qquad \text{모든 } x, y\text{에 대해서}$$

$E[X]$, $E[Y]$, VAR[X], VAR[Y], COV(X, Y)를 구하라.

5.103. X와 Y는 $E[Y] = 0$, $\sigma_1 = 6$, $\sigma_2 = 2$ 그리고 $E[X|Y] = Y + 1$을 갖는 결합 가우스 확률 변수이다. X와 Y의 결합 누적 분포 함수를 구하라.

5.104. X와 Y는 영평균, $\sigma^2 = 1$을 갖는 독립 가우스 확률 변수라 하자.

(a) (X, Y)가 반지름이 r인 원의 내부에 속하게 되는 확률이 1/2이 되는 r을 구하라.

(b) (X, Y)가 안쪽 반지름이 r_1, 바깥쪽 반지름이 r_2인 고리의 내부에 속하지 않을 경우, (X, Y)의 조건 확률 밀도 함수를 구하라.

5.105. 제도 프로그램(옥타브 또는 매트랩에서 제공되는)을 이용하여 다음과 같은 매개변수를 가지는 영평균, 결합 가우스 확률 변수의 pdf를 보여라.

(a) $\sigma_1 = 1, \sigma_2 = 1, \rho = 0$

(b) $\sigma_1 = 1, \sigma_2 = 1, \rho = 0.8$

(c) $\sigma_1 = 1, \sigma_2 = 1, \rho = -0.8$

(d) $\sigma_1 = 1, \sigma_2 = 2, \rho = 0$

(e) $\sigma_1 = 1, \sigma_2 = 2, \rho = 0.8$

(f) $\sigma_1 = 1, \sigma_2 = 10, \rho = 0.8$

5.106. X와 Y는 영평균, $\sigma_1 = 1$, $\sigma_2 = 2$, 상관 계수 ρ를 갖는 결합 가우스 확률 변수이다.

(a) (X, Y)의 상수-확률분포 함수 타원의 주축을 그려라.

(b) $X = x$가 주어졌을 때, Y의 조건 기대값을 그려라.

(c) (a)와 (b)에서 그려진 그림이 서로 같은가, 다른가? 그 이유는 무엇인가?

5.107. X와 Y는 평균이 0이고, 상관 계수 $\rho = 1$을 갖는 단위분산인 결합 가우스 확률 변수이다. X와 Y의 결합 누적 분포 함수를 그려라. 결합 확률 밀도 함수가 존재하는가?

5.108. $h(x, y)$는 상관 계수 ρ_1을 가지는 영평균, 단위분산 가우스 확률 변수에 대한 결합 가우스 확률 밀도 함수라 하자. $g(x, y)$는 상관 계수 $\rho_2 \neq \rho_1$을 가지는 평균이 0이고, 단위분산인 가우스 확률 변수에 대한 결합 가우스 확률 밀도 함수라 하자. 확률 변수 X와 Y는 다음과 같은 결합 확률 밀도 함수를 가진다고 가정하자.

$$f_{X,Y}(x, y) = \{h(x, y) + g(x, y)\}/2$$

(a) X와 Y 각각에 대한 한계 확률 밀도 함수를 구하라.

(b) X와 Y가 결합 가우스 확률 변수가 아닌 이유를 설명하라.

5.109. 조건 기대값을 이용하여 영평균, 결합 가우스 확률 변수 X와 Y에 대하여 다음임을 보여라.
$E[X^2Y^2] = E[X^2]E[Y^2] + 2E[XY]^2$

5.110. $\mathbf{X} = (X, Y)$는 연습문제 5.101의 결합 가우스 확률 변수라 하자. 벡터 $\mathbf{Z} = A\mathbf{X}$는 영평균, 단위분산 가우스 확률 변수들로 구성되어 있다. 이러한 변환 A를 구하라.

5.111. 예제 5.47에서 잡음이 있는 관측 Y로부터 신호 X의 값을 다음과 같이 추정한다.

$$\hat{X} = \frac{1}{1 + \sigma_N^2/\sigma_X^2} Y$$

(a) 평균 제곱 오차추정을 구하라. $E[(X - \hat{X})^2]$

(b) 오차추정은 신호와 잡음비 σ_X/σ_N에 의해 어떻게 변하는가?

5.10절 : 독립 가우스 확률 변수의 생성

5.112. 레일라이 확률 변수를 생성하는 변환 방법을 유도하여 레일라이 확률 변수의 cdf의 역을 구하라. 5.10절에 소개된 알고리즘을 이끌어내어 변환 방법을 보여라.

5.113. 레일라이 예제 5.49에서 소개된 결과에 대하여 연습문제 5.112를 반복하라.

5.114. 연습문제 5.33의 2차원 모뎀에 대해 보자.

(a) 집합 {1, 2, 3, 4}에서 균등하게 분포된 10,000개의 이산 확률 변수를 생성하라. 신호 {(1, 1), (1, −1), (−1, 1), (−1, −1)}들 중 하나를 정해서 각 결과를 할당하라. 이산 확률 변수의 수열은 1, 000개의 신호 점 수열 $\mathbf{X}$를 생성한다.

(b) 독립이고, 평균이 0이며, 단위분산을 가진 결합 가우스 확률 변수의 10,000개의 잡음 쌍 $\mathbf{N}$을 생성하라.

(c) 수신된 신호 $\mathbf{Y} = (Y_1, Y_2) = \mathbf{X} + \mathbf{N}$의 10,000개의 수열을 구성하라.

(d) 수신된 신호 벡터의 산포도를 그려라. 기대하였던 그림인가?

(e) $\mathbf{Y}$가 감소하는 $\hat{X} = (\text{sgn}(Y_1), \text{sgn}(Y_2))$ 사분면에 의해 전달된 신호를 추정하라.

(f) 실제로 전달된 신호와 오차확률의 추정을 비교하라.

5.115. 독립이고, 평균이 0인 가우스 확률 변수의 1,000개의 수열 쌍을 생성하라. X는 분산이 2이고 N은 분산이 1이다. 예제 5.47에서 소개된 잡음신호를 $Y = X + N$라 하자.

(a) 연습문제 5.111에서 추정량을 이용하여 X를 추정하라

(b) 오차추정의 확률 밀도 함수는 무엇인가?

(c) 오차추정의 평균, 분산, 상대도수를 b의 결과들과 비교하라.

5.116. $X_1, X_2, \ldots, X_{1000}$ 수열을 평균이 0이며, 단위분산을 가진 독립 가우스 확률 변수라 하자. 수열은 다음과 같이 부드럽다고 하자.

$Y_N = (X_N + X_{N-1})/2$, 여기에서 $X_0 = 0$

(a) (Y_n, Y_{n+1})의 확률 밀도 함수를 구하라.

(b) X_n의 수열과 그에 대응하는 수열 Y_N을 생성하라. (Y_n, Y_{n+1})의 산포도를 그려라. (a)의 결과와 일치하는가?

(c) $Z_n = (X_n - X_{n-1})/2$에 대하여 (a)와 (b)를 반복하라.

5.117. X와 Y는 독립이고, 영평균, 단위분산 가우스 확률 변수라 하자. 평균이 m_1, m_2이고, 분산이 σ_1^2, σ_2^2

이며, 상관 계수가 ρ인 결합 가우스 확률 변수를 생성하기 위한 선형변환을 찾아라. 두 개는 서로 독립이고, 평균이 0이며, 단위분산을 가진 유용한 가우스 확률 변수라고 가정하라. 힌트: 식 (5.64) 조건부 확률 밀도 함수를 사용하라.

5.118. **(a)** 연습문제 5.117에서 전개된 방법을 이용하여 평균이 $m_1 = 1, m_2 = -1$이고, 분산이 $\sigma_1^2 = 1$, $\sigma_2^2 = 2$이며, 상관 계수가 $\rho = -1/2$인 결합 가우스 확률 변수의 1,000개의 숫자 쌍을 생성하라.

(b) 1,000개의 숫자 쌍의 2차원 산포도를 그려라. 그리고 이론상의 확률 밀도 함수에 대해 동등 확률 밀도 함수의 경로들과 비교하라.

응용학습문제

5.119. 확률 변수 X, Y가 다음과 같은 결합 확률 밀도 함수를 가질 때,

$$f_{X,Y}(x, y) = c \sin(x + y) \qquad 0 \le x \le \pi/2, 0 \le y \le \pi/2$$

(a) 상수 c의 값을 찾아라.

(b) X, Y의 결합 누적 분포 함수를 찾아라.

(c) X, Y의 한계 확률 밀도 함수를 찾아라.

(d) X, Y의 평균, 분산, 공분산을 찾아라.

5.120. 조사자가 동전 던지기를 해서 그 결과에 따라 물건을 선택하여 조사를 한다고 한다. 조사는 동전의 앞면이 나오면 하기로 한다. 물건이 도착하는 시간은 평균이 1인 지수 확률 변수를 따른다고 하자. 또 물건을 조사하는 시간은 상수값 t를 가진다.

(a) 조사가 연속적으로 이루어졌을 때 그 사이에 물건이 도착한 수에 대한 확률 질량 함수를 구하라.

(b) 물건을 조사하고 다음 물건을 조사하기까지의 시간 X에 대한 확률 밀도 함수를 구하라. 힌트: 조건부 기대값을 이용하라.

(c) 다음 조사를 위해 물건이 오기 전에 90% 확률로 지금 조사가 끝나는 값을 p라고 할 때 그 p를 구하라.

5.121. 어떤 장치의 수명 X가 평균이 $1/R$인 지수 확률 변수라고 하자. 만약 생산 과정에서 불규칙한 값이 야기된다면, 변수 R은 임의적이며 또 감마 분포를 따르게 된다.

(a) X와 R의 결합 확률 밀도 함수를 구하라.

(b) X의 확률 밀도 함수를 구하라.

(c) X의 평균과 분산을 구하라.

5.122. X와 Y는 임의 신호에서 2번에 걸쳐 각각 샘플된 것이다. X와 Y는 서로 독립이고, 평균이 0인 가우스 확률 변수이고, 같은 분산을 가진다고 하자. 신호 값이 '0' 이면 그때의 분산은 σ_0^2이고, 신호 값이 '1' 이면 분산은 $\sigma_1^2 > \sigma_0^2$를 만족한다고 한다. 또, 신호 0과 1이 일어날 확률은 p와 $1-p$이다. $R^2 = X^2 + Y^2$은 두 관측 결과의 전체 에너지라고 하자.

(a) 신호가 0일 때와 신호가 1일 때의 R^2의 확률 밀도 함수를 구하라.

(b) 만약 우리가 '신호 검출' 규칙을 따른다고 하자. 만약 $R^2 > T$이면 신호 1이 나타났다고 하고 반대 경우에는 신호 0이 나타났다고 하자. 이때 T로 나타나는 식에서 오차 확률에 대한 표현을 구하라.

(c) 오차 확률을 최소로 하는 T값을 구하라.

5.123. $U_0, U_1, \ldots$ 수열은 서로 독립이고, 평균이 0이며, 단위분산을 가지는 가우스 확률 변수이다. U_i번째 수열이 '저대역 필터' 를 통과하면 다음과 같은 출력 수열이 나오게 된다.

$$X_n = (U_n + U_{n-1})/2$$

그리고 '고대역 필터'를 통하여 나오는 수열은 다음과 같다

$$Y_n = (U_n - U_{n-1})/2$$

(a) X_n과 X_{n-1}의 결합 확률 밀도 함수를 구하라. 그리고 $m > 1$일 경우에 X_n과 X_{n+m}의 결합 확률 밀도 함수도 구하라.

(b) Y_n에 대하여 (a)번 문제를 다시 풀어라.

(c) X_n과 Y_m의 결합 확률 밀도 함수를 구하라.

CHAPTER 6

벡터 확률 변수

Vector Random Variables

이 전의 장에서 두 개의 확률 변수를 다루는 방법을 소개했다. 이 장에서는 이 방법들을 다음과 같은 방법을 이용해 n개의 확률 변수들의 경우로 확장시킨다.

- n개의 확률 변수들을 하나의 벡터로 표현함으로써 한계, 조건 분포들뿐만 아니라 결합 pmf, cdf, 그리고 pdf의 자세한 개념을 알게 된다.
- 벡터 확률 변수의 변환 pdf를 찾는 일반적인 방법을 소개한다.
- 벡터 확률 변수의 분포 요약 정보는 기대값 벡터와 공분산 행렬이 제공한다.
- 선형변환과 특성 함수를 확률벡터와 그 확률의 대안적인 표현들을 찾기 위해 사용한다.
- 다른 확률 변수의 관측을 기반으로 한 확률 변수 값을 추정하기 위해 최적의 추정자를 개발한다.
- 어떻게 결합 가우스 확률 변수가 pdf와 특성 함수로 처리가 용이한지를 보인다.

6.1 벡터 확률 변수

벡터 확률 변수에 대한 개념은 관심을 갖는 몇 가지 양들이 있는 경우에 대해 쉽게 일반화된다. **벡터 확률 변수(vector random variable) X**는 확률 실험의 결과를 모아둔 집합인 표본 공간 S에 속하는 각 ζ에 대해서 실수 벡터를 할당하는 규칙(함수)이다. 벡터 확률 변수에서 위의 볼드체로 된 개념을 사용한다. 규정에 의해 **X**는 열 벡터이며(1열당 n행), 따라서 $X_1, X_2, \ldots X_n$의 성분들로 이루어진 벡터 확률 변수는 "T"가 행렬 또는 벡터의 행과 열의 바뀜을 말해준다는 개념 하에 다음과 같이 나타낼 수 있다.

$$\mathbf{X} = \begin{bmatrix} X_1 \\ X_2 \\ \vdots \\ X_n \end{bmatrix} = [X_1, X_2, \ldots, X_n]^{\mathrm{T}}$$

예제 6.1 **패킷 스위치로의 도착**

패킷은 $p = 1/2$인 독립적인 베르누이(Bernoulli) 시행에 따라 3개의 입출력 포트가 있는 스위치에 도착한다. 각 도착 패킷은 세 출력 포트 중 하나로 동등한 확률로 도착한다. $X = (X_1, X_2, X_3)$로 두고, 여기서 X_i는 i번째 출력 포트에 도착하는 패킷의 수이다. **X**는 입력포트에 도착하는 형태에 의해서 정해지는 값을 가지는 벡터 확률 변수이다.

예제 6.2 **결합 포아송(Poisson) 카운트**

확률 실험은 한 반도체 칩의 결함 수와 그 위치를 확인한다. 이 실험의 결과는 벡터 $\zeta = (n, \mathbf{y}_1, \mathbf{y}_2, \ldots, \mathrm{y}_n)$으로 구성되고, 첫 번째 성분은 결함의 수를 나타내고, 남은 성분들은 결함이 있는 칩의 위치 좌표를 나타낸다. 칩은 M개의 영역으로 구성되어 있다고 가정하고, $N_1(\zeta), N_2(\zeta), \ldots, N_M(\zeta)$은 이들 각 영역의 결함 수라고 가정하자. 다시 말해서 $N_K(\zeta)$는 영역 k 내에 있는 결함 $\mathbf{y}$의 수를 나타낸다. 벡터 $\mathbf{N}(\zeta) = (N_1, N_2, \ldots, N_M)$은 벡터 확률 변수이다.

예제 6.3 **오디오 신호의 표본**

확률 실험의 결과 ζ는 오디오 신호 $X(t)$이다. 확률 변수 $X_k = X(kT)$를 시간 kT에서 받는 신호의 표본으로 두고, MP3 코덱은 n표본 $\mathbf{X} = (X_1, X_2, \ldots, X_n)$의 블록 내에 있는 오디오를 처리한다. $\mathbf{X}$는 벡터 확률 변수이다.

6.1.1 사건과 확률

$\mathbf{X} = (X_1, X_2, \ldots, X_n)$을 포함하는 각각의 사건 A는 n차원의 실제 공간 R^n에서 대응하는 영역을 가진다. 전과 같이, R^n에서의 직사각형 곱 형식 방법을 빌딩 블록으로서 사용한다. n차 확률 변수 $\mathbf{X} = (X_1, X_2, \ldots, X_n)$에 대해서, 아래의 **곱 형식(product form)**

$$A = \{X_1 \text{ in } A_1\} \cap \{X_2 \text{ in } A_2\} \cap \cdots \cap \{X_n \text{ in } A_n\} \tag{6.1}$$

을 가지는 사건에 관심이 있고, 여기서 각각의 A_k는 X_k만 포함하는 일차원적인 사건(즉, 실직선의 부분집합)이다. 이 사건 A는 모든 사건들$\{X_k \text{ in } A_k\}$과 결합적으로 일어날 때 발생한다.

이 곱 형식 사건들의 확률을 구하자.

$$\begin{aligned} P[A] &= P[\mathbf{X} \in A] = P[\{X_1 \text{ in } A_1\} \cap \{X_2 \text{ in } A_2\} \cap \cdots \cap \{X_n \text{ in } A_n\}] \\ &\triangleq P[X_1 \text{ in } A_1, X_2 \text{ in } A_2, \ldots, X_n \text{ in } A_n]. \end{aligned} \tag{6.2}$$

이 원리에서, 식 (6.2)에 있는 확률은 밑에 놓인 표본 공간에서 동등 사건의 확률을 찾음으로써 구해진다.

$$\begin{aligned} P[A] &= P[\{\zeta \text{ in } S : \mathbf{X}(\zeta) \text{ in } A\}] \\ &= P[\{\zeta \text{ in } S : X_1(\zeta) \in A_1, X_2(\zeta) \in A_2, \ldots, X_n(\zeta) \in A_n\}] \end{aligned} \tag{6.3}$$

식 (6.2)는 n차 결합 확률 질량 함수, 누적 분포 함수, 그리고 확률 밀도 함수의 정의의 기반을 형성한다. 다른 사건들의 확률은 이 세 개 함수들에 관해 표현될 수 있다.

6.1.2 결합 분포 함수

$X_1, X_2, \ldots, X_n$의 **결합 누적 분포 함수(joint cumulative distribution function)**는 점$(X_1, \ldots, X_n)$과 관련된 n차원의 반무한적인 직사각형의 확률로 정의된다.

$$F_{\mathbf{X}}(\mathbf{x}) \triangleq F_{X_1, X_2, \ldots, X_n}(x_1, x_2, \ldots, x_n) = P[X_1 \le x_1, X_2 \le x_2, \ldots, X_n \le x_n] \tag{6.4}$$

결합 cdf는 이산이고, 연속적이고, 혼합 형태의 확률 변수로서 정의된다. 곱 형식 사건의 확률은 결합 cdf에 관해 표현될 수 있다.

결합 cdf는 확률 변수 $X_1, \ldots, X_n$ 부분집합의 **한계(marginal) cdf**의 집합을 생성한다. 이 한계 cdf는 식 (6.4)에서의 결합 cdf에서 적절한 엔트리들을 $+\infty$로 구성함으로써 구해진다. 예를 들어 다음과 같다.

$X_1, \ldots, X_{n-1}$의 결합 cdf는 $Fx_1, x_2, \ldots, x_n(x_1, x_2, \ldots, x_{n-1}, \infty)$로서 주어지고, X_1과 X_2에 관한 결합 cdf는 $Fx_1, x_2, \ldots, x_n(x_1, x_2, \infty, \ldots, \infty)$로써 주어진다.

예제 6.4

라디오 전송기는 세 개의 경로를 통해 신호를 수신자에게 보낸다. X_1, X_2, X_3을 각각의 경로를 따라 수신자에게 도착하는 신호들로 두자. $P[\max(X_1, X_2, X_3) \le 5]$를 구하라.

오직 각각의 세 수들이 5보다 작을 경우에만 세 수의 최대는 5보다 작다. 그러므로 다음과 같다.

$$\begin{aligned} P[A] &= P[\{X_1 \le 5\} \cap \{X_2 \le 5\} \cap \{X_3 \le 5\}] \\ &= F_{X_1,X_2,X_3}(5, 5, 5) \end{aligned}$$

n개의 구분된 확률 변수의 **결합 확률 질량 함수(joint probability mass function)**는

$$p_X(\mathbf{x}) \triangleq p_{X_1,X_2,\ldots,X_n}(x_1, x_2, \ldots, x_n) = P[X_1 = x_1, X_2 = x_2, \ldots, X_n = x_n] \quad (6.5)$$

으로 정의된다. 어떤 n차원 사건 A의 확률은 식 (6.6)의 사건에서 점들에 관한 pmf의 합으로써 구해진다.

$$P[\mathbf{X} \text{ in } A] = \sum_{\mathbf{x} \text{ in } A} \cdots \sum p_{X_1,X_2,\ldots,X_n}(x_1, x_2, \ldots, x_n) \quad (6.6)$$

결합 pmf는 n확률 변수의 부분집합에 대해 결합 확률을 명시해주는 **한계(marginal) pmf**의 집합을 생성한다. 예를 들어, X_j의 1차원 pmf는 x_j를 제외한 모든 다른 변수들에 관해 결합 pmf를 더함으로써 구해진다.

$$p_{X_j}(x_j) = P[X_j = x_j] = \sum_{x_1} \cdots \sum_{x_{j-1}} \sum_{x_{j+1}} \cdots \sum_{x_n} p_{X_1,X_2,\ldots,X_n}(x_1, x_2, \ldots, x_n) \quad (6.7)$$

어느 X_j와 X_k 쌍의 2차원 결합 pmf는 나머지 $n-2$의 다른 변수들에 대해 결합 pmf를 더해줌으로써 구해진다. 그러므로 $X_1, \ldots X_{n-1}$의 한계(marginal) pmf는 이렇게 주어진다.

$$p_{X_1,\ldots,X_{n-1}}(x_1, x_2, \ldots, x_{n-1}) = \sum_{x_n} p_{X_1,\ldots,X_n}(x_1, x_2, \ldots, x_n) \quad (6.8)$$

조건(conditional) pmf는 결합 pmf로부터 나머지 다른 확률 변수에 관해서 조건화함으로써 구해진다. 예를 들어, 만약 $pX_1, \ldots, X_{n-1}(X_1, \ldots, X_{n-1}) > 0$이면 다음과 같다.

$$p_{X_n}(x_n \mid x_1, \ldots, x_{n-1}) = \frac{p_{X_1,\ldots,X_n}(x_1, \ldots, x_n)}{p_{X_1,\ldots,X_{n-1}}(x_1, \ldots, x_{n-1})} \quad (6.9a)$$

식 (6.9a)의 반복적인 적용은 다음과 같은 상당히 유용한 식을 유도한다.

$$p_{X_1,\ldots,X_n}(x_1,\ldots,x_n) = p_{X_n}(x_n|x_1,\ldots,x_{n-1})p_{X_{n-1}}(x_{n-1}|x_1,\ldots,x_{n-2})\ldots p_{X_2}(x_2|x_1)p_{X_1}(x_1 \quad (6.9b)$$

예제 6.5 패킷 스위치로의 도착

예제 6.1의 $\mathbf{X}=(X_1, X_2, X_3)$의 결합 pmf를 구하라. 또한 $P[X_1 > X_3]$을 구하라.

N을 세 개의 입력 포트로 도착하는 패킷의 수라고 하자. 각각의 입력 포트는 확률 $p=1/2$로 도착하므로, N은 pmf를 가지는 이항분포이다. $0 \le n \le 3$에 대해서 다음과 같다.

$$p_N(n) = \binom{3}{n}\frac{1}{2^3}$$

$N=n$이라 할 때, 각 출력 포트로 도착하는 패킷의 수는 다항분포를 가진다.

$$p_{X_1,X_2,X_3}(i,j,k\,|\,i+j+k=n) = \begin{cases} \dfrac{n!}{i!\,j!\,k!}\dfrac{1}{3^n} & i+j+k=n, i\ge 0, j\ge 0, k\ge 0 \text{ 에 대해서} \\ 0 & \end{cases}$$

그러면 $\mathbf{X}$의 결합 pmf는 다음과 같다.

$$p_{\mathbf{X}}(i,j,k) = p_{\mathbf{X}}(i,j,k\,|\,n)\binom{3}{n}\frac{1}{2^3} \quad \text{for} \quad i\ge 0, j\ge 0, k\ge 0, i+j+k=n\le 3$$

결합 pmf의 값은 다음과 같다.

$$p_{\mathbf{X}}(0,0,0) = \frac{0!}{0!\,0!\,0!}\frac{1}{3^0}\binom{3}{0}\frac{1}{2^3} = \frac{1}{8}$$

$$p_{\mathbf{X}}(1,0,0) = p_{\mathbf{X}}(0,1,0) = p_{\mathbf{X}}(0,0,1) = \frac{1!}{0!\,0!\,1!}\frac{1}{3^1}\binom{3}{1}\frac{1}{2^3} = \frac{3}{24}$$

$$p_{\mathbf{X}}(1,1,0) = p_{\mathbf{X}}(1,0,1) = p_{\mathbf{X}}(0,1,1) = \frac{2!}{0!\,1!\,1!}\frac{1}{3^2}\binom{3}{2}\frac{1}{2^3} = \frac{6}{72}$$

$$p_{\mathbf{X}}(2,0,0) = p_{\mathbf{X}}(0,2,0) = p_{\mathbf{X}}(0,0,2) = 3/72$$

$$p_{\mathbf{X}}(1,1,1) = 6/216$$

$$p_{\mathbf{X}}(0,1,2) = p_{\mathbf{X}}(0,2,1) = p_{\mathbf{X}}(1,0,2) = p_{\mathbf{X}}(1,2,0) = p_{\mathbf{X}}(2,0,1) = p_{\mathbf{X}}(2,1,0) = 3/216$$

$$p_{\mathbf{X}}(3,0,0) = p_{\mathbf{X}}(0,3,0) = p_{\mathbf{X}}(0,0,3) = 1/216$$

따라서 다음과 같은 확률을 가진다.

$$\begin{aligned} P[X_1 > X_3] &= p_{\mathbf{X}}(1,0,0) + p_{\mathbf{X}}(1,1,0) + p_{\mathbf{X}}(2,0,0) + p_{\mathbf{X}}(1,2,0) \\ &\quad + p_{\mathbf{X}}(2,0,1) + p_{\mathbf{X}}(2,1,0) + p_{\mathbf{X}}(3,0,0) \\ &= 8/27 \end{aligned}$$

만약 n차 사건 A의 확률이 확률 밀도 함수의 n차 적분으로 주어지면, 확률 변수 $X_1, X_2, \ldots, X_n$를 **결합 연속 확률 변수(jointly continuous random function)**라고 한다.

$$P[\mathbf{X} \text{ in } A] = \int_{\mathbf{x}\text{ in }A}\cdots\int f_{X_1,\ldots,X_n}(x_1',\ldots,x_n')\,dx_1'\ldots dx_n' \qquad (6.10)$$

단, $f_{X_1},\ldots,X_n(X_1,\ldots,X_n)$은 **결합 확률 밀도 함수(joint probability density function)**이다.

$\mathbf{X}$의 결합 cdf는 적분으로써 결합 pdf로부터 얻어진다.

$$F_{\mathbf{X}}(\mathbf{x}) = F_{X_1,X_2,\ldots,X_n}(x_1, x_2, \ldots, x_n) = \int_{-\infty}^{x_1} \cdots \int_{-\infty}^{x_n} f_{X_1,\ldots,X_n}(x_1', \ldots, x_n')\, dx_1' \ldots dx_n' \quad (6.11)$$

결합 pdf(만약 미분계수가 존재한다면)는 다음과 같이 주어진다.

$$f_{\mathbf{X}}(\mathbf{x}) \triangleq f_{X_1,X_2,\ldots,X_n}(x_1, x_2, \ldots, x_n) = \frac{\partial^n}{\partial x_1 \ldots \partial x_n} F_{X_1,\ldots,X_n}(x_1, \ldots, x_n) \quad (6.12)$$

한계 pdf의 집합은 식 (6.12)의 결합 pdf와 관련되어 있다. 확률 변수의 부분집합의 한계 pdf는 다른 변수들을 적분시킴으로써 얻어진다. 예를 들어, X_1의 한계 pdf는 식 (6.13)이다.

$$f_{X_1}(x_1) = \int_{-\infty}^{\infty} \cdots \int_{-\infty}^{\infty} f_{X_1,X_2,\ldots,X_n}(x_1, x_2', \ldots, x_n')\, dx_2' \ldots dx_n' \quad (6.13)$$

다른 예와 같이, $X_1, \ldots, X_{n-1}$의 한계 pdf는 식 (6.14)와 같이 주어진다.

$$f_{X_1,\ldots,X_{n-1}}(x_1, \ldots, x_{n-1}) = \int_{-\infty}^{\infty} f_{X_1,\ldots,X_n}(x_1, \ldots, x_{n-1}, x_n')\, dx_n' \quad (6.14)$$

조건부 pdf(conditional pdf)는 또한 결합 pdf와도 관련 있다. 예를 들어, 만약 $f_{X1},\ldots, x_{n-1}(x_1, \ldots, x_{n-1}) > 0$이라면, 값이 $X_1, \ldots, X_{n-1}$로 주어진 X_n의 pdf는 식 (6.15a)로 주어진다.

$$f_{X_n}(x_n | x_1, \ldots, x_{n-1}) = \frac{f_{X_1,\ldots,X_n}(x_1, \ldots, x_n)}{f_{X_1,\ldots,X_{n-1}}(x_1, \ldots, x_{n-1})} \quad (6.15a)$$

식 (6.15a)의 반복적인 적용은 식 (6.9b)와 비슷하게 표현된다.

$$f_{X_1,\ldots,X_n}(x_1, \ldots, x_n) = f_{X_n}(x_n | x_1, \ldots, x_{n-1}) f_{X_{n-1}}(x_{n-1} | x_1, \ldots, x_{n-2}) \ldots f_{X_2}(x_2 | x_1) f_{X_1}(x_1) \quad (6.15b)$$

예제 6.6

확률 변수 X_1, X_2, X_3가 결합 가우스(Gaussian) pdf를 가진다.

$$f_{X_1,X_2,X_3}(x_1, x_2, x_3) = \frac{e^{-(x_1^2 + x_2^2 - \sqrt{2}\, x_1 x_2 + {}^1/_2 x_3^2)}}{2\pi\sqrt{\pi}}$$

X_1과 X_3의 한계 pdf를 구하라. 그리고 X_1, X_3가 주어진 X_2의 조건부 pdf를 구하라.

X_1과 X_3쌍의 한계 pdf는 x_2에 관해 결합 pdf를 적분함으로써 구한다.

$$f_{X_1,X_3}(x_1, x_3) = \frac{e^{-x_3^2/2}}{\sqrt{2\pi}} \int_{-\infty}^{\infty} \frac{e^{-(x_1^2 + x_2^2 - \sqrt{2} x_1 x_2)}}{2\pi/\sqrt{2}} dx_2$$

위의 적분은 $\rho = -1/\sqrt{2}$ 인 예제 5.18로부터 인용한 것이다. 위 적분결과를 대체함으로써 다음을 얻는다.

$$f_{X_1,X_3}(x_1, x_3) = \frac{e^{-x_3^2/2}}{\sqrt{2\pi}} \frac{e^{-x_1^2/2}}{\sqrt{2\pi}}$$

그러므로 X_1과 X_3은 독립적인 평균이 0이고, 분산이 1인 가우스(Gaussian) 확률 변수이다.

X_1, X_3가 주어진 X_2의 조건부 pdf는 다음과 같다.

$$f_{X_2}(x_2 | x_1, x_3) = \frac{e^{-(x_1^2+x_2^2-\sqrt{2}x_1x_2+{}^1/_2x_3^2)}}{2\pi\sqrt{\pi}} \frac{\sqrt{2\pi}\sqrt{2\pi}}{e^{-x_3^2/2}e^{-x_1^2/2}}$$

$$= \frac{e^{-({}^1/_2x_1^2+x_2^2-\sqrt{2}x_1x_2)}}{\sqrt{\pi}} = \frac{e^{-(x_2-x_1/\sqrt{2}x_1)^2}}{\sqrt{\pi}}$$

X_1, X_3가 주어진 X_2는 평균이 $x_1/\sqrt{2}$ 이고 분산이 1/2인 가우스(Gaussian) 확률 변수이다.

예제 6.7 **곱셈 수열**

X_1을 [0, 1]의 균등 확률 변수이고, X_2를 $[0, X_1]$의 균등 확률 변수, X_3를 $[0, X_2]$의 균등 확률 변수라 하자. (X_3는 또한 세 균등 확률 변수들의 곱이라는 걸 기억해라.) $\mathbf{X}$의 결합 pdf와 X_3의 한계 pdf를 구하라.

$0 < z < y < x < 1$에 관해 결합 pdf는 0이 아니고, 다음과 같이 주어진다.

$$f_{X_1,X_2,X_3}(x_1, x_2, x_3) = f_{X_3}(z | x, y) f_{X_2}(y | x) f_{X_1}(x) = \frac{1}{y}\frac{1}{x}1 = \frac{1}{xy}$$

X_2와 X_3의 결합 pdf는 $0 < z < y < 1$에 관해 0이 아니고, y와 1에서 x에 관해 적분함으로써 구해진다.

$$f_{X_2,X_3}(x_2, x_3) = \int_y^1 \frac{1}{xy} dx = \frac{1}{y} \ln x \bigg|_y^1 = \frac{1}{y} \ln \frac{1}{y}$$

구간 z와 1 사이를 y에 관해 적분함으로써 X_3의 pdf를 얻는다.

$$f_{X_3}(x_3) = -\int_z^1 \frac{1}{y} \ln y \, dy = -\frac{1}{2}(\ln y)^2 \bigg|_z^1 = \frac{1}{2}(\ln z)^2$$

X_3의 pdf는 $x = 0$에 가까운 값에 모여 있다.

6.1.3 독립

만약 어떤 1차 사건 $A_1, \ldots, A_n$에 관해 다음의 식이면,

$$P[X_1 \text{ in } A_1, X_2 \text{ in } A_2, \ldots, X_n \text{ in } A_n] = P[X_1 \text{ in } A_1] P[X_2 \text{ in } A_2] \ldots P[X_n \text{ in } A_n]$$

확률 변수 $X_1, \ldots, X_n$의 집합은 **독립(independent)**이다.

$$F_{X_1,\ldots,X_n}(x_1, \ldots, x_n) = F_{X_1}(x_1) \ldots F_{X_n}(x_n) \tag{6.16}$$

$X_1, \ldots, X_n$이 독립 확률 변수이면, 필요충분조건은 모든 $x_1, \ldots, x_n$에 대해 식 (6.16)이 성립하는 경우이다. 만약 확률 변수가 이산(discrete)이라면, 식 (6.16)은 다음과 동일하다.

$$p_{X_1,\ldots,X_n}(x_1, \ldots, x_n) = p_{X_1}(x_1) \ldots p_{X_n}(x_n) \quad \text{모든 } x_1, \ldots, x_n \text{에 대해서}$$

만약 확률 변수가 결합 연속이라면, 식 (6.16)은 모든 $x_1, \ldots, x_n$에 관해 다음과 같아진다.

$$f_{X_1,\ldots,X_n}(x_1, \ldots, x_n) = f_{X_1}(x_1) \ldots f_{X_n}(x_n)$$

예제 6.8

잡음신호의 n표본 $X_1, X_2, \ldots, X_n$은 다음과 같은 결합 pdf를 가진다.

$$f_{X_1,\ldots,X_n}(x_1,\ldots,x_n) = \frac{e^{-(x_1^2+\ldots+x_n^2)/2}}{(2\pi)^{n/2}} \quad \text{모든 } x_1,\ldots,x_n \text{에 대해서}$$

위 식이 n개의 1차 가우스(Gaussian) pdf의 곱이라는 것은 명백하다. 그러므로 $X_1, \ldots, X_n$은 독립 가우스 확률 변수이다.

6.2 확률 변수들의 함수

벡터 확률 변수의 함수는 확률 실험에서 자연스럽게 나온다. 예를 들어, $\mathbf{X} = (X_1, X_2, \ldots, X_n)$은 주어진 확률 변수를 만드는 실험의 n반복으로부터 나온다. 항상 관측 자료의 표본 평균과 표본 분산에 관심이 있다. 다른 예에서, $\mathbf{X} = (X_1, X_2, \ldots, X_n)$은 음성 음파의 표본에 대응되며, 때로 음성 인식 시스템의 사용에 있어서 $\mathbf{X}$의 함수로 정의된 특성을 유도하는 데 관심이 있다.

6.2.1 확률 변수들의 함수

확률 변수 Z를 확률 변수들의 함수로 정의된다고 하자.

$$Z = g(X_1, X_2, \ldots, X_n) \tag{6.17}$$

Z의 cdf는 $\{Z \le z\}$의 동등 사건을 찾아서 구한다. 즉, 집합 $R_z = \{\mathbf{x}: g(\mathbf{x}) \le z\}$, 그러면

$$F_Z(z) = P[\mathbf{X} \text{ in } R_z] = \int\ldots\int_{\mathbf{x} \text{ in } R_z} f_{X_1,\ldots,X_n}(x_1',\ldots,x_n')\, dx_1' \ldots dx_n' \tag{6.18}$$

Z의 pdf는 $F_Z(z)$의 미분계수를 취해서 구한다.

예제 6.9 ***n* 확률 변수의 최대와 최소**

W를 $\max(X_1, X_2, \ldots, X_n)$, Z를 $\min(X_1, X_2, \ldots, X_n)$이라 하자. 단, X_i는 같은 분포를 가진 독립 확률 변수이다. $F_W(w)$와 $F_Z(z)$를 구하라.

$X_1, X_2, \ldots, X_n$의 최대값이 x보다 작은 경우는 각각의 X_i가 x보다 작을 때이다.

$$\begin{aligned} F_W(w) &= P[\max(X_1, X_2, \ldots, X_n) \le w] \\ &= P[X_1 \le w]P[X_2 \le w]\ldots P[X_n \le w] = (F_X(w))^n \end{aligned}$$

$X_1, X_2, \ldots, X_n$의 최소값이 x보다 큰 경우는 각각의 X_i가 x보다 클 때이다.

$$\begin{aligned} 1 - F_Z(z) &= P[\min(X_1, X_2, \ldots, X_n) > z] \\ &= P[X_1 > z]P[X_2 > z]\ldots P[X_n > z] = (1 - F_X(z))^n \end{aligned}$$

그리고

$$F_Z(z) = 1 - (1 - F_X(z))^n$$

예제 6.10 **독립 포아송(Poisson) 도착들의 합**

n개의 독립 소스로부터 웹 페이지 서버로 패킷이 도착한다. 소스 j는 도착 간 분포가 비율 λ_j인 지수 분포로 패킷을 생성한다. 서버에서 연속적으로 요청할 때, 도착과 도착 사이 시간의 분포를 구하라.

각각 다른 소스에 대한 도착 간 시간이 $X_1, X_2, \ldots, X_n$으로 주어졌다고 하자. 각각의 X_j는 메모리리스(memoryless)의 특성을 만족하므로, 각각의 소스로부터의 마지막 도착 이래로 경과한 시간은 의미가 없다. 멀티플렉서에서 다음 도착까지 시간은 다음과 같다.

$$Z = \min(X_1, X_2, \ldots, X_n)$$

그러므로 Z의 pdf는 다음과 같다.

$$\begin{aligned}1 - F_Z(z) &= P[\min(X_1, X_2, \ldots, X_n) > z] \\ &= P[X_1 > z]P[X_2 > z] \ldots P[X_n > z] \\ &= \big(1 - F_{X_1}(z)\big)\big(1 - F_{X_2}(z)\big) \ldots \big(1 - F_{X_n}(z)\big) \\ &= e^{-\lambda_1 z}e^{-\lambda_2 z} \ldots e^{-\lambda_n z} = e^{-(\lambda_1+\lambda_2+\cdots+\lambda_n)z}\end{aligned}$$

도착 간 시간은 비율 $\lambda_1 + \lambda_2 + \ldots + \lambda_n$인 지수 확률 변수이다.

예제 6.11 **중복 시스템의 신뢰도**

컴퓨터 시스템은 n개의 독립 여분 부분시스템을 가진다. 각각의 부분시스템은 매개변수 λ인 지수 분포의 수명을 가진다. 이 시스템은 적어도 하나의 부분시스템이 기능을 하고 있는 한 동작할 것이다. 이 시스템이 동작하지 않을 때까지 시간의 cdf를 구하라.

각각의 부분시스템의 수명이 $X_1, X_2, \ldots, X_n$으로 주어졌다고 하자. 마지막 부분시스템이 동작하지 않을 때까지의 시간은 다음과 같다.

$$W = \max(X_1, X_2, \ldots, X_n)$$

그러므로 W의 cdf는 다음과 같다.

$$F_W(w) = \big(F_X(w)\big)^n = (1 - e^{-\lambda w})^n = 1 - \binom{n}{1}e^{-\lambda w} + \binom{n}{2}e^{-2\lambda w} + \ldots.$$

6.2.2 확률벡터의 변환

$X_1, \ldots, X_n$을 어떤 실험에서의 확률 변수라 두고, 확률 변수 $Z_1, \ldots, Z_n$이 $\mathbf{X} = (X_1, \ldots, X_n)$의 n함수로 구성되는 변환이다.

$$Z_1 = g_1(\mathbf{X}) \qquad Z_2 = g_2(\mathbf{X}) \qquad \ldots \qquad Z_n = g_n(\mathbf{X})$$

점 $\mathbf{z} = (z_1, \ldots, z_n)$에서의 $\mathbf{Z} = (Z_1, \ldots, Z_n)$의 결합 cdf는 $k = 1, \ldots, n$이며, $g_k(\mathbf{x}) \le z_k$인 $\mathbf{x}$ 영역에서의 확률과 같다.

$$F_{Z_1,\ldots,Z_n}(z_1, \ldots, z_n) = P[g_1(\mathbf{X}) \le z_1, \ldots, g_n(\mathbf{X}) \le z_n] \tag{6.19a}$$

만약 $X_1, \ldots, X_n$이 결합 pdf를 가진다면 다음과 같다.

$$F_{Z_1,\ldots,Z_n}(z_1,\ldots,z_n) = \underset{x':g_k(x')\le z_k}{\int\cdots\int} f_{X_1,\ldots,X_n}(x'_1,\ldots,x'_n)\,dx'_1\ldots dx' \qquad (6.19b)$$

예제 6.12

확률벡터 X가 주어져 있을 때, 다음 변환의 결합 pdf를 구하라.

$$Z_1 = g_1(X_1) = a_1X_1 + b_1$$
$$Z_2 = g_2(X_2) = a_2X_2 + b_2$$
$$\vdots$$
$$Z_n = g_n(X_n) = a_nX_n + b_n$$

$Z_k = a_kX_k + b_k, \le z_k$이기 위한 필요충분조건은 $X_k \le (z_k - b_k)/a_k,\ a_k > 0$이다. 그러므로 다음과 같다.

$$F_{Z_1,Z_2,\ldots,Z_n}(z_1,z_2,\ldots,z_n) = P\left[X_1 \le \frac{z_1-b_1}{a_1}, X_2 \le \frac{z_2-b_2}{a_2},\ldots, X_n \le \frac{z_n-b_n}{a_n}\right]$$
$$= F_{X_1,X_2,\ldots,X_n}\left(\frac{z_1-b_1}{a_1},\frac{z_2-b_2}{a_2},\ldots,\frac{z_n-b_n}{a_n}\right)$$
$$f_{Z_1,Z_2,\ldots,Z_n}(z_1,z_2,\ldots,z_n) = \frac{\partial^n}{\partial z_1\ldots\partial z_n}F_{Z_1,Z_2,\ldots,Z_n}(z_1,z_2,\ldots,z_n)$$
$$= \frac{1}{a_1\ldots a_n}f_{X_1,X_2,\ldots,X_n}\left(\frac{z_1-b_1}{a_1},\frac{z_2-b_2}{a_2},\ldots,\frac{z_n-b_n}{a_n}\right)$$

*6.2.3 일반 변환의 pdf

이제 n결합 연속 확률 변수의 변환의 pdf를 구하기 위한 일반적인 방법을 도입한다. 먼저 2차원 경우를 다룬다. 확률 변수 V와 W는 X와 Y의 두 함수로 정의된다고 하자.

$$V = g_1(X,Y) \quad \text{그리고} \quad W = g_2(X,Y) \qquad (6.20)$$

함수 $v(x, y)$와 $w(x, y)$는 $v = g_1(x, y)$와 $w = g_2(x, y)$가 x와 y에 관해 풀어질 수 있다는 점에서 역변환 가능하다고 가정하자. 즉, 다음과 같다.

$$x = h_1(v,w) \quad \text{그리고} \quad y = h_2(v,w)$$

X와 Y의 결합 pdf는 무한소 사각형의 동등 사건을 구함으로써 구해진다. 무한소 사각형의 이미지는 그림 6.1(a)에 나타나 있다. 무한소 사각형의 이미지는 근사값을 만듦으로써 그림 6.1(b)에 나와 있는 평행사변형에 의해 근사화된다.

$$g_k(x+dx,y) \simeq g_k(x,y) + \frac{\partial}{\partial x}g_k(x,y)\,dx \qquad k = 1,2$$

y변수에 대해서도 마찬가지이다. 무한소 사각형과 평행사변형의 확률은 근사적으로 같으므로 다음의 식과 같다.

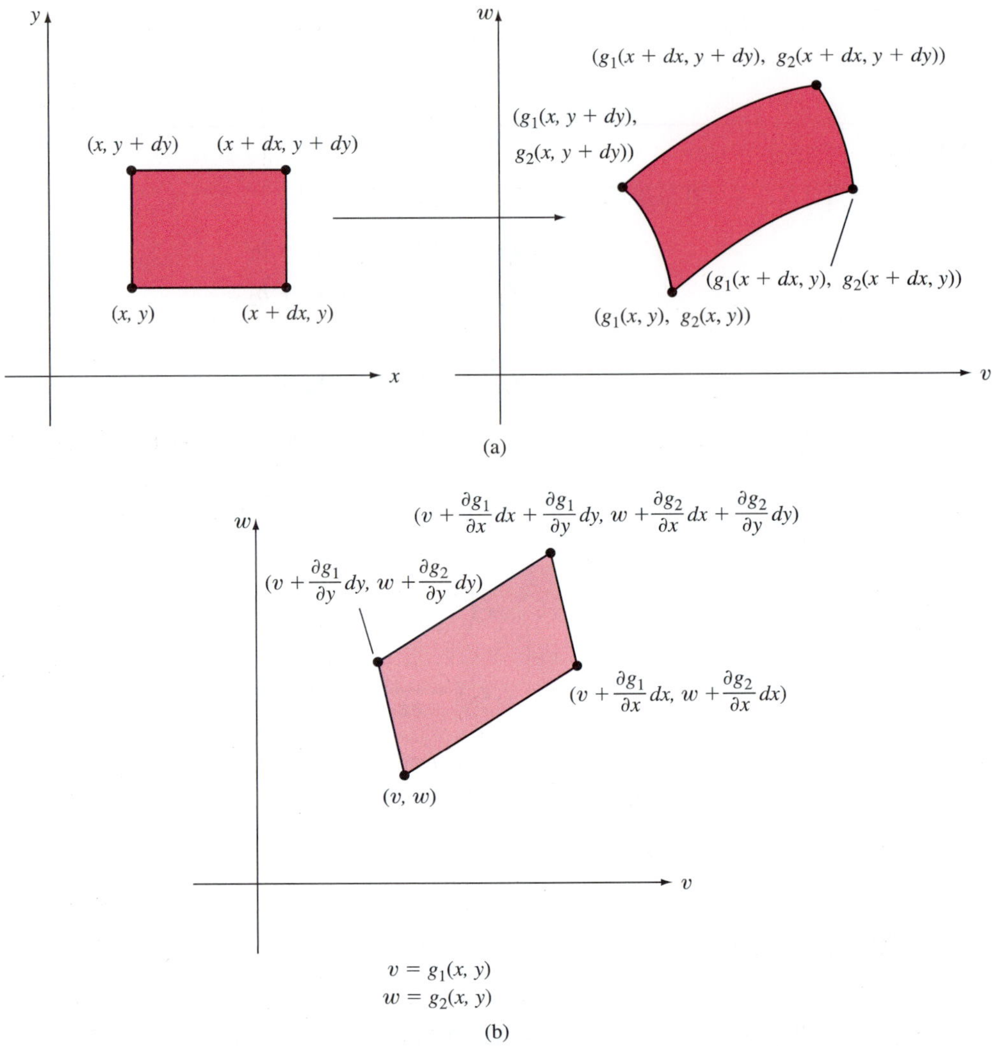

그림 6.1 ● (a) 일반 변환에서의 무한소 사각형의 이미지; (b) 평행사변형에 의한 이미지의 근사값

$$f_{X,Y}(x, y)\,dx\,dy = f_{V,W}(v, w)\,dP$$

그리고

$$f_{V,W}(v, w) = \frac{f_{X,Y}(h_1(v, w), (h_2(v, w))}{\left|\dfrac{dP}{dxdy}\right|} \tag{6.21}$$

여기서 dP는 평행사변형의 면적이다. 선형변환(식 (5.59) 참고)의 경우와의 유사성에 의해 위 근사값에서의 이 미분계수를 선형변환에서의 계수와 연관지을 수 있다. 점 (v, w)에서의 '늘어난 요소' 는 편미분 행렬의 행렬식을 결정짓는다.

$$J(x, y) = \det\begin{bmatrix} \dfrac{\partial v}{\partial x} & \dfrac{\partial v}{\partial y} \\ \dfrac{\partial w}{\partial x} & \dfrac{\partial w}{\partial y} \end{bmatrix}$$

행렬식 $J(x, y)$는 변환의 **야코비안(Jacobian)**이라 한다. 역변환의 야코비안은 다음과 같이 주어진다.

$$J(v, w) = \det\begin{bmatrix} \dfrac{\partial x}{\partial v} & \dfrac{\partial x}{\partial w} \\ \dfrac{\partial y}{\partial v} & \dfrac{\partial y}{\partial w} \end{bmatrix}$$

여기서 다음의 식이 유도될 수 있다.

$$|J(v, w)| = \frac{1}{|J(x, y)|}$$

그러므로 V와 W의 결합 pdf는 다음 식들 중 하나를 사용해서 구해진다.

$$f_{V,W}(v, w) = \frac{f_{X,Y}(h_1(v, w), (h_2(v, w))}{|J(x, y)|} \tag{6.22a}$$

$$= f_{X,Y}(h_1(v, w), (h_2(v, w))|J(v, w)| \tag{6.22b}$$

비록 식 (6.20)의 해가 한 개 이상일 지라도, 식 (6.21)이 적용 가능하다. pdf는 식 (6.22a)와 식 (6.22b)로 주어진 형태에 대한 합과 같으며, 각각의 해는 하나의 항만 제공한다.

예제 6.13

서버 1은 m개의 웹 페이지 요청을 받고 서버 2는 k개의 웹 페이지 요청을 받는다. 웹 페이지 전송 시간은 평균 $1/\mu$인 지수 확률 변수이다. X를 서버 1로부터 파일을 전송하는 전체 시간이라 두고, Y를 서버 2에서의 전체 시간이라 두자. 전체 전송 시간인 T와 서버 1에 의해 소비된 전체 전송 시간에서의 비율 W의 결합 pdf를 구하라.

$$T = X + Y \quad \text{그리고} \quad W = \frac{X}{X + Y}.$$

4장에서 배웠듯이, j개의 독립 지수 확률 변수의 합은 매개변수 j와 μ인 얼랭(Erlang) 확률 변수이다. 그러므로 X와 Y는 각각 매개변수 m과 μ, 그리고 k와 μ인 독립 얼랭 확률 변수이다.

$$f_X(x) = \frac{\mu e^{-\mu x}(\mu x)^{m-1}}{(m-1)!} \quad \text{그리고} \quad f_Y(y) = \frac{\mu e^{-\mu y}(\mu y)^{k-1}}{(k-1)!}.$$

T와 W에 관해서 X와 Y를 푼다.

$$X = TW \quad \text{그리고} \quad X = TW$$

변환의 야코비안은 다음과 같다.

$$J(x,y)=\det\begin{bmatrix}1 & 1\\ \dfrac{y}{(x+y)^2} & \dfrac{-x}{(x+y)^2}\end{bmatrix}$$
$$=\frac{-x}{(x+y)^2}-\frac{y}{(x+y)^2}=\frac{-1}{x+y}=\frac{-1}{t}$$

T와 W의 결합 pdf는 다음과 같게 된다.

$$f_{T,W}(t,w)=\frac{1}{|J(x,y)|}\left[\frac{\mu e^{-\mu x}(\mu x)^{m-1}}{(m-1)!}\frac{\mu e^{-\mu y}(\mu y)^{k-1}}{(k-1)!}\right]_{\substack{x=tw\\ y=t(1-w)}}$$
$$=t\frac{\mu e^{-\mu tw}(\mu tw)^{m-1}}{(m-1)!}\frac{\mu e^{-\mu t(1-w)}(\mu t(1-w))^{k-1}}{(k-1)!}$$
$$=\frac{\mu e^{-\mu t}(\mu t)^{m+k-1}}{(m+k-1)!}\frac{(m+k-1)!}{(m-1)!(k-1)!}(w)^{m-1}(1-w)^{k-1}$$

T와 W가 독립 확률 변수라는 것을 안다. 기대했듯이, 이것은 $m+k$의 독립 얼랭 확률 변수의 합이므로, T는 매개변수 $m+k$와 μ인 얼랭이다. W는 3장에서 소개된 베타 확률 변수이다.

위에서 소개된 이 방법은, 비록 한 개의 확률 변수의 함수에만 관심이 있다고 하더라도 사용될 수 있다. '보조' 변수로 정의함으로써 확률 변수들 모두의 결합 pdf를 구하는 변환방법을 사용할 수 있고, 그러면 흥미 있는 확률 변수와 관련된 한계(marginal) pdf를 구할 수 있다. 다음의 예제는 이 방법을 설명한다.

예제 6.14 Student's t-분포

X를 평균이 0이고 분산이 1인 가우스 확률 변수라 하고, Y를 n의 자유도를 가지는 카이제곱 확률 변수라 하자. X와 Y가 독립이라고 가정하고 $V=X/\sqrt{Y/n}$의 확률 밀도 함수를 구하라.

보조함수 $W=Y$라고 정의한다. 그러면 변수 X와 Y는 다음 식에 의해 V와 W로 관계되어진다.

$$X=V\sqrt{W/n} \quad \text{그리고} \quad Y=W$$

역변환의 야코비안은 다음과 같다.

$$|J(v,w)|=\begin{vmatrix}\sqrt{w/n} & (v/2)\sqrt{wn}\\ 0 & 1\end{vmatrix}=\sqrt{w/n}$$

$f_{X,Y}(x,y)=f_x(x)f_Y(y)$이므로, 결합 확률 밀도 함수 V와 W는 다음과 같다.

$$f_{V,W}(v,w)=\frac{e^{-x^2/2}}{\sqrt{2\pi}}\frac{(y/2)^{n/2-1}e^{-y/2}}{2\Gamma(n/2)}|J(v,w)|\bigg|_{\substack{x=v\sqrt{w/n}\\ y=w}}$$
$$=\frac{(w/2)^{(n-1)/2}e^{-[(w/2)(1+v^2/n)]}}{2\sqrt{n\pi}\Gamma(n/2)}$$

V의 확률 밀도 함수는 w 위에서의 결합 확률 밀도 함수를 적분해서 찾을 수 있다.

$$f_V(v)=\frac{1}{2\sqrt{n\pi}\Gamma(n/2)}\int_0^{\infty}(w/2)^{(n-1)/2}e^{-[(w/2)(1+v^2/n)]}\,dw$$

만약 $w' = (w/2)(v^2/n+1)$이라 하면, 적분은 다음과 같다.

$$f_V(v) = \frac{(1 + v^2/n)^{-(n+1)/2}}{\sqrt{n\pi}\Gamma(n/2)} \int_0^\infty (w')^{(n-1)/2} e^{-w'}\, dw'$$

위의 적분을 $(n+1)/2$에서 값을 구한 감마함수라고 언급함으로써 우리는 최종적으로 학생의 t분포를 얻는다.

$$f_V(v) = \frac{(1 + v^2/n)^{-(n+1)/2}\Gamma((n + 1)/2)}{\sqrt{n\pi}\Gamma(n/2)}$$

이 확률 밀도 함수는 통계적인 계산에서 널리 이용된다(8장 참고).

다음으로, n개의 확률 변수 $\mathbf{X} = (X_1, \ldots, X_n)$의 n개의 함수에 대한 결합 확률 밀도 함수를 구하는 문제를 살펴보자.

$$Z_1 = g_1(\mathbf{X}), \quad Z_2 = g_2(\mathbf{X}), \ldots, \quad Z_n = g_n(\mathbf{X})$$

식들의 집합을 다음과 같이 가정한다면,

$$z_1 = g_1(\mathbf{x}), \quad z_2 = g_2(\mathbf{x}), \ldots, \quad z_n = g_n(\mathbf{x}) \tag{6.23}$$

유일한 해는 다음과 같다.

$$x_1 = h_1(\mathbf{x}), \quad x_2 = h_2(\mathbf{x}), \ldots, \quad x_n = h_n(\mathbf{x})$$

$\mathbf{Z}$의 결합 확률 밀도 함수는 다음과 같다.

$$f_{Z_1,\ldots,Z_n}(z_1, \ldots, z_n) = \frac{f_{X_1,\ldots,X_n}(h_1(\mathbf{z}), h_2(\mathbf{z}), \ldots, h_n(\mathbf{z}))}{|J(x_1, x_2, \ldots, x_n)|} \tag{6.24a}$$

$$= f_{X_1,\ldots,X_n}(h_1(\mathbf{z}), h_2(\mathbf{z}), \ldots, h_n(\mathbf{z}))|J(z_1, z_2, \ldots, z_n)| \tag{6.24b}$$

$|J(x_1, \ldots, x_n)|$와 $|J(z_1, \ldots, z_n)|$은 각각 변환과 역변환의 확률식이다.

$$J(x_1, \ldots, x_n) = \det\begin{bmatrix} \dfrac{\partial g_1}{\partial x_1} & \cdots & \dfrac{\partial g_1}{\partial x_n} \\ \vdots & & \vdots \\ \dfrac{\partial g_n}{\partial x_1} & \cdots & \dfrac{\partial g_n}{\partial x_n} \end{bmatrix}$$

$$J(z_1, \ldots, z_n) = \det\begin{bmatrix} \dfrac{\partial h_1}{\partial z_1} & \cdots & \dfrac{\partial h_1}{\partial z_n} \\ \vdots & & \vdots \\ \dfrac{\partial h_n}{\partial z_1} & \cdots & \dfrac{\partial h_n}{\partial z_n} \end{bmatrix}$$

선형변환의 특별한 경우에서 다음과 같다.

$$\mathbf{Z} = \mathbf{AX} = \begin{bmatrix} a_{11} & a_{12} & \cdots & a_{1n} \\ a_{21} & a_{22} & \cdots & a_{2n} \\ . & . & \cdots & . \\ a_{n1} & a_{n2} & \cdots & a_{nn} \end{bmatrix}\begin{bmatrix} X_1 \\ X_2 \\ \cdots \\ X_n \end{bmatrix}$$

Z의 성분은 다음과 같다.

$$Z_j = a_{j1}X_1 + a_{j2}X_2 + \ldots + a_{jn}X_n$$

$dz_j/dx_i = a_{ji}$이므로, 야코비안은 간단히 다음과 같게 된다.

$$J(x_1, x_2, \ldots, x_n) = \det\begin{bmatrix} a_{11} & a_{12} & \ldots & a_{1n} \\ a_{21} & a_{22} & \ldots & a_{2n} \\ . & . & \ldots & . \\ a_{n1} & a_{n2} & \ldots & a_{nn} \end{bmatrix} = \det \mathbf{A}$$

A가 역변환 가능하다고 가정하면 다음의 식을 얻는다.[1)]

$$f_{\mathbf{Z}}(\mathbf{z}) = \left.\frac{f_{\mathbf{X}}(\mathbf{x})}{|\det \mathbf{A}|}\right|_{\mathbf{x}=\mathbf{A}^{-1}\mathbf{z}} = \frac{f_{\mathbf{X}}(\mathbf{A}^{-1}\mathbf{z})}{|\det \mathbf{A}|}$$

예제 6.15 확률 변수의 합

확률 변수 $\mathbf{X} = (X_1, X_2, X_3)$가 주어졌을 때, 그 합의 결합 pdf를 구하라.

$$Z = X_1 + X_2 + X_3$$

다음과 같은 보조변수들을 도입함으로써 변환을 이용한다.

$$Z_1 = X_1, Z_2 = X_1 + X_2, Z_3 = X_1 + X_2 + X_3$$

역변환은 다음과 같이 주어진다.

$$X_1 = Z_1, X_2 = Z_2 - Z_1, X_3 = Z_3 - Z_2$$

야코비안(Jacobian) 행렬은 다음과 같다.

$$J(x_1, x_2, x_3) = \det\begin{bmatrix} 1 & 0 & 0 \\ 1 & 1 & 0 \\ 1 & 1 & 1 \end{bmatrix} = 1$$

그러므로 **Z**의 결합 pdf는 다음과 같다.

$$f_{\mathbf{Z}}(z_1, z_2, z_3) = f_{\mathbf{X}}(z_1, z_2 - z_1, z_3 - z_2)$$

Z_3의 pdf는 z_1과 z_2에 관해 적분함으로써 구해진다.

$$f_{Z_3}(z) = \int_{-\infty}^{\infty}\int_{-\infty}^{\infty} f_{\mathbf{X}}(z_1, z_2 - z_1, z - z_2)\, dz_1 dz_2$$

만약 X_1, X_2, X_3가 독립 확률 변수라면, 이 표현은 더욱 간단해진다.

1) 부록 C에 선형대수의 정의 및 유용한 결과의 요약이 있다.

6.3 벡터 확률 변수의 기대값

이 섹션에서는 벡터 확률 변수의 성분과 성분 함수의 기대값을 통해서 벡터 확률 변수의 특성에 대해서 알아본다. 벡터 확률 변수의 평균 벡터와 공분산 매트릭스를 통해 특성화하는 데에 중점을 둔다. 벡터 확률 변수를 위한 결합 특성 함수를 소개한다.

벡터 확률 변수 $\mathbf{X} = (X_1, X_2, \ldots, X_n$ 의 함수의 기대값 $g(\mathbf{X}) = g(X_1, \ldots, X_n)$는 다음과 같이 주어진다.

$$E[Z] = \begin{cases} \int_{-\infty}^{\infty} \cdots \int_{-\infty}^{\infty} g(x_1, x_2, \ldots, x_n) f_{\mathbf{X}}(x_1, x_2, \ldots, x_n)\, dx_1\, dx_2 \ldots dx_n & \mathbf{X}\text{:결합 연속확률벡터} \\ \sum_{x_1} \cdots \sum_{x_n} g(x_1, x_2, \ldots, x_n) p_{\mathbf{X}}(x_1, x_2, \ldots, x_n) & \mathbf{X}\text{:이산 확률벡터} \end{cases} \tag{6.25}$$

$g(\mathbf{X})$는 $\mathbf{X}$의 함수들의 합과 동일하다는 점이 중요하다. 식 (5.26)의 유도과정과 수학적 귀납법으로 다음과 같이 나타낼 수 있다.

$$E[g_1(\mathbf{X}) + g_2(\mathbf{X}) + \cdots + g_n(\mathbf{X})] = E[g_1(\mathbf{X})] + \cdots + E[g_n(\mathbf{X})] \tag{6.26}$$

또 다른 중요한 예는 $g(\mathbf{X})$가 성분의 n개의 독립함수들의 곱과 같다는 것이다. $X_1, \ldots X_n$가 독립 확률 변수들이라 하면 다음과 같이 주어진다.

$$E[g_1(X_1)g_2(X_2)\ldots g_n(X_n)] = E[g_1(X_1)]E[g_2(X_2)]\ldots E[g_n(X_n)] \tag{6.27}$$

6.3.1 평균 벡터와 공분산 매트릭스

평균과 분산, 공분산은 확률 변수의 분포에 관해서 유용한 정보를 제공하고 추정하기 쉽다. 따라서 확률 변수의 배수의 첫 번째와 두 번째를 특성화하는 데에 중점을 둔다. 평균 벡터와 공분산 매트릭스를 도입한다. 확률벡터의 선형변환의 평균 벡터와 공분산 매트릭스에 대해서 알아본다.

$\mathbf{X} = (X_1, X_2 \ldots X_n)$에 대해 **평균 벡터(mean vector)**는 성분 X_k의 기대값의 열 벡터로 정의된다.

$$\mathbf{m}_{\mathbf{X}} = E[\mathbf{X}] = E\begin{bmatrix} X_1 \\ X_2 \\ \vdots \\ X_n \end{bmatrix} \triangleq \begin{bmatrix} E[X_1] \\ E[X_2] \\ \vdots \\ E[X_n] \end{bmatrix} \tag{6.28a}$$

기대값의 벡터를 열 벡터로 정의했다는 점에 주목하라. 전 섹션에서는 $\mathbf{X}$를 행 벡터로 사용했었지만 이 섹션과 매트릭스 변환을 다룰 때에는 $\mathbf{X}$와 기대값을 열 벡터로 나타낸다.

상관 매트릭스(correlation matrix)는 $\mathbf{X}$의 두 번째 모멘트를 가지고 다음을 포함한다.

$$\mathbf{R}_{\mathbf{X}} = \begin{bmatrix} E[X_1^2] & E[X_1X_2] & \ldots & E[X_1X_n] \\ E[X_2X_1] & E[X_2^2] & \ldots & E[X_2X_n] \\ . & . & \ldots & . \\ E[X_nX_1] & E[X_nX_2] & \ldots & E[X_n^2] \end{bmatrix} \tag{6.28b}$$

공분산 매트릭스(covariance matrix)는 두 번째 차수 중심 모멘트를 가지고 다음을 포함한다.

$$\mathbf{K_X} = \begin{bmatrix} E[(X_1-m_1)^2] & E[(X_1-m_1)(X_2-m_2)] & \dots & E[(X_1-m_1)(X_n-m_n)] \\ E[(X_2-m_2)(X_1-m_1)] & E[(X_2-m_2)^2] & \dots & E[(X_2-m_2)(X_n-m_n)] \\ . & . & \dots & . \\ E[(X_n-m_n)(X_1-m_1)] & E[(X_n-m_n)(X_2-m_2)] & \dots & E[(X_n-m_n)^2] \end{bmatrix} \tag{6.28c}$$

$\mathbf{R_X}$와 $\mathbf{K_X}$ 둘 다 $n \times n$ 대칭 매트릭스이다. $\mathbf{K_X}$의 대각 성분은 $\mathbf{X}$의 성분의 $\text{VAR}[X_k] = E[(X_k - m_k)^2]$에 의해 주어진다. 만약 이 성분들이 상관관계가 없다면 $j \neq k$에 대해서 $\text{COV}(X_j, X_k) = 0$이고 $\mathbf{K_X}$는 대각 행렬이다. 만약 확률 변수 $X_1, \dots, X_n$이 독립이면 성분들은 상관관계가 없고 $\mathbf{K_X}$는 대각 행렬이다. 마지막으로 만약 기대값의 벡터가 0이면 모든 k에 대해서 $m_k = E[X_k] = 0$이고 $\mathbf{R_X} = \mathbf{K_X}$이다.

예제 6.16

$\mathbf{X} = (X_1, X_2, X_3)$은 예제 6.6의 결합 가우스 확률벡터이다. $E[\mathbf{X}]$와 $\mathbf{K_X}$를 구하라.

결합 확률 밀도 함수는 다음과 같다.

$$f_{X_1,X_2,X_3}(x_1, x_2, x_3) = \frac{e^{-(x_1^2 + x_2^2 - 2\frac{1}{\sqrt{2}}x_1x_2)}}{2\pi\sqrt{1-\left(-\frac{1}{\sqrt{2}}\right)^2}} \frac{e^{-x_3^2/2}}{\sqrt{2\pi}}$$

이제 Rx 와 Kx에 대한 간단화된 표현식을 구하자.

X_3는 영평균과 단위분산을 가지는 가우스 확률 변수이고, X_1과 X_2는 독립이며, 영평균과 단위분산을 가지고, 상관 계수를 다음과 같이 가지는 결합 가우시안이다.

$$\rho_{X_1X_2} = -\frac{1}{\sqrt{2}} = \frac{\text{COV}(X_1, X_2)}{\sigma_{X_1}\sigma_{X_2}} = \text{COV}(X_1, X_2)$$

그러므로 기대값의 벡터는 $\mathbf{m_x} = 0$이고,

$$\mathbf{K_X} = \begin{bmatrix} 1 & -\frac{1}{\sqrt{2}} & 0 \\ -\frac{1}{\sqrt{2}} & 1 & 0 \\ 0 & 0 & 1 \end{bmatrix} \text{ 이다.}$$

이제 $\mathbf{R_X}$와 $\mathbf{K_X}$에 대한 간단화된 표현식을 구하자. 만약 $n \times 1$ 매트릭스 $\mathbf{X}$와 $1 \times n$ 매트릭스 $\mathbf{X^T}$를 곱하면 다음과 같은 $n \times n$ 매트릭스를 구할 수 있다.

$$\mathbf{XX}^{\text{T}} = \begin{bmatrix} X_1 \\ X_2 \\ \vdots \\ X_n \end{bmatrix} [X_1, X_2, \dots, X_n] = \begin{bmatrix} X_1^2 & X_1X_2 & \dots & X_1X_n \\ X_2X_1 & X_2^2 & \dots & X_2X_n \\ . & . & \dots & . \\ X_nX_1 & X_nX_2 & \dots & X_n^2 \end{bmatrix}$$

매트릭스 성분의 기대값 매트릭스로 매트릭스의 기대값을 정의하면 다음과 같은 상관 매트릭스

를 쓸 수 있다.

$$\mathbf{R_X} = E[\mathbf{XX}^{\mathrm{T}}] \tag{6.29a}$$

공분산 매트릭스는 다음과 같다.

$$\begin{aligned}\mathbf{K_X} &= E[(\mathbf{X} - \mathbf{m_X})(\mathbf{X} - \mathbf{m_X})^{\mathrm{T}}] \\ &= E[\mathbf{XX}^{\mathrm{T}}] - \mathbf{m_X}\, E[\mathbf{X}^{\mathrm{T}}] - E[\mathbf{X}]\mathbf{m_X}^{\mathrm{T}} + \mathbf{m_X m_X}^{\mathrm{T}} \\ &= \mathbf{R_X} - \mathbf{m_X m_X}^{\mathrm{T}}\end{aligned} \tag{6.29b}$$

6.3.2 확률벡터의 선형변환

공학 시스템은 10장에서 다루는 바와 같이 많은 경우 선형이다. 이 시스템은 입력 **X**와 출력 **Y**인 확률 변수 벡터의 선형변환으로 자주 유도된다.

$$\mathbf{Y} = \begin{bmatrix} a_{11} & a_{12} & \dots & a_n \\ a_{21} & a_{22} & \dots & a_{2n} \\ . & . & \dots & . \\ a_{n1} & a_{n2} & \dots & a_{nn} \end{bmatrix} \begin{bmatrix} X_1 \\ X_2 \\ \vdots \\ X_n \end{bmatrix} = \mathbf{AX}$$

Y의 k번째 성분에 대한 기대값은 **A**의 k번째 행과 **X**의 내적이다.

$$E[Y_k] = E\left[\sum_{j=1}^{n} a_{kj} X_j\right] = \sum_{j=1}^{n} a_{kj} E[X_j]$$

$E(\mathbf{Y})$의 각 성분은 이와 같은 방법으로 구해진다.

$$\begin{aligned}\mathbf{m_Y} = E[\mathbf{Y}] = \begin{bmatrix} \sum_{j=1}^{n} a_{1j}E[X_j] \\ \sum_{j=1}^{n} a_{2j}E[X_j] \\ \vdots \\ \sum_{j=1}^{n} a_{nj}E[X_j] \end{bmatrix} &= \begin{bmatrix} a_{11} & a_{12} & \dots & a_n \\ a_{21} & a_{22} & \dots & a_{2n} \\ . & . & \dots & . \\ a_{n1} & a_{n2} & \dots & a_{nn} \end{bmatrix} \begin{bmatrix} E[X_1] \\ E[X_2] \\ \vdots \\ E[X_n] \end{bmatrix} \\ &= \mathbf{A}E[\mathbf{X}] = \mathbf{Am_X}\end{aligned} \tag{6.30a}$$

Y의 공분산 행렬은 다음과 같다.

$$\begin{aligned}\mathbf{K_Y} &= E[(\mathbf{Y} - \mathbf{m_Y})(\mathbf{Y} - \mathbf{m_Y})^{\mathrm{T}}] = E[(\mathbf{AX} - \mathbf{Am_X})(\mathbf{AX} - \mathbf{Am_X})^{\mathrm{T}}] \\ &= E[\mathbf{A}(\mathbf{X} - \mathbf{m_X})(\mathbf{X} - \mathbf{m_X})^{\mathrm{T}}\mathbf{A}^{\mathrm{T}}] = \mathbf{A}E[(\mathbf{X} - \mathbf{m_X})(\mathbf{X} - \mathbf{m_X})^{\mathrm{T}}]\mathbf{A}^{\mathrm{T}} \\ &= \mathbf{AK_XA}^{\mathrm{T}}\end{aligned} \tag{6.30b}$$

여기서 행렬 곱의 전치는 각 전치행렬의 곱인데 순서는 역순이다. $\{\mathbf{A}(\mathbf{X} - \mathbf{m_X})\}^{\mathrm{T}} = (\mathbf{X} - \mathbf{m_X})^{\mathrm{T}}\mathbf{A}^{\mathrm{T}}$

두 확률벡터 **X**와 **Y**의 **교차 공분산(cross-covariance)** 행렬은 다음과 같이 정의된다.

$$\mathbf{K_{XY}} = E[(\mathbf{X} - \mathbf{m_X})(\mathbf{Y} - \mathbf{m_Y})^{\mathrm{T}}] = E[\mathbf{XY}^{\mathrm{T}}] - \mathbf{m_X m_Y}^{\mathrm{T}} = \mathbf{R_{XY}} - \mathbf{m_X m_Y}^{\mathrm{T}}$$

$\mathbf{X}$와 $\mathbf{Y}=\mathbf{AX}$의 공분산 행렬은 다음과 같다.

$$\begin{aligned}\mathbf{K_{XY}} &= E[\mathbf{X}-\mathbf{m_X})(\mathbf{Y}-\mathbf{m_Y})^{\mathrm{T}}] = E[(\mathbf{X}-\mathbf{m_X})(\mathbf{X}-\mathbf{m_X})^{\mathrm{T}}\mathbf{A}^{\mathrm{T}}] \\ &= \mathbf{K_X}\mathbf{A}^{\mathrm{T}}\end{aligned} \tag{6.30c}$$

예제 6.17 **무상관 확률벡터의 변환**

$\mathbf{X}$의 성분은 무상관이고 분산 1이라 하자. 그때 $\mathbf{K_X}=\mathbf{I}$ 단위행렬이고, $\mathbf{Y}=\mathbf{AX}$의 공분산 행렬은

$$\mathbf{K_Y} = \mathbf{AK_XA}^{\mathrm{T}} = \mathbf{AIA}^{\mathrm{T}} = \mathbf{AA}^{\mathrm{T}} \tag{6.31}$$

이다. 일반적으로 $\mathbf{K_Y}=\mathbf{AA^T}$은 대각 행렬이 아니고 $\mathbf{Y}$의 성분은 상관되어 있다. 6.6절에서 주어진 $\mathbf{K_Y}$에 대해서 식 (6.31)이 성립하도록 $\mathbf{A}$를 찾는 것을 설명했다. 원하는 어떤 공분산 행렬 $\mathbf{K_Y}$를 가지는 확률벡터 $\mathbf{Y}$를 만들 수 있다.

$\mathbf{X}$의 성분은 대각 행렬이 아닌 $\mathbf{K_X}$로 상관되어 있다. 많은 경우에 $\mathbf{Y}=\mathbf{AX}$가 상관된 성분을 가지도록 변환행렬 $\mathbf{A}$를 찾는 것에 관심이 많다. 이것은 $\mathbf{K_Y}=\mathbf{AK_XA^T}$이 대각 행렬이 되도록 $\mathbf{A}$를 찾아야 한다. 이 절의 마지막 부분에서 그러한 행렬 $\mathbf{A}$를 찾는 방법에 대해서 소개한다.

예제 6.18 **무상관 확률벡터로 변환**

예제 6.16의 확률벡터 X_1, X_2, X_3은 다음 행렬을 사용하여 변환된다.

$$\mathbf{A} = \begin{bmatrix} \frac{1}{\sqrt{2}} & \frac{1}{\sqrt{2}} & 0 \\ \frac{1}{\sqrt{2}} & -\frac{1}{\sqrt{2}} & 0 \\ 0 & 0 & 1 \end{bmatrix}$$

$E[\mathbf{Y}]$와 $\mathbf{K_Y}$를 구하라.

한편 $\mathbf{m_X}=\mathbf{0}$이므로, $E[\mathbf{Y}]=\mathbf{Am_X}=\mathbf{0}$이다. $\mathbf{Y}$의 공분산 행렬은 다음과 같다.

$$\mathbf{K_Y} = \mathbf{AK_XA}^{\mathrm{T}} = \frac{1}{2}\begin{bmatrix} 1 & 1 & 0 \\ 1 & -1 & 0 \\ 0 & 0 & 1 \end{bmatrix}\begin{bmatrix} 1 & -\frac{1}{\sqrt{2}} & 0 \\ -\frac{1}{\sqrt{2}} & 1 & 0 \\ 0 & 0 & 1 \end{bmatrix}\begin{bmatrix} 1 & 1 & 0 \\ 1 & -1 & 0 \\ 0 & 0 & 1 \end{bmatrix}$$

$$= \frac{1}{2}\begin{bmatrix} 1 & 1 & 0 \\ 1 & -1 & 0 \\ 0 & 0 & 1 \end{bmatrix}\begin{bmatrix} 1-\frac{1}{\sqrt{2}} & 1+\frac{1}{\sqrt{2}} & 0 \\ 1-\frac{1}{\sqrt{2}} & -\left(1+\frac{1}{\sqrt{2}}\right) & 0 \\ 0 & 0 & 1 \end{bmatrix} = \begin{bmatrix} 1-\frac{1}{\sqrt{2}} & 0 & 0 \\ 0 & 1+\frac{1}{\sqrt{2}} & 0 \\ 0 & 0 & 1 \end{bmatrix}$$

선형변환은 상관되어 있는 성분을 가지는 확률 변수 $\mathbf{Y}=(Y_1, Y_2, Y_3)$의 벡터를 만든다.

6.3.3 결합 특성 함수

n 확률 변수의 **결합 특성 함수(joint characteristic function)**는 다음과 같이 정의된다.

$$\Phi_{X_1, X_2, \ldots, X_n}(\omega_1, \omega_2, \ldots, \omega_n) = E[e^{j(\omega_1 X_1 + \omega_2 X_2 + \cdots + \omega_n X_n)}] \tag{6.32a}$$

이 절의 나머지 부분은 두 확률 변수의 결합 특성 함수의 성질에 대하여 다룬다. 이러한 성질들은 n확률 변수의 경우에 직접적인 방식으로 일반화된다. 따라서 다음을 고려해본다.

$$\Phi_{X,Y}(\omega_1, \omega_2) = E[e^{j(\omega_1 X + \omega_2 Y)}] \tag{6.32b}$$

만약에 X와 Y가 결합 연속 확률 변수라면 다음을 만족한다.

$$\Phi_{X,Y}(\omega_1, \omega_2) = \int_{-\infty}^{\infty}\int_{-\infty}^{\infty} f_{X,Y}(x, y) e^{j(\omega_1 x + \omega_2 y)}\, dx\, dy \tag{6.32c}$$

식 (6.32c)는 결합 특성 함수가 X와 Y의 결합 확률 밀도 함수의 이차원의 푸리에(Fourier) 변환이라는 것을 보여준다. 푸리에 변환의 역의 공식은 결합 확률 밀도 함수가 다음과 같이 주어진다는 것을 의미한다.

$$f_{X,Y}(x, y) = \frac{1}{4\pi^2} = \int_{-\infty}^{\infty}\int_{-\infty}^{\infty} \Phi_{X,Y}(\omega_1, \omega_2) e^{-j(\omega_1 x + \omega_2 y)}\, d\omega_1\, d\omega_2 \tag{6.33}$$

식 (6.32b)에서 주변 특성 함수를 결합 특성 함수로부터 얻을 수 있다.

$$\Phi_X(\omega) = \Phi_{X,Y}(\omega, 0) \quad \Phi_Y(\omega) = \Phi_{X,Y}(0, \omega) \tag{6.34}$$

만약 X와 Y가 독립인 확률 변수라면, 결합 특성 함수는 주변 특성 함수의 곱이고 따라서 다음과 같다.

$$\begin{aligned}\Phi_{X,Y}(\omega_1, \omega_2) &= E[e^{j(\omega_1 X + \omega_2 Y)}] = E[e^{j\omega_1 X} e^{j\omega_2 Y}] \\ &= E[e^{j\omega_1 X}] E[e^{j\omega_2 Y}] = \Phi_X(\omega_1)\Phi_Y(\omega_2)\end{aligned} \tag{6.35}$$

세 번째 등호는 식 (6.27)에서 나온 것이다.

합 $Z = aX + bY$의 특성 함수는 다음과 같은 X와 Y의 결합 특성 함수로부터 얻을 수 있다.

$$\Phi_Z(\omega) = E[e^{j\omega(aX + bY)}] = E[e^{j(\omega aX + \omega bY)}] = \Phi_{X,Y}(a\omega, b\omega) \tag{6.36a}$$

만약 X와 Y가 독립 확률 변수라면 $Z = aX + bY$의 특성 함수는 다음과 같다.

$$\Phi_Z(\omega) = \Phi_{X,Y}(a\omega, b\omega) = \Phi_X(a\omega)\Phi_Y(b\omega) \tag{6.36b}$$

8.1절에서는 위에 나온 확률 변수의 합의 결과를 다룰 것이다.

X와 Y의 결합 모멘트(X, Y가 유한하다면)는 결합 특성 함수의 도함수를 취함으로써 얻을 수 있다. 이것을 보이기 위해서 식 (6.32b)를 지수곱의 기대값 형태로 다시 쓰고 지수를 멱급수 형태로 전개하면 다음과 같다.

$$\begin{aligned}\Phi_{X,Y}(\omega_1, \omega_2) &= E[e^{j\omega_1 X} e^{j\omega_2 Y}] \\ &= E\left[\sum_{i=0}^{\infty} \frac{(j\omega_1 X)^i}{i!} \sum_{k=0}^{\infty} \frac{(j\omega_2 Y)^k}{k!}\right] \\ &= \sum_{i=0}^{\infty}\sum_{k=0}^{\infty} E[X^i Y^k] \frac{(j\omega_1)^i}{i!} \frac{(j\omega_2)^k}{k!}\end{aligned}$$

그러면 모멘트는 특정 집합의 도함수를 취함으로써 얻을 수 있다.

$$E[X^iY^k] = \frac{1}{j^{i+k}} \frac{\partial^i \partial^k}{\partial\omega_1^i \partial\omega_2^k} \mathbf{\Phi}_{X,Y}(\omega_1, \omega_2)|_{\omega_1=0,\omega_2=0} \tag{6.37}$$

예제 6.19

U와 V가 평균이 0이고, 단위분산을 가지는 독립인 가우스 확률 변수라고 가정하고, 다음과 같다고 하자.

$$X = U + V, \qquad Y = 2U + V$$

X와 Y의 결합 특성 함수를 구하고 $E[XY]$를 구하라.

X와 Y의 결합 특성 함수는 다음과 같다.

$$\begin{aligned}\mathbf{\Phi}_{X,Y}(\omega_1, \omega_2) &= E[e^{j(\omega_1 X + \omega_2 Y)}] = E[e^{j\omega_1(U+V)}e^{j\omega_2(2U+V)}] \\ &= E[e^{j((\omega_1+2\omega_2)U + (\omega_1+\omega_2)V)}]\end{aligned}$$

U와 V가 독립인 확률 변수이기 때문에 U와 V의 결합 특성 함수는 주변 특성 함수의 곱과 같다.

$$\begin{aligned}\mathbf{\Phi}_{X,Y}(\omega_1, \omega_2) &= E[e^{j((\omega_1+2\omega_2)U)}]E[e^{j((\omega_1+\omega_2)V)}] \\ &= \mathbf{\Phi}_U(\omega_1 + 2\omega_2)\mathbf{\Phi}_V(\omega_1 + \omega_2) \\ &= e^{-\frac{1}{2}(\omega_1+2\omega_2)^2}e^{-\frac{1}{2}(\omega_1+\omega_2)^2} \\ &= e^{\{-\frac{1}{2}(2\omega_1^2 + 6\omega_1\omega_2 + 5\omega_2^2)\}}\end{aligned}$$

여기서 주변 특성 함수는 표 4.1에서 얻어진다.

상관 $E[XY]$는 $i = 1$이고 $k = 1$을 가지는 식 (6.37)에서 발견된다.

$$\begin{aligned}E[XY] &= \frac{1}{j^2} \frac{\partial^2}{\partial\omega_1\partial\omega_2} \mathbf{\Phi}_{X,Y}(\omega_1, \omega_2)|_{\omega_1=0,\omega_2=0} \\ &= -\exp\{-\tfrac{1}{2}(2\omega_1^2 + 6\omega_1\omega_2 + 5\omega_2^2)\}[6\omega_1 + 10\omega_2]\left(\frac{1}{4}\right)[4\omega_1 + 6\omega_2] \\ &\quad + \frac{1}{2}\exp\{-\tfrac{1}{2}(2\omega_1^2 + 6\omega_1\omega_2 + 5\omega_2^2)\}[6]|_{\omega_1=0,\omega_2=0} \\ &= 3\end{aligned}$$

$E[XY] = E[(U + V)(2U + V)]$를 구함으로써 이 대답을 직접적으로 증명할 수 있다.

*6.3.4 공분산 행렬의 대각화

X는 $\mathbf{K_X}$를 공분산으로 가지는 확률벡터라 하자. $\mathbf{Y = AX}$가 공분산 행렬을 가지는 $n \times n$행렬 **A**를 찾는 데 관심을 가진다. **Y**의 성분들은 서로 상관이 아니다.

$\mathbf{K_X}$는 실수값의 대칭행렬임을 알 수 있다. 부록 C에서 선형대수학으로부터 $\mathbf{K_X}$는 대각화 가능한 행렬임을 정의한다. 다음을 만족하는 행렬 **P**가 있다.

$$\mathbf{P^T K_X P} = \Lambda \quad 그리고 \quad \mathbf{P^T P} = \tag{6.38a}$$

Λ는 대각 행렬이고 **I**는 단위행렬이다. 따라서 만약 $\mathbf{A = P^T}$라 두면, 식 (6.30b)로부터 대각 행렬 $\mathbf{K_Y}$를 얻는다.

지금 $\mathbf{P}$가 얻어지는 과정을 보자. 먼저 $\mathbf{K_X}$의 고유값과 고유벡터를 다음 식으로부터 구한다.

$$\mathbf{K_X}\mathbf{e}_i = \lambda_i \mathbf{e}_i \tag{6.38b}$$

$\mathbf{e}_i$는 $n \times 1$의 열 벡터들이다.[2] 각각의 고유벡터 $\mathbf{e}_i$를 정규화할 수 있다. 그래서, $\mathbf{e}_i^{\mathbf{T}}\mathbf{e}_i$, $\mathbf{e}_i$ 성분들의 제곱의 합은 1이다. 정규화된 고유벡터는 길이가 1이고 서로 직교한다.

$$\mathbf{e}_i{}^{\mathrm{T}}\mathbf{e}_j = \delta_{i,j} = \begin{cases} 1 & \text{if } i = j \\ 0 & \text{if } i \neq j \end{cases} \tag{6.38c}$$

$\mathbf{P}$의 열들이 $\mathbf{K_X}$의 고유벡터를 열로 하는 행렬을 $\mathbf{P}$라 하고, Λ를 고유값들의 대각 행렬이라 하자.

$$\mathbf{P} = [\mathbf{e}_1, \mathbf{e}_2, \ldots, \mathbf{e}_n] \qquad \Lambda = \mathrm{diag}[\lambda_1]$$

식 (6.38b)에서 다음을 얻는다.

$$\begin{aligned} \mathbf{K_X}\mathbf{P} &= \mathbf{K_X}[\mathbf{e}_1, \mathbf{e}_2, \ldots, \mathbf{e}_n] = [\mathbf{K_X}\mathbf{e}_1, \mathbf{K_X}\mathbf{e}_2, \ldots, \mathbf{K_X}\mathbf{e}_n] \\ &= [\lambda_1\mathbf{e}_1, \lambda_2\mathbf{e}_2, \ldots, \lambda_n\mathbf{e}_n] = \mathbf{P}\Lambda \end{aligned} \tag{6.39a}$$

두 번째 등식에서 $\mathbf{K_X}\mathbf{P}$의 각 열은 $\mathbf{P}$의 열과 $\mathbf{K_X}$ 곱으로 얻어진다. 양변에 $\mathbf{P}^{\mathbf{T}}$를 곱하면 다음을 얻는다.

$$\mathbf{P}^{\mathrm{T}}\mathbf{K_X}\mathbf{P} = \mathbf{P}^{\mathrm{T}}\mathbf{P}\Lambda = \Lambda \tag{6.39b}$$

결론지으면, 만약 $\mathbf{A} = \mathbf{P}^{\mathbf{T}}$라 하면 다음과 같다.

$$\mathbf{Y} = \mathbf{A}\mathbf{X} = \mathbf{P}^{\mathrm{T}}\mathbf{X} \tag{6.40a}$$

앞서 $\mathbf{Y}$의 확률 변수는 상관이 아니므로 다음과 같다.

$$\mathbf{K_Y} = \mathbf{P}^{\mathrm{T}}\mathbf{K_X}\mathbf{P} = \Lambda \tag{6.40b}$$

요약하면, 모든 공분산 행렬 K_X은 선형변환에 의해 대각화되어진다. 변환에서의 행렬 $\mathbf{A}$는 $\mathbf{K_X}$의 고유벡터들로부터 얻어진다.

식 (6.40b)는 $\mathbf{K_X}$와 $\mathbf{K_Y}$의 가역성을 제공한다. 선형대수학에서 $n \times n$행렬의 곱의 행렬식은 행렬식의 곱이라는 것을 알 수 있다.

$$\det \mathbf{K_Y} = \det \mathbf{P}^{\mathrm{T}} \det \mathbf{K_X} \det \mathbf{P} = \det \Lambda = \lambda_1\lambda_2 \ldots \lambda_n$$

여기서 $\det\mathbf{P}^{\mathrm{T}} \det\mathbf{P} = \det \mathbf{I} = 1$이라는 사실을 이용하였다. 상기하면, 어떤 행렬의 역 행렬이 존재할 필요충분조건은 행렬식이 0아니다. 따라서 $\mathbf{K_Y}$가 가역이 아닐 조건(즉, $\mathbf{K_Y}$의 역행렬이 존재하지 않을 조건)은 하나 이상의 $\mathbf{K_X}$의 고유값이 0이다.

하나의 고유값이 0이라 가정하면, 즉 $\lambda_k = 0$이라 하면, 상기 $\mathrm{VAR}[Y_k] = \lambda_k = 0$에서 $Y_k = 0$이 된다. 하지만 Y_k는 선형 조합으로 정의되어진다.

$$0 = Y_k = a_{k1}X_1 + a_{k2}X_2 + \cdots + a_{kn}X_n$$

결론지으면, $\mathbf{X}$의 성분들은 선형종속이다. 따라서 $\mathbf{X}$의 하나 이상의 성분들은 중복되고, 다른 성분들의 선형조합으로 표현되어진다.

---

[2] 부록 C 참조.

벡터 $\mathbf{X}$가 $\mathbf{Y}$의 항으로 표현되는 것은 흥미로운 것이다. 식 (6.40a)의 양변에 $\mathbf{P}$를 곱하고, $\mathbf{P}\mathbf{P}^{\mathrm{T}} = \mathbf{I}$라는 사실을 이용하면 다음과 같다.

$$\mathbf{X} = \mathbf{P}\mathbf{P}^{\mathrm{T}}\mathbf{X} = \mathbf{P}\mathbf{Y} = [\mathbf{e}_1, \mathbf{e}_2, \ldots, \mathbf{e}_n]\begin{bmatrix} Y_1 \\ Y_2 \\ \vdots \\ Y_n \end{bmatrix} = \sum_{k=1}^{n} Y_k \mathbf{e}_k \tag{6.41}$$

이 방정식은 **칼만-레비(Karhunen-Loeve)** 전개라 불려진다. 이 방정식은 확률벡터 $\mathbf{X}$가 $\mathbf{K_X}$의 고유벡터의 가중치로 표현될 수 있다는 것을 보여준다. 여기서 계수들은 비상관 확률 변수Y_k이다. 더욱이 고유벡터들은 직교정규 집합에서부터 온다. 주의할 것은, 만약 어떤 고유값이라도 0이면 $\mathrm{VAR}[Y_k] = \lambda_k = 0$, $Y_k = 0$이다. 그리고 대응하는 항은 식 (6.41)로부터 떨어질 수 있다. 10장에서 이 표현이 확률신호 처리에서 아주 유용함을 볼 것이다.

6.4 결합 가우스 확률 변수

결합 확률 밀도 함수가 다음과 같이 주어진다면, 확률 변수 $X_1, X_2, \ldots, X_n$은 결합 가우스라고 불려진다.

$$f_{\mathbf{X}}(\mathbf{x}) \triangleq f_{X_1, X_2, \ldots, X_n}(x_1, \ldots, x_n) = \frac{\exp\{-\frac{1}{2}(\mathbf{x} - \mathbf{m})^{\mathrm{T}} K^{-1}(\mathbf{x} - \mathbf{m})\}}{(2\pi)^{n/2}|K|^{1/2}} \tag{6.42a}$$

여기서 $\mathbf{x}$와 $\mathbf{m}$은 다음과 같이 정의된 열 벡터이다.

$$\mathbf{x} = \begin{bmatrix} x_1 \\ x_2 \\ \vdots \\ x_n \end{bmatrix} \qquad \mathbf{m} = \begin{bmatrix} m_1 \\ m_2 \\ \vdots \\ m_n \end{bmatrix} = \begin{bmatrix} E[X_1] \\ E[X_2] \\ \vdots \\ E[X_n] \end{bmatrix}$$

K는 다음과 같이 정의된 공분산 행렬이다.

$$K = \begin{bmatrix} \mathrm{VAR}(X_1) & \mathrm{COV}(X_1, X_2) & \ldots & \mathrm{COV}(X_1, X_n) \\ \mathrm{COV}(X_2, X_1) & \mathrm{VAR}(X_2) & \ldots & \mathrm{COV}(X_2, X_n) \\ \vdots & \vdots & & \vdots \\ \mathrm{COV}(X_n, X_1) & \ldots & & \mathrm{VAR}(X_n) \end{bmatrix} \tag{6.42b}$$

식 (6.42a)에서 $(\cdot)^{\mathrm{T}}$은 행렬 혹은 벡터의 전치를 의미한다. $\mathrm{COV}(X_i, X_j) = \mathrm{COV}(X_j, X_i)$이기 때문에 공분산 행렬은 대칭행렬이다.

식 (6.42a)는 결합 가우스 확률 변수의 확률 밀도 함수가 각각의 평균과 분산 그리고 쌍의 분산으로 완전히 나타낼 수 있음을 보여준다. 이것은 식 (6.42a)와 관련된 모든 주변 확률 밀도 함수 또한 가우스라는 것을 보여주며, 또한 이러한 것들은 같은 평균, 분산, 공분산의 집합으로 나타낼 수 있는 결합 특성 함수를 사용함으로써 보일 수 있다.

예제 6.20

식 (5.61a)에서 2차원 가우스 확률 밀도 함수가 식 (6.42a) 형태를 가짐을 보여라.

2차원적인 경우에 공분산 행렬은 다음과 같이 주어진다.

$$K = \begin{bmatrix} \sigma_1^2 & \rho_{X,Y}\sigma_1\sigma_2 \\ \rho_{X,Y}\sigma_1\sigma_2 & \sigma_2^2 \end{bmatrix}$$

여기서 $\text{COV}(X_1, X_2) = \rho_{X,Y}\sigma_1\sigma_2$라는 사실을 이용하였다. K의 행렬식은 $\sigma_1^2\sigma_2^2(1-\rho^2_{X,Y})$이고 확률 밀도 함수의 분모는 정확한 형태를 가진다. 공분산 행렬의 역은 다음과 같다.

$$K^{-1} = \frac{1}{\sigma_1^2\sigma_2^2(1-\rho^2_{X,Y})}\begin{bmatrix} \sigma_2^2 & -\rho_{X,Y}\sigma_1\sigma_2 \\ -\rho_{X,Y}\sigma_1\sigma_2 & \sigma_1^2 \end{bmatrix}$$

그러므로 지수의 형태는 다음과 같다.

$$\frac{1}{\sigma_1^2\sigma_2^2(1-\rho^2_{X,Y})}(x-m_1, y-m_2)\begin{bmatrix} \sigma_2^2 & -\rho_{X,Y}\sigma_1\sigma_2 \\ -\rho_{X,Y}\sigma_1\sigma_2 & \sigma_1^2 \end{bmatrix}\begin{bmatrix} x-m_1 \\ y-m_2 \end{bmatrix}$$

$$= \frac{1}{\sigma_1^2\sigma_2^2(1-\rho^2_{X,Y})}(x-m_1, y-m_2)\begin{bmatrix} \sigma_2^2(x-m_1) - \rho_{X,Y}\sigma_1\sigma_2(y-m_2) \\ -\rho_{X,Y}\sigma_1\sigma_2(x-m_1) + \sigma_1^2(y-m_2) \end{bmatrix}$$

$$= \frac{((x-m_1)/\sigma_1)^2 - 2\rho_{X,Y}((x-m_1)/\sigma_1)((y-m_2)/\sigma_2) + ((y-m_2)/\sigma_2)^2}{(1-\rho^2_{X,Y})}$$

따라서 이차원 확률 밀도 함수는 식 (6.42a)의 형태를 가진다.

예제 6.21

확률 변수 (X, Y, Z)의 벡터는 영평균, 다음과 같은 공분산 행렬을 갖는 결합 가우스이다.

$$K = \begin{bmatrix} \text{VAR}(X) & \text{COV}(X,Y) & \text{COV}(X,Z) \\ \text{COV}(Y,X) & \text{VAR}(Y) & \text{COV}(Y,Z) \\ \text{COV}(Z,X) & \text{COV}(Z,Y) & \text{VAR}(Z) \end{bmatrix} = \begin{bmatrix} 1.0 & 0.2 & 0.3 \\ 0.2 & 1.0 & 0.4 \\ 0.3 & 0.4 & 1.0 \end{bmatrix}$$

X, Z의 주변 확률 밀도 함수를 찾아라.

이 문제는 두 가지 방법으로 해결할 수 있다. 첫 번째 방법은 주변 확률 밀도 함수를 구하기 위해 확률 밀도 함수를 바로 적분하는 것이다. 두 번째 방법은 X, Z에 대한 주변 확률 밀도 함수가 가우스이고, 똑같은 평균, 분산, 공분산의 집합을 갖는다는 사실을 이용하는 것이다. 두 번째 방법을 사용할 것이다.

(X, Z)의 쌍은 다음과 같은 평균이 0인 벡터와 공분산 행렬을 갖는다.

$$K' = \begin{bmatrix} \text{VAR}(X) & \text{COV}(X,Z) \\ \text{COV}(Z,X) & \text{VAR}(Z) \end{bmatrix} = \begin{bmatrix} 1.0 & 0.3 \\ 0.3 & 1.0 \end{bmatrix}$$

X, Z의 결합 확률 밀도 함수는 영평균 벡터와 이 공분산 행렬을 식 (6.42a)에 대입해서 찾을 수 있다.

예제 6.22 **비상관인 결합 가우스 확률 변수들의 독립**

$X_1, X_2, \ldots, X_n$가 $\text{COV}(X_i, X_j) = 0$, $i \neq j$을 갖는 결합 가우스라고 가정하자. $X_1, X_2, \ldots, X_n$가 독립 확률 변수임을 보여라.

식 (6.42b)로부터 공분산 행렬이 대각 행렬임을 알 수 있다.

$$K = \mathrm{diag}[\mathrm{VAR}(X_i)] = \mathrm{diag}[\sigma_i^2]$$

$$K^{-1} = \mathrm{diag}\left[\frac{1}{\sigma_i^2}\right]$$

$$(\mathbf{x} - \mathbf{m})^{\mathrm{T}} K^{-1} (\mathbf{x} - \mathbf{m}) = \sum_{i=1}^{n}\left(\frac{x_i - m_i}{\sigma_i}\right)^2$$

따라서 식 (6.42a)에 의해 다음과 같다.

$$f_{\mathbf{X}}(\mathbf{x}) = \frac{\exp\left\{-\frac{1}{2}\sum_{i=1}^{n}[(x_i - m_i)/\sigma_i]^2\right\}}{(2\pi)^{n/2}}|K|^{1/2} = \prod_{i=1}^{n}\frac{\exp\left\{-\frac{1}{2}[(x_i - m_i)/\sigma_i]^2\right\}}{\sqrt{2\pi\sigma_i^2}} = \prod_{i=1}^{n} f_{X_i}(x_i)$$

따라서 $X_1, X_2, \ldots, X_n$은 독립 가우스 확률 변수이다.

예제 6.23 **가우스 확률 변수의 조건 확률 밀도 함수**

$X_1, X_2, \ldots, X_{n-1}$이 주어질 때 X_n의 조건 확률 밀도 함수를 구하라.

$\mathbf{K}_n$은 $\mathbf{X}_n = (X_1, X_2, \ldots, X_n)$의 공분산 매트릭스이고, $\mathbf{K}_{n-1}$은 $\mathbf{X}_{n-1} = (X_1, X_2, \ldots, X_{n-1})$의 공분산 매트릭스이다. $\mathbf{Q}_n = \mathbf{K}_n^{-1}$이고, $\mathbf{Q}_{n-1} = \mathbf{K}_{n-1}^{-1}$이다. 뒤의 매트릭스는 아래에 주어진 매트릭스의 부분 매트릭스이다.

$$\mathbf{K}_n = \begin{bmatrix} & \mathbf{K}_{n-1} & & K_{1n} \\ & & & K_{2n} \\ & & & \vdots \\ K_{1n} & K_{2n} & \ldots & K_{nn} \end{bmatrix} \qquad \mathbf{Q}_n = \begin{bmatrix} & \mathbf{Q}_{n-1} & & Q_{1n} \\ & & & Q_{2n} \\ & & & \vdots \\ Q_{1n} & Q_{2n} & \ldots & Q_{nn} \end{bmatrix}$$

두 개의 확률벡터들과 그들의 매개변수들 사이를 구분하기 위해 n 또는 $n-1$ 기호를 사용한다. $X_1, X_2, \ldots, X_{n-1}$이 주어졌을 때 X_n의 한계 확률 밀도 함수는 다음과 같다.

$$f_{X_n}(x_n | x_1, \ldots, x_{n-1}) = \frac{f_{\mathbf{X}_n}(\mathbf{x}_n)}{f_{\mathbf{X}_{n-1}}(\mathbf{x}_{n-1})}$$

$$= \frac{\exp\{-\frac{1}{2}(\mathbf{x}_n - \mathbf{m}_n)^{\mathrm{T}}\mathbf{Q}_n(\mathbf{x}_n - \mathbf{m}_n)\}}{(2\pi)^{n/2}|\mathbf{K}_n|^{1/2}} \frac{(2\pi)^{(n-1)1/2}|\mathbf{K}_{n-1}|^{1/2}}{\exp\{-\frac{1}{2}(\mathbf{x}_{n-1} - \mathbf{m}_{n-1})^{\mathrm{T}}\mathbf{Q}_{n-1}(\mathbf{x}_{n-1} - \mathbf{m}_{n-1})\}}$$

$$= \frac{\exp\{-\frac{1}{2}(\mathbf{x}_n - \mathbf{m}_n)^{\mathrm{T}}\mathbf{Q}_n(\mathbf{x}_n - \mathbf{m}_n) + \frac{1}{2}(\mathbf{x}_{n-1} - \mathbf{m}_{n-1})^{\mathrm{T}}\mathbf{Q}_{n-1}(\mathbf{x}_{n-1} - \mathbf{m}_{n-1})\}}{\sqrt{2\pi}|\mathbf{K}_n|^{1/2}/|\mathbf{K}_{n-1}|^{1/2}}$$

연습문제 6.59에서 위의 표현은 다음과 같이 될 수 있다.

$$\begin{aligned} &\tfrac{1}{2}(\mathbf{x}_n - \mathbf{m}_n)^{\mathrm{T}}\mathbf{Q}_n(\mathbf{x}_n - \mathbf{m}_n) - \tfrac{1}{2}(\mathbf{x}_{n-1} - \mathbf{m}_{n-1})^{\mathrm{T}}\mathbf{Q}_{n-1}(\mathbf{x}_{n-1} - \mathbf{m}_{n-1}) \\ &\quad = Q_{nn}\{(x_n - m_n) + B\}^2 - Q_{nn}B^2 \end{aligned} \tag{6.43}$$

여기서 $B = \frac{1}{Q_{nn}}\sum_{j=1}^{n-1} Q_{jn}(x_j - m_j)$ 그리고 $|\mathbf{K}_n|/|\mathbf{K}_{n-1}| = 1/Q_{nn}$이다.

이 식은 X_n이 평균 $m_n - B$와 분산 $1/Q_{nn}$을 가짐을 보여준다. $Q_{nn}B^2$은 정규화한 상수이다. 따라서 다음과 같이 결론지을 수 있다.

$$f_{X_n}(x_n \mid x_1, \ldots, x_{n-1}) = \frac{\exp\left\{-\frac{Q_{nn}}{2}\left(x - m_n + \frac{1}{Q_{nn}}\sum_{j=1}^{n-1} Q_{jn}(x_j - m_j)\right)^2\right\}}{\sqrt{2\pi / Q_{nn}}}$$

X_n의 조건평균이 관측한 $x_1, x_2, \ldots, x_{n-1}$의 선형 함수임을 알 수 있다.

*6.4.1 가우스 확률 변수의 선형변환

결합 가우스 확률 변수의 가장 중요한 특징은 어떤 n개의 결합 가우스 확률 변수의 선형변환이 또한 n개의 결합 가우스 확률 변수의 결과로 나타난다는 것이다. 이것은 식 (6.42a)의 행렬표기법을 사용함으로써 쉽게 증명할 수 있다. $\mathbf{X} = (X_1, \ldots, X_n)$를 결합 가우스라고 하고, $\mathbf{Y} = (Y_1, \ldots, Y_n)$, $\mathbf{Y} = AX$로 정의하자.

한편, A는 $n \times n$의 역행렬이 존재하는 행렬이다. 식 (5.60)으로부터 $\mathbf{Y}$의 확률 밀도 함수가 다음과 같이 주어짐을 알 수 있다.

$$\begin{aligned} f_{\mathbf{Y}}(\mathbf{y}) &= \frac{f_{\mathbf{X}}(A^{-1}\mathbf{y})}{|A|} \\ &= \frac{\exp\{-\frac{1}{2}(A^{-1}\mathbf{y} - \mathbf{mX})^{\mathrm{T}} K_X^{-1}(A^{-1}\mathbf{y} - \mathbf{mX})\}}{(2\pi)^{n/2}|A||K_X|^{1/2}} \end{aligned} \tag{6.44}$$

행렬의 기본 특성에서 $(A^{-1}\mathbf{y} - \mathbf{m_X}) = A^{-1}(\mathbf{y} - A\mathbf{m_X})$와 $(A^{-1}\mathbf{y} - \mathbf{m_X})^{\mathrm{T}} = (\mathbf{y} - A\mathbf{m_X})^{\mathrm{T}}A^{-1\mathrm{T}}$가 성립함을 알 수 있다.

따라서 지수의 변수는 다음과 같다.

$$(\mathbf{y} - A\mathbf{m_X})^{\mathrm{T}}A^{-1\mathrm{T}}K_X^{-1}A^{-1}(\mathbf{y} - A\mathbf{m_X}) = (\mathbf{y} - A\mathbf{m_X})^{\mathrm{T}}(AK_XA^{\mathrm{T}})^{-1}(\mathbf{y} - A\mathbf{m_X})$$

이유는 $A^{-1\mathrm{T}}K_X^{-1} = (AK_XA^{\mathrm{T}})^{-1}$ 때문이다. $K_Y = AK_XA^{\mathrm{T}}$와 $\mathbf{m_Y} = A\mathbf{m_X}$라 두고, $(K_Y) = \det(AK_XA^{\mathrm{T}}) = \det(A)\det(K_X)\det(A^{\mathrm{T}}) = \det(A)^2\det(K_X)$라고 할 때, $\mathbf{Y}$의 결합밀도 함수가 다음과 같다는 것을 최종적으로 얻는다.

$$f_{\mathbf{Y}}(\mathbf{y}) = \frac{e^{-(1/2)(\mathbf{y}-\mathbf{m_Y})^{\mathrm{T}}K_Y^{-1}(\mathbf{y}-\mathbf{m_Y})}}{(2\pi)^{n/2}|K_Y|^{1/2}} \tag{6.45}$$

따라서 $\mathbf{Y}$의 확률 밀도 함수는 식 (6.42a)의 형태를 가진다. 그러므로 $Y_1, \ldots, Y_n$은 평균이 $\mathbf{m_Y}$이고 공분산 행렬 K_Y를 가지는 결합 가우스 확률 변수이다.

$$\mathbf{m_Y} = A\mathbf{m_X} \quad \text{그리고} \quad K_Y = AK_XA^{\mathrm{T}}$$

이 결과는 식(6.30a)와 (6.30b)에서 구한 평균 벡터와 공분산 행렬과 일치한다.

종종 $\mathbf{X}$를 독립 가우스 확률 변수의 벡터 $\mathbf{Y}$로 변형시키기를 원할 때가 많다. K_X가 대칭행렬이기 때문에 $AK_XA^{\mathrm{T}} = \Lambda$인 행렬 A를 찾는 것은 항상 가능하다. 한편 Λ는 대각 행렬이다 (6.6절 참고). 이러한 행렬 A에 대해서 $\mathbf{Y}$의 확률 밀도 함수는 다음과 같은 식을 가진다.

$$f_{\mathbf{Y}}(\mathbf{y}) = \frac{e^{-(1/2)(\mathbf{y}-\mathbf{n})^{\mathrm{T}}\Lambda^{-1}(\mathbf{y}-\mathbf{n})}}{(2\pi)^{n/2}|\Lambda|^{1/2}}$$

$$= \frac{\exp\left\{-\frac{1}{2}\sum_{i=1}^{n}(y_i - n_i)^2/\lambda_i\right\}}{[(2\pi\lambda_1)(2\pi\lambda_2)\ldots(2\pi\lambda_n)]^{1/2}} \tag{6.46}$$

한편 $\lambda_1 \ldots \lambda_n$은 Λ의 대각 성분이다. 이러한 값들을 모두 0이 아니라고 가정한다. 위의 확률 밀도 함수는 $Y_1, \ldots, Y_n$이 평균 n_i, 분산 λ_i를 갖는 독립 확률 변수임을 의미한다. 결론적으로 어떤 결합 가우스 확률 변수들의 벡터를 선형적으로 독립 가우스 확률 변수들의 벡터로 변형하는 것이 가능하다.

K를 대각화해서 $\det(A) = 1$을 만족하도록 하는 행렬 A를 선택하는 것이 항상 가능하다. 그러면 $A\mathbf{X}$ 변환이 좌표축의 회전에 대응되고, 확률 밀도 함수에 대응되는 타원의 주축이 새 축으로 할당된다. 예제 5.48은 2차원의 좌표축 회전 경우이다.

컴퓨터 시뮬레이션 모델에서 특정한 공분산 행렬과 평균 벡터를 가지는 결합 가우시안 확률벡터가 필요하다. $\mathbf{X} = (X_1, X_2, \ldots, X_n)$는 각 성분이 영평균을 가지고, 단위분산 가우시안 확률 변수라고 가정하면, 이것의 평균 벡터는 $\mathbf{0}$이고 공분산 행렬은 단위행렬 $\mathbf{I}$이다. $\mathbf{K}$를 원하는 공분산 행렬이라 하자. 6.3절에서 말한 방법을 이용하면, $\mathbf{A}$행렬을 찾는 것이 가능하다. 그 결과 $\mathbf{A}^{\mathrm{T}}\mathbf{A} = \mathbf{K}$. 따라서 $\mathbf{Y} = \mathbf{A}^{\mathrm{T}}\mathbf{U}$는 영평균 벡터와 공분산 를 가진다. 식 (6.46)에서 가 영평균 벡터와 공분산 $\mathbf{K}$를 가지는 결합 가우시안 확률벡터이다. 만약 0이 아닌 평균 벡터 $\mathbf{m}$이 필요하면 $\mathbf{Y} + \mathbf{m}$을 사용한다.

예제 6.24 **결합 가우스 확률 변수의 합**

$X_1, X_2, \ldots, X_n$이 식 (6.42a)에 의해 주어진 결합 확률 밀도 함수를 가지는 결합 가우스 확률이라 하고, 다음 식과 같이 두자.

$$Z = a_1X_1 + a_2X_2 + \cdots + a_nX_n$$

Z는 항상 가우스 확률 변수임을 볼 것이다.

다음의 보조 확률 변수에 의해 Z의 확률 밀도 함수를 찾을 것이다.

$$Z_2 = X_2, \quad Z_3 = X_3, \ldots, \quad Z_n = X_n$$

$\mathbf{Z} = (Z_1, Z_2, \ldots, Z_n)$이라고 정의한다면,

$$\mathbf{Z} = A\mathbf{X}$$

그러면 다음과 같다.

$$A = \begin{bmatrix} a_1 & a_2 & \ldots & \cdot & a_n \\ 0 & 1 & \ldots & \cdot & 0 \\ \cdot & \cdot & \ldots & \cdot & \cdot \\ 0 & \cdot & \ldots & 0 & 1 \end{bmatrix}$$

식 (6.45)에서 $\mathbf{Z}$는 평균 $\mathbf{n} = A\mathbf{m}$이고 공분산 행렬 $C = AKA^{\mathrm{T}}$인 결합 가우스이다. 더욱이 Z의 주변 확률 밀도 함수는 $\mathbf{n}$의 첫 성분에 의해 주어진 평균과 공분산 행렬의 1–1 성분에 의해 주어진 분산을 가지는 가우스 확률 밀도 함수이다. 위의 행렬 곱셈을 하면 다음과 같다.

$$E[Z] = \sum_{i=1}^{n} a_i E[X_i] \tag{6.47a}$$

$$\text{VAR}[Z] = \sum_{i=1}^{n}\sum_{j=1}^{n} a_i a_j \,\text{COV}(X_i, X_j) \tag{6.47b}$$

*6.4.2 가우스 확률 변수의 결합 특성 함수

결합 특성 함수는 결합 가우스 확률 변수의 특성 발전에 매우 유용하다. **n결합 가우스 확률 변수 $X_1, X_2, \ldots, X_n$의 결합 특성 함수는 다음에 의해 주어진다.**

$$\Phi_{X_1,X_2,\ldots,X_n}(\omega_1, \omega_2, \ldots, \omega_n) = e^{j\sum_{i=1}^{n}\omega_i m_i - \frac{1}{2}\sum_{i=1}^{n}\sum_{k=1}^{n}\omega_i\omega_k \text{COV}(X_i,X_k)} \tag{6.48a}$$

다음과 같이 정리할 수 있다.

$$\Phi_{\mathbf{X}}(\boldsymbol{\omega}) \triangleq \Phi_{X_1,X_2,\ldots,X_n}(\omega_1, \omega_2, \ldots, \omega_n) = e^{j\boldsymbol{\omega}^{\text{T}}\mathbf{m} - \frac{1}{2}\boldsymbol{\omega}^{\text{T}}K\boldsymbol{\omega}} \tag{6.48b}$$

$\mathbf{m}$은 평균 벡터이고, K는 식 (6.42b)에서 정의된 공분산의 행렬이다.

식 (6.48)은 직접적인 적분법에 의해 증명될 수 있다(연습문제 6.64 참고). 가우스 확률 변수의 선형조합이라는 예제 6.24의 결과로부터 식 (6.48)을 발전시켜 [Papoulis]의 접근법은 항상 가우스이다. 합을 생각해보자.

$$Z = a_1X_1 + a_2X_2 + \cdots + a_nX_n$$

Z의 특성 함수는 다음과 같이 주어진다.

$$\begin{aligned}\Phi_Z(\omega) &= E[e^{j\omega Z}] = E[e^{j(\omega a_1X_1 + \omega a_2X_2 + \cdots + \omega a_nX_n)}] \\ &= \Phi_{X_1,\ldots,X_n}(a_1\omega, a_2\omega, \ldots, a_n\omega)\end{aligned}$$

반면에, Z가 식 (6.47)에 의해 주어진 평균과 분산의 가우스 확률 변수이므로 다음을 가진다.

$$\begin{aligned}\Phi_Z(\omega) &= e^{j\omega E[Z] - \frac{1}{2}\text{VAR}[Z]\omega^2} \\ &= e^{j\omega\sum_{i=1}^{n}a_i m_i - \frac{1}{2}\omega^2\sum_{i=1}^{n}\sum_{k=1}^{n}a_i a_k \text{COV}(X_i,X_k)}\end{aligned} \tag{6.49}$$

$\omega = 1$이라 하면 $\Phi_Z(\omega)$은 다음과 같다.

$$\begin{aligned}\Phi_{X_1,X_2,\ldots,X_n}(a_1, a_2, \ldots, a_n) &= e^{j\sum_{i=1}^{n} a_i m_i - \frac{1}{2}\sum_{i=1}^{n}\sum_{k=1}^{n}a_i a_k \text{COV}(X_i,X_k)} \\ &= e^{j\mathbf{a}^{\text{T}}\mathbf{m} - \frac{1}{2}\mathbf{a}^{\text{T}}K\mathbf{a}}\end{aligned} \tag{6.50}$$

a_i 대신에 ω_i를 넣으면 식 (6.48)을 얻을 수 있다.

확률 변수 $X_1, X_2, \ldots, X_n$의 임의의 부분집합의 주변 특성 함수는 일부 ω_i를 0으로 두어 얻을 수 있다. 즉, 예를 들면 $m<n$인 $X_1, X_2, \ldots, X_m$의 주변 특성 함수는 $\omega_{m+1} = \omega_{m+2} = \ldots = \omega_n = 0$으로 두어 얻을 수 있다. 결과로 나온 특성 함수는 $X_1, X_2, \ldots, X_m$의 평균 및 공분산을 가지는 결합 가우스 확률 함수의 것이다.

식 (6.50)을 유도하는 과정은 결합 가우스 확률 변수에 대한 또 다른 정의를 가능하게 한다.

정의: $\mathbf{X}$는 모든 선형조합 $Z = \mathbf{a}^{\text{T}}\mathbf{X}$가 가우스 확률 변수일 때 결합 가우스 확률벡터이다.

예제 6.24에서 만일 $\mathbf{X}$가 결합 가우스 확률벡터이면 선형조합 $Z = \boldsymbol{a}^{\mathrm{T}}\mathbf{X}$가 가우스 확률 변수임을 보였다. $\mathbf{X}$의 결합 pdf는 모르고, 어떠한 계수 $\boldsymbol{a}^{\mathrm{T}} = (a_1, a_2, a_3 \ldots, a_n)$ 선택에 대해서 $Z = \boldsymbol{a}^{\mathrm{T}}\mathbf{X}$는 가우스 확률 변수라고 가정한다. 이는 식 (6.48)과 (6.49)를 만족하고, $\mathbf{X}$가 결합 가우스 확률벡터의 특성 함수임을 의미하는 식 (6.50)을 만족한다.

위의 정의는 식 (6.44)에서 pdf를 사용한 정의보다 약간 더 광범위하다. 그 정의는 pdf가 지수에 있는 공분산이 역을 가져야 함에 기반을 둔다. 위의 정의는 식 (6.50)의 특성 함수가 공분산이 역을 가지지 않아도 됨을 의미한다. 그래서 위의 정의는 공분산 행렬이 역을 가지지 않는 경우도 허용한다.

6.5 확률 변수들의 추정

이 책에서 두 가지 기본 추정 문제를 다룰 것이다. 첫째로 하나 또는 그 이상의 확률 변수의 매개변수를 추정하게 된다(예를 들면, 확률, 평균, 분산, 공분산). 1장에서 상대도수는 사건의 확률을 추정할 때 이용되고, 표본 평균은 확률 변수의 평균과 다른 모멘트들을 추정할 때 이용된다. 7장과 8장에서 이 방법의 추정을 더 자세하게 공부할 것이다. 이 절에서 구할 수 있는 확률 변수 X의 관찰값으로 구할 수 없는 확률 변수 Y의 값을 추정하는 2번째 타입에 대해 알아볼 것이다. 예를 들어, Y가 통신 채널에서 입력될 수 있고 X가 관찰된 출력일 수 있다. 현재 값 X를 예측하여 어느 점에서의 미래 값 Y를 구할 수 있다.

6.5.1 MAP, ML 추정량

책의 초반부에서 약식으로 추정 문제를 보아왔다. 예를 들어 이산 통신 채널의 결과를 추정함에 있어서 관측치 $Y = y$가 주어졌을 때 가장 가능한 입력값을 찾는 것에 대해 흥미를 가졌다. 즉, 확률 $P[X = x \mid Y = y]$를 최대로 하는 입력값 x를 찾는다.

$$\max_x P[X = x \mid Y = y]$$

일반적으로, Y의 항으로 표현된 X에 대한 위의 추정치를 **최대 사후 추정치(maximum a posteriori(MAP) estimator)**라고 한다. 사후 추정치는 다음의 식으로 주어진다.

$$P[X = x \mid Y = y] = \frac{P[Y = y \mid X = x]P[X = x]}{P[Y = y]}$$

MAP 추정치는 우선확률 $P[X = x]$를 알아야 한다. 하지만 어떤 경우에는 확률 $P[Y = y][X = x]$를 알기도 하지만, 대부분 우선확률에 대해 모른다. 그래서 추정치 값 x를 관측된 값 y의 가능성을 최대화하는 값으로서 선택한다.

$$\max_x P[Y = y \mid X = x]$$

Y에 의한 X의 추정치를 **최대 가능성 추정치(maximum likelihood(ML) estimator)**라고 한다.

X와 Y가 $\{Y = y\}$의 사건을 $\{y < Y < y + dy\}$의 형태로 대체함으로써 연속 확률 변수가 될 때, MAP, ML 추정치를 정의할 수 있다. 만약 X와 Y가 연속이면, **관측값 Y에 대한 X의 MAP 추정치**는 다음의 식으로 나타낼 수 있다.

$$\max_x f_X(X = x \mid Y = y)$$

그리고 **관측값 Y에 대한 X의 ML 추정치**는 다음으로 나타낸다.

$$\max_x f_X(Y = y \mid X = x)$$

예제 6.25 **ML과 MAP 추정치 비교**

예제 5.16에서 X와 Y를 확률 짝으로 놓자. Y에 대한 X의 MAP와 ML을 찾아라.

예제 5.32로부터 Y에 대한 X의 조건부 pdf는 다음과 같다.

$$f_X(x \mid y) = e^{-(x-y)} \quad y \le x \text{에 대해서}$$

x가 y를 넘어서 증가함에 따라 pdf는 감소된다. 그러므로 MAP 추정치는 $\hat{X}_{\mathrm{MAP}} = y$이다. 반면에 X에 대한 Y의 조건부 pdf는 다음과 같다.

$$f_Y(y \mid x) = \frac{e^{-y}}{1 - e^{-x}} \quad 0 < y \le x \text{에 대해서}$$

y를 넘어서 x가 증가함에 따라 분모는 커진다. 그래서 조건부 pdf는 감소한다. 따라서, ML 추정치는 $\hat{X}_{\mathrm{ML}} = y$이다. 이 예제에서 ML과 MAP 추정치들은 일치한다.

예제 6.26 **결합 가우스 확률 변수**

X와 Y가 결합 가우스 확률 변수일 때, Y에 의한 X의 MAP와 ML 추정치를 찾아라.

Y에 대한 X의 조건부 pdf는 다음과 같다.

$$f_X(x \mid y) = \frac{\exp\left\{-\dfrac{1}{2(1-\rho^2)\sigma_X^2}\left(x - \rho\dfrac{\sigma_X}{\sigma_Y}(y - m_Y) - m_X\right)^2\right\}}{\sqrt{2\pi\sigma_X^2\,(1-\rho^2)}}$$

지수값이 영이 되는 x값이 주어졌을 때 위 식이 최대가 된다.

$$\hat{X}_{\mathrm{MAP}} = \rho\frac{\sigma_X}{\sigma_Y}(y - m_Y) + m_X$$

X에 의한 Y의 조건부 pdf는 다음과 같다.

$$f_Y(y \mid x) = \frac{\exp\left\{-\dfrac{1}{2(1-\rho^2)\sigma_Y^2}\left(y - \rho\dfrac{\sigma_Y}{\sigma_X}(x - m_X) - m_Y\right)^2\right\}}{\sqrt{2\pi\sigma_Y^2\,(1-\rho^2)}}$$

이것은 또한 지수가 영이 되는 x값에 의해 최대가 된다.

$$0 = y - \rho\frac{\sigma_Y}{\sigma_X}(x - m_X) - m_Y$$

주어진 $Y = y$에 대한 X의 ML 추정치는 다음과 같다.

$$\hat{X}_{\mathrm{ML}} = \frac{\sigma_X}{\rho\sigma_Y}(y - m_Y) + m_X$$

그러므로 $\hat{X}_{\text{ML}} \neq \hat{X}_{\text{MAP}}$ 으로 결론 내린다. 다른 말로, X의 사전 확률을 아는 것은 추정치에 영향을 미친다.

6.5.2 최소 평균 제곱 오차 선형 추정치

X의 추정은 관측 $\hat{X} = g(Y)$의 함수로 주어진다. 일반적으로 추정 오차, $X - \hat{X} = X - g(Y)$는 영이 아닌 값을 가지고 이것은 오차와 연관된 비용(*cost*), $c(X - g(Y))$와 관계있다. 비용의 기대값, $E[c(X - g(Y))]$이 최소가 되게 함수 $g(Y)$를 구해야 한다. 예를 들어 X, Y가 통신 채널의 이산입력과 출력이라면, $X = g(Y)$이면 c는 0이 되고, 그렇지 않으면 cost의 기대값이 오차 확률을 결정한다. X, Y가 연속 확률 변수일 때, 비용 함수로서 **평균 제곱 오차(mean square error(MSE)**를 사용한다.

$$e = E[(X - g(Y))^2]$$

이 절에서 주목해야 할 것은 이 독특한 비용 함수(cost function)이다. Y의 선형 함수가 되기 위해 제한된 $g(Y)$의 경우와 $g(Y)$가 비선형이 될 수 있는 경우를 보게 될 것이다.

제곱 오차를 최소화시키기 위해 상수 a에 의한 확률 변수 X의 추정하는 문제를 우선 고려한다.

$$\min_a E[(X - a)^2] = E[X^2] - 2aE[X] + a^2 \tag{6.51}$$

가장 좋은 a를 얻는 방법은 결과값이 0이 나오게 두어 미분하여 a를 푸는 것이다. 그 결과는 다음과 같다.

$$a^* = E[X] \tag{6.52}$$

그리고 추정치에 대한 최소 제곱 오차는 $E[(X-a^*)^2] = \text{VAR}(X)$와 같다.

선형(*linear*) 함수 $g(Y) = aY + b$로 X를 추정해보자.

$$\min_{a,b} E[(X - aY - b)^2] \tag{6.53a}$$

식 (6.53a)는 상수 b를 이용해 $X - aY$를 간략히 하였다. 이것은 식 (6.51)에서 최소값을 가진다. 그리고 가장 좋은 b의 값은 다음과 같다.

$$b^* = E[X - aY] = E[X] - aE[Y] \tag{6.53b}$$

식 (6.53a)에 대입하면 다음에 의해 가장 적절한 값 a를 구할 수 있다.

$$\min_a E[\{(X - E[X]) - a(Y - E[Y])\}^2]$$

다시 결과가 0이 되게 하여 a를 미분하면 a를 구할 수 있다.

$$\begin{aligned} 0 &= \frac{d}{da}E[(X - E[X]) - a(Y - E[Y])^2] \\ &= -2E[\{(X - E[X]) - a(Y - E[Y])\}(Y - E[Y])] \\ &= -2(\text{COV}(X, Y) - a\text{VAR}(Y)). \end{aligned} \tag{6.54}$$

가장 좋은 계수 a의 값은 다음에 의해 구해진다.

$$a^* = \frac{\text{COV}(X, Y)}{\text{VAR}(Y)} = \rho_{X,Y}\frac{\sigma_X}{\sigma_Y}$$

$\sigma_Y = \sqrt{\text{VAR}(Y)}$, $\sigma_X = \sqrt{\text{VAR}(X)}$이다. 그러므로 X에 의한 Y의 **최소 평균 제곱 오차 선형 추정치(*the minimum mean square error(mmse) linear estimator*)**는 다음과 같다.

$$\begin{aligned}\hat{X} &= a^*Y + b^* \\ &= \rho_{X,Y}\sigma_X\frac{Y - E[Y]}{\sigma_Y} + E[X]\end{aligned} \tag{6.55}$$

$Y - E[Y]/\sigma_Y$는 단순히 Y의 평균이 0이고 분산이 1이다. 즉, $\sigma_X(Y - E[Y]/\sigma_Y$는 측정된 확률 변수의 분산, 즉 σ_X^2을 가진 Y의 재측정된 값이다. $E[X]$은 단순하게 추정량은 정확한 평균을 가진다고 확신시킨다. 위 추정량의 핵심은 상관 계수이다. $\rho_{X,Y}$는 신호와 $\sigma_X(X - E[Y]/\sigma_Y)$와 관련된 Y의 추정 범위를 구체화시킨다. 만약 X와 Y가 비상관이라면(즉, $\rho_{X,Y} = 0$), X의 추정은 그것의 평균 $E[X]$가 된다. 반면에, 만약 $\rho_{X,Y} = \pm 1$이라면 추정은 $\rho_{X,Y}$와 같다.

선형 추정량의 평균 제곱 오차를 찾기 전에 식 (6.54)의 두 번째 등식을 살펴보아야 한다.

$$E[\{(X - E[X]) - a^*(Y - E[Y])\}(Y - E[Y])] = 0 \tag{6.56}$$

이 식을 **직교 상태(orthogonality condition)**라고 부른다. 중괄호 안의 값인 선형 추정량의 오차가 $Y - E[Y]$와 직교하기 때문이다. 직교 상태는 평균 제곱 추정의 기본이다.

이 최적의 선형 추정치의 평균 제곱 오차는 다음과 같다.

$$\begin{aligned}e_L^* &= E[((X - E[X]) - a^*(Y - E[Y]))^2] \\ &= E[((X - E[X]) - a^*(Y - E[Y]))(X - E[X])] \\ &\qquad - a^*E[((X - E[X]) - a^*(Y - E[Y]))(Y - E[Y])] \\ &= E[((X - E[X]) - a^*(Y - E[Y]))(X - E[X])] \\ &= \text{VAR}(X) - a^*\,\text{COV}(X, Y) \\ &= \text{VAR}(X)(1 - \rho_{X,Y}^2)\end{aligned} \tag{6.57}$$

직교 상태에서 2번째 등식이 나온다. $|\rho_{X,Y}| = 1$일 때, 평균 제곱 오차는 0이다. 위의 내용을 토대로 $P[|X - a^*Y - b^*| = 0] = P[X = a^*Y + b^*] = 1$이 된다. 그리고 그 결과 X는 반드시 Y의 선형 함수이어야 한다.

6.5.3 최소 평균 제곱 오차 추정치

일반적으로 평균 제곱 오차를 최소화시키는 X에 대한 추정치는 Y의 비선형 함수이다. 최소 평균 제곱 오차의 X를 가장 잘 근사화하는 추정치 $g(Y)$는 다음을 만족시켜야 한다.

$$\underset{g(.)}{\text{minimize}}\ E[(X - g(Y))^2]$$

이 문제는 **조건부 기대값(conditional expectation)**을 이용하여 해결할 수 있다.

$$E[(X - g(Y))^2] = E[E[(X - g(Y))^2 | Y]]$$
$$= \int_{-\infty}^{\infty} E[(X - g(Y))^2 | Y = y] f_Y(y) dy$$

모든 y에 대해 위의 피적분 함수는 양이다. 그러므로 적분은 $E[(X-g(Y))^2|Y=y]$를 최소화시켜 적분을 최소화시킨다. 그러나 $g(y)$는 조건부 기대값에 관계되는 한 상수이다. 그러므로 이 문제는 식 (6.51)과 같고, $E[(X-g(y))^2|Y=y]$를 최소화하는 '상수'는 다음과 같다.

$$g^*(y) = E[X | Y = y] \tag{6.58}$$

함수 $g^*(y) = E[X | Y = y]$를 **회귀곡선(regression curve)**이라 한다. 이것은 주어진 관측치 $Y = y$에 대한 X의 조건 평균값이다.

평균 제곱 오차의 최고의 추정량은 다음과 같다.

$$e^* = E[(X - g^*(Y))^2] = \int_R E[(X - E[X | y])^2 | Y = y] f_Y(y)\, dy$$

$$= \int_{R^n} \text{VAR}[X | Y = y] f_Y(y)\, dy$$

일반적으로 선형 추정량은 차선적이고, 더 큰 평균 제곱 오차를 가질 것이다.

예제 6.27 **선형 MSE 추정치와 최소 MSE 추정치 비교**

예제 5.16에서 X와 Y를 확률 짝으로 놓자. Y에 대한 X, X에 대한 Y의 최고의 선형, 비선형 추정치를 구하라.

예제 5.28은 선형 추정치를 위해 필요한 매개변수: $E[X] = 3/2$, $E[Y] = 1/2$, $\text{VAR}[X] = 5/4$, $\text{VAR}[Y] = 1/4$, 그리고 $\rho_{X,Y} = 1/\sqrt{5}$ 를 제공한다. 예제 5.32는 비선형 추정치를 찾기 위한 조건 pdf를 제공해준다. Y에 대한 X의 최고의 선형, 비선형 추정치는 다음과 같다.

$$\hat{X} = \frac{1}{\sqrt{5}} \frac{\sqrt{5}}{2} \frac{Y - 1/2}{1/2} + \frac{3}{2} = Y + 1$$

$$E[X | y] = \int_y^{\infty} x e^{-(x-y)}\, dx = y + 1 \quad \text{그래서} \quad E[X | Y] = Y + 1$$

그러므로 최적의 선형 비선형 추정치는 같다.

X에 대한 Y의 최고의 선형, 비선형 추정치는 다음과 같다.

$$\hat{Y} = \frac{1}{\sqrt{5}} \frac{1}{2} \frac{X - 3/2}{\sqrt{5/2}} + \frac{1}{2} = (X + 1)/5$$

$$E[Y | x] = \int_0^x y \frac{e^{-y}}{1 - e^{-x}}\, dy = \frac{1 - e^{-x} - xe^{-x}}{1 - e^{-x}} = 1 - \frac{xe^{-x}}{1 - e^{-x}}$$

이 경우 최적의 선형, 비선형 추정치는 같지 않다. 그림 6.2에서 두 추정치를 비교하고 있다. 이는 X와 Y의 결합 pdf가 집중되어 있을 때, 작은 값의 x에 대해 선형 추정치가 $E[Y|x]$ 에 근접하고, 더 큰 x 값에 대해서는 $E[Y|x]$로부터 발산하는 것으로 볼 수 있다.

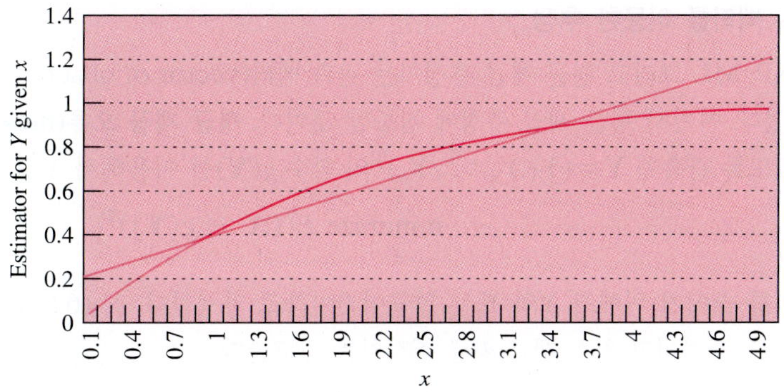

그림 6.2 ● 선형, 비선형 추정치의 비교

예제 6.28

X가 구간 $(-1, 1)$ 사이에 균등하게 분포되었다고 하고, $Y = X^2$이라고 하자. X에 관한 Y의 선형 추정치를 구하고, 최적의 추정치와 비교해보라.

X의 평균은 0이고, Y와의 상관관계는 다음과 같다.

$$E[XY] = E[XX^2] = \int_{-\frac{1}{2}}^{1} x^3/2\, dx = 0$$

그러므로 $\text{COV}(X, Y) = 0$이고, Y의 최적 선형 추정치는 식 (6.55)에 의하여 $E[Y]$이다. 이 추정치의 평균 제곱 오차는 식 (6.57)에 의해 $\text{VAR}(Y)$가 된다.

가장 최적의 추정치는 식 (6.58)에서 주어진다.

$$E[Y \mid X = x] = E[X^2 \mid X = x] = x^2$$

이 추정치의 평균 제곱 오차는 다음과 같이 주어진다.

$$E[(Y - g(X))^2] = E[(X^2 - X^2)^2] = 0$$

즉, 이 문제에서 최적의 선형 추정치는 불완전하게 수행되지만, 반면에 비선형 추정치는 가장 작은 평균 제곱 오차 0을 가진다.

예제 6.29 **결합 가우스 확률 변수**

X와 Y가 결합 가우스 확률 변수일 때, X에 대한 Y의 최소 평균 제곱 추정치를 구하라.

최소 평균 제곱 추정치는 주어진 X에 대한 Y의 조건부 기대값으로 주어진다. 식 (5.63)에서 주어진 $Y = y$에 대한 Y의 조건부 기대값을 다음과 같이 얻을 수 있다.

$$E[X \mid Y = y] = E[X] + \rho_{X,Y} \frac{\sigma_X}{\sigma_Y}(Y - E[Y])$$

이것은 최적의 선형 추정치와 일치한다. 즉, 결합 가우스 확률 변수일 때, 최소 평균 제곱 오차 추정치는 선형이다.

6.5.4 관측 벡터를 이용한 추정

MAP, ML 그리고 평균 제곱 추정치는 관측 벡터(vector of observation)가 있을 때도 사용할 수 있다. 여기서 평균 제곱 추정에 집중할 것이다. **평균 제곱 오류(mean square error)**가 최소화되도록 관측치 $\mathbf{Y} = (Y_1, Y_2, \ldots Y_n)^T$의 함수 $g(\mathbf{Y})$를 이용해서 X를 추정하려고 한다.

$$\underset{g(.)}{\text{minimize}}\ E[(X - g(\mathbf{Y}))^2]$$

논의를 줄이기 위해서 X와 Y_i는 평균이 0이라고 가정한다. 식 (6.58)을 유도하는 것과 같은 과정으로, 최적이고 최소 제곱 평균 추정치를 유도한다.

$$g^*(\mathbf{y}) = E[X \mid \mathbf{Y} = \mathbf{y}] \tag{6.59}$$

최소 평균 제곱 오류는 다음과 같다.

$$E[(X - g^*(Y))^2] = \int_{R^n} E[(X - E[X \mid \mathbf{Y}])^2 \mid \mathbf{Y} = \mathbf{y}] f_{\mathbf{Y}}(\mathbf{y}) d\mathbf{y}$$

$$= \int_{R^n} \text{VAR}[X \mid \mathbf{Y} = \mathbf{y}] f_{\mathbf{Y}}(\mathbf{y}) d\mathbf{y}$$

이제 추정치는 관측치의 선형 함수라고 가정하자.

$$g(\mathbf{Y}) = \sum_{k=1}^{n} a_k Y_k = \mathbf{a}^T \mathbf{Y}$$

평균 제곱 오류는 다음과 같다.

$$E[(X - g(\mathbf{Y}))^2] = E\left[\left(X - \sum_{k=1}^{n} a_k Y_k\right)^2\right]$$

a_k에 관해서 식을 미분해서 직교 조건을 얻는다.

$$E\left[\left(X - \sum_{k=1}^{n} a_k Y_k\right) Y_j\right] = 0 \quad j = 1, \ldots, n\text{에 대해서}$$

직교 조건은 다음과 같다.

$$E[XY_j] = E\left[\left(\sum_{k=1}^{n} a_k Y_k\right) Y_j\right] = \sum_{k=1}^{n} a_k E[Y_k Y_j] \quad j = 1, \ldots, n\text{에 대해서}$$

행렬 표현식을 사용해서 다음과 같이 간결하게 정리할 수 있다.

$$E[X\mathbf{Y}] = \mathbf{R_Y}\boldsymbol{a} \quad \text{where} \quad \boldsymbol{a} = (a_1, a_2, \ldots, a_n)^T \tag{6.60}$$

여기서 $E[X\mathbf{Y}] = [E[XY_1], E[XY_2], \ldots, E[XY_n]^T$와 $\mathbf{R_Y}$는 상관 행렬이다. $\mathbf{R_Y}$는 역행렬을 가짐을 가정했을 때, 최적의 계수는 다음과 같다.

$$\boldsymbol{a} = \mathbf{R}_Y^{-1} E[X\mathbf{Y}] \tag{6.61a}$$

6.3절의 방법을 이용해 $\mathbf{R_Y}$의 역을 구한다. 최적의 선형 추정치의 평균 제곱 오차는 다음과 같다.

$$E[(X - \boldsymbol{a}^{\mathrm{T}}\mathbf{Y})^2] = E[(X - \boldsymbol{a}^{\mathrm{T}}\mathbf{Y})X] - E[(X - \boldsymbol{a}^{\mathrm{T}}\mathbf{Y})\boldsymbol{a}^{\mathrm{T}}\mathbf{Y}]$$
$$= E[(X - \boldsymbol{a}^{\mathrm{T}}\mathbf{Y})X] = \mathrm{VAR}(X) - \boldsymbol{a}^{\mathrm{T}}E[\mathbf{Y}X] \quad (6.61b)$$

이제 X는 평균 m_X를 가지고, $\mathbf{Y}$는 평균 벡터 $\mathbf{m_Y}$를 가짐을 가정하자. 그래서 우리의 추정치는 이제 다음과 같은 형태가 된다.

$$\hat{X} = g(\mathbf{Y}) = \sum_{k=1}^{n} a_k Y_k + b = \boldsymbol{a}^{\mathrm{T}}\mathbf{Y} + b \quad (6.62)$$

식 (6.53b)와 같은 방법으로 b에 대한 최적값을 구할 수 있다.

$$b = E[X] - \boldsymbol{a}^{\mathrm{T}}\mathbf{m_Y}$$

그러므로 최적의 선형 추정치의 형태는 다음과 같다.

$$\hat{X} = g(\mathbf{Y}) = \boldsymbol{a}^{\mathrm{T}}(\mathbf{Y} - \mathbf{m_Y}) + m_X = \boldsymbol{a}^{\mathrm{T}}\mathbf{Z} + m_X$$

여기서 $\mathbf{Z} = \mathbf{Y} - \mathbf{m_Y}$가 영평균 벡터를 가지는 확률벡터이다. 이러한 추정을 위한 평균 제곱 오차는 다음이다.

$$E[(X - g(\mathbf{Y}))^2] = E[(X - \boldsymbol{a}^{\mathrm{T}}\mathbf{Z} - m_X)^2] = E[(W - \boldsymbol{a}^{\mathrm{T}}\mathbf{Z})^2]$$

여기서 $W = X - m_X$는 영평균을 가진다. 영평균을 가지는 확률 변수에 대해서 일반적 추정 문제를 다루어 왔다. 이에 대한 해는 식 (6.61a)에 의해 주어졌다. 그러므로 최적의 선형 예상치는 다음과 같다.

$$\boldsymbol{a} = \mathbf{R_Z}^{-1}E[W\mathbf{Z}] = \mathbf{K_Y}^{-1}E[(X - m_X)(\mathbf{Y} - \mathbf{m_Y})] \quad (6.63a)$$

평균 제곱 오차는 다음과 같다.

$$E[(X - \boldsymbol{a}^{\mathrm{T}}\mathbf{Y} - b)^2] = E[(W - \boldsymbol{a}^{\mathrm{T}}\mathbf{Z}\,W] = \mathrm{VAR}(W) - \boldsymbol{a}^{\mathrm{T}}E[W\mathbf{Z}]$$
$$= \mathrm{VAR}(X) - \boldsymbol{a}^{\mathrm{T}}E[(X - \mathbf{m_X})(\mathbf{Y} - \mathbf{m_Y})] \quad (6.63b)$$

이러한 결과는 X와 $\mathbf{Y}$가 결합 가우스 확률 변수인 경우에 특히 중요하다. 예제 6.23에서 Y에 대한 X의 조건 기대값은 식 (6.62)에서 Y의 선형 함수이다. 그러므로 이러한 경우 최적 최소 평균 제곱 추정치는 최적 선형 추정치이다.

예제 6.30

라디오 수신기는 두 개의 안테나를 사용해서 잡음이 섞인 신호 X를 수신한다. 바라는 신호 X는 평균은 0이고 분산은 2를 가지는 가우스 확률 변수이다. 첫 번째와 두 번째 안테나에서 받은 신호는 $Y_1 = X + N_1$, $Y_2 = X + N_2$이다. 여기서 N_1과 N_2는 평균이 0이고, 분산이 1인 가우스 확률 변수이다. 게다가 X, N_1과 N_2는 독립 확률 변수이다. 하나의 안테나에 의한 X의 최적의 평균 제곱 오차 선형 추정값을 구하라. 두 개의 안테나 신호 $\mathbf{Y} = (Y_1, Y_2)$에 의한 X를 위한 최적의 평균 제곱 추정치의 결과를 비교하라.

모든 확률 변수가 영평균을 가지므로, 식 (6.61)에서 상관 행렬과 상호상관 벡터가 필요하다.

$$\mathbf{R}_Y = \begin{bmatrix} E[Y_1^2] & E[Y_1Y_2] \\ E[Y_1Y_2] & E[Y_2^2] \end{bmatrix}$$

$$= \begin{bmatrix} E[(X+N_1)^2] & E[(X+N_1)(X+N_2)] \\ E[(X+N_1)(X+N_2)] & E[(X+N_2)^2] \end{bmatrix}$$

$$= \begin{bmatrix} E[X^2]+E[N_1^2] & E[X^2] \\ E[X^2] & E[X^2]+E[N_2^2] \end{bmatrix} = \begin{bmatrix} 3 & 2 \\ 2 & 3 \end{bmatrix}$$

그리고

$$E[X\mathbf{Y}] = \begin{bmatrix} E[XY_1] \\ E[XY_2] \end{bmatrix} = \begin{bmatrix} E[X^2] \\ E[X^2] \end{bmatrix} = \begin{bmatrix} 2 \\ 2 \end{bmatrix}$$

하나의 안테나서 받은 신호를 사용하는 최적의 추정치는 위 시스템의 1×1형태 풀이와 같다.

$$\hat{X} = \frac{E[X^2]}{E[X^2]+E[N_1^2]}Y_1 = \frac{2}{3}Y_1$$

그리고 평균 제곱 오차는 다음과 같다.

$$\text{VAR}(X) - a^* \text{COV}(Y_1, X) = 2 - \frac{2}{3}2 = \frac{2}{3}$$

두 개의 안테나 신호를 사용하는 최적 추정치의 계수는 다음과 같다.

$$\boldsymbol{a} = \mathbf{R_Y}^{-1}E[X\mathbf{Y}] = \begin{bmatrix} 3 & 2 \\ 2 & 3 \end{bmatrix}^{-1}\begin{bmatrix} 2 \\ 2 \end{bmatrix} = \frac{1}{5}\begin{bmatrix} 3 & -2 \\ -2 & 3 \end{bmatrix}\begin{bmatrix} 2 \\ 2 \end{bmatrix} = \begin{bmatrix} 0.4 \\ 0.4 \end{bmatrix}$$

그리고 최적의 추정치는 다음과 같다.

$$\hat{X} = 0.4Y_1 + 0.4Y_2$$

두 개의 안테나 추정치를 위한 평균 제곱 오차는 다음과 같다.

$$E[(X - \boldsymbol{a}^{\text{T}}\mathbf{Y})^2] = \text{VAR}(X) - \boldsymbol{a}^{\text{T}}E[\mathbf{Y}X] = 2 - [0.4, 0.4]\begin{bmatrix} 2 \\ 2 \end{bmatrix} = 0.4$$

기대한 대로, 두 개의 안테나 시스템은 좀 더 작은 평균 제곱 오차를 가진다. 수신기는 두 개의 수신된 신호를 0.4배 하여 추가한다는 사실을 밝혀둔다. 신호의 합은 다음과 같다.

$$\hat{X} = 0.4Y_1 + 0.4Y_2 = 0.4(2X + N_1 + N_2) = 0.8\left(X + \frac{N_1 + N_2}{2}\right)$$

신호의 조합은 원하는 신호 X와 두 개의 잡음신호 N_1, N_2의 평균을 더하여 상수배를 함으로써 이루어진다. 이 장의 마지막 부분의 문제는 이러한 주제에 대해 더 깊게 다룰 것이다.

예제 6.31 **음성의 2차 예측**

음성 전압 파형의 표본의 수열을 X_1, X_2이라고 하자. 그리고 샘플들이 그림 6.3에 보이는 2차 예측기에 공급됨을 가정하자. X_n가 $aX_{n-2} + bX_{n-1}$에 의해 추정되어질 때, 예측기의 평균 제곱값이 최소가 되는 예측기 계수 a와 b를 찾아라.

X_2, X_3, X_4 등이 항등인 상황을 가정할 때 X_1, X_2, X_3를 구하는 최상의 예측기를 찾는다. 이 예측기

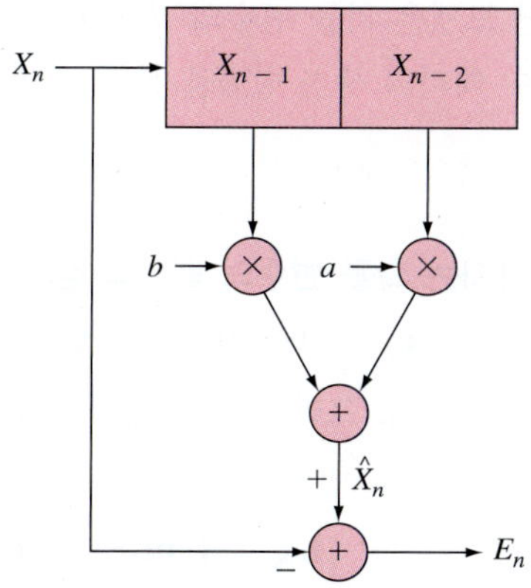

그림 6.3 ● 언어 처리를 위한 2단 선형 예측기

는 흔히 사용되는 평균이 0이고, 분산이 σ^2인 음성 표본 모델을 사용한다. 그리고 공분산은 표본의 특정 요소가 아니라 그것들 사이의 거리에 의존한다.

$$\text{COV}(X_j, X_k) = \rho_{|j-k|}\sigma^2$$

최적의 선형 예측기 계수를 구하는 식은 다음과 같다.

$$\sigma^2\begin{bmatrix} 1 & \rho_1 \\ \rho_1 & 1 \end{bmatrix}\begin{bmatrix} a \\ b \end{bmatrix} = \sigma^2\begin{bmatrix} \rho_2 \\ \rho_1 \end{bmatrix}$$

식 (6.61a)는 다음과 같이 나타낼 수 있다.

$$a = \frac{\rho_2 - \rho_1^2}{1 - \rho_1^2} \quad \text{그리고} \quad b = \frac{\rho_1(1 - \rho_1^2)}{1 - \rho_1^2}$$

연습문제 6.75에서 위의 a와 b의 값을 사용하는 평균 제곱 오차를 다음과 같이 나타내는 것을 질문 받을 것이다.

$$\sigma^2\left\{1 - \rho_1^2 - \frac{(\rho_1^2 - \rho_2)^2}{1 - \rho_1^2}\right\} \tag{6.64}$$

음성 신호의 일반적인 값은 $\rho_1 = 0.825$, $\rho_2 = 0.562$이다. 그러므로 예측기 출력의 평균 제곱값은 $0.281\sigma^2$이 된다. 입력 분산 σ^2에 비해서 더 작은 출력분산($0.281\sigma^2$)은 선형 예측기가 이전 두 개의 샘플에 의하여 다음 샘플을 예측하는 데 있어서 효과적이다는 것을 보여준다. 예측기에 더 많은 항을 사용하여 예측기의 계수를 증가시킬 수 있다. 그러므로 3차 예측기는 세 개의 항을 가졌고, 3×3 상관 행렬로 바뀔 수 있다. 그리고 n차 예측기는 $n \times n$ 행렬로 바뀌어져 나타날 수 있다. 선형 예측적인 기술은 음성, 오디오, 영상 그리고 비디오 압축 시스템에 광범위하게 쓰이고 있다. 10장에서 선형 예측 방법에 대해 좀 더 자세하게 다룰 것이다.

*6.6 상관 벡터 확률 변수 생성

많은 응용은 벡터 상관 확률 변수나 상관 확률 변수의 연관이 있다. 그 결과 이런 어플리케이션의 컴퓨터 시뮬레이션 모델은 확률 변수의 생성에 관한 방법을 요구한다. 이 절에서는 특정 공분산 행렬의 확률 변수 벡터의 생성 방법을 본다. 또한 결합 가우스 확률 변수의 벡터의 생성에 대해서도 논의한다.

6.6.1 특정 공분산 행렬을 가지는 확률 변수의 벡터의 생성

임의로 유효한 공분산 행렬 $\mathbf{K_Y}$로부터 확률벡터 $\mathbf{Y}$를 생성시키려고 한다고 가정하자. 예제 6.17에서 처럼 $\mathbf{Y} = \mathbf{A}^T\mathbf{X}$을 두자. 그리고, $\mathbf{X}$는 상관되지 않고, 평균 영이고 ,분산1인 특징을 띄는 성분으로 구성된 벡터 확률 변수이다. $\mathbf{X}$는 단위행렬 다음의 식들과 같은 공분산 행렬을 가진다.

$$\mathbf{K_X} = \mathbf{I}, \mathbf{m_Y} = \mathbf{A}\mathbf{m_X} = \mathbf{0}$$

$$\mathbf{K_Y} = \mathbf{A}^T\mathbf{K_X}\mathbf{A} = \mathbf{A}^T\mathbf{A}$$

$\mathbf{P}$를 $\mathbf{K_Y}$의 고유벡터를 열로 가지는 행렬이라 하자. 그리고 Λ는 고유값의 대각 행렬일 때 식 (6.39b)로부터 다음을 얻을 수 있다.

$$\mathbf{P}^T\mathbf{K_Y}\mathbf{P} = \mathbf{P}^T\mathbf{P}\Lambda = \Lambda$$

만약 위 식에서 $\mathbf{P}$를 앞에 곱하고 $\mathbf{P}^T$를 뒤에 곱한다고 한다면, 고유값과 고유벡터에 의한 임의의 공분산 행렬 $\mathbf{K_Y}$의 표현식을 구할 수 있다.

$$\mathbf{P}\Lambda\mathbf{P}^T = \mathbf{P}\mathbf{P}^T\mathbf{K_Y}\mathbf{P}\mathbf{P}^T = \mathbf{K_Y} \tag{6.65}$$

Λ의 제곱근 값을 고유값의 제곱근의 대각 행렬로 정의할 수 있다.

$$\Lambda^{1/2} \triangleq \begin{bmatrix} \sqrt{\lambda_1} & 0 & \ldots & 0 \\ 0 & \sqrt{\lambda_2} & \ldots & 0 \\ \cdot & \cdot & \ldots & \cdot \\ 0 & 0 & \ldots & \sqrt{\lambda_n} \end{bmatrix}$$

연습문제 6.52에서 어떠한 공분산 행렬 $\mathbf{K_Y}$는 양의 준정부호값(semi–definite)이고, 제곱근은 항상 양수값이므로 이 행렬은 음이 아닌 고유값을 가진다.

$$\mathbf{A} = (\mathbf{P}\Lambda^{1/2})^T \tag{6.66}$$

그러므로

$$\mathbf{A}^T\mathbf{A} = \mathbf{P}\Lambda^{1/2}\Lambda^{1/2}\mathbf{P}^T = \mathbf{P}\Lambda\mathbf{P}^T = \mathbf{K_Y}$$

이다. 따라서 기대했던 공분산 행렬 $\mathbf{K_Y}$를 가진다.

예제 6.32

$\mathbf{X} = (X_1, X_2)$를 두 개의 영평균, 단위분산, 상관되지 않은 확률 변수로 구성되었다고 두자. $\mathbf{Y} = A\mathbf{X}$가 다음의 공분산 행렬을 가진 경우, 행렬 A를 찾아라.

$$K = \begin{bmatrix} 4 & 2 \\ 2 & 4 \end{bmatrix}$$

우선 다음의 식으로 K의 고유값을 찾을 필요가 있다.

$$\det(\mathbf{K}-\lambda\mathbf{I}) = 0 = \det\begin{bmatrix} 4-\lambda & 2 \\ 2 & 4-\lambda \end{bmatrix} = (4-\lambda)^2 - 4 = \lambda^2 - 8\lambda + 12$$
$$= (\lambda-6)(\lambda-2)$$

고유값 $\lambda_1 = 2$과 $\lambda_2 = 6$을 찾을 수 있다. 다음으로 각각의 고유치에 대응하는 고유벡터를 찾아야 한다.

$$\begin{bmatrix} 4 & 2 \\ 2 & 4 \end{bmatrix}\begin{bmatrix} e_1 \\ e_2 \end{bmatrix} = \lambda_1\begin{bmatrix} e_1 \\ e_2 \end{bmatrix} = 2\begin{bmatrix} e_1 \\ e_2 \end{bmatrix}$$

이 행렬에서 $2e_1 + 2e_2 = 0$이다. 그러므로 $[1, -1]^T$의 형태의 벡터는 고유벡터이다. $\mathbf{e}_1 = [1/\sqrt{2}, -1/\sqrt{2}]^T$ 으로 $\lambda_1 = 2$에 대응하는 단위길이의 고유벡터를 구한다. 비슷한 방법으로 $\mathbf{e}_2 = [1/\sqrt{2}, 1/\sqrt{2}]^T$ 으로부터의 $\lambda_2 = 6$에 대응하는 단위길이의 고유벡터를 구한다.

6.3절에서의 방법은 열을 K의 고유벡터로 구성하는 행렬 P의 구성을 요구한다.

$$P = \frac{1}{\sqrt{2}}\begin{bmatrix} 1 & 1 \\ -1 & 1 \end{bmatrix}$$

다음으로, 고유치의 제곱근과 같은 성분으로 구성된 대각 행렬을 만든다.

$$\mathbf{\Lambda}^{1/2} = \begin{bmatrix} \sqrt{2} & 0 \\ 0 & \sqrt{6} \end{bmatrix}$$

따라서 구하고자 하는 행렬은 다음과 같다.

$$\mathbf{A} = \mathbf{P}\mathbf{\Lambda}^{1/2} = \begin{bmatrix} 1 & \sqrt{3} \\ -1 & \sqrt{3} \end{bmatrix}$$

여기서 $K = AA^T$임은 각자 스스로 증명하여야 한다.

예제 6.33

이전 예제에서 계산된 고유치와 고유벡터를 찾기 위해 Octave를 사용하라.

행렬 K에 들어간 후, 고유벡터 행렬 P와 고유치 Λ의 행렬을 찾기 위해 `eig(k)` 함수를 사용하여야 한다. 그리고 나서 A와 그것의 전치행렬 A^T를 찾는다. 마지막으로 A^TA가 우리가 구하고자 하는 공분산 행렬인지 확인한다.

```
>K=[4, 2; 2, 4];
>[P,D] =eig (K)
P =
  -0.70711  0.70711
   0.70711  0.70711
D =
  2  0
  0  6
>A=(P*sqrt(D))'
A =
  -1.0000  1.0000
   1.7321  1.7321
>A'
ans =
```

```
 -1.0000  1.7321
  1.0000  1.7321
>A'*A
ans =
  4.0000  2.0000
  2.0000  4.0000
```

위의 단계는 우리가 구하고자 하는 공분산 행렬 K에 대해 변환 A^T 행렬을 찾기 위해 사용되어진다. 유일하게 확인해야 할 조건은 K가 유효한 공분산 행렬인지 확인하는 것이다. (1) K가 대칭인가? (2) K가 양의 고유값을 가졌는가(쉽게 수학적으로 확인 가능)?

6.6.2 결합 가우스 확률 변수의 벡터 생성

6.4절에서는 만일 $\mathbf{X}$가 공분산 K_X를 가지는 결합 가우스 확률 변수의 벡터라면 $\mathbf{Y} = A\mathbf{X}$ 또한 공분산 행렬 $K_Y = AK_XA^T$를 가지는 결합 가우스라는 것을 알았다. 우리가 만일 $\mathbf{X}$가 단일분산, 비상관 확률 변수로 구성된다고 가정한다면, $K_X = I$이고 항등 행렬이며, 그 결과 $K_Y = AA^T$이다.

이 절의 첫 번째 부분의 방법을 사용해서 어떤 원하는 공분산 행렬 K_Y를 구할 수 있다. 그러므로 다음의 순서에 따라 임의의 공분산 행렬 K_Y를 가지는 결합 가우스 확률벡터 $\mathbf{Y}$를 생성할 수 있다.

1. $K_Y = AA^T$인 행렬 A를 찾는다.
2. 5.10절로부터 n독립, 영평균, 가우스 확률 변수로 구성되는 $\mathbf{X}$를 생성하는 방법을 사용한다.
3. $\mathbf{Y} = A\mathbf{X} + \mathbf{m_Y}$라 둔다.

예제 6.34

예제 6.30으로부터 공분산 행렬을 지니는 가우스 확률 변수를 발생시키기 위해 필요한 Octave 명령어를 다음에 나타내고 있다.

```
>U1=rand(1000, 1);            % 1000개 성분을 가지는 벡터 U1 생성.
>U2=rand(1000, 1);            % 1000개 성분을 가지는 벡터 U2 생성.
>R2=-2*log(U1);               % R^2를 구하라.
>TH=2*pi*U2;                  % Θ를 구하라.

>X1=sqrt(R2).*sin(TH);        % X1을 생성하라.
>X2=sqrt(R2).*cos(TH);        % X2를 생성하라.
>Y1=X1+sqrt(3)*X2             % Y1을 생성하라.
>Y2=-X1+sqrt(3)*X2            % Y2를 생성하라.
>plot(Y1,Y2,'+')              % 산포도를 구성하라.
```

그림 6.4의 산포도에는 발생된 확률 변수 Y_1값과 Y_2값 1,000개의 짝을 나타내었다. 이는 구하고자 하는 결합 가우스 pdf의 타원적 대칭성과 매우 유사함을 볼 수 있다.

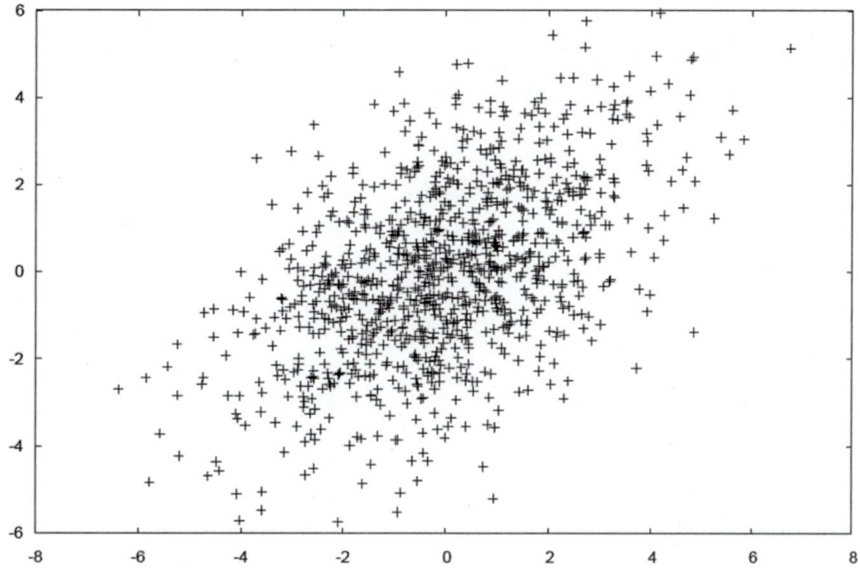

그림 6.4 ● 결합 가우스 확률 변수의 산포도

요약

- 벡터 확률 변수 **X**의 결합 통계적 성질은 결합 cdf, 결합 pmf 혹은 결합 pdf로 구체화된다. 이들 확률 변수의 결합된 특성을 가지는 사건의 확률은 이들 함수로부터 구한다.
- 벡터 확률 변수 **X**로부터 각 확률 변수의 통계적인 성질은 한계 pdf, 한계 pmf에 의해서 구체화된다.
- 곱형식 사건의 확률이 각 구성 확률의 곱이면 확률 변수들은 독립이다. 확률 변수들의 독립성에 관한 조건은 결합 cdf, 결합 pdf 혹은 결합 pmf가 대응하는 한계함수들의 곱으로 표현되는 것이다.
- 벡터 확률 변수 **X**로부터 확률 변수의 부분집합의 통계적 성질은 벡터 확률 변수의 각 확률 변수에 관한 값이 주어지면, 조건 cdf, 조건 pmf 혹은 조건 pdf에 의해서 구체화된다.
- 평균 벡터와 공분산 행렬은 벡터 확률 변수에 관한 정보를 요약하고 있다. 결합 특성 함수는 결합 pdf에 관한 모든 정보를 포함하고 있다.
- 벡터 확률 변수의 변환은 다른 확률 변수들을 만들 수 있는데, 이는 새로운 벡터 확률 변수의 결합 분포를 찾는 표준 방법이다.
- 직교 상태는 최소 평균 제곱 선형 추정치를 구하는 선형 방정식을 제공한다. 최적 평균 제곱 추정치는 조건 기대값에 의해 주어진다.
- 결합 가우스 벡터 확률 변수의 결합 pdf는 평균 벡터, 공분산 행렬에 의해 정해진다. **X**의 부분집합의 모든 한계 pdf와 조건 pdf도 가우스 pdf이다. 결합 가우스 확률 변수의 선형 함수 혹은 선형변환은 결합 가우스 확률 변수들이다.

- 임의의 공분산 행렬을 가지는 벡터 확률 변수는 분산 1인 비상관 확률 변수들의 선형변환에 의해 만들 수 있고, 임의의 공분산 행렬을 가지는 벡터 가우스 확률 변수는 독립이고 분산 1인 가우스 확률 변수들의 선형변환에 의해 만들어질 수 있다.

주요 용어

결합 가우스 확률 변수
결합 연속 확률 변수
결합 특성 함수
결합 cdf
결합 pdf
결합 pmf
곱 형식 사건
공분산 행렬
독립 확률연수
벡터 확률 변수
변환의 야코비안
상관 행렬
조건 cdf
조건 pdf
조건 pmf
조건평균
직교 조건
최대 우도 추정치
카르후넨-로에브 전개
평균 벡터
평균 제곱오차
한계 cdf
한계 pdf
한계 pmf
회귀 곡선
MAP 추정치
MMSE 선형 추정치

참고문헌

참고문헌 [3]은 결합 가우스 확률 변수와 선형변환을 잘 다루고 있고, 참고문헌 [5]는 벡터 확률 변수에 관한 훌륭한 참고문헌이다. Anton 책[6]은 선형대수 개론 파악에 도움을 준다.

1. A. Papoulis and S. Pillai, *Probability, Random Variables, and Stochastic Processes*, McGraw-Hill, New York, 2002.
2. N. Johnson et al., *Continuous Multivariate Distributions*,Wiley, New York, 2000.
3. H. Cramer, *Mathematical Methods of Statistics*, Princeton Press, 1999.
4. R. Gray and L.D. Davisson, *An Introduction to Statistical Signal Processing*, Cambridge Univ. Press, Cambridge, UK, 2005.
5. H. Stark and J.W.Woods, *Probability, Random Processes, and Estimation Theory for Engineers*, Prentice Hall, Englewood Cliffs, N.J., 1986.
6. H. Anton, *Elementary Linear Algebra*, 9th ed.,Wiley, New York, 2005.
7. C. H. Edwards, Jr., and D. E. Penney, *Calculus and Analytic Geometry*, 4th ed., Prentice Hall, Englewood Cliffs, N.J., 1984.

연습문제

6.1절 : 벡터 확률 변수

6.1. 단위 큐브 안에서 균일하게 분배되어 있는 점 $\mathbf{X} = (X, Y, Z)$가 있다. 다음 사건의 확률을 구하라.

(a) $\mathbf{X}$는 중심이 (1/2, 1/2, 1/2)인 반지름 1/2인 구의 안에 있다.

(b) $X+Y+Z<1$

(c) X의 모든 성분은 1/2보다 크다.

(d $Z<0.25$

6.2. 확률 변수 X, Y 그리고 Z는 결합 연속 확률 변수이다. 다음의 확률을 $F_X(x)$, $F_Y(y)$ 그리고 $F_Z(z)$의 식으로 구하라.

(a) $P[X^2 \le 4, Y > 2, |Z^3| \ge 8]$

(b) $P[X<0, Y>0, Z=0]$

(c) $P[XYZ<0]$

6.3. 라디오 송신기는 $s>0$인 신호를 세 가지 길로 수신기에 보낸다. 신호들은 다음의 경로로 수신기에 도착한다.

$$X_1 = s + N_1,\ X_2 = s + N_2 \ \text{그리고}\ X_3 = s + N_3$$

N_1, N_2, N_3는 독립 가우스 확률 변수이고, 평균은 0, 단위분산을 가진다.

(a) $\mathbf{X} = (X_1, X_2, X_3)$의 결합 확률 밀도 함수를 구하라. X_1, X_2와 X_3는 독립 확률 변수인가?

(b) 세 가지 신호의 최소값이 양수일 확률을 구하라.

(c) 신호들의 최대값이 양수일 확률을 구하라.

6.4. 항아리에 1개의 검은 공과 2개의 흰색 공이 들어 있다. 항아리에서 3개의 공을 빼낼 때, k번째 나오는 공이 흰색 공일 때 $I_k=1$이라 하고, 그 외에는 $I_k=0$이다. 다음의 3가지 확률 변수를 정의한다.

$$X = I_1 + I_2 + I_3$$
$$Y = \min\{I_1, I_2, I_3\}$$
$$Z = \max\{\mathrm{I}_1, I_2, I_3\}$$

(a) 항아리에서 공을 빼낸 뒤 다시 항아리로 그 공을 집어넣을 경우의 (X, Y, Z)의 범위와 결합 확률 질량 함수를 구하라

(b) X, Y 그리고 Z는 독립인가? X 그리고 Y는 독립인가?

(c) 항아리에서 공을 빼낸 뒤 다시 항아리로 그 공을 집어넣지 않을 경우의 (X, Y, Z)의 범위와 결합 확률 질량 함수를 구하라.

6.4. 예제 6.1의 패킷 스위치를 고려하여 각 입력단은 p 확률로 하나의 패킷을 받거나, $1-p$ 확률로 아무 패킷도 안 들어오는 상태가 된다. 수정 패킷들은 동등하게 각 출력으로 정해진다. X_1, X_2, X_3는 패킷이 도착한 수이고, 출력 1, 2, 3과 같다.

(a) X_1, X_2, X_3의 결합 확률 질량 함수를 구하라(힌트 : 모든 입력은 포트 4로 $1-p$의 확률로 가는 패킷을 가졌다고 가정한다).

(b) X_1, X_2의 결합 확률 질량 함수를 구하라.

(c) X_2의 확률 질량 함수를 구하라.

(d) X_1, X_2 그리고 X_3는 독립 확률 변수인가?

(e) 각각의 출력은 최대 한 패킷만 받고 다른 모든 추가적인 패킷은 버린다고 가정한다. 각 T초 주기의 모듈에 의해서 버려지는 패킷들의 평균을 구하라.

6.6. X, Y, Z는 결합 확률 밀도 함수를 가진다.

$$f_{X,Y,Z}(x, y, z) = k(x + y + z) \quad \text{그리고} \quad 0 \le x \le 1, 0 \le y \le 1, 0 \le z \le 1\text{에 대해서}$$

(a) k를 구하라.

(b) $f_X(x\,|y, z)$ 그리고 $f_Z(z\,|x, y)$를 구하라.

(c) $f_X(x), f_Y(y)$ 그리고 $f_Z(z)$를 구하라.

6.7. 확률 사인신호가 A가 [0. 1] 구간에 균등 확률 변수로 주어지는 $X(t) = A\ sin(t)$일 때 $X = (X(t_1), X(t_2), X(t_3))$는 t_1, t_2 그리고 t_3에서 정의된다.

(a) $t_1 = 0, t_2 = \pi/2$ 그리고 $t_3 = \pi$일 때 A의 누적 분포 함수에 대해여 X의 결합 누적 분포 함수를 구하라. $X(t_1), X(t_2), X(t_3)$은 독립 확률 변수인가?

(b) $t_1, t_2 = t_1 + \pi/2$ 그리고 $t_3 = t_1 + \pi, t_1 = \pi/6$일 때 X의 결합 누적 분포 함수를 구하라.

6.8. 단위 구(unit sphere) 내에서 점 (X, Y, Z)가 임의로 선택된다.

(a) Y와 Z의 한계 결합 확률 밀도 함수를 구하라.

(b) Y의 한계 확률 밀도 함수를 구하라.

(c) Z가 주어졌을 때, X와 Y의 조건부 결합 확률 밀도 함수를 구하라.

(d) X, Y와 Z는 독립 확률 변수인가?

(e) 원점에서 1/2보다 더 멀리 있는 X의 거리와 모든 X의 성분은 양수일 때, X의 조건부 결합 확률 밀도 함수를 구하라.

6.9. $p_{X_1,X_2,X_3}(x_1, x_2, x_3) = p_{X_3}(x_3\,|\,x_1, x_2)p_{X_2}(x_2\,|\,x_1)p_{X_1}(x_1)$을 보여라.

6.10. $f_{X,Y,Z}(x, y, z) = f_Z(z\,|\,x, y)f_Y(y\,|\,x)f_X(x)$을 보여라.

6.11. U_1, U_2, U_3를 독립 확률 변수라 하고, $X = U_1, Y = U_1 + U_2, Z = U_1 + U_2 + U_3$라 하자.

(a) 연습문제 6.10의 결과를 이용하여 X, Y, Z의 결합 확률 밀도 함수를 구하라.

(b) U_i를 간격 $[-1, 1]$에서의 독립 균등 확률 변수라 하자. Y와 Z의 주변 결합 확률 밀도 함수를 구하라. Z의 주변 확률 밀도 함수를 구하라.

(c) U_i를 독립 평균이 0이고 단위분산인 가우스 확률 변수라 하자. Y와 Z의 주변 결합 확률 밀도 함수를 구하라. Z의 주변 확률 밀도 함수를 구하라.

6.12. X_1, X_2 그리고 X_3는 예제 6.7의 곱셈의 결과이다.

(a) X_1, X_2 그리고 X_3의 한계 확률 밀도 함수를 비교하고 그래프를 구하라.

(b) $X_1 = x$가 주어질 때 X_3의 조건 확률 밀도 함수를 구하라.

(c) $X_3 = z$가 주어질 때 X_1의 조건 확률 밀도 함수를 구하라.

6.13. 온라인 음악 사이트의 요청은 다음과 같이 분류되어진다. 가장 인기 있는 제목은 $p_1 = 1/2$, 두 번째 인기 있는 제목은 $p_2 = 1/4$, 세 번째 인기 있는 제목은 $p_3 = 1/8$ 그리고 나머지는 $p_4 = 1 - p_1 - p_2 - p_3 = 1/8$로 요청된다. T초에 n번 요청된다고 가정한다. X_k는 k분류가 일어날 때의 횟수라 한다.

(a) (X_1, X_2, X_3)의 결합 확률 질량 함수를 구하라.

(b) (X_1, X_2)의 한계 확률 질량 함수를 구하라. 힌트: 이항 정리를 이용하라.

(c) X_1의 한계 확률 질량 함수를 구하라.

(d) $X_1 = m, 0 \le m \le n$이 주어질 때 (X_2, X_3)의 조건 결합 확률 질량 함수를 구하라.

6.14. N은 13번 문제의 온라인 뮤직 사이트의 요청에서 평균 α의 초당 손님들이 오는 확률 변수이다. X_k는 T초 안에 k 요청이 일어났을 때의 경우이다. (X_1, X_2, X_3, X_4)의 결합 확률 질량 함수를 구하라.

6.15. 확률 실험은 네 가지의 가능한 결과를 가지고 있다. 그 실험은 n 독립 시행 횟수 동안 반복된다고 가정하고, 결과 k가 일어나는 시행 횟수를 X_k라 하자. (X_1, X_2, X_3)의 결합 확률 질량 함수가 다음과 같이 주어진다. 이때,

$$p(k_1, k_2, k_3) = \frac{n!\,3!}{(n+3)!} = \binom{n+3}{3}^{-1}$$

이고, $0 \le k_i$ 그리고 $k_1 + k_2 + k_3 \le n$이다.

(a) (X_1, X_2)의 한계 확률 질량 함수를 구하라.

(b) X_1의 한계 확률 질량 함수를 구하라.

(c) $X_1 = m$이라 주어졌을 때, (X_2, X_3)의 조건 결합 확률 질량 함수를 구하라. 이때 m은 n 이하의 음이 아닌 정수이다.

6.16. 타입 1, 2 그리고 3의 요청이 서비스 장소에 t초 안에 평균 $\lambda_1 t$, $\lambda_2 t$ 그리고 $\lambda_3 t$인 독립 포아송 확률 변수로 도착한다. N_1, N_2 그리고 N_3는 지수적으로 평균 αt로 시간 T 동안 분배되어 있는 요청이다.

(a) N_1, N_2 그리고 N_3의 결합 확률 질량 함수를 구하라.

(b) N_1의 한계 확률 질량 함수를 구하라.

(c) N_3가 주어졌을 때 N_1과 N_2의 조건 확률 질량 함수를 구하라.

6.2절 : 확률 변수들의 함수

6.17. N개의 장치는 같은 시간에 설치되어졌다. Y는 마지막 장치가 실패할 때까지의 시간이다.

(a) 장치의 수명이 독립이고 같은 파레토 분포를 가지고 있을 때, Y의 확률 밀도 함수를 구하라.

(b) 장치의 수명이 와이블 분포를 가질 때 (a)를 반복하라.

6.18. $I_k(t)$는 17번 문제에서 'k번째 장치가 여전히 시간 t에서 작동중일 때' 의 사건을 위한 정의 함수이다. $N(t)$는 t: $N(t) = I_1(t) + I_2(t) + \ldots + I_N(t)$시간에서의 장치가 여전히 작동할 횟수이다. $N(t)$의 확률 밀도 함수를 구하고 평균과 분산도 구하라.

6.19. 변화 수신기는 N개의 독립 신호를 받는다. 각각의 신호는 크기 X_k을 레일라이 분포로 가진다. 수신기는 최대 크기로 X_k^2의 크기를 선택한다. 하나의 신호는 구형파의 크기가 한계 γ 밑으로 내려가면 소용이 없다. N신호들이 한계점 밑일 확률을 구하라.

6.20. (Haykin) 다사용자 통신 시스템에서 수신기는 K개의 이진신호를 K독립 송신기로부터 받는다. $\mathbf{Y} = (Y_1, Y_2, \ldots, Y_k)$, Y_k는 k번째 송신기로부터 받은 신호이다. 이상적인 시스템의 수신 벡터는 $\mathbf{Y} = \mathbf{Ab} + \mathbf{N}$이다. $\mathbf{A} = [a_k]$는 양의 신호의 대각 행렬의 획득이고, $\mathbf{b} = (b_1, b_2, \ldots, b_K)$는 $b_k = \pm 1$에서 각 송신기의 비트들의 벡터이다. 그리고 $\mathbf{N}$은 독립 영평균의 $\mathbf{K}$의 벡터이다. 단위분산 가우스 확률 변수들이다.

(a) $\mathbf{Y}$의 결합 확률 밀도 함수를 구하라.

(b) $\mathbf{b} = (1, 1, \ldots, 1)$이라 가정하고, $\mathbf{Y}$의 모든 성분이 양일 확률을 구하라.

6.21. **(a)** 다음의 결합 확률 밀도 함수를 구하라.
$U = X_1, V = X_1 - X_2, W = X_1 - X_2 + X_3$

(b) X_i는 독립인 평균이 0이고, 단위분산인 가우스 확률 변수라 했을 때, (U, V, W)의 결합 확률 밀도 함수를 계산하라.

(c) V와 W의 한계 확률 밀도 함수를 구하라.

6.22. 두 확률 변수에 대하여 표본 평균과 분산의 결합 확률 밀도 함수를 구하라.

$$M = \frac{X_1 + X_2}{2} \qquad V = \frac{(X_1 - M)^2 + (X_2 - M)^2}{2}$$

6.23. **(a)** 22번 문제에서 X_1과 X_2의 결합 확률 밀도 함수가 표본 평균과 분산이 1인 독립 가우스 변수들인지 구하라.

(b) X_1과 X_2의 결합 확률 밀도 함수가 표본 평균과 분산이 1인 독립지수 확률 변수들인지 구하라.

6.24. **(a)** 매개변수를 이용하여 다음 관계식의 확률 밀도 함수를 구하라.

$$Z = \frac{X}{X + Y}$$

(b) X와 Y가 같은 매개변수 1을 가지는 독립 지수 확률 변수라고 할 때, Z의 확률 밀도 함수를 구하라.

6.25. X와 Y가 매개변수 $k = 3, x_m = 1$을 가지는 독립 파레토 확률 변수일 때 연습문제 6.24(b)를 구하라.

6.26. $Z = X/Y$일 때 연습문제 6.24의 (a), (b)를 구하라.

6.27. X와 Y는 상관 계수 1/2를 가지는 영평균, 단위분산 결합 가우스 확률 변수라 하자. $U = X^2$과 $V = Y^4$의 결합 확률 밀도 함수를 구하라.

6.28. 매개변수를 이용하여 $Z = X_1X_2X_3$의 확률 밀도 함수를 구하라. 이때, X_i는 [0, 1]에서 균등하게 분포된 독립 확률 변수이다.

6.29. X, Y, Z는 독립인 평균이 0이고, 단위분산인 가우스 확률 변수이다. 다음 식의 확률 밀도 함수를 구하라.

(a) $R = (X^2 + Y^2 + Z^2)^{1/2}$

(b) $R^2 = X^2 + Y^2 + Z^2$

6.30. X_1, X_2, X_3, X_4는 다음과 같이 주어진다.

$$Y_1 = X_1, Y_2 = X_1 + X_2, Y_3 = X_2 + X_3, Y_4 = X_3 + X_4$$

(a) $\mathbf{X} = (X_1, X_2, X_3, X_4)$의 결합 확률 밀도 함수에 따른 $\mathbf{Y} = (Y_1, Y_2, Y_3, Y_4)$의 결합 확률 밀도 함수의 표현을 구하라.

(b) X_1, X_2, X_3, X_4가 독립 영평균, 단위분산 가우스 확률 변수일 때, $\mathbf{Y}$의 결합 확률 밀도 함수를 구하라.

6.3절 : 벡터 확률 변수의 기대값

6.31. 연습문제 6.22(b)에서 $E[M]$과 $E[V]$, $E[MV]$를 구하라.

6.32. 두 가지 방법으로 연습문제 6.8에서 $E[Z]$를 계산하라.

(a) $f_Z(z)$의 적분을 이용하여 구하라.

(b) (X_1, X_2, X_3)의 결합 확률 밀도 함수의 적분을 이용하여 구하라.

6.33. 연습문제 6.3의 $\mathbf{X} = (X_1, X_2, X_3)$의 세 가지 다경로 신호들의 평균 벡터와 공분산 행렬을 구하라.

6.34. 연습문제 6.7의 정현파 신호 $X = (X(t_1), X(t_2), X(t_3)$의 샘플의 평균 벡터와 공분산 행렬을 구하라.

6.35. **(a)** 연습문제 6.6(a)의 (X, Y, Z)의 평균 벡터와 공분산 행렬을 구하라.

(b) 연습문제 6.4(c)로 (a)를 반복하라.

6.36. 연습문제 6.5의 (X, Y, Z)의 평균 벡터와 공분산 행렬을 구하라.

6.37. 연습문제 6.16의 N_1, N_2 그리고 N_3 확률시간에서 결합 도착 패킷의 평균 벡터와 공분산 행렬을 구하라. 힌트: 조건 기대값을 이용하라.

6.38. **(a)** 연습문제 6.21(b)에서 (X_1, X_2, X_3)을 따라 (U, V, W)의 평균 벡터와 공분산 행렬을 구하라.

(b) (X_1, X_2, X_3)와 (U, V, W) 사이의 상호공분산 행렬을 구하라.

6.39. **(a)** 연습문제 6.30의 $\mathbf{X} = (X_1, X_2, X_3, X_4)$에 따라 $\mathbf{Y} = (Y_1, Y_2, Y_3, Y_4)$의 평균 벡터와 공분산 행렬을 구하라.

(b) $\mathbf{Y}$와 $\mathbf{X}$의 상호공분산 행렬을 구하라

(c) X_1, X_2, X_3, X_4가 독립 확률 변수일 때, 평균 벡터와 공분산 그리고 상호공분산 행렬을 구하라.

(d) c의 결과를 $\mathbf{Y} = (Y_1, Y_2, \ldots\ldots, Y_{n-1}, Y_n)$에 대해 일반화하라.

6.40. $\mathbf{X} = (X_1, X_2, X_3, X_4)$은 동일한 평균, 독립, 단위분산 확률 변수들로 구성된다. $\mathbf{Y} = \mathbf{AX}$의 평균 벡터, 공분산, 그리고 상호공분산 행렬을 구하라.

(a)

$$\mathbf{A} = \begin{bmatrix} 1 & 1/2 & 1/4 & 1/8 \\ 0 & 1 & 1/2 & 1/4 \\ 0 & 0 & 1 & 1/2 \\ 0 & 0 & 0 & 1 \end{bmatrix}$$

(b)

$$\mathbf{A} = \begin{bmatrix} 1 & 1/2 & 1/4 & 1/8 \\ 0 & 1 & 1/2 & 1/4 \\ 0 & 0 & 1 & 1/2 \\ 0 & 0 & 0 & 1 \end{bmatrix}$$

6.41. $W = aX + bY + c$이라 하자. 이때 X와 Y는 확률 변수이다.

(a) X와 Y의 결합 특성 함수를 이용하여 W의 특성 함수를 구하라.

(b) X와 Y가 예제 6.19에서 논의된 확률 변수라 할 때 W의 특성 함수를 구하라. W의 확률 밀도 함수를 구하라.

6.42. **(a)** 예제 5.45에서 소개된 결합 가우스 확률 변수 X와 Y의 결합 특성 함수를 구하라. 힌트: X와 Y를 독립 가우스 확률 변수 V와 W의 변환으로 간주하라.

(b) $E[X^2Y]$를 구하라.

(c) $X' + X + a$와 $Y' + Y + b$의 결합 특성 함수를 구하라.

6.43. $X = aU + bV$, $Y = cU + dV$라고 하자, 이때 $|ad - bc| \neq 0$이다.

(a) U와 V의 결합 특성 함수를 이용하여 X와 Y의 결합 특성 함수를 구하라.

(b) U와 V의 결합 모멘트를 이용하여 $E[XY]$를 표현하라.

6.44. X와 Y는 음이 아닌 정수값을 갖는 확률 변수이다. 결합 확률생성 함수는 다음과 같이 정의된다.

$$G_{X,Y}(z_1, z_2) = E[z_1^X \, z_2^Y \,] = \sum_{j=0}^{\infty}\sum_{k=0}^{\infty} z_1^j \, z_2^k \, P[X = j, Y = k]$$

(a) 매개변수 α_1와 α_2를 이용해서 두 개의 독립 포아송 확률 변수에 대한 결합 확률생성 함수를 구하라.

(b) 매개변수 n과 P, 그리고 m과 P를 이용해서 두 개의 독립 이항 확률 변수에 대한 결합 확률생성 함수를 구하라.

6.45. X와 Y는 다음과 같은 결합 확률생성 함수를 가진다고 가정하자.

$$G_{X,Y}(z_1, z_2) = e^{\alpha_1(z_1-1)+\alpha_2(z_2-1)+\beta(z_1 z_2-1)}$$

(a) 주변 확률생성 함수를 이용하여 X와 Y가 포아송 확률 변수임을 보여라.

(b) $Z = X + Y$의 확률생성 함수를 구하라. Z는 포아송 확률 변수인가?

6.46. X와 Y는 다음과 같은 결합 확률 질량 함수를 가지는 삼항 확률 변수이다.

$$P[X = j, Y = k] = \frac{n! \, p_1^j p_2^k (1 - p_1 - p_2)^{n-j-k}}{j! \, k!(n - j - k)!}$$

이때, $j \geq 0, k \geq 0, j + k \leq n$이다.

(a) X와 Y의 결합 확률생성 함수를 구하라.

(b) X와 Y의 상관과 공분산을 구하라.

6.47. 연습문제 6.45에서의 (X, Y)의 평균 벡터와 공분산 행렬을 구하라.

6.48. 연습문제 6.46에서의 (X, Y)의 평균 벡터와 공분산 행렬을 구하라.

6.49. $\mathbf{X}=(X_1, X_2)$는 다음의 공분산 행렬을 가진다.

$$\mathbf{K_X} = \begin{bmatrix} 1 & 1/5 \\ 1/5 & 1 \end{bmatrix}$$

(a) $\mathbf{K_X}$의 고유값과 고유벡터를 구하라.

(b) $\mathbf{K_X}$의 대각화된 직교행렬 $\mathbf{P}$를 구하라. $\mathbf{P}$가 직교임을 보이고 $\mathbf{P}^{\mathrm{T}}\mathbf{K_X}\mathbf{P} = \mathbf{\Lambda}$ 임을 보여라.

(c) Karhunen-Loeve 전개를 이용해서 K_X의 고유값에 대해 X를 표현하라.

6.50. $\mathbf{X} = (X_1, X_2, X_3)$에 대해서 다음 공분산 행렬을 가질 때 연습문제 6.49를 반복하라.

$$\mathbf{K_X} = \begin{bmatrix} 1 & -1/2 & -1/2 \\ -1/2 & 1 & -1/2 \\ -1/2 & -1/2 & 1 \end{bmatrix}$$

6.51. 어떠한 벡터 $\boldsymbol{a} = (a_1, a_2, \ldots\ldots\ldots\ldots, a_n)^{\mathrm{T}}$: $\boldsymbol{a}^{\mathrm{T}}\mathbf{A}\boldsymbol{a} \geq 0$에 대하여 음이 아닌 제곱 행렬 $\mathbf{A}$가 정의된다. 공분산 행렬은 음수가 아닌 것을 보여라. 힌트: $E[(\boldsymbol{a}^{\mathrm{T}}(\mathbf{X} - \mathbf{m_X}))^2] \geq 0$

6.52. 어떠한 0이 아닌 벡터 $\boldsymbol{a} = (a_1, a_2, \ldots, a_n)^{\mathrm{T}}$: $\boldsymbol{a}^{\mathrm{T}}\mathbf{A}\,\boldsymbol{a} > 0$에 대해서 $\mathbf{A}$가 양으로 정의된다.

(a) 모든 고유값이 양수이면, $\mathbf{K_X}$가 양수로 정의됨을 보여라. 힌트: $\mathbf{b} = \mathbf{P}^{\mathrm{T}}\boldsymbol{a}$

(b) $\mathbf{K_X}$가 양수로 정의되면, 모든 고유값이 양수임을 보여라. 힌트: $\boldsymbol{a}$를 $\mathbf{K_X}$의 고유값으로 두어라.

6.4절 : 결합 가우스 확률벡터

6.53. $\mathbf{X} = (X_1, X_2)$는 결합 가우스 확률 변수이고 다음과 같이 평균 벡터와 공분산 행렬을 가진다.

$$\mathbf{m_X} = \begin{bmatrix} 1 \\ 1 \end{bmatrix} \qquad \mathbf{K_X} = \begin{bmatrix} 9/5 & -2/5 \\ -2/5 & 6/5 \end{bmatrix}$$

(a) 행렬 표기법에서 $\mathbf{X}$의 확률누적 함수를 구하라.

(b) 지수에서 2차 표현을 이용하여 $\mathbf{X}$의 확률누적 함수를 구하라.

(c) X_1, X_2의 한계 확률누적 함수를 구하라.

(d) 독립 가우스 확률 변수로 구성된 $\mathbf{Y} = A\mathbf{X}$벡터를 구성하는 A의 변환을 구하라.

(e) $\mathbf{Y}$의 결합 확률 밀도 함수를 구하라.

6.54. $\mathbf{X} = (X_1, X_2, X_3)$는 결합 가우스 확률 변수이고 다음과 같이 평균 벡터와 공분산 행렬을 가진다.

$$\mathbf{m_X} = \begin{bmatrix} 0 \\ 1 \\ 0 \end{bmatrix} \qquad \mathbf{K_X} = \begin{bmatrix} 9/5 & 0 & 2/5 \\ 0 & 1 & 0 \\ 2/5 & 0 & 6/5 \end{bmatrix}$$

(a) 행렬 표기법에서 $\mathbf{X}$의 확률누적 함수를 구하라.

(b) 지수에서 2차 표현을 이용하여 $\mathbf{X}$의 확률누적 함수를 구하라.

(c) X_1, X_2 그리고 X_3의 한계 확률누적 함수를 구하라.

(d) 독립 가우스 확률 변수로 구성된 $\mathbf{Y} = A\mathbf{X}$ 벡터를 구성하는 A의 변환을 구하라.

(e) $\mathbf{Y}$의 결합 확률 밀도 함수를 구하라.

6.55. U_1, U_2 그리고 U_3는 독립 영평균, 단위분산 가우스 확률 변수이고, $X = U_1$, $Y = U_1 + U_2$ 그리고 $Z = U_1 + U_2 + U_3$이다.

(a) (X, Y, Z)의 공분산 행렬을 구하라.

(b) (X, Y, Z)의 결합 확률 밀도 함수를 구하라.

(c) X가 주어졌을 때 Y와 Z의 조건 확률 밀도 함수를 구하라.

(d) X와 Y가 주어졌을 때 Z의 조건 확률 밀도 함수를 구하라.

6.56. X_1, X_2, X_3, X_4가 독립 영평균, 단위 공분산 가우스 확률 변수들이고 다음과 같이 수행된다.

$$Y_1 = X_1 + X_2,\ Y_2 = X_2 + X_3,\ Y_3 = X_3 + X_4$$

(a) $\mathbf{Y} = (Y_1, Y_2, Y_3)$의 공분산 행렬을 구하라.

(b) $\mathbf{Y}$의 결합 확률 밀도 함수를 구하라.

(c) Y_1과 Y_2와 Y_1과 Y_3의 결합 확률 밀도 함수를 구하라.

(d) 독립 가우스 확률 변수들로 구성된 $\mathbf{Y} = AX$ 벡터의 A 변환을 구하라.

6.57. 연습문제 6.20의 다사용자 통신 시스템의 수신기의 더 현실적인 모델은 K의 수신신호를 가진다. $\mathbf{Y} = (Y_1, Y_2, \ldots\ldots\ldots, Y_K)$ Y는 다음과 같이 주어진다.

$$\mathbf{Y} = \mathbf{ARb} + \mathbf{N}$$

$\mathbf{A} = [\alpha_k]$는 양수 채널 획득의 대각 행렬이다. $\mathbf{R}$은 사용자 사이의 출현 간섭을 설명하는 대칭 행렬이다. 그리고 $\mathbf{b} = (b_1, b_2, \ldots\ldots, b_k)$는 각 송신기들로부터의 비트들의 벡터이다. $\mathbf{N}$은 독립 영평균, 단위분산 가우스 잡음 확률 변수인 K의 벡터이다.

(a) $\mathbf{Y}$의 결합 확률 밀도 함수를 구하라.

(b) $\mathbf{b}$를 복구하기 위해 수신기에 $\mathbf{Z} = (\mathbf{AR})^{-1}\mathbf{Y}$를 곱한다. $\mathbf{Z}$의 결합 확률 밀도 함수를 구하라.

6.58. (a) 연습문제 6.55에서 $\mathbf{K}_3$는 공분산 행렬이라 하면, 예제 6.23의 $\mathbf{Q}_2$와 $\mathbf{Q}_3$에 대응하는 값을 구하라.

(b) X_1과 X_2가 주어졌을 때 X_3의 조건 확률 밀도 함수를 구하라.

6.59. 예제 6.23에서 다음을 보여라.

$$\tfrac{1}{2}(\mathbf{x}_n - \mathbf{m}_n)^T\mathbf{Q}_n(\mathbf{x}_n - \mathbf{m}_n) - \tfrac{1}{2}(\mathbf{x}_{n-1} - \mathbf{m}_{n-1})^T\mathbf{Q}_{n-1}(\mathbf{x}_{n-1} - \mathbf{m}_{n-1})$$
$$= Q_{nn}\{(x_n - m_n) + B\}^2 - Q_{nn}B^2$$

$$\text{여기에서 } B = \frac{1}{Q_{nn}}\sum_{j=1}^{n-1} Q_{jk}(x_j - m_j) \text{ 그리고 } |\mathbf{K}_n|/|\mathbf{K}_{n-1}| = Q_{nn}$$

6.60. 다음 경우의 가우스 확률 변수들의 합의 확률 밀도 함수를 구하라.

(a) 연습문제 6.54에서의 $Z = X_1 + X_2 + X_3$

(b) 연습문제 6.55에서의 $Z = X + Y + Z$

6.61. 연습문제 6.53에서의 결합 가우스 확률벡터 $\mathbf{X}$의 결합 특성 함수를 구하라.

6.62. 결합 가우스 확률벡터 $\mathbf{X}$는 영평균 벡터와 연습문제 6.50에서 주어진 공분산 행렬을 가질 때로 가정하자.

(a) 결합 특성 함수를 구하라.

(b 결합 확률 밀도 함수를 구할 수 있는가? 답을 설명하라.

6.63. X와 Y는 결합 가우스 확률 변수이다. X와 Y의 조건 기대값을 이용해서 결합 특성 함수를 유도하라.

6.64. $\mathbf{X} = (X_1, X_2, \ldots, X_n)$는 결합 가우스 확률 변수이다. 식 (6.32)의 적분에서 실행되는 X의 특성 함수를 유도하라. 힌트: $(\mathbf{x} - j\mathbf{K}\omega)^T\mathbf{K}^{-1}(\mathbf{x} - j\mathbf{K}\omega) = \mathbf{x}^T\mathbf{K}^{-1}\mathbf{x} - 2j\mathbf{x}^T\omega + j^2\omega^T\mathbf{K}\omega$

6.65. 특성 함수로부터 결합 가우스 확률 변수 $E[X^2Y^2]$를 구하라.

6.66. $\mathbf{X} = (X_1, X_2, X_3, X_4)$는 영평균 결합 가우스 확률 변수이다. $E[X_1X_2X_3X_4] = E[X_1X_2]E[X_3X_4] + E[X_1X_3]E[X_2X_4] + E[X_1X_4]E[X_2X_3]$ 을 보여라.

6.5절 : 평균 제곱 추정치

6.67. X와 Y는 이산 확률 변수이고 다음의 결합 확률 질량 함수를 가진다.

(i)				(ii)				(iii)			
X/Y	−1	0	1	X/Y	−1	0	1	X/Y	−1	0	1
−1	1/6	0	1/6	−1	1/9	1/9	1/9	−1	0	0	1/3
0	0	1/3	0	0	1/9	1/9	1/9	0	0	1/3	0
1	1/6	0	1/6	1	1/9	1/9	1/9	1	1/3	0	0

(a) X가 주어질 때 Y의 최소 평균 제곱 오차 선형추정치를 구하라.

(b) X가 주어질 때 Y의 최소 평균 제곱 오차 추정치를 구하라.

(c) X가 주어질 때 Y의 MAP와 ML의 추정치를 구하라.

(d) a, b그리고 c에서의 추정치의 평균 제곱 오차를 비교하라.

6.68. 연습문제 5.25에서의 X와 Y의 연속 확률 변수에 대해서 연습문제 6.67을 반복하라.

6.69. 연습문제 6.3에서의 신호 s에 대한 ML의 추정치를 구하라.

6.70. N_1은 기간 (0,100) ms로 서버에 도착하는 웹 페이지의 요청량이고, N_2는 기간 (0,200) ms로 서버에 도착하는 웹 페이지 요청량의 총 합량이다. 성공확률 p인 독립 베르누이 시도를 따르며, 1 ms 간격으로 페이지 요청이 일어난다고 가정한다.

(a) N_1이 주어질 때 N_2의 최소 선형 평균 제곱 추정치를 구하라. 그리고 관련된 평균 제곱 오차도 구하라.

(b) N_1이 주어질 때 N_2의 최소 선형 평균 제곱 오차 추정치를 구하라. 그리고 관련된 평균 제곱 오차도 구하라.

(c) N_1이 주어질 때 N_2의 최대 사후 추정치를 구하라.

(d) N_2이 주어질 때 N_1의 추정치를 a, b 그리고 c에 대하여 반복하라.

6.71. $Y = X + N$이고, X와 N은 독립 가우스 확률 변수이며, 서로 다른 분산을 가지고, N은 영평균을 가진다.

(a) 신호 대 잡음 비율 σ_X/σ_N의 함수로서 원하는 신호 X와 관찰된 신호 Y 사이의 상관 계수를 그려라.

(b) Y가 주어질 때 X의 최소 평균 제곱 오차 추정치를 구하라.

(c) Y가 주어질 때 X의 MAP와 ML 추정치를 구하라.

(d) a, b와 c의 추정치의 평균 제곱 오차를 비교하라.

6.72. 연습문제 6.6의 X, Y, Z는 확률 변수이다.

(a) X와 Z가 주어질 때 Y의 최소 평균 제곱 오차 선형 추정치를 구하라.

(b) X와 Z가 주어질 때 Y의 최소 평균 제곱 오차 추정치를 구하라.

(c) X와 Z가 주어질 때 Y의 MAP와 ML의 추정치를 구하라.

(d) Y의 측정값이 주어질 때 b의 최소 평균 제곱 선형 추정치를 구하라. 이 추정치가 송신된 비트인지 판별하는 데 어떻게 쓰이는가?

6.73. 연습문제 6.20에서 이상적인 다사용자 통신 시스템을 고려할 때 송신된 비트들 b_k는 독립이고, +1 또는 −1로 동등하다.

(a) $\mathbf{Y}$의 측정값이 주어질 때 $\mathbf{b}$의 ML과 MAP의 추정치를 구하라.

(b) 측정값이 주어질 때 $\mathbf{b}$의 최소 평균 제곱 선형 추정치를 구하라. 어떻게 이 추정치가 송신된 비트인지 판별하는 데 쓰이는가?

6.74. 연습문제 6.57에서의 다사용자 시스템에 대해서 연습문제 6.73번을 반복하라.

6.75. 식 (6.64)에 주어진 두 탭 선형 예측기의 평균 제곱 오차를 보여라.

6.76. 그림의 '6각형의 표본화'에서는 다음 그림에서 보여지는 것처럼 연속적인 선 안의 샘플들은 서로 각각이 상쇄적인 관계에 놓여 있다.

선 j ⋯ A B

선 $j+1$ ⋯ C D

두 개의 샘플 a와 b 사이의 공분산은 $\rho^{d(a,b)}$에 의해 주어지고 여기서 $d(a, b)$는 점 사이의 유클리디안 거리이다. 위의 표본들은 A와 B, A와 C, A와 D, C와 D, B와 D의 거리는 1이다. 샘플 D를 예측하기 위해서 2-탭 선형 예측기를 사용하기로 하자. $\{A, B, C\}$ 집합 중에서 어떤 2개의 샘플을 예측기로 사용할 것인가? 평균 제곱 오차의 결과는 어떻게 되는가?

*6.6절 : 상관 벡터 확률 변수 생성

6.77. **K**를 대각 행렬화하는 선형변환을 찾아라.

(a) $\mathbf{K} = \begin{bmatrix} 2 & 1 \\ 1 & 4 \end{bmatrix}$

(b) $\mathbf{K} = \begin{bmatrix} 4 & 1 \\ 1 & 4 \end{bmatrix}$

6.78. 연습문제 6.77에서의 공분산 행렬과 함께 확률 변수들인 **Y**의 1,000쌍의 산재됨을 산출하고 그려라.

(a) X_1과 X_2는 독립 확률 변수이고, 각각은 단위 간격에 균등하다.

(b X_1과 X_2는 독립 영평균, 단위분산 가우스 확률 변수이다.

6.79. $\mathbf{X} = X_1 + X_2 + X_3$는 연습문제 6.54의 결합 가우스 확률 변수이다.

(a) 공분산 행렬의 대각화된 선형변환을 구하라.

(b) $\mathbf{Y} = \mathbf{AX}$의 1,000 삼항을 도출하고, Y_1과 Y_2, Y_1과 Y_3 그리고 Y_2과 Y_3의 산란 그림을 그려라.

6.80. $X_1, X_2, \ldots, X_n$은 서로 독립이며, 평균이 0이고, 분산이 1인 가우스 확률 변수이다. $Y_k = (X_k + X_{k-1})/2$라 하고, Y_k는 X값의 쌍의 이동 평균이다. $X_{-1} = 0 = X_{n+1}$이라고 가정하라.

(a) Y_k의 공분산 행렬을 구하라.

(b) $Y_1, \ldots, Y_n$ 표본의 1,000 샘플의 수열을 생성하는 컴퓨터 프로그램을 써라. 또, Y_k가 정확한 공분산을 가지는 것을 어떻게 검사할 것인가?

6.81. $Y_k = X_k - X_{k-1}$일 경우에 연습문제 6.80을 다시 풀어라.

6.82. 연습문제 6.55에서의 변환은 '인과' 라고 불린다. 왜냐면 각각의 출력은 단지 과거의 입력에만 영향을 받기 때문이다.

(a) 연습문제 6.55의 X, Y, Z의 공분산 행렬을 구하라.

(b) (a)문제의 공분산 행렬을 대각화하는 비인과 변환을 구하라.

6.83. **(a)** 연습문제 6.53의 공분산 행렬을 대각화하는 인과 변환을 구하라.

(b) 연습문제 6.54의 공분산 행렬에 대해여 반복하라.

응용학습문제

6.84. $U_0, U_1, \ldots$ 수열은 서로 독립이고, 평균이 0이며, 단위분산을 가지는 가우스 확률 변수이다. U_i 번째 수열이 '저대역 필터' 를 통과하면 다음과 같은 출력 수열이 나오게 된다. $X_n = (U_n + U_{n-1})/2$ 그리고 '고대역 필터' 를 통하여 나오는 수열은 다음과 같다. $Y_n = (U_n - U_{n-1})/2$

(a) X_n과 X_{n-1}, X_{n+1}의 결합 확률 밀도 함수를 구하라. 그리고 $m > 1$일 경우에 X_n과 X_{n+m}, X_{n+2m}의 결합 확률 밀도 함수도 구하라.

(b) Y_n에 대하여 (a)번 문제를 다시 풀어라.

(c) X_n, X_m, Y_n 그리고 Y_m의 결합 확률 밀도 함수를 구하라.

(d) (a), (b), (c)에 상응하는 결합 특성 함수들을 구하라.

6.85. $X_1, X_2, \ldots, X_n$가 예제 6.31에서의 말하기 파형 형태의 샘플이라 하자. 우리는 그 전과 그 다음 샘플의 기간 안에서 샘플의 값을 위해서 보간을 원한다고 하자. 이때, X_1과 X_3의 기간 사이에 가장 적합한 선형 추정치 X_2를 구하라.

(a) 최적 선형 추정치의 계수를 구하라(보간자).

(b) 최적 선형 보간자의 평균 제곱 오차를 구하라. 그리고 예제 6.31의 두 탭 예측기의 평균 제곱 오차 값과 비교하여라.

(c) 샘플들이 결합 가우스라고 가정하라. 보간 오차의 확률 밀도 함수를 구하라.

6.86. $X_1, X_2, \ldots, X_n$을 어떤 신호의 샘플이라고 하자. 샘플들은 결합 가우스 확률 변수이고, 공분산은 다음과 같다고 가정하자.

$$\text{COV}(X_i, X_j) = \begin{cases} \sigma^2 & i = j\text{에 대해서} \\ \rho\sigma^2 & |i - j| = 1\text{에 대해서} \\ 0 & \text{그 외의 경우} \end{cases}$$

X 벡터를 구성하기 위해서 2병행 블록 샘플을 취하였다. 그리고 $\mathbf{Y} = \mathbf{AX}$ 를 형성하기 위해 선형변환하였다.

(a) $\mathbf{Y}$의 구성요소이고 독립 확률 변수인 행렬 $\mathbf{A}$를 구하라.

(b) $\mathbf{X}_i$와 $\mathbf{X}_{i+1}$을 2 병렬 블록이라 하자. 그리고 $\mathbf{Y}_i$와 $\mathbf{Y}_{i+1}$를 상응하는 변환 변수라고 하자. $\mathbf{Y}_i$와 $\mathbf{Y}_{i+1}$은 독립인가?

6.87. 다중기는 공통 전송선으로 들어오는 N디지털 텔레비전의 신호들을 결합시킨다. 신호 n은 매 33 ms마다 X_n 비트를 생성하고, X_n은 평균이 m이고 분산이 σ^2인 가우스 확률 변수이다. 다중기는 매 33 ms마다 소스에서 들어오는 최대 T비트까지 수용하여 결합할 수 있으며, T비트를 초과한 나머지 비트들은 모두 버려지게 된다. N개의 신호들은 서로 독립이라고 가정하자.

(a) $T = m_a + t\sigma$이고, 여기서 m_a는 결합된 소스들에 의해 생성된 모든 비트들의 평균이며, σ는 결합된 소스들에 의해 생성된 총 개수의 표준편차일 때, 주어진 매 33 ms 구간 안에서 비트들이 버려질 확률을 구하라.

(b) 매 33 ms 구간에서 비트들이 버려지는 개수의 평균을 구하라.

(c) 다중기에 의해 잃어버린 비트들의 장기간 비(long-term-fraction)를 찾아라.

(d) 소스에서 (a)부분으로 할당되는 비트 평균 개수의 비를 구하라. 그리고 소스에 대해서 잃어버리는 비트의 평균 개수도 구하라. 만약 N이 커진다면 어떤 일이 생기겠는가?

(e) 만약 t를 통해 N을 소스에 대해 잃어버리는 비트 부분을 변하지 않게 유지하도록 조정할 수 있다고 한다. 답을 얻을 수 있는 t의 값에 대한 식을 구하라.

(f) 신호가 공분산 ρ를 가진다면 위의 결과를 변화시킬 수 있겠는가?

6.88. 연습문제 6.16에서의 도착과 N_1이 주어질 때 T의 추정치를 고려하라.

(a) T의 ML과 MAP의 추정치를 구하라.

(b) T의 선형평균 제곱 추정치를 구하라.

(c) N_1과 N_2가 주어질 때 (a)와 (b)의 추정치를 구하라.

CHAPTER 7

확률 변수의 합과 장기간 평균

Sums of Random Variables and Long-Term Averages

많은 문제들은 사건의 발생 횟수를 세고, 누적효과를 측정하고, 또는 일련의 측정값에서 산술평균을 계산하는 것 등을 포함하고 있다. 보통 이러한 문제들은 n개의 독립이고, 동일하게 분포된(iid) 확률 변수들의 합으로 구성되어 있는 확률 변수의 분포를 정확하게 또는 근사적으로 구하는 문제로 간소화될 수 있다. 이 장에서는 확률 변수들의 합과 n이 커짐에 따른 그 성질들을 탐구한다.

7.1절에서는 독립 확률 변수들의 합의 pdf를 계산하는 데 있어서 특성 함수가 어떻게 사용되는가를 보인다. 7.2절에서는 확률 변수의 기대치를 위한 표본 평균 추정량과 사건의 확률을 위한 상대 빈도 추정량을 논의한다. 이들 추정량들의 우수성을 평가하기 위한 척도들을 소개한다. 그 다음에 우리는 대수의 법칙을 논의하는데, 이는 표본의 수가 증가함에 따라서 표본 평균과 상대 빈도 추정량들은 그에 상당하는 기대치들과 확률들에 수렴한다고 하는 이론이다. 이들 이론적인 결과들은 확률론과 관측된 동작 사이에 주목할 만한 일치를 설명하고, 확률의 상대도수 해석을 보충한다.

7.3절에서는 중심극한정리를 설명하는데, 이는 매우 일반적인 상태 하에서 확률 변수들의 합의 cdf는 비록 개개의 확률 변수들의 cdf가 가우스와는 멀지라도 가우스 확률 변수 표본 평균 추정량에 접근한다는 것을 말한다. 이 결과는 가우스 확률 변수의 pdf에 의해 확률 변수들의 합들의 pdf를 근사하도록 한다. 그 결과는 또한 왜 가우스 확률 변수가 수많은 다양한 응용들에 나타나는지를 설명한다.

7.4절에서는 확률 변수들의 수열과 그들의 수렴 성질들을 고려한다. 7.5절에서는 임의의 시간들에서 발생하는 사건들에서 확률 실험들을 논의한다. 이 실험들에서는 사건들이 발생하는 평균율뿐만 아니라 사건들과 관련된 양들이 증가하는 비율에 관심을 갖는다. 최종적으로, 7.6절은 이산 푸리에 변환에 기초한 컴퓨터 방법들을 소개하는데, 이는 그들의 변환들로부터 pmf와 pdf의 수치적인 계산하는 데 매우 유용하다는 것을 증명한다.

7.1 확률 변수의 합

$X_1, X_2, \ldots, X_n$을 확률 변수의 수열이라 하고, S_n은 그들의 합이라고 하자.

$$S_n = X_1 + X_2 + \cdots + X_n \tag{7.1}$$

이 절에서는 S_n의 평균과 분산뿐만 아니라, X_j들이 독립 확률 변수인 중요하고 특별한 경우에서 S_n의 pdf를 구한다.

7.1.1 확률 변수의 합의 평균과 분산

6.3절에서 통계적인 종속에도 불구하고, n개 확률 변수의 합의 기대치는 기대치들의 합과 같다는 것을 보였다.

$$E[X_1 + X_2 + \cdots + X_n] = E[X_1] + \cdots + E[X_n] \tag{7.2}$$

따라서 X_j들의 평균들의 지식은 S_n의 평균을 구하는 데 충분하다.

다음의 예는 확률 변수의 합의 분산을 계산하기 위하여 X_j들의 분산과 공분산을 알 필요가 있다는 것을 보인다.

예제 7.1

$Z = X + Y$의 분산을 구하라.

식 (7.2)로부터 $E[Z] = E[X + Y] = E[X] + E[Y]$이다. 따라서 Z의 분산은 다음과 같다.

$$\begin{aligned}
\text{VAR}(Z) &= E[(Z - E[Z])^2] = E[(X + Y - E[X] - E[Y])^2] \\
&= E[\{(X - E[X]) + (Y - E[Y])\}^2] \\
&= E[(X - E[X])^2 + (Y - E[Y])^2 + (X - E[X])(Y - E[Y]) \\
&\quad + (Y - E[Y])(X - E[X])] \\
&= \text{VAR}[X] + \text{VAR}[Y] + \text{COV}(X, Y) + \text{COV}(Y, X) \\
&= \text{VAR}[X] + \text{VAR}[Y] + 2\,\text{COV}(X, Y)
\end{aligned}$$

일반적으로, 공분산 $\text{COV}(X, Y)$는 0이 아니기 때문에 합의 분산이 개개의 분산의 합과 같을 필요는 없다.

예제 7.1에서의 결과는 n개의 확률 변수의 경우로 일반화될 수 있다.

$$\begin{aligned}
\text{VAR}(X_1 + X_2 + \cdots + X_n) &= E\left\{\sum_{j=1}^{n}(X_j - E[X_j])\sum_{k=1}^{n}(X_k - E[X_k])\right\} \\
&= \sum_{j=1}^{n}\sum_{k=1}^{n}E[(X_j - E[X_j])(X_k - E[X_k])] \\
&= \sum_{k=1}^{n}\text{VAR}(X_k) + \sum_{\substack{j=1 \\ j \neq k}}^{n}\sum_{k=1}^{n}\text{COV}(X_j, X_k)
\end{aligned} \tag{7.3}$$

따라서 일반적으로, 확률 변수의 합의 분산은 개개의 분산의 합과 같지 않다.

중요하고 특별한 경우는 X_j들이 독립 확률 변수일 때이다. 만약 $X_1, X_2, \ldots, X_n$이 독립 확률 변수라면, $j \neq k$에 대해서 $\text{COV}(X_j, X_k) = 0$이다.

$$\text{VAR}(X_1 + X_2 + \cdots + X_n) = \text{VAR}(X_1) + \cdots + \text{VAR}(X_n) \tag{7.4}$$

예제 7.2 iid 확률 변수의 합

각각 평균 μ와 분산 σ^2인 n개의 독립항등분포(iid) 확률 변수의 합의 평균과 분산을 구하라.

S_n의 평균은 식 (7.2)로부터 얻어진다.

$$E[S_n] = E[X_1] + \cdots + E[X_n] = n\mu$$

독립 확률 변수의 쌍의 공분산은 0이므로, $j = 1, \ldots, n$에 대해서 $\text{VAR}[X_j] = \sigma^2$이므로 식 (7.4)에 의해서 다음과 같이 된다.

$$\text{VAR}[S_n] = n\,\text{VAR}[X_j] = n\sigma^2$$

7.1.2 독립 확률 변수의 합의 pdf

$X_1, X_2, \ldots, X_n$이 n개의 독립 확률 변수라고 하자. 이 절에서는 변환 방법들이 어떻게 $S_n = X_1 + X_2 + \cdots + X_n$의 pdf를 구하기 위해 사용될 수 있는가를 보인다.

우선, $n = 2$인 경우 $Z = X + Y$를 고려하자. 여기에서 X와 Y는 독립 확률 변수이다. Z의 특성 함수는 다음과 같이 주어진다.

$$\begin{aligned}\Phi_Z(\omega) &= E[e^{j\omega Z}] \\ &= E[e^{j\omega(X+Y)}] \\ &= E[e^{j\omega X}e^{j\omega Y}] \\ &= E[e^{j\omega X}]E[e^{j\omega Y}] \\ &= \Phi_X(\omega)\Phi_Y(\omega)\end{aligned} \tag{7.5}$$

여기에서 독립 확률 변수(즉, $e^{j\omega X}$와 $e^{j\omega Y}$)의 함수들은 예제 5.25에서 논의한 바와 같이 독립 확률 변수이다. 따라서 Z의 특성 함수는 X와 Y의 각각의 특성 함수의 곱이다.

예제 5.39에서는 $Z = X + Y$의 pdf가 X와 Y의 pdf의 콘볼루션에 의해 주어지는 것을 보았다.

$$f_Z(z) = f_X(x) * f_Y(y) \tag{7.6}$$

$\Phi_Z(\omega)$는 Z의 pdf의 푸리에 변환으로써 간주될 수 있다.

$$\Phi_Z(\omega) = \mathscr{F}\{f_Z(z)\}$$

식 (7.6)의 변환을 식 (7.5)와 같게 함으로써 다음 식을 얻는다.

$$\Phi_Z(\omega) = \mathscr{F}\{f_Z(z)\} = \mathscr{F}\{f_X(x) * f_Y(y)\} = \Phi_X(\omega)\Phi_Y(\omega) \tag{7.7}$$

식 (7.7)은 두 함수의 콘볼루션의 푸리에 변환은 각각의 푸리에 변환의 곱과 같다고 하는 잘 알려진 결과를 언급한다.

이제 n개의 독립 확률 변수의 합에 대해 생각해보자.

$$S_n = X_1 + X_2 + \cdots + X_n$$

S_n의 특성 함수는 다음과 같다.

$$\begin{aligned}\Phi_{S_n}(\omega) &= E[e^{j\omega S_n}] = E[e^{j\omega(X_1+X_2+\cdots+X_n)}] \\ &= E[e^{j\omega X_1}]\ldots E[e^{j\omega X_n}] \\ &= \Phi_{X_1}(\omega)\ldots\Phi_{X_n}(\omega)\end{aligned} \tag{7.8}$$

따라서 S_n의 확률 밀도 함수는 X_j의 각각의 특성 함수 각각의 곱의 역 푸리에 변환을 구하는 것으로 찾을 수 있다.

$$f_{S_n}(X) = \mathscr{F}^{-1}\{\Phi_{X_1}(\omega)\ldots\Phi_{X_n}(\omega)\} \tag{7.9}$$

예제 7.3 **독립 가우스 확률 변수의 합**

각각의 평균과 분산이 $m_1, \ldots, m_n$과 $\sigma_1^2, \ldots, \sigma_n^2$인 n개의 독립 가우스 확률 변수들의 합을 S_n이라 하자. S_n의 확률 밀도 함수를 구하라.

X_k의 특성 함수는 다음과 같다.

$$\Phi_{X_k}(\omega) = e^{+j\omega m_k - \omega^2\sigma_k^2/2}$$

식 (7.8)에 의해서

$$\begin{aligned}\Phi_{S_n}(\omega) &= \prod_{k=1}^{n} e^{+j\omega m_k - \omega^2\sigma_k^2/2} \\ &= \exp\{+j\omega(m_1 + \cdots + m_n) - \omega^2(\sigma_1^2 + \cdots + \sigma_n^2)/2\}\end{aligned}$$

이것은 가우스 확률 변수의 특성 함수이다. 따라서 S_n은 평균이 $m_1 + \cdots + m_n$이고, 분산이 $\sigma_1^2 + \cdots + \sigma_n^2$인 가우스 확률 변수이다.

예제 7.4 **iid 확률 변수의 합**

다음과 같은 특성 함수를 가지는 n개의 iid 확률 변수의 합의 pdf를 구하라.

$$\Phi_{X_k}(\omega) = \Phi_X(\omega), k = 1, \ldots, n$$

식 (7.8)은 S_n의 특성 함수가 다음과 같음을 직접적으로 의미한다.

$$\Phi_{S_n}(\omega) = \{\Phi_X(\omega)\}^n \tag{7.10}$$

S_n의 pdf는 이러한 표현식의 역변환을 취함으로써 구해진다.

예제 7.5 **iid 지수 확률 변수의 합**

모두가 모수 α를 가지는 n개의 독립 지수 확률 변수의 합에 대한 pdf를 구하라.

하나의 지수 확률 변수의 특성 함수는 다음 식과 같다.

$$\Phi_X(\omega) = \frac{\alpha}{\alpha - j\omega}$$

이전의 예제로부터 다음을 얻는다.

$$\Phi_{S_n}(\omega) = \left\{\frac{\alpha}{\alpha - j\omega}\right\}^n$$

표 4.1로부터 S_n은 m-얼랭 확률 변수라는 것을 안다.

정수값 확률 변수들을 다룰 때, 보통은 확률생성 함수를 갖고 수행하는 것을 선호한다.

$$G_N(z) = E[z^N]$$

독립 이산 확률 변수들의 합 $N = X_1 + \cdots + X_n$에 대한 생성함수는 다음과 같다.

$$\begin{aligned} G_N(z) &= E[z^{X_1+\cdots+X_n}] = E[z^{X_1}]\ldots E[z^{X_n}] \\ &= G_{X_1}(z)\ldots G_{X_n}(z) \end{aligned} \tag{7.11}$$

예제 7.6

n개의 독립, 항등 기하 분포된 확률 변수들의 합에 대한 생성함수를 구하라.

하나의 기하 확률 변수에 대한 생성함수는 다음 식으로 주어진다.

$$G_X(z) = \frac{pz}{1 - qz}$$

그러므로 n개의 독립 확률 변수들의 합에 대한 생성함수는 다음 식과 같다.

$$G_N(z) = \left\{\frac{pz}{1 - qz}\right\}^n$$

표 3.1로부터, 이것은 모수 p와 n을 가지는 음의 이항 확률 변수의 생성함수라는 것을 안다.

*7.1.3 확률 변수의 난수의 합

몇몇 문제에서 우리는 iid 확률 변수의 난수 N의 합에 흥미를 가지고 있다.

$$S_N = \sum_{k=1}^{N} X_k \tag{7.12}$$

여기에서 N은 X_k들에 독립인 확률 변수라고 가정한다. 예를 들어, N은 1시간 내에 맡겨진 컴퓨터 작업의 수라고 할 수 있고, X_k는 k번째 일을 수행하는 데 필요한 시간이라고 할 수 있다.

S_N의 평균은 조건부 기대치를 이용해 쉽게 구해질 수 있다.

$$\begin{aligned} E[S_N] &= E[E[S_N|N]] \\ &= E[NE[X]] \\ &= E[N]E[X] \end{aligned} \tag{7.13}$$

두 번째 등식은 다음 식과 같은 사실로부터 나온다.

$$E[S_N \mid N = n] = E\left[\sum_{k=1}^{n} X_k\right] = nE[X]$$

따라서 $E[S_N|N] = NE[X]$이다.

S_n의 특성 함수는 또한 조건부 기대치를 이용해 구해질 수 있다. 식 (7.10)으로부터

$$E[e^{j\omega S_N} \mid N = n] = E[e^{j\omega(X_1+\cdots+X_n)}] = \Phi_X(\omega)^n$$

이고, 따라서

$$E[e^{j\omega S_N} \mid N] = \Phi_X(\omega)^N$$

이다. 그러므로

$$\begin{aligned}\Phi_{S_N}(\omega) &= E[E[e^{j\omega S_N} \mid N]] \\ &= E[\Phi_X(\omega)^N] \\ &= E[z^N]\big|_{z=\Phi_X(\omega)} \\ &= G_N(\Phi_X(\omega))\end{aligned} \tag{7.14}$$

이다. 즉 S_N의 특성 함수는 $z = \Phi_X(\omega)$에서 N의 생성함수를 계산함으로써 구해진다.

예제 7.7

한 시간에 컴퓨터에 맡겨진 일의 수 N은 모수 p를 가지는 기하 확률 변수이고, 그 일의 실행 시간은 평균이 $1/\alpha$인 독립 지수 분포 확률 변수들이다. 한 시간에 맡겨진 일들의 수행 시간들의 합에 대한 pdf를 구하라.

N에 대한 생성함수는 다음 식과 같다.

$$G_N(z) = \frac{p}{1 - qz}$$

그리고 지수적으로 분포된 확률 변수에 대한 특성 함수는 다음 식과 같다.

$$\Phi_X(\omega) = \frac{\alpha}{\alpha - j\omega}$$

식 (7.14)로부터 S_N의 특성 함수는 다음 식과 같다.

$$\begin{aligned}\Phi_{S_N}(\omega) &= \frac{p}{1 - q[\alpha/(\alpha - j\omega)]} \\ &= p(\alpha - j\omega)/(p\alpha - j\omega) \\ &= p + (1 - p)\frac{p\alpha}{p\alpha - j\omega}\end{aligned}$$

S_N의 pdf는 이상의 표현식의 역변환을 취함으로써 구해진다.

$$f_{S_N}(x) = p\,\delta(x) + (1 - p)p\alpha e^{-p\alpha x} \qquad x \geq 0$$

pdf는 직접적인 해석을 갖는다. 확률 p로 어떠한 일도 도착하지 않고 따라서 전체 수행 시간은 0이다. 확률 $(1-p)$로 하나 혹은 그 이상이 도착하고, 전체 수행시간은 평균이 $1/p\alpha$인 지수 확률 변수이다.

7.2 표본 평균과 대수의 법칙

X는 평균 $E[X] = \mu$가 미지인 확률 변수라고 하자. $X_1, \ldots, X_n$은 X의 n개의 독립이고 반복된 측정이라고 하자. 즉 X_j들은 X와 같이 같은 pdf를 갖는 독립항등분포(iid) 확률 변수들이다. 그 수열의 표본 평균은 $E[X]$를 추정하는 데 사용된다.

$$M_n = \frac{1}{n}\sum_{j=1}^{n} X_j \tag{7.15}$$

이 장에서는 $E[X]$에 대한 추정량으로서, M_n의 유효성을 평가하기 위해서 M_n의 기대치와 분산을 계산한다. 또한 n이 커짐에 따른 M_n의 성질을 조사한다.

다음의 예는 한 사건의 확률에 대한 상대도수 추정량은 표본 평균의 특별한 경우임을 보여준다. 그러므로 표본 평균에 대한 아래에서 유도된 결과는 또한 상대도수 추정량으로 적합하다.

예제 7.8 **상대 빈도**

몇몇 독립적인 반복 확률 실험의 수열을 생각해보자. 그리고 확률 변수 I_j는 j번 시도에서 사건 A의 발생에 대한 지시함수(indicator function)이다. 처음 n번 시도에서 사건 A의 발생에 대한 전체 수는 다음과 같다.

$$N_n = I_1 + I_2 + \cdots + I_n$$

그러면 처음 n번의 반복 실험에서 사건 A의 **상대도수(relative freguency)**는 다음과 같다.

$$f_A(n) = \frac{1}{n}\sum_{j=1}^{n} I_j \tag{7.16}$$

따라서 상대도수 $f_A(n)$은 단순히 확률 변수 I_j의 표본 평균이다.

표본 평균은 그 자체로 확률 변수이므로 표본 평균은 확률변동을 나타낸다. 좋은 추정량은 다음 두 개의 특성을 가져야 한다. (1) 평균적으로 추정된 모수의 정확한 값, 즉 $E[M_n] = \mu$를 제공하여야 한다. (2) 이 모수의 정확한 값에 관하여 너무 많이 변하지 않아야 한다. 즉, $E[(M_n - \mu)^2]$는 작다.

표본 평균의 기대치는 모든 j에 대해서 $E[X_j] = E[X] = \mu$이기 때문에 다음과 같이 주어진다.

$$E[M_n] = E\left[\frac{1}{n}\sum_{j=1}^{n} X_j\right] = \frac{1}{n}\sum_{j=1}^{n} E[X_j] = \mu \tag{7.17}$$

따라서 표본 평균은 평균적으로 $E[X] = \mu$와 같다. 이러한 이유에서 우리는 표본 평균은 μ에 대한 **불편추정량(umbiased estimator)**이라고 한다.

식 (7.17)은 μ에 대한 표본 평균의 평균 제곱 오차가 M_n의 분산과 같음을 뜻한다.

$$E[(M_n - \mu)^2] = E[(M_n - E[M_n])^2]$$

$M_n = S_n/n$이라는 것에 주목하자. 여기서 $S_n = X_1 + X_2 + \cdots + X_n$이다. 식 (7.4)로부터 $\text{VAR}[S_n] = n\text{VAR}[X_j] = n\sigma^2$이다. 이는 X_j가 iid 확률 변수들이기 때문이다.

$$\text{VAR}[M_n] = \frac{1}{n^2}\text{VAR}[S_n] = \frac{n\sigma^2}{n^2} = \frac{\sigma^2}{n} \tag{7.18}$$

식 (7.18)은 표본의 수가 증가함에 따라 표본 평균의 분산은 0에 가까워진다는 것을 말한다. 이것은 n이 매우 커짐에 따라서 표본 평균이 실제 평균에 가까워질 확률이 1이라는 것을 내포한다. 식 (4.76)의 체비셰프 부등식을 이용해서 이러한 내용을 형식화할 수 있다.

$$P[|M_n - E[M_n]| \geq \varepsilon] \leq \frac{\text{VAR}[M_n]}{\varepsilon^2}$$

$E[M_n]$과 $\text{VAR}[M_n]$에 대하여 대치하면 다음 식을 얻는다.

$$P[|M_n - \mu| \geq \varepsilon] \leq \frac{\sigma^2}{n\varepsilon^2} \tag{7.19}$$

만약 식 (7.19)에서 고려된 사건의 보수를 고려하면 다음 식을 얻는다.

$$P[|M_n - \mu| < \varepsilon] \geq 1 - \frac{\sigma^2}{n\varepsilon^2} \tag{7.20}$$

따라서 어떤 오차 ε와 확률 $1-\delta$의 선택에 대하여, 우리는 확률 $1-\delta$ 또는 그 이상으로 M_n이 실제 평균의 ε 내에 있도록 표본 수 n을 선택할 수 있다. 다음 예제는 이것을 예시한다.

예제 7.9

상수전압은 미지이지만, 값은 측정된다. 각각의 측정치 X_j는 원하는 전압(v)과 평균이 0이고 표준편차가 $1\mu V$인 잡음전압(N_j)과의 합이다.

$$X_j = v + N_j$$

잡음전압은 독립 확률 변수라고 가정한다. M_n이 실제 평균의 오차 $\varepsilon = 1\mu V$ 내에 있을 확률이 적어도 0.99이기 위해서는 얼마나 많은 측정이 요구되는가?

각각의 측정값 X_j는 평균이 v, 분산이 1이므로, 식 (7.20)으로부터 n은 다음 식을 만족하는 것이 필요하다.

$$1 - \frac{\sigma^2}{n\varepsilon^2} = 1 - \frac{1}{n} = .99$$

이것은 $n = 100$을 뜻한다.

그러므로 만약 측정을 100회 반복하고 표본 평균을 구하면, 평균적으로 최소한 100번 중 99번은 결과적인 표본 평균이 실제 평균의 $1\mu V$ 내에 있을 것이다.

식 (7.20)에서 만약 n이 무한대가 되면 다음과 같은 식을 얻는다.

$$\lim_{n\to\infty} P[|M_n - \mu| < \varepsilon] = 1$$

식 (7.20)은 X_j가 유한한 분산을 갖는 것을 요구한다. 만약 X_j의 분산이 존재하지 않는다하여도 이 제한은 유지한다(Gnedenko, 203페이지). 우리는 이것을 좀 더 일반적인 결과로 언급한다.

대수의 약 법칙(Weak Law of Large Numbers) $X_1, X_2, \ldots$를 유한평균 $E[X] = \mu$를 갖는 iid 확률 변수들의 수열이라고 하자. 그러면 $\varepsilon > 0$에 대해서,

$$\lim_{n\to\infty} P[|M_n - \mu| < \varepsilon] = 1 \tag{7.21}$$

이다. 대수의 약 법칙은 n의 충분히 큰 고정값에 대하여, n개의 표본을 사용한 표본 평균은 높은 확률로 실제 평균에 가까울 것이라고 한다. 대수의 약 법칙은 부가적 측정들을 함에 따라 n의 함수로써 표본 평균에 대해 무슨 일이 일어나는 가에 대한 질문을 언급하지 않는다. 이 질문은 우리가 다음에 논의할 대수의 강 법칙에서 취할 것이다.

같은 확률 변수의 독립 측정치의 수열을 만든다고 가정하자. $X_1, X_2, \ldots$는 평균 μ를 갖는 iid 확률 변수들의 결과적인 수열이라고 하자. 이제 이상의 측정으로부터 나온 결과인 표본 평균의 수열 $M_1, M_2, \ldots$이라고 생각하자. 여기에서 M_j는 X_1에서 X_j까지 사용하여 계산된 표본 평균값이다. 1장에서 논의된 통계적 정규성의 개념은 이 표본 평균들의 수열은 μ에 수렴하는 것을 예상하도록 하고, 즉, 높은 확률로 각각의 표본 평균들의 수열은 μ에 접근하고 그림 7.1에 보인

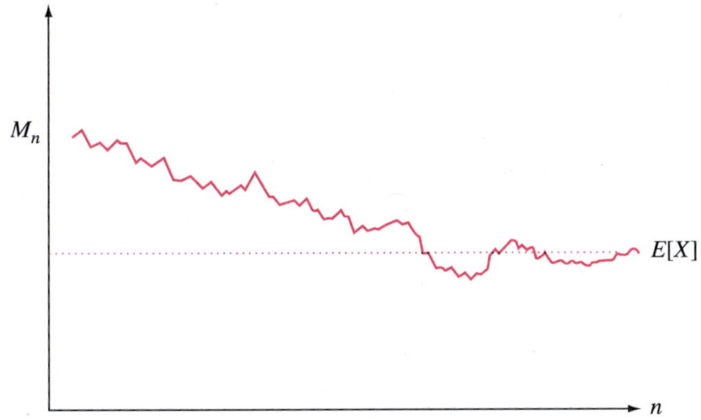

그림 7.1 ● 표본평균 수열들의 $E[X]$로의 수렴

바와 같이 거기에 머문다고 예상한다. 확률들의 항으로 다음을 예상한다.

$$P[\lim_{n\to\infty} M_n = \mu] = 1$$

즉, 사실상의 확신을 갖고 모든 표본 평균 계산결과들의 수열은 수량의 실제 평균에 수렴한다. 이 결과의 증명은 본 과정의 수준을 넘지만(Gnedenko, 216페이지), 우리는 다음 절들에서 다양한 상황에서 그 결과를 적용할 기회를 가질 것이다.

대수의 강 법칙(Strong Law of Large Numbers) $X_1, X_2, \ldots$를 유한한 평균 $E[X] = \mu$와 유한한 분산을 갖는 iid 확률 변수의 수열이라고 하자. 그러면

$$P[\lim_{n\to\infty} M_n = \mu] = 1 \tag{7.22}$$

식 (7.22)는 식 (7.21)과 유사하게 보이지만, 사실은 극적으로 다른 상태를 만든다. 확률 '1'로 모든 표본 평균 수열 계산들은 결국 $E[X] = \mu$에 접근하고 가까이에 머무른다. 이것은 통계적 정규성을 유지하는 물리적 상황에서 예상하는 수렴 형식이다.

대수의 강 법칙과 함께 우리는 모형화 처리를 완전히 일주했다. 통계적 정규성은 많은 물리적 현상에서 관측된다는 것을 언급함으로써 1장에서 시작하였고, 이로부터 상대도수의 많은 성질들을 추론했다. 이 성질들은 확률의 수학적 이론으로 전개된 것으로부터 공리의 집합을 형식화하는 데 사용된다. 우리는 이제 완전히 일주하였고, 어떤 상태 하에서 이론은 기대치들로 표본 평균들의 수렴을 예상한다. 수학적 이론과 실제 상황은 여전히 차이가 있다(즉, 무한한 수의 측정값을 실제로 가져올 수 없고, 무한한 수의 표본 평균 값을 실제로 계산할 수 없다). 그럼에도 불구하고 대수의 강 법칙은 이론과 관찰된 물리적인 특성 간에 주목할 만한 일관성을 나타낸다.

이미 상대도수들은 표본 평균의 특별한 경우들이라고 지적하였다. 만약 사건 A의 상태도수 $f_A(n)$에 대해서 대수의 약 법칙을 적용한다면, 확률 실험의 독립적 반복 수열에서 우리는 다음을 얻는다.

$$\lim_{n\to\infty} P[|f_A(n) - P[A]| < \varepsilon] = 1 \tag{7.23}$$

만약 대수의 강 법칙을 적용한다면 다음을 얻는다.

$$P[\lim_{n\to\infty} f_A(n) = P[A]] = 1 \tag{7.24}$$

예제 7.10

사건 A의 확률을 추정하기 위해서 베르누이 시도가 차례로 수행되고, A의 상대도수가 관찰되었다. 상대도수가 $p = P[A]$의 0.01 이내에 있을 확률이 0.95가 되기 위해서 n은 얼마나 커야 하는가?

$X = I_A$를 A의 지시함수라고 하자. 표 3.1로부터 I_A의 평균은 $\mu = p$이고 분산은 $\sigma^2 = p(1-p)$이다. p가 미지이므로, σ^2 또한 미지의 값이다. 그러나 $p(1-p)$는 $0 \le p \le 1$에 대해서 적어도 1/4임을 보이기는 쉽다. 그러므로 식 (7.19)에 의해 다음과 같이 정리된다.

$$P[|f_A(n) - p| \ge \varepsilon] \le \frac{\sigma^2}{n\varepsilon^2} \le \frac{1}{4n\varepsilon^2}$$

원하는 정확도는 $\varepsilon = 0.01$이고, 바라는 확률은

$$1 - .95 = \frac{1}{4n\varepsilon^2}$$

이다. n에 대해서 풀면 $n = 50{,}000$을 얻는다. 그것은 이미 체비셰프 부등식이 매우 느슨한 범위를 제공한다는 것을 지적하였으므로, n에 대한 이 값은 아마도 지나치게 보수적이다. 다음 절에서 n의 요구된 값에 대한 보다 나은 추정을 소개한다.

7.3 중심극한정리

$X_1, X_2, \ldots$을 유한평균 μ와 유한분산 σ^2을 가지는 iid 확률 변수 열이라고 하고, S_n을 그 열에서 처음 n개 확률 변수의 합을 S_n이라고 하자.

$$S_n = X_1 + X_2 + \cdots + X_n \tag{7.25}$$

7.1절에서 우리는 S_n의 정확한 pdf를 결정하기 위한 방법을 살펴보았다. 이제 n이 커지면 적절히 정규화된 S_n의 cdf는 가우스 확률 변수의 cdf에 근접한다고 하는 중심극한정리를 소개한다. 이것은 S_n의 cdf를 가우스 확률 변수의 cdf로 근사할 수 있도록 한다.

중심극한정리는 가우스 확률 변수가 왜 매우 많은 갖가지 상황에 나타나는가를 설명한다. 사실상 많은 거시적 현상은 많은 독립적 미시적 과정들의 가산으로부터의 결과이고, 이는 가우스 확률 변수를 발생시킨다. 인간이 만든 많은 문제들에서 종종 독립 확률 변수의 합으로 구성하는 것에 대한 평균들에 관심을 갖는다. 이것은 다시 가우스 확률 변수를 초래한다.

예제 7.2로부터, 만약 X_j들이 iid이면 S_n은 평균이 $n\mu$이고 분산은 $n\sigma^2$임을 알고 있다. 중심극한정리는 S_n의 적절하게 정규화된 것의 cdf가 가우스 확률 변수의 cdf에 근접한다는 것을 말한다.

중심극한정리(Central Limit Theorem) S_n은 유한평균 $E[X] = \mu$이고 유한분산 σ^2을 갖는 n개의 iid 확률 변수들의 합이라고 하고, Z_n은 평균이 0이고 다음과 같이 정의된 단위분산 확률 변수

$$Z_n = \frac{S_n - n\mu}{\sigma\sqrt{n}} \tag{7.26a}$$

라고 하면,

$$\lim_{n \to \infty} P[Z_n \leq z] = \frac{1}{\sqrt{2\pi}} \int_{-\infty}^{z} e^{-x^2/2}\, dx \tag{7.26b}$$

이다. Z_n은 때때로 표본 평균의 항으로 다음과 같이 쓰여진다.

$$Z_n = \sqrt{n}\frac{M_n - \mu}{\sigma} \tag{7.27}$$

중심극한정리의 놀라운 부분은 합해지는 X_j가 유한평균과 유한분산을 갖는 한 어떠한 분포도 가질 수 있다는 것이다. 이것은 폭넓게 적용 가능한 결과를 제공한다.

그림 7.2에서부터 7.4까지는 각각 정확한 cdf와 베르누이, 균등 분포, 지수 확률 변수들의 합에 대한 가우스로 근사화한 것과 비교한다. 이 세 가지 경우 모두에서 근사화는 합에서 항들의 수가 증가함에 따라서 개선됨을 볼 수 있다. 중심극한정리의 증명은 이 절의 마지막에 논의된다.

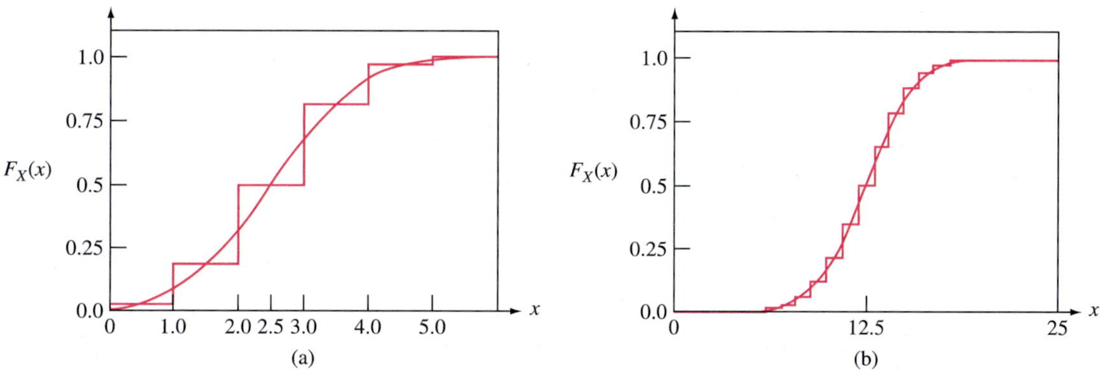

그림 7.2 ● (a) $P = 1/2$인 5개의 독립인 베르누이 확률 변수들의 합의 cdf와 그것과 동일한 평균과 분산을 가지는 가우스 확률 변수의 cdf; (b) $P = 1/2$인 25개의 독립인 베르누이 확률 변수들의 합의 cdf와 그것과 동일한 평균과 분산을 가지는 가우스 확률 변수의 cdf

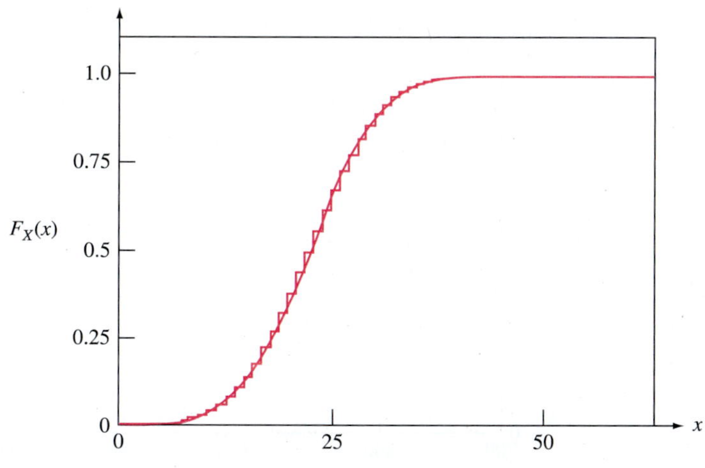

그림 7.3 ● 집합 {0, 1, . . . , 9}로부터 얻은 5개의 독립 이산 균일 확률 변수들의 합의 cdf와 그것과 동일한 평균과 분산을 가지는 가우스 확률 변수의 cdf

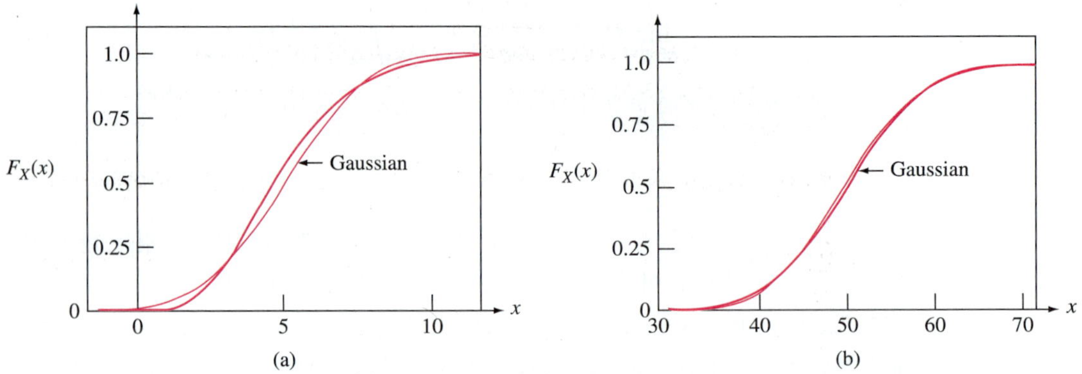

그림 7.4 ● (a) 평균이 1인 5개의 독립 지수 확률 변수들의 합의 cdf와 그것과 동일한 평균과 분산을 가지는 가우스 확률 변수의 cdf; (b) 평균이 1인 50개의 독립 지수 확률 변수들의 합의 cdf와 그것과 동일한 평균과 분산을 가지는 가우스 확률 변수의 cdf

예제 7.11

레스토랑에서 주문은 평균 $\mu = 8$달러, 표준편차 $\sigma = 2$달러인 iid 확률 변수를 가진다고 가정하자. 처음 100명의 고객들이 총액 840달러 이상 소비할 확률을 추정하라. 처음 100명의 고객들이 총액 780달러에서 820달러 사이로 지출할 확률을 추정하라.

X_k는 k번째 손님의 지출로 나타낸다고 하면, 처음 100명의 손님들이 소비하는 총 금액은 다음과 같다.

$$S_{100} = X_1 + X_2 + \cdots + X_{100}$$

S_{100}의 평균은 $n\mu = 800$이고, 분산은 $n\sigma^2 = 400$이다. 그림 7.5는 그 pdf가 평균 근처에 높게 밀집되어 있는 곳에 있는 S_{100}의 pdf를 나타낸다. S_{100}을 정규화된 형태는

$$Z_{100} = \frac{S_{100} - 800}{20}$$

이다. 따라서

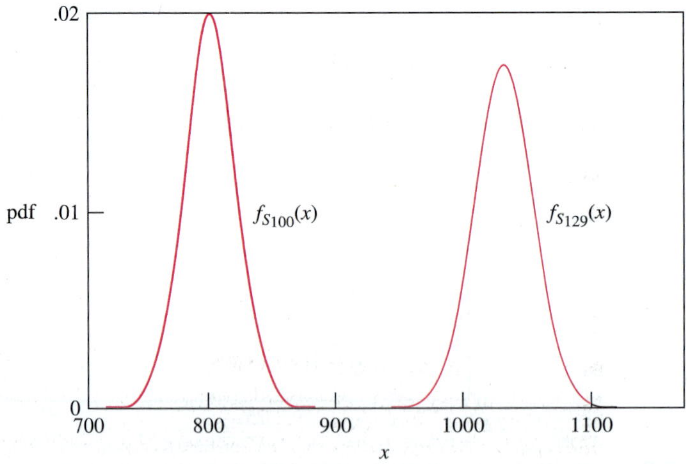

그림 7.5 ● 예제 7.11과 7.12에서 S_{100}과 S_{129}의 가우스 확률밀도 함수 근사

$$P[S_{100} > 840] = P\left[Z_{100} > \frac{840 - 800}{20}\right]$$
$$\simeq Q(2) = 2.28(10^{-2})$$

여기에서 우리는 $Q(2)$를 구하는 데 표 4.2를 이용하였다. 유사하게 하여 다음을 얻는다

$$P[780 \leq S_{100} \leq 820] = P[-1 \leq Z_{100} \leq 1]$$
$$\simeq 1 - 2Q(1)$$
$$= .682$$

예제 7.12

예제 7.11에서 모든 손님들이 지출한 총금액이 1,000달러 이상이 될 것에 대하여 90%의 확신을 갖게 하려면 얼마나 많은 주문을 해야 하는가?

여기서의 문제는 다음 식에 대하여 n의 값을 구하는 것이다.

$$P[S_n > 1000] = .90$$

S_n은 평균 $8n$과 분산 $4n$을 가진다. 앞의 예제에서와 같이 처리하면 다음을 구할 수 있다.

$$P[S_n > 1000] = P\left[Z_n > \frac{1000 - 8n}{2\sqrt{n}}\right] = .90$$

$Q(-X) = 1 - Q(X)$이라는 사실을 이용하면, 표 4.3은 n이 다음 식을 만족해야 한다는 것을 내포한다.

$$\frac{1000 - 8n}{2\sqrt{n}} = -1.2815$$

이는 다음과 같은 $\sqrt{n}$에 대한 이차식을 산출한다.

$$8n - 1.2815(2)\sqrt{n} - 1000 = 0$$

방정식의 양의 근은 $\sqrt{n} = 11.34$ 또는 $n = 128.6$을 산출한다. 그림 7.5는 S_{129}에 대한 pdf를 나타낸다.

예제 7.13

어떤 확률 실험에서 사건들 사이의 시간은 평균 m초를 갖는 iid 지수 확률 변수이다. 시간 구간 $(1000 \pm 50)m$에서 1,000번째 사건이 발생할 확률을 구하라.

X_j를 사건들 사이의 시간이라고 하고, S_n을 n번째 사건의 시간이라고 하면 S_n은 식 (7.25)에 의해 주어진다. 표 4.1로부터 X_j의 평균과 분산은 $E[X_j] = m$과 $\text{VAR}[X_j] = m^2$으로 주어진다. 그러면 S_n의 평균과 분산은 $E[S_n] = nE[X_j] = nm$과 $\text{VAR}[S_n] = n\text{VAR}[X_j] = nm^2$이다. 그러면 중심극한정리는 다음을 제공한다.

$$P[950m \leq S_{1000} \leq 1050m] = P\left[\frac{950m - 1000m}{m\sqrt{1000}} \leq Z_n \leq \frac{1050m - 1000m}{m\sqrt{1000}}\right]$$
$$\simeq Q(1.58) - Q(-1.58)$$
$$= 1 - 2Q(1.58)$$
$$= 1 - 2(0.0567) = .8866$$

따라서 n이 커짐에 따라 S_n은 자신의 평균값인 nm에 매우 가까워질 것이다. 그러므로 우리는 사건이 일어날 때 장기간 평균율을 짐작할 수 있다.

$$\frac{n \text{ 사건}}{S_n \text{ 초}} = \frac{n}{nm} = \frac{1}{m} \text{ 사건/초} \tag{7.28}$$

사건 발생 비율들의 계산과 관련된 평균들에 대해서는 7.5절에서 논의된다.

7.3.1 이항 확률에 대한 가우스 근사

2장에서 이항 확률 변수는 계승 항의 계산 때문에 큰 n에 대하여 직접적으로 계산하기가 어렵다는 것을 보았다. 중심극한정리의 부분적으로 중요한 적용은 이항 확률들의 근사에 있다. 이항 확률 변수가 iid 베르누이 확률 변수들의 합이므로(유한한 평균과 분산을 갖는), 그것의 cdf는 가우스 확률 변수의 cdf에 근접한다. X를 평균 np와 분산 $np(1-p)$인 이항 확률 변수라 하고, Y는 같은 평균과 분산을 갖는 가우스 확률 변수라 하면, 큰 n에 대한 중심극한정리에 의해서 $X=k$인 확률은 그림 7.6에 보인 바와 같이 약 k인 단위 길이 구간에서 가우스 pdf의 적분과 거의 같다.

$$\begin{aligned} P[X = k] &\simeq P\left[k - \frac{1}{2} < Y < k + \frac{1}{2}\right] \\ &= \frac{1}{\sqrt{2\pi np(1-p)}} \int_{k-1/2}^{k+1/2} e^{-(x-np)^2/2np(1-p)}\, dx \end{aligned} \tag{7.29}$$

위의 근사는 적분 구간의 길이와 적분 구간의 중심(즉, $x=k$)과 적분 구간의 길이(1)에서 피적분 함수의 곱에 의해 적분을 근사함으로써 간단히 될 수 있다.

$$P[X = k] \simeq \frac{1}{\sqrt{2\pi np(1-p)}} e^{-(k-np)^2/2np(1-p)} \tag{7.30}$$

그림 7.6(a)와 7.6(b)는 이항 확률들과 식 (7.30)을 이용한 가우스 근사를 비교한다.

예제 7.14

7.2절의 예제 7.10에서, 사건 A의 확률에 대한 상대도수 추정이 $P[A]$의 0.01 내에 있을 확률이 0.95가 되는 데 필요한 표본의 수를 추정하기 위해 체비셰프 부등식을 사용했다. 이제 이항 분산에 대한 가우스 근사를 사용해서 필요한 표본의 수를 추정한다.

$f_A(n)$을 n회 베르누이 시도에서 A의 상대도수라고 하자. $f_A(n)$이 평균 p와 분산 $p(1-p)/n$를 가지므로,

$$Z_n = \frac{f_A(n) - p}{\sqrt{p(1-p)/n}}$$

위 식은 평균 0과 분산 1을 가지고, 충분히 큰 n에 대해서 대략적으로 가우스이다. 관심이 있는 확률은 다음과 같다.

$$P[|f_A(n) - p| < \varepsilon] \simeq P\left[|Z_n| < \frac{\varepsilon\sqrt{n}}{\sqrt{p(1-p)}}\right] = 1 - 2Q\left(\frac{\varepsilon\sqrt{n}}{\sqrt{p(1-p)}}\right)$$

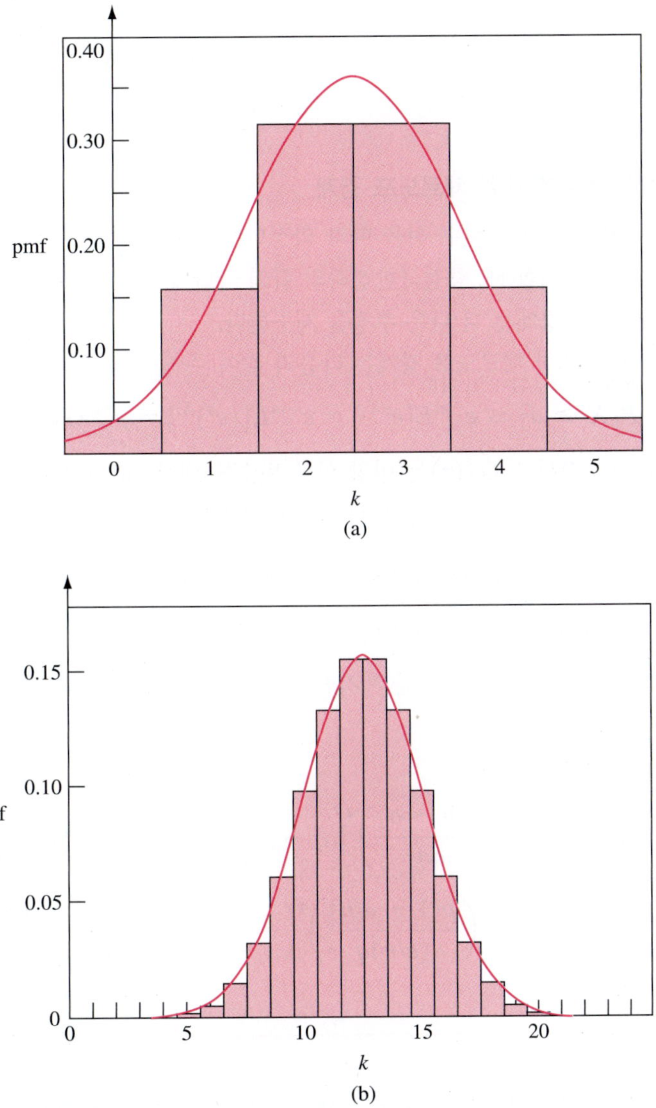

그림 7.6 ● (a) $n = 5$이고 $P = 1/2$인 이항 확률들에 대한 가우스 근사; (b) $n = 25$이고 $P = 1/2$인 이항에 대한 가우스 근사

위의 확률은 p가 미지이기 때문에 계산될 수 없다. 그렇지만 단위구간에서 p에 대해 $p(1-p) \leq 1/4$임을 쉽게 보일 수 있다. 그러면 그러한 p에 대해 $\sqrt{p(1-p)} \leq 1/2$ 이고, $Q(x)$는 인수 증가에 따라 감소하므로 다음을 얻는다.

$$P[|f_A(n) - p| < \varepsilon] > 1 - 2Q(2\varepsilon\sqrt{n})$$

우리는 위의 확률이 .95와 같기를 바란다. 이것은 $Q(2\varepsilon\sqrt{n}) = (1 - .95)/2 = .025$를 내포한다. 표 4.2로부터 $Q(x)$의 인수가 1.95에 근사해야 함을 안다.

$$2\varepsilon\sqrt{n} = 1.95$$

n에 대해서 풀어보면 다음을 얻는다.

$$n = (.98)^2/\varepsilon^2 = 9506$$

7.3.2 이항 확률 변수에 대한 체르노프 경계

가우스 pdf는 완전히 실수 선을 따라 확장한다. 이항 확률 변수와 같은 유한 범위를 갖는 확률 변수들의 합을 취할 때, 중심극한정리의 합의 극단 값들에서 부정확하게 될 수 있다. 3장에서 소개된 체르노프 경계는 더 나은 추정을 제공한다.

이항에 대한 체르노프 경계는 다음과 같이 주어진다.

$$P[X \geq a] \leq e^{-sa}E[e^{sX}] = e^{-sa}E[(e^s)^X] = e^{-sa}G_N(e^s) = e^{-sa}(q + pe^s)^n$$

여기에서 $s > 0$이고, $G_N(z)$는 이항 확률 변수에 대한 pgf이다. 경계를 최소화하기 위하여 우리는 s에 관한 도함수를 취하고, 그것을 0으로 놓는다.

$$0 = \frac{d}{ds}e^{-sa}G_N(e^s) = -ae^{-sa}(q + pe^s)^n + e^{-sa}e^s np(q + pe^s)^{n-1}$$
$$a(q + pe^s) = e^s np$$

여기에서 두 번째 줄은 공통항을 제거한 후의 결과이다. 최적 s와 그와 관련된 경계는 다음과 같다.

$$e^s = \frac{aq}{p(n-a)}$$

$$P[X \geq a] \leq \left(\frac{p(n-a)}{aq}\right)^a \left(q + p\frac{aq}{p(n-a)}\right)^n = \left(\frac{p(n-a)}{aq}\right)^a \left(\frac{qn}{(n-a)}\right)^n$$
$$= \left(\frac{p(1-a/n)}{(a/n)q}\right)^a \left(\frac{q}{1-a/n}\right)^n = \left(\frac{p^{a/n}q^{1-a/n}}{(a/n)^{\frac{a}{n}}(1-a/n)^{1-a/n}}\right)^n$$

예제 7.15

$P[X > x]$에 대한 중심극한 추정과 $n = 100$과 $p = 0.5$를 갖는 이항 확률 변수에 대한 체르노프 경계를 비교하라.

중심극한은 다음의 추정을 제공한다.

$$P[X \geq a] \approx Q\left(\frac{x - np}{\sqrt{npq}}\right) = Q\left(\frac{x-50}{5}\right)$$

체르노프 경계는 다음과 같다.

$$P[X \geq a] \leq \left(\frac{1/2}{(x/100)^{\frac{x}{100}}(1 - x/100)^{1-x/100}}\right)^{100}$$

그림 7.7은 체르노프 경계를 갖는 꼬리 분포의 정확한 값들과 중심극한정리로부터의 추정을 비교하는 것을 나타낸다. 중심극한정리 추정이 $x = 86$ 근처까지 체르노프 경계보다 좀 더 정확하다. x의 극단 값들에서, 중심극한 추정이 그 정확도를 잃는 반면에 체르노프 경계는 정확하게 남아있다.

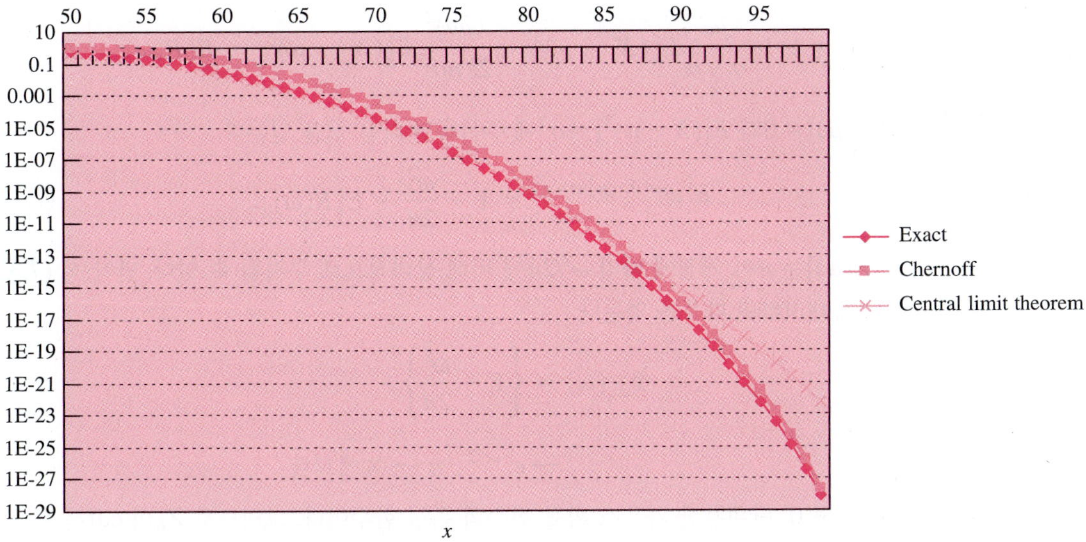

그림 7.7 ● 체르노프 경계와 중심극한정리의 비교

*7.3.3 중심극한정리의 증명

이제 중심극한정리의 증명을 기술한다. 우선 다음을 주목하자.

$$Z_n = \frac{S_n - n\mu}{\sigma\sqrt{n}} = \frac{1}{\sigma\sqrt{n}}\sum_{k=1}^{n}(X_k - \mu)$$

Z_n의 특성 함수는 다음과 같이 주어진다.

$$\begin{aligned}\Phi_{Z_n}(\omega) &= E[e^{j\omega Z_n}] \\ &= E\left[\exp\left\{\frac{j\omega}{\sigma\sqrt{n}}\sum_{k=1}^{n}(X_k - \mu)\right\}\right] \\ &= E\left[\prod_{k=1}^{n} e^{j\omega(X_k-\mu)/\sigma\sqrt{n}}\right] \\ &= \prod_{k=1}^{n} E[e^{j\omega(X_k-\mu)/\sigma\sqrt{n}}] \\ &= \{E[e^{j\omega(X-\mu)/\sigma\sqrt{n}}]\}^n \qquad (7.31)\end{aligned}$$

세 번째 등식은 X_k들의 독립성에서 나오고, 마지막 등식은 X_k들이 동일하게 분포되어 있다는 사실에서 나온다.

식에서의 지수를 전개함으로써 n과 X의 중심적률(central moments)의 항으로 식을 얻는다.

$$\begin{aligned}&E\left[e^{j\omega(X-\mu)/\sigma\sqrt{n}}\right] \\ &= E\left[1 + \frac{j\omega}{\sigma\sqrt{n}}(X - \mu) + \frac{(j\omega)^2}{2!\,n\sigma^2}(X - \mu)^2 + R(\omega)\right]\end{aligned}$$

$$= 1 + \frac{j\omega}{\sigma\sqrt{n}} E[(X - \mu)] + \frac{(j\omega)^2}{2!\, n\sigma^2} E\left[(X - \mu)^2\right] + E[R(\omega)]$$

$E[(X-\mu)] = 0$과 $E[(X-\mu)^2] = \sigma^2$에 주목하면 다음 식을 얻는다.

$$E\left[e^{j\omega(X-\mu)/\sigma\sqrt{n}}\right] = 1 - \frac{\omega^2}{2n} + E[R(\omega)] \tag{7.32}$$

항 $E[R(\omega)]$는 n이 커짐에 따라 $\omega^2/2n$에 비해 상대적으로 무시될 수 있다. 만약 식 (7.32)를 식 (7.31)에 대치하면 다음을 얻는다.

$$\Phi_{Z_n}(\omega) = \left\{1 - \frac{\omega^2}{2n}\right\}^n$$

$$\rightarrow e^{-\omega^2/2},\ n \rightarrow \infty \text{에 따라}$$

후자의 식은 평균 0, 단위분산 가우스 확률 변수의 특성 함수이다. 그러므로 Z_n의 cdf는 평균 0인 단위분산 가우스 확률 변수의 cdf에 근접하게 된다.

*7.4 확률 변수의 수열의 수렴

7.2절에서 우리는 기대치 μ에 대한 iid 확률 변수의 산술평균 M_n 수열의 수렴을 논의했다.

$$M_n \rightarrow \mu,\ n \rightarrow \infty \text{에 따라} \tag{7.33}$$

대수의 약 법칙과 강 법칙은 확률 변수 M_n의 수열이 μ로 주어진 상수값으로 수렴하는 두 가지 방법을 기술한다. 이번 절에서 확률 변수(대체로 iid는 아님) $X_1, X_2, \ldots$의 수열이 어떤 확률 변수 X로 수렴하는 좀 더 일반적인 상황을 살펴본다.

$$X_n \rightarrow X,\ n \rightarrow \infty \text{에 따라} \tag{7.34}$$

이 수렴이 발생할 수 있는 몇 가지 방법을 설명한다. 식 (7.33)은 제한하는 확률 변수 X가 상수 μ로 주어진 식 (7.34)의 특별한 경우이다.

식 (7.34)의 의미를 이해하기 위해서 우선 벡터 확률 변수 $\mathbf{X} = (X_1, X_2, \ldots, X_n)$의 정의를 다시 살펴보아야 한다. $\mathbf{X}$는 임의의 표본 공간 S로부터 각각의 출력 ζ에 실수값 벡터를 할당하는 함수로 정의했다.

$$\mathbf{X}(\zeta) = (X_1(\zeta), X_2(\zeta), \ldots, X_n(\zeta))$$

벡터 확률 변수에서 불규칙성은 ζ의 선택을 결정하는 기본적인 확률법칙에 근거한 불규칙성에 의해 유발된다. 우리는 n을 무한대로 증가하게 하여 확률 변수들의 열을 얻는다. 즉, **확률 변수 X의 수열**은 임의의 표본 공간 S[1]로부터 각각의 출력 z에 대해 실수값의 셀 수 있는 무한한 수를 할당하는 함수이다.

$$\mathbf{X}(\zeta) = (X_1(\zeta), X_2(\zeta), \ldots, X_n(\zeta), \ldots) \tag{7.35}$$

이제부터는 확률 변수들의 열을 나타내는데, $\mathbf{X}(\zeta)$ 대신에 $\{X_n(\zeta)\}$ 또는 $\{X_n\}$표기를 사용한다.

[1] 8장에서 이것 또한 이산시간 통계처리의 정의라는 것을 볼 것이다.

식 (7.35)는 확률 변수들의 열을 ζ의 함수열로 간주할 수 있음을 나타낸다. 반면에, S에 있는 각각의 점은, 말하자면 ζ는 다음과 같은 실수의 특별한 수열을 생성한다는 상상이 좀 더 자연스럽다.

$$x_1, x_2, x_3, \ldots \tag{7.36}$$

여기에서 $x_1 = X_1(\zeta)$, $x_2 = X_2(\zeta)$ 등이다. 식 (7.36)에 있는 수열은 점 ζ에서의 표본 수열(*sample sequence*)이라고 한다.

예제 7.16

ζ를 구간 $S = [0,1]$에서 임의로 선택되었고, 여기에서 ζ가 S의 부구간에 있을 확률은 부구간의 길이와 같다고 가정한다. $n = 1, 2, \ldots$에 대해서 우리는 확률 변수의 수열을 다음과 같이 정의한다.

$$V_n(\zeta) = \zeta\left(1 - \frac{1}{n}\right)$$

확률 변수들의 수열들을 찾는 데에는 두 가지 방법들이 명백히 있다. 첫 번째로, 우리는 그림 7.8(a)에 보인 바와 같이 ζ의 함수열로서 $V_n(\zeta)$를 간주할 수 있다. 선택적으로, 우리는 우선 ζ을 산출하는 확률 실험을 수

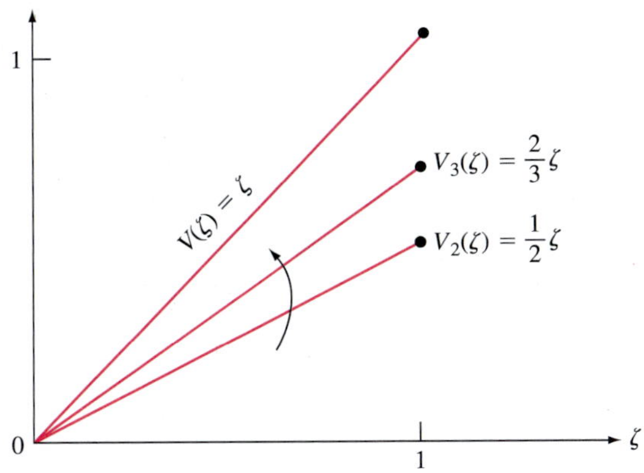

ζ의 함수들의 수열로서 확률 변수의 수열

(a)

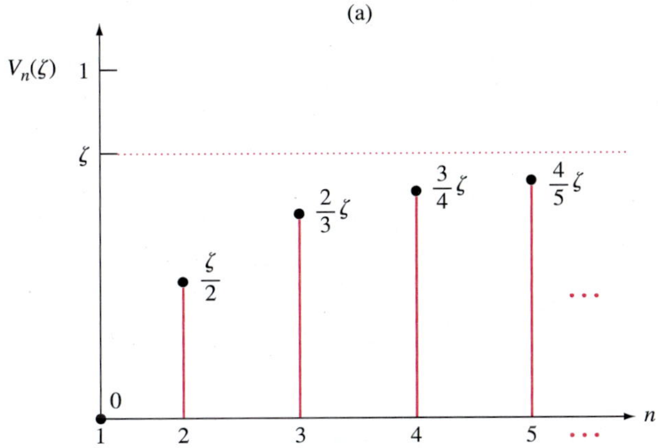

ζ에 의해 결정된 실수의 수열로서 확률 변수의 수열

(b)

그림 7.8 ● 확률 변수들의 수열을 보는 두 가지 방법

행하고, 그림 7.8(b)에 보인 바와 같이 그에 상당하는 실수들 $V_n(\zeta)$의 수열을 관찰하는 것을 상상할 수 있다.

미적분학에서 표준 방법들은 각각의 점 ζ에서 표본 수열의 수렴을 결정하는 데 사용될 수 있다. 직관적으로, 우리는 만약 n이 무한대로 접근함에 따라 그 차이 $|x_n - x|$가 0으로 접근한다면, 실수 x_n의 수열이 실수 x로 수렴한다고 말한다. 좀 더 형식적으로 우리는 다음과 같이 말한다.

> 만약 어떤 $\varepsilon > 0$이 주어지고, N을 넘는 모든 값 n에 대하여 $|x_n - x| < \varepsilon$를 보증할 수 있는 정수 N을 상술할 수 있다면 수열 x_n은 x에 수렴한다.

그러므로 수열이 수렴한다면 어떠한 ε에 대해서도 N을 찾을 수 있고, 수열은 그림 7.9(a)에 보인 바와 같이 x 주위의 2ε 이내에 머물게 된다.

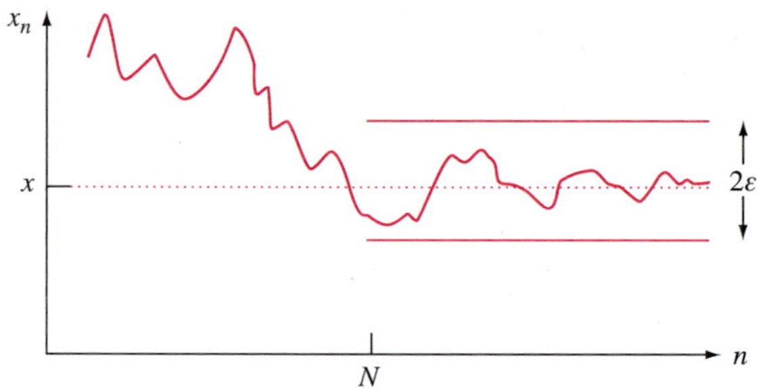

숫자 열의 수렴

(a)

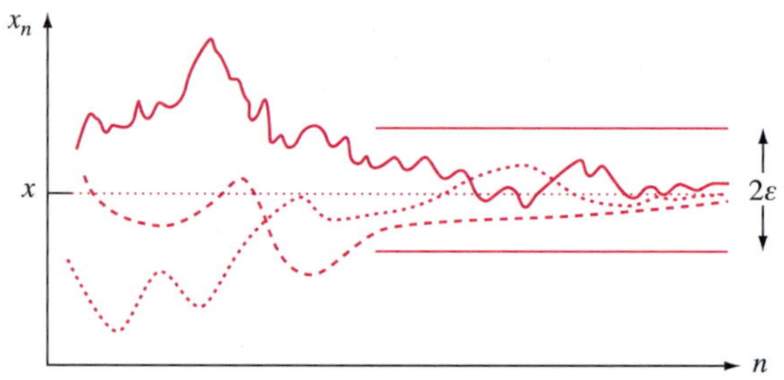

거의 확실한 수렴

(b)

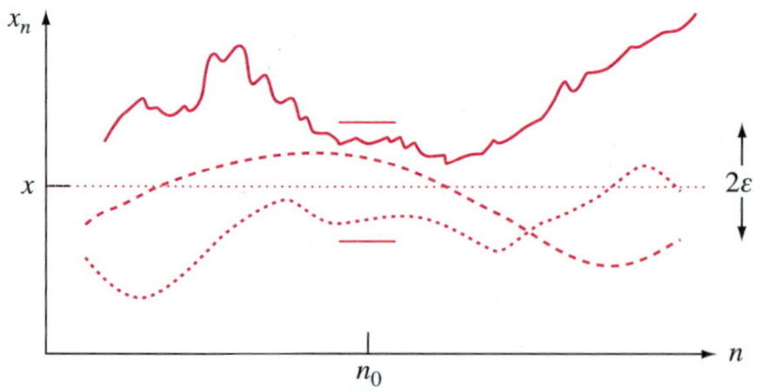

확률적인 수렴

(c)

그림 7.9 ● 표본 수열들과 수렴 형태들

만약 우리가 ε를 작게 하면 N은 커진다. 따라서 x_n이 x에 점점 가까워진다는 우리의 직관적 관점에 도달한다. 만약 제한하는 값 x가 미지인 경우, 우리는 다음과 같은 코시 판정법 *(Cauchy criterion)*을 적용함으로써 수열이 수렴하는지 판별할 수 있다.

> $\varepsilon > 0$이 주어지고 N'보다 큰 m과 n에 대해 $|x_n - x_m| < \varepsilon$ 인 경우에 한해서, 수열 x_n은 수렴한다.

코시 판정법은 N'를 넘어선 점들에 대한 수열에서 최대 변화량은 ε보다 작다고 말한다.

예제 7.17

$V_n(\zeta)$는 예제 7.16으로부터 확률 변수들의 열이라고 하자. 고정된 ζ에 상당하는 실수들의 수열은 수렴하는가?

그림 7.8(a)로부터 고정된 값 ζ에 대해서 $V_n(\zeta)$는 극한 ζ으로 수렴하는 것을 예상한다. 그러므로 수열에 있는 n번째 숫자와 극한 사이의 차이를 고려한다.

$$|V_n(\zeta) - \zeta| = \left|\zeta\left(1 - \frac{1}{n}\right) - \zeta\right| = \left|\frac{\zeta}{n}\right| < \frac{1}{n}$$

여기에서 마지막 부등식은 ζ는 항상 1보다 작다는 사실에서 나온다. 위의 차이를 ε보다 작게 유지하기 위해서 n을 다음과 같이 선택한다.

$$|V_n(\zeta) - \zeta| < \frac{1}{n} < \varepsilon$$

즉, $n > N = 1/\varepsilon$을 선택한다. 따라서 실수 $V_n(\zeta)$의 수열은 ζ에 수렴한다.

확률 변수의 수열의 수렴에 관해서 이야기할 때, 다음과 같은 질문과 관련이 있다. 모든(또는 거의 모든) 표본 수열이 수렴하는가? 그렇다면, 모든 수렴이 같은 값, 혹은 다른 값에 수렴하는가? 수렴의 처음 두 정의가 이러한 의문들을 제기한다.

> **확실한 수렴:** 만약 S 내의 모든 ζ에 대해서 $n \to \infty$에 따라 함수들 $X_n(\zeta)$의 수열이 함수 $X(\zeta)$으로 수렴할 경우, 확률 변수 $\{X_n(\zeta)\}$의 수열은 확률 변수 $X(\zeta)$로 확실하게 수렴한다.
>
> $$X_n(\zeta) \to X(\zeta), \qquad n \to \infty\text{에 따라, 모든 } \zeta \in S\text{에 대하여}$$

확실한 수렴은 모든 ζ에 상당하는 표본 수열이 수렴하는 것을 요구한다. 모든 표본 수열이 같은 값으로 수렴할 필요는 없다는 것에 주목하자. 즉, 서로 다른 점 ζ와 ζ'에 대한 표본 수열은 다른 값으로 수렴할 수 있다.

> **거의 확실한 수렴:** 만약 확률 0인 집합일 가능성을 제외하고, S 내의 모든 ζ에 대해서 $n \to \infty$에 따라 함수 $X_n(\zeta)$의 수열이 함수 $X(\zeta)$로 수렴할 경우, 확률 변수 $\{X_n(\zeta)\}$의 수열은 확률 변수 $X(\zeta)$로 거의 확실하게 수렴한다.
>
> $$P[\zeta : X_n(\zeta) \to X(\zeta), \quad n \to \infty\text{에 따라}] = 1 \tag{7.37}$$

그림 7.9(b)에서 우리는 표본 수열이 같은 값 x에 수렴하는 경우에 대해서 거의 확실하게 수렴하는 것을 도시하였다. 거의 모든 수열이 결국은 2ε 구간 안에 들어와 남아있는 것을 본다. 거의 확실한 수렴에서, 표본 수열의 일부는 수렴되지 않지만, 이들은 반드시 0의 확률을 갖는 집합인 ζ에 모두 속해야 한다.

대수의 강 법칙이 거의 확실한 수렴의 한 예이다. 확실한 수렴은 거의 확실한 수렴을 포함한다는 것을 주목하자.

예제 7.18

ζ는 구간 $S = [0, 1]$로부터 임의로 선택되었다고 하자. 여기에서 S의 부구간에 있는 ζ는 부구간의 길이와 같다고 가정한다. $n = 1, 2, \ldots$에 대해서 다음과 같은 다섯 개의 확률 변수들의 열들을 정의한다.

$$U_n(\zeta) = \frac{\zeta}{n}$$

$$V_n(\zeta) = \zeta\left(1 - \frac{1}{n}\right)$$

$$W_n(\zeta) = \zeta e^n$$

$$Y_n(\zeta) = \cos 2\pi n\zeta$$

$$Z_n(\zeta) = e^{-n(n\zeta-1)}$$

이들 수열들의 어떤 것이 확실하게 수렴하는가? 거의 확실하게 수렴하는가? 제한적 확률 변수를 확인하라.

수열 $U_n(\zeta)$는 모든 ζ에 대해서 0으로 확실하게 수렴한다.

$$U_n(\zeta) \to U(\zeta) = 0, \quad n \to \infty \text{ 에 따라, 모든 } \zeta \in S$$

이 경우에 모든 표본 수열들은 동일한 값 0으로 수렴한다.

수열 $V_n(\zeta)$는 모든 ζ에 대해서 ζ로 확실하게 수렴한다.

$$V_n(\zeta) \to V(\zeta) = \zeta, \quad n \to \infty\text{에 따라, 모든 } \zeta \in S$$

이 경우에 모든 표본 수열들은 다른 값들로 수렴하며, 제한적 확률 변수 $V(\zeta)$는 단위구간 상에서 균일 확률 변수이다.

수열 $W_n(\zeta)$는 $\zeta = 0$에 대하여 0으로 수렴하지만, ζ의 다른 모든 값들에 대해서는 무한대로 발산한다. 따라서 이 확률 변수들의 열은 수렴하지 않는다.

수열 $Y_n(\zeta)$는 $\zeta = 0$과 $\zeta = 1$에 대하여 1로 수렴하지만, ζ의 다른 모든 값들에 대해서 -1과 1 사이에서 진동한다. 따라서 이 확률 변수들의 열은 수렴하지 않는다.

수열 $Z_n(\zeta)$은 흥미로운 경우이다. $\zeta = 0$에 대하여

$$Z(0) = e^n \to \infty, \quad n \to \infty\text{에 따라}$$

반면에, $\zeta > 0$에 대하여 그리고 $n > 1/\zeta$의 값들에 대하여 수열 $Z_n(\zeta)$는 0으로 지수적으로 감소한다.

$$Z_n(\zeta) \to 0, \quad \text{모든 } \zeta > 0$$

그러나 $P[\zeta > 0] = 1$이다. 따라서 $Z_n(\zeta)$는 거의 확실히 0으로 수렴한다. 그렇지만 0으로 확실하게 수렴하지는 않는다.

ζ에 관한 확률 변수의 수열의 의존관계는 다음의 예제들에 의해 보이는 바와 같이 항상 명백한 것은 아니다.

예제 7.19 **iid 베르누이 확률 변수**

확률 변수들 $X_n(\zeta)$의 수열은 독립적 등(equiprobable) 확률의 베르누이 확률 변수로 구성한다.

$$P[X_n(\zeta) = 0] = \frac{1}{2} = P[X_n(\zeta) = 1].$$

이 확률 변수의 수열은 수렴하는가?

이 확률 변수의 수열은 0과 1의 모든 가능한 수열을 구성하는 표본 수열을 생성할 것이다. 표본 수열에 대해서 수렴하기 위해서, 모든 n의 남아있는 값들에 대해서 궁극적으로 0(또는 1)에 머물러야 한다. 그러나 무한한 수의 베르누이 실험에서 모두 0(또는 모두 1)을 얻을 확률은 0이다. 따라서 표본 수열이 수렴하는 확률은 0이고, 이 확률 변수의 수열은 수렴하지 않는다.

예제 7.20

항아리 안에 2개의 검은 공과 2개의 흰 공이 들어 있다. 시간 n에 임의로 항아리에서 공을 선택하고, 색깔을 기록한다. 만약 이 색깔의 공의 수가 다른 색깔의 공의 수보다 많으면 공을 항아리에 다시 집어넣고, 그렇지 않으면 공을 항아리 밖에 둔다. $X_n(\zeta)$는 n번째 뽑은 후 항아리 안의 검은 공의 수라고 하자. 이 확률 변수들의 수열은 수렴하는가?

첫 번째 뽑기가 결정적인 뽑기이다. 첫 번째 뽑은 것이 검은 공이라고 가정하면, 선택된 검은 공은 밖에 둘 것이다. 그 후에 흰 공이 선택될 때마다 다시 집어넣을 것이고, 남아있는 검은 공이 선택될 때 그것은 밖에 남겨진다. 따라서 확률 1로 검은 공이 궁극적으로 추려내질 것이고, $X_n(\zeta)$은 0으로 수렴할 것이다. 반면에, 만약 처음 뽑기에 흰 공을 뽑을 경우 결국 남아있는 흰 공은 제거될 것이고, 확률 1로 $X_n(\zeta)$은 2에 수렴할 것이다. 따라서 $X_n(\zeta)$은 결국 같은 확률로 0 또는 2에 수렴한다.

$$X_n(\zeta) \to X(\zeta),\ n \to \infty\text{에 따라 거의 확실히}$$

여기에서

$$P[X(\zeta) = 0] = \frac{1}{2} = P[X(\zeta) = 2]$$

이다.

확률 변수의 수열이 거의 확실하게 수렴하는지를 결정하기 위해서, ζ의 선택과 ζ와 수열(예제 7.16에서와 같이) 사이의 관계를 결정하는 확률법칙을 알아야 하거나, 수열은 수렴을 직접적으로 결정할 수 있도록 충분히 간단해야 한다(예제 7.19와 7.20과 같이). 일반적으로 그것은 다른 것과 함께 다루기가 쉽고, 약한 수렴 형태는 검증하가 더 쉽다. 예를 들어, 특정한 시간 n_0에서 $E[(X_{n_0} - X)^2]$이 작도록 대부분의 표본 수열 X_{n_0}는 X에 근접할 필요가 있다.
이 요구사항은 특정한 시간 순간에 초점을 맞추고 있고, 거의 확실히 수렴할 것 같지 않은, 완전한 표본 수열의 특징을 다루지 않는다. 이것은 다음과 같은 수렴 방식을 이끈다.

평균 제곱 수렴(Mean Square Convergence): 확률 변수들의 열 $\{X_n(\zeta)\}$는 확률 변수 $X(\zeta)$이 다음과 같을 때 평균 제곱 의미에서 수렴한다.

$$E[(X_n(\zeta) - X(\zeta))^2] \to 0,\ n \to \infty\text{에 따라} \tag{7.38a}$$

평균 제곱 수렴은 다음과 같이 나타낸다(limit in the mean).

$$\text{l.i.m. } X_n(\zeta) = X(\zeta),\ n \to \infty\text{에 따라} \tag{7.38b}$$

평균 제곱 수렴은 특히 전기공학 응용 분야에서 실제적으로 매우 중요하다. 왜냐하면 해석적으로 간단하고, $E[(X_n - X)^2]$는 오류 신호에서 전력(power)으로 해석되기 때문이다.

코시 판정법은 제한된 확률 변수 X가 미지인 경우에 평균 제곱 의미로 수렴을 확인하는 데 사용된다.

코시 판정법(Cauchy Criterion): 확률 변수의 수열 $\{X_n(\zeta)\}$는 다음과 같은 경우에 한해서 평균 제곱 의미로 수렴한다.

$$E[(X_n(\zeta) - X_m(\zeta))^2] \to 0,\ n \to \infty \text{ 그리고 } m \to \infty \text{에 따라} \tag{7.39}$$

예제 7.21

예제 7.18에서 수열 $V_n(\zeta)$는 평균 제곱 의미로 수렴하는가?

예제 7.18에서 $V_n(\zeta)$는 확실히 ζ로 수렴하는 것을 구하였다. 따라서 다음을 고려하자.

$$E[(V_n(\zeta) - \zeta)^2] = E\left[\left(\frac{\zeta}{n}\right)^2\right] = \int_0^1 \left(\frac{\zeta}{n}\right)^2 d\zeta = \frac{1}{3n^2},$$

여기에서 ζ는 구간 [0, 1] 내에서 균일하게 분포된다는 사실을 사용했다. n이 무한으로 접근하면 평균 제곱 오차는 0으로 접근하므로 평균 제곱 의미로 수렴한다.

평균 제곱 수렴은 n이 무한대로 가면서 오차 $X_n - X$의 2차 적률이 0으로 접근하면 발생한다. 이것은 n이 증가함에 따라서 표본 수열들의 증가하는 정도가 X에 가까워지는 것을 내포한다. 그러나 그러한 모든 수열들이 거의 확실한 수렴의 경우와 같이 X에 가깝게 남아있다는 것을 내포하지는 않는다. 이러한 차이점은 다음의 수렴 방식으로 명백하게 될 것이다.

확률적인 수렴(Convergence in Probability): 확률 변수의 수열 $\{X_n(\zeta)\}$는 어떤 $\varepsilon > 0$에 대해서 다음 식과 같다면 확률 변수 $X(\zeta)$에 대하여 확률적으로 수렴한다.

$$P[|X_n(\zeta) - X(\zeta)| > \varepsilon] \to 0,\ n \to \infty \text{에 따라} \tag{7.40}$$

그림 7.9(c)에서는 제한하는 확률 변수가 상수 x인 경우에 대한 확률적 수렴을 예시한다. 우리는 명시된 시간 n_0에서의 대부분의 표본 수열들이 x의 ε 이내에 있어야 한다는 것을 알고 있다. 그러나 그 수열들은 2ε 구간 안쪽에 남아있도록 요구되지 않는다. 대수의 약 법칙은 확률적 수렴의 한 예다. 따라서 우리는 거의 확실한 수렴과 확률적 수렴 사이의 기본적인 차이는 대수의 약 법칙과 강 법칙의 사이의 차이와 같음을 알고 있다.

이제 평균 제곱 수렴이 확률적 수렴을 내포한다는 것을 보일 것이다. 마코프 부등식(식 (4.75))을 $(X_n - X)^2$에 적용하면 다음과 같다.

$$P[|X_n - X| > \varepsilon] = P[(X_n - X)^2 > \varepsilon^2] \le \frac{E[(X_n - X)^2]}{\varepsilon^2}$$

그 수열이 평균 제곱 의미에서 수렴한다면, n이 무한에 접근함에 따라 우변은 0으로 접근한다. 그러면 그 수열 역시 확률적 수렴을 따른다. 그림 7.10은 평균 제곱 수렴이 확률적 수렴을 수반한다는 것을 나타내는 벤다이어그램을 보인다. 그 다이어그램은 평균 제곱 의미에서 수렴(집합 ms로 나타냄)하는 모든 수열들은 확률적으로 수렴하는 모든 수열의 집합 p 안에 포함되는 것을 나타낸다. 그 다이어그램은 예제들에 소개된 몇몇 수열을 나타낸다.

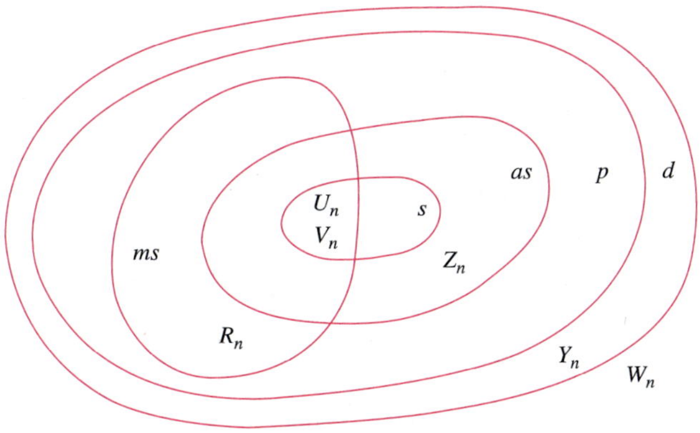

그림 7.10 ● 다른 형태의 수렴 간의 관계와 예제들에서 소개된 수열들의 분류

그것은 거의 확실한 수렴은 확률적 수렴을 내포한다는 것을 보일 수 있다. 그러나 거의 확실한 수렴이 항상 다음 예제에서 소개한 것처럼 평균 제곱 수렴을 내포하는 것은 아니다.

예제 7.22

예제 7.18에서 수열 $Z_n(\zeta)$는 평균 제곱 의미로 수렴하는가?

예제 7.18에서는 $Z_n(\zeta)$가 거의 확실하게 0으로 수렴한다는 것을 구했으므로 우리는 다음을 고려한다.

$$E[(Z_n(\zeta) - 0)^2] = E[e^{-2n(n\zeta-1)}]$$
$$= e^{2n}\int_0^1 e^{-2n^2\zeta}\,d\zeta = \frac{e^{2n}}{2n^2}(1 - e^{-2n^2})$$

n이 무한으로 접근함에 따라서, 가장 오른쪽 항이 무한으로 접근한다. 그러므로 이 수열은 가장 확실하게 수렴한다고 하더라도 평균 제곱 의미로는 수렴하지는 않는다.

다음 예제는 평균 제곱 수렴이 가장 확실한 수렴을 의미하지 않는다는 것을 보여준다.

예제 7.23

$R_n(\zeta)$는 n회 송신에서 통신 채널에 의해 발생된 오류라고 하자. 그 채널은 다음과 같은 방법으로 오류를 만들어낸다고 가정하자. 첫 번째 송신에서 그 채널은 오류를 발생한다. 다음 두 개 송신들에서 그 채널은 오류를 만들기 위하여 무작위로 하나의 송신을 선택한다. 그리고 그것은 다른 송신은 오류가 없도록 허용한다. 그 다음 세 개의 전송에서, 그 채널은 오류를 만들기 위하여 무작위로 하나의 송신을 선택한다. 그리고 그것은 다른 송신들이 오류가 없도록 허용한다. 이와 같이 계속 진행한다. 오류가 발생되었을 때 그들은 구간 [1, 2]에 균일하게 분포된다고 가정하자. 송신 오류의 수열이 수렴하는가? 만일 그렇다면 어떠한 의미로 수렴하는가?

그림 7.11은 그 채널이 오류를 만들어 내는 방법을 보여준다. 오류는 시간이 지날수록 희박해지므로, 우리는 그 수열이 평균 제곱 의미에서 0에 접근하는 것을 예상한다. n번째 송신에서 오류의 확률 P_n은 $1 + 2 + \cdots + (m-1) = (m-1)m/2$으로부터 $1 + 2 + \cdots + m = m(m+1)/2$까지 구간에 있는 n에 대하여 $1/m$이다. 만약 우리가 Y를 구간 [1, 2]에서 균일 확률 변수라고 한다면, 시간 n에서 평균 제곱 오류는 다음과 같다.

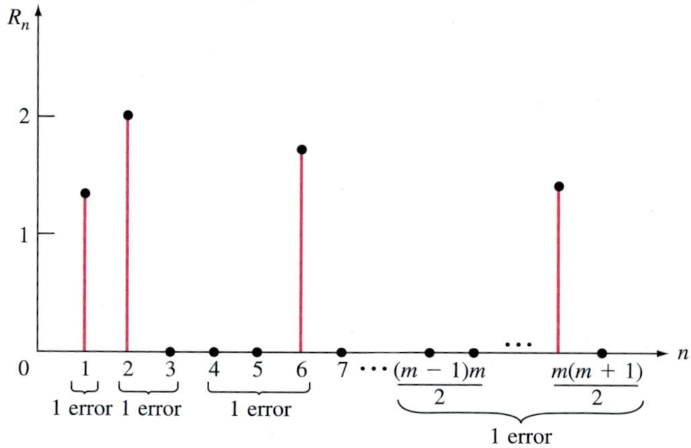

그림 7.11 ● R_n은 평균제곱 의미에서 수렴하지만 거의 확실한 수렴은 아니다.

$$E[(X_n(\zeta) - 0)^2] = E[X_n^2] = E[Y^2]p_n + 0(1 - p_n) = \left(\frac{7}{3}\right)\frac{1}{m},$$

$$\frac{(m-1)m}{2} < n \leq \frac{m(m+1)}{2} \text{에 대해서}$$

그러므로 n(그리고 m)이 증가함에 따라서 평균 제곱 오류는 0에 접근하고, 그 수열 R_n은 평균 제곱 의미에서 0으로 수렴한다.

그 수열 R_n이 거의 확실하게 0으로 수렴하기 위해서는, 거의 모든 표본 수열들이 궁극적으로 0이 되거나 0 가까이에 남아있어야 한다. 그러나 오류들이 도입되는 그 방법은 n이 얼마나 큰가에 상관없이 보증하고, 범위 [1, 2]에 있는 값은 얼마 후에 나타나는 것이 확실하다. 그러므로 표본 수열의 어떤 것도 0으로 수렴하지 않고, 그 확률 변수의 수열은 거의 확실하게 수렴하지 않는다.

우리가 논의할 수렴의 마지막 형태는 확률 변수 자체라기보다는 확률 변수의 수열의 누적 분포 함수의 수렴을 다룬다.

분포에 수렴(*Convergence in Distribution*)**:** 만약 다음 식이 $F(x)$가 연속인 모든 x에 대해서 성립한다면, 누적 분포 함수$\{F_n(x)\}$를 갖는 확률 변수의 수열 $\{X_n\}$는 누적 분포 $F(x)$를 갖는 확률 변수 X에 대한 분포에 수렴한다.

$$F_n(x) \to F(x),\ n \to \infty \text{에 따라서} \tag{7.41}$$

중심극한정리는 분포에 수렴에 대한 하나의 예이다. 분포에 수렴이 수열에 있는 확률 변수의 수렴을 간주하는 어떠한 표현도 하지 않는다는 것을 알아보기 위하여 예제 7.19의 베르누이 iid 수열을 생각하자. 이러한 확률 변수는 그 이전의 어떤 수렴 모드에도 수렴하지 않는다. 그러나 그들은 명백하게 모든 n에 대해 같은 분포를 가지므로 분포에 수렴한다. 이전의 모든 수렴 형태는 그림 7.10에 나타낸 바와 같이 분포에 수렴하는 것을 내포한다.

*7.5 장기간 도착률과 연관된 평균

랜덤 시간에 발생하는 많은 관심 사건들의 문제들에서 우리는 사건들이 발생하는 어떤 곳에서 장기간 평균율에 관심이 있다. 예를 들어, 새로운 전자 부품이 $t = 0$ 시간에 설치되었고, X_1 시간에 고장이 났고, 동일한 새 부품이 즉시 설치되었고, 그것이 X_2초 후에 고장이 나고, 계속 설치와 고장이 반복된다고 가정하자. $N(t)$를 시간 t에 고장이 난 구성 요소의 수라고 하자. $N(t)$는 **갱신 집계 과정(renewal counting process)**이라고 한다. 이 절에서 우리는 t가 매우 커짐에 따른 $N(t)/t$의 성질에 관심을 갖는다.

X_j는 j번째 구성 요소의 수명을 표시한다고 하자, 그러면 n번째 구성 요소가 고장이 난 시간은 다음으로 주어진다.

$$S_n = X_1 + X_2 + \cdots + X_n \tag{7.42}$$

여기에서 X_j는 $0 < E[X] = E[X_j] < \infty$를 갖는 iid 음이 아닌 확률 변수라고 가정한다. S_n은 n번째 도착 또는 갱신 시간이라 하고, X_j는 도착 간격 또는 주기 시간이라고 한다. 그림 7.12는 $N(t)$의 실현과 도착 간격 시간들의 연관된 수열을 보여준다. 시간 축에서 선들은 도착 시간들을 나타낸다. $N(t)$는 감소하지 않고, t가 무한으로 접근함에 따라 경계 없이 증가하는 시간의 정수 값 계단 함수이다.

평균 도착 간격 시간은 $E[X]$ 초/사건이며, 우리는 $N(t)$이 초당 $1/E[X]$ 사건의 비율로 커지는 것을 직관적으로 예상한다. 우리는 이것이 그 경우임을 보여주기 위해 대수의 강 법칙을 사용할 것이다. 처음 t초에서 평균 도착 비율은 $N(t)/t$로 주어진다. 우리는 $t \to \infty$로 감에 따라 확률 1로 $N(t)/t \to 1/E[X]$임을 보일 것이다.

$N(t)$는 시간 t까지 도착하는 개수이므로, $S_{N(t)}$는 시간 t 이전에 마지막 도착하는 시간이라고 하고, $S_{N(t)} + 1$은 시간 t 후에 첫 번째 도착하는 시간이라고 하자(그림 7.13 참조).

$$S_{N(t)} \le t < S_{N(t)+1}$$

위의 식을 $N(t)$로 나누면 다음 식을 얻는다.

$$\frac{S_{N(t)}}{N(t)} \le \frac{t}{N(t)} < \frac{S_{N(t)+1}}{N(t)} \tag{7.43}$$

좌변의 항은 처음 $N(t)$ 도착들에 대한 표본 평균 도착 간격 시간이다.

$$\frac{S_{N(t)}}{N(t)} = \frac{1}{N(t)} \sum_{j=1}^{N(t)} X_j$$

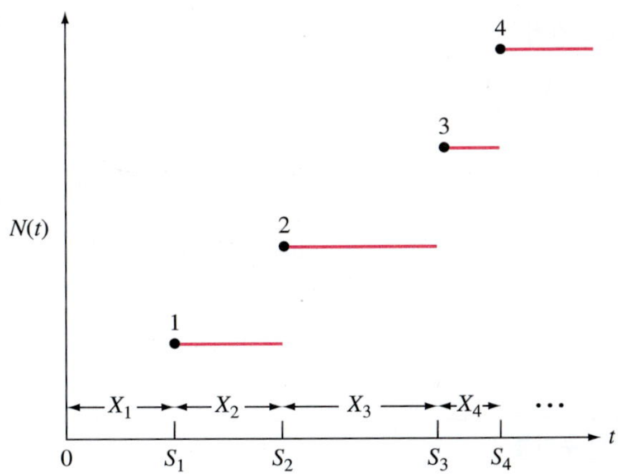

그림 7.12 ● 집계 과정과 그것의 도착 간격 시간들

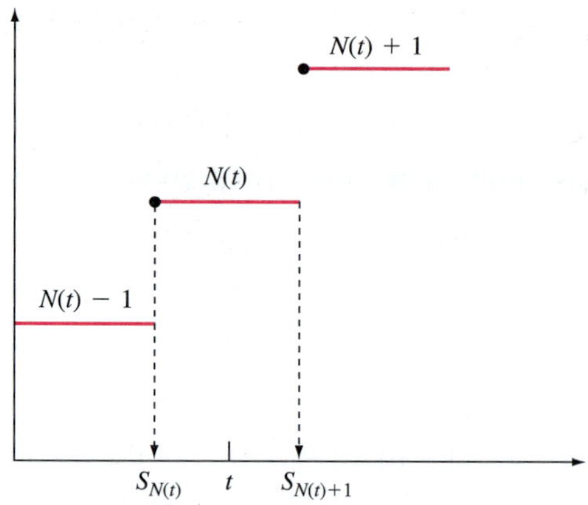

그림 7.13 ● 시간 t 이후의 첫 번째 도착 시간과 시간 t 직전의 첫 번째 도착 시간

$t \to \infty$가 무한대로 감에 따라 $N(t)$는 무한대로 접근하므로 위의 표본 평균은 대수의 강 법칙에 의해 확률 1로 $E[X]$에 수렴한다. 이제 우리는 우변에 있는 항 또한 $E[X]$에 접근하는 것을 보인다.

$$\frac{S_{N(t)+1}}{N(t)} = \left(\frac{S_{N(t)+1}}{N(t)+1}\right)\left(\frac{N(t)+1}{N(t)}\right)$$

$t \to \infty$가 무한대로 감에 따라 우변에 있는 첫 번째 항은 $E[X]$로 접근하고, 두 번째 항은 확률 1로 1에 접근한다. 그러므로 식 (7.43)에 있는 양쪽의 항은 t가 무한대로 접근함에 따라 확률 1로 $E[X]$에 접근한다. 우리는 다음의 정리를 증명했다.

정리 1 **iid 도착 간격에 대한 도착률**

$N(t)$는 $0 < E[X_j] = E[X] < \infty$를 갖고, iid 도착 간격 수열 X_j와 연관된 집계 과정이라고 하자. 그러면 확률 1로 다음과 같다.

$$\lim_{t\to\infty} \frac{N(t)}{t} \to \frac{1}{E[X]} \tag{7.44}$$

예제 7.24 **지수 도착 간격**

고객들은 평균 $E[X_j] = 1/\alpha$인 iid 지수 도착 간격 시간을 갖고 서비스 센터에 도착한다. 장기간 평균 도착률을 구하라.

정리 1로부터 그것은 직접적으로 확률 1로 다음을 따른다.

$$\lim_{t\to\infty} \frac{N(t)}{t} = \frac{1}{\alpha^{-1}} = \alpha$$

따라서 α는 장기간 평균 도착률을 나타낸다.

예제 7.25 **수리작업 주기들**

U_j는 시스템이 연속적으로 기능하는 동안의 시간 'up' 이라고 하자. 그리고 D_j는 그것이 고장일 때 시스템

을 수리하는 데 필요한 시간 'down'이라고 하자. 수리작업을 해야 할 필요가 있는 곳에서 장기간 평균율을 구하라.

'down' 시간에 의해 뒤따르는 'up' 시간 ($X_j = U_j + D_j$)을 구성하는 수리작업 주기를 정의하면, 평균 주기 시간은 $E[U] + E[D]$이다. 시간 t에 필요한 수리작업 수는 $N(t)$이고, 정리 1에 의해 수리작업을 하는 데 필요한 비율은 다음과 같다.

$$\lim_{t\to\infty}\frac{N(t)}{t} = \frac{1}{E[U] + E[D]}$$

7.5.1 장기간 시간 평균

사건들이 iid 사건 간격 시간 X_j를 갖고 랜덤하게 발생한다고 하고, 비용 C_j는 각각의 사건 발생과 관계가 있다고 가정하자. $C(t)$는 시간 t까지 초래된 비용이라 하자. 이제 우리는 $C(t)/t$의 장기간 행동, 즉 비용이 초래된 때의 장기간 평균율을 결정한다.

(X_j, C_j)쌍이 iid인 확률 벡터의 수열을 형성하지만, X_j와 C_j는 독립일 필요는 없다고 가정한다. 즉, 사건과 관련된 비용은 연관된 사건 간격 시간에 의존한다. 시간 t까지 초래된 전체 비용 $C(t)$는 시간 t까지 발생되었던 $N(t)$ 사건에 관련된 비용의 총합이다.

$$C(t) = \sum_{j=1}^{N(t)} C_j \tag{7.45}$$

t까지 이르는 비용의 시간 평균은 $C(t)/t$이다.

$$\begin{aligned}\frac{C(t)}{t} &= \frac{1}{t}\sum_{j=1}^{N(t)} C_j \\ &= \frac{N(t)}{t}\left\{\frac{1}{N(t)}\sum_{j=1}^{N(t)} C_j\right\}\end{aligned} \tag{7.46}$$

정리 1에 의해서, $t \to \infty$가 무한대로 감에 따라서 우변에 있는 항은 확률 1로 $1/E[X]$에 접근한다. 괄호 안의 표현식은 단순히 처음 $N(t)$ 비용의 표본 평균이다. $t \to \infty$가 무한대로 갈수록 $N(t)$는 무한대로 접근하므로, 대수의 강 법칙에 의해서 두 번째 항은 확률 1로 $E[C]$에 접근한다.

정리 2 비용 누적률

(X_j, C_j)를 $0 < E[X_j] < \infty$와 $E[C_j] < \infty$를 갖는 iid인 사건 간격 시간과 연관된 비용의 수열이라고 하고, $C(t)$를 시간 t까지 초래되는 비용이라고 하자. 그러면 확률 1로 다음과 같다.

$$\lim_{t\to\infty}\frac{C(t)}{t} = \frac{E[C]}{E[X]} \tag{7.47}$$

다음에 있는 일련의 예제들은 정리 2가 어떻게 장기간 시간 평균을 계산하는 데 사용될 수 있는지 설명한다.

예제 7.26 **'UP' 시간의 장기간 비율**

예제 7.25에서 시스템이 'up' 인 시간들의 장기간 비율을 구하라.

$I_U(t)$를 시스템이 t시간에 up일 때 1이고 다른 경우는 0이라 하면, 시스템이 up인 시간의 장기간 비율은 다음과 같다.

$$\lim_{t\to\infty}\frac{1}{t}\int_0^t I_U(t')\,dt'$$

여기에서 적분은 시스템이 시간 구간 $[0, t]$에서 up인 전체 시간이다.

이제 'down' 시간에 의해 뒤따르는 시스템인 'up' 시간을 구성하는 주기를 정의하면, $X_j = U_j + D_j$이고, $E[X] = E[U] + E[D]$이다. 만약 각각의 주기와 연관된 비용을 'up' 시간 U_j라고 할 때, 만약 t가 주기가 끝나는 순간이라면 다음과 같다.

$$\int_0^t I_U(t')\,dt' = \sum_{j=1}^{N(t)} U_j = C(t)$$

그러므로 $C(t)/t$는 시간 구간 $(0, t)$에서 시스템이 'up' 인 시간의 비율이다. 정리 2에 의해서 시스템이 'up' 인 시간의 장기간 비율은 다음과 같다.

$$\lim_{t\to\infty}\frac{C(t)}{t} = \frac{E[U]}{E[U] + E[D]}$$

예제 7.27

앞의 예제에서, 비용 C_j가 각각의 수리와 관련이 있다고 가정하자. 수리비용이 초래되는 경우에 장기간 평균율을 구하라.

평균 사건 간격 시간은 $E[U] + E[D]$이고, 평균 비용/수리는 $E[C]$이다. 그러므로 정리 2에 따라서 장기간 평균 수리비용 비율은 다음과 같다.

$$\lim_{t\to\infty}\frac{C(t)}{t} = \frac{E[C]}{E[U] + E[D]}$$

예제 7.28 **패킷 음성 송신 시스템**

패킷 음성 다중화기는 매 10 ms 주기로 M개의 패킷까지 송신할 수 있다. N을 매 10 ms마다 다중화기에 보내지는 패킷들의 수라고 하자. 만약 $N \le M$이면 다중화기는 모든 N패킷을 전송하고, $N > M$이면 다중화기는 M 패킷을 송신하고 $(N - M)$패킷을 버린다. 다중화기에 의해 버려지는 패킷들의 장기간 비율을 구하라.

$X_j = N_j$에 의해 '주기'를 정의한다. 즉, '주기'의 길이는 j번째 구간에서 생성된 패킷의 수와 같다고 정의한자. j번째 주기에서 비용은 $C_j(N_j - M)^+ = \max(N_j - M, 0)$에 의해 정의한다. 즉, j번째 주기에서 버려진 패킷의 수라고 정의한다. 이러한 정의들과 함께 t는 다중화기에 투입되는 처음 t패킷들을 나타내고, $C(t)$는 버려져야 했던 패킷의 수를 나타낸다. 그러면 버려진 패킷들의 장기간 비율은 다음과 같다.

$$\lim_{t\to\infty}\frac{C(t)}{t} = \frac{E[(N - M)^+]}{E[N]}$$

여기에서

$$E[(N-M)^+] = \sum_{k=m}^{\infty} (k-M)p_k$$

여기에서 P_k는 N의 pmf이다.

예제 7.29 **잔류 수명**

$X_1, X_2, \ldots$을 도착 간격 시간의 수열이라 하고, 잔류 수명 $r(t)$를 그림 7.14에서 보인 바와 같이 임의의 시간 t로부터 다음 도착까지 시간이라고 정의하자. $r(t)$가 c초를 초과하는 시간의 장기간 비율을 구하라.

잔류 수명이 길이 X의 주기에서 c를 초과하는 시간의 총량은 $(X-c)^+$이다. 즉, 주기가 c초보다 길 때 $(X-c)^+$이고, c초보다 짧을 때는 0이다. $r(t)$가 c초를 초과하는 시간의 장기간 비율은 비용/주기를 $C_j = (X_j - c)^+$에 의해 정의함으로써 정리 2로부터 얻어진다.

$$\begin{aligned} c\text{를 초과하는 시간 } r(t)\text{의 비율} &= \frac{E[(X-c)^+]}{E[X]} \\ &= \frac{1}{E[X]}\int_0^{\infty} P[(X-c)^+ > x]\,dx \\ &= \frac{1}{E[X]}\int_0^{\infty} P[X > x + c]\,dx \\ &= \frac{1}{E[X]}\int_0^{\infty} \{1 - F_X(x+c)\}\,dx \\ &= \frac{1}{E[X]}\int_c^{\infty} \{1 - F_X(y)\}\,dy \end{aligned} \tag{7.48}$$

여기에서 식 (4.28)은 두 번째 식에서 $E[(X-c)^+]$에 대해 사용하였다. 이 결과는 신뢰성 이론과 대기(queue) 이론에서 광범위하게 사용된다.

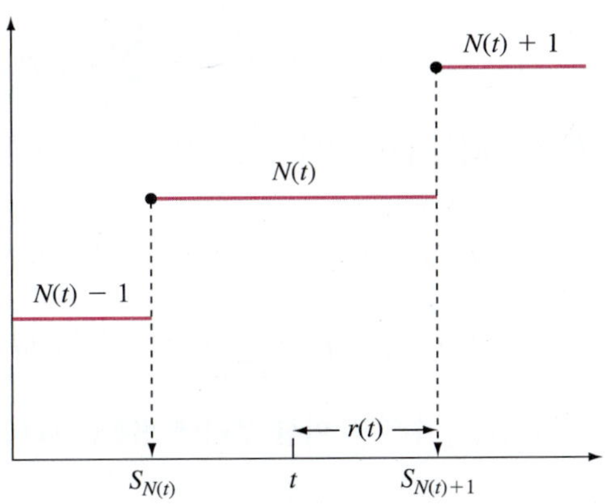

그림 7.14 ● 한 주기에서 잔류 수명

*7.6 이산 푸리에 변환을 이용한 분포의 계산

많은 상황에 있어서, 역변환이 닫힌 형태로 표현될 수 없기 때문에 수치적 방법들을 이용한 그것의 특성 함수로부터 확률 변수의 pmf 또는 pdf를 구해야 한다. 대부분의 일반적인 경우에 있어서, $\Phi_X(\omega)^n$에 상당하는 pmf/pdf를 구하는 데 관심을 가진다. 이는 n개의 iid 확률 변수들의 합의 특성 함수로 해당된다. 이 절에서는 이산 푸리에 변환을 소개한다. 이는 효율적 방법으로 수치적인 계산을 하도록 할 것이다.

7.6.1 이산 확률 변수

우선, X는 집합 $\{0, 1, \ldots, N-1\}$에 있는 값을 취하는 정수값 확률 변수라고 가정하자. n개의 그러한 독립 확률 변수의 합의 pmf는 X의 pmf의 n-겹의 콘볼루션 또는 등가적으로 X의 특성 함수의 n차승에 의해 주어진다. 따라서 우리는 pmf들의 콘볼루션을 통하여 또는 특성 함수들의 곱과 역변환을 통하여 n개 확률 변수들의 합을 다룰 수 있다. 콘볼루션 접근방법을 먼저 고려하기로 하자.

예제 7.30

$Z = U_1 + U_2 + U_3 + U_4$의 pmf를 계산하기 위하여 Octave를 사용하자. 여기에서 U_i는 집합 $\{0, 1, \ldots, 9\}$에 있는 iid 균일 이산 확률 변수이다.

Octave와 MATLAB은 두 벡터의 요소들을 포함하기 위한 함수를 제공한다. 아래 명령어들의 수열은 위의 이산 균일 pdf의 4겹 콘볼루션을 생성한다. 자신의 pmf의 첫 콘볼루션은 삼각형 모양을 갖는 pdf를 산출한다. 그림 7.15는 4겹 콘볼루션이 종 모양 형태를 갖기 시작한다는 것을 나타낸다.

```
> P= [1,1,1,1,1,1,1,1,1,1] /10
> P2=conv (P, P);
> stem (conv (P2,"@11"))
> hold on
> stem (conv (P2,P2),"@22")
```

만약 많은 수의 표본값들이 계산에 포함된다면, 특성 함수 접근방법이 좀 더 효율적이다. 이 정수값 확률 변수에 대한 특성 함수는 다음과 같다.

$$\Phi_X(\omega) = \sum_{k=0}^{N-1} e^{j\omega k} p_k \tag{7.49}$$

여기에서 $p_k = P[X = k]$는 pmf이다. $\Phi_X(\omega)$는 $e^{(j(\omega+2\pi)k)} = e^{j\omega k}ej^{k2\pi} = e^{j\omega k}$[2]이므로 주기 2π인 ω의 주기 함수이다.

구간 $[0, 2\pi)$에서 N개로 똑같이 나뉜 값들에서 특성 함수를 생각하자.

$$c_m = \Phi_X\left(\frac{2\pi m}{N}\right) = \sum_{k=0}^{N-1} p_k e^{j2\pi km/N},\ m = 0, 1, \ldots, N-1 \tag{7.50}$$

식 (7.50)은 $p_0, \ldots, p_{N-1}$ 수열의 **이산 푸리에 변환(discrete Fourier transform: DFT)**을 정

[2] 이것은 오일러의 공식 $e^{j\theta} = \cos\theta + \sin\theta$로부터 당연한 결과이다.

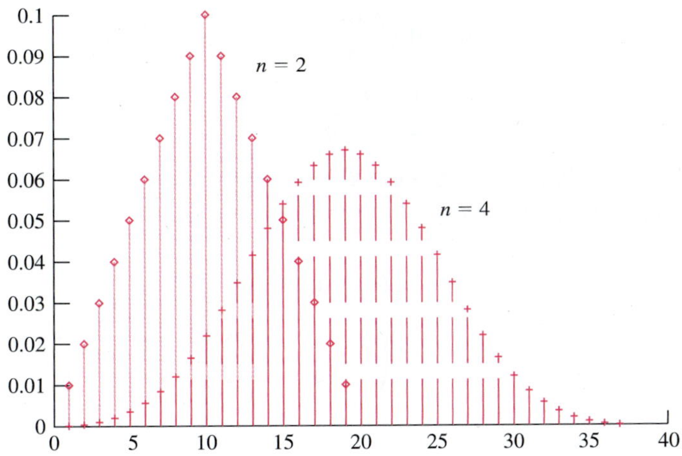

그림 7.15 ● 콘볼루션 방법을 사용한 확률 변수들의 합의 pmf

의한다. (식 (7.50)에서 지수의 부호는 DFT의 일반적인 정의에 사용되었던 것과는 반대이다.) 일반적으로 c_m들은 복소수들이다. 우리가 범위 $\{0, N-1\}$ 밖으로 m의 범위를 확장시킨다면, 기본수열 $c_0, \ldots, c_{N-1}$의 반복으로 구성하는 주기적인 수열을 얻는다는 것을 주목하자.

p_k들의 열은 역 DFT 공식을 사용하여 c_m들의 수열로부터 얻어질 수 있다.

$$p_k = \frac{1}{N}\sum_{m=0}^{N-1} c_m e^{-j2\pi km/N}, \quad k = 0, 1, \ldots, N-1 \tag{7.51}$$

예제 7.31

이산 확률 변수 X는 pmf

$$p_0 = \frac{1}{2}, \qquad p_1 = \frac{3}{8}, \qquad \text{그리고} \qquad p_2 = \frac{1}{8}$$

을 가진다.

$N = 3$에 대한 DFT인 X의 특성 함수를 구하고, 역변환 공식을 확인하라.

X의 특성 함수는 식 (7.49)에 주어져 있다.

$$\Phi_X(\omega) = \frac{1}{2} + \frac{3}{8}e^{j\omega} + \frac{1}{8}e^{j2\omega}$$

$N = 3$에 대한 DFT는 $m = 0, 1, 2$에 대한 $\omega = 2\pi m/3$에서 특성 함수의 값에 의해 주어진다.

$$c_0 = \Phi_X(0) = 1$$

$$\begin{aligned} c_1 = \Phi_X\left(\frac{2\pi}{3}\right) &= \frac{1}{2} + \frac{3}{8}e^{j2\pi/3} + \frac{1}{8}e^{j4\pi/3} \\ &= \frac{1}{2} + \frac{3}{8}(-.5 + j(.75)^{1/2}) + \frac{1}{8}(-.5 - j(.75)^{1/2}) \\ &= \frac{1}{4} + \frac{j(.75)^{1/2}}{4} \end{aligned}$$

$$c_2 = \Phi_X\left(\frac{4\pi}{3}\right) = \frac{1}{2} + \frac{3}{8}e^{j4\pi/3} + \frac{1}{8}e^{j8\pi/3}$$
$$= \frac{1}{4} - \frac{j(.75)^{1/2}}{4}$$

여기에서 우리는 복수 지수를 계산하기 위하여 오일러(Euler) 공식을 사용했다.

pmf를 찾아내기 위해서 c_j들을 식 (7.51)에 대입한다.

$$p_0 = \frac{1}{3}(c_0 + c_1 + c_2)$$
$$= \frac{1}{3}\left(1 + \frac{1}{4} + \frac{j(.75)^{1/2}}{4} + \frac{1}{4} - \frac{j(.75)^{1/2}}{4}\right)$$
$$= \frac{1}{2}$$
$$p_1 = \frac{1}{3}(c_0 + c_1e^{-j2\pi/3} + c_2e^{-j2\pi 2/3}) = \frac{3}{8}$$
$$p_2 = \frac{1}{3}(c_0 + c_1e^{-j4\pi/3} + c_2e^{-j4\pi 2/3}) = \frac{1}{8}$$

정수값 확률 변수 X의 범위는 다음 식과 같이 주어진 새로운 pmf p'_j를 정의함으로써 큰 집합 $\{0, 1, \ldots, N-1, N, \ldots, L-1\}$로 확장될 수 있다.

$$p'_j = \begin{cases} p_i & 0 \le j \le N-1 \\ 0 & N \le j \le L-1 \end{cases} \tag{7.52}$$

확률 변수의 특성 함수 $\Phi_X(\omega)$는 변하지 않은 채 남아있지만, 연관된 DFT는 이제 다른 점들의 집합에서 $\Phi_X(\omega)$를 계산하는 것을 수반한다.

$$c_m = \Phi_X\left(\frac{2\pi m}{L}\right), \quad m = 0, \ldots, L-1\text{에 대해서} \tag{7.53}$$

식 (7.53)에 있는 수열의 역변환은 식 (7.52)를 산출한다. 그러므로 pmf는 식 (7.53)으로 상술된 바와 같이 $\Phi_X(\omega)$의 $L \ge N$ 표본들에서 DFT를 사용하여 찾을 수 있다. 본질적으로, 식 (7.52)에서 $L-N$개의 영들로 pmf를 단지 덧붙여 넣는다.

위에서 논의된 0을 덧붙이는 방법은 iid 확률 변수들의 합의 pmf를 계산하는 데 필요하다. 다음을 가정하자.

$$Z = X_1 + X_2 + \cdots + X_n$$

여기에서 X_i는 특성 함수 $\Phi_X(\omega)$를 갖는 정수값 iid 확률 변수이다. 만약 X_i가 $\{0, 1, \ldots, N-1\}$에서 나온 값이라고 가정하면, Z는 $\{0, \ldots, n(N-1)\}$에서 나오는 값이 될 것이다. Z의 pmf는 $L = n(N-1)+1$ 점들에서 계산된 DFT를 이용해 구해질 수 있다. $\Phi_Z(\omega) = \Phi_X(\omega)^n$이므로

$$d_m = \Phi_Z\left(\frac{2\pi m}{L}\right) = \Phi_X\left(\frac{2\pi m}{L}\right)^n, \quad m = 0, \ldots, L-1$$

$L > N$인 점들에서의 X의 특성 함수를 계산할 필요가 있다는 것을 주목하자. Z의 pmf는 다음의 형태로 구해진다.

$$P[Z = k] = \frac{1}{L}\sum_{m=0}^{L-1} d_m e^{-j2\pi km/L} \qquad k = 0, 1, \ldots, L-1 \tag{7.54}$$

예제 7.32

$Z = X_1 + X_2$라고 하자. 여기에서 X_j는 다음과 같은 특성 함수를 갖는 iid 확률 변수이다.

$$\Phi_X(w) = \frac{1}{3} + \frac{2}{3}e^{j\omega}$$

DFT 방법을 이용해서 $P[Z = 1]$을 구하라.

X는 {0, 1}로부터, Z는 {0, 1, 2}로부터의 값이라고 가정하면, $\Phi_Z(\omega) = \Phi_X(\omega)^2$는 세 점들에서 계산할 필요가 있다.

$$d_m = \left\{\frac{1}{3} + \frac{2}{3}e^{j2\pi m/3}\right\}^2, \qquad m = 0, 1, 2$$

이 값들은 다음과 같이 구해진다.

$$d_0 = 1, \qquad d_1 = -\frac{1}{3}, \qquad \text{그리고} \qquad d_2 = -\frac{1}{3}$$

이들 값을 $k = 1$인 식 (7.54)에 대입하면 다음의 결과를 얻는다.

$$\begin{aligned} P[Z = 1] &= \frac{1}{3}\{d_0 + d_1 e^{-j2\pi/3} + d_2 e^{-j4\pi/3}\} \\ &= \frac{1}{3}\left\{1 - \frac{1}{3}(e^{-j2\pi/3} + e^{-j4\pi/3})\right\} \\ &= \frac{4}{9} \end{aligned}$$

우리는 다음의 식을 주목함으로써 이 답을 확인할 수 있다.

$$\begin{aligned} P[Z = 1] &= P[\{X_1 = 0\} \cap \{X_2 = 1\}] + P[\{X_1 = 1\} \cap \{X_2 = 0\}] \\ &= \frac{1}{3}\frac{2}{3} + \frac{2}{3}\frac{1}{3} = \frac{4}{9} \end{aligned}$$

실제로 우리는 pmf에서 점들의 수가 많을 때 DFT를 사용하는 것에 관심이 있다. 식 (7.51)의 고찰은 모든 N 점들의 계산은 대략 N^2개의 복소수 곱들을 필요로 한다는 것을 나타낸다. 그러므로 만약 $N = 2^{10} = 1024$이면, 대략 10^6번의 곱셈이 요구된다. DFT 방법의 대중성은 **FFT 알고리즘(fast Fourier transform(FFT) algorithms)**이라고 불리는, 위의 계산을 $N \log_2 N$번 곱셈으로 수행할 수 있는 알고리즘이 개발되었다는 사실에 뿌리를 두고 있다. 이는 $N = 2^{10}$에 대해 100의 인수로 감소된 10^4번의 곱셈이 요구된다.

예제 7.33

Octave를 이용하여 $Z = U_1 + U_2 + \cdots + U_{10}$의 pmf를 계산하라. 여기에서 U_i는 집합 {0, 1, . . . , 9}에 있는 iid 균일 이산 확률 변수이다.

다음의 명령들은 이산 균일 pmf의 정의와 FFT의 계산을 나타낸다. 이 결과는 10승까지 상승되고 역변환이 계산된다. 그림 7.16은 결과적인 pmf가 모양이 매우 가우스처럼 보이기 시작한다.

```
> P= [1,1,1,1,1,1,1,1,1,1]/10
> bar (ifft (fft (P, 128).^;10))
```

이제까지, 우리는 X를 단지 $S_X = \{0, 1, \ldots, N-1\}$ 값들의 유한집합을 취하는 정수값 확률 변수라고 제한해왔다. 이제 우리는 $S_X = \{0, 1, 2, \ldots\}$인 경우를 생각해보자. $\Phi_X(\omega)$를 알고 있다고 가정하고, $\Phi_X(\omega)$로부터의 표본점들의 유한집합, $m = 0, 1, \ldots, N-1$에 대해서 $c_m = \Phi_X(2\pi m/N)$을 이용한 식 (7.51)로부터 p'_k를 얻는다.

$$p'_k = \frac{1}{N}\sum_{m=0}^{N-1} c_m e^{-j2\pi km/N}, \qquad k = 0, 1, \ldots, N-1 \tag{7.55}$$

이 계산이 무엇을 산출하는지 보기 위해 점들 c_m을 고려하자.

$$\begin{aligned}\Phi_X\left(\frac{2\pi m}{N}\right) &= \sum_{n=0}^{\infty} p_n e^{j2\pi mn/N} \\ &= (p_0 + p_N + \cdots)e^{j0} \\ &\quad + (p_1 + p_{N+1} + \cdots)e^{j2\pi m/N} \\ &\quad + \cdots \\ &\quad + (p_{N-1} + p_{2N-1} + \cdots)e^{j2\pi m(N-1)/N} \\ &= \sum_{k=0}^{N-1} p'_k e^{j2\pi km/N}\end{aligned} \tag{7.56}$$

여기에서 우리는 두 번째 등식을 얻기 위하여 정수 h에 대해서 $e^{j2\pi mn/N} = e^{j2\pi m(n+hN)/N}$이라는 사실을 이용했다. 그리고 $k = 0, \ldots, N-1$에 대해서 다음을 얻는다.

$$p'_k = p_k + p_{N+k} + p_{2N+k} + \cdots \tag{7.57}$$

식 (7.55)는 점들 $c_m = \Phi_X(2\pi m/N)$의 역변환이 $p'_0, \ldots, p'_{N-1}$을 산출할 것이라는 것을 말한

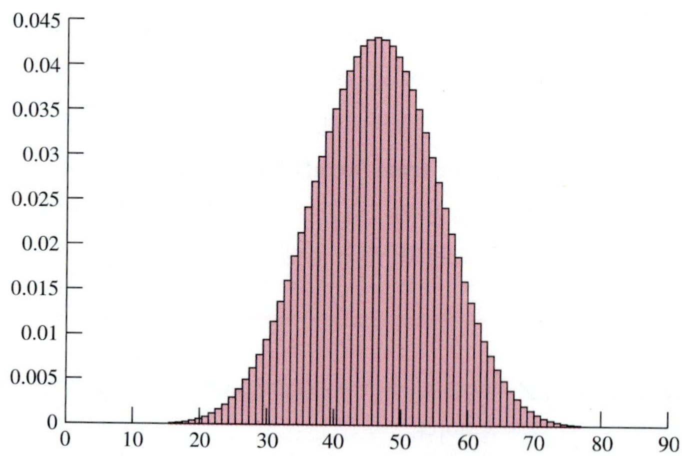

그림 7.16 ● 이산 균일 확률 변수 {0, 1, . . . , 9}의 10겹 콘볼루션의 FFT 계산

다. 이는 원하는 값 p_k와 다음 식과 같은 오류를 합한 것과 같다.

$$e_k = p_{N+k} + p_{2N+k} + \cdots$$

pmf는 k가 증가함에 따라 0으로 감쇄해야 하므로, 오차 항은 N을 충분히 크게 함으로써 작게 만들어질 수 있다. 다음의 예는 pmf가 알려진 경우에 위의 오차 항의 계산을 수행하는 것이다. 실제로 pmf는 미지이므로 N의 적절한 값은 시행착오에 의해 구해진다.

예제 7.34

X가 기하 확률 변수라고 가정하자. 백분율 오차가 1%이기 위해서 N은 얼마나 커야 하는가?

p_k에 대한 오차 항은 다음과 같이 주어진다.

$$e_k = \sum_{h=1}^{\infty} p_{k+hN} = \sum_{h=1}^{\infty}(1-p)p^{k+hN} = (1-p)p^k \frac{p^N}{1-p^N}$$

p_k에 대한 백분율 오차는 다음과 같다.

$$\frac{e_k}{p_k} = \frac{p^N}{1-p^N} = a \times 100\%$$

N에 대해 풀어서 다음 식과 같다면 오차가 $a = 0.01$보다 작다는 것을 구할 수 있다.

$$N > \frac{\log(a/1-a)}{\log p} \simeq \frac{-2.0}{\log_{10} p}$$

그러므로, 예를 들어 $p = .1, .5, .9$라면 필요한 N은 각각 2, 7, 44이다. 이러한 수들은 필요한 N이 pmf의 감쇄율에 얼마나 강하게 의존하는지를 보인다.

7.6.2 연속 확률 변수

X를 연속 확률 변수라고 하고, 수치적 방법을 사용하여 $\Phi_X(\omega)$로부터 X의 pdf를 구하는 데 관심이 있다고 가정하자. 우리는 역 푸리에 변환을 취하고 그것을 폭 ω_0의 구간들에 걸친 합에 의해 다음과 같이 근사화할 수 있다.

$$\begin{aligned} f_X(x) &= \frac{1}{2\pi}\int_{-\infty}^{\infty} \Phi_X(\omega)e^{-j\omega x}\,d\omega \\ &\simeq \frac{1}{2\pi}\sum_{m=-M}^{M-1} \Phi_X(m\omega_0)e^{-jm\omega_0 x}\omega_0 \end{aligned} \tag{7.58}$$

여기에서 합은 범위 $[-M\omega_0, M\omega_0)$ 밖의 적분을 무시한다. 우리가 $x = nd$, $d = 2\pi/N\omega_0$, $N = 2M$을 갖는 범위 $[-2\pi/\omega_0, 2\pi/\omega_0)$에서 pdf를 고려한다면 위의 합은 DFT의 형식을 취한다.

$$f_X(nd) \simeq \frac{\omega_0}{2\pi}\sum_{m=-M}^{M-1} \Phi_X(m\omega_0)e^{-j2\pi nm/N}, \qquad -M \le n \le M-1 \tag{7.59}$$

식 (7.59)는 다음 수열의 $2M$점 DFT이다.

$$c_m = \frac{\omega_0}{2\pi}\Phi_X(m\omega_0)$$

FFT 알고리즘은 n이 0부터 $2M-1$의 범위를 가져야 한다. 식 (7.59)는 수열 c_m이 주기 N으로 주기적이라는 것을 상기함으로써 이 형식으로 계산할 수 있다. FFT 알고리즘은 우리가 수열 c'_m을 다음과 같이 입력한다면 식 (7.59)를 계산할 것이다.

$$c'_m = \begin{cases} c_m & 0 \le m \le M-1 \\ c_{m-2M-1} & M < m \le 2M-1 \end{cases}$$

오차들의 세 가지 형태들은 식 (7.59)를 사용하여 pdf를 근사화하는 데에서 소개될 것이다. 첫 번째 오차는 합에 의한 적분을 근사화하는 것을 포함한다. 두 번째 오차는 범위 $[-M\omega_0, M\omega_0)$ 밖에 있는 주파수들에 대한 적분을 무시함으로써 초래한다. 세 번째 오차는 범위 $[-2\pi/\omega_0, 2\pi/\omega_0)$ 밖에 있는 pdf를 무시하는 것에서 초래한다. 첫 번째와 세 번째 오차들은 ω_0를 줄임으로써 줄어든다. 두 번째 오차는 ω_0을 고정하여 놓은 동안에 M을 증가함으로써 감소될 수 있다.

예제 7.35

모수 $\alpha=1$인 라플라스 확률 변수는 다음의 특성 함수를 가진다.

$$\Phi_X(\omega) = \frac{1}{1+\omega^2}, \quad -\infty < \omega < \infty$$

그림 7.17(a)와 7.17(b)는 pdf와 $N=512$개의 점을 갖고 ω_0의 두 개의 값들을 갖는 식 (7.59)를 이용해 얻는 근사를 비교한다. 감소하는 ω_0는 근사의 정확도를 증가시킨다는 것을 볼 수 있다.

그 그림을 얻기 위한 Octave 코드는 아래에 보여준다. 첫 부분은 pdf를 계산하기 위하여 특성 함수를 생성하고 FFT함수 `fft_pxs`를 호출하기 위한 명령어들을 나타낸다. 함수 `fft_pxs`는 $-M$(음의 주파수들)으로부터 $M-1$(양의 주파수들)까지 특성 함수의 벡터 값들을 받아들인다. 그 함수는 음의 주파수 항들이 마지막 M개 목록들에 위치되는 새로운 벡터를 형성한다. 그것은 FFT를 수행하고 다음에 그 결과들을 뒤로 이동한다.

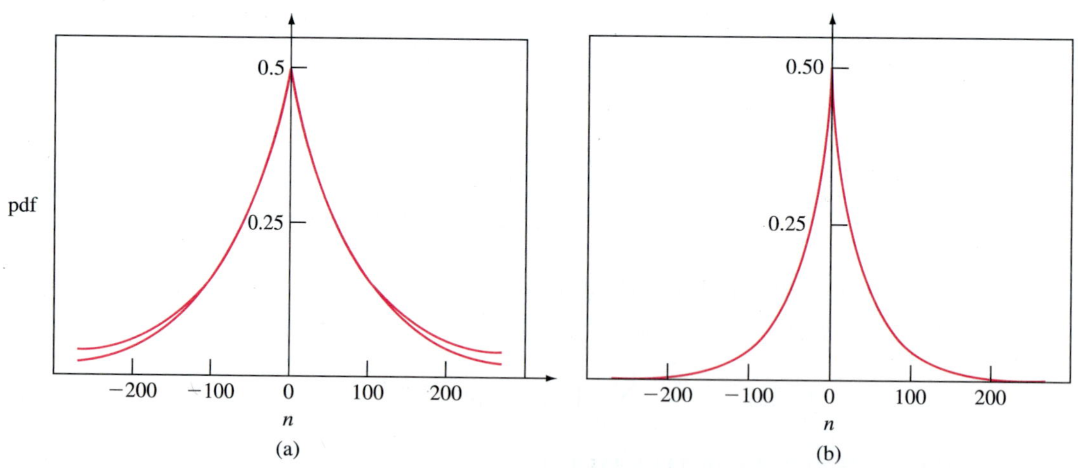

그림 7.17 ● (a) 라플라스 확률 변수의 특성 함수를 수치적으로 역을 함으로써 얻은 pdf와 정확한 pdf의 비교. $\omega_0=1$과 $N=512$를 이용한 근사; (b) 라플라스 확률 변수의 특성 함수를 수치적으로 역을 함으로써 얻은 pdf와 정확한 pdf의 비교. $\omega_0=1/2$과 $N=512$를 이용한 근사

(a) 대화형 명령들

```
>N=512
>M=N/2;
>w0=1;
>n=[-M. (M-1)];
>phix=1./1.+(w0^2*(n.*n));                % 특성 함수를 계산
>fx=zeros(size(n));
>[n1,x1,afx1]=fft_pxs(phix,w0,N);         % 특성 함수의 역 구하기
>fx1=laplace_pdf(x1);                     % 정확한 pdf 계산
>plot(n1,afx1)
>hold on;
>plot (n1,fx1)
```

(b) 함수 정의

```
function [n,t,rx]=fft_pxs(sx,w0,N)
% 주파수 영역 -M w0에서 (M-1) w0까지
% 주파수 스펙트럼의 N=2M 표본들을 받아들임;
% 2M-점 FFT이전에 주기적 확장을 수행;
% d=2pi/Nw0인 시간영역 -Md에서 (M-1)d까지
% FFT 이동을 수행하고 시간함수를 되돌림
M=N/2
n=[-M. (M-1)];
d=2*pi/(N*w0);
t=n.*d;
sxc=zeros(size(n));
for j=1.M;
sxc(j)=sx(j+M);               % 양의 주파수 항들은 처음 M 목록들에 채움
sxc(j+M)=sx(j);               % 음의 주파수 항들을 마지막 M 목록들로 이동
end
rx=zeros(size(n));
rx=fft(sxc);                  % FFT를 계산
rx=rx.*w0./(2.*pi);
rx=fftshift(rx);              % 음의 진폭으로 벡터 값들을 재배열
endfunction                   % 항들을 처음 M 목록들에 채움
```

요약

- 확률 변수의 합의 기대치는 확률 변수의 기대치의 합과 항상 같다. 일반적으로 그러한 합의 분산은 개개의 분산의 합과 같지 않다.
- 독립 확률 변수의 합의 특성 함수는 개개의 확률 변수의 특성 함수의 곱과 같다.
- 표본 평균과 상대도수 추정량은 확률 변수의 기대치와 사건들의 확률을 추정하는 데 사용된다. 대수의 법칙은 이러한 추정량이 표본들의 수를 크게 함으로써 추정할 수 있는 모수의 실제 값에 접근한다는 상태를 말한다.
- 중심극한정리는 iid 유한평균, 유한분산 확률 변수의 합의 cdf가 가우스 확률 변수의 cdf로 접근한다는 것을 말한다. 이러한 결과는 확률 변수의 합의 pdf는 가우스 확률 변수의 pdf에 의해 근사하도록 한다.

- 체르노프 경계는 꼬리 분포의 확률의 추정을 제공한다.
- 확률 변수의 수열은 ζ의 함수의 수열 또는 표본 수열의 종류, S에 있는 각 ζ에 대한 하나의 표본 수열로 간주될 수 있다. 확실하고 거의 확실한 수렴은 모두 또는 거의 모든 표본 수열이 수렴할 수 있는지 없는지에 대한 문제에 초점을 맞춘다. 확률의 평균 제곱 수렴이나 수렴은 전체 표본 수열의 특성을 보여줄 수는 없지만, 어떤 특별한 시간 순간에서 표본 수열이 어떤 X와 가까운지에 대한 문제를 다룬다.
- 집계 과정은 어떠한 시간 구간에서 사건의 발생 수를 계수한다. 사건들의 발생 사이의 시간이 iid 확률 변수일 때 대수의 강 법칙은 사건이 발생하는 비율과 관계된 결과와 다양한 장기간 평균과 관련된 결과들을 얻을 수 있게 해준다.
- 이산 푸리에 변환과 FFT 알고리즘은 그들의 특성방정식으로부터 확률 변수의 pmf와 pdf를 수치적으로 계산할 수 있게 해준다.

주요 용어

갱신 집계과정	거의 확실한 수렴
대수의 강 법칙	대수의 약 법칙
도착률	분포 수렴
빠른 푸리에 변환	상대도수
이산 푸리에 변환	중심극한정리
체르노프 경계	표본 분산
표본 평균	확률 변수의 수열
확률수렴	확실한 수렴
iid 확률 변수	

참고문헌

대수의 법칙과 중심극한정리의 통찰력 있는 논의를 위해서는 Chung[1, 220-233페이지]를 보라. Gnedenko[2]에서 6장은 대수의 법칙의 상세한 논의를 제공한다. Ross[3]에서 7장은 집계 과정과 그 성질들에 관하여 초점을 맞추고 있다. Cadzow[4]는 FFT 알고리즘에 대한 좋은 개요를 제공한다. Larson과 Shubert[ref 8], 그리고 Stark와 Woods[ref 9]는 확률 변수의 수열에 관한 우수한 논의를 포함한다.

1. K.L.Chung, *Elementary Probability Theory with Stochastic Processes*, Springer-Verlag, New York, 1975.
2. B.V.Gnedenko, *The Theory of Probability*, MIR Publishers, Moscow, 1976.
3. S.M.Ross, *Introduction to Probability Models*, Academic Press, New York, 2003.
4. J.A.Cadzow, *Foundations of Digital Signal Processing and Data Analysis*, Macmillan, New York, 1987.
5. P.L.Meyer, *Introductory Probability and Statistical Applications*, 2nd ed., Addison-Wesley, Reading, Mass., 1970.

6. J.W.Cooley, P.Lewis, and P.D.Welch, 'The Fast Fourier Transform and Its Applications,' *IEEE Transactions on Education*, vol.12, pp.27-34, March 1969.

7. H.J.Larson and B.O.Shubert, *Probability Models in Engineering Sciences*, vol.1, Wiley, New York, 1979.

8. H.Stark and J.W.Woods, *Probability and Random Processes with Applications to Signal Processing*, 3d ed., Prentice Hall, Upper Saddle River, N.J., 2002.

연습문제

7.1절 : 확률 변수의 합

7.1. $Z = X + Y + Z$라 하자. 여기에서 X, Y, Z는 $\text{COV}(X, Y) = 0$, $\text{COV}(Y, Z) = -1/4$, $\text{COV}(X, Z) = 1/4$을 갖는 영평균, 단위분산 확률 변수이다.

(a) Z의 평균과 분산을 구하라.

(b) X, Y, Z가 상관관계가 없는 확률 변수라고 가정할 때 (a)를 반복하라.

7.2. $X_1, \ldots, X_n$를 같은 평균과 다음과 같은 공분산 함수를 갖는 확률 변수라고 하자.

$$\text{COV}(X_i, X_j) = \begin{cases} \sigma^2 & i = j\text{일 때} \\ \rho\sigma^2 & |i - j| = 1\text{일 때} \\ 0 & \text{그 외의 경우} \end{cases}$$

여기에서 $|\rho < 1|$이다. $S_n = X_1 + \cdots + X_n$의 평균과 분산을 구하라.

7.3. $X_1, \ldots, X_n$를 같은 평균과 다음과 같은 공분산 함수를 갖는 확률 변수라고 하자.

$$\text{COV}(X_i, X_j) = \sigma^2\rho^{|i-j|}$$

여기에서 $|\rho| < 1$이다. $S_n = X_1 + \cdots + X_n$의 평균과 분산을 구하라.

7.4. X와 Y는 각각 모수 2와 4를 갖는 코시 확률 변수이다. $Z = X + Y$라 하자.

(a) Z의 특성 함수를 구하라.

(b) (a)에서 구해진 특성 함수로부터 Z의 pdf를 구하라.

7.5. $S_k = X_1 +, \cdots, + X_k$라고 하자. 여기에서 X_i는 독립 확률 변수이며, X_i는 자유도 n_i인 카이제곱 확률 변수이다. S_k가 자유도 $n = n_1 + \cdots + n_k$인 카이제곱 확률 변수임을 보여라.

7.6. $S_n = X_1^2 + \cdots + X_n^2$ 이라고 하자. 여기에서 X_i는 iid 영평균, 단위분산 가우스 확률 변수들이다.

(a) S_n은 자유도 n인 카이제곱 확률 변수임을 보여라. 힌트: 예제 4.34를 보라.

(b) 4.5절의 방법을 사용하여 다음 식의 pdf를 구하라.

$$T_n = \sqrt{X_1^2 + \cdots + X_n^2}$$

(c) T_2가 레일라이 확률 변수임을 보여라.

(d) T_3에 대한 pdf를 구하라. 확률 변수 T_3는 기체 분자의 속도를 모형화하기 위해서 사용된다. T_3는 맥스웰 분포를 갖는다고 한다.

7.7. X와 Y는 각각 모수 5와 10인 독립 지수 확률 변수라고 하자. $Z = X + Y$이다.

(a) Z의 특성 함수를 구하라.

(b) (a)에서 구해진 특성 함수로부터 Z의 pdf를 구하라.

7.8. $Z = 2X - 5Y$라고 하자. 여기에서 X와 Y는 독립 확률 변수이다.

(a) Z의 특성 함수를 구하라.

(b) (a)에서 구해진 특성 함수의 도함수를 취하여 Z의 평균과 분산을 구하라.

7.9. M_n은 n개의 iid 확률 변수 X_j의 표본 평균이라고 하자. X_j의 특성 함수의 항으로 M_n의 특성 함수를 구하라.

7.10. 교실 j에서 추첨 당첨자의 수 X_j는 모수 n_j와 p를 갖는 이항 확률 변수이다. 그 학교는 K개 교실을 갖고 있다고 가정한다. 학교에서 추첨 당첨자의 전체 수의 pmf를 구하라. X_i들은 독립 확률 변수라고 가정한다.

7.11. $X_1, X_2, \ldots$은 독립 정수값 확률 변수의 수열이고, N은 X_j의 독립인 정수값 확률 변수라고 하자.

$$S = \sum_{k=1}^{N} X_k$$

(a) S의 평균과 분산을 구하라.

(b) 다음을 보여라.

$$G_S(z) = E(z^S) = G_N(G_X(z))$$

여기에서 $G_X(z)$는 X_k의 각각의 생성함수이다.

7.12. 1주일에 정비공장에 도착하는 충돌한 차의 수는 평균 L을 갖는 포아송 확률 변수라고 하자. 각각의 수리작업 비용은 X_j 달러이고, X_j는 똑같이 500달러 혹은 1,000달러로 나올 iid 확률 변수이다.

(a) 1주일에 도착하는 전체 수입 R의 평균 및 분산을 구하라.

(b) $G_R(z) = E[z^R]$을 구하라.

7.13. 1시간에 조립 라인에서 시험되는 제품의 수는 모수 $n = 600$과 p를 갖는 이항 확률 변수라고 하자. 제품이 결점이 있을 확률은 a라고 가정한다. S는 1시간 주기에 결점이 발견될 제품의 수라고 하자.

(a) S의 평균과 분산을 구하라.

(b) $G_S z = E[z^S]$을 구하라.

7.2절 : 표본 평균과 대수의 법칙

7.14. t초에 방사선 물질에 의한 입자 방출 수는 평균 λt를 갖는 포아송 확률 변수라고 가정한다. 체비셰프 부등식을 사용하여 $|N(t)/t - \lambda|$가 ε를 초과하는 확률에 대한 경계를 구하라.

7.15. 유권자의 30%가 어떤 입법에 대한 호감을 갖고 있다고 가정한다. 유권자의 많은 수 n명이 투표를 하고, 위의 비율에 대한 상대도수 추정 $f_A(n)$을 얻었다. 식 (7.20)을 이용하여 $f_A(n)$이 0.30으로부터 0.02보다 적게 차이가 날 확률이 적어도 0.9가 되기 위하여 얼마나 많은 사람이 투표를 해야 하는지 결정하라.

7.16. 공정한 주사위가 100번 던져졌다. 식 (7.20)을 이용하여 주사위 점의 전체 합이 300에서 400 사이에 있을 확률의 경계를 구하라.

7.17. X_i는 영평균, 단위분산 가우스 확률 변수들의 수열이라고 하자. 식 (7.20)에 의해 주어진 경계와 n이 10과 100인 $\varepsilon = 1/2$인 Q함수로부터 얻어진 정확한 값과 비교하라.

7.18. X_i들이 연습문제 7.2에 주어진 공분산 함수를 갖는다면 대수의 약 법칙은 표본 평균에 대하여 유지하는가? X_i는 같은 평균을 갖는다고 가정한다.

7.19. X_i들이 연습문제 7.3에 주어진 공분산 함수를 갖는다고 할 때 연습문제 7.18을 반복하라.

7.20. (**표본 분산**) $X_1, \ldots, X_n$은 평균과 분산이 미지인 확률 변수의 iid 수열이라고 하자. 표본 분산은 다음과 같이 정의된다.

$$V_n^2 = \frac{1}{n-1}\sum_{j=1}^{n}(X_j - M_n)^2$$

여기서, M_n은 표본 평균이다.

(a) 다음 식을 증명하라.

$$\sum_{j=1}^{n}(X_j - \mu)^2 = \sum_{j=1}^{n}(X_j - M_n)^2 + n(M_n - \mu)^2$$

(b) (a)의 결과를 이용하여 다음 식을 증명하라.

$$E\left[k\sum_{j=1}^{n}(X_j - M_n)^2\right] = k(n-1)\sigma^2$$

(c) (b)를 이용하여 $E[V_n^2] = \sigma^2$을 증명하라. 따라서 V_n^2은 분산에 대한 불편추정량이다.

(d) n으로 $n-1$을 대치할 때 표본 분산의 기대치를 구하라. 이것은 분산에 대한 편향된 추정량이라는 것을 주목하자.

7.3절 : 중심극한정리

7.21. **(a)** 공정한 동전이 50회 던져졌다. 앞면의 수가 20에서 30 사이일 확률을 추정하라. 그 수가 25에서 30번일 확률을 추정하라.

(b) $n = 500$과 구간들 [200, 300]과 [250, 300]에 대하여 (a)를 반복하라.

7.22. 중심극한정리를 이용하여 연습문제 7.15를 반복하라.

7.23. 중심극한정리를 이용하여 연습문제 7.16에서 확률을 추정하라.

7.24. 값싼 전구의 수명은 평균 50시간인 지수 확률 변수이다. 25개 전구들이 검사되었고, 그것들의 수명이 측정되었다. 수명의 합이 1,000시간보다 작을 확률을 중심극한정리를 이용하여 추정하라.

7.25. 학생들은 펜의 수명이 평균 2주인 지수 확률 변수인 펜을 사용한다. 15주 학기 시작에 .99 확률로 학기 동안 펜을 다 써버리지 않도록 하기 위해서 사야 하는 펜의 최소수를 중심극한정리를 사용하여 결정하라.

7.26. 다중화기에 도착하는 메시지의 수는 평균 10 메시지/초를 갖는 포아송 확률 변수이다. 1분에 750 메시지들보다 많이 도착할 확률을 중심극한정리를 이용하여 추정하라.

7.27. 이진 송신채널은 확률 .15로 비트 오류들을 발생한다. 100비트 송신에서 20개 또는 그 이하의 에러가 있을 확률을 추정하라.

7.28. 81개 실수들 목록의 합이 계산되었다. 수들은 가장 가까운 정수로 반올림되므로 각수는 (−0.5, 0.5) 구간에 균등 분포된 오류를 갖는다. 81개 수들의 합에서 전체 오류가 2를 초과할 확률을 중심극한정리를 이용하여 추정하라.

7.29. **(a)** 공정한 동전이 100회 던져졌다. 윗면의 수가 60보다 클 확률을 체르노프 경계를 이용하여 추정하라. 중심극한정리를 사용한 추정과 비교하라.

(b) $n = 1{,}000$과 윗면의 수가 550보다 클 확률에 대하여 (a)를 반복하라.

7.30. 이진 송신채널은 확률 .01로 비트 오류를 발생한다. 100비트 송신에서 2개 이상의 오류가 있을 확률

을 체르노프 경계를 이용하여 추정하라. 중심극한정리를 사용한 추정과 비교하라.

7.31. **(a)** 여러분의 자매를 상대로 가위바위보 게임을 할 때 당신은 확률 3/5로 진다. 20 게임 중 반 이상을 당신이 이길 확률을 체르노프 경계를 이용하여 추정하라.

(b) 100게임에 대하여 반복하라.

(c) 여러분의 자매가 게임의 1/2 이상을 이길 확률이 90%가 되도록 노는 데 필요한 게임의 수 n을 시행착오 방법을 사용하여 구하라.

7.32. 평균 α를 갖는 포아송 확률 변수 X에 대한 체르노프 경계가 $a > \alpha$에 대해서 $P[X \geq a] \leq e^{-a\ln(a/\alpha)+a-\alpha}$임을 보여라. 힌트: $E[e^{sX}] = e^{\alpha(e^s-1)}$을 이용하라.

7.33. 체르노프 경계를 이용하여 문제 7.25를 다시 풀어라.

7.34. 평균 μ와 분산 σ^2을 갖는 가우스 확률 변수 X에 대한 체르노프 경계는 $a > \mu$에 대해서 $P[X \geq a] \leq e^{-(a-\mu)^2/2\sigma^2}$ 임을 보여라. 힌트: $E[e^{sX}] = e^{s\mu+s^2\sigma^2/2}$을 이용하라.

7.35. 가우스 확률 변수에 대한 체르노프 경계와 식 (4.54)에 의해 제공된 추정을 비교하라.

7.36. **(a)** 율 λ를 갖는 지수 확률 변수에 대한 체르노프 경계를 구하라.

(b) $P[X \geq k/\lambda$의 정확한 확률과 체르노프 경계를 비교하라.

7.37. **(a)** 모수 λ와 α를 갖는 감마 확률 변수에 대한 체르노프 경계를 구하기 위하여 문제 7.36에 있는 접근방법을 일반화하라.

(b) (a)의 결과를 이용하여 자유도 k를 갖는 카이제곱 확률 변수에 대한 체르노프 경계를 구하라.

*7.4절 : 확률 변수의 수열의 수렴

7.38. $U_n(\zeta), W_n(\zeta), Y_n(\zeta), Z_n(\zeta)$는 예제 7.18에서 정의된 확률 변수의 수열이라고 하자.

(a) 각 확률 변수의 수열로 관련된 ζ의 함수들의 수열을 그려보라.

(b) $\zeta = 1/4$에 대해서 관련된 표본 수열을 그려보라.

7.39. ζ는 구간 $S = [0, 1]$로부터 임의로 선택되었다고 하고, ζ가 S의 부구간에 있을 확률은 부구간의 길이에 의해 주어진다고 하자. $n \geq 1$에 대해서 다음 확률 변수의 수열을 정의하라.

$$X_n(\zeta) = \zeta^n, Y_n(\zeta) = \cos^2 2\pi\zeta, Z_n(\zeta) = \cos^n 2\pi\zeta$$

수열들은 수렴하는가? 그렇다면, 어떤 점에서 그리고 제한하는 확률 변수는 무엇인가?

7.40. $i \geq 1$에서 b_i는 iid 등 확률 베르누이 확률 변수라고 하고, ζ는 다음과 같은 이진 전개식에 의해 결정된 [0, 1] 사이에 있는 수라고 하자.

$$\zeta = \sum_{i=1}^{\infty} b_i 2^{-i}$$

(a) ζ가 왜 [0, 1]에서 균등하게 분포되었는지 설명하라.

(b) 예제 7.20의 항아리 문제에서 발생한 표본 수열을 생성하기 위하여 이 ζ의 정의를 어떻게 사용하는가?

7.41. X_n을 iid, 등 확률 베르누이 확률 변수라고 하고,

$$Y_n = 2^n X_1 X_2 \ldots X_n$$

이라고 하자.

(a) 표본 수열을 그려라. 이 수열이 거의 확실하게 수렴하는가? 만일 그렇다면 제한은 무엇인가?

(b) 이 수열은 평균 제곱 의미에서 수렴하는가?

7.42. X_n은 평균 m과 분산 $\sigma^2 < \infty$를 갖는 iid 확률 변수의 수열이라고 하자. M_n은 다음과 같은 산술 평균과 관련된 수열이다.

$$M_n = \frac{1}{n}\sum_{i=0}^{n} X_i$$

M_n이 평균 제곱 의미에서 m으로 수렴하는 것을 보여라.

7.43. X_n과 Y_n은 각각 평균 제곱 의미에서 X와 Y로 수렴하는 확률 변수의 두 개의 (아마 독립인) 수열이라고 하자. 수열 $X_n + Y_n$은 평균 제곱 의미에서 수렴하는가? 만약 그렇다면 제한은 얼마인가?

7.44. U_n은 iid 영평균, 단위분산 가우스 확률 변수의 수열이라고 하자. '저역 통과 여과기'는 수열 U_n을 취하고 다음과 같은 수열을 만든다.

$$X_n = \frac{1}{2}(U_n + U_{n-1})$$

(a) 이 수열은 평균 제곱 의미에서 수렴하는가?

(b) 그것은 분포에서 수렴하는가?

7.45. 예제 7.20에서 소개된 확률 변수의 수열은 평균 제곱 의미에서 수렴하는가?

7.46. 고객들은 이산시간 순간들 $n = 1, 2, \ldots$에 금전출납기(ATM)에 도착한다. 시간 순간에 도착하는 고객들의 수는 모수 p를 갖는 베르누이 확률 변수이고, 도착의 수열은 iid이다. 기계는 하나의 시간 단위보다 적은 시간 내에 한 명의 고객에게 서비스를 한다고 가정하자. X_n은 시간 n까지 기계에 의해 서비스 받은 고객들의 총 수이다. 기계는 시간 N에서 고장난다고 가정하자. 여기에서 N은 평균 100을 갖는 기하학적 확률 변수이므로, 고객 집계는 그 이후에 X_N에 남아있다.

(a) X_n에 대한 표본 수열을 그려라.

(b) 표본 수열들은 거의 확실하게 수렴하는가? 만약 그렇다면 제한은 얼마인가?

(c) 표본 수열들은 평균 제곱 의미에서 수렴하는가?

7.47. 예제 7.18에서 정의된 수열 $Y_n(\zeta)$이 분포에서 수렴하는 것을 보여라.

7.48. X_n이 모수 $\alpha = n$를 갖는 라플라스 확률 변수들의 열이라고 하자. 이 수열은 분포에서 수렴하는가?

7.5절 : 장기간 도착률과 연관된 평균

7.49. 버스 정류장에 고객 도착 시간들은 평균 1분을 갖는 iid 지수 확률 변수이다. 버스들은 30개의 좌석이 꽉 차자마자 출발한다고 가정한다. 얼마의 비율로 버스들이 정류장을 떠나는가?

7.50. 결함이 있는 시계가 확률 $p = 0.1$로 매분마다 똑딱거리며 앞으로 나아가고, 확률 $1 - p$로 바늘이 똑딱거리며 앞으로 나아가지 않는다. 이 시계가 앞으로 움직일 비율은 얼마인가?

7.51. **(a)** $\{N(t) \geq n\}$과 $\{S_n\} \leq t\}$가 등가 사건임을 보여라.

(b) X_j들이 평균 $1/\alpha$를 갖는 iid 지수 확률 변수일 때 $P[N(t) \leq n]$을 (a)를 이용하여 구하라.

7.52. 다음이 왜 등가 사건이 아닌지를 설명하라.

(a) $\{N(t) \leq n\}$와 $\{S_n \geq t\}$

(b) $\{N(t) > n\}$와 $\{S_n < t\}$

7.53. 통신 채널은 오류가 없는 기간과 오류가 발생하는 기간이 번갈아 발생하고 있다. 이 기간이 각각 평균 $m_1 = 100$시간과 $m_2 = 1$분의 독립 확률 변수라고 가정하면, 채널이 에러가 없을 시간 기간의 장기간 비율을 구하라.

7.54. 노동자는 책임자가 주위에 있을 경우 비율 r_1으로, 책임자가 없을 경우 비율 r_2로 일을 한다. 책임자가 있거나 없는 시간 기간의 지속 기간의 수열은 각각 평균 m_1과 m_2를 갖는 독립 확률 변수라고 가정하자. 노동자가 일할 때 장기간 평균율을 구하라.

7.55. 컴퓨터(수리공)는 연속적으로 세 가지 작업(기계)을 순환한다. 매 시간 컴퓨터가 작업 i를 서비스하고, 그것을 하는 데 시간 X_i를 소비한다고 가정하자.

(a) 컴퓨터가 세 가지 작업을 순환할 때 장기간 비율은 얼마인가?

(b) 컴퓨터가 일 i를 서비스하면서 소비하는 시간의 장기간 비율은 얼마인가?

(c) 컴퓨터(수리공)가 하나의 작업에서 다른 작업(기계)으로 전환(걸음)을 위해 임의의 시간 W가 요구된다고 할 때 (a)와 (b)를 반복하라.

7.56. 어떤 시스템 부품의 수명은 평균 $T = 2$달을 갖는 지수 확률 변수이다. 부품이 고장나거나 $3T$달의 기간이 되면 교체한다고 가정하자.

(a) 부품들이 교체될 때 장기간 비율을 구하라.

(b) 작업하고 있는 부품들이 교체될 때 장기간 비율을 구하라.

7.57. 데이터 압축 부호화기는 정보 비트의 흐름을 아래에 보이는 바와 같은 패턴들로 분할한다. 그 다음에 각 패턴은 아래에 보인 코드워드로 부호화된다.

(a) 정보원이 매 ms마다 비트를 발생시킬 때 코드워드가 생성되는 비율을 구하라.

(b) 정보 비트로 부호화된 비트의 장기간 비율을 구하라.

패턴	코드워드	확률
1	100	.1
01	101	.09
001	110	.081
0001	111	.0729
0000	0	.6561

7.58. 예제 7.29에서 다음 경우들에 대한 잔여 수명 $r(t)$가 c초를 초과하는 시간의 비율을 평가하라.

(a) 구간 $[0, 2]$에서 iid 균일 확률 변수들 X_j

(b) 평균 1을 갖는 iid 지수 확률 변수들 X_j

(c) 평균 1을 갖는 iid 레일라이 확률 변수들 X_j

(d) 위의 세 가지 경우들 각각의 평균 잔여시간을 계산하고 비교하라.

7.59. 주기의 시기 $a(t)$는 가장 마지막으로 도착하는 것에서 임의의 시간 순간 t까지 경과하는 시간으로 정의된다. $a(t)$가 c초를 초과하는 장기간 비율이 식 (7.48)에 의해 주어진다는 것을 보여라.

7.60. 각 주기에서의 비용은 주기의 시기 $a(t)$에 비례하는 비율로 증가한다고 가정하면 다음과 같다.

$$C_j = \int_0^{X_j} a(t')\, dt'$$

(a) $C_j = X_i^2/2$임을 보여라.

(b) 비용 증가가 $E[X^2]/2E[X]$에서의 장기간 비율을 보여라.

(c) (b)의 결과가 $a(t)$의 장기간 시간 평균, 즉 다음과 같음을 보여라.

$$\lim_{t\to\infty}\frac{1}{t}\int_0^t a(t')\,dt' = \frac{E[X^2]}{2E[X]}$$

(d) 또한 평균 잔여 수명이 왜 위의 표현식으로 주어지는가를 설명하라.

7.61. 다음 경우들에서 연습문제 7.60에서의 평균 연령과 평균 잔여 수명을 계산하라.

(a) 구간 [0, 2]에서 iid 균일 확률 변수들 X_j

(b) 평균 1을 갖는 iid 지수 확률 변수들 X_j

(c) 평균 1을 갖는 iid 레일라이 확률 변수들 X_j

7.62. (재생법) 대기 시스템은 고객이 도착하고 빈 시스템을 찾을 때 시스템의 미래의 행동이 과거에 완전히 독립적인 특성을 갖는다고 가정한다. 빈 시스템에 도착하는 두 연속적인 고객 사이의 시간 기간으로 구성하기 위한 주기를 정의하라. N_j는 j번째 주기 동안 서비스되는 고객들의 수이고, T_j는 j번째 주기 동안 서비스되는 모든 고객들의 총 지연시간이다.

(a) 평균 고객 지연시간이 $E[T]/E[N]$으로 주어지는 것을 정리 2를 사용하여 나타내라.

$$\lim_{n\to\infty}\frac{1}{n}\sum_{k=1}^{n} D_k = \frac{E[T]}{E[N]}$$

여기에서 D_k는 k번째 고객의 지연시간이다.

(b) 대기 시스템의 컴퓨터 모의실험에서 평균 지연시간을 예측하기 위해서 이 결과를 어떻게 사용할 것인가?

*7.6절 : 이산 푸리에 변환을 이용한 분포의 계산

7.63. 이산 확률 변수 X는 집합 {0, 1, 2} 내에서 균일하게 분포되어 있다고 하자.

(a) X에 대하여 $N = 3$ DFT를 구하라.

(b) $P[X = 1]$을 다시 찾아내기 위하여 역 DFT를 사용하라.

7.64. $S = X + Y$라고 하자. 여기에서 X와 Y는 집합 {0, 1, 2}에 균등하게 분포된 iid 확률 변수이다.

(a) S에 대하여 $N = 5$인 DFT를 구하라.

(b) $P[S = 2]$를 구하기 위하여 역 DFT를 사용하라.

7.65. X는 모수 $n = 8$과 $p = 1/2$를 갖는 이항 확률 변수라고 하자.

(a) $\Phi_X(\omega)$로부터 X의 pmf를 얻기 위하여 FFT를 사용하라.

(b) $Z = X + Y$의 pmf를 얻기 위하여 FFT를 사용하라. 여기에서 X와 Y는 모수 $n = 2$과 $p = 1/2$을 갖는 iid 이항 확률 변수이다.

7.66. X_j는 집합 {0, 1, . . . , 9}에 균등하게 분포되어 있는 이산 확률 변수라고 하자. $n = 5$와 $n = 10$에 대하여 $S_n = X_1 + \cdots + X_n$의 pmf를 구하기 위하여 FFT를 사용하라. 그 결과들을 그리고 그림 7.16과 비교하라.

7.67. X는 모수 $p = 1/2$을 갖는 기하 확률 변수라고 하자. $N = 8$과 $N = 16$에 대하여 p'_k 계산을 위해서 식 (7.55)를 계산하기 위해 FFT를 사용하여라. 그 결과들을 식 (7.57)에 의해 주어진 것들과 비교하라.

7.68. X는 평균 $L = 5$를 갖는 포아송 확률 변수라고 하자.

(a) $\Phi_X(\omega)$로부터 pmf를 얻기 위해 FFT를 사용하라. 식 (7.55)에서 오류가 1%보다 작은 경우에 대한 N값을 구하라.

(b) $S = X_1 + X_2 + \cdots X_5$라고 하자. 여기에서 X_i는 평균 $L = 5$를 갖는 iid 포아송 확률 변수이다. $\Phi_X(\omega)$로부터 S의 pmf를 계산하기 위해 FFT를 사용하라.

7.69. 어떤 대기 시스템(12장에서 논의되는 M/D/1이라고 불리는 시스템)에서 고객의 수 N에 대한 확률생성 함수는 다음과 같다.

$$G_N(z) = \frac{(1-\rho)(1-z)}{1 - ze^{\rho(1-z)}}$$

여기에서 $0 \le \rho \le 1$이다. $p = 1/2$에 대해서 N의 pmf를 얻기 위하여 FFT를 사용하라.

7.70. 그것의 특성 함수로부터 라플라스 확률 변수의 pdf를 대략적으로 얻기 위하여 FFT를 사용하라. 예제 7.33에서와 같은 모수들을 사용하고, 그림 7.17에 보인 것과 같이 나온 결과를 비교하라.

7.71. X와 Y가 각각 모수 $\alpha = 1$과 $\alpha = 2$를 갖는 독립 라플라스 확률 변수일 때 $Z = X + Y$의 pdf를 대략적으로 얻기 위하여 FFT를 사용하라.

7.72. 그것의 특성 함수로부터 영평균, 단위분산 가우스 확률 변수의 pdf를 대략적으로 얻기 위하여 FFT를 사용하라. N과 ω_0의 값들을 갖고 실험하고, 정확한 값들을 갖고 FFT에 의해 주어진 결과들을 비교하라.

7.73. iid 베르누이, 균일, 지수 확률 변수의 합의 cdf에 대한 그림들 7.2에서 7.4까지 FFT를 사용하여 얻어졌다. 이 그림들에서 보인 결과들을 다시 생성하라.

응용학습문제

7.74. 시스템에서 유형 1 결함들의 수 X는 모수 n과 p를 갖는 이항 확률 변수이고, 유형 2 결함들의 수 Y는 모수 m과 r을 갖는 이항 확률 변수이다.

(a) 시스템에서 결함의 총 수에 대한 확률생성 함수를 구하라.

(b) 결함의 총 수가 k인 확률에 대한 표현식을 구하라.

(c) $n = 32, p = 1/10, m = 16, r = 1/8$이라고 하자. 시스템에서 결함의 총 수에 대한 pmf를 계산하기 위해 FFT를 사용하라.

7.75. U_n은 iid 영평균, 단위분산 가우스 확률 변수의 수열이라고 하자. 저역 통과 여과기는 수열 U_n을 갖고, 다음 수열을 생성한다.

$$X_n = \frac{1}{2}U_n + \left(\frac{1}{2}\right)^2 U_{n-1} + \cdots + \left(\frac{1}{2}\right)^n U_1$$

(a) X_n의 평균과 분산을 구하라.

(b) X_n의 특성 함수를 구하라. 이 무한대로 접근함에 따라 어떻게 되는가?

(c) 이 확률 변수의 수열은 수렴하는가? 어떤 관점에서인가?

7.76. S_n은 평균 μ와 연습문제 7.2에서 주어진 공분산 함수를 갖는 결합 가우스 확률 변수 X_i의 수열의 합이라고 하자.

(a) S_n의 특성 함수를 구하라.

(b) $S_n - S_m$의 평균과 분산을 구하라.

(c) S_n과 S_m의 결합 특성 함수를 구하라. 힌트: S_m 값에 관한 조건 $n > m$을 가정한다.

(d) S_n이 평균 제곱 의미에서 수렴하는가?

7.77. 연습문제 7.3에서 주어진 평균과 공분산을 갖는 결합 가우스 확률 변수로서 주어진 X_i의 수열을 갖는 연습문제 7.76을 반복하라.

7.78. Z_n은 중심극한정리의 식 (7.26a)에 정의된 확률 변수의 수열이라고 하자. Z_n은 평균 제곱 의미에서 수렴하는가?

7.82. X_n은 정보원의 iid 출력의 수열이라고 하자. 시간 n에서 그 정보원은 다음 확률에 따르는 기호들을 생성한다.

기호	확률	코드워드
A	1/2	0
B	1/4	10
C	1/8	110
D	1/16	1110
E	1/16	1111

(a) 시간 n에서 출력의 자기 정보는 확률 변수 $Y_n = -\log_2 p[X_n]$에 의해 정의된다. 따라서 예를 들어, 만약 출력이 C라면 자기정보는 $-\log_2 1/8 = 3$이다. Y_n의 평균과 분산을 구하라. 자기정보의 기대치는 X의 엔트로피와 같다는 것을 주목하라(4.10절 참고).

(b) 자기정보의 산술 평균의 수열을 생각하자.

$$S_n = \frac{1}{n}\sum_{k=1}^{n} Y_k$$

대수의 약 법칙과 강 법칙은 S_n에 적용되는가?

(c) 이제 정보원의 출력은 위에 지시된 가변 길이 이진 코드워드를 사용하여 부호화되었다고 가정하자. 코드워드의 길이는 해당하는 기호의 자기정보에 해당한다는 것에 주목하라. 위의 코드는 정보원 출력에 적용될 때 비트들이 만들어진 비율의 항으로 (b)의 결과를 설명하라.

CHAPTER 8

통계학

Statistics

확률론은 표본 공간, 사건, 확률 분포를 포함하는 확률 실험에서 확률을 나타내는 상태를 모형화할 수 있도록 한다. 확률의 공리는 가지각색의 불규칙 실험에 대한 확률과 평균을 계산하기 위한 다양한 도구들을 개발할 수 있도록 한다. 통계학 분야는 확률 모델을 실세계로 연결하는 중요한 역할을 한다. 확률 모델을 실제 상황에 적용하는 데 있어서, 다음과 같은 질문에 답하기 위하여 실험을 수행하여야 하고 데이터를 수집하여야 한다.

- 관심 있는 확률 변수의 평균과 분산과 같은 모수의 값은 얼마인가?
- 관측된 데이터는 가정된 분포와 일치하는가?
- 관측된 데이터는 확률 변수의 주어진 모수 값과 일치하는가?

통계학은 데이터의 수집 및 분석, 그리고 데이터로부터 결론과 추정을 이끌어내는 것에 관심이 있다. 통계로부터의 방법들은 위의 질문들에 답하기 위한 수단을 우리에게 제공한다.

이 장에서는 확률 변수의 모수의 추정을 우선 고려한다. 우리는 관심 있는 모수에 대한 점 추정뿐만 아니라 신뢰 구간을 얻는 방법들을 전개한다. 그 다음에 우리는 가설 검정을 고려하고 관측된 데이터에 기초한 확률 변수에 관한 표현을 받아들이거나 거부하는 것을 우리에게 허용하는 방법들을 전개한다. 우리는 관측된 데이터에 대한 분포의 적합성을 결정하기 위하여 이 방법들을 적용할 것이다.

가우스 확률 분포는 통계학에서 중요한 역할을 한다. 가우스 확률 변수가 통계학 문헌에서 **정규 확률 변수(normal random variable)**로서 언급된다는 것을 주목하자.

8.1 표본과 표본화 분포

통계라는 용어의 기원은 잠재적인 세금 수입 또는 잠재적인 군대 보충병과 같은 모집단의 성질에 관한 결론을 이끌어내기 위하여 상태 또는 장소에서 모집단(*population*)에 관한 데이터를 수집하는 것이다. 전형적으로 모집단의 크기는 철저한 분석을 하는 데 너무 크므로, 완전한 모집단에 관한 통계적인 추론은 개개의 표본들로부터 관측에 기초하여 얻어졌다.

모집단(population)이라는 용어는 통계학에서 아직 사용되고 있지만, 그것은 이제 주어진 상황에서 조사 중에 있는 모든 객체들 또는 요소들의 수집이라고 부른다. 관심 대상의 특성이 관측가능하고 측정가능하다고 가정하고, 그것은 확률 변수 X에 의해 모형이 만들어질 수 있다. 우리는 모집단으로부터 표본을 취함으로써 관측 데이터를 수집한다. 모집단에 대한 추론을 유효하게 하기 위하여, 그 표본에 있는 각개(individuals)가 완전한 모집단의 대표물이라는 것은 중요하다. 본질적으로, 같은 조건 하에서 수행된 확률 실험들로부터 만들어진 n개 관측들을 필요로 한다. 이런 이유 때문에 **확률 표본** $\mathbf{X}_n = (X_1, X_2, \ldots, X_n)$을 X와 같은 분포를 갖는 n개의 독립 확률 변수들로 구성하고 있는 것으로 정의한다.

통계적인 방법들은 관측된 데이터에서 계산을 수행하는 것을 반드시 포함한다. 예로써, 모집단의 어떤 모수 θ의 값들, 즉 확률 변수 X인 어떤 사건의 평균, 분산 또는 확률을 추론하는 데 관심을 갖고 있다고 하자. 또한 $\mathbf{X}_n$에 기초한 θ에 관한 결론들을 이끌어내는 데 관심을 갖고 있다. 전형적으로 확률 표본 $\mathbf{X}_n = (X_1, X_2, \ldots, X_n)$에 기초한 **통계(statistic)**를 계산한다.

$$\hat{\Theta}(\mathbf{X}_n) = g(X_1, X_2, \ldots, X_n) \tag{8.1}$$

다른 말로, 통계는 단순히 확률 벡터 $\boldsymbol{X}_n$의 함수이다. 명백하게 그 통계 $\hat{\Theta}$는 그 자신이 확률 변수이고, 그러므로 확률 변화성에 영향을 받는다. 따라서 통계에 기초한 추정들, 추론들과 결론들은 확률적인 항으로 언급되어야 한다.

우리는 이미 확률 변수의 중요한 모수들을 추정하기 위한 통계들을 공부했다. 표본 평균은 확률 변수 X의 기대치를 추정하는 데 익숙하다.

$$\overline{X}_n = \frac{1}{n}\sum_{j=1}^{n} X_j \tag{8.2}$$

사건 A의 상대도수는 표본 평균의 특별한 경우이고, A의 확률을 추정하는 데 익숙해져 있다.

$$f_A(n) = \frac{1}{n}\sum_{j=1}^{n} I_j(A) \tag{8.3}$$

다른 통계들은 X의 분산, X의 최소와 최대, 확률 변수 X와 Y 사이의 상관의 추정을 포함한다.

통계 $\hat{\Theta}$의 **표본화 분포(sampling distribution)**는 그것의 확률 분포(cdf, pdf 또는 pmf)에 의해 주어진다. 그 표본화 분포는 $\hat{\Theta}$의 모수들, 즉 평균, 분산, 모멘트뿐만 아니라 $\hat{\Theta}$를 포함하는 확률들 $P[a < \hat{\Theta} < b]$의 계산을 가능하게 한다. 우리는 표본화 분포와 그것의 모수들은 통계 $\hat{\Theta}$의 정확성과 품질을 결정하도록 우리들에게 허용한다는 것을 알 것이다.

예제 8.1 **표본 평균의 평균과 분산**

X는 기대치 $E[X] = \mu$와 분산 $\text{VAR}[X] = \sigma^2{}_X$을 갖는다. 표본 평균 $\hat{\Theta}(\mathbf{X}_n) = \overline{X}_n$의 평균과 분산을 구하여라. X_i는 독립항등분포 확률 변수들이므로,

$\overline{X}_n$의 기대치는 다음 식으로 주어진다.

$$E[\overline{X}_n] = \frac{1}{n}E\left[\sum_{j=1}^{n} X_j\right] = \mu \tag{8.4}$$

$\overline{X}_n$의 분산은 다음 식으로 주어진다.

$$\text{VAR}[\overline{X}_n] = \frac{1}{n^2}\text{VAR}\left[\sum_{j=1}^{n} X_j\right] = \frac{\sigma_X^2}{n} \tag{8.5}$$

X_i는 독립항등분포 확률 변수이기 때문이다. 식 (8.4)는 표본 평균이 실제평균 주위에 m 중심이 있다는 것

을 나타내고, 식 (8.5)는 n이 증가함에 따라 표본 평균 추정들이 m 주위에 군집화된다는 것을 말한다. 그 다음 체비셰프 부등식은 $\hat{\Theta}(\mathbf{X}_n) = \overline{X}_n$이 확률적으로 μ에 수렴한다고 주장하는 대수의 약 법칙으로 이끈다.

예제 8.2 **가우스 확률 변수의 표본 평균에 대한 표본화 분포**

X를 기대치 $E[X] = \mu$와 분산 $\text{VAR}[X] = \sigma^2{}_X$를 갖는 가우스 확률 변수라고 하자. 독립항등분포 관측들 $X_1, X_2, \ldots, X_n$에 기초하여 표본 평균의 분포를 구하라.

만약 표본들 X_i가 독립항등분포 가우스 확률 변수들이라면, 예제 6.24로부터 $\overline{X}_n$은 또한 식 (8.4)와 (8.5)에 의해 주어진 평균과 분산을 갖는 가우스 확률 변수이다. 많은 중요한 통계적인 방법들이 가우스 확률 변수들의 표본 평균에 대한 다음의 '한쪽' 확률을 포함한다는 것을 알 것이다.

$$\alpha = P\left[\overline{X}_n - \mu > c\right] = P\left[\frac{\overline{X}_n - \mu}{\sigma_X/\sqrt{n}} > \frac{c}{\sigma_X/\sqrt{n}}\right]$$

$$= Q\left(\frac{c}{\sigma_X/\sqrt{n}}\right) \tag{8.6}$$

z_α를 그림 8.1에 보인 바와 같은 표준(영평균, 단위분산) 가우스 확률 변수에 대한 임계값이라고 하면, 다음과 같다.

$$\alpha = Q(z_\alpha) = Q\left(\frac{c}{\sigma_X/\sqrt{n}}\right)$$

한쪽 확률에서 상수 c에 대해 원하는 값은 다음과 같다.

$$c = \frac{\sigma_X}{\sqrt{n}} z_\alpha \tag{8.7}$$

표 8.1은 가우스 확률 변수에 대한 공통의 임계값들을 나타낸다. 따라서 $\alpha = 0.05$를 갖는 한쪽 확률에 대하여, $z_\alpha = 1.6449$와 $c = 1.6449\sigma_X/\sqrt{n}$이다.

'양쪽' 의 경우에서는 우리는 다음 식과 관계를 갖고 있다.

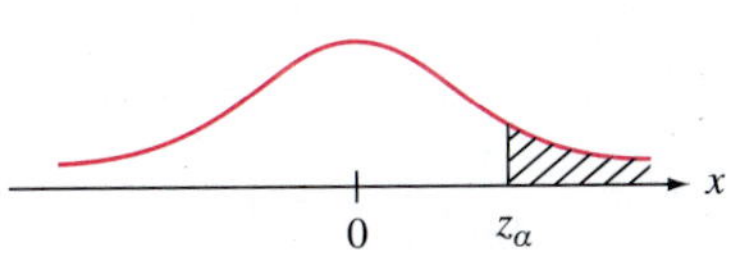

그림 8.1 ● 표준 가우스 확률 변수에 대한 임계값

표 8.1 표준 가우스 확률 변수에 대한 임계값

α	z_α
0.1000	1.2816
0.0500	1.6449
0.0250	1.9600
0.0100	2.3263
0.0050	2.5758
0.0025	2.8070
0.0010	3.0903
0.0005	3.2906
0.0001	3.7191

$$1 - \alpha = P\left[-c \le \overline{X}_n - \mu \le c\right] = P\left[\frac{-c}{\sigma_X/\sqrt{n}} \le \frac{\overline{X}_n - \mu}{\sigma_X/\sqrt{n}} \le \frac{c}{\sigma_X/\sqrt{n}}\right]$$
$$= 1 - 2Q\left(\frac{c}{\sigma_X/\sqrt{n}}\right)$$

$\alpha/2 = Q(z_{\alpha/2})$라 하면, 상수 c의 바라는 값은 다음과 같다.

$$c = \frac{\sigma_X}{\sqrt{n}} z_{\alpha/2} \tag{8.8}$$

$\alpha = 0.010$을 갖는 양쪽 확률에 대해서 $z_{\alpha/2} = 2.5758$과 $c = 2.5758\sigma_X/\sqrt{n}$이다.

예제 8.3 **큰 n을 갖는 표본 평균에 대한 표본화 분포**

X가 가우스는 아니지만 유한 평균과 분산을 가질 때, 중심극한정리에 의해서 큰 수 n에 대해서 다음 식을 얻는다.

$$\frac{\overline{X}_n - \mu}{\sigma_X/\sqrt{n}} = \sqrt{n}\frac{\overline{X}_n - \mu}{\sigma_X} \tag{8.9}$$

대략적으로 영평균, 단위분산 가우스 분포를 갖는다. 따라서 표본의 수가 클 때, 표본 평균은 근사적으로 가우스이다. 이것은 비록 X의 분포를 알지 못한다 하더라도, $\overline{X}_n$를 포함하는 확률들을 계산하도록 허용한다. 이 결과는 표본 수 n이 클 때 통계에서 수많은 응용들을 발견한다.

예제 8.4 **이항 확률 변수의 표본화 분포**

우리는 이진 통신 채널에서 오류의 확률 p를 추정하고자 한다. 송신 오류 수열 $I_1, I_2, \ldots, I_n$을 결정하기 위하여 사전에 정의된 비트 수열을 송신하고 그에 상당하는 수신 수열을 관찰한다. 여기에서 I_j는 j번째 송신에서 오류에 해당하는 사건 A의 발생에 대한 지시 함수이다. $N_A(n)$을 오류들의 전체 수라고 하자. 오류들의 상대도수는 오류의 확률 p를 추정하는 데 사용된다.

$$f_A(n) = \frac{1}{n}\sum_{j=1}^{n} I_j(A) = \frac{N_A(n)}{n}$$

서로 다른 송신들의 출력이 독립이라고 하면, n개 송신에서 오류들의 수 $N_A(n)$은 모수 n과 p를 갖는 이항 확률 변수이다. $f_A(n)$의 평균과 분산은 다음과 같다.

$$E[f_A(n)] = \frac{np}{n} = p \quad \text{그리고} \quad \text{VAR}[f_A(n)] = \frac{np(1-p)}{n^2}$$

예제 7.10의 접근 방법을 사용하여 $f_A(n)$의 분산을 $1/4n$로 속박하고, $f_A(n)$이 p의 ε 이내에 있을 어떤 확률 $1-\alpha$를 위하여 필요로 하는 표본 수를 추정하기 위해서 체비셰프 부등식을 사용할 수 있다.

$$P\left[|f_A(n) - p| < \varepsilon\right] > 1 - \frac{1}{4n\varepsilon^2} = 1 - \alpha$$

큰 n에 대하여, 우리는 중심극한정리를 적용할 수 있다.

$$Z_n = \frac{f_A(n) - p}{\sqrt{1/4n}}$$

위의 식은 개략적으로 영평균과 단위분산을 갖는 가우스이다. 그 다음에 우리는 다음을 얻는다.

$$P[|f_A(n) - p| < \varepsilon] = P[|Z_n| < \varepsilon\sqrt{4n}] \approx 1 - 2Q(\varepsilon\sqrt{4n}) = 1 - \alpha$$

예로써, 만약 $\alpha = 0.05$라면 $\sqrt{4n} = z_{\alpha/2} = 1.96$이고 $n = 1.96^2/4\varepsilon^2$이다.

8.2 모수 추정

이 절에서 우리는 확률 변수 X의 모수 θ를 추정하는 문제를 고려한다. X의 독립항등분포로 구성된 **확률 표본** $\mathbf{X}_n = (X_1, X_2, \ldots, X_n)$을 얻었다고 가정한다. 추정량은 $\mathbf{X}_n$의 함수로 다음과 같이 주어진다.

$$\hat{\Theta}(\mathbf{X}_n) = g(X_1, X_2, \ldots, X_n) \tag{8.10}$$

n개의 관측들을 만든 후에, $(x_1, x_2, \ldots, x_n)$값을 가지고서 단일 값 $g(x_1, x_2, \ldots, x_n)$에 의해 θ에 대한 추정의 값을 구할 수 있다. 이와 같은 까닭으로 $\hat{\Theta}(\mathbf{X}_n)$은 모수 θ에 대한 **점 추정량(point estimator)**이라고 불린다.

다음 세 개의 질문들을 고려한다.

1. 좋은 추정량이라고 간주하는 것은 어떤 성질들인가?

2. 추정량이 다른 것보다 더 낫다고 어떻게 결정하는가?

3. 좋은 추정량을 어떻게 구하는가?

이상의 질문들에서, 우리는 또한 갖가지 유용한 추정량을 소개한다.

8.2.1 추정량의 성질

이상적으로, 좋은 추정량은 평균적으로 모수 θ와 같아야 한다. 만약 다음 식이 성립한다면 그 추정량 $\hat{\Theta}$를 θ에 대해서 **불편추정량(unbiased estimator)**이라고 한다.

$$E[\hat{\Theta}] = \theta \tag{8.11}$$

어떤 추정량 $\hat{\Theta}$의 **편향(bias)**은 다음과 같이 정의 된다.

$$B[\hat{\Theta}] = E[\hat{\Theta}] - \theta \tag{8.12}$$

예제 8.1에 있는 식 (8.4)로부터 표본 평균은 평균 μ에 대해 불편추정량이라는 것을 알 수 있다. 그러나 편향된 추정량들이 다음 예제에서 예시되는 바와 같이 보기 드문 것은 아니다.

예제 8.5 표본 분산

표본 평균은 확률 변수 관측들의 질량 중심에 대한 추정을 제공한다. 또한 이 질량 중심에 관한 이들 관측들의 퍼짐에 관심이 있다. X의 분산 $\sigma^2{}_X$에 대한 명백한 추정량은 다음과 같이 표본 평균에 관한 자승 변분의 산술 평균이다.

$$\hat{S}^2 = \frac{1}{n}\sum_{j=1}^{n}(X_j - \overline{X}_n)^2 \tag{8.13}$$

여기에서 표본 평균은 다음과 같이 주어진다.

$$\overline{X}_n = \frac{1}{n}\sum_{j=1}^{n}X_j \tag{8.14}$$

$\hat{S}^2$이 불편추정량인지 점검하자. 우선, 식 (8.13)을 다시 쓴다.

$$\begin{aligned}
\hat{S}^2 &= \frac{1}{n}\sum_{j=1}^{n}(X_j - \overline{X}_n)^2 = \frac{1}{n}\sum_{j=1}^{n}(X_j - \mu + \mu - \overline{X}_n)^2 \\
&= \frac{1}{n}\sum_{j=1}^{n}\left\{(X_j - \mu)^2 + 2(X_j - \mu)(\mu - \overline{X}_n) + (\mu - \overline{X}_n)^2\right\} \\
&= \frac{1}{n}\sum_{j=1}^{n}(X_j - \mu)^2 + \frac{2}{n}(\mu - \overline{X}_n)\sum_{j=1}^{n}(X_j - \mu) + \frac{1}{n}\sum_{j=1}^{n}(\mu - \overline{X}_n)^2 \\
&= \frac{1}{n}\sum_{j=1}^{n}(X_j - \mu)^2 + \frac{2}{n}(\mu - \overline{X}_n)(n\overline{X}_n - n\mu) + \frac{n(\mu - \overline{X}_n)^2}{n} \\
&= \frac{1}{n}\sum_{j=1}^{n}(X_j - \mu)^2 - 2(\overline{X}_n - \mu)^2 + (\overline{X}_n - \mu)^2 \\
&= \frac{1}{n}\sum_{j=1}^{n}(X_j - \mu)^2 - (\overline{X}_n - \mu)^2
\end{aligned} \tag{8.15}$$

그러면 $\hat{S}^2$의 기대치는 다음과 같다.

$$\begin{aligned}
E[\hat{S}^2] &= E\left[\frac{1}{n}\sum_{j=1}^{n}(X_j - \mu)^2 - (\overline{X}_n - \mu)^2\right] \\
&= \frac{1}{n}\sum_{j=1}^{n}[E[(X_j - \mu)^2] - E[(\overline{X}_n - \mu)^2]] \\
&= \sigma_X^2 - \frac{\sigma_X^2}{n} = \frac{n-1}{n}\sigma_X^2
\end{aligned} \tag{8.16}$$

여기에서 표본 평균의 분산에 대하여 식 (8.2)를 사용하였다. 식 (8.16)은 식 (8.13)에 의해 주어진 단순한 추정량이 분산에 대하여 편향된 추정량이라는 것을 나타낸다. n으로 나누는 대신에 $n-1$로 식 (8.15)에 있는 합을 나눔으로써 $\sigma^2{}_X$에 대한 불편추정량을 구할 수 있다.

$$\hat{\sigma}_n^2 = \frac{1}{n-1}\sum_{j=1}^{n}(X_j - \overline{X}_n)^2 \tag{8.17}$$

식 (8.17)은 확률 변수의 분산에 대한 표준 추정량으로서 사용된다.

추정량 품질의 두 번째 척도는 **평균 제곱 추정오류(mean square estimation error)**이다.

$$\begin{aligned}
E[(\hat{\Theta} - \theta)^2] &= E[(\hat{\Theta} - E[\hat{\Theta}] + E[\hat{\Theta}] - \theta)^2] \\
&= \text{VAR}[\hat{\Theta}] + B(\hat{\Theta})^2
\end{aligned} \tag{8.18}$$

명백하게 좋은 추정량은 추정값들이 θ에 가까이 군집화되는 것을 내포하기 때문에 적은 평균 제곱 추정오류를 가져야 한다. 만약 $\hat{\Theta}$가 θ의 불편추정량이라면, $B[\hat{\Theta}] = 0$이고 평균 제곱 오류는 단순히 추정량 $\hat{\Theta}$의 분산이다. 두 개의 불편추정량을 비교하는 데 있어서 명백하게 가장 적은 추정량 분산을 갖는 것을 선호한다. 편향된 추정량과 불편추정량의 비교는 신중을 요할 수 있다. 편향된 추정량이 어떤 불편추정량보다 더 적은 평균 제곱 오류를 갖는 것이 가능하다[Hardy]. 그러한 상황에서는 편향된 추정량을 선호할 것이다.

주의 깊은 학생은 이미 6장에서 최소 평균 제곱 추정량들을 구하는 문제를 고려했다는 것을 주목했을 것이다. 그 논의에서는 하나 또는 그 이상의 관측된 확률 변수들 $X_1, X_2, \ldots, X_n$의 함수에 의해 하나의 확률 변수 Y의 값을 추정하는 것을 하였다. 이 절에서는 확률은 아니지만 미지인 모수 θ를 추정하는 것이다.

예제 8.6 **지수 확률 변수에 대한 추정량**

메시지 센터에 메시지 도착 사이 시간들은 비율 λ 메시지/초를 갖는 지수 확률 변수들이다. 평균 도착 사이 시간 $\theta = 1/\lambda$에 대한 다음의 두 추정량을 비교하라.

$$\hat{\Theta}_1 = \frac{1}{n}\sum_{j=1}^{n} X_j \quad \text{그리고} \quad \hat{\Theta}_2 = n^* \min(X_1, X_2, \ldots, X_n) \tag{8.19}$$

첫 번째 추정량은 단순히 도착 사이 시간들의 표본 평균이다. 두 번째 추정량은 예제 6.10으로부터 n개 독립항등분포 지수 확률 변수들은 그 자체가 평균 도착 사이 시간 $1/n\lambda$를 갖는 지수 확률 변수라는 사실을 사용한다.

$\hat{\Theta}_1$는 표본 평균이므로 그것이 불편추정량이고 평균 제곱 오류는 다음 식과 같다는 것을 알고 있다.

$$E\left[\left(\hat{\Theta}_1 - \frac{1}{\lambda}\right)^2\right] = \text{VAR}[\hat{\Theta}_1] = \frac{\sigma_X^2}{n} = \frac{1}{n\lambda^2}$$

반면에, $\min(X_1, X_2, \ldots, X_n)$는 평균 도착 사이 시간 $1/n\lambda$를 갖는 지수 확률 변수이다.

$$E[\hat{\Theta}_2] = E[n^* \min(X_1, \ldots, X_n)] = \frac{n}{n\lambda} = \frac{1}{\lambda}$$

그러므로 $\hat{\Theta}_2$ 또한 $\theta = 1/\lambda$에 대한 불편추정량이다. 평균 제곱 오류는 다음과 같다.

$$E\left[\left(\hat{\Theta}_2 - \frac{1}{\lambda}\right)^2\right] = \text{VAR}[\hat{\Theta}_2] = n^2\,\text{VAR}[\min(X_1, \ldots, X_n)] = \frac{n^2}{n^2\lambda^2} = \frac{1}{\lambda^2}$$

분명히, $\hat{\Theta}_1$는 더 적은 평균 제곱 추정오류를 갖기 때문에 선호되는 추정량이다.

추정량 품질의 세 번째 척도는 표본 크기 n이 증가됨에 따른 그것의 반응과 관련이 있다. $\hat{\Theta}$가 θ에 확률적으로 수렴한다면, 즉 식 (7.21)에 따라서 모든 $\varepsilon > 0$에 대해 다음 식이 성립한다면 θ는 모순이 없는 **일관된 추정량(consistent estimator)**이다.

$$\lim_{n\to\infty} P[|\hat{\Theta} - \theta| > \varepsilon] = 0 \tag{8.20}$$

추정량 $\hat{\Theta}$는 만약 $\hat{\Theta}$가 확실히, 즉 확률 1로 θ에 수렴한다면 **강하게 일관된 추정량**이라고 한다. 식 (7.22)와 (7.37)을 참고하라. 일관된 추정량들은 편향이든지 불편향이든지 n이 증가함에 따라서 θ의 정확한 값을 향하려는 경향이 있다.

예제 8.7 표본 평균 추정량의 정합성(무모순성)

대수의 약 법칙은 표본 평균 $\overline{X}_n$가 확률적으로 $\mu = E[X]$에 수렴한다는 것을 말한다. 따라서 표본 평균은 일관된 추정량이다. 더욱이 대수의 강 법칙은 표본 평균이 확률 1로 μ에 수렴하는 것을 말한다. 따라서 표본 평균은 강하게 일관된 추정량이다.

예제 8.8 표본 분산 추정량의 정합성(무모순성)

식 (8.17)에서 불편 표본 분산 추정량을 고려하자. 그것은 $\hat{\sigma}_n^2$의 분산이 다음 식과 같다는 것을 보일 수 있다(연습문제 8.18을 보라).

$$\text{VAR}[\hat{\sigma}_n^2] = \frac{1}{n}\left\{\mu_4 - \frac{n-3}{n-1}\sigma^4\right\} \qquad \text{여기에서} \qquad \mu_4 = E[(X-m)^4]$$

만약 네 번째 중심 모멘트 μ_4가 유한하다면, 위의 분산 항은 n이 증가함에 따라서 0에 접근한다. 체비셰프 부등식에 의해서 다음을 갖는다.

$$P[|\hat{\sigma}_n^2 - \sigma^2| > \varepsilon] \leq \frac{\text{VAR}[\hat{\sigma}_n^2]}{\varepsilon^2} \to 0, \quad n \to \infty \text{에 따라}$$

따라서 표본 분산 추정량은 μ_4가 유한하다면 모순이 없다.

8.2.2 좋은 추정량 구하기

이상적으로 최소 평균 제곱 오류를 갖는 불편이고, 모순이 없는 일관된 추정량을 가지려 한다. 불운하게도, 불편추정량과 일관된 추정량이 관심 있는 모든 모수에 대하여 존재한다는 보장이 없다. 또한 임의의 모수들에 대한 최소 평균 제곱 추정량을 구하는 간단한 방법도 없다. 다행스럽게 작업이 비교적 쉬운 최대우도추정량의 부류를 갖고 있고 n이 클 때 많은 바람직한 성질들을 갖는다. 그리고 종종 불편이고 최소 분산으로 수정될 수 있는 추정량을 제공한다. 다음 절에서 최대우도추정을 다룬다.

8.3 최대우도추정

이제 미지의 모수 θ에 대한 점 추정량 $\hat{\Theta}(\mathbf{X}_n)$을 구하기 위해서 최대우도 방법을 고려하자. 이 절에서는 우선 그 방법이 어떻게 작용하는지 보인다. 그 다음에 최대우도추정량을 실제적으로 매우 유용하게 하는 여러 가지 성질을 소개한다.

최대우도 방법은 그것의 추정으로써 관측된 데이터 $\mathbf{X}_n = (X_1, X_2, \ldots, X_n)$의 확률을 최대화하는 모수 값을 선택한다. 수학적인 표현 방법을 소개하기 전에 기본 접근 방법을 설명하기 위해서 예제를 이용한다.

예제 8.9 포아송 분포된 오자

Bob이 제출한 문서들은 평균 1개 오자/페이지를 갖는 포아송 분포된 수의 오자가 있는 것이 발견되었고,

반면에 John이 준비한 문서들은 평균 5개 오자/페이지를 갖는 포아송 분포된 수의 오자를 갖는다. Bob 또는 John에 의해 제출된 한 페이지는 2개 오자를 갖는다고 가정하자. 누가 더 나은 작가인가?

최대우도 접근 방법에서는 우선 각각 가능한 모수 값에 대해 주어진 관측을 얻는 확률을 계산한다.

$$P[X = 2 | \theta = 1] = \frac{1^2}{2!}e^{-1} = \frac{1}{2e} = 0.18394$$

$$P[X = 2 | \theta = 5] = \frac{5^2}{2!}e^{-5} = \frac{25}{2e^5} = 0.084224$$

그 다음에 관측에 대하여 높은 확률을 갖는 모수 값을 선택한다. 이 경우에 $\hat{\Theta}(2) = 1$이 높은 확률을 나타내므로, 추정량은 더 나은 페이지의 저자로 Bob을 선택한다.

$\mathbf{x}_n = (x_1, x_2, \ldots, x_n)$을 확률 변수 X에 대한 확률 표본의 관측된 값들이라고 하고, θ를 관심 있는 모수라고 하자. 표본의 우도 함수는 다음과 같이 정의된 θ의 함수이다.

$$\begin{aligned} l(\mathbf{x}_n; \theta) &= l(x_1, x_2, \ldots, x_n; \theta) \\ &= \begin{cases} p_X(x_1, x_2, \ldots, x_n | \theta) & X \text{는 이산 확률 변수} \\ f_X(x_1, x_2, \ldots, x_n | \theta) & X \text{는 연속 확률 변수} \end{cases} \end{aligned} \tag{8.21}$$

여기에서 $p_X(x_1, x_2, \ldots, x_n|\theta)$와 $f_X(x_1, x_2, \ldots, x_n|\theta)$는 모수 값이 θ일 때 관측 값들에서 계산된 결합 pmf와 결합 pdf이다. 표본들 $X_1, X_2, \ldots, X_n$이 독립항등분포이므로, 우도 함수에 대해 다음과 같은 단순한 표현식을 갖는다.

$$p_X(x_1, x_2, \ldots, x_n | \theta) = p_X(x_1 | \theta)p_X(x_2 | \theta) \ldots p_X(x_n | \theta) = \prod_{j=1}^{n} p_X(x_j | \theta) \tag{8.22}$$

와

$$f_X(x_1, x_2, \ldots, x_n | \theta) = f_X(x_1 | \theta)f_X(x_2 | \theta) \ldots f_X(x_n | \theta) = \prod_{j=1}^{n} f_X(x_j | \theta) \tag{8.23}$$

최대우도 방법(maximum likelihood method)은 추정량 값 $\hat{\Theta} = \theta^*$를 선택한다. 여기에서 θ^*는 우도 함수를 최대화하는 모수 값이다.

$$l(x_1, x_2, \ldots, x_n; \theta^*) = \max_{\theta} l(x_1, x_2, \ldots, x_n; \theta) \tag{8.24}$$

여기에서 최대는 θ의 모든 허용 가능한 값들로부터 가져온다. 보통 θ는 연속값들의 집합으로 가정하므로, 우리는 미적분학으로부터 표준 방법들을 사용하여 θ에 관한 우도 함수의 최대를 구한다.

보통 식 (8.22)와 (8.23)에 있는 항들의 곱 대신에 항들의 합으로 작업할 수 있으므로, **대수우도 함수(log likelihood function)**로 작업하는 것이 좀 더 편리하다.

$$\begin{aligned} L(\mathbf{x}_n | \theta) &= \ln l(\mathbf{x}_n; \theta) \\ &= \begin{cases} \displaystyle\sum_{j=1}^{n} \ln p_X(x_j | \theta) = \sum_{j=1}^{n} L(x_j | \theta) & X \text{는 이산 확률 변수} \\ \displaystyle\sum_{j=1}^{n} \ln f_X(x_j | \theta) = \sum_{j=1}^{n} L(x_j | \theta) & X \text{는 연속 확률 변수} \end{cases} \end{aligned} \tag{8.25}$$

대수우도 함수를 최대화하는 것은 $\ln(x)$가 x의 증가 함수이므로 우도 함수를 최대화하는 것과 등가이다. 다음과 같이 하여 값 θ를 구함으로써 최대우도추정을 얻는다.

$$\frac{\partial}{\partial\theta}L(\mathbf{x}_n|\theta) = \frac{\partial}{\partial\theta}\ln l(\mathbf{x}_n|\theta) = 0 \tag{8.26}$$

예제 8.10 **베르누이 확률 변수에 대한 p의 추정**

성공 확률 p를 갖는 베르누이 확률 변수의 n회 독립 관측을 수행한다고 가정하자. p에 대한 최대우도추정을 구하라.

$\mathbf{i}_n = (i_1, i_2, \ldots, i_n)$은 n회 베르누이 시도에서 관측된 출력들이라고 하자. 개개의 출력에 대한 pmf는 다음과 같이 쓰여질 수 있다.

$$p_X(i_j|p) = p^{i_j}(1-p)^{1-i_j} = \begin{cases} p & i_j = 1\text{일 경우} \\ 1-p & i_j = 0\text{일 경우} \end{cases}$$

대수우도 함수는 다음 식과 같다.

$$\ln l(i_1, i_2, \ldots, i_n; p) = \sum_{j=1}^{n}\ln p_X(i_j|p) = \sum_{j=1}^{n}(i_j\ln p + (1-i_j)\ln(1-p)) \tag{8.27}$$

p에 관하여 1차 도함수를 취하고 그 결과를 0으로 놓는다.

$$\begin{aligned} 0 &= \frac{d}{dp}\ln l(i_1, i_2, \ldots, i_n; p) = \frac{1}{p}\sum_{j=1}^{n}i_j - \frac{1}{1-p}\sum_{j=1}^{n}(1-i_j) \\ &= -\frac{n}{1-p} + \left(\frac{1}{p} + \frac{1}{1-p}\right)\sum_{j=1}^{n}i_j = -\frac{n}{1-p} + \frac{1}{p(1-p)}\sum_{j=1}^{n}i_j \end{aligned} \tag{8.28}$$

p에 대해서 풀면 다음 식을 얻는다.

$$p^* = \frac{1}{n}\sum_{j=1}^{n}i_j$$

따라서 p에 대한 최대우도추정량은 성공들의 상대도수이고, 이는 표본 평균의 특별한 경우이다. 이전의 절로부터 표본 평균 추정량은 불편이고 모순이 없이 일관된 것이라는 것을 알고 있다.

예제 8.11 **포아송 확률 변수에 대한 α의 추정**

평균 α를 갖는 포아송 확률 변수의 n회 독립 관측을 수행한다고 가정한다. α에 대한 최대우도추정을 구하라.

n회 독립 시도에서 사건이 관측된 수들은 $k_1, k_2, \ldots, k_n$으로 주어진다고 하자. j번째 시도에서 k_j 사건들을 관측할 확률은 다음 식과 같다.

$$p_X(k_j|\alpha) = \frac{\alpha^{k_j}}{k_j!}e^{-\alpha}$$

대수우도 함수는 다음 식과 같다.

$$\ln l(k_1, k_2, \ldots, k_n; \alpha) = \sum_{j=1}^{n} \ln p_X(x_j | \alpha) = \sum_{j=1}^{n} (k_j \ln \alpha - \alpha - \ln k_j!)$$
$$= \ln \alpha \sum_{j=1}^{n} k_j - n\alpha - \sum_{j=1}^{n} \ln k_j!$$

최대를 구하기 위하여, α에 대한 1차 도함수를 취하고 그 결과를 0으로 놓으면 다음 식과 같다.

$$0 = \frac{d}{d\alpha} \ln l(k_1, k_2, \ldots, k_n; \alpha) = \frac{1}{\alpha} \sum_{j=1}^{n} k_j - n \tag{8.29}$$

α에 대해서 풀면 다음을 얻는다.

$$\alpha^* = \frac{1}{n} \sum_{j=1}^{n} k_j$$

α에 대한 최대우도추정량은 사건 발생 수의 표본 평균이다.

예제 8.12 가우스 확률 변수에 대한 평균과 분산의 추정

$\mathbf{x}_n = (x_1, x_2, \ldots, x_n)$은 두 개의 모수인 평균 $\theta_1 = \mu$와 분산 $\theta_2 = \sigma_X^2$을 추정하길 바라는 가우스 확률 변수 X에 대한 확률 표본의 관측된 값이라고 하자. 우도 함수는 두 개의 모수 θ_1과 θ_2의 함수이고, 이들 두 모수들에 관하여 동시에 우도를 최대화해야 한다.

j번째 관측에 대한 pdf는 다음 식으로 주어진다.

$$f_X(x_j | \theta_1, \theta_2) = \frac{1}{\sqrt{2\pi\theta_2}} e^{-(x_j - \theta_1)^2 / 2\theta_2}$$

여기에서는 평균과 분산을 각각 θ_1과 θ_2로 대신한다. 대수우도 함수는 다음 식으로 주어진다.

$$\ln l(x_1, x_2, \ldots, x_n; \theta_1, \theta_2) = \sum_{j=1}^{n} \ln f_X(x_j | \theta_1, \theta_2)$$
$$= -\frac{n}{2} \ln 2\pi\theta_2 - \sum_{j=1}^{n} \frac{(x_j - \theta_1)^2}{2\theta_2}$$

θ_1과 θ_2 각각에 대해 미분을 취한 후 0으로 놓으면,

$$0 = \frac{\partial}{\partial\theta_1} \sum_{j=1}^{n} \ln f_X(x_j | \theta_1, \theta_2) = -2 \sum_{j=1}^{n} \frac{(x_j - \theta_1)}{2\theta_2}$$
$$= -\frac{1}{\theta_2} \left[\sum_{j=1}^{n} x_j - n\theta_1 \right] \tag{8.30}$$

그리고

$$0 = \frac{\partial}{\partial\theta_2} \sum_{j=1}^{n} \ln f_X(x_j | \theta_1, \theta_2) = -\frac{n}{2\theta_2} + \frac{1}{2\theta_2^2} \sum_{j=1}^{n} (x_j - \theta_1)^2$$
$$= -\frac{1}{2\theta_2} \left[n - \frac{1}{\theta_2} \sum_{j=1}^{n} (x_j - \theta_1)^2 \right] \tag{8.31}$$

식 (8.30)과 (8.31)은 각각 θ_1^*과 θ_2^*에 대해 풀어서 다음을 얻을 수 있다.

$$\theta_1^* = \frac{1}{n}\sum_{j=1}^{n} x_j \tag{8.32}$$

그리고

$$\theta_2^* = \frac{1}{n}\sum_{j=1}^{n}(x_j - \theta_1^*)^2 \tag{8.33}$$

따라서 θ_1^*은 표본 평균에 의해 주어지고, θ_2^*는 예제 8.5에서 언급된 편향된 표본 분산에 의해 주어진다. n이 커짐에 따라 θ_2^*는 불편 $\hat{\sigma}_n^2$에 근사하는 것을 쉽게 보일 수 있다.

최대우도추정량은 일반적으로 다른 추정량들에 의해 만족되지 않는 중요한 **불변 성질(invariance property)**을 갖고 있다. 모수 θ 대신에 θ의 함수 $h(\theta)$를 추정하는 데 관심이 있다고 가정하자. 여기서는 우리의 가정이 거꾸로 되었다. 만약 θ^*가 θ의 최대우도추정이라면, $h(\theta^*)$는 $h(\theta)$에 대한 최대우도추정이라는 것을 보일 수 있다(연습문제 8.31을 보라). 예로써, 지수 확률 변수를 고려하자. λ^*은 지수 확률 변수의 비율 λ에 대한 최대우도추정이라고 가정하자. 대신에 지수 확률 변수의 평균 도착 사이 시간 $h(\lambda) = 1/\lambda$에 관심이 있다고 가정하자. 최대우도추정의 불변 결과는 최대우도추정이 $h(\lambda^*) = 1/\lambda^*$ 이라는 것을 암시한다.

*8.3.1 크래머-라오 부등식[1)]

일반적으로, 우리는 가장 적은 가능한 분산을 갖는 불편추정량 $\hat{\Theta}$을 구하려 한다. 이 추정량은 실제 값 θ 주위에 단단히 군집화되어 있는 것에서 가장 정확한 추정들을 생성한다. 크래머-라오(Cramer-Rao) 부등식은 두 단계로 이 문제를 다룬다. 첫 번째, 그것은 어떤 불편추정량에 의해 성취 가능한 최소 가능한 분산에 대한 하한을 제공한다. 이 한계는 θ의 모든 불편추정량들을 평가하기 위한 기준을 제공한다. 두 번째, 만약 불편추정량이 하한을 성취한다면 그것은 가장 적은 가능한 분산과 평균 제곱 오류를 갖는다. 게다가, 이 불편추정량은 최대우도 방법을 이용하여 구해질 수 있다.

확률 표본 $\mathbf{X}_n$이 벡터 확률 변수이므로, 추정량 $\hat{\Theta}(\mathbf{X}_n)$은 약간의 피할 수 없는 확률 변분을 나타낼 것이고 0이 아닌 분산을 가질 것으로 예상한다. 이 분산이 얼마나 적을 수 있는가에 대한 하한이 있는가? 그 답은 있다는 것이고 하한은 다음 식과 같이 정의된 **피셔 정보(Fisher information)**의 역에 의해 주어진다.

$$I_n(\theta) = E\left[\left\{\frac{\partial L(\mathbf{X}_n|\theta)}{\partial\theta}\right\}^2\right] = E\left[\left\{\frac{\partial \ln f_{\mathbf{X}}(X_1, X_2, \ldots, X_n|\theta)}{\partial\theta}\right\}^2\right] \tag{8.34}$$

식 (8.34)에 있는 pdf는 X가 이산 확률 변수일 때 pmf에 의해 대치된다. 중괄호 안의 항은 **점수 함수(score function)**라 불리는데 이는 모수 θ에 관한 대수우도 함수의 편미분으로 정의된다. 점수 함수는 벡터 확률 변수 $\mathbf{X}_n$의 함수라는 것을 주목하자. 이미 최대우도추정량을 구할 때 이 함수를 보았다. 점수 함수의 기대치는 다음과 같이 0이다.

---

1) 다시 참고하자. 이 절(그리고 다른 별표 있는 절)은 고급 내용을 설명하는 것이고, 학습의 연속성을 깨뜨리지 않고 건너뛸 수 있다는 것을 주목하자.

$$E\left[\frac{\partial L(\mathbf{X}_n|\theta)}{\partial\theta}\right] = E\left[\frac{\partial \ln f_{\mathbf{X}}(\mathbf{X}_n|\theta)}{\partial\theta}\right]$$

$$= \int_{\mathbf{x}_n}\frac{1}{f_{\mathbf{X}}(\mathbf{x}_n|\theta)}\frac{\partial f_{\mathbf{X}}(\mathbf{x}_n|\theta)}{\partial\theta}f_{\mathbf{X}}(\mathbf{x}_n|\theta)\,d\mathbf{x}_n$$

$$= \int_{\mathbf{x}_n}\frac{\partial f_{\mathbf{X}}(\mathbf{x}_n|\theta)}{\partial\theta}d\mathbf{x}_n = \frac{\partial}{\partial\theta}\int_{\mathbf{x}_n}f_{\mathbf{X}}(\mathbf{x}_n|\theta)\,d\mathbf{x}_n = \frac{\partial}{\partial\theta}1 = 0 \quad (8.35)$$

여기에서는 편미분과 적분의 순서는 교환될 수 있다고 가정한다. 따라서 $I_n(\theta)$는 점수 함수의 분산과 동일하다.

점수 함수는 θ의 변화에 따라 대수우도 함수가 변하는 비율의 척도가 된다. 만약 $L(\mathbf{X}_n|\theta)$가 $\mathbf{X}_n$의 대부분의 관측들에 대해 값 θ_0 주변에서 빠르게 변화하려 한다면, 우리는 다음을 예상할 수 있다. (1) 식 (8.34)에 있는 기대치 내부의 인수가 커질 것이므로 피셔 정보는 커지려고 한다. (2) 값 θ_0로부터 근소한 거리들은 기초를 이루는 pdf가 빠르게 변화하므로 관측된 통계에서 언제든지 식별 가능할 것이다. 반면에, 만약 우도 함수가 θ_0 주변에서 천천히 변한다면 피셔 정보는 작아질 것이다. 덧붙여서, θ_0의 두드러지게 다른 값들은 관측된 데이터로부터 모수 값들 가운데 그것을 구별하기 어렵게 만드는 매우 유사한 우도 함수들을 가질 것이다. 요약하면, $I_n(\theta)$의 큰 값들은 더 작은 분산들을 갖게 될 더 나은 추정량들을 수행하는 것을 허용할 것이다.

피셔 정보는 다음 식과 같은 등가를 갖지만 pdf $f_{\mathbf{x}}(x_1, x_2, \ldots, x_n|\theta)$가 어떤 부가적인 조건들(문제 8.32를 보라)을 만족할 때 좀 더 유용한 형태이다.

$$I_n(\theta) = -E\left[\frac{\partial^2 \ln f_{\mathbf{X}}(X_1, X_2, \ldots, X_n|\theta)}{\partial^2\theta}\right] = -E\left[\frac{\partial^2 L(\mathbf{X}_n|\theta)}{\partial^2\theta}\right] \quad (8.36)$$

예제 8.13 **베르누이 확률 변수에 대한 피셔 정보**

식 (8.27)과 (8.28)로부터 베르누이 확률 변수에 대한 점수와 그 도함수는 다음과 같이 주어진다.

$$\frac{\partial}{\partial p}\ln l(i_1, i_2, \ldots, i_n; p) = \frac{1}{p}\sum_{j=1}^{n} i_j - \frac{1}{1-p}\sum_{j=1}^{n}(1-i_j)$$

그리고

$$\frac{\partial^2}{\partial p^2}\ln l(i_1, i_2, \ldots, i_n; p) = -\frac{1}{p^2}\sum_{j=1}^{n} i_j - \frac{1}{(1-p)^2}\sum_{j=1}^{n}(1-i_j)$$

그러면 식 (8.36)으로 주어진 것과 같은 피셔 정보는 다음과 같다.

$$I_n(p) = E\left[\frac{1}{p^2}\sum_{j=1}^{n} I_j + \frac{1}{(1-p)^2}\sum_{j=1}^{n}(1-I_j)\right]$$

$$= \frac{1}{p^2}E\left[\sum_{j=1}^{n} I_j\right] + \frac{1}{(1-p)^2}E\left[\sum_{j=1}^{n}(1-I_j)\right]$$

$$= \frac{np}{p^2} + \frac{n-np}{(1-p)^2} = \frac{n}{p(1-p)}.$$

$I_n(p)$는 $p = 1/2$ 근처에서 가장 작고, p가 0 또는 1로 접근함에 따라서 증가하므로 p는 p의 양 끝단 값들에서 정확하게 추정하기가 쉽다는 것을 주목하자. 게다가 피셔 정보는 표본들의 수에 비례한다. 즉, 더 많은 표본들은 p를 추정하기가 더 쉽다.

예제 8.14 **지수 확률 변수에 대한 피셔 정보**

지수 확률 변수의 n개 표본들에 대한 대수우도 함수는 다음 식과 같다.

$$\ln l(x_1, x_2, \ldots, x_n; \lambda) = \sum_{j=1}^{n} \ln \lambda e^{-\lambda x_j} = \sum_{j=1}^{n} (\ln \lambda - \lambda x_j)$$

지수 확률 변수의 n개 관측들에 대한 점수와 도함수들은 다음과 같이 주어진다.

$$\frac{\partial}{\partial \lambda} \ln l(x_1, x_2, \ldots, x_n; \lambda) = \frac{n}{\lambda} - \sum_{j=1}^{n} x_j$$

그리고

$$\frac{\partial^2}{\partial \lambda^2} \ln l(x_1, x_2, \ldots, x_n; \lambda) = -\frac{n}{\lambda^2}$$

그러면 피셔 정보는 다음 식과 같다.

$$I_n(\lambda) = E\left[\frac{n}{\lambda^2}\right] = \frac{n}{\lambda^2}$$

$I_n(\lambda)$는 λ가 증가함에 따라서 증가한다.

이제 크래머-라오 부등식을 언급할 준비가 되었다.

정리 **크래머-라오 부등식**

$\hat{\Theta}(\mathbf{X}_n)$을 X의 모수 θ에 대한 어떤 불편추정량이라고 하면, pdf $f_{\mathbf{x}} = (x_1, x_2, \ldots, x_n|\theta)$에 관한 어떤 정상 상태들[2] 하에서 다음과 같다.

(a) $\text{VAR}[\hat{\Theta}(\mathbf{X}_n)] \geq \dfrac{1}{I_n(\theta)}$ (8.37)

(b) 등호를 갖는 필요충분조건의 성립은 다음의 경우이다.

$$\frac{\partial}{\partial \theta} \ln f_{\mathbf{X}}(x_1, x_2, \ldots, x_n; \theta) = \left\{\hat{\Theta}(\mathbf{x}) - \theta\right\} k(\theta) \tag{8.38}$$

크래머-라오 하한은 불편추정량의 분산은 영이 아닌 값에 의해 하한이 되어야 한다는 우리들의 짐작을 맞게 한다. 만약 피셔 정보가 높다고 하면, 낮은 분산을 암시하는 하한은 작고, 그러므로 정확한 추정량들이 가능하다. 항 $1/I_n(\theta)$는 모든 불편추정량의 분산에 대한 기준점으로

[2] Bickel, 179페이지를 보라.

서 이바지하고, 비율 $(1/I_n(\theta))/\mathrm{VAR}[\hat{\Theta}]$는 불편추정량의 효율의 척도를 제공한다. 하한이 성취된다면 불편추정량이 효율적이라고 말한다.

식 (8.38)이 만족된다고 가정하자. 최대우도추정량은 식 (8.26)을 만족해야 하고, 따라서 다음 식과 같다.

$$0 = \frac{\partial}{\partial\theta}\ln f_{\mathbf{X}}(x_1, x_2, \ldots, x_n; \theta) = \left\{\hat{\Theta}(\mathbf{x}) - \theta^*\right\}k(\theta^*) \tag{8.39}$$

$k(\theta^*) = 0$인 경우는 버리고, 일반적으로 $\theta^* = \hat{\Theta}(\mathbf{x})$를 가져야 한다고 결론짓는다. 따라서 만약 효율적인 추정량이 존재한다면 그것은 최대우도추정을 이용하여 구할 수 있다. 만약 효율적인 추정량이 존재하지 않는다면 식 (8.37)에 있는 하한은 불편추정량에 의해 성취되지 않는다.

예제 8.10과 8.11에서는 베르누이와 포아송 확률 변수들에 대한 불편 최대우도추정량을 이끌어냈다. 이 예제들에서 최대우도 식들(식 (8.28)과 (8.29))에서 점수 함수는 식 (8.39)에 주어진 형태를 갖도록 재배열될 수 있다. 따라서 이들 추정량들은 효율적이라고 결론짓는다.

예제 8.15 **베르누이 확률 변수에 대한 크래머-라오 하한**

예제 8.13으로부터 베르누이 확률 변수에 대한 피셔 정보는 다음 식과 같다.

$$I_n(p) = \frac{n}{p(1-p)}$$

따라서 p에 대한 표본 평균 추정량의 분산에 대한 크래머-라오 하한은 다음 식과 같다.

$$\mathrm{VAR}[\hat{\Theta}] \geq \frac{1}{I_n(p)} = \frac{p(1-p)}{n}$$

p에 대한 상대도수 추정량은 이 하한을 성취한다.

8.3.2 크래머-라오 부등식의 증명

크래머-라오 부등식의 증명은 슈바르츠 부등식의 적용을 포함하고 있다. 우리는 점수 함수가 존재하고 유한이라고 가정한다. $\hat{\Theta}(\mathbf{X}_n)$의 공분산과 점수 함수를 고려하자.

$$\begin{aligned}\mathrm{COV}\left(\hat{\Theta}(\mathbf{X}_n), \frac{\partial}{\partial\theta}L(\mathbf{X}_n;\theta)\right) &= E\left[\hat{\Theta}(\mathbf{X}_n)\frac{\partial}{\partial\theta}L(\mathbf{X}_n;\theta)\right] \\ &\quad - E[\hat{\Theta}(\mathbf{X}_n)]E\left[\frac{\partial}{\partial\theta}L(\mathbf{X}_n;\theta)\right] \\ &= E\left[\hat{\Theta}(\mathbf{X}_n)\frac{\partial}{\partial\theta}L(\mathbf{X}_n;\theta)\right]\end{aligned}$$

여기에서는 식 (5.30)과 점수의 기대치는 0 (식 (8.35))이라는 사실을 이용했다. 다음에는 위의 기대치를 평가한다.

$$\begin{aligned}
\text{COV}\left(\hat{\Theta}(\mathbf{X}_n), \frac{\partial}{\partial\theta}\ln f_{\mathbf{X}}(\mathbf{X}_n;\theta)\right) &= E\left[\hat{\Theta}(\mathbf{X}_n)\frac{\partial}{\partial\theta}\ln f_{\mathbf{X}}(\mathbf{X}_n;\theta)\right] \\
&= E\left[\hat{\Theta}(\mathbf{X}_n)\frac{1}{f_{\mathbf{X}}(\mathbf{X}_n;\theta)}\frac{\partial}{\partial\theta}f_{\mathbf{X}}(\mathbf{X}_n;\theta)\right] \\
&= \int_{\mathbf{x}_n}\left\{\hat{\Theta}(\mathbf{x}_n)\frac{1}{f_{\mathbf{X}}(\mathbf{x}_n;\theta)}\frac{\partial}{\partial\theta}f_{\mathbf{X}}(\mathbf{x}_n;\theta)\right\}f_{\mathbf{X}}(\mathbf{x}_n;\theta)\,d\mathbf{x}_n \\
&= \int_{\mathbf{x}_n}\left\{\hat{\Theta}(\mathbf{x}_n)\frac{\partial}{\partial\theta}f_{\mathbf{X}}(\mathbf{x}_n;\theta)\right\}d\mathbf{x}_n \\
&= \frac{\partial}{\partial\theta}\int_{\mathbf{x}_n}\left\{\hat{\Theta}(\mathbf{x}_n)f_{\mathbf{X}}(\mathbf{x}_n;\theta)\right\}d\mathbf{x}_n
\end{aligned}$$

마지막 단계에서는 적분과 θ에 관한 편미분을 서로 바꾸어 놓을 수 있다고 가정한다. (정리에 의해 요구되는 정상 상태들은 이 단계가 유효하다는 것을 확실히 할 필요가 있다.) 마지막 표현식에서 적분은 $E[\hat{\Theta}(\mathbf{X}_n)] = \theta$이므로 식은 다음과 같다.

$$\text{COV}\left(\hat{\Theta}(\mathbf{X}_n), \frac{\partial}{\partial\theta}\ln f_{\mathbf{X}}(\mathbf{X}_n;\theta)\right) = \frac{\partial}{\partial\theta}\theta = 1$$

다음에는 공분산에 슈바르츠 부등식을 적용한다.

$$1 = \text{COV}\left(\hat{\Theta}(\mathbf{X}_n), \frac{\partial}{\partial\theta}\ln f_{\mathbf{X}}(\mathbf{X}_n;\theta)\right) \le \sqrt{\text{VAR}[\hat{\Theta}(\mathbf{X}_n)]\text{VAR}\left[\frac{\partial}{\partial\theta}\ln f_{\mathbf{X}}(\mathbf{X}_n;\theta)\right]}$$

양변의 자승을 취함으로써 다음을 결론지을 수 있다.

$$1 \le \text{VAR}[\hat{\Theta}(\mathbf{X}_n)]\text{VAR}\left[\frac{\partial}{\partial\theta}\ln f_{\mathbf{X}}(\mathbf{X}_n;\theta)\right]$$

그리고 최종적으로는 다음과 같다.

$$\text{VAR}[\hat{\Theta}(\mathbf{X}_n)] \ge 1/\text{VAR}\left[\frac{\partial}{\partial\theta}\ln f_{\mathbf{X}}(\mathbf{X}_n;\theta)\right] = 1/I_n(\theta)$$

마지막 단계는 피셔 정보가 점수 함수의 분산이라는 사실을 이용한다. 이것은 a 부분의 증명을 완료한다.

등호는 확률 변수가 분산에서 서로 비례할 때 슈바르츠 부등식에서 유지한다.

$$\begin{aligned}
k(\theta)[\hat{\Theta}(\mathbf{X}_n) - E[\hat{\Theta}(\mathbf{X}_n)]] &= k(\theta)[\hat{\Theta}(\mathbf{X}_n) - \theta] \\
&= \frac{\partial}{\partial\theta}\ln f_{\mathbf{X}}(\mathbf{X}_n;\theta) - E\left[\frac{\partial}{\partial\theta}\ln f_{\mathbf{X}}(\mathbf{X}_n;\theta)\right] \\
&= \frac{\partial}{\partial\theta}\ln f_{\mathbf{X}}(\mathbf{X}_n;\theta)
\end{aligned}$$

여기에서는 점수 함수의 기대치는 0이고, 추정량 $\hat{\Theta}(\mathbf{X}_n)$는 불편이라는 것을 주목했다. 이것은 b 부분의 증명을 완료한다.

*8.3.3 최대우도추정량의 점근 성질

최대우도추정량은 표본 수가 클 때 매우 유용하게 하는 다음의 점근 성질을 만족한다.

1. 최대우도추정량은 모순이 없이 일관된 것이다.

$$\lim_{n\to\infty} \theta_n^* = \theta_0 \quad \text{여기에서 } \theta_0\text{은 실제 모수 값이다.}$$

2. 큰 n에 대해서, 최대우도추정 θ_n^*은 점근적인 가우스 분포가 된다. 즉, $\sqrt{n}(\theta_n^* - \theta_0)$는 영평균과 분산 $1/I_n(\theta)$인 가우스 분포를 갖는다.

3. 최대우도추정은 점근적으로 유효하다.

$$\lim_{n\to\infty} \frac{\text{VAR}[\theta_n^*]}{1/I_n(\theta_0)} = 1 \tag{8.40}$$

모순이 없이 일관된 성질 (1)은 최대우도추정이 큰 n에 대하여 실제 값에 가까울 것이라는 것을 내포하고, 점근적인 효율 (3)은 분산이 가능한 한 작아지는 것을 함축한다. 점근적인 가우스 분포된 성질 (2)는 최대우도추정량을 포함하는 확률을 계산하도록 우리들에게 허용하므로 매우 유용하다.

예제 8.16 베르누이 확률 변수

n이 클 때 p에 대한 표본 평균 추정량의 분포를 구하라.

만약 p_0이 베르누이 확률 변수의 실제 값이라면 $I(p_0) = (p_0(1 - p_0))^{-1}$이다. 따라서 추정 오류 $p^* - p_0$은 평균 0과 분산 $p_0(1 - p_0)$인 가우스 pdf를 갖는다. 이것은 우리가 베르누이 확률 변수들의 표본 평균에 대한 중심극한정리의 적용을 논의한 예제 7.14와 일치한다.

최대우도추정량의 점근적인 성질은 대수의 법칙과 중심극한정리에 기인한다. 이 절의 나머지에서는 이들 결과들이 어떻게 나왔는지를 나타내 보인다. 이들 결과의 증명에 대해서는 [Cramer]를 보라. 확률 변수 X의 n개 표본들에 대한 대수우도 함수의 산술 평균을 고려하자.

$$\frac{1}{n}L(\mathbf{X}_n|\theta) = \frac{1}{n}\sum_{j=1}^{n} L(X_j|\theta) = \frac{1}{n}\sum_{j=1}^{n} \ln f_X(X_j|\theta) \tag{8.41}$$

의도적으로 대수 우도를 확률 변수들 $X_1, X_2, \ldots, X_n$의 함수로 쓴다. 명백히 이 산술 평균은 다음 식과 같은 확률 변수의 n개 독립 관측들의 표본 평균이다.

$$Y = g(X) = L(X|\theta) = \ln f_X(X|\theta)$$

확률 변수 Y는 다음 식과 같이 주어진 평균을 갖는다.

$$E[Y] = E[g(X)] = E[L(X|\theta)] = E[\ln f_X(X|\theta)] \triangleq L(\theta) \tag{8.42}$$

Y가 대수의 법칙에 대한 조건들을 만족한다고 하면 다음 식을 갖는다.

$$\frac{1}{n}L(\mathbf{X}_n|\theta) = \frac{1}{n}\sum_{j=1}^{n} \ln f_X(X_j|\theta) = \frac{1}{n}\sum_{j=1}^{n} Y_j \to E[Y] = L(\theta) \tag{8.43}$$

함수 $L(\theta)$는 대수우도 함수의 극한 형태로 간주될 수 있다. 특히, 식 (4.109)를 이끌어낸 단계를 이용하여, $L(\theta)$의 최대가 θ의 실제 값에서 발생한다는 것을 보일 수 있다. 즉, θ_0이 모수의 실제 값이라면 다음 식과 같다.

$$L(\theta) \le L(\theta_0) \qquad \text{모든 } \theta\text{에 대해서} \tag{8.44}$$

우선, 모순이 없는 일관된 성질을 고려하자. θ_n^*을 $L(\mathbf{X}_n|\theta)$ 또는 등가적으로 $L(\mathbf{X}_n|\theta)/n$을 최대화하는 것으로부터 얻어진 최대우도라고 하자. 식 (8.43)에 따라서, $L(\mathbf{X}_n|\theta)/n$은 $L(\theta)$에 수렴하는 θ의 함수들의 열이다. 그러면 그것은 $L(\mathbf{X}_n|\theta)/n$의 최대 열, 즉 θ_n^*는 $L(\theta)$의 최대로 수렴한다. 이는 식 (8.43)으로부터 실제 값 θ_0이다. 따라서 최대우도추정량은 모순이 없는 일관된 것이다.

다음에는 점근적인 가우스 성질을 고려한다. 추정 오류 $\theta_n^* - \theta_0$의 특성을 기술하기 위하여 구간 $[\theta_n^*, \theta_0]$에서 평균값 이론[3]을 점수 함수에 적용한다.

$$\frac{\partial}{\partial\theta}L(\mathbf{X}_n;\theta)\bigg|_{\theta_0} - \frac{\partial}{\partial\theta}L(\mathbf{X}_n;\theta)\bigg|_{\theta_n^*}$$

$$= \frac{\partial^2}{\partial\theta^2}L(\mathbf{X}_n;\theta)\bigg|_{\bar\theta}(\theta_0 - \theta_n^*) \qquad \text{어떤 } \bar\theta,\ \theta_n^* < \bar\theta < \theta_0\text{에 대해서}$$

θ_n^*이 $L(\mathbf{X}_n|\theta)$에 대한 최대우도추정량이므로 왼쪽의 두 번째 항은 0이라는 것을 주목하자. 그러면 추정 오류는 다음 식과 같다.

$$(\theta_n^* - \theta_0) = -\frac{\dfrac{\partial}{\partial\theta}L(\mathbf{X}_n;\theta)\bigg|_{\theta_0}}{\dfrac{\partial^2}{\partial\theta^2}L(\mathbf{X}_n;\theta)\bigg|_{\bar\theta}} = -\frac{\dfrac{1}{n}\dfrac{\partial}{\partial\theta}L(\mathbf{X}_n;\theta)\bigg|_{\theta_0}}{\dfrac{1}{n}\dfrac{\partial^2}{\partial\theta^2}L(\mathbf{X}_n;\theta)\bigg|_{\bar\theta}} \tag{8.45}$$

분모의 산술평균을 고려하자.

$$\frac{1}{n}\frac{\partial^2}{\partial\theta^2}L(\mathbf{X}_n;\theta)\bigg|_{\bar\theta} = \frac{1}{n}\sum_{j=1}^{n}\frac{\partial^2}{\partial\theta^2}\ln f_X(X_j\,|\,\theta)$$

$$\rightarrow E\left[\frac{\partial^2}{\partial\theta^2}\ln f_X(X_j\,|\,\theta)\right]_{\bar\theta} = -I_1(\bar\theta)$$

여기에서는 단일 관측의 피셔 정보에 대한 선택적인 표현을 사용하였다. 모순이 없는 일관된 성질로부터 $\theta_n^* \rightarrow \theta_0$이고, 결론적으로 $\theta_n^* < \bar\theta < \theta_0$이므로, $\bar\theta \rightarrow \theta_0$을 갖는다. 따라서 분모는 $-I_1(\theta_0)$에 접근하고 식 (8.45)는 다음 식과 같이 된다.

$$(\theta_n^* - \theta_0) = -\frac{\dfrac{1}{n}\dfrac{\partial}{\partial\theta}L(\mathbf{X}_n;\theta)\bigg|_{\theta_0}}{-I_1(\theta)} \tag{8.46}$$

식 (8.46)에서 분자는 점수 함수들의 평균이므로 다음과 같다.

---

[3]어떤 c, $a < c < b$에 대해서 $f(b) - f(a) = f'(c)(b - a)$이다. 예로, [Edwards와 Penney]를 보라.

$$(\theta_n^* - \theta_0) = -\frac{\frac{1}{n}\frac{\partial}{\partial\theta}L(\mathbf{X}_n;\theta)\Big|_{\theta_0}}{-I_1(\theta)} = \frac{\frac{1}{n}\sum_{j=1}^{n}\frac{\partial}{\partial\theta}\ln f_X(X_j|\theta)}{I_1(\theta)} = \frac{\frac{1}{n}\sum_{j=1}^{n}Y_j}{I_1(\theta)} \tag{8.47}$$

단일 관측에 대한 점수 함수 Y_j는 영평균과 분산 $I_1(\theta_0)$을 갖는다는 것을 알고 있다. 식 (8.47)에서 분모는 인수 $1/I_1(\theta_0)$에 의해 각 Y_j를 비례 조정하므로, 식 (8.47)은 분산 $I_1(\theta_0)/I_1^2(\theta_0) = 1/I_1(\theta_0)$를 갖는 영평균 확률 변수의 표본 평균이 된다.

$$\sqrt{n}\frac{\theta_n^* - \theta_0}{\sqrt{1/I_1(\theta)}}$$

중심극한정리는 위의 식이 영평균, 단위분산 가우스 확률 변수에 근접한다는 것을 암시한다. 따라서 $\sqrt{n}(\theta_n^* - \theta_0)$는 분산 $1/I_1(\theta_0)$를 갖는 영평균 가우스 확률 변수에 근접한다. 점근적인 유효 성질 또한 이 결과로부터 당연히 따르게 된다.

8.4 신뢰 구간

표본 평균 추정량 $\overline{X}_n$는 우리들에게 $E[X] = \mu$의 추정에 대한 단일 수치 값을 제공한다.

$$\overline{X}_n = \frac{1}{n}\sum_{j=1}^{n}X_j \tag{8.48}$$

이 단일 수치는 우리가 그것을 대치할 수 있는 추정 또는 신뢰의 정확도를 지시하지는 않는다. 우리는 표본 분산을 계산함으로써 정확도의 지시를 얻을 수 있다. 이는 $\overline{X}_n$에 관한 평균 분산이다.

$$\hat{\sigma}_n^2 = \frac{1}{n-1}\sum_{j=1}^{n}(X_j - \overline{X}_n)^2 \tag{8.49}$$

만약 $\hat{\sigma}_n^2$이 작다면, 관측 결과들은 $\overline{X}_n$에 대해 빽빽하게 군집화된다. 그리고 $\overline{X}_n$이 $E[X]$에 가깝다는 것을 확신할 수 있다. 반면에, 만약 $\hat{\sigma}_n^2$이 크다면, 표본들은 $\hat{\sigma}_n^2$ 주변에 대해 넓게 퍼지고, $\hat{\sigma}_n^2$이 $E[X]$에 가깝다는 것을 확신할 수 없다. 이 절에서는 다른 방법으로 문제에 접근하는 신뢰 구간의 개념에 대해 설명할 것이다.

관심 있는 모수인 '추정'(즉, $E[X] = \mu$)을 명시하는 단일 값을 찾는 대신에, 모수의 실제 값을 포함하는 것과 같은 값들의 구간 또는 집합을 특정화하는 것을 시도한다. 특히, 이를테면 $1 - \alpha$와 같은 몇몇 높은 확률을 특정화할 수 있고, 다음 문제를 제출할 수 있다. 다음과 같은 구간 $[l(\mathbf{X}), u(\mathbf{X})]$를 구하라.

$$P[l(\mathbf{X}) \le \mu \le u(\mathbf{X})] = 1 - \alpha \tag{8.50}$$

다른 말로, 구간을 결정하기 위해서 설계에 의해서 확률 $1 - \alpha$로 모수 μ의 실제 값을 포함하는 관측된 데이터를 사용한다. 우리는 그 구간을 $(1 - \alpha) \times 100\%$ **신뢰 구간(confidence interval)**이라고 한다.

이러한 접근 방법은 추정의 정확도와 신뢰의 문제를 동시에 다룬다. 확률 $1 - \alpha$는 일관성의 척도이고, 요구된 모수를 포함하는 구간을 갖는 신뢰의 등급이다. 만약 우리가 수많은 시간 신뢰 구간들을 계산할 수 있었다면, 대략 그 시간의 $(1 - \alpha) \times 100\%$인 계산된 구간들은 모수의 실제 값을 포함하는 것으로 구할 수 있었을 것이다. 이러한 이유로 $1-\alpha$는 **신뢰 수준(confidence level)**이라고 한다. 신뢰 구간의 폭은 모수의 추정을 정확하게 나타낼 수 있는 정확도의 척도이다. 신뢰 구간이 좁아질수록, 모수에 대한 추정을 좀 더 정확하게 할 수 있을 것이다.

식 (8.50)에 있는 확률은 명백히 X_j들의 pdf에 의존한다. 이 절의 나머지 부분에서는 X_j들이 가우스 확률 변수이거나 가우스 확률 변수들에 의해 근사화될 수 있는 경우에 신뢰 구간들을 얻는다. 다음 사건들 사이의 등가를 이용할 것이다.

$$\left\{-a \le \frac{\overline{X}_n - \mu}{\sigma_X/\sqrt{n}} \le a\right\} = \left\{\frac{-a\sigma_X}{\sqrt{n}} \le \overline{X}_n - \mu \le \frac{a\sigma_X}{\sqrt{n}}\right\}$$
$$= \left\{-\overline{X}_n - \frac{a\sigma_X}{\sqrt{n}} \le -\mu \le -\overline{X}_n + \frac{a\sigma_X}{\sqrt{n}}\right\}$$
$$= \left\{\overline{X}_n - \frac{a\sigma_X}{\sqrt{n}} \le \mu \le \overline{X}_n + \frac{a\sigma_X}{\sqrt{n}}\right\}$$

마지막 사건은 관측된 데이터의 항으로 신뢰 구간을 기술하고, 첫 번째 사건은 표본화 분포들로부터 확률들을 계산하도록 허용한다.

8.4.1 Case 1: X_j들의 가우스(평균은 모르고 분산은 알 때)

X_j들은 미지의 평균 μ이고, 기지의 분산은 σ_X^2인 독립항등분포 가우스 확률 변수이다. 예제 7.3과 식 (7.17), (7.18)에서 $\overline{X}_n$는 평균은 μ이고, 분산은 σ_X^2/n인 가우스 확률 변수이다.

$$1 - 2Q(z) = P\left[-z \le \frac{\overline{X}_n - \mu}{\sigma/\sqrt{n}} \le z\right]$$
$$= P\left[\overline{X}_n - \frac{z\sigma}{\sqrt{n}} \le \mu \le \overline{X}_n + \frac{z\sigma}{\sqrt{n}}\right] \tag{8.51}$$

식 (8.51)은 구간 $\left[\overline{X}_n - z\sigma/\sqrt{n}, \overline{X}_n + z\sigma/\sqrt{n}\right]$이 확률 $1-2Q(z)$를 갖고 μ를 포함하는 것을 나타낸다. 만약 $z_{\alpha/2}$를 임계값 $\alpha = 2Q(z_{\alpha/2})$라 하면, 평균 μ에 대한 $(1-\alpha)$ 신뢰 구간은 다음 식으로 주어진다.

$$\left[\overline{X}_n - z_{\alpha/2}\sigma/\sqrt{n}, \overline{X}_n + z_{\alpha/2}\sigma/\sqrt{n}\right] \tag{8.52}$$

식 (8.52)에서 신뢰 구간은 표본 평균 σ_X^2, X_j의 분산 σ_X^2, 개수 n, 신뢰수준 $(1-\alpha)$에 의존한다. 표 8.1은 α의 전형적인 값에 대응하는 $z_{\alpha/2}$의 값을 나타낸다. 우리는 $z_{\alpha/2}$를 구하기 위하여 옥타브 함수 `normal_inv`$(1-\alpha/2, 0, 1)$을 사용할 수 있다. 이 함수는 예제 4.51에서 소개되었다.

X가 가우스는 아니지만 표본들의 수 n이 클 때, 표본 평균 $\overline{X}_n$은 중심극한정리를 적용한다면 대략적으로 가우스이다. 따라서 만약 n이 크다면, 식 *(8.52)*는 잘 근사한 신뢰 구간을 제공한다.

예제 8.17 잡음에서 신호 추정하기

전압 X는 다음과 같이 주어진다.

$$X = v + N$$

여기에서 v는 미지의 상수전압이고, N은 평균이 0이고, 분산이 $1\mu V$인 가우스 확률 밀도 함수를 갖는 랜덤 잡음전압이다. 만약 전압 X가 독립적으로 100회 측정되었고, 표본 평균이 5.25 μV로 구해졌을 때 v에 대한 95% 신뢰 구간을 구하라.

예제 4.17로부터 전압 X가 평균 v와 분산 1을 갖는 가우스 확률 변수임을 알 수 있다. 따라서 100개의 측정치 $X_1, X_2, \ldots, X_{100}$은 평균 v와 분산 1을 갖는 독립항등분포 가우스 확률 변수이다. 신뢰 구간은 $z_{\alpha/2} = 1.96$을 갖고 식 (8.52)에 의해서 다음과 같이 주어진다.

$$\left[5.25 - \frac{1.96(1)}{10}, 5.25 + \frac{1.96(1)}{10}\right] = [5.05, 5.45]$$

8.4.2 Case 2: X_j들의 가우스(평균과 분산을 모를 때)

X_j들은 미지의 평균 μ와 미지의 분산 σ_X^2을 갖는 독립항등분포 가우스 확률 변수들이라고 가정하고, 평균 μ에 대한 신뢰 구간을 구하는 데 관심이 있다고 하자. 식 (8.52)에 주어진 신뢰 구간에서 분산 σ^2을 그것의 추정치인 식 (8.17)에 주어진 표본 분산 $\hat{\sigma}_n^2$로 대치하는 것은 확실하다는 것을 가정하자.

$$\left[\overline{X}_n - \frac{t\hat{\sigma}_n}{\sqrt{n}}, \overline{X}_n + \frac{t\hat{\sigma}_n}{\sqrt{n}}\right] \tag{8.53}$$

식 (8.53)에서 구간에 대한 확률은 다음 식과 같다.

$$P\left[-t \le \frac{\overline{X}_n - \mu}{\hat{\sigma}_n/\sqrt{n}} \le t\right] = P\left[\overline{X}_n - \frac{t\hat{\sigma}_n}{\sqrt{n}} \le \mu \le \overline{X}_n + \frac{t\hat{\sigma}_n}{\sqrt{n}}\right] \tag{8.54}$$

식 (8.54)에 포함된 확률 변수는 다음과 같다.

$$T = \frac{\overline{X}_n - \mu}{\hat{\sigma}_n/\sqrt{n}} \tag{8.55}$$

이 절의 마지막에서 T는 $n-1$차의 자유도를 갖는 학생의 t–분포[4]를 갖는다는 것을 본다.

$$f_{n-1}(y) = \frac{\Gamma(n/2)}{\Gamma((n-1)/2)\sqrt{\pi(n-1)}}\left(1 + \frac{y^2}{n-1}\right)^{-n/2} \tag{8.56}$$

$F_{n-1}(y)$가 $f_{n-1}(y)$에 상당하는 누적 분포 함수라고 하면, 식 (8.54)에서 확률은 다음 식과 같다.

$$\begin{aligned} P\left[\overline{X}_n - \frac{t\hat{\sigma}_n}{\sqrt{n}} \le \mu \le \overline{X}_n + \frac{t\hat{\sigma}_n}{\sqrt{n}}\right] &= \int_{-t}^{t} f_{n-1}(y)\,dy = F_{n-1}(t) - F_{n-1}(-t) \\ &= F_{n-1}(t) - (1 - F_{n-1}(t)) \\ &= 2F_{n-1}(t) - 1 \\ &= 1 - \alpha \end{aligned} \tag{8.57}$$

[4] 이 분포는 필명 'A.Student' 로 출판한 W.S.Gosset을 기려 명명되었다.

여기에서 우리는 $f_{n-1}(y)$가 $y=0$에 대해서 대칭이라는 사실을 이용했다. 신뢰수준 $1-\alpha$의 신뢰 구간을 얻기 위해서는, $1-\alpha = 2F_{n-1}(t_{\alpha/2,n-1}) - 1$ 또는 등가적으로 $F_{n-1}(t_{\alpha/2,n-1}) = 1 - \alpha/2$에 대한 임계값 $t_{\alpha/2,n-1}$을 구해야 할 필요가 있다. 평균 μ에 대한 $(1-\alpha)\times 100\%$ 신뢰 구간은 다음과 같다.

$$\left[\overline{X}_n - t_{\alpha/2,n-1}\hat{\sigma}_n/\sqrt{n}, \overline{X}_n + t_{\alpha/2,n-1}\hat{\sigma}_n/\sqrt{n}\right] \tag{8.58}$$

식 (8.58)에서 신뢰 구간은 표본 평균 $\overline{X}_n$와 표본 분산 $\hat{\sigma}_n^2$, n개의 측정치, 그리고 α에 의존한다. 표 8.2는 전형적인 α와 n값에 대한 $t_{\alpha,n}$의 값을 나타낸다. 옥타브 함수 `t_inv`$(1-\alpha/2, n-1)$은 $t_{\alpha/2,n-1}$값을 구하는 데 사용될 수 있다.

주어진 $1-\alpha$에 대해서, 식 (8.58)에서 주어진 신뢰 구간은 이전에 분산은 미지라고 가정했으므로 식 (8.52)에 주어진 것들보다 넓어야 한다. 그림 8.2는 가우스 확률 밀도 함수와 학생의 t 확률 밀도 함수를 비교한다. 학생의 t 확률 밀도 함수들은 가우스 확률 밀도 함수보다 더 분산된 것을 볼 수 있으며, 실제로 더 넓은 신뢰 구간들을 이끈다. 한편, 표본 분산의 정확도는 n에 따라 증가하므로 식 (8.58)에서 주어진 신뢰 구간은 식 (8.52)에서 주어진 것으로 접근한다고 예상할 수 있다. 그것은 그림 8.2로부터 학생의 t 확률 밀도 함수가 n이 증가함에 따라 평균이 0이고, 단위분산 가우스 확률 변수의 확률 밀도 함수에 접근하는 것으로 볼 수 있다. 이것은 식 (8.52)와 (8.58)이 큰 n에 대해서 같은 신뢰 구간을 갖는다는 것을 확인할 수 있다. 따라서 표 8.2의 마지막 줄($n=1{,}000$)은 표 8.1에서와 같은 신뢰 구간들을 산출한다.

예제 8.18 **장치 수명**

어떤 장치의 수명은 가우스 분포를 따른다고 알려져 있다. 8개 장치들을 시험했고, 획득한 수명에 대한 표본 평균과 표본 분산은 10일과 4일^{2}이다. 장치의 평균 수명에 대한 99% 신뢰 구간을 구하라.

99% 신뢰 구간과 $n-1=7$에 대해서, 표 8.2에서 $z_{\alpha/2,7}=3.499$를 제공한다. 따라서 신뢰 구간은 다음 식과 같다.

$$\left[10 - \frac{(3.499)(2)}{\sqrt{8}}, 10 + \frac{(3.499)(2)}{\sqrt{8}}\right] = [7.53, 12.47]$$

8.4.3 Case 3: X_j의 비 가우스(평균과 분산을 모를 때)

식 (8.58)은 실험적인 측정과 컴퓨터 시뮬레이션 연구에서 신뢰 구간을 계산하기 위해 오용될 수 있다. 그 방법의 사용은 표본들 X_j가 독립항등분포이고 대략적으로 가우스일 때만 옳게 된다.

만약 확률 변수들 X_j가 가우스가 아니면, 신뢰 구간을 계산하기 위한 위의 방법은 **일괄(묶음) 평균 방법(method of batch means)**을 사용해 수정될 수 있다. 이 방법은 확률 변수의 표본 평균 $\overline{X}_n$가 계산되는 일련의 독립실험을 수행하는 것을 포함한다. 만약 각 실험에서 각각의 표본 평균이 많은 수의 n회 독립항등분포 관측들로부터 계산되었다면, 중심극한정리는 각 실험에서 표본 평균이 대략적으로 가우스라는 것을 뜻한다. 따라서 우리는 X_j로서 $\overline{X}_n$ 표본 평균들의 집합을 사용하여 식 (8.58)로부터 신뢰 구간을 계산할 수 있다.

표 8.2 학생의 t 분포에 대한 임계값. $F_n(t_{\alpha, n}) = 1 - \alpha$

n	α = 0.1	0.05	0.025	0.01	0.005
1	3.0777	6.3137	12.7062	31.8210	63.6559
2	1.8856	2.9200	4.3027	6.9645	9.9250
3	1.6377	2.3534	3.1824	4.5407	5.8408
4	1.5332	2.1318	2.7765	3.7469	4.6041
5	1.4759	2.0150	2.5706	3.3649	4.0321
6	1.4398	1.9432	2.4469	3.1427	3.7074
7	1.4149	1.8946	2.3646	2.9979	3.4995
8	1.3968	1.8595	2.3060	2.8965	3.3554
9	1.3830	1.8331	2.2622	2.8214	3.2498
10	1.3722	1.8125	2.2281	2.7638	3.1693
15	1.3406	1.7531	2.1315	2.6025	2.9467
20	1.3253	1.7247	2.0860	2.5280	2.8453
30	1.3104	1.6973	2.0423	2.4573	2.7500
40	1.3031	1.6839	2.0211	2.4233	2.7045
60	1.2958	1.6706	2.0003	2.3901	2.6603
1000	1.2824	1.6464	1.9623	2.3301	2.5807

예제 8.19 **일괄 평균 방법**

컴퓨터 모의실험 프로그램은 미지의 평균의 지수 분포 확률 변수를 발생시킨다. 이러한 확률 변수의 200개 표본들이 생성되며, 각각 20개 표본으로 구성된 10개의 묶음으로 나뉜다. 10개 묶음들의 표본 평균은 다음과 같다.

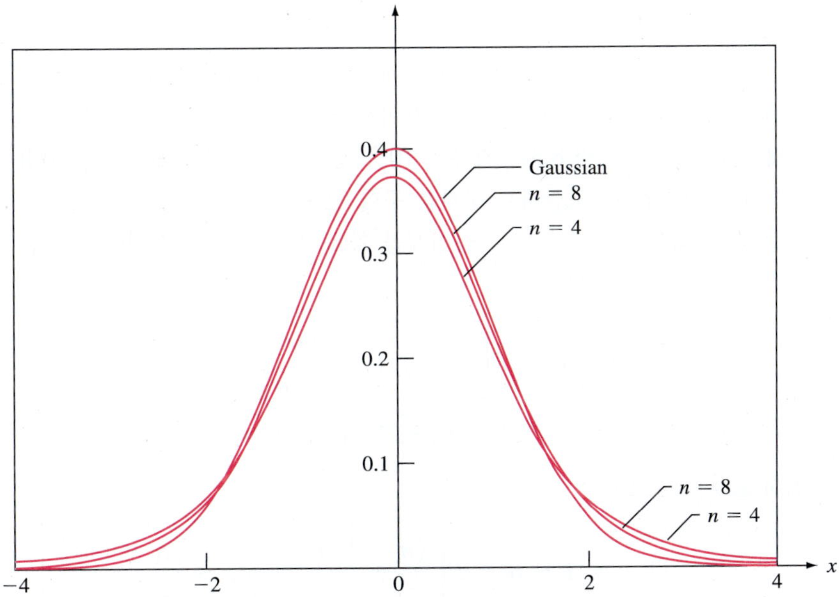

그림 8.2 ● $n = 4$와 $n = 8$에 대한 가우스 pdf와 학생의 t pdf

1.04190	0.64064	0.80967	0.75852	1.12439
1.30220	0.98478	0.64574	1.39064	1.26890

확률 변수의 평균에 대한 90% 신뢰 구간을 구하라.

일괄 표본 평균의 표본 평균과 표본 분산은 위의 자료로 계산되며 다음과 같이 구해진다.

$$\overline{X}_{10} = 0.99674 \qquad \hat{\sigma}_{10}^2 = 0.07586$$

90% 신뢰 구간은 표 8.2로부터 $t_{\alpha/2,9} = 1.833$을 갖고 식 (8.58)로부터 주어진다.

$$[0.83709, 1.15639]$$

이 신뢰 구간은 $E[X] = 1$임을 제시한다. 실제로 위의 데이터를 생성하는 데 사용된 모의실험 프로그램은 평균이 1인 지수 확률 변수를 생성하도록 맞추어졌다.

8.4.4 가우스 확률 변수의 분산에 대한 신뢰 구간

원칙적으로, 신뢰 구간들은 모수에 대한 θ추정량의 표본화 분포를 알고 있는 한은 어떤 모수 θ에 대해 계산될 수 있다. 우리는 가우스 확률 변수의 분산에 대한 신뢰 구간을 구하길 바란다고 가정하자. 평균은 알려지지 않았다고 가정한다. 불편 표본 분산 추정량을 고려하자.

$$\hat{\sigma}_n^2 = \frac{1}{n-1}\sum_{j=1}^{n}(X_j - \overline{X}_n)^2$$

이 절의 뒷부분에서는 다음 식이 $n-1$ 자유도를 갖는 카이제곱 분포를 갖는다는 것을 알 수 있다.

$$\chi^2 = \frac{(n-1)\hat{\sigma}_n^2}{\sigma_X^2} = \frac{1}{\sigma_X^2}\sum \quad \sum_{j=1}^{n}(X_j - \overline{X}_n)^2$$

이것은 가우스 확률 변수의 분산에 대한 신뢰 구간을 전개하기 위해 사용한다.

카이제곱 확률 변수는 예제 4.34에 소개되었다. n개 독립항등분포 영평균, 단위분산 가우스 확률 변수의 자승 합이 도수 n의 카이제곱 확률 변수로 귀착된다는 것을 보이기는 쉽다(연습문제 8.5a를 보라). 그림 8.3은 자유도 10을 갖는 카이제곱 확률 변수의 pdf를 나타낸다. 우리는 확률 $1-\alpha$로 σ_X^2를 포함하는 구간을 구할 필요가 있다. 우리는 두 개의 구간을 선택하는데, 하나는 χ^2의 작은 값이고 하나는 카이제곱 확률 변수 Y의 큰 값이다. 각각은 그림 8.3에 보인 바와 같이 확률 $\alpha/2$를 갖는다.

$$\begin{aligned}1 - \alpha &= P\left[\chi^2_{1-\alpha/2,n-1} < \frac{(n-1)}{\sigma_X^2}\hat{\sigma}_n^2 < \chi^2_{\alpha/2,n-1}\right] \\ &= 1 - P[\chi_n^2 \le \chi^2_{1-\alpha/2,n-1}] - P[\chi_n^2 > \chi^2_{\alpha/2,n-1}]\end{aligned}$$

위의 확률은 다음과 등가이다.

$$1 - \alpha = P\left[\frac{(n-1)\hat{\sigma}_n^2}{\chi^2_{\alpha/2,n-1}} \le \sigma_X^2 \le \frac{(n-1)\hat{\sigma}_n^2}{\chi^2_{1-\alpha/2,n-1}}\right]$$

그리고 우리는 분산 σ_X^2에 대한 $(1-\alpha)$ 신뢰 구간을 얻는다.

$$\left[\frac{(n-1)\hat{\sigma}_n^2}{\chi^2_{\alpha/2,n-1}}, \frac{(n-1)\hat{\sigma}_n^2}{\chi^2_{1-\alpha/2,n-1}}\right] \tag{8.59}$$

다음 식에 대한 임계값 $\chi^2_{\alpha/2,n-1}$에 대한 표들은

$$P[\chi_n^2 > \chi^2_{\alpha/2,n-1}] = \alpha/2$$

[Kokoska]와 같은 통계학 편람에서 찾을 수 있다. 표 8.3은 카이제곱 분포에 대한 임계값들의 작은 집합을 제공한다. 이 값들은 Octave 함수 chisquare_inv$(1-\alpha/2, n)$을 이용하여 구해질 수 있다.

예제 8.20 **표본 분산**

잡음전압의 10회 측정에서 표본 분산은 5.67mV이다. 분산에 대한 90% 신뢰 구간을 구하라. 우리는 $\alpha/2 = 0.05$와 $1-\alpha/2 = 0.95$에 대한 임계값들을 구할 필요가 있다. 표 8.3이나 Octave로부터 우리는 다음을 구한다.

chisquare_inv(.95,9) = 16.92 chisquare_inv(.05,9) = 3.33

따라서 분산에 대한 신뢰 구간은 다음 식과 같다.

$$\left[\frac{(n-1)\hat{\sigma}_n^2}{\chi^2_{\alpha/2,n-1}} \le \sigma_X^2 \le \frac{(n-1)\hat{\sigma}_n^2}{\chi^2_{1-\alpha/2,n-1}}\right] = \left[\frac{9(5.67)}{16.92} \le \sigma_X^2 \le \frac{9(5.67)}{3.33}\right] = [3.02, 15.32]$$

8.4.5 가우스 확률 변수에 대한 신뢰 구간의 요약

이 절에서는 가우스 확률 변수의 평균과 분산에 대한 신뢰 구간을 전개했다. 신뢰 구간의 선택 방법은 모수들이 기지인가에 의존하고 표본의 수가 작은가 큰가에 의존한다. 중심극한정리는 넓은 영역의 상황에서 적용 가능한 제시된 신뢰 구간을 만든다. 표 8.4는 이 절에서 전개된 신뢰 구간들을 요약한다. 각 경우에 대한 가정과 그에 상당하는 신뢰 구간들이 정리되었다.

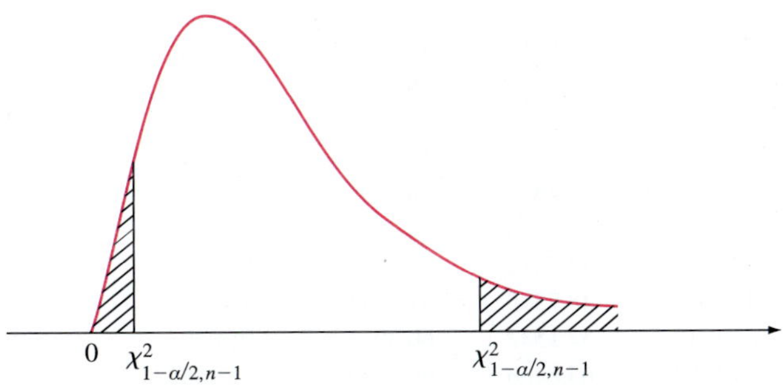

그림 8.3 ● 카이제곱 확률 변수의 임계값

*8.4.6 가우스 확률 변수에 대한 표본화 분포

이 절에서는 가우스 확률 변수의 표본 평균과 표본 분산에 대한 결합 표본화 분산을 이끌어낸다. $\mathbf{X}_n = (X_1, X_2, \ldots, X_n)$은 평균 μ와 분산 σ_X^2를 갖는 가우스 확률 변수의 독립항등분포 버전으로 구성되어 있다고 하자. 우리는 다음의 결과들을 전개할 것이다.

1. 표본 평균 $\overline{X}_n$과 표본 분산 $\hat{\sigma}_n^2$은 독립 확률 변수이다.

$$\overline{X}_n = \frac{1}{n}\sum_{j=1}^{n} X_j \quad \text{그리고} \quad \hat{\sigma}_n^2 = \frac{1}{n-1}\sum_{j=1}^{n}(X_j - \overline{X}_n)^2$$

표 8.3 카이제곱 분포 $P[\chi^2 > \chi^2_{\alpha, n-1}] = \alpha$에 대한 임계값

n\α	0.995	0.975	0.95	0.05	0.025	0.01	0.005
1	3.9271E-05	0.0010	0.0039	3.8415	5.0239	6.6349	7.8794
2	0.0100	0.0506	0.1026	5.9915	7.3778	9.2104	10.5965
3	0.0717	0.2158	0.3518	7.8147	9.3484	11.3449	12.8381
4	0.2070	0.4844	0.7107	9.4877	11.1433	13.2767	14.8602
5	0.4118	0.8312	1.1455	11.0705	12.8325	15.0863	16.7496
6	0.6757	1.2373	1.6354	12.5916	14.4494	16.8119	18.5475
7	0.9893	1.6899	2.1673	14.0671	16.0128	18.4753	20.2777
8	1.3444	2.1797	2.7326	15.5073	17.5345	20.0902	21.9549
9	1.7349	2.7004	3.3251	16.9190	19.0228	21.6660	23.5893
10	2.1558	3.2470	3.9403	18.3070	20.4832	23.2093	25.1881
11	2.6032	3.8157	4.5748	19.6752	21.9200	24.7250	26.7569
12	3.0738	4.4038	5.2260	21.0261	23.3367	26.2170	28.2997
13	3.5650	5.0087	5.8919	22.3620	24.7356	27.6882	29.8193
14	4.0747	5.6287	6.5706	23.6848	26.1189	29.1412	31.3194
15	4.6009	6.2621	7.2609	24.9958	27.4884	30.5780	32.8015
16	5.1422	6.9077	7.9616	26.2962	28.8453	31.9999	34.2671
17	5.6973	7.5642	8.6718	27.5871	30.1910	33.4087	35.7184
18	6.2648	8.2307	9.3904	28.8693	31.5264	34.8052	37.1564
19	6.8439	8.9065	10.1170	30.1435	32.8523	36.1908	38.5821
20	7.4338	9.5908	10.8508	31.4104	34.1696	37.5663	39.9969
21	8.0336	10.2829	11.5913	32.6706	35.4789	38.9322	41.4009
22	8.6427	10.9823	12.3380	33.9245	36.7807	40.2894	42.7957
23	9.2604	11.6885	13.0905	35.1725	38.0756	41.6383	44.1814
24	9.8862	12.4011	13.8484	36.4150	39.3641	42.9798	45.5584
25	10.5196	13.1197	14.6114	37.6525	40.6465	44.3140	46.9280
26	11.1602	13.8439	15.3792	38.8851	41.9231	45.6416	48.2898
27	11.8077	14.5734	16.1514	40.1133	43.1945	46.9628	49.6450
28	12.4613	15.3079	16.9279	41.3372	44.4608	48.2782	50.9936
29	13.1211	16.0471	17.7084	42.5569	45.7223	49.5878	52.3355
30	13.7867	16.7908	18.4927	43.7730	46.9792	50.8922	53.6719
40	20.7066	24.4331	26.5093	55.7585	59.3417	63.6908	66.7660
50	27.9908	32.3574	34.7642	67.5048	71.4202	76.1538	79.4898
60	35.5344	40.4817	43.1880	79.0820	83.2977	88.3794	91.9518
70	43.2753	48.7575	51.7393	90.5313	95.0231	100.4251	104.2148
80	51.1719	57.1532	60.3915	101.8795	106.6285	112.3288	116.3209
90	59.1963	65.6466	69.1260	113.1452	118.1359	124.1162	128.2987
100	67.3275	74.2219	77.9294	124.3421	129.5613	135.8069	140.1697

2. 확률 변수 $(n-1)\hat{\sigma}_n^2/\sigma_X^2$는 자유도 $n-1$을 갖는 카이제곱 분포이다.

3. 통계

$$W = \frac{\overline{X}_n - \mu}{\hat{\sigma}_n/\sqrt{n}} \tag{8.60}$$

은 학생의 t-분포이다.

이들 세 가지 결과들은 가우스 분포된 관측들의 평균과 분산에 대한 신뢰 구간들을 전개하는데 필요하다.

먼저 표본 평균 $\overline{X}_n$과 표본 분산 $\hat{\sigma}_n^2$이 독립 확률 변수라는 것을 보인다. 표본 평균에 대해서 우리는 다음을 갖는다.

$$n\overline{X}_n = \sum_{j=1}^{n} X_j = \sum_{j=1}^{n-1} X_j + X_n$$

이는 다음을 내포한다.

$$X_n - \overline{X}_n = (n-1)\overline{X}_n - \sum_{j=1}^{n-1} X_j = -\sum_{j=1}^{n-1}(X_j - \overline{X}_n)$$

$\hat{\sigma}_n^2$을 정의하는 합으로 마지막 항을 대치하면 다음을 얻는다.

$$(n-1)\hat{\sigma}_n^2 = \sum_{j=1}^{n}(X_j - \overline{X}_n)^2 = \sum_{j=1}^{n-1}(X_j - \overline{X}_n)^2 + \left\{\sum_{j=1}^{n-1}(X_j - \overline{X}_n)\right\}^2 \tag{8.61}$$

따라서 $\hat{\sigma}_n^2$은 $i=1,\ldots,n-1$에 대해 $Y_i = X_i - \overline{X}_n$에 의해 결정된다.

다음에는 $\overline{X}_n$와 $Y_i = X_i - \overline{X}_n$가 상관이 없음을 보인다.

$$\begin{aligned}
E[\overline{X}_n(X_i - \overline{X}_n)] &= E[\overline{X}_n X_i] - E[\overline{X}_n^2] \\
&= E\left[\frac{1}{n}\sum_{j=1}^{n} E[X_j X_i]\right] - \frac{1}{n^2}\sum_{j=1}^{n}\sum_{i=1}^{n} E[X_j X_i] \\
&= \frac{1}{n}\left[(n-1)\mu^2 + E[X^2] - \frac{1}{n}\{n(n-1)\mu^2 + nE[X^2]\}\right] \\
&= 0
\end{aligned} \tag{8.62}$$

표 8.4 가우스와 비 가우스 확률 변수에 대한 신뢰 구간들의 요약

모수	경우	신뢰 구간
μ	가우스 확률 변수, σ^2 은 기지임	$\left[\overline{X}_n - z_{\alpha/2}\sigma/\sqrt{n}, \overline{X}_n + z_{\alpha/2}\sigma/\sqrt{n}\right]$
μ	비 가우스 확률 변수, n은 크고, σ^2 은 기지임	$\left[\overline{X}_n - z_{\alpha/2}\sigma/\sqrt{n}, \overline{X}_n + z_{\alpha/2}\sigma/\sqrt{n}\right]$
μ	가우스 확률 변수, σ^2 은 미지임	$\left[\overline{X}_n - t_{\alpha/2,n-1}\hat{\sigma}_n/\sqrt{n}, \overline{X}_n + t_{\alpha/2,n-1}\hat{\sigma}_n/\sqrt{n}\right]$
μ	비 가우스 확률 변수, σ^2 은 미지이고, 일괄 평균	$\left[\overline{X}_n - t_{\alpha/2,n-1}\hat{\sigma}_n/\sqrt{n}, \overline{X}_n + t_{\alpha/2,n-1}\hat{\sigma}_n/\sqrt{n}\right]$
σ^2	가우스 확률 변수, μ는 미지임	$\left[\frac{(n-1)\hat{\sigma}_n^2}{\chi^2_{\alpha/2,n-1}}, \frac{(n-1)\hat{\sigma}_n^2}{\chi^2_{1-\alpha/2,n-1}}\right]$

$n-1$차원 벡터 $\mathbf{Y} = (X_1 - \overline{X}_n, X_2 - \overline{X}_n, \ldots, X_{n-1} - \overline{X}_n)$를 정의하면, $\mathbf{Y}$와 $\overline{X}_n$는 상관이 없다. 게다가 $\mathbf{Y}$와 $\overline{X}_n$는 다음의 선형변환에 의해 정의된다.

$$\begin{aligned}
Y_1 &= X_1 - \overline{X}_n = (1 - 1/n)X_1 - X_2 - \cdots - X_n \\
Y_2 &= X_2 - \overline{X}_n = -X_1 + (1 - 1/n)X_2 - \cdots - X_n \\
&\vdots \\
Y_{n-1} &= X_{n-1} - \overline{X}_n = -X_1 - X_2 - \cdots + (1 - 1/n)X_{n-1} - X_n \\
Y_n &= \overline{X}_n = X_1/n + X_2/n + \cdots + X_n/n
\end{aligned} \tag{8.63}$$

처음 $n-1$ 식들은 $\mathbf{Y}$에 있는 항들에 해당하고 마지막 항은 $\overline{X}_n$에 해당한다. 우리는 $\mathbf{Y}$와 $\overline{X}_n$는 결합 가우스 확률 변수들, $\mathbf{X}_n = (X_1, X_2, \ldots, X_n)$의 선형변환에 의해 정의된다. 따라서 $\mathbf{Y}$와 $\overline{X}_n$는 결합 가우스이다. $\mathbf{Y}$와 $\overline{X}_n$의 구성요소들이 상관이 없다는 사실은 $\mathbf{Y}$의 구성요소들이 $\overline{X}_n$에 독립이라는 것을 내포한다. 식 (8.61)로부터 $\hat{\sigma}_n^2$는 $\mathbf{Y}$의 구성요소들에 의해서 완전하게 결정되는 것을 상기하면 $\hat{\sigma}_n^2$과 $\overline{X}_n$는 독립 확률 변수들이다.

이제 $(n-1)\hat{\sigma}_n^2/\sigma_X^2$는 자유도 $n-1$을 갖는 카이제곱 분포를 갖는다는 것을 보인다. 식 (8.15)를 사용하여 $(n-1)\hat{\sigma}_n^2$를 다음과 같이 표현할 수 있다.

$$(n-1)\hat{\sigma}_n^2 = \sum_{j=1}^{n}(X_j - \overline{X}_n)^2 = \sum_{j=1}^{n}(X_j - \mu)^2 - n(\overline{X}_n - \mu)^2$$

이는 양변을 σ_X^2로 나눈 후에 다음과 같이 재배열할 수 있다.

$$\sum_{j=1}^{n}\left(\frac{X_j - \mu}{\sigma_X}\right)^2 = \frac{(n-1)\hat{\sigma}_n^2}{\sigma_X^2} + \left(\frac{\overline{X}_n - \mu}{\sigma_X/\sqrt{n}}\right)^2$$

위의 식에서 좌변은 n개 영평균, 단위분산 독립 가우스 확률 변수들의 자승의 합이다. 연습문제 7.6으로부터 이 합이 자유도 n을 갖는 카이제곱 확률 변수라는 것을 알고 있다. 위의 식에서 가장 오른쪽 항은 영평균, 단위분산 가우스 확률 변수의 자승이므로 자유도 1을 갖는 카이제곱이다. 결국, 식의 우변에 있는 두 항들은 하나는 표본 분산에 의존하고 다른 것은 표본 평균에 의존하므로 독립 확률 변수들이다. $\Phi(\omega)$는 표본 분산 항의 특성함수를 나타낸다. 특성함수들을 사용하여, 위의 식은 다음과 같이 된다.

$$\left(\frac{1}{1 - 2j\varpi}\right)^{n/2} = \Phi_n(\omega) = \Phi(\omega)\Phi_1(\omega) = \Phi(\omega)\left(\frac{1}{1 - 2j\varpi}\right)^{1/2}$$

여기에서는 자유도 n과 자유도 1의 카이제곱 확률 변수들에 대한 표현을 삽입했다. $(n-1)\hat{\sigma}_n^2/\sigma_X^2$의 특성함수에 대하여 최종적으로 다음과 같이 풀 수 있다.

$$\Phi(\omega) = \left(\frac{1}{1 - 2j\varpi}\right)^{(n-1)/2}$$

$(n-1)\hat{\sigma}_n^2/\sigma_X^2$는 자유도 $n-1$을 갖는 카이제곱 확률 변수라고 결론짓는다.

마지막으로 다음 통계를 고려한다.

$$T = \frac{\overline{X}_n - \mu}{\hat{\sigma}_n/\sqrt{n}} = \frac{\sqrt{n}(\overline{X}_n - \mu)/\sigma_X}{\sqrt{\hat{\sigma}_n^2/\sigma_X^2}} = \frac{(\overline{X}_n - \mu)/(\sigma_X/\sqrt{n})}{\sqrt{\{(n-1)\hat{\sigma}_n^2/\sigma_X^2\}/(n-1)}} \tag{8.64}$$

식 (8.64)에서 분자는 영평균, 단위분산 가우스 확률 변수이다. 방금 $\{(n-1)\hat{\sigma}_n^2/\sigma_X^2\}$는 자유도 $n-1$을 갖는 카이제곱이라는 것을 보였다. 위의 식에 있는 분자와 분모는 하나는 표본 평균에 의존하고 다른 것은 표본 분산에 의존하므로 독립 확률 변수들이다. 예제 6.14에서는 이들 조건들이 주어지면 T는 자유도 $n-1$을 갖는 학생의 t-분포를 갖는다는 것을 보였다.

8.5 가설 검정

어떤 상황에서는 확률 표본 $\mathbf{X}_n$에 기초한 모집단에 관한 주장을 검정하는 데 관심을 갖게 되었다. 이 주장은 X의 근원적인 분포에 관한 가설의 형태로 언급되고, 시험의 목적은 관측된 데이터 $\mathbf{X}_n$에 기초하여 가설을 받아들이거나 기각하기 위한 것이다. 그러한 주장들의 예들은 다음과 같다.

- 주어진 동전이 공정하다.
- 새로운 제조 과정은 오래 지속하는 새롭고 향상된 배터리들을 생산한다.
- 두 가지 불규칙 잡음들은 같은 평균을 갖는다.

먼저 유의 검정을 고려한다. 여기에서 그 목적은 주어진 '영' 가설 H_0를 받아들이거나 기각하기 위한 것이다. 다음에는 대안 가설 H_1에 반하여 H_0의 검정을 고려한다. 각 시험의 출력을 결정하기 위한 규칙들을 개발하고 이 규칙들의 우수성과 품질을 평가하기 위한 방법을 소개한다.

이 절에서는 가설 검정을 위해서 고전적이 접근 방법을 사용한다. 여기에서는 분포의 모수들은 미지이지만 불규칙하지는 않다고 가정한다. 다음 절에서는 베이지안 모형들을 사용한다. 여기에서 분포의 모수들은 사전 확률들을 알고 있는 확률 변수들이다.

8.5.1 유의 검정

주어진 동전이 공평하다는 가설을 검정하기를 원한다고 가정하자. 우리는 동전 100회 던지기를 수행하고 윗면의 수 N을 관측한다. N값에 기초하여 가설을 받아들일 것인가 기각할 것인가를 결정해야 한다. 본질적으로 동전 던지기 $\{0, 1, \ldots, 100\}$의 가능한 출력 집합을 우리가 가설을 받아들이기 위한 값들의 집합과 가설을 기각하기 위한 값들의 집합으로 나눌 필요가 있다. 만약 동전이 공정하다면 우리는 N값이 50에 가까울 것으로 예상하므로 가설을 받아들이는 집합에 50에 가까운 수를 포함한다. 그러나 정확하게 어떤 값에서 가설을 기각하기 시작해야 하는가? 관측 공간을 두 개의 영역으로 분할하는 많은 방법들이 있고, 확실히 이 선택을 하는 데 있어 길잡이를 위한 몇 가지 기준이 필요하다.

일반적인 경우에는 확률 변수 X의 모수 θ에 관한 가설 H_0을 검정하길 원한다. H_0을 **영가설(null hypothesis)**이라고 말한다. **유의 검정(significance test)**의 목적은 확률 표본 $\mathbf{X}_n = (X_1, X_2, \ldots, X_n)$에 기초하여 영가설을 받아들이거나 기각하기 위한 것이다. 관측된 데이터 $\mathbf{X}_n$이 영가설이 사실일 때 예상되었던 것과 상당히 다른 것인지 아닌지에 관심이 있다. 결정 규칙을 상술하기 위해서는 관측 공간을 가설을 거절하는 기각 또는 임계 영역 $\tilde{R}$과 가설을 받아들이는 수용 영역 $\tilde{R}^c$로 분할한다. 결정 규칙은 다음과 같다.

$$\begin{aligned} &\mathbf{X}_n \in \tilde{R}^c \text{ 이면 } H_0 \text{ 을 받아들인다.} \\ &\mathbf{X}_n \in \tilde{R} \text{ 이면 } H_0 \text{ 을 거절한다.} \end{aligned} \tag{8.65}$$

이 결정 규칙을 실행하면 다음과 같은 두 종류의 오류가 발생할 수 있다.

$$\begin{aligned}&\textbf{유형 I 오류: } \boldsymbol{H_0}\text{이 사실이면 } \boldsymbol{H_0}\text{을 거절한다.}\\&\textbf{유형 II 오류: } \boldsymbol{H_0}\text{이 거짓이면 } \boldsymbol{H_0}\text{을 받아들인다.}\end{aligned} \tag{8.66}$$

가설이 사실이라면, 유형 I 오류의 확률을 다음과 같이 계산할 수 있다.

$$\alpha \triangleq P[\text{Type I error}] = \int_{\mathbf{x}_n \in \tilde{R}} f_{\mathbf{X}}(\mathbf{x}_n \mid H_0)\, d\mathbf{x}_n \tag{8.67}$$

만약 영가설이 거짓이라면, 관측들 $\mathbf{X}_n$의 실제 분포에 관한 정보는 갖고 있지 않으므로 유형 **II** 오류의 확률을 평가할 수 없다.

α를 검정의 **유의 수준(significance level)**이라고 부르고, 이 값은 실제로 그것이 사실일 때 H_0를 기각하는 유형 I 오류에 대한 허용오차를 나타낸다. 검정의 유의 수준은 검정을 위한 중요한 설계 기준을 제공한다. 특히, 기각 영역은 유형 I 오류의 확률이 상술된 수준 α보다 크지 않도록 하기 위하여 선택된다. 전형적인 α값은 1%와 5%이다.

예제 8.21 **공정한 동전 검증**

동전이 공정한, 즉 $p = 1/2$인 H_0에 대한 유의 검정을 고려하자. 유의 수준 5%에서 검정을 구하라.

동전 100회 던지기에서 윗면의 수 N을 집계한다. 기각 영역 $\tilde{R}$를 구하기 위해서, 동전이 공정할 때 확률 α를 갖는 $S = \{0, 1, \ldots, n\}$의 부 집합을 확인할 필요가 있다. 예로써, $\tilde{R}$를 영역 $50 \pm c$ 밖의 정수들의 집합으로 할 수 있다.

$$\begin{aligned}\alpha &= 0.05 = 1 - P[50 - c \le N \le 50 + c \mid H_0]\\&= 1 - \sum_{j=50-c}^{50+c} \binom{100}{j}\left(\frac{1}{2}\right)^{100} \approx P\left[\left|\frac{N-50}{\sqrt{100(1/2)(1/2)}}\right| > c\right] = 2Q\left(\frac{c}{5}\right)\end{aligned}$$

여기에서는 이항 cdf에 대해 가우스 근사를 사용하였다. 양측 임계값은 $z_{0.025} = 1.96$이고, 여기에서 $Q(z_{0.025}) = 0.05/2 = 0.025$이다. 그러면 c의 원하는 값은 $c/5 = 1.96$이므로, $c = 10$이고, 수용 영역 $\tilde{R}^c = \{40, 41, \ldots, 60\}$이고, 기각 영역 $\tilde{R} = \{k.|k - 50| > 10\}$이다.

그러나 $\tilde{R}$의 선택은 유일하지 않다는 것을 주의하자. 원하는 유의 수준을 만난다면, $\tilde{R}$를 $50 + c$보다 큰 정수들로 놓을 수 있다.

$$0.05 = P[N \ge 50 + c \mid H_0] \approx P\left[\frac{N-50}{5} \ge \frac{c}{5}\right] = Q\left(\frac{c}{5}\right)$$

값 $z_{0.05} = 1.64$는 $Q(z_{0.05}) = 0.05$를 제공한다. 이는 $c = 5 \times 1.64 \approx 8$을 내포하고, 그에 상당하는 수용 영역은 $\tilde{R}^c = \{0, 1, \ldots, 58\}$이고 기각 영역은 $\tilde{R} = \{k > 58\}$이다.

위의 두 가지 기각 영역의 어느 쪽의 선택이든지 요구하는 유의 수준을 만족한다. 직관적으로 양측 기각 영역의 선택이 높은 쪽 또는 낮은 쪽으로의 편향이 동전의 공정성 판단이 관계되는 한에 있어서 중요하므로 더 적절하다고 믿는 이유를 갖고 있다.

이전의 예제는 분포의 두 꼬리 또는 하나의 꼬리의 견지에서 정의된 기각 영역을 보인다. 그것이 두 꼬리를 포함한다면, 즉, 기각 영역이 두 구간들로 구성되어 있다면 검정은 두 꼬리로 된 또는 두 측면으로 된 것이라고 말한다. 유사하게, 기각 영역이 단일구간으로 구성된 한 꼬리로 된 또는 한 측면으로 된 것을 참조한다.

예제 8.22 **개선된 배터리 검정**

제조업자는 새로이 개선된 배터리들이 더 긴 수명을 갖는 것을 요구한다. 구형 배터리들은 평균 150시간과 분산 16인 가우스 분포된 수명을 갖는 것을 알고 있다. 9개 배터리들의 수명을 측정하고 155시간의 표본 평균을 얻는다. 수명의 분산은 바뀌지 않는다고 가정한다. 0.1% 유의 수준에서 검정을 구하라.

H_0는 배터리 수명이 바뀌지 않는다는 것이다. 만약 H_0이 사실이라면, 표본 평균 $\overline{X}_9$는 평균 150과 분산 16/9를 갖는 가우스이다. 만약 표본 평균이 150보다 상당히 크다면 영가설을 기각한다. 이것은 $\tilde{R} = \{\overline{X}_9 > 150 + c\}$ 형태의 한쪽 측면 검정을 이끈다. 원하는 유의 수준을 성취하기 위하여 상수 c를 선택한다.

$$\alpha = 0.01 = P[\hat{X}_9 > 150 + c \mid H_0] = P\left[\frac{\overline{X}_9 - 150}{\sqrt{16/9}} > \frac{c}{\sqrt{16/9}}\right] = Q\left(\frac{c}{4/3}\right)$$

임계값 $z_{0.01} = 2.326$은 $Q(z_{0.01}) = 0.01 = \alpha$에 상당한다. 따라서 $3c/4 = 2.326$ 또는 $c = 3.10$ 이다. 그러면 기각 영역은 $\hat{X}_9 \geq 150 + 3.10 = 153.10$이다. 관측된 표본 평균 155는 기각 영역에 있으므로 우리는 영가설을 기각한다. 데이터는 수명이 향상되었다는 것을 제시한다.

가설 검정에 대한 대안적인 접근 방법은 시간 전에 수준 α를 부여하는 것이 아니고, 따라서 기각 영역을 결정하는 것이 아니다. 대신에, 관측 $\overline{X}_n$에 기초하여 질문 'H_0가 사실이라고 가정하면, 통계가 $\overline{X}_n$보다 극단적인 또는 좀 더 극단적인 값을 가정하는 확률은 얼마인가?' 을 한다. 이 확률을 **검정 통계의 p값**이라고 부른다. 만약 $p(\overline{X}_n)$가 1에 가까우면 영가설을 기각할 이유가 없으나, $p(\overline{X}_n)$가 작으면 영가설을 기각하기 위한 이유가 있다.

예로써, 예제 8.22에서 $n = 9$ 배터리들에 대한 155시간의 표본 평균은 다음과 같은 p값을 갖는다.

$$P[\hat{X}_9 > 155 \mid H_0] = P\left[\frac{\hat{X}_9 - 150}{\sqrt{16/9}} > \frac{5}{\sqrt{16/9}}\right] = Q\left(\frac{5}{4/3}\right) = 8.84 \times 10^{-5}$$

153.10의 관측 값은 0.01의 p값을 산출할 것이다. 155에 대한 p값은 더 작으므로 명백하게 이 관측은 1% 그리고 더 낮은 수준들에서 기각되는 영가설을 필요로 한다.

8.5.2 단순 가설 검정

가설 검정은 관측 데이터에 기초한 둘 또는 그 이상의 가설을 검정하는 것을 포함한다. 우리는 **대안적 가설(alternative hypothesis)** H_1에 대조한 영가설 H_0를 검정하는 이진 가설 상태에 관해 초점을 맞출 것이다. 검정의 출력은 H_0를 받아들이거나 H_0를 기각하고 H_1을 받아들이는 것이다. **단순 가설(simple hypothesis)**은 관련된 분포를 완전하게 상술하는 것이다. 만약 분포가 완전하게 상술되지 않으면(즉, 평균 0과 미지의 분산을 갖는 가우스 pdf), **복합 가설(composite hypothesis)**을 갖는다고 말한다. 우리는 두 개의 단순 가설들의 검정을 우선 고려한다. 이 경우는 통신 시스템의 환경에서 전기공학에서 빈번히 나타난다.

대안적 가설이 단순할 때, 우리는 유형 II 오류들의 확률, 즉 H_1이 사실일 때 H_0을 받아들일 확률을 다음과 같이 평가할 수 있다.

$$\beta \triangleq P[\text{유형 II 오류}] = \int_{\mathbf{X}_n \in \tilde{R}^c} f_{\mathbf{X}}(\mathbf{X}_n \mid H_1)\, d\mathbf{X}_n \tag{8.68}$$

유형 II 오류의 확률은 가설 검정의 설계에서 두 번째 기준을 제공한다.

예제 8.23 **레이더 탐지 문제**

레이더 시스템은 목표의 존재 또는 부재 간의 구별을 위해서 필요하다. 수신된 신호 X에 기초한 다음의 단순 이진 가설 검정을 한다.

H_0: 목표가 존재하지 않음, X는 $\mu = 0$와 $\sigma_X^2 = 1$을 갖는 가우스
H_1: 목표가 존재함, X는 $\mu = 1$과 $\sigma_X^2 = 1$을 갖는 가우스

유의 검정의 경우와 다르게, 관측에 대한 pdf는 가설 둘 다에 대하여 다음과 같이 주어진다.

$$f_X(x \mid H_0) = \frac{1}{\sqrt{2\pi}} e^{-x^2/2}$$

$$f_X(x \mid H_1) = \frac{1}{\sqrt{2\pi}} e^{-(x-1)^2/2}$$

그림 8.4는 각각의 가설 하에서 관측의 pdf를 나타낸다. 기각 영역은 어떤 적절한 상수 γ에 대한 형태 $\{X > \gamma\}$로 명백한 것이다. 그러면 결정 규칙은 다음과 같다.

$$\begin{aligned} &X \le \gamma\text{이면 } H_0\text{을 받아들인다.} \\ &X > \gamma\text{이면 } H_1\text{을 받아들인다.} \end{aligned} \tag{8.69}$$

유형 I 오류는 **잘못된 경고**에 해당하고, 다음과 같이 주어진다.

$$\alpha = P[X > \gamma \mid H_0) = \int_{\gamma}^{\infty} \frac{1}{\sqrt{2\pi}} e^{-x^2/2}\, dx = Q(\gamma) = P_{FA} \tag{8.70}$$

유형 II 오류는 놓친 것에 해당하고, 다음과 같이 주어진다.

$$\beta = P[X \le \gamma \mid H_1) = \int_{-\infty}^{\gamma} \frac{1}{\sqrt{2\pi}} e^{-(x-1)^2/2}\, dx = 1 - Q(\gamma - 1) = 1 - P_D \tag{8.71}$$

여기에서 P_D는 목표가 주어질 때의 탐지 확률이다. 두 가지 오류들의 유형들 간에 타협거래(tradeoff)를 주목하자. γ가 증가함에 따라 유형 I 오류 확률 α는 1로부터 0으로 감소하는 반면에 유형 II 오류 확률 β는 0으로부터 1로 증가한다. γ 선택은 오류의 두 가지 유형 간의 균형에 영향을 미친다.

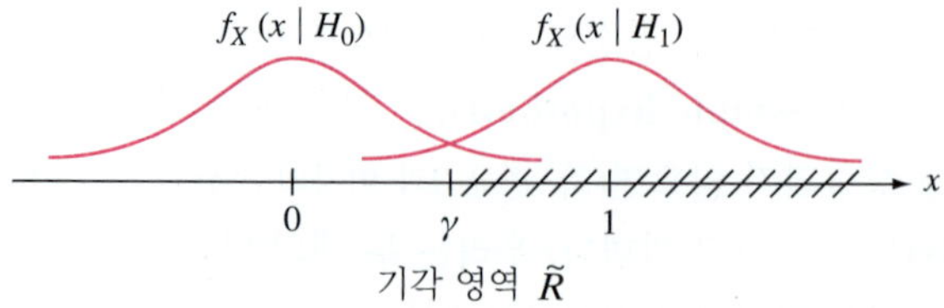

그림 8.4 ● 기각 영역

다음 예제는 관측 표본들의 수 n이 가설 검정을 설계하는 데 있어서 부가적인 자유도를 제공한다.

예제 8.24 **표본 크기를 사용하여 유형 I과 유형 II 오류 확률을 선택**

레이더 탐지 문제에서 잘못된 경고의 확률 $\alpha = P_{FA} = 0.05$이고, 탐지 확률이 $P_D = 1 - \beta = 0.99$이기 위한 표본들의 수 n을 선택한다.

만약 H_0이 사실이라면 n개 독립 관측들의 표본 평균 $\overline{X}_n$는 영평균과 분산 $1/n$을 갖는 가우스이다. 만약 H_1이 사실이라면 $\overline{X}_n$는 평균 1과 분산 $1/n$을 갖는 가우스이다. 잘못된 경고 확률은 다음과 같다.

$$\alpha = P[\overline{X}_n > \gamma \mid H_0] = \int_\gamma^\infty \frac{\sqrt{n}}{\sqrt{2\pi}} e^{-\sqrt{n}x^2/2}\, dx = Q(\sqrt{n}\gamma) = P_{FA} \tag{8.72}$$

그리고 탐지 확률은 다음과 같다.

$$P_D = P[\overline{X}_n > \gamma] = \int_\gamma^\infty \frac{\sqrt{n}}{\sqrt{2\pi}} e^{-\sqrt{n}(x-1)^2/2}\, dx = Q(\sqrt{n}(\gamma - 1)). \tag{8.73}$$

유의 수준 요구사항을 대처하기 위해서 $\sqrt{n}\gamma = Q^{-1}(\alpha) = Q^{-1}(0.05) = 1.64$를 고르고, 탐지 확률 요구사항을 대처하기 위하여 $\sqrt{n}(\gamma - 1) = Q^{-1}(0.99) = -2.33$을 고른다. 그러면 우리는 $\gamma = 0.41$과 $n = 16$을 얻는다.

다른 기준은 영가설을 기각하기 위한 기각 영역을 선택하기 위하여 사용될 수 있다. 일반적인 접근 방법은 유형 I 오류가 α가 되도록 γ를 선택하기 위한 것이다. 그러나 이 접근 방법은 기각 영역을 완전하게 상술하지는 않는다. 예로써, 단 측면 또는 양 측면 검정들 간의 선택을 해야 할 것이다. **네이만-피어슨(Neyman-Pearson)** 기준은 유형 I 오류가 α와 같고, 유형 II 오류 β가 최소화되는 단순 이진 가설 검정에서 기각 영역을 확인한다. 다음의 결과는 어떻게 네이만-피어슨 검정을 얻는지를 보인다.

정리 **네이만-피어슨 가설 검정**

X는 연속 확률 변수라고 가정하자. 유형 I 오류 확률이 α와 같다고 가정하여 유형 II 오류 β를 최소화하는 결정 규칙은 다음과 같이 주어진다.

$$\begin{aligned} \mathbf{x} \in \tilde{R}^c &= \left\{ \mathbf{x} : \Lambda(\mathbf{x}) = \frac{f_{\mathbf{X}}(\mathbf{x} \mid H_1)}{f_{\mathbf{X}}(\mathbf{x} \mid H_0)} < \kappa \right\} \text{ 일 경우 } H_0\text{을 받아들인다.} \\ \mathbf{x} \in \tilde{R} &= \left\{ \mathbf{x} : \Lambda(\mathbf{x}) = \frac{f_{\mathbf{X}}(\mathbf{x} \mid H_1)}{f_{\mathbf{X}}(\mathbf{x} \mid H_0)} \geq \kappa \right\} \text{ 일 경우 } H_1\text{을 받아들인다.} \end{aligned} \tag{8.74}$$

여기에서 κ는 다음을 위하여 선택된다.

$$\alpha = \int_{\Lambda(\mathbf{x}_n) \geq \kappa} f_{\mathbf{X}}(\mathbf{x}_n \mid H_0)\, d\mathbf{x}_n \tag{8.75}$$

$\Lambda(\mathbf{x}) = \kappa$인 항들은 $\tilde{R}$ 또는 $\tilde{R}^c$ 둘 다에 할당될 수 있다. 이 절의 마지막에서 정리를 증명한다. $\Lambda(\mathbf{x})$는 **우도비 함수(likelihood ratio function)**라고 불리고 H_0가 주어진 우도에 대한 H_1이 주어진 관측 $\mathbf{x}$의 우도의 비에 의해서 주어진다. 네이만-피어슨 검정은 우도비가 임계치 κ와 같거나 초과할 때마다 영가설을 기각한다. 검정을 쓰는 좀 더 간결한 형태는 다음과 같다.

$$\Lambda(\mathbf{x}) \underset{H_0}{\overset{H_1}{\gtrless}} \kappa \tag{8.76}$$

로그함수는 증가함수이므로, 대수 우도비로 동등하게 작업할 수 있다.

$$\ln \Lambda(\mathbf{x}) \underset{H_0}{\overset{H_1}{\gtrless}} \ln \kappa \tag{8.77}$$

예제 8.25 두 가우스 확률 변수의 평균 검정

$\mathbf{X}_n = (X_1, X_2, \ldots, X_n)$는 알려진 분산 σ_X^2를 갖는 가우스 확률 변수의 독립항등분포 표본이라고 하자. $m_1 > m_0$에 대해서, 다음에 대한 네이만-피어슨 검정을 구하라.

H_0: X는 $\mu = m_0$와 알려진 σ_X^2을 갖는 가우스

H_1: X는 $\mu = m_1$과 알려진 σ_X^2을 갖는 가우스

관측 벡터 $\mathbf{x}$에 대한 우도 함수들은 다음과 같다.

$$f_{\mathbf{X}}(\mathbf{x} \mid H_0) = \frac{1}{\sigma_X^n \sqrt{2\pi}^n} e^{-((x_1-m_0)^2+(x_2-m_0)^2+\cdots+(x_n-m_0)^2)/2\sigma_X^2}$$

$$f_{\mathbf{X}}(\mathbf{x} \mid H_1) = \frac{1}{\sigma_X^n \sqrt{2\pi}^n} e^{-((x_1-m_1)^2+(x_2-m_1)^2+\cdots+(x_n-m_1)^2)/2\sigma_X^2}$$

그래서 우도비는 다음과 같다.

$$\begin{aligned}
\Lambda(\mathbf{x}) &= \frac{f_{\mathbf{X}}(\mathbf{x} \mid H_1)}{f_{\mathbf{X}}(\mathbf{x} \mid H_0)} = \exp\left(-\frac{1}{2\sigma^2} \sum_{j=1}^{n} (x_j - m_1)^2 - (x_j - m_0)^2 \right) \\
&= \exp\left(-\frac{1}{2\sigma_X^2} \sum_{j=1}^{n} (-2x_j(m_0 - m_1) + m_1^2 - m_0^2) \right) \\
&= \exp\left(-\frac{1}{2\sigma_X^2} \left[-2(m_0 - m_1) n \overline{X}_n - n(m_1^2 - m_0^2) \right] \right).
\end{aligned}$$

대수우도비 검정은 다음과 같다.

$$\ln \Lambda(\mathbf{x}) = -\frac{1}{2\sigma_X^2}\left[-2(m_0 - m_1)n\overline{X}_n - n(m_1^2 - m_0^2)\right] \underset{H_0}{\overset{H_1}{\gtrless}} \ln \kappa$$

$$\left[2(m_1 - m_0)n\overline{X}_n - n(m_1^2 - m_0^2)\right] \underset{H_0}{\overset{H_1}{\lessgtr}} -2\sigma_X^2 \ln \kappa.$$

$$\overline{X}_n \underset{H_0}{\overset{H_1}{\lessgtr}} \frac{-2\sigma_X^2 \ln \kappa + n(m_1^2 - m_0^2)}{2(m_1 - m_0)n} \triangleq \gamma \tag{8.78}$$

양변을 음수 $-2\sigma_X^2$로 나눌 때 부등호의 방향이 바꾸는 것을 주의하자. 임계치 γ는 유의 수준이 α가 되도록 선택된다.

$$\alpha = P[\overline{X}_n > \gamma \mid H_0) = \int_\gamma^\infty \frac{1}{\sqrt{2\pi\sigma_X^2/n}} e^{-((x-m_0)^2)/((2\sigma_X^2))/n)}\, dx = Q\left(\sqrt{n}\frac{\gamma - m_0}{\sigma_X}\right)$$

그리고 이와 같이 하면 $\sqrt{n}(\gamma - m_0) = z_\alpha \sigma_X$이고, $\gamma = m_0 + z_\alpha \sigma_X/\sqrt{n}$이다.

레이더 탐지 문제는 이 문제의 특별한 경우이고, 적절한 변수들에 대하여 대치한 후에, 네이만-피어슨 검정이 기각 영역의 같은 선택을 이끈다는 것을 본다. 따라서 예제 8.24에서 검정 또한 유형 II 오류 확률을 최소화하고, 탐지확률 $P_D = 1 - \beta$를 최대화한다는 것을 알고 있다.

네이만-피어슨 검정은 또한 다음과 같이 정의된 우도 함수를 갖고 X가 이산 확률 변수일 때 적용한다.

$$\Lambda(\mathbf{x}) = \frac{p_{\mathbf{X}}(\mathbf{x} \mid H_1)}{p_{\mathbf{X}}(\mathbf{x} \mid H_0)} \underset{H_0}{\overset{H_1}{\gtrless}} \kappa \tag{8.79}$$

여기에서 임계치 κ는 다음에 대한 가장 큰 값이다.

$$\sum_{\Lambda(\mathbf{x}_n) \geq \kappa} p_{\mathbf{X}}(\mathbf{x}_n \mid H_0) \leq \alpha \tag{8.80}$$

등호는 이산 확률 변수들을 취급할 때 위의 식에서 항상 성취되지는 않는다는 것을 주목하자.

단순 이진 가설에 대한 최대우도 검정은 식 (8.76)에서 $\kappa = 1$인 특별한 경우로써 얻어질 수 있다. 이 경우에는 다음을 갖는다.

$$\Lambda(\mathbf{x}) = \frac{f_{\mathbf{X}}(\mathbf{x} \mid H_1)}{f_{\mathbf{X}}(\mathbf{x} \mid H_0)} \underset{H_0}{\overset{H_1}{\gtrless}} 1$$

이는 다음과 등가이다.

$$f_{\mathbf{X}}(\mathbf{x}\,|\,H_1) \underset{H_0}{\overset{H_1}{\gtrless}} f_{\mathbf{X}}(\mathbf{x}\,|\,H_0) \tag{8.81}$$

그 검정은 단순히 높은 우도를 갖는 가설을 선택한다. 이 결정 규칙은 다수의 단순 가설들을 검정하는 경우로 쉽사리 일반화될 수 있다.

네이만–피어슨 결과를 증명함으로써 이 절을 결론짓는다. 식 (8.68)에 의해 주어진 β를 유형 I 오류 확률이 식 (8.75)에서 α라는 제약을 가정하여 최소화하길 바란다. 이 제약된 최소화를 수행하기 위하여 라그랑즈 승수들을 사용한다.

$$\begin{aligned} G &= \int_{\tilde{R}^c} f_{\mathbf{X}}(\mathbf{x}_n\,|\,H_1)\,d\mathbf{x}_n + \lambda\left[\int_{\tilde{R}} f_{\mathbf{X}}(\mathbf{x}_n\,|\,H_0)\,d\mathbf{x}_n - \alpha\right] \\ &= \int_{\tilde{R}^c} f_{\mathbf{X}}(\mathbf{x}_n\,|\,H_1)\,d\mathbf{x}_n + \lambda\left[1 - \int_{\tilde{R}^c} f_{\mathbf{X}}(\mathbf{x}_n\,|\,H_0)\,d\mathbf{x}_n - \alpha\right] \\ &= \lambda(1-\alpha) + \int_{\tilde{R}^c} \{f_{\mathbf{X}}(\mathbf{x}_n\,|\,H_1) - \lambda f_{\mathbf{X}}(\mathbf{x}_n\,|\,H_0)\}\,d\mathbf{x}. \end{aligned}$$

어떤 $\lambda > 0$에 대해서는 중괄호에 있는 항이 음인 것에 대하여 모든 점들 $\mathbf{x}_n$을 $\tilde{R}^c$에 포함함으로써 G를 최소화한다.

$$\tilde{R}^c = \{\mathbf{x}_n : f_{\mathbf{X}}(\mathbf{x}_n\,|\,H_1) - \lambda f_{\mathbf{X}}(\mathbf{x}_n\,|\,H_0) < 0\} = \left\{\mathbf{x}_n : \frac{f_{\mathbf{X}}(\mathbf{x}_n\,|\,H_1)}{f_{\mathbf{X}}(\mathbf{x}_n\,|\,H_0)} < \lambda\right\}$$

제약을 대처하기 위한 λ를 선택한다.

$$\alpha = \int_{\left\{\mathbf{x}_n : \frac{f_{\mathbf{X}}(\mathbf{x}_n|H_1)}{f_{\mathbf{X}}(\mathbf{x}_n|H_0)} > \lambda\right\}} f_{\mathbf{X}}(\mathbf{x}_n\,|\,H_0)\,d\mathbf{x}_n = \int_{\{\mathbf{x}_n:\,\Lambda(\mathbf{x}_n) > \lambda\}} f_{\mathbf{X}}(\mathbf{x}_n\,|\,H_0)\,d\mathbf{x}_n = \int_{\lambda}^{\infty} f_{\Lambda}(y\,|\,H_0)\,dy$$

여기에서 $f_\Lambda(y|H_0)$는 우도 함수 $\Lambda(\mathbf{x})$의 pdf이다. 우도 함수는 두 pdf들의 비율이므로, 그것은 언제나 양이다. 따라서 우변의 적분은 y의 양의 값에 걸친 영역일 것이고, λ의 최종 선택은 위에서 요구된 바와 같이 양일 것이다.

8.5.3 복합 가설 검정

실제로 많은 상황들은 복합 대안적 가설에 대비한 단순 영가설의 검정을 이끈다. 이것은 종종 한 가설이 매우 잘 상술되고 다른 것은 그렇지 않기 때문에 일어난다. 예들은 찾기가 어렵지 않다. '새로이 길게 지속하는' 배터리의 검정에서, 당연한 영가설은 수명의 평균이 바뀌지 않는 것, 즉 $\mu = \theta_0$이고, 대안 가설은 그 평균이 증가하는 것, 즉 $\mu > \theta_0$이다. 다른 예에서, 우리는 어떤 전압 신호가 dc 성분을 갖고 있는지 검정하길 바랄 것이다. 이 경우에 영가설은 $\mu = 0$이고, 대안 가설은 $\mu \neq 0$이다. 세 번째 예에서, 우리는 어떤 시스템에서 응답 시간들이 좀 더 변하기 쉬운가를 결정하기를 바랄 것이다. 그 영가설은 이제 $\sigma_X^2 = \theta_0$이고, 대안 가설은 $\sigma_X^2 > \theta_0$이다.

위의 모든 예제들은 $\theta \neq \theta_0$, $\theta > \theta_0$, $\theta < \theta_0$와 같은 복합 대안 가설과 대비하여 단순 영가설

$\theta = \theta_0$을 검정한다. 이제 이들 시나리오들에 대한 검정들의 설계를 고려하자. 전과 같이, 유형 I 오류 확률이 α가 되도록 기각 영역 $\tilde{R}$이 선택될 필요가 있다. 이제 우리는 검정의 **파워(power)** $1 - \beta(\theta)$에 관심이 있다. $\beta(\theta)$는 검정이 실제 모수가 θ일 때 영가설을 받아들이는 확률이다. 그 파워 $1 - \beta(\theta)$는 실제 모수가 θ일 때 영가설을 기각하는 확률이다. 따라서 우리는 $1 - \beta(\theta)$가 $\theta \neq \theta_0$일 때 1에 가깝고, $\theta = \theta_0$일 때 작기를 바란다.

예제 8.26 **가우스 확률 변수의 평균에 대한 한 측면 검정(분산이 알려져 있을 때)**

예제 8.22를 다시 보자. 여기에서는 새로운 설계가 오래 지속하는 배터리들을 산출하는지를 결정하기 위한 검정을 전개하였다. 실제 평균 μ의 함수로 검정의 파워를 그려 보라. 유의 수준 $\alpha = 0.01$을 가정하고, 검정이 관측들 $n = 4, 9, 25, 100$을 사용하는 경우들을 고려하라.

이 검정은 알고 있는 평균과 분산을 갖는 가우스 확률 변수인 단순 가설과 알고 있는 분산과 미지의 평균을 갖는 가우스 확률 변수인 복합 대안 가설을 포함한다.

$$H_0: X\text{는 } \mu = 15\text{과 } \sigma_X^2 = 16\text{을 갖는 가우스}$$
$$H_1: X\text{는 } \mu > 15\text{과 } \sigma_X^2 = 16\text{을 갖는 가우스}$$

기각 영역은 형태 $\tilde{R} = \{\mathbf{x} : \bar{\mathbf{x}}_n - 150 > c\}$를 갖고 여기에서 c는 다음이 되도록 선택된다.

$$\alpha = P[\hat{X}_n - 150 > c \mid H_0] = P\left[\frac{\hat{X}_n - 150}{\sqrt{16/n}} > \frac{c}{\sqrt{16/n}}\right] = 1 - Q\left(\frac{c\sqrt{n}}{4}\right)$$

z_α 는 α에 대한 임계값이라고 하면, $c = 4z_\alpha/\sqrt{n}$ 이다.

$$\tilde{R} = \{\mathbf{x} : \bar{\mathbf{x}}_n - 150 > 4z_\alpha/\sqrt{n}\}$$

유형 II 오류 확률은 실제 평균 μ에 의존하고, 다음과 같이 주어진다.

$$\beta(\mu) = P[\overline{X}_n - 150 \leq 4z_\alpha/\sqrt{n} \mid \mu] = P\left[\frac{\overline{X}_n - 150}{\sqrt{16/n}} \leq z_\alpha \middle| \mu\right]$$

만약 X의 실제 pdf가 평균 μ와 분산 16을 갖는다면, 표본 평균 $\overline{X}_n$는 평균 μ와 분산 $16/n$을 갖는 가우스이다. 표준 가우스 확률 변수 $(\overline{X}_n - \mu)/\sqrt{16/n}$ 의 항으로 확률에서 표현식을 재배열할 필요가 있다.

$$\begin{aligned}\beta(\mu) &= P\left[\frac{\overline{X}_n - 150}{\sqrt{16/n}} \leq z_\alpha \middle| \mu\right] = P\left[\frac{\overline{X}_n - 150 - \mu}{\sqrt{16/n}} \leq z_\alpha - \frac{\mu}{\sqrt{16/n}} \middle| \mu\right] \\ &= P\left[\frac{\overline{X}_n - \mu}{\sqrt{16/n}} \leq z_\alpha - \frac{\mu - 150}{\sqrt{16/n}} \middle| \mu\right] = 1 - Q\left(z_\alpha - \frac{\mu - 150}{\sqrt{16/n}}\right)\end{aligned}$$

$\alpha = 0.01$에 대해서 $z_\alpha = 2.326$이다. 그러면 파워함수는 다음과 같다.

$$1 - \beta(\mu) = Q\left(z_\alpha - \frac{\mu - 150}{\sqrt{16/n}}\right) = Q\left(2.326 - \frac{\mu - 150}{\sqrt{16/n}}\right)$$

이 경우에 파워함수에 대한 이상적인 곡선은 $\mu = 150$일 때의 α와 같다. 이는 영가설이 사실일 때이고, 실제 평균 μ가 150 이상으로 증가함에 따라서 빨리 증가한다. 그림 8.5는 고려하는 검정에 대한 파워곡선이 $\mu = 150$ 근방에서 강하하므로, 곡선은 관측들의 수 n이 증가됨에 따라서 이상적인 모양에 접근한다는 것을 나타낸다.

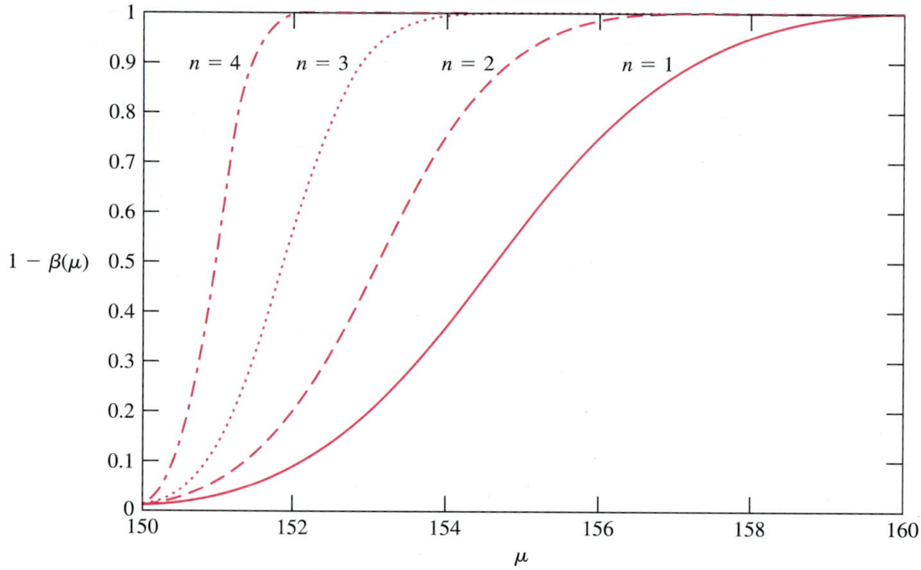

그림 8.5 ● 가우스 평균들의 한 측면 검정에 대한 파워 곡선

만약 유의 수준 α를 성취하는 단순 이진 가설에 대한 두 검정들을 갖는다면, 두 검정들은 단순하다. 우리는 더 작은 유형 II 오류 확률 β를 갖는 검정을 선택한다. 이는 더 높은 파워를 갖는 검정을 고르는 것과 등가이다. 두 검정들 사이의 선택은 우리가 복합 대안 가설에 대비한 단순 영가설을 검정할 때와 같이 아주 단순하지는 않다. 검정의 파워 $1-\beta$는 이제 대안 θ_a의 값에 의하여 변한다. 완전한 가설 검정은 유의 수준 α를 성취하는 것과 대안 가설의 각 값에 대한 가장 높은 파워를 제공하는 것이다. 그러한 검정을 균일하게 가장 강력한(*UMP: uniformly most powerful*) 검정이라고 부른다. 다음 예는 예제 8.25에서 전개된 한 측면 검정이 균일하게 가장 강력한 것이라는 것을 보인다.

예제 8.27 **가우스 평균에 대한 한 측면 검정은 UMP이다.**

예제 8.25에서는 다음과 같은 두 개의 단순 가설을 전개했다.

$$H_0\text{: } X\text{는 } \mu = m_0\text{와 알려진 } \sigma_X^2\text{을 갖는 가우스}$$
$$H_1\text{: } X\text{는 } \mu = m_1\text{과 알려진 } \sigma_X^2\text{을 갖는 가우스}$$

H_0: $\mu = m_0$와 H_1: $\mu = m_1$의 비교를 위한 가장 강력한 검정을 얻기 위하여 네이만-피어슨 결과를 사용했다. 검정의 기각 영역은 다음과 같다.

$$\overline{X}_n > m_0 + z_\alpha \sigma/\sqrt{n} \tag{8.82}$$

이 검정에서 기각 영역은 대안 m_1의 값에 의존하지 않는다. 따라서 어떤 $m_1 > m_0$에 대해서 H_1: $\mu = m_1$에 대비한 H_0: $\mu = m_0$에 대한 네이만-피어슨 검정은 식 (8.82)에 의해 상술되는 것과 같은 검정으로 이끈다. 그러면 그것은 식 (8.82)가 다음에 대해서 UMP라는 것을 따른다.

$$H_0: X\text{는 } \mu = m_0\text{와 알려진 } \sigma_X^2\text{을 갖는 가우스}$$
$$H_1: X\text{는 } \mu > m_0\text{과 알려진 } \sigma_X^2\text{을 갖는 가우스}$$

이전 예제와 같은 전개를 따름으로써, 우리는 쉽사리 H_1: $\mu < m_0$에 대비한 H_0: $\mu = m_0$의 검정이 다음과 같은 기각 영역을 갖는다는 것을 보일 수 있다.

$$\overline{X}_n < m_0 - z_\alpha \sigma / \sqrt{n} \tag{8.83}$$

그리고 게다가 UMP이다. 반면에, 위의 결과들은 H_1: $\mu \neq m_0$에 대비한 H_0: $\mu = m_0$에 대한 UMP 검정을 구하는 데 유용하지 않다. 여기에서 우리는 $\mu < m_0$와 $\mu > m_0$ 둘 다 다룰 필요가 있고, 그러므로 다른 기각 영역들을 갖는 검정들을 다룰 필요가 있다(연습문제 8.59를 보라).

예제 8.28 **가우스 확률 변수의 평균에 대한 양 측면 검정(분산을 알 때)**

어떤 전압 신호가 dc 성분을 갖고 있는지를 결정하기 위한 검정을 전개하라. 신호는 가우스 분포되어 있고, 단위분산을 갖는다고 알려져 있다고 가정한다. $\alpha = 0.01$을 가정하여, 0.25볼트의 dc 전압이 확률 0.90으로 기각되기 위해 얼마나 많은 표본들이 요구되는가?

이 검정은 다음과 같이 기지의 분산을 갖는 가우스 확률 변수의 평균을 포함한다.

$$H_0: X\text{는 } \mu = 0\text{과 } \sigma_X^2 = 1\text{을 갖는 가우스}$$
$$H_1: X\text{는 } \mu \neq 0\text{와 } \sigma_X^2 = 1\text{을 갖는 가우스}$$

H_0이 사실일 때, 표본 평균 $\overline{X}_n$는 평균 0과 분산 $1/n$을 갖는 가우스이다. 그 기각 영역은 두 꼬리 부분들을 포함하고, 형태 $\tilde{R} = \{\mathbf{x} : |\overline{\mathbf{x}}_n| > c\}$를 갖는다. 여기에서 c는 다음이 만족하도록 선택된다.

$$\alpha = P[|\overline{X}_n| > c | H_0] = 2P\left[\left|\frac{\overline{X}_n}{1/\sqrt{n}}\right| > \frac{c}{1/\sqrt{n}}\right] = 2Q(c\sqrt{n}) \tag{8.84}$$

$z_{\alpha/2}$는 $\alpha/2$에 대한 기각 값으로 하면, $c = z_{\alpha/2}/\sqrt{n}$이고, 기각 영역은 다음과 같다.

$$\tilde{R} = \left\{\mathbf{x} : |\overline{\mathbf{x}}_n| > z_{\alpha/2}/\sqrt{n}\right\}$$

실제 평균이 μ일 때, 표본 평균은 평균 μ이고 분산은 $1/n$이므로, 유형 II 오류 확률은 다음과 같이 주어진다.

$$\begin{aligned}\beta(\mu) &= P\left[|\overline{X}_n| \le \frac{z_{\alpha/2}}{\sqrt{n}} \middle| \mu\right] = P\left[-\frac{z_{\alpha/2}}{\sqrt{n}} - \mu \le \overline{X}_n - \mu \le \frac{z_{\alpha/2}}{\sqrt{n}} - \mu \middle| \mu\right] \\ &= P\left[-z_{\alpha/2} - \sqrt{n}\mu \le \frac{\overline{X}_n - \mu}{1/\sqrt{n}} \le z_{\alpha/2} - \sqrt{n}\mu \middle| \mu\right] \\ &= Q\left(-z_{\alpha/2} - \sqrt{n}\mu\right) - Q\left(z_{\alpha/2} - \sqrt{n}\mu\right)\end{aligned}$$

$\alpha = 0.01$에 대해서 $z_{\alpha/2} = 2.576$이다. 그러면 $\mu = 0.25$에 대한 유형 II 오류 확률은 다음과 같다.

$$\beta(0.25) = Q(-2.576 - 0.25\sqrt{n}) - Q(+2.576 - 0.25\sqrt{n})$$

위의 식은 시행착오를 거쳐 n에 대하여 풀릴 수 있다. $Q(x)$가 감소함수이고, 두 Q 함수들의 인수들이 5이상 다르므로 우리는 두 번째 항을 무시할 수 있고, 따라서 다음과 같이 된다.

$$\beta(0.25) \approx Q(-2.576 - 0.25\sqrt{n})$$

z_β를 β에 대한 임계값으로 놓으면, $z_\beta = -2.576 - 0.25\sqrt{n}$이다.

$$n = \left(\frac{2.576 + z_\beta}{0.25}\right)^2$$

만약 $\beta = 1 - 0.90 = 0.10$이면 $z_\beta = 1.282$이고, 요구되는 표본들의 수는 $n = 238$이다.

예제 8.27과 8.28에서는 분산들을 알고 있는 가우스 확률 변수의 평균을 포함하는 가설 검정들을 전개하였다. 이들 검정들에서 기각 영역의 정의는 표본 평균 $\overline{X}_n$가 가우스 확률 변수라는 사실에 의존한다. 따라서 이들 가설 검정들은 개별 관측들이 가우스가 아닌 상황에서도 또한 사용될 수 있지만, 여기에서 표본들의 수 n이 중심극한정리에 적용하기에 충분히 크고 가우스 확률 변수에 의해 $\overline{X}_n$를 근사한다.

예제 8.29 **가우스 확률 변수의 평균에 대한 양 측면 검정(분산을 모를 때)**

어떤 전압 신호가 $m_0 = 1.5$볼트와 같은 dc 성분을 갖는지 결정하기 위한 검정을 전개하라. 신호 표본들은 가우스이지만 분산은 미지라고 가정한다. 9개 측정들의 집합이 표본 평균 1.75볼트와 표본 분산 2.25볼트의 결과를 가져오는 실험에 있어서 5% 수준에서 검정을 적용하라.

이제 다음과 같은 두 개의 복합 가설을 고려한다.

H_0: X는 $\mu = m_0$과 미지의 σ_X^2을 갖는 가우스

H_1: X는 $\mu \neq m_0$와 미지의 σ_X^2을 갖는 가우스

분산이 미지인 경우에서 해를 모방하는 것으로 시작한다. 식 (8.17)에 의해 주어진 표본 평균을 사용하는 것에 의해 통계 $(\overline{X}_n - m_0)/(\sigma_X/\sqrt{n})$을 다음과 같이 근사한다.

$$T = \frac{(\overline{X}_n - m_0)}{\hat{\sigma}_n/\sqrt{n}} \tag{8.85}$$

이전 장의 식 (8.64)로부터 T는 학생 t-분포를 갖는다는 것을 알고 있다. 기각 영역에 대해서 다음을 사용한다.

$$\tilde{R} = \left\{\mathbf{x}: \left|\frac{(\mathbf{x} - m_0)}{\hat{\sigma}_n/\sqrt{n}}\right| > c\right\}$$

임계값 c는 다음과 같이 요구되는 유의 수준을 제공하기 위하여 선택된다.

$$\alpha = 1 - P\left[-c \le \frac{\overline{X}_n - m_0}{\hat{\sigma}_n/\sqrt{n}} \le c\right] = 1 - (F_{n-1}(c) - F_{n-1}(-c)) = 2F_{n-1}(-c)$$

여기에서 $F_{n-1}(t)$는 자유도 $n-1$을 갖는 학생 t-확률 변수의 cdf이다. $t_{\alpha/2,\,n-1}$을 $\alpha/2 = 1 - F_{n-1}(t_{\alpha/2,\,n-1}) = F_{n-1}(-t_{\alpha/2,\,n-1})$에 대한 값이라고 하면, $c = t_{\alpha/2,\,n-1}$이다. 그러면 결정 규칙은 다음과 같다.

$$\left|\frac{(\mathbf{x} - m_0)}{\hat{\sigma}_n/\sqrt{n}}\right| \le t_{\alpha/2,n-1} \text{ 이면 } H_0\text{을 받아들인다.}$$

$$\left|\frac{(\mathbf{x} - m_0)}{\hat{\sigma}_n/\sqrt{n}}\right| > t_{\alpha/2,n-1} \text{ 이면 } H_1\text{을 받아들인다.} \tag{8.86}$$

$\alpha/2 = 0.025$와 $n = 9 - 1 = 8$에 대한 임계값은 $t_{0.025, 8} = 2.306$이다. 검정 통계는 2.306보다 작은 $(1.75 - 1.5)/(2.25/9)1/2 = 0.5$이다. 따라서 영가설은 받아들여진다. 그 데이터는 dc 전압이 1.5볼트라는 주장을 지지한다.

분산이 미지일 때 가우스 확률 변수의 평균을 검정하기 위한 한 측면 검정들은 이전의 예제에서 접근한 방법을 사용하여 전개될 수 있다. 표 8.2로부터 학생 t-분포의 임계값은 표본들의 수가 증가됨에 따라서 가우스 확률 변수의 임계값에 접근한다는 것을 상기하자. 따라서 학생 t 가설 검정들은 적은 수의 가우스 관측들을 다룰 때에만 필요하다.

예제 8.30 **가우스 확률 변수의 분산 검정**

어떤 시스템에서 응답 시간의 변화성은 과거값 $\sigma_X^2 = 35\ \text{sec}^2$으로부터 변화되는지를 결정하길 원한다. 우리는 $n = 30$ 응답 시간의 측정들에 대한 표본 분산 37 sec^{2}을 측정한다. 영가설 $\sigma_X^2 = 35$가 유의 수준 5%에서 대안 가설 $\sigma_X^2 \neq 35$에 대비하여 기각되어야 하는지를 결정하라.

이제 다음을 갖는다.

$$H_0: X\text{는 } \sigma_X^2 = \sigma_0^2\text{과 미지의 } m\text{을 갖는 가우스}$$
$$H_1: X\text{는 } \sigma_X^2 \neq \sigma_0^2\text{과 미지의 } m\text{을 갖는 가우스}$$

이전의 절에서는 통계 $(n-1)\hat{\sigma}_n^2/\sigma_0^2$은 X가 분산 σ_0^2을 가질 때 자유도 $n-1$을 갖는 카이제곱 확률 변수라는 것을 보였다. σ_0^2에 관한 통계의 비가 다음과 같이 너무 클 때 H_0가 기각되는 기각 영역을 고려한다.

$$\tilde{R}^c = \left\{\mathbf{x} : a \leq \frac{(n-1)\hat{\sigma}_n^2}{\sigma_0^2} \leq b\right\}$$

원하는 유의 수준을 제공하기 위하여 식 (8.59)에서 했던 바와 같이 임계값 a와 b를 선택한다.

$$1 - \alpha = P\left[a \leq \frac{(n-1)\hat{\sigma}_n^2}{\sigma_0^2} \leq b\right] = P\left[\chi_{1-\alpha/2,n-1}^2 < \frac{(n-1)\hat{\sigma}_n^2}{\sigma_0^2} < \chi_{\alpha/2,n-1}^2\right]$$

여기에서 $\chi_{\alpha/2,n-1}^2$과 $\chi_{1-\alpha/2,n-1}^2$은 카이제곱 분포의 임계값이다. 그러면 결정 규칙은 다음과 같다.

$$\chi_{1-\alpha/2,n-1}^2 < \frac{(n-1)\hat{\sigma}_n^2}{\sigma_0^2} < \chi_{\alpha/2,n-1}^2\text{이면 } H_0\text{을 받아들인다.} \quad (8.87)$$
그렇지 않을 경우에는 H_1을 받아들인다.

표 8.3은 요구된 임계값들 $\chi_{0.025,29}^2 = 45.72$와 $\chi_{0.975,29}^2 = 16.04$를 제공하므로, 수리 영역은 다음과 같다.

$$16.04 < \frac{(n-1)\hat{\sigma}_n^2}{\sigma^2} < 45.72$$

표본 분산은 37 sec^{2}이고 통계는 $(n-1)\hat{\sigma}_n^2/\sigma_0^2 = 29(37)/35 = 30.66$이다. 이 통계는 수리 영역 내에 있으므로 영가설을 받아들인다. 그 데이터는 응답 시간들의 변동성 증가를 제시하지 않는다.

8.5.4 신뢰 구간과 가설 검정

이 절을 결론짓기 전에, 신뢰 구간과 가설 검정 간의 관계를 논의한다. 분산을 알고 있는 가우스 확률 변수의 평균을 포함하는 양 측면 검정에 대한 수리 영역을 고려하자(예제 8.29). H_0: $\mu = m_0$대 H_1: $\mu \neq m_0$이다. 8.4절에서는 다음 사건들의 등가를 구했다.

$$\left\{-z_{\alpha/2} \leq \frac{\overline{X}_n - \mu}{\sigma_X/\sqrt{n}} \leq z_{\alpha/2}\right\} = \left\{\overline{X}_n - \frac{z_{\alpha/2}\sigma_X}{\sqrt{n}} \leq \mu \leq \overline{X}_n + \frac{z_{\alpha/2}\sigma_X}{\sqrt{n}}\right\}$$

그 영가설은 표본 평균이 좌변의 사건 구간 내에 있을 때 받아들여진다. 사건의 끝점들은 H_0가 사실일 때 사건의 확률이 $1-\alpha$가 되도록 선택된다. 이제 H_0가 사실일 때 $\mu = m_0$를 가지므로, 우변의 사건은 m_0가 $[\overline{X}_n - z_{\alpha/2}\sigma_X/\sqrt{n}, \overline{X}_n + z_{\alpha/2}\sigma_X/\sqrt{n}]$ 구간 내에 있을 때 H_0를 받아들이는 것을 말한다. 따라서 그 가설 검정은 m_0가 μ에 대해서 신뢰 구간 $1-\alpha$ 내에 있다면 H_1을 위하여 H_0를 기각하지 않을 것이라고 결론짓는다. 유사한 관계가 관심 있는 모수에 대한 상한 또는 하한을 시도하는 한 측면 가설 검정들과 신뢰 구간들 간에 존재한다.

8.5.5 검정들의 요약

이 절은 실제로 사용되는 많은 가장 평범한 가설 검정들을 전개했다. 특정한 예제들의 상황에서 검정들을 전개하였다. 표 8.5는 이 절에서 전개되었던 기본 가설 검정들을 요약한다. 그 표는 일반적인 검정 통계들과 모수들을 갖는 검정들을 나타낸다.

8.6 베이시안 결정 방법

이전 절들에서는 θ가 미지이지만 불규칙은 아닌 것을 가정하여 모수 θ에 관한 추론들을 추정하고 이끌어내기 위한 방법들을 전개하였다. 이 절에서는 θ가 확률 변수이고 그것의 분포의 사전 확률을 갖고 있다고 가정한 방법들을 탐구한다. 이제 이 가정은 추정과 가설 검정 문제들을 다루기 위한 새로운 방법들을 소개한다.

표 8.5 가우스와 비 가우스 확률 변수에 대한 기본 가설 검정들의 요약

가설 검정	경우	통계	기각 영역
$H_0: \mu = m_0$ vs. $H_1: \mu \neq m_0$ $H_0: \mu = m_0$ vs. $H_1: \mu > m_0$ $H_0: \mu = m_0$ vs. $H_1: \mu < m_0$	가우스 확률 변수, σ^2은 기지임; 또는 비 가우스 확률 변수, n이 크고, σ^2은 기지임	$Z = \frac{\overline{X}_n - m_0}{\sigma/\sqrt{n}}$	$\lvert Z\rvert \geq z_{\alpha/2}$ $Z \geq z_\alpha$ $Z \leq -z_\alpha$
$H_0: \mu = m_0$ vs. $H_1: \mu \neq m_0$ $H_0: \mu = m_0$ vs. $H_1: \mu > m_0$ $H_0: \mu = m_0$ vs. $H_1: \mu < m_0$	가우스 확률 변수 σ^2은 미지임		$\lvert T\rvert \geq t_{\alpha/2,n-1}$ $T \geq t_{\alpha,n-1}$ $T \leq -t_{\alpha,n-1}$
$H_0: \sigma^2 = \sigma_0^2$ vs. $H_1: \sigma^2 \neq \sigma_0^2$	가우스 확률 변수 μ은 미지임		$\chi^2 \leq \chi^2_{1-\alpha/2,n-1}$ 또는 $\chi^2 \geq \chi^2_{\alpha/2,n-1}$
$H_0: \sigma^2 = \sigma_0^2$ vs. $H_1: \sigma^2 > \sigma_0^2$			$\chi^2 \geq \chi^2_{\alpha,n-1}$
$H_0: \sigma^2 = \sigma_0^2$ vs. $H_1: \sigma^2 < \sigma_0^2$			$\chi^2 \leq \chi^2_{1-\alpha,n-1}$

8.6.1 베이즈 가설 검정

단순 이진 가설 문제를 고려하자. 여기에서 확률 표본 $\mathbf{X}_n = (X_1, X_2, \ldots, X_n)$에 기초한 다음과 같은 두 가지 가설들 간에 결정을 하기 위한 것이다.

$$H_0: f_{\mathbf{X}}(\mathbf{x} | H_0)$$
$$H_1: f_{\mathbf{X}}(\mathbf{x} | H_1)$$

그리고 H_0은 확률 p_0으로 발생하고 H_1은 확률 $p_1 = 1 - p_0$으로 발생한다는 것을 알고 있다고 가정한다. 여기에는 가설 검정의 4가지 가능한 출력들이 있고, 그것의 상대적인 중요성의 척도로써 각 출력에 대해 **비용(cost)**을 다음과 같이 할당한다.

1. H_0이 사실이고 H_0을 결정한다. 비용 $= C_{00}$
2. H_0이 사실이고 H_1을 결정한다(유형 I 오류). 비용 $= C_{01}$
3. H_1이 사실이고 H_0을 결정한다(유형 II 오류). 비용 $= C_{10}$
4. H_1이 사실이고 H_1을 결정한다. 비용 $= C_{11}$

올바른 결정의 비용은 잘못된 결정의 비용보다 적다고, 즉 $C_{00} < C_{01}$과 $C_{11} < C_{10}$라고 가정하는 것은 타당하다. 목적은 다음과 같은 평균 비용 C를 최소화하는 결정 규칙을 찾기 위한 것이다.

$$\begin{aligned} C = {} & C_{00}P[\text{decide } H_0 | H_0]p_0 + C_{01}P[\text{decide } H_1 | H_0]p_0 \\ & + C_{10}P[\text{decide } H_0 | H_1]p_1 + C_{11}P[\text{decide } H_1 | H_1]p_1 \end{aligned} \tag{8.88}$$

이 가설 검정을 수행할 때마다 다음 확률 실험이 수행된다고 상상할 수 있다. 모수 Θ는 확률 p_0과 $p_1 = 1 - p_0$으로 집합 $\{0, 1\}$로부터 불규칙하게 선택된다. Θ의 값은 어느 가설이 사실인지 결정한다. Θ를 직접적으로 관측할 수 없지만, 확률 표본 $\mathbf{X}_n = (X_1, X_2, \ldots, X_n)$를 수집할 수 있다. 그 관측들은 실제 가설마다 분포되어 있다. $\tilde{R}$을 관측 공간의 부 집합에 해당한다고 하자. 즉, 값 1로 표시된다(H_1을 결정). $\tilde{R}$는 이전 절에서 기각 영역에 해당한다. 유사하게 $\tilde{R}^c$는 값 0으로 표시되는(H_0을 결정) 부 집합에 해당한다. 다음의 정리는 평균 비용을 최소화하는 결정 규칙을 확인한다.

정리 **최소 비용 가설 검정**

만약 X가 연속 확률 변수라면, 평균 비용을 최소화하는 결정 규칙은 다음과 같이 주어진다.

$$\mathbf{x} \in \tilde{R}^c = \left\{ \mathbf{x} : \Lambda(\mathbf{x}) = \frac{f_{\mathbf{X}}(\mathbf{x} | H_1)}{f_{\mathbf{X}}(\mathbf{x} | H_0)} < \frac{p_0(C_{01} - C_{00})}{p_1(C_{10} - C_{11})} \right\} \text{이면 } H_0\text{을 받아들인다.}$$

$$\mathbf{x} \in \tilde{R} = \left\{ \mathbf{x} : \Lambda(\mathbf{x}) = \frac{f_{\mathbf{X}}(\mathbf{x} | H_1)}{f_{\mathbf{X}}(\mathbf{x} | H_0)} \geq \frac{p_0(C_{01} - C_{00})}{p_1(C_{10} - C_{11})} \right\} \text{이면 } H_1\text{을 받아들인다.} \tag{8.89}$$

그리고 만약 X가 이산 확률 변수라면 다음과 같이 주어진다.

$$\mathbf{x} \in \tilde{R}^c = \left\{ \mathbf{x} : \Lambda(\mathbf{x}) = \frac{p_{\mathbf{X}}(\mathbf{x} \mid H_1)}{p_{\mathbf{X}}(\mathbf{x} \mid H_0)} < \frac{p_0(C_{01} - C_{00})}{p_1(C_{10} - C_{11})} \right\} \text{이면 } H_0\text{을 받아들인다.}$$

$$\mathbf{x} \in \tilde{R} = \left\{ \mathbf{x} : \Lambda(\mathbf{x}) = \frac{p_{\mathbf{X}}(\mathbf{x} \mid H_1)}{p_{\mathbf{X}}(\mathbf{x} \mid H_0)} \geq \frac{p_0(C_{01} - C_{00})}{p_1(C_{10} - C_{11})} \right\} \text{이면 } H_1\text{을 받아들인다.} \quad (8.90)$$

이 절의 마지막에서 정리를 증명할 것이다.

이미 네이만-피어슨 규칙의 논의에서 우도비 함수 $\Lambda(\mathbf{x})$를 살펴보았다. 위의 결정 규칙들은 임계값 유형이고 다음과 같이 우도비 함수나 대수 우도비 함수를 포함할 수 있다.

$$\Lambda(\mathbf{x}) = \frac{f_{\mathbf{X}}(\mathbf{x} \mid H_1)}{f_{\mathbf{X}}(\mathbf{x} \mid H_0)} \underset{H_0}{\overset{H_1}{\gtrless}} \kappa \quad \text{또는} \quad \ln \Lambda(\mathbf{x}) = \ln \frac{f_{\mathbf{X}}(\mathbf{x} \mid H_1)}{f_{\mathbf{X}}(\mathbf{x} \mid H_0)} \underset{H_0}{\overset{H_1}{\gtrless}} \ln \kappa$$

예제 8.31 **이진 통신**

이진 송신 시스템은 정보원으로부터 이진 입력 Θ를 받아들인다. 그 송신기는 $\Theta = 0$ 또는 $\Theta = 1$인지에 따라서 신호 -1 또는 $+1$을 보낸다. 수신된 신호는 송신된 신호에 영평균과 단위분산을 갖는 가우스 잡음전압을 더한 것과 같다. 각 정보 비트는 n번 송신된다고 가정한다. 오류의 확률을 최소화하는 수신기에 대한 결정 규칙을 찾아라.

오류는 $\Theta = 0$일 때 발생하고, 우리는 1을 결정한다. 만약 $\Theta = 1$이면, 0을 결정한다. 만약 $C_{00} = C_{11} = 0$과 $C_{01} = C_{10} = 1$이라면, 평균 비용은 다음과 같이 오류의 확률이다.

$$C = P[\text{decide } H_1 \mid H_0]p_0 + P[\text{decide } H_0 \mid H_1]p_1 = P[\text{error}].$$

각 채널 출력은 입력 신호에 의해 주어진 평균과 단위분산을 갖는 가우스 확률 변수이다. 각 입력 신호는 n번 송신되고 잡음 값들은 독립이라고 가정한다. n관측들의 pdf들은 다음과 같이 주어진다.

$$f_{\mathbf{X}}(\mathbf{x} \mid H_0) = \frac{1}{\sqrt{2\pi}^{\,n} e^{-((x_1+1)^2 + (x_2+1)^2 + \cdots + (x_n+1)^2)/2}}$$

$$f_{\mathbf{X}}(\mathbf{x} \mid H_1) = \frac{1}{\sqrt{2\pi}^{\,n}} e^{-((x_1-1)^2 + (x_2-1)^2 + \cdots + (x_n-1)^2)/2}$$

우도비는 다음과 같다.

$$\Lambda(\mathbf{x}) = \frac{f_{\mathbf{X}}(\mathbf{x} \mid H_1)}{f_{\mathbf{X}}(\mathbf{x} \mid H_0)} = \exp\left(-\frac{1}{2} \sum_{j=1}^{n} (x_j - 1)^2 - (x_j + 1)^2 \right) = \exp\left(-\frac{1}{2} \sum_{j=1}^{n} -4x_j \right)$$

그러면 대수 우도비 검정은 다음과 같다.

$$\ln \Lambda(\mathbf{x}) = 2n\overline{X}_n \underset{H_0}{\overset{H_1}{\gtrless}} \ln \frac{p_0(C_{01} - C_{00})}{p_1(C_{10} - C_{11})} = \ln \frac{p_0}{p_1}$$

이는 다음과 같이 간소화된다.

$$\overline{X}_n \underset{H_0}{\overset{H_1}{\gtrless}} \frac{1}{2n}\ln\frac{p_0}{p_1} = \gamma$$

사전 확률들과 송신 수들에 따라서 결정 임계값 γ가 어떻게 변하는지 보는 것은 흥미롭다. 만약 입력들이 등 확률적이라면, $p_0 = p_1$이고 임계값은 항상 0이다. 그러나 만약 1들이 좀 더 빈번하게, 즉 $p_1 \gg p_0$이라면 임계값 γ는 감소하므로, 기각 영역 $\tilde{R} = \{\overline{X}_n > \gamma\}$를 확장한다. 따라서 이 사전 지식은 H_1의 편을 들기 위해 결정 기법을 편향한다. 송신 수 n을 증가함에 따라, 관측들로부터의 정보는 사전 지식보다 더 중요하게 된다. 이 효과는 n이 증가함에 따라 0으로 γ가 감소하는 것은 명백하다.

예제 8.32 **이진 통신을 위한 MAP 수신기**

최대 사후(MAP: maxium a posteriori) 수신기는 주어진 관측된 출력이 더 큰 사후 확률을 갖는 입력을 선택한다. MAP 수신기는 다음의 결정 규칙을 사용한다.

$f_{\mathbf{X}}(\mathbf{x} \mid H_1)p_1 < f_{\mathbf{X}}(\mathbf{x} \mid H_0)p_0$ 이면 H_0을 받아들인다.
그 외의 경우이면 H_1을 받아들인다. (8.91)

이전 예제에서 수신기는 MAP 수신기이다. 이것을 보기 위해서 우도 함수와 임계값은 다음과 같다는 것을 주목하자.

$$\Lambda(\mathbf{x}) = \frac{f_{\mathbf{X}}(\mathbf{x} \mid H_1)}{f_{\mathbf{X}}(\mathbf{x} \mid H_0)} \underset{H_0}{\overset{H_1}{\gtrless}} \frac{p_0(C_{01} - C_{00})}{p_1(C_{10} - C_{11})} = \frac{p_0}{p_1}$$

이는 다음과 같다.

$$f_{\mathbf{X}}(\mathbf{x} \mid H_1)p_1 \underset{H_0}{\overset{H_1}{\gtrless}} f_{\mathbf{X}}(\mathbf{x} \mid H_0)p_0$$

이전 예제에서 결정 규칙은 오류의 확률을 최소화한다. 따라서 MAP 수신기는 오류의 확률을 최소화한다고 결론짓는다.

예제 8.33 **서버 할당**

작업들은 분당 α_0작업들의 비율 또는 분당 $\alpha_1 = 2\alpha_0$ 작업들의 비율로 사무실에 도착한다. 감독자는 어떤 도착률이 존재하는지 결정하기 위해서 첫 1분에 도착하는 수를 집계하고, 그 집계에 기초하여 사무실에 하나의 프로세서 또는 두 개의 프로세서들을 할당할 것인지를 결정한다. 이 문제에 대한 최소 비용 규칙을 찾아라.

도착들의 수는 두 개의 평균들 중 하나를 갖는 포아송 확률 변수라고 가정하므로 다음 가설들을 검정한다.

$$H_0\text{: } p_{\mathbf{X}}(k \mid H_0) = \frac{\alpha_0^k}{k!}e^{-\alpha_0}$$

$$H_1\text{: } p_{\mathbf{X}}(k \mid H_0) = \frac{\alpha_1^k}{k!}e^{-\alpha_1}$$

비용은 다음과 같이 주어진다고 하자.

$$C_{00} = S - r \quad C_{01} = 2S - r \quad C_{10} = S \text{ 그리고 } C_{11} = 2S - 2r$$

여기에서 S는 각 서버의 비용이고 r은 수입의 단위이다. 항 C_{10}은 도착률이 α_1이고 하나의 서버만 있을 때 수입이 얻어지지 않은 것을 나타낸다.

최소 비용 검정은 다음과 같이 우도비로부터 얻어진다.

$$\Lambda(\mathbf{x}) = \frac{p_{\mathbf{X}}(k \mid H_1)}{p_{\mathbf{X}}(k \mid H_0)} = \frac{\alpha_1^k e^{-\alpha_1}/k!}{\alpha_0^k e^{-\alpha_0}/k!} = \left(\frac{\alpha_1}{\alpha_0}\right)^k e^{-(\alpha_1-\alpha_0)}$$

그러면 대수 우도비는 다음과 같다.

$$\ln \Lambda(\mathbf{x}) = k \ln \frac{\alpha_1}{\alpha_0} - (\alpha_1 - \alpha_0) \underset{H_0}{\overset{H_1}{\gtrless}} \ln \frac{p_0 S}{p_1(2r - S)}$$

$$k \underset{H_0}{\overset{H_1}{\gtrless}} \frac{(\alpha_1 - \alpha_0) + \ln \dfrac{p_0 S}{p_1(2r - S)}}{\ln 2} = \frac{\alpha_0}{\ln 2} + \frac{1}{\ln 2} \ln \frac{p_0 S}{p_1(2r - S)} = \gamma$$

모수 값들이 임계값에 어떻게 영향을 주는지 시험하는 것은 흥미롭다. 항 p_0는 낮은 비율이 존재하고 잘못된 경보에 기인한 S의 여분의 비용이 포함될 때의 평균 비용이다. 항 $p_1(2r - S)$는 높은 비율이 존재하고 높은 도착률의 존재를 탐지하지 못한 것에 기인한 수입의 손실을 포함할 때의 평균 비용이다. 만약 잘못된 경보 비용이 비용 손실보다 높으면, 임계값 γ는 증가하므로 수락 영역을 확장한다. 이것은 우리가 적은 잘못된 경보들을 갖도록 동기를 부여하므로 의미 있다. 반대로 기각 영역은 비용 손실이 높을 때 확장한다.

8.6.2 최소 비용 정리의 증명

최소 비용 정리를 증명하기 위하여 식 (8.88)에 있는 확률들을 평가한다. 예로써, $P[\text{decide } H_1 \mid H_0]$은 H_0이 사실일 때, $\mathbf{X}_n$이 $\tilde{R}$에 있을 확률이라는 것을 주의한다. 그러한 방식으로 처리하면 다음을 얻을 수 있다.

$$C = C_{00}\int_{\tilde{R}^c} f_{\mathbf{X}}(\mathbf{x} \mid H_0) p_0 \, d\mathbf{x} + C_{01}\int_{\tilde{R}} f_{\mathbf{X}}(\mathbf{x} \mid H_0) p_0 \, d\mathbf{x}$$

$$+ C_{10}\int_{\tilde{R}^c} f_{\mathbf{X}}(\mathbf{x} \mid H_1) p_1 \, d\mathbf{x} + C_{11}\int_{\tilde{R}} f_{\mathbf{X}}(\mathbf{x} \mid H_1) p_1 \tag{8.92}$$

$\tilde{R}$과 $\tilde{R}^c$ 전체 관측 공간을 포함하므로 다음을 갖는다.

$$\int_{\tilde{R}^c} f_{\mathbf{X}}(\mathbf{x} \mid H_i) d\mathbf{x} = 1 - \int_{\tilde{R}} f_{\mathbf{X}}(\mathbf{x} \mid H_i)\, d\mathbf{x}$$

따라서

$$\begin{aligned} C &= C_{00}p_0\left\{1 - \int_{\tilde{R}} f_{\mathbf{X}}(\mathbf{x} \mid H_0)\, d\mathbf{x}\right\} + C_{01}\int_{\tilde{R}} f_{\mathbf{X}}(\mathbf{x} \mid H_0) p_0\, d\mathbf{x} \\ &\quad + C_{10}p_1\left\{1 - \int_{\tilde{R}} f_{\mathbf{X}}(\mathbf{x} \mid H_1)\, d\mathbf{x}\right\} + C_{11}\int_{\tilde{R}} f_{\mathbf{X}}(\mathbf{x} \mid H_1) p_1\, d\mathbf{x} \\ &= C_{00}p_0 + C_{10}p_1 + \int_{\tilde{R}} \{(C_{01} - C_{00}) f_{\mathbf{X}}(\mathbf{x} \mid H_0)p_0 - (C_{10} - C_{11}) f_{\mathbf{X}}(\mathbf{x} \mid H_1)p_1\}\, d\mathbf{x} \end{aligned} \tag{8.93}$$

식 (8.93)으로부터 최소 비용함수를 추론할 수 있다. 처음 두 항들은 고정된 비용 성분들이다. 중괄호 안의 항은 다음과 같은 두 양수 항들의 차이다.

$$(C_{01} - C_{00}) f_{\mathbf{X}}(\mathbf{x} \mid H_0)p_0 - (C_{10} - C_{11}) f_{\mathbf{X}}(\mathbf{x} \mid H_1)p_1 \tag{8.94}$$

최소 비용 결정 규칙이 위의 항이 음이라면 항상 $\tilde{R}$ 내에 있도록 관측점 $\mathbf{x}$를 선택하기를 요구한다. 그렇게 함으로써, 그것은 전체 비용을 최소화한다. $\tilde{R}$에 포함함으로써, 위의 항이 양인 것에 대한 점들 $\mathbf{x}$는 단지 전체 비용을 증가하고 비용이 최소이어야 한다는 요구와 모순이다. 따라서 최소 비용 결정함수들은 만일 다음 식과 같다면 H_1을 선택하고,

$$(C_{01} - C_{00}) f_{\mathbf{X}}(\mathbf{x} \mid H_0)p_0 < (C_{10} - C_{11}) f_{\mathbf{X}}(\mathbf{x} \mid H_1)p_1$$

그렇지 않으면 H_0을 선택한다. 이것은 정리에 있는 결정 규칙과 동일하다.

8.6.3 베이즈 추정

위에 기술했던 가설 검정에 대한 틀은 또한 모수 추정에도 적용될 수 있다. 모수를 추정하기 위하여 다음 상황을 가정하자. 모수가 사전 분포를 알고 있는 확률 변수 Θ라고 가정한다. 확률 실험은 존재하는 $\Theta = \theta$의 값을 결정하는 데 '자연' 스럽게 수행된다. 직접적으로 θ를 관측하지 않지만, θ의 실제 값에 따라 분포되어 있는 확률 표본 $\mathbf{X}_n = (X_1, X_2, \ldots, X_n)$을 관측할 수 있다. 목적은 $g(\mathbf{X}n)$와 θ에 의존하는 다음과 같은 비용함수를 최소화하는 추정량 $g(\mathbf{X}n)$ 을 얻기 위한 것이다.

$$C = E[C(g(\mathbf{X}_n), \Theta)] = \int_\theta \int_{\mathbf{x}} C(g(\mathbf{x}), \Theta) f_{\mathbf{X}}(\mathbf{x} \mid \theta) f_\Theta(\theta)\, d\mathbf{x}\, d\theta \tag{8.95}$$

만약 비용함수가 자승오차 $C(g(\mathbf{X}), \Theta) = (g(\mathbf{X}) - \Theta)^2$라면, 최소 자승 추정 문제를 갖는다. 6장에서는 최적 추정량은 $\mathbf{X}_n$이 주어진 Θ의 조건부 기대치 $E(\Theta|\mathbf{X}_n)$이라는 것을 보았다.

관심 있는 다른 비용함수는 $C(g(\mathbf{X}), \Theta) = |g(\mathbf{X}) - \Theta|$이다. 그 최적 추정량은 사후 pdf

$f_\Theta(\theta|\mathbf{X})$의 중앙값이라는 것을 보일 수 있다. 세 번째 관심 있는 비용함수는 다음과 같다.

$$C(g(\mathbf{X}), \Theta) = \begin{cases} 1 & |g(\mathbf{X}) - \Theta| > \delta \text{일 경우} \\ 0 & |g(\mathbf{X}) - \Theta| \le \delta \text{일 경우} \end{cases} \tag{8.96}$$

이 비용함수는 추정이 실제 모수 값 θ의 δ 이내에 있을 때를 제외하고 비용이 항상 1과 같은 예제 8.31에 있는 비용함수와 유사하다. 그것은 이 비용함수에 대한 최상의 추정은 사후 확률 $f_\Theta(\theta|\mathbf{X})$을 최대화하는 MAP 추정량이라는 것을 보일 수 있다. 우리는 문제들에 있는 이들 추정량들을 시험한다.

이 절에서 전개된 접근 방법을 탄생한 베이에 의해 발견된 추정량과 함께 결론짓는다. 그 접근 방법은 사전 분포의 사용이 확률을 의미하는 두 가지 다른 해석을 이끌었기 때문에 조용한 쟁점이 되었다. 이 논쟁에 관한 흥미 있는 논의를 위해서 [Bulmer, 169페이지]를 보라. 실제로, 우리는 우리가 관심 있는 모수들의 사전지식을 갖는 많은 상황을 만난다. 그러한 경우에, 베이의 방법들은 매우 유용하다고 증명되었다.

예제 8.34 베르누이 시도 n회에서 p 추정하기

$\mathbf{I}_n = (I_1, I_2, \ldots, I_n)$를 베르누이 시도의 n회 출력들이라고 하자. 성공확률 p에 대한 베이 추정량을 구하라. p는 단위구간에 균일하게 분포된 확률 변수라고 가정한다. 자승오차 비용함수를 사용하라.

출력들의 수열 $i_1, i_2, \ldots, i_n$에 대한 확률은 다음과 같다.

$$\begin{aligned} P[\mathbf{I}_n = (i_1, i_2, \ldots, i_n) \,|\, p] &= p^{i_1}(1-p)^{1-i_1} p^{i_2}(1-p)^{1-i_2} \ldots p^{i_n}(1-p)^{1-i_n} \\ &= p^{\sum_{j=1}^{n} i_j}(1-p)^{n-\sum_{j=1}^{n} i_j} = p^k(1-p)^{n-k} \end{aligned}$$

여기에서 k는 n회 시도에서 성공의 수이다. 모든 가능한 p 값들에 걸친 수열 $i_1, i_2, \ldots, i_n$의 확률은 다음과 같다.

$$P[\mathbf{I}_n = (i_1, i_2, \ldots, i_n)] = \int_0^1 P[\mathbf{I}_n = (i_1, i_2, \ldots, i_n) \,|\, p] f_P(p)\, dp = \int_0^1 p^k(1-p)^{n-k}\, dp$$

여기에서 $f_P(p) = 1$은 p의 사전 pdf이다. 연습문제 8.88에서는 다음을 나타낸다.

$$\int_0^1 t^k(1-t)^{n-k}\, dt = \frac{k!(n-k)!}{(n+1)!} \tag{8.97}$$

그러면 관측 $i_1, i_2, \ldots, i_n$이 주어진 p의 사후 pdf는 다음과 같다.

$$f_P(p \,|\, i_1, i_2, \ldots, i_n) = \frac{p^k(1-p)^{n-k} f_P(p)}{\displaystyle\int_0^1 t^k(1-t)^{n-k} f_P(t)\,dt} = \frac{(n+1)!}{k!(n-k)!} p^k(1-p)^{n-k}$$

모수 p에 대한 사후 pdf는 윗면의 전체 수 k를 통한 관측들에 의존한다. 평균 제곱 의미로 p에 대한 최상의 추정량은 $i_1, i_2, \ldots, i_n$이 주어진 p의 조건부 기대값에 의해 다음과 같이 주어진다.

$$\hat{g}(p) = \int_0^1 p f_P(p|i_1, i_2, \ldots, i_n)\,dp = \int_0^1 p\frac{(n+1)!}{k!(n-k)!}p^k(1-p)^{n-k}\,dp$$
$$= \frac{(n+1)!}{k!(n-k)!}\int_0^1 p^{k+1}(1-p)^{n-k}\,dp = \frac{(n+1)!}{k!(n-k)!}\frac{(k+1)!(n-k)!}{(n+2)!}$$
$$= \frac{k+1}{n+2} \tag{8.98}$$

이 추정량은 예제 8.10에서 상대도수에 의해 주어지도록 구한 최대우도추정량과 다르다. 큰 n에 대해서, k 또한 크다면 두 추정량은 일치한다. 연습문제 8.88은 p가 사전 분포 베타를 갖는 좀 더 일반적인 경우를 고려한다.

8.7 데이터에 대한 분포의 적합성 검정

모형이 데이터에 얼마나 적합한가? 여러분이 어떤 확률 실험에 대해 공리로 간주된 확률모형을 가지고 있고, 이제 모형이 실험 데이터에 얼마나 잘 들어맞는지 결정하는 데 관심이 있다고 하자. 여러분은 이 가설을 어떻게 검정할 것인가? 이 절에서는 실험 데이터의 집합에 대한 분포의 적합도를 결정하는 데 널리 사용되는 카이제곱 검정에 대해 소개한다.

수행하는 데 있어 당연한 첫 번째 검정은 공리로 간주된 pmf, pdf, cdf와 실험적으로 결정된 대응물과의 '육안' 비교이다. 실험의 출력 X가 이산이면, 그림 8.6에서 보인 바와 같이 결과들의 상대도수를 pmf로 상술되는 확률과 비교할 수 있다. 만약 X가 연속이면, 실수축을 k개의 서로 배타적인 구간들로 나눌 수 있고, 출력들이 각 구간에 들어가는 상대도수를 결정할 수 있다.

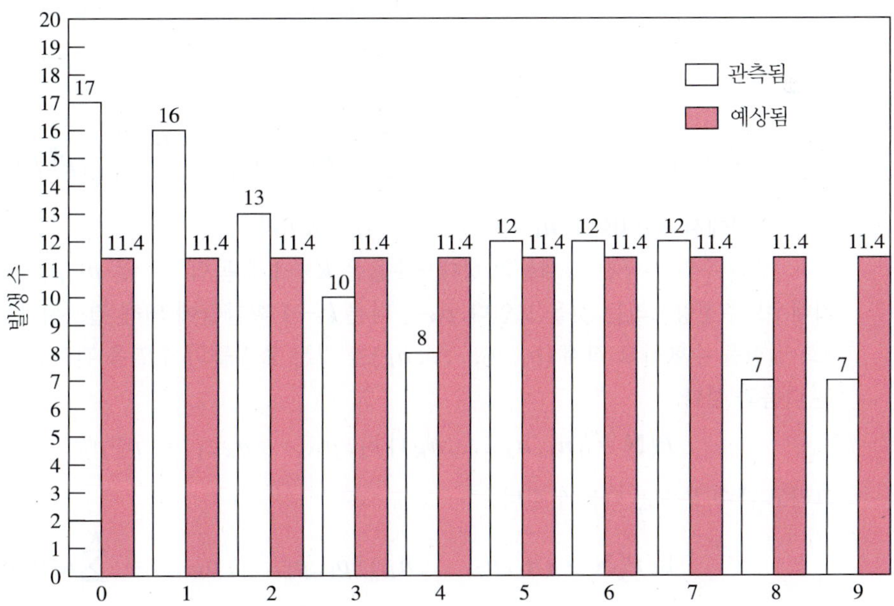

그림 8.6 ● 전화번호들에서 마지막 자리 숫자의 히스토그램

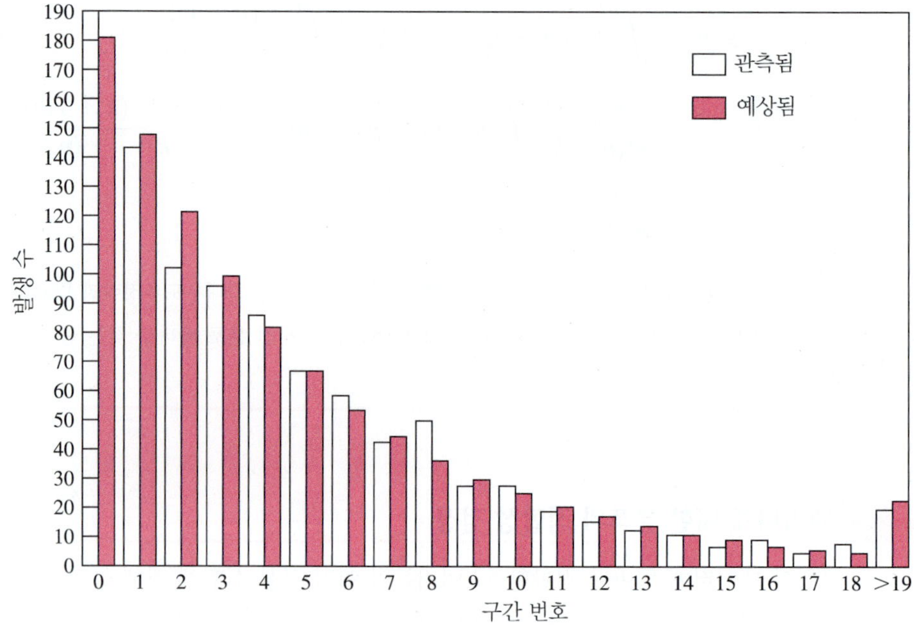

그림 8.7 ● 지수 확률 변수들의 컴퓨터 모의실험의 히스토그램

이 수들은 그림 8.7에 보인 바와 같이 X가 각 구간 안에 들어갈 확률과 비교될 수 있다. 만약 상대도수들과 해당하는 확률들이 잘 일치한다면, 적합성이 있다고 정한다.

이제 위에 약술된 접근 방법이 다항 분포를 포함하는 검정으로 이끄는 것을 보인다. K개의 구간이 있다고 가정하자. p_i를 X가 i번째 구간에 일어나는 확률이라고 하자. 구간들은 X 영역의 분할된 부분에 있도록 선택되므로, $p_1 + p_2 + \cdots + p_K = 1$을 갖는다. n회 독립실험을 한다고 가정하고, N_i는 출력이 i번째 구간에 있는 회수라고 하자. $(N_1, N_2, \ldots, N_K)$는 구간 집계들의 벡터라고 하면 $(N_1, N_2, \ldots, N_K)$는 다음의 다항 pmf를 갖는다.

$$P[(N_1, N_2, \ldots, N_K) = (n_1, n_2, \ldots, n_K)] = \frac{n!}{n_1!\, n_2! \ldots n_K!} p_1^{n_1} p_2^{n_2} \ldots p_K^{n_K}$$

여기에서 $n_j \geq 0$이고 $n_1 + n_2 + \cdots + n_K = n$이다.

우선 우리는 구간 집계들의 상대도수들은 $K-1$개 독립 모수들 $p_1, p_2, \ldots, p_{K-1}$에 대한 최대우도추정량이라는 것을 보인다. p_K는 다른 $k-1$ 확률들에 의해 결정된다는 것을 주의하자. n회 실험을 수행하고 집계 $(n_1, n_2, \ldots, n_K)$를 갖는 출력들의 수열을 관측한다. 이 수열의 우도는 다음과 같다.

$$P[\mathbf{N} = (n_1, n_2, \ldots, n_K) \mid p_1, p_2, \ldots, p_{K-1}] = p_1^{n_1} p_2^{n_2} \ldots p_K^{n_K}$$

그리고 대수 우도는 다음과 같다.

$$\ln P[\mathbf{N} = (n_1, n_2, \ldots, n_K) \mid p_1, p_2, \ldots, p_{K-1}] = \sum_{j=1}^{K} n_j \ln p_j$$

p_i에 관하여 도함수를 취하고 그 결과를 0과 같도록 한다.

$i = 1, \ldots, K-1$에 대해서

$$0 = \frac{\partial}{\partial p_i} \sum_{j=1}^{K} n_j \ln p_j = \frac{\partial}{\partial p_i}\left[\sum_{j=1}^{K} n_j \ln p_j\right] = \left[\sum_{j=1}^{K} \frac{n_j}{p_j}\frac{\partial p_j}{\partial p_i}\right]$$

$$= \left[\frac{n_i}{p_i}\frac{\partial p_i}{\partial p_i} + \frac{n_K}{p_K}\frac{\partial p_K}{\partial p_i}\right] = \left[\frac{n_i}{p_i} + \frac{n_K}{p_K}\frac{\partial}{\partial p_i}\left\{1 - \sum_{j=1}^{K-1} p_j\right\}\right] = \frac{n_i}{p_i} - \frac{n_K}{p_K}$$

여기에서 p_K는 p_i에 의존한다는 것을 주목한다. 위의 식은 $p_i = p_K n_i / n_K$를 내포하고, 이는 다음에는 최대우도추정량들이 다음을 만족해야 한다는 것을 내포한다.

$$\hat{p}_K = 1 - \sum_{i=1}^{K-1} \hat{p}_i = 1 - \hat{p}_K \sum_{i=1}^{K-1} n_i / n_K = 1 - \hat{p}_K \frac{n - n_K}{n_K}$$

이 마지막 식은 $\hat{p}_K = n_K / n$이고 $i = 1, 2, \ldots, K-1$에 대해서 $\hat{p}_i = n_i / n$이다. 따라서 집계들의 상대도수들은 구간 확률들에 대한 최대우도추정량들을 제공한다. n이 증가함에 따라서 상대도수 추정들이 실제 확률들에 근접할 것이라고 예상한다.

다음에는 각 구간에 대한 기대 집계, 즉 $m_i = np_i$로부터 편차를 측정하는 검정 통계를 고려한다.

$$D^2 = \sum_{i=1}^{K-1} c_i (N_i - np_i)^2$$

항 c_i의 목적은 합에 있는 항들이 n이 커짐에 따라 좋은 점근 성질들을 갖도록 보증하기 위한 것이다. $c_i = 1/np_i$의 선택은 위의 합이 n이 커짐에 따라 자유도 $K-1$을 갖는 카이제곱 분포에 근접하는 결과를 가져온다. 이 결과에 대한 증명을 제시하지 않지만, 그것은 [Cramer, 417페이지]에서 찾을 수 있다. 카이제곱 적합도 검정은 D^2 계산을 포함하고 관련된 유의 검정을 사용한다. 임계값은 요구된 유의 수준을 제공하기 위하여 선택된다. 카이제곱 검정은 다음과 같이 수행된다.

1. 표본 공간 S_X를 K개의 서로소인 구간들의 결합으로 분할한다.

2. X가 공리로 간주된 분포를 갖는다는 가정 하에서 출력이 k번째 구간에서 일어나는 확률 b_k를 계산한다. 그러면 $m_k = np_k$는 실험을 n번 반복 수행할 때 k번째 구간에서 일어나는 출력들의 기대 수이다(이것을 보기 위해서, k번째 구간에서의 출력을 '성공'으로 간주하는 베르누이 시행을 수행하는 것을 상상하라).

3. 카이제곱 통계는 k번째 구간에서 일어나는 관찰된 출력의 수 n_k와 기대 수 m_k간의 가중 차이로 정의된다.

$$D^2 = \sum_{k=1}^{K} \frac{(n_k - m_k)^2}{m_k} \tag{8.99}$$

4. 만약 적합하다면, D^2은 작을 것이다. 따라서 D^2이 너무 크다면, 즉 만약 $D^2 \geq t_\alpha$ 라면 가설은 기각된다. 여기에서 t_α는 검정의 유의 수준에 의해 결정되는 임계값이다.

카이제곱 검정은 큰 n에 대해, 확률 변수 D^2이 대략적으로 자유도 $K-1$을 갖는 카이제곱 pdf인 pdf를 갖는다는 사실에 근거한다. 따라서 임계값 t_α는 다음 식에서 그 점을 구함으로써 계산될 수 있다.

$$P[D^2 > \chi^2_{\alpha,K-1}] = \alpha$$

여기에서 D^2은 자유도 $K-1$을 갖는 카이제곱 확률 변수이다(그림 8.8을 보라). 1%와 5% 유의 수준들 그리고 다양한 자유도에 대한 임계값들이 표 8.3에 주어진다.

예제 8.35

그림 8.6에서 집합 {0, 1, 2, . . . , 9}에 대한 막대그래프는 전화번호부의 한 열에 있는 114개의 전화번호들에서 마지막 자리의 숫자를 취해 얻어진 것이다. 이들 관측들은 이산 균일 pmf를 갖는다는 가정과 일치하는가?

만약 출력들이 균등하게 분포한다면, 각각은 1/10의 확률을 갖는다. 114번의 시행에서 기대하는 각 출력의 발생 횟수는 114/10 = 11.4이다. 그러면 카이제곱 통계는 다음과 같다.

$$D^2 = \frac{(17-11.4)^2}{11.4} + \frac{(16-11.4)^2}{11.4} + \cdots + \frac{(7-11.4)^2}{11.4}$$
$$= 9.51$$

자유도의 수는 $K-1 = 10-1 = 9$이므로 표 8.3으로부터 1% 유의 수준에 대한 임계값은 21.7이다. D^2은 임계값을 넘지 않으므로 데이터가 균등하게 분포된 확률 변수에 대한 것과 일치한다고 결론짓는다.

예제 8.36

그림 8.7의 히스토그램은 모수 1을 갖는 지수적으로 분포된 확률 변수를 발생시키기 위해 설계된 프로그램으로부터 1,000개 표본들을 발생하여 얻어졌다. 히스토그램은 양의 실수 직선을 같은 길이 0.2를 갖는 20개의 구간들로 분할하여 얻어졌다. 정확한 숫자들은 표 8.6에 주어졌다. 두 번째 히스토그램은 또한 20개의 동일한 확률을 갖는 구간을 이용해 취하였다. 이 히스토그램에 대한 수들은 표 8.7에 주어졌다.

표 8.3으로부터 우리는 5% 유의 수준에 대한 임계값이 30.1임을 찾을 수 있다. 두 히스토그램들에 대한 카이제곱 값들은 각각 14.2와 11.6이다. 이 경우 두 히스토그램은 적합도 검정을 통과하지만, 구간들을 선택하는 방법이 카이제곱 측정값에 큰 영향을 줄 수 있다는 것은 명백하다.

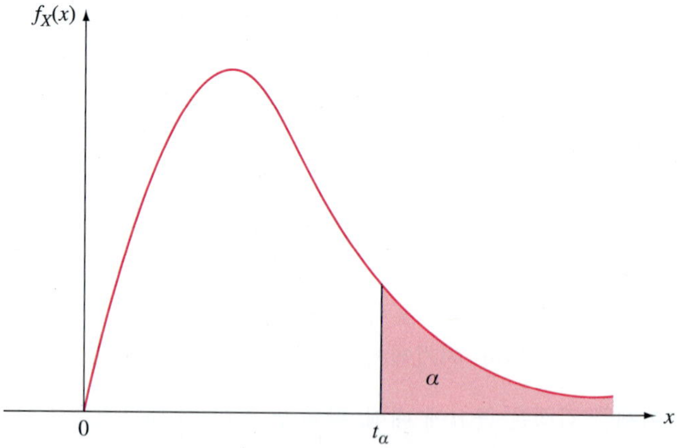

그림 8.8 ● 카이제곱 검정에서 임계값은 $P[D^2 > \chi_{\alpha K-1}{}^2] = \alpha$가 되도록 선택된다.

예제 8.36은 분할할 때 구간들을 선택하는 방법들이 많다는 것과 이들은 서로 다른 결과들을 산출할 수 있음을 보인다. 다음의 경험적인 규칙들이 권장된다. 첫째, 가능한 한 구간들은 같은 확률을 갖도록 선택되어야 한다. 둘째, 그 구간들은 각 구간에서 기대되는 출력들의 수가 다섯이나 그 이상이 되도록 선택되어야 한다. 이것은 카이제곱 cdf에 의해 D^2의 cdf를 근사하는 정확도를 향상시킨다.

지금까지의 논의는 공리로 간주된 분포가 완전하게 상술된다는 것을 가정했다. 그러나 전형적인 경우에서, 평균과 분산 같은 분포의 한두 가지 모수들은 데이터로부터 추정된다. cdf의 모수들 중 r개가 데이터로부터 추정된다면, D^2은 자유도 $K-r-1$을 갖는 카이제곱 분포에 의해 더 근사될 수 있다고 종종 권고된다. 사실상, 각각의 추정된 모수는 자유도를 1만큼 감소한다.

예제 8.37

표 8.8의 히스토그램은 1920년에 출판된 유명한 논문에서 Rutherford, Chadwick, Ellis에 의해 보고되었다. 7.5초의 시간 주기 동안 방사선 물질에서 방출되는 입자들의 수가 집계되었다. 총 2608주기 동안 관측되었다. 한 주기 동안 방출되는 입자들의 수는 포아송 분포를 갖는 확률 변수임을 공리로 간주한다. 카이제곱 적합도 검정을 수행하라.

이 경우, 포아송 분포의 평균은 알 수 없으므로, 그 값은 데이터로부터 3.870로 추정되었다. 그러면 자유도 $12-1-1=10$에 대한 D^2은 12.94이다. 1% 유의 수준에서 임계값은 23.2이다. D^2은 이 값을 넘지 않으므로 데이터가 포아송 분포와 잘 일치한다고 결론짓는다.

표 8.6 지수 확률 변수에 대한 카이제곱 검정, 같은 길이를 갖는 구간들 사용

구간	관측됨	예상됨	(O E)^2/E
0	190	181.3	0.417484
1	144	148.4	0.130458
2	102	121.5	3.129629
3	96	99.5	0.123115
4	86	81.44	0.255324
5	67	66.7	0.001349
6	59	54.6	0.354578
7	43	44.7	0.064653
8	51	36.6	5.665573
9	28	30	0.133333
10	28	24.5	0.5
11	19	20.1	0.060199
12	15	16.4	0.119512
13	12	13.5	0.166666
14	11	11	0
15	7	9	0.444444
16	9	7.4	0.345945
17	5	6	0.166666
18	8	5	1.8
>19	20	22.4	0.257142
카이제곱 값 = 14.13607			

표 8.7 지수 확률 변수에 대한 카이제곱 검정, 같은 확률을 갖는 구간 사용

구간	관측됨	예상됨	$(O - E)^2/E$
0	49	50	0.02
1	61	50	2.42
2	50	50	0
3	50	50	0
4	40	50	2
5	52	50	0.08
6	48	50	0.08
7	40	50	2
8	45	50	0.5
9	46	50	0.32
10	50	50	0
11	51	50	0.02
12	55	50	0.5
13	49	50	0.02
14	54	50	0.32
15	52	50	0.08
16	62	50	2.88
17	46	50	0.32
18	49	50	0.02
19	51	50	0.02
카이제곱 값 = 14.13607			

표 8.8 포아송 확률 변수에 대한 카이제곱 검정

총수	관측됨	예상됨	$(O - E)^2/E$
0	76,757.00	54.40	0.12
1	203.00	210.50	0.27
2	383.00	407.40	1.46
3	525.00	525.50	.00
4	532.00	508.40	1.10
5	408.00	393.50	.053
6	273.00	253.80	1.45
7	139.00	140.30	0.01
8	45.00	67.80	7.67
9	27.00	29.20	0.17
10	10.00	11.30	0.15
>11	6.00	5.80	0.01
			12.94

Based on [Cramer, p. 436].

요약

- 통계는 관심 있는 확률 변수의 n개 독립항등분포 관측들로 구성하고 있는 확률 표본의 함수이다. 표본화 분포는 통계의 pdf 또는 pmf이다. 주어진 통계의 임계값은 상보적 cdf가 어떤

확률들을 이루는 구간 끝점들이다.

- 점 추정량은 그것의 기대치가 관심 있는 모수의 실제 값과 같다면 편향되지 않았고, 그것이 점근적으로 불편향된다면 모순이 없는 것이다. 추정량의 평균 제곱 오차는 그것의 정확도의 척도이다. 표본 평균과 표본 분산은 모순이 없는 추정량이다.
- 최대우도추정량은 우도와 대수 우도함수를 갖고 작업함으로써 얻어진다. 최대우도추정량은 모순이 없고 그들의 추정 오류는 점근적으로 가우스이고 효율적이다.
- 크래머-라오 부등식은 불편추정량이 최소 평균 제곱 오차를 성취하는지를 결정하는 방법을 제공한다. 하한을 성취하는 추정량은 효율적이라고 말한다.
- 신뢰 구간은 관측된 데이터로부터 결정되고 설계에 의해서 상술된 확률 수준을 갖는 관심 있는 모수를 포함하는 구간을 제공한다. 우리는 이항, 가우스, 학생 t, 카이제곱 표본화 분포에 대한 신뢰 구간을 전개하였다.
- 표본들의 수 n이 클 때, 중심극한정리는 관심 있는 확률 변수가 가우스가 아닐지라도 가우스 확률 변수에 대한 추정량과 신뢰 구간을 사용하도록 허용한다.
- 독립 가우스 확률 변수에 대한 표본 평균과 표본 분산은 독립 확률 변수이다. 카이제곱과 학생 t-분포는 가우스 확률 변수를 포함하는 통계로부터 유도된다.
- 유의 검정은 관측된 데이터가 가설화된 분포와 모순이 없는지 결정하기 위해 사용된다. 검정의 유의 수준은 그것이 실제로 사실일 때 가설이 기각되는 확률이다.
- 이진 가설 검정은 관측된 데이터에 기초하여 영가설과 대안 가설 간에 결정한다. 만약 관련된 분포가 완전히 상술되면 가설은 단순하다. 만약 관련된 분포가 완전하게 상술되지 않았다면 가설은 복합적이다.
- 단순 이진 가설 검정은 그들의 유의 수준과 그들의 유형 II 오류 확률 또는 등가적으로 그들의 파워의 항으로 평가된다. 네이만-피어슨 검정은 검정의 파워를 최소화하는 동안에 목표 유형 I 오류 확률에 직면하는 우도비 검정으로 이끈다.
- 베이지안 모형들은 관심 있는 모수들에 대한 사전 분포의 가정에 기초하고, 추정량과 가설 검정을 평가하고 유도하는 대안 접근 방법을 제공한다.
- 카이제곱 분포는 가설적 분포에 관측된 데이터의 적합에 대한 유의 검정을 제공한다.

주요 용어

강하게 일관된 추정량
기각 영역
단순 가설
대안 가설
묶음 평균 방식
베이즈 추정량
불변 성질
수락 영역
결정 규칙
네이만-피어슨 검정
대수우도 함수
모집단
베이즈 결정 규칙
복합 가설
불편추정량
신뢰 구간

신뢰 수준
영가설
우도비 함수
우도함수
유의 검정
유의 수준
유형 I 오류
유형 II 오류
일관된 추정량
임계 영역
임계값
잘못된 경보 확률
점 추정량
점수 함수
정규 확률 변수
최대우도 검정
최대우도법
카이제곱 적합도 검정
크래머-라오 부등식
탐지 확률
통계
파워
평균 제곱 추정 오류
표본화 분포
피셔 정보
확률표본
효율

참고문헌

Bulmer [1]은 통계학에 관한 고전적인 입문 교과서이다. Ross [2]와 Wackerly [3]은 통계학에 관한 우수하고 새로워진 소개들을 제공한다. Bickel [4]는 좀 더 진보된 방법을 제공한다. Cramer [5]는 많은 전통적인 통계 방법들의 주의 깊은 전개를 제공하는 교재이다. Van Trees [6]은 현대 통신공학에서 통계적인 방법의 적용에 영향을 끼쳤다. [10]은 확률 및 통계학을 배우기 위한 매우 유용한 온라인 자원을 제공한다.

1. M.G.Bulmer, *Principles of Statics*, Dover Publications, New York, 1979.
2. S. M. Ross, *Introduction to Probability and Statistics for Engineers and Scientists,* Elsevier Academic Press, Burlington, Mass, 2004.
3. D. M. Wackerly, W. Mendenhall, and R. L. Scheaffer, *Mathematical Statistics with Applications*, Duxbury, Pacific Grove, Calif., 2002.
4. P. J. Bickel and K. A. Doksum, *Mathematical Statistics*, Prentice Hall, Upper Saddle River, N.J., 2007.
5. H. Cramer, *Mathematical Methods of Statistics*, Princeton University Press, Princeton, N.J., 1999.
6. H. L. Van Trees, *Detection, Estimation, and Modulation Theory,* John Wiley & Sons, New York, 1968.
7. A. O. Allen, *Probability, Statistics, and Queueing Theory*, Academic Press, New York, 1978.
8. S. Kokoska and D. Zwillinger, *Standard Probability and Statistics Tables and Forμlae*, Chapman & Hall, Boca Raton, Fl., 2000.
9. M. Hardy, 'An Illuminating Counter–example,' *American Mathematical Monthly*, March 1003, pp.234–238.
10. *Virtual Laboratory in Probability and Statics*, www.math.uah.edu/stat.

11. C. H. Edwards, Jr., and D. E. Penney, *Calculus and Analytic Geometry*, 4th ed., Prentice Hall, Englewood Cliffs, N.J., 1984.

연습문제

노트: 통계학은 데이터를 갖고 작업하는 것을 포함한다. 이런 이유로 이 절에서의 문제들은 3, 4, 5, 6장에서 소개된 방법들을 사용하여 확률 변수의 확률 표본의 생성을 포함하는 예제들을 혼합한다. 이들 예제들은 연속성의 손실 없이 뛰어 넘을 수 있다.

8.1절 : 표본과 표본화 분포

8.1. X를 평균 10과 분산 4를 갖는 가우스 확률 변수라고 하자. 크기 16의 표본이 얻어졌고 표본의 표본 평균, 최소, 최대가 계산되었다.

(a) 표본 평균이 9보다 작을 확률을 구하라.

(b) 최소가 9보다 클 확률을 구하라.

(c) 최대가 12보다 작을 확률을 구하라.

(d) 확률 0.95로 표본 평균이 실제평균의 1 이내에 있도록 하는 n을 찾아라.

(e) 크기 9의 100개 확률 표본들을 생성하라. 관측된 상대도수들과 (a), (b), (c)에서 얻어진 확률들을 비교하라.

8.2. 장치의 수명은 평균 40개월을 갖는 지수 확률 변수이다. 크기 25의 표본이 얻어졌고 표본의 표본 평균, 최대, 최소가 계산되었다.

(a) 표본 평균이 실제평균과 1개월 이상 차이가 있을 확률을 추정하라.

(b) 가장 길게 작동한 표본이 80개월보다 클 확률을 구하라.

(c) 가장 짧게 작동한 표본이 40개월보다 작을 확률을 구하라.

(d) 확률 0.9로 표본 평균이 실제평균의 4개월 이내에 있을 n을 구하라.

(e) 크기 25의 100개 확률 표본들을 생성하라. 관측된 상대도수들과 (a), (b), (c)에서 얻어진 확률들을 비교하라.

8.3. 신호 X를 구간 $[-3, 3]$에 있는 균일 확률 변수라고 하고, 크기 36의 표본이 얻어졌다고 가정하자.

(a) 표본 평균이 구간 $[-0.5, 0.5]$ 밖에 있을 확률을 추정하라.

(b) 표본의 최대가 2.9보다 작을 확률을 추정하라.

(c) 표본들의 자승들의 표본 평균이 4보다 클 확률을 추정하라.

(d) 크기 50의 100개 확률 표본들을 생성하라. 관측된 상대도수들과 (a), (b), (c)에서 얻어진 확률들을 비교하라.

8.4. 콜센터에서 질의들의 도착 사이 시간은 평균 도착 사이 시간 1/4을 갖는 지수 확률 변수들이다. 크기 9의 표본이 얻어졌다고 가정하자.

(a) 추정량 $\hat{\lambda}_1 = 1/\overline{X}_9$는 도착률을 추정하는 데 사용된다. 추정량이 실제 도착률로부터 1보다 크게 차이가 있을 확률을 구하라.

(b) 추정량 $\hat{\lambda}_2 = 1/9 \min(X_1, \ldots, X_9)$가 도착률을 추정하는 데 사용되었다. 추정량이 실제 도착률로부터 1보다 크게 차이가 있을 확률을 구하라.

(c) 크기 9의 100개 확률 표본들을 생성하라. 관측된 상대도수들과 (a), (b)에서 얻어진 확률들을 비교하라.

8.5. 표본 $X_1, X_2, \ldots, X_n$은 확률 변수 X의 독립항등분포 버전들로 구성되어 있다고 하자. 적률들의 방법은 다음과 같은 적률들을 추정하는 것을 포함한다.

$$\hat{m}_k = \frac{1}{n}\sum_{j=1}^{n} X_j^k$$

(a) X는 구간 $[0, \theta]$에서 균일 확률 변수라고 하자. $\hat{m}_1$을 사용하여 θ에 대한 추정량을 구하라.

(b) (a)에서 추정량의 평균과 분산을 구하라.

8.6. X를 모수 α와 $\beta = 1/\lambda$를 갖는 감마 확률 변수라고 하자.

(a) X의 처음 두 적률 추정량들 $\hat{m}_1$와 $\hat{m}_2$를 사용하여 모수들 α와 β를 추정하라.

(b) n이 커짐에 따라 (a)에서 추정량들의 특성을 기술하라.

8.7. $\mathbf{X} = (X, Y)$를 기지의 평균들 μ_1과 μ_2를 갖는 확률 변수들의 쌍이라고 하자. X와 Y의 공분산에 대한 다음의 추정량을 고려하자.

$$\hat{C}_{X,Y} = \frac{1}{n}\sum_{j=1}^{n}(X_j - \mu_1)(Y_{\cdot} - \mu_2)$$

(a) 이 추정량의 기대치와 분산을 구하라.

(b) n이 커짐에 따른 추정량의 특징을 설명하라.

8.8. $\mathbf{X} = (X, Y)$는 미지의 평균과 공분산을 갖는 확률 변수의 쌍이라고 하자. X와 Y의 공분산에 대한 다음의 추정량을 고려하자.

$$\hat{K}_{X,Y} = \frac{1}{n-1}\sum_{j=1}^{n}(X_j - \overline{X}_n)(Y_j - \overline{Y}_n)$$

(a) 이 추정량의 기대치를 구하라.

(b) 추정량은 큰 n에 대하여 연습문제 8.7에 있는 추정량을 근접하는지 설명하라. 힌트: 식 (8.15)를 보라.

8.9. 표본 $X_1, X_2, \ldots, X_n$은 확률 변수 X의 독립항등분포 버전들로 구성되어 있다고 하자. 표본에 대한 최대와 최소 통계를 고려하자.

$$W = \min(X_1, \ldots, X_n) \text{ 그리고 } Z = \max(X_1, \ldots, X_n)$$

(a) Z의 pdf가 $f_Z(x) = n[F_X(x)]^{n-1} f_X(x)$임을 보여라.

(b) W의 pdf가 $f_W(x) = n[1 - F_X(x)]^{n-1} f_X(x)$임을 보여라.

8.2절 : 모수 추정

8.10. 평균 제곱 추정 오류가 $E[(\hat{\Theta} - \theta)^2] = \text{VAR}[\hat{\Theta}] + B(\hat{\Theta})^2$을 만족한다는 것을 보여라.

8.11. 표본 $X_1, X_2, \ldots, X_n$은 평균 $\alpha = 4$를 갖는 포아송 확률 변수 X의 독립항등분포 버전으로 이루어진다고 하자. α에 대한 다음의 추정량의 평균과 분산을 구하고 그들이 편향인지 불편향인지를 결정하라.

(a) $\hat{\alpha}_1 = (X_1 + X_2\})/2$

(b) $\hat{\alpha}_2 = (X_3 + X_4)/2$

(c) $\hat{\alpha}_3 = (X_1 + 3X_2)/4$

(d) $\hat{\alpha}_4 = (X_1 + X_2 + X_3 + X_4)/4$

8.12. **(a)** $\hat{\Theta}_1$과 $\hat{\Theta}_2$는 모수 θ에 대한 불편추정량이다. 또한 추정량 $\hat{\Theta} = \hat{\Theta}_1 + (1-p)\hat{\Theta}_2$는 θ에 대해서 불편추정량이라는 것을 보여라. 여기에서 $0 \le p \le 1$이다.

(b) (a)에서 평균 제곱 오차를 최소화하는 p의 값을 구하라.

(c) $\hat{\Theta}_1$과 $\hat{\Theta}_2$가 연습문제 8.11(a)와 8.11(b)에서의 추정량들일 때 평균 제곱 오차를 최소화하는 p의 값을 구하라.

(d) 연습문제 8.11(a)와 8.11(d)에서의 추정량들에 대하여 (c)를 반복하라.

(e) $\hat{\Theta}_1$과 $\hat{\Theta}_2$를 X의 첫 번째 및 두 번째 적률에 대한 불편추정량이라고 하자. X의 분산에 대한 추정량을 구하라. 그것은 불편향인가?

8.13. 통신 시스템의 출력이 $Y = \theta + N$이다. 여기에서 θ는 입력 신호이고 N은 구간 $[-2, 1]$에 균일하게 분포된 잡음신호이다. 신호가 n회 전송되고 잡음 항들은 독립항등분포 확률 변수라고 가정하자.

(a) 출력들의 표본 평균이 θ에 대한 불편추정량이라는 것을 보여라.

(b) 추정량의 평균 제곱 오차를 구하라.

8.14. 웹 서버에서 요청들의 수는 평균 $\alpha = 2$요청수/분을 갖는 포아송 확률 변수 X이다. n개 1분 구간들이 관측되었고, 0도착들을 갖는 구간들의 수 N_0가 집계되었다고 가정하자. 그러면 0도착들의 확률은 $\hat{P}_0 = N_0/n$에 의해 추정된다. 도착률 α를 추정하기 위하여 $\hat{P}_0$ 은 일분에 0도착들의 확률과 같다고 놓는다.

$$\hat{p}_0 = N_0/n = P[X = 0] = \frac{\alpha^0}{0!}e^{-\alpha} = e^{-\alpha}$$

(a) 도착률에 대한 추정량을 얻기 위하여 $\hat{\alpha}$에 대해 위의 식을 풀어라.

(b) $\hat{\alpha}$는 편향되었다는 것을 보여라.

(c) $\hat{\alpha}$의 평균 제곱 오차를 구하라.

(d) $\hat{\alpha}$는 일관된 추정량인가?

8.15. 연습문제 8.14에 있는 포아송 확률 변수의 크기 20의 100개 표본들을 발생하라.

(a) 표본 평균 추정량과 연습문제 8.14로부터의 추정량을 이용하여 도착률 α를 추정하라.

(b) 두 추정량의 편향과 평균 제곱 오차를 비교하라.

8.16. $X_1, X_2, \ldots, X_n$를 구간 $[0, \theta]$에 균일하게 분포되어 있는 균일 확률 변수의 확률 표본이라고 하자. θ에 대한 다음 추정량을 고려하자.

$$\hat{\Theta} = \max\{X_1, X_2, \ldots, X_n\}$$

(a) 연습문제 8.9의 결과들을 이용하여 $\hat{\Theta}$의 pdf를 구하라.

(b) $\hat{\Theta}$가 불편추정량이라는 것을 보여라.

(c) $\hat{\Theta}$의 분산을 구하고 그것이 일관된 추정량인지 결정하라.

(d) $c\hat{\Theta}$가 불편추정량이 되도록 상수 c를 구하라.

(e) $\theta = 5$를 갖는 20개 균일 확률 변수들의 확률 표본을 생성하라. 100회 분리 시도에서 두 추정량에 의해 제공된 값들을 비교하라.

(f) 균일 확률 변수의 1,000 표본들을 생성하고, 추정량 값을 매 50표본마다 갱신하라. 추정량의 편향을 식별할 수 있는가?

8.17. $X_1, X_2, \ldots, X_n$은 다음과 같은 파레토 확률 변수의 확률 표본이라고 하자.

$$f_X(x) = k\frac{\theta^k}{x^{k+1}},\ \theta \le x\text{에 대해서}$$

$k = 2.5$를 갖는다. 다음과 같은 θ에 대한 추정량을 고려하자.

$$\hat{\Theta} = \min\{X_1, X_2, \ldots X_n\}$$

(a) $\hat{\Theta}$는 편향된 추정량이라는 것을 보이고 편향 값을 구하라.

(b) $\hat{\Theta}$의 평균 제곱 오차를 구하라.

(c) $\hat{\Theta}$가 일관된 추정량인지 결정하라.

(d) Octave를 사용하여 파레토 확률 변수의 1,000 표본을 생성하라. 매 50표본마다 추정량을 갱신하라.

(e) $k = 1.5$로 (d)를 반복하라. 어떤 변화가 있는가?

8.18. 평균 1을 갖는 지수 확률 변수의 크기 5, 10, 20의 100표본을 생성하라. 표본 분산에 대한 편향과 불편추정량에 의해 주어진 추정량들의 히스토그램을 비교하라.

8.19. 예제 8.8에서 표본 평균 추정량의 분산을 구하라. 힌트: $m = 0$을 가정한다.

8.20. 상관계수 $\rho = 0.5$을 갖는 영평균, 단위분산 결합 가우스 확률 변수들 쌍의 크기 20의 100 표본들을 생성하라. 연습문제 8.8과 8.9에 있는 표본 공분산에 대한 추정량에 의해 주어진 추정들의 히스토그램들을 비교하라.

8.21. 두 확률 변수 X와 Y 사이에 상관계수에 대한 다음의 추정량에 대한 연습문제 8.20에서의 시나리오를 반복하라.

$$\hat{\rho}_{X,Y} = \frac{\sum_{j=1}^{n}(X_j - \overline{X}_n)(Y_j - \overline{Y}_n)}{\sqrt{\sum_{j=1}^{n}(X_j - \overline{X}_n)^2 \sum_{j=1}^{n}(Y_j - \overline{Y}_n)^2}}$$

8.3절 : 최대우도추정

8.22. X를 평균 $1/\lambda$를 갖는 지수 확률 변수라고 하자.

(a) $\theta = 1/\lambda$에 대한 최대우도추정량 $\hat{\Theta}_{ML}$을 구하라.

(b) $\theta = \lambda$에 대한 최대우도추정량 $\hat{\Theta}_{ML}$을 구하라.

(c) (a)에서 추정량들의 pdf들을 구하라.

(d) (a)에서 추정량은 불편향이고 일관된 것인가?

(e) 다음 실험의 20회 시도를 반복하라. $\lambda = 1/2$인 지수 확률 변수의 16 관측들의 표본을 생성하고, (a)와 (b)에 있는 추정량들에 의해 주어진 값들을 구하라. 추정량들에 의해 생성된 값들의 히스토그램을 보여라.

8.23. $X = \theta + N$을 입력이 모수 θ이고 N은 영평균, 단위분산 가우스 확률 변수인 잡음 채널의 출력이라고 하자. 출력은 $i = 1, \ldots, n$에 대하여 확률 표본 $X_i = \theta + N_i$를 얻기 위해 n회 측정된다고 가정한다.

(a) θ에 대한 최대우도추정량 $\hat{\Theta}_{ML}$을 구하라.

(b) $\hat{\Theta}_{ML}$의 pdf를 구하라.

(c) $\hat{\Theta}_{ML}$가 불편향이고 일관된 것인지 결정하라.

8.24. 구간 $[0, \theta]$에 분포된 균일 확률 변수에 대한 최대우도추정량은 $\hat{\Theta} = \max\{X_1, X_2, \ldots, X_n\}$이라는 것을 보여라. 힌트: 여러분은 최대가 모수 값들의 구간의 끝단에서 발생한다는 것을 보일 필요가 있다.

8.25. X를 모수 α와 x_m을 갖는 파레토 확률 변수라고 하자.

(a) x_m을 알고 있다고 가정하고 α에 대한 최대우도추정량을 구하라.

(b) α와 x_m에 대한 최대우도추정량들이 다음과 같음을 보여라.

$$\hat{\alpha}_{ML} = n\left[\sum_{j=1}^{n} \log\left(\frac{X_j}{\hat{x}_{m,ML}}\right)\right]^{-1} \quad \text{그리고} \quad \hat{x}_{m,ML} = \min(X_1, X_2, \ldots, X_n)$$

(c) n이 커짐에 따른 (a)와 (b)에서 추정량들의 특성을 논의하고 그들이 일관성이 있는지 결정하라.

(d) 다음 실험의 5회 시도를 반복하라. $\alpha = 2.5$와 $x_m = 1$을 갖는 파레토 확률 변수의 100 관측들의 표본을 생성하고 (b)에서 추정량들에 의해 주어진 값들을 얻어라. $\alpha = 1.5$와 $x_m = 1$, $\alpha = 0.5$와 $x_m = 1$에 대해서 반복하라.

8.26. **(a)** $b = 1$인 베타 확률 변수의 $\theta = a$에 대한 최대우도추정이 다음과 같음을 보여라.

$$\hat{a}_{ML} = \left[\frac{1}{n}\sum_{j=1}^{n} \log X_j\right]^{-1}$$

(b) (a)에 대한 추정을 얻기 위하여 $b = 1$과 $a = 0.5$를 갖는 베타 확률 변수의 100 관측들의 표본을 생성하라. $a = 1$, $a = 2$, $a = 3$에 대하여 반복하라.

8.27. X를 모수들 α와 β를 갖는 와이블 확률 변수라고 하자(식 (4.102)를 보라).

(a) β를 알고 있다고 가정하고, $\theta = \alpha$에 대한 최대우도추정량이 다음과 같음을 보여라.

$$\hat{\alpha}_{ML} = \left[\frac{1}{n}\sum_{j=1}^{n} X_j^{\beta}\right]^{-1}$$

(b) α에 대한 추정을 얻기 위하여 $\alpha = 1$과 $\beta = 1$을 갖는 와이블 확률 변수의 100 관측들의 표본을 생성하라. $\beta = 2$와 $\beta = 4$에 대하여 반복하라.

8.28. 어떤 장치가 지수 수명을 갖는다고 알려져 있다.

(a) n개 장치들은 T초 동안 시험되고, 시험 기간 내에 실패하는 장치들의 수가 집계된다고 가정하자. 장치의 평균 수명에 대한 최대우도추정량을 구하라. 힌트: 불변 성질을 사용하라.

(b) 다음 실험의 10회 시도를 반복하라. $\lambda = 1/10$을 갖는 지수 확률 변수의 16 관측들의 표본을 생성하라. 실험 주기 $T = 15$이다. (a)에서의 방법을 사용하여 평균 수명에 대한 추정을 구하고 이들을 연습문제 8.23(a)에 의해 제공된 추정과 비교하라.

8.29. X를 모수들 α와 λ를 갖는 감마 확률 변수라고 하자.

(a) α를 알고 있다고 가정하고 λ에 대한 최대우도추정량 $\hat{\lambda}_{ML}$를 구하라.

(b) α와 λ에 대해서 최대우도추정량 $\hat{\alpha}_{ML}$과 $\hat{\lambda}_{ML}$을 구하라. 함수 $\Gamma'(\alpha)/\Gamma(\alpha)$는 알려져 있다고 가정한다.

8.30. $\mathbf{X} = (X, Y)$를 영평균, 단위분산, 미지의 상관계수 ρ를 갖는 결합 가우스 확률 벡터라고 하자. 그러한 n개 벡터들의 확률 표본을 고려하자.

(a) ρ에 대한 ML 추정량은 입방식을 푸는 것을 포함한다는 것을 보여라.

(b) 연습문제 8.21은 평균과 분산들이 미지일 때 ML 추정량을 제공한다는 것을 보여라.

(c) 다음의 5회 시도를 반복하라. 영평균, 단위분산 가우스 확률 변수들의 쌍들의 100회 관측들의 표본을 생성하고, $\rho = 0.5$, $\rho = 0.9$, $\rho = 0$의 경우에 대해 (a)와 (b)를 이용하여 ρ를 추정하라.

8.31. (불변 성질) $\hat{\Theta}_{ML}$을 X의 모수 θ에 대한 최대우도추정량이라고 하자. 우리는 대신에 θ의 역함수 $h(\theta)$ 에 대한 최대우도추정량을 구하는 데 관심이 있다고 가정하자. 이 최대우도추정량이 왜 $h(\hat{\Theta}_{ML})$에 의해 주어지는가를 설명하라.

8.32. 피셔 정보 또한 식 (8.36)에 의해 주어진다는 것을 보여라. 우도함수의 처음 두 편미분들이 존재하고 θ에 관한 미분과 적분이 교환될 수 있도록 절대적으로 적분 가능하다고 가정하라.

8.33. 다음의 확률 변수들은 주어진 크래머-라오 하한을 갖고 있다는 것을 보이고 관련된 최대우도추정량이 효율적인지를 결정하라.

(a) 모수들 n과 미지의 p를 갖는 이항 확률 변수: $p(1-p)/n^2$

(b) 미지의 분산 σ^2과 미지의 평균을 갖는 가우스 확률 변수: σ^2/n

(c) 미지의 분산을 갖는 가우스 확률 변수: $2\sigma^4/n$. 평균이 기지이고 평균이 미지인 두 가지 경우를 고려한다. 분산에 대한 표준 불편추정량이 크래머-라오 하한을 성취할 수 있는가? $E[(X-\mu)^4] = 3\sigma^4$임을 주목하라.

(d) 모수들 기지의 α와 미지의 $\beta = 1/\lambda$를 갖는 감마 확률 변수: $\beta^2/n\alpha$

(e) 미지의 모수 α를 갖는 포아송 확률 변수: α/n

8.34. $\hat{\Theta}_{ML}$은 지수 확률 변수의 평균에 대한 최대우도추정량이라고 하자. 추정량 $\hat{\Theta}_{ML}^2$을 이용하여 이 지수 확률 변수의 분산을 추정한다고 가정한다. $\hat{\Theta}_{ML}^2$이 실제 분산 값의 5% 이내에 있을 확률은 얼마인가? 표본들의 수가 크다고 가정한다.

8.4절 : 신뢰 구간

8.35. 전압 측정은 미지의 상수전압과 영평균과 분산 $9\mu V^2$의 가우스 분포된 잡음전압의 합으로 구성된다. 25회 독립 측정들이 되었고 $50\mu V$의 표본 평균이 얻어졌다. 그에 해당하는 신뢰 구간을 구하라.

8.36. X_j를 미지의 평균 $E[X] = \mu$, 분산 1을 갖는 가우스 확률 변수라고 하자.

(a) $n = 4, 16, 100$에 대해서 μ에 대한 95% 신뢰 구간의 폭을 구하라.

(b) 99% 신뢰 구간에 대해 반복하라.

8.37. 25개 전구들의 수명이 측정되었고 표본 평균과 표본 분산이 각각 323시간과 64시간으로 구해졌다.

(a) 평균 수명에 대한 95% 신뢰 구간을 구하라.

(b) 수명의 분산에 대한 95% 신뢰 구간을 구하라.

8.38. X를 미지의 평균과 미지의 분산을 갖는 가우스 확률 변수라고 하자. X의 9개 독립 측정들의 집합은 다음을 산출한다.

$$\sum_{j=1}^{10} X_j = 350 \qquad \text{그리고} \qquad \sum_{j=1}^{10} X_j^2 = 12{,}645$$

(a) X의 평균에 대한 90% 신뢰 구간을 구하라.

(b) X의 분산에 대한 90% 신뢰 구간을 구하라.

8.39. X를 미지의 평균과 미지의 분산을 갖는 가우스 확률 변수라고 하자. X의 10개 독립 측정들의 집합은 표본 평균 57.3과 표본 분산 23.2를 산출한다.

(a) 평균에 대한 90%, 95%, 99% 신뢰 구간을 구하라.

(b) 20개 측정들의 집합이 위의 표본 평균과 표본 분산을 산출했을 때 (a)를 반복하라.

(c) (a)와 (b)에 있는 분산에 대한 90%, 95%, 99% 신뢰 구간을 구하라.

8.44. 컴퓨터 모의실험 프로그램이 확률 변수의 300 표본들을 만드는 데 사용되었다. 표본들은 각각 20 표본씩 15 묶음으로 군집화되었다. 묶음 표본 평균들은 다음과 같은 목록이다.

0.228	−1.941	0.141	1.979	−0.224
0.501	−5.907	−1.367	−1.615	−1.013
−0.397	−3.360	−3.330	−0.033	−0.976

표본 평균에 대한 90% 신뢰 구간을 구하라.

8.41. 300 표본들을 생성하고 크기 20의 15묶음으로 이들을 군집화하여 연습문제 8.40에 있는 묶음 표본 실험을 반복하라. 다음의 경우에서 표본 평균에 대한 90% 신뢰 구간을 구하라.

(a) 모수 $\alpha = 2$와 $\beta = 3$을 갖는 베타 확률 변수

(b) $\lambda = 1$과 $\alpha = 2$를 갖는 감마 확률 변수

(c) $x_m = 1$과 $\alpha = 3$, $x_m = 1$과 $\alpha = 1.5$를 갖는 파레토 확률 변수

8.42. 동전이 전부 300번 던져졌고, 각 30번씩 10묶음으로 하였다. 각 묶음들에서 윗면의 수는 다음과 같다.

14,17,12,14,15,14,18,16,13,16

(a) 묶음 평균들의 방법을 사용하여 윗면의 확률 p에 대한 95% 신뢰 구간을 구하라.

(b) $p = 0.25$와 $p = 0.01$을 갖는 베르누이 확률 변수들을 생성함으로써 이 실험을 모의실험하라.

8.43. 이 연습문제는 다음의 주장을 시험하기 위한 것이다. '만약 많은 횟수의 신뢰 구간들을 계산할 수 있었다면, 대략적으로 시간의 $(1 - \alpha) \times 100\%$를 구할 수 있었을 것이고, 계산된 구간들은 모수의 실제 값을 포함하였을 것이다.

(a) 평균은 모르고 분산은 안다고 가정하자. $n = 10$인 가우스 확률 변수의 평균에 대하여 90% 신뢰 구간을 구하라.

(b) 10개 영평균, 단위분산 가우스 확률 변수들의 500묶음을 생성하고 관련된 신뢰 구간을 결정하라. 실제 평균(설계에 의해 0임)이 포함된 신뢰 구간의 비율을 구하라. 이것은 신뢰수준 $1 - \alpha = .90$으로 동의하는가?

(c) 평균이 1인 지수 확률 변수를 사용하여 (b)를 반복하라. 실제 평균을 포함하는 구간의 비율이 $1 - \alpha$에 의해 주어지는가?

8.44. 구간 $[-1, 1]$에 균일 분포된 160개 X_j를 생성하라.

(a) 평균에 대한 90% 신뢰 구간이 생성되기 위한 것이라고 가정하자. 다음의 조합을 사용하여 평균에 대한 신뢰 구간을 구하라.

40개 표본들의 4묶음,
20개 표본들의 8묶음,
10개 표본들의 16묶음,
5개 표본들의 32묶음

(b) (a)에 있는 실험을 500회 다시 하라. 각 실험의 되풀이에서, (a)에서 정의된 4개의 신뢰 구간

을 계산한다. 실제 평균을 포함하는 위의 4개의 신뢰 구간에서의 시간의 비율을 계산하라. 위의 어떤 묶음의 크기와 묶음의 개수에 대한 조합이 신뢰수준에 의해 예상된 결과들과 일치하는가? 왜 그런지 설명하라.

8.45. 이 연습문제는 표본들의 수가 증가됨에 따른 신뢰 구간의 특성을 탐구한다. 평균 25와 분산 36을 갖는 독립 가우스 확률 변수의 1,000개 표본들을 생성하라. 매 50 표본들마다 평균과 분산에 대한 신뢰 구간을 갱신하고 그려 보라.

8.5절 : 가설 검정

8.46. 새로운 웹 페이지 설계가 고객들의 장소 주문 비율을 증가시키기 위하여 의도되었다. 새로운 설계에 앞서서, 한 시간에 주문의 수는 평균 30인 포아송 확률 분포였다. 새로운 설계로 8번의 한 시간 측정들은 시간당 계산된 평균 31회 주문을 구하였다.

(a) 5% 유의 수준으로, 주문 배치 비율이 증가되는 것에 대한 요구를 그 데이터가 지지하는가?

(b) 1% 유의 수준으로 (a)를 반복하라.

8.47. 카르로스와 마이클은 각각 동전을 한 번 던지는 게임을 한다. 만약 던진 것의 출력들이 같다면 아무도 이기지 못하지만, 출력이 다르다면 윗면을 갖는 경기자가 이긴다. 마이클은 공정한 동전을 사용하지만 그는 카르로스가 편향된 동전을 사용한다고 의심을 하고 있다.

(a) 카르로스가 속이고 있는지 검정하기 위하여 6게임에서 카르로스가 얼마나 많이 이겼는지를 집계하는 실험에 대한 10% 유의 수준 검정을 구하라. $n = 12$게임에 대하여 반복하라.

(b) 이제 카르로스가 던진 것이 윗면이 나오는 횟수에 기초하여 10% 유의 수준 검정을 설계하라.

(c) 카르로스가 각각 $p = 0.75$와 $p = 0.55$인 동전을 사용할 때 탐지 확률을 구하라.

8.48. 수신기의 출력은 입력 전압과 영평균과 분산 1볼트^{2}을 갖는 가우스 확률 변수의 합이다. 과학자는 수신기 입력이 적절히 눈금 조정되지 않았고 실제 입력 신호가 없는데 영이 아닌 입력전압을 갖는다고 짐작하고 있다.

(a) 과학자의 육감을 시험하기 위하여 출력의 n회 독립 측정들을 포함하는 1% 유의 수준 검정을 구하라.

(b) 16회 측정들이 표본 평균 -0.75볼트를 산출한다면 검정의 결과는 무엇인가?

(c) 실제로 각각 1볼트와 10미리볼트의 입력전압이 있을 때 유형 II 오류의 확률을 각각 구하라.

8.49. **(a)** p값과 검정의 유의 수준 α 사이의 관계를 설명하라.

(b) 왜 p값이 단순히 가성 검정의 결과를 언급하는 것보다 검정 통계에 관한 정보를 더 제공하는지 설명하라.

(c) 한 측면 검정에서 p값은 어떻게 계산되어야 하는가?

(d) 양 측면 검정에서 p값은 어떻게 계산되어야 하는가?

8.50. 광학 탐지기에 의해 집계된 광자의 수는 표적이 없을 때 기지의 평균 α와 표적이 있을 때 기지의 평균 $\beta = 7 > \alpha = 2$을 갖는 포아송 확률 변수이다. 영가설은 '표적이 존재하지 않는다.'에 해당한다고 하자.

(a) 노이만-피어슨 방법을 사용하여 잘못된 경고의 확률이 5%일 때 가설 검정을 구하라.

(b) 탐지 확률은 얼마인가?

(c) 입력의 n회 독립 측정들이 취해졌다고 가정하라. 시행착오 법을 사용하여 5%의 잘못된 경고 확률과 90%의 탐지 확률을 달성하기 위해 요구되는 n의 수를 구하라.

8.51. 비닐봉지를 찢는 강도는 가우스 확률 변수이다. 회사 1로부터의 봉지들은 8킬로그램의 평균 강도와 분산 1 kg^2을 갖고 있고, 회사 2로부터의 봉지들은 9 kg의 평균 강도와 분산 1 kg^2을 갖고 있다. 우리는 봉지들의 묶음이 회사 1로부터 오는 것인지(영가설) 결정하는 데 관심이 있다. 가설 검정을 구하고 α가 1%이고 탐지 확률이 99%가 되기 위한 검정에 필요한 봉지의 수를 결정하라.

8.52. 경량의 인터넷 사용자들은 평균 2시간인 지수적으로 분포된 사용시간을 갖고, 중량의 인터넷 사용자들은 평균 4시간인 지수적으로 분포된 사용시간을 갖는다.

(a) 네이만–피어슨 방법을 사용하여 주어진 사용자가 경량의 사용자인지 결정하기 위하여 가설 검정을 구하라. $\alpha = 5\%$에 대한 검정을 설계하라.

(b) 중량의 사용자들을 탐지하는 확률은 얼마인가?

8.53. 보통의 인터넷 사용자들은 평균 3시간과 $a = 5$을 갖는 파레토 분포된 사용시간을 갖고, 중량의 피어–투–피어 사용자들은 $a = 8/7$과 평균 16시간인 파레토 분포된 사용시간들을 갖는다.

(a) 네이만–피어슨 방법을 사용하여 주어진 사용자가 보통 사용자인지 결정하기 위한 가설 검정을 구하라. $\alpha = 1\%$에 대한 검정을 설계하라.

(b) 중량의 피어–투–피어 사용자들을 탐지하는 확률은 얼마인가?

8.54. 동전공장들 A와 B는 윗면의 확률 p가 베타 분포된 확률 변수에 대한 동전들을 생산한다. 공장 A는 모수 $a = b = 10$, 공장 B는 $a = b = 3$을 갖는다.

(a) 묶음이 공장 A로부터 온 것인지 결정하기 위한 $\alpha = 5\%$에 대한 가설 검정을 설계하라.

(b) 공장 B의 동전들을 탐지하는 확률은 얼마인가? 힌트: Octave 함수 `beta_inv`를 사용하라. 묶음에서 윗면의 확률이 정확하게 결정될 수 있다고 가정하라.

8.55. 정확하게 동작할 때(영가설), 생산라인으로부터의 전선은 평균 직경 2 mm를 갖지만, 어떤 잘못된 조건 하에서 전선은 평균 직경 1.75 mm를 갖는다. 직경들은 분산 0.04 mm^2로 가우스 분포된다. 10개 표본 전선들의 묶음이 선택되고 표본 평균은 1.82 mm로 구해진다.

(a) 라인이 올바르게 동작하는지 결정하기 위한 검정을 설계하라. 잘못된 경고 확률은 5%로 가정한다.

(b) 잘못된 상태를 탐지하는 확률은 얼마인가?

(c) 위의 관측에 대한 p값은 얼마인가?

8.56. 동전 1은 공정하고 동전 2는 윗면의 확률 7/8을 갖는다. 검정은 처음 윗면이 나올 때까지 반복적으로 동전을 던지는 것을 포함한다. 던지는 수가 관측된다.

(a) 공정한 동전이 사용되었는지 결정하기 위한 검정을 설계할 수 있는가? $\alpha = 5\%$로 가정한다. 편향된 동전을 탐지하는 확률은 얼마인가?

(b) 편향된 동전이 확률 1/8을 가질 때 (a)를 반복하라.

8.57. 무선 신호 탐지 시스템의 출력은 입력전압과 영평균, 단위분산 가우스 확률 변수의 합이다.

(a) 수신기 출력의 n회 독립 측정을 가정하여(부가 잡음 항들이 독립항등분포 확률 변수들이기 위해) 영이 아닌 입력이 있는지 결정하기 위하여 유의 수준 $\alpha = 10\%$로 가설 검정을 설계하라.

(b) 유형 II 오류 확률에 대한 표현식과 (a)에서 검정의 파워를 구하라.

(c) $n = 4, 16, 64, 256$에 대해서 입력전압이 $-\infty$에서 $+\infty$로 변함에 따라 (a)에서 검정의 파워를 그려 보라.

8.58. **(a)** 연습문제 8.57에서, n개 독립 측정을 가정하여 양의 입력이 있는지 결정하기 위해 유의 수준

α로 가설 검정을 설계하라.

(b) 유형 II 오류 확률에 대한 표현식과 (a)에서 검정의 파워를 구하라.

(c) $n = 4, 16, 64, 256$에 대해서 입력전압이 $-\infty$에서 $+\infty$로 변함에 따라 (a)에서 검정의 파워를 그려 보라.

8.59. 연습문제 8.57과 8.58에서 얻어진 파워 곡선을 비교하라. 연습문제 8.58에 있는 검정이 왜 균일하게 가장 막강하고, 반면에 연습문제 8.57에 있는 검정은 그렇지 않은지 설명하라.

8.60. 예제 8.27을 고려하자. 여기에서 우리는 다음을 고려한다.

$$H_0: X\text{는 } \mu = 0\text{과 } \sigma_X^2 = 1\text{인 가우스 확률 변수}$$
$$H_1: X\text{는 } \mu > 0\text{과 } \sigma_X^2 = 1\text{인 가우스 확률 변수}$$

$n = 25, \alpha = 5\%$로 한다. $\mu = k/2, k = 0, 1, 2, \ldots, 5$에 대해서 다음 실험을 수행한다. 평균 μ와 단위분산을 갖는 가우스 확률 변수의 크기 25의 500묶음을 생성하라. 각 묶음에 대해서 가설 검정이 영가설을 수락 또는 기각할 것인지 결정하라. 유형 I 오류들과 유형 II 오류들의 수를 집계하라. μ의 함수로서 경험적으로 얻어진 파워 함수를 그려 보라.

8.61. 다음의 가설 검정에 대해서 연습문제 8.60을 반복하라.

$$H_0: X\text{는 } \mu = 0\text{과 } \sigma_X^2 = 1\text{인 가우스 확률 변수}$$
$$H_1: X\text{는 } \mu \neq 0\text{과 } \sigma_X^2 = 1\text{인 가우스 확률 변수}$$

$n = 25, \alpha = 5\%$로 하고, $\mu = \pm k/2, k = 0, 1, 2, \ldots, 5$에 대해서 실험들을 수행한다.

8.62. 공정한 동전에 대한 다음 세 개의 검정을 고려하자.

(i) $H_0: p = 0.5$ 대 $H_1: p \neq 0.5$

(ii) $H_0: p = 0.5$ 대 $H_1: p > 0.5$

(iii) $H_0: p = 0.5$ 대 $H_1: p<0.5$

각 검정에서 $n = 100$회 동전 던지기를 가정하고 위의 검정에 대한 기각 영역들은 $\alpha = 1\%$에 대해 선택된다고 하자.

(a) p의 함수로 세 가지 검정들에 대한 파워곡선을 구하라.

(b) 한 측면 검정들의 것과 비교하여 양 측면 검정의 파워곡선을 설명하라.

8.63. **(a)** $\alpha = 5\%$로 연습문제 8.62의 가설 검정 (i)를 고려하자. $p = k/10, k = 1, 2, \ldots, 9$에 대하여 다음의 실험을 수행하라. 윗면의 확률 p를 갖는 동전의 100회 던지기 500묶음을 생성하라. 각 묶음은 가설 검정이 영가설을 수락 또는 기각하는지 결정하라. 유형 I 오류들과 유형 II 오류들의 수를 집계하라. μ의 함수로서 경험적으로 얻어진 파워함수를 그려 보라.

(b) 연습문제 8.63의 가설 검정 (ii)에 대하여 (a)를 반복하라.

8.64. $H_0: m = \mu$ 대 $H_1: m > \mu$ 검정을 위해 예제 8.26에 전개된 가설 검정을 고려하자. 우리는 이 검정, 즉 다음의 가설 검정 문제에 대한 관련된 기각과 수락 영역을 사용한다고 가정한다.

$$H_0: X\text{는 평균 } m \leq \mu\text{와 기지의 분산 } \sigma^2\text{인 가우스 확률 변수}$$
$$H_1: X\text{는 평균 } m > \mu\text{와 기지의 분산 } \sigma^2\text{인 가우스 확률 변수}$$

검정은 유의 수준 α 또는 더 좋게 성취한다는 것을 보여라. 힌트: 예제 8.26에서 검정의 파워함수를 고려하라.

8.65. 기계는 평균 두께 2 mm로 디스크를 만든다. 일상적인 유지보수를 한 후에 기계 검정을 위하여 10개 표본 디스크들이 선택되었고, 두께의 표본 평균은 2.1 mm로 구해졌고, 표본 분산은 0.09 mm^{2}으로 구해졌다.

(a) 기계가 $\alpha = 1\%$, $\alpha = 5\%$에 대해서 적절하게 작업하는지 결정하기 위한 검정을 구하라.

(b) 관측의 p값을 구하라.

8.66. 제조업자는 새로이 개선된 타이어 설계가 타이어 수명 50,000 km에서 55,000 km로 증가하기를 요구한다. 8개 타이어들의 검정은 52,000 km의 표본 평균 수명과 3,000 km의 표본 표준편차를 제공한다.

(a) 요구를 $\alpha = 1\%$, $\alpha = 5\%$의 수준으로 지지할 수 있는지 결정하기 위한 검정을 구하라.

(b) 관측의 p값을 구하라.

8.67. 100명의 공학 신입생의 반에 새로운 노트북 컴퓨터가 제공되었다. 제조업자는 배터리에서 충전이 4시간 지속할 것을 요구한다. 신입생은 시험을 하고 표본 평균 3.75시간과 표본 표준편차 1시간을 구했다.

(a) 제조업자의 요구가 $\alpha = 1\%$, $\alpha = 5\%$의 유의 수준으로 지지될 수 있는지 결정하기 위한 검정을 구하라.

(b) 관측의 p값을 구하라.

8.68. 예제 8.29에서 고려된 가설 검정을 고려하자.

$$H_0: X\text{는 } \mu = 0\text{과 미지의 } \sigma_X^2 \text{인 가우스 확률 변수}$$
$$H_1: X\text{는 } \mu \neq 0\text{과 미지의 } \sigma_X^2 \text{인 가우스 확률 변수}$$

$n = 9$, $\alpha = 5\%$, $\sigma_X = 1$로 하자. $\mu = \pm k/2$, $k = 0, 1, 2, \ldots, 5$에 대해서 다음의 실험을 수행하라. 평균 μ와 단위분산을 갖는 가우스 확률 변수의 크기 9의 500묶음을 생성하라. 각 묶음에 대해서 가설 검정이 영가설을 수락 또는 기각할 것인지 결정하라. 유형 I 오류와 유형 II 오류의 수를 집계하라. μ의 함수로서 경험적으로 얻어진 파워함수를 그려 보라. 예상된 결과들과 비교하라.

8.69. 다음의 가설 검정에 대하여 연습문제 8.68을 반복하라.

$$H_0: X\text{는 } \mu = 0\text{과 미지의 } \sigma_X^2 \text{인 가우스 확률 변수}$$
$$H_1: X\text{는 } \mu > 0\text{과 미지의 } \sigma_X^2 \text{인 가우스 확률 변수}$$

$n = 9$, $\alpha = 5\%$, $\sigma_X = 1$, $\mu = k/2$, $k = 0, 1, 2, \ldots, 5$이다.

8.70. 확률 변수가 가우스가 아닐 때 예제 8.29에 있는 가설 검정을 사용하는 것을 고려하자. $\alpha = 5\%$, $n = 9$ 및 $n = 25$에 대한 검정들을 설계하라. $\mu = \pm k/2$, $k = 0, 1, 2, \ldots, 5$에 대해서 다음의 실험을 수행하라. X는 구간 $[-1/2, 1/2]$에서 균일 확률 변수라고 하자. 평균 μ인 균일 확률 변수의 크기 n의 500묶음을 생성하라. 각 묶음에 대하여 가설 검정이 영가설을 수락 또는 기각할 것인지 결정하라. 유형 I 오류와 유형 II 오류의 수를 집계하라. μ의 함수로서 경험적으로 얻어진 파워함수를 그려 보라. 경험적인 데이터를 가우스 확률 변수에 대한 예상된 결과들과 비교하라.

8.71. 침입 경보 시스템은 잡음신호들을 보냄으로써 작업한다. '상태 정상' 신호는 평균 0과 분산 4인 가우스 독립항등분포 확률 변수인 전압을 송신함으로써 보내진다. '경보' 신호는 평균 0과 4보다 작은 분산을 갖는 독립항등분포 가우스 전압을 송신함으로써 보내진다.

(a) n개 전압 표본들로부터 표본 분산의 계산에 기초하여 상태가 정상(영가설)인지 결정하기 위한 1% 수준 가설 검정을 구하라.

(b) 경보 신호의 분산이 변함에 따른 $n = 8, 64, 256$에 대한 가설 검정의 파워를 구하라.

8.72. 경보 신호가 4보다 큰 분산을 갖는 독립항등분포 가우스 전압들을 사용할 때 연습문제 8.71을 반복하라.

8.73. 침입 시스템은 평균 0과 분산 $\mu_0 = 7$인 71개 가우스 독립항등분포 확률 변수의 수열을 보냄으로써 Agent 00111을 호출한다. 1% 수준으로 그 Agent가 호출되는 것을 결정하기 위한 가설 검정을 (Agent의 00111 손목시계에서 실행되기 위하여) 구하라. 유형 II 오류의 확률을 도시하라.

8.74. 분산을 검정하기 위해 예제 8.30에 있는 가설 검정을 고려하자.

$$H_0\text{: } X\text{는 } \sigma_X^2 = 1\text{이고 } m\text{은 미지인 가우스 확률 변수}$$
$$H_0\text{: } X\text{는 } \sigma_X^2 \neq 1\text{이고 } m\text{은 미지인 가우스 확률 변수}$$

$n = 16, \alpha = 5\%, \mu = 0$이라고 하자. $\sigma_X^2 = k/3, k = 1, 2, \ldots, 6$에 대해서 다음의 실험을 수행하라. 영평균과 분산 σ_X^2을 갖는 가우스 확률 변수의 크기 16의 500묶음을 생성하라. 각 묶음에 대해서 가설 검정이 영가설을 수락 또는 기각할 것인지 결정하라. 유형 I 오류와 유형 II 오류의 수를 집계하라. μ의 함수로서 파워함수를 그려 보라. 예상된 결과들과 비교하라.

8.75. 확률 변수가 균일 확률 변수일 때 연습문제 8.74에 있는 가설 검정의 사용을 고려하라. 이제 X는 구간 $[-1/2, 1/2]$에서 균일 확률 변수일 때의 실험을 반복하라. 경험적인 데이터를 가우스 확률 변수에 대한 예상된 값들과 비교하라. $n = 9$와 $n = 36$에 대해서 실험을 반복하라.

8.76. 이 연습문제에서 우리는 신뢰 구간과 가설 검정 사이의 관계를 탐구한다. 예제 8.28에서 $\alpha = 5\%$ 수준을 갖는 가설 검정을 고려하자.

(a) 다음의 실험을 200회 시도하라. H_0가 사실로 주어진 X의 10 표본들을 생성하라. 신뢰 구간을 결정하라. 구간이 0을 포함하는 경우를 결정하라. 영가설이 수락되는 경우를 결정하라.

(b) 유형 I 오류의 상대도수가 예상한 바와 같은가?

8.6절 : 베이지안 결정 방법들

8.77. 고급 펜 공장은 100개 펜 묶음 각각에서 하나의 펜을 시험한다. 잉크 채우는 기계는 양극성이므로, 펜들은 평균 1/2시간이나 5시간의 지수적 지속기간에 대해 연속적으로 쓸 수 있다. 그 기계는 시간의 10%를 단 수명 생산 방식으로 하고 있다. 장 수명 펜들로 팔린 단 수명 펜들의 묶음은 5달러의 손실을 초래한다. 반면에 단 수명으로 잘못 팔린 장 수명 펜들의 묶음은 3달러의 손실을 초래한다. 시험 펜의 측정된 수명에 기초하여 묶음이 장 수명 또는 단 수명인지를 결정하기 위한 베이의 결정 규칙을 구하라.

8.78. 우리는 삭제 채널에 의해 이진 정보를 보낸다고 가정하자. 만약 채널에 대한 입력이 '0' 이면 출력은 '0' 과 같거나 '지워진' 것에 대한 'e' 이고, 입력이 '1' 이면 출력들은 '1' 이거나 'e' 이다. $P[\Theta = 1] = 1/4 = 1 - P[\Theta = 0]$이라고 가정하고, 비용 함수들은 $C_{00} = C_{11} = 0$이고 $C_{01} = bC_{10}$이라고 하자.

(a) $b = 1/6, 1, 6$에 대해서 최대우도 결정 규칙을 구하라. 이는 관측된 출력에 대해 우도 확률을 최소화하는 입력을 고른다. 각 경우의 평균 비용을 구하라.

(b) (a)의 세 경우에 대하여 평균 비용을 최소화하는 베이의 결정 규칙을 구하라. 각 경우에 대한 평균 비용을 구하라.

8.79. 연습문제 8.79에 있는 채널에 대해서 각각의 입력을 두 번 송신한다고 가정한다. 그 수신기는 출력들의 관측된 쌍에 기초하여 그 결정을 한다. 최대우도와 베이의 결정 규칙들을 구하고 비교하라.

8.80. 밥이 다트를 던질 때 착륙점의 좌표들은 영평균과 분산 1을 갖는 독립 확률 변수들(X, Y)의 가우스 쌍이다. 릭이 다트를 던질 때 좌표들은 또한 가우스 독립 쌍이지만 영평균과 분산 2이다. 밥과 릭은 밥에게 할당된 안쪽의 둥근 테와 릭에게 할당된 바깥쪽의 둥근 테를 갖고서 원점 부근에 중심이 있는 원을 그리도록 요청받았다.

(a) 어느 한쪽의 경기자가 다른 경기자의 영역에 착륙할 때마다 그는 하우스에 1달러를 지불하여야 한다. 경기자의 평균 비용을 최소화하는 디스크 반지름을 구하라.

(b) 밥이 릭의 영역에 착륙했을 때 2달러를 지불해야 하는 경우에 (a)를 반복하라.

8.81. 이진 통신 시스템은 오류의 확률 $P[\Theta \neq X] = p = 10^{-3}$으로 '0' 또는 '1' 인 입력과 출력들 X로서 '0' 또는 '1' 인 Θ를 받아들인다. 발신기는 어떻게 하여 각각의 '0' 또는 '1' 이 n회 독립적으로 송신되는 반복 코드를 사용하고, 수신기는 출력들에 해당하는 $n = 8$에 기초하여 그것의 결정을 한다. $1/5 = P[\Theta = 1] = \alpha = 1 - P[\Theta = 0]$을 가정한다.

(a) 주어진 n개 출력들에 대해 좀 더 알맞은 입력을 선택하는 최대우도 결정 규칙을 구하라. 유형 I과 유형 II 오류의 확률뿐만 아니라 오류의 전체 확률 P_e도 구하라.

(b) 오류의 확률을 최소화하는 베이의 결정 규칙을 구하라. 유형 I과 유형 II 오류의 확률뿐만 아니라 P_e도 구하라.

(c) (a)와 (b)에 있는 결정 규칙에 대하여 $P_e = 10^{-9}$이 되는 n을 구하라.

8.82. 이진 통신 시스템은 입력과 출력들 $X = \Theta + N$으로서 '+1' 또는 '−1' 인 Θ를 받아들인다. 여기에서 N은 분산 σ^2인 영평균 가우스 확률 변수이다. 발신기는 반복 코드를 사용한다. 여기에서 각각의 '+1' 또는 '−1' 이 n회 송신되고, 수신기는 n 출력들에 기초하여 그것의 결정을 한다. $P[\Theta = 1] = \alpha = 1 - P[\Theta = 0]$을 가정한다.

(a) 최대우도 결정 규칙을 구하고 유형 I과 유형 II 오류 확률뿐만 아니라 그것의 전체 오류의 확률을 평가하라.

(b) 베이의 결정 규칙을 구하고 (a)에 대한 그것의 전체 오류의 확률을 비교하라.

(c) σ는 $P[N > 1] = 10^{-3}$와 같다고 가정하자. $P_e = 10^{-9}$가 되도록 (b)에서 n의 값을 구하라.

8.83. 널리 사용된 디지털 라디오 시스템은 한 번에 비트들의 쌍을 송신한다. 시스템의 입력은 (Θ_1, Θ_2) 쌍이다. 여기에서 Θ_i는 +1 또는 −1일 수 있고, 채널의 출력은 분산 σ^2과 각각의 평균들 Θ_1과 Θ_2를 갖는 독립 가우스 확률 변수들의 쌍 (X, Y)이다. $P[\Theta_i = 1] = \alpha = 1 - P[\Theta_i = 0]$를 가정하고 입력 비트들은 서로 독립이라고 하자. 수신기는 쌍 (X, Y)를 관측하고 그들의 값들에 기초하여 입력 쌍 (Θ_1, Θ_2)에 관하여 결정한다.

(a) 4개의 가능한 입력 쌍들에 대한 $f_{X,Y}(x, y|\Theta_1, \Theta_2)$를 그려 보라.

(b) 수신기가 정확하게 입력 쌍을 확인한다면 비용은 0으로 하고, 그렇지 않으면 1로 하자. 베이의 결정 규칙이 다음을 최대로 하는 입력 쌍 (θ_1, θ_2)를 선택한다는 것을 보여라.

$$f_{X,Y}(x, y|\Theta_1, \Theta_2)P[\Theta_1 = \theta_1, \Theta_2 = \theta_2]$$

(c) 입력들이 등 확률로 나올 때 평면에서 4개 결정 영역을 구하라. 이것은 최대우도 결정 규칙에 해당한다는 것을 보여라.

8.84. 비용함수 $C(g(\mathbf{X}), \Theta) = |g(\mathbf{X}) - \Theta|$에 대한 베이즈 추정량은 사후 pdf $f_\Theta(\theta|\mathbf{X})$의 중앙값에 의해 주어진다는 것을 보여라. 힌트: 영역들 $g(\mathbf{X}) > \theta$와 $g(\mathbf{X}) < \theta$에 걸친 두 적분의 합으로써 평균 비용에 대한 적분을 써라. 그리고 $g(\mathbf{X})$에 관하여 미분하라.

8.85. 식 (8.96)에 있는 비용 함수에 대한 베이의 추정량이 θ에 대한 MAP 추정량에 의해 주어진다는 것을 보여라.

8.86. 관측들 $X_1, X_2, \ldots, X_n$이 단위분산과 미지의 평균 Θ를 갖는 독립항등분포 가우스 확률 변수라고 하자. Θ는 그 자체로 평균 0과 분산 σ^2을 갖는 가우스 확률 변수라고 가정하자. 다음의 추정량을 구하라.

(a) Θ에 대한 최소 평균 제곱 추정량

(b) Θ에 대한 최소 평균절대 오차 추정량

(c) Θ에 대한 MAP 추정량

8.87. X를 구간 $(0, \Theta)$에 있는 균일 확률 변수라고 하자. 여기에서 Θ는 $\theta > 0$에 대해서 감마분포 $f_\Theta(\theta) = \theta_e^{-\theta}$를 갖는다.

(a) 평균절대 오차를 최소화하는 추정량을 구하라.

(b) 평균 제곱 오차를 최소화하는 추정량을 구하라.

8.88. X는 모수들 n과 Θ를 갖는 이항 확률 변수라고 하자. Θ는 모수들 α와 β를 갖는 베타 분포라고 가정한다.

(a) $f_\Theta(\theta|X=k)$가 모수들 $a+k$와 $\beta+n-k$를 갖는 베타 pdf라는 것을 보여라.

(b) 그러면 최소 평균 제곱 추정량이 $(\alpha+k)/(\alpha+\beta+n)$이라는 것을 보여라.

8.89. X는 모수들 n과 Θ를 갖는 이항 확률 변수라고 하자. Θ는 구간 $[0, 1]$에서 균일하다고 가정하자. θ의 극값들에서 오차들을 강조하는 다음의 비용함수를 고려하자.

$$C(g(X), \theta) = \frac{(\theta - g(X))^2}{\theta(1-\theta)}$$

베이즈 추정량이 다음으로 주어진다는 것을 보여라.

$$g(k) = \frac{\Gamma(n)}{\Gamma(k)\Gamma(n-k)}\frac{k}{n}$$

8.7절 : 데이터에 대한 분포의 적합성 검정

8.90. 다음의 히스토그램은 전화번호부의 첫줄에 있는 전화번호에서 첫 번째 숫자들의 발생을 집계하여 얻어졌다.

수	0	1	2	3	4	5	6	7	8	9
관측됨	0	0	24	2	25	3	32	15	2	2

1% 유의 수준으로 집합 $\{0, 1, \ldots, 9\}$에 균일하게 분포된 확률 변수에 대한 이 데이터에 대한 적합도를 검정하라. 집합 $\{2, 3, \ldots, 9\}$에 대하여 반복하라.

8.91. 주사위는 96회 던져졌고 각각의 발생 수가 다음과 같이 집계되었다.

k	1	2	3	4	5	6
n_k	25	8	17	20	13	13

(a) 5% 유의 수준으로 공정한 주사위의 pmf에 대한 데이터의 적합도를 검정하라.

(b) 다음의 실험을 100회 실시하라. 이산 pmf $\{1/6, 1/6, 1/6, 1/6, 3/24, 5/24\}$로부터 50 독립항등

분포 확률 변수를 생성하라. 공정한 주사위로부터 던지는 것을 위해 이 데이터의 적합도를 검정하라. 영가설이 기각되는 상대도수는 얼마인가?

(c) 표본크기 100 독립항등분포 확률 변수를 사용하여 (b)를 반복하라.

8.92. **(a)** $K = 2$일 때 D^2통계가 다음과 같음을 보여라.

$$D^2 = \frac{(n_1 - np_1)^2}{np_1(1 - p_1)} = \left[\frac{(n_1 - np_1)}{\sqrt{np_1(1 - p_1)}}\right]^2$$

(b) 왜 D^2이 n이 커짐에 따라 자유도 1로 카이제곱 확률 변수에 근접하는지 설명하라.

8.93. **(a)** 다음 실험을 500회 반복하라. 단위구간으로부터 10 독립항등분포 균일 확률 변수 X의 합의 100 표본들을 생성하라. 같은 평균과 분산을 갖는 가우스 확률 변수에 대한 X의 확률 표본의 적합도 검정을 수행하라. 영가설이 5% 수준으로 기각되는 상대도수는 얼마인가?

(b) 20 독립항등분포 균일 확률 변수의 합들에 대하여 (a)를 반복하라.

8.94. 평균 1인 지수 확률 변수의 합에 대하여 연습문제 8.93을 반복하라.

8.95. 컴퓨터 모의실험 프로그램은 단위 평방에서 균일 분포된다고 가정하는 수들의 쌍 (X, Y)를 제공한다. 카이제곱 검정을 사용하여 컴퓨터 출력의 적합도를 평가하라.

8.96. 연습문제 8.95에 있는 접근 방법을 사용하여 두 개 확률 변수 X와 Y 사이의 독립에 대한 검정을 전개하라.

응용학습문제

8.97. 여러분은 입력이 {0, 1}이고 출력이 {0, 1}인 새로운 이진 통신 시스템의 동작 특성을 기술하도록 요청받았다. 시스템을 사용하여 송신에서 삽입된 오류 특성을 기술하기 위한 일련의 검정을 설계하라. 여러분은 오류의 확률 p를 어떻게 추정할 것인가? p가 고정되었는지 또는 변하는지 어떻게 결정할 것인가? 시스템에 의해 삽입된 오류가 서로 독립인지 어떻게 결정하는가? 시스템에 의해 삽입된 오류가 입력에 의존하는지 어떻게 결정하는가?

8.98. 여러분은 입력이 {0, 1}이고 출력은 실수값의 연속체라고 가정하는 새로운 이진 통신 시스템의 동작 특성을 기술하도록 요청받았다. 연습문제 8.97로부터 여러분이 바꾸어야 할 검정은 무엇이고 유지해야 할 검정은 무엇인가?

8.99. 시내버스 회사에서 여러분의 여름 직무는 바쁜 교차점에 앉아 있는 것과 책상에서 예정된 시간에 대해 여러 경로들에 대한 버스 도착 시간을 기록하는 것을 부과한다. 여러분은 어떻게 버스들의 도착시간 특성을 기술할 것인가?

8.100. 여러분의 친구 카스는 인터넷 접속 서비스 업자에게서 인터넷 상의 다양한 키 사이트들에 대한 패킷 통과 시간 특성을 기술하는 것을 포함한 여름 직무를 가지고 있다. 여러분의 친구는 정확한 타임스템프를 제공하기 위하여 시험 패킷을 생성하고 GPS 시스템을 포함하는 것을 위한 어떤 지능적 하드웨어에 접근한다. 여러분의 친구는 어떻게 이들 통과 시간 특성을 기술하려 하는가?

8.101. 레이의 여름 직무는 새로운 광학장치를 검정하는 것으로 개시한다. 레이는 그들의 실패율과 실패 근원을 결정하기 위하여 이들 장치에 관해서 표준 검정을 시도한다. 그는 공급기에 관한 실패, 장치에 있는 불순물에 관한 실패, 장치들을 준비하는 다른 접근 방법에 관한 실패의 의존을 조사한다. 레이는 어떻게 실패율 특성을 기술하려 하는가? 실패에 대한 근원을 어떻게 확인하려 하는가?

CHAPTER 9

확률 과정

Random Processes

어떤 확률 실험에서 그 결과 값은 시간 혹은 공간상의 함수이다. 예를 들면, 음성 인식 시스템에서 음성 판별은 그 말에 상응하는 전압의 파형을 근거로 이루어진다. 영상 처리 시스템에서 이미지의 명암과 색은 사각 영역에서 변한다. 피어-투-피어(peer-to-peer) 네트워크에서 시스템 내의 피어들의 숫자는 시간에 따라 변한다. 여러 가지 상황 속에서 시간에 대한 둘 혹은 그 이상의 함수가 필요할 수도 있다. 예를 들면, 임의의 도시에서 기온과 지역 전력사업에 대한 요구는 시간에 따라 함께 변한다.

앞에서 보았던 모든 예제의 확률 시간 함수는 시간이나 공간상에서 임의로 이끌어낸 양의 수적인 표현을 보여준다. 그러므로 우리가 실제로 가졌던 것은 시간과 공간 변수에 의해 인덱스(index)된 확률 변수들의 집합이다. 이 장에서는 확률 과정에 대해 공부하며, 순서는 다음과 같다.

- 9.1절에서는 확률 과정의 개념을 소개할 것이고, 그것은 확률 변수의 인덱스(*index*)된 집합으로 정의될 것이다.
- 우리는 확률 과정의 집합 안에서 확률 변수의 결합 형태를 소개할 것이다. 이것은 9.2절에서 평균과 공분산 함수뿐만 아니라 결합 분포 함수로 보여줄 수 있다.
- 9.3절과 9.5절에서는 확률 과정의 예를 볼 수 있고, 복잡한 문제를 처리하는 과정은 몇 개의 간단한 모델들이 가지고 어떻게 발전하는지를 보여줄 것이다.
- 9.6절에서는 '시불변 상태' 에서의 확률 과정으로서 불변 확률 과정의 집합들을 소개할 것이다.
- 9.7절에서는 확률 과정의 연속성과 그것들의 미분과 적분에 대해 조사할 것이다.
- 9.8절에서는 확률 과정의 시간 평균 특성과 변수들의 근사화 문제에 대해 언급할 것이다.
- 9.9절에서는 시간 구간에서 칼만-레비(Karhunen-Loeve) 전개와 푸리에(Fourier) 급수에 의한 확률 과정의 표현 방법을 설명할 것이다.
- 마지막으로, 9.10절에서는 확률 과정의 생성을 위한 방법들을 설명한다.

9.1 확률 과정의 정의

어떠한 표본 공간 S로부터의 결과인 ζ, S상에 정의된 사건, 그리고 이러한 사건들의 확률에 의해 구체화된 확률 실험을 고려하자. 모든 결과 ζ는 $\zeta \in S$임을 가정하면, 몇 가지 규칙에 따라 시간 함수를 다음과 같이 정의할 수 있다.

$$X(t, \zeta) \qquad t \in I$$

고정된 ζ에 대해서 t에 대한 $X(t, \zeta)$ 함수의 그래프를 확률 과정의 **표본(realization)**, **표본 경로(sample path)**, 혹은 **표본 함수(sample function)**라고 한다. 따라서 그림 9.1과 같이 시간에 대한 함수 전체를 나타낸 확률 실험의 결과를 볼 수 있다. 한편 인덱스(index) 집합 I로부터 시간 t_k를 고정하면, ζ를 실수로 사상(mapping)한 $X(t_k, \zeta)$는 확률 변수(그림 9.1)가 된다. 따라서 $\{X(t, \zeta), t \in I\}$의 매개변수 t에 의해 인덱스된 확률 변수들의 집합(혹은 앙상블)을 생성할 수 있으며, 이러한 집합을 **확률 과정(random process)**이라 한다. 또한 확률 과정을 **stochastic process**라고도 한다. 일반적으로 ζ를 제외하고 $X(t)$만을 사용하여 확률 과정을 나타낸다.

확률 과정은 인덱스 집합 I가 셀 수 있는 집합일 경우 **이산시간(discrete-time)**이라고 할 수도 있다(즉, 정수 집합 혹은 자연수 집합). 이산시간 과정을 다룰 때, 우리는 보통 n을 사용하여 인덱스를 표시하고 X_n을 확률 과정이라고 표시한다. 연속시간 확률 과정은 I가 연속일 때이다(즉, 실수 라인 혹은 양의 실수 라인).

다음의 예제에서 자연스럽게 선택된 확률 과정이 어떻게 묘사될 수 있는지 보여주고, 서서히 시간이 변하면서 $X(t, \zeta)$가 어떻게 나타나는지를 볼 수 있을 것이다.

예제 9.1 **랜덤 이진 수열**

ζ을 $S = [0, 1]$의 구간에서 선택된 수라 하고 $b_1 b_2 \ldots$을 ζ의 이진화 전개로 표현하면 다음과 같다.

$$\zeta = \sum_{i=1}^{\infty} b_i 2^{-i} \qquad \text{여기에서 } b_i \in \{0, 1\}$$

이산시간 확률 과정 $X(n, \zeta)$을 다음과 같이 정의한다.

$$X(n, \zeta) = b_n \qquad n = 1, 2, \ldots.$$

프로세스의 결과는 이진수들의 나열이고, $X(n, \zeta)$은 수열 ζ의 n차 수와 같다.

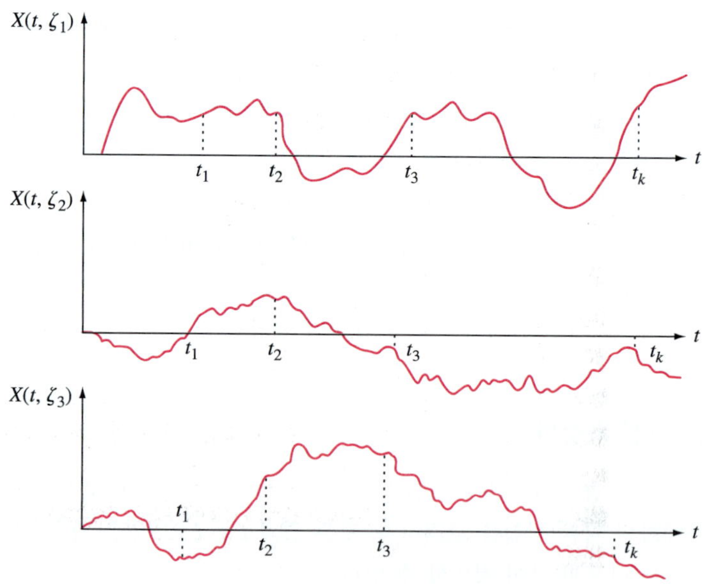

그림 9.1 ● 몇 가지 확률 과정들의 표본

예제 9.2 **랜덤 정현파**

구간 $[-1, 1]$ 사이의 크기에서 임의로 ζ값을 선택하고, 연속시간 확률 과정 $X(t, \zeta)$를 다음과 같이 정의하면,

$$X(t, \zeta) = \zeta \cos(2\pi t) \qquad -\infty < t < \infty$$

확률 과정의 표본은 그림 9.2(a)처럼 ζ의 크기에 따른 정현파가 된다.

구간 $(-\pi, \pi)$ 사이의 위상에서 임의로 ζ값을 선택하고, $Y(t, \zeta) = \cos(2\pi t + \zeta)$라 하자. 이 경우 $Y(t, \zeta)$의 표본은 그림 9.2(b)처럼 $\cos 2\pi t$만큼 위상이 이동된 정현파가 된다.

ζ에서의 확률성은 함수 $X(t, \zeta)$에서 관찰된 확률성을 유도한다. 개념적으로 우리는 확률 사건들을 추론할 수 있다. 그 사건은 3장에 소개된 등가-사건 방법을 이용해서 ζ을 구하고, 이 ζ의 확률에서 시간의 다양한 객체의 확률 과정을 포함하는 것을 뜻한다.

예제 9.3

예제 9.1에 소개된 확률 과정에서 다음의 확률을 찾아라. $P[X(1, \zeta) = 0]$ 그리고 $P[X(1, \zeta) = 0, X(2, \zeta) = 1]$.

확률은 ζ를 사용한 등가 사건을 찾는 것으로 얻을 수 있다.

$$P[X(1, \zeta) = 0] = P\left[0 \le \zeta < \frac{1}{2}\right] = \frac{1}{2}$$

$$P[X(1, \zeta) = 0 \text{ 그리고 } X(2, \zeta) = 1] = P\left[\frac{1}{4} \le \zeta < \frac{1}{2}\right] = \frac{1}{4}$$

$b_1 = 0$일 때, 구간 $[0 \le \zeta \le 1]$에서의 모든 값들이 존재하고, $b_1 = 0$ 그리고 $b_2 = 1$일 때, $[1/4, 1/2)$ 사이의 모든 값들이 존재한다. 모든 명백히 k비트의 수열은 길이 2^{-k}의 부분 구간과 일치한다.

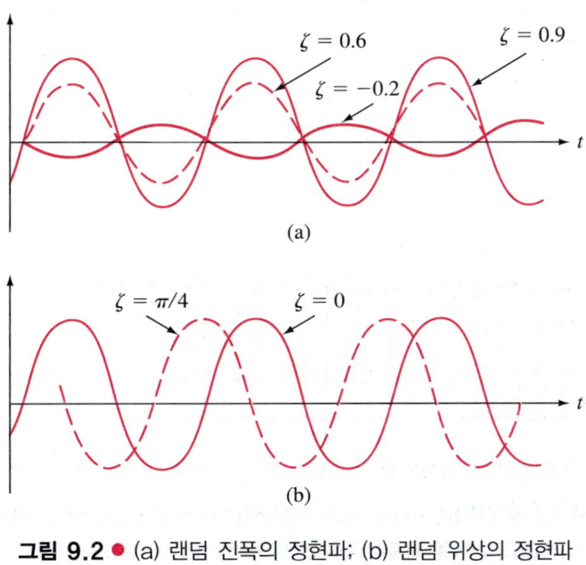

그림 9.2 ● (a) 랜덤 진폭의 정현파; (b) 랜덤 위상의 정현파

예제 9.4

예제 9.2에서 $X_0 = X(t_0, \zeta)$와 $Y(t_0, \zeta)$의 확률 밀도 함수를 구하라.

만약 t_0가 $\cos(2\pi t_0) = 0$라면, 모든 ζ에서 $X(t_0, \zeta) = 0$이다. 그리고 $X(t_0)$의 확률 밀도 함수는 $x = 0$에서 크기가 1인 델타 함수다. 반면에 $X(t_0, \zeta)$는 구간 $(-\cos 2\pi t_0, \cos 2\pi t_0)$에서 단일하게 분포되어 있다. 왜냐하면 ζ가 $[-1, 1]$에서 단일하게 분포되어 있기 때문이다(그림 9.3a 참고). $X(t_0, \zeta)$의 확률 밀도 함수는 t_0에 의존한다.

예제 4.36에서 사용된 근사화는 $Y(t_0, \zeta)$가 아크사인(arcsine) 분포를 가질 때 사용한다.

$$f_Y(y) = \frac{1}{\pi\sqrt{1 - y^2}}, \qquad |y| < 1$$

(그림 9.3b 참고) $Y(t_0, \zeta)$의 확률 밀도 함수는 t_0에 의존하지 않는다.

그림 9.3(c)는 $t_0 = 0$에서 $X(t_0, \zeta)$의 크기 1,000개의 표본을 히스토그램(histogram)으로 나타낸 것이다. 이것은 구간 $[-1, 1]$ 사이의 균일 분포와 거의 같음을 볼 수 있다. 그림 9.3(d)는 임의의 위상을 같는 정현파의 표본들을 히스토그램으로 나타낸 것이다. 이것은 아크사인 확률 밀도 함수와 명확히 일치한다.

일반적으로 확률 과정의 표본 경로는 매우 복잡하고 간단한 공식으로 나타낼 수 없다. 게다가 시간의 함수로서 관찰을 통해서 획득한 함수 집합들의 기본적인 확률 공간을 정의하는 것은 대개 불가능하다. 따라서 ζ를 포함한 사건의 확률을 이용하여 $X(t, \zeta)$를 포함한 사건의 확률을 계산하는 등가-사건 접근 방법은 실제로 사용되지 않는다고 증명되었다. 다음 절에서 우리는

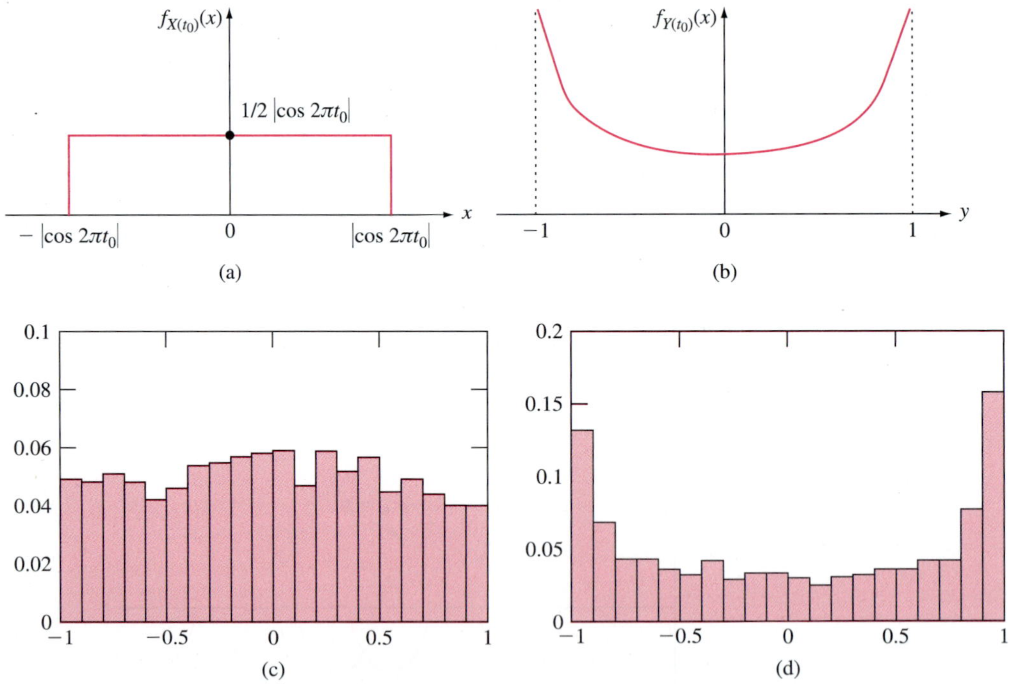

그림 9.3 ● (a) 임의 진폭을 갖는 정현파의 확률 밀도 함수; (b) 임의 위상을 갖는 정현파의 확률 밀도 함수; (c) $t = 0$인 균일 크기 정현파 표본들의 히스토그램; (d) $t = 0$인 임의의 위상 정현파 표본들의 히스토그램

확률 과정을 포함하는 사건의 확률을 보여주기 위해 다른 방법들을 살펴볼 것이다.

9.2 확률 과정의 특징

확률 과정에 관하여 단일 시간에 대한 분배 지식으로는 대답할 수 없는 많을 의문들이 존재한다. 예를 들어, 정해진 두 지역에서의 서로 다른 시간의 온도에 대한 관심을 가진다고 하자. 이럴 경우, 다음과 같은 정보가 필요하다.

$$P[x_1 < X(t_1) \le x_1, x_2 < X(t_2) \le x_2]$$

다른 예를 들면, 셀룰러 폰(cellular phone)의 음성 압축 시스템은 이전 k개의 표본을 기반으로 하여 다음 표본화 시점에서의 음성 신호 값을 예측한다. 그러므로 우리는 다음과 같은 확률에 관심을 갖게 된다.

$$P[a < X(t_{k+1}) \le b \mid X(t_1) = x_1, X(t_2) = x_2, \ldots, X(t_k) = x_k]$$

확률 과정의 일반적인 기술은 과정의 표본 벡터를 위한 확률을 제공해야 하는 것은 명백하다.

9.2.1 시간 표본의 결합 분포

그림 9.1과 같이, $X_1, X_2, \ldots, X_k$를 $t_1, t_2, \ldots, t_k$에서 확률 과정 $X(t, \zeta)$의 표본화를 통해 얻은 k개의 확률 변수라고 하자.

$$X_1 = X(t_1, \zeta), X_2 = X(t_2, \zeta,), \ldots, X_k = X(t_k, \zeta)$$

확률 과정의 k시간 표본에서 나타나는 결합 형태는 벡터 확률 변수 $X_1, X_2, \ldots, X_k$의 결합 누적 분포로 나타낼 수 있다. 모든 시간 혹은 얼마간의 시간 표본 확률 과정을 포함하는 어떤 사건 확률은 4장에서 본 벡터 확률 변수들의 누적 분포 함수를 사용하여 계산할 수 있다. 그래서 확률 과정은 임의의 k 그리고 표본화 간격 $t_1, \ldots, t_k$에서의 선택을 통하여 k차 결합 누적 분포 함수의 집합으로 나타낼 수 있다.

$$F_{X_1,\ldots,X_k}(x_1, x_2, \ldots, x_k) = P[X(t_1) \le x_1, X(t_2) \le x_2, \ldots, X(t_k) \le x_k] \qquad (9.1)$$

낮은 차수의 누적 분포 함수는 높은 차수의 누적 분포 함수들의 한계값으로 구할 수 있는 관점에서 볼 때, 누적 분포 함수들의 집합은 항상 존재해야 한다. 만약 확률 과정이 연속값(*continuous-valued*)이라면, 확률 밀도 함수의 집합은 다음과 같다.

$$f_{X_1,\ldots,X_k}(x_1, x_2, \ldots, x_k)\, dx_1 \ldots dx_n$$
$$= P\{x_1 < X(t_1) \le x_1 + dx_1, \ldots, x_k < X(t_k) \le x_k + dx_k] \qquad (9.2)$$

만약 확률 과정인 이산값이라면, 확률 분포 함수의 집합은 임의의 k 그리고 표본화 간격 $t_1, \ldots, t_k$에서의 선택을 통하여 확률 과정을 나타내는 데 사용할 수 있다.

$$p_{X_1,\ldots,X_k}(x_1, x_2, \ldots, x_k) = P[X(t_1) = x_1, X(t_2) = x_2, \ldots, X(t_k) = x_k] \qquad (9.3)$$

얼핏 보면 지금까지 확률 과정을 표현하는 데 많은 진전이 있어 보이지는 않는다. 왜냐하면 우리는 결합 누적 분포 함수들의 다양한 집합을 표시하는 일에 직면해 있기 때문이다. 그러나 이 같은 접근을 계속 할 것이다. 왜냐하면 대부분의 확률 과정에서 다양한 모델들은 몇몇의 간단한 모델을 정교하게 만들어서 얻을 수 있기 때문이다. 그래서 이 책의 5장과 6장에서 이루어진 방법들은 필요한 누적 분포 함수들을 증명해서 사용하고 발전했다. 이어지는 예제들은 간단한 모델로부터 복잡한 모델을 어떻게 만들어내는지를 보여준다. 9.3절과 9.5절에서는 여러 가지 중요한 예제들을 좀 더 깊게 살펴볼 것이다.

예제 9.5 **독립 항등 분포 베르누이 확률 변수**

X_n을 $p = 1/2$인 동일하게 분포된 독립 항등 분포(iid) 베르누이 확률 변수 수열이라 하자. 임의의 k시간 표본에서의 결합 확률 밀도 함수(pmf)는 다음과 같다.

$$P[X_1 = x_1, X_2 = x_2, \ldots, X_k = x_k] = P[X_1 = x_1] \ldots P[X_k = x_k] = \left(\frac{1}{2}\right)^k$$

모든 i에 대해서 $x_i \in \{0, 1\}$이다. 이진 확률 과정은 예제 9.1에 언급된 것과 같다.

예제 9.6 **독립 항등 분포 가우스 확률 변수**

X_n을 평균이 0이고, 편차가 σ_X^2인 동일하게 분포된 독립 가우스 확률 변수의 수열이라 하자. 임의의 k 시간 표본에서의 결합 확률 밀도 함수는 다음과 같다.

$$f_{X_1, X_2, \ldots, X_k}(x_1, x_2, \ldots, x_k) = \frac{1}{(2\pi\sigma^2)^{k/2}} e^{-(x_1^2 + x_2^2 + \cdots + x_k^2)/2\sigma^2}$$

이어지는 두 개의 예제는 독립 항등 분포 수열로부터 만들 수 있는 좀 더 복잡하고 흥미로운 과정을 보여준다.

예제 9.7 **이항 계수 과정**

X_n을 $p = 1/2$인 동일하게 분포된 독립 베르누이 확률 변수 수열이라 하자. S_n은 가장 먼저 n시도의 첫 번째 숫자가 된다.

$$S_n = X_1 + X_2 + \cdots + X_n \quad n = 0, 1, \ldots. \text{ 에 대해서}$$

S_n은 정수값인 n의 증가 함수이며, 시간 구간의 랜덤 숫자 이후 단위 계단 형태로 증가한다. 이전 장으로부터, S_n은 n과 $p = 1/2$ 매개변수(parameter)들의 이항 확률 변수임을 알고 있다. 다음 절에서는 S_n을 사용한 조건부 확률로부터 결합 확률 질량 함수(pmf)를 구하는 법을 설명할 것이다.

예제 9.8 **여과된 잡음 신호**

X_j는 평균값이 0이며, 분산이 σ^2인 가우스 잡음 N_j와 혼성된 신호 전압 μ의 관찰을 통해 동일하게 분포된 독립 수열이다.

$$X_j = \mu + N_j \qquad j = 0, 1, \ldots \text{. 에 대해서}$$

관찰 수열의 평균 결과의 신호를 고려하면 다음과 같다.

$$S_n = (X_1 + X_2 + \cdots + X_n)/n \qquad n = 0, 1, \ldots \text{. 에 대해서}$$

이전 장으로부터, S_n은 동일하게 분포된 독립 가우스 확률 변수의 평균임을 알 수 있다. S_n은 평균이 μ이고, 분산이 σ^2/n인 가우스 확률 변수이며, μ는 n의 증가에 따르는 경향이 있다. 다음 절에서는, 가우스 확률 변수의 클래스(class)를 이용한 S_n을 보여줄 것이다.

9.2.2 평균, 자기상관, 그리고 공분산 함수

확률 과정의 시간 표본에 대한 모멘트(moment)는 부분적으로 확률 과정을 나타내기 위해 사용된다. 그것들은 결합 누적 분포 함수에 포함된 정보를 요약하고 있기 때문이다. 연속시간의 확률 과정 $X(t)$의 **평균 함수 $m_X(t)$**와 **분산 함수 VAR[$X(t)$]**는 다음과 같이 정의된다.

$$m_X(t) = E[X(t)] = \int_{-\infty}^{\infty} x f_{X(t)}(x)\, dx \tag{9.4}$$

그리고

$$\text{VAR}[X(t)] = \int_{-\infty}^{\infty} (x - m_X(t))^2 f_{X(t)}(x)\, dx \tag{9.5}$$

여기서 $f_{X(t)}(x)$는 $X(t)$의 확률 밀도 함수다. 일반적으로 $m_X(t)$와 VAR[$X(t)$]는 시간에 대한 결정 함수다. $X(t)$의 특성은 시간에 따른 $m_x(t)$의 변화로 나타낸다. 분산은 다른 시간 사이에서 $X(t)$의 분포값을 알려준다.

확률 과정 $X(t)$의 **자기상관 함수 $R_X(t_1, t_2)$**는 $X(t_1)$과 $X(t_2)$의 결합 모멘트로 정의된다.

$$R_X(t_1, t_2) = E[X(t_1)X(t_2)] = \int_{-\infty}^{\infty}\int_{-\infty}^{\infty} xy f_{X(t_1),X(t_2)}(x, y)\, dx\, dy \tag{9.6}$$

여기서 $f_{X(t_1),X(t_2)}(x, y)$는 $X(t)$의 2차 확률 밀도 함수이다. 일반적으로 자기상관 함수는 t_1과 t_2의 함수이며, $R_X(t, t) = \text{E}[X^2(t)]$의 형태로 사용된다.

확률 과정 $X(t)$의 **자기공분산 함수 $C_X(t_1, t_2)$**는 $X(t_1)$과 $X(t_2)$의 공분산으로 정의된다.

$$C_X(t_1, t_2) = E[\{X(t_1) - m_X(t_1)\}\{X(t_2) - m_X(t_2)\}] \tag{9.7}$$

식 (5.30)에 따라 자기공분산 함수는 자기상관 함수와 평균으로 표현될 수 있다.

$$C_X(t_1, t_2) = R_X(t_1, t_2) - m_X(t_1)m_X(t_2) \tag{9.8}$$

$X(t)$의 분산은 $C_X(t_1, t_2)$에서 얻을 수 있다.

$$\text{VAR}[X(t)] = E[(X(t) - m_X(t))^2] = C_X(t, t) \tag{9.9}$$

$X(t)$의 상관계수(*correlation coefficient*)는 $X(t_1)$과 $X(t_2)$의 상관계수로 정의된다(식 4.71 참고).

$$\rho_X(t_1, t_2) = \frac{C_X(t_1, t_2)}{\sqrt{C_X(t_1, t_1)}\sqrt{C_X(t_2, t_2)}} \tag{9.10}$$

식 (5.32)에서 $|\rho_X(t_1, t_2)| \le 1$임을 알 수 있다. 상관계수는 확률 변수가 또 다른 것의 선형 함수로 예상될 수 있는 범위의 척도임을 상기해야 한다. 10장에서는 자기공분산 함수와 자기상관 함수가 선형 방법들의 설계에서 확률 신호를 분석하고 처리하는 등 중요한 역할을 하는 것을 알게 된다.

이산시간 확률 과정에서도 평균, 분산 자기상관, 그리고 자기공분산 함수는 위에서 설명한 것처럼 정의된다. 시간 축에서의 조금 다른 표현 방법을 사용해보면, 이산시간 확률 과정 X_n의 평균과 분산은 다음과 같이 정의된다.

$$m_X(n) = E[X_n] \text{ 그리고 } \text{VAR}[X_n] = E[(X_n - m_X(n))^2] \tag{9.11}$$

이산시간 확률 과정 X_n의 자기상관과 자기공분산 함수는 다음과 같다.

$$R_X(n_1, n_2) = E[X(n_1)X(n_2)] \tag{9.12}$$

그리고

$$\begin{aligned} C_X(n_1, n_2) &= E[\{X(n_1) - m_X(n_1)\}\{X(n_2) - m_X(n_2)\}] \\ &= R_X(n_1, n_2) - m_X(n_1)m_X(n_2). \end{aligned} \tag{9.13}$$

예제들을 살펴보기 전에 평균, 자기상관, 자기공분산 함수들은 확률 과정의 일부분만을 표현하고 있음을 거듭 말한다. 따라서 같은 평균, 자기상관, 자기공분산 함수들을 가지는 두 개의 완전히 다른 확률 과정들에 대해서도 가능하다는 것을 9장 후반부에 보여줄 것이다.

예제 9.9 랜덤 크기의 정현파

$X(t) = A \cos 2\pi t$, 여기서 A는 어떤 확률 변수다(그림 9.2(a) 참고). $X(t)$의 평균은 식 (4.30)을 사용하여 알 수 있다.

$$m_X(t) = E[A \cos 2\pi t] = E[A] \cos 2\pi t$$

평균이 t에 따라 변하는 것에 주의하라. 특히 $\cos 2\pi t = 0$인 t의 값에 대해 항상 0이 되는 과정에 주목하라. 자기상관 함수는 다음과 같다.

$$\begin{aligned} R_X(t_1, t_2) &= E[A \cos 2\pi t_1 \, A \cos 2\pi t_2] \\ &= E[A^2] \cos 2\pi t_1 \cos 2\pi t_2 \end{aligned}$$

자기공분산 함수는 다음과 같다.

$$\begin{aligned} C_X(t_1, t_2) &= R_X(t_1, t_2) - m_X(t_1)m_X(t_2) \\ &= \{E[A^2] - E[A]^2\} \cos 2\pi t_1 \cos 2\pi t_2 \\ &= \text{VAR}[A] \cos 2\pi t_1 \cos 2\pi t_2 \end{aligned}$$

예제 9.10 **랜덤 위상의 정현파**

$X(t) = \cos(\omega t + \Theta)$라 할 때, 여기서 Θ는 $(-\pi, \pi)$ 구간에서 일정하게 분포된다(그림 9.2b 참고). $X(t)$의 평균은 식 (4.30)을 사용하여 알 수 있다.

$$m_X(t) = E[\cos(\omega t + \Theta)] = \frac{1}{2\pi}\int_{-\pi}^{\pi} \cos(\omega t + \theta)\, d\theta = 0$$

자기상관 함수와 자기공분산 함수는 다음과 같다.

$$\begin{aligned} C_X(t_1, t_2) = R_X(t_1, t_2) &= E[\cos(\omega t_1 + \Theta)\cos(\omega t_2 + \Theta)] \\ &= \frac{1}{2\pi}\int_{-\pi}^{\pi}\frac{1}{2}\{\cos(\omega(t_1 - t_2) + \cos(\omega(t_1 + t_2) + 2\theta)\}\, d\theta \\ &= \frac{1}{2}\cos(\omega(t_1 - t_2)) \end{aligned}$$

여기서 삼각 함수 공식 $\cos(a)\cos(b) = 1/2\cos(a+b) + 1/2\cos(a-b)$를 사용했다. $m_X(t)$는 상수고, $C_X(t_1, t_2)$는 오직 $|t_1 - t_2|$에 의존한다. 만약 $\omega\,(t_1 - t_2) = \pi/2 + k\pi$($k$는 정수)일 경우, 시간 t_1과 t_2에서는 상관성이 없다.

9.2.3 다중 확률 과정

대부분의 상황에서 하나 이상의 확률 과정을 사용한다. 예를 들어, a 도시에서의 온도 $X(t)$, 그리고 b 도시에서의 온도 $Y(t)$에 관심이 있다거나, 매우 일반적인 예로 한 시스템의 입력을 확률 과정 $X(t)$ 그리고 그 출력을 확률 과정 $Y(t)$라 할 수 있다. 당연히, $X(t)$와 $Y(t)$ 사이의 상호 작용에도 관심이 있다.

두 개 또는 그 이상의 확률 과정의 결합 성질은 시간 표본들의 가능한 모든 선택에 대해 결합 분포의 수집으로 규정된다. 그럼으로 한 쌍의 확률 과정 $X(t)$와 $Y(t)$는 모든 k, j와 모든 $t_1, \ldots, t_k$와 $Y(t_1'), \ldots, Y(t_j')$의 선택들에 대해 $X(t_1), \ldots, X(t_k)$와 $t_1', \ldots, t_j'$의 가능한 모든 결합 밀도 함수들을 규정해야 한다. 예를 들어, 간단한 결합 확률 분포 함수는 다음과 같다.

$$f_{X(t_1),Y(t_2)}(x, y)\, dx\,dy = P\{x < X(t_1) \leq x + dx, y < Y(t_2) \leq y + dy]$$

$X(t)$와 $Y(t)$의 시간 인덱스들이 동일해야 하는 것은 아니다. 예를 들어, 시간 t_1에서의 입력과 시간 이후 t_2에서의 출력에 관심이 있을 수 있다.

만약 벡터 확률 변수 $\mathbf{X} = (X(t_1), \ldots, X(t_k))$와 $\mathbf{Y} = (Y(t_1'), \ldots, Y(t_j'))$가 모든 k, j와 $t_1, \ldots, t_k$와 $t_1', \ldots, t_j'$의 모든 선택들에 대해 독립적이라면, 확률 과정 $X(t)$와 $Y(t)$는 **독립 확률 과정(independent random process)**이다.

$$F_{\mathbf{X},\mathbf{Y}}(x_1, \ldots, x_k, y_1, \ldots, y_j) = F_{\mathbf{X}}(X_1, \ldots, X_k)\, F_{\mathbf{Y}}(y_1, \ldots, y_j)$$

$X(t)$와 $Y(t)$의 **상호상관(cross-correlation)** $\boldsymbol{R_{X,Y}(t_1, t_2)}$는 다음과 같이 정의된다.

$$R_{X,Y}(t_1, t_2) = E[X(t_1)Y(t_2)] \tag{9.14}$$

만약 $X(t)$와 $Y(t)$가 **직교 확률 과정(orthogonal random process)**이라고 한다면 다음과 같다.

$$R_{X,Y}(t_1, t_2) = 0 \quad \text{모든 } t_1\text{와 } t_2\text{에 대해서} \tag{9.15}$$

$X(t)$와 $Y(t)$의 **상호공분산(cross-covariance) $C_{X,Y}(t_1, t_2)$**는 다음과 같이 정의된다.

$$\begin{aligned} C_{X,Y}(t_1, t_2) &= E[\{X(t_1) - m_X(t_1)\}\{Y(t_2) - m_X(t_2)\}] \\ &= R_{X,Y}(t_1, t_2) - m_X(t_1)m_X(t_2) \end{aligned} \tag{9.16}$$

만약 $X(t)$와 $Y(t)$가 **비상관 확률 과정(uncorrelated random process)**이라고 한다면 다음과 같다.

$$C_{X,Y}(t_1, t_2) = 0 \quad \text{모든 } t_1\text{와 } t_2\text{에 대해서} \tag{9.17}$$

예제 9.11

$X(t) = \cos(\omega t + \Theta)$, $Y(t) = \sin(\omega t + \Theta)$라 하자(여기서 Θ는 $[-\pi, \pi]$에서 일정하게 분포되는 확률 변수이다). $X(t)$와 $Y(t)$의 상호공분산을 구하라.

예제 9.10에서 $X(t)$와 $Y(t)$는 평균이 0이라는 것을 안다. 그러므로 식 (9.16)에 따라 상호공분산은 상호상관과 같다.

$$\begin{aligned} C_{X,Y}(t_1, t_2) = R_{X,Y}(t_1, t_2) &= E[\cos(\omega t_1 + \Theta)\sin(\omega t_2 + \Theta)] \\ &= E\left[-\frac{1}{2}\sin(\omega(t_1 - t_2)) + \frac{1}{2}\sin(\omega(t_1 + t_2) + 2\Theta)\right] \\ &= -\frac{1}{2}\sin(\omega(t_1 - t_2)) \end{aligned}$$

따라서 $E[\sin(\omega(t_1 + t_2) + 2\,\Theta)] = 0$이다. 교차 공분산이 시간 표본의 모든 선택에 대하여 0에 등가가 아니기 때문에 $X(t)$와 $Y(t)$는 비상관 확률 과정이 아니다. 그러나 $X(t_1)$와 $Y(t_1)$이 t_1과 t_2에 대하여 k가 어떤 정수이든 $\omega(t_1 - t_2) = k\pi$와 같은 비상관 확률 변수임에 주목하라.

예제 9.12 **신호 펄스 잡음**

과정 $Y(t)$는 바라는 신호 $X(t)$와 잡음 $N(t)$의 합으로 구성되었다고 하면 다음과 같다.

$$Y(t) = X(t) + \mathrm{N}(t)$$

$X(t)$와 $N(t)$가 독립 확률 과정이라 할 때 관찰된 신호와 바라는 신호 사이의 상호상관을 구하라. 식 (8.14)에서 다음을 얻는다.

$$\begin{aligned} R_{XY}(t_1, t_2) &= E[X(t_1)Y(t_2)] \\ &= E[X(t_1)\{X(t_2) + N(t_2)\}] \\ &= R_X(t_1, t_2) + E[X(t_1)]E[N(t_2)] \\ &= R_X(t_1, t_2) + m_X(t_l)m_N(t_2) \end{aligned}$$

$X(t)$와 $N(t)$가 독립인 사실에 따라 위의 풀이 과정 세 번째 줄의 등호 관계가 성립된다.

9.3 이산시간 과정들: 합 과정, 이항 계수 과정, 그리고 임의 보행

이 장에서는 몇 가지 중요 이산시간 확률 과정을 소개한다. 확률 과정의 가장 간단한 클래스들—독립, 항등 분포 수열—그리고 다음으로 독립 항등 분포 수열의 더하기의 결과인 합 과정을 고려한다. 합 과정은 마코프(Markov) 속성으로 잘 알려진 독립 증분 속성을 만족한다. 이 두 가지 속성들은 결합 확률들의 계산을 매우 용의하게 한다. 또한 합 과정의 특별한 케이스인 이항 계수 과정과 임의 보행 과정을 소개한다.

9.3.1 독립 항등 분포 확률 과정

X_n이 공통 cdf $F_X(x)$, 평균 m, 분산 σ^2인 독립이고, 동일하게 분포된 독립 항등 분포 확률 변수의 결과로 구성된 이산시간 확률 과정이라고 하자. 결과 X_n은 독립 항등 분포 확률 과정이라고 한다. 어떤 순간 시간 $n_1, \ldots, n_k$에 대해 **독립 항등 분포 확률 과정(iid random process)**은 식 (9.18)로 주어진다.

$$\begin{aligned} F_{X_1,\ldots,X_k}(x_1, x_2, \ldots, x_k) &= P[X_1 \le x_1, X_2 \le x_2, \ldots, X_k \le x_k] \\ &= F_X(x_1)F_X(x_2)\ldots F_X(x_k) \end{aligned} \tag{9.18}$$

여기서 X_k는 X_{n_k}로 표시할 수 있다. 식 (9.18)은 X_n이 이산값이라면 결합 확률 질량 함수(pmf)는 개개의 확률 질량 함수(pmf)의 곱으로 계산하고, X_n이 연속값이라면 결합 확률 밀도 함수는 개개의 확률 밀도 함수의 곱으로 계산한다.

독립 항등 분포 과정의 평균은 식 (9.4)에서 얻는다.

$$m_X(n) = E[X_n] = m \qquad \text{모든 } n\text{에 대해서} \tag{9.19}$$

따라서 평균은 일정하다.

자기공분산 함수는 다음과 같이 식 (9.6)에서 얻는다. $n_1 \ne n_2$라면 다음과 같다.

$$\begin{aligned} C_X(n_1, n_2) &= E[(X_{n_1} - m)(X_{n_2} - m)] \\ &= E[(X_{n_1} - m)]E[(X_{n_2} - m)] = 0 \end{aligned}$$

따라서 X_{n_1}과 X_{n_2}는 독립적인 확률 변수이다. $n_1 = n_2 = n$이라면 다음과 같다.

$$C_X(n_1, n_2) = E[(X_n - m)^2] = \sigma^2$$

독립 항등 분포 과정의 자기공분산을 다음과 같이 간단한 형태로 표현할 수 있다.

$$C_X(n_1, n_2) = \sigma^2 \delta_{n_1 n_2} \tag{9.20}$$

여기서 $n_1 = n_2$이면, $\delta_{n_1 n_2} = 1$이고, 그렇지 않으면 0이다. 독립 항등 분포 과정의 자기공분산 함수는 식 (9.7)로 알 수 있다.

$$R_X(n_1, n_2) = C_X(n_1, n_2) + m^2 \tag{9.21}$$

예제 9.13 **베르누이 확률 과정**

I_n은 독립적인 베르누이 확률 변수의 결과라고 하자. I_n은 집합 {0, 1}에서 값을 취하는 독립 항등 분포 확률 과정이다. 과정의 실현은 그림 9.4(a)에서 보여준다. 예를 들어, '전구가 수명이 다해 n일에 교체된다.'

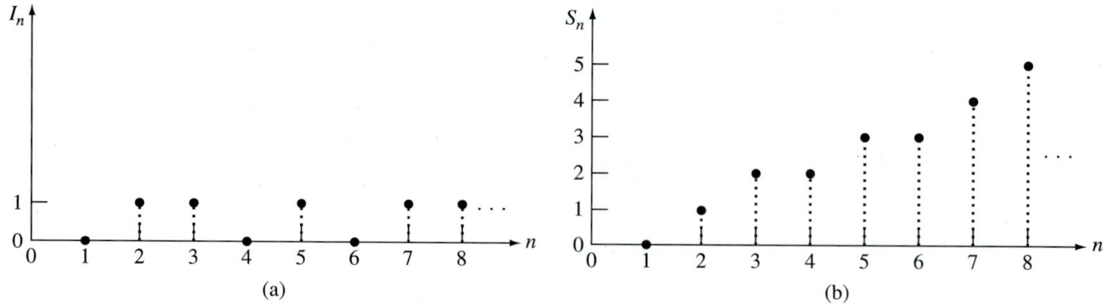

그림 9.4 ● (a) 베르누이 확률 과정의 표현. $I_n = 1$은 전구가 수명이 다해 n일에 교체된다는 것을 나타낸다. (b) 이항 확률 과정의 표현. S_n은 시간 n까지 꺼져 있는 전구의 수를 나타낸다.

는 사건의 지시 함수가 될 수 있다.

따라서 I_n은 베르누이 확률 변수이고, 평균과 분산을 갖는다.

$$m_I(n) = p \qquad \text{VAR}[I_n] = p(1 - p)$$

I_n의 독립성은 확률을 계산하기 쉽게 만든다. 예를 들어, 연속된 값의 첫 번째 4비트가 1001일 확률은 다음과 같다.

$$\begin{aligned} &P[I_1 = 1, I_2 = 0, I_3 = 0, I_4 = 1] \\ &\quad = P[I_1 = 1]P[I_2 = 0]P[I_3 = 0]P[I_4 = 1] \\ &\quad = p^2(1 - p)^2 \end{aligned}$$

마찬가지로 두 번째 비트가 0이고 일곱 번째 비트가 1일 확률은 다음과 같다.

$$P[I_2 = 0, I_7 = 1] = P[I_2 = 0]P[I_7 = 1] = p(1 - p)$$

예제 9.14 **확률 계단 과정**

+1과 −1 펄스 파형에 의한 업-다운 카운터가 있다. I_n이 베르누이 확률 과정일 때, $D_n = 2I_n - 1$을 카운터에 입력시킨다고 하면 다음과 같다.

$$D_n = \begin{cases} +1 & I_n = 1\text{일 경우} \\ -1 & I_n = 0\text{일 경우} \end{cases}$$

예를 들어, D_n은 매 단위시간당 ±1만큼 수직선을 따라 움직이는 점의 위치 변화를 나타낸다. 이는 그림 9.5(a)에 나타나 있다.

D_n의 평균은 다음과 같다.

$$m_D(n) = E[D_n] = E[2I_n - 1] = 2E[I_n] - 1 = 2p - 1$$

D_n의 분산은 식 (4.37)과 (4.38)에 따라 다음과 같이 구해진다.

$$\text{VAR}[D_n] = \text{VAR}[2I_n - 1] = 2^2\,\text{VAR}[I_n] = 4p(1 - p)$$

일어날 사건 D_n의 확률은 예제 9.13처럼 계산된다.

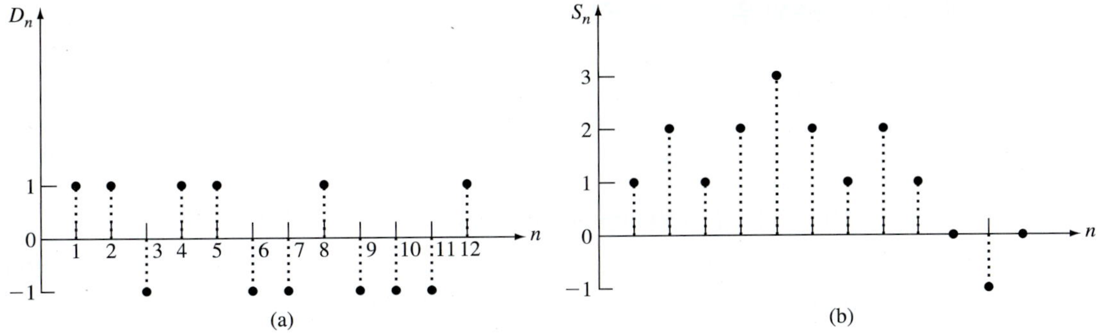

그림 9.5 ● (a) 확률 계단 과정의 표현. D_n = 1은 분자가 시간 n에서 오른쪽으로 한 계단 이동하는 것을 포함한다. (b) 임의 보행 확률 과정의 표현. S_n은 시간 n에서의 분자의 위치를 표현한다.

9.3.2. 독립 증분과 확률 과정의 마코프 속성

독립 항등 분포(iid) 과정으로부터 확률 과정을 만드는 것을 진행하기 전에, 확률 과정의 매우 유용한 두 가지 속성을 설명하기로 한다. $X(t)$는 확률 과정이고 두 개의 시간 변수는 $t_1 < t_2$라고 가정하자. $t_1 < t \le t_2$ 구간에서 확률 과정의 증분은 $X(t_2) - X(t_1)$이라고 정의된다. 확률 과정 $X(t)$는 서로 다른 구간에서의 증분이 독립 확률 변수라면, **독립 증분**을 가진다고 말하며, 임의의 k와 임의의 표본화 순간 $t_1 < t_2 < \ldots < t_k$의 선택을 위한 다음의 조합 증분은 독립 확률 변수이다.

$$X(t_2) - X(t_1), X(t_3) - X(t_2), \ldots, X(t_k) - X(t_{k-1})$$

다음 부제에서는, $X(t_1), X(t_2), \ldots, X(t_k)$의 결합 pdf(pmf)는 $X(t_1)$의 pdf와 개별 증분의 한계 pdf(pmf)들에 의하여 주어짐을 보여준다.

이미 결합 확률을 얻도록 한 확률 과정의 또 다른 유용한 속성은 마코프 속성이다. 만일 현재 주어진 과정의 미래가 과거의 독립이라면, 확률 과정 $X(t)$는 **마코프(*Markov*)**라고 한다. 임의의 k와 임의의 표본화 순간 $t_1 < t_2 < \ldots < t_k$ 그리고 $x_1, x_2, \ldots, x_k$에서 만일 $X(t)$가 연속된 값이라면 다음과 같다.

$$\begin{aligned} f_{X(t_k)}(x_k \mid X(t_{k-1}) = x_{k-1}, \ldots, X(t_1) = x_1) \\ = f_{X(t_k)}(x_k \mid X(t_{k-1}) = x_{k-1}) \end{aligned} \tag{9.22}$$

그리고 $X(t)$가 이산값을 가진다면 다음과 같다.

$$\begin{aligned} P[X(t_k) = x_k \mid X(t_{k-1}) = x_{k-1}, \ldots, X(t_1) = x_1] \\ = P[X(t_k) = x_k \mid X(t_{k-1}) = x_{k-1}] \end{aligned} \tag{9.23}$$

위 두 식 중 우측 식에서의 표현은 각각 추이 확률 밀도 함수(pdf)와 추이 확률 질량 함수(pmf)라 한다. 다음 절에서는 마코프 과정을 만족하는 몇 가지 과정을 만나게 된다. 11장은 전적으로 이 특성을 만족하는 확률 과정이 다루어진다.

독립 증분을 가지는 확률 과정 또한 마코프 과정이라는 것을 보여주는 것은 간단하다. 역은 참이 아니며, 다시 말하자면 그것은 마코프 특성은 독립 증분을 의미하지 않는다는 것이다.

9.3.3 합 과정 : 이항 계수와 임의 보행 과정

많은 관심을 끄는 확률 과정은 독립 항등 분포의 확률 변수 $X_1, X_2 \ldots$의 수열의 합을 포함한다.

$$\begin{aligned} S_n &= X_1 + X_2 + \cdots + X_n \qquad n = 1, 2, \ldots \\ &= S_{n-1} + X_n \end{aligned} \tag{9.24}$$

여기서 $S_0 = 0$이다. S_n은 **합 과정(sum process)**이라 한다. S_n의 확률 밀도 함수 또는 확률 질량 함수는 7.1절에서 다룬 것처럼 합성(convolution) 혹은 특성방정식(characteristic-equation)의 방법으로 구할 수 있다. S_n은 '과거'에 의존함을 기억하자. $S_1, \ldots, S_{n-1}$은 단지 S_{n-1}을 통해, 즉 S_n은 S_{n-1}을 알고 있을 때만 과거에 독립이다. 이것은 그림 9.6에서 명확하게 볼 수 있다. 이 그림은 S_{n-1}과 증분 X_n항으로 S_n을 계산하기 위한 재귀적인 과정임을 볼 수 있다. 그러므로 S_n은 마코프(*Markov*) 과정이다.

예제 9.15 이항 계수 과정

I_i를 예제 9.13에서의 독립 베르누이 확률 변수의 수열로 두고, S_n은 대응되는 합 과정이라 하자. S_n은 처음 n차 베르누이 시행에서의 성공 횟수의 계수 과정이다. S_n에 대한 표본 함수는 그림 9.4(b)에서의 I_i의 특정 수열에 대응한다. 계수 과정은 오직 시간상에서 증가할 수 있음을 기억하라. 또한 이항 과정은 한 번에 적어도 하나의 단위에 의하여 증가할 수 있음을 기억하자. 만약 I_n이 전구의 고장과 그것의 교환 날짜 n을 뜻할 때, S_n은 n날짜에 고장난 전구의 수를 표시한다.

S_n은 n개의 독립 베르누이 확률 변수의 합이기 때문에, S_n은 매개변수 n과 $p = P[I = 1]$의 이항 확률 변수이다.

$$0 \le j \le n\text{일 때} \qquad P[S_n = j] = \binom{n}{j} p^j (1-p)^{n-j}$$

이고 나머지는 0이다. 그러므로, S_n은 평균 np, 분산 $np(1-p)$이다. 이 과정은 시간에 따라 선형적으로 분산과 평균이 증가함을 기억하자. 이것은 과정 증가에 의하여 가정될 수 있는 값의 범위만큼 시간 진행에 따라 n이 증가한다는 사실을 반영한다. 만일 $p > 0$이라면, 또한 S_n은 시간에 따른 한계와 무관하게 끊임없이 증가하는 경향을 가진다는 것을 알 수 있다.

이항 계수 과정의 마코프 특성은 추론하기 어렵지 않다. $n-1$번째 시간의 현재 값이 $S_{n-1} = k$로 주어졌을 때, 다음 순간의 시간은 $1-p$의 확률을 가지는 k 또는 p의 확률을 가지는 $k+1$일 것이다. 이전에 $n-1$번째 시간의 값을 알기 때문에, $n-1$번째보다 앞서는 확률 과정의 값은 관계없다.

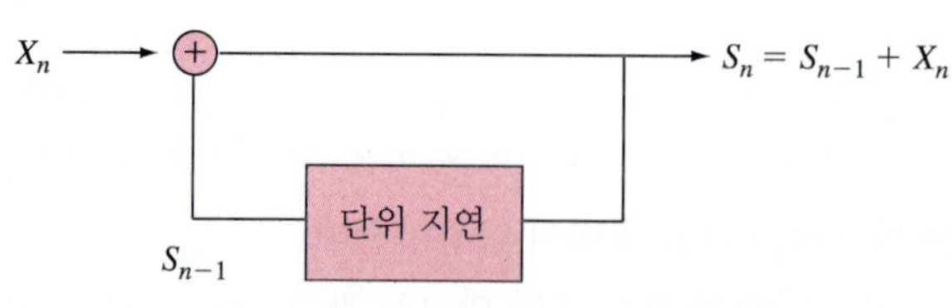

그림 9.6 ● 합 과정 $S_n = X_1 + \ldots + X_n$, $S_0 = 0$, 이러한 방식으로 일반화될 수 있다.

예제 9.16 **일차원 임의 보행**

D_n은 예제 9.14의 ±1의 확률 변수를 가지는 독립 항등 분포이고, S_n은 그에 대응되는 합 과정이다. S_n은 n 시간에서의 요소의 위치를 나타낸다. 확률 과정 S_n은 **일차원 임의 보행(random walk)** 확률이다. 표본 함수 S_n은 그림 9.5(b)와 같다. 이항 과정과 다르게, 임의 보행은 시간에 따라 증가 또는 감소할 수 있다. 임의 보행 과정은 한 번에 하나의 단위에 의하여 변한다.

S_n의 확률 질량 함수는 다음과 같이 구한다. 만약 처음 n차 시행에서 +1이 k개 있다고 하면, −1은 $n - k$이고, $S_n = k - (n - k) = 2k - n$이다. 역으로 + 1의 개수가 $k = (j + n)/2$라면 $S_n = j$이다. 만약 $(j + n)/2$가 정수가 아니라면 S_n은 j와 같아질 수 없다.

$$k \in 0, 1, \ldots, n\text{일 때} \quad P[S_n = 2k - n] = \binom{n}{k} p^k (1 - p)^{n-k}$$

k는 n차 베르누이 시행에서의 성공 횟수이기 때문에, 임의 보행의 평균은 다음과 같다.

$$E[S_n] = 2np - n = n(2p - 1)$$

시간이 진행됨에 따라, 임의 보행은 더욱 더 넓은 양수 또는 음수 값의 범위를 오르내릴 수 있다. S_n은 $p > 1/2$라면 증가 또는 $p < 1/2$라면 감소하는 경향을 가진다. S_n의 경우에는 불확실한 균형을 제공하며, 이는 12장에서 보게 될 것이다. 그림 9.7(a)는 $p = 1/2$인 임의 보행의 표본 함수를 최초 100번까지 나타낸다. 그림 9.7(b)는 1,000번 동안 $p = 1/2$인 임의 보행 과정의 표본 함수 4개를 보여준다. 그림 9.7(c)는 $p = 3/4$인 비대칭 경우에서의 표본 함수 4개를 나타내며, 과정에서 강한 선형 증가 경향을 나타냄을 기억하자.

합 과정 S_n은 중복되지 않는 시간 구간에서 **독립 증분(independent increment)**의 성질을 갖는다. 이 두 시간 구간을 보자. $n_0 < n \le n_1$, $n_2 < n \le n_3$. 여기서 $n_1 \le n_2$이 서로 다른 시간 구간 내에서의 S_n의 증가는 다음 식과 같이 주어진다.

$$\begin{aligned} S_{n_1} - S_{n_0} &= X_{n_0+1} + \cdots + X_{n_1} \\ S_{n_3} - S_{n_2} &= X_{n_2+1} + \cdots + X_{n_3} \end{aligned} \tag{9.25}$$

위의 증가는 보통 어떤 X_n도 갖지 못한다. 그래서 각 X_n이 독립이므로 $(S_{n_1} - S_{n_0})$와 ($S_{n_3} - S_{n_2}$)는 독립 확률 변수이다.

$n' > n$에서 $S_{n'} - S_n$의 증가는 독립 항등 분포 확률 변수 $n' - n$의 합이다. 그래서 $S_{n'-n}$과 같은 분포를 갖고 X의 처음 $n' - n$의 합은 다음과 같다.

$$P[S_{n'} - S_n = y] = P[S_{n'-n} = y] \tag{9.26}$$

그러므로 같은 길이 구간에서의 증가는 구간이 시작될 때에도 같은 분포를 가진다. 이런 이유에서 S_n을 **고정 증분(stationary increment)**이라고 한다.

예제 9.17 **이항 과정과 임의 보행의 독립이고 고정 증분**

독립이고 고정적인 특성은 특별히 베르누이 시행 횟수에 대응하는 성공 횟수의 구간이 증가하는 이항 확률 과정에서 잘 드러난다. 독립 증분의 특성은 중복되지 않은 시간 구간에서 성공의 수 독립에서 알 수 있다. 고정 증분 특성은 한 시간 구간의 증가는 시행 횟수에 대응하는 이항 확률 질량 함수의 확률 질량 함수의 요소를 따른다.

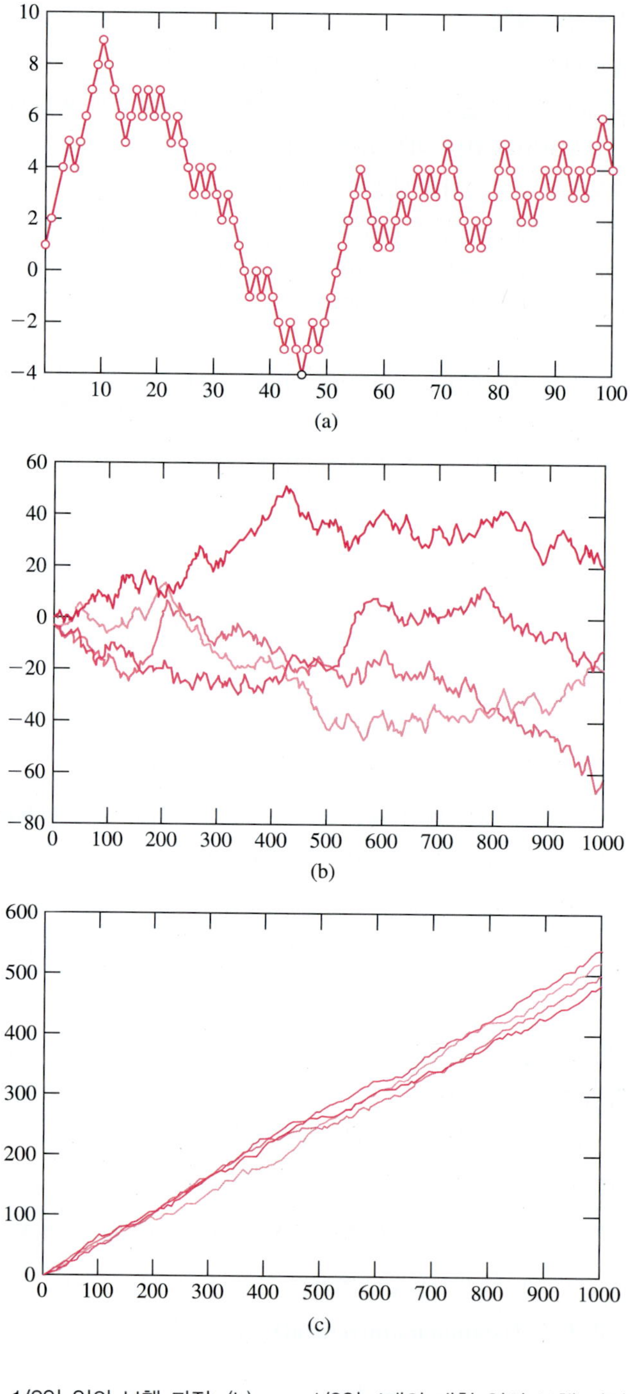

그림 9.7 ● (a) p = 1/2인 임의 보행 과정; (b) p = 1/2인 4개의 대칭 임의 보행 과정 표본 함수; (c) p = 3/4인 4개의 비대칭 임의 보행 과정 표본 함수

임의 보행 과정에서 증가는 이항 과정과 마찬가지로 성공 횟수에 의하여 정해진다. 따라서 임의 보행 역시 독립이고 고정 증분 특성을 가지고 있음을 알 수 있다.

합 과정 S_n이 독립이고 정적으로 증가하는 사실은 어떤 시간 순간의 개수에 대한 결합 확률 질량 함수나 확률 분포 함수에 대한 계산을 쉽게 만든다. 간단한 계산을 위해 X_n과 S_n을 정수값이라고 하자. S_n의 n_1, n_2, n_3 시간에서의 결합 확률 질량 함수를 계산한다.

$$P[S_{n_1} = y_1, S_{n_2} = y_2, S_{n_3} = y_3]$$
$$= P[S_{n_1} = y_1, S_{n_2} - S_{n_1} = y_2 - y_1, S_{n_3} - S_{n_2} = y_3 - y_2] \quad (9.27)$$

과정이 n_1, n_2, 그리고 n_3 시간에서 y_1, y_2, 그리고 y_3와 같기 때문에, n_1 시간에 y_1이 같다는 경우에 한해서 다음의 증가는 $y_2 - y_1$과 $y_3 - y_2$이다. 독립 증분의 성질은 다음과 같다.

$$P[S_{n_1} = y_1, S_{n_2} = y_2, S_{n_3} = y_3]$$
$$= P[S_{n_1} = y_1]P[S_{n_2} - S_{n_1} = y_2 - y_1]P[S_{n_3} - S_{n_2} = y_3 - y_2] \quad (9.28)$$

마지막으로 고정 증분의 성질은 다음에 의해서 주어지는 S_n의 결합 확률 질량 함수와 같다.

$$P[S_{n_1} = y_1, S_{n_2} = y_2, S_{n_3} = y_3]$$
$$= P[S_{n_1} = y_1]P[S_{n_2 - n_1} = y_2 - y_1]P[S_{n_3 - n_2} = y_3 - y_2]$$

명확하게 S_n의 결합 확률 질량 함수의 어떤 임의의 시간 $n_1 < n_2 < \ldots < n_k$에서 초기 시간의 확률 질량 함수와 확률 질량 함수의 다음 증가를 쓰는 이 과정을 사용할 수 있다.

$$P[S_{n_1} = y_1, S_{n_2} = y_2, \ldots, S_{n_k} = y_k]$$
$$= P[S_{n_1} = y_1]P[S_{n_2 - n_1} = y_2 - y_1] \ldots P[S_{n_k - n_{k-1}} = y_k - y_{k-1}] \quad (9.29)$$

만약 X_n이 연속값인 확률 변수라면, 시간 $n_1, n_2, \ldots, n_k$에서 S_n의 결합 밀도는 다음과 같다.

$$f_{S_{n_1}, S_{n_2}, \ldots, S_{n_k}}(y_1, y_2, \ldots, y_k) = f_{S_{n_1}}(y_1) f_{S_{n_2 - n_1}}(y_2 - y_1) \ldots f_{S_{n_k - n_{k-1}}}(y_k - y_{k-1}) \quad (9.30)$$

예제 9.18 **이항 계수 과정의 결합 확률 질량 함수**

시간 n_1과 n_2에서의 이항 계수 과정의 결합 확률 질량 함수를 구하라. $P[S_{n_1} = 0, S_{n_2} = n_2 - n_1]$이며, 최초 시행이 실패이고, 남은 시행은 모두 성공할 확률을 구하라.

위의 접근 방법에 따라 다음과 같이 계산할 수 있다.

$$P[S_{n_1} = y_1, S_{n_2} = y_2] = P[S_{n_1} = y_1]P[S_{n_2} - S_{n_1} = y_2 - y_1]$$
$$= \binom{n_2 - n_1}{y_2 - y_1} p^{y_2 - y_1}(1 - p)^{n_2 - n_1 - y_2 + y_1} \binom{n_1}{y_1} p^{y_1}(1 - p)^{n_1 - y_1}$$
$$= \binom{n_2 - n_1}{y_2 - y_1}\binom{n_1}{y_1} p^{y_2}(1 - p)^{n_2 - y_2}$$

요구하는 확률은 다음과 같다.

$$P[S_{n_1} = 0, S_{n_2} = n_2 - n_1] = \binom{n_2 - n_1}{n_2 - n_1}\binom{n_1}{0} p^{n_2 - n_1}(1 - p)^{n_1} = p^{n_2 - n_1}(1 - p)^{n_1}$$

이는 베르누이 시행을 위한 직접 계산으로부터 얻은 것이다.

예제 9.19 독립 항등 분포 가우스 시퀀스 합의 결합 확률 밀도 함수

X_n을 평균이 0이고, 분산은 σ^2인 독립 항등 분포인 가우스 확률 변수라고 하자. 시간 n_1, n_2에서의 합 과정에 대응되는 결합 확률 분포 함수를 구하라.

예제 7.3으로부터, S_n은 평균이 0이고 분산이 $n\sigma^2$인 가우스 확률 변수이다. 시간 n_1, n_2에서 S_n의 결합 확률 밀도 함수는 다음과 같이 주어진다.

$$f_{S_{n_1}, S_{n_2}}(y_1, y_2) = f_{S_{n_2-n_1}}(y_2 - y_1)f_{S_{n_1}}(y_1)$$
$$= \frac{1}{\sqrt{2\pi(n_2 - n_1)\sigma^2}}e^{-(y_2-y_1)^2/[2(n_2-n_1)\sigma^2]}\frac{1}{\sqrt{2\pi n_1\sigma^2}}e^{-y_1^2/2n_1\sigma^2}$$

합 과정 S_n은 독립 항등 분포인 n독립 항등 분포 확률 변수의 합이다. 이것 역시 평균과 분산은 다음과 같다.

$$m_S(n) = E[S_n] = nE[X] = nm \tag{9.31}$$
$$\text{VAR}[S_n] = n\,\text{VAR}[X] = n\sigma^2 \tag{9.32}$$

독립 증분의 성질은 자기공분산을 다른 방법으로 계산할 수 있게 한다. $n \le k$라고 가정하면 $n = \min(n, k)$이고, 따라서 다음과 같다.

$$\begin{aligned} C_S(n, k) &= E[(S_n - nm)(S_k - km)] \\ &= E[(S_n - nm)\{(S_n - nm) + (S_k - km) - (S_n - nm)\}] \\ &= E[(S_n - nm)^2] + E[(S_n - nm)(S_k - S_n - (k - n)m)] \end{aligned}$$

S_n과 $S_k - S_n$이 독립적이므로 다음과 같다.

$$\begin{aligned} C_S(n, k) &= E[(S_n - nm)^2] + E[(S_n - nm)]E[(S_k - S_n - (k - n)m)] \\ &= E[(S_n - nm)^2] \\ &= \text{VAR}[S_n] = n\sigma^2 \end{aligned}$$

그러므로 $E[S_n - nm] = 0$이다. 마찬가지로, $k = \min(n, k)$라면 $k\sigma^2$를 얻을 수 있다. 그러므로 합 과정의 자기공분산은 다음과 같다.

$$C_S(n, k) = \min(n, k)\sigma^2 \tag{9.33}$$

예제 9.20 임의 보행의 자기공분산

일차원 임의 보행의 자기공분산을 찾아라.

예제 9.14와 식 (9.32)와 (9.33)에서 S_n은 평균 $n(2p - 1)$과 분산 $4np(1 - p)$를 갖는다. 그러므로 자기공분산은 다음과 같다.

$$C_s(n, k) = \min(n, k)4p(1 - p)$$

합 과정은 몇 가지 방법으로 일반화될 수 있다. 예를 들어, 그림 9.6에서의 재귀 구조는 그림 9.8(a)와 같이 수정될 수 있다. 그 다음 시간의 흐름에 대한 해석과 디지털 신호 처리에서 관심 있는 1차 자기회귀 확률 과정을 얻을 수 있다.

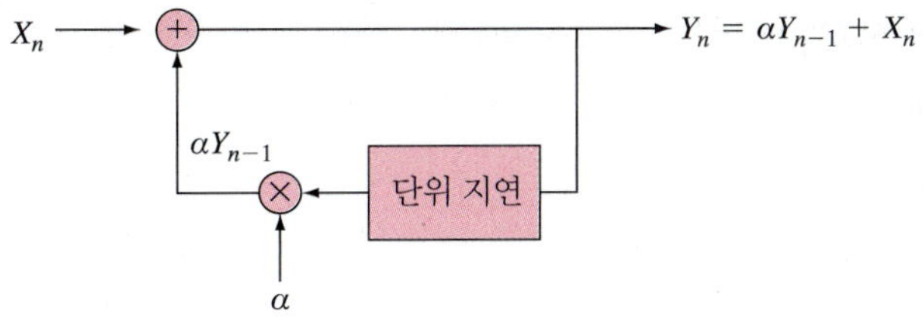

(a)

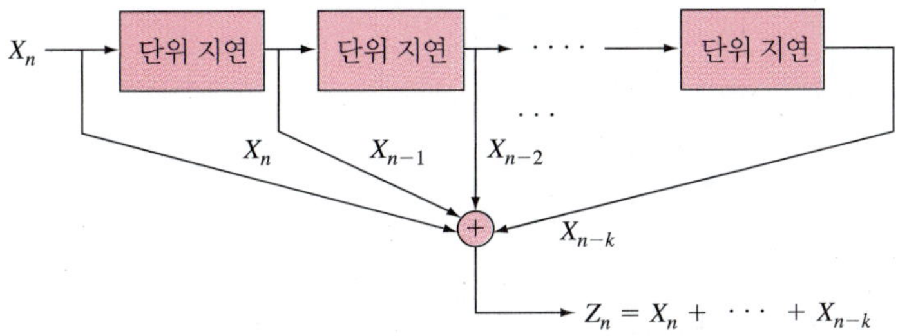

(b)

그림 9.8 ● (a) 1차 자기회귀 과정; (b) 평균 과정의 이동

만일 대신해서 그림 9.8(b)에서 보여진 구조를 사용한다면, 평균 과정의 이동의 예를 얻는다. 10장에서 이 과정에 대하여 연구하기로 한다.

9.4 포아송과 조합된 확률 과정

이 절에서는 사건의 계수를 포함하고 큐잉(queueing) 시스템과 신뢰성 분석과 같은 영역에서의 응용을 발견하는 모델에서 중요한 역할을 하는 포아송(Poisson) 확률 과정에 대하여 알아보고, 이산시간 과정의 극한으로서 연속시간 포아송 확률 과정을 어떻게 구하는지 살펴본다. 또한 포아송 과정에서 유도되는 몇 가지 확률 과정을 소개한다.

9.4.1 포아송 과정

초당 λ의 비율로 사건이 발생하는 상황을 생각해보자. 예를 들어, 사건은 서비스 센터에 고객이 도착하는 것을 나타내거나 어떤 시스템에서 한 부분이 고장나는 것을 나타낼 수 있다. $N(t)$는 시간 간격 $[0, t]$에서의 사건 빈도수라고 하자. $N(t)$는 그림 9.9에서와 같이 감소하지 않고, 정수값이며, 연속시간 확률 변수이다.

구간 $[0, t]$는 n으로 나뉜 매우 짧은 기간 $\delta = t/n$의 작은 구간이다. 다음의 두 가지 조건을 가정한다.

1. 작은 구간에서 한 사건 이상이 일어날 확률은 관측되는 1 또는 0 사건의 확률과 비교해 무시해도 된다.
2. 어느 쪽이든 한 작은 구간에서 발생한 사건은 다른 작은 구간에서의 결과에 독립적이다.

첫 번째 가정의 각 작은 구간에서의 출력은 베르누이 시행으로 볼 수 있다. 두 번째 가정은 베르

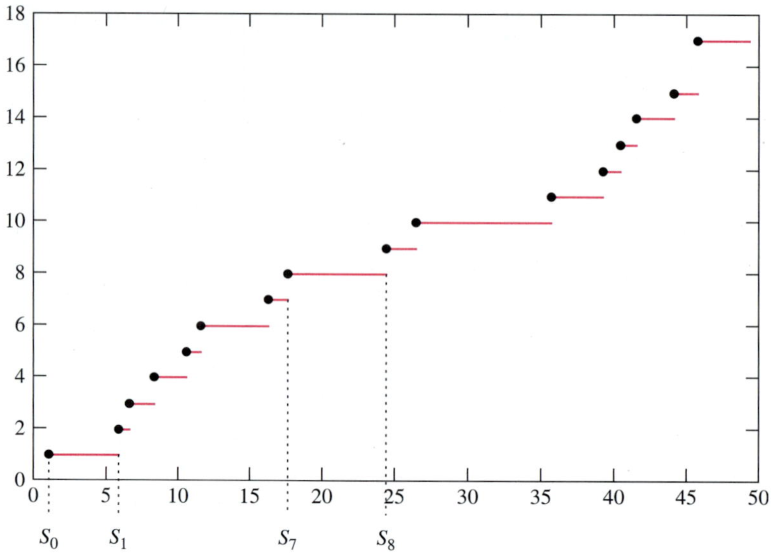

그림 9.9 ● 포아송 연속 과정의 표본 경로. 사건 빈도수는 S_1, S_2, . . . 로 나타내었다. j번째 내부 사건 시간은 $X_j = S_j - S_{j-1}$로 나타내었다.

누이 시행이 독립적임을 뜻한다. 따라서 두 가정을 통해 계수 과정 $N(t)$는 이전 절에서 논의된 이항 계수 과정으로 추정된다.

p를 각 구간에서 사건이 발생할 확률이라고 가정하면, $[0, t]$ 구간에서 사건발생 확률의 기대값은 np이다. 사건발생률이 λ/s이기 때문에, $[0, t]$ 구간에서 사건발생 횟수의 평균도 λt이다.

$$\lambda t = np$$

$np = \lambda t$가 고정일 때, $n \to \infty$(즉, $\delta = t/n \to 0$)이고 $p \to 0$이면, 식 (3.40)으로부터 이항 분포는 모수가 λt인 포아송 분포이다. 결론적으로 $[0, t]$ 구간에서 사건발생 수 $N(t)$는 평균이 λt인 포아송 분포를 갖는다.

$$P[N(t) = k] = \frac{(\lambda t)^k}{k!} e^{-\lambda t} \qquad \text{for } k = 0, 1, \ldots. \tag{9.34a}$$

이러한 이유 때문에 $N(t)$를 **포아송 과정(Poisson process)**이라고 한다. 포아송 과정의 평균 함수와 분산 함수는 다음과 같이 주어진다.

$$m_N(t) = E[N(t) = k] = \lambda t \quad \text{그리고} \quad \text{VAR}[N(t)] = \lambda t \tag{9.34b}$$

11.3절에서는 마코프 연쇄 이론의 결과를 이용해 포아송 과정을 다시 이끌어낼 것이다.

과정 $N(t)$는 이항 과정의 독립성과 고정적으로 증가하는 특성을 물려받았다. 우선, 식 *(9.34a)*는 t의 모든 구간에서 포아송 분포를 가지는 것을 보여준다. 다음으로, 독립성과 고정적으로 증가하는 특성은 모든 지점에서 $N(t)$의 결합 확률 질량 함수를 구할 수 있게 해준다. 예를 들면, $t_1 < t_2$이고 다음과 같다.

$$P[N(t_1) = i, N(t_2) = j] = P[N(t_1) = i]P[N(t_2) - N(t_1) = j - i]$$
$$= P[N(t_1) = i]P[N(t_2 - t_1) = j - i]$$
$$= \frac{(\lambda t_1)^i e^{-\lambda t_1}}{i!} \frac{(\lambda(t_2 - t_1))^j e^{-\lambda(t_2 - t_1)}}{(j - i)!} \quad (9.35a)$$

독립 증분의 특성을 이용해 $N(t)$의 자기공분산을 구할 수 있다. $t_1 \leq t_2$이면 다음과 같다.

$$C_N(t_1, t_2) = E[(N(t_1) - \lambda t_1)(N(t_2) - \lambda t_2)]$$
$$= E[(N(t_1) - \lambda t_1)\{N(t_2) - N(t_1) - \lambda t_2 + \lambda t_1 + (N(t_1) - \lambda t_1)\}]$$
$$= E[(N(t_1) - \lambda t_1)]E[(N(t_2) - N(t_1) - \lambda(t_2 - t_1)] + \text{VAR}[N(t_1)]$$
$$= \text{VAR}[N(t_1)] = \lambda t_1 \quad (9.35b)$$

예제 9.21

분당 15개의 비율로 질문이 도착하는 포아송 과정을 따르는 녹음기가 있다. 처음 10초 동안에 3개의 질문이 도착하고 마지막 15초 동안 2개의 질문이 도착했을 때, 1분 동안의 확률을 구하라.

초당 도착률 $\lambda = 15/60 = 1/4$이다. 1분 동안의 도착 확률은 다음과 같다.

$$P[N(10) = 3 \quad \text{그리고} \quad N(60) - N(45) = 2]$$

먼저 독립 증분 속성을 적용하고 다음으로 고정 증분 속성을 적용하면 다음과 같다.

$$P[N(10) = 3 \text{ and } N(60) - N(45) = 2]$$
$$= P[N(10) = 3]P[N(60) - N(45) = 2]$$
$$= P[N(10) = 3]P[N(60 - 45) = 2]$$
$$= \frac{(10/4)^3 e^{-10/4}}{3!} \frac{(15/4)^2 e^{-15/4}}{2!}$$

포아송 과정에서 사건발생 사이의 시간 T를 고려하자. $[0, t]$ 시간 간격을 n으로 나누어 하나의 길이를 $\delta = t/n$이라고 가정하자. t초가 지난 후 T시간 동안의 사건발생 확률은 t초 동안 사건이 발생하지 않을 확률과 같다(혹은 n번의 베르누이 시행).

$$P[T > t] = P[t\text{초 동안 사건이 발생하지 않음}]$$
$$= (1 - p)^n$$
$$= \left(1 - \frac{\lambda t}{n}\right)^n$$
$$\to e^{-\lambda t} \qquad n \to \infty\text{에 따라} \quad (9.36)$$

식 (9.36)을 통해 T가 λ를 인자로 가진 지수 확률 변수임을 알 수 있다. 사건이 발생하는 사이의 시간이 이항 과정이기 때문에 독립 기하 확률 변수이다. 그것은 포아송 과정에서 사건 간격 시간의 수열이 독립 확률 변수임을 뜻한다. 결론은, 포아송 과정의 사건 간격 시간은 평균 $1/\lambda$인 지수 확률 변수의 독립 항등 분포 수열의 형태를 갖는다.

포아송 과정에서 n번째 사건이 발생하는 시간인 S_n에 관심을 가져야 한다. T_j를 독립 항등 분포의 지수 도착 간격 시간이라고 가정하면 다음과 같다.

$$S_n = T_1 + T_2 + \cdots + T_n$$

예제 7.5에서 n독립 항등 분포의 지수 확률 변수의 합은 얼랭(Erlang) 분포인 것을 알았다. 따라서 S_n의 확률 밀도 함수는 다음과 같다.

$$f_{S_n}(y) = \frac{(\lambda y)^{n-1}}{(n-1)!}\lambda e^{-\lambda y} \qquad y \geq 0\text{에 대해서} \tag{9.37}$$

예제 9.22

예제 9.21에서 10번째 질문이 도착할 시간 사이의 평균과 분산을 구하라.

초당 도착률 $\lambda = 1/4$이다. 그래서 도착 간격 시간은 인자값이 λ인 지수 확률 변수이다. 표 4.1에서, 도착 간격 시간의 평균과 분산은 $1/\lambda$와 $1/\lambda^2$임을 알 수 있다. 10번째 도착한 시간은 독립 항등 분포 확률 변수를 열 번 더한 것과 같다.

$$E[S_{10}] = 10E[T] = \frac{10}{\lambda} = 40\text{초}$$

$$\text{VAR}[S_{10}] = 10\,\text{VAR}[T] = \frac{10}{\lambda^2} = 160\text{초}^2$$

포아송 과정 모델인 고객 도착 간격 시간 응용에서 관례적으로 도착은 '임의로' 발생한다. 무슨 뜻인지 알아보자. 구간 $[0, t]$에서 하나만 도착했다고 가정하자. 그리고 한 고객의 도착 시간을 x라고 하자. $0 < x < t$, $N(x)$를 시간 동안 사건이 발생한 수라 하고, $N(t) - N(x)$를 구간 $(x, t]$에서 증분이라고 가정하면 다음과 같다.

$$\begin{aligned}
P[X \leq x] &= P[N(x) = 1 \mid N(t) = 1] \\
&= \frac{P[N(x) = 1 \text{ 그리고 } N(t) = 1]}{P[N(t) = 1]} \\
&= \frac{P[N(x) = 1 \text{ 그리고 } N(t) - N(x) = 0]}{P[N(t) = 1]} \\
&= \frac{P[N(x) = 1]P[N(t) - N(x) = 0]}{P[N(t) = 1]} \\
&= \frac{\lambda x e^{-\lambda x} e^{-\lambda(t-x)}}{\lambda t e^{-\lambda t}} \\
&= \frac{x}{t}
\end{aligned} \tag{9.38}$$

식 (9.38)은 $[0, t]$ 구간에서 하나의 도착이 일어나고, 도착 시간은 균등 분포를 가진다. 이것은 고객 도착 시간이 '임의'일 때 의미가 있다. 이 말은 구간 $[0, t]$에서 도착한 수를 k라고 하면, 각 개인의 도착 시간은 그 구간에서 독립적이고 균등하게 분포되어 있다는 뜻이다.

예제 9.23

2분 동안 두 명의 고객이 가게에 도착했다고 가정하자. 두 고객 모두가 1분 안에 도착했을 확률은 얼마인지 구하라.

두 고객의 도착 시간은 2분 간격 안에서 독립적이고 균등하게 분포되어 있다. 각 고객이 1분 동안에 도착했을 확률은 1/2이다. 따라서 둘 다 1분 동안 도착할 확률은 $(1/2)^2 = 1/4$이다. 이 답은 $P[N(1) = 2 | N(2) = 2] = 1/4$인 것을 증명함으로 알 수 있다.

9.4.2 임의 전신 신호와 포아송 과정으로부터 유도된 다른 과정

포아송 과정으로부터 많은 확률 과정이 유도된다. 이 장에서 그런 확률 과정 두 개를 소개한다.

예제 9.24 **임의 전신 신호**

값이 ±1을 가지는 확률 과정 $X(t)$가 있다. $X(0) = \pm 1$일 확률이 1/2이라 하고, $X(t)$이면 값이 α라는 비율의 포아송 확률 과정의 사건발생에 따라 부호가 바뀐다고 가정하자. 그림 9.10에 $X(t)$의 예가 나온다.

$X(t)$의 확률 질량 함수는 다음과 같이 주어진다.

$$P[X(t) = \pm 1] = P[X(t) = \pm 1 | X(0) = 1]P[X(0) = 1] + P[X(t) = \pm 1 | X(0) = -1]P[X(0) = -1] \quad (9.39)$$

$X(t)$에서 조건 확률 질량 함수는 $(0, t]$ 구간에서 짝수 개의 사건이 발생했을 때만 $X(0)$의 부호와 같다는 사실에 의해서 알려진다.

$$\begin{aligned} P[X(t) = \pm 1 | X(0) = \pm 1] &= P[N(t) = \text{짝수}] \\ &= \sum_{j=0}^{\infty} \frac{(\alpha t)^{2j}}{(2j)!} e^{-\alpha t} \\ &= e^{-\alpha t} \frac{1}{2} \{e^{\alpha t} + e^{-\alpha t}\} \\ &= \frac{1}{2}(1 + e^{-2\alpha t}) \end{aligned} \quad (9.40)$$

시간 동안 일어난 사건의 수가 홀수이면, $X(t)$와 $X(0)$는 부호가 다르다.

$$\begin{aligned} P[X(t) = \pm 1 | X(0) = \mp 1] &= \sum_{j=0}^{\infty} \frac{(\alpha t)^{2j+1}}{(2j+1)!} e^{-\alpha t} \\ &= e^{-\alpha t} \frac{1}{2} \{e^{\alpha t} - e^{-\alpha t}\} \\ &= \frac{1}{2}(1 - e^{-2\alpha t}) \end{aligned} \quad (9.41)$$

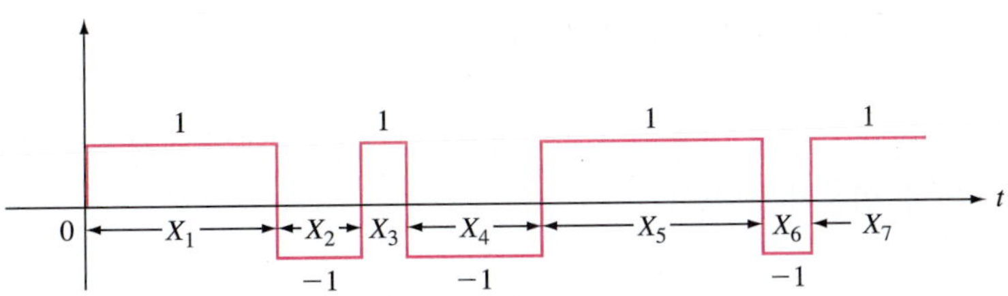

그림 9.10 ● 임의 전신 신호의 표본 경로. X_j 사이의 시간은 독립 항등 분포 지수 확률 변수이다.

식 (9.40)을 빼서 $X(t)$의 확률 질량 함수를 구할 수 있다.

$$P[X(t) = 1] = \frac{1}{2}\frac{1}{2}\{1 + e^{-2\alpha t}\} + \frac{1}{2}\frac{1}{2}\{1 - e^{-2\alpha t}\} = \frac{1}{2}$$
$$P[X(t) = -1] = 1 - P[X(t) = 1] = \frac{1}{2} \tag{9.42}$$

따라서 시간 $t > 0$인 모든 구간에서 임의 전신 신호는 ±1일 가능성이 있다.

$X(t)$의 평균과 분산은 다음과 같다.

$$m_X(t) = 1P[X(t) = 1] + (-1)P[X(t) = -1] = 0$$
$$\text{VAR}[X(t)] = E[X(t)^2] = (1^2)P[X(t) = 1] + (-1)^2P[X(t) = -1] = 1 \tag{9.43}$$

$X(t)$의 자기공분산은 다음과 같다.

$$\begin{aligned} C_X(t_1, t_2) &= E[X(t_1)X(t_2)] \\ &= 1P[X(t_1) = X(t_2)] + (-1)P[X(t_1) \neq X(t_2)] \\ &= \frac{1}{2}\{1 + e^{-2\alpha|t_2 - t_1|}\} - \frac{1}{2}\{1 - e^{-2\alpha|t_2 - t_1|}\} \\ &= e^{-2\alpha|t_2 - t_1|} \end{aligned} \tag{9.44}$$

따라서 $X(t)$의 시간 표본은 시차에만 의존한다.

포아송 과정과 임의 전신 과정은 11장에서 논의되는 연속시간 마코프 연쇄 과정의 예이다.

예제 9.25 **여과된 포아송 임펄스 열**

포아송 과정이 $t = 0$에서 0이고, S_j, $j = 1, 2, \ldots$ 인 임의 도착 시간 단위에 따라 증가한다. 따라서 포아송 과정은 임의적 이동 계단 함수의 합으로 표현된다.

$$N(t) = \sum_{i=1}^{\infty} u(t - S_i) \qquad N(0) = 0$$

여기서 S_i는 도착 시간이다.

델타 함수 $\delta(t - S)$의 적분은 계단 함수 $u(t - S)$이기 때문에, $N(t)$는 그림 9.11(a)에 나오는 것처럼 시간 S_n에서 발생한 델타 함수를 적분한 결과이다.

$$Z(t) = \sum_{i=1}^{\infty} \delta(t - S_i)$$

그림 9.11(b)에서 보듯 계단 함수를 다른 함수 $h(t)$[1]로 바꿈으로써 연속시간 과정을 얻을 수 있다.

$$X(t) = \sum_{i=1}^{\infty} h(t - S_i) \tag{9.45}$$

예를 들어, $h(t)$는 광전자가 검전기를 때릴 때 전류 펄스가 생기는 것을 표현한다. $X(t)$는 시간 t에 흐르는 총 전류이다. $X(t)$는 **산탄 잡음(shot noise)** 과정이라 한다.

다음의 예제는 어떻게 포아송 과정의 특성이 여과된 과정을 포함하는 평균을 구하는 것에 사용될 수 있는지 보여준다.

[1] 이것은 델타 함수에 대한 응답이 $h(t)$인 선형 시스템을 통하여 $Z(t)$가 통과하는 것과 대응한다.

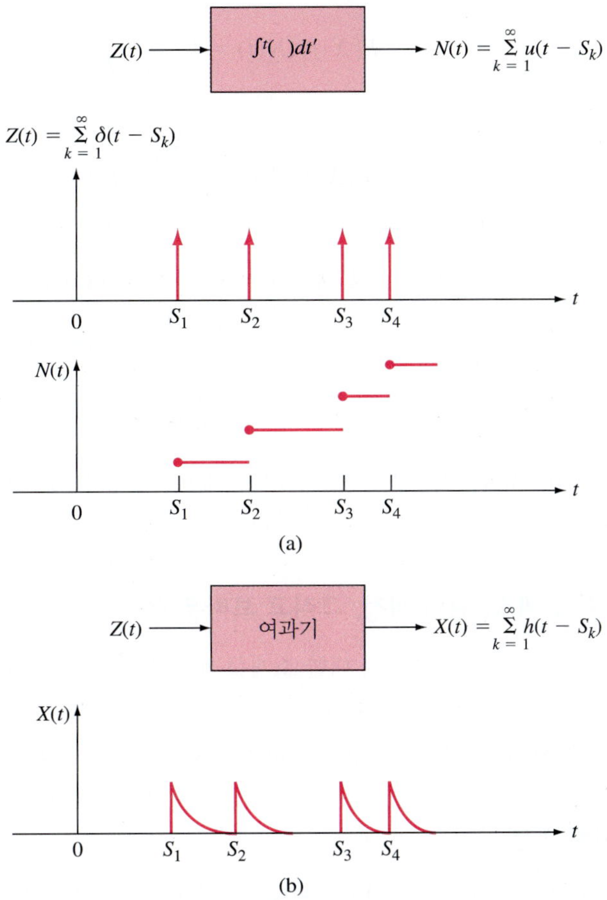

그림 9.11 ● (a) 델타 함수 열의 적분과 같은 포아송 과정; (b) 델타 함수의 여과된 열

예제 9.26 **산탄 잡음 과정의 평균**

산탄 잡음 과정 $X(t)$의 기대값을 구하라.

t시간에 일어나는 임펄스의 개수인 $N(t)$라는 조건을 설정한다.

$$E[X(t)] = E[E[X(t)|N(t)]]$$

$N(t) = k$라고 가정하면 다음과 같다.

$$E[X(t)|N(t) = k] = E\left[\sum_{j=1}^{k} h(t - S_j)\right] = \sum_{j=1}^{k} E[h(t - S_j)]$$

도착 시간이 $S_1, \ldots, S_k$이기 때문에 임펄스는 독립적으로 일어나고, $[0, t]$ 동안 균등하게 분포한다.

$$E[h(t - S_j)] = \int_0^t h(t - s)\frac{ds}{t} = \frac{1}{t}\int_0^t h(u)\, du$$

따라서

$$E[X(t)\,|\,N(t)=k]=\frac{k}{t}\int_0^t h(u)\,du$$

그리고

$$E[X(t)\,|\,N(t)]=\frac{N(t)}{t}\int_0^t h(u)\,du$$

최종적으로 다음 식을 얻는다.

$$\begin{aligned}E[X(t)]&=E[E[X(t)\,|\,N(t)]]\\&=\frac{E[N(t)]}{t}\int_0^t h(u)\,du\\&=\lambda\int_0^t h(u)\,du\end{aligned}\tag{9.46}$$

여기서 $E[N(t)]=\lambda t$라는 사실을 이용한다. t가 큰 값으로 한정되면 $E[X(t)]$는 상수값에 가까이 간다.

9.5 가우스 확률 과정, 위너 과정, 그리고 브라운 운동

이 절에서는 중요한 확률 가정에 대한 소개를 계속한다. 먼저, 전자 공학에서 많이 중요하게 응용되고 있는 가우스(Gaussian) 확률 과정의 종류를 소개한다. 그리고 브라운 운동(Brownian motion) 모델에서 사용되는 위너(Wiener) 확률 과정이라는 가우스 확률 과정의 예를 살펴본다.

9.5.1 가우스 확률 과정

$X_1=X(t_1), X_2=X(t_2), \ldots, X_k=X(t_k)$ 등의 표본들이 모든 k와 모든 $t_1, \ldots, t_k$의 선택에 대해서 결합 가우스 확률 변수라면 확률 과정 $X(t)$를 **가우스 확률 과정(Gaussian random process)**이라 한다(이 정의는 이산시간과 연속시간 과정에 대해 적용된다). 결합 가우스 확률 과정의 결합 확률 밀도 함수는 평균 벡터와 공분산 행렬도 결정되는 식 (6.42)를 얻는다.

$$f_{X_1,X_2,\ldots,X_k}(x_1,x_2,\ldots,x_k)=\frac{e^{-1/2(\mathbf{x}-\mathbf{m})^{\mathrm{T}}K^{-1}(\mathbf{x}-\mathbf{m})}}{(2\pi)^{k/2}|K|^{1/2}}\tag{9.47a}$$

여기서

$$\mathbf{m}=\begin{bmatrix}m_X(t_1)\\ \vdots\\ m_X(t_k)\end{bmatrix}\qquad K=\begin{bmatrix}C_X(t_1,t_1) & C_X(t_1,t_2) & \cdots & C_X(t_1,t_k)\\ C_X(t_2,t_1) & C_X(t_2,t_2) & \cdots & C_X(t_2,t_k)\\ \vdots & \vdots & & \vdots\\ C_X(t_k,t_1) & \cdots & & C_X(t_k,t_k)\end{bmatrix}\tag{9.47b}$$

가우스 확률 과정은 결합 확률 밀도 함수가 평균 $m_X(t)$와 공분산 함수 $C_X(t_1, t_2)$로 완전하게 정의되는 특별한 성질을 갖는다. 또한, 가우스 확률 과정은 가우스 과정(예를 들어, 합, 도함수 또는 적분)에서 선형 연산이 또 다른 가우스 확률 과정을 만들어낸다는 특성을 갖는다. 많은 신호와 잡음 처리들이 가우스로 정확하게 형상화된 사실이 결합된 이 두 가지 특성들 때문에 신호 처리에서 가우스 확률 과정이 가장 유용한 방법이 된다.

예제 9.27 **독립 항등 분포 가우스 시퀀스**

이산시간 확률 과정 X_n이 평균 m, 분산 σ^2인 독립 가우스 확률 변수의 결과라고 하자. 시간 $n_1, \ldots, n_k$에 대한 공분산 행렬은 다음과 같다.

$$\{C_X(n_1, n_2)\} = \{\sigma^2 \delta_{ij}\} = \sigma^2 I$$

$i=j$일 때 $\delta_{ij}=1$이고, 그렇지 않으면 0이 되며, I는 항등 행렬이다. 따라서 이에 상응하는 결합 확률 밀도 함수는 다음과 같다.

$$f_{\mathbf{X}_n}(x_1, x_2, \ldots, x_k) = \frac{1}{(2\pi\sigma^2)^{k/2}} \exp\left\{-\sum_{i=1}^{k}(x_i - m)^2/2\sigma^2\right\}$$

교재의 나머지 부분에서 가우스 확률 과정의 더 많은 예제들을 살펴볼 수 있을 것이다.

예제 9.28 **연속시간 가우스 확률 과정**

$X(t)$를 평균 함수와 공분산 함수가 다음과 주어져 있는 연속시간 가우스 확률이다.

$$m_X(t) = 3t \qquad C_X(t_1, t_2) = 9e^{-2|t_1 - t_2|}$$

$p[X(3)<6]$와 $P[X(1)+X(2)>2]$를 찾아라.

표본 $X(3)$는 평균 $m_X(3) = 3(3) = 9$와 분산 $\sigma_X^2(3) = C_X(3,3) = 9e^{-2|3-3|} = 9$를 가진다. $P[X(3)<6]$을 계산하기 위해 표준 형태에서 $X(3)$을 둔다.

$$P[X(3) < 6] = P\left[\frac{X(3) - 9}{\sqrt{9}} < \frac{6-9}{\sqrt{9}}\right] = 1 - Q(-1) = Q(1) = 0.16$$

예제 6.24에서 2개의 가우스 확률 변수의 합이 식 (6.47)에서 주어진 되로 평균과 분산의 가우스 확률 변수이다. 그래서 $X(1)+X(2)$의 평균과 분산은 다음과 같다.

$$E[X(1) + X(2)] = m_X(1) + m_X(2) = 3 + 6 = 9$$

$$\begin{aligned}\text{VAR}[X(1) + X(2)] &= C_X(1,1) + C_X(1,2) + C_X(2,1) + C_X(2,2)\\ &= 9\{e^{-2|1-1|} + e^{-2|2-1|} + e^{-2|1-2|} + e^{-2|2-2|}\}\\ &= 9\{2 + 2e^{-2}\} = 20.43\end{aligned}$$

$P[X(1)+X(2)>2]$을 계산하기 위해 표준 형태에서 $X(1)+X(2)$을 둔다.

$$P[X(1) + X(2) > 15] = P\left[\frac{X(1) + X(2) - 9}{\sqrt{20.43}} > \frac{15-9}{\sqrt{20.43}}\right] = Q(1.327) = 0.0922$$

9.5.2 위너 과정과 브라운 운동

예제 9.16의 대칭 임의 보행 과정(즉, $p=1/2$)은 δ초당 $\pm h$ 크기의 단계를 갖는다. $X_\delta(t)$를 근시간까지의 누적된 합이라 둠으로써 연속시간은 확률 과정을 얻을 수 있다. 시간 t에 과정은 $n = [t/\delta]$번 점프한다.

$$X_\delta(t) = h(D_1 + D_2 + \cdots + D_{[t/\delta]}) = hS_n \tag{9.48}$$

$X_\delta(t)$의 평균과 분산은 다음과 같다.

$$E[X_\delta(t)] = hE[S_n] = 0$$
$$\text{VAR}[X_\delta(t)] = h^2 n\,\text{VAR}[D_n] = h^2 n$$

$p = 1/2$이고, $\text{VAR}[D_n] = 4p(1-p) = 1$을 사용한다.

$h = \sqrt{\alpha\delta}$ 식이고, $\delta \to 0, h \to 0$으로 보내면 $X(t)$는 결과 과정이 된다.

$X(t)$의 평균과 분산은 다음과 같이 주어진다.

$$E[X(t)] = 0 \tag{9.49a}$$

$$\text{VAR}[X(t)] = (\sqrt{\alpha\delta})^2(t/\delta) = \alpha t \tag{9.49b}$$

원점에서 시작하는 연속시간 확률 과정 $X(t)$는 모든 시간에 평균이 0이지만 분산은 시간에 대해 선형적으로 증가한다. 그림 9.12는 과정의 표본 함수를 보여준다. $X(t)$를 **위너 확률 과정(Wiener random process)**이라고 한다. 이것은 브라운 운동(*Brownian motion*)의 모델에 사용된다.

$\delta \to 0$일 때, 식 (9.48)은 $n = [t/\delta] \to \infty$이기 때문에 확률 변수의 무한한 합으로 접근한다.

$$X(t) = \lim_{\delta \to 0} hS_n = \lim_{n \to \infty} \sqrt{\alpha t}\frac{S_n}{\sqrt{n}} \tag{9.50}$$

$X(t)$의 확률 분포 함수에 중심극한정리를 취하면 평균이 0이고 분산이 αt인 가우스 확률 변수이다.

$$f_{X(t)}(x) = \frac{1}{\sqrt{2\pi\alpha t}} e^{-x^2/2\alpha t} \tag{9.51}$$

$X(t)$는 임의 보행 과정의 독립 증분과 시불변 증분의 성질을 갖는다. $t_1, \ldots, t_k$ 시간들에 대한 결합 확률 밀도 함수는 식 (9.30)을 이용해 얻을 수 있다.

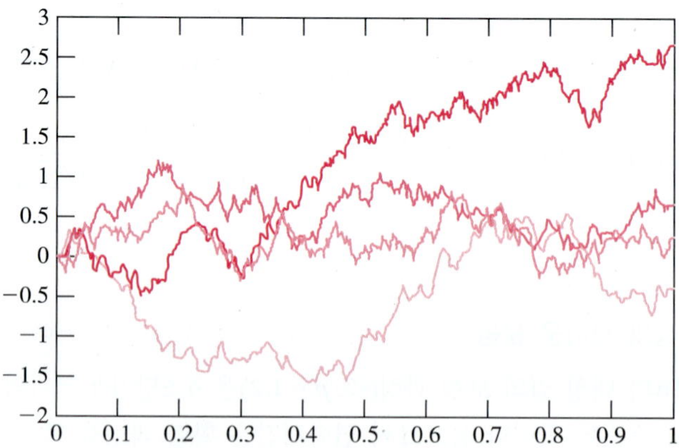

그림 9.12 ● 위너 과정의 네 개의 표본 함수

$$f_{X(t_1),\ldots,X(t_k)}(x_1,\ldots,x_k) = f_{X(t_1)}(x_1)f_{X(t_2-t_1)}(x_2-x_1)\ldots f_{X(t_k-t_{k-1})}(x_k-x_{k-1})$$
$$= \frac{\exp\left\{-\frac{1}{2}\left[\frac{x_1^2}{\alpha t_1}+\frac{(x_2-x_1)^2}{\alpha(t_2-t_1)}+\cdots+\frac{(x_k-x_{k-1})^2}{\alpha(t_k-t_{k-1})}\right]\right\}}{\sqrt{(2\pi\alpha)^k t_1(t_2-t_1)\ldots(t_k-t_{k-1})}} \tag{9.52}$$

식 (9.33)에서 유도된 보행의 수열과 독립 증분의 성질은 $X(t)$의 공분산을 구하는 데 이용된다.

$$C_X(t_1, t_2) = \alpha \min(t_1, t_2) = \alpha t_1 \quad t_1 < t_2\text{에 대해서} \tag{9.53}$$

식 (9.53)과 식 (9.35b)를 비교함으로써, 우리는 위너 과정과 포아송 과정이 다른 표본 함수일지라도 같은 공분산 함수를 가짐을 알 수 있다. 이것은 평균과 공분산 함수가 확률 과정의 부분적인 설명임을 강조한다.

예제 9.29

위너 과정이 가우스 확률 과정임을 보여라.

식 (9.52)에서 확률 변수 $X(t_1), X(t_2)-X(t_1), X(t_3)-X(t_2), \ldots, X(t_k)-X(t_{k-1})$이 독립 가우스 확률 변수임을 보여준다. 확률 변수 $X(t_1), \ldots, X(t_k)$는 $X(t_1)$과 선형 변환의 증분으로 얻을 수 있다.

$$\begin{aligned}
X(t_1) &= X(t_1)\\
X(t_2) &= X(t_1) + (X(t_2) - X(t_1))\\
X(t_3) &= X(t_1) + (X(t_2) - X(t_1)) + (X(t_3) - X(t_2))\\
&\vdots\\
X(t_k) &= X(t_1) + (X(t_2) - X(t_1)) + \cdots + (X(t_k) - X(t_{k-1}))
\end{aligned} \tag{9.54}$$

식 (6.45)에서 보았듯이 $X(t_1), \ldots X(t_k)$는 결합 가우스 확률 변수이고, $X(t)$는 가우스 확률 변수다.

9.6 시불변 확률 과정

많은 확률 과정은 과정에서 시간 간격이 변하지 않는다면 무질서적인 성질을 가진다. (t_0, t_1) 시간에 과정을 살펴보면 $(t_0+\tau, t_1+\tau)$와 같은 확률 행동을 보인다. 이것에서 과정에 대한 표본들의 확률이 순간에 의존하지 않는다는 가정을 유도할 수 있다. 즉, $t_1, \ldots t_k$에 대한 표본 확률과 $t_1+\tau, \ldots, t_k+\tau$에 대한 표본 확률은 다르지 않다.

예제 9.30

단지 안에는 '0' 이 적힌 흰색 공 1개와 '1' 이 적힌 흰색 공 5개가 있다. 다음 순서에 의해 실험이 진행이 된다. 공이 선택되고 숫자가 기록된다. 첫 번째 공을 뽑았을 때의 공은 다시 단지 안으로 넣지 않는다. 하지만, 나머지 공은 다시 단지 안으로 넣는다.

이 실험의 결과로부터의 확률 과정은 명백히 정체 단계와 일시적 단계이다. 일시적 단계 $P[I_n=0]=6/11$ 동안 일시적 단계의 평균 기간이 평균 11/6으로 기하학적으로 분배된다. 첫 번째에 '0' 이 발생한 후에 과정은 '정체' 단계로 들어간다. 정체 단계에 도달하면, 과정의 통계적 반응은 변화하지 않는다.

$t=-\infty$에서 시작하는 확률 과정을 다룰 때, 다음과 같은 성질을 가진다. 표본의 결합 분포가 시간의 배치에 의존하지 않는다면 이산 확률 변수 또는 연속 확률 변수인 $X(t)$는 **정적(*stationary*)**이다. 이것은 $X(t_1), X(t_2), \ldots, X(t_k)$의 결합 누적 분포 함수와 $X(t_1+\tau), X(t_2+\tau), \ldots, X(t_k+\tau)$의 결합 누적 분포 함수가 같음을 뜻한다.

$$F_{X(t_1),\ldots,X(t_k)}(x_1,\ldots,x_k) = F_{X(t_1+\tau),\ldots,X(t_k+\tau)}(x_1,\ldots,x_k) \tag{9.55}$$

모든 τ, k, 표본 시간 $t_1, \ldots, t_k$에 대하여 식 (9.55)를 만족한다. 과정이 명백한 시간(즉, $n=0$ 또는 $t=0$)에 시작하고 결합 분포가 시간 이동에 대해 변하지 않는다면 정적이라 한다.

$X(t_1), \ldots, X(t_k)$와 $Y(t'_1), \ldots, Y(t'_j)$의 결합 누적 분포 함수가 표본 시간 $t_1, \ldots, t_k$와 $t'_1, \ldots, t'_j$의 선택과 모든 k와 j 배치에 의존하지 않는다면, 두 과정 $X(t)$와 $Y(t)$는 **정적 결합**이다.

불변 확률 과정의 누적 분포 함수의 첫 번째 차수는 식 (9.55)에 의해 시간에 독립적이다.

$$F_{X(t)}(x) = F_{X(t+\tau)}(x) = F_X(x) \quad \text{모든 } t, \tau \tag{9.56}$$

이것은 $X(t)$의 평균과 분산이 상수이고, 시간에 독립임을 뜻한다.

$$m_X(t) = E[X(t)] = m \qquad \text{모든 } t\text{에 대해서} \tag{9.57}$$

$$\mathrm{VAR}[X(t)] = E[(X(t)-m)^2] = \sigma^2 \qquad \text{모든 } t\text{에 대해서} \tag{9.58}$$

불변 확률 과정의 누적 분포 함수의 두 번째 차수는 식 (9.55)에 의해 표본들의 시간이 아니라 표본들 사이의 시간 간격에 의존함을 보여준다.

$$F_{X(t_1),X(t_2)}(x_1,x_2) = F_{X(0),X(t_2-t_1)}(x_1,x_2) \qquad \text{모든 } t_1, t_2\text{에 대해서} \tag{9.59}$$

이것은 $X(t)$의 자기상관과 자기공분산이 t_2-t_1에 의존함을 뜻한다.

$$R_X(t_1,t_2) = R_X(t_2-t_1) \qquad \text{모든 } t_1, t_2\text{에 대해서} \tag{9.60}$$

$$C_X(t_1,t_2) = C_X(t_2-t_1) \qquad \text{모든 } t_1, t_2\text{에 대해서} \tag{9.61}$$

예제 9.31 **독립 항등 분포 확률 과정**

독립 항등 분포 확률 과정은 불변임을 보여라.

어떤 k인 시간들$(t_1, \ldots, t_k)$에 대해 결합 누적 분포 함수는 다음과 같다.

$$\begin{aligned} F_{X(t_1),\ldots,X(t_k)}(x_1,x_2,\ldots,x_k) &= F_X(x_1)F_X(x_2)\ldots F_X(x_k) \\ &= F_{X(t_1+\tau),\ldots,X(t_k+\tau)}(x_1,\ldots,x_k) \end{aligned}$$

식 (9.55)을 만족하므로 독립 항등 분포 확률 변수는 불변이다.

예제 9.32

합 과정이 이산시간 불변 과정인가?

합 과정은 $S_n = X_1 + X_2 + \ldots + X_n$이고, X_i는 독립 항등 분포 수열이다. 과정의 평균과 분산은 다음과 같다.

$$m_S(n) = nm \qquad \text{VAR}[S_n] = n\sigma^2$$

m과 σ^2은 X_n의 평균과 분산이다. 이 평균과 분산은 일정하지 않고, n에 비례하여 증가한다. 그러므로 합 과정은 불변 과정이 아니다.

예제 9.33 **확률 전신 신호**

예제 9.24에서 임의 전신 신호가 $P[X(0) = \pm 1] = 1/2$일 때, 시불변 확률 과정임을 보여라. $X(t)$가 $P[X(0) = \pm 1] \neq 1/2$일지라도 $t \to \infty$임에 따라 시불변이 됨을 보여라.

다음 두 결합 확률 질량 함수가 같음을 보일 필요가 있다.

$$P[X(t_1) = a_1, \ldots, X(t_k) = a_k] = P[X(t_1 + \tau) = a_1, \ldots, X(t_k + \tau) = a_k]$$

어떤 k, 어떤 $t_1 < \ldots < t_k$ 그리고 어떤 $a_j = \pm 1$에 대해서 포아송 과정의 독립 증분 성질은 다음과 같다.

$$\begin{aligned} P[X(t_1) = a_1, \ldots, X(t_k) = a_k] &= P[X(t_1) = a_1] \\ &\quad \times P[X(t_2) = a_2 | X(t_1) = a_1] \ldots P[X(t_k) = a_k | X(t_{k-1}) = a_{k-1}] \end{aligned}$$

$t_1 \ldots, t_k$ 시간의 임의 전신 값은 (t_j, t_{j+1}) 시간에 포아송 과정의 발생 개수에 따라 결정된다.

$$\begin{aligned} &P[X(t_1 + \tau) = a_1, \ldots, X(t_k + \tau) = a_k] \\ &\quad = P[X(t_1 + \tau) = a_1]P[X(t_2 + \tau) = a_2 | X(t_1 + \tau) = a_1] \ldots \\ &\qquad\qquad \times P[X(t_k + \tau) = a_k | X(t_{k-1} + \tau) = a_{k-1}] \end{aligned}$$

위 두 식의 천이 확률은 다음 식과 대응한다.

$$\begin{aligned} P[X(t_{j+1}) = a_{j+1} | X(t_j) = a_j] &= \begin{cases} \frac{1}{2}\{1 + e^{-2\alpha(t_{j+1} - t_j)}\} & \text{if } a_j = a_{j+1} \\ \frac{1}{2}\{1 - e^{-2\alpha(t_{j+1} - t_j)}\} & \text{if } a_j \neq a_{j+1} \end{cases} \\ &= P[X(t_{j+1} + \tau) = a_{j+1} | X(t_j + \tau) = a_j] \end{aligned}$$

두 결합 확률은 처음 항 $P[X(t_1) = a_1]$와 $P[X(t_1 + \tau) = a_1]$과는 다르다.

예제 9.24에서 모든 t에 대하여 $P[X(0) = \pm 1] = 1/2$이면 $P[X(t) = \pm 1] = 1/2$이다. 그러므로 $P[X(t_1) = a_1] = 1/2$이고, $P[X(t_1 + \tau) = a_1] = 1/2$이며, 다음과 같다.

$$P[X(t_1) = a_1, \ldots, X(t_k) = a_k] = P[X(t_1 + \tau) = a_1, \ldots, X(t_k + \tau) = a_k]$$

그러므로 우리는 $P[X(0) = \pm 1] = 1/2$일 때, 과정이 불변임을 알 수 있다.

만약, $P[X(0) = \pm 1] \neq 1/2$이면 $P[X(t_1) = a_1] \neq P[1(t_1 + \tau) = a_1]$이기 때문에 두 결합 확률 질량 함수는 같지 않다. $X(0) = 1$과 같이 정해진 값으로 시작하면 $P[X(0) = 1] = 1$임을 알 수 있다. $X(t)$의 확률 질량 함수는 식 (9.39)에서 식 (9.41)을 얻을 수 있다.

$$\begin{aligned} P[X(t) = a] &= P[X(t) = a | X(0) = 1]1 \\ &= \begin{cases} \frac{1}{2}\{1 + e^{-2\alpha t}\} & a = 1\text{일 경우} \\ \frac{1}{2}\{1 - e^{-2\alpha t}\} & a = -1\text{일 경우} \end{cases} \end{aligned}$$

t가 매우 작을 때 $X(t)=1$일 확률은 1에 가깝다. 그러나 t가 증가하면, $X(t)=1$일 확률은 1/2이 된다. t_1이 증가하면, $P[X(t_1)=a_1] \to 1/2$과 $P[X(t_1+\tau)=a_1] \to 1/2$이고, 두 결합 확률 질량 함수는 같아진다. 다시 말해서, 확률 과정이 초기 상태를 잊고 안정화 상태가 되면 시불변이다.

9.6.1 넓은 의미의 시불변 확률 과정

많은 상태에서 우리는 어떤 확률 과정이 시불변인지 측정할 수 없으나, 평균이 고정되어 있는지는 측정할 수 있다.

$$m_X(t)=m \quad \text{모든 } t\text{에 대해서} \tag{9.62}$$

그리고 t_1-t_2의 함수의 자기공분산(혹은 동일하게 자기상관성)은 오직 다음과 같다.

$$C_X(t_1, t_2)=C_X(t_1-t_2) \quad \text{모든 } t_1, t_2\text{에 대해서} \tag{9.63}$$

식 *(9.62)*와 *(9.63)*을 만족시킬 때 이산시간 혹은 연속시간 함수 $X(t)$는 넓은 의미의 시불변인 확률 과정이다. 마찬가지로, 우리는 $X(t)$와 $Y(t)$가 둘 다 넓은 의미의 시불변이고, 그들의 상호공분산이 오직 t_1-t_2에만 의존하면 **넓은 의미의 정적 결합**이라고 한다. $X(t)$가 넓은 의미의 정적 과정일 때 다음과 같이 쓴다.

$$C_X(t_1, t_2)=C_X(\tau) \quad \text{그리고} \quad R_X(t_1, t_2)=R_X(\tau)$$

여기서 $\tau=t_1-t_2$이다.

식 (9.62)와 (9.63)을 만족하는 모든 시불변 확률 과정은 넓은 의미의 정적 과정이다. 다음의 예제는 어떤 넓은 의미의 시불변 함수가 정적이지 않음을 보여준다.

예제 9.34

X_n이 독립 확률 변수인 두 개의 연속 떠남 간격으로 구성된다고 하자. 짝수의 n에 대해서, X_n은 1/2의 확률로 ±1의 값을 가진다고 가정하자. 홀수의 n에 대해서, X_n은 각각 9/10, 1/10의 확률로 1/3과 −3의 값을 가진다고 가정하자. X_n은 확률 질량 함수가 n을 가지고 바뀐다면 시불변이 아니다. X_n이 평균을 가진다는 것을 보이기는 쉽다.

$$m_X(n)=0 \quad \text{모든 } n\text{에 대해서}$$

그리고 공분산 함수는 다음과 같다.

$$C_X(i, j) = \begin{cases} E[X_i]E[X_j] = 0 & i \neq j\text{에 대해서} \\ E[X_i^2] = 1 & i = j\text{에 대해서} \end{cases}$$

그 결과 X_n은 넓은 의미의 시불변이다.

10장에서 넓은 의미의 시불변 과정의 자기공분산 함수가 선형 신호 처리 알고리즘에서 중요한 역할을 하는 것을 볼 수 있다. 우리는 자기상관 함수의 특성에서 넓은 의미의 시불변 과정의 특징을 추측할 수 있는 여러 결과를 개발한다.

처음으로, $\tau=0$일 때의 자기상관 함수는 과정의 **평균 파워**(두 번째 모멘트)를 준다.

$$R_X(0)=E[X(t)^2] \quad \text{모든 } t\text{에 대해서} \tag{9.64}$$

두 번째로, 자기상관 함수가 τ의 짝수 함수일 때 다음과 같다.

$$R_X(\tau) = E[X(t+\tau)X(t)] = E[X(t)X(t+\tau)] = R_X(-\tau) \tag{9.65}$$

세 번째로, 자기상관 함수는 다음 의미에서 확률 과정 변화율의 측정이다. 확률 과정에서 시간 t에서 $t+\tau$까지 변화를 고려하면 다음과 같다.

$$\begin{aligned} P[|X(t+\tau) - X(t)| > \varepsilon] &= P[(X(t+\tau) - X(t))^2 > \varepsilon^2] \\ &\le \frac{E[(X(t+\tau) - X(t))^2]}{\varepsilon^2} \\ &= \frac{2\{R_X(0) - R_X(\tau)\}}{\varepsilon^2} \end{aligned} \tag{9.66}$$

우리는 위 식을 얻기 위해 식 (4.75)의 마코프 부등식을 사용하였다. 식 (9.66) 상태에서 $R_X(0) - R_X(\tau)$가 작을 때, 즉, $R_X(\tau)$가 서서히 줄어들 때 τ초에서 $X(t)$의 큰 변화 확률은 작다.

네 번째로, 자기상관 함수는 $\tau = 0$에서 가장 크다. 다음의 부등식을 사용한다.[2)]

$$E[XY]^2 \le E[X^2]E[Y^2] \tag{9.67}$$

어떤 X와 Y의 두 확률 변수에도 만약 이 부등식을 $X(t+\tau)$와 $X(t)$에 사용하면 다음 식을 얻는다.

$$R_X(\tau)^2 = E[X(t+\tau)X(t)]^2 \le E[X^2(t+\tau)]E[X^2(t)] = R_X(0)^2$$

그러므로

$$|R_X(\tau)| \le R_X(0) \tag{9.68}$$

다섯 번째로, 만약 $R_X(0) = R_X(d)$이면 $R_X(\tau)$는 주기 d만큼 $X(t)$는 **평균 제곱 주기**이다. 즉, $E[(X(t+d) - X(t))^2] = 0$이다. 만약 식 (9.67)을 $X(t+\tau+d) - X(t+\tau)$와 $X(t)$에 적용하면 다음 식을 얻는다.

$$\begin{aligned} &E[(X(t+\tau+d) - X(t+\tau))X(t)]^2 \\ &\quad \le E[(X(t+\tau+d) - X(t+\tau))^2]E[X^2(t)] \end{aligned}$$

이것은 다음을 뜻한다.

$$\{R_X(\tau+d) - R_X(\tau)\}^2 \le 2\{R_X(0) - R_X(d)\}R_X(0)$$

앞서 말한 것과 같이 $R_X(d) = R_X(0)$은 식의 오른쪽 항은 0과 같음을 암시하고, 모든 τ에 대해서 $R_X(\tau+d) = R_X(\tau)$이다. 이 결과의 잦은 응용은 $R_X(\tau)$는 주기 d만큼 주기적이라는 것을 암시한다. $X(t)$가 평균 제곱 주기라는 사실은 다음을 의미한다.

$$E[(X(t+d) - X(t))^2] = 2\{R_X(0) - R_X(d)\} = 0$$

여섯 번째로, $X(t) = m + N(t)$로 둘 때, 여기서 $N(t)$는 평균 0을 가지는 과정으로 $\tau \to \infty$일 때 $R_N(\tau) \to 0$이다.

[2)] 연습문제 5.69와 부록 C를 참조

$$R_X(\tau) = E[(m + N(t+\tau))(m + N(t))] = m^2 + 2mE[N(t)] + R_N(\tau)$$
$$= m^2 + R_N(\tau) \to m^2 \qquad \text{as } \tau \to \infty$$

다른 말로, $\tau \to \infty$일 때 $R_X(\tau)$는 $X(t)$의 평균의 제곱에 근접한다.

요약하자면, 자기상관 함수는 3가지 종류의 구성요소를 가질 수 있다. (1) $\tau \to \infty$일 때 0으로 수렴하는 구성요소, (2) 주기적인 구성요소, 그리고 (3) 0이 아닌 평균을 갖는 구성요소이다.

예제 9.35

그림 9.13은 여러 종류의 자기상관 함수를 보여준다. 그림 9.13(a)는 임의 전신 신호 $X(t)$의 자기상관 함수를 보여준다(식 (9.44) 참고).

$$R_X(\tau) = e^{-2\alpha|\tau|} \qquad \text{모든 } \tau\text{에 대해서}$$

$X(t)$는 평균이 0이고 $|\tau| \to \infty$일 때, $R_X(\tau) \to 0$이다.

그림 9.13(b)는 크기 a를 가지고 임의의 상을 가지는 사인 곡선 $Y(t)$에 대한 자기상관 함수를 보여준다(예제 9.10 참고).

$$R_Y(\tau) = \frac{a^2}{2}\cos(2\pi f_0 \tau) \qquad \text{모든 } \tau\text{에 대해서}$$

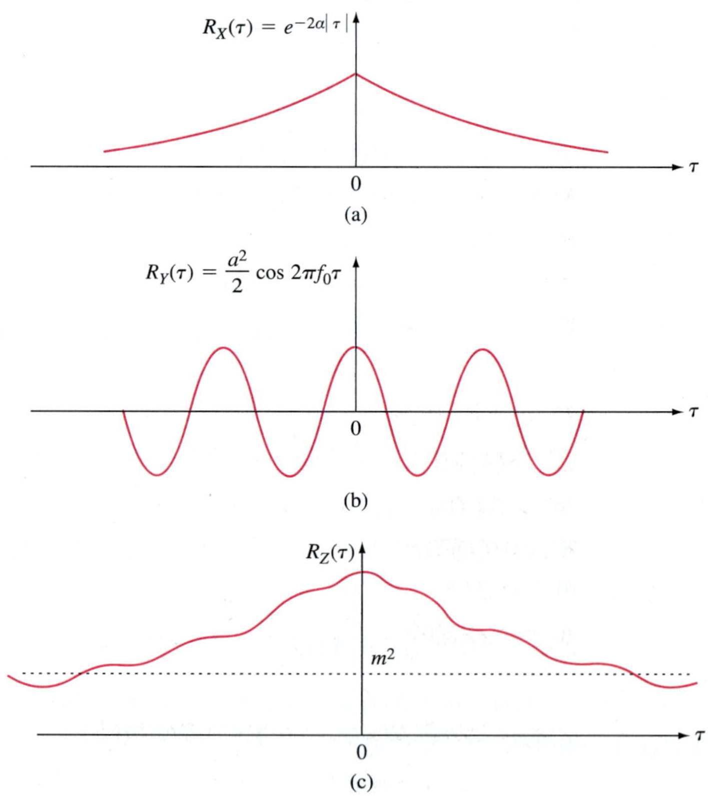

그림 9.13 ● (a) 랜덤 전신 신호의 자기상관 함수; (b) 랜덤 위상 사인 곡선의 자기상관 함수; (c) 평균이 0이 아니고 주기적 요소와 랜덤 요소를 가지는 확률 과정의 자기상관 함수

$Y(t)$는 영 평균을 가지고 $R_Y(\tau)$는 주기 $1/f_0$를 가지는 주기적이다.

그림 9.13(c)는 $Z(t) = X(t) + Y(t) + m$의 자기상관 함수, $X(t)$는 임의 전신 신호, $Y(t)$는 임의의 상을 가지는 사인 신호, m은 고정수이다.

만약 $X(t)$와 $Y(t)$가 독립 과정이라면 다음과 같다.

$$\begin{aligned} R_Z(\tau) &= E[\{X(t+\tau) + Y(t+\tau) + m\}\{X(t) + Y(t) + m\}] \\ &= R_X(\tau) + R_Y(\tau) + m^2 \end{aligned}$$

9.6.2 넓은 의미의 시불변인 가우스 확률 과정

만약 가우스 확률 과정이 넓은 의미의 시불변이라면, 그것 역시 시불변이다. 9.5절의 식 (9.47)을 되새겨보면, 가우스 확률 과정의 결합 확률 밀도 함수는 완전히 평균 $m_X(t)$와 자기상관 $C_X(t_1, t_2)$으로 결정된다. 만약 $X(t)$가 넓은 의미의 정적이라면, 그것의 평균은 고정수 m이고, 그것의 자기상관은 오직 추출 시간 $t_i - t_j$에만 의존한다. 그것은 $X(t)$의 결합 밀도 함수는 이 차이의 상태에만 의존하므로 시간 이동에 대해 불변이다. 따라서 확률 과정 또한 시불변이다.

위의 결과는 특히 넓은 의미의 시불변인 가우스 확률 과정은 모든 정보 m과 $C_X(\tau)$를 갖는 명확한 결합 밀도 함수를 요구하기에 일하기 쉬운 결과를 가져온다.

예제 9.36 **가우스 이동 평균 과정**

X_n을 평균이 0이고 분산이 σ^2인 가우스 확률 변수의 독립 항등 분포 수열이고, Y_n을 X_n의 연속되는 두 개수의 평균이라고 하자.

$$Y_n = \frac{X_n + X_{n-1}}{2}$$

모든 i에 대하여 $E[X_i] = 0$이면 Y_n의 평균은 0이다. 분산은 다음과 같다.

$$\begin{aligned} C_Y(i, j) &= E[Y_iY_j] = \frac{1}{4}E[(X_i + X_{i-1})(X_j + X_{j-1})] \\ &= \frac{1}{4}\{E[X_iX_j] + E[X_iX_{j-1}] + E[X_{i-1}X_j] + E[X_{i-1}X_{j-1}]\} \\ &= \begin{cases} \frac{1}{2}\sigma^2 & i = j\text{일 경우} \\ \frac{1}{4}\sigma^2 & |i - j| = 1\text{일 경우} \\ 0 & \text{그 외의 경우} \end{cases} \end{aligned}$$

우리는 Y_n이 고정적인 평균을 가지며, 분산 함수는 오직 $|i-j|$에만 의존하는 것을 볼 수 있다. 그러므로 Y_n은 넓은 의미의 시불변인 과정이다. Y_n은 가우스 확률 과정의 선형 함수에 의해 정의된 가우스 확률 변수이다(6.4절, 식 (6.45) 참고). 앞서 Y_n의 결합 밀도 함수는 평균이 0인 벡터이고, 위의 $C_Y(i, j)$로 지정된 분산 행렬의 입장을 가지고 식 (9.47)에 따라 주어진다.

9.6.3 순환정류 확률 과정

매 T초마다 주어진 절차의 반복으로부터 대부분 임의 과정이 발생한다. 예를 들어, 매 초 동안 파형 자료 조절기(변복조 장치) 순서는 몇몇의 입력 정보 수열을 따른다. 다른 예를 들면, '시간 다중 채널'은 정보 기호의 수열을 n개로 나누어 단일 기호의 수열에 끼워 넣는다. 그러한 확률 과정의 주기적인 성질이 그들의 확률적 성질에서 명백한 것이라는 것은 그리 놀라운 일이 아니다. 이산시간이나 연속시간 확률 과정 $X(t)$가 견본의 어떠한 항의 결합 누적 분포 함수가 몇몇의 주기 T의 정수 배수 기원의 이동에 관심을 가지는 불변이라면 **순환정류(cyclostationary)**라고 한다. 다시 말해, $X(t_1), X(t_2), \ldots, X(t_k)$이고, $X(t_1+mT), X(t_2+mT), \ldots, X(t_k+mT)$가 모든 , k, m 그리고 추출 시간 $t_1, \ldots, t_k$의 선택이 같은 결합 밀도 함수를 가진다.

$$\begin{aligned} &F_{X(t_1), X(t_2), \ldots, X(t_k)}(x_1, x_2, \ldots, x_k) \\ &= F_{X(t_1+mT), X(t_2+mT), \ldots, X(t_k+mT)}(x_1, x_2, \ldots, x_k) \end{aligned} \tag{9.69}$$

만약 평균과 자기공분산 함수가 T의 정수 배수, 즉 모든 정수 m에 기원한 시간에서 이동에 주목하는 것을 가지는 시불변이라면 우리는 $X(t)$를 **넓은 의미의 순환정류**라고 한다.

$$m_X(t + mT) = m_X(t) \tag{9.70a}$$

$$C_X(t_1 + mT, t_2 + mT) = C_X(t_1, t_2) \tag{9.70b}$$

만약 $X(t)$가 순환정류이면 $X(t)$는 역시 넓은 의미의 순환정류임에 주목하라.

예제 9.37

주기 T를 갖는 임의의 진폭의 사인파를 생각해보자.

$$X(t) = A\cos(2\pi t/T)$$

$X(t)$는 순환정류인가? 넓은 의미의 순환정류인가?

시간 추출 $t_1, \ldots, t_k$를 위한 결합 밀도 함수를 생각해보자.

$$\begin{aligned} &P[X(t_1) \le x_1, X(t_2) \le x_2, \ldots, X(t_k) \le x_k)] \\ &= P[A\cos(2\pi t_1/T) \le x_1, \ldots, A\cos(2\pi t_k/T) \le x_k] \\ &= P[A\cos(2\pi(t_1 + mT)/T) \le x_1, \ldots, A\cos(2\pi(t_k + mT)/T) \le x_k] \\ &= P[X(t_1 + mT) \le x_1, X(t_2 + mT) \le x_2, \ldots, X(t_k + mT) \le x_k] \end{aligned}$$

앞에서 $X(t)$는 순환정류 확률 과정이므로 역시 넓은 의미의 순환정류 과정이다.

위의 예제에서 임의의 과정의 견본 함수는 항상 주기적이다. 보통, 예제를 따라가면 순환정류 확률 과정의 견본 함수는 주기성을 필요로 하지 않는다.

예제 9.38 **펄스 진폭 변조**

변복조 장치가 이진수 독립 항등 분포의 같은 정도의 확률이 있는 정보 수열을 다음과 같이 보낸다. 이진수 1을 전송할 때, 변복조 장치는 T초 동안 크기 1의 사각파를 전송하고, 이진수 0을 전송할 때, 변복조 장치는 T초 동안 크기 -1의 사각파를 전송한다. $X(t)$를 임의 과정의 결과라고 하자. $X(t)$는 넓은 의미의 순환정류 과정인가?

그림 9.14(a)는 T초 동안의 사각파를 보여준다. 그리고 그림 9.14(b)는 정보 수열을 위한 특별한 결과의 파형을 보여준다. A_i를 크기 ±1을 가지는 수열과 일치하는 이진수 수열이라고 하면, $X(t)$는 시간이 이동된 사각파의 크기 조정의 합으로 볼 수 있다.

$$X(t) = \sum_{n=-\infty}^{\infty} A_n p(t - nT) \tag{9.71}$$

$X(t)$의 평균은 다음과 같다.

$$m_X(t) = E\left[\sum_{n=-\infty}^{\infty} A_n p(t - nT)\right] = \sum_{n=-\infty}^{\infty} E[A_n]p(t - nT) = 0$$

여기서 $E[A_n] = 0$인 상태이다. 자기공분산 함수는 다음과 같다.

$$\begin{aligned} C_X(t_1, t_2) &= E[X(t_1)X(t_2)] - 0 \\ &= \begin{cases} E[X(t_1)^2] = 1 & nT \le t_1,\ t_2 < (n+1)T\text{일 경우} \\ E[X(t_1)]E[X(t_2)] = 0 & \text{그 외의 경우} \end{cases} \end{aligned}$$

그림 9.15는 t_1과 t_2의 자기공분산 함수를 보여준다. 모든 정수 m에 대해 $C_X(t_1 + mT, t_2 + mT) = C_X(t_1,$

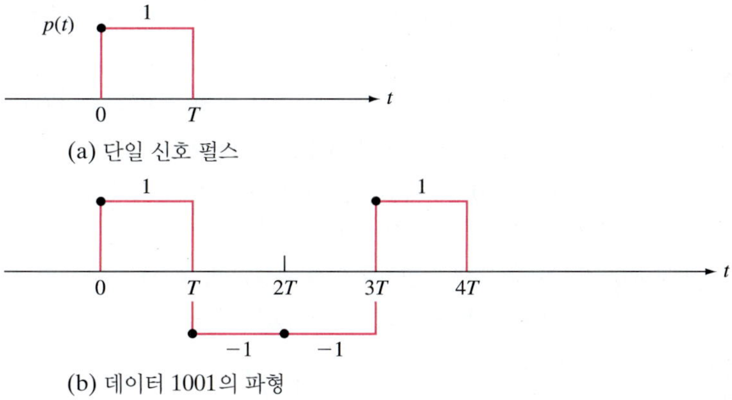

그림 9.14 ● 펄스 진폭 변조

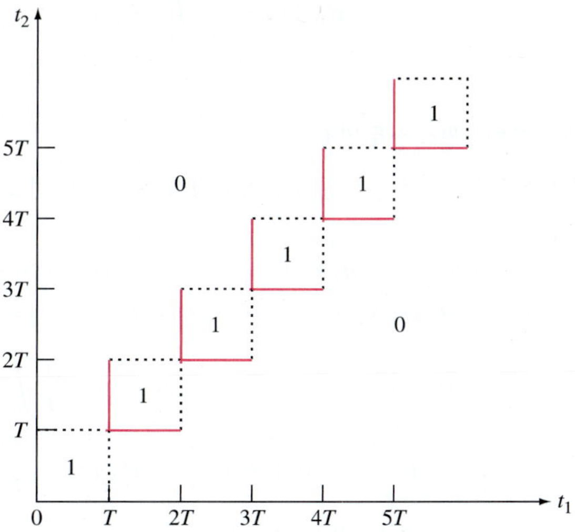

그림 9.15 ● 펄스 진폭 변조된 확률 과정의 자기공분산 함수

t_2)인 것은 명백하다. 그러므로 그 과정은 넓은 의미의 순환정류 과정이다.

정적 확률 과정이 순환정류 과정에서 어떻게 얻어지는지 볼 수 있다. $X(t)$를 주기 T를 가지는 순환정류 과정이라고 하자. $X(t)$는 임의로 위상을 변경하며 정적으로 증가시킨다.

$$X_s(t) = X(t + \Theta) \qquad [0, T]\text{에서 균일한 } \Theta \tag{9.72}$$

여기서 Θ는 $X(t)$에 독립이다. $X_s(t)$는 위상 $X(t)$를 알 수 없거나 나머지를 알 수 없는 경우에 발생한다. 만일 $X(t)$가 순환정류 확률 과정이면 $X_s(t)$는 시불변 확률 과정이다. 이것을 확인하기 위해 먼저 $X_s(t)$의 결합 누적 분포 함수를 찾기 위한 조건부 기대값을 사용한다.

$$\begin{aligned}
&P[X_s(t_1) \le x_1, X_s(t_2) \le x_2, \ldots, X_s(t_k) \le x_k] \\
&\quad = P[X(t_1 + \Theta) \le x_1, X(t_2 + \Theta) \le x_2, \ldots, X(t_k + \Theta) \le x_k] \\
&\quad = \int_0^T P[X(t_1 + \Theta) \le x_1, \ldots, X(t_k + \Theta) \le x_k \mid \Theta = \theta] f_\Theta(\theta)\, d\theta \\
&\quad = \frac{1}{T}\int_0^T P[X(t_1 + \theta) \le x_1, \ldots, X(t_k + \theta) \le x_k]\, d\theta
\end{aligned} \tag{9.73}$$

식 (9.73)은 $X_s(t)$의 결합 누적 분포 함수는 결합 누적 분포 함수 $X(t)$를 한 주기 이상 누적함으로써 얻을 수 있음을 보여준다. 이것은 $X_s(t)$의 시간 이동 구간, 즉 $X_s(t_1 + \tau)$, $X_s(t_2 + \tau)$, ... $X_s(t_k + \tau)$은 $X_s(t_1)$, $X_s(t_2)$, . . . , $X_s(t_k)$와 같은 결합 누적 분포 함수를 갖는다. (연습문제 9.75 참고) 따라서 $X_s(t)$는 시불변 확률 과정이다.

만약 $X(t)$가 넓은 의미의 순환정류 확률 과정이면, $X_s(t)$는 다음의 평균과 자기상관성을 갖는 넓은 의미의 시불변 확률 과정임을 조건부 기대값을 사용해 쉽게 알 수 있다.

$$E[X_s(t)] = \frac{1}{T}\int_0^T m_x(t)\, dt \tag{9.74a}$$

$$R_{X_s}(\tau) = \frac{1}{T}\int_0^T R_X(t + \tau, t)\, dt \tag{9.74b}$$

예제 9.39 확률 위상 이동의 펄스 진폭 변조

$X_s(t)$를 예제 9.38에서 소개한 펄스 진폭 변조 파장 $X(t)$의 위상 변조 형태라 하자. $X_s(t)$의 평균과 자기상관 함수를 구하라.

$X(t)$의 평균이 0이므로 $X_s(t)$의 평균은 0이다. $X_s(t)$의 자기상관성은 식 (9.74b)로 구한다. 그림 9.15에 따라 $0 < t + \tau < T$에서 $R_X(t + \tau, t) = 1$이거나 $R_X(t + \tau, t) = 0$이다.

$$0 < \tau < T\text{에 대해서} \qquad R_{X_s}(\tau) = \frac{1}{T}\int_0^{T-\tau} dt = \frac{T - \tau}{T}$$

$$-T < \tau < 0\text{에 대해서} \qquad R_{X_s}(\tau) = \frac{1}{T}\int_{-\tau}^{T} dt = \frac{T + \tau}{T}$$

그러므로 $X_s(t)$는 삼각 자기상관 함수를 갖는다.

$$R_{X_s}(\tau) = \begin{cases} 1 - \dfrac{|\tau|}{T} & |\tau| \le T \\ 0 & |\tau| > T \end{cases}$$

9.7 확률 과정의 연속성, 도함수 그리고 적분

전자공학의 많은 시스템들은 선형 미분식으로 묘사되는 역학들을 갖는다. 이러한 시스템에 결정된 입력 신호가 주어지면 미분방정식들은 이 시스템의 출력 신호를 계산한다. 이러한 해답을 개발하는 과정에서 결정된 함수에 대한 계산법을 이용한다. 각각의 확률 과정의 함수들을 결정된 신호로 나타낼 수 있으면 위와 같은 시스템의 연속시간 확률 과정에서 입력으로 사용할 수 있다. 시스템의 출력은 또 다른 확률 과정의 표본 함수로 구성된다. 이와 반대로, 시스템이 입력으로 확률 과정을 사용하고 출력으로도 확률 과정을 만든다고 본다면 연속시간 확률 과정을 위해 새로운 계산법이 필요하다. 특히 연속성, 미분성, 그리고 표본 함수들의 조화를 말하는 확률 과정의 적분성을 설명할 수 있는 확률적인 방법 개발이 필요하다. 이 절에서는 이러한 개념들을 설명한다.

9.7.1 평균 제곱 연속성

확률 과정을 보는 기본적인 방법은 S 안의 각각의 포인트 ζ가 특정한 표본 함수 $X(t, \zeta)$를 생성한다고 보는 것이다. 연산법에서의 기본적인 방법들은 각각의 점 ζ에 대해 t_0에서의 표본 함수 연속성을 결정하는 데 사용할 수 있다. t가 t_0에 가까워짐에 따라 미분 $|X(t, \zeta) - X(t_0, \zeta)|$의 미분이 0에 가까워진다면, 직관적으로 $X(t, \zeta)$는 t_0에서 연속적이라 할 수 있다. 공식적으로는 다음과 같이 말할 수 있다.

> 만일 주어진 $\varepsilon > 0$에 대해 $|t - t_0| < \delta$인 $\delta > 0$이 존재한다면, 그것은 $|X(t, \zeta) - X(t_0, \zeta)| < \varepsilon$임을 뜻하고 다음과 같이 쓸 수 있다.
>
> $$\lim_{t \to t_0} X(t, \zeta) = X(t_0, \zeta)$$

연습문제 9.2의 확률 사인 곡선과 같은 몇몇 간단한 경우에서 확률 과정의 모든 표본 함수가 점 t_0에서 연속임을 확립할 수 있고, 확률 과정이 t_0에서 연속임을 결론지을 수 있다. 그러나 일반적으로, 확률적인 관점에서만 확률 과정의 연속성을 언급할 수 있다. 이 점에서는 7.4절에서 소개한 평균 제곱의 관점에서 수렴성에만 집중하기로 한다. 선형 시스템에서의 추적성과 유용성이 확률 입력에도 적용되기 때문이다.

> **평균 제곱 연속성:** 확률 과정 $X(t)$는 다음과 같을 때 평균 제곱의 관점에서 점 t_0에서 연속이다.
>
> $$E[(X(t) - X(t_0))^2] \to 0 \qquad t \to t_0\text{에 따라} \tag{9.75}$$

평균 제곱의 연속성은 다음과 같이 표현한다.

$$\underset{t \to t_0}{\text{l.i.m.}}\, X(t) = X(t_0)$$

만일 평균 제곱이 모든 t_0에서 연속이면 $X(t)$는 평균 제곱이 연속이라 한다. 만일 모든 확률 과정의 표본 함수들이 점 t_0에서 연속이면 이 과정 역시 점 t_0에서 평균 제곱이 연속일 것이다. 모든 평균 제곱의 연속성이 모든 표본 함수의 연속성을 뜻하지는 않음을 그림 9.16의 예를 통해 보게 될 것이다.

평균 제곱 연속성을 위해 어떤 조건이 필요한지 결정하기 위해 $X(t)$와 $X(t_0)$ 사이의 평균 제곱의 차이를 고려하라.

$$E[(X(t) - X(t_0))^2] = R_X(t,t) - R_X(t_0,t) - R_X(t,t_0) + R_X(t_0,t_0) \quad (9.76)$$

여기서 만일 자기상관 함수 $R_X(t_1, t_2)$가 점 (t_0, t_0)에서 연속이면 $t \to t_0$로 하여 식 (9.76)의 오른쪽이 소거된다. 그래서 만일 $R_X(t_1, t_2)$가 t_1, t_2 모두 점 (t_0, t_0)에서 연속이면 $X(t)$는 점 t_0에서 평균 제곱이 연속이라 결론짓는다.

이 점에서, 만일 $f(x, y)$의 극한이 (x, y)에서 (a, b)까지 어떤 방법으로도 같은 값에 도달한다면 두 변수의 함수인 $f(x, y)$의 함수는 점 (a, b)에서 연속이라 할 수 있다. 특히 $R_X(t_1, t_2)$가 (t_0, t_0)에서 연속이기 위해서, $R_x(t_1, t_2)$는 어떤 방향에서도 (t_0, t_0)에 도달해야 한다.

점 t_0에서 평균 함수 $m_X(t)$의 불연속성은 표본 함수는 반드시 0이 아닌 확률로 t_0에서 불연속이어야 한다. 따라서 만일 $X(t)$가 t_0에서 평균 제곱이 연속이면 평균 함수 $m_X(t)$는 반드시 t_0에서 연속이어야 한다.

$$\lim_{t \to t_0} m_X(t) = m_X(t_0) \quad (9.77a)$$

이것을 보이기 위해 $X(t) - X(t_0)$의 분산은 음수가 아닌 수로 한다.

$$0 \le \mathrm{VAR}[X(t) - X(t_0)] = E[(X(t) - X(t_0))^2] - E[X(t) - X(t_0)]^2$$

따라서 다음과 같다.

$$E[(X(t) - X(t_0))^2] \ge E[X(t) - X(t_0)]^2 = (m_X(t) - m_X(t_0))^2$$

만일 $X(t)$가 t_0에서 평균 제곱 연속이면 $t \to t_0$로, 위 식의 왼쪽이 0이 된다. 이것은 오른쪽도 0

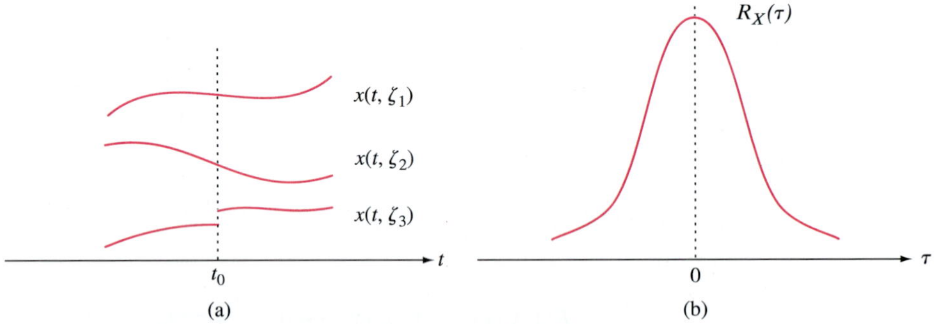

그림 9.16 ● (a) t_0에서 평균 제곱 연속성은 모든 표본 함수가 t_0에서 연속성이라는 것을 의미하지 않는다. (b) 만약 $X(t)$가 넓은 의미 시불변이나 $\tau = 0$에서 $R_X(\tau)$가 연속적이다. 그때 $X(t)$는 모든 t에서 평균 제곱 연속성이다.

이 됨을 뜻하고 $m_X(t) \rightarrow m_X(t_0)$가 된다. 식 (9.77a)는 다음과 같이 다시 쓸 수 있다.

$$\lim_{t \to t_0} E[X(t)] = E\left[\underset{t \to t_0}{\text{l.i.m.}}\ X(t)\right] \tag{9.77b}$$

따라서, $X(t)$가 t_0에서 평균 제곱 연속이면 극한의 순서와 기대값을 교환할 수 있다.

만일 확률 과정 $X(t)$가 넓은 의미의 시불변이면 식 (9.76)은 다음과 같이 된다.

$$E[(X(t_0 + \tau) - X(t_0))^2] = 2(R_X(0) - R_X(\tau)) \tag{9.78}$$

따라서 $R_X(\tau)$가 $\tau = 0$일 때 연속이면, 넓은 의미의 시불변인 확률 과정 $X(t)$는 모든 t_0에서 평균 제곱 연속이다.

예제 9.40 **위너와 포아송 과정**

위너와 포아송 과정은 평균 제곱이 연속인가?

위너 과정 $X(t)$의 자기상관은 다음과 같다.

$$R_X(t_1, t_2) = \alpha\, min(t_1, t_2)$$

t_1과 t_2의 극한이 (t_0, t_0)에 도달한다고 하자.

$$|R_X(t_0 + \varepsilon_1, t_0 + \varepsilon_2) - R_X(t_0, t_0)|$$
$$= \alpha|\min(t_0 + \varepsilon_1, t_0 + \varepsilon_2) - t_0| \leq \alpha \max(\varepsilon_1, \varepsilon_2)$$

ε_1과 ε_2가 0으로 감에 따라 위의 차이는 사라진다. 따라서 자기상관 함수는 (t_0, t_0)에서 연속이다. 위너 과정은 평균 제곱에 연속이다.

포아송 과정 $N(t)$의 자기상관성은 다음과 같다.

$$R_N(t_1, t_2) = \lambda\, min(t_1, t_2)$$

이는 위너 과정과 정확히 같다. 따라서 포아송 과정도 역시 평균 제곱에 연속이다.

위 예는 평균 제곱의 연속성이 표본 함수들의 연속성을 뜻하지는 않음을 명확히 보여준다. 포아송과 위너 과정은 같은 자기상관 함수를 갖고 평균 제곱 연속이다. 하지만 포아송 과정은 불연속적인 가산 무한수를 가지는 데 반해, 위너 과정의 모든 표본 함수들은 연속적이다.

예제 9.41 **펄스 진폭 변조**

$X(t)$는 연습문제 9.38에서 소개한 펄스 진폭 변조 확률 과정이라 하자. $X(t)$는 평균 제곱 연속인가?

이 과정은 $t = mT$에서 0이 아닌 확률로 불연속성을 갖는다. 따라서 이 과정은 평균 제곱 연속이 아니라고 기대한다. $X(t)$의 자기상관 함수는 그림 9.15와 다음과 같다.

$$R_X(t_1, t_2) = \begin{cases} 1 & nT \leq t_1 < (n+1)T \text{ 그리고 } nT \leq t_2 < (n+1)T \\ 0 & \text{그 외의 경우} \end{cases}$$

자기상관 함수는 $t_1 = t_0 \neq nT$의 모든 점에서 연속이다. 그래서 $X(t)$는 $nT < t < (n+1)T$ 신호 구간에서 모든 점에서 평균 제곱 연속이다. 그러나 자기상관 함수는 $t_1 = t_0 = nT$에서는 연속이 아닌데, 이는 펄스 사이에서 전이가 어디서 일어나는지에 달려 있다. 예를 들어, $t_1 = t_2$ 선상에서 (nT, nT) 점에 접근하면 극한값으로 1을 얻는다. 위의 수직선상으로 (nT, nT)에 접근하면 극한값으로 0을 얻는다. 따라서 $X(t)$는 점 $t = nT$에서 평균 제곱 연속이 아니다.

9.7.2 평균 제곱 도함수

확률 과정 $X(t, \zeta)$의 표본 함수를 취하고 결정 함수의 도함수를 정의하는 극한을 수행한다고 가정하자.

$$\lim_{\varepsilon \to 0} \frac{X(t+\varepsilon, \zeta) - X(t, \zeta)}{\varepsilon}$$

이 극한은 같은 확률 과정 안에서 어떤 표본 함수에는 존재하고, 어떤 표본 함수에는 존재하지 않을 수 있다. 확률 과정의 도함수는 평균 제곱의 수렴성으로 정의된다.

평균 제곱 수렴성 : t에서의 확률 과정 $X(t)$의 평균 제곱 도함수 $X'(t)$는 다음과 같이 정의된다.

$$\underset{\varepsilon \to 0}{\text{l.i.m.}} \frac{X(t+\varepsilon) - X(t)}{\varepsilon} \tag{9.79}$$

평균 제곱 극한이 존재하는 것은 다음과 같다.

$$\lim_{\varepsilon \to 0} E\left[\left(\frac{X(t+\varepsilon) - X(t)}{\varepsilon} - X'(t)\right)^2\right] = 0$$

평균 제곱 도함수는 $dX(t)/dt$로 다시 쓸 수 있다. 만약 점 t에서 $X(t)$의 모든 표본 함수가 미분 가능하면, 식 (9.80)를 만족하기 때문에 평균 제곱 도함수는 존재한다. 그러나 평균 제곱 도함수의 존재성이 모든 표본 함수들의 도함수의 존재를 뜻하지는 않는다.

$$\frac{\partial^2}{\partial t_1 \partial t_2} R_X(t_1, t_2) \tag{9.80}$$

이제 위 식이 점 $(t_1, t_2) = (t, t)$에서 존재하면 점 t에서 $X(t)$의 평균 제곱 도함수가 존재함을 보이려 한다. $X(t)$가 특별한 경우인 넓은 의미 시불변으로 검토한다. $X(t)$에서 처음 다른 평균 제곱 값을 생각해보자.

$$\begin{aligned} E\left[\left(\frac{X(t+h) - X(t)}{h}\right)^2\right] &= \frac{1}{h^2}(R_X(0) - R_X(h) - R_X(-h) + R_X(0)) \\ &= -\frac{1}{h}\left\{\frac{R_X(h) - R_X(0)}{h} - \frac{R_X(0) - R_X(-h)}{h}\right\} \\ &\to)-\frac{d^2}{d\tau^2} R_X(\tau)\bigg|_{\tau=0} \end{aligned} \tag{9.81}$$

그러므로 만일 $R_X(\tau)$가 $\tau = 0$에서 2차까지의 미분을 가지면 넓은 의미의 시불변인 확률 과정 $X(t)$의 평균 제곱 도함수는 존재한다.

만일 $X(t)$가 평균 제곱 도함수 $X'(t)$가 존재하는 가우스 확률 과정이라면 $X'(t)$도 가우스 확률 과정이어야 한다. 이것을 보이기 위해 $Y_\varepsilon(t) = (X(t+\varepsilon) - X(t))/\varepsilon$을 생각하자.

k개의 시간 표본 $Y_\varepsilon(t_1), Y_\varepsilon(t_2), \ldots, Y_\varepsilon(t_k)$는 결합 가우스 확률 변수 $X(t_1+\varepsilon), X(t_1), X(t_2+\varepsilon), X(t_2), \ldots, X(t_k+\varepsilon), X(t_k)$들의 선형 변환으로 얻을 수 있다. 그리고 그것은 $Y_\varepsilon(t_1)$,

$Y_\varepsilon(t_2), \ldots, Y_\varepsilon(t_k)$가 결합 가우스 확률 변수임을 따르고, 따라서 $Y_\varepsilon(t)$는 가우스 확률 과정이다. ε가 0에 가까워짐에 따라 $Y_\varepsilon(t)$의 극한, $X'(t)$는 또한 가우스 확률 과정이다. (7.4절에서) 평균 제곱 수렴은 분포에 있어서 수렴성을 포함하기 때문이다.

일단 평균 제곱 도함수 $X'(t)$의 존재가 결정되면 그것의 평균과 자기상관 함수를 찾는 것을 전개할 수 있다. 식 (9.77b)를 유도한 추론을 이용하면, 기대값과 평균 제곱 도함수의 차수를 교환할 수 있음을 보일 수 있다.

$$\begin{aligned} E[X'(t)] &= E\left[\underset{\varepsilon\to 0}{\text{l.i.m.}}\frac{X(t+\varepsilon)-X(t)}{\varepsilon}\right] \\ &= \lim_{\varepsilon\to 0} E\left[\frac{X(t+\varepsilon)-X(t)}{\varepsilon}\right] \\ &= \lim_{\varepsilon\to 0}\frac{m_X(t+\varepsilon)-m_X(t)}{\varepsilon} = \frac{d}{dt}m_X(t) \end{aligned} \tag{9.82}$$

만일 $X(t)$가 넓은 의미의 시불변 과정이라면, $m_X(t)=m$, 즉 상수이므로 $E[X'(t)]=0$이다.

다음으로 $X(t)$와 $X'(t)$의 상호상관을 구한다.

$$\begin{aligned} R_{X,X'}(t_1,t_2) &= E\left[X(t_1)\underset{\varepsilon\to 0}{\text{l.i.m.}}\frac{X(t_2+\varepsilon)-X(t_2)}{\varepsilon}\right] \\ &= \lim_{\varepsilon\to 0}\frac{R_X(t_1,t_2+\varepsilon)-R_X(t_1,t_2)}{\varepsilon} \\ &= \frac{\partial}{\partial t_2}R_X(t_1,t_2) \end{aligned}$$

마침내 다음과 같은 $X'(t)$의 자기상관을 얻는다.

$$\begin{aligned} R_{X'}(t_1,t_2) &= E\left[\underset{\varepsilon\to 0}{\text{l.i.m.}}\left\{\frac{X(t_1+\varepsilon)-X(t_1)}{\varepsilon}\right\}X'(t_2)\right] \\ &= \lim_{\varepsilon\to 0}\frac{R_{X,X'}(t_1+\varepsilon,t_2)-R_{X,X'}(t_1,t_2)}{\varepsilon} \\ &= \frac{\partial}{\partial t_1}R_{X,X'}(t_1,t_2) \qquad = \frac{\partial^2}{\partial t_1\,\partial t_2}R_X(t_1,t_2) \end{aligned} \tag{9.83}$$

만일 $X(t)$가 넓은 의미의 시불변 과정이라면 다음과 같다.

$$R_{X,X'}(\tau) = \frac{\partial}{\partial t_2}R_X(t_1-t_2) = -\frac{d}{d\tau}R_X(\tau) \tag{9.84}$$

여기서 $\tau = t_1 - t_2$이며 다음을 얻는다.

$$\begin{aligned} R_{X'}(\tau) &= \frac{\partial}{\partial t_1}\left\{\frac{\partial}{\partial t_2}R_X(t_1-t_2)\right\} = \frac{\partial}{\partial t_1} - \frac{d}{d\tau}R_X(t_1-t_2) \\ &= -\frac{d^2}{d\tau^2}R_X(\tau) \end{aligned} \tag{9.85}$$

예제 9.42

$X(t)$가 예제 6.6의 임의 랜덤 사인 함수라고 하자. $X(t)$는 제곱 평균 도함수를 갖는가?

$X(t)$의 자기상관 함수는 다음과 같다

$$R_X(t_1, t_2) = E[A^2] \cos 2\pi t_1 \cos 2\pi t_2$$

t_1과 t_2에 대한 2차 혼합 편미분은 모든 점 (t, t)에서 존재하고 다음과 같이 주어진다.

$$\frac{\partial^2}{\partial t_1 \, \partial t_2} R_X(t_1, t_2) \big|_{t_1 = t_2 = t} = 4\pi^2 E[A^2] \sin^2 2\pi t$$

그러므로 $X(t)$는 모든 점 t에서 평균 제곱 도함수를 갖다.

예제 9.43 **위너 과정과 백색 가우스 잡음**

위너 과정은 평균 제곱 도함수를 갖는가?

위너 과정이 가우스 과정인 것을 상기하라. 따라서 그것의 도함수 또한 가우스 과정이다. 이 과정이 평균 제곱 도함수를 가지지 않음을 보일 것이다. 위너 과정은 다음과 같은 자기상관 함수를 갖는다.

$$R_X(t_1, t_2) = \alpha \min(t_1, t_2) = \begin{cases} \alpha t_2 & t_2 < t_1 \\ \alpha t_1 & t_2 \geq t_1 \end{cases}$$

t_2에 대한 1차 도함수는 다음과 같다.

$$\frac{\partial}{\partial t_2} R_X(t_1, t_2) = \begin{cases} \alpha & t_2 < t_1 \\ 0 & t_2 > t_1 \end{cases} = \alpha u(t_1 - t_2)$$

계단 함수의 도함수는 그것의 불연속점에서 존재하지 않는다. 그러므로 2차 혼합 편미분은 어떤 점 t에서도 존재하지 않으므로 위너 과정은 어떤 점에서도 도함수를 가지지 않는다.

만일 델타 함수를 이용한다면 확률 과정의 도함수에 대한 개념을 일반화할 수 있다. 델타 함수는 그것의 적분이 단위 계단 함수가 되도록 정의된다는 것을 상기하라(식 (4.18) 참고). 델타 함수를 산출해내는 것으로 단위 계단 함수의 도함수를 설명할 수 있다. 이것은 과정 $X'(t)$가 다음과 같은 자기상관 함수를 가짐을 암시한다.

$$R_{X'}(t_1, t_2) = \frac{\partial}{\partial t_1} \alpha u(t_1 - t_2) = \alpha \delta(t_1 - t_2) \tag{9.86}$$

델타 함수의 성질은 확률 과정 $X'(t)$에 몇 가지 특이 성질을 부여한다. 첫째로, 델타 함수는 $t_1 = t_2$에서 무한대이므로 $X'(t)$의 평균 제곱 값은 무한대다. 즉, $X'(t)$는 무한대의 전력을 가진다. 또한 델타 함수는 $t_1 \neq t_2$인 모든 점에서 0이므로 두 개의 다른 시간 표본 $X'(t)$과 $X'(t_2)$는 t_1이 t_2에 얼마나 근접한지에 상관없이 비상관이다. 이것은 $X'(t)$가 시간 영역에서 아주 급격히 변한다는 것을 암시한다. 위너 확률 과정이 9.5절의 임의 보행 과정의 극한에서 얻을 수 있다는 것을 상기하라. 그러므로 그 과정의 도함수가 이런 성질들을 가진다는 것은 놀랄 일이 아니다.

위너 과정의 도함수를 얻는 것으로 귀결되는 확률 과정을 **백색 가우스 잡음(white Gaussian noise)**이라 한다. 그것은 통신과 레이더 시스템의 광대역 잡음을 모델링하는 데 유용하다. 이것을 다음 장에서 다룰 것이다.

9.7.3 평균 제곱 적분

연속시간 확률 과정의 적분은 시간 평균을 계산할 때 발생한다. 그것은 또한 선형 미분방정식으로 기술되는 시스템에 대한 해로써 발생한다. 이번 절에서는 평균 제곱 수렴의 관점에서 확률 과정의 개념을 전개할 것이다.

구간(t_0, t)에 대한 확률 과정 $X(t)$의 적분에 관심이 있다고 하자. 그 구간을 n개의 부분 구간으로 나누고 합을 나타낸다.

$$I_n = \sum_{k=1}^{n} X(t_k)\,\Delta_k$$

$X(t)$의 적분을 부분 구간의 폭이 0에 가까워짐에 따른 수열 I_n의 평균 제곱 극한으로 정의한다. 그 극한이 존재할 때 확률 과정의 극한을 다음과 같이 표시한다.

$$Y(t) = \int_{t_0}^{t} X(t')\,dt' = \underset{\Delta_k \to 0}{\text{l.i.m.}} \sum_k X(t_k)\Delta_k \tag{9.87}$$

코시 판정법은 식 (9.87)의 평균 제곱 적분의 존재를 보장하는 조건을 준다.

$$E\left[\left\{\sum_j X(t_j)\,\Delta_j - \sum_k X(t_k)\,\Delta_k\right\}^2\right] \to 0 \tag{9.88}$$

평균 제곱 적분의 경우처럼 제곱을 기대값 속으로 확장할 때 세 부분을 얻는다. 이 부분들의 각각은 다음 식의 표현을 가져온다.

$$E\left[\sum_j \sum_k X(t_j)X(t_k)\,\Delta_j\,\Delta_k\right] = \sum_j \sum_k R_X(t_j, t_k)\,\Delta_j\,\Delta_k \tag{9.89}$$

만일 우변의 극한이 존재하면 식 (9.88)을 초래하는 세 부분이 0에 더해진다는 것을 보일 수 있다. 반면에 식 (9.89)의 우변의 극한은 자기상관 함수의 이중 적분에 근접한다. 그래서 만일 다음의 이중 적분이 존재하면 $X(t)$의 평균 제곱 적분이 존재한다는 것을 보였다.

$$\int_{t_0}^{t}\int_{t_0}^{t} R_X(u, v)\,du\,dv \tag{9.90}$$

만일 $X(t)$가 평균 제곱 연속 확률 과정이라면 그 적분이 존재함을 보일 수 있다.

만일 $X(t)$가 가우스 확률 과정이라면 그것의 적분 $Y(t)$도 가우스 확률 과정이다. 이것은 I_n가 결합 가우스 확률 변수의 선형 결합이라는 사실을 따른다.

$Y(t)$의 평균과 자기상관 함수는 다음과 같다.

$$\begin{aligned} m_Y(t) &= E\left[\int_{t_0}^{t} X(t')\,dt'\right] = \int_{t_0}^{t} E[X(t')]\,dt' \\ &= \int_{t_0}^{t} m_X(t')\,dt' \end{aligned} \tag{9.91}$$

그리고

$$R_Y(t_1, t_2) = E\left[\int_{t_0}^{t_1} X(u)\,du \int_{t_0}^{t_2} X(v)\,dv\right]$$
$$= \int_{t_0}^{t_1}\int_{t_0}^{t_2} R_X(u, v)\,du\,dv \tag{9.92}$$

마침내 만일 $X(t)$가 넓은 의미의 시불변이라면, 식 (9.90)과 식 (9.92)의 피적분자는 $R_X(u-v)$로 바뀐다.

예제 9.44 **$X(t)$의 이동 평균**

주기 T를 갖는 임의 진폭 사인 함수 $M(t)$의 반주기에 대한 이동 평균, 즉 $X(t)$의 평균과 분산을 구하라.

$$M(t) = \frac{2}{T}\int_{t-T/2}^{t} X(t')\,dt'$$

$M(t)$의 평균은 다음과 같다.

$$E[M(t)] = \frac{2}{T}\int_{t-T/2}^{t} E[A]\cos\frac{2\pi t'}{T}\,dt' = E[A]\frac{2}{\pi}\sin\frac{2\pi t}{T}$$

그것의 시간 t에서의 두 번째 모멘트는 다음과 같다.

$$E[M^2(t)] = R_M(t, t) = \frac{4}{T^2}\int_{t-T/2}^{t}\int_{t-T/2}^{t} E[A^2]\times\cos\frac{2\pi u}{T}\cos\frac{2\pi v}{T}\,du\,dv = E[A^2]\frac{4}{\pi^2}\sin^2\frac{2\pi t}{T}$$

그리고 분산은 다음과 같다.

$$\text{VAR}[M(t)] = E[A^2]\frac{4}{\pi^2}\sin^2\frac{2\pi t}{T} - E[A]^2\frac{4}{\pi^2}\sin^2\frac{2\pi t}{T}$$
$$= \text{VAR}[A]\frac{4}{\pi^2}\sin^2\frac{2\pi t}{T}$$

예제 9.45 **백색 가우스 잡음의 적분**

$Z(t)$는 예제 9.43의 백색 가우스 잡음 과정이라고 하자. $X(t)$의 자기상관 함수, 구간 $(0, t)$에 대한 $Z(t)$의 적분을 구하라.

예제 9.43으로부터 백색 가우스 잡음 과정은 자기상관 함수를 갖는다.

$$R_Z(t_1, t_2) = \alpha\delta(t_1 - t_2)$$

$X(t)$의 자기상관 함수는 다음과 같다.

$$R_X(t_1, t_2) = \int_0^{t_1}\int_0^{t_2} \alpha\delta(w - v)\,dw\,dv = \alpha\int_0^{t_2} u(t_1 - v)\,dv$$
$$= \alpha\int_0^{\min(t_1, t_2)} dv = \alpha\min(t_1, t_2)$$

따라서 $X(t)$가 위너 과정과 같은 자기상관을 가진다는 것을 알았다. 또한 $Z(t)$가 가우스 과정이므로 $X(t)$는 가우스 확률 과정이어야 함을 얻었다. 그리고 $X(t)$는 위너 과정이어야 한다. 식 (9.52)의 결합 확률 밀도 함수를 갖기 때문이다.

9.7.4 임의 입력에 대한 선형 시스템의 응답

이제 1차 미분방정식으로 기술된 선형 시스템의 해를 구하기 위해 이 절에서 전개된 결과를 적용할 것이다. 그 방법은 2차 방정식으로 일반화될 수 있다. 다음 절에서 그 일반적 문제를 풀기 위한 변환법을 전개할 것이다.

1차 미분방정식으로 기술된 선형 시스템을 생각하자.

$$X'(t) + \alpha X(t) = Z(t) \qquad t \geq 0, X(0) = 0 \tag{9.93}$$

예를 들면, $X(t)$는 현재 입력이 $Z(t)$인 RC 회로의 커패시터 양단의 전압을 나타낼 수 있다. 우리는 $m_X(t)$와 $R_X(t_1, t_2)$를 구하기 위한 방법을 보일 것이다. 만일 입력 과정 $Z(t)$가 가우스 과정이면 출력 과정 또한 가우스 과정일 것이다. 그러므로 입력이 가우스 과정인 경우에 출력 과정의 결합 확률 밀도 함수를 특성화할 수 있을 것이다.

식 (9.93)의 기대값을 얻는 것으로 $m_X(t)$에 대한 미분방정식을 얻는다.

$$E[X'(t)] + E[X(t)] = m'_X(t) + m_X(t) = m_Z(t) \qquad t \geq 0 \tag{9.94}$$

$m_X(0) = E[X(0)] = 0$. 초기 조건은 다음과 같다.

중간 단계로 $R_{Z,X}(t_1, t_2)$에 대한 미분방정식을 구한다. 식 (9.93)에 $Z(t_1)$을 곱하고 기대값을 구하면 다음을 얻는다.

$$E[Z(t_1)X'(t_2)] + \alpha E[Z(t_1)X(t_2)] = E[Z(t_1)Z(t_2)] \qquad t_2 \geq 0$$

초기 조건은 $X(0) = 0$이므로 $E[Z(t_1)X(0)] = 0$이다. $X(t)$와 $X'(t)$의 상호상관을 구한 유도(식 (9.83) 참고)는 다음을 보이는 데 이용할 수 있다.

$$E[Z(t_1)X'(t_2)] = \frac{\partial}{\partial t_2} R_{Z,X}(t_1, t_2)$$

그래서 다음의 미분방정식을 얻는다.

$$\frac{\partial}{\partial t_2} R_{Z,X}(t_1, t_2) + \alpha R_{Z,X}(t_1, t_2) = R_Z(t_1, t_2) \qquad t_2 \geq 0 \tag{9.95}$$

초기 조건은 다음과 같다. $R_{Z,X}(t_1, 0) = 0$. 마침내 $R_Z(t_1, t_2)$에 대한 미분방정식을 얻는다. 식 (9.93)에 $X(t_2)$를 곱하고 기대값을 구하면 다음과 같다.

$$E[X'(t_1)X(t_2)] + \alpha E[X(t_1)X(t_2)] = E[Z(t_1)X(t_2)] \qquad t_1 \geq 0$$

초기 조건은 다음과 같다. $E[X(0)X(t_2)] = 0$ 이것은 다음과 같은 미분방정식을 만든다.

$$\frac{\partial}{\partial t_1} R_X(t_1, t_2) + \alpha R_X(t_1, t_2) = R_{Z,X}(t_1, t_2) \qquad t_1 \geq 0 \tag{9.96}$$

초기 조건은 다음과 같다. $R_{Z,X}(0, t_2) = 0$. 식 (9.95)에 대한 해는 식 (9.96)의 강제 함수로 나타난다는 것에 주목하라. 따라서 식 (9.94), (9.95), 그리고 (9.96)의 미분방정식을 푸는 것으로 $X(t)$에 대한 평균과 자기상관 함수를 얻는다.

예제 9.46

식 (9.93)과 같이 평균이 0인 입력을 갖는 백색 가우스 잡음 프로세스를 랑주뱅(*Langevin*)식이라 부르며, 이후 과학자들은 자유 소립자의 브라운 운동을 묘사하기 위해 1908년 도식화했다. 이 식에서 $X(t)$는 소립자의 속도를 나타내고, 식 (9.93)은 소립자 가속에 관련된 방정식 $X'(t)$에서 마찰력 $-\alpha X(t)$에 따른 소립자의 파워와 랜덤 충돌 $Z(t)$에 따른 파워의 결과다. 우리는 1930년 울렌벡(Uhlenbeck)과 오른슈타인(Ornstein)이 개발한 풀이를 제공할 것이다.

첫째로 입력 과정 $Z(t)$이 가우스일 때, 출력 과정 $X(t)$도 또한 가우스 확률 과정으로 정의한다. 다음으로 일차 이항식을 상기하면 다음과 같다.

$$x'(t) + ax(t) = g(t) \qquad t \geq 0, x(0) = 0$$

다음과 같은 해를 갖는다.

$$x(t) = \int_0^t e^{-a(t-\tau)} g(\tau)\, d\tau \qquad t \geq 0$$

그러므로 식 (9.94)에 대한 풀이는 다음과 같다.

$$m_X(t) = \int_0^t e^{-\alpha(t-\tau)} m_Z(\tau)\, d\tau = 0$$

백색 가우스 잡음 과정 자기상관은 다음과 같다.

$$R_Z(t_1, t_2) = \sigma^2 \delta(t_1 - t_2)$$

식 (9.95)는 또한 일차 이항식으로 존재하며, 다음과 같이 풀 수 있다.

$$\begin{aligned} R_{Z,X}(t_1, t_2) &= \int_0^{t_2} e^{-\alpha(t_2-\tau)} R_Z(t_1, \tau)\, d\tau \\ &= \int_0^{t_2} e^{-\alpha(t_2-\tau)} \sigma^2 \delta(t_1 - \tau)\, d\tau \\ &= \begin{cases} 0 & 0 \leq t_2 < t_1 \\ \sigma^2 e^{-\alpha(t_2-t_1)} & t_2 \geq t_1 \end{cases} \\ &= \sigma^2 e^{-\alpha(t_2-t_1)} u(t_2 - t_1) \end{aligned}$$

$u(x)$는 단위 계단 함수이다.

출력 과정 $X(t)$의 자기상관 함수는 일차 이항식인 식 (9.96)에 대한 풀이다. 이 풀이는 다음의 식으로 주어진다.

$$\begin{aligned} R_X(t_1, t_2) &= \int_0^{t_1} e^{-\alpha(t_1-\tau)} R_{Z,X}(\tau, t_2)\, d\tau \\ &= \sigma^2 \int_0^{t_1} e^{-\alpha(t_1-\tau)} e^{-\alpha(t_2-\tau)} u(t_2 - \tau)\, d\tau \\ &= \sigma^2 \int_0^{\min(t_1, t_2)} e^{-\alpha(t_1-\tau)} e^{-\alpha(t_2-\tau)}\, d\tau \\ &= \frac{\sigma^2}{2\alpha} \left(e^{-\alpha|t_1-t_2|} - e^{-\alpha(t_1+t_2)}\right) \qquad t_1 \geq 0, t_2 \geq 0 \end{aligned} \tag{9.97a}$$

자기상관 함수를 갖는 가우스 확률 과정은 **오른슈타인-울렌벡 과정(Ornstein-Uhlenbeck process)**이라고 한다. 그러므로 우리는 출력 과정 $X(t)$가 오른슈타인-울렌벡 과정이라고 결론내릴 수 있다.

만약에 $t_1 = t$ 그리고 $t_2 = t + \tau$라고 한다면, t는 다음과 같이 무한히 접근한다.

$$R_X(t + \tau, t) \to \frac{\sigma^2}{2\alpha} e^{-\alpha|\tau|} \tag{9.97b}$$

이는 제로 초기화 컨디션의 영향을 시간적인 증가로 보여주며, 이러한 프로세서는 넓은 의미의 정적 특성을 갖는다. 확률 과정이 가우스로 존재할 때, 과정은 엄격한 의미에서의 정적 특성을 갖는다.

9.8 확률 과정의 시평균과 에르고딕 정리

어떠한 관점에서, 확률 과정의 매개변수들은 측정을 통해 얻어져야 한다. 7장의 결과들과 8장의 통계적인 방법들은 시간적인 많은 수의 확률 과정에 대한 증가로 주어지는 그리고 관계되는 양의 산술적인 평균으로 주어지는 임의의 실험의 반복으로 나타난다. 예를 들어, 확률 과정 $X(t, \zeta)$의 평균을 결정하기 위해 랜덤 실험을 반복하며 다음과 같은 평균을 취한다.

$$\hat{m}_X(t) = \frac{1}{N}\sum_{i=1}^{N} X(t, \zeta_i) \tag{9.98}$$

이때 N은 반복적인 실험의 수이고, $X(t, \zeta_i)$는 i번째 반복에서 관찰된 실제 값이다.

어떠한 상태는 평균 또는 하나의 표현의 **시평균(time average)**에 대한 자기상관 함수로 결정된다. 이는 다음과 같은 식으로 나타낼 수 있다.

$$\langle X(t) \rangle_T = \frac{1}{2T}\int_{-T}^{T} X(t, \zeta)\, dt \tag{9.99}$$

에르고딕(Ergodic) 정리는 관찰 구간이 넓게 형성된 시평균 영역으로 집중하는 상황을 나타낸다. 이 절에서는 기대값에 대해 시간적인 평균이 집중되는 상태일 때 에르고딕 정리에 대해 살펴본다.

7장에서 언급한 많은 규칙들은 가장 중요한 에르고딕 정리 중 하나다. 이는 만약 $E[X_n] = m$의 유한 평균을 갖는 X_n이 독립 항등 분포 불연속시간 확률 평균 과정을 나타낸다면, 이후 확률 1을 갖는 기대값에 표본값들이 집중되는 시간적인 평균은 다음과 같다.

$$P\left[\lim_{n\to\infty}\frac{1}{n}\sum_{i=1}^{n} X_i = m\right] = 1 \tag{9.100}$$

이러한 결과는 실제 실험 과정의 시간적인 평균으로 결정되는 m의 측정을 허락한다. 이는 확률 과정의 좀 더 넓은 영역, 즉 non-iid, 이산시간 확률 과정 그리고 연속시간 확률 과정과 같은 형태의 결과들을 취한다.

다음의 예제는 일반적으로 시간 평균들이 기대값에 집중되지 않음을 보여준다.

예제 9.47

모든 t에 대해 $X(t) = A$이며, A는 평균이 0이며, 단위분산 변수이다. 시평균의 한계값을 구하라.

확률 과정의 평균은 $m_X(t) = E[X(t)] = E[A] = 0$이다. 하지만 식 (9.99)는 다음과 같이 주어진다.

$$\langle X(t) \rangle_T = \frac{1}{2T}\int_{-T}^{T} A\, dt = A$$

이는 시평균 의미가 항상 $m_X(t) = 0$에 집중되지 않는 것이다. 이러한 과정은 고정적이라는 것에 주목해야 한다. 이러한 예는 정적인 과정에서는 에르고딕 정리가 필요하지 않음을 보여준다.

$E[X(t)] = m_X(t)$에 대한 식 (9.99)에 따라 주어진 추정값을 생각하자. 이 추정값은 단일 값을 발생시키며, 다행히도 상수 $m_X(t) = m$에 대해 고려하는 과정들에 대한 의미로 나타낸다. 이제 넓은 의미의 시불변인 과정의 시평균을 에르고딕 정리로 나타낼 수 있다.

$X(t)$가 넓은 의미의 정적 과정이라고 하자.

$$E[\langle X(t)\rangle_T] = E\left[\frac{1}{2T}\int_{-T}^{T} X(t)\,dt\right] = \frac{1}{2T}\int_{-T}^{T} E[X(t)]\,dt = m \tag{9.101}$$

$\langle X(t)\rangle_T$의 기대값은 다음의 식 (9.101)로 $\langle X(t)\rangle_T$은 m에 대한 불편 추정값이다.

$\langle X(t)\rangle_T$의 변화를 고려하면 다음과 같다.

$$\begin{aligned}\text{VAR}[\langle X(t)\rangle_T] &= E[(\langle X(t)\rangle_T - m)^2]\\ &= E\left[\left\{\frac{1}{2T}\int_{-T}^{T}(X(t) - m)\,dt\right\}\left\{\frac{1}{2T}\int_{-T}^{T}(X(t') - m)\,dt'\right\}\right]\\ &= \frac{1}{4T^2}\int_{-T}^{T}\int_{-T}^{T} E[(X(t) - m)(X(t') - m)]\,dt\,dt'\\ &= \frac{1}{4T^2}\int_{-T}^{T}\int_{-T}^{T} C_X(t, t')\,dt\,dt' \end{aligned} \tag{9.102}$$

$X(t)$ 과정이 넓은 의미의 시불변인 과정일 때, 식 (9.102)로 된다.

$$\text{VAR}[\langle X(t)\rangle_T] = \frac{1}{4T^2}\int_{-T}^{T}\int_{-T}^{T} C_X(t - t')\,dt\,dt' \tag{9.103}$$

그림 9.17은 이러한 적분이 집중되는 영역을 보여준다. 이러한 적분 함수는 구간 $-2T < u < 2T$에 대해서 직선 $u = t - t'$으로 일정하다. 그래서 그림에서 보여주는 것과 같은 미분 구간의 합에 대한 적분을 고안할 수 있다. 이는 $(2T - |u|)du$ 영역을 갖는 각 띠를 보여줄 수 있으며, 그래서 적분에 대한 각 띠의 분포는 $(2T - |u|)C_X(u)du$이다.

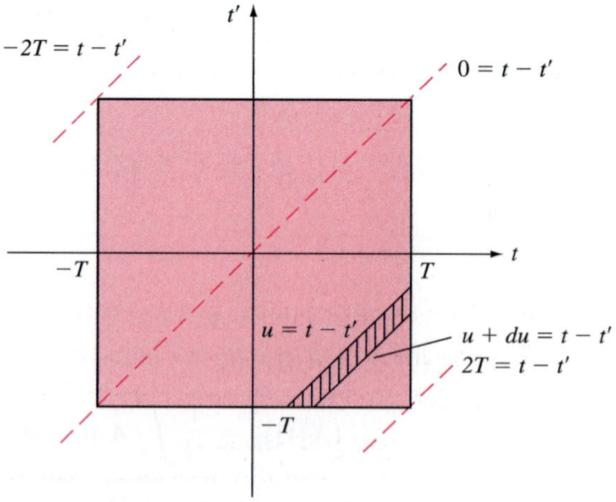

그림 9.17 ● 식 (9.102)에서 적분을 위한 적분 범위

$$\begin{aligned}\mathrm{VAR}[\langle X(t)\rangle_T] &= \frac{1}{4T^2}\int_{-2T}^{2T}(2T - |u|)C_X(u)\,du \\ &= \frac{1}{2T}\int_{-2T}^{2T}\left(1 - \frac{|u|}{2T}\right)C_X(u)\,du \qquad (9.104)\end{aligned}$$

그러므로 $\langle X(t)\rangle_T$는 평균 제곱 수렴 m으로 근접할 것이다. 즉, $E[(\langle X(t)\rangle_T - m)^2] \to 0$이며, 만약 식 (9.104)가 증가하는 T를 가질 때 평균이 0으로 접근한다면, 다음의 에르고딕 정리를 통해 증명된다.

정리

$X(t)$는 $m_X(t) = m$을 갖는 넓은 의미의 시불변인 확률 과정이라 할 때 평균 제곱 수렴은 다음과 같다.

$$\lim_{T\to\infty}\langle X(t)\rangle_T = m$$

$$\lim_{T\to\infty}\frac{1}{2T}\int_{-2T}^{2T}\left(1 - \frac{|u|}{2T}\right)C_X(u)\,du = 0$$

공학적으로 이용하기 위해서는 넓은 의미의 시불변인 과정은 이론적 환경이 안정되었다면 **에르고딕 평균**이라고 할 수 있다.

이론상으로 다른 양의 시평균에 대한 에르고딕 정리를 포함해 이용할 수 있다. 예를 들어, 만약 식 (9.99)에 대해 $Y(t+\tau)Y(t)$를 갖는 $X(t)$가 존재한다면, $Y(t)$ 과정의 자기상관 함수에 대한 시평균 추정값을 포함한다.

$$\langle Y(t+\tau)Y(t)\rangle_T = \frac{1}{2T}\int_{-T}^{T}Y(t+\tau)Y(t)\,dt \qquad (9.105)$$

이는 만약 $Y(t)$가 넓은 의미의 시불변인 과정이라면 $E[\langle Y(t+\tau)Y(t)_T\rangle] = R_Y(\tau)$라고 쉽게 보일 수 있다. 에르고딕 정리는 $X(t)$를 가지는 식 (9.104)가 0으로 수렴하는 $Y(t)Y(t+\tau)$로 대체된다면 시평균 자기상관이 평균 제곱 뜻에서 $R_Y(\tau)$로 수렴함을 뜻한다.

예제 9.48

랜덤 전신기 과정은 에르고딕 평균인가?

랜덤 전신기 과정에 대한 공분산 함수는 $C_X(\tau) = e^{-2\alpha|\tau|}$이고, 그래서 $\langle X(t)\rangle_T$의 분산은 다음과 같다.

$$\begin{aligned}\mathrm{VAR}[\langle X(t)\rangle_T] &= \frac{2}{2T}\int_0^{2T}\left(1 - \frac{u}{2T}\right)e^{-2\alpha u}\,du \\ &< \frac{1}{T}\int_0^{2T}e^{-2\alpha u}\,du = \frac{1 - e^{-4\alpha T}}{2\alpha T}\end{aligned}$$

$T\to\infty$일 때, 경계는 0으로 다가가며 $\mathrm{VAR}[\langle X(t)\rangle_T] \to 0$이다. 그러므로 이러한 과정은 에르고딕 평균이다.

만약 확률 과정이 불연속시간이라면 이후 평균과 자기상관 함수에 대한 시평균의 추정값은 다음과 같이 주어진다.

$$\langle X_n \rangle_T = \frac{1}{2T+1} \sum_{n=-T}^{T} X_n \tag{9.106}$$

$$\langle X_{n+k} X_n \rangle_T = \frac{1}{2T+1} \sum_{n=-T}^{T} X_{n+k} X_n \tag{9.107}$$

만약에 X_n이 넓은 의미의 시불변인 과정의 랜덤 과정이라면 이는 $E[\langle X_n \rangle_T] = m$, 그리고 $\langle X_n \rangle_T$는 m에 대한 불편 추정값이다. 여기서 $\langle X_n \rangle_T$의 값의 분산이 다음과 같음을 쉽게 알 수 있다.

$$\text{VAR}[\langle X_n \rangle_T] = \frac{1}{2T+1} \sum_{k=-2T}^{2T} \left(1 - \frac{|k|}{2T+1}\right) C_X(k) \tag{9.108}$$

그러므로 $\langle X_n \rangle_T$는 제곱 평균의 수렴으로 m에 접근하며, 만약 식 (9.108)이 증가하는 T를 갖고 0에 접근한다고 표현한 것이라면, 에르고딕 평균이다.

예제 9.49 에르고딕성(Ergodicity)과 지수 상관

X_n는 넓은 의미의 시불변(WSS) 이산시간 과정이며, 평균이 m이고 다음과 같은 공분산 함수를 가진다. $C_X(k) = \sigma^2 \rho^{-|k|}$, for $|\rho| < 1$ 그리고 $k = 0, \pm 1, +2, \ldots$. X_n이 평균 에르고딕임을 보여라.

표본 평균의 분산(식 (9.106))은 다음과 같다.

$$\begin{aligned}\text{VAR}[\langle X_n \rangle_T &= \frac{1}{2T+1} \sum_{k=-2T}^{2T} \left(1 - \frac{|k|}{2T+1}\right) \sigma^2 \rho^{|k|} \\ &< \frac{2}{2T+1} \sum_{k=0}^{\infty} \sigma^2 \rho^k = \frac{2\sigma^2}{2T+1} \frac{1}{1-\rho}\end{aligned}$$

우항이 T가 증가함에 따라 0으로 수렴하므로 X_n은 평균 에르고딕이다.

예제 9.50 자기유사 과정의 에르고딕성 및 긴 범위의 종속

X_n는 넓은 의미의 시불변(WSS) 이산시간 과정이며, 평균이 m이고 다음과 같은 공분산 함수를 가진다.

$$C_X(k) = \frac{\sigma^2}{2} \{|k+1|^{2H} - 2|k|^{2H} + |k-1|^{2H}\} \tag{9.109}$$

$1/2 < H < 1$과 $k = 0, \pm 1, +2, \ldots$ X_n에 대해서 **2차 자기유사(second-order self similar)**라고 한다. 우리는 X_n의 에르고딕성을 구할 수 있다.

식 (9.106)의 추출 평균의 분산을 검토하면 다음과 같다.

$$\begin{aligned}\text{VAR}[\langle X_n \rangle_T] &= \frac{1}{(2T+1)^2} \sum_{k=-2T}^{2T} (2T+1-|k|) C_X(k) \\ &= \frac{1}{(2T+1)^2} \{(2T+1) C_X(0) + 2(2T C_X(1)) + \ldots + 2C_X(2T)\}\end{aligned}$$

중괄호 내의 합이 $\sigma^2 (2T+1)^{2H}$라는 것을 쉽게 알 수 있다(연습문제 9.125를 보라).

그러므로 분산은 다음과 같다.

$$\text{VAR}[\langle X_n \rangle_T] = \frac{1}{(2T+1)^2}\sigma^2(2T+1)^{2H} = \sigma^2(2T+1)^{2H-2} \tag{9.110}$$

H는 **허스트 매개변수(Hurst parameter)**이다. 이는 표본 평균의 수렴에 영향을 미친다. 만약 $H = 1/2$이면 공분산 함수는 $C_X(k) = 1/2\sigma^2\delta_k$이고, 독립 항등 분포 수열과 일치한다. 이 경우에 분산은 $\sigma^2/(2T+1)$이며, 독립 항등 분포 표본의 표본 평균의 수렴률과 같다. 그러나 $H > 1/2$이면 분산은 다음과 같다.

$$\text{VAR}[\langle X_n \rangle_T] = \frac{\sigma^2}{2T+1}(2T+1)^{2H-1} \tag{9.111}$$

$(2T+1)2^{H-1}$의 요소에 의해 표본 평균은 독립 항등 분포 표본보다 느리게 수렴한다.

$H > 1/2$일 때 표본 평균은 X_n의 긴 범위 종속의 결과로 느리게 수렴한다. 큰 k에 대해 공분산 함수는 다음과 같은 근사값을 구할 수 있다.

$$C_X(k) = \sigma^2 H(2H-1)k^{2H-2} \tag{9.112}$$

$1/2 < H < 1$에서 $C(k)$는 매우 낮은 감쇠율인 $1/k^{\alpha}(0 < \alpha < 1)$로 감쇠한다. 그러므로 X_n값들 간의 독립성은 천천히 감소하고 이 과정은 긴 메모리를 가지고 있다고 하거나 긴 범위(long-range) 독립적이다라고 한다.

*9.9 푸리에 급수 및 칼만-레비 전개

$X(t)$는 넓은 의미의 시불변이라 하고, T구간을 갖는 제곱 평균 구간 랜덤 과정, 즉 $E[(X(t+T) - X(t))^2] = 0$이라 하자. 단순화를 위해서 $X(t)$의 평균을 0이라 한다. 이는 $X(t)$를 **푸리에 급수(Fourier series)**에 따라 제곱 평균 수렴으로 표현할 수 있음을 보여줄 것이다.

$$X(t) = \sum_{k=-\infty}^{\infty} X_k e^{j2\pi kt/T} \tag{9.113}$$

이때 상관계수는 식 (6.103)으로 정의된 확률 변수이다.

$$X_k = \frac{1}{T}\int_0^T X(t')e^{-j2\pi kt'/T}\,dt' \tag{9.114}$$

식 (9.114)는 일반적으로 상관계수가 복잡한 값을 갖는 확률 변수로 존재함을 뜻한다. 복잡한 값을 갖는 확률 변수들에 대해서 두 개의 확률 변수 X, Y 사이의 상관성은 $E[XY^*]$으로 정의된다. 또한 상관계수가 직교 확률 변수, 즉 $k \neq m$이 같지 않을 때 $E[X_k Y_m^*] = 0$임을 보여줄 것이다.

만약 $X(t)$가 제곱 평균의 구간에 존재한다면, $R_X(\tau)$는 구간 T를 갖는 τ의 주기 함수임을 기억하자. 그러므로 푸리에 급수는 다음과 같이 확장될 수 있다.

$$R_X(\tau) = \sum_{k=-\infty}^{\infty} a_k e^{j2\pi k\tau/T} \tag{9.115}$$

이때 식 (6.116)에 따라 상관계수 α_k가 주어진다.

$$a_k = \frac{1}{T}\int_0^T R_X(t')e^{-j2\pi kt'/T}\,dt' \tag{9.116}$$

상관계수 a_k는 다음과 같이 유도될 것이다.

첫째, 식 (9.113)의 상관계수는 직교 확률 변수, 즉 $E[X_k Y_m^*] = 0$임을 보여준다.

$$E[X_k X_m^*] = E\left[X_k \frac{1}{T}\int_0^T X^*(t')e^{j2\pi mt'/T}\,dt' \right]$$
$$= \frac{1}{T}\int_0^T E[X_k X^*(t')]e^{j2\pi mt'/T}\,dt'$$

위 식의 일부분은 다음과 같이 나타낸다.

$$E[X_k X^*(t)] = E\left[\frac{1}{T}\int_0^T X(u)e^{-j2\pi ku/T}\,du\,X^*(t) \right]$$
$$= \frac{1}{T}\int_0^T R_X(u-t)e^{-j2\pi ku/T}\,du$$
$$= \left\{ \frac{1}{T}\int_{-t}^{T-t} R_X(v)e^{-j2\pi kv/T}\,dv \right\} e^{-j2\pi kt/T}$$
$$= a_k e^{-j2\pi kt/T}$$

이때 푸리에 상관계수는 어떠한 전 구간에서도 계산될 수 있음을 이용한다.

$$E[X_k X_m^*] = \frac{1}{T}\int_0^T a_k e^{-j2\pi kt'/T}e^{j2\pi mt'/T}\,dt' = a_k \delta_{k,m} \tag{9.117}$$

위 식에서 $\delta_{k,m}$은 크로네커(Kronecker) 델타 함수이다. 따라서 X_k와 X_m은 직교 확률 변수들이다. 주목해야 할 것은 위의 식이 $a_k = E[|X_k|^2]$, 즉 a_k가 실수라는 것이다.

푸리에 시리즈가 제곱 평균 측면에서의 $X(t)$와 같음을 보여주기 위해 다음 식을 쓴다.

$$E\left[\left| X(t) - \sum_{k=-\infty}^{\infty} X_k e^{j2\pi kt/T} \right|^2 \right]$$
$$= E[|X(t)|^2] - E\left[X(t)\sum_{k=-\infty}^{\infty} X_k^* e^{-j2\pi kt/T} \right]$$
$$- E\left[X^*(t)\sum_{k=-\infty}^{\infty} X_k e^{j2\pi kt/T} \right] + E\left[\sum_{k=-\infty}^{\infty}\sum_{m=-\infty}^{\infty} X_k X_m^* e^{j2\pi(k-m)t/T} \right]$$
$$= R_X(0) - \sum_{k=-\infty}^{\infty} a_k - \sum_{k=-\infty}^{\infty} a_k^* + \sum_{k=-\infty}^{\infty} a_k$$

위 식은 0과 같다. 식 (6.115)에서 a_k가 실수이고, $R_X(0) = \Sigma a_k$이기 때문이다.

만약 $X(t)$가 넓은 의미의 정적 확률 과정이라면 이것은 평균의 제곱근이 주기적이지 않다는 것이며, 임의 구간 $[0, T]$에서의 푸리에 급수에서 $X(t)$를 전개할 수 있다. 평균 제곱근은 구간 내부에서만 값이 유지될 것이다. 구간 밖에서는 전개가 주기 T에 대해 반복된다. 푸리에 계수는 더 이상 직교하지 않고 다음과 같이 주어진다.

$$E[X_k X_m^*] = \frac{1}{T^2}\int_0^T\int_0^T R_X(t-u)e^{-j2\pi kt/T}e^{j2\pi mu/T}\,dt\,du \tag{9.118}$$

$X(t)$가 평균 제곱이라면 이것은 식 (9.117)이 됨을 쉽게 보일 수 있다.

9.9.1 칼만–레비 전개

칼만-레비(Karhunen-Loeve) 전개는 확률 과정 $X(t)$를 급수로 표현하게 해준다.

$$X(t) = \sum_{k=1}^{\infty} X_k \phi_k(t) \qquad 0 \le t \le T \tag{9.119a}$$

$$X_k = \int_0^T X(t)\phi_k^*(t)\, dt \tag{9.119b}$$

식 (9.119a)에서 등호는 평균 제곱 측면에 있다. $\{X_k\}$들은 직교의 확률 변수이고, 함수$\{\phi_k(t)\}$는 직교성이다.

$$\int_0^T \phi_i(t)\phi_j(t)\, dt = \delta_{i,j} \quad \text{모든 } i, j\text{에 대해서}$$

즉, 칼만–레비 전개는 $X(t)$가 평균 제곱 주기가 아닐 경우, 푸리에 급수의 성격을 잘 나타내준다. 간략히 하자면, $X(t)$를 영평균이라고 다시 가정할 것이다.

칼만-레비 전개를 유발시키기 위해 6.3절에서 소개한 벡터 확률 변수에서는 칼만-레비 변환을 다시 살펴볼 것이다. $\mathbf{X}$는 벡터 확률 변수이고, 영평균이며, 공분산 행렬이 K_X라 하자. K_X의 고유치와 고유 벡터를 식 (6.109)에서 구할 수 있다. 여기서 e_i는 열 벡터이다.

$$K_X\mathbf{e}_i = \lambda_i\mathbf{e}_i \tag{9.120}$$

정규화된 고유 벡터의 집합은 직교이다. 즉, $\mathbf{e}_i^{\mathrm{T}}\mathbf{e}_j = \delta_{i,j}$이다. P를 고유 벡터의 행렬이라 하고, Λ를 고유치라고 정의한다.

$$P = [\mathbf{e}_1, \mathbf{e}_2, \ldots, \mathbf{e}_n] \qquad \Lambda = \mathrm{diag}[\lambda_i]$$

$$K_X = P\Lambda P^{\mathrm{T}} = [\mathbf{e}_1, \mathbf{e}_2, \ldots, \mathbf{e}_n]\begin{bmatrix} \lambda_1 & 0 & \cdots & 0 \\ 0 & \lambda_2 & \cdots & 0 \\ \cdots & \cdots & \cdots & \cdots \\ 0 & 0 & \cdots & \lambda_n \end{bmatrix}\begin{bmatrix} \mathbf{e}_1^{\mathrm{T}} \\ \mathbf{e}_2^{\mathrm{T}} \\ \vdots \\ \mathbf{e}_n^{\mathrm{T}} \end{bmatrix}$$

$$= [\lambda_1\mathbf{e}_1, \lambda_2\mathbf{e}_2, \ldots, \lambda_n\mathbf{e}_n]\begin{bmatrix} \mathbf{e}_1^{\mathrm{T}} \\ \mathbf{e}_2^{\mathrm{T}} \\ \vdots \\ \mathbf{e}_n^{\mathrm{T}} \end{bmatrix}$$

$$= \sum_{k=1}^{n} \lambda_i\mathbf{e}_i\mathbf{e}_i^{\mathrm{T}}. \tag{9.121a}$$

그러므로 공분산 행렬은 가중치 합의 행렬 $\mathbf{e}_i\mathbf{e}_i^{\mathrm{T}}$로 확장할 수 있다. 뿐만 아니라, $\mathbf{Y} = P^T\mathbf{X}$라 하면 $\mathbf{Y}$의 확률 변수들은 직교이다. 더 나아가 $PP^T = I$이므로 다음과 같다.

$$\mathbf{X} = P\mathbf{Y} = [\mathbf{e}_1, \mathbf{e}_2, \ldots, \mathbf{e}_n]\begin{bmatrix} Y_1 \\ Y_2 \\ \vdots \\ Y_n \end{bmatrix} = \sum_{k=1}^{n} Y_k\mathbf{e}_k \tag{9.121b}$$

임의의 벡터 확률 변수 $\mathbf{X}$는 K_X의 고유 벡터들의 가중치 합으로 확장할 수 있다. 여기서 상수들은 직교 확률 변수이다. 더 나아가 고유 벡터들은 직교 집합을 형성한다. 이런 것들이 $X(t)$에 대한 칼만-레비 전개에서 볼 수 있는 성질이다. **X**가 결합 가우스라면 **Y**의 요소들은 독립된 변수들이다. 이것은 다양한 문제에서 대단한 간략화를 가능하게 한다.

식 (9.120)과 비슷하게 다음의 고유치 식을 고려한다.

$$\int_0^T K_X(t_1, t_2)\phi_k(t_2)\,dt_2 = \lambda_k\phi_k(t_1) \qquad 0 \le t_1 \le T \tag{9.122}$$

위 식의 λ_k와 $\phi_k(t)$는 각각 공분산 함수 $K_X(t_1, t_2)$의 고유치와 고유 함수이다. 고유 함수는 복소수 값(예, complex exponentials)이 가능하다는 것에 주의한다. $K_X(t_1, t_2)$이 연속적이라면 정규화된 고유 함수는 직교 집합을 이루고 머서(Mercer)의 이론을 만족한다.

$$K_X(t_1, t_2) = \sum_{k=1}^{\infty}\lambda_k\phi_k(t_1)\phi_k^*(t_2) \tag{9.123}$$

식 (9.121)과 식 (9.123) 사이의 대응 관계에 주의한다. 식 (9.123)은 차례로 다음을 뜻한다.

$$K_X(t, t) = \sum_{k=1}^{\infty}\lambda_k|\phi_k(t)|^2 \tag{9.124}$$

지금 식 (9.119a)가 평균 제곱 측면에 있고, 계수 X_K는 직교 확률 변수임을 보이려고 한다. 첫째, $E[X_k X_m^*]$ 을 고려하자. 위 식의 적분은 다음과 같다.

$$E[X_kX_m^*] = E\left[X_m^*\int_0^T X(t')\phi_k^*(t)\,dt'\right] = \int_0^T E[X(t')X_m^*]\phi_k^*(t')\,dt'$$

위 식의 적분은 다음을 갖는다.

$$\begin{aligned} E[X(t)X_m^*] &= E\left[X(t)\int_0^T X^*(u)\phi_m(u)\,du\right] = \int_0^T K_X(t, u)\phi_m(u)\,du \\ &= \lambda_m\phi_m(t) \end{aligned}$$

그러므로 다음과 같다.

$$E[X_kX_m^*] = \int_0^T \lambda_m\phi_k^*(t')\phi_m(t')\,dt' = \lambda_k\delta_{k,m}$$

$\delta_{k,m}$은 크로네커 델타 함수이다. 그러므로 X_k와 X_m은 직교 확률 변수이다. 위의 식은 $\lambda_k = E[|X_k|^2]$이고 고유치가 실수값임을 뜻한다.

칼만-레비 전개는 $X(t)$가 평균 제곱 측면이라는 것을 보이기 위해 다음을 취한다.

$$\begin{aligned} &E\left[\left|X(t) - \sum_{k=-\infty}^{\infty}X_k\phi_k(t)\right|^2\right] \\ &= E[|X(t)|^2] - E\left[X(t)\sum_{k=-\infty}^{\infty}X_k^*\phi_k^*(t)\right] \\ &\quad - E\left[X^*(t)\sum_{k=-\infty}^{\infty}X_k\phi_k(t)\right] \end{aligned}$$

$$+ E\left[\sum_{k=-\infty}^{\infty}\sum_{m=-\infty}^{\infty} X_k X_m^* \phi_k(t)\phi_m^*(t)\right]$$

$$= R_X(t,t) - \sum_{k=-\infty}^{\infty} \lambda_k |\phi_k(t)|^2$$

$$- \sum_{k=-\infty}^{\infty} \lambda_k^* |\phi_k(t)|^2 + \sum_{k=-\infty}^{\infty} \lambda_k |\phi_k(t)|^2$$

식 (9.124)와 λ_k가 실수라는 사실에서 위 식은 0이 된다. 그러므로 식 (9.119a)는 평균 제곱 의미에 있음을 알 수 있다.

마지막으로 $X(t)$가 가우스 확률 과정일 경우, 요소 X_k는 독립 가우스 확률 변수가 될 것이다. 이 결과는 신호 감지와 예측 문제에 많이 사용된다.

예제 9.51 **위너 과정**

위너(Wiener) 과정에 대한 칼만-레비 전개를 찾아라. 위너 과정에 대한 식 (9.122)는 다음과 같다.

$$\lambda\phi(t_1) = \int_0^T \sigma^2 \min(t_1, t_2)\phi(t_2)\, dt_2 \qquad 0 \le t_1 \le T\text{에 대해서}$$

$$= \sigma^2 \int_0^{t_1} t_2\phi(t_2)\, dt_2 + \sigma^2 \int_{t_1}^T t_1\phi(t_2)\, dt_2 \qquad 0 \le t_1 \le T\text{에 대해서}$$

적분식을 얻기 위해 t_1에 대해 한 번 미분하고 미분식을 얻기 위해 다시 미분한다.

$$\sigma^2 \int_{t_1}^T \phi(t_2)\, dt_2 = \lambda \frac{d}{dt_1}\phi(t_1)$$

$$-\phi(t_1) = \frac{\lambda}{\sigma^2}\frac{d^2}{dt_1^2}\phi(t_1)$$

2차 미분방정식은 사인의 해를 가진다.

$$\phi(t_1) = a \sin \frac{\sigma t_1}{\sqrt{\lambda}} + b \cos \frac{\sigma t_1}{\sqrt{\lambda}}$$

a, b, λ에 대해 위 식을 풀기 위해 미분방정식의 경계 조건이 필요하다. 적분식에 $\phi(t)$의 일반 해를 치환하면 다음과 같다.

$$\frac{\lambda}{\sigma^2}\left(a \sin \frac{\sigma t_1}{\sqrt{\lambda}} + b \cos \frac{\sigma t_1}{\sqrt{\lambda}}\right) = \int_0^{t_1} t_2\phi(t_2)\, dt_2 + \int_{t_1}^T t_1\phi(t_2)\, dt_2$$

t가 0으로 가면 오른쪽 항이 0이 된다. 이것은 왼쪽 항에서 $b = 0$임을 뜻한다. 두 번째 경계 조건은 적분식의 첫 번째 미분식에서 t_1을 T에 가져다 놓음으로써 얻는다.

$$0 = \lambda \frac{d}{dt_1}\phi(T) = \frac{\sigma a}{\sqrt{\lambda}} \cos \frac{\sigma T}{\sqrt{\lambda}}$$

이것은 다음을 뜻한다.

$$\frac{\sigma T}{\sqrt{\lambda}} = \left(n - \frac{1}{2}\right)\pi \qquad n = 1, 2, \ldots .$$

그러므로 고유치는 다음과 같이 주어진다.

$$\lambda_n = \frac{\sigma^2 T^2}{\left(n - \frac{1}{2}\right)^2 \pi^2} \qquad n = 1, 2, \ldots .$$

정규화 요구사항은 다음을 뜻하고, $a = (2/T)^{1/2}$임을 뜻한다.

$$1 = \int_0^T \left(a \sin \frac{\sigma t}{\sqrt{\lambda}}\right)^2 dt = a^2 \frac{T}{2}$$

따라서 고유 함수는 다음과 같다.

$$\phi_n(t) = \sqrt{\frac{2}{T}} \sin\left(n - \frac{1}{2}\right)\frac{\pi}{T} t \qquad 0 \le t \le T$$

위너 과정에 대한 칼만-레비 전개는 다음이다.

$$X(t) = \sum_{n-1}^{\infty} X_n \sqrt{\frac{2}{T}} \sin\left(n - \frac{1}{2}\right)\frac{\pi}{T} t \qquad 0 \le t < T$$

X_n은 영평균이고, 분산 λ_n을 가진 독립된 가우스 확률 변수이다.

예제 9.52 **백색 가우스 잡음 과정**

백색 가우스 잡음 과정에 대한 칼만-레비 전개를 찾아라.

백색 가우스 잡음 과정은 위너 과정의 미분이다. 위너 과정에 대한 칼만-레비 전개를 미분하면 다음과 같다.

$$X'(t) = \sum_{n=1}^{\infty} \frac{\sigma}{\sqrt{\lambda}} X_n \sqrt{\frac{2}{T}} \cos\left(n - \frac{1}{2}\right)\frac{\pi}{T} t$$

$$= \sum_{n=1}^{\infty} W_n \sqrt{\frac{2}{T}} \cos\left(n - \frac{1}{2}\right)\frac{\pi}{T} t \qquad 0 \le t < T$$

W_n은 같은 분산 σ^2을 가진 독립된 가우스 확률 변수이다. 이것은, 이미 백색 가우스 잡음 과정에 대해 알고 있는 무한 급수를 이 과정이 가지고 있음을 뜻한다. 문제들에서 고유 함수의 어떤 직교 집합도 백색 가우스 잡음에 대한 칼만-레비 전개에 사용될 수 있다.

9.10 확률 과정 생성

많은 엔지니어링 시스템은 복합적으로 상호 작용하는 확률 과정을 포함한다. 이러한 시스템들을 분석 방법을 통해 모델링하는 하는 것이 항상 가능한 것은 아니다. 이러한 경우에 컴퓨터 시뮬레이션 방법을 통해 시스템의 기능을 조사하고 매개변수들의 성능을 측정한다. 이번 절에서 우리는 두 가지 확률 과정 생성 방식에 대해 살펴볼 것이다. 첫 번째 접근 방식은 확률 변수의 독립 항등 분포 수열의 합의 과정을 생성하는 방식이다. 우리는 이 접근 방식은 이항 및 임의 보행 과정 그리고 처리의 제한을 통해 위너 및 포아송 과정에도 적용 가능함을 보았다. 두 번째 접근 방식은 시간의 결정 함수의 선형 결합을 취하는 방식이다. 이 때 계수는 확률 변수에 의해 결정된다. 푸리에 시리즈 그리고 칼만-레비 전개에 이 접근 방식을 사용한다. 디지털 변조 시스템 같은 실시스템 또한 이러한 방식으로 확률 과정을 생성한다.

9.10.1 합의 확률 과정 생성

합의 확률 과정의 표본 함수 생성 과정은 다음의 두 단계를 거친다.

1. 독립 항등 분포 확률 변수의 수열을 생성하고 합의 과정을 유도한다.
2. 독립 항등 분포 수열의 누적 합을 구한다.

D를 구하고자 하는 독립 항등 분포 확률 변수의 표본의 배열이라 하자. 그러면 8진법과 MATLAB에서 `cumsum(D)` 함수는 D 수열의 결과로 합의 과정인 누적 합을 구할 수 있다.

다음의 코드는 n 단계의 임의 보행 과정의 m개의 표현들을 생성한다.

```
>p=1/2
>n=1000
>m=4
> V=-1:2:1;
> P=[1-p,p];
> D=discrete_rnd(V, P, m, n);
> X=cumsum (D);
> plot (X)
```

9.3절에서의 그림 9.7(a)와 9.7(b)는 $p = 1/2$인 대칭 임의 보행 과정의 네 가지 표본 함수를 보여주고 있다. 표본 함수는 양과 음의 넓은 범위에서 변화한다. 그림 9.7(c)는 $p = 3/4$인 네 가지 표본 함수를 보여주고 있다. 이 표본 함수는 평균값이 $n(2p - 1)$이고 강한 선형성을 가지고 있다. 이때의 분산 함수는 $n4p(1 - p)=3n/4$의 값을 가지기 때문에 이 경향의 변동성은 대칭의 경우보다 적다.

독립 항등 분포 베르누이 확률 과정의 합에 의해 포아송 과정의 근사값을 구할 수 있다. 그림 9.18(a)는 초당 $\lambda = 0.4$일 때 10개의 포아송 과정 표현이다. $T = 50$초 동안 표본 함수는 $p = \lambda T/n$

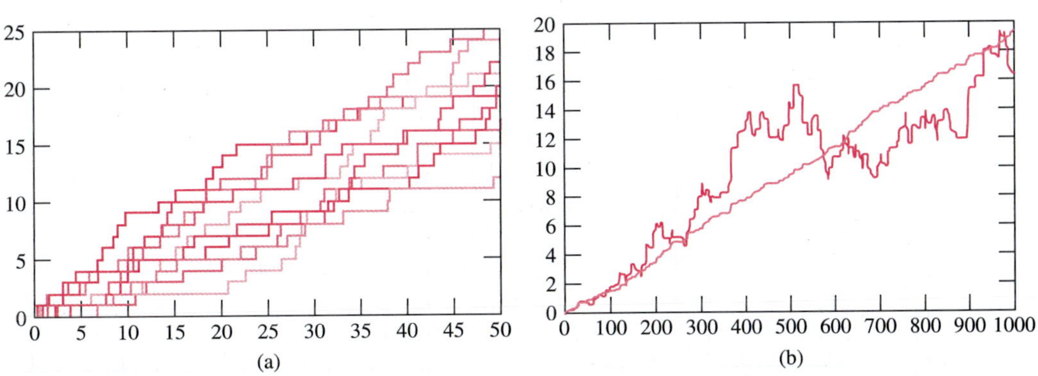

그림 9.18 ● (a) λ = 0.4인 10개의 포아송 확률 과정의 표본 함수; (b) λ = 0.4인 10개의 포아송 확률 과정의 표본 함수의 표본 평균과 표본 분산

= 0.02일 때 1,000단계 이항 과정으로 표현된다. 포아송 과정의 선형 증가 경향은 그림에서 알 수 있다. 그림 9.18(b)는 10개의 표현들을 평균하여 평균 함수 및 분산 함수를 구하는 과정을 보여주고 있다. 표본 평균 함수의 선형 경향은 매우 분명하다. 표본 분산 함수도 선형적이지만 표본 평균 함수보다 훨씬 더 많이 변동성을 보인다. 표현의 평균 함수 및 분산 함수는 `mean(transpose(X))`와 `var(transpose(X))` 명령어를 통해서 구할 수 있다.

우리는 포아송 과정 $N(t)$와 $X(t) = 2(N(t) \text{ modulo } 2) - 1$을 계산함으로써 임의의 전신기 신호의 표본 함수를 생성할 수 있다. 그림 9.19(a)는 임의의 전신기 신호의 표현을 보여주고 있다. 그림 9.19(b)는 임의의 전신기 신호의 공분산 함수의 추정값을 나타내고 있다. 공분산 함수의 지수적 감쇠는 그림에서 볼 수 있다. 식 (9.44)를 참고한다.

공분산 함수는 다음의 `cx_est` 함수를 사용해서 계산할 수 있다.

```
function [CXall]=CX_est (X, L, M_est)
N=length(X);                                   % N은 표본의 수이다.
CX=zeros (1,L+1);                              % L은 최대 지연이다.
M_est=mean(X)                                  % 표본 평균
for m=1:L+1,                                   % 항을 곱하고 더한다.
  for n=1:N-m+1,
    CX(m)=CX(m) + (X(n) - M_est) * (X(n+m-1)- M_est);
  end;
   CX (m)=CX(m) / (N-m+1);                     % 항의 수에 의하여 정규화한다.
end;
for i=1:L,
   CXall(i)=CX(L+2-i);                         % 1에서 L까지의 지연
end
CXall(L+1:2*L+1)=CX(1:L+1);                    % L+1에서 2L+1까지의 지연
```

위너 확률 과정은 합 과정처럼 생성될 수 있다. 한 가지 접근 방식은 식 (9.50)처럼 정확하게 스케일드된 임의 보행 과정을 생성하는 방법이다. 보다 나은 접근 방식은 위너 과정이 식 (9.52)에서처럼 독립 가우스 증분을 가지므로 부분 구간 시간의 D열의 증분을 생성하고 대응하는 합 과정을 찾으면 된다. 다음의 코드는 위너 과정의 표본을 생성하는 코드이다.

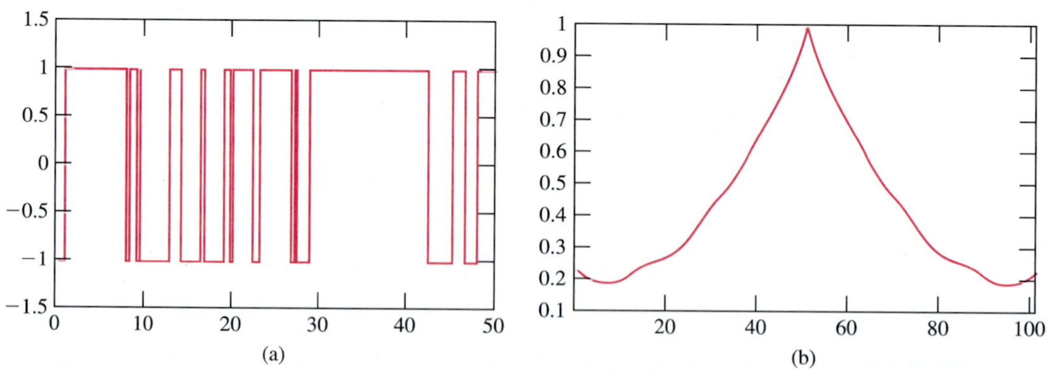

그림 9.19 ● (a) $\lambda = 0.4$인 임의의 전신기 과정의 표본 함수; (b) 임의의 전신기 과정의 공분산 함수의 추정값

```
> a=2
> delta=0.001
> n=1000
> D=normal_rnd(0,a*delta,1,n)
> X=cumsum(D);
> plot(X)
```

9.5절의 그림 9.12는 $\alpha = 2$인 브라운 운동 과정의 네 가지 표본 함수를 보여주고 있다. 그림 9.20은 $\alpha = 2$인 위너 과정의 50개의 표본 함수의 표본 평균과 표본 분산을 나타내고 있다. 50개 표현의 평균은 0에 가까운데 이는 과정의 실제 평균을 의미한다. 50개 표현의 표본 분산값은 지속적으로 증가하는 이는 $\alpha t = 2t$인 실제 분산 함수에 가깝다.

9.10.2 평가 함수의 일차 결합 생성

어떤 경우에 확률 과정은 그 계수가 확률 변수일 때 평가 함수의 일차 결합으로 표현되기도 한다. 푸리에 급수와 칼만-레비 전개가 이 표현의 예이다.

예제 9.51의 구간 $0 \le t \le T$에서 $T = 1, \sigma^2 = 1$인 위너 과정에 대한 칼만-레비 전개의 매개변수를 다음과 같다고 하자.

$$X(t) = \sum_{n=1}^{\infty} X_n \sqrt{\frac{2}{T}} \sin\left(n - \frac{1}{2}\right)\frac{\pi t}{T} = \sum_{n=1}^{\infty} X_n \sqrt{2} \sin\left(n - \frac{1}{2}\right)\pi t$$

X_n의 평균은 0이고 분산은 독립 가우스 확률 변수이다.

$$\lambda_n = \frac{\sigma^2 T^2}{(n - 1/2)^2 \pi^2} = \frac{1}{(n - 1/2)^2 \pi^2}$$

다음의 코드는 위너 과정에 대한 칼만-레비 전개의 100개의 가우스 계수를 생성하는 코드이다.

```
> M=zeros(100,1);
> n=1:1:100;                          % 계수들의 수
> N=transpose(n);
> v=1./((N-0.5).^2 *pi ^2);           % 계수들의 분산
```

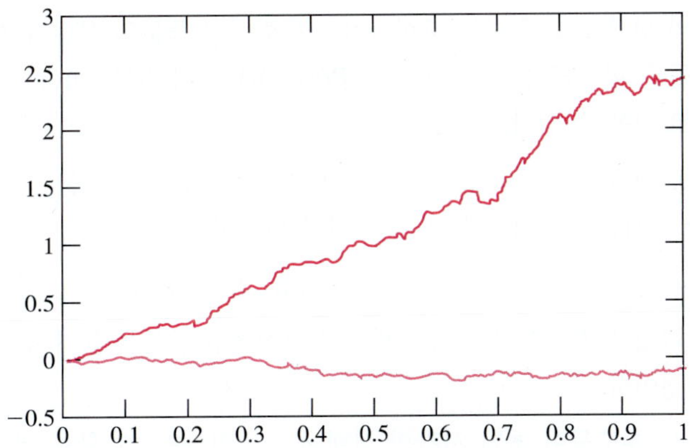

그림 9.20 ● 50개의 위너 과정의 표본 평균과 분산 함수

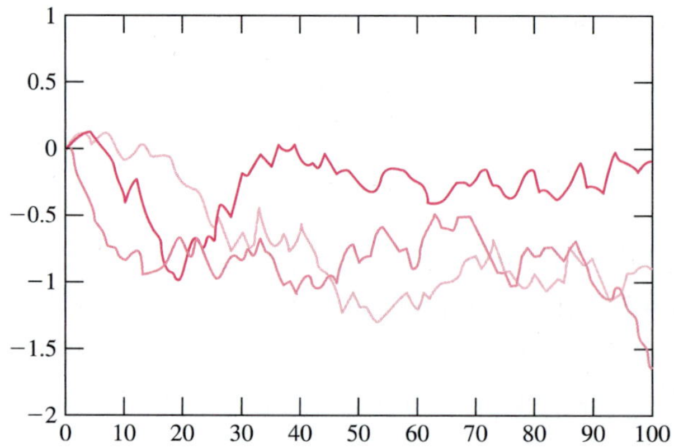

그림 9.21 ● 칼만-레비 전개의 100개 항을 사용한 위너 과정의 표본 함수

```
> t=0.01:0.01:1;
> p=(N-0.5)*t;                      % 사인곡선(sinusoid)의 편각(argument)
> x=normal_rnd(M,v,100,1);          % 가우스 계수
> y=sqrt(2)*sin(pi *p);             % sin 항
> z=transpose(x)*y
> plot(z)
```

그림 9.21은 칼만-레비 전개의 100개 항을 사용한 위너 과정을 보여주고 있다. 일반적으로 표본 함수는 이전의 그림에서와 같은 종류의 행동을 보여준다. 하지만 표본 함수는 보다 많은 확률 변수의 생성을 기반으로 한 다른 예제들 같은 뾰족함을 보여주지는 않는다.

요약

- 확률 과정은 그 집단의 확률 변수들의 선택과 수의 결합 분포들의 집합으로 구체화된 확률 변수들의 색인된 집단이다. 평균, 자기공분산, 그리고 자기상관 함수들은 표본 시간 쌍들의 결합 분포들에 포함된 여러 정보들을 종합한다.
- 독립 항등 분포 신호의 합 확률 과정은 시순간들의 집합에서 그 확률 밀도 함수와 확률 분포 함수의 평가를 쉽게 하는 고정적이고 독립적인 증분의 성질을 가지고 있다. 이항 분포와 확률 과정들은 합 과정들이다. 포아송(Poisson)과 위너(Wiener) 과정들은 합 과정들의 극한의 형태로 얻을 수 있다.
- 포아송 과정은 포아송 분포인 독립이고 고정적인 증분들을 가지고 있다. 포아송 과정에서 도착 간격 시간들은 항등 분포 지수 확률 변수이다.
- 평균과 분산 함수들은 가우스(Gaussian) 확률 과정의 모든 결합 분포 함수들을 구체화한다.
- 위너 과정은 가우스 분포인 독립이고 고정적인 증분들을 가지고 있다. 위너 과정은 가우스 확률 과정이다.
- 그 결합 분포들이 초기 시간의 선택이 독립이라면, 그 확률 과정은 고정적이다. 확률 과정이 고정적이며, $m_X(t)$는 상수이고, $R_X(t_1, t_2)$는 단지 $t_1 - t_2$에 의존한다.

- 그 확률 과정의 평균이 상수이고 자기상관 함수와 자기공분산 함수가 단지 $t_1 - t_2$에 의존한다면, 넓은 의미의 시불변 확률 과정이다. 시불변 과정이 고정적일 필요는 없다.
- 넓은 의미의 시불변 가우스 확률 과정은 고정적이다.
- 확률 과정의 결합 분포들이 어떤 주기 T의 정수배에 의해 초기 시간의 이동의 관점에서 정적이라면, 그 확률 과정은 순환정류이다.
- 백색 가우스 잡음 과정은 위너 과정의 도함수로 얻을 수 있다.
- 확률 과정의 도함수와 적분은 확률 변수들의 극한으로 정의된다. 우리는 평균 제곱 의미에서 이러한 극한들의 존재를 조사했다.
- 선형 미분방정식으로 표현된 시스템의 출력과 확률 과정 입력값에 의해 영향 받기 쉬운 평균과 자기상관 함수들은 미분방정식의 집합을 풀어서 얻을 수 있다. 입력 과정이 가우스 확률 과정이라면, 결과 과정 역시 가우스이다.
- 확률 과정의 매개변수의 시평균 추정들이 그 매개변수의 기대값으로 수렴할 때, 에르고딕(Ergodic) 정리를 논한다. 공분산 함수의 감소율은 표본 평균의 수렴률을 결정한다.

주요 용어

가우스(Gaussian) 확률 과정
넓은 의미의 확률 과정
독립 항등 분포(iid) 확률 과정
마코프(Markov) 확률 과정
베르누이(Bernoulli) 확률 과정
비상관 합률 과정
상호공분산 함수
순환정류 확률 과정
에르고딕(Ergodic) 정리
오른슈타인-울렌벡 확률 과정
이산시간 과정
임의 보행 과정
자기공분산 함수
정적 순환정률 과정
칼만-레비(Karhunen-Loeve) 전개
평균 제곱 도함수
평균 제곱 적분
평균 파워
표현, 표본 경로, 표본 함수
포아송(Poisson) 과정
허스트 매개변수
확률 과정
고정 증분
독립 증분
독립 확률 과정
백색 가우스(Gaussian) 잡음
불변 확률 과정
산란 잡음
상호상관 함수
시 평균
연속시간 과정
위너(Wiener) 과정
이항 계수 과정
임의 전신 신호
자기상관 함수
직교 확률 과정
평균 에르고딕(Ergodic) 확률 과정
평균 제곱 연속성
평균 제곱 주기 과정
평균 함수
푸리에(Fourier) 급수
합 확률 과정
확률 과정
X(t)의 공분산

참고문헌

참고문헌 [1]에서 [6]은 확률 과정을 더 공부하기 위하여 참고될 수 있다. 라르손(Larson)과 슈베르트(Shubert)[참고 7], 그리고 야글롬(Yaglom)[참고 8]은 백색 가우스 잡음과 브로우닝 운동에 대한 좋은 설명을 포함한다. Van Trees[참고 9]는 칼만레비(Karhunen-Loeve) 확장의 응용과 관련된 자세한 예제들을 준다. 베란(Beran)[참고 10] 장기 기억 과정을 설명한다.

1. A. Papoulis and S. Pillai, *Probability, Random Variables, and Stochastic Processes*, McGraw-Hill, New York, 2002.
2. W. B. Davenport, *Probability and Random Processes:An Introduction for Applied Scientists and Engineers*,McGraw-Hill, New York, 1970.
3. H. Stark and J.W.Woods, *Probability and Random Processes with Applications to Signal Processing*, 3d ed., Prentice Hall, Upper Saddle River, N.J., 2002.
4. R. M. Gray and L.D. Davisson, *Random Processes:A Mathematical Approach for Engineers*, Prentice Hall, Englewood Cliffs, N.J., 1986.
5. J.A. Gubner, *Probability and Random Processes for Electrical and Computer Engineering*, Cambridge University Press, Cambridge, 2006.
6. G. Grimett and D. Stirzaker, *Probability and Random Processes*, Oxford University Press, Oxford, 2006.
7. H. J. Larson and B.O. Shubert, *Probabilistic Models in Engineering Sciences*, vol. 1, Wiley, New York, 1979.
8. A. M.Yaglom, *Correlation Theory of Stationary and Related Random Functions*, vol. 1: *Basic Results*, Springer-Verlag, New York, 1987.
9. H. L.Van Trees, *Detection, Estimation, and Modulation Theory*, Wiley, New York, 1987.
10. J. Beran, *Statistics for Long-Memory Processes*, Chapman & Hall/CRC, New York, 1994.

연습문제

9.1과 9.2절: 확률 과정의 정의와 특징

9.1. 예제 9.1에서 X_1와 X_2의 결합 질량 함수(pmf)를 구하라. 왜 X_1과 X_2는 독립인가?

9.2. 이산시간 확률 과정 X_n은 다음과 같이 정의된다. 한 쌍의 동전을 던졌다. 그 결과가 앞면이면 모든 n에 대해서 $X_n = 1$, 결과가 뒷면이면 모든 n에 대해서 $X_n = -1$.

(a) 그 과정의 어떤 표본 경로들을 그려라.

(b) X_n의 결합 질량 함수를 구하라.

(c) X_n과 X_{n+k}에 대한 결합 질량 함수를 구하라.

(d) X_n의 자기상관 함수들과 평균을 구하라.

9.3. 이산시간 확률 과정 X_n이 다음과 같이 정의된다. 한 쌍의 동전을 던졌다. 그 결과가 앞면이면 모든 n에 대해서 $X_n = (-1)^n$, 결과가 뒷면이면 모든 n에 대해서 $X_n = (-1)^{n+1}$.

(a) 그 과정의 표본 경로들을 그려라.

(b) X_n의 결합 질량 함수를 구하라.

(c) X_n과 X_{n+k}에 대한 결합 질량 함수를 구하라.

(d) X_n의 자기상관 함수들과 평균을 구하라.

9.4. 이산시간 확률 과정이 $n \geq 0$일 때 $X_n = s^n$이고, s는 (0, 1) 사이에서 임의로 선택한다.

(a) 그 과정의 표본 경로들을 그려라.

(b) X_n의 결합 분포 함수를 구하라.

(c) X_n과 X_{n+1}에 대한 결합 분포 함수를 구하라.

(d) X_n의 자기상관 함수들과 평균을 구하라.

9.5. s가 (1, 2)에서 균일 분포일 때, (a), (b), (c) 그리고 (d)를 반복하라.

9.6. $g(t)$는 그림 P9.1에 나타난 정사각형 펄스이다. 확률 과정 $X(t) = Ag(t)$로 정의된다. A는 같은 확률로서 ±1값을 갖는다고 가정한다.

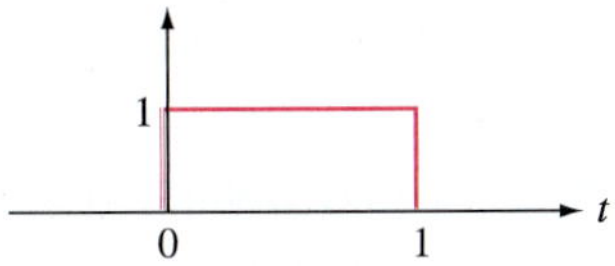

그림 P9.1

(a) $X(t)$의 확률 분포 함수를 구하라.

(b) $m_X(t)$를 구하라.

(c) $X(t)$와 $X(t+d)$의 확률 분포 함수를 구하라.

(d) $d > 0$일 때, $C_X(t, t+d)$를 구하라.

9.7. 확률 과정은 $Y(t) = g(t - T)$로 정의된다. $g(t)$는 그림 P9.1의 구형 펄스이고, T는 (0, 1) 사이에서 균등 분포 확률 변수이다.

(a) $Y(t)$의 확률 질량 함수(pmf)를 구하라.

(b) $m_Y(t)$와 $C_Y(t_1, t_2)$를 구하라.

9.8. 확률 과정은 $X(t) = g(t - T)$로 정의된다. T는 (0, 1) 사이에서 균등 분포 확률 변수이고, $g(t)$는 그림 P9.2에 보이는 주기적인 정사각형 펄스이다.

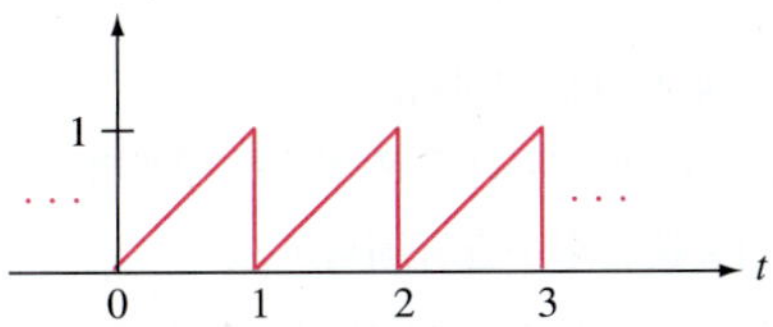

그림 P9.2

(a) $0 < t < 1$일 때, $X(t)$의 누적 분포 함수를 구하라.

(b) $m_X(t)$와 $C_X(t_1, t_2)$를 구하라.

9.9. $Z(t) = At + B$이고, A와 B는 독립 확률 변수이다.

(a) $Z(t)$의 확률 분포 함수를 구하라.

(b) $m_Z(t)$와 $C_Z(t_1, t_2)$를 구하라.

9.10. $E[|X_{t_2} - aX_{t_1}|^2]$를 최소화하는 a값을 구하라.

9.11. 확률 과정 $H(t)$는 $X(t)$의 '하드-리미티드' 버전으로 다음과 같이 정의된다.

$$H(t) = \begin{cases} +1 & X(t) \geq 0\text{일 경우} \\ -1 & X(t) < 0\text{일 경우} \end{cases}$$

(a) $X(t)$가 예제 9.2와 같이 임의의 크기를 갖는 사인파라면, $H(t)$의 확률 분포 함수, 평균, 자기상관 함수를 구하라.

(b) $X(t)$가 예제 9.9와 같이 임의의 위상을 갖는 사인파라면, $H(t)$의 확률 분포 함수, 평균, 자기상관 함수를 구하라.

(c) $X(t)$의 누적 분포 함수의 표현으로 $H(t)$의 평균을 위한 일반적인 표현식을 구하라.

9.12. $H(t)$는 연습문제 9.11에서의 하드-리미티드 출력이라 하자.

(a) 입력은 연습문제 9.11(a)에서의 랜덤진폭 정현파일 때, $H(t)$와 $X(t)$ 사이의 상호상관 그리고 상호공분산을 구하라.

(b) 만약 입력이 연습문제 9.11(b)에서의 랜덤 위상 정현파일 경우, 반복하라.

(c) 입력과 출력의 과정은 비상관인가? 직교인가?

9.13. **(a)** 독립 확률 과정은 직교인가? 설명하여라.

(b) 직교 확률 과정은 비상관인가? 설명하여라.

(c) 비상관 과정은 독립인가?

(d) 비상관 과정은 직교인가?

9.14. 확률 과정 $Z(t) = 3X_t - Y$로 정의되고, X, Y는 평균이 각각 m_X, m_Y이고, 공분산이 σ_X^2, σ_Y^2이고, 상관계수가 $\rho_{X,Y}$이다. $Z(t)$의 자기상관과 평균을 구하라.

9.15. X_n은 평균이 0인 이산시간 확률 과정이고, $g(n)$은 n에 대한 함수일 때 $Y_n = X_n + 1/n$이라 하자.

(a) Y_n의 평균과 분산을 구하라.

(b) Y_n과 Y_{n+1}의 결합 누적 분포 함수를 구하라.

(c) Y_n의 자기공분산 함수를 구하라.

9.16. X_n은 평균이 0, 단위분산, 이산시간인 확률 과정이고, $c(n)$은 n에 대한 함수일 때, $Y_n = (-1)^n X_n$이라 하자.

(a) Y_n의 평균과 분산을 구하라.

(b) Y_n과 Y_{n+1}의 결합 누적 분포 함수를 구하라.

(c) Y_n의 자기공분산 함수를 구하라.

9.17. **(a)** 연습문제 9.15에서 X_n과 Y_n의 상호상관 및 상호공분산을 구하라.

(b) X_n과 Y_{n+1}의 결합 확률 분포 함수를 구하라.

(c) X_n과 Y_n의 비상관, 독립, 혹은 직교 확률 과정 여부를 결정하라.

9.18. **(a)** 연습문제 9.16에서 X_n과 Y_n의 상호상관 및 상호공분산을 구하라.

(b) X_n과 Y_{n+1}의 결합 확률 분포 함수를 구하라.

(c) X_n과 Y_n의 비상관, 독립 혹은 직교 확률 과정 여부를 결정하라.

9.19. $X(t)$와 $Y(t)$가 독립 확률 과정이라 가정하고, 다음과 같이 정의하자.

$$U(t) = X(t) - Y(t)$$

$$V(t) = X(t) + Y(t)$$

(a) $C_{UX}(t_1, t_2)$, $C_{UY}(t_1, t_2)$,그리고$C_{UV}(t_1, t_2)$를 구하라.

(b) $f_{U(t_1)X(t_2)}(u, x)$와$f_{U(t_1)V(t_2)}(u, v)$를 구하라. 힌트: 보조 변수들을 사용하여라.

9.20. 만약 $X(t)$와 $Y(t)$가 독립 이산시간 과정이며, $X(t)$와 $Y(t)$는 다른 독립 항등 분포 확률 과정을 가진다고 할 때, 연습문제 9.19를 반복하라.

9.3절: 합 과정, 이항 계수 과정, 그리고 임의 보행

9.21. S_n은 이항 계수 과정을 나타낸다.

(a) $P[S_n = j, S_{n'} = i] \neq P[S_n = j]P[S_{n'} = i]$임을 보여라.

(b) $n_2 > n_1$일 때, $P[S_{n_2} = j | S_{n_1} = i]$를 구하라.

(c) $n_2 > n_1 > n_0$일 때, $P[S_{n_2} = j \mid S_{n_1} = i, S_{n_0} = k] = P[S_{n_2} = j \mid S_{n_1} = i]$임을 보여라.

9.22. (a) X_n 임의 보행 과정을 위한 $P[S_n = 0]$을 구하라.

(b) $p = 1/2$일 때, (a)의 결과는 무엇인가?

9.23. 다음의 이동 평균 과정들을 고려하라.

$$Y_n = 1/2(X_n + X_{n-1}) \qquad X_0 = 0$$

$$Z_n = 2/3\, X_n + 1/3\, X_{n-1} \qquad X_0 = 0$$

(a) 이 베르누이 확률 과정이라면, Y_n과 Z_n의 공분산, 분산, 평균을 구하라.

(b) 베르누이 확률 과정의 100개의 출력을 구하여, Y_n과 Z_n을 구하라. (a)에서의 Y_n과 Z_n 표본 평균값과 각각 유사한가?

9.24. X_n이 확률 계단 과정으로 주어졌을 때, 연습문제 9.23을 반복하라.

9.25. 다음의 자기회귀 과정들을 고려하라.

$$W_n = 2W_{n-1} + X_n \qquad W_0 = 0$$

$$Z_n = 3/4\, Z_{n-1} + X_n \quad Z_0 = 0$$

(a) X_n이 베르누이 과정임을 가정하자. 과정은 어떤 경향을 나타내는가?

(b) $X_n, X_{n-1}, \ldots, X_1$의 표현으로 W_n과 Z_n을 나타내고, $E[W_n]$과 $E[Z_n]$을 구하라. 이 결과들은 (a)에서 구한 경향들과 일치하는가?

(c) W_n과 Z_n은 독립적인 증분과 시불변 증분을 가지고 있는가?

(d) 베르누이 확률 과정의 100개의 출력을 구하여 W_n과 Z_n을 구하라. 이 과정들의 표본 평균값은 어떠한가?

(e) X_n이 확률 계단 과정일 때, (d)를 반복하라.

9.26. X_n이 확률 계단 과정일 때, 연습문제 9.25에서 W_n과 Z_n의 자기상관 함수를 구하라.

9.27. 한 독립 항등 분포 수열을 표본 평균값의 수열로 정의된 이산시간 과정을 M_n이라 하자.

$$M_n = \frac{X_1 + X_2 + \cdots + X_n}{n}$$

(a) M_n의 평균, 분산 그리고 공분산을 구하라.

(b) M_n은 독립적인 증분과 시불변 증분을 가지고 있는가?

9.28. X_n이 평균이 0이고 단위분산 가우스 확률 변수들의 독립 항등 분포 수열일 경우, 연습문제 9.23에서 정의된 그 과정들의 확률 밀도 함수를 구하라.

9.29. X_n이 코시 확률 변수들의 독립 항등 분포 신호로 구성되어 있다.

(a) 합 과정 S_n의 확률 밀도 함수를 구하라. 힌트: 특성 함수 방법을 사용하라.

(b) S_n과 S_{n+k}의 결합 확률 밀도 함수를 구하라.

9.30. X_n은 평균 α를 갖는 포아송 확률 변수의 독립 항등 분포의 수열로 구성되어 있다.

(a) 합 과정 S_n의 확률 질량 함수를 구하라.

(b) S_n과 S_{n+k}의 결합 확률 질량 함수를 구하라.

9.31. X_n을 영평균 독립 항등 분포 수열, 단위분산 가우스 변수라고 하자.

(a) 연습문제 9.27에서 정의된 M_n의 확률 밀도 함수를 구하라.

(b) M_n과 $\mathrm{M}_{n+\mathrm{k}}$의 결합 확률 밀도 함수를 구하라. 힌트: 독립 증분 특성을 사용하라.

9.32. $X_n = 1/2(Y_n + Y_{n-1})$로 연습문제 9.27을 되풀이하라. 여기서 Y_n은 독립 항등 분포 확률 과정이다. n이 증가함에 따라 M_n의 분산은 어떻게 되는가?

9.33. $X_n = 1/2X_{n-1} + Y_n$으로 연습문제 9.27을 되풀이하라. 여기서 Y_n은 독립 항등 분포 확률 과정이다. n이 증가함에 따라 M_n의 분산은 어떻게 되는가?

9.34. 실험은 3개의 가능한 출력 0, 1, 2를 갖고 각각 p_0 , p_1, p_2의 확률로 발생한다고 하자. 실험의 독립 반복 수열을 생각하고, $X_j(n)$을 출력 j를 위한 정의 함수라고 하자.

$$\mathbf{X}(n) = (X_0(n), X_1(n), X_2(n))$$

베르누이 확률 변수로 벡터값을 구성한다. $\mathbf{X}(n)$의 계산과정을 고려할 때 다음과 같다.

$$\mathbf{S}(n) = \mathbf{X}(n) + \mathbf{X}(n-1) + \cdots + \mathbf{X}(1) \qquad \mathbf{S}(0) = 0$$

(a) $\mathbf{S}(n)$이 다항 분포를 가짐을 보여라.

(b) $\mathbf{S}(n)$이 독립 증분을 가짐을 보이고, $\mathbf{S}(n)$과 $\mathbf{S}(n+k)$의 결합 확률 질량 함수를 구하라.

(c) 벡터 과정의 구성요소 $S_j(n)$이 이항 계수 과정임을 보여라.

9.4절: 포아송과 조합된 확률 과정

9.35. 서버는 분당 6쿼리 비율로 포아송 과정에 따라 도착하는 쿼리를 다룬다. 만일 30초 동안 서버가 이용이 불가능하다면 응답 없이 가능 쿼리가 없을 확률은 얼마인가?

9.36. λ의 비율로 포아송 과정에 따라 소비자는 소프트 음료수 기계에 1달러를 넣는다. 기계는 p의 확률로 음료수를 내보낸다. 시간 t에 쌓인 초과 달러의 수를 위한 확률 질량 함수를 구하라.

9.37. 패킷은 각각 초당 $\lambda_1 = 1$ 그리고 $\lambda_2 = 2$ 패킷의 비율로 독립 포아송 과정에 따라 2개의 포트를 통하여 다중화기에 도착한다.

(a) 메시지가 망 2에 처음 도착할 확률을 구하라.

(b) 메시지가 각 망에 도착할 때까지 시간을 위한 확률 밀도 함수를 구하라.

(c) 길이 t의 구간 내 도착하는 메시지의 총 수인 $N(t)$를 위한 확률 질량 함수를 구하라.

(d) 각각 $\lambda_1, \ldots, \lambda_k$의 비율인 k개 독립 포아송 과정의 '병합(merging)' 을 위하여 (c)의 결과를 일반화하라.

$$N(t) = N_1(t) + \cdots + N_k(t)$$

9.38. **(a)** $d > 0$인 $P[N(t-d) = j|N(t) = k]$를 구하라. 여기서 $N(t)$는 λ비율의 포아송 과정이다.

(b) $P[N(t+d) = j|N(t) = k]$와 (a)의 답을 비교하라. 다르다면, 그 차이를 설명하라.

9.39. $N_1(t)$를 $t = 0$에서 시작하여 도착률 λ_1을 갖는 포아송 과정이라고 하자. $N_2(t)$는 $N_1(t)$에 독립적이고 $t = 1$에서 시작하여 도착률 λ_2을 갖는 또 다른 포아송 과정이라고 하자.

(a) 과정 $N(t) = N_1(t) + N_2(t)$의 확률 질량 함수가 다음에 의하여 주어짐을 보여라.

$k = 0, 1, \ldots$ 일 때 $m(t) = E[N(t)]$에서

$$P[N(t+\tau) - N(t) = k] = \frac{(m(t+\tau) - m(t))^k}{k!} e^{-(m(t+\tau)-m(t))}$$

(b) 이제 도착률 $\lambda(t)$가 구분적으로 시간의 상수함수인 포아송 과정을 생각하자. 왜 과정의 확률 질량 함수가 $m(t) = \int_0^t \lambda(t')\,dt'$ 에서(a)의 확률 질량 함수에 의해 주어지는지를 설명하라.

(c) 다른 도착 함수 $\lambda(t)$가 유지되는 부분에서 확률 질량 함수를 실행하는 이유는 무엇인가?

9.40. **(a)** 두 개의 독립 포아송 확률 과정의 차이 역시 포아송 과정인가?

(b) $N_p(t)$를 시간 t까지 포아송 과정에 의하여 생성이 완료된 쌍의 수라 하자. 왜 $N_p(t)$가 포아송 과정인지 또는 아닌지를 설명하라.

9.41. $N(t)$는 매개변수 λ를 갖는 포아송 확률 과정이다. 각 시간에 동전을 튕겨 올리는 사건이 발생할 때, 그 출력(앞면 또는 뒷면)을 기록했다. 각각 $N_1(t)$와 $N_2(t)$가 시간까지의 앞면과 뒷면이 나오는 것을 기록한 것이다. p를 앞면의 확률로 가정하자.

(a) $P[N_1(t) = j, N_2(t) = k|N(t) = k + j]$를 구하라.

(b) $N_1(t)$와 $N_2(t)$가 각각 비율 $p\lambda t$와 $(1-p)\lambda$의 독립 포아송 확률 변수들일 때, 다음을 보여라.

$$P[N_1(t) = j, N_2(t) = k] = \frac{(p\lambda t)^j}{j!} e^{-p\lambda t} \frac{((1-p)\lambda t)^k}{k!} e^{-(1-p)\lambda t}$$

9.42. $X(t)$를 임의 전신 신호라고 하고, $Y(t)$를 다음과 같이 $X(t)$에서 파생된 과정이라 한다. 각 시간에 $X(t)$의 극성이 바뀔 때, $Y(t)$는 p의 확률로 극성이 변한다.

(a) $P[Y(t) = \pm 1]$을 구하라.

(b) $Y(t)$의 자기공분산 함수를 구하고, $X(t)$의 자기공분산 함수와 비교하라.

9.43. $Y(t)$를 비율 λ의 포아송 확률 과정에서의 사건들에 따라 0과 1 사이에서 변하는 확률 신호라고 하자. $Y(t)$의 확률 질량 함수 및 자기공분산과 임의 전신 신호의 확률 질량 함수 및 자기공분산을 비교하라.

9.44. 여과된 포아송 과정(식 (9.45))에서, $h(t)$를 단위 증폭 펄스이고 T초간 지속된다고 하자.

(a) $X(t)$가 기간 $(t-T, t)$의 포아송 과정 내에서 증분임을 보여라.

(b) $X(t)$의 평균과 자기상관 함수를 구하라.

9.45. **(a)** 예제 9.25에서 언급된 산탄 잡음 과정의 두 번째 모멘트와 분산을 구하라.

(b) 만약 $t \geq 0$일 때 $h(t) = e^{-\beta t}$라면, 산탄 잡음 과정의 분산을 구하라.

9.46. 메시지가 비율 λ의 포아송 과정을 따라 메시지 센터에 도착한다. 매 시간에 이전 시간 동안 도착한 메시지는 그들의 목적지에 전송된다. 한 시간 동안 도착한 모든 메시지들로 기다린 총 시간의 평균을 구하라. 힌트: 도착한 수의 상태와 도착 순간을 고려

9.5절: 가우스 확률 과정, 위너 과정 그리고 브라운 운동

9.47. $X(t)$와 $Y(t)$를 결합 가우스 확률 과정이라고 하자. $X(t)$와 $Y(t)$의 독립 조건, 비상관 조건, 그리고 직교 조건 사이의 관계를 설명하라.

9.48. $X(t)$가 다음 식에 의하여 주어진 자기공분산 함수를 갖는 평균이 0인 가우스 확률 과정이라고 하자.

$$C_X(t_1, t_2) = 4e^{-2|t_1 - t_2|}$$

$X(t)$와 $X(t+s)$의 결합 확률 밀도 함수를 구하라.

9.49. 만일 X와 Y가 결합 가우스 확률 변수라면, 연습문제 9.14에서의 $Z(t)$의 확률 밀도 함수를 구하라.

9.50. $Y(t) = X(t+d) - X(t)$라 하자. 여기서 $X(t)$는 가우스 확률 과정이다.

(a) $Y(t)$의 평균과 자기공분산을 구하라.

(b) $Y(t)$의 확률 밀도 함수를 구하라.

(c) $Y(t)$와 $Y(t+s)$의 결합 확률 밀도 함수를 구하라.

(d) $Y(t)$가 가우스 확률 변수임을 보여라.

9.51. $X(t) = A\cos\omega t + B\sin\omega t$라고 하자. 여기서 A와 B는 평균이 0이고 분산이 σ^2인 독립 항등 분포 가우스 확률 변수이다.

(a) $X(t)$의 평균과 자기공분산을 구하라.

(b) $X(t)$와 $X(t+s)$의 결합 확률 밀도 함수를 구하라.

9.52. $X(t)$와 $Y(t)$를 평균이 0이고 같은 공분산 함수 $C(t_1, t_2)$를 갖는 독립 가우스 확률 과정이라 하자. 다음 식에 의하여 '증폭 변조된 신호'가 정의된다.

$$Z(t) = X(t)\cos\omega t + Y(t)\sin\omega t$$

(a) $Z(t)$의 평균과 자기공분산을 구하라.

(b) $Z(t)$의 확률 밀도 함수를 구하라.

9.53. $Y(t) = X(t) + \mu t$라고 하자. 여기서 $X(t)$는 위너 과정이다.

(a) $Y(t)$의 확률 밀도 함수를 구하라.

(b) $Y(t)$와 $Y(t+s)$의 결합 확률 밀도 함수를 구하라.

9.54. $Y(t) = X^2(t)$라고 하자. 여기서 $X(t)$는 위너 과정이다.

(a) $Y(t)$의 확률 밀도 함수를 구하라.

(b) $Y(t_1)$이 주어졌을 때 $Y(t_2)$의 조건부 확률 밀도 함수를 구하라.

9.55. $X(t)$가 위너 과정일 때, $Z(t) = X(t) - aX(t-s)$로 두자.

(a) $Z(t)$의 확률 밀도 함수를 구하라.

(b) $m_z(t)$와 $C_Z(t_1, t_2)$를 구하라.

9.56. **(a)** $X(t)$가 $\alpha = 1$과 $0 < t < 1$인 위너 과정일 때, $X(t)$와 $X(1)$의 결합 확률 밀도 함수가 다음과 같음을 보여라.

$$f_{X(t),X(1)}(x_1, x_2) = \frac{\exp\left\{-\frac{1}{2}\left[\frac{x_1^2}{t} + \frac{(x_2 - x_1)^2}{(1-t)}\right]\right\}}{2\pi\sqrt{t(1-t)}}$$

(b) $0 < t < 1$일 경우, $X(t)$의 조건부 확률 밀도 함수가 다음과 같음을 보여라.

$$f_{X(t)}(x \mid X(0) = X(1) = 0) = \frac{\exp\left\{-\frac{1}{2}\left[\frac{x^2}{t(1-t)}\right]\right\}}{2\pi\sqrt{t(1-t)}}$$

(c) $t_1 < t < t_2$ 일 때, $X(t_1) = a$와 $X(t_2) = b$에서 $X(t)$의 조건부 확률 밀도 함수를 구하기 위해서, b를 이용하라.

9.6절: 시불변 확률 과정

9.57. **(a)** 예제 9.9 내의 확률 증폭 사인 곡선이 시불변 확률 과정인가? 넓은 의미의 시불변인가?

(b) 예제 9.10 내의 확률 상 사인 곡선이 시불변 확률 과정인가? 넓은 의미의 시불변인가?

9.58. 이산시간 확률 과정 X_n이 다음으로 정의되어 있다. 결과는 k이고 모든 n에 대해 $X_n = k$이다.

(a) X_n이 WWS 확률 과정인가?

(b) X_n이 시불변 확률 과정인가?

(c) 둘 중 하나라면, (a)와 (b)의 변화는?

9.59. 연습문제 9.3에서 X_n을 확률 과정으로 두자.

(a) X_n이 WWS 확률 과정인가?

(b) X_n이 시불변 확률 과정인가?

(c) X_n이 순환정류 확률 과정인가?

9.60. $g(t)$가 연습문제 7에서 소개된 주기적 파형일 때, $X(t) = g(t - T)$로 두고 T를 기간 (0, 1) 내에서 균등하게 분배된 확률 변수라고 하자. $X(t)$가 시불변 확률 과정인가? 넓은 의미의 시불변인가?

9.61. $X(t)$를 다음과 같이 정의한다. $X(t) = A \cos \omega t + B \sin \omega A$와 B는 독립 항등 분포이고 평균 0인 확률 변수들이다.

(a) $X(t)$가 넓은 의미의 정적 과정임을 보여라.

(b) $X(t)$가 시불변이 아님을 보여라. 힌트: $E[X^3(t)]$를 고려하라.

9.62. 다음 이동 평균 과정을 고려할 때,

$$Y_n = 1/2(X_n + X_{n-1}) \qquad X_0 = 0$$

(a) X_n이 독립 항등 분포 과정이면, Y_n은 시불변 확률 과정인가?

(b) X_n이 시불변 과정이면, Y_n은 시불변 확률 과정인가?

(c) X_n이 독립 항등 분포 과정이면, X_n과Y_n이 결합 시불변 확률 과정인가?

9.63. X_n은 평균이 0인 독립 항등 분포 과정이고, Z_n을 자기회귀 확률 과정이라고 하자.

$$Z_n = 3/4Z_{n-1} + X_n \qquad Z_0 = 0$$

(a) Z_n의 자기공분산을 찾고, Z_n이 넓은 의미의 시불변인지를 구분하라. 힌트: $Xn, X_{n-1}, \ldots, X_1$ 항을 Z_n으로 표현한다.

(b) Z_n은 결국 시불변 행동으로 결정되는가?

(c) X_n이 평균이 0이고, 분산이 1인 가우스 확률 변수인 독립 항등 분포 수열이면, Z_n의 확률 밀도 함수를 찾아라. n이 무한대까지 갈 때, Z_n의 확률 밀도 함수는 무엇인가?

9.64. $Y(t) = X(t+s) - \beta X(t)$라 하자. $X(t)$는 넓은 의미의 시불변 확률 과정이다.

(a) $Y(t)$는 또한 넓은 의미의 시불변 확률 과정인지를 결정하라.

(b) $X(t)$와 $Y(t)$의 상호공분산 함수를 찾아라. 과정은 결합 넓은 의미의 시불변인가?

(c) $X(t)$가 가우스 확률 과정이면, $Y(t)$의 확률 밀도 함수를 찾아라.

(d) (c)에서 $Y(t_1)$와 $Y(t_2)$의 결합 확률 밀도 함수를 찾아라.

(e) (c)에서 $Y(t_1)$와 $X(t_2)$의 결합 확률 밀도 함수를 찾아라.

9.65. $X(t)$와 $Y(t)$는 독립이고, 같은 공분산인 $C_X(\tau)$를 갖고, 평균 0을 갖는 넓은 의미의 시불변인 확률 과정이라고 하자. $Z(t)$는 다음과 같이 정의된다.

$$Z(t) = X(t) - Y(t)$$

(a) $Z(t)$ 또한 넓은 의미의 시불변인지를 결정하라.

(b) $X(t)$와 $Y(t)$의 또한 $C_X(\tau) = 9e^{-|\tau|}$인 평균이 0을 갖는 결합 가우스 확률 과정일 때, $Z(t)$의 확률 밀도 함수를 결정하라.

(c) (b)에서 $Z(t_1)$과 $Z(t_2)$의 결합 확률 밀도 함수를 찾아라.

(d) $Z(t)$와 $X(t)$ 사이에서 상호공분산 함수를 찾아라. $Z(t)$와 $X(t)$는 결합 시불변인 확률 과정인가?

(e) (b)에서 $Z(t_1)$와 $X(t_2)$의 결합 확률 밀도 함수를 찾아라.

9.66. $X(t)$와 $Y(t)$는 독립이고, 같은 공분산인 $C_X(\tau)$를 갖고, 평균 0을 갖는 넓은 의미의 시불변인 확률 과정이라고 하자. $Z(t)$는 다음과 같이 정의된다.

$$Z(t) = X(t)\cos \omega t + Y(t)\sin \omega t$$

(a) $Z(t)$가 넓은 의미의 시불변 확률 과정인지를 결정하라.

(b) 만일 $X(t)$와 $Y(t)$의 또한 $C_X(\tau) = 4e^{-|\tau|}$인 평균이 0을 갖는 결합 가우스 확률 과정일 때, $Z(t)$의 확률 밀도 함수를 결정하라.

(c) (b)에서 $Z(t_1)$과 $Z(t_2)$의 결합 확률 밀도 함수를 찾아라.

(d) $Z(t)$와 $X(t)$ 사이에서 상호공분산 함수를 찾아라. Z(t)와 $X(t)$는 결합 시불변인 확률 과정인가?

(e) (b)에서 $X(t_1)$와 $X(t_2)$의 결합 확률 밀도 함수를 찾아라.

9.67. $X(t)$를 공분산 $R_X(\tau)$를 갖고, 평균 0을 갖는 넓은 의미의 시불변인 확률 과정이라고 하자. '제곱 법칙 계산기' 의 출력물이 다음과 같다.

$$Y(t) = X(t)^2$$

$R_Y(\tau) = R_X(0)^2 + 2R_X^2(\tau)$임을 보여라. 힌트: 평균이 0인 결합 가우스 확률 변수 $E[X^2Z^2] = E[X^2]E[Z^2] + 2E[XZ]^2$

9.68. 그림 P9.3에 주어진 넓은 의미의 시불변인 과정 $X(t)$는 평균이 1이고, 자기상관 함수이다.

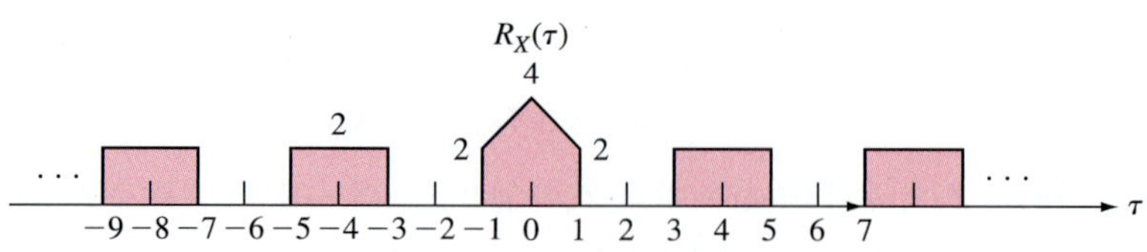

그림 P9.3

(a) $R_X(\tau)$의 평균 성분을 찾아라.

(b) $R_X(\tau)$의 비주기적 성분을 찾아라.

(c) $R_X(\tau)$의 남겨진 성분을 찾아라.

9.69. X_n, Y_n, Z_n을 독립 확률 과정이라고 하자. 다중 채널은 이 세 신호들을 일반적인 신호 U_k로 결합시킨다.

$$U_{3n} = X_n, \quad U_{3n+1} = Y_n, \quad U_{3n+2} = Z_n$$

(a) X_n, Y_n, Z_n를 시불변 확률 과정이라고 가정하면, U_k는 시불변 확률 과정인가? 순환정류 확률 과정인가?

(b) X_n, Y_n, Z_n이 모두 다른 독립 항등 분포 확률 과정이라면 위의 질문에 대한 답은 어떤가?

(c) X_n, Y_n, Z_n이 넓은 의미의 시불변 확률 과정이라고 가정하자. U_k는 넓은 의미의 시불변 확률 과정인가? 순환정류 확률 과정인가? U_k의 평균과 자기공분산 함수를 찾아라.

(d) U_k가 넓은 의미의 순환정류라면, 식 (9.72)에서 정의된 U_k의 위상이 임의로 이동된 상관 함수와 평균을 찾아라.

9.70. 3변수 정보 자원이 독립 항등 분포이고, 알파벳 $\{a, b, c\}$로부터 균등하게 응답을 가진다. 이러한 세 개의 문자들은 각각 이진 코드로 00, 01, 10으로 구성되어 있다. B_n을 3변수 문자들의 문자화를 통한 결과로 이진 문자의 응답이라고 하자.

(a) B_n과 B_{n+1}의 결합 확률 질량 함수를 구하고, 이때, B_n은 시불변인가?

(b) B_n 함수의 평균과 분산을 구하고, 이때 B_n은 시불변인가? 시불변 순환정류인가?

(c) 만약 B_n이 순환정류일 때, 결합 확률 밀도 함수와 평균, 식 (9.72)로 정의된, 임의로 위상이 이동된 B_n의 자기공분산 함수를 구하라.

9.71. $s(t)$를 1진폭 1을 갖고, 구간이 T인 제곱 물결이라 하자. $X(t) = As(t)$라 하자. 여기서 A는 확률 변수이다.

(a) $X(t)$의 평균과 자기공분산 함수를 구하라.

(b) $X(t)$가 평균 제곱 주기 과정인가?

(c) 식 (9.72)에서 $X(t)$의 임의의 위상이 이동된 $X_s(t)$의 평균과 자기공분산 함수를 구하라.

9.72. $X(t)$를 평균 제곱 주기 확률 과정이라 하자. $X(t)$는 넓은 의미의 순환정류 과정인가?

9.73. 예제 9.38의 펄스 진폭 변조 확률 과정이 순환정류인가?

9.74. $X(t)$를 예제 9.37의 확률 진폭 사인 곡선이라고 하자. 식 (9.72)에서 주어진 $X(t)$의 임의로 위상이 이동된 버전의 자기상관과 평균을 찾아라.

9.75. $X(t)$가 순환정류 확률 과정이라면, 식 (9.72)에서 정의된 $X(t)$가 순환정류 확률 과정임을 보여라.

9.76. $X(t)$가 넓은 의미의 순환정류 확률 과정이라면, 식 (9.72)로 정의된 $X_S(t)$는 식 (9.74a)와 (9.74b)에 주어진 평균과 자기상관을 갖는 넓은 의미의 시불변 확률 과정임을 보여라.

9.7절: 확률 과정의 연속성, 도함수 그리고 적분

9.77. $X(t)$를 예제 9.24에서 임의 전신 신호라고 하자.

(a) $X(t)$ 평균 제곱은 연속인가?

(b) $X(t)$는 평균 제곱 도함수가 아님을 보이고, 자기상관 함수의 두 번째 혼합 부분 도함수가 델타 함수를 가짐을 보여라. 델타 함수에서 무엇이 증가하는가?

(c) $X(t)$는 평균 제곱 적분인가? 그렇다면 평균과 자기공분산 함수를 구하라.

9.78. $X(t)$는 자기상관 함수를 가진다고 하자.

$$R_X(\tau) = \sigma^2 e^{-\alpha\tau^2}$$

(a) $X(t)$ 평균 제곱은 연속인가?

(b) $X(t)$는 평균 제곱 도함수인가? 그렇다면 평균과 자기상관 함수를 구하라.

(c) $X(t)$는 평균 제곱 적분인가? 그렇다면 평균과 자기공분산 함수를 구하라.

(d) $X(t)$는 가우스 확률 과정인가?

9.79. $N(t)$가 포아송 과정이라고 하자. $E[(N(t) - N(t_0))^2$를 구하고, $N(t)$가 평균 제곱 연속임을 증명하기 위해 그 결과값을 사용하라.

9.80. 예제 9.38에서 논의된 펄스 진폭 변조 확률 과정은 평균 제곱 적분인가? 그렇다면 이것의 평균과 자기공분산 함수를 구하라.

9.81. $X(t)$가 평균 제곱 연속 확률 과정이라면, $X(t)$가 평균 제곱 적분임을 보여라.

$$R_X(t_1, t_2) - R_X(t_0, t_0) = E[(X(t_1) - X(t_0))X(t_2)] + E[X(t_0)(X(t_2) - X(t_0))]$$

힌트: 오른쪽에 있는 두 항에 슈바르츠 부등식을 적용해라.

9.82. $Y(t)$가 $(0, t)$의 구간에서 $X(t)$의 평균 제곱 적분이면 평균 제곱 적분에서 $Y'(t)$과 $X(t)$가 같음을 증명하라.

9.83. $X(t)$가 넓은 의미의 시불변 확률 과정이라고 하자. $E[X(t)X'(t)] = 0$임을 보여라.

9.84. 입력 $Z(t)$를 가지는 선형 시스템은 다음과 같이 표현된다.

$$X'(t) + \alpha X(t) = Z(t) \qquad t \geq 0, X(0) = 0$$

입력이 평균이 0이고, 다음과 같은 가우스 확률 과정이라고 할 때 $X(t)$를 구하라.

$$R_X(\tau) = \sigma^2 e^{-\beta|\tau|}$$

9.8절: 확률 과정의 시평균과 에르고딕 정리

9.85. 예제 9.47에서 주어진 시간 평균의 분산을 구하라.

9.86. WSS 확률 과정 $X(t)$는 다음을 갖는다. $X(t)$는 평균 에르고딕인가?

$$R_X(\tau) = \begin{cases} 0 & |\tau| > 1 \\ 5(1 - |\tau|) & |\tau| \leq 1 \end{cases}$$

9.87. $X(t) = A\cos(2\pi ft)$에서 A는 평균이 m이고 분산이 σ^2이라고 하자.

(a) $\langle X(t)\rangle_T$를 구하고, $T \to \infty$일 때 극한값을 구하고, $m_x(t)$에서 비교하라.

(b) $\langle X(t+\tau)X(t)\rangle$를 구하고, $T \to \infty$ 일 때 극한값을 구하고, $R_x(t+\tau, t)$를 비교하라.

9.88. $X(t) = A\cos(2\pi ft + \Theta)$에서 A는 전 연습문제 9.87과 같고, Θ는 구간 $(0, 2\pi)$에서 확률 변수 균등 분포이고, A와 Θ는 독립 확률 변수일 때 앞 연습문제를 다시 풀어라.

9.89. 예제 9.48에서 $\text{VAR}[\langle X(t)\rangle_T]$에 대한 정확한 표현을 찾아라.

9.90. WSS 확률 과정 X_n은 평균이 m이고 자기공분산 $C_X(k) = (1/2)^{|k|}$이다. X_n은 평균 에르고딕인가?

9.91. 연습문제 9.24 이동 평균 에르고딕에서 평균 과정 Y_n은?

9.92. 연습문제 9.25(a) 자기회귀 에르고딕에서 평균 과정 Z_n은?

9.93. 다음 조건일 때 WSS 확률 과정이 평균 에르고딕임을 보여라.

$$\int_{-\infty}^{\infty} |C(u)| < \infty$$

9.94. 다음 조건일 때 불연속시간 WSS 확률 과정이 평균 에르고딕임을 보여라.

$$\sum_{k=-\infty}^{\infty} |C(k)| < \infty$$

9.95. $\langle X^2(t) \rangle_T$는 WSS 확률 과정의 평균 파워에서 시간 평균 추정값을 뜻한다고 하자.

(a) 어떤 조건하에 이 시간 평균이 $E[X^2(t)]$의 유효한 추정값이 되는가?

(b) (a)에서 나온 결과를 예제 9.2에서 임의 위상 사인 곡선으로 적용하라.

9.96. (a) 어떠한 조건하에 WSS 확률 과정 $X(t)$의 자기상관계수 $R_X(\tau)$의 유효한 값이 시간 평균 $\langle X(t+\tau)X(t) \rangle_T$가 되는가?

(b) (a)에서 나온 결과를 예제 9.2에서 임의 위상 사인 곡선으로 적용하라.

9.97. $Y(t)$는 $\{a < X(t) \le b\}$인 정의 함수라 하자.

$$Y(t) = \begin{cases} 1 & X(t) \in (a, b]\text{일 경우} \\ 0 & \text{그 외의 경우} \end{cases}$$

(a) $\langle Y(t) \rangle_T$은 $(-T, T)$ 시간 구간에서 시간 비율임을 보여라.

(b) $E[\langle Y(t) \rangle_T]$를 구하라.

(c) $\langle Y(t) \rangle_T \rightarrow P[a < X(t) \le b]$이기 위해 어떤 조건이어야 하는가?

(d) $\langle Y(t) \rangle_T$는 $P[X(t) \le x]$를 추정하기 위해 어떻게 사용되는가?

(e) (d)에서 나온 결과를 확률 전신 신호로 적용하라.

9.98. $n \ge 1$에서 $Z_n = u(a - X_n)$라고 할 때 $u(x)$는 단위 계단 함수이고, $X_n = 1$이고 $X_n \le a$일 경우, $Z_n = u(a - X_n)$이라 정의하자.

(a) $\langle Z_n \rangle_N$ 첫 번째 N 표본에서 a보다 작은 X_n비율임을 보여라

(b) 이 과정이 에르고딕이면 시간 평균은 $F_X(\text{a}) = P[X \le \text{a}]$와 같음을 보여라.

9.99. 예제 9.50에서 $\text{VAR}[\langle X_n \rangle_T] = (\sigma^2)(2T+1)2^{H-2}$임을 보여라.

9.100. $\sigma^2 = 1, H = 0.5, H = 0.6, H = 0.75, H = 0.99$를 갖는 예제 9.50에서 공분산 함수 대 자기유사 과정을 위해 K를 할당한다. 넓은 범위를 의지하는 증가 또는 감소하는 H는?

9.101. (a) 식 (9.110) 대 $\sigma^2 = 1, H = 0.5, H = 0.6, H = 0.75, H = 0.99$에 의해 표본 평균의 분산을 할당하라.

(b) (a)의 매개변수에서 $(2T+1)^{2H-1}$ 대 넓은 범위를 의지하는 과정의 표본 평균의 분산 비는 독립 항등 분포 과정의 표본 평균의 분산에 관하여 T를 할당한다. 명백히 긴 범위에 종속하는 1에 근접하는 H를 구하라.

(c) 독립 항등 분포 과정에 관하여 긴 범위 종속 과정의 평가를 위한 신뢰 구간의 넓이를 설명하라.

9.102. 넓은 범위를 의존하는 과정 식 (9.110) 대 로그-로그 도표 안의 표본 크기 T에 의해 표본 평균의 분산을 위해 표본 평균의 분산을 할당하라.

(a) 도표에서 H의 역할은 무엇인가?

(b) 자연수에서 넓은 범위 의존성의 현저한 지시자 중 하나는 622년부터 1821년 동안 나일강의 담수 수위 관찰 집합으로부터 왔으며[베란(Beran), 22페이지], 이 집합에는 (a)를 위한 로그-로그 도표에서 −0.27의 기울기가 주어져 있다. 이 기울기에 일치하는 H의 값은 무엇인가?

9.103. 연습문제 9.94는 이산시간 확률 과정을 위한 에르고딕 평균을 충분한 상태로 주었다. 넓은 범위를 의존하는 과정을 위해 식 (9.112)를 사용하여 결정하여 충분한 상태를 만족시킨다. 이것을 설명하라.

***9.9절: 푸리에 급수 및 칼만-레비 전개**

9.104. $X(t) = Xe^{jwt}$이라고 하자. X는 확률 분산이다.

(a) 복소수값을 가지는 확률 과정은 $R_X(t_1, t_2) = E[X(t_1), X^*(t_2)]$에 의해 정의된다. *는 복소수를 의미한다. $X(t)$를 위한 자기상관 함수를 구하라.

(b) 넓은 의미의 시불변 확률 과정 $X(t)$를 구하라.

9.105. 두 지수의 확률 계수의 합을 생각하라.

$$X(t) = X_1 e^{j\omega_1 t} + X_2 e^{j\omega_2 t} \quad \text{여기에서 } \omega_1 \neq \omega_2$$

(a) $X(t)$의 공분산 함수를 구하라.

(b) 복소수값을 갖는 확률 분산 X_1을 구하고, 넓은 의미의 시불변에서 $X(t)$를 위한 X_2를 구하라.

(c) U와 V가 실수값을 갖는 확률 분산에서 $\omega_1 = -\omega_2$, $X_1 = (U - jV)/2$ 그리고 $X_2 = (U + jV)/2$를 보여라. 그때 $X(t)$는 실수값을 갖는다. $X(t)$를 구하고 자기상관 함수를 구하라.

(d) U와 V의 구간에서 (b)로부터 X_1과 X_2를 바꿔라.

(e) (c)에서 U와 V가 결합 가우스 확률 변수이다. $X(t)$를 가우스 확률 과정으로 보여라.

9.106. **(a)** 식 (9.118)에서 비평균 제곱 주기 과정 $X(t)$를 위하여 푸리에 계수의 자기상관을 유도하라.

(b) $X(t)$가 넓은 의미의 시불변이고 평균 제곱 주기일 때, 식 (9.118)에서 식 (9.117)로 줄어드는 것을 보여라.

9.107. 넓은 의미의 시불변 평균 제곱 주기 과정 $X(t)$ 영역 푸리에 시리즈의 칼만-레비 전개를 보여라. 고유 함수의 직교 설정과 일치하는 고유값을 열거하라.

9.108. 예제 9.43에서 백색 가우스 잡음 과정 $X(t)$를 소개했다. 직교 함수가 칼만-레비 전개에서 $X(t)$를 위해 고유 함수로서 사용가능함을 보여라. 고유값은 얼마인가?

9.109. $X(t)$와 $W(t)$는 직교 확률 과정이고 $Y(t) = X(t) + W(t)$라 하자. 그리고 $W(t)$는 백색 가우 잡음 과정이다. $\phi_n(t)$는 $K_x(t_1, t_2)$에 대응하는 정규성 함수라고 하자. $K_x(t_1, t_2)$의 고유값과 $K_y(t_1, t_2)$ 고유값 사이의 관계는 무엇인가?

9.110. $X(t)$가 자기공분산을 갖는 평균이 0인 확률 과정이라 하자.

$$R_X(\tau) = \sigma^2 e^{-\alpha|\tau|}$$

(a) 구간 $[-T, T]$에서 $X(t)$의 칼만-레비 전개에서 정적분방정식을 구하라.

(b) 다른 방정식을 구하기 위해 적분방정식을 미분하라.

$$\frac{d^2}{dt^2}\phi(t) = \frac{\alpha^2\left(\lambda - 2\dfrac{\sigma^2}{\alpha}\right)}{\lambda}\phi(t)$$

(c) 미분방정식의 풀이는 $\phi(t)=A\cos bt$와 $\phi(t)=B\sin bt$의 형태가 됨을 보여라. (b) 값을 구하라.

(d) $\phi(t)=A\cos bt$이면 (b)가 $\tan bT=\alpha/\mathrm{b}$의 근이고, $\phi(t)=B\sin bt$이면 (b)는 $\tan bT=-b/\alpha$임을 보이기 위해 적분방정식으로 (c)에서 $\phi(t)$를 치환하라.

(e) 고유 함수를 정규화한 A와 B의 값을 구하라.

***(f)** 고유 함수의 빈도는 조화롭지 않게 연관된 것을 보여주기 위해서, bT, $\tan bT$, $bT/\alpha T$, $-\alpha T/bT$ 세 함수를 구상하라. 길이 π의 간격당 두 근을 보여라.

*9.10절: 확률 과정 생성

9.111. **(a)** p가 각각 $p=1/4$, $p=1/2$, $p=3/4$일 때 이산연속 과정의 10개의 표현을 생성하라. 각 p값에 대해 $n=200$ 시행일 때의 표본 함수를 그려라.

(b) $p=1/2$ 이산연속 과정의 50개의 표현을 생성하라. 처음 200번 시행의 표본 평균과 표본 분산을 구하라.

(c) (b)에서 구간이 [1, 50], [51, 100], [101, 150], [151, 200]에서 과정의 증분의 히스토그램을 구하라. 이 히스토그램들을 이론적인 pmf와 비교해보라. 만약 네 구간에서의 증분이 시불변하다면 어떻게 확인할 것인가?

(d) 주어진 표현에서 [1, 50]과 [51, 100] 구간의 증분으로 이루어진 한 쌍의 산포도를 그려라. 두 구간의 증분이 독립적인 확률 변수인지 확인하는 방법을 고안하라.

9.112. 임의 보행 과정을 동일한 매개변수를 가지고 연습문제 9.111의 과정을 반복하라.

9.113. X_n이 $m=0$; $m=0.5$인 독립 항등 분포 단위변수 가우스 확률 변수일 때, 식 (9.24)의 합 과정에 대해 연습문제 9.111의 과정을 반복하라.

9.114. X_n이 $\alpha=1$인 독립 항등 분포 단위변수 포아송 확률 변수일 때 식 (9.24)의 합 과정에 대해 연습문제 9.111의 과정을 반복하라.

9.115. X_n이 $\alpha=1$인 독립 항등 분포 단위변수 코시 확률 변수일 때, 식 (9.24)의 합 과정에 대해 연습문제 9.111의 과정을 반복하라.

9.116. $Y_0=0$이고 $Y_n=\alpha Y_{n-1}+X_n$이라 하자.

(a) $\alpha=1/4$, $1/2$, $9/10$이고 $p=1/2$, $p=1/4$일 때의 X_n 값을 이용해 랜덤 계단 과정의 다섯 개의 표현을 생성하라. 첫 200개 항의 표본 함수를 그려라. 각 표현들의 결과의 표본 평균과 표본 분산 값을 구하라. 각 표현들의 결과의 히스토그램을 그려라.

(b) $\alpha=1/2$, $p=1/4$, $p=1/2$인 과정 Y_n의 50개의 표현을 생성하라. 첫 번째 200회의 표현들의 표본 평균과 표본 분산을 구하라. 시간값 $n=5$, $n=50$, $n=200$일 때의 Y_n의 히스토그램을 구하라.

(c) (b)에서 구간이 [1, 50], [51, 100], [101, 150], [151, 200]에서 과정의 증분의 히스토그램을 구하라. 어떤 이론적인 pmf가 이 히스토그램들과 비교할 수 있는가? 이 과정의 증분은 시불변한가? 증분들은 독립적인가?

9.117. X_n이 $m=0$; $m=0.5$인 독립 항등 분포 단위변수 가우스 확률 변수일 때, 식 (9.24)의 합 과정에 대해 연습문제 9.116의 과정을 반복하라.

9.118. **(a)** 연습문제 9.111의 합 과정의 공분산 함수를 추정하는 방법을 제안하라. 과정이 넓은 의미의 시불변이라 가정하지 마라.

(b) 만약 과정이 넓은 의미의 시불변하다면 어떻게 확인할 것인가?

(c) (a), (b)의 방법을 연습문제 9.111(b)에 적용하라.

(d) 연습문제 9.116(b)에 (c)를 반복하라.

9.119. 이항 과정을 이용해 시간 구간 (1,100]에서 초당 손님의 도착률 $\lambda = 1$인 포아송 확률 과정의 근사값을 구하라. 다른 n값들을 적용해보고 어떻게 n값을 선택해야 하는지 제안하라.

9.120. 예제 9.21 실험의 100개의 표현을 생성하라.

(a) 사건 $P[N(10) = 3, N(60) - N(45) = 2]$의 상대 도수를 구하고, 그것의 이론적인 확률과 비교하라.

(b) 두 번째 도착까지의 히스토그램을 구하고 그것을 이론적인 pdf와 비교하라. 실험상의 cdf를 그리고 이론적인 cdf와 비교하라.

9.121. 시간 구간 (1,10]에서 초당 손님의 도착률 $\lambda = 1$ 인 포아송 확률 과정 $N(t)$의 100개의 표현을 생성하라. $N(t)$에서 $N_1(t)$에 도착하는 확률 $p = 0.25$이고 $N(t)$에서 $N_2(t)$에 도착하는 확률 $p = 0.75$일 때, $(N_1(t), N_2(t))$을 생성하라.

(a) $N_1(10), N_2(10)$의 히스토그램을 구하고, 유효 레벨이 5%의 카이제곱 적합도 검정으로 실행된 이론적인 pmf와 비교하라.

(b) $N_1(10)$과 $N_2(10)$이 독립 확률 변수인지 검정하기 위해 카이제곱 적합도 검정을 실행하라. $N_1(t)$과 $N_2(t)$이 독립 확률 과정인지 어떻게 확인할 수 있나?

9.122. 가입자가 시스템에 초당 손님의 도착률 $\lambda = 1$인 포아송 확률 과정에 따라 로그온한다. i번째 손님은 독립 확률 분포 확률 변수이고, 도착 시간에 독립적인 T_i초 동안 로그온 상태를 유지한다.

(a) 손님 도착 시간 S_n 수열을 생성하고, 접속 시간이 1인 $D_n = S_n + T_n$로 주어지는 그에 대응하는 출발 시간을 생성하라.

(b) t시간까지 도착한 손님의 수 $A(t)$, t시간까지 출발한 손님의 수 $D(t)$, 그리고 t시간에 시스템에 있는 손님의 수 $N(t) = A(t) - D(t)$를 그려라.

(c) 지속 시간이 200초인 시스템을 100번 모의실험하라. 손님들의 접속 시간은 평균이 5초인 지수 확률 변수라 가정하라. 손님의 출발 시간과 이와 연관된 출발 집계 과정 $D(t)$를 구하라. $D(t)$가 포아송 과정인지 어떻게 확인할 것인가? $D(t)$의 히스토그램을 구하고 $t = 50, 100, 150, 200$일 때의 시스템에 있는 손님의 수 $N(t)$를 구하라. 각 히스토그램에 pmf를 적용해봐라.

9.123. 임의 보행 제한 과정을 이용해서 $\alpha = 1$이고 간격 $(0, 3.5)$인 위너 과정의 100개의 표현을 생성하라.

(a) 구간 $(0, 0.5]$, $(0.5, 1.5]$, $(1.5, 3.5]$에서 증분의 히스토그램을 구하고 이를 이론적인 pdf와 비교하라.

(b) 처음 두 구간에서의 증분이 독립 확률 변수인지 유효 레벨 5%로 검정을 실행하라.

9.124. 가우스 분포 증분을 이용해서 연습문제 9.123의 과정을 반복하라. 시뮬레이션에서 증분 구간 선택을 어떻게 할 것인지 대해 논의하라.

응용학습문제

9.125. $X(t)$는 독립 증분을 갖는 확률 과정이라고 하자. $X(t_2) - X(t_1)$ 증가는 매개변수 $\lambda > 0$이고, $\alpha = t_2 - t_1$를 갖는 감마 확률 변수라고 가정하자.

(a) 결합 밀도 함수 $X(t_1)$과 $X(t_2)$를 구하라.

(b) $X(t)$의 자기상관 함수를 구하라.

(c) $X(t)$는 평균 제곱 연속형인가?

(d) $X(t)$는 평균 제곱 도함수인가?

9.126. $X(t)$는 $T=1$을 갖는 예제 9.38에서 소개된 진폭 변조 과정이라고 하자. 위상 변조 과정을 다음과 같이 정의한다.

$$Y(t) = a\cos\left(2\pi t + \frac{\pi}{2}X(t)\right)$$

(a) 이진 수열 0010110에 대응하는 $Y(t)$의 표본 함수를 그려라.

(b) $Y(t_1)$과 $Y(t_2)$의 결합 pdf를 구하라.

(c) $Y(t)$의 평균과 자기상관 함수를 구하라.

(d) $Y(t)$는 시불변, 넓은 의미의 시불변인 혹은 순환정류 확률 과정 중 어느 것인가?

(e) $Y(t)$는 평균 제곱 연속인가?

(f) $Y(t)$는 평균 제곱 도함수인가? 그렇다면 평균과 자기상관 함수를 구하라.

9.127. $N(t)$는 포아송 과정이라 하고 위상 변조 과정을 형성한다고 가정하자.

$$Y(t) = a\cos(2\pi ft + \pi N(t))$$

(a) $N(t)$의 전형적인 표본 함수에 대응하는 $Y(t)$의 표본 함수를 그려라.

(b) $Y(t_1)$과 $Y(t_2)$의 결합 밀도 함수를 구하라. 힌트: $N(t)$의 독립적인 증감 속성을 이용하라.

(c) $Y(t)$의 평균과 자기상관 함수를 구하라.

(d) $Y(t)$는 정적, 넓은 의미 정적 혹은 순환정류 확률 과정 중 어느 것인가?

(e) $Y(t)$는 평균 제곱 연속인가?

(f) $Y(t)$는 평균 제곱 도함수인가? 그렇다면 평균과 자기상관 함수를 구하라.

9.128. $X(t)$는 포아송 과정에 따라 발생하는 진폭 변조 신호라고 가정하자.

$$X(t) = \sum_{k=1}^{\infty} A_k h(t - S_k)$$

A_k는 독립 항등 분포 확률 과정이고 S_k는 포아송 과정에서 사건발생 시간들이다. $h(t)$는 시간의 함수이다. 진폭과 발생 시간을 독립이라 하자.

(a) $X(t)$의 평균과 자기상관 함수를 구하라.

(b) 단위 계단 함수이고 $h(t)=u(t)$일 때, 문제 (a)를 풀어라.

(c) T초 동안 직변조이고 $h(t)=p(t)$일 때, 문제 (a)를 풀어라.

9.129. 두 사인 곡선의 선형 결합을 생각해보자.

$$X(t) = A_1\cos(\omega_0 t + \Theta_1) + A_2\cos(\sqrt{2}\omega_0 t + \Theta_2)$$

Θ_1과 Θ_2는 구간 $(0, 2\pi)$에서 독립 균등 확률 분포이고, A_1과 A_2는 결합 가우스 확률 변수이다. 진폭들은 위상 확률 변수의 독립이다.

(a) $X(t)$의 평균과 자기상관 함수를 구하라.

(b) $X(t)$는 평균 제곱 주기성인가? 그렇다면, 주기는 무엇인가?

(c) $X(t_1)$과 $X(t_2)$의 결합 pdf를 구하라.

9.130. **(a)** 가우스-마코프 확률 과정은 가우스 확률 과정이고 또한 마코프 과정이다. $t_1 \le t_2 \le t_3$일 때 다음 식과 같은 과정의 자기공분산 함수를 만족해야 함을 보여라.

$$C_X(t_3, t_1) = \frac{C_X(t_3, t_2)C_X(t_2, t_1)}{C_X(t_2, t_2)}$$

(b) 가우스 확률 과정의 자기공분산이 위 방정식을 만족한다면 그 과정이 가우스-마코프임을 보일 수 있다. 위너 과정이 가우스-마코프인가? 오른슈타인-울렌벡 과정은 가우스-마코프 과정인가?

9.131. A_n과 B_n이 독립 불변의 확률 과정이라 하자. A_n과 B_n은 평균이 0이고, 자기상관 함수를 갖는 가우스 확률 과정이다.

$$R_A(k) = \sigma_1^2\rho_1^{|k|} \qquad R_B(k) = \sigma_2^2\rho_2^{|k|}$$

블록 다중 채널은 확률 변수 Y_m을 형성하고 위의 과정에서 두 개의 블록을 가진다.

$$A_1A_2B_1B_2A_3A_4B_3B_4A_5A_6B_5B_6\ldots.$$

(a) Y_m의 자기상관 함수를 구하라.

(b) Y_m은 순환정류인가 아니면 넓은 의미의 정적인가?

(c) Y_m과 Y_{m+1}의 결합 pdf를 구하라.

(d) T는 집합 {0, 1, 2, 3}에서 균일하게 선택되었고, $Z_m = Y_{m+T}$라 하자. Z_m으로 문제 (a), (b), (c)를 되풀이하라.

9.132. 연습문제 9.131에서 A_n을 가우스 확률 변수라 하자. Decimator는 확률 변수 V_m에서 매번 다른 표본을 갖는다.

$$A_1A_3A_5A_7A_9A_{11}$$

(a) V_m의 자기상관 함수를 구하라.

(b) V_m와 V_{m+k}의 결합 pdf를 구하라.

(c) 수열 V_m을 가지고 수열 W_k를 형성하기 위해 표본들 사이에 0을 삽입한다.

$$A_10A_30A_50A_70A_90A_{11}\ldots.$$

W_k의 자기상관 함수를 구하라. W_k는 가우스 확률 과정인가?

9.133. A_n은 평균이 0이고 단위변수 독립 가우스 확률 변수라고 하자. 블록 코드는 수열 Y_n을 형성하기 위해 이 확률 변수를 선형으로 옮기고 A의 쌍을 만든다.

$$\begin{bmatrix} Y_{2n} \\ Y_{2n+1} \end{bmatrix} = \frac{1}{\sqrt{2}}\begin{bmatrix} 1 & 1 \\ 1 & -1 \end{bmatrix}\begin{bmatrix} A_{2n} \\ A_{2n+1} \end{bmatrix}$$

(a) Y_n의 자기상관 함수를 구하라.

(b) Y_n은 어떤 의미에서든지 시불변인가?

(c) Y_n, Y_{n+1}과 Y_{n+2}의 결합 pdf를 구하라.

9.134. 고객 주문이 모수 p와 함께 베르누이 확률 과정에 따라 도착한다고 하자. 주문이 도착했을 때 크기가 모수 λ를 갖는 지수 확률 변수이다. S_n은 시간 n에 따라 모든 주문의 총 크기라고 하자.

(a) S_n의 평균과 자기상관 함수를 구하라.

(b) S_n은 시불변 확률 과정인가?

(c) S_n은 마코프 과정인가?

(d) S_n과 S_{n+k}의 결합 pdf를 구하라.

CHAPTER 10

랜덤 신호의 분석과 처리

Analysis and Processing of Random Signals

본 장에서는 랜덤 신호(random signals)를 분석하고 처리하는 방법을 소개한다. 주요 내용은 다음과 같다.

- 10.1절에서는 주파수 영역에서 확률 과정을 보여주는 전력 스펙트럼 밀도의 개념을 소개한다.
- 10.2절에서는 확률 과정 입력에 대한 선형 시스템의 응답을 살펴보고, 확률 과정을 여과하는 방법을 소개한다.
- 10.3절에서는 신호 처리의 2가지 중요한 응용인 표본화와 변조에 대해서 알아본다.
- 10.4절과 10.5절에서는 최적 선형 시스템의 설계를 논의하고, 위너 여과기와 칼만 여과기를 소개한다.
- 10.6절에서는 확률 과정의 전력 스펙트럼 밀도를 추정하는 문제를 다룬다.
- 마지막으로, 10.7절에서는 랜덤 신호의 처리과정을 구현하고 모의하는 방법을 소개한다.

10.1 전력 스펙트럼 밀도

푸리에(Fourier) 급수와 푸리에 변환은 결정된(deterministic) 시간 함수를 정현 함수의 가중된 합 또는 적분으로 보게 한다. 느리게 변하는 시간 함수는 낮은 주파수 정현 성분에 가중되어 집중된다. 빠르게 변하는 시간 함수는 높은 주파수 성분에 가중되어 집중된다. 따라서 결정된 시간 함수가 변하는 비율은 푸리에 급수 또는 변환의 가중 함수와 관련이 있다. 이러한 가중 함수를 시간 함수의 스펙트럼이라고 한다.

정현 성분으로 구성된 시간 함수의 개념은 확률 과정에서 매우 유용하다. 그러나 확률 과정의 표본 함수가 허용 가능한 시간 함수의 총체(ensemble)에서 선택된 것으로 볼 수 있으므로, 확률 과정에 대한 가중 함수 또는 스펙트럼은 허용 가능한 시간 함수 총체의 평균 변화율을 어떤 방법으로든 참조해야 한다. 식 (9.66)는 WSS(wide-sense stationary) 과정에 대해서 자기상관 함수 $R_X(\tau)$가 확률 과정의 평균 변화율에 대한 적절한 척도임을 보여준다. 실제로 확률 과정이 시간에 따라 느리게 변하면 오랫동안 그 자체가 서로 상관되어 있어, $R_X(\tau)$는 τ의 함수로서 느리게 감소한다. 반면에, 빠르게 변하는 확률 과정은 신속하게 스스로 비상관이 되고 $R_X(\tau)$는 τ에 따라 빠르게 감소한다.

이제 WSS 확률 과정의 전력 스펙트럼 밀도가 자기상관 함수의 푸리에 변환으로 얻을 수

있다는 **Einstein-Wiener-Khinchin 정리**를 소개한다.[1)]

10.1.1 연속시간 확률 과정

$X(t)$를 평균 m_X와 자기상관 함수 $R_X(\tau)$를 갖는 연속시간 WSS 확률 과정이라고 하자. 다음과 같이 구간 $0<t<T$에서 $X(t)$ 표본의 푸리에 변환을 취한다고 가정한다.

$$\tilde{x}(f) = \int_0^T X(t')e^{-j2\pi ft'}\,dt' \tag{10.1}$$

다음으로 아래 식으로 주파수 함수로 전력 밀도의 근사치를 구한다.

$$\tilde{p}_T(f) = \frac{1}{T}|\tilde{x}(f)|^2 = \frac{1}{T}\tilde{x}(f)\tilde{x}^*(f) = \frac{1}{T}\left\{\int_0^T X(t')e^{-j2\pi ft'}\,dt'\right\}\left\{\int_0^T X(t')e^{j2\pi ft'}\,dt'\right\} \tag{10.2}$$

식 (10.2)에서 *는 공액(복소켤레: Complex Conjugate)를 표시한다. $X(t)$가 확률 과정이고 $\tilde{p}_T(f)$도 역시 확률 과정이지만 다른 인덱스 집합에서만 확률 과정이다. $\tilde{p}_T(f)$는 **주기다이어그램 추정(periodogram estimate)**라 불리며, 아래 정의된 $X(t)$의 **전력 스펙트럼 밀도(power spectral density)**에 관심을 가진다.

$$S_X(f) = \lim_{T\to\infty} E[\tilde{p}_T(f)] = \lim_{T\to\infty}\frac{1}{T}E[|\tilde{x}(f)|^2] \tag{10.3}$$

본 절의 마지막에 $X(t)$의 전력 스펙트럼 밀도가 자기상관 함수의 푸리에 변환으로 주어진다는 것을 볼 수 있다.

$$S_X(f) = \mathscr{F}\{R_X(\tau)\} = \int_{-\infty}^{\infty} R_X(\tau)e^{-j2\pi f\tau}\,d\tau \tag{10.4}$$

푸리에 변환표와 성질은 부록 B에 있다.

실수값(real-valued) 확률 과정에서 자기상관 함수는 τ의 우함수이다.

$$R_X(\tau) = R_X(-\tau) \tag{10.5}$$

식 (10.4)에 대입하면 다음 식을 얻는다.

$$\begin{aligned} S_X(f) &= \int_{-\infty}^{\infty} R_X(\tau)\{\cos 2\pi f\tau - j\sin 2\pi f\tau\}\,d\tau \\ &= \int_{-\infty}^{\infty} R_X(\tau)\cos 2\pi f\tau\,d\tau \end{aligned} \tag{10.6}$$

여기에서 우함수($R_X(\tau)$)와 기함수($\sin 2\pi f\tau$)의 곱의 적분은 0이다. 식 (10.6)은 $S_X(f)$가 실수값이고 f의 우함수임을 뜻한다. 식 (10.2)에서 $S_X(f)$는 음이 아니다.

---

1) 1930년대 초에 결과를 증명한 Norbert Wiener와 A. Ya. Khinchin의 이름을 따서 이 결과를 보통 Wiener-Khinchin 정리로 부른다. 나중에 이러한 결과가 Albert Einstein의 1914년 논문에서 언급되었다는 것이 밝혀졌다.

$$S_X(f) \geq 0 \qquad \text{모든 } f\text{에 대해서} \tag{10.7}$$

식 (10.4)에 역 푸리에 변환식을 적용하면 전력 스펙트럼 밀도에서 자기상관 함수를 복원할 수 있다.

$$\begin{aligned} R_X(\tau) &= \mathscr{F}^{-1}\{S_X(f)\} \\ &= \int_{-\infty}^{\infty} S_X(f) e^{j2\pi f\tau}\, df \end{aligned} \tag{10.8}$$

식 (10.8)은 전력 밀도 함수(pdf)를 이에 대응하는 특성함수와 연계하는 식 (4.80)과 동일하다. 본 장의 마지막 절에서 FFT가 $S_X(f)$와 $R_X(\tau)$를 위한 수치 계산에 어떻게 이용될 수 있는지를 설명한다.

전기공학에서는 습관적으로 $X(t)$의 2차 모멘트를 **$X(t)$의 평균 전력**[2)]으로 언급한다. 식 (9.64)와 함께 식 (10.8)은 다음을 제공한다.

$$E[X^2(t)] = R_X(0) = \int_{-\infty}^{\infty} S_X(f)\, df \tag{10.9}$$

식 (10.9)는 $X(t)$의 평균 전력이 모든 주파수에 대해 $S_X(f)$를 적분함으로써 구할 수 있다는 것을 보여준다. 이것은 $S_X(f)$가 주파수 f에서 $X(t)$의 전력 밀도라는 사실과 일치한다.

자기상관과 자기공분산 함수들이 $R_X(\tau) = C_X(\tau) + m_X^2$로 관계되기 때문에 전력 스펙트럼 밀도도 다음과 같이 주어진다.

$$\begin{aligned} S_X(f) &= \mathscr{F}\{C_X(\tau) + m_X^2\} \\ &= \mathscr{F}\{C_X(\tau)\} + m_X^2\, \delta(f) \end{aligned} \tag{10.10}$$

여기서 상수의 푸리에 변환이 델타 함수라는 사실이 이용되었다. m_X는 $X(t)$의 직류 성분이라고 한다.

전력 스펙트럼 밀도의 개념이 2개의 결합 WSS 과정으로 일반화될 수 있다. **상호 전력 스펙트럼 밀도 $S_{X,Y}(f)$**는 다음과 같이 정의된다.

$$S_{X,Y}(f) = \mathscr{F}\{R_{X,Y}(\tau)\} \tag{10.11}$$

여기에서 $R_{X,Y}(\tau)$는 $X(t)$와 $Y(t)$ 사이의 상호상관이다.

$$R_{X,Y}(\tau) = E[X(t+\tau)Y(t)] \tag{10.12}$$

일반적으로, $X(t)$와 $Y(t)$가 둘 다 실수값이라도 $S_{X,Y}(f)$는 f의 복소함수이다.

예제 10.1 **랜덤 전신 신호**

랜덤 전신 신호의 전력 스펙트럼 밀도를 구하라.

예제 9.24에서 랜덤 전신 과정의 자기상관 함수는 다음과 같다.

$$R_X(\tau) = e^{-2\alpha|\tau|}$$

2) $X(t)$가 1 Ohm 저항에 걸린 전압이나 전류라면 $X^2(t)$는 저항에 흡수된 순간 전력이다.

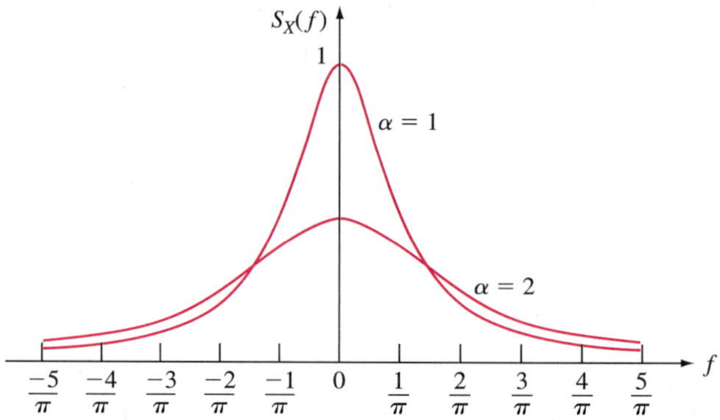

그림 10.1 ● 초당 $\alpha = 1$과 $\alpha = 2$ 추이를 가진 랜덤 전신 신호의 전력 스펙트럼 밀도

여기서 α는 신호의 평균 추이율이다. 그러므로 과정의 전력 스펙트럼 밀도는 다음과 같다.

$$\begin{aligned} S_X(f) &= \int_{-\infty}^{0} e^{2\alpha\tau}e^{-j2\pi f\tau}\,d\tau + \int_{0}^{\infty} e^{-2\alpha\tau}e^{-j2\pi f\tau}\,d\tau \\ &= \frac{1}{2\alpha - j2\pi f} + \frac{1}{2\alpha + j2\pi f} \\ &= \frac{4\alpha}{4\alpha^2 + 4\pi^2 f^2} \end{aligned} \tag{10.13}$$

그림 10.1은 초당 $\alpha = 1$과 $\alpha = 2$ 추이에 대한 전력 스펙트럼 밀도를 나타낸다. 과정은 $\alpha = 2$일 때 2배 빠르게 변한다. $\alpha = 2$에 대한 전력 스펙트럼 밀도가 더욱 큰 고주파 성분을 가진다는 것을 그림에서 볼 수 있다.

예제 10.2 **랜덤 위상을 갖는 사인 곡선**

$X(t) = a\cos(2\pi f_0 t + \Theta)$라 하자. 여기서 Θ는 구간$(0, 2\pi)$ 사이에 균일하게 분포된다. $S_X(f)$를 구하라.

예제 9.10에서 $X(t)$에 대한 자기상관은 다음과 같다.

$$R_X(\tau) = \frac{a^2}{2}\cos 2\pi f_0 \tau$$

따라서 전력 스펙트럼 밀도는 다음과 같다.

$$\begin{aligned} S_X(f) &= \frac{a^2}{2}\mathscr{F}\{\cos 2\pi f_0 \tau\} \\ &= \frac{a^2}{4}\delta(f - f_0) + \frac{a^2}{4}\delta(f + f_0) \end{aligned} \tag{10.14}$$

여기서 부록 B에 있는 푸리에 변환표를 이용했다. 신호는 평균 전력 $R_X(0) = a^2/2$을 가진다. 이 전력의 전부는 주파수 $\pm f_0$에 모여 있어 이 주파수에서 전력 밀도는 무한이다.

예제 10.3 **백색 잡음**

주파수 성분이 영역 $-W \le f \le W$로 제한된 WSS 백색 잡음(white noise) 과정의 전력 스펙트럼 밀도가

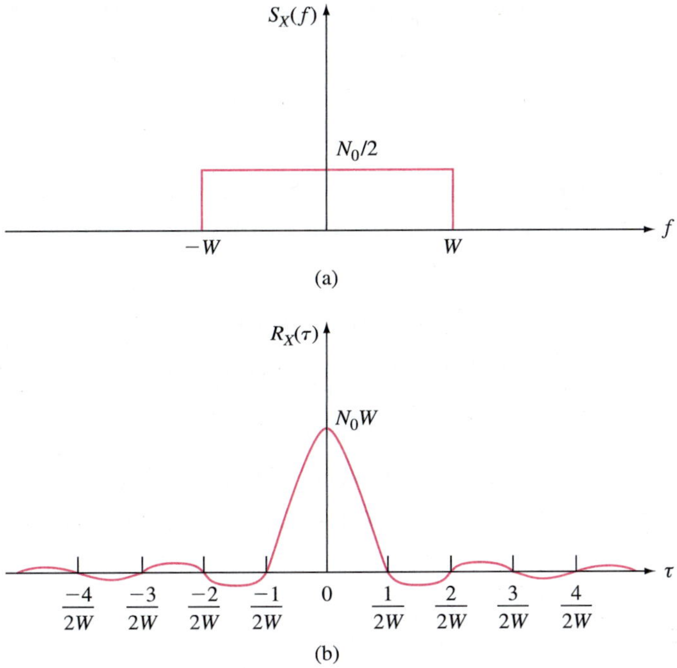

그림 10.2 ● 제한된 대역의 백색 잡음. (a) 전력 스펙트럼 밀도; (b) 자기상관 함수

그림 10.2(a)에 나타난다. 과정은 모든 주파수에 동일한 양을 가진 백색 광을 유추하여 백색이라 말한다. 이 과정의 평균 전력은 식 (10.9)에서 다음과 같이 구할 수 있다.

$$E[X^2(t)] = \int_{-W}^{W} \frac{N_0}{2} df = N_0 W \tag{10.15}$$

이 과정의 자기상관은 식 (10.8)에서 다음과 같이 구할 수 있다.

$$\begin{aligned} R_X(\tau) &= \frac{1}{2} N_0 \int_{-W}^{W} e^{j2\pi f \tau}\, df \\ &= \frac{1}{2} N_0 \frac{e^{-j2\pi W \tau} - e^{j2\pi W \tau}}{-j2\pi\tau} \\ &= \frac{N_0 \sin(2\pi W_\tau)}{2\pi\tau} \end{aligned} \tag{10.16}$$

$R_X(\tau)$는 그림 10.2(b)에서 알 수 있다. $X(t)$와 $X(t+\tau)$가 $\tau = \pm k/2W$, $k = 1, 2, \ldots$에서 비상관된 것을 주의한다.

백색 잡음이란 용어는 전력 스펙트럼 밀도가 모든 주파수에 대해 $N_0/2$인 확률 과정 $W(t)$를 지칭한다.

$$S_W(f) = \frac{N_0}{2} \qquad \text{모든 } f\text{에 대해서} \tag{10.17}$$

$W = \infty$를 가진 식 (10.15)는 그러한 과정이 무한 평균 전력을 가져야만 한다는 것을 보여준다. 식 (10.16)에서 $W \to \infty$를 취함으로써 그런 과정의 자기상관이 다음 식에 접근하는 것을 알 수 있다.

$$R_W(\tau) = \frac{N_0}{2} \delta(\tau) \tag{10.18}$$

$W(t)$가 가우스 확률 과정이면, $W(t)$를 $\alpha = N_0/2$를 갖는 예제 9.43에서 소개된 백색 가우스 잡음 과정이라고 본다.

예제 10.4 **두 과정의 합**

$X(t)$와 $Y(t)$가 결합 WSS 과정인 $Z(t) = X(t) + Y(t)$의 전력 스펙트럼 밀도를 구하라.

$Z(t)$의 자기상관은 다음과 같다.

$$\begin{aligned} R_Z(\tau) &= E[Z(t+\tau)Z(t)] = E[(X(t+\tau) + Y(t+\tau))(X(t) + Y(t))] \\ &= R_X(\tau) + R_{YX}(\tau) + R_{XY}(\tau) + R_Y(\tau) \end{aligned}$$

따라서 전력 스펙트럼 밀도는 다음과 같다.

$$\begin{aligned} S_Z(f) &= \mathscr{F}\{R_X(\tau) + R_{YX}(\tau) + R_{XY}(\tau) + R_Y(\tau)\} \\ &= S_X(f) + S_{YX}(f) + S_{XY}(f) + S_Y(f) \end{aligned} \quad (10.19)$$

예제 10.5

$Y(t) = X(t-d)$라 하자. 여기서 d는 상수 지연이고, $X(t)$는 WSS이다.

$R_{YX}(\tau)$, $S_{YX}(f)$, $R_Y(\tau)$와 $S_Y(f)$를 구하라.

$R_{YX}(\tau)$, $S_{YX}(f)$, $R_Y(\tau)$의 정의는 다음과 같다.

$$R_{YX}(\tau) = E[Y(t+\tau)X(t)] = E[X(t+\tau-d)X(t)] = R_X(\tau-d) \quad (10.20)$$

푸리에 변환의 시간 이동 성질은 다음과 같다.

$$\begin{aligned} S_{YX}(f) &= \mathscr{F}\{R_X(\tau-d)\} = S_X(f)e^{-j2\pi fd} \\ &= S_X(f)\cos(2\pi fd) - jS_X(f)\sin(2\pi fd) \end{aligned} \quad (10.21)$$

마지막으로

$$R_Y(\tau) = E[Y(t+\tau)Y(t)] = E[X(t+\tau-d)X(t-d)] = R_X(\tau) \quad (10.22)$$

식 (10.22)는 다음을 의미한다.

$$S_Y(f) = \mathscr{F}\{R_Y(\boldsymbol{\tau})\} = \mathscr{F}\{R_X(\boldsymbol{\tau})\} = S_X(f) \quad (10.23)$$

식 (10.21)에서 상호전력 스펙트럼 밀도가 복소수임을 주목한다. 식 (10.23)에서 $X(t) \neq Y(t)$임에도 $S_X(f) = S_Y(f)$임에 주목한다. 따라서 $S_X(f) = S_Y(f)$는 $X(t) = Y(t)$를 의미하지 않는다.

10.1.2 이산시간 확률 과정

X_n을 평균 m_X와 자기상관 함수 $R_X(k)$를 갖는 이산시간 WSS 확률 과정이라 하자. **X_n의 전력 스펙트럼 밀도**는 자기상관 수열의 푸리에 변환으로 정의된다.

$$S_X(f) = \mathscr{F}\{R_X(k)\} \\ = \sum_{k=-\infty}^{\infty} R_X(k)e^{-j2\pi fk} \tag{10.24}$$

$S_X(f)$가 주기 1을 갖는 f에서 주기적이므로 영역 $-1/2 < \mathrm{f} \le 1/2$의 주파수만을 고려하는 것을 주목하자. 연속적인 확률 과정처럼 $S_X(f)$는 실수값, 음이 아님, f의 우함수로 보여질 수 있다.

식 (10.23)에 적용된 역 푸리에 변환식은 다음을 의미한다.[3)]

$$R_X(k) = \int_{-1/2}^{1/2} S_X(f)e^{j2\pi fk}\,df \tag{10.25}$$

식 (10.24)와 식 (10.25)는 이산 푸리에 변환과 유사하다. 마지막 절에서는 $S_X(f)$ 와$R_X(k)$를 계산하기위해 FFT를 어떻게 이용하는지 언급된다.

두 결합 WSS 이산시간 과정 X_n과 Y_n의 **상호전력 스펙트럼 밀도 $S_{X,Y}(f)$**는 다음과 같이 정의된다.

$$S_{X,Y}(f) = \mathscr{F}\{R_{X,Y}(k)\} \tag{10.26}$$

여기에서 $R_{X,Y}(k)$는 X_n과 Y_n 사이의 상호상관이다.

$$R_{X,Y}(k) = E[X_{n+k}Y_n] \tag{10.27}$$

예제 10.6 **백색 잡음**

과정 X_n을 영평균과 분산 σ_X^2를 갖는 비상관 확률 변수의 수열로 한다. $S_X(f)$를 구하라.

이 과정의 자기상관은 다음과 같다.

$$R_X(k) = \begin{cases} \sigma_X^2 & k = 0 \\ 0 & k \neq 0 \end{cases}$$

과정의 전력 스펙트럼 밀도는 $R_X(k)$를 식 (10.24)에 대입해서 구할 수 있다.

$$S_X(f) = \sigma_X^2 \qquad -\frac{1}{2} < f < \frac{1}{2} \tag{10.28}$$

따라서 과정 X_n은 같은 치수로 모든 가능한 주파수를 포함한다.

예제 10.7 **이동 평균 과정**

과정 Y_n은 다음 식으로 정의하자.

$$Y_n = X_n + \alpha X_{n-1} \tag{10.29}$$

여기서 X_n은 예제 10.6의 백색 잡음 과정이다. $S_Y(f)$를 구하라.

Y_n의 평균과 자기상관은 다음 식으로 쉽게 구해진다.

---

3) $R_X(k)$는 주기함수 $S_X(f)$의 푸리에 급수의 계수로 볼 수 있다.

$$E[Y_n] = 0$$

그리고

$$E[Y_nY_{n+k}] = \begin{cases} (1 + \alpha^2)\sigma_X^2 & k = 0 \\ \alpha\sigma_X^2 & k = \pm 1 \\ 0 & \text{그 외의 경우} \end{cases} \tag{10.30}$$

전력 스펙트럼 밀도는 다음과 같다.

$$\begin{aligned} S_Y(f) &= (1 + \alpha^2)\sigma_X^2 + \alpha\sigma_X^2\{e^{j2\pi f} + e^{-j2\pi f}\} \\ &= \sigma_X^2\{(1 + \alpha^2) + 2\alpha \cos 2\pi f\} \end{aligned} \tag{10.31}$$

$\alpha = 1$에 대한 $S_Y(f)$를 그림 10.3에서 확인할 수 있다.

예제 10.8 잡음이 추가된 신호

관측 Z_n을 다음과 같이 정하자.

$$Z_n = X_n + Y_n$$

여기서 X_n은 관측하려는 신호, Y_n은 전력 σ_Y^2를 갖는 백색 잡음 과정, X_n과 Y_n은 독립 확률 과정이다. 게다가 모든 n에 대하여 A는 영평균과 분산 σ_A^2를 갖는 확률 변수일 때 $X_n = A$로 가정한다. 따라서 Z_n은 확률 변수 A의 잡음 측정 수열을 나타낸다. Z_n의 전력 스펙트럼 밀도를 구하라.

Z_n의 평균과 자기상관은 다음과 같다.

$$E[Z_n] = E[A] + E[Y_n] = 0$$

그리고

$$\begin{aligned} E[Z_nZ_{n+k}] &= E[(X_n + Y_n)(X_{n+k} + Y_{n+k})] \\ &= E[X_nX_{n+k}] + E[X_n]E[Y_{n+k}] \\ &\quad + E[X_{n+k}]E[Y_n] + E[Y_nY_{n+k}] \\ &= E[A^2] + R_Y(k) \end{aligned}$$

따라서 Z_n 역시 WSS 과정이다.

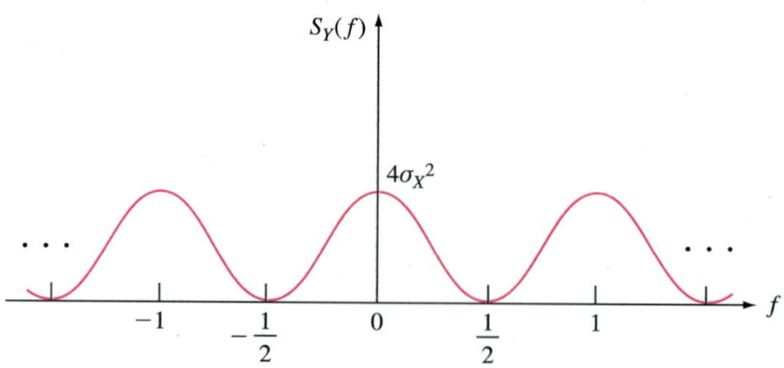

그림 10.3 ● 예제 10.7에 언급된 이동 평균 과정의 전력 스펙트럼 밀도

Z_n의 전력 스펙트럼 밀도는 다음과 같다.

$$S_Z(f) = E[A^2]\delta(f) + S_Y(f)$$

여기서 상수의 푸리에 변환은 델타 함수라는 사실을 이용했다.

10.1.3 시간 평균으로의 전력 스펙트럼 밀도

지금까지 증명도 없이 전력 스펙트럼 밀도가 자기상관의 푸리에 변환으로 구해진다고 간단히 언급했다. 이제 확률 과정 구현을 푸리에 변환할 때 전력 스펙트럼 밀도가 근본적으로 어떻게 발생하는지 살펴보자.

$X_0, \ldots, X_{k-1}$을 이산시간, WSS 과정 X_n에서 k개의 관측이라 하자. $\tilde{x}_k(f)$는 다음과 같이 이런 수열의 이산 푸리에 변환을 나타낸다고 하자.

$$\tilde{x}_k(f) = \sum_{m=0}^{k-1} X_m e^{-j2\pi fm} \tag{10.32}$$

$\tilde{x}_k(f)$는 복소값 확률 변수임을 주목하자. $\tilde{x}_k(f)$의 제곱 크기는 주파수 f에서 에너지의 척도이다. 이 에너지를 전체 시간 k로 나누면 주파수 f에서 전력에 대한 추정치를 얻는다.

$$\tilde{p}_k(f) = \frac{1}{k}|\tilde{x}_k(f)|^2 \tag{10.33}$$

$\tilde{p}_k(f)$는 전력 스펙트럼 밀도에 대한 **주기다이어그램 추정(periodogram estimate)**이라 한다.

주기다이어그램 추정의 기대값은 다음과 같다.

$$\begin{aligned}
E[\tilde{p}_k(f)] &= \frac{1}{k}E[\tilde{x}_k(f)\tilde{x}_k^*(f)] \\
&= \frac{1}{k}E\left[\sum_{m=0}^{k-1} X_m e^{-j2\pi fm} \sum_{i=0}^{k-1} X_i e^{j2\pi fi}\right] \\
&= \frac{1}{k}\sum_{m=0}^{k-1}\sum_{i=0}^{k-1} E[X_m X_i]e^{-j2\pi f(m-i)} \\
&= \frac{1}{k}\sum_{m=0}^{k-1}\sum_{i=0}^{k-1} R_X(m-i)e^{-j2\pi f(m-i)}
\end{aligned} \tag{10.34}$$

그림 10.4는 식 (10.34)에 있는 이중 합의 영역을 나타낸다. 대각선 $m' = m - i$의 모든 항목들은 같다. 여기서 m'은 $-(k-1)$부터 $k-1$까지이며, 대각선 $m' = m - i$에 $k - |m'|$ 항목들이 있다. 따라서 식 (10.34)은 다음 식이 된다.

$$\begin{aligned}
E[\tilde{p}_k(f)] &= \frac{1}{k}\sum_{m'=-(k-1)}^{k-1}\{k - |m'|\}R_X(m')e^{-j2\pi fm'} \\
&= \sum_{m'=-(k-1)}^{k-1}\left\{1 - \frac{|m'|}{k}\right\}R_X(m')e^{-j2\pi fm'}
\end{aligned} \tag{10.35}$$

식 (10.35)와 식 (10.24)의 비교는 주기다이어그램 추정의 평균이 두 가지 이유로 $S_X(f)$와 같

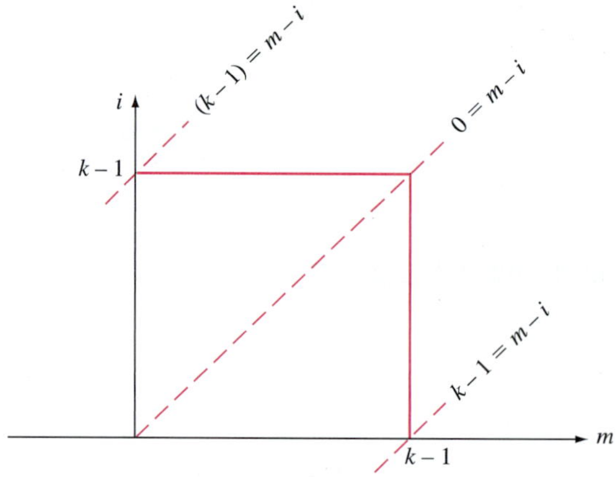

그림 10.4 ● 식 (10.34)에서 합의 영역

지 않다는 것을 보여준다. 첫 번째로 식 (10.34)는 식 (10.25)의 괄호 안의 항목이 없다. 두 번째로 식 (10.35)에서 합의 극한이 $\pm\infty$가 아니다. $\tilde{p}_k(f)$는 $S_X(f)$에 대한 편향된 추정이라고 한다. 그러나 $k \to \infty$에 따라 괄호 안의 항목은 1에 가까워지고, 합의 극한은 $\pm\infty$에 가까워진다.

$$E[\tilde{p}_k(f)] \to S_X(f) \qquad k \to \infty\text{에 따라} \tag{10.36}$$

즉, 주기다이어그램 추정의 평균은 실제로 $S_X(f)$에 가까워진다. 식 (10.36)은 $\tilde{p}_k(f)$가 모든 주파수 f에 대해서 음이 아니므로 $S_X(f)$도 모든 f에 대해서 음이 아님을 주목하자.

편리하게 되려면, 주기다이어그램 추정의 분산도 0에 가까워져야 한다. 이 문제에 대한 해답은 전력 스펙트럼 밀도 추정 문제에서 좀 더 자세하게 살펴 볼 것이다. 이 주제는 10.6절에서 다룬다.

위의 모든 결과는 합을 적분으로 적절히 변경한 후 연속시간 WSS 확률 과정 $X(t)$에 적용된다. 구간 $0 < t < T$의 관측에 대해서 $S_X(f)$에 대한 주기다이어그램 추정은 식 (10.2)로 정의된다. 식 (10.35)를 유도했던 동일한 유도가 주기다이어그램 추정의 평균이 아래처럼 주어지는 것을 보여주기 위해 사용될 수 있다.

$$E[\tilde{p}_T(f)] = \int_{-T}^{T} \left\{1 - \frac{|\tau|}{T}\right\} R_X(\tau) e^{-j2\pi f\tau}\, d\tau \tag{10.37a}$$

이것은 다음과 같이 된다.

$$E[\tilde{p}_T(f)] \to S_X(f) \qquad T \to \infty\text{에 따라} \tag{10.37b}$$

10.2 랜덤 신호에 대한 선형 시스템의 응답

특정한 목적을 달성하기 위해서 많은 응용들은 랜덤 신호의 처리(즉, 확률 과정)를 포함한다. 예를 들어, 예측에서 과거값으로부터 신호의 미래값을 예측하는 것에 관심을 갖는다. 여과와 평활화는 잡음으로 오염된 신호를 복원하는데 관심을 가진다. 변조는 다양한 전송 매체를 통하여 좀 더 쉽게 전파되는 낮은 주파수 정보 신호를 높은 주파수 전송 신호로 변환하는 데 관심을 갖는다.

신호 처리는 한 형태에서 다른 형태로 신호를 변환하는 것을 포함한다. 따라서 신호 처리 방법은 시간 함수를 다른 시간 함수로 간단하게 변환하거나 사상하는 것이다. 변환에 대한 입력이 확률 과정이면 출력도 역시 확률 과정일 것이다. 다음 두 절에서는 입력이 WSS 확률 과정일 때 출력 과정의 통계적 성질을 결정하는 데 관심을 가진다.

10.2.1 연속시간 시스템

입력 신호 $x(t)$가 다음의 변환에 의해 출력 신호 $y(t)$로 사상되는 **시스템(system)**을 생각하자.

$$y(t) = T[x(t)]$$

중첩이 적용된다면 시스템은 **선형(linear)**이다.

$$T[\alpha x_1(t) + \beta x_2(t)] = \alpha T[x_1(t)] + \beta T[x_2(t)]$$

여기서 $x_1(t)$와 $x_2(t)$는 임의의 입력 신호이고, α와 β는 임의의 상수이다.[4] $y(t)$를 입력 $x(t)$에 대한 응답이라 하고 $x(t-\tau)$에 대한 응답이 $y(t-\tau)$라면, 시스템은 **시불변(time-invariant)**이라고 한다. 선형, 시불변 시스템의 **임펄스 응답(impulse response)** $h(t)$는 다음 식으로 정의된다.

$$h(t) = T[\delta(t)]$$

여기서 $\delta(t)$는 $t=0$에서 적용된 단위 델타 함수의 입력이다. 임의 입력 $x(t)$에 대한 시스템의 응답은 다음과 같다.

$$y(t) = h(t) * x(t) = \int_{-\infty}^{\infty} h(s)x(t-s)\,ds = \int_{-\infty}^{\infty} h(t-s)x(s)\,ds \tag{10.38}$$

그러므로 선형, 시불변 시스템은 임펄스 응답으로 완벽하게 규정되어진다. 임펄스 응답 $h(t)$도 푸리에 변환으로 규정될 수 있다. 즉, 시스템의 **전달 함수(transfer function)**는 다음 식과 같다.

$$H(f) = \mathscr{F}\{h(t)\} = \int_{-\infty}^{\infty} h(t)e^{-j2\pi ft}\,dt \tag{10.39}$$

시간 t에서 응답이 입력의 과거값에만 의존한다면, 즉, $t<0$에 대해서 $h(t)=0$이면 **인과성(causal)**이라고 한다.

선형, 시불변 시스템의 입력이 그림 10.5의 확률 과정 $X(t)$라면, 시스템의 출력은 다음 식으로 주어진 확률 과정이다.

$$Y(t) = \int_{-\infty}^{\infty} h(s)X(t-s)\,ds = \int_{-\infty}^{\infty} h(t-s)X(s)\,ds \tag{10.40}$$

적분들이 9.7절에서 논의된 바와 같이 평균 제곱 의미로 존재한다고 가정한다. 이제 $X(t)$가 WSS 과정이면 $Y(t)$도 WSS이란 것을 보자.[5]

---

[4] 비선형 시스템의 예를 보려면 연습문제 9.11과 9.54를 참고한다.

[5] 식 (10.40)은 과거의 무한대 시간에 입력이 가해졌다고 가정한다. 입력이 $t=0$에 가해진다면 $Y(t)$는 WSS가 아니다. 그러나 응답이 정상상태에 도달하면 $Y(t)$는 WSS가 된다(예제 9.46과 연습문제 10.27을 참고한다).

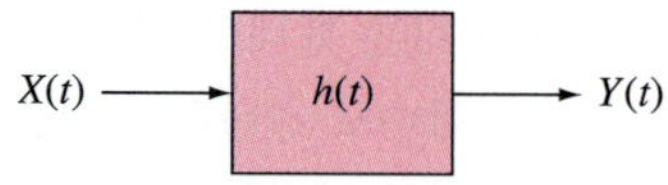

그림 10.5 ● 랜덤 입력 신호를 갖는 선형 시스템

$Y(t)$의 평균은 다음과 같이 주어진다.

$$E[Y(t)] = E\left[\int_{-\infty}^{\infty} h(s)X(t - s)\, ds\right] = \int_{-\infty}^{\infty} h(s)E[X(t - s)]\, ds$$

$X(t)$가 WSS이므로 이제 $m_X = E[X(t-\tau)]$이다.

$$E[Y(t)] = m_X \int_{-\infty}^{\infty} h(\tau)\, d\tau = m_X H(0) \tag{10.41}$$

여기서 $H(f)$는 시스템의 전달 함수이다. 따라서 출력 $Y(t)$의 평균은 상수 $m_X = H(0)m_X$이다.

$Y(t)$의 자기상관은 다음과 같이 주어진다.

$$\begin{aligned} E[Y(t)Y(t + \tau)] &= E\left[\int_{-\infty}^{\infty} h(s)X(t - s)\, ds \int_{-\infty}^{\infty} h(r)X(t + \tau - r)\, dr\right] \\ &= \int_{-\infty}^{\infty}\int_{-\infty}^{\infty} h(s)h(r)E[X(t - s)X(t + \tau - r)]\, ds\, dr \\ &= \int_{-\infty}^{\infty}\int_{-\infty}^{\infty} h(s)h(r)R_X(\tau + s - r)\, ds\, dr \end{aligned} \tag{10.42}$$

여기서 $X(t)$는 WSS라는 사실을 이용했다. 식 (10.42)의 오른편의 표현은 단지 τ에 의존한다. 따라서 $Y(t)$의 자기상관은 단지 τ에 의존하고, $E[Y(t)]$가 상수이므로 $Y(t)$는 WSS 과정이라고 결론을 내린다.

이제 선형, 시불변 시스템 출력의 전력 스펙트럼 밀도를 계산할 준비가 되었다. 식 (10.42)에 주어진 $R_Y(\tau)$를 변환하여 다음 식을 얻는다.

$$\begin{aligned} S_Y(f) &= \int_{-\infty}^{\infty} R_Y(\tau)e^{-j2\pi f\tau}\, d\tau \\ &= \int_{-\infty}^{\infty}\int_{-\infty}^{\infty}\int_{-\infty}^{\infty} h(s)h(r)R_X(\tau + s - r)e^{-j2\pi f\tau}\, ds\, dr\, d\tau \end{aligned}$$

변수를 교환하여 $u = \tau + s - r$ 로 놓으면 다음과 같다.

$$\begin{aligned} S_Y(f) &= \int_{-\infty}^{\infty}\int_{-\infty}^{\infty}\int_{-\infty}^{\infty} h(s)h(r)R_X(u)e^{-j2\pi f(u-s+r)}\, ds\, dr\, du \\ &= \int_{-\infty}^{\infty} h(s)e^{j2\pi fs}\, ds \int_{-\infty}^{\infty} h(r)e^{-j2\pi fr}\, dr \int_{-\infty}^{\infty} R_X(u)e^{-j2\pi fu}\, du \\ &= H^*(f)H(f)S_X(f) \\ &= |H(f)|^2\, S_X(f) \end{aligned} \tag{10.43}$$

여기서 전달 함수의 정의를 사용했다. 식 (*10.43*)은 입력과 출력 전력 스펙트럼 밀도를 시스템 전달 함수와 연계한다. 또한 $R_Y(\tau)$도 식 (10.43)을 계산하고 역 푸리에 변환하여 구할 수 있는 데 주목하자.

식 (10.41)부터 식 (10.43)만이 출력 과정 $Y(t)$ 의 평균과 자기상관 함수의 결정을 가능하게 한다. 일반적으로 $Y(t)$를 포함하는 사건의 확률을 결정하는 데 충분하지 않다. 그러나 입력 과정이 가우스 WSS 확률 과정이면, 9.7절에서 살펴본 것과 같이 출력 과정도 가우스 WSS 확률 과정일 것이다. 따라서 식 (10.41)부터 식 (10.43)에 의해 주어진 평균과 자기상관 함수는 가우스 확률 과정 $Y(t)$를 포함하는 모든 결합 확률 밀도 함수를 결정하는 데 충분하다.

입력과 출력 과정 사이의 상호상관도 흥미롭다.

$$\begin{aligned} R_{Y,X}(\tau) &= E[Y(t+\tau)X(t)] \\ &= E\left[X(t)\int_{-\infty}^{\infty} X(t+\tau-r)h(r)\,dr\right] \\ &= \int_{-\infty}^{\infty} E[X(t)X(t+\tau-r)]h(r)\,dr \\ &= \int_{-\infty}^{\infty} R_X(\tau-r)h(r)\,dr \\ &= R_X(\tau) * h(\tau) \end{aligned} \tag{10.44}$$

푸리에 변환을 취하여 상호전력 스펙트럼 밀도를 얻는다.

$$S_{Y,X}(f) = H(f)S_X(f) \tag{10.45a}$$

$R_{X,Y}(\tau) = R_{Y,X}(-\tau)$이므로 다음 식을 얻는다.

$$S_{X,Y}(f) = S^*_{Y,X}(f) = H^*(f)S_X(f) \tag{10.45b}$$

예제 10.9 **여과된 백색 잡음**

입력이 백색 잡음 과정인 선형, 시불변 시스템의 출력에 대한 전력 스펙트럼 밀도를 구하라.

$X(t)$ 를 다음의 전력 스펙트럼 밀도를 갖는 입력 과정이라고 하자.

$$S_X(f) = \frac{N_0}{2} \qquad \text{모든 } f \text{에 대해서}$$

그러면 출력 $Y(t)$ 의 전력 스펙트럼 밀도는 다음과 같다.

$$S_Y(f) = |H(f)|^2 \frac{N_0}{2} \tag{10.46}$$

따라서 전달 함수는 출력 과정의 전력 스펙트럼 밀도의 모양을 완벽하게 결정한다.

예제 10.9는 임의의 전력 스펙트럼 밀도 $S_Y(f)$를 갖는 WSS 과정을 생성하기 위한 방법을 제공한다. 백색 잡음을 전달 함수 $H(f) = \sqrt{S_Y(f)}$인 여과기를 통해 여과할 필요가 있다. 일반적으로 이러한 여과기는 비인과성일 것이다. 항상 그런 것은 아니지만 일반적으로 $S_Y(f) = H(f)H^*(f)$ 같은 전달 함수 $H(f)$를 갖는 인과성 여과기를 얻을 수 있다. 예를 들어, $S_Y(f)$가 유리 함수(rational function), 즉 두 다항식의 비로 구성되었다면, 다음 예제에서 보는 바와 같이 $S_X(f)$를 위의 형태로 인수분해하기 쉽다. 더구나 어떠한 전력 스펙트럼 밀도도 유리 함수에 의해 근사될 수 있다. 따라서 여과된 백색 잡음은 임의의 전력 스펙트럼 밀도와 임의의 자기상관 함수를 갖는 WSS 확률 과정을 합성하기 위해 이용될 수 있다.

예제 10.10 오른슈타인－울렌벡(Ornstein－Uhlenbeck)과정

다음과 같은 출력 전력 스펙트럼 밀도와 자기상관 함수를 갖는 가우스 확률 과정을 생성하기 위해 사용될 수 있는 인과성 여과기의 임펄스 응답을 구하라.

$$S_Y(f) = \frac{\sigma^2}{\alpha^2 + 4\pi^2 f^2} \qquad \text{그리고} \qquad R_Y(\tau) = \frac{\sigma^2}{2\alpha} e^{-\alpha|\tau|}$$

이 전력 스펙트럼 밀도는 다음과 같이 인수분해된다.

$$S_Y(f) = \frac{1}{(\alpha - j2\pi f)} \frac{1}{(\alpha + j2\pi f)} \sigma^2$$

여과기 전달 함수를 $H(f) = 1/(\alpha + j2\pi f)$라 하면 임펄스 응답은 다음과 같다.

$$h(t) = e^{-\alpha t}, \quad t \geq 0\text{에 대해서}$$

이것은 인과 시스템의 응답이다. 따라서 위의 여과기를 이용하여 전력 스펙트럼 밀도 σ^2을 갖는 백색 가우스 잡음을 여과하면, 원하는 전력 스펙트럼 밀도를 가진 과정을 얻는다.

예제 9.46에서 백색 가우스 잡음 입력에 대한 이 여과기의 일시적인 응답의 자기상관 함수를 구했다(식 (9.97a) 참조). 지적한 바와 같이 전력 스펙트럼 밀도를 다룰 때 과정이 정상 상태에 있다고 가정한다. 따라서 $t \to \infty$로 되면 식 (9.97a)는 식 (9.97b)에 접근한다.

예제 10.11 이상적인 여과기

$Z(t) = X(t) + Y(t)$로 놓는다. 여기서 $X(t)$와 $Y(t)$는 그림 10.6(a)의 전력 스펙트럼 밀도를 갖는 독립 확률 과정이다. $Z(t)$가 그림 10.6(b)의 전달 함수를 갖는 이상적인 저역 통과 여과기의 입력일 때 출력을 구하라. $Z(t)$가 그림 10.6(c)의 전달 함수를 갖는 이상적인 대역 통과 여과기의 입력일 때 출력을 구하라.

저역 통과 여과기의 출력 $W(t)$의 전력 스펙트럼 밀도는 다음과 같다.

$$S_W(f) = |H_{LP}(f)|^2 S_X(f) + |H_{LP}(f)|^2 S_Y(f) = S_X(f)$$

여기서 $S_X(f)$가 0이 아닌 주파수에서 $H_{LP}(f) = 1$이고, $S_Y(f)$가 0이 아닌 주파수에서는$H_{LP}(f) = 0$이다. 따라서 $W(t)$는 $X(t)$와 동일한 전력 스펙트럼 밀도를 가진다. 예제 10.5와 같이 이것은 $W(t) = X(t)$를 의미하는 것은 아니다.

$W(t) = X(t)$를 보이기 위하여 평균 제곱 의미에서 $D(t) = W(t) - X(t)$를 고려한다. 다음 식을 쉽게 알 수 있다.

$$R_D(\tau) = R_W(\tau) - R_{WX}(\tau) - R_{XW}(\tau) + R_X(\tau)$$

이에 상응하는 전력 스펙트럼 밀도는 다음과 같다.

$$\begin{aligned} S_D(f) &= S_W(f) - S_{WX}(f) - S_{XW}(f) + S_X(f) \\ &= |H_{LP}(f)|^2 S_X(f) - H_{LP}(f) S_X(f) - H^*_{LP}(f) S_X(f) + S_X(f) \\ &= 0 \end{aligned}$$

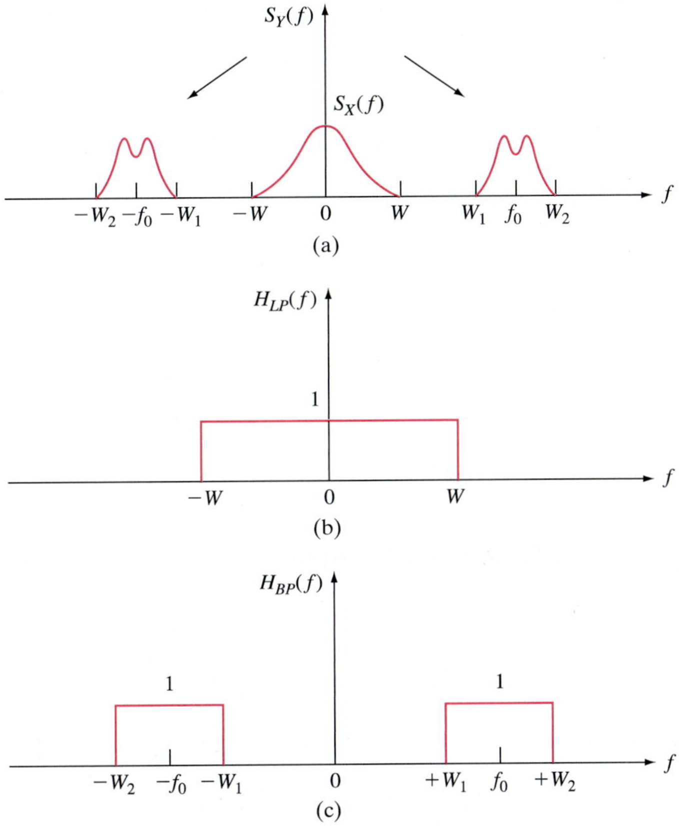

그림 10.6 ● (a) 여과기의 입력신호가 $X(t) + Y(t)$; (b) 저역 통과 여과기; (c) 대역 통과 여과기

그러므로 모든 τ에 대해서 $R_D(\tau) = 0$이고, 다음 식 때문에 평균 제곱 의미에서 $W(t) = X(t)$이다.

$$E[(W(t) - X(t))^2] = E[D^2(t)] = R_D(0) = 0$$

따라서 저역 통과 여과기는 $Y(t)$를 제거하고 $X(t)$를 통과시킨다. 비슷하게 대역 통과 여과기는 $X(t)$를 제거하고 $Y(t)$를 통과시킨다.

예제 10.12

랜덤 전신 신호는 다음과 같은 전달 함수를 갖는 RC 저역 통과 여과기를 통과한다.

$$H(f) = \frac{\beta}{\beta + j2\pi f}$$

여기서 $\beta = 1/RC$는 여과기의 시간 상수이다. 출력의 전력 스펙트럼 밀도와 자기상관을 구하라.

예제 10.1에서 추이율 α를 갖는 랜덤 전신 신호의 전력 스펙트럼 밀도는 다음과 같다.

$$S_X(f) = \frac{4\alpha}{4\alpha^2 + 4\pi^2 f^2}$$

식 (10.43)에서 다음을 얻는다.

$$S_Y(f) = \left(\frac{\beta^2}{\beta^2 + 4\pi^2 f^2}\right)\left(\frac{4\alpha}{4\alpha^2 + 4\pi^2 f^2}\right)$$
$$= \frac{4\alpha\beta^2}{\beta^2 - 4\alpha^2}\left\{\frac{1}{4\alpha^2 + 4\pi^2 f^2} - \frac{1}{\beta^2 + 4\pi^2 f^2}\right\}$$

$R_Y(\tau)$는 위의 표현을 역변환하여 구한다.

$$R_Y(\tau) = \frac{1}{\beta^2 - 4\alpha^2}\{\beta^2 e^{-2\alpha|\tau|} - 2\alpha\beta e^{-\beta|\tau|}\}$$

10.2.2 이산시간 시스템

연속시간 신호에 대해 위에서 얻어진 결과도 역시 적분을 합으로 적절히 바꾸어 주면 이산시간 신호에 대해서도 유지된다.

단위표본 응답(unit-sample response) h_n을 단위표본 입력 δ_n에 대한 이산시간, 선형, 시불변 시스템 응답이라고 하자.

$$\delta_n = \begin{cases} 1 & n = 0 \\ 0 & n \neq 0 \end{cases} \tag{10.47}$$

임의의 입력 확률 과정 X_n에 대한 시스템의 응답은 다음과 같이 주어진다.

$$Y_n = h_n * X_n = \sum_{j=-\infty}^{\infty} h_j X_{n-j} = \sum_{j=-\infty}^{\infty} h_{n-j} X_j \tag{10.48}$$

따라서 이산시간, 선형, 시불변 시스템은 단위표본 응답 h_n에 따라 결정된다. 이러한 시스템의 **전달 함수**는 다음과 같이 정의된다.

$$H(f) = \sum_{i=-\infty}^{\infty} h_i e^{-j2\pi fi} \tag{10.49}$$

이전 절의 유도를 X_n이 WSS 과정이면 Y_n도 역시 WSS라는 것을 보이기 위해 사용할 수 있다. Y_n의 평균은 다음과 같이 주어진다.

$$m_Y = m_X \sum_{j=-\infty}^{\infty} h_j = m_X H(0) \tag{10.50}$$

Y_n의 자기상관은 다음과 같이 주어진다.

$$R_Y(k) = \sum_{j=-\infty}^{\infty}\sum_{i=-\infty}^{\infty} h_j h_i R_X(k + j - i) \tag{10.51}$$

$R_Y(k)$의 푸리에 변환을 하면 Y_n의 전력 스펙트럼 밀도가 다음과 같이 된다.

$$S_Y(f) = |H(f)|^2 S_X(f) \tag{10.52}$$

이것은 연속시간 시스템에 대해 구해진 것과 동일한 방정식이다.

마지막으로 입력 과정 X_n이 가우스 WSS 확률 과정이라면 출력 과정 Y_n도 역시 식

(10.50)부터 식 (10.52)까지 제공하는 평균과 자기상관 함수로 완벽하게 결정되는 통계인 가우스 WSS 확률 과정이다.

예제 10.13 **여과된 백색 잡음**

X_n을 영평균과 평균 전력 σ_x^2을 갖는 백색 잡음 수열이라 하자. X_n이 전달 함수 $H(f)$를 갖는 선형, 시불변 시스템의 입력이면 출력 과정 Y_n은 다음과 같은 전력 스펙트럼 밀도를 갖는다.

$$S_Y(f) = |H(f)|^2\sigma_X^2 \tag{10.53}$$

식 (10.53)은 임의의 전력 스펙트럼 밀도나 자기상관 함수를 갖는 이산시간 확률 과정을 생성하는 방법을 제공한다. 전력 스펙트럼 밀도를 식 (10.24)의 $z = e^{j2\pi f}$의 유리 함수로 쓸 수 있으면, 인과성 여과기가 전력 스펙트럼 밀도를 갖는 과정을 생성하기 위해 구할 수 있다. 이것이 임의 공분산 행렬을 갖는 벡터 확률 변수를 생성하기 위해 6.6절에서 설명한 방법의 일반화임에 주목한다.

예제 10.14 **1계 자기회귀 과정**

영평균을 갖는 1계 자기회귀 과정(first-order autoregressive process) Y_n은 다음과 같이 정의된다.

$$Y_n = \alpha Y_{n-1} + X_n \tag{10.54}$$

여기서 X_n은 평균 전력 σ_x^2를 갖는 영평균 백색 잡음 입력 확률 과정이다. Y_n은 독립항등분포 입력 X_n에 대하여 그림 10.7(a)의 시스템 출력으로 볼 수 있다는 것을 명심한다. Y_n의 전력 스펙트럼 밀도와 자기상관을 구하라.

단위표본 응답은 식 (10.54)에서 다음과 같이 결정될 수 있다.

$$h_n = \begin{cases} 0 & n < 0 \\ 1 & n = 0 \\ \alpha^n & n > 0 \end{cases}$$

시스템이 안정되기 위해서는 $|\alpha| < 1$이 필요하다는 것을 주목한다.[6] 그러므로 전달 함수는 다음과 같다.

$$H(f) = \sum_{n=0}^{\infty}\alpha^n e^{-j2\pi fn} = \frac{1}{1 - \alpha e^{-j2\pi f}}$$

식 (10.52)는 다음과 같이 된다.

$$\begin{aligned} S_Y(f) &= \frac{\sigma_X^2}{(1 - \alpha e^{-j2\pi f})(1 - \alpha e^{j2\pi f})} \\ &= \frac{\sigma_X^2}{1 + \alpha^2 - (\alpha e^{-j2\pi f} + \alpha e^{j2\pi f})} \\ &= \frac{\sigma_X^2}{1 + \alpha^2 - 2\alpha \cos 2\pi f} \end{aligned}$$

[6] $\Sigma_n|h_n| < \infty$이면 시스템이 안정적이라고 말한다. 제한된 입력에 대한 안정적인 시스템의 응답도 역시 제한적(bounded)이다.

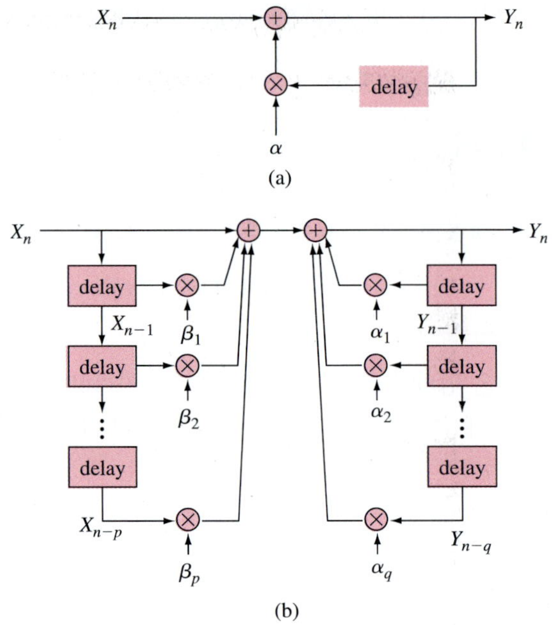

그림 10.7 ● (a) AR 과정 생성, (b) 아르마(ARMA) 과정 생성

식 (10.51)은 다음과 같이 된다.

$$R_Y(k) = \sum_{j=0}^{\infty}\sum_{i=0}^{\infty} h_j h_i \sigma_X^2 \delta_{k+j-i} = \sigma_X^2 \sum_{j=0}^{\infty} \alpha^j \alpha^{j+k} = \frac{\sigma_X^2 \alpha^k}{1 - \alpha^2}$$

예제 10.15 **아르마 확률 과정**

자기회귀 이동 평균(ARMA: autoregressive moving average)은 다음과 같이 정의된다.

$$Y_n = -\sum_{i=1}^{q} \alpha_i Y_{n-i} + \sum_{i'=0}^{p} \beta_{i'} W_{n-i'} \tag{10.55}$$

여기서 W_n은 WSS인 백색 잡음 입력 과정이다. Y_n은 입력 X_n에 대한 그림 10.7(b)의 순환 시스템 출력으로 볼 수 있다. 위 식에 의해 정의된 선형 시스템의 전달 함수는 다음과 같다.

$$H(f) = \frac{\sum_{i'=0}^{p} \beta_{i'} e^{-j2\pi f i'}}{1 + \sum_{i=1}^{q} \alpha_i e^{-j2\pi f i}}$$

아르마(ARMA) 과정의 전력 스펙트럼 밀도는 다음과 같다.

$$S_Y(f) = |H(f)|^2 \sigma_W^2$$

아르마 모델은 랜덤 시계열 분석과 신호 처리에 광범위하게 사용된다. 일반적인 자기회귀 과정은 $\beta_1 = \beta_2 = \ldots = \beta_p = 0$을 가진 아르마 과정의 특별한 경우이다. 일반적인 **이동 평균 과정(moving average process)**은 $\alpha_1 = \alpha_2 = \ldots = \alpha_q = 0$을 가진 아르마 과정의 특별한 경우이다. 옥타브(Octave)는 식 (10.55)의 여과기

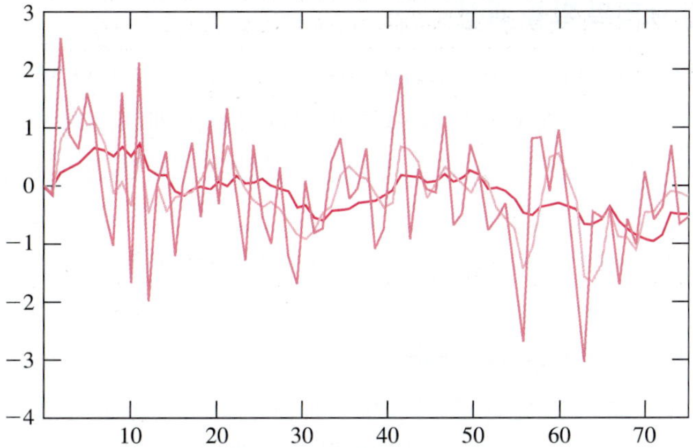

그림 10.8 ● 독립항등분포 가우스 수열을 나타내는 이동평균 과정과 이에 대응하는 $N = 3$, $N = 10$의 이동 평균 과정

계수로 계수 $b = (\beta_1, \beta_2, \ldots \beta_{p+1})$와 $a = (\alpha_1, \alpha_2, \ldots \alpha_q)$의 집합을 취하여 입력 수열 x에 해당하는 출력을 발생시키는 `filter(b, a, x)` 함수를 가지고 있다. a와 b의 선택은 광범위한 이산시간 여과기를 만들 수 있다.

예를 들어, $a = (1/N, 1/N, \ldots, 1/N)$로 지정하면 다음의 이동 평균 여과기를 얻는다.

$$Y_n = (W_n + W_{n-1} + \cdots + W_{n-N+1})/N$$

그림 10.8은 영평균, 단위분산 가우스 독립항등분포 수열 W_n과 $N = 3$과 $N = 10$의 이동 평균 여과기의 출력을 보여준다. $N = 3$ 여과기는 극단적인 변동을 완화하지만 일반적으로 X_n의 변동을 추적한다. 한편 $N = 10$ 여과기는 극단적으로 변동을 제한하고 느리게 오랫동안 지속하는 추세만 추적한다.

그림 10.9(a)와 (b)는 독립항등분포 가우스 수열 X_n가 식 (10.54)의 1계 자기회귀 여과기를 통과한 결과를 보여준다. $\alpha = 0.1$의 AR 수열은 인접한 샘플 간에 상관이 낮아서 수열은 기본적인 독립항등분포 확률 과정과 유사하게 남아있다. $\alpha = 0.75$의 AR 수열은 그림 10.9(b)에서 보듯이 오랫동안 지속되는 추세를 가지는 경향의 인접 샘플 간에 높은 상관을 가진다.

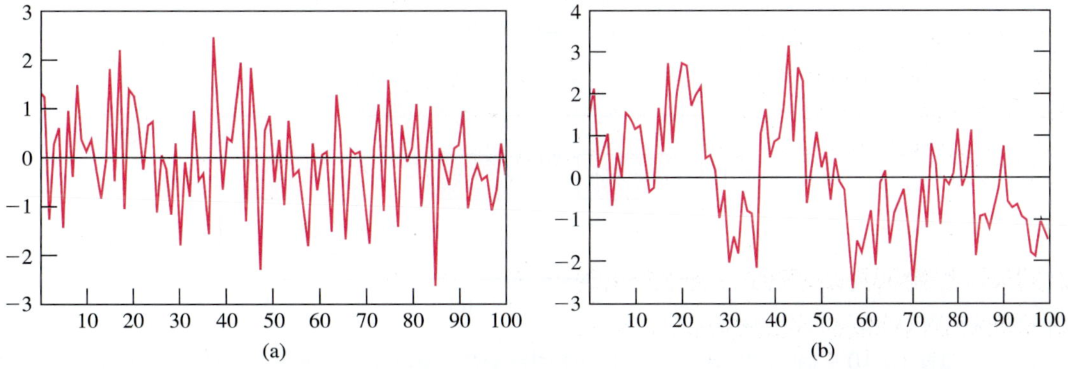

그림 10.9 ● (a) $\alpha = 0.1$의 1계 자기회귀 과정; (b) $\alpha = 0.75$의 1계 자기회귀 과정

10.3 제한된 대역의 확률 과정

본 절에서는 한정된 주파수 범위에서 0이 아닌 전력 스펙트럼 밀도를 가진 확률 과정을 포함하는 두 가지 중요한 응용을 고려한다. 첫 번째 응용은 제한된 대역의 확률 과정이 연속적인 시간 표본으로 나타낼 수 있다는 표본 정리를 포함한다. 이러한 정리는 현대적인 신호 처리 시스템의 기반을 구성한다. 두 번째 응용은 랜덤 정보 신호에 의한 정현 신호(sinusoidal signal)의 변조를 포함한다. 변조는 오늘날 모든 통신 시스템의 중요한 요소이다.

10.3.1 제한된 대역의 확률 과정의 표본

20세기의 주요 기술 발전 중 하나가 디지털 신호 처리 기술의 개발이다. 모든 현대 멀티미디어 시스템은 어떤 경우든 디지털 신호의 처리와 관련되어 있다. 음성, 음악, 이미지 같은 다양한 정보 신호들은 근원적으로 연속적인 값을 가지며, 시간, 공간, 시공간에서 연속적으로 변하는 아날로그 신호이다. 이러한 신호들을 디지털 신호 처리에 적용하는 두 가지 중요한 단계는 다음과 같다. (1) 진폭을 표본화하여 연속시간 신호를 이산시간 신호로 변환한다. (2) 표본을 비트로 나타낸다. 본 절에서는 신호를 이산시간 수열로 변환하는 WSS의 제한된 대역의 확률 과정을 표

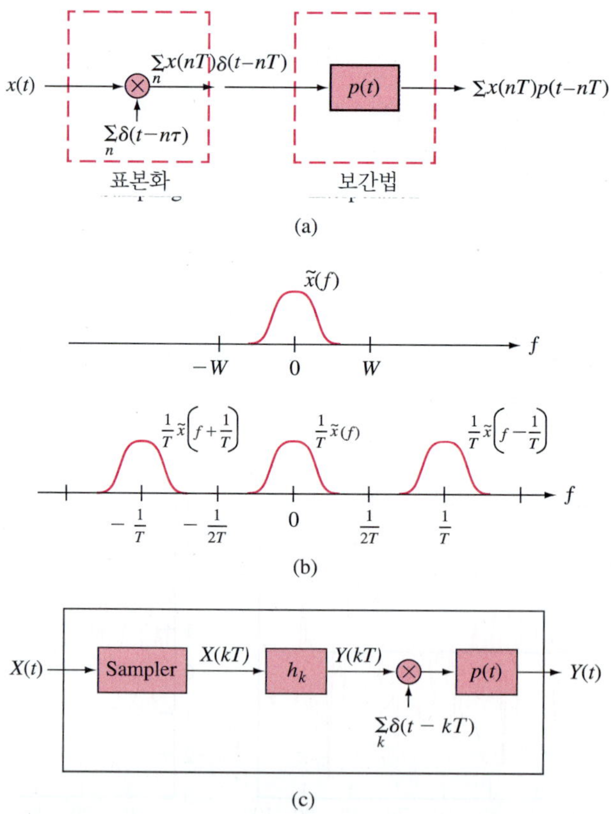

그림 10.10 ● (a) 표본화와 보간법; (b) 표본화된 결정 신호의 푸리에 변환; (c) 표본화, 디지털 여과 및 보간법

본화하는 정리를 소개한다.

$x(t)$를 주파수 영역 $|f| \le W$에서만 0이 아닌 푸리에 변환 $\tilde{X}(f) = \mathscr{F}\{x(t)\}$를 가진 결정, 유한 에너지 시간 신호라 하자. $x(t)$를 매 T초마다 표본화하여 표본값의 수열 $\{\ldots, x(-2T), x(-T), x(0), x(T), \ldots\}$을 얻는다고 가정하자. 결정된 신호에 대한 표본화 정리*(sampling theorem)*는 만약 $T \le 1/2W$ 동일한 식으로 $1/T \ge 2W$이면, 표본값의 수열로부터 완벽하게 복원될 수 있다는 것을 의미한다. 즉, 표본화 비율(sampling rate)이 신호 대역폭의 최소 2배 이상이어야 한다. $x(t)$가 최소 표본화 비율 $1/2W$를 **나이키스트 표본화 비율(Nyquist sampling rate)**이라 부른다.

표본화 정리는 표본값으로부터 $x(t)$를 복원하는 다음의 보간법 공식을 제공한다.

$$x(t) = \sum_{n=-\infty}^{\infty} x(nT)p(t-nT) \quad \text{여기에서} \quad p(t) = \frac{\sin(\pi t/T)}{\pi t/T} \tag{10.56}$$

식 (10.56)은 그림 10.10(a)에 표시된 재미있는 보간법을 제공한다. $x(t)$의 표본화 과정은 $x(t)$를 T초 떨어진 일련의 델타 함수와 곱하는 것으로 볼 수 있다. 그러면 추출된 함수는 다음과 같이 표시된다.

$$x_s(t) = \sum_{n=-\infty}^{\infty} x(nT)\delta(t-nT) \tag{10.57}$$

식 (10.56)은 신호 $x_s(t)$에 대한 임펄스 응답 $p(t)$을 가진 선형 시스템의 응답으로 볼 수 있다. 식 (10.56)의 $p(t)$가 그림 10.6의 이상적인 저대역 통과 여과기와 일치한다는 것을 쉽게 알 수 있다.

$$P(f) = \mathscr{F}\{p(t)\} = \begin{cases} 1 & -W \le f \le W \\ 0 & |f| > W \end{cases}$$

표본화 정리의 증명은 아래 단계를 포함한다.

$$\mathscr{F}\left\{\sum_{n=-\infty}^{\infty} x(nT)p(t-nT)\right\} = \frac{1}{T}P(f)\sum_{k=-\infty}^{\infty}\tilde{X}(f-\frac{k}{T}) \tag{10.58}$$

그림 10.10(b)에서 보듯이 식 (10.58)은 $\tilde{X}(f) = \mathscr{F}\{x(t)\}$의 변환된 버전의 합으로 구성된다. $1/T \ge 2W$이면 위의 공식에서 $P(f)$가 합계에서 $k = 0$ 항목을 선택하는 것을 알 수 있는데, 이것은 $X(f)$와 일치한 것이다. 자세한 내용은 연습문제 10.43을 참고한다.

예제 10.16 **WSS 확률 과정 표본화**

$x(t)$를 자기회귀 함수 $R_X(\tau)$를 가진 WSS 과정으로 놓고, $n = 0, \pm1, \pm2, \ldots$에 대한 이산시간 표본화 과정 $X_n = X(nT)$의 평균과 공분산을 구하라.

$X(t)$는 WSS 과정이기 때문에 평균과 공분산 함수는 다음과 같다.

$$m_X(n) = E[X(nT)] = m$$

$$E[X_{n_1}X_{n_2}] = E[X(n_1T)X(n_2T)] = R_X(n_1T - n_2T) = R_X((n_1 - n_2)T)$$

이것은 X_n가 WSS 이산시간 과정이라는 것을 보여준다.

$X(t)$를 자기회귀 함수 $R_X(\tau)$와 전력 스펙트럼 밀도 $S_X(f)$를 가진 WSS 과정이라고 하자. $S_X(f)$를 제한된 대역으로 가정하자.

$$S_X(f) = 0 \quad |f| > W$$

표본화 정리가 $X(t)$까지 확장될 수 있다는 것을 알 수 있다.

$$\hat{X}(t) = \sum_{n=-\infty}^{\infty} X(nT)p(t - nT) \quad \text{여기에서} \quad p(t) = \frac{\sin(\pi t/T)}{\pi t/T} \tag{10.59}$$

평균 제곱 의미(*mean square sense*)에서 $\hat{X}(t) = X(t)$이다. 평균 제곱 의미에서 동등하다는 것이 모든 표본 함수에서 동등하다는 것을 의미하지는 않기 때문에 표본화 정리의 이러한 해석은 유한 에너지 신호에 대한 식 (10.56)의 해석보다 약하다.

식 (10.59)를 확인하기 위한 첫 단계로 $S_X(f) = \mathscr{F}\{R_X(\tau)\}$를 주목하고 결정된 신호의 표본화 정리를 $R_X(\tau)$에 적용한다.

$$R_X(\tau) = \sum_{n=-\infty}^{\infty} R_X(nT)p(\tau - nT) \tag{10.60}$$

다음으로 식 (10.59)에 관련된 평균 제곱 오차를 고려한다.

$$\begin{aligned} E[\{X(t) - \hat{X}(t)\}^2] &= E[\{X(t) - \hat{X}(t)\}X(t)] - E[\{X(t) - \hat{X}(t)\}\hat{X}(t)] \\ &= \left\{E[X(t)X(t)] - E[\hat{X}(t)X(t)]\right\} - \\ &\quad \left\{E[X(t)\hat{X}(t)] - E[\hat{X}(t)\hat{X}(t)]\right\} \end{aligned}$$

식 (10.60)이 중괄호 안에 있는 각 항목들이 0과 같다는 것을 의미한다고 보여주는 것은 쉽다 (연습문제 10.46 참조). 그러므로 평균 제곱 오차에서 $\hat{X}(t) = X(t)$라고 결론을 맺는다.

예제 10.17 표본화된 WWS 확률 과정의 디지털 여과

$X(t)$를 $|f| \le W$ 동안만 0이 아닌 전력 스펙트럼 밀도 $S_X(f)$를 가진 WSS 과정이라고 하자. 그림 10.10(c)에 표시된 일련의 동작을 고려한다. (1) $X(t)$는 나이키스트(Nyquist) 비율로 표본화된다. (2) 표본값 $X(nT)$는 $\alpha_1 = \alpha_2 = \ldots = \alpha_q = 0$를 가진 그림 10.7(b)의 디지털 여과기에 입력된다. (3) 결과적인 출력 수열 $Y(t)$는 보간 여과기에 공급된다. 출력 $Y(t)$의 전력 스펙트럼 밀도를 구하라.

디지털 여과기의 출력은 다음과 같이 주어진다.

$$Y(kT) = \sum_{n=0}^{p} \beta_n X((k - n)T)$$

식 (10.51)부터 대응하는 자기회귀는 다음과 같다.

$$R_Y(kT) = \sum_{n=0}^{p}\sum_{i=0}^{p} \beta_n \beta_i R_X((k + n - i)T)$$

$Y(t)$의 자기회귀는 보간 공식 (식 10.60)에서 구할 수 있다.

$$\begin{aligned} R_Y(\tau) &= \sum_{k=-\infty}^{\infty} R_Y(kT)p(\tau - kT) = \sum_{k=-\infty}^{\infty}\sum_{n=0}^{p}\sum_{i=0}^{p} \beta_n\beta_i R_X((k + n - i)T)p(\tau - kT) \\ &= \sum_{n=0}^{p}\sum_{i=0}^{p} \beta_n\beta_i \left\{ \sum_{k=-\infty}^{\infty} R_X((k + n - i)T)p(\tau - kT) \right\} \\ &= \sum_{n=0}^{p}\sum_{i=0}^{p} \beta_n\beta_i R_X(\tau + (n - i)T) \end{aligned}$$

출력 전력 스펙트럼 밀도는 다음과 같다.

$$\begin{aligned} S_Y(f) = \mathscr{F}\{R_Y(\tau)\} &= \sum_{n=0}^{p}\sum_{i=0}^{p}\beta_n\beta_i\mathscr{F}\{R_X(\tau + (n - i)T)\} \\ &= \sum_{n=0}^{p}\sum_{i=0}^{p}\beta_n\beta_i S_X(f)e^{-j2\pi f(n-i)T} \\ &= \left\{\sum_{n=0}^{p}\beta_n e^{-j2\pi fnT}\right\}\left\{\sum_{i=0}^{p}\beta_i e^{j2\pi fiT}\right\}S_X(f) \\ &= |H(fT)|^2 S_X(f) \end{aligned} \tag{10.61}$$

여기서 $H(f)$는 식 (10.49)에 따라 디지털 여과기의 전달 함수이다. 여기서 중요한 발견은 f에서 계산된 $H(f)$의 양상(appearance)이다. 연속시간 입력 $X(t)$에 대한 그림 10.8에 있는 전반적인 시스템 응답의 특성을 기술하는 매우 좋은 결과를 얻었다. 이러한 결과는 더욱 일반적인 디지털 여과기에도 성립된다. [Oppenheim and Schafer]를 참조.

표본화 정리는 연속시간과 이산시간 신호 처리 간에 중요한 연결을 제공한다. 이것은 랜덤 신호의 실제 및 모의 처리를 구현하는 수단을 제공한다. 첫 번째로 확률 과정을 나이키스트 비율 이상으로 표본화해야만 한다. 다음으로 필요한 디지털 처리를 수행할 수 있다. 마지막으로 보간법으로 연속시간 신호를 복원할 수 있다. 실제 신호 처리와 모의 신호 처리 간의 유일한 차이점은 전자는 항상 실시간을 요구하지만 후자는 사용가능한 계산 능력을 이용하여 어떤 비율로도 처리할 수 있게 한다는 것이다.

10.3.2 랜덤 신호에 의한 진폭 변조

통신 시스템에 사용되는 많은 전송 매체는 선형 시스템으로 모델링되고 그 성질은 특정 주파수는 통과하고 나머지는 거부하는 전달 함수 $H(f)$로 지정될 수 있다. 실제로 정보 신호 $A(t)$(즉, 말 또는 음악 신호)는 잘 전파되는 주파수에 있지 않다. **변조기(modulator)**의 목적은 정보 신호 $A(t)$를 원하는 매체를 통해서 잘 전파할 수 있는 주파수 영역의 전송 신호 $X(t)$로 사상(map)하기 위함이다. 수신기에서는 $X(t)$에서 $A(t)$를 복원하기 위해 역 사상을 수행할 필요가 있다. 본 절에서는 두 가지 진폭 변조 방법을 다룬다.

$A(t)$를 정보 신호를 뜻하는 WSS 확률 과정이라고 하자. 일반적으로 $A(t)$는 특성이 저역 통과, 즉 전력 스펙트럼 밀도가 그림 10.11(a)과 같이 저주파에 집중되어 있을 것이다. **진폭 변조(AM: amplitude modulation)** 시스템은 다음과 같이 반송 신호 $\cos(2\pi f_c t + \Theta)$를 $A(t)$에 곱함으로써 전송 신호를 만든다.

$$X(t) = A(t)\cos(2\pi f_c t + \Theta) \tag{10.62}$$

여기서 Θ는 구간 $(0, 2\pi)$에 균일하게 분포된 확률 변수이고, Θ와 $A(t)$는 독립이라고 가정한다.

$X(t)$의 자기상관은 다음과 같다.

$$\begin{aligned} &E[X(t + \tau)X(t)] \\ &\quad = E[A(t + \tau)\cos(2\pi f_c(t + \tau) + \Theta)A(t)\cos(2\pi f_c t + \Theta)] \\ &\quad = E[A(t + \tau)A(t)]E[\cos(2\pi f_c(t + \tau) + \Theta)\cos(2\pi f_c t + \Theta)] \end{aligned}$$

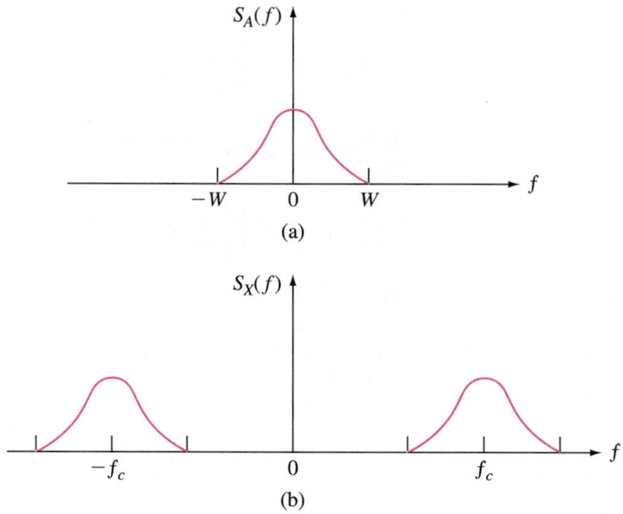

그림 10.11 ● (a) 저역 통과 정보 신호; (b) 진폭 변조된 신호

$$= R_A(\tau)E\left[\frac{1}{2}\cos(2\pi f_c\tau) + \frac{1}{2}\cos(2\pi f_c(2t + \tau) + 2\Theta)\right]$$

$$= \frac{1}{2}R_A(\tau)\cos(2\pi f_c\tau) \tag{10.63}$$

여기서 $E[\cos(2\pi f_c(2t+\tau)+2\Theta)]=0$(예제 9.10 참고)라는 사실을 사용한다. 따라서 $X(t)$도 역시 WSS 확률 과정이다.

$X(t)$의 전력 스펙트럼 밀도는 다음과 같다.

$$S_X(f) = \mathscr{F}\left\{\frac{1}{2}R_A(\tau)\cos(2\pi f_c\tau)\right\}$$

$$= \frac{1}{4}S_A(f + f_c) + \frac{1}{4}S_A(f - f_c) \tag{10.64}$$

여기서 부록 B의 푸리에 변환표를 사용했다. 그림 10.11(b)는 $S_X(fc$를 나타낸다. 정보 신호의 전력 스펙트럼 밀도가 $\pm f_c$ 주위 영역으로 이동되었음을 볼 수 있다. $X(t)$는 대역 통과 신호의 예이다. 대역 통과 신호는 전력 스펙트럼 밀도가 0보다 상당히 큰 어떤 주파수 근처에 집중된다는 성질이 있다.

전송 신호는 그림 10.12와 같이 반송 신호로 곱하고 저역 통과 여과로 복조된다.

$$Y(t) = X(\tau)2\cos(2\pi f_c\tau + \Theta) \tag{10.65}$$

이상과 같이 처리하여 다음을 구한다.

$$S_Y(f) = \frac{1}{2}S_X(f + f_c) + \frac{1}{2}S_X(f - f_c)$$

$$= \frac{1}{2}\{S_A(f + 2f_c) + S_A(f)\} + \frac{1}{2}\{S_A(f) + S_A(f - 2f_c)\}$$

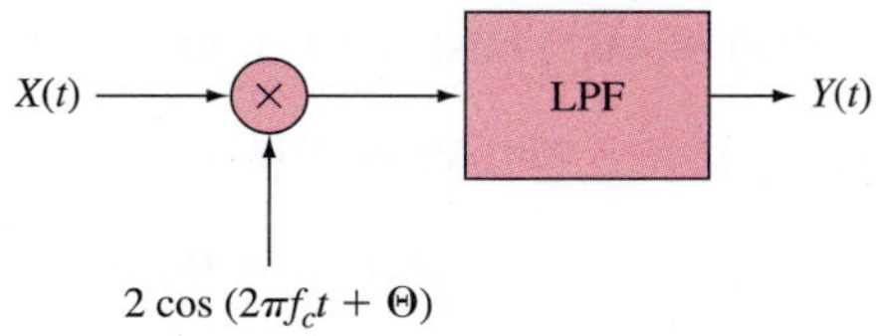

그림 10.12 ● AM 복조기

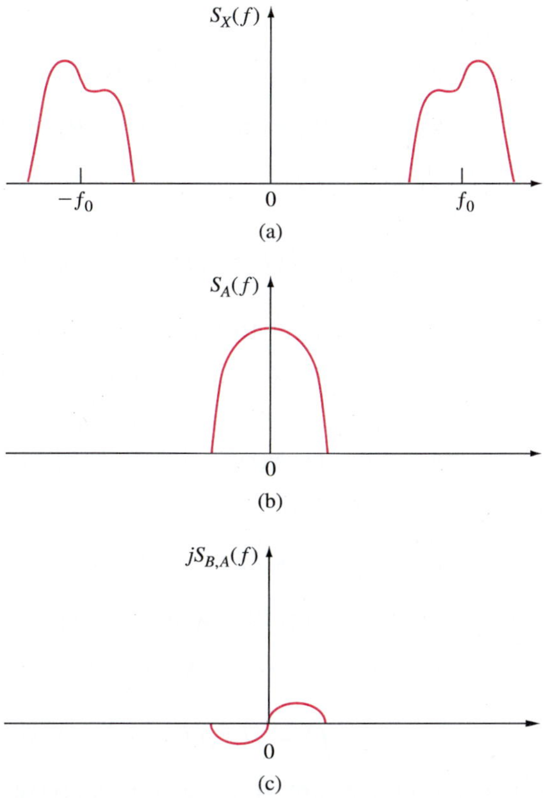

그림 10.13 ● (a) 일반적인 대역 통과 신호; (b) f의 실수값 우함수; (c) f의 허수값 기함수

이상적인 저역 통과 여과기는 $S_A(f)$를 통과시키고 $\pm f$에 집중된 $S_A(f \pm 2f_c)$를 차단한다. 따라서 저역 통과 여과기의 출력은 다음 전력 스펙트럼 밀도를 갖는다.

$$S_Y(f) = S_A(f)$$

실제로 예제 10.11에서 출력이 원래 정보 신호 $A(t)$라는 것을 안다.

식 (10.56)의 변조 방법은 그림 10.11(b)와 같이 $S_X(f)$가 f_c 에 관해 국부적으로 대칭, 즉 $|\delta f| < W$에 대해서 $S_X(f_c + \delta f) = S_X(f_c - \delta f)$인 대역 통과 신호를 만들 수 있다. 이 방법은 그림 10.13(a)처럼 전력 스펙트럼 밀도가 대칭이 부족한 실수값 전송 신호를 만들 수 없다. 그러한 신호를 만들기 위해서는 다음의 **구상 진폭 변조(QAM: quadrature amplitude modulation)** 방법을 이용할 수 있다.

$$X(t) = A(t)\cos(2\pi f_c t + \Theta) + B(t)\sin(2\pi f_c t + \Theta) \tag{10.66}$$

여기서 $A(t)$와 $B(t)$는 실수값, 결합 WSS 확률 과정이며, 다음을 필요로 한다.

$$R_A(\tau) = R_B(\tau) \tag{10.67a}$$

$$R_{B,A}(\tau) = -R_{A,B}(\tau) \tag{10.67b}$$

그림 10.13(b)처럼 식 (10.67a)는 $S_A(f) = S_B(f)$, 실수값, f의 우함수를 의미하는 것에 주목하자. 그림 10.13(c)처럼 식 (10.67b)는 $S_{B,A}(f)$가 순 허수, f의 기함수를 의미하는 것을 주목하자(연습문제 10.54 참조).

앞에서와 같이 $X(t)$가 자기상관 함수를 갖는 WSS 확률 과정이라는 것을 알 수 있다.

$$R_X(\tau) = R_A(\tau)\cos(2\pi f_c \tau) + R_{B,A}(\tau)\sin(2\pi f_c \tau) \tag{10.68}$$

전력 스펙트럼 밀도는 다음과 같다.

$$S_X(f) = \frac{1}{2}\{S_A(f - f_c) + S_A(f + f_c)\} + \frac{1}{2j}\{S_{BA}(f - f_c) - S_{BA}(f + f_c)\} \tag{10.69}$$

결과적인 전력 스펙트럼 밀도는 그림 10.13(a)와 같다. 따라서 QAM은 임의의 전력 스펙트럼 밀도를 갖는 실수값 대역 통과 신호를 생성하기 위해 사용할 수 있다.

WSS 백색 잡음이 대역 통과 여과기로 여과될 때 그림 10.13(a)와 같은 대역 통과 랜덤 신호가 통신 시스템에서 일어난다. $N(t)$를 전력 스펙트럼 밀도 $S_N(f)$를 갖는 과정이라고 하자. $N(t)$는 다음과 같이 표현될 수 있다.

$$N(t) = N_c(t)\cos(2\pi f_c t + \Theta) - N_s(t)\sin(2\pi f_c t + \Theta) \tag{10.70}$$

여기서 $N_c(t)$와 $N_s(t)$는 다음을 가진 결합 WSS 과정이다.

$$S_{N_c}(f) = S_{N_s}(f) = \{S_N(f - f_c) + S_N(f + f_c)\}_L \tag{10.71}$$

$$S_{N_c,N_s}(f) = j\{S_N(f - f_c) - S_N(f + f_c)\}_L \tag{10.72}$$

여기서 첨자 L은 괄호 안 표현식의 저역 통과 부분을 나타낸다. 말하자면 모든 실수값 대역 통과 과정은 QAM 변조기로 생성된 것처럼 다루어질 수 있다.

예제 10.18 **잡음 섞인 신호의 복조**

AM 시스템에서 수신된 신호는 다음과 같다.

$$Y(t) = A(t)\cos(2\pi f_c t + \Theta) + N(t)$$

여기서 $N(t)$는 다음과 같은 스펙트럼 밀도를 갖는 제한된 대역의 백색 잡음 과정이다.

$$S_N(f) = \begin{cases} \dfrac{N_0}{2} & |f \pm f_c| < W \\ 0 & \text{그 외의 경우} \end{cases}$$

복원된 신호의 신호 대 잡음비를 구하라.

식 (10.70)은 수신된 신호를 다음 식으로 기술할 수 있도록 한다.

$$Y(t) = \{A(t) + N_c(t)\}\cos(2\pi f_c t + \Theta) - N_s(t)\sin(2\pi f_c t + \Theta)$$

그림 10.12의 복조기는 $A(t)$를 복구하기 위해 사용된다. $2\cos(2\pi f_c t + \Theta)$를 곱한 후에 다음을 가진다.

$$\begin{aligned}2Y(t)\cos(2\pi f_c t + \Theta) &= \{A(t) + N_c(t)\}2\cos^2(2\pi f_c t + \Theta)\\ &\quad - N_s(t)2\cos(2\pi f_c t + \Theta)\sin(2\pi f_c t + \Theta)\\ &= \{A(t) + N_c(t)\}(1 + \cos(4\pi f_c t + 2\Theta))\\ &\quad - N_s(t)\sin(4\pi f_c t + 2\Theta)\end{aligned}$$

저역 통과를 여과한 후의 복원된 신호는 다음과 같다.

$$A(t) + N_c(t)$$

신호와 잡음 성분 각각의 전력은 다음과 같다.

$$\sigma_A^2 = \int_{-W}^{W} S_A(f)\,df$$

$$\sigma_{N_c}^2 = \int_{-W}^{W} S_{N_c}(f)\,df = \int_{-W}^{W}\left(\frac{N_0}{2} + \frac{N_0}{2}\right)df = 2WN_0.$$

출력의 신호 대 잡음비는 다음과 같다.

$$\text{SNR} = \frac{\sigma_A^2}{2WN_0}$$

10.4 최적 선형 시스템

많은 문제들을 다음 방법으로 적절히 배치할 수 있다. 어떤 시간 구간 $I = \{t-a, \ldots, t+b\}$에 걸쳐서 이산시간, 영평균 과정 X_a를 관측하고 일부 다른(아마 관계되는) 영평균 과정 Z_t에 대한 추정 Y_t를 얻기 위해 $a+b+1$개의 결과적인 관측 $\{X_{t-a}, \ldots, X_t, \ldots, X_{t+b}\}$를 사용해야 한다.

그림 10.14와 같이 추정 Y_t는 선형이어야 한다.

$$Y_t = \sum_{\beta=t-a}^{t+b} h_{t-\beta}X_\beta = \sum_{\beta=-b}^{a} h_\beta X_{t-\beta} \tag{10.73}$$

추정기(estimator)에 대한 성능 계수는 다음의 평균 제곱 오차이다.

$$E[e_t^2] = E[(Z_t - Y_t)^2] \tag{10.74}$$

그리고 평균 제곱 오차를 최소화하는 임펄스 응답 h_β로 특징되는 **최적의 여과기(optimum filter)**를 찾는다.

예제 10.19, 10.20은 Z_t, X_α와 관측 구간의 다른 선택들에 대응하는 다양한 추정 문제를 보여준다.

예제 10.19 **여과와 평활화 문제**

관측을 '원하는 신호' Z_α와 원하지 않는 '잡음' N_α의 합이라고 하자.

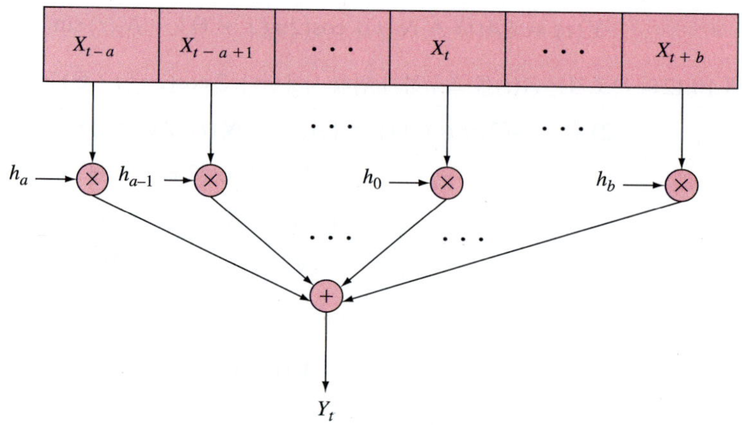

그림 10.14 ● 추정 Y_t를 생성하기 위한 선형 시스템

$$X_\alpha = Z_\alpha + N_\alpha \qquad \alpha \in I$$

시간 t에 원하는 신호를 추정하는 데 관심이 있다. t와 관측 구간 I간의 관계는 다양한 추정 문제를 야기한다.

$I = (-\infty, t)$, 즉 $a = \infty$와 $b = 0$이면 과거와 현재의 잡음 섞인 관측에서 Z_t를 추정하는 여과 문제를 가진다. $I = (t - a, t)$라면 $a + 1$개의 가장 최근의 잡음 섞인 관측에서 Z_t를 추정하는 여과 문제를 가진다.

$I = (-\infty, \infty)$, 즉 $a = b = \infty$라면 완전히 잡음이 섞인 형태에서 신호 복원을 시도하는 평활화 문제를 갖는다. 예를 들어, 완전한 구현 X_α가 기록되었고 추정 Z_t가 X_α를 재생하여 얻어진다면 이러한 것이 적합한 응용분야가 있다.

예제 10.20 **예측**

최근의 과거 $\{Z_{t-a}, \ldots, Z_{t-1}\}$ 항목으로 Z_t를 예측하기를 원한다고 가정하자. 관측 X_α를 신호 Z_α의 과거 a개 값으로 놓는다면 일반적인 추정 문제는 예측 문제가 된다.

$$X_\alpha = Z_\alpha \qquad t - a \le \alpha \le t - 1$$

추정 Y_t는 가장 최근의 값으로 Z_t의 선형 예측이다.

10.4.1 직교 상태

최적 여과기가 **직교 상태(orthogonality condition)**(식 (6.56) 참고)를 만족해야만 한다는 것은 쉽게 알 수 있다. 이것은 오차 e_t가 모든 관측 X_α에 대하여 직교임을 의미한다.

$$\begin{aligned} 0 &= E[e_t X_\alpha] \qquad \text{모든 } \alpha \in I\text{에 대해서} \\ &= E[(Z_t - Y_t)X_\alpha] = 0 \end{aligned} \tag{10.75}$$

또는 동일하게 다음과 같다.

$$E[Z_t X_\alpha] = E[Y_t X_\alpha] \qquad \text{모든 } \alpha \in I\text{에 대해서} \tag{10.76}$$

식 (10.73)을 식 (10.76)에 치환하면 다음과 같다.

$$\begin{aligned} E[Z_t X_\alpha] &= E\left[\sum_{\beta=-b}^{a} h_\beta X_{t-\beta} X_\alpha\right] \qquad \text{모든 } \alpha \in I\text{에 대해서} \\ &= \sum_{\beta=-b}^{a} h_\beta E[X_{t-\beta} X_\alpha] \\ &= \sum_{\beta=-b}^{a} h_\beta R_X(t-\alpha-\beta) \qquad \text{모든 } \alpha \in I\text{에 대해서} \end{aligned} \tag{10.77}$$

식 (10.77)은 $E[Z_t X_\alpha]$가 단지 $t-\alpha$에 의존하고, 따라서 X_α와 Z_t는 결합 WSS 과정임을 보여준다. 따라서 식 (10.77)을 다음과 같이 다시 쓸 수 있다.

$$R_{Z,X}(t-\alpha) = \sum_{\beta=-b}^{a} h_\beta R_X(t-\beta-\alpha) \qquad t-a \le \alpha \le t+b$$

마지막으로, $m = t - \alpha$로 놓으면 다음과 같은 중요한 식을 얻는다.

$$R_{Z,X}(m) = \sum_{\beta=-b}^{a} h_\beta R_X(m-\beta) \qquad -b \le m \le a \tag{10.78}$$

최적 선형 여과기는 식 (10.78)로 주어진 선형 식 $a + b + 1$개의 집합을 만족해야 한다. 식 (10.78)은 다수 랜덤 변수의 선형 조합으로 랜덤 변수를 추정하는 식 (6.60)과 동일하다. 과정의 WSS는 이러한 추정 문제를 6.5절에서 고려한 문제로 환산한다.

위의 유도에서 동일한 전개가 연속시간 추정을 가진다는 것을 암시하도록 Z_n 대신에 Z_t를 신중히 사용한다. 특히 시간 구간 $-a \le \alpha \le t+b$에서 연속시간 확률 과정 $X(\alpha)$의 관측 항목으로 연속시간 확률 과정 $Z(t)$에 대해 선형 추정 $Y(t)$를 찾는 것을 가정한다.

$$Y(t) = \int_{t-a}^{t+b} h(t-\beta) X(\beta)\, d\beta = \int_{-b}^{a} h(\beta) X(t-\beta)\, d\beta$$

평균 제곱 오차를 최소화하는 여과기는 다음 식으로 나타낼 수 있다.

$$R_{Z,X}(\tau) = \int_{-b}^{a} h(\beta) R_X(\tau-\beta)\, d\beta \qquad -b \le \tau \le a \tag{10.79}$$

따라서 시간 연속인 경우에 선형 식의 집합 대신에 적분 식을 얻는다. 이 적분 식의 분석적인 해는 매우 어려울 수 있지만 식을 합산하여 적분에 근사함으로써 수치적으로 구할 수 있다.[7]

이제 최적 여과기의 평균 제곱 오차를 결정한다. 우선 최적 여과기에 대하여 오차 e_t와 추정 Y_t가 다음 때문에 직교라고 지적한다.

$$E[e_t Y_t] = E\left[e_t \sum h_{t-\beta} X_\beta\right] = \sum h_{t-\beta} E[e_t X_\beta] = 0$$

여기서 식 (10.75) 때문에 마지막 합산 내의 항목들이 0이다. $e_t = Z_t - Y_t$이므로 평균 제곱 오차는 e_t와 Y_t가 직교이므로 다음과 같다.

[7] 식 (10.79)도 Karhunen-Loeve 확장을 이용하여 해결할 수도 있다.

$$\begin{aligned} E[e_t^2] &= E[e_t(Z_t - Y_t)] \\ &= E[e_t Z_t] \end{aligned}$$

e_t에 대하여 대치하면 다음과 같다.

$$\begin{aligned} E[e_t^2] &= E[(Z_t - Y_t)Z_t] = E[Z_t Z_t] - E[Y_t Z_t] \\ &= R_Z(0) - E[Z_t Y_t] \\ &= R_Z(0) - E\left[Z_t \sum_{\beta=-b}^{a} h_\beta X_{t-\beta} \right] \\ &= R_Z(0) - \sum_{\beta=-b}^{a} h_\beta R_{Z,X}(\beta) \end{aligned} \tag{10.80}$$

마찬가지로 연속시간의 경우에 최적 여과기의 평균 제곱 오차는 다음 식과 같다고 볼 수 있다.

$$E[e^2(t)] = R_Z(0) = \int_{-b}^{a} h(\beta) R_{Z,X}(\beta)\, d\beta \tag{10.81}$$

다음의 정리는 위의 결과를 요약한다.

정리

X_t와 Z_t는 이산시간, 영평균, 결합 WSS 과정이라고 하자. 그리고 Y_t는 다음 형태의 Z_t에 대한 추정이라고 하자.

$$Y_t = \sum_{\beta=t-a}^{t+b} h_{t-\beta} X_\beta = \sum_{\beta=-b}^{a} h_\beta X_{t-\beta}$$

$E[(Z_t - Y_t)^2]$을 최소화하는 여과기는 다음 식을 만족한다.

$$R_{Z,X}(m) = \sum_{\beta=-b}^{a} h_\beta R_X(m-\beta) \qquad -b \le m \le a$$

그리고 평균 제곱 오차는 다음 식에 의해 주어진다.

$$E[(Z_t - Y_t)^2] = R_Z(0) - \sum_{\beta=-b}^{a} h_\beta R_{Z,X}(\beta)$$

정리

$X(t)$와 $Z(t)$를 연속시간, 영평균, 결합 WSS 과정이라 하고, $Y(t)$를 다음 식과 같은 형태의 $Z(t)$에 대한 추정이라고 하자.

$$Y(t) = \int_{t-a}^{t+b} h(t-\beta) X(\beta)\, d\beta = \int_{-b}^{a} h(\beta) X(t-\beta)\, d\beta$$

$E[(Z(t) - Y(t))^2]$을 최소화하는 여과기 $h(\beta)$는 다음 식을 만족한다.

$$R_{Z,X}(\tau) = \int_{-b}^{a} h(\beta)R_X(\tau - \beta)\,d\beta \qquad -b \le \tau \le a$$

그리고 평균 제곱 오차는 다음 식으로 주어진다.

$$E[(Z(t) - Y(t))^2] = R_Z(0) - \int_{-b}^{a} h(\beta)R_{Z,X}(\beta)\,d\beta$$

예제 10.21 **잡음이 추가된 신호의 여과**

다음과 같이 $p+1$개의 가장 최근의 잡음 섞인 관측에서 신호 Z_n을 추정한다고 가정한다.

$$X_\alpha = Z_\alpha + N_\alpha \qquad \alpha \in I = \{n-p, \dots, n-1, n\}$$

Z_α와 N_α가 독립 확률 과정일 때 최적 여과기를 위한 선형 식들의 집합을 찾아라.

관측 구간을 선택하기 위해서 식 (10.78)은 다음 식이 된다.

$$R_{Z,X}(m) = \sum_{\beta=0}^{p} h_\beta R_X(m-\beta) \qquad m \in \{0, 1, \dots, p\} \tag{10.82}$$

식 (10.82)에서 상호상관 항목들은 다음과 같다.

$$R_{Z,X}(m) = E[Z_n X_{n-m}] = E[Z_n(Z_{n-m} + N_{n-m})] = R_Z(m)$$

자기상관 항목들은 Z_α와 N_α가 독립 확률 과정이므로 다음과 같이 주어진다.

$$\begin{aligned}R_X(m-\beta) &= E[X_{n-\beta}X_{n-m}] = E[(Z_{n-\beta} + N_{n-\beta})(Z_{n-m} + N_{n-m})]\\ &= R_Z(m-\beta) + R_{Z,N}(m-\beta)\\ &\quad + R_{N,Z}(m-\beta) + R_N(m-\beta)\\ &= R_Z(m-\beta) + R_N(m-\beta)\end{aligned}$$

따라서 최적 여과기에 대한 식 (10.82)는 다음과 같다.

$$R_Z(m) = \sum_{\beta=0}^{p} h_\beta\{R_Z(m-\beta) + R_N(m-\beta)\} \quad m \in \{0, 1, \dots, p\} \tag{10.83}$$

$p+1$개의 미지의 h_β에서 $p+1$개의 선형 식들의 집합은 행렬 도치로 해결한다.

예제 10.22 **잡음이 섞인 AR 신호의 여과**

Z_α가 평균 전력 σ_Z^2와 매개변수 r, $|r| < 1$을 갖는 1계 자기회귀 과정이고, N_α가 평균 전력 σ_N^2을 갖는 백색 잡음 과정일 때 예제 10.21의 최적 여과기를 위한 식들의 집합을 구하라.

1계 자기회귀 과정에 대한 자기상관은 다음과 같다(연습문제 10.40 참고).

$$R_Z(m) = \sigma_Z^2 r^{|m|} \qquad m = 0, \pm 1, \pm 2, \dots.$$

백색 잡음 과정에 대한 자기상관은 다음과 같다.

$$R_N(m) = \sigma_N^2\,\delta(m)$$

$R_Z(m)$과 $R_N(m)$을 식 (10.83)에 대치하여 다음과 같은 선형 식들의 집합을 산출한다.

$$\sigma_Z^2 r^{|m|} = \sum_{\beta=0}^{p} h_\beta(\sigma_Z^2 r^{|m-\beta|} + \sigma_N^2 \delta(m-\beta)) \qquad m \in \{0, \ldots, p\} \tag{10.84}$$

식 (10.84)의 양편을 σ_Z^2로 나누고 $\Gamma = \sigma_N^2/\sigma_Z^2$로 놓으면 다음 행렬 식을 얻는다.

$$\begin{bmatrix} 1+\Gamma & r & r^2 & \cdots & r^p \\ r & 1+\Gamma & r & \cdots & r^{p-1} \\ r^2 & r & 1+\Gamma & \cdots & r^{p-2} \\ \cdot & \cdot & \cdot & \cdots & \cdot \\ r^p & r^{p-1} & r^{p-2} & \cdots & 1+\Gamma \end{bmatrix} \begin{bmatrix} h_0 \\ h_1 \\ \cdot \\ \cdot \\ h_p \end{bmatrix} = \begin{bmatrix} 1 \\ r \\ \cdot \\ \cdot \\ r^p \end{bmatrix} \tag{10.85}$$

잡음 전력이 0, 즉 $\Gamma = 0$일 때 해는 $h_0 = 1, h_j = 0, j = 1, \ldots, p$, 즉 Z_n을 얻기 위해 여과가 필요 없다는 것에 주목하자.

식 (10.85)는 Octave를 이용하여 쉽게 풀려질 수 있다. 다음 함수는 최적 예측기의 최적 선형 계수와 평균 제곱 오차를 계산한다.

```
function [mse]= Lin_Est_AR (order,rho,varsig,varnoise)
n=[0:1:order-1]
r=varsig*rho.^n;
R=varnoise*eye(order)+toeplitz(r);
H=inv(R)*transpose(r)
mse=varsig-transpose(H)*transpose(r);
endfunction
```

표 10.1은 $\sigma_Z^2 = 4$, $r = 0.9$와 잡음 분산 $\sigma_N^2 = 4$을 가진 1계 자기회귀 과정에 대하여 추정기의 계(order)가 증가함에 따른 최적 예측기 계수값과 평균 제곱 오차값을 보여준다. 예측기가 현재 표본을 가진 높은 상관의 표본값들과 일관된 더욱 가까운 표본들은 더욱 무거운 가중치를 준다는 것을 알 수 있다. r의 더욱 작은 값들에 대하여 멀리 떨어진 표본값들의 상관은 빠르게 감소하고, 계수들은 더욱 낮은 가중치를 준다. 평균 제곱 오차 역시 추정기의 차수 $p+1$를 증가시키면 감소한다는 것을 알 수 있다. 처음 몇 개의 차수를 증가시키면 상당히 향상되지만, $p+1=3$ 근처에서 결과가 감소시키는 시점에 도달한다.

10.4.2 예측

많은 신호 처리 응용에서 선형 예측 문제가 발생한다. 6장의 예제 6.31에서 이미 음성 신호의 선형 예측을 살펴보았다. 일반적으로 $Z_{n-1}, Z_{n-2}, \ldots, Z_{n-p}$ 항목들로 다음과 같이 Z_n을 예측하길 원한다.

$$Y_n = \sum_{\beta=1}^{p} h_\beta Z_{n-\beta}$$

이 문제를 위해서 $X_\alpha = Z_\alpha$이므로 식 (10.79)는 다음이 된다.

$$R_Z(m) = \sum_{\beta=1}^{p} h_\beta R_Z(m-\beta) \qquad m \in \{1, \ldots, p\} \tag{10.86a}$$

행렬에서 이 식은 다음이 된다.

표 10.1 MSE 성능에 대한 예측기 계의 영향

$p+1$	MSE	계수				
1	2.0000	0.5				
2	1.4922	0.37304	0.28213			
3	1.3193	0.32983	0.22500	0.17017		
4	1.2549	0.31374	0.20372	0.13897	0.10510	
5	1.2302	0.30754	0.19552	0.12696	0.08661	0.065501

$$\begin{bmatrix} R_Z(1) \\ R_Z(2) \\ \cdot \\ \cdot \\ R_Z(p) \end{bmatrix} = \begin{bmatrix} R_Z(0) & R_Z(1) & R_Z(2) & \cdots & R_Z(p-1) \\ R_Z(1) & R_Z(0) & R_Z(1) & \cdots & R_Z(p-2) \\ \cdot & \cdot & \cdot & \cdot & \cdot \\ \cdot & \cdot & \cdot & \cdot & R_Z(1) \\ R_Z(p-1) & \cdot & \cdot & R_Z(1) & R_Z(0) \end{bmatrix} \begin{bmatrix} h_1 \\ h_2 \\ \cdot \\ \cdot \\ h_p \end{bmatrix}$$
$$= \mathbf{R_Z h} \tag{10.86b}$$

식 (10.86a)와 (10.86b)는 **율-워커(Yule-Walker) 방정식**이라 불린다.

평균 제곱 오차를 위한 식 (10.80)은 다음이 된다.

$$E[e_n^2] = R_Z(0) - \sum_{\beta=1}^{p} h_\beta R_Z(\beta) \tag{10.87}$$

$p \times p$행렬 $\mathbf{R_Z}$를 전치함으로써 여과기 계수 h의 벡터를 구할 수 있다.

예제 10.23 **원거리와 단거리 종속 과정의 예측**

$X_1(t)$를 $\sigma_X^2 = 1$, $r = 0.7411$을 가진 이산시간 1계 자기회귀 과정으로 하고, $X_2(t)$를 식 (9.109)와 $\sigma_X^2 = 1$, $H = 0.9$로 주어진 자기공분산을 가진 이산시간 원거리 종속 과정이라고 하자. 두 과정 모두 $C_X(1) = 0.7411$을 가지지만, $X_1(t)$의 자기공분산은 지수적으로 감소하고, 반면에 $X_2(t)$의 자기공분산은 원거리 종속을 가진다. 단기뿐만 아니라 장기적인 예측을 위해 이러한 과정들에 대한 최적 선형 예측기의 성능을 비교해라.

원거리 종속 과정의 최적 선형 계수와 관련된 평균 제곱 오차는 다음 코드를 이용하여 계산할 수 있다. 자기회귀 경우를 위해 함수는 변경할 수 있다.

```
function mse= Lin_Pred_LR(order,Hurst,varsig)
n=[0:1:order-1]
H2=2*Hurst
r=varsig*((1+n).^H2-2*(n.^H2)+abs(n-1).^H2)/2
rz=varsig*((2+n).^H2-2*((n+1).^H2)+(n).^H2)/2
R=toeplitz(r);
H=transpose(inv(R)*transpose(rz))
mse=varsig-H*transpose(rz)
endfunction
```

다음의 표 10.2는 단기간 예측의 경우에 두 과정의 평균 제곱 오차와 계수를 비교한다. $X_1(t)$의 예측기는 $p = 1$시스템의 모든 예측 특혜를 가진다. 고차원계(higher-order) 시스템의 최적 예측기들은 다른 계수를 0

표 10.2(a) 단기간 예측: 자기회귀 $r=0.7411$, $\sigma_X^2=1$, $C_X(1)=0.7411$

p	MSE	계수	
1	0.45077	0.74110	
2	0.45077	0.74110	0

표 10.2(b) 단기간 예측: 원거리 종속 과정 Hurst = 0.9, $\sigma_X^2=1$, $C_X(1)=0.7411$

p	MSE	계수				
1	0.45077	0.74110				
2	0.43625	0.60809	0.17948			
3	0.42712	0.582127	0.091520	0.144649		
4	0.42253	0.567138	0.082037	0.084329	0.103620	
5	0.41964	0.558567	0.075061	0.077543	0.056707	0.082719

표 10.3(a) 장기간 예측: 자기회귀 $r=0.7411$, $\sigma_X^2=1$, $C_X(1)=0.7411$

p	MSE	계수	
1	0.99750	0.04977	
2	0.99750	0.04977	0

표 10.3(b) 장기간 예측: 원거리 종속 과정 Hurst = 0.9, $\sigma_X^2=1$, $C_X(1)=0.7411$

p	MSE	계수	
10	0.79354	0.45438	
10;20	0.74850	0.34614	0.23822

으로 지정하고 평균 제곱 오차는 0.4577로 남아있다. $X_2(t)$의 예측기는 $p=1$시스템으로 가능한 성능의 대부분을 성취하지만 많은 계수를 추가함으로써 평균 제곱 오차가 약간 감소한다. 이는 $X_2(t)$의 값들 간에 불변의 상관 때문이다.

표 10.3은 예측 성능에 대한 원거리 종속의 극적인 영향을 보여준다. 상대적으로 떨어진 두 관측 X_{t-10}과 X_{t-20}에 근거한 X_t의 최적 선형 예측기를 제공하도록 식 (10.86)을 변경했다. $X_i(t)$와 이전 값들은 거의 상관이 없으므로 최선의 예측기는 $X_1(t)$의 편차인 거의 1의 평균 제곱 오차를 가진다. 한편 $X_2(t)$는 이전 값과 상당한 상관을 가지므로 평균 제곱 오차는 단위 편차를 상당히 감소시킨다. 2계 예측기는 과거 20개의 관측 표본에 상당한 가중치를 부여한다는 것을 유념한다.

10.4.3 관측된 과정의 완전한 표현을 사용하는 추정

Z_t는 X_t의 완전한 표현, 즉 $a=b=\infty$의 선형 함수 Y_t에 의해 추정되고 식 (10.73)은 다음과 같이 된다고 가정하자.

$$Y_t = \sum_{\beta=-\infty}^{\infty} h_\beta X_{t-\beta}$$

연속시간 확률 과정인 경우에는 다음을 가진다.

$$Y(t) = \int_{-\infty}^{\infty} h(\beta) X(t-\beta)\, d\beta$$

최적 여과기들은 다음 식이 되는 식 (10.78)과 (10.79)를 만족해야 한다.

$$R_{Z,X}(m) = \sum_{\beta=-\infty}^{\infty} h_\beta R_X(m-\beta) \qquad \text{모든 } m\text{에 대해서} \tag{10.88a}$$

$$R_{Z,X}(\tau) = \int_{-\infty}^{\infty} h(\beta) R_X(\tau-\beta)\, d\beta \qquad \text{모든 } \tau\text{에 대해서} \tag{10.88b}$$

첫 번째 식의 푸리에 변환과 두 번째 식의 푸리에 변환 모두 다음의 동일한 식을 가진다.

$$S_{Z,X}(f) = H(f) S_X(f)$$

이것은 다음의 최적 여과기의 전달 함수로 이미 답을 구했다.

$$H(f) = \frac{S_{Z,X}(f)}{S_X(f)} \tag{10.89}$$

최적 여과기의 임펄스 응답은 적절한 역변환을 취해서 얻는다. 일반적으로 식 (10.89)에서 얻은 여과기는 임펄스 응답이 $t < 0$에 대해서 0이 아닌 비인과성일 것이다. 완전한 구현 X_α가 기록되고 추정 Z_t가 X_α를 재생하여 비실시간으로 얻어진다는 상황에 적합한 응용들이 있다는 것을 이미 지적했다.

예제 10.24 **무한 평활화**

$Z(\alpha)$와 $N(\alpha)$가 독립적이고 영평균 확률 과정인 경우, $X(\alpha) = Z(\alpha) + N(\alpha)$, $\alpha \in (-\infty, \infty)$에서 $Z(t)$를 추정하기 위한 최적 여과기의 전달 함수를 찾아라.

관측과 원하는 신호 간의 상호상관은 다음과 같다.

$$\begin{aligned} R_{Z,X}(\tau) &= E[Z(t+\tau)X(t)] = E[Z(t+\tau)(Z(t)+N(t))] \\ &= E[Z(t+\tau)Z(t)] + E[Z(t+\tau)N(t)] \\ &= R_Z(\tau) \end{aligned}$$

여기서 $Z(t)$ 와 $N(t)$는 영평균, 독립 확률 과정이다. 상호전력 스펙트럼 밀도는 다음과 같다.

$$S_{Z,X}(t) = S_Z(f) \tag{10.90}$$

관측 과정의 자기상관은 다음과 같다.

$$\begin{aligned} R_X(\tau) &= E[(Z(t+\tau)+N(t+\tau))(Z(t)+N(t))] \\ &= R_Z(\tau) + R_N(\tau) \end{aligned}$$

전력 스펙트럼 밀도는 다음과 같다.

$$S_X(f) = S_Z(f) + S_N(f) \tag{10.91}$$

식 (10.90)과 식 (10.91)을 식 (10.89)에 대입하면 다음과 같다.

$$H(f) = \frac{S_Z(f)}{S_Z(f) + S_N(f)} \tag{10.92}$$

최적 여과기 $H(f)$는 $S_Z(f)$가 0이 아닌, 즉 신호가 전력량을 갖는 주파수에서만 0이 아닌 것에 주의한다. $S_Z(f)$로 식 (10.92)의 분자와 분모를 나눔으로써 $H(f)$가 신호 대 잡음 전력 밀도 비가 큰 주파수를 강조한다.

*10.4.4 인과성 여과기를 이용한 추정

이제 Z_t는 X_α의 과거와 현재만을, 즉 $I = (-\infty, t)$를 이용해서 추정된다고 가정하자. 식 (10.78)과 (10.79)는 다음이 된다.

$$R_{Z,X}(m) = \sum_{\beta=0}^{\infty} h_\beta R_X(m - \beta) \qquad \text{모든 } m\text{에 대해서} \tag{10.93a}$$

$$R_{Z,X}(\tau) = \int_0^{\infty} h(\beta) R_X(\tau - \beta)\, d\beta \quad \text{모든 } \tau\text{에 대해서} \tag{10.93b}$$

식 (10.93a)와 (10.93b)는 **위너-호프(Wiener-Hopf) 방정식**이라 하고, 식 (10.88a)와 (10.88b)는 모양이 비슷하지만 해결하기 상당히 어렵다.

첫 번째로 관측 과정이 백색, 즉 이산시간에 대해서 $R_X(m) = \delta_m$인 특별한 경우를 생각해 보자. 그러면 식 (10.93a)는 다음이 된다.

$$R_{Z,X}(m) = \sum_{\beta=0}^{\infty} h_\beta\, \delta_{m-\beta} = h_m \qquad m \ge 0 \tag{10.94}$$

따라서 이 특별한 경우에는 최적 인과성 여과기는 다음 식으로 주어진 계수들을 갖는다.

$$h_m = \begin{cases} 0 & m < 0 \\ R_{Z,X}(m) & m \ge 0 \end{cases}$$

해당하는 전달 함수는 다음과 같다.

$$H(f) = \sum_{m=0}^{\infty} R_{Z,X}(m) e^{-j2\pi fm} \tag{10.95}$$

식 (10.95)에서 푸리에 변환의 한계가 $-\infty$에서 $+\infty$까지 확장되지 않으므로 식 (10.95)는 $S_{Z,X}(f)$가 아니라는 것을 주목하자. 그러나 $h_m = \mathscr{F}^{-1}[S_{Z,X}(f)]$를 구하고, 인과 부분(즉, $m \ge 0$에 대한 h_m)을 유지하고, 비인과 부분을 0으로 지정함으로써 $S_{Z,X}(f)$으로부터 $H(f)$를 구할 수 있다.

이제 위의 특별한 경우의 해가 일반적인 경우의 해를 해결하는 데 어떻게 사용될 수 있는지 알아보자. 아주 일반적인 상태에서 확률 과정의 전력 스펙트럼 밀도는 다음 형태로 인수분해될 수 있다.

$$S_X(f) = |G(f)|^2 = G(f)G^*(f) \tag{10.96}$$

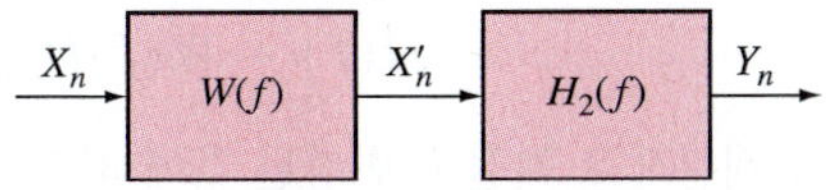

그림 10.15 ● Wiener-Hopf 방정식을 해결하기 위한 백색화 여과기 접근 방법

여기서 $G(f)$와 $1/G(f)$는 인과성 여과기다.[8] 이것은 그림 10.15에서처럼 두 단계로 최적 여과기를 찾을 수 있다는 것을 시사한다. 첫 번째로, 다음 식 때문에 백색 잡음 과정 X'_n을 만들기 위해 관측 과정을 전달 함수 $W(f)=1/G(f)$를 갖는 백색화 여과기를 통과시킨다.

$$\text{모든 } f\text{에 대해서} \quad S_{X'}(f) = |W(f)|^2 S_X(f) = \frac{|G(f)|^2}{|G(f)|^2} = 1$$

두 번째로, 식 (10.95)로 주어진 백색화된 관측 과정 X'_n을 이용하여 Z_n에 대한 최선의 추정량을 찾는다. 백색화 여과기와 추정 여과기의 직렬 조합으로 만들어지는 여과기는 Wiener- Hopf 방정식의 해이다.

그림 10.15에 있는 두 번째 여과기의 전달 함수는 식 (10.95)에 따라 다음과 같다.

$$H_2(f) = \sum_{m=0}^{\infty} R_{Z,X'}(m) e^{-j2\pi fm} \tag{10.97}$$

식 (10.97)을 계산하기 위해 다음을 구할 필요가 있다.

$$\begin{aligned} R_{Z,X'}(k) &= E[Z_{n+k} X'_n] \\ &= \sum_{i=0}^{\infty} w_i E[Z_{n+k} X_{n-i}] \\ &= \sum_{i=0}^{\infty} w_i R_{Z,X}(k+i) \end{aligned} \tag{10.98}$$

여기서 ω_i는 백색화 여과기의 임펄스 응답이다. 식 (10.98)의 푸리에 변환은 다음과 같이 작동하기 쉬운 식을 준다.

$$S_{Z,X'}(f) = W^*(f) S_{Z,X}(f) = \frac{S_{Z,X}(f)}{G^*(f)} \tag{10.99}$$

식 (10.99)의 역 푸리에 변환은 $H_2(f)$를 얻기 위해 식 (10.97)에 치환될 수 있는 원하는 $R_{Z,X'}(k)$를 산출한다.

요약하면, 최적 여과기는 다음 과정으로 구할 수 있다.

1. 식 (10.96)처럼 $S_X(f)$를 인수분해하고 인과성 백색화 여과기 $W(f)=1/G(f)$를 얻는다.
2. 식 (10.98)이나 (10.99)에서 $R_{Z,X'}(k)$를 얻는다.
3. 그러면 식 (10.97)에 의해 $H_2(f)$가 주어진다.
4. 최적 여과기는 다음과 같다.

---

[8] 식 (10.96)에 의해 규정된 $S_X(f)$를 인수분해하는 방법을 **스펙트럼 인수분해(spectral factorization)**라 부른다. 예제 10.10과 본 장의 마지막에 있는 참고문헌을 참고하라.

$$H(f) = W(f)H_2(f) \tag{10.100}$$

이런 과정은 합산을 적분으로 적절히 변경된 후에 최적 인과성 여과기 문제의 연속시간 해석에 대해서 유효하다. 다음의 예제는 연속시간 문제를 고려한다.

예제 10.25 **위너(Wiener) 여과기**

$Z(t)$와 $N(t)$는 독립 확률 과정이고, $N(t)$는 영평균 백색 잡음 밀도 1이고, $Z(t)$는 다음의 전력 스펙트럼 밀도를 갖는 관측 $X(t) = Z(t) + N(t)$에서 신호 $Z(t)$를 추정하는 최적 인과성 여과기를 구하라.

$$S_Z(f) = \frac{2}{1 + 4\pi^2 f^2}$$

이 문제에서 최적 여과기를 **위너 여과기**라 부른다.

신호와 잡음이 독립 확률 과정이므로 $Z(t)$와 $X(t)$ 사이의 상호전력 스펙트럼 밀도는 다음과 같다.

$$S_{Z,X}(f) = S_Z(f)$$

관측 과정에 대한 전력 스펙트럼 밀도는 다음과 같다.

$$\begin{aligned} S_X(f) &= S_Z(f) + S_N(f) \\ &= \frac{3 + 4\pi^2 f^2}{1 + 4\pi^2 f^2} \\ &= \left(\frac{j2\pi f + \sqrt{3}}{j2\pi f + 1}\right)\left(\frac{-j2\pi f + \sqrt{3}}{-j2\pi f + 1}\right) \end{aligned}$$

다음 식으로 놓으면,

$$G(f) = \frac{j2\pi f + \sqrt{3}}{j2\pi f + 1}$$

$W(f) = 1/G(f)$가 백색화 인과성 여과기라는 것은 쉽게 증명할 수 있다.

다음으로 식 (10.99)를 계산한다.

$$\begin{aligned} S_{Z,X'}(f) &= \frac{S_{Z,X}(f)}{G^*(f)} = \frac{2}{1 + 4\pi^2 f^2}\frac{1 - j2\pi f}{\sqrt{3} - j2\pi f} \\ &= \frac{2}{(1 + j2\pi f)(\sqrt{3} - j2\pi f)} \\ &= \frac{c}{1 + j2\pi f} + \frac{c}{\sqrt{3} - j2\pi f} \end{aligned} \tag{10.101}$$

여기서 $c = 2/(1 + \sqrt{3})$이다. $S_{Z,X}(f)$의 역 푸리에 변환을 취하면 다음 식을 얻는다.

$$R_{Z,X'}(\tau) = \begin{cases} ce^{-\tau} & \tau > 0 \\ ce^{\sqrt{3}\tau} & \tau < 0 \end{cases}$$

$H_2(f)$가 $R_{Z,X'}(\tau)$의 $\tau > 0$ 부분의 푸리에 변환으로 주어진다는 것을 식 (10.97)은 나타낸다.

$$H_2(f) = \mathcal{F}\{ce^{-\tau}u(\tau)\} = \frac{c}{1 + j2\pi f}$$

초항(first term)만이 양의 시간(즉, 인과) 성분을 야기한다는 것을 유념함으로써 식 (10.101)에서 직접 이 결과를 얻을 수 있다는 것을 주의한다.

최적 여과기는 다음과 같다.

$$H(f) = \frac{1}{G(f)}H_2(f) = \frac{c}{\sqrt{3} + j2\pi f}$$

이 여과기의 임펄스 응답은 다음과 같다.

$$h(t) = ce_t^{-\sqrt{3}} \qquad t > 0$$

10.5 칼만 여과기

앞 절에서 살펴본 최적 선형 시스템은 두 가지 한계를 가지고 있다. (1) WSS 신호를 가정한다. (2) 방정식의 수가 관측 집합의 크기에 따라 증가한다. 본 절에서는 신호들이 어떤 구조를 가진다는 것을 가정하는 추정 수단을 살펴본다. 이러한 가정은 관측 집합이 증가해도 문제의 차원은 고정된다는 것이다. 이는 또한 어떤 비불변 신호를 고려하도록 한다.

그림 10.16(a)처럼 표현될 수 있는 신호의 종류를 살펴볼 것이다.

$$Z_n = a_{n-1}Z_{n-1} + W_{n-1} \qquad n = 1, 2, \ldots \tag{10.102}$$

여기서 Z_0는 시간 0에서의 확률 변수이고, a_n은 알려진 상수 수열이고, W_n은 가능한 시변 분산 $\{E[W_n^2]\}$을 갖는 영평균 비상관된 확률 변수 수열이다. 일반적으로 결과 과정 Z_n은 비불변(nonstationary)이다. 과정 Z_n은 사용할 수 없고, 대신 그림 10.16(a)처럼 다음 식을 관찰하는 것을 가정한다.

$$X_n = Z_n + N_n \qquad n = 0, 1, 2, \ldots \tag{10.103}$$

여기서 관측 잡음 N_n은 가능한 시변 분산 $\{E[N_n^2]\}$을 갖는 확률 변수의 영평균, 비상관 수열이다. W_n과 N_n은 모든 시간 n_1과 n_2에서 비상관이라고 가정한다. W_n과 N_n이 가우스 확률 과정인 특별한 경우에는 Z_n과 X_n도 역시 가우스 확률 과정일 것이다. 그림 10.16(b)의 구조를 가진 칼만 여과기를 만들 것이다.

우리의 목적은 각 시간 n에 대하여 시간에 따라 가능하게 변하는 선형 추정기를 사용하는 관측 $X_0, X_1, \ldots, X_{n-1}$에 기초한 Z_n의 최소 평균 제곱 추정(실제로는 예측)을 찾는 것이다.

$$Y_n = \sum_{j=i}^{n} h_j^{(n-1)} X_{n-j} \tag{10.104}$$

직교 원리는 최적 여과기 $\{h_j^{(n-1)}\}$가 다음 식을 만족하는 것을 의미한다.

$$l = 0, 1, \ldots, n-1\text{에 대해서} \quad E\left[\left(Z_n - \sum_{j=1}^{n} h_j^{(n-1)} X_{n-j}\right) X_l\right] = 0$$

이는 다음과 같이 n개 미지수에 대해서 n개 식의 집합을 이끌어낸다.

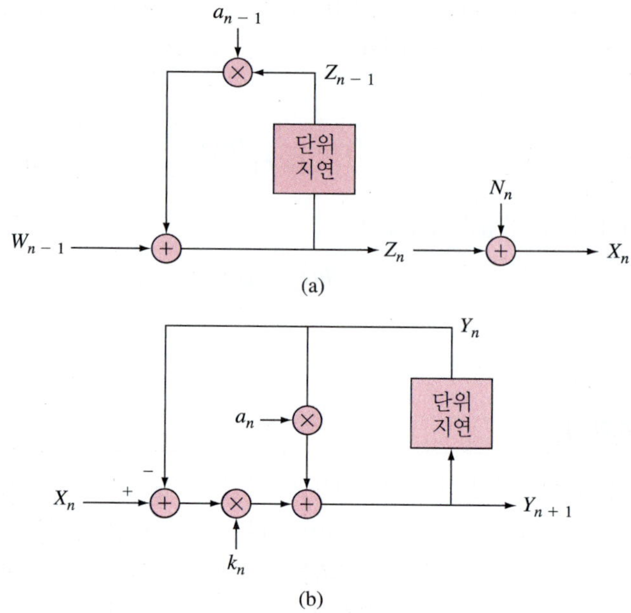

그림 10.16 ● (a) 신호 구조; (b) 칼만 여과기

$$R_{Z,X}(n, l) = \sum_{j=1}^{n} h_j^{(n-1)} R_X(n-j, l) \quad l = 0, 1, \ldots, n-1\text{에 대해서} \tag{10.105}$$

다음 순간에는 다음 식을 구할 필요가 있다.

$$Y_{n+1} = \sum_{j=1}^{n+1} h_j^{(n)} X_{n+1-j} \tag{10.106}$$

이는 다음과 같은 $(n+1)\times(n+1)$ 식의 시스템을 해를 구함으로써 가능하다.

$$R_{Z,X}(n+1, l) = \sum_{j=1}^{n+1} h_j^{(n)} R_X(n+1-j, l) \quad l = 0, 1, \ldots, n\text{에 대해서} \tag{10.107}$$

여기까지 앞 절의 절차를 따랐고 문제의 차원이 관측의 수에 따라 증가하는 것을 파악했다. 이제 식 (10.106)의 해를 구하기 위해 재귀적 방법을 개발하기 위한 신호 구조를 사용한다.

우선 다음의 두 가지 결과가 필요하다. $l < n$에 대해서 다음 식을 가진다.

$$\begin{aligned} R_{Z,X}(n+1, l) &= E[Z_{n+1}X_l] = E[(a_nZ_n + W_n)X_l] \\ &= a_nR_{Z,X}(n, l) + E[W_nX_l] = a_nR_{Z,X}(n, l) \end{aligned} \tag{10.108}$$

여기서 $E[W_nX_l] = E[W_n]E[X_l] = 0$, 즉 그림 10.16(a)에서 보는 바와 같이 W_n이 과정의 과거와 시간 n 이전의 관측과 비상관이다. 또한 $l < n$에 대해서 다음 식을 가진다.

$$\begin{aligned} R_{Z,X}(n, l) &= E[Z_nX_l] = E[(X_n - N_n)X_l] \\ &= R_X(n, l) - E[N_nX_l] = R_X(n, l) \end{aligned} \tag{10.109}$$

여기서 $E[N_nX_l]=E[N_n]E[X_l]=0$, 즉 시간 n의 관측 잡음은 이전 관측들과 비상관이다.

이제 식 (10.107)에 있는 식들의 집합이 식 (10.105)에 있는 집합과 연관될 수 있다는 것을 보자. $l<n$에 대해서 식 (10.108)과 식 (10.107)의 우변들을 같게 할 수 있다.

$$\begin{aligned} a_nR_{Z,X}(n,l) &= \sum_{j=1}^{n+1} h_j^{(n)} R_X(n+1-j,l) \\ &= h_1^{(n)}R_X(n,l) + \sum_{j=2}^{n+1} h_j^{(n)} R_X(n+1-j,l) \end{aligned}$$

$$l=0,1,\ldots,n-1\text{에 대해서} \qquad (10.110)$$

식 (10.109)에서 $R_X(n,l)=R_{Z,X}(n,l)$이므로 아래 식처럼 식 (10.110)의 우변의 첫 항목을 바꿀 수 있고, 결과 항목을 좌변으로 이동할 수 있다.

$$\begin{aligned} (a_n - h_1^{(n)})R_{Z,X}(n,l) &= \sum_{j=2}^{n+1} h_j^{(n)} R_X(n+1-j,l) \\ &= \sum_{j'=1}^{n} h_{j'+1}^{(n)} R_X(n-j',l) \end{aligned} \qquad (10.111)$$

양변을 $a_n-h_1^{(n)}$으로 나누면 마침내 다음 식을 얻는다.

$$R_{Z,X}(n,l) = \sum_{j'=1}^{n} \frac{h_{j'+1}^{(n)}}{a_n - h_1^{(n)}} R_X(n-j',l)$$

$$l=0,1,\ldots,n-1\text{에 대해서} \qquad (10.112)$$

다음과 같이 지정하면 방정식의 이런 집합은 식 (10.105)와 동일하다.

$$h_j^{(n-1)} = \frac{h_{j+1}^{(n)}}{a_n - h_1^{(n)}} \qquad j=1,\ldots,n\text{에 대해서} \qquad (10.113a)$$

그러므로 단계 n에서 $h_1^{(n-1)},\ldots,h_n^{(n-1)}$을 구하고, 어떻게든 $h_1^{(n)}$을 구했다면 다음 식에서 나머지 계수들을 구할 수 있다.

$$h_{j+1}^{(n)} = (a_n - h_1^{(n)})h_j^{(n-1)} \qquad j=1,\ldots,n \qquad (10.113b)$$

따라서 중요한 질문은 어떻게 $h_1^{(n)}$을 구하는가이다.

식 (10.113b)에 있는 계수들을 식 (10.106)에 치환한다고 가정하자.

$$\begin{aligned} Y_{n+1} &= h_1^{(n)}X_n + \sum_{j'=1}^{n}(a_n - h_1^{(n)})h_{j'}^{(n-1)}X_{n-j'} \\ &= h_1^{(n)}X_n + (a_n - h_1^{(n)})Y_n \\ &= a_nY_n + h_1^{(n)}(X_n - Y_n) \end{aligned} \qquad (10.114)$$

여기서 두 번째 등식은 식 (10.104)를 따른다. 위의 식은 그림 10.16(b)처럼 매우 만족한 해석을 가진다. Y_n이 시간 n에 대한 예측이므로 a_nY_n은 예전 정보(식 (10.102))에 기초한 다음 시간 순간 $n+1$에 대한 예측이다. $(X_n - Y_n)$ 항목은 혁신이라 불리며, 이는 예전 예측과 관측 간에 불일치를 제공한다. 마지막으로 항 $h_1^{(n)}$은 k_n로 표시되는 이득이라 불리고 새로운 예측 Y_{n+1}을 얻기 위해 a_nY_n을 수정하기 위해 사용되어야만 하는 혁신의 범위를 표시한다. **혁신(innovation)** 을 다음 식으로 나타낸다면,

$$I_n = X_n - Y_n \tag{10.115}$$

식 (10.114)는 다음이 된다.

$$Y_{n+1} = a_nY_n + k_nI_n \tag{10.116}$$

아직 이득 k_n을 계산하기 위한 방법을 결정할 필요가 있다.

식 (10.115)으로부터 혁신은 다음 식을 만족한다.

$$I_n = X_n - Y_n = Z_n + N_n - Y_n = Z_n - Y_n + N_n = \varepsilon_n + N_n$$

여기서 $\varepsilon_n = Z_n - Y_n$은 예측 오차다. 예측 오차를 위해 초기 상태 $\varepsilon_0 = Z_0$를 가진 재귀식을 다음과 같이 얻을 수 있다.

$$\begin{aligned}\varepsilon_{n+1} &= Z_{n+1} - Y_{n+1} = a_nZ_n + W_n - a_nY_n - k_nI_n \\ &= a_n(Z_n - Y_n) + W_n - k_n(\varepsilon_n + N_n) \\ &= (a_n - k_n)\varepsilon_n + W_n - k_nN_n\end{aligned} \tag{10.117}$$

X_0, W_n, N_n이 영평균이므로 모든 n에 대해서 $E[\varepsilon_n] = 0$이 된다. 평균 제곱 예측 오차를 위한 재귀식은 식 (10.117)에서 초기 조건 $E[\varepsilon_n] = E[Z_0^2]$를 가지고 다음과 같이 구해진다.

$$E[\varepsilon_{n+1}^2] = (a_n - k_n)^2E[\varepsilon_n^2] + E[W_n^2] + k_n^2E[N_n^2] \tag{10.118}$$

마지막으로 이득 k_n에 대한 식을 얻을 준비가 되었다.

이득 k_n은 평균 제곱 오차 $E[\varepsilon_{n+1}^2]$을 최소화해야 한다. 따라서 식 (7.113)을 k_n로 미분하고 결과를 0으로 놓는다.

$$0 = -2(a_n - k_n)E[\varepsilon_n^2] + 2k_nE[N_n^2]$$

다음으로 k_n에 대한 해를 구할 수 있다.

$$k_n = \frac{a_nE[\varepsilon_n^2]}{E[\varepsilon_n^2] + E[N_n^2]} \tag{10.119}$$

식 (10.118)의 평균 제곱 예측 오차에 대한 식은 식 (10.119)(문제 10.6 참고)를 이용하여 단순화될 수 있다.

$$E[\varepsilon_{n+1}^2] = a_n(a_n - k_n)E[\varepsilon_n^2] + E[W_n^2] \tag{10.120}$$

식 (10.119), (10.116), (10.120)을 결합하면 칼만 여과 알고리즘을 구성하는 재귀 절차를 구할 수 있다.

칼만 여과기 알고리즘[9)]

초기화: $Y_0 = 0 \qquad E[\varepsilon_0^2] = E[Z_0^2]$

$n = 0, 1, 2, \ldots$에 대해서

$$k_n = \frac{a_n E[\varepsilon_n^2]}{E[\varepsilon_n^2] + E[N_n^2]}$$

$$Y_{n+1} = a_n Y_n + k_n(X_n - Y_n)$$

$$E[\varepsilon_{n+1}^2] = a_n(a_n - k_n)E[\varepsilon_n^2] + E[W_n^2]$$

알고리즘은 신호 구조, 즉 a_n과 분산 $E[N_n^2]$과 $E[W_n^2]$에 관한 지식을 요구한다는 것을 명심한다. 알고리즘은 쉽게 구현될 수 있어서 결과적으로 검출, 추정과 신호 처리 문제들의 폭넓은 영역에서 응용되고 있다. 알고리즘은 폭넓은 영역의 과정을 수용하기 위하여 행렬 형태로 확장될 수 있다.

예제 10.26 **1계 자기회귀 과정**

다음으로 정의된 신호를 생각하자.

$$Z_n = aZ_{n-1} + W_n \qquad n = 1, 2, \ldots \qquad Z_0 = 0$$

여기서 $E[W_n^2] = \sigma_W^2 = 0.36$, $a = 0.8$ 그리고 부가적인 백색 잡음에 다음과 같이 관측이 만들어졌다고 가정한다.

$$X_n = Z_n + N_n \qquad n = 0, 1, 2, \ldots$$

여기에서 $E[N_n^2] = 1$이다. $n \to \infty$일 때 예측기의 형태와 평균 제곱 오차를 구하라.

단계 n에서 이득은 다음과 같이 주어진다.

$$k_n = \frac{aE[\varepsilon_n^2]}{E[\varepsilon_n^2] + 1}$$

따라서 평균 제곱 오차 수열은 다음과 같이 주어진다.

$$E[\varepsilon_0^2] = E[Z_0^2] = 0$$

$$E[\varepsilon_{n+1}^2] = a(a - k_n)E[\varepsilon_n^2] + \sigma_W^2$$

$$= a\left(\frac{a}{1 + E[\varepsilon_n^2]}\right)E[\varepsilon_n^2] + \sigma_W^2 \qquad n = 1, 2, \ldots.\text{에 대해서}$$

정상 상태의 평균 제곱 오차 e_∞는 다음을 만족해야 한다.

$$e_\infty = \frac{a^2}{1 + e_\infty}e_\infty + \sigma_W^2$$

$a = 0.8$과 $\sigma_W^2 = 0.36$에 대해서 결과적인 2차 식은 $k_\infty = 0.3$과 $e_\infty = 0.6$을 산출한다.

따라서 정상 상태에서 예측기는 다음과 같다.

$$Y_{n+1} = 0.8Y_n + 0.3(X_n - Y_n)$$

---

9) 이득을 정의하는 데는 두 가지 공통 방법이 있다고 학생에게 주의를 준다. 따라서 칼만 여과기의 알고리즘 기술은 교과서마다 다르다.

*10.6 전력 스펙트럼 밀도의 추정

$X_0, \ldots, X_{k-1}$을 이산시간, 영평균, WSS 과정 X_n의 k개 관측이라고 하자. $S_X(f)$에 대한 주기다이어그램 추정은 다음과 같이 정의된다.

$$\tilde{p}_k(f) = \frac{1}{k}|\tilde{x}_k(f)|^2 \tag{10.121}$$

여기서 $\tilde{x}_k(f)$는 관측 수열의 푸리에 변환으로 구할 수 있다.

$$\tilde{x}_k(f) = \sum_{m=0}^{k-1} X_m e^{-j2\pi fm} \tag{10.122}$$

10.1절에서 주기다이어그램 추정의 기대값은 다음 식이라는 것을 보았다.

$$E[\tilde{p}_k(f)] = \sum_{m'=-(k-1)}^{k-1} \left\{1 - \frac{|m'|}{k}\right\} R_X(m')e^{-j2\pi fm'} \tag{10.123}$$

그러므로 $\tilde{p}_k(f)$는 $S_X(f)$에 대해 편향된 추정기이다. 그러나 $k \to \infty$에 따라 다음과 같다.

$$E[\tilde{p}_k(f)] \to S_X(f) \tag{10.124}$$

이렇게 주기다이어그램 추정의 평균이 $S_X(f)$에 가까워진다.

주기다이어그램 추정의 분산을 구하기 위해 나아가기 전에 주기다이어그램 추정은 자기상관 수열에 대한 추정의 푸리에 변환을 취하는 것과 같다는 것을 주목한다.

$$\tilde{p}_k(f) = \sum_{m=-(k-1)}^{k-1} \hat{r}_k(m)e^{-j2\pi fm} \tag{10.125}$$

여기서 자기상관에 대한 추정은 다음과 같다(연습문제 10.74 참고).

$$\hat{r}_k(m) = \frac{1}{k}\sum_{n=0}^{k-|m|-1} X_n X_{n+m} \tag{10.126}$$

표본 수 k가 증가함에 따라 주기다이어그램 추정이 $S_X(f)$에 수렴하기를 기대하지만 이는 발생하지 않는다. 대신에 참 스펙트럼 밀도에 대하여 $\tilde{p}_k(f)$가 심하게 변동하는 것과, 이 랜덤 변화가 k가 증가함에 따라 감소하지 않는다는 것을(그림 10.17 참고) 알 수 있다. 이런 현상이 왜 발생하는지 파악하기 위해, 다음 절에서 백색 잡음 가우스 확률 과정에 대한 주기다이어그램 추정의 통계를 계산한다. 주기다이어그램으로 주어진 추정이 표본 수가 증가함에 따라 0에 가까워지지 않는 분산을 가진다는 것을 발견한다. 이는 k가 증가함에 따라 추정이 개선되지 않았음을 설명한다. 더욱이 주기다이어그램 추정들은 구간 $-1/2 \le f < 1/2$에서 균등한 간격의 주파수에서 비상관됨을 보여준다. 이는 f의 함수로 주기다이어그램 추정의 산만한 모양을 설명한다. 마지막 절에서는 k가 증가함에 따라 0에 가까워지는 분산 $S_X(f)$에 대한 다른 추정을 얻는다.

10.6.1 주기다이어그램 추정의 분산

[Jenkins and Watts, (220-233페이지)]의 방법을 주파수 영역 $-1/2 \le f < 1/2$을 다루는 주파수 $f = n/k$, $-k/2 \le n < k/2$에서 $S_X(f) = \sigma_x^2$를 가진 백색 잡음 과정의 표본들의 주기다이어그램

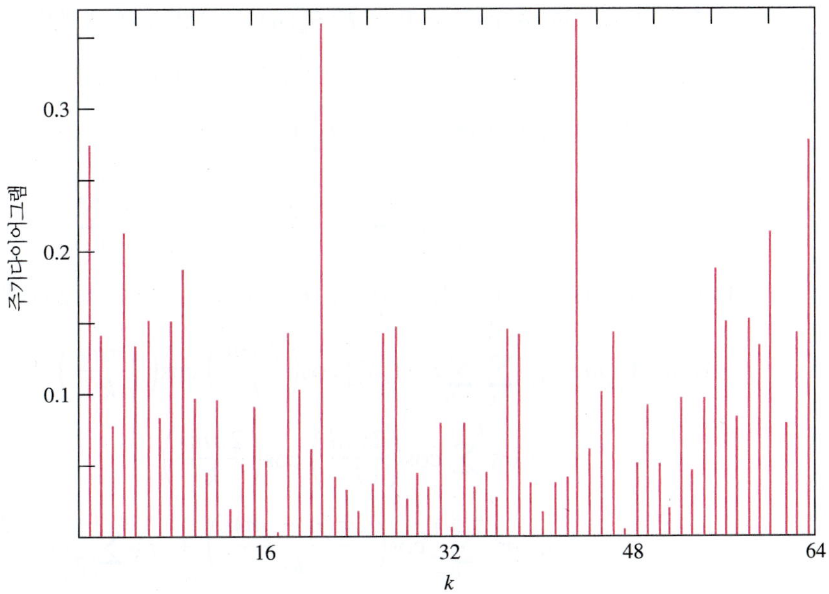

그림 10.17 ● (0,1), $S_X(f) = \sigma_X^2 = 1/12 = 0.083$에서 독립항등분포 균일한 백색 잡음열 X_n의 64개 표본에 대한 주기다이어그램

을 생각하자(실제로 이들이 $\tilde{x}_k(f)$를 계산하기 위해 FFT 알고리즘을 계산해야 할 주파수이다). 우선 다음처럼 $f=n/k$에서 식 (10.122)를 다시 작성한다.

$$\begin{aligned}\tilde{x}_k\left(\frac{n}{k}\right) &= \sum_{m=0}^{k-1} X_m\left(\cos\left(\frac{2\pi mn}{k}\right) - j\sin\left(\frac{2\pi mn}{k}\right)\right)\\ &= A_k(n) - jB_k(n) \qquad -k/2 \le n < k/2\end{aligned} \tag{10.127}$$

여기서

$$A_k(n) = \sum_{m=0}^{k-1} X_m \cos\left(\frac{2\pi mn}{k}\right) \tag{10.128}$$

$$B_k(n) = \sum_{m=0}^{k-1} X_m \sin\left(\frac{2\pi mn}{k}\right) \tag{10.129}$$

그러면 주기다이어그램 추정은 다음과 같다.

$$\tilde{p}_k\left(\frac{n}{k}\right) = \frac{1}{k}\left|\hat{x}_k\left(\frac{n}{k}\right)\right|^2 = \frac{1}{k}\{A_k^2(n) + B_k^2(n)\} \tag{10.130}$$

$A_k(n)$과 $B_k(n)$의 통계로부터 $\tilde{p}_k(n/k)$의 분산을 구한다.

확률 변수 $A_k(n)$과 $B_k(n)$은 결합 가우스 확률 변수 $X_0, \ldots, X_{k-1}$의 선형 함수로 정의된다. 그러므로 $A_k(n)$과 $B_k(n)$도 역시 결합 가우스 확률 변수이다. 식 (10.128)과 (10.129)의 기대값을 취하면 다음을 얻는다.

$$E[A_k(n)] = 0 = E[B_k(n)] \quad \text{모든 } n\text{에 대해서}$$

또한 $n=-k/2$와 $n=0$ 항목들이 서로 다르다는 것을 주의한다.

$$B_k(-k/2) = 0 = B_k(0) \tag{10.132a}$$

$$A_k(-k/2) = \sum_{i=0}^{k-1}(-1)^i X_i \qquad A_k(0) = \sum_{i=0}^{k-1} X_i \tag{10.132b}$$

$A_k(n)$과 $A_k(m)$ 사이의 상관(n에 대해서 m이 $-k/2$ 또는 0과 같지 않다)은 다음과 같다.

$$\begin{aligned} E[A_k(n)A_k(m)] &= \sum_{i=0}^{k-1}\sum_{l=0}^{k-1} E[X_i X_l]\cos\left(\frac{2\pi ni}{k}\right)\cos\left(\frac{2\pi ml}{k}\right) \\ &= \sigma_X^2 \sum_{i=0}^{k-1}\cos\left(\frac{2\pi ni}{k}\right)\cos\left(\frac{2\pi mi}{k}\right) \\ &= \sigma_X^2 \sum_{i=0}^{k-1}\frac{1}{2}\cos\left(\frac{2\pi(n-m)i}{k}\right) + \sigma_X^2 \sum_{i=0}^{k-1}\frac{1}{2}\cos\left(\frac{2\pi(n+m)i}{k}\right) \end{aligned}$$

여기서 잡음이 백색이기 때문에 $E[X_i X_1] = \sigma_x^2 \delta_{il}$이라는 사실을 사용했다. 두 번째 합산은 0과 같고, 첫 번째 합산은 $n=m$일 때를 제외하고는 0이다. 따라서 다음과 같이 된다.

$$E[A_k(n)A_k(m)] = \frac{1}{2}k\sigma_X^2\,\delta_{nm} \quad \text{모든 } n\text{과 } m \neq -k/2, 0\text{에 대해서} \tag{10.133a}$$

이는 다음과 비슷하게 보여줄 수 있다.

$$E[B_k(n)B_k(m)] = \frac{1}{2}k\sigma_X^2\,\delta_{nm} \qquad n, m \neq 0 - k/2, 0 \tag{10.133b}$$

$$E[A_k(n)B_k(m)] = 0 \qquad \text{모든 } n, m\text{에 대해서} \tag{10.133c}$$

$n=-k/2$ 또는 0일 때 다음 식을 가진다.

$$E[A_k(n)A_k(m)] = k\sigma_X^2\,\delta_{nm} \quad \text{모든 } m\text{에 대해서} \tag{10.133d}$$

식 (10.133a)부터 식 (10.133d)는 $A_k(n)$과 $B_k(m)$이 비상관 확률 변수임을 의미한다. $A_k(n)$과 $B_k(n)$이 결합 가우스 확률 변수이므로 이는 영평균, 독립 가우스 확률 변수임을 의미한다.

이제 주파수 $f=n/k$에서 주기다이어그램 추정의 통계를 구할 준비가 되었다. 식 (10.130)은 다음 식을 만든다.

$$\begin{aligned} \widetilde{p}_k\left(\frac{n}{k}\right) &= \frac{1}{k}\{A_k^2(n) + B_k^2(n)\} \qquad n \neq -k/2, 0 \\ &= \frac{1}{2}\sigma_X^2\left\{\frac{A_k^2(n)}{(1/2)k\sigma_X^2} + \frac{B_k^2(n)}{(1/2)k\sigma_X^2}\right\} \end{aligned} \tag{10.134}$$

괄호 안의 양은 두 개의 영평균, 단위분산, 독립 가우스 확률 변수들의 제곱의 합이다. 이는 2 자유도를 가진 카이제곱 확률 변수이다(문제 7.6 참고). 표 4.1에서 ν 자유도를 가진 카이제곱 확률 변수가 분산 2ν를 갖는 것을 보았다. 따라서 괄호 안의 표현은 분산 4를 가지고 주기다이어그램 추정 $\hat{p}_k(n/k)$는 다음의 분산을 갖는다.

$$\text{VAR}\left[\widetilde{p}_k\left(\frac{n}{k}\right)\right] = \left(\frac{1}{2}\sigma_X^2\right)^2 4 = \sigma_X^4 = S_X(f)^2 \tag{10.135a}$$

$n = -k/2$와 $n = 0$에 대해서 다음과 같다.

$$\widetilde{p}_k\left(\frac{n}{k}\right) = \sigma_X^2\left\{\frac{A_k^2(n)}{k\sigma_X^2}\right\}$$

괄호 안의 양은 1 자유도와 분산 2를 갖는 카이제곱 확률 변수이고 주기다이어그램 추정의 분산은 다음과 같다.

$$\text{VAR}\left[\widetilde{p}_k\left(\frac{n}{k}\right)\right] = 2\sigma_X^4 \qquad n = -k/2, 0 \tag{10.135b}$$

따라서 식 (10.135a)와 식 (10.135b)로부터 주기다이어그램 추정의 분산은 전력 스펙트럼 밀도의 제곱에 비례하고 k가 증가함에 따라 0에 가까워지지 않는다고 결론을 내린다. 추가로 식 (10.133a)부터 (10.133d)는 주파수 $f = -n/k$에서 주기다이어그램 추정은 비상관 확률 변수임을 의미한다. 좀 더 자세한 분석 [Jenkins and Watts, 238페이지]는 임의의 f에 대해 다음을 나타낸다.

$$\text{VAR}[\widetilde{p}_k(f)] = S_X(f)^2\left\{1 + \left(\frac{\sin(2\pi fk)}{k\sin(2\pi f)}\right)^2\right\} \tag{10.136}$$

따라서 표본 수가 증가함에 따라 주기다이어그램 추정의 분산이 0에 가까워지지 않는다.

위의 논의에서는 백색 잡음, 가우스 확률 과정에 대한 스펙트럼 추정만 고려했지만 일반적인 결론도 역시 비 백색, 비 가우스 과정에게도 유효하다. X_i가 가우스가 아니면 식 (10.128)과 (10.129)에 따라 A_k와 B_k는 k가 크다면 중심극한정리에 의해 대략적으로 가우스라는 것에 주목한다. 따라서 주기다이어그램 추정은 대략적으로 카이제곱 확률 변수이다.

과정 X_i이 백색이 아니면 다음처럼 여과된 백색 잡음으로 간주될 수 있다.

$$X_n = h_n * W_n$$

여기서 $S_W(f) = \sigma_W^2$와 $|H(f)|^2 S_W(f) = S_X(f)$이다. X_n과 W_n의 주기다이어그램들은 다음 식으로 연관된다.

$$\frac{1}{k}\left|\widetilde{x}_k\left(\frac{n}{k}\right)\right|^2 = \frac{1}{k}\left|H\left(\frac{n}{k}\right)\right|^2\left|\widetilde{w}_k\left(\frac{n}{k}\right)\right|^2 \tag{10.137}$$

따라서

$$\left|\widetilde{w}_k\left(\frac{n}{k}\right)\right|^2 = \frac{|\widetilde{x}_k(n/k)|^2}{|H(n/k)|^2} \tag{10.138}$$

이전 결과에서 $|\widetilde{w}_k(n/k)|^2/k$는 분산 σ_W^4를 가진 카이제곱 랜덤 변수이다. 이는 다음을 의미한다.

$$\text{VAR}\left[\frac{|\widetilde{x}_k(n/k)|^2}{k}\right] = \left|H\left(\frac{n}{k}\right)\right|^4 \sigma_W^4 = S_X(f)^2 \tag{10.139}$$

따라서 비 백색 잡음에 대한 주기다이어그램 추정의 분산도 $S_X(f)^2$에 비례한다고 결론을 내린다.

10.6.2 주기다이어그램 추정의 평활화

확률론에서 기본적인 결과는 확률 변수의 독립 표현 수열의 표본 평균이 확률 1을 가진 실제 평균에 근사한다는 것이다. k개 표본에서 N 독립 주기다이어그램의 평균을 취함으로써 k개의 관측을 갖고 0에 접근하는 $S_X(f)$ 추정을 얻는다.

$$\langle \widetilde{p}_k(f) \rangle_N = \frac{1}{N}\sum_{i=1}^{N} \widetilde{p}_{k,i}(f) \tag{10.140}$$

여기서 $\{\widetilde{p}_{k,i}(f)\}$는 각 k개 표본들의 별도 집합을 이용하여 계산된 N개의 독립 주기다이어그램들이다. 그림 10.18과 10.19는 그림 10.17의 평활화되지 않은 주기다이어그램에 상응하는 $N=10$과 $N=50$의 평활화된 주기다이어그램을 나타낸다. 전력 스펙트럼 추정들의 분산이 N에 따라 감소하는 것은 분명하다.

평활화된 추정의 평균은 다음과 같다.

$$\begin{aligned} E\langle \widetilde{p}_k(f) \rangle_N &= \frac{1}{N}\sum_{i=1}^{N} E[\widetilde{p}_{k,i}(f)] = E[\widetilde{p}_k(f)] \\ &= \sum_{m'=-(k-1)}^{k-1} \left\{1 - \frac{|m'|}{k}\right\} R_X(m') e^{-j2\pi f m'} \end{aligned} \tag{10.141}$$

여기서 식 (10.35)를 사용했다. 따라서 평활화된 추정기는 크기 k 표본에서 주기다이어그램 추정과 같은 평균을 갖는다.

평활화된 추정기의 분산은 다음과 같다.

$$\begin{aligned} \text{VAR}[\langle \widetilde{p}_k(f) \rangle_N] &= \frac{1}{N^2}\sum_{i=1}^{N} \text{VAR}[\widetilde{p}_{k,i}(f)] \\ &= \frac{1}{N}\text{VAR}[\widetilde{p}_k(f)] \\ &\simeq \frac{1}{N} S_X(f)^2 \end{aligned}$$

따라서 평활화된 추정기의 분산은 식 (10.140)에서 사용된 주기다이어그램의 개수인 N을 증가하면 감소될 수 있다

실제로 Nk개의 표본 집합 $X_0, \ldots, X_{Nk-1}$가 N개 블록으로 나누어지고 각 블록에 대하여 별도의 주기다이어그램이 계산된다. 평활화된 추정은 N개의 주기다이어그램의 평균이다. 이런 방법을 **Bartlett의 평활화 절차(smoothing procedure)**라고 한다. 구성된 블록들이 독립적이지 않기 때문에 만들어진 주기다이어그램도 일반적으로 독립적이지 않다는 것을 주의한다. 따라서 평활화 절차는 독립 주기다이어그램의 계산과 평균에 대한 근사로 간주되어야만 한다.

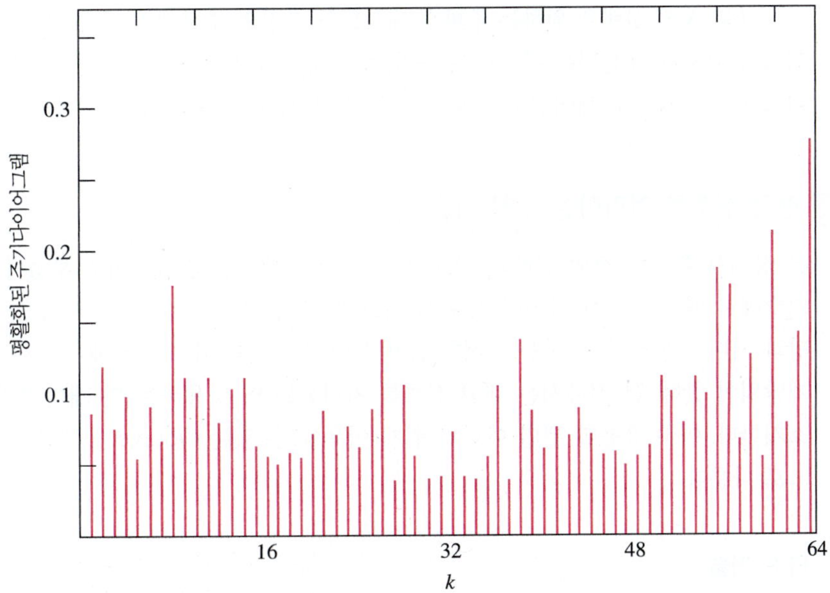

그림 10.18 ● (0, 1), $S_X(f) = 1/12 = 0.083$에서 $N = 10$, X_n 독립항등분포의 균일함을 갖는 64점의 평활화된 주기다이어그램

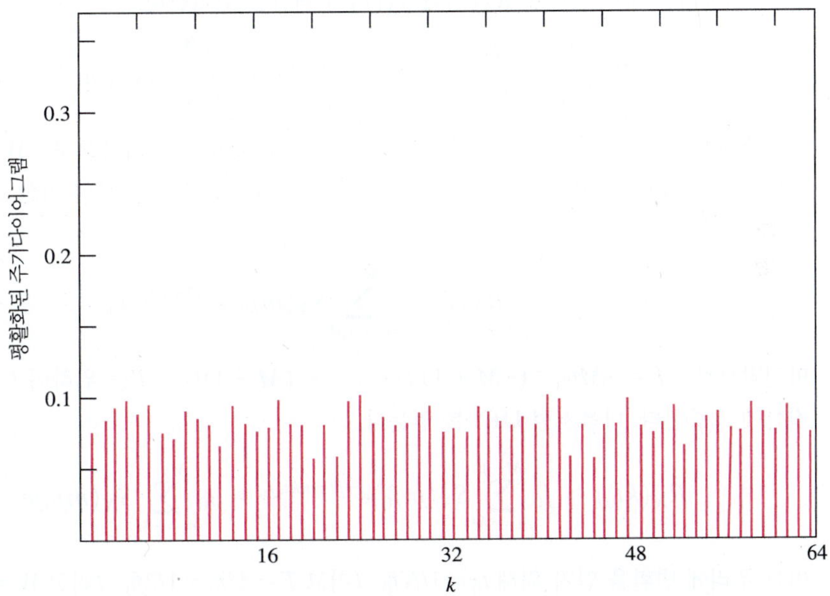

그림 10.19 ● (0, 1), $S_X(f) = 1/12 = 0.083$에서 $N = 50$, X_n 독립항등분포의 균일함을 64점의 평활화된 주기다이어그램

k와 N의 선택은 원하는 주파수 해상도와 추정의 분산에 따라 결정된다. 블록 크기 k는 스펙트럼 밀도가 계산되는 주파수의 숫자(즉, 주파수 해상도)를 결정한다. 추정의 분산은 주기다이어그램의 수 N으로 제어된다. k와 N의 실제 선택은 조사되는 신호의 특성에 달려 있다.

10.7 랜덤 신호를 처리하는 수치 기술

본 장에서 확률 과정의 견해와 신호 처리의 기본 개념을 결합하여 다루었다. 신호 처리는 현대 기술에서 매우 중요한 영역이며, 통신 시스템, 음성 압축, 음성 인식, 영상 압축, 얼굴 인식, 통신망과 서비스 통신량 공학 등 특정한 응용 분야의 필요를 다루기 위해 풍부한 기술과 방법론들이 개발되어 왔다. 본 절에서는 랜덤 신호를 처리하는 데 사용하는 몇 개의 범용 도구를 간단하게 소개한다. 아주 유용할 뿐만 아니라 쉽게 이용할 수 있는 Octave가 제공하는 도구들을 집중적으로 다룬다.

10.7.1 FFF 기술

$R_X(\tau)$와 $S_X(f)$간의 푸리에 변환 관계는 WSS 과정의 연구에서 기본이며 랜덤 신호 분석에서 중요한 역할을 담당한다. 7.6절에서 다룬 FFT 방법은 자기상관 함수를 전력 스펙트럼 밀도로의 수치 변환과 복원에 적용될 수 있다.

연속시간 과정에 대한 $R_X(\tau)$와 $S_X(f)$의 계산을 고려한다.

$$R_X(\tau) = \int_{-\infty}^{\infty} S_X(f) e^{-j2\pi f\tau}\, df \approx \int_{-W}^{W} S_X(f) e^{-j2\pi f\tau}\, df$$

우선 $S_X(f)$가 상당한 전력을 가진 영역으로 적분을 제한한다. 다음으로 $-W = -Mf_0 < (-M+1)f_0 < \ldots < (M-1)f_0 < W$를 하기 위해 kf_0에서 $N = 2$ 주파수 값의 이산 집합에 주의를 한정한 다음 합으로 적분을 근사한다.

$$R_X(\tau) \approx \sum_{m=-M}^{M-1} S_X(mf_0) e^{-j2\pi mf_0\tau} f_0$$

마지막으로 $-T = -Mt_0 < (-M+1)\ t_0 < \ldots < (M-1)t_0 < T$를 위하여 kt_0인 이산 지연값의 집합에 집중한다. 다음처럼 DFT를 얻는다.

$$R_X(kt_0) \approx f_0 \sum_{m=-M}^{M-1} S_X(mf_0) e^{-j2\pi mkt_0f_0} = f_0 \sum_{m=-M}^{M-1} S_X(mf_0) e^{-j2\pi mk/N} \quad (10.142)$$

이산 푸리에 변환을 얻기 위해 $t_0 = 1/Nf_0$ 그리고 $T = Mt_0 = 1/2f_0$ 그리고 $W = Mf_0 = 1/2t_0$와 등가인 $t_0f_0 = 1/N$이어야만 한다. $\{S_X(mt_0),\ k \in [-M, M-1]\}$로부터 $\{R_X(kt_0),\ k \in [-M, M-1]\}$ 값의 집합을 얻기 위해서 식 (10.142)의 변환을 수행하기 위해 7.6절에 소개된 FFT 함수를 이용할 수 있다. 같은 방법으로 역방향의 변환이 실행된다. $R_X(\tau)$와 $S_X(f)$가 우함수이기 때문에 다양한 단순화가 가능하다. 이러한 것들은 연습문제에서 다루어진다.

이산시간 과정에 대하여 $R_X(\tau)$와 $S_X(f)$의 계산을 고려한다. $S_X(f)$가 주파수 $|f| < 1/2$ 영역에 걸쳐 있으므로 $1/N$ 떨어진 N개 점으로 관심을 한정한다.

$$S_X\left(\frac{m}{N}\right) = \sum_{k=-\infty}^{\infty} R_X(k)e^{-j2\pi kf}\bigg|_{f=m/N} \approx \sum_{k=-M}^{M-1} R_X(k)e^{-j2\pi km/N} \qquad (10.143)$$

여기서 근사치는 $[-M, M-1]$ 밖의 자기상관 항목들을 무시하는 것을 포함한다. $df \approx 1/N$이기 때문에 역방향 변환은 다르게 그려진다.

$$R_X(k) = \int_{-1/2}^{1/2} S_X(f)e^{-j2\pi kf}\,df \approx \frac{1}{N}\sum_{k=-M}^{M-1} S_X\left(\frac{m}{N}\right)e^{-j2\pi km/N} \qquad (10.144)$$

7.6절의 FFT 연습문제를 풀었다고 가정하여 FFT를 이용하는 예제는 문제로 넘긴다.

입력, 출력, 교차 스펙트럼 밀도를 관계하는 선형 시스템의 다양한 주파수 영역 결과는 FFT를 이용하여 수치적으로 계산될 수 있다.

예제 10.27 출력 자기상관과 상호상관

$\alpha = 1$을 가진 랜덤 전신 신호 $X(t)$가 $\beta = 1$, $\beta = 1$을 가진 저대역 통과 여과기를 통과하는 예제 10.12를 고려한다. $R_Y(\tau)$를 구하라.

랜덤 전신은 $S_X(f) = \alpha/(\alpha^2 + \pi^2 f^2)$을 가지고 여과기는 전달 함수 $H(f) = \beta/(\beta + j2\pi f)$를 가지므로 $R_Y(\tau)$는 다음과 같이 주어진다.

$$R_Y(\tau) = \mathscr{F}^{-1}\{|H(f)|^2 S_X(f)\} = \int_{-\infty}^{\infty} \frac{\beta^2}{\beta^2 + 4\pi^2 f^2}\frac{\alpha^2}{\alpha^2 + 4\pi^2 f^2}\,df$$

$\alpha = 1$, $\beta = 1$, $\beta = 10$에 대하여 수치적으로 자기상관 함수를 계산하기 위해 $N = 256$ FFT를 사용한다. 그림 10.20(a)는 $\beta = 1$에 대한 $|H(f)|^2$와 $S_X(f)$를 보여준다. $S_X(f)$ 전력의 대부분을 가진 영역에서 전달 함수(점선)는 1에 가깝다는 것을 알 수 있다. 결과적으로 $\beta = 1$에 대한 출력이 입력의 출력과 비슷한 자기상관을 갖기를 기대한다. 반면에 $\beta = 1$에 대해서는 여과기가 $X(t)$의 중요한 주파수의 상당 부분을 약화시키고 출력 자기상관에서 많은 변화를 기대한다. 그림 10.20(a)는 출력 자기상관을 나타내고, $\beta = 10$(실선)에 대하여 $R_Y(\tau)$가 $R_X(\tau)$ 양면 지수에 가까워진다는 것을 볼 수 있다. $\beta = 1$에 대하여 출력 자기상관은 $R_X(\tau)$와 상당히 다르다.

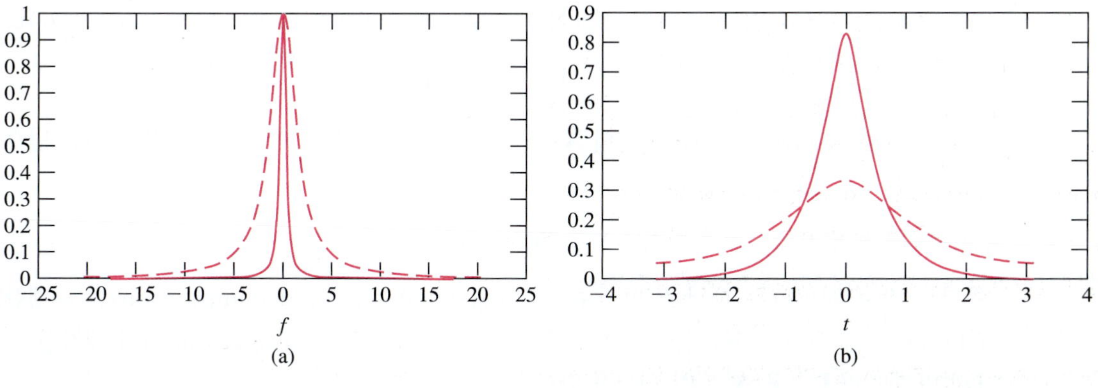

그림 10.20 ● (a) 전달 함수와 입력 전력 스펙트럼 밀도; (b) $\beta = 10$의 여과기를 가진 여과된 랜덤 전신의 자기상관

10.7.2 여과 기술

자기상관과 전력 스펙트럼 밀도 함수는 과정의 평균 행동에 관한 정보를 제공한다. 시스템의 입력과 출력의 표본 함수들을 얻는 데 관심이 있다. 선형 시스템에 대하여 신호 처리를 위한 주요한 도구는 합성(convolution)과 푸리에 변환이다.

이산시간에서 합성은(식 (10.48)) 아주 간단하며 합성은 선형 신호 처리에서 편리한 도구이다. 옥타브는 이산시간 신호와 합성을 수행하는 다수의 함수들을 제공한다. 예제 10.15에서 수열 x의 여과를 아래 식의 벡터 b와 a에 의해 지정된 계수를 가진 ARMA 여과기로 구현하는 함수 `filter(b, a, x)`를 보았다.

$$Y_n = -\sum_{i=1}^{q} \alpha_i Y_{n-i} + \sum_{j=0}^{p} \beta_j X_{n-j}$$

다른 함수들은 특별한 여과를 위해 `filter(b, a, x)`를 사용한다. 예를 들어 `conv(a, b)`는 벡터 a와 b에 있는 요소들을 합성한다. a를 임펄스 응답이라 하고 b를 입력 랜덤 수열이라고 함으로써 선형 시스템의 출력을 얻을 수 있다. 그림 10.7(b)의 이동 평균 예제는 이런 `conv`를 이용하여 쉽게 얻어진다. 옥타브는 특정한 디지털 여과기를 구현하는 다른 함수들을 제공한다.

또한 주파수 영역에서 선형 시스템의 출력을 얻을 수 있다. 입력 수열 X_n의 FFT를 취하고 이를 전달 함수의 FFT와 곱한다. 그러면 역 FFT는 선형 시스템의 Y_n을 제공한다. 옥타브 함수 `fftconv(a, b, n)`는 이러한 접근을 구현한다. FFT의 크기는 입력 수열에서 표본의 총 수와 같아야 하고 이러한 접근은 긴 입력 수열에 대해서는 바람직하지 않다.

10.7.3 랜덤 과정의 생성

마지막으로 시스템 입, 출력의 이산시간과 연속시간의 표본 함수를 얻는 데 관심이 있다. 이전 장은 관심 있는 시스템의 입력으로 작용할 수 있는 랜덤 신호를 생성하는 다수의 도구들을 제공했다.

5.10절은 가우스 랜덤 변수의 독립 쌍을 생성하는 방법을 제공한다. 이러한 방법은 독립항등분포 가우스 수열의 생성을 위한 기반을 구성하고 `normal_rnd = (M. V, Sz)`로 구현된다. WSS 수열이지만 가우스 랜덤 변수의 상관 수열 생성은 많은 작업을 필요로 한다. 한 가지 접근 방법은 지정한 공분산 행렬을 가진 개별 벡터를 만들기 위해 6.6절에서 개발된 행렬 접근을 이용하는 것이다. 공분산 $\mathbf{K_Y}$을 가진 개 결과의 벡터 $\mathbf{Y}$를 만들기 위해 다음의 인수분해를 실행한다.

$$\mathbf{K_Y} = \mathbf{A}^{\mathrm{T}} \Lambda \mathbf{P}^{\mathrm{T}}$$

그리고 다음 벡터를 생성한다. 여기서 $\mathbf{X}$는 독립항등분포 영평균, 단위분산 가우스 랜덤 변수의 벡터이다.

$$\mathbf{Y} = \mathbf{A}^{\mathrm{T}} \mathbf{X}$$

옥타브 함수 `svd(B)`는 행렬 B의 단수 값 분해(singular value decomposition)를 수행한다 ([Long]을 참고). $B = \mathbf{K_Y}$가 공분산 행렬일 때 `svd`는 $\mathbf{K_Y}$ 고유치(eigenvalue)의 대각선 행렬 $\mathbf{D}$뿐만 아니라 $\mathbf{U} = \mathbf{P}$, $\mathbf{V} = \mathbf{P}^{\mathrm{T}}$ 행렬을 반환한다.

예제 10.28 **상관 가우스 랜덤 변수의 생성**

$\alpha = -0.5$, $\sigma_X = 1$을 가진 예제 10.14의 자기회귀 과정의 256개 표본을 만들어라.

과정의 자기회귀는 $R_X(k) = (-1/2)^{|k|}$로 주어진다. $R_X(k)$의 첫 256 시차(lag)의 벡터 r을 만들고 함수 toeplitz(r)을 이용하여 공분산 행렬을 만든다. 다음으로 svd를 불러서 A를얻는다. 마지막으로 출력 벡터 $\mathbf{Y} = \mathbf{A}^T\mathbf{X}$를 만든다.

```
> n=[0:255]
> r=(-0.5).^n;
> K=toeplitz(r);
> [U,D,V]=svd(K);
> X=normal_rnd(0,1,1,256);
> y=V*(D^0.5)*transpose(X);
> plot(y)
```

그림 10.21(a)는 $\mathbf{Y}$의 그리기를 보여준다. 수열이 원하는 자기공분산을 가진 것을 확인하기 위해 첫 H 시차 값들에 대한 수열 X의 자기공분산 함수를 추정하는 함수 autocov(X, H)를 사용한다. 그림 10.21(a)는 자기공분산을 표본 분산으로 나누어 얻어지는 표본 상관 계수를 보여준다. 그림은 교차 공분산 값과 첫 2개 시차에 대한 −0.5와 0.25의 예상 최고값들을 보여준다.

지정한 공분산 함수를 가진 랜덤 변수의 상관 수열을 만드는 다른 방법은 비상관 수열을 지정한 $H(f)$를 가진 선형 여과기에 입력하는 것이다. 식 (10.46)은 출력 수열의 전력 스펙트럼 밀도를 결정하게 한다. 이런 방법은 합성을 이용하여 구현할 수 있고 극단적으로 긴 신호 수열에 적용될 수 있다. 가능한 여과 함수의 많은 선택은 연속시간과 이산시간 시스템 모두에 사용 가능하다. 예를 들어, 예제 10.15의 ARMA 모델은 광범위한 전달 함수를 구현할 수 있다. 10.4절의 모든 논의는 다양한 시나리오로 최적 선형 시스템의 전달 함수를 구하는 데 맞추어져 있다.

예제 10.29 **백색 가우스 잡음의 생성**

연속시간 통신 시스템을 모사하기 위한 백색 가우스 잡음을 만드는 방법을 구하라.

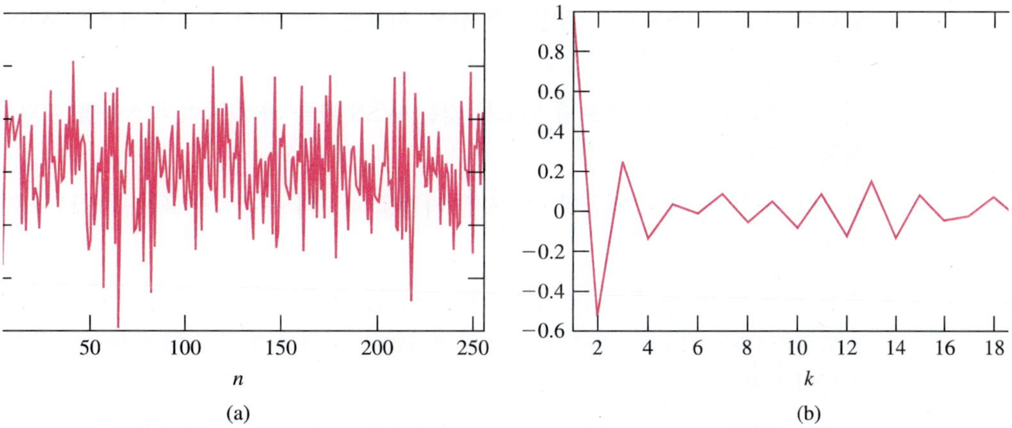

그림 10.21 ● (a) 상관 가우스 잡음; (b) 표본 자기공분산

이산시간 백색 가우스 잡음을 만드는 것은 아주 쉬우며 독립항등분포 가우스 랜덤 변수 수열의 생성을 포함한다. 그러나 연속시간 백색 가우스 잡음을 만드는 것은 간단하지 않다. 예제 10.3으로부터 진짜 백색 잡음은 무한대의 대역폭과 무한대의 전력을 가지고 있어 구현이 불가능하다는 것을 기억한다. 그러나 실제 시스템은 대역이 제한되므로 제한된 대역의 백색 잡음을 다루는 것으로 항상 귀결된다. 관심 있는 시스템이 W Hz로 대역이 제한되면 백색 잡음을 W Hz까지로 제한하여 모델링할 필요가 있다. 예제 10.3에서 이러한 잡음 유형이 다음의 자기상관를 가지는 것을 발견했다.

$$R_X(\tau) = \frac{N_0 \sin(2\pi W \tau)}{2\pi\tau}$$

10.3절에서 다룬 표본화 정리는 다음과 같이 제한된 대역의 백색 가우스 잡음이 표현되도록 한다.

$$\hat{X}(t) = \sum_{n=-\infty}^{\infty} X(nT)p(t - nT) \text{ 여기에서 } p(t) = \frac{\sin(\pi t/T)}{\pi t/T}$$

여기서 $1/T = 2W$이다. 계수 $X(nT)$는 다음과 같이 주어진 자기상관 $R_X(nT)$를 갖는다.

$$\begin{aligned} R_X(nT) &= \frac{N_0 \sin(2\pi W nT)}{2\pi nT} = \frac{N_0 \sin(2\pi W n/2W)}{2\pi n/2W} \\ &= \frac{N_0 W \sin(\pi n)}{\pi n} = \begin{cases} N_0 W & n = 0\text{에 대해서} \\ 0 & n \neq 0\text{에 대해서} \end{cases} \end{aligned}$$

그러므로 $X(nT)$는 분산 N_0W를 가진 가우스 랜덤 변수의 독립항등분포 수열이라고 결론짓는다. 그래서 표본화된 대역이 제한된 백색 가우스 잡음을 수열 $X(nT)$을 생성함으로써 모의할 수 있다. 이산시간 영역에서 필요한 어떤 처리도 수행할 수 있고, 연속시간 출력을 복원하기 위해 결과는 보간자에게 적용할 수 있다.

요약

- WSS 과정의 전력 스펙트럼 밀도는 자기상관 함수의 푸리에 변환이다. 실수값 확률 과정의 전력 스펙트럼 밀도는 실수값이고 음이 아니고 주파수의 우함수이다.
- 입력이 과거 무한대 시간에 적용된 WSS 확률 과정이면 선형, 시불변 시스템의 출력은 가우스 WSS 확률 과정이다.
- 입력이 가우스 WSS 확률 과정이면 선형, 시불변 시스템의 출력은 가우스 WSS 확률 과정이다.
- 임의의 유리수 전력 스펙트럼 밀도를 갖는 WSS 확률 과정은 백색 잡음을 여과함으로써 발생될 수 있다.
- 표본화 정리는 대역이 제한된 연속시간 과정을 과정의 주기적인 표본 수열로 표현할 수 있도록 한다.
- 평균 제곱 오차를 최소화하는 선형 시스템을 얻기 위해 직교 조건이 사용될 수 있다. 이런 시스템들은 여과, 평활화, 예측 문제를 발생시킨다. 최적 선형 시스템을 구하기 위해 행렬 수치 방법이 사용된다.
- 칼만 여과기는 관측 집합의 크기가 증가하더라도 알고리즘의 차원을 짝수로 유지하는 구조를 가진 신호를 추정하는 데 사용될 수 있다.

- 전력 스펙트럼 밀도에 대한 주기다이어그램 추정의 분산은 표본 수가 증가함에 따라 0에 가까워지지 않는다. 표본 수가 증가함에 따라 분산이 0 에 가까워지는 추정을 얻기 위해서는 다수의 독립적인 주기다이어그램의 평균이 필요하다.
- FFT, 합성, 행렬 기술들이 랜덤 신호 처리를 분석, 모의, 구현하는 기본 도구들이다.

주요 용어

구상 진폭 변조
나이키스트 표본화 비율
단위표본 응답
대역 통과 신호
백색 잡음
상호전력 스펙트럼 밀도
선형 시스템
시불변 시스템
시스템
아인슈타인 워너 킨친 정리
여과
여과기
예측
원거리 종속
위너 호프 방정식
율 워커 방정식
이동 평균 과정
인과 시스템
임펄스 응답
자기회귀 과정
전달 함수
전력 스펙트럼 밀도
주기다이어그램
직교 조건
진폭 변조
최적 여과기
칼만 여과기
평활화
평활화된 주기다이어그램
표본화 정리
혁신
ARMA 과정

참고문헌

참고문헌 [1]부터 [6]까지는 전력 스펙트럼 밀도의 개념과 랜덤 입력에 대한 선형 시스템 응답에 관한 유익한 논의를 포함하고 있다. 참고문헌 [6]과 [7]은 스펙트럼 인수분해 문제를 쉽게 소개한다. 참고문헌 [7]부터 [9]까지는 디지털 신호 처리 문맥에서 선형 여과와 전력 스펙트럼 추정을 다룬다. 참고문헌 [10]은 전력 스펙트럼 추정의 기본 이론을 논의한다.

1. A. Papoulis and A. pillai, *Probability, Random Variables, and Stochastic Processes,* McGraw-Hill, New York, 2002.
2. H. Stark and J. W. Woods, Probability, *Random Processes, and Estimation Theory for Engineers*, 3rd ed., Prentice-Hall, Upper Saddle River, N.J., 2002
3. R. M. Gray and L. D. Davisson, *Random Processes. A Mathematical Approach for Engineers*, Prentice Hall, Englewood Cliffs, N.J., 1986.
4. R.D. Yates and D.J. Goodman, *Probability and Stochastic Processes*, Wiley, New York, 2005
5. J.A.Gubner, *Probability and Random Processes for Electrical and Computer Engineering*, Cambridge University Press, Cambridge, 2006

6. G. R. Cooper and C. D. MacGillem, *Probabilistic Methods of Signal and System Analysis,* Holt, Rinehart & Winston, New York, 1986.

7. J. A. Cadzow, *Foundations of Digital Signal Processing and Data Analysis*, Macmillan, New York, 1987

8. A. V. Oppenheim and R. W. Schafer, *Discrete-Time Signal Processing,* Prentice Hall, New York, 1987

9. M. Kunt, *Digital Signal Processing*, Artech House, Dedham, Mass., 1986.

10. G. M. Jenkins and D. G. Watts, *Spectral Analysis and Its Applications*, Holden Day, San Francisco, 1968.

11. A. Einstein, "Method for the Determination of the Statistical Values of Observations Concerning Quantities Subject to Irregular Observations," reprinted in≪IEEE ASSP Magazine≫, October 1987, p.6.

12. P. J. G. Long, "Introduction to Octave," University of Cambridge, September, 2005, available online.

연습문제

10.1절 : 전력 스펙트럼 밀도

10.1. $g(x)$는 그림 P10.1과 같이 삼각 함수를 나타낸다고 하자.

(a) $R_X(\tau) = g(\tau/T)$에 대응하는 전력 스펙트럼 밀도를 구하라.

(b) 전력 스펙트럼 밀도 $S_X(f) = g(f/W)$에 대응하는 자기상관을 구하라.

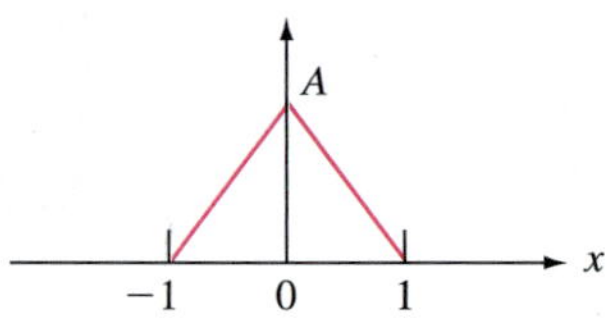

그림 P10.1

10.2. $p(x)$를 그림 P10.2와 같은 직사각형 함수라 하자. $R_X(\tau) = p(\tau/T)$는 유효한 자기상관 함수인가?

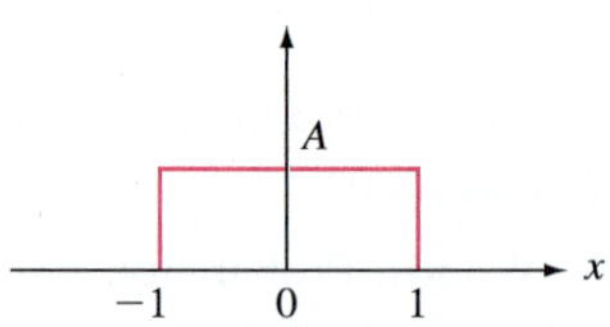

그림 P10.2

10.3. **(a)** $R_X(\tau)$가 자기상관 함수인 경우, 자기상관 함수 $R_X(\tau)\cos(2\pi f_0\tau)$를 갖는 확률 과정의 전력 스펙트럼 밀도 $S_Y(f)$를 구하라.

(b) $R_X(\tau)$이 연습문제 10.1(a)와 같을 때 $S_Y(f)$를 그려라.

10.4. **(a)** 그림 P10.3과 같은 전력 스펙트럼 밀도에 대응하는 자기상관 함수를 구하라.

(b) 총 평균 전력을 구하라.

(c) $f_0 > 0$의 함수로 $|f| > f_0$ 범위 내의 전력을 그려라.

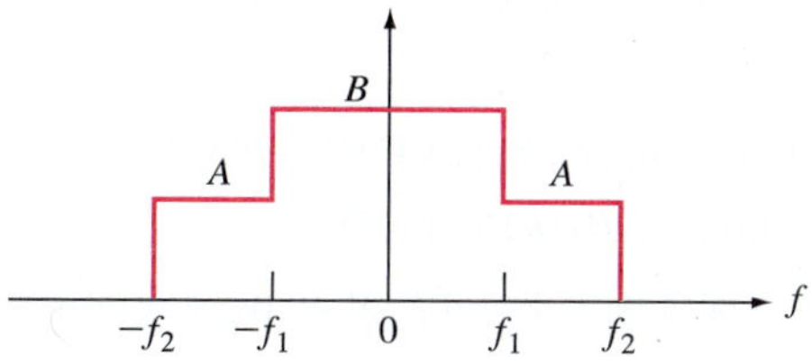

그림 P10.3

10.5. 확률 과정 $X(t)$는 $R_X(\tau) = \sigma_X^2 e^{-\tau^2/2}$ 인 자기상관이다.

(a) 대응하는 전력 스펙트럼 밀도를 구하라.

(b) $k = 1, 2, 3$일 때, 주파수에 $|f| > k/2\pi$에 포함된 전력량을 구하라.

10.6. $Z(t) = X(t) + Y(t)$라 하자. 어떤 조건에서 $S_Z(f) = S_X(f) + S_Y(f)$인가?

10.7. 다음을 증명하라.

(a) $R_{X,Y}(\tau) = R_{Y,X}(-\tau)$

(b) $S_{X,Y}(f) = S_{Y,X}^*(f)$

10.8. $Y(t) = X(t + d) - X(t - d)$라 하자.

(a) $R_{X,Y}(\tau)$와 $S_{X,Y}(f)$를 구하라.

(b) $R_Y(\tau)$와 $S_Y(f)$를 구하라.

10.9. $X(t)$가 연습문제 10.1과 그림 P.10.1의 삼각 자기상관 함수 $g(\tau/T)$를 가지고 있을 때, 연습문제 10.8을 풀어라.

10.10. $X(t)$와 $Y(t)$는 독립 WSS 확률 과정이고, $Z(t) = X(t)Y(t)$라고 정의하자.

(a) $Z(t)$가 WSS임을 보여라.

(b) $R_Z(\tau)$와 $S_Z(f)$를 구하라.

10.11. $R_X(k) = 9\alpha^{|k|}$, $|\alpha| < 1$이라 하자.

(a) $S_X(f)$를 구하라.

(b) $\alpha = 0.10$이고 $\alpha = 0.90$일 때, $S_X(f)$을 그려 보고 α 값의 영향에 대하여 설명하라.

10.12. $R_X(k) = 4(\alpha)^{|k|} + 4(\beta)^{|k|}$, $\alpha < 1, \beta < 1$이라 하자.

(a) $S_X(f)$를 구하라.

(b) $\alpha = \beta = 0.5$와 $\alpha = 0.8 = 4\beta$일 때, $S_X(f)$를 그려 보고 α/β 값의 영향에 대하여 설명하라.

10.13. $|k| < N$일 때 $R_X(k) = 9(1 - |k|/N)$이고, 그 외에는 0이라 하자. $S_X(f)$를 구하고 그려보라.

10.14. $X_n = \cos(2\pi f_0 n + \Theta)$이다. 여기에서 Θ는 구간 $(0, 2\pi)$에 균일하게 분포된 확률 변수이다. $f_0 =$ 0.25, 0.4, 0.8에 대하여 $S_X(f)$를 구하고 그려보라.

10.15. $D_n = X_n - X_{n-d}$이다. 여기에서 d는 정수 상수이고, X_n은 영평균, WSS 확률 과정이다.

(a) $d=1, d=2$에 대하여 $R_X(k)$와 $S_X(f)$ 항으로 $R_D(k)$와 $S_D(f)$를 구하라.

(b) $E[D_n^2]$를 구하라.

10.16. X_n이 $\alpha=1$인 예제 10.7의 이동 평균 과정일 때, 연습문제 10.15에서 $R_D(k)$와 $S_D(f)$를 구하라.

10.17. X_n은 영평균이고, $|f|<f_c$에 대해서 $S_X(f)=1$이고, 그 외에는 0인 대역이 제한된 백색 잡음 확률 과정이다. 여기서 $f_c<1/2$이다.

(a) $R_X(k)=\sin(2\pi f_c k)/(\pi k)$임을 증명하라.

(b) $f_c=1/8$일 때 $R_X(k)$를 구하라.

10.18. W_n은 영평균 백색 잡음 수열이고, X_n은 W_n에 독립이라고 하자.

(a) $Y_n=W_nX_n$이 백색 수열이라는 것을 증명하고, σ_Y^2을 구하라.

(b) X_n은 자기상관 $R_X(k)=(1/2)^{|k|}$인 가우스 확률 과정이라고 가정한다. Y_n에 대한 결합 pmf를 상술하라.

10.19. 확률 과정 $X(t)=a\cos(2\pi f_0 t+\Theta)$에 대한 주기다이어그램 추정값을 구하라. 여기서 Θ는 구간 $(0, 2\pi)$에 균일하게 분포된 확률 변수다. $T\to\infty$이면 어떻게 되는가?

10.20. **(a)** 식 (10.32)의 주기다이어그램 추정값을 계산하는 데 FFT가 어떻게 사용되는지 설명하라.

(b) 길이가 128인 독립항등분포 영평균 단위분산 가우스 수열의 4가지 구현을 만들어라. 주기다이어그램을 계산하라.

(c) 위의 (b)처럼 50개의 주기다이어그램을 계산하고, 매 10개의 추가적인 구현 이후에 주기다이어그램의 평균을 구하라.

10.2절 : 랜덤 신호에 대한 선형 시스템의 응답

10.21. $X(t)$가 미분 가능한 WSS 랜덤 과정이고, 다음과 같이 정의된다.

$$Y(t) = \frac{d}{dt}X(t)$$

$S_Y(f)$와 $R_Y(\tau)$에 대한 식을 구하라. 힌트: 이 시스템에서 $H(f)=j2\pi f$이다.

10.22. $Y(t)$는 예제 10.3처럼 대역이 제한된 백색 잡음 과정, $X(t)$의 도함수(derivative)이다.

(a) $S_Y(f)$와 $R_Y(\tau)$를 구하라.

(b) 출력의 평균 전력은 얼마인가?

10.23. $Y(t)$는 $X(t)$의 단기(short-term) 적분이다.

$$Y(t) = \frac{1}{T}\int_{t-T/2}^{t+T/2} X(t')\, dt'$$

(a) 임펄스 응답 $h(t)$와 전달 함수 $H(f)$를 구하라.

(b) $S_X(f)$의 항으로 $S_Y(f)$를 구하라.

10.24. 연습문제 10.23에서, $|\tau|<T$에 대해서 $R_X(\tau)=(1-|\tau|/T)$이고 그 외는 0이다.

(a) $S_Y(f)$를 구하라.

(b) $R_Y(\tau)$를 구하라

(c) $E[Y^2(t)]$를 구하라.

10.25. 여과기 입력은 잡음 전력 밀도 $N_0/2$를 갖는 영평균 백색 잡음이다. 여과기는 다음의 전달 함수를 갖는다.

$$H(f) = \frac{1}{1 + j8\pi f}$$

(a) $S_{Y,X}(f)$와 $R_{Y,X}(\tau)$를 구하라.

(b) $S_Y(f)$와 $R_Y(\tau)$를 구하라.

(c) 출력의 평균 전력은 얼마인가?

10.26. 제한된 대역의 백색 잡음 과정 $X(t)$가 전달 함수 $H(f) = 1 + j2\pi f$인 필터에 입력된다.

(a) $R_X(\tau)$와 $S_X(f)$의 항으로 $S_{Y,X}(f)$와 $R_{Y,X}(\tau)$를 구하라.

(b) $R_X(\tau)$와 $S_X(f)$의 항으로 $S_Y(f)$와 $R_Y(\tau)$를 구하라

(c) 출력의 평균 전력은 얼마인가?

10.27. WSS 과정 $X(t)$가 $t = 0$에서 선형 시스템에 가해진다. 출력 과정의 평균과 자기상관 함수를 구하라. $t \to \infty$일 때 출력 과정이 WSS가 됨을 보여라.

10.28. $Y(t)$를 임펄스 응답 $h(t)$와 입력 $X(t)$를 갖는 선형 시스템의 출력이라고 하자. 입력이 백색 잡음일 때 $R_{Y,X}(\tau)$를 구하라. 이 결과가 어떻게 선형 시스템의 임펄스 응답을 추정하는 데 사용될 수 있는지 설명하라.

10.29. **(a)** WSS 가우스 확률 과정 $X(t)$가 그림 P10.4와 같이 두 선형 시스템에 가해진다. $Y(t_1)$과 $W(t_2)$의 결합 pdf를 구하라.

(b) $X(t)$가 백색 가우스 잡음일 때 문제 (a)를 계산하라.

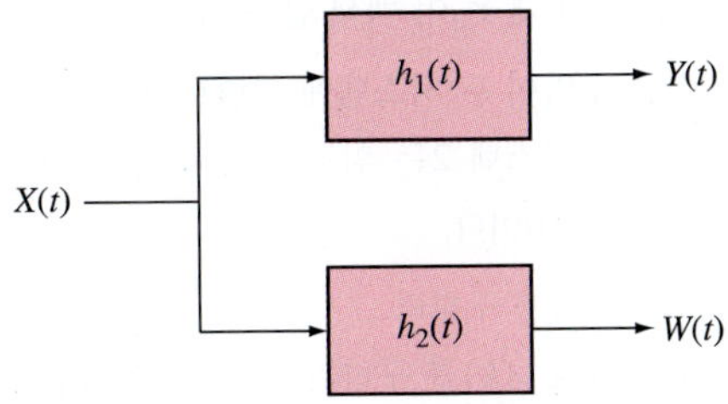

그림 P10.4

10.30. $h_1(t)$와 $h_2(t)$가 예제 10.11과 같이 이상적인 대역 여과기인 경우 문제 10.29(b)를 다시 계산하라. 여과기가 중첩되지 않는 대역을 가진 경우, $Y(t)$와 $W(t)$가 독립 확률 과정임을 보여라.

10.31. 그림 P10.5와 같이 $Y(t) = h(t) * X(t)$와 $Z(t) = X(t) - Y(t)$라 하자.

(a) $S_X(f)$의 항으로 $S_Z(f)$를 구하라.

(b) $E[Z^2(t)]$를 구하라.

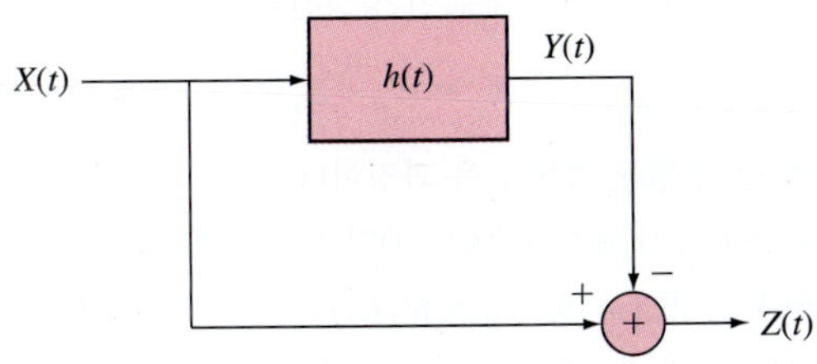

그림 P10.5

10.32. $Y(t)$를 임펄스 응답 $h(t)$와 입력 $X(t) + N(t)$를 갖는 선형 시스템의 출력이라고 하자. $Z(t) = X(t) - Y(t)$이다.

(a) $R_{X,Y}(\tau)$와 $R_X(\tau)$을 구하라.

(b) $S_Z(f)$를 구하라.

(c) $X(t)$와 $N(t)$가 독립 랜덤 과정인 경우에 $S_Z(f)$를 구하라.

10.33. 랜덤 전신 신호가 차단 주파수 W를 갖는 이상적인 저역 통과 여과기를 통과한다. 여과기의 입력과 출력 간 차이의 전력 스펙트럼 밀도를 구하라. 신호 차이의 평균 전력을 구하라.

10.34. $Y(t) = a\cos(2\pi f_c t + \Theta) + N(t)$가 주파수 $|f - f_c| < W/2$를 통과하는 이상적인 대역 통과 여과기에 적용된다. Θ는 $(0, 2\pi)$에 균일하게 분포된다고 가정한다. 여과기 출력에서 신호 전력 대 잡음 전력의 비율을 구하라.

10.35. $Y_n = (X_{n+1} + X_n + X_{n-1})/3$을 X_n의 평활 버전이라 하자. $R_Y(k)$, $S_Y(f)$, $E[Y_n^2]$을 구하라.

10.36. X_n을 연습문제 10.35의 백색 가우스 잡음 과정이라고 가정하자. (Y_n, Y_{n+1}, Y_{n+4})의 결합 pmf를 구하라.

10.37. $Y_n = X_n + \beta X_{n-1}$이다. 여기서 X_n은 자기상관 $R_X(k) = \sigma^2\alpha^k$, $|\alpha| < 1$을 갖는 영평균, 1계 자기회귀 과정이다.

(a) $R_{Y,X}(k)$와 $S_{Y,X}(f)$를 구하라.

(b) $S_Y(f)$, $R_Y(k)$, $E[Y_n^2]$을 구하라.

(c) β가 어떤 값일 때 Y_n이 백색 잡음 과정인가?

10.38. 영평균 백색 잡음 수열이 두 시스템에 직렬로 입력된다(그림 P10.6). 시스템 1은 임펄스 응답 $h_n = (1/2)^n u(n)$을 갖고, 시스템 2는 임펄스 응답 $g_n = (1/4)^n u(n)$을 갖는다. 여기서 $n \geq 0$에 대해서 $u(n) = 1$이고 그 외는 0이다.

(a) $S_Y(f)$와 $S_Z(f)$를 구하라.

(b) $R_{W,Y}(k)$와 $R_{W,Z}(k)$를 구하라. $S_{W,Y}(f)$와 $S_{W,Z}(f)$를 구하라.
힌트: $R_{W,Z}(k)$를 구하기 전에 $S_{W,Z}(f)$의 부분 함수 전개식을 이용한다.

(c) $E[Z_n^2]$을 구하라.

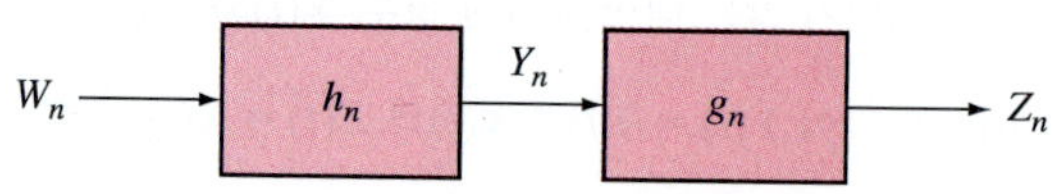

그림 P10.6

10.39. 이동 평균 과정 X_n은 다음과 같이 생성된다.

$$X_n = W_n + \alpha_1 W_{n-1} + \ldots + \alpha_p W_{n-p}$$

여기서 W_n은 영평균 백색 잡음 과정이다.

(a) $|k| > p$에 대해서 $R_X(k) = 0$임을 보여라.

(b) $E[X_{n+k} X_n]$을 계산하여 $R_X(k)$를 구하고, $S_X(f) = \mathscr{F}\{R_X(k)\}$를 구하라.

(c) 이동 평균 과정을 정의하는 선형 시스템의 임펄스 응답 h_n을 구하라. 상응하는 전달 함수 $H(f)$와 $S_X(f)$를 구하라. 구해진 답을 문제 (b)의 결과와 비교하라.

10.40. 다음 식으로 정의되는 2계 자기회귀 과정을 고려한다.

$$Y_n = \frac{3}{4}Y_{n-1} - \frac{1}{8}Y_{n-2} + W_n$$

여기서 입력 W_n은 영평균 백색 잡음 과정이다.

(a) $n \geq 0$에 대해서 단위표본 응답이 $h_n = 2(1/2)^n - (1/4)^n$이고, 그 외에는 0임을 입증하라.

(b) 전달 함수를 구하라.

(c) $S_Y(f)$와 $R_Y(k) = \mathcal{F}^{-1}\{S_Y(f)\}$를 구하라.

10.41. 연습문제 10.40에서 정의된 자기회귀 과정이 다음 이동 평균 시스템의 입력이라고 가정하자.

$$Z_n = Y_n - 1/4Y_{n-1}$$

(a) $S_Z(f)$와 $R_Z(k)$를 구하라.

(b) Z_n이 왜 1계 자기회귀 과정인지 설명하라.

(c) Z_n이 입력일 때 백색 잡음 수열을 생성하는 이동 평균 시스템을 구하라.

10.42. 자기회귀 과정 Y_n은 다음과 같이 산출된다.

$$Y_n = \alpha_1 Y_{n-1} + \cdots + \alpha_q Y_{n-q} + W_n$$

여기서 W_n은 영평균 백색 잡음 과정이다.

(a) Y_n의 자기상관이 다음 식들의 집합을 만족함을 보여라.

$$R_Y(0) = \sum_{i=1}^{q} \alpha_i R_Y(i) + R_W(0)$$

$$R_Y(k) = \sum_{i=1}^{q} \alpha_i R_Y(k-i)$$

(b) 예제 10.22에 있는 과정의 자기상관을 계산하기 위해 이들 재귀식을 사용하라.

10.3절 : 제한된 대역의 확률 과정

10.43. **(a)** 표본 비율이 Nyquist 비율보다 높은 경우 신호 $x(t)$가 그림 10.10(b)에서 복원된다는 것을 보여라.

(b) 결정된 신호가 Nyquist 비율 이하로 표본화된다고 가정한다. 그림 10.10(b)를 사용하여 복원된 신호가 인접 대역으로부터 추가적인 신호 성분을 포함한다는 것을 보여라. 이러한 성분에 의하여 발생하는 오차를 위신호(aliasing)라 한다.

(c) 표본화되고 제한된 대역의 확률 과정 $X(t)$의 전력 스펙트럼 밀도를 위한 식을 구하라.

(d) 위신호 오차 성분의 전력 식을 구하라.

(e) $S_X(f)$가 연습문제 10.1(b)에서와 같다면, 문제 (c)에서 오차 신호의 전력을 구하라.

10.44. 이상적인 이산시간 저대역 여과기가 다음의 전달 함수를 가진다.

$$H(f) = \begin{cases} 1 & |f| < f_c < 1/2 \text{에 대해서} \\ 0 & f_c < |f| < 1/2 \text{에 대해서} \end{cases}$$

(a) $H(f)$는 임펄스 응답 $h_n = \sin(2\pi f_c n)/\pi$을 가진다는 것을 보여라.

(b) 연습문제 10.1(b)의 신호가 Nyquist 비율로 표본화되고 문제 (a)의 여과기로 처리된 결과일 때, $Y(kT)$의 전력 스펙트럼 밀도를 구하라.

(c) $Y(t)$를 문제 (b)에서 여과기 출력이 Nyquist 비율로 동작하는 변환기에 공급된 결과인 연속시간 신호라고 하자. 이때 $S_Y(f)$를 구하라.

10.45. 제한된 대역 과정을 위한 미분기를 설계하기 위하여, 그림 10.10(c)의 여과기가 다음 전달 함수를 가지도록 설계된다.

$$H(f) = j2\pi f/T \quad |f| < 1/2\text{에 대해서}$$

(a) 대응하는 임펄스 함수가 다음과 같음을 보여라.

$$h_0 = 0, h_n = \frac{\pi n \cos\pi n - \sin\pi n}{\pi n^2 T} = \frac{(-1)^n}{nT} \quad n \neq 0$$

(b) $X(t) = a\cos(2\pi f_0 t + \Theta)$가 $1/T = 4f_0$ 비율로 표본화되고, 위의 디지털 여과기로 입력된다고 가정하자. 삽입기의 출력 $Y(t)$를 구하라.

10.46. 평균 제곱 오차가 0임을 보임으로써 표본화 정리의 증명을 완성하라. 힌트: 먼저 모든 k에 대하여 $E[(X(t) - (\hat{X}((t)X(kT)))] = 0$임을 보인다.

10.47. 추이율 α를 갖는 랜덤 전신 신호가 진폭 변조 시스템의 입력 신호라고 가정한다. $f_c = \alpha/\pi$와 $f_c = 10\alpha/\pi$를 가정하여 변조된 신호의 전력 스펙트럼 밀도를 그려라.

10.48. 진폭 변조 시스템의 입력을 $2\cos(2\pi f_1 + \Phi)$라고 하자. 여기서 Φ는 $(-\pi, \pi)$에 균일하게 분포된다. $f_c > f_1$을 가정하여 변조된 신호의 전력 스펙트럼 밀도를 구하라.

10.49. $|f \pm f_c| < W$에 대해서 $S_N(f) = \alpha f^2$이고, 그 외는 0일 때, 예제 10.18의 복원된 신호에서 신호 대 잡음 비율을 구하라.

10.50. QAM 시스템의 입력 신호가 그림 P10.7과 같은 전력 스펙트럼 밀도를 갖는 독립 확률 과정이다. QAM 신호의 전력 스펙트럼 밀도를 그려라.

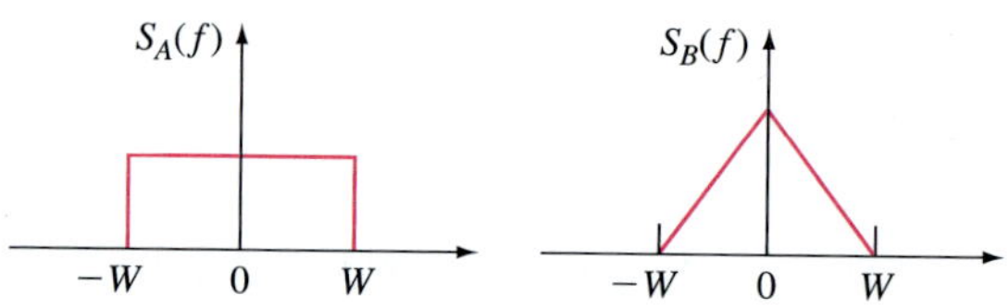

그림 P10.7

10.51. 그림 P10.8의 수신기가 어떤 조건에서 QAM 신호의 입력 신호를 복원하는가?

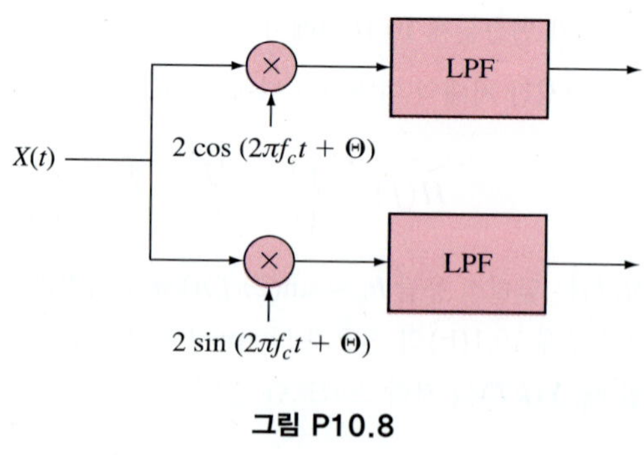

그림 P10.8

10.52. 식 (10.67b)가 $S_{B,A}(f)$가 f의 순 허수, 기함수를 의미한다는 것을 보여라.

10.4절 : 최적 선형 시스템

10.53. 예제 10.22와 같이 $X_\alpha = Z_\alpha + N_\alpha$이라 하자. 여기서 Z_α는 $R_Z(k) = 4(1/2)^{|k|}$를 갖는 1계 자기회귀 과정이고, N_α는 $\sigma_N^2 = 1$을 갖는 백색 잡음이다.

(a) Z_α 추정을 위한 최적 $p = 1$ 여과기를 구하라.

(b) 구해진 여과기의 평균 제곱 오차를 구하라.

10.54. 예제 10.21과 같이 $X_\alpha = Z_\alpha + N_\alpha$이라 하자. 여기서 Z_α는 $R_Z(k) = \sigma_Z^2(r_1)^{|k|}$를 갖고 N_α는 $R_N(k) = \sigma_N^2 r_2^{|k|}$을 갖는다. 여기서 r_1과 r_2는 크기가 1보다 작다.

(a) Z_α를 추정하기 위한 최적 여과기의 식을 구하라.

(b) 여과기 계수에 대한 행렬식을 작성하라.

(c) $\sigma_Z^2 = 4$, $r_1 = 1/2$, $\sigma_N^2 = 1$, $r_2 = 1/10$일 때, $p = 2$인 경우를 풀어라.

(d) 문제 (c)에서 최적 여과기의 평균 제곱 오차를 구하라.

(e) Octave의 행렬 함수를 사용하여 $p = 3, 4, 5$에 대하여 문제 (c)와 (d)를 풀어라.

10.55. 예제 10.21과 같이 $X_\alpha = Z_\alpha + N_\alpha$라 하자. 여기서 Z_α는 예제 10.7의 1계 이동 평균 과정이고, N_α는 백색 잡음이다.

(a) Z_α를 추정하기 위한 최적 여과기의 식을 구하라.

(b) $p = 1$과 $p = 2$인 경우 여과기 계수를 위한 행렬식을 작성하고 풀어라.

(c) 문제 (b)에서 최적 여과기의 평균 제곱 오차를 구하라.

10.56. 예제 10.19와 같이 $X_\alpha = Z_\alpha + N_\alpha$라 하고, Z_α의 추정기는 다음 시간 순간의 관측을 이용한다고 가정한다. $I = \{n-p, \ldots, n, \ldots, n+p\}$

(a) Z_α와 N_α가 연습문제 10.53과 같을 때, $p = 1$인 경우를 해결하라.

(b) 문제 (a)에서 평균 제곱 오차를 구하라.

(c) 최적 여과기의 식을 구하라.

(d) $2p + 1$ 여과기 계수들에 대한 행렬식을 작성하라.

(e) Octave의 행렬 함수를 사용하여 $p = 2, 3$에 대하여 문제 (a)와 (b)를 풀어라.

10.57. 식 (10.86b)의 예측기를 고려한다.

(a) $R_Z(k) = 4(1/2)^{|k|}$일 때 $p = 2$인 경우의 최적 예측기 계수를 구하라.

(b) 문제 (a)에서 평균 제곱 오차를 구하라.

(c) Octave의 행렬 함수를 사용하여 $p = 3, 4, 5$에 대하여 문제 (a)와 (b)를 풀어라.

10.58. $X(t)$를 WSS, 연속시간 과정이라고 하자.

(a) 직교 원리를 사용하여 다음 형태의 $X(t)$에 대한 최상의 추정기를 찾아라.

$$\hat{X}(t) = aX(t_1) + bX(t_2)$$

여기서 t_1과 t_2는 주어진 시간 순간이다.

(b) 최적 추정기의 평균 제곱 오차를 구하라.

(c) $t = t_1$과 $t = t_2$에 대하여 문제 (b)의 답을 계산하여 작업을 확인하라. 답에 기대했던 것인가?

10.59. $t_1 = t - d$와 $t_2 = t + d$일 때, 연습문제 10.58에서 최적 여과기와 평균 제곱 오차를 구하라.

10.60. $t_1 = t - d$, $t_2 = t - 2d$, $R_X(\tau) = e^{-\alpha|\tau|}$일 때 연습문제 10.58에서 최적 여과기와 평균 제곱 오차를 구하라. 이 여과기와 $\hat{X}(t) = aX(t-d)$ 형태의 최적 여과기와 성능을 비교하라.

10.61. 예제 10.24의 최적 무한 평활화 여과기의 오류 추정에 대한 모델을 얻기 위해 연습문제 10.31의 시스템을 수정하라. 모델을 이용하여 오류 $e(t) = Z(t) - Y(t)$의 전력 스펙트럼 밀도 식을 구하고, 평균 제곱 오차가 다음과 같음을 보여라.

$$E[e^2(t)] = \int_{-\infty}^{\infty} \frac{S_Z(f)S_N(f)}{S_Z(f) + S_N(f)} df$$

힌트: $E[e^2(t)] = R_e(0)$이다.

10.62. $Z(t)$가 $\alpha = 1/2$인 랜덤 전신 신호이고, $N(t)$가 백색 잡음일 때, 예제 10.24의 무한 평활화 문제를 풀어라. 구해진 평균 제곱 오차는 얼마인가?

10.63. $Z(t)$는 밀도 $N_1/2$의 대역이 제한된 백색 잡음이고, $N(t)$는 잡음 밀도 $N_0/2$의 (무한 대역폭) 백색 잡음일 때, 예제 10.24의 무한 평활화 문제를 풀어라. 구해진 평균 제곱 오차는 얼마인가 ?

10.64. $Z(t)$와 $N(t)$가 예제 10.25와 같을 때 예제 10.24의 무한 평활화 문제를 풀어라. 구해진 평균 제곱 오차를 구하라.

10.65. $X_n = Z_n + N_n$라 하자. 여기서 Z_n과 N_n은 독립이고 영평균 확률 과정이다.

(a) Z_n은 $\sigma_x^2 = 11$, $\alpha = 13$인 1계 자기회귀 과정이고 N_n은 $\sigma_N^2 = 9$인 백색 잡음일 때, 식 (10.89)로 주어진 평활화 여과기를 구하라.

(b) 연습문제 10.61의 방법을 사용하여 오류 $S_e(f)$의 전력 스펙트럼 밀도를 구하라.

(c) 다음과 같을 때 $R_e(k)$를 구하라. $Z = e^{j2\pi f}$라 하고, 분모 $S_e(f)$를 인수분해하고, 역변환하면 다음과 같다.

$$R_e(k) = \frac{\sigma_X^2 z_1}{\alpha(1 - z_1^2)} z_1^{|k|} \quad \text{여기서} \quad 0 < z_1 < 1$$

(d) 평균 제곱 오차에 대한 식을 구하라.

10.66. $N(t)$는 잡음 밀도 $N_0/2 = 1/3$의 백색 잡음이고 $Z(t)$는 다음과 같은 전력 스펙트럼 밀도를 가질 때, 예제 10.25의 Wiener 여과기를 구하라.

$$S_z(f) = \frac{4}{4 + 4\pi^2 f^2}$$

10.67. 예제 10.25에서 구한 Wiener 여과기의 평균 제곱 오차를 구하라. 구한 값을 연습문제 10.64에서 구한 무한 평활화 여과기의 평균 제곱 오차와 비교하라.

10.68. 다음 식에 의해 $X(t+d)$를 추정(예측)한다고 가정하자.

$$\hat{X}(t + d) = \int_0^{\infty} h(\tau)X(t - \tau)\, d\tau$$

(a) 최적 여과기가 다음을 만족해야만 한다는 것을 보여라.

$$R_X(\tau + d) = \int_0^{\infty} h(x)R_X(\tau - x)\, dx \qquad \tau \geq 0$$

(b) $R_X(\tau) = e^{-2|\tau|}$일 때 위너 호프 방법을 사용하여 최적 여과기를 구하라.

10.69. $X_n = Z_n + N_n$이라 하자. 여기서 Z_n과 N_n은 독립 확률 과정, N_n은 $\sigma_N^2 = 1$인 백색 잡음 과정, Z_n은 $R_Z(k) = 4(1/2)^{|k|}$인 1계 자기회귀 과정이다. $X_n, X_{n-1}, \ldots$에서 Z_n을 추정하기 위한 최적 여과기에 관심이 있다.

(a) $Sx(f)$를 구하고, 다음 형태로 나타내라.

$$S_X(f) = \frac{\frac{1}{2z_1}\left(1 - \frac{1}{z_1}e^{-j2\pi f}\right)\left(1 - z_1 e^{j2\pi f}\right)}{\left(1 - \frac{1}{2}e^{-j2\pi f}\right)\left(1 - \frac{1}{2}e^{j2\pi f}\right)}$$

(b) 백색화 인과성 여과기를 구하라.

(c) 최적 인과성 여과기를 구하라.

10.5절 : 칼만 여과기

10.70. W_n과 N_n이 식 (10.102)의 가우스 확률 과정이면, Z_n과 X_n은 마코프 과정인가?

10.71. 평균 제곱 예측 오차의 식 (10.120)을 유도하라.

10.72. $a = 0.5$와 $a = 2$일 때 예제 10.26을 반복하라.

10.73. 관측이 다음 식으로 주어진 경우 칼만 알고리즘을 구하라.

$$X_n = b_n Z_n + N_n$$

여기서 b_n은 알려진 상수 수열이다.

***10.6절 : 전력 스펙트럼 밀도의 추정**

10.74. 주기다이어그램과 자기상관 함수 추정을 위한 식 (10.125)와 (10.126)을 증명하라.

10.75. (0, 1)에 균일하게 분포된 독립항등분포 확률 변수의 수열 X_n을 생성한다.

(a) 다수의 128 포인트 주기다이어그램을 계산하고, 주기다이어그램의 랜덤 동작을 f의 함수로 증명하라. 주기다이어그램은 실제 전력 스펙트럼 밀도에 대하여 변화하는가?

(b) 10, 20, 50개의 독립 주기다이어그램들에 기초한 평활화된 주기다이어그램을 계산하라. 평활화된 주기다이어그램과 실제 전력 스펙트럼 밀도를 비교하라.

10.76. 다음과 같은 자기상관 함수를 갖는 1계 자기회기 과정 X_n으로 연습문제 10.75를 반복하라.

$$R_X(k) = (.9)^{|k|};\ R_X(k) = (1/2)^{|k|};\ R_X(k) = (.1)^{|k|}$$

10.77. 자기상관 함수에 대한 다음의 추정기를 고려하자.

$$\hat{r}'_k(m) = \frac{1}{k - |m|}\sum_{n=0}^{k-|m|-1} X_n X_{n+m}$$

$\hat{r}'_k(m)$ 푸리에 변환으로 X_n의 전력 스펙트럼을 추정하여 구한 추정기는 다음의 평균을 가진다는 것을 보여라.

$$E[\widetilde{p}_k(f)] = \sum_{m'=-(k-1)}^{k-1} R_X(m')e^{-j2\pi f m'}$$

왜 추정기가 편향되었는가?

10.7절 : 랜덤 신호를 처리하는 수치 기술

10.78. $X(t)$가 $S_X(f) = \beta^2 e^{-f^2/2W_0^2}/\sqrt{2\pi}$로 주어진 전력 스펙트럼 밀도를 가진다고 하자.

(a) 식 $Sx(f)$의 FFT를 실행하기 전에, 신호가 대역폭 kW_0의 대역에 제한된 것처럼 처리될 때, 위신호 오류의 전력을 계산한다. 위신호 오류의 전력이 전체 전력의 1% 미만이면, W의 어떤 값이 FFT에 사용되는가? $W_0 = 1000$, $\beta = \text{dmf}$로 가정한다.

(b) $S_X(f)$의 $N = 2M$ 포인트의 FFT를 실행한다고 가정하자. 어떻게 W, T, t_0가 f_0의 함수에 따라 변하는지 검토하라. N의 증가에 따라 어느 정도 손실이 발생하는지 논의해보라.

(c) 문제 (a)의 W 값에 대하여 $N = 128, 256, 512, 1024$에 대한 매개변수 f_0, T, t_0 값을 구하라.

(d) FFT를 $S_X(f)$에 적용하여 자기상관 $\{R_X(kt_0)\}$를 구하라. 문제 (c)에서 구한 옵션을 $R_X(\tau)$의 정확한 값과 비교하여 결과의 정확도를 평하라.

10.79. 다음의 이산시간 과정에 대하여 FFT를 사용하여 $S_X(f)$를 계산하고 그린다.

(a) $R_X(k)$= 연습문제 10.11(b)와 같이 정의한다.

(b) $R_X(k)$= 연습문제 10.12(b)와 같이 정의한다.

10.80. 연습문제 10.14와 같이 정의된 것처럼 X_n에 대하여 연습문제 10.79를 반복한다.

10.81. FFT를 사용하여 다음의 이산시간 과정에 대한 $R_X(k)$를 계산하고 그려 보라.

(a) $|f| < f_c$에 대하여 $S_X(f) = 1$이고 그 외에는 0이다. 여기서 $f_c = 1/8, 1/4, 3/8$이다.

(b) $|f| < 1/2$일 때 $S_X(f) = 1/2 + 1/2 \cos 2\pi f$이다.

10.82. 다음의 시스템에서 FFT를 사용하여 출력 전력 스펙트럼 밀도를 계산하라.

(a) $\alpha = 0.25$일 때 $R_X(k) = 4\alpha^{|k|}$을 가진 입력 X_n과 $|f| < 1/4$일 때 $H(f) = 1$인 경우

(b) Θ가 균등 분포된 확률 변수인 입력 $X_n = \cos(2\pi f_0 n + \Theta)$와 $|f| < 1/2$일 때 $H(f) = j2\pi f$인 경우

(c) 연습문제 10.13에서 $N = 3$일 때의 $R_X(k)$를 가진 입력 X_n과 $|f| < 1/2$일 때 $H(f) = 1$인 경우

10.83. (a) 다음 식을 구하라.

$$R_X(\tau) = 2\text{Re}\left\{ \int_0^\infty S_X(f) e^{-j2\pi f \tau}\, df \right\}$$

(b) 근사치를 사용하여 시간 영역의 N개 점과 주파수 영역의 N개 점에 관계된 DFT로 위의 식을 나타내라.

(c) $t_0 = f_0 = 1/\sqrt{N}$이라고 함으로써 $t_0 f_0 = 1/N$ 요구를 만족한다고 가정하자. 이것을 식 (10.142)로 유도한 방법을 비교하라.

10.84. (a) 1,024개의 영평균, 단위분산, 가우스 확률 변수의 수열을 생성하고, 이를 $n \geq 0$에 대하여 임펄스 응답 $h_n = e^{-2n}$을 가진 시스템을 통과시킨다.

(b) 디지털 여과기의 출력 과정의 자기공분산을 추정하고, 이를 이론적인 자기공분산과 비교하라.

(c) 디지털 여과기의 출력이 변환기에 입력된 결과인 연속시간 과정의 pdf는 무엇인가?

10.85. (a) 공분산 행렬 인수분해를 사용하여 자기공분산 $h(t) = e^{-2|\tau|}$를 가진 1,024개 가우스 표본의 수열을 생성하라.

(b) 관찰한 수열의 자기공분산을 추정하고 이론적인 결과와 비교하라.

응용학습문제

10.86. 예제 9.38의 펄스 진폭 변조 신호가 전력 스펙트럼 밀도를 가지고 있는가? 있으면 왜 그런지, 없다면 왜 아닌지를 설명하라. 답이 예이면 전력 스펙트럼 밀도를 구하라.

10.87. 예제 10.26에서 논의된 신호들에 대한 위너와 칼만 여과기들의 동작과 성능을 비교하라.

10.88. **(a)** 관련된 선형 시스템의 전달 함수를 구함으로써 예제 10.15의 아르마(ARMA) 과정의 전력 스펙트럼 밀도를 구하라.

(b) 아르마 과정에 대해서 $E[Y_n X_m]$에서 상호전력 스펙트럼 밀도를 구하고, $E[Y_n Y_m]$에서 전력 스펙트럼 밀도를 구하라.

10.89. $X_1(t)$와 $X_2(t)$를 다음 그림과 같이 두 개의 선형 시불변 시스템의 입력인 결합 WSS와 결합 가우스 확률 과정이라고 하자.

$$X_1(t) \rightarrow \boxed{h_1(t)} \rightarrow Y_1(t)$$

$$X_2(t) \rightarrow \boxed{h_2(t)} \rightarrow Y_2(t)$$

(a) $Y_1(t)$와 $Y_2(t)$의 상호상관 함수를 구하라. 해당하는 상호전력 스펙트럼 밀도를 구하라.

(b) $Y_1(t)$와 $Y_2(t)$가 결합 WSS이고 결합 가우스 확률 과정임을 보여라.

(c) 상기 시스템의 전달 함수가 중첩되지 않음을 가정한다. 즉, $|H_1(f)||(H_2(f)| = 0$이다. $Y_1(t)$와 $Y_2(t)$가 독립 확률 과정임을 보여라.

(d) 이제 $X_1(t)$와 $X_2(t)$가 비정상 결합 가우스 확률 과정이라고 가정하자. 위의 결과가 아직도 유지되는가?

10.90. 전송 신호 $X(t)$가 이진정보를 전달하는 펄스 수열로 구성된 예제 9.38의 통신 시스템을 생각하자. 펄스 $p(t)$는 그림 10.6의 이상적인 저역 통과 여과기의 임펄스 응답으로 주어진다고 가정하자. 수신기에 도착한 신호는 디지털로 표본화되고 처리된 $Y(t) = X(t) + N(t)$이다.

(a) $Y(t)$는 어떤 비율로 표본화되어야 하는가?

(b) 각 펄스에 의하여 전송되는 비트(bit)가 표본 $Y(nT)$을 기본으로 어떻게 복원되는가?

(c) 이 시스템의 오류 확률은 얼마인가?

CHAPTER 11

마코프 체인

Markov Chains

일반적으로 확률 과정을 정의하는 집단 내의 불규칙 변수들은 독립이 아니다. 실제로 매우 복잡한 방식으로 통계상 종속이라고 할 수 있다. 본 장에서는 단순한 종속 형태를 가지며, 또한 실제로 발견되는 문제를 모델링하는 데 매우 유용한 마코프 확률 과정의 종류를 소개한다. 마코프 체인이라 불리는 정수값 마코프 과정을 집중적으로 살펴본다.

- 11.1절에서 마코프 과정과 마코프 체인의 특수한 경우에 대하여 소개한다.
- 11.2절은 이산시간 마코프 체인에 대해 알아보고 시간상에서 마코프 체인의 상태 확률의 성질에 대한 예를 보인다.
- 11.3절에서 이산시간 마코프 체인의 구조적 특성을 논한다. 이 구조적 특성은 마코프 체인의 장기간 성질과 극한 상태 확률을 결정짓는다.
- 11.4절에서 연속시간 마코프 체인에 대해 소개하고, 마코프 체인의 상태 확률의 장기간과 단기간 성질에 대하여 설명한다.
- 11.5절에서는 시간-가역 마코프 체인에 대해 기술하고, 시간상에서 동일한 순방향 및 역방향 진행을 갖는 가역 마코프 체인의 흥미로운 성질을 전개한다.
- 11.6절에서는 이산시간과 연속시간 마코프 체인을 모의실험하기 위한 방법을 소개한다.

11.1 마코프 과정

확률 과정 $X(t)$가 임의의 시간 $t_1 < t_2 < \cdots < t_k < t_{k+1}$에 대해 다음 식을 만족한다면 **마코프 과정(Markov process)**이다. $X(t)$가 이산값을 가지면,

$$P[X(t_{k+1}) = x_{k+1} \mid X(t_k) = x_k, \ldots, X(t_1) = x_1] = P[X(t_{k+1}) = x_{k+1} \mid X(t_k) = x_k] \tag{11.1}$$

이고, $X(t)$가 연속값이라면,

$$P[a < X(t_{k+1}) \le b \mid X(t_k) = x_k, \ldots, X(t_1) = x_1] = P[a < X(t_{k+1}) \le b \mid X(t_k) = x_k] \tag{11.2a}$$

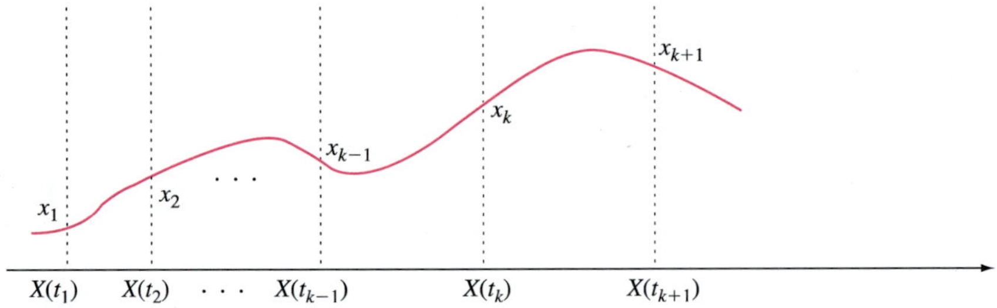

그림 11.1 ● 마코프 성질: $X(t_k)$가 주어졌을 때, $X(t_{k+1})$은 시간 t_k 이전의 샘플들에 독립적이다.

이다. 즉, 현재 주어진 과정의 미래는 과거에 독립적이다. 만약, $X(t)$의 표본들이 결합 연속이라면 식 (11.2a)는 다음 식과 같다.

$$f_{X(t_{k+1})}(x_{k+1} \mid X(t_k) = x_k, \ldots, X(t_1) = x_1) = f_{X(t_{k+1})}(x_{k+1} \mid X(t_k) = x_k) \qquad (11.2b)$$

식 (11.1)과 (11.2)를 **마코프 성질(Markov property)**이라 한다. 위의 식 (11.1)에서 t_k는 현재, t_{k+1}은 미래, $t_1, \ldots, t_{k-1}$은 과거다. 따라서 마코프 과정에서 여러 시점에 좌우되는 pmf와 pdf들은 항상 가장 최근 시점에만 좌우되는 pmf/pdf로 간략화된다. 그러므로 시간 t에서 과정의 상태로서 시간 t에서 $X(t)$의 값을 적용한다.

예제 11.1 **합계 과정**

9.3절에서 기술된 합계 과정을 고려하여 보자.

$$S_n = X_1 + X_2 + \cdots + X_n = S_{n-1} + X_n$$

여기서 X_i들은 불규칙 변수들의 독립항등분포 수열이고, $S_0 = 0$이다.

$$\begin{aligned} P[S_{n+1} = s_{n+1} \mid S_n = s_n, \ldots, S_1 = s_1] &= P[X_{n+1} = s_{n+1} - s_n] \\ &= P[S_{n+1} = s_{n+1} \mid S_n = s_n] \end{aligned}$$

S_n은 위와 같기 때문에 마코프 과정이다. 9.3절에서 소개된 이항 계수 과정과 임의 보행 과정은 합계 과정이고 따라서 마코프 과정들이다.

예제 11.2 **이동 평균**

베르누이(Bernoulli) 수열의 이동 평균을 생각하자.

$$Y_n = \frac{1}{2}(X_n + X_{n-1})$$

여기서 X_i는 $p = 1/2$인 독립 베르누이 수열이다. 이제 Y_n이 마코프 과정이 아님을 보이자.

Y_n의 pmf는 다음과 같다.

$$P[Y_n = 0] = P[X_n = 0, X_{n-1} = 0] = \frac{1}{4}$$

$$P\left[Y_n = \frac{1}{2}\right] = P[X_n = 0, X_{n-1} = 1] + P[X_n = 1, X_{n-1} = 0] = \frac{1}{2}$$

그리고

$$P[Y_n = 1] = P[X_n = 1, X_{n-1} = 1] = \frac{1}{4}$$

이다. 이제 Y_n의 연속된 두 값에 대해 다음의 조건부 확률을 생각하자.

$$\begin{aligned} P\left[Y_n = 1 \,|\, Y_{n-1} = \frac{1}{2}\right] &= \frac{P[Y_n = 1, Y_{n-1} = 1/2]}{P[Y_{n-1} = 1/2]} \\ &= \frac{P[X_n = 1, X_{n-1} = 1, X_{n-2} = 0]}{1/2} = \frac{(1/2)^3}{1/2} = \frac{1}{4} \end{aligned}$$

다음과 같은 과거에 관한 추가 지식이 있다고 가정하자.

$$P\left[Y_n = 1 \,|\, Y_{n-1} = \frac{1}{2}, Y_{n-2} = 1\right] = \frac{P[Y_n = 1, Y_{n-1} = 1/2, Y_{n-2} = 1]}{P[Y_{n-1} = 1/2, Y_{n-2} = 1]} = 0$$

X_n들의 수열은 1, 1/2, 1의 수열로 귀착되지 않는다.

$$P\left[Y_n = 1 \,|\, Y_{n-1} = \frac{1}{2}, Y_{n-2} = 1\right] \neq P\left[Y_n = 1 \,|\, Y_{n-1} = \frac{1}{2}\right]$$

따라서 이 과정은 마코프 과정이 아니다.

예제 11.3 **포아송 과정**

포아송 과정은 다음 식을 만족하기 때문에 연속시간 마코프 과정이다.

$$\begin{aligned} P[N(t_{k+1}) = j \,|\, N(t_k) = i, N(t_{k-1}) = x_{k-1}, \ldots, N(t_1) = x_1] \\ = P[t_{k+1} - t_k \text{ 시간에서 } j - i \text{ 사건들}] \\ = P[N(t_{k+1}) = j \,|\, N(t_k) = i] \end{aligned}$$

예제 11.4 **불규칙 전신(telegraph)**

예제 9.24의 불규칙 전신 신호는 다음 식을 만족하기 때문에 연속시간 마코프 과정이다.

$$\begin{aligned} P[X(t_{k+1}) = a \,|\, X(t_k) = b, \ldots, X(t_1) = x_1] \\ = P[a = b(a \neq b)\text{일 때 } t_{k+1} - t_k \text{ 시간에서 짝수 (홀수)}] \\ = P[X(t_{k+1}) = a \,|\, X(t_k) = b] \end{aligned}$$

예제 11.5 **위너 과정**

9.5절의 위너 과정은 마코프 과정이다. 왜냐하면, 식 (9.52)의 독립 증가 성질을 만족하기 때문에 다음 식을 얻는다.

$$f_{X(t_{k+1})}(x_{k+1} \mid X(t_k) = x_k, \ldots, X(t_1) = x_1) = f_{X(t_{k+1}-t_k)}(x_{k+1} - x_k)$$
$$= \frac{\exp\left\{-\frac{1}{2}\left[\frac{(x_{k+1} - x_k)^2}{\alpha(t_{k+1} - t_k)}\right]\right\}}{\sqrt{(2\pi\alpha)(t_{k+1} - t_k)}}$$

위너 과정은 가우스이고, 따라서 가우스 마코프 과정의 예를 보여준다.

정수값 마코프 확률 과정은 **마코프 체인(Markov chain)**[1]이라 한다. 이 장의 나머지 부분에서는 마코프 체인을 집중적으로 살펴본다. $X(t)$가 마코프 체인이라면 3개의 임의의 시간 순간에 대한 결합 pmf는

$$\begin{aligned}
P[X(t_3) = x_3, X(t_2) = x_2, X(t_1) = x_1]& \\
&= P[X(t_3) = x_3 | X(t_2) = x_2, X(t_1) = x_1]P[X(t_2) = x_2, X(t_1) = x_1] \\
&= P[X(t_3) = x_3 | X(t_2) = x_2]P[X(t_2) = x_2, X(t_1) = x_1] \\
&= P[X(t_3) = x_3 | X(t_2) = x_2]P[X(t_2) = x_2 | X(t_1) = x_1]P[X(t_1) = x_1]
\end{aligned}$$

인데, 조건부 확률의 정의와 마코프 성질을 사용하여 얻어진다. 일반적으로 $k+1$개의 임의의 시간 순간에 대한 결합 pmf는 다음 식과 같다.

$$\begin{aligned}
P[X(t_{k+1}) = x_{k+1}, X(t_k) = x_k, \ldots, X(t_1) = x_1]& \\
&= P[X(t_{k+1}) = x_{k+1} | X(t_k) = x_k] \\
P[X(t_k) = x_k | X(t_{k-1}) = x_{k-1}] \ldots P[X(t_1) = x_1]& \\
&= \left\{\prod_{j=1}^{k} P[X(t_{j+1}) = x_{j+1} | X(t_j) = x_j]\right\} P[X(t_1) = x_1]
\end{aligned} \tag{11.3}$$

따라서 임의의 시간 순간에서 $X(t)$의 결합 pmf는 초기 시점의 pmf와 다음 연속되는 상태 천이에 대한 확률의 곱으로 나타낼 수 있다. 당연히 상태 천이 확률은 마코프 체인의 통계적인 성질을 결정한다.

11.2 이산시간 마코프 체인

X_n을 $n = 0$에서 시작하고 다음 식과 같은 pmf를 갖는 이산시간 정수값 마코프 체인이라고 하자.

$$p_j(0) \triangleq P[X_0 = j] \qquad j = 0, 1, 2, \ldots . \tag{11.4}$$

X_n이 셀 수 있는 정수들의 집합, 일반적으로 $\{0, 1, 2, \ldots\}$으로부터 값을 취한다고 가정하자. X_n

[1] 연속값 마코프 과정들에 대해서는 Cox와 Miller[6]를 참조하라.

이 유한한 집합으로부터 값을 취하면, 마코프 체인은 유한 상태라고 한다.

식 (11.3)에서 과정의 첫 $n+1$개 값들에 대한 결합 pmf는 다음 식과 같다.

$$P[X_n = i_n, \ldots, X_0 = i_0] \\ = P[X_n = i_n | X_{n-1} = i_{n-1}] \ldots P[X_1 = i_1 | X_0 = i_0] P[X_0 = i_0] \quad (11.5)$$

따라서 특별한 행에 대한 결합 pmf는, 간단하게 초기 상태에 대한 확률과 연속되는 1단계 상태 천이에 대한 확률들의 곱이다.

1단계 상태 천이 확률들이 고정되었고, 시간에 따라 변하지 않는다고 가정하자.

$$P[X_{n+1} = j | X_n = i] = p_{ij} \quad \text{모든 } n\text{에 대해서} \quad (11.6)$$

X_n은 **동종 천이 확률(homogeneous transition probability)**을 갖는다고 한다. $X_n, \ldots, X_0$에 대한 결합 pmf는 다음 식으로 나타낼 수 있다.

$$P[X_n = i_n, \ldots, X_0 = i_0] = p_{i_{n-1}, i_n} \ldots p_{i_0, i_1} p_{i_0}(0) \quad (11.7)$$

따라서 X_n은 초기 pmf $P_i(0)$와 1단계 천이 확률들의 행렬 P로 완전히 나타낼 수 있다.

$$P = \begin{bmatrix} p_{00} & p_{01} & p_{02} & \cdots \\ p_{10} & p_{11} & p_{12} & \cdots \\ \cdot & \cdot & \cdot & \\ p_{i0} & p_{i1} & \cdots & \\ \cdot & \cdot & \cdots & \end{bmatrix} \quad (11.8)$$

P를 **천이 확률 행렬(transition probability matrix)**이라고 한다. P의 각 행은

$$1 = \sum_j P[X_{n+1} = j | X_n = i] = \sum_j p_{ij} \quad (11.9)$$

을 만족하기 때문에, 합이 1이 되어야 함에 주의하자. 마코프 체인이 유한 상태라면, 행렬 P는 행들의 합이 1이 되는 $n \times n$ 비음수 사각 행렬이 된다.

예제 11.6 **음성 활동에 대한 2-상태 마코프 체인**

패킷 음성에 대한 마코프 모델에서 n차 패킷이 무음을 포함한다면, 다음 패킷에서 무음일 확률은 $1-\alpha$이고 음성일 확률은 α이다. 마찬가지로 n차 패킷이 음성 활동을 포함하면, 다음 패킷에서 음성 활동일 확률은 $1-\beta$이고 무음의 확률은 β이다.

X_n이 시간 n에 있는 패킷에서 음성 활동에 대한 정의 함수라고 하면, X_n은 그림 11.2a에 보이는 상태 천이도를 갖는 2-상태 마코프 체인이고 천이 확률 행렬은 다음과 같다.

$$P = \begin{bmatrix} 1-\alpha & \alpha \\ \beta & 1-\beta \end{bmatrix} \quad (11.10)$$

X_n의 표본 함수들은 그림 11.3(a)에 보인 **격자 다이어그램(trellis diagram)**을 횡단하는 것으로 볼 수 있다. 그림은 시간상에서 과정의 가능한 값들을 보인다. 어떤 임의의 주어진 시간에서도 과정은 그 값에 상응하는 상태를 점유한다. 표본 함수는 주어진 시간의 1단계에서부터 다음 순간의 상태로 움직이는 과정의 스텝(step)으로 실현된다. 상태 천이들은 천이 확률 행렬에 의해서 결정된다.

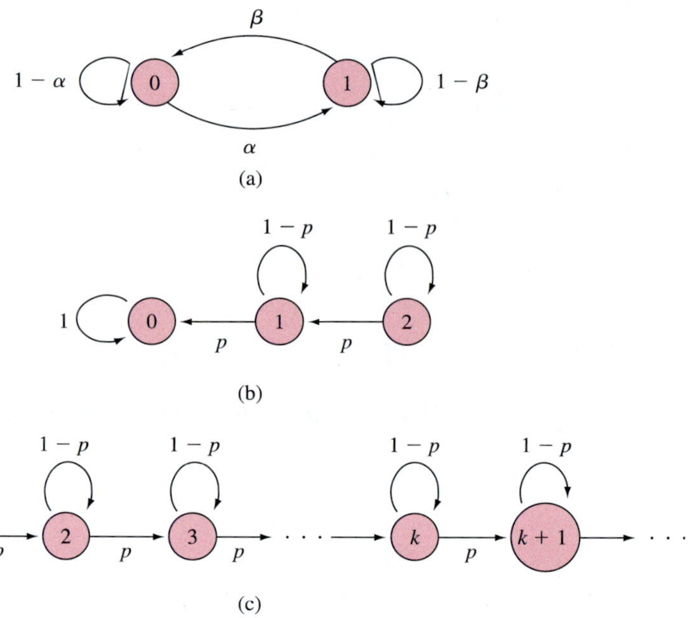

그림 11.2 ● (a) 2-상태 마코프 체인의 상태 천이도; (b) 전구 재고 모델링을 위한 마코프 체인 상태 천이도; (c) 이항 계산 과정에 대한 상태 천이도

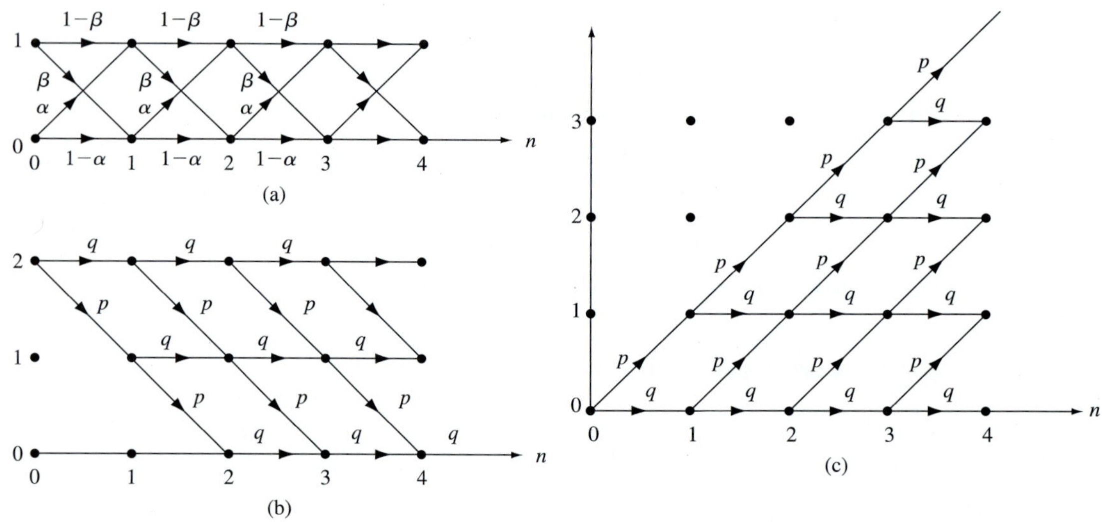

그림 11.3 ● 마코프 체인 표본에 대한 격자 다이어그램

예제 11.7

어느 한 집은 0번째 날에 예비로 2개의 새 전구를 가지고 있다. n일 동안에 집에 하나의 새 전구가 필요할 확률은 p이고 필요하지 않을 확률은 $q = 1 - p$이다. Y_n을 n일의 마지막에 집에 남아있는 새 전구의 수라고 하자. Y_n은 그림 11.2(b)에 보이는 상태 천이도를 갖는 마코프 체인이고 천이 확률 행렬은 다음과 같다.

$$P = \begin{bmatrix} 1 & 0 & 0 \\ p & q & 0 \\ 0 & p & q \end{bmatrix}$$

그림 11.3(b)의 격자 다이어그램은 만약 $q = 1$이 아니라면 천이 확률들은 과정이 $Y_n = 0$인 올가미 상태를 향하도록 치우쳐지게 됨을 보여준다. 따라서 n의 표본 함수들은 n의 비증가 함수이다.

예제 11.8 **이항 계산 과정**

S_n을 예제 9.15에 소개된 이항 계산 과정이라고 하자. 한 단계에서 S_n은 동일한 상태에 머물러 있거나 1만큼 증가할 수 있다. 상태 천이도는 그림 11.2(c)에 보였고, 천이 확률 행렬은 다음과 같이 주어진다.

$$P = \begin{bmatrix} 1-p & p & 0 & 0 & \cdots \\ 0 & 1-p & p & 0 & \cdots \\ 0 & 0 & 1-p & p & \cdots \\ \cdot & \cdot & \cdots & & \cdots \end{bmatrix}$$

만약 $q = 1$이 아니라면, 그림 11.3(c)의 이항 과정에 대한 격자 다이어그램은 다음을 나타낸다. 천이 확률들은 과정이 시간상에서 균일하게 증가하도록 치우쳐지게 된다. S_n의 표본 함수들은 n의 비감소 함수이다.

11.2.1 *n*-단계 천이 확률

임의의 시점에 대한 결합 pmf를 구하기 위해(식 (11.3) 참조)각 단계들의 임의의 수에 대한 천이 확률을 알아야 한다. $P(n) = \{p_{ij}(n)\}$을 n-단계 천이 확률들의 행렬이라고 하자.

$$p_{ij}(n) = P[X_{n+k} = j \mid X_k = i] \qquad n \ge 0, i, j \ge 0 \tag{11.11}$$

모든 천이 확률들은 시간에 종속되지 않으므로, $n \ge 0$과 $k \ge 0$에 대해서 $P[X_{n+k} = j|X_k = i] = P[X_n = j|X_0 = i]$임을 주목하자.

먼저 2-단계 천이 확률을 생각하자. $t = 0$에서 상태 i로부터 시작하고, $t = 1$에 상태 k를 통해 지나가고, $t = 2$에서 상태 j에서 끝나는 확률은 다음 식과 같다.

$$\begin{aligned} P[X_2 = j, X_1 = k \mid X_0 = i] &= \frac{P[X_2 = j, X_1 = k, X_0 = i]}{P[X_0 = i]} \\ &= \frac{P[X_2 = j \mid X_1 = k]P[X_1 = k \mid X_0 = i]P[X_0 = i]}{P[X_0 = i]} \\ &= P[X_2 = j \mid X_1 = k]P[X_1 = k \mid X_0 = i] \\ &= p_{ik}(1)p_{kj}(1) \end{aligned}$$

$p_{ik}(1)$과 $p_{kj}(1)$이 P의 원소들이고 1-단계 천이 확률 행렬임에 주목하자. $t = 0$에서 i로부터 $t = 2$에서 j로 가는 확률 $p_{ij}(2)$는 모든 가능한 매개 상태들 k에 걸쳐 더함으로써 다음을 얻는다.

$$p_{ij}(2) = \sum_k p_{ik}(1)p_{kj}(1) \quad \text{모든 } i, j\text{에 대해서} \tag{11.12a}$$

식 (11.12a)는 $P(2)$의 ij 원소가 $P(1)$의 i행에 $P(1)$의 j열을 곱하여 얻어짐을 말한다. 다시 말해 $P(2)$는 1-단계 천이 확률들의 곱으로 얻어진다.

$$P(2) = P(1)P(1) = P^2 \tag{11.12b}$$

이제 $t=0$에서 상태 i로부터 시작하여, $t=m$에서 상태 k를 지나가고, 시간 $t=m+n$에서 상태 j로 종료하는 확률을 생각하여 보자. 위와 같은 동일한 방식으로 **챔프맨–콜모고로프 (Chapman-Kolmogorov)** 방정식을 얻을 수 있다.

$$p_{ij}(m+n) = \sum_k p_{ik}(m)p_{kj}(n) \quad \text{모든 } n, m \geq 0 \text{ 그리고 } i, j\text{에 대해서} \tag{11.13a}$$

그러므로 $n+m$ 단계 천이 확률들 $P(n+m) = p_{ij}(n+m)$은 다음 행렬 곱으로 얻어진다.

$$P(n+m) = P(n)P(m) \tag{11.13b}$$

귀납법에 의하여 쉽게 다음을 보일 수 있다.

$$P(n) = P^n \tag{11.14}$$

마코프 체인이 유한 상태를 가질 때, 수치적으로 P의 멱수들을 구하는 프로그램을 사용할 수 있다.

11.2.2 상태 확률

이제 시간 n에서 상태 확률들을 생각하자. $\mathbf{p}(n) = \{p_j(n)\}$은 시간 n에서 **상태 확률(state probability)**의 행 벡터를 뜻한다고 하자. 확률 $p_j(n)$은 다음과 같이 $\mathbf{p}(n-1)$과 관계되어 있다.

$$\begin{aligned} p_j(n) &= \sum_i P[X_n = j \mid X_{n-1} = i]P[X_{n-1} = i] \\ &= \sum_i p_{ij}p_i(n-1) \end{aligned} \tag{11.15a}$$

식 (11.15a)는 $\mathbf{p}(n)$이 행 벡터 $\mathbf{p}(n-1)$에 행렬 P를 곱함으로써 얻어진다는 것을 말한다.

$$\mathbf{p}(n) = \mathbf{p}(n-1)P \tag{11.15b}$$

마찬가지로, $p_j(n)$은 다음 식과 같이 $\mathbf{p}(0)$와 관계가 있다.

$$\begin{aligned} p_j(n) &= \sum_i P[X_n = j \mid X_0 = i]P[X_0 = i] \\ &= \sum_i p_{ij}(n)p_i(0) \end{aligned} \tag{11.16a}$$

그리고 행렬 표기로 나타내면 다음과 같다.

$$\mathbf{p}(n) = \mathbf{p}(0)P(n) = \mathbf{p}(0)P^n \qquad n = 1, 2, \ldots. \tag{11.16b}$$

따라서 시간 n에서 상태 pmf는 초기 상태 pmf에 P^n을 곱해서 얻을 수 있다.

예제 11.9

예제 11.7에 있는 n-단계 천이 확률을 구하기 위해 다음에 주목하자.

$$p_{22}(n) = P[n\text{일 동안에 필요한 새 전구는 없음}] = q^n$$
$$p_{21}(n) = P[n\text{일 동안에 필요한 1개의 전구}] = npq^{n-1}$$
$$p_{20}(n) = 1 - p_{22}(n) - p_{21}(n)$$

$P(n)$의 다른 항들은 비슷한 방법으로 구할 수 있다. 따라서 다음을 얻는다.

$$P(n) = \begin{bmatrix} 1 & 0 & 0 \\ 1-q^n & q^n & 0 \\ 1-q^n-npq^{n-1} & npq^{n-1} & q^n \end{bmatrix}$$

$q<1$이라면 $n\to\infty$에 따라 다음에 주목하자.

$$P(n) \to \begin{bmatrix} 1 & 0 & 0 \\ 1 & 0 & 0 \\ 1 & 0 & 0 \end{bmatrix}$$

그 결과 상태 pmf $\mathbf{p}(n) = (p_0(n), p_1(n), p_2(n)$은 다음 식과 같다.

$$\begin{aligned} \mathbf{p}(n) &= (p_0(0), p_1(0), p_2(0))P(n) \\ &= (0,0,1)P(n) \\ &\to (0,0,1)\begin{bmatrix} 1 & 0 & 0 \\ 1 & 0 & 0 \\ 1 & 0 & 0 \end{bmatrix} = (1,0,0) \end{aligned}$$

여기에서 $(p_0(0), p_1(0), p_2(0))$은 초기 상태 확률들의 행 벡터이고, 2개의 새 전구로 시작하므로$(p_0(0), p_1(0), p_2(0)) = (0,0,1)$이다. 시간이 지남에 따라 $p_0(n)\to 1$이다. 즉, 위의 식은 언젠가는 전구가 다 떨어진다는 것을 말한다.

예제 11.10

예제 11.6에서 $\alpha = 1/10$과 $\beta = 1/5$이라고 하자. $n = 2, 4, 8, 16$에 대해 $P(n)$을 구하라.

$$P^2 = \begin{bmatrix} .9 & .1 \\ .2 & .8 \end{bmatrix}^2 = \begin{bmatrix} .83 & .17 \\ .34 & .66 \end{bmatrix}$$
$$P^4 = \begin{bmatrix} .83 & .17 \\ .34 & .66 \end{bmatrix}^2 = \begin{bmatrix} .7467 & .2533 \\ .5066 & .4934 \end{bmatrix}$$

마찬가지로 다음과 같다.

$$P^8 = \begin{bmatrix} .6859 & .3141 \\ .6282 & .3718 \end{bmatrix} \qquad P^{16} = \begin{bmatrix} .6678 & .3322 \\ .6644 & .3356 \end{bmatrix}$$

여기에 명백한 경향이 있는데 그것은 $n\to\infty$일 때 다음과 같다.

$$P^n \to \begin{bmatrix} 2/3 & 1/3 \\ 2/3 & 1/3 \end{bmatrix}$$

P^n을 얻기 위하여 선형 대수학(Anton, 276페이지)의 행렬 직교화 방법을 사용할 수 있다. 먼저, P의

고유값이 1과 $1-\alpha-\beta$임을 다음에서 얻을 수 있다.

$$0 = \det(P - \lambda I) = \begin{vmatrix} 1-\alpha-\lambda & \alpha \\ \beta & 1-\beta-\lambda \end{vmatrix} = (1-\alpha-\lambda)(1-\beta-\lambda) - \alpha\beta$$
$$= (1-\lambda)(1-\alpha-\beta-\lambda)$$

고유값들에 해당하는 고유벡터들은 다음과 같다.

$$\mathbf{e}_1 = \begin{bmatrix} 1 \\ 1 \end{bmatrix} \quad \text{그리고} \quad \mathbf{e}_2 = \begin{bmatrix} \alpha \\ -\beta \end{bmatrix}$$

그러므로 고유벡터들을 열로 갖는 행렬은 다음과 같다.

$$\mathbf{E} = [\mathbf{e}_1\, \mathbf{e}_2] = \begin{bmatrix} 1 & \alpha \\ 1 & -\beta \end{bmatrix}$$

그 다음에 다음을 구할 수 있다.

$$P = \mathbf{E}\Lambda\mathbf{E}^{-1} = \frac{1}{\alpha+\beta}\begin{bmatrix} 1 & \alpha \\ 1 & -\beta \end{bmatrix}\begin{bmatrix} 1 & 0 \\ 0 & 1-\alpha-\beta \end{bmatrix}\begin{bmatrix} \beta & \alpha \\ 1 & -1 \end{bmatrix}$$

P^n의 계산은 결국 다음과 같다.

$$\begin{aligned} P^n &= (\mathbf{E}\Lambda\mathbf{E}^{-1})(\mathbf{E}\Lambda\mathbf{E}^{-1})\ldots(\mathbf{E}\Lambda\mathbf{E}^{-1}) = \mathbf{E}\Lambda(\mathbf{E}^{-1}\mathbf{E})\Lambda\ldots\Lambda(\mathbf{E}^{-1}\mathbf{E})\Lambda\mathbf{E}^{-1} \\ &= \mathbf{E}\Lambda\Lambda\ldots\Lambda\mathbf{E}^{-1} = \mathbf{E}\Lambda^n\mathbf{E}^{-1} \\ &= \frac{1}{\alpha+\beta}\begin{bmatrix} 1 & \alpha \\ 1 & -\beta \end{bmatrix}\begin{bmatrix} 1 & 0 \\ 0 & (1-\alpha-\beta)^n \end{bmatrix}\begin{bmatrix} \beta & \alpha \\ 1 & -1 \end{bmatrix} \\ &= \begin{bmatrix} \dfrac{\beta}{\alpha+\beta} & \dfrac{\alpha}{\alpha+\beta} \\ \dfrac{\beta}{\alpha+\beta} & \dfrac{\alpha}{\alpha+\beta} \end{bmatrix} + \frac{(1-\alpha-\beta)^n}{\alpha+\beta}\begin{bmatrix} \alpha & -\alpha \\ -\beta & \beta \end{bmatrix} \end{aligned}$$

$|1-\alpha-\beta| < 1$인 경우, 두 번째 항은 $n \to \infty$일 때 0으로 가고 따라서 다음과 같다.

$$P^n \to \begin{bmatrix} \dfrac{\beta}{\alpha+\beta} & \dfrac{\alpha}{\alpha+\beta} \\ \dfrac{\beta}{\alpha+\beta} & \dfrac{\alpha}{\alpha+\beta} \end{bmatrix} = \begin{bmatrix} \dfrac{2}{3} & \dfrac{1}{3} \\ \dfrac{2}{3} & \dfrac{1}{3} \end{bmatrix}$$

극한 행렬에 있어 모든 행들이 동일함에 주목하자.

예제 11.11

예제 11.10에서 초기 상태 확률들은 다음 식과 같다고 하자.

$$P[X_0 = 0] = p_0(0) \text{ 그리고 } P[X_0 = 1] = 1 - p_0(0)$$

그러면 $n \to \infty$일 때 상태 확률들을 구하라.

시간 n에서 상태 확률 벡터는 다음과 같다.

$$\mathbf{p}(n) = (p_0(0), 1 - p_0(0)P^n$$
$$= (p_0(0), 1 - p_0(0)\begin{bmatrix} \frac{\beta}{\alpha+\beta} & \frac{\alpha}{\alpha+\beta} \\ \frac{\beta}{\alpha+\beta} & \frac{\alpha}{\alpha+\beta} \end{bmatrix} + \frac{(1-\alpha-\beta)^n}{\alpha+\beta}(p_0(0), 1 - p_0(0)\begin{bmatrix} \alpha & -\alpha \\ -\beta & \beta \end{bmatrix}$$

$n \to \infty$일 때 다음과 같다.

$$\mathbf{p}(n) \to (p_0(0), 1 - p_0(0))\begin{bmatrix} \frac{2}{3} & \frac{1}{3} \\ \frac{2}{3} & \frac{1}{3} \end{bmatrix} = \left[\frac{2}{3}, \frac{1}{3}\right]$$

$n \to \infty$로 감에 따라 상태 확률들은 초기 상태 확률에 의존하지 않음을 알 수 있다.

예제 11.12 **구글 PageRank**

한 웹 탐색자는 그림 11.4(a)에 보인 바와 같은 다섯 페이지 웹 유니버스(universe)를 탐색한다. 탐색자는 다음 페이지를 선택하는데, 현재의 페이지로부터 한정되는 페이지로 동일한 확률에 의하여 선택한다. 만약 한 페이지가 페이지 2처럼 밖으로 연결된 연결(link)을 갖지 않는다면, 탐색자는 동일한 확률을 갖는 유니버스 내 페이지들 중 하나를 선택한다. 탐색자가 페이지 i를 볼 확률을 구하라.

페이지들을 보는 행동은 상태가 현재 보고 있는 페이지를 나타내는 마코프 체인으로 모델링될 수 있다. 현재의 페이지가 k 페이지들을 지정하고 있다면, 다음 장은 $1/k$의 확률을 갖는 그룹들로부터 선택된다. 현재 페이지가 어떤 페이지도 지정하지 않는다면, 다음 장은 확률 1/5를 갖는 다섯 페이지들의 그 어떤 하나가 될 수 있다. 마코프 체인의 천이 확률은 다음과 같다.

$$P = [p_{ij}] = \begin{bmatrix} 0 & 1/2 & 1/2 & 0 & 0 \\ 1/5 & 1/5 & 1/5 & 1/5 & 1/5 \\ 1/3 & 1/3 & 0 & 1/3 & 0 \\ 0 & 0 & 0 & 0 & 1 \\ 0 & 0 & 1/2 & 0 & 1/2 \end{bmatrix}$$

Octave가 의 고차 멱수(예를 들어, P^{50})를 계산하도록 놓음으로써 수치적으로 극한 상태 확률들을 얻을 수 있다. 모든 행들이 다음과 같은 5×5행렬을 얻는다.

$$\mathbf{p}(n) \to (0.12195, 0.18293, 0.25610, 0.12195, 0.31707)$$

다음 절에서 정상 상태 pmf를 더 쉽게 구하는 방법을 살펴볼 것이다.

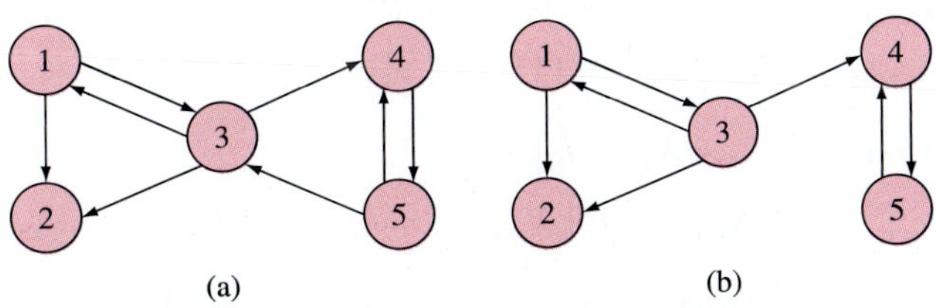

그림 11.4 ● PageRank 예들의 상태 천이 다이어그램

확률 탐색 모델은 구글이 웹상에서 페이지의 중요성 순서를 매기기 위해 제안된 PageRank 알고리즘의 기본이 된다. 페이지의 우선순위는 마코프 체인 모델에서 각 페이지의 정상 상태 확률에 의하여 주어진다. 이 마코프 체인에 있어 상태 공간의 크기는 수십억 페이지 크기이다.

11.2.3 정상 상태 확률

예제 11.11은 오랫동안 과정이 실행된 후 움직임이 없는 동작으로 정착되는 마코프 체인의 전형이다. $n \to \infty$로 감에 따라서 n-단계 천이 확률 행렬은 모든 행들이 동일 pmf와 같은 행렬에 근접한다.

$$\text{모든 } i\text{에 대하여 } P_{ij}(n) \to \pi_j \tag{11.17a}$$

위 식은 다음과 같은 행렬로 표현될 수 있다.

$$P^n \to \mathbf{1}\boldsymbol{\pi} \tag{11.17b}$$

여기서 $\mathbf{1}$은 모든 원소가 1인 열 벡터, 즉 $\mathbf{1}^{\mathrm{T}} = (1, 1, \ldots)$이고 $\boldsymbol{\pi} = (\pi_0, \pi_1, \ldots)$이다. 식 (11.16a)로부터 P^n의 수렴은 상태 pmf들의 수렴을 의미한다.

$$p_j(n) = \sum_i p_{ij}(n) p_i(0) \to \sum_i \pi_j p_i(0) = \pi_j \tag{11.18}$$

시스템은 평형 상태 또는 정상 상태에 도달했다고 말한다.

식 (11.18)에서 (존재한다면) $n \to \infty$, $p_j(n) \to \pi_j$, $p_i(n-1) \to \pi_i$로 함으로써 pmf $\boldsymbol{\pi} \triangleq \{\pi_j\}$를 구할 수 있다. 그래서 식 (11.15)는 다음에 근접한다.

$$\pi_j = \sum_i p_{ij}\pi_i \tag{11.19a}$$

행렬로 나타내면 다음과 같다.

$$\boldsymbol{\pi} = \boldsymbol{\pi} P \tag{11.19b}$$

일반적으로 식 (11.19b)는 결정되지 않으며, 다음과 같은 정규화 방정식을 필요로 한다.

$$\sum_i \pi_i = 1 \tag{11.19c}$$

마코프 체인의 **불변 상태(stationary state) pmf**를 $\boldsymbol{\pi}$로 참조한다. 초기 상태 pmf $\mathbf{p}(0) = \boldsymbol{\pi}$를 갖는 마코프 체인을 시작한다면 식 (11.16b)와 (11.19b)에 따라 다음과 같은 상태 확률 벡터를 갖는다.

$$\text{모든 } n\text{에 대해서 } \mathbf{p}(n) = \pi P^n = \pi$$

결과적인 과정은 9.6절에서 정의한 것과 같이 불변 확률 과정이다. 시간 k에서 출발하는 상태들 $i_0, i_1, \ldots, i_n$ 수열의 확률은 식 (11.5)에 따라 다음과 같다.

$$\begin{aligned}
P[X_{n+k} &= i_n, \ldots, X_k = i_0] \\
&= P[X_{n+k} = i_n \mid X_{n+k-1} = i_{n-1}] \ldots P[X_{1+k} = i_1 \mid X_k = i_0] P[X_k = i_0] \\
&= P[X_{n+k} = i_n \mid X_{n+k-1} = i_{n-1}] \ldots P[X_{1+k} = i_1 \mid X_k = i_0] \boldsymbol{\pi}_{i_0} \\
&= p_{i_{n-1}, i_n} \ldots p_{i_0, i_1} \boldsymbol{\pi}_{i_0}
\end{aligned}$$

이것은 초기 시간 k에 독립이다. 따라서 확률들은 초기 시점의 선택에 독립이고 과정은 불변이다.

예제 11.13

예제 11.6에서 불변 상태 pmf를 구하라.

식 (11.19a)는 다음 식을 제공한다.

$$\pi_0 = (1 - \alpha)\pi_0 + \beta\pi_1$$
$$\pi_1 = \alpha\pi_0 + (1 - \beta)\pi_1$$

이 식은 $\pi_0 + \pi_1 = 1$이므로 $\alpha\pi_0 = \beta\pi_1 = \beta(1 - \pi_0)$를 뜻한다.

$$\pi_0 = \frac{\beta}{\alpha + \beta} = \frac{2}{3} \qquad \pi_1 = \frac{\alpha}{\alpha + \beta} = \frac{1}{3}$$

본 절에서는 n-단계 천이 확률과 상태 확률이 초기 조건과 무관한 일정한 값으로 수렴하는 많은 마코프 체인의 전형적인 성질을 보였다. 이와 같은 일정한 확률들은 선형 방정식 (11.19)를 풀어 얻어진다. 그러나 모든 마코프 체인이 그 과정이 초기 조건을 잊어버리는 불변의 성질로 귀착되지 않는다는 점을 주목할 필요가 있다. 예를 들어, $p > 0$인 이항 계수 과정 (예제 9.15)은 꾸준히 변하여 임의의 고정된 j에 대하여 $n \to \infty$일 때, $p_j(n) \to 0$이다. 다음 예제는 초기 조건들이 모든 시간에 걸쳐 성질을 결정하는 두 개의 비정형 상황을 보인다.

예제 11.14 **비정형 행동을 보이는 2-상태 과정**

그림 11.2(a)에 보인 상태 천이 다이어그램을 갖는 2-상태 가정을 생각해보자. 예제 11.10으로부터 2-상태 과정은 $|1 - \alpha - \beta| < 1$인 경우에만 불변 상태 성질로 귀착됨을 보았다. 이 조건이 만족되지 않을 경우 어떤 상황이 발생하는지 알아보자.

먼저 $\alpha = \beta = 1$인 첫 경우를 고려해보자. 상태 0에서 과정이 시작한다고 가정하자. 즉 $p_0(0) = 1$이다. 시간 n에서 상태 확률들은 다음과 같다.

$$\mathbf{p}(n) = (p_0(0), 1 - p_0(0)P^n = (1, 0)\begin{bmatrix} 0 & 1 \\ 1 & 0 \end{bmatrix}^n$$

이 경우의 과정은 짝수 시간에는 상태 0, 홀수 시간에는 상태 1을 번갈아 갖는다. P^n은 수렴하지 않고, 대신 P와 $P^2 = I$라 가정할 때 번갈아 반복된다. 상태 확률 벡터는 (1, 0)과 (0, 1)을 번갈아 반복하고, 따라서 수렴하지 않는다.

이제 $\alpha = \beta = 0$인 경우를 살펴보자. 다시 상태 0에서 과정이 시작하고, $p_0(0) = 1$이라고 가정하자. 시간 n에서 상태 확률들은 다음과 같다.

$$\text{모든 } n\text{에 대하여 } \mathbf{p}(n) = (1, 0)\begin{bmatrix} 1 & 0 \\ 0 & 1 \end{bmatrix}^n = (1, 0)$$

이 경우의 과정은 초기 시간에 선택된 상태 0으로 고정된 채 남아있다. 만약 초기에 상태 1이 선택되었다면, 과정은 상태 1로 고정되게 될 것이다. 상태 확률 벡터는 만약 초기 상태가 0이라면 (1, 0)으로 고정되고, 초기 상태가 1이라면 (0, 1)로 고정된다. 이 경우 P^n과 $\mathbf{p}(n)$ 모두 초기 조건에 의하여 결정되는 값으로 즉시 수렴한다.

앞 예제는 조건들을 식별해야 할 필요가 있음을 보인다. 그 조건들 아래서 마코프 체인의 상태 확률은 식 (11.19)로부터 얻어지는 불변 pmf로 수렴하게 될 것이다. 이는 다음 절의 주제이다.

11.3 상태의 클래스, 회귀적 성질, 극한 확률

본 절에서는 마코프 체인의 성질과 천이 확률 행렬들 간의 관계에 대하여 좀 더 심도 있게 살펴본다. 먼저 이산시간 마코프 체인의 상태는 하나 또는 둘 이상의 구분된 클래스들로 나누어질 수 있고, 이들 클래스들은 여러 가지 유형일 수 있음을 알아본다. 그 후 마코프 체인의 장기간 행동은 그것의 상태 클래스의 유형과 관계있음을 살펴본다. 그림 11.5는 상태가 속할 수 있는 클래스의 유형을 요약하고 관련된 장기간 행동을 알아본다.

11.3.1 상태의 클래스

만약 어떤 $n \geq 0$이고 $p_{ij}(n) > 0$이라면, 즉 확률 0이 아닌 i로부터 j로의 상태 수열이 존재한다면, **상태 j는 상태 i로부터 접근 가능**하다고 한다. 만약 두 상태가 각기 서로에게 접근 가능하다면, **상태 i와 j는 교통한다**라고 한다. $i \leftrightarrow j$라고 쓴다. $p_{ii}(0) = 1$이므로 한 상태는 그 자신과 교통한다.

만약 상태 i가 상태 j와 교통하고, 상태 i가 상태 k와 교통한다면, 즉 $i \leftrightarrow j$이고 $j \leftrightarrow k$라면, 상태 i와 상태 k는 교통한다. 이를 살펴보기 위하여 $i \leftrightarrow j$는 i로부터 j로의 영이 아닌 확률 통로가 있음을, $j \leftrightarrow k$는 j로부터 k로의 영이 아닌 확률 통로가 있음을 함축하고 있다는 사실에 주목하자. 결합된 통로는 i로부터 k로의 영이 아닌 확률 통로를 형성한다. 역 방향으로 영이 아닌 확률 통로는 동일한 이유로 존재한다.

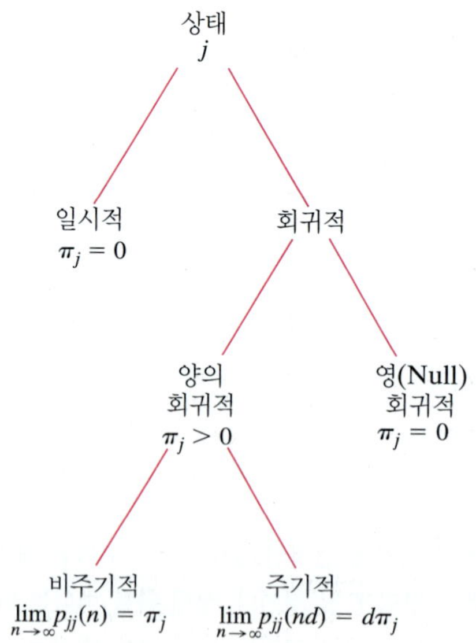

그림 11.5 ● 상태와 연관된 장기간 행위의 분류. 상태 j에서 시간 소비 비율은 π_j로 나타냈다.

어떤 두 상태가 각기 서로 교통한다면, 두 상태는 동일한 **클래스(class)**에 속해 있다고 한다. 서로 다른 두 클래스들은, 공통된 상태를 갖는다는 것이 두 클래스들로부터의 상태들이 서로에게 교통한다는 것을 의미하기 때문에, 공통된 상태를 갖지 않아야 한다. 그러므로 마코프 체인의 상태들은 하나 또는 그 이상의 단절된 통신 클래스들로 구성되어 있다. 단일 클래스로 구성된 마코프 체인은 **기약화(단순화)할 수 없다(irreducible)**고 말한다.

예제 11.15

그림 11.6(a)는 {0}, {1, 2}, {3}의 세 클래스를 갖는 마코프 체인의 상태 천이 다이어그램을 보여준다.

예제 11.16

그림 11.6(b)는 하나의 클래스 {0, 1, 2, 3}을 갖는 마코프 체인의 상태 천이 다이어그램을 보여준다. 이 체인은 기약화할 수 없다.

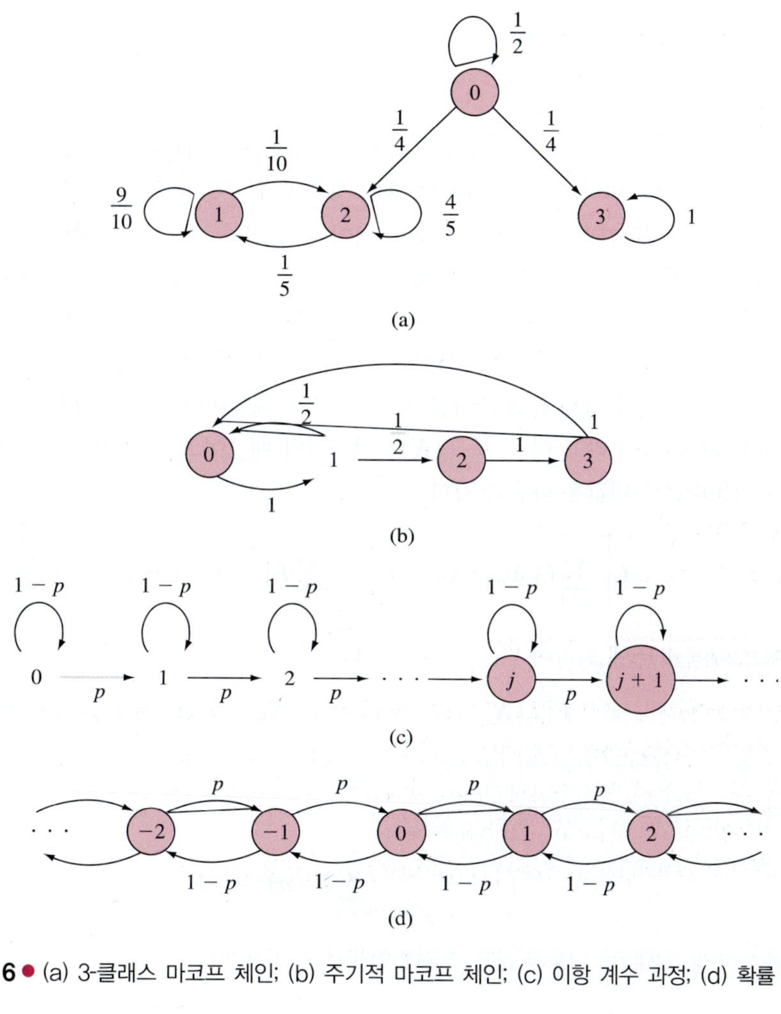

그림 11.6 ● (a) 3-클래스 마코프 체인; (b) 주기적 마코프 체인; (c) 이항 계수 과정; (d) 확률 보행 과정

예제 11.17 **이항 계수 과정**

그림 11.6(c)는 이항 계수 과정의 상태 천이 다이어그램을 보여준다. 클래스들이 {0}, {1}, {2}, ... 임을 보일 수 있다.

예제 11.18 **확률 보행**

그림 11.6(d)는 확률 보행 과정의 상태 천이 다이어그램이다. 만약 $p > 1$ 이라면 이 과정은 오직 하나의 클래스 $\{0, \pm1, \pm2, \ldots\}$을 가지며, 따라서 기약화할 수 없다.

11.3.2 회귀 성질

어떤 마코프 체인을 상태 i에서 시작시킨다고 가정하자. 상태 i는, 만약 과정이 확률 1로 그 상태에 돌아간다면 회귀적이라고 한다.

$$f_i = P[\text{언젠가는 } i\text{로 회귀}] \tag{11.20a}$$

상태 i는 **회귀적(recurrent)**이라고 한다.

$$f_i < 1 \tag{11.20b}$$

만약 마코프 체인을 회귀적 상태 i에서 시작하면, 상태는 시간상에서 무수히 여러 번 다시 발생하게 된다. 만약 마코프 체인을 과도 상태에서 구동한다면, 그 상태는 몇 번의 유한한 수만큼 되돌아온 후 다시는 발생하지 않을 것이다. 상태의 각 재현은 베르누이 시행에서 실패로 간주할 수 있다. 실패 확률은 f_i이다. 따라서 성공(돌아오지 않음으로 끝나는 상태) i로의 되돌아 온 수는 평균 $(1 - f_i)^{-1}$을 갖는 기하학적 확률 변수이다. 만약 $f_i < 1$이라면 무한한 수의 성공에 대한 확률은 영이다. 그러므로 과도 상태는 오직 유한 횟수만 나타난다.

X_n이 초기 상태 i, $X_0 = i$를 갖는 마코프 체인이라고 하자. $I_i(X)$는 상태 i에 대한 정의(indicator) 함수라고 하자. 즉 $I_i(X)$는 $X = i$일 때 1이고, 그렇지 않으면 0이다. 그러면 상태 i로 되돌리는 기대값은 다음과 같다.

$$E\left[\sum_{n=1}^{\infty} I_i(X_n) \mid X_0 = i\right] = \sum_{n=1}^{\infty} E[I_i(X_n) \mid X_0 = i] = \sum_{n=1}^{\infty} p_{ii}(n) \tag{11.21}$$

이고 예제 4.16에 의하여 다음 식을 얻는다.

$$E[I_i(X_n) \mid X_0 = i] = P[X_n = i \mid X_0 = i] = p_{ii}(n)$$

상태는 그 상태가 무한 번 재현될 수 있을 때에만 회귀적이다. 따라서 식 (11.21)에서 상태 i는 다음 식과 같은 경우에 한해 회귀적이다.

$$\sum_{n=1}^{\infty} p_{ii}(n) = \infty \tag{11.22}$$

유사하게, 상태 i는 다음과 같은 경우에 한해서 일시적이다.

$$\sum_{n=1}^{\infty} p_{ii}(n) < \infty \tag{11.23}$$

예제 11.19

예제 11.15(그림 11.6a)에서 $p_{00}(n) = (1/2)^n$이므로 상태 0은 일시적이다.

$$\sum_{n=1}^{\infty} p_{00}(n) = \frac{1}{2} + \left(\frac{1}{2}\right)^2 + \left(\frac{1}{2}\right)^3 + \cdots = 1 < \infty$$

한편, 이 과정이 상태 1에서 시작한다면, 예제 11.10에서 살펴본 2-상태 과정을 갖게 될 것이다. 이러한 과정에 대해 다음과 같다.

$$p_{11}(n) = \frac{\beta + \alpha(1 - \alpha - \beta)^n}{\alpha + \beta} = \frac{1/2 + 1/4(7/10)^n}{3/4}$$

따라서 다음과 같다.

$$\sum_{n=1}^{\infty} p_{11}(n) = \sum_{n=1}^{\infty}\left(\frac{2}{3} + \frac{(7/10)^n}{3}\right) = \infty$$

그러므로 상태 1은 회귀적이다.

예제 11.20 **이항 계수 과정**

이항 계수 과정에서 모든 상태들은 $p_{ii}(n) = (1-p)^n$이기 때문에 일시적이고, 따라서 $p > 0$에 대하여 다음이 만족된다.

$$\sum_{n=1}^{\infty} p_{ii}(n) = \sum_{n=1}^{\infty}(1 - p)^n = \frac{1 - p}{p} < \infty$$

예제 11.21 **확률 보행**

그림 11.6(d)에서 보인 확률 보행에서 상태 0을 살펴보자. 그 상태는 $n+1$과 $n-1$이 $2n$ 동안에 발생할 경우에만 매 $2n$단계마다 재현한다. 다음과 같은 확률로 발현된다.

$$p_{00}(2n) = \binom{2n}{n} p^n(1 - p)^n$$

$n!$에 대한 스털링 공식을 이용하여 다음을 보일 수 있다.

$$\binom{2n}{n} p^n(1 - p)^n \sim \frac{(4p(1 - p))^n}{\sqrt{\pi n}}$$

여기서 $\text{Lim}_{n\to\infty} a_n/b_n = 1$인 경우 $a_n \sim b_n$이다. 따라서 상태 0에 대한 식 (11.21)은 다음과 같다.

$$\sum_{n=1}^{\infty} p_{00}(2n) \sim \sum_{n=1}^{\infty} \frac{(4p(1 - p))^n}{\sqrt{\pi n}}$$

만약 $p = 1/2$이면 $4p(1-p) = 1$이고, 수열은 발산한다. 그러면 상태 0은 회귀적이게 된다. 만약 $p \neq 1/2$라면 $4p(1-p) < 1$이고, 위 수열은 수렴한다. 이는 상태 0이 일시적임을 의미한다. 따라서 $p = 1/2$일 때 확률 보행 과정은 대략 0에서 불안정한 균형을 유지한다. $p \neq 1/2$이 되자마자 양 또는 음으로 치우치기 시작되고, 과정은 $\pm\infty$를 향해 진행된다.

회귀성과 일시성은 클래스 성질들이다. 만약 상태 i가 회귀적이라면 그 클래스의 모든 상태들은 회귀적이다. 만약 상태가 일시적이라면 그 상태의 모든 상태들은 일시적이다. 상태 i가 회귀적이면 그 클래스에 있는 모든 상태들은 그 과정을 몇 번이고 되풀이하여 i로 되돌림으로써 결국은 방문될 것이다. 실제로 그 클래스 내의 모든 다른 상태들은 무한히 나타나게 된다.

회귀 클래스 성질을 보이기 위하여 i를 회귀적 상태, j를 클래스 내의 다른 상태라고 하자. 그러면 $i \leftrightarrow j$이고, $p_{ji}(m) > 0$이고, $p_{ij}(l) > 0$인 확률들이 존재한다. 이 확률들은 m단계 안에 j로부터 i로 또는 그 역으로 이끄는 영이 아닌 확률 통로가 있음에 상응한다. 위 두 통로들을 상태 i를 위해 회귀 통로들로 분할함으로써 j로부터 i로 향하는 영이 아닌 확률 통로들을 식별할 수 있다. 위 통로들 이용하여 j에서 i로 진행하고, 그러면 n-단계 회귀 통로를 이용하여 i로부터 i로 그리고 위 통로를 이용하여 i에서 j로 역방향으로 진행한다. 이들 통로들의 확률들은 j에 대한 회귀 확률들의 하한(lower bound)을 제공한다.

$$\sum_k p_{jj}(k) > \sum_n p_{ji}(m)p_{ii}(n)p_{ij}(l) = p_{ji}(m)p_{ij}(l)\sum_n p_{ii}(n) = \infty$$

상태 i가 회귀적이기 때문에 이는 상태 j 또한 회귀적임을 의미한다. 이제 상태 i가 일시적이라고 가정하고 j가 그 클래스의 다른 상태라고 하자. 상태 j는 회귀적일 수 없는데, 만약 회귀적이라면 i도 회귀적이 되어 기본 가정에 위배되기 때문이다. 따라서 j는 일시적이어야 한다.

마코프 체인이 기약적이라면 모든 상태들은 일시적이거나 회귀적이다. 만약 마코프 체인이 유한한 상태 공간을 갖는다면 모든 상태들이 일시적인 것은 불가능하다. 적어도 상태들의 몇몇은 시간이 진행함에 따라 무한히 여러 번 나타나야 하고, 이는 모든 상태가 회귀적이어야 함을 의미한다. 그러므로 유한 상태의 상태들인 기약할 수 없는 마코프 체인은 모두 회귀적이다. 만약 상태 공간이 계수가 가능한 무한대라면 모든 상태들은 일시적일 수 있다. $p \neq 1/2$인 확률 보행은 그러한 마코프 체인의 예를 보여준다.

상태 천이 다이어그램의 구조와 그 구조와 연계된 영이 아닌 천이 확률들은 이산시간 마코프 체인의 실현에 있어 주기성을 부가한다. 상태 i는 정수 d의 배수인 시간에만 재현할 때 **주기적**이라 한다. 즉, n이 d의 배수가 아닌 모든 경우 $p_{ii}(n) = 0$이다. 여기서 n은 이러한 성질을 만족하는 가장 큰 정수이다. 만약 $d = 1$이라면 상태 i는 **비주기적**이다.

주기성은 클래스 성질이다. 즉, 클래스 내의 모든 상태들은 동일한 주기를 갖는다. 기약 마코프 체인은 그것의 단일 클래스 내 상태들이 주기 1을 갖는다면 **비주기적**이다. 기약 마코프 체인은 그것의 상태들이 $d > 1$인 주기를 가질 때 **주기적**이다.

주기성이 클래스 성질임을 보이기 위해 상태 i가 주기 d를 갖고, j가 동일한 클래스의 다른 상태라고 하자. $i \leftrightarrow j$이기 때문에 m단계로 j에서 i로 진행시키고, 역으로 l단계로 i에서 j로 이끄는 통로에 해상하는 확률 $p_{ji}(m) > 0$과 $p_{ji}(l) > 0$이 있다. j로부터 j로의 l단계 통로와 함께 j에서 j로의 m단계를 분할하여 j로부터 j로의 한 통로를 만들 수 있다. 길이 $m + l$는 상태 j의 주기인

d'으로 나누어져야만 한다. 이제 j에서 j로의 다중 통로들을 생성하자. 이는 위 두 통로들을 n단계로 i에서 i로 진행하는 영이 아닌 확률 통로에 덧붙여 생성된다. 이들 통로는 $m+l+n$ 길이와 $p_{ji}(m)p_{ii}(n)p_{ij}(l)>0$의 확률을 갖는다. 모든 이러한 통로들은 j로부터 j로 진행하므로 $m+n+l$은 d'으로 나누어질 수 있어야 한다. 그러나 n은 i로부터 i로 가는 그 어떤 통로의 길이가 될 수 있고, 따라서 상태 i의 주기 d는 그러한 모든 n을 나눌 수 있는 가장 큰 수이다. 이는 d'이 d를 나눌 수 있어야 함을 의미한다. 상태 i와 j의 역할을 바꿈으로써 일련의 동일한 주장은 d가 d'을 나눌 수 있음을 의미하게 된다. 그러므로 $d'=d'$이고 상태 i와 j는 동일한 주기를 갖는다.

예제 11.22 **비정형적 행동을 갖는 2-상태 과정**

예제 11.14에 보인 두 개의 비정형적 마코프 체인의 성질을 알아보자.

$\alpha=\beta=1$인 경우 그림 11.2(a)는 주기 $d=2$인 단일 교통 클래스를 갖는다. 이는 그 과정이 짝수 시간에는 상태 0, 홀수 시간에는 상태 1을 번갈아 갖는지를 설명한다.

$\alpha=\beta=0$인 경우, 두 개의 통신 클래스 {0}과 {1}을 갖는다. $t=0$에서 초기 상태 선정은 두 클래스 중 하나를 선택하게 되고, 이 과정은 항상 선택된 클래스에 남아있게 된다.

예제 11.23

예제 11.15에서처럼(그림 11.6a) 모든 상태들은 $n=1, 2, \ldots$ 에 대하여 $p_{ii}(n)>0$ 성질을 갖는다. 그러므로 마코프 체인에 보인 모든 세 개의 클래스들은 주기 1을 갖는다.

예제 11.24

그림 11.6(b)에 보인 마코프 체인에 있어 상태 0과 1은 시간 2, 4, 6, . . .에서 상태 2와 3은 시간 4, 6, 8, . . .에서 다시 나타난다. 그러므로 마코프 체인의 주기는 2이다.

예제 11.25

그림 11.6(d)의 확률 보행에서 성공(+1)의 수와 실패(−1)의 수가 동일할 때 상태가 다시 발생한다. 이는 짝수 단계 후에만 일어날 수 있다. 그러므로 이 과정은 주기 2를 갖는다.

그림 11.7(a)는 마코프 체인에서 마주칠 수 있는 가능한 구조들을 요약하고 있다. 기약적 유한-상태 마코프 체인의 경우, 단일 클래스 내의 모든 상태들은 회귀적이어야 하고, 그 클래스는 주기적이거나 비주기적이다. 만약 유한-상태 마코프 체인이 다수의 일시적 클래스와 단일 기약 클래스로 구성되어 있다면, 그 체인은 결국에는 기약 클래스의 상태로 귀착된다. 따라서 장기간의 행동은 기약 체인의 것과 동일하다. 다수의 기약 클래스들을 갖는 유한-상태 마코프 체인은 결국 기약 클래스 중 어느 하나에 들어가 그 후 그 클래스에 남아있게 된다. 장기간에 걸쳐, 체인은 상태들의 주어진 클래스를 갖는 기약 마코프 체인의 행동을 보일 것이다. 그러므로 여러 개의 기약 클래스의 경우 두 단계의 확률 실험으로 바라볼 수 있는데, 단 실험에 있어 첫 단계는

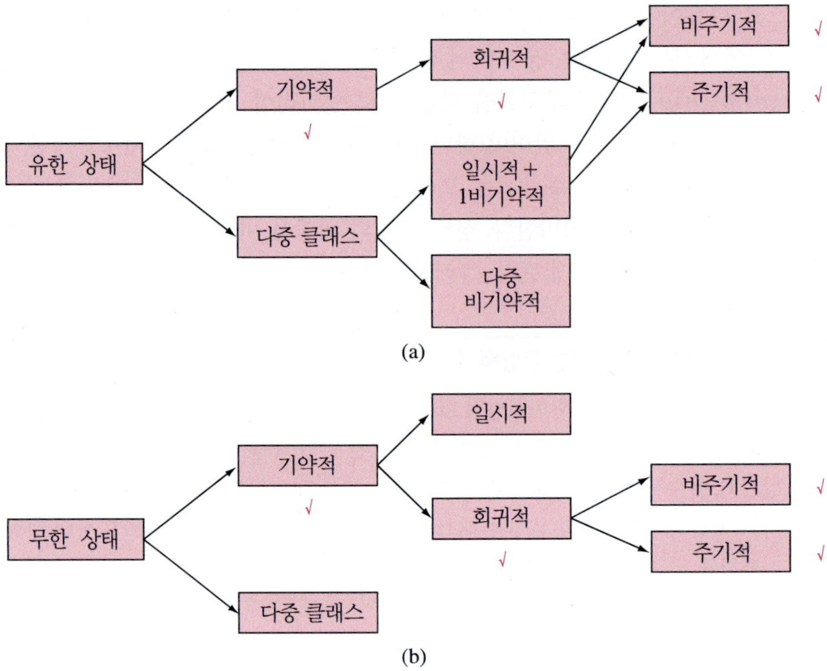

그림 11.7 ● 마코프 체인의 가능한 구조

기약 클래스들 중 하나를 선택하는 것과 연관된다.

그림 11.7(b)는 무한 상태 공간을 갖는 마코프 체인들의 구조를 요약한다. 유한한 경우와 큰 차이점은 기약 클래스는 그것의 모든 상태가 일시적이라는 점이다. 결과적으로 체인이 다중 클래스를 가질 때, 체인이 일시적 또는 회귀적인 한 클래스에 들어가 그 클래스에 남아있게 된다.

11.3.3 극한 확률

마코프 체인에 있어 모든 상태들이 일시적이라며, 모든 상태 확률들은 $n \to \infty$임에 따라 0으로 접근한다. 마코프 체인이 그림 11.6(a)와 같이 몇몇의 일시적인 클래스들과 회귀적 클래스들을 갖는다면 결국 과정은 회귀적 클래스 중 하나로 들어가 계속 그 클래스에 남아있게 된다. 그러므로 체인의 극한 확률들을 다루고자 할 때 개별 회귀적 클래스에 집중할 수 있다. 이러한 이유로 본 절에서는 기약 마코프 체인을 다룬다.

$n = 0$에서 회귀적 상태 i의 마코프 체인이 시작한다고 가정하자. $T_i(1)$, $T_i(1) + T_i(2), \ldots$ 등이 상태 i로 되돌아가는 시간이라고 하자. 단 $T_i(k)$는 $(k-1)$번째와 k번째 되돌아가는 데 걸린 시간이다(그림 11.8 참조). 각 복귀 시간은 이전 복귀 시간들과 독립이기 때문에 T_i는 iid 수열이다.

k번의 복귀 후 상태 i에 보낸 시간의 비는 다음과 같다.

$$\text{상태 } i\text{에서 시간의 비} = \frac{k}{T_i(1) + T_i(2) + \cdots + T_i(k)} \tag{11.24}$$

이 상태는 회귀적이기 때문에, 과정은 무수히 많이 상태 i로 복귀한다. 그러므로 큰 수들의 법칙

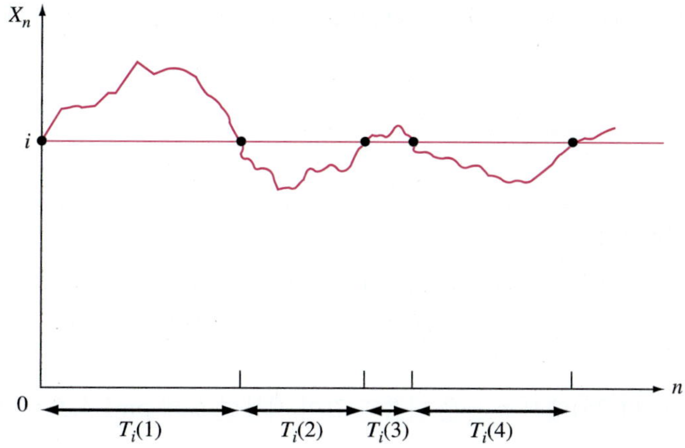

그림 11.8 ● 상태 i의 재현 시간

은 위 식의 역이 **평균 회귀 시간** $E[T_i]$로 수렴됨을 의미하고, 따라서 상태 i에서 보낸 장기간 시간 비율은 다음에 접근한다.

$$\text{상태 } i\text{에서 시간 비율} \to \frac{1}{E[T_i]} = \pi_i \tag{11.25}$$

여기서 π_i는 상태 i에서 보낸 시간의 장기간 비율이다.

$E[T_i] < \infty$라면, 상태 i는 **양의 회귀(positive recurrent)**라고 한다. 그러면 식 (11.25)은

$$\text{상태 } i\text{가 양의 회귀라면, } \pi_i > 0$$

임을 의미한다. 만약 $E[T_i] = \infty$라면, 상태 i는 **영 회귀(null recurrent)**라고 한다. 식 (11.25)에서

$$\text{상태 } i\text{가 영 회귀라면, } \pi_i = 0$$

임을 말한다. 양의 회귀와 영 회귀는 클래스의 성질들임을 보여준다.

양의 회귀인 비주기 상태는 **에르고딕(ergodic)**이라 불린다. 일단 마코프 체인이 에르고딕 상태에 들어가면, 과정은 상태의 클래스에 영원히 머무르게 된다. 더욱이 과정이 클래스에 있는 상태를 충분히 빈번하게 방문하면 주어진 상태에서 장기간 시간 비율이 식 (11.25)로 지배되어 영이 아닌 값에 수렴한다. 따라서 과정은 그것의 숨어 있는 상태 확률을 시간 평균을 통해 드러낸다. 9장에서 에르고딕 성질에 대해 이루어진 토의를 생각해 볼 때, **에르고딕 마코프 체인(ergodic Markov chain)**이 기약, 비주기, 양의 회귀인 마코프 체인으로 정의되는 것은 놀라운 것이 아니다.

예제 11.26

그림 11.6(b)의 과정은 두 단계만에 확률 1/2로, 네 단계만에 확률 1/2로 0으로 되돌아간다. 그러므로 상태 0에 대한 평균 회귀 시간은 다음과 같다.

$$E[T_0] = \frac{1}{2}(2) + \frac{1}{2}(4) = 3$$

그러므로 상태 0은 양의 회귀이고 상태 0에서 보내는 장기간 시간 비율은 다음과 같다.

$$\pi_0 = \frac{1}{3}$$

예제 11.27 **확률 보행**

예제 11.21에서 확률 보행 과정은 $p = 1/2$일 때 회귀적임을 보였다. 그렇지만, 평균 회귀 시간은 $p = 1/2$일 때 무한대임을 보일 수 있다(Feller, 1968, 314페이지). 그러므로 체인에서 모든 상태들은 영회귀이다.

식 (11.25)에서 π_j들은 다음과 같이 시불변 상태 pmf 식으로 정의된다.

$$\text{모든 } j\text{에 대하여 } \pi_j = \sum_i \pi_i P_{ij} \tag{11.26a}$$

$$1 = \sum_i \pi_i \tag{11.26b}$$

이를 보이기 위하여 π_i가 상태 i에서 보낸 시간 비율이므로, $\pi_i P_{ij}$가 i를 뒤따르는 상태 j의 시간 비율이다. 모든 i에 대하여 합산을 한다면 상태 j에서의 장기간 시간 비율 π_j를 얻는다.

예제 11.28

그림 11.6(b)에 보인 주기적 마코프 체인 시불변 상태 pmf는 식 (11.26a)와 (11.26b)로부터 얻어진다. 이는 다음과 같다.

$$\pi_0 = \frac{1}{2}\pi_1 + \pi_3$$
$$\pi_1 = \pi_0$$
$$\pi_2 = \frac{1}{2}\pi_1$$
$$\pi_3 = \pi_2$$

이들 등식들은 $\pi_1 = \pi_0$와 $\pi_2 = \pi_3 = \pi_0/2$를 의미한다. 확률들은 합하여 1이 되어야 하므로 다음을 얻는다.

$$\pi_1 = \pi_0 = \frac{1}{3},\ \pi_2 = \pi_3 = \frac{1}{6}$$

$\pi_0 = \frac{1}{3}$이 예제 11.26에서의 평균 회귀 시간으로 얻어졌었음을 주목하자.

11.2절에서 어떤 특정한 마코프 체인들에 대하여 n-단계 천이 행렬들이 $n \to \infty$로 감에 따라 동일한 행을 갖는 고정 행렬로 수렴함을 알았다(식 (11.17)을 참조). 또한 이들 극한 행렬의 행들은 식 (11.26a)와 (11.26b)를 만족하는 pmf로 구성됨을 보았다. 이제 어떠한 조건에 의해 발생하는지 알아보도록 하자.

정리 1[2)]

기약 비주기적 마코프 체인에 대하여 다음 진술 중 정확하게 하나는 만족된다.

2) [Ross, 108–110페이지]로부터 주어진 정리 1에 대한 증거

(i) 모든 상태들은 일시적이거나 공회귀이다: $n \to \infty$에 따라 모든 i와 j에 대해 $p_{ij}(n) \to 0$이고 시불변 pmf가 존재하지 않는다.

(ii) 모든 상태는 양의 회귀이고, 따라서

$$\text{모든 } j\text{에 대하여 } \lim_{n\to\infty} p_{ij}(n) = \pi_j$$

이다. 여기서 $\{\pi_j, j=1, 2, 3, \ldots\}$는 식 (11.26ab)로의 유일한 시불변 pmf 해이다.

정리 1은 에르고딕 마코프 체인에 대해 n단계 천이 확률들이 정상 상태 pmf로 주어지는 상수 값으로 수렴함을 말한다. 식 (11.27)와 (11.27b)에 보인 바와 같이 행렬식으로 표현될 수 있음에 주목하자. 식 (11.18)로부터 상태 확률들이 초기 조건과 독립인 정상 상태 값들로 수렴함을 얻을 수 있다. 정상 상태 확률들이 식 (11.26ab)를 풀어 얻어지는 시불변 확률들에 상응하며, 따라서 주어진 상태에서 보낸 장기간 시간 비율에 상응한다. 정리 1은 또한 만약 기약 마코프 체인이 일시적이거나 영 회귀라면, 식 (11.26ab)의 시불변 pmf 해가 존재하지 않음을 말한다. 이것은 왜 기약적이고 비주기적인 양의 회귀 마코프 체인이 에르고딕이라고 불리는지를 설명한다. 주기적인 과정에 대해서는 다음 결과를 갖는다.

예제 11.29 장치의 나이

매일 하루의 마지막에 임의의 어떤 장치의 나이를 세는 마코프 체인을 생각해보자. 하루의 마지막 시간에 장치는 확률 a로 1만큼 나이를 증가시키거나 실패하고 확률 $1-a$로 상태 1로 되돌아간다. 실패된 장치는 다음날이 시작할 때 교체되고 나이를 세는 과정이 다시 시작된다. 이 마코프 체인이 시불변 분포를 갖는지 결정해보라.

이 마코프 체인에 대한 상태 천이 다이어그램을 그림 11.9에 보였다. 만약 $a > 1$이라면, 모든 상태 i는 어떤 상태 $i+1$도 접근할 수 있고, 결과적으로 임의의 상태 i는 $j > i$인 모든 상태를 접근할 수 있다. 또한 모든 상태 i는 상태 1을 접근할 수 있다. 이는 임의의 모든 두 상태 간의 영이 아닌 확률 통로가 있음을 의미하고 따라서 마코프 체인은 기약이다. 상태 1은 시간 간격 1, 2, 3, . . .으로 재현될 수 있으며, 따라서 상태 1의 주기는 1이다. 그러므로 모든 상태들은 주기 1을 가지며, 마코프 체인은 비주기적이다.

시불변 확률들은 위한 방정식들은 다음과 같다.

$$\pi_1 = (1-a)\pi_1 + (1-a)\pi_2 + \ldots = (1-a)(\pi_1 + \pi_2 + \ldots) = 1-a$$
$$\pi_{i+1} = a_\pi \quad i \geq 1\text{에 대해서}$$

간단한 추론에 의하여 다음을 보일 수 있다.

$$i \geq 1\text{에 대하여 } \pi_i = (1-a)a^{i-1}$$

그러므로 마코프 체인은 양의 회귀이고 이 시불변 pmf를 갖는다.

예제 11.30 구글 PageRank 알고리즘

예제 11.12에서 웹 페이지와 연계된 마코프 체인의 의하여 웹 페이지의 순위를 매기기 위한 기본적인 접근 방법을 살펴보았다. 이 접근 방법은 그림 11.4(a)에 보인 페이지 2와 같은 출구 링크를 가지고 있지 않는 페이지에 사용자들이 잡혀 있는 경우를 다루는 전략을 포함하고 있다. 그렇지만 이 접근 방법은 마코프 체

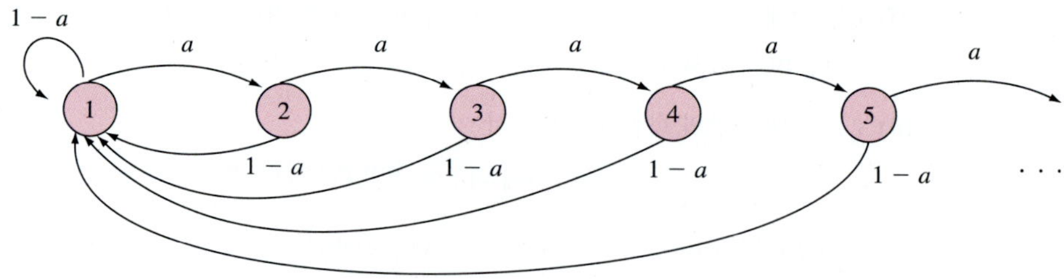

그림 11.9 ● 장치의 나이

인이 기약하고 비주기임을 확실히 보장하지는 않는다. 예를 들어, 그림11.4(b)에서 사용자들이 또한 주기적 클래스 {4, 5}에 빠져 있을 수도 있다. 이는 상태 pmf를 얻기 위하여 천이 확률 행렬의 효용성을 이용하는 순위 알고리즘에 대한 한 문제를 제기한다. 이 문제를 다루기 위해 PageRank 알고리즘은 또한 매 시간 새로운 페이지가 선택되고, 예제 11.12의 절차가 α의 확률로 사용되지만 그렇지 않으면 확률 $1-\alpha$로 모든 가능한 웹 페이지의 어느 하나도 동일한 확률로 선택됨을 가정한다. $\alpha = 0.85$가 일반적으로 적절하다고 한다. 그러면 변형된 순서를 매기는 방법은 비주기적 그리고 기약 천이 확률을 갖으며 정리 1의 조건이 만족된다.

그림 11.4(b)의 예제에 대하여 다음을 얻는다.

$$P = (0.85)\begin{bmatrix} 0 & 1/2 & 1/2 & 0 & 0 \\ 1/5 & 1/5 & 1/5 & 1/5 & 1/5 \\ 1/3 & 1/3 & 0 & 1/3 & 0 \\ 0 & 0 & 0 & 0 & 1 \\ 0 & 0 & 1/2 & 0 & 1/2 \end{bmatrix} + (0.15)\begin{bmatrix} 1/5 & 1/5 & 1/5 & 1/5 & 1/5 \\ 1/5 & 1/5 & 1/5 & 1/5 & 1/5 \\ 1/5 & 1/5 & 1/5 & 1/5 & 1/5 \\ 1/5 & 1/5 & 1/5 & 1/5 & 1/5 \\ 1/5 & 1/5 & 1/5 & 1/5 & 1/5 \end{bmatrix}$$

$$= \begin{bmatrix} 0.0300 & 0.4550 & 0.4550 & 0.0300 & 0.0300 \\ 0.2000 & 0.2000 & 0.2000 & 0.2000 & 0.2000 \\ 0.3133 & 0.3133 & 0.0300 & 0.3133 & 0.0300 \\ 0.0300 & 0.0300 & 0.0300 & 0.0300 & 0.8800 \\ 0.0300 & 0.0300 & 0.4550 & 0.0300 & 0.4550 \end{bmatrix}$$

행렬 p는 시불변 pmf로서 다음과 같이 주어진다.

$$\mathbf{p}(n) = (0.13175, 0.18772, 0.24642, 0.13173, 0.30239)$$

PageRank 알고리즘에 대한 더 상세한 사항은 [Langville]를 참고하라.

주기적 과정들에 대해서 다음과 같은 결과가 있다.

정리 2

주기 d인 기약, 주기적 그리고 양의 회귀 마코프 체인에 대하여 다음이 만족된다.

$$\text{모든 } j\text{에 대하여 } \lim_{n\to\infty} p_{jj}(nd) = d\pi_j \tag{11.28}$$

여기서 π_j는 식 (11.26a)와 (11.26b)에 대한 음이 아닌 유일한 해이다.

전과 같이 π_j가 상태 j에 보낸 시간 비율을 나타낸다. 그렇지만 상태 j가 d단계마다 여러 번 나타나도록 조건 지워진다는 사실은 상태 j의 발생 확률이 허용된 시간들에서 d배 크다는 사실과 다른 시간에서는 영임을 의미한다.

예제 11.31

예제 11.26과 11.28에서 상태 0에서 보낸 장기간 시간 비율은 $\pi_0 = 1/3$임을 보았다. 만약 상태 0에서 시작한다면 오직 짝수 상태들만이 짝수 시간에 발생한다. 따라서 이 짝수 순간에서 상태 0의 확률은 2/3이고, 상태 2의 확률은 1/3이다. 홀수 순간에서 상태 0과 2의 확률들은 영이다.

정리 1과 2는 단지 그림 11.7에서 체크로 표시된 기약 주기적 그리고 비주기적 마코프 체인들의 가중 중요한 경우만을 언급한다. 다음 예는 정리 1과 2에 의해 설명되지 않는 한 경우를 보여준다.

예제 11.32 **다중 기약 클래스들을 갖는 마코프 체인**

그림 11.6(a)에 보인 마코프 체인은 유일한 시불변 pmf를 갖는가?

시불변 확률들에 대한 방정식은 다음과 같다.

$$\begin{aligned}p_0 &= 1/2p_0\\ p_1 &= 9/10p_1 + 1/5p_2\\ p_2 &= 1/4p_0 + 1/10p_1 + 4/5p_2\\ p_3 &= 1/4p_0 + p_3\end{aligned}$$

첫 번째 방정식은 $p_0 = 0$임을 의미하므로, 네 번째 방정식은 $p_3 = p_3$가 된다. 이는 p_3에 대한 제약 조건이 없음을 말한다. 중간의 두 방정식은 동일하고, 둘 모두 $p_1 = 2p_2$임을 의미한다. 정규화 조건은 $1 = p_1 + p_2 + p_3 = 3p_2 + p_3$가 만족될 것을 요구한다. 그러므로 방정식은 결정되지 않으며, 다음과 같은 형태의 많은 해를 갖는다: $(0, 2p_2, p_2, 1 - 3p_3)$ 여기서 $0 \le p_2 \le 1/3$이다.

이제 {0}, {1, 2}, {3}의 세 개의 클래스에 따라 문제를 접근하여 보자. 첫 번째 클래스는 일시적이고, 다른 두 클래스들은 회귀적이다. 초기 상태가 3이라고 가정하면, 과정은 그 상태에 영원히 머무르게 된다. 클래스 {3}에 대한 시불변 pmf는 그 자체로 {0, 0, 0, 1}이다. 만약 초기 상태가 1 또는 2라면, 과정은 그 클래스 내에 영원히 머무르게 된다. 일반적인 경우 초기 조건이 pmf $(p_0(0), p_1(0), p_2(0), p_3(0))$에 의하여 선택된다면, 클래스 {1, 2}에 확률 $1/2p_0(0) + p_1(0) + p_2(0)$로 들어가게 되면, 클래스 {3}에는 확률 $1/2p_0(0) + p_3(0)$로 들어갈 것이다. 시불변 pmf는 다음 모양이 된다.

$$\begin{aligned}&1/2p_0(0) + p_1(0) + p_2(0)(0, 2/3\ ,1/3.0) + 1/2p_0(0) + p_3(0)(0, 0, 0, 1)\\ &= \gamma(0, 2/3, 1/3, 0) + (1-\gamma)(0, 0, 0, 1)\\ &= (0, 2\gamma/3, \gamma/3, 1-\gamma)\end{aligned}$$

만약 $\gamma/3 = p_2$라고 놓는다면, 이 해는 전에 유도했던 형식을 갖는다.

예를 들어, 초기 pmf가 (0, 1/3, 1/6, 1/2)이라고 가정하면 이 pmf는 시불변 pmf의 조건을 만족한다. 그리고 P를 반복하여 곱하면 동일한 pmf를 낳게 될 것이다. 이러한 의미에서 이 다중 클래스 마코프 체인은 시불변 pmf를 갖는다. 그렇지만, 상태들의 상대 빈도는 기약 클래스에 실질적으로 들어가게 되는 것에 의존함에 주목하다. 따라서 장기간 평균 빈도를 기록한다면 (0, 2/3, 1/3, 0) 또는 (0, 0, 0, 1)을 관측할 것이다. 시불변 pmf는 이들 두 pmf들 중 하나에 해당하지 않는다. 대신 시불변 pmf는 다음과 같은 두 pmf들의 기대값이 된다.

$$(0, 1/3, 1/6, 1/2) = 1/2(0, 2/3, 1/3, 0) + 1/2(0, 0, 0, 1)$$

여기서 1/2은 초기 pmf에 대한 이 선택에 대한 두 기약 클래스에 진입하는 확률이다.

예제 11.32는 다중 클래스 유한 상태 마코프 체인의 행동을 설명한다. 이들 체인에서 과정은 결국 그것의 회귀적 클래스들 중 하나에 진입하여 영원히 그 클래스에 머무를 것이다. 각 회귀적 클래스는 구분된 각 시불변 pmf를 갖는 기약 마코프 체인으로 간주될 수 있다. 그러면 다중 클래스 마코프 체인은 초기 상태 확률들에 의하여 마코프 체인을 구성하는 회귀적 클래스의 시불변 pmf들에 의존하는 시불변 pmf들을 가질 것이다. 이들 다중 클래스 마코프 체인들은 에르고딕하지 않는데, 왜냐하면 상태들의 상대 빈도들이 시불변 pmf에 해당하지 않기 때문이다.

다중 클래스 체인이 무한 상태 공간을 가지면, 위에서 설명된 상황은 특별한 경우로서 발생할 수 있다. 과정은 초기에 일시적 클래스들을 통해 동작하고 결국에는 에르고딕 클래스들 중 하나로 귀착된다. 그러나 일반적으로 몇몇의 또는 모든 클래스들이 일시적이면 공회귀적 또는 일시적이고 영 회귀적인 것이 가능하다. 그러한 경우에 과정은 시불변 행동으로 귀착되지 않는다.

11.4 연속시간 마코프 체인

11.2절에서 천이 확률 행렬은 이산시간 마코프 체인의 행동을 결정한다는 것을 알았다. 이 절에서는 이 사실이 연속시간 마코프 체인에 대해서도 사실임을 알아본다.

마코프 체인 $k+1$개의 임의의 시간 순간에 대한 결합 pmf는 식 (11.3)에 따라 다음과 같이 주어졌다.

$$\begin{aligned} P[X(t_{k+1}) = x_{k+1}, X(t_k) = x_k, \ldots, X(t_1) = x_1] \\ = P[X(t_{k+1}) = x_{k+1} \mid X(t_k) = x_k] \ldots \\ \times P[X(t_2) = x_2 \mid X(t_1) = x_1] P[X(t_1) = x_1] \end{aligned} \tag{11.29}$$

이 결과는 과정이 이산시간이나 연속시간에 상관없이 유지된다. 연속시간의 경우에 식 (11.29)는 임의의 시간 s에서 임의의 시간 $s+t$로의 다음 식과 같은 천이 확률을 알고 있을 것을 요구한다.

$$P[X(s+t) = j \mid X(s) = i] \quad t \geq 0$$

여기서 천이 확률들이 두 시간들 사이의 차이에만 의존한다고 가정한다.

$$P[X(s+t) = j \mid X(s) = i] = P[X(t) = j \mid X(0) = i] = P_{ij}(t) \quad t \geq 0, \text{ 모든 } s \tag{11.30}$$

$X(t)$는 **동종 천이 확률(homogeneous transition probability)**을 갖는다고 한다.

$P(t) = \{p_{ij}(t)\}$는 구간 길이 t에서 천이 확률들의 행렬을 나타낸다. $i \neq j$에 대해서 $p_{ii}(0) = 1$과 $p_{ij}(0) = 0$이므로 다음을 얻는다.

$$P(0) = I \tag{11.31}$$

여기서 I는 항등 행렬이다.

예제 11.33 **포아송 과정**

포아송 과정에 대해서 천이 확률들은 다음 식을 만족한다.

$$\begin{aligned} p_{ij}(t) &= P[t \text{ 시간 안에 } j - i \text{ 사건들}] \\ &= p_{0,\,j-i}(t) \\ &= \frac{(\alpha t)^{j-i}}{(j-i)!}e^{-\alpha t} \qquad j \geq i \end{aligned}$$

그러므로 다음과 같다.

$$P(t) = \begin{bmatrix} e^{-\alpha t} & \alpha t e^{-\alpha t} & (\alpha t)^2 e^{-\alpha t}/2! & \cdot & \cdots \\ 0 & e^{-\alpha t} & \alpha t e^{-\alpha t} & (\alpha t)^2 e^{-\alpha t}/2! & \cdots \\ 0 & 0 & e^{-\alpha t} & \alpha t e^{-\alpha t} & \cdots \\ \cdot & \cdot & \cdot & \cdot & \cdots \end{bmatrix}$$

t가 0에 근접함에 따라서 $e^{-\alpha t} \approx 1 - \alpha t$이다. 따라서 적은 시간 구간 δ에 대해서 다음과 같다.

$$P(\delta) \approx \begin{bmatrix} 1-\alpha\delta & \alpha\delta & 0 & \cdots \\ 0 & 1-\alpha\delta & \alpha\delta & \cdots \\ 0 & 0 & 1-\alpha\delta & \cdots \\ \cdot & \cdot & \cdot & \cdots \end{bmatrix}$$

여기서 차수 δ^2 또는 그 이상의 모든 항은 무시될 수 있다. 따라서 매우 짧은 시간 구간에 하나 이상의 천이에 해당하는 확률은 무시할 만하다. 이것은 9.4절에서 포아송 과정을 이끌어내기 위해 만든 가정과 일치한다는 것에 주목하자.

예제 11.34 **불규칙 전신(telegraph)**

불규칙 전신 예에서 과정 $X(t)$는 포아송 과정에서 각 사건의 발생에 따라 바뀐다. 식 (9.40)과 (9.41)에서 천이 확률은 다음 식과 같음을 알고 있다.

$$P[X(t) = a \,|\, X(0) = a] = \frac{1}{2}\{1 + e^{-2\alpha t}\}$$

$$P[X(t) = a \,|\, X(0) = b] = \frac{1}{2}\{1 - e^{-2\alpha t}\} \qquad a \neq b \text{일 경우}$$

따라서 천이 확률 행렬은 다음과 같다.

$$P(t) = \begin{bmatrix} 1/2\{1 + e^{-2\alpha t}\} & 1/2\{1 - e^{-2\alpha t}\} \\ 1/2\{1 - e^{-2\alpha t}\} & 1/2\{1 + e^{-2\alpha t}\} \end{bmatrix}$$

11.4.1 상태 점유 시간

불규칙 전신 신호는 포아송 과정에서 각 사건의 발생에 따라 극성이 변하므로, 각 상태에서의 시간 소모는 지수 불규칙 변수라는 것을 따른다. 이것은 모든 연속시간 마코프 체인에 대한 **상태 점유 시간(state occupancy time)**의 성질, 즉 $X(t)$는 지수 분포 불규칙 시간에 대해 주어진 값

(상태)에 남아있음을 말한다. 그 이유를 살펴보기 위해 T_i를 상태 i에서의 시간 소비라고 하자. 이 상태에서 t초 이상 소비하는 확률은 다음과 같다.

$$P[T_i > t]$$

이제 과정이 s초 동안 상태 i에 이미 있었다고 가정하면 이 상태에서 t초 이상 더 보내는 확률은 다음 식과 같다.

$$P[T_i > t + s \mid T_i > s] = P[T_i > t + s \mid X(s') = i, 0 \leq s' \leq s]$$

왜냐하면 $\{T_i > s\}$는 시스템이 시간 구간 $(0, s)$ 동안에 상태 i에 있음을 의미하기 때문이다. 마코프 성질은 $X(s) = i$라면 과거는 무관하고, 시간 s, 상태 i에서 재시작되는 것과 같은 시스템으로 간주한다는 것을 내포한다.

$$P[T_i > t + s \mid T_i > s] = P[T_i > t] \tag{11.32}$$

단지 지수적 불규칙 변수만이 이 무기억(memoryless) 성질을 만족한다(4.4절 참고). 따라서 상태 i에서 시간 소모는 평균 $1/v_i$ 정도를 갖는 지수적 불규칙 변수다.

$$P[T_i > t] = e^{-v_i t} \tag{11.33}$$

평균 상태 점유 시간 $1/v_i$는 보통은 각 상태에 대해서 차이가 있을 것이다.

위의 결과는 우리에게 연속시간 마코프 체인을 보는 다른 방법을 제공한다. 매 시간 상태, 말하자면 i가 입력되고, 지수적으로 분포된 상태 점유 시간 T_i가 선택된다. 시간이 이를 때 다음 상태 j는 이산시간 마코프 체인에 따라 천이 확률들 $\tilde{q}_{ij}$를 갖고 선택된다. 그때 새로운 상태 점유 시간은 T_j에 따라 선택되고 계속된다.[3] $\tilde{q}_{ij}$를 **내장 마코프 체인(embedded Markov chain)**이라고 한다.

예제 11.35

예제 11.34에 있는 불규칙 전신 신호는 각 상태에서 평균 $1/\alpha$를 갖는 지수적으로 분포된 시간을 소비한다. 천이가 발생할 때 그 천이는 항상 현재 상태에서 오직 다른 상태로 이루어진다. 따라서 내장된 마코프 체인은 다음 식과 같다.

$$\tilde{q}_{00} = 0 \qquad \tilde{q}_{01} = 1$$
$$\tilde{q}_{10} = 1 \qquad \tilde{q}_{11} = 0$$

11.4.2 천이율과 시간의존 상태 확률

지속 시간 δ초의 매우 짧은 시간 구간에서 천이 확률을 고려하자. 과정이 그 구간 동안에 상태 i에 남아있는 확률은 다음과 같다.

[3] 마코프 체인에 대한 이러한 견해는 마코프 체인 과정의 컴퓨터 모의실험 모델을 수립하는 데 유용하다.

$$\begin{aligned}P[T_i > \delta] &= e^{-v_i\delta}\\ &= 1 - \frac{v_i\delta}{1!} + \frac{v_i^2\delta^2}{2!} - \cdots\\ &= 1 - v_i\delta + o(\delta)\end{aligned}$$

여기서 $o(\delta)$는 δ가 0에 접근함에 따라 δ에 비해 무시할 만한 항을 나타낸다.[4] 상태 점유 시간의 지수 분포는 지속 시간 δ의 구간에서 둘 또는 그 이상의 천이의 확률이 $o(\delta)$임을 뜻한다. 따라서 적은 δ에 대하여 $p_{ii}(\delta)$는 과정이 δ초 동안 상태 i에 남아있는 확률과 거의 같다.

$$\begin{aligned}p_{ii}(\delta) &= P[T_i > \delta] + o(\delta)\\ &= 1 - v_i\delta + o(\delta)\end{aligned}$$

또는 동등하게 다음과 같다.

$$1 - p_{ii}(\delta) = v_i\delta + o(\delta) \tag{11.34}$$

v_i는 과정 $X(t)$가 상태 i를 떠나는 비율이라고 한다.

일단 과정이 상태 i를 떠나면 확률 $\widetilde{q}_{ij}$로 상태 j로 진입한다. 따라서 다음과 같다.

$$\begin{aligned}p_{ij}(\delta) &= (1 - p_{ii}(\delta))\widetilde{q}_{ij}\\ &= v_i\widetilde{q}_{ij}\delta + o(\delta) \qquad (11.35\text{a})\\ &= \gamma_{ij}\delta + o(\delta)\end{aligned}$$

$\gamma_{ij} = v_i\widetilde{q}_{ij}$를 과정 $X(t)$가 상태 i에서 상태 j로 들어가는 비율이라고 한다. 완전함을 위해 $\gamma_{ii} = -v_i$를 정의한다. 따라서 식 (11.34)에 따라 다음과 같이 된다.

$$p_{ii}(\delta) - 1 = \gamma_{ii}\delta + o(\delta) \tag{11.35b}$$

만약 식 (11.35a)와 (11.35b)의 양변을 δ로 나누고 극한 $\delta \to 0$을 취하면 다음 식을 얻는다.

$$\lim_{\delta\to 0}\frac{p_{ij}(\delta)}{\delta} = \gamma_{ij} \qquad i \neq j \tag{11.36a}$$

그리고

$$\lim_{\delta\to 0}\frac{p_{ii}(\delta) - 1}{\delta} = \gamma_{ii} \tag{11.36b}$$

이므로

$$\lim_{\delta\to 0}\frac{o(\delta)}{\delta} = 0$$

이다. 왜냐하면 $o(\delta)$가 δ보다 높은 차수이기 때문이다.

이제 시간 t에서 상태 확률을 찾기 위한 식들의 집합을 전개할 준비가 되었다. 이는 다음 식으로 나타낼 수 있다.

$$p_j(t) \triangleq P[X(t) = j]$$

---

[4] $\lim_{h\to 0} g(h)/h = 0$, 즉 $g(h)$가 h보다 더 빨리 영으로 수렴할 때, 함수 $g(h)$는 $o(h)$라고 한다.

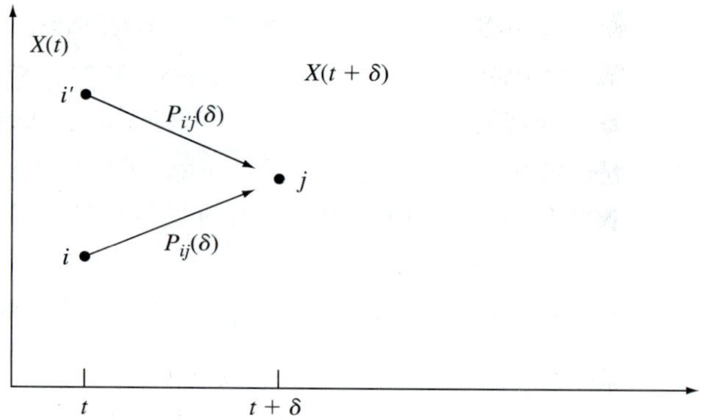

그림 11.10 ● 상태 j로의 천이

$\delta > 0$에 대해 다음 식을 갖는다(그림 11.10 참고).

$$\begin{aligned} p_j(t+\delta) &= P[X(t+\delta)=j] \\ &= \sum_i P[X(t+\delta)=j \mid X(t)=i]P[X(t)=i] \\ &= \sum_i p_{ij}(\delta)p_i(t) \end{aligned} \tag{11.37}$$

양변으로부터 $p_j(t)$를 빼면 다음 식을 얻는다.

$$p_j(t+\delta) - p_j(t) = \sum_{i \neq j} p_{ij}(\delta)p_i(t) + (p_{jj}(\delta) - 1)p_j(t) \tag{11.38}$$

δ로 나누면, 식 (11.36a)와 (11.36b)를 적용하고 $\delta \to 0$로 하여 다음 식을 얻는다.

$$p_j'(t) = \sum_i \gamma_{ij}p_i(t) \tag{11.39}$$

식 (11.39)는 연속시간 마코프 체인에 대한 **챔프맨-콜모고로프(Chapman-Kolmogorov)** 식의 형태다. $p_j(t)$를 구하기 위해 초기 상태 pmf $\{p_j(0), j=0, 1, \ldots\}$로 상술된 초기 조건들을 갖는 이 차분 방정식들의 시스템을 해결해야 한다.

시간 0에서 상태가 i, 즉 초기 조건 $p_i(0)=1$과 모든 $j \neq i$에 대해서 $p_j(0)=0$을 가정하여 식 (11.39)를 해결한다면 해는 실제로 $P(t)$의 ij 구성요소인 $p_{ij}(t)$라는 것에 주목하자. 따라서 식 (11.39)는 또한 천이 확률 행렬을 구하는 데 사용할 수 있다.

예제 11.36 **간단한 대기 시스템**

대기 시스템은 두 상태 사이에서 번갈아 일어난다. 상태 0에서 시스템은 사용되지 않고 고객이 도착하기를 기다리고 있다. 이 유휴 시간은 평균 $1/\alpha$ 인 지수 확률 변수다. 상태 1에서 시스템은 고객을 서비스하는 데 사용 중이다. 사용 중인 상태에서 시간은 평균 $1/\beta$ 인 지수 확률 변수다. 초기 상태 확률들 $p_0(0)$와 $p_1(0)$의 항으로 상태 확률들 $p_0(t)$와 $p_1(t)$를 구하라.

시스템은 상태 0에서 상태 1로 비율 α로 이동하고, 상태 1에서 상태 0으로 비율 β로 이동한다.

$$\gamma_{00} = -\alpha \qquad \gamma_{01} = \alpha$$
$$\gamma_{10} = \beta \qquad \gamma_{11} = -\beta$$

식 (11.39)는 다음 식을 제공한다.

$$p_0'(t) = -\alpha p_0(t) + \beta p_1(t)$$
$$p_1'(t) = \alpha p_0(t) - \beta p_1(t)$$

$p_0(t)+p_1(t)=1$이므로 첫 번째 식은 다음과 같이 된다.

$$p_0'(t) = -\alpha p_0(t) + \beta(1 - p_0(t))$$

이것은 다음과 같은 1계 미분방정식이다.

$$p_0'(t) + (\alpha + \beta)p_0(t) = \beta \qquad p_0(0) = p_0$$

이 식의 일반해는 다음 식과 같다.

$$p_0(t) = \frac{\beta}{\alpha + \beta} + Ce^{-(\alpha+\beta)t}$$

$t=0$으로 놓고 $p_0(0)$의 항으로 해결함으로써 C를 얻는다. 그리고 아래의 두 식을 구한다.

$$p_0(t) = \frac{\beta}{\alpha + \beta} + \left(p_0(0) - \frac{\beta}{\alpha + \beta}\right)e^{-(\alpha+\beta)t}$$

$$p_1(t) = \frac{\alpha}{\alpha + \beta} + \left(p_1(0) - \frac{\alpha}{\alpha + \beta}\right)e^{-(\alpha+\beta)t}$$

$t \to \infty$에 따라 다음과 같이 됨에 주목하자.

$$p_0(t) \to \frac{\beta}{\alpha + \beta} \qquad \text{그리고} \qquad p_1(t) \to \frac{\alpha}{\alpha + \beta}$$

따라서 $t \to \infty$에 따라서 상태 확률은 초기 상태 확률에 독립인 상수값에 근접한다.

예제 11.37 **포아송 과정**

포아송 과정에 대한 상태 확률을 구하라. 포아송 과정은 단지 상태 i에서 상태 $i+1$로 비율 α로 이동한다.

$$\gamma_{ii} = -\alpha \quad \text{그리고} \quad \gamma_{i,i+1} = \alpha$$

식 (11.39)는 다음 식을 제공한다.

$$p_0'(t) = -\alpha p_0(t) \qquad j = 0\text{에 대해서}$$
$$p_j'(t) = -\alpha p_j(t) + \alpha p_{j-1}(t) \qquad j \geq 1\text{에 대해서}$$

포아송 과정에 대한 초기 조건은 $p_0(0)=1$이다. 따라서 $j=0$ 식에 대한 해는 다음 식과 같다.

$$p_0(t) = e^{-\alpha t}$$

$j=1$에 대한 식은 다음과 같다.

$$p_1'(t) = -\alpha p_1(t) + \alpha e^{-\alpha t} \qquad p_1(0) = 0$$

이것은 또한 해가 다음 식과 같은 것에 대한 1계 미분방정식이다.

$$p_1(t) = \frac{\alpha t}{1!}e^{-\alpha t}$$

상태 j 식의 해는 다음 식과 같이 귀납법으로 나타낼 수 있다.

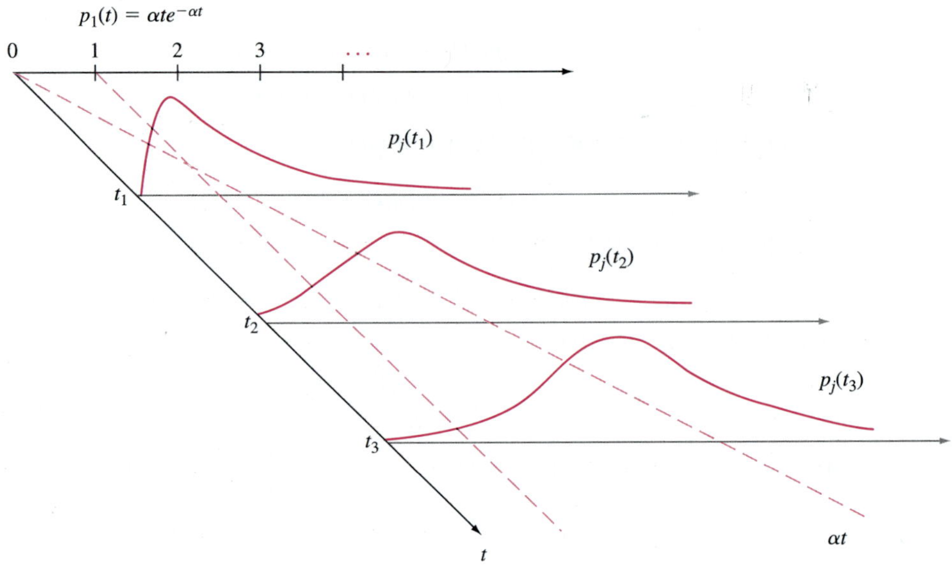

그림 11.11 ● 시간 대 포아송 과정의 시불변 pmf

$$p_j(t) = \frac{(\alpha t)^j}{j!}e^{-\alpha t}$$

임의의 고정된 시간 t에 대하여 $\{p_j(t)\}$의 합은 1이다. 어떤 j에 대하여 $t \to \infty$에 따라서 $p_j(t) \to 0$임에 주목하자. 그림 11.11은 시간이 흘러감에 따라 어떻게 pmf가 높은 값들로 이동해 가는지를 보여준다. 따라서 포아송 과정에서 어떤 유한 상태의 확률은 $t \to \infty$에 따라 0에 근접한다. 이것은 과정이 시간에 따라 꾸준히 일어난다는 사실과 일치한다.

11.4.3 정상 상태 확률과 대역적 균형방정식

$t \to \infty$에 따라 예제 11.36에 있는 2상태 대기 시스템에서 상태 확률은 초기 상태에 의존하지 않는 pmf에 수렴한다. 이것은 평형 또는 안정 상태에 도달하는 전형적인 시스템이다. 그러한 시스템에 대해 $p_j(t) \to p_j$와 $p'_j(t) \to 0$이고, 식 (11.39)는 다음과 같이 된다.

$$0 = \sum_i \gamma_{ij} p_i \quad \text{모든 } j\text{에 대해서} \tag{11.40a}$$

또는 마찬가지로, $\gamma_{jj} = -v_j$임을 고려하여 다음과 같다.

$$v_j p_j = \sum_{i \neq j} \gamma_{ij} p_i \quad \text{모든 } j\text{에 대해서} \tag{11.40b}$$

여기서 다음과 같다.

$$\sum_j p_j = 1 \tag{11.40c}$$

식 (11.40b)는 다음 식과 같이 다시 쓸 수 있다.

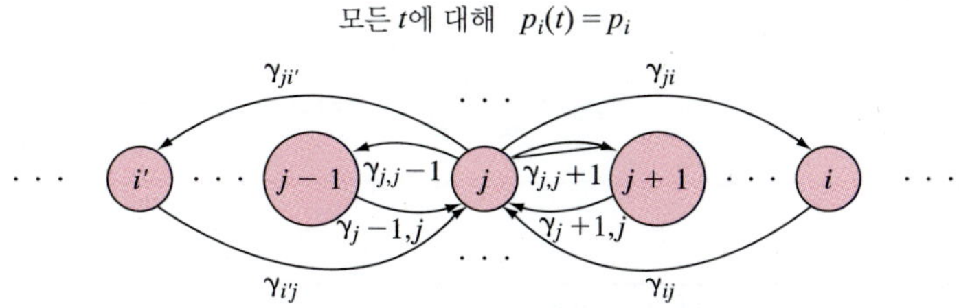

그림 11.12 ● 확률 흐름의 대역 균형

$$p_j\left(\sum_{i\neq j}\gamma_{ji}\right) = \sum_{i\neq j}\gamma_{ij}p_i \tag{11.40d}$$

그 이유는 다음 때문이다.

$$v_j = \sum_{i\neq j}\gamma_{ji}$$

식 (11.40b)나 (11.4d)에 의해 주어진 선형 시스템 식들은 **대역적 균형방정식(global balance equation)**이라고 한다. 이 식들은 평형에서 상태 j의 밖으로 가는 확률의 비, 즉 v_jp_j는 그림 11.12와 같이 상태 j로 가는 비율과 같음을 식으로 나타낸다. 이 선형 식들의 집합을 해결함으로써 시스템의 불변 상태 pmf를(존재한다면) 얻을 수 있다.[5)]

마코프 체인의 **불변 상태 pmf**를 $\mathbf{p} = \{p_i\}$라고 참조한다. $\mathbf{p}$는 식 (11.39)를 만족하므로, $\mathbf{p}$에 의해 주어진 초기 상태 pmf를 갖는 마코프 체인을 시작한다면 상태 확률들은 다음 식과 같이 될 것이다.

$$p_i(t) = p_i \quad \text{모든 } t\text{에 대하여}$$

결국 과정은 9.6절에서 정의한 것과 같이 불변 확률 과정이고, 시간들 $t < t_1 + t < \ldots < t_n + t$에서 상태들 $i_0, i_1, \ldots, i_n$ 수열의 확률은 식 (11.29)에 따라 다음 식과 같다.

$$\begin{aligned}P[X(t) = i_0, X(t_1 + t) = i_1, \ldots, X(t_n + t) = i_n] \\ = P[X(t_n + t) = i_n \mid X(t_{n-1} + t) = i_{n-1}]\cdots \\ \times P[X(t_1 + t) = i_1 \mid X(t) = i_0]P[X(t) = i_0]\end{aligned}$$

천이 확률들은 연관된 시간들 사이에 하나의 차이에만 의존한다. 따라서 위의 결합 확률은 $P[X(t) = i_0]$를 통한 기점의 선택에 의존한다. 그러나 모든 t에 대해 $P[X(t) = i_0] = p_{i_0}$이다. 그래서 위의 결합 확률은 시간 기점의 선택에 독립이고, 따라서 과정은 독립이라고 결론을 내린다.

예제 11.38

예제 11.36에서 다룬 2상태 대기 시스템에 대한 불변 상태 pmf를 구하라.

이 시스템에 대해 식 (11.40b)는 다음 식을 제공한다.

$$\alpha p_0 = \beta p_1 \quad \text{그리고} \quad \beta p_1 = \alpha p_0$$

5) 이 절의 마지막 부분은 불변 상태 pmf가 존재한다는 것을 전제로 전개한다.

$p_0 + p_1 = 1$에 주목해 다음 식을 얻는다.

$$p_0 = \frac{\beta}{\alpha + \beta} \quad \text{그리고} \quad p_1 = \frac{\alpha}{\alpha + \beta}$$

예제 11.39 **M/M/1 단일 서버 대기 시스템**

고객들이 도착하는 순서대로 한번에 한 명에게 봉사하는 대기 시스템을 생각하자. 고객들 도착 사이의 시간은 비율 λ로 지수적으로 분포되고, 고객에게 봉사하기 위해 필요한 시간은 비율 μ로 지수 분포된다. 시스템에서 고객들의 수에 대한 정상 상태 pmf를 구하라.

상태 천이율은 다음과 같다. 고객들은 비율 λ로 도착하므로 다음과 같다.

$$\gamma_{i,i+1} = \lambda \qquad i = 0, 1, 2, \ldots.$$

시스템이 비어있지 않을 때, 고객들은 비율 μ로 떠난다. 따라서 다음과 같다.

$$\gamma_{i,i-1} = \mu \qquad i = 1, 2, 3, \ldots.$$

천이율 도표는 그림 11.13과 같다. 대역적 균형방정식은 다음과 같다.

$$\lambda p_0 = \mu p_1 \qquad j = 0\text{에 대해서} \tag{11.41a}$$

$$(\lambda + \mu)p_j = \lambda p_{j-1} + \mu p_{j+1} \qquad j = 1, 2, \ldots.\text{에 대해서} \tag{11.41b}$$

식 (11.41b)는 다음과 같이 다시 쓸 수 있다.

$$\lambda p_j - \mu p_{j+1} = \lambda p_{j-1} - \mu p_j \qquad j = 1, 2, \ldots\text{에 대해서}$$

이는 다음 식을 뜻한다.

$$\lambda p_{j-1} - \mu p_j = \text{상수} \qquad j = 1, 2, \ldots.\text{에 대해서} \tag{11.42}$$

$j = 1$을 갖는 식 (11.42)와 식 (11.41a)는 다음 식을 함축한다.

$$\text{상수} = \lambda p_0 - \mu p_1 = 0$$

따라서 식 (11.42)은 다음 식과 같이 된다.

$$\lambda p_{j-1} = \mu p_j$$

또는 마찬가지로,

$$p_j = \rho p_{j-1} \quad j = 1, 2, \ldots$$

이다. 간단한 귀납법에 따라서

$$p_j = \rho^j p_0$$

이다. 여기서 $\rho = \lambda/\mu$이다. 확률들의 합이 1이어야 함을 주목하여 p_0를 얻는다.

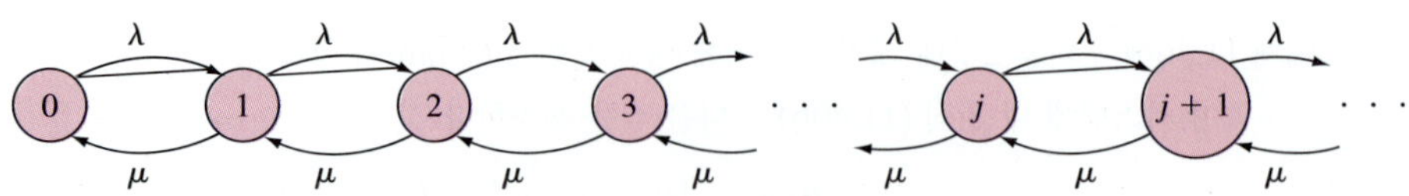

그림 11.13 ● M/M/1 대기 시스템에 대한 천이율 다이어그램

$$1 = \sum_{j=0}^{\infty} p_j = (1 + \rho + \rho^2 + \cdots)p_0 = \frac{1}{1-\rho}p_0$$

여기서 급수는 필요충분조건 $\rho < 1$일 때 수렴한다. 따라서 다음과 같다.

$$p_j = (1-\rho)\rho^j \qquad j = 0, 1, 2, \ldots . \tag{11.43}$$

이 대기 시스템은 12.3절에서 자세하게 설명한다.

정상 상태 해가 존재할 조건을 간단히 설명한다. 조건 $\rho < 1$는 다음과 같다.

$$\lambda < \mu$$

즉 고객이 도착하는 비율은 시스템이 그들을 처리할 수 있는 비율보다 작어야 한다. 그렇지 않으면 열(queue)은 시간이 지남에 따라 제한 없이 쌓인다.

예제 11.40 **출생과 사망 과정**

출생과 사망 과정은 그림 11.14와 같이 단지 천이가 인접한 상태 사이에서 일어나는 마코프 체인이다. 예제 11.39에서 논의된 단일 서버 대기 시스템은 출생과 사망 과정의 예다.

일반적인 출생과 사망 과정에 대한 대역적 균형방정식은 다음과 같다.

$$\lambda_0 p_0 = \mu_1 p_1 \qquad\qquad j = 0 \tag{11.44a}$$

$$\lambda_j p_j - \mu_{j+1}p_{j+1} = \lambda_{j-1}p_{j-1} - \mu_j p_j \qquad j = 1, 2, \ldots . \tag{11.44b}$$

앞의 예와 같이 그것은 다음을 따른다.

$$p_j = r_j p_{j-1} \quad j = 1, 2, \ldots$$

그리고

$$p_j = rj\, r_{j-1} \cdots r_1 p_0 \text{\textasciitilde\textasciitilde\textasciitilde\textasciitilde\textasciitilde\textasciitilde\textasciitilde} j = 1, 2, \ldots , \tag{11.45}$$

여기서 $r_j = (\lambda_{j-1})/\mu_j$이다. 다음 식을 정의하면

$$R_j = r_j r_{j-1} \ldots r_1 \qquad \text{그리고} \qquad R_0 = 1$$

p_0는 다음과 같이 구해진다.

$$1 = \left(\sum_{j=0}^{\infty} R_j\right) p_0$$

위의 식에서 급수가 수렴하면 불변 pmf는 다음과 같다.

$$p_j = \frac{R_j}{\sum_{i=0}^{\infty} R_i} \tag{11.46}$$

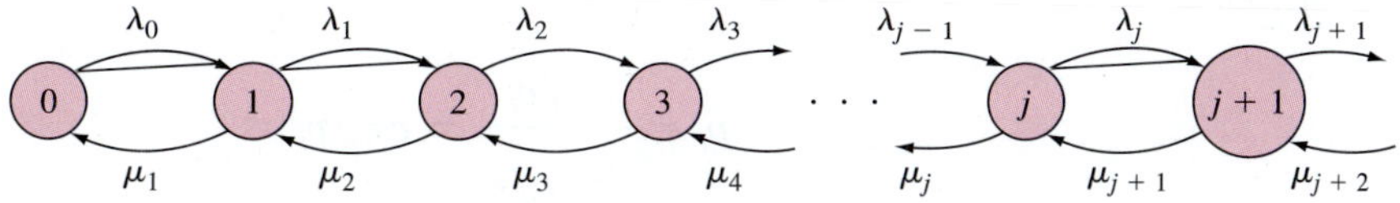

그림 11.14 ● 일반적인 출생과 사망 과정에 대한 천이율 다이어그램

만약 급수가 수렴하지 않는다면 불변 pmf는 존재하지 않고, 모든 j에 대해서 $p_j = 0$이다. 12장에서 유용한 많은 대기 시스템들이 출생과 사망 과정으로 설계될 수 있음을 볼 수 있다.

11.4.4 연속시간 마코프 체인에 대한 극한 확률

위에서 연속시간 마코프 체인 $X(t)$는 상태 확률 $\tilde{q}_{ij}$와 지수적으로 분포된 상태 점유 시간에 해당하는 열을 갖는 어떤 이산시간 마코프 체인 X_n에 따라 결정된 상태 열을 구성하는 것으로 볼 수 있다. 이 절에서는 연속시간 마코프 체인의 극한 확률을 조사하기 위하여 이러한 접근 방법을 사용한다.

먼저 X_n의 정상 상태 해로부터 $X(t)$의 시불변 해를 구축함을 고려하여 보자. 내재된 마코프 체인 X_n은 기약이고 양의 회귀라고 가정하면 식 (11.25)가 만족된다. $N_i(n)$은 상태 i가 첫 번째 n 천이에서 발생하는 횟수를 나타내고, $T_i(j)$는 상태 i가 발생하는 j번째 시간 점유 시간을 나타낸다고 하자. 첫 번째 n 천이 후의 상태 i에서의 시간 소비의 비율은 다음 식과 같다.

$$\frac{\text{상태 } i\text{에서 소모된 시간}}{\text{모든 상태에서 소모된 시간}} = \frac{\sum_{j=1}^{N_i(n)} T_i(j)}{\sum_i \sum_{j=1}^{N_i(n)} T_i(j)} = \frac{\frac{N_i(n)}{n} \frac{1}{N_i(n)} \sum_{j=1}^{N_i(n)} T_i(j)}{\sum_i \frac{N_i(n)}{n} \frac{1}{N_i(n)} \sum_{j=1}^{N_i(n)} T_i(j)} \tag{11.47}$$

$n \to \infty$에 따라 식 (11.25), (11.26ab)에 의해 확률 1을 갖고 내장 마코프 체인의 불변 pmf는 다음과 같다.

$$\frac{N_i(n)}{n} \to \pi_i \tag{11.48}$$

또한 $n \to \infty$에 따라 $N_i(n) \to \infty$이므로 큰 수의 지배 법칙에 따라 확률 1을 가지며, 다음 식과 같다.

$$\frac{1}{N_i(n)} \sum_{j=1}^{N_i(n)} T_i(j) \to E[T_i] = 1/v_i \tag{11.49}$$

여기에서 상태 i에서의 상태 점유 시간은 평균 $1/v_i$임을 이용했다. 식 (11.48)과 (11.49)는 식 (11.47)에 적용될 때 확률 1로써 상태 i에서 장기간 시간 소비의 비율은 다음 식에 근접함을 포함한다.

$$p_i = \frac{\pi_i/v_i}{\sum_j \pi_j/v_j} = c\pi_i/v_i \tag{11.50}$$

여기서 π_j는 유일한 pmf 해다.

$$\pi_j = \sum_i \pi_i \tilde{q}_{ij} \quad \text{모든 } j\text{에 대해서} \tag{11.51}$$

그리고 c는 정규화 상수다.

식 (11.50)의 $\pi_i = v_i p_i / c$와 $\tilde{q}_{ij} = \gamma_{ij}/v_i$를 식 (11.51)에 대입해서 대역적 균형방정식인 식 (11.40b)를 얻는다.

$$v_j p_j = \sum_{i \neq j} p_i \gamma_{ij} \qquad \text{모든 } j\text{에 대해서}$$

따라서 p_i들은 대역적 균형방정식들의 유일한 해다.

정리 3

다음과 같은 연속시간 마코프 체인을 가정하자. 내재된 마코프 체인은 기약이고 양의 회귀적이며 시불변 pmf $\{\pi_j\}$와 $\sum_j \pi_j/v_j < \infty$를 갖는다. 그러면 다음 진술들이 만족한다.

(i) $\lim_{t\to\infty} p_j(t) = p_j$ 모든 j에 대해서

(ii) 해 $\{p_j\}$는 유일하고 식 (11.40bc)를 만족한다.

(iii) 각 j에 대해 p_j는 상태 j에서 소모된 장기간 시간 비율이다.

이제 마코프 체인이 기약이고 대역 균형방정식 (11.40bc)의 해 $\{p_j\}$를 갖는다고 가정하자.

$$p_j v_j = \sum_{i \neq j} p_i \gamma_{ij}$$

식 (11.50)을 위 등식에 대입하면 다음과 같다.

$$c\pi_j = \left(\frac{c\pi_j}{v_j}\right) v_j = \sum_{i \neq j} \left(\frac{c\pi_i}{v_i}\right) \gamma_{ij} = c \sum_{i \neq j} \pi_i \left(\frac{\gamma_{ij}}{v_i}\right) = c \sum_{i \neq j} \pi_i \tilde{q}_{ij}$$

이는 다음 $\{\pi_j\}$의 선택이 내재된 마코프 체인의 시불변 pmf를 얻게 함을 의미한다.

$$\pi_j = \frac{p_j v_j}{\sum_i p_i v_i}$$

위 식에서 분모가 유한한 값이어야 함에 주의하자. 11.3절의 정리 1로 부터 만약 시불변 pmf가 있다면 그것은 유일하고 양의 회귀적이다. 더욱이 $\{p_j\}$로부터 $\{\pi_j\}$를 구축하는 것은 p_j가 $X(t)$의 극한 확률일 뿐 아니라 상태 j에서 보낸 장기간 시간 비율임을 보장한다.

다음 정리를 보자.

정리 4

내재된 마코프 체인이 기약인 연속시간 마코프 체인을 가정하자. $\{p_j\}$가 대역 균형방정식 (11.40c)의 해이고, $\sum_j \pi_j/v_j < \infty$라고 가정하면 다음 진술이 만족된다.

(i) 해 $\{p_j\}$는 유일하다.

(ii) $\lim_{t\to\infty} p_j(t) = p_j$ 모든 j에 대해서

(iii) 각 j에 대해 p_j는 상태 j에서 소모된 장기간 시간 비율이다.

(iv) 내재된 마코프 체인은 양의 회귀적이다.

예제 11.41

예제 8.36에 있는 2상태 시스템에서 다음과 같다.

$$[\tilde{q}_{ij}] = \begin{bmatrix} 0 & 1 \\ 1 & 0 \end{bmatrix}$$

식 $\boldsymbol{\pi} = \boldsymbol{\pi}[\tilde{q}_{ij}]$는 다음을 포함한다.

$$\pi_0 = \pi_1 = \frac{1}{2}$$

게다가 $v_0 = \alpha$, $v_1 = \beta$이다.

$$p_0 = \frac{1/2(1/\alpha)}{1/2(1/\alpha + 1/\beta)} = \frac{\beta}{\alpha + \beta}$$

그리고 다음과 같다.

$$p_1 = \frac{\alpha}{\alpha + \beta}$$

*11.5 시간 가역적 마코프 체인

이제 시간상에서 마코프 체인이 역행할 때 그 결과로 일어나는 확률 과정을 생각하자. 결과 과정 또한 마코프 체인이며, 순방향과 역방향 과정의 불변 확률을 얻기 위한 다른 방법을 찾게 될 것이다. 역방향 과정을 눈여겨봄으로써 얻는 통찰력은 12장에 있는 대기 이론에서 어떤 결과들을 개발하는 데 유용함을 증명할 것이다.

X_n을 1단계 천이 확률 행렬 $P = \{p_{ij}\}$와 불변 상태 pmf $\{\pi_j\}$를 갖는 불변 에르고딕 마코프 체인[6]이라고 하자. 역방향 과정에서의 미래 X_{n-1}가 현재와 과거 $X_n, X_{n+1}, \ldots, X_{n+k}$에 종속되는 것을 생각하자.

$$\begin{aligned} P[X_{n-1} = j \mid X_n = i, X_{n+1} = i_1, \ldots, X_{n+k} = i_k] \\ &= \frac{P[X_{n-1} = j, X_n = i, X_{n+1} = i_1, \ldots, X_{n+k} = i_k]}{P[X_n = i, X_{n+1} = i_1, \ldots, X_{n+k} = i_k]} \\ &= \frac{\pi_j p_{ji} p_{i,i_1} \cdots p_{i_{k-1},i_k}}{\pi_i p_{i,i_1} \cdots p_{i_{k-1},i_k}} \\ &= \frac{\pi_j p_{ji}}{\pi_i} \\ &= P[X_{n-1} = j \mid X_n = i] \end{aligned} \tag{11.52}$$

[6] 즉, 기약적, 비주기, 불변 상태 마코프 체인이라 하자.

앞의 식들은 **후진한 과정(time-reversed process)** 또한 다음 식과 같은 1단계 천이 확률을 갖는 마코프 체인임을 나타낸다.

$$P[X_{n-1} = j \,|\, X_n = i] = q_{ij} = \frac{\pi_j p_{ji}}{\pi_i} \tag{11.53}$$

X_n이 기약적이고 비주기적이므로 그것의 불변 상태 확률들 π_j는 그것의 상태가 상태 j에 있는 시간의 비율을 나타낸다. 이 시간의 비율은 시간에 따라 순방향 또는 역방향으로 가는 것에 의존하지 않는다. 그래서 π_j는 또한 역방향 과정에 대해서 불변 pmf임에 틀림없다. 따라서 순방향과 역방향 과정은 같은 불변 pmf를 가져야 한다.

예제 11.42

새 전구를 $n=0$일에 끼워서 사용했다고 가정하자. 그리고 전구가 고장나면 다음날 교체한다고 하자. X_n은 n일의 마지막에 전구의 수명(일 수)이라고 하자. a_i가 전구의 수명 L이 i일인 확률이라면, 전구가 그때까지 고장나지 않고 주어진 j날에 고장날 확률은 다음과 같다.

$$b_j = \frac{P[L = j]}{P[L \geq j]} = \frac{a_j}{\sum_{k=j}^{\infty} a_k} \qquad j = 1, 2, \ldots .$$

따라서 X_n에 대한 천이 확률들은 다음과 같다.

$$\begin{aligned} p_{i,\,i+1} &= 1 - b_i && i = 1, 2, \ldots \\ p_{i1} &= b_i && i = 1, 2, \ldots \\ p_{ij} &= 0 && \text{그 외의 경우} \end{aligned}$$

그림 11.15(a)는 X_n의 상태 천이 다이어그램이다. 그리고 그림 11.16(a)는 전형적인 표본 함수를 나타낸다. 이것은 톱니모양 함수로 되어 있고, 선형적으로 증가하며 전구가 고장날 때 갑작스럽게 떨어진다.

그림 11.16(b)는 상태 천이 다이어그램이 그림 11.15(b)와 같이 되도록 추론된 것에서 역방향 과정의 표본 함수를 나타내고 있다. 역방향 과정에 대한 천이 확률들은 식 (11.53)에서 다음과 같이 얻는다.

$$\begin{aligned} q_{i,i-1} &= \frac{\pi_{i-1}}{\pi_i}(1 - b_{i-1}) && i = 2, 3, 4, \ldots \\ q_{1,i} &= \frac{\pi_i}{\pi_1} b_i && i = 1, 2, \ldots \end{aligned}$$

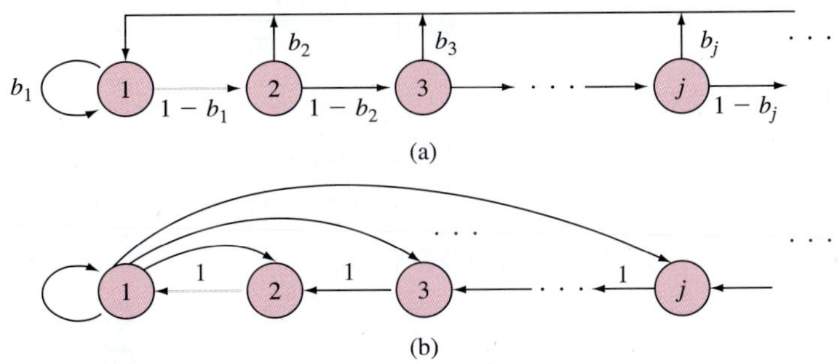

그림 11.15 ● (a) 갱신 과정의 수명에 대한 천이 다이어그램; (b) 후진한 과정에 대한 천이 다이어그램

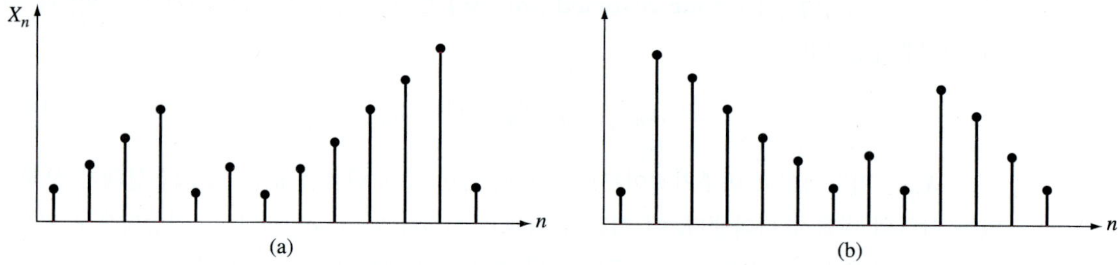

그림 11.16 ● (a) 시간 n에 사용 중인 전구의 수명; (b) X_n의 후진한 과정

$$q_{i,j} = 0 \qquad\qquad \text{그 외의 경우}$$

불변 상태 확률들 π_j를 찾는 문제는 뒤로 미룬다.

예제 11.42는 식 (11.53)이 불변 확률 π_j에 의해 만족되어야 하는 조건을 제공하는 것을 보여준다. 식 (11.53)을 적용하기 위해 pmf $\{\pi_j\}$를 추정할 수 있다고 가정하자.

$$\pi_i q_{ij} = \pi_j p_{ji} \quad \text{모든 } i, j\text{에 대해서} \tag{11.54}$$

그것은 $\{\pi_j\}$는 불변 pmf라는 것을 따른다. 그렇다는 것을 보기 위해 모든 j에 걸쳐서 식 (11.54)를 합산한다.

$$\sum_j \pi_j p_{ji} = \pi_i \sum_j q_{ij} = \pi_i \quad \text{모든 } i\text{에 대해서} \tag{11.55}$$

그러나 식 (11.55)는 순방향 과정에 대한 불변 pmf이기 위한 π_j에 대한 조건이다. 따라서 π_j는 불변 pmf이다. 이렇게 식 (11.54)는 이산시간 마코프 체인의 불변 pmf를 찾기 위한 다른 방법을 보여준다. 만약에 역방향 과정에 대한 천이 확률들 $q_{i,j}$의 집합과 식 *(11.54)*가 만족할 수 있도록 *pmf* π_j를 추정할 수 있다면, 그것은 π_j가 마코프 체인에 대한 불변 *pmf*라는 것과 $q_{i,j}$는 역방향 과정에 대한 천이 확률들이라는 것을 따른다.

예제 11.43

예제 11.42에 있는 역방향 과정의 표본 함수는 $i > 1$일 때, 그 과정은 확률 1로 상태 i에서 상태 $i-1$로 이동함을 암시한다.

$$q_{i,i-1} = \frac{\pi_{i-1}(1 - b_{i-1})}{\pi_i} = 1$$

이것은 다음을 뜻한다.

$$\begin{aligned} \pi_i &= (1 - b_{i-1})\pi_{i-1} \qquad i = 2, 3, \ldots \\ &= (1 - b_{i-1})(1 - b_{i-2}) \cdots (1 - b_1)\pi_1 \end{aligned} \tag{11.56}$$

그러나 $i \geq 2$일 때 예제 11.42에서 다음을 얻는다.

$$(1 - b_{i-1}) = 1 - \frac{a_{i-1}}{\sum_{k=i-1}^{\infty} a_k} = \frac{\sum_{k=i}^{\infty} a_k}{\sum_{k=i-1}^{\infty} a_k}$$

그러므로 식 (11.56)에서 $(1-b_{i-1})$의 분모는 $(1-b_{i-2})$의 분자를 약분하고, $(1-b_{i-2})$의 분모는 $(1-b_{i-3})$의 분자를 약분하고 그 과정이 계속된다.

$$\pi_i = \left\{\sum_{k=i}^{\infty} a_k\right\}\pi_1 = P[L \geq i]\pi_1 \qquad i = 2, 3, \ldots.$$

확률의 합은 1이라는 사실을 이용해 π_1을 얻는다.

$$1 = \pi_1 \sum_{i=1}^{\infty} P[L \geq i] = \pi_1 E[L]$$

여기서 $E[L]$에 대해서는 식 (4.29)가 사용된다. 따라서 다음과 같다.

$$\pi_i = \frac{P[L \geq i]}{E[L]} \qquad i = 1, 2, \ldots. \tag{11.57}$$

11.5.1 시간 가역적 마코프 체인

불변 에르고딕 마코프 체인은 순방향과 역방향 과정들의 1단계 천이 확률 행렬이 같다면, 즉 다음 식과 같다면 **가역적(reversible)**이라고 한다.

$$q_{ij} = p_{ij} \qquad \text{모든 } i, j\text{에 대해서} \tag{11.58}$$

식 (11.53)과 (11.58)은 마코프 체인이 다음과 같은 경우에 한해 가역적임을 뜻한다.

$$\pi_i p_{ij} = \pi_j p_{ji} \qquad \text{모든 } i, j\text{에 대해서} \tag{11.59}$$

π_i와 π_j는 각각 상태 i와 j의 밖으로 가는 천이들의 장기간 비율이고, 식 (11.59)는 i에서 j로의 천이 비율이 j에서 i로의 천이 비율과 같다면 체인은 가역적임을 함축한다.

예제 11.44 **이산시간 출생과 사망 과정**

그림 11.17은 다음 식과 같은 천이 확률을 갖는 이산시간 출생과 사망 과정에 대한 상태 천이 다이어그램을 나타낸다.

$$\begin{aligned} p_{00} &= 0 & p_{01} &= 1 = a_0 & & \\ p_{i,i+1} &= a_i & p_{i,i-1} &= 1 - a_i & i &= 1, 2, \ldots \\ p_{ij} &= 0 & &\text{그 외의 경우} & & \end{aligned}$$

어떤 표본 경로에 대해 i에서 $i+1$로의 천이의 수는 i로 되돌아가기 위한 유일한 길이 $i+1$이기 때문에 $i+1$에서 i로의 천이의 수와 적어도 1만큼 다를 수 있다. 따라서 i에서 $i+1$로의 장기간 천이의 비율은 $i+1$에서 i로의 것과 같다. 이들이 유일하게 가능한 천이이기 때문에 그것은 출생과 사망 과정이 가역적이라는 것을 따른다.

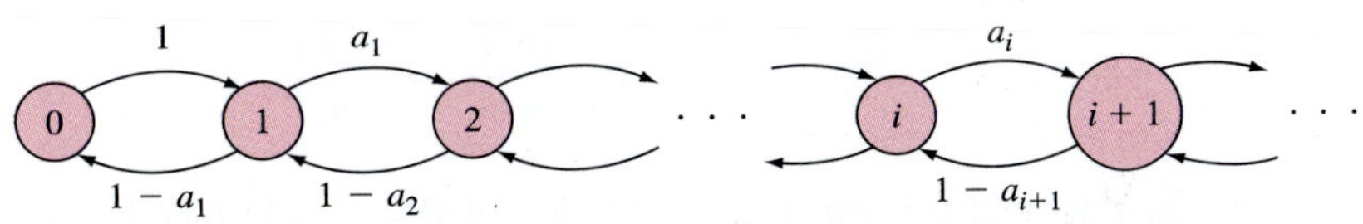

그림 11.17 ● 이산시간 출생과 사망 과정에 대한 천이 다이어그램

식 (11.59)는 다음 식을 함축한다.

$$a_j\pi_j = (1 - a_{j+1})\pi_{j+1} \qquad j = 0, 1, 2, \ldots$$

이것은 모든 π_j들을 π_0항으로 쓸 수 있게 한다.

$$\pi_j = \left(\frac{a_{j-1}}{1 - a_j}\right)\cdots\left(\frac{a_0}{1 - a_1}\right)\pi_0 = \frac{a_{j-1}\cdots a_0}{(1 - a_j)\cdots(1 - a_1)}\pi_0 \triangleq R_j\pi_0 \tag{11.60}$$

확률 π_0은 다음의 형태로 구해진다.

$$1 = \pi_0\sum_{j=0}^{\infty} R_j \tag{11.61}$$

식 (11.61)에 있는 급수는 π_j가 존재하기 위해서 수렴해야 한다.

11.5.2 시간 가역적 연속시간 마코프 체인

이제 시간상에서 역방향으로 작동하는 불변, 연속시간 마코프 체인을 생각하자. $X(t) = i$(즉, 과정이 시간 t, 상태 i에 있음)라면 역방향 과정이 부가적인 s초에 대해 상태 i에 남아있는 확률은 다음 식과 같다.

$$\begin{aligned} P[X(t') = i, \quad t - s \le t' \le t \,|\, X(t) = i] &= \frac{P[X(t - s) = i, T_i > s]}{P[X(t) = i]} \\ &= \frac{P[X(t - s) = i]P[T_i > s]}{P[X(t) = i]} \\ &= P[T_i > s] = e^{-v_i s} \end{aligned} \tag{11.62}$$

여기서 $X(t)$가 불변 과정이므로 $P[X(t-s) = i] = P[X(t) = i]$이고, T_i는 순방향 과정에 대한 상태 i에서 시간 소비다. 따라서 역방향 과정은 또한 상태 i에서 비율 v_i를 갖는 지수적으로 분포된 시간만큼을 소비한다.

순방향 과정 $X(t)$에서 도약(jumps)은 내장 마코프 체인 $\tilde{q}_{ij}$에 따라 결정된다. 따라서 역방향 과정에서의 도약은 식 (11.53)에 주어진 시간 반전된 내장 마코프 체인에 부합하는 이산시간 마코프 체인에 따라 결정된다.

$$q_{ij} = \frac{\pi_j\tilde{q}_{ji}}{\pi_i} \tag{11.63}$$

시간 반전된 연속시간 과정에 대한 천이율들은 다음 식으로 주어진다.

$$\begin{aligned} \gamma'_{ij} = v_i q_{ij} &= \frac{\pi_j v_i \tilde{q}_{ji}}{\pi_i} \\ &= \frac{v_i\pi_j\gamma_{ji}}{\pi_i v_j} = \frac{p_j\gamma_{ji}}{p_i} \end{aligned} \tag{11.64}$$

여기서 $\tilde{q}_{ij} = \gamma_{ji}/v_j$와 $p_j = c\pi_j/v_j$라는 사실을 사용했다. 식 (11.64)와 식 (11.53)을 비교해 천이율 γ'_{ij}는 이산시간에서 연속시간 경우로 수행 중에 천이 확률들 q_{ij}를 단순히 대치했다는 것에 주목하자.

식 (11.54)에 대해 이끌어냈던 논의는 $X(t)$의 불변 pmf를 결정하기 위한 다른 방법을 제공한다. 만약 다음 식들과 같이 천이율 $\gamma'_{i,j}$와 pmf p_j를 추정할 수 있다면 다음과 같다.

$$p_i\gamma'_{i,j} = p_j\gamma_{j,i} \quad \text{모든 } i, j\text{에 대해서} \tag{11.65a}$$

$$\sum_{j\neq i}\gamma_{i,j} = \sum_{j\neq i}\gamma'_{i,j} \quad \text{모든 } i\text{에 대해서} \tag{11.65b}$$

p_j는 $X(t)$에 대해 불변 pmf이고, $\gamma'_{i,j}$는 역방향 과정에 대한 천이율이다. 순방향과 역방향 과정에서 상태 점유 시간들은 같은 평균을 갖는 지수적 불규칙 변수들이므로 연속시간 마코프 체인 $X(t)$는 그것의 내장 마코프 체인이 가역적인 경우에 한해서 가역적이다. 식 (11.59)는 다음 식의 조건이 만족되어야 함을 뜻한다.

$$\pi_i\widetilde{q}_{ij} = \pi_j\widetilde{q}_{ji} \quad \text{모든 } i, j\text{에 대해서} \tag{11.66}$$

여기에서 π_i는 내장 마코프 체인의 불변 pmf이다. 식 (11.50)에 따라 $\pi_j = (1/c)v_jp_j$라는 것을 상기하자. 여기에서 p_j는 $X(t)$의 불변 pmf이다. 식 (11.66)에 대입하면 다음 식을 얻는다.

$$p_iv_i\widetilde{q}_{ij} = p_jv_j\widetilde{q}_{ji}$$

이것은 다음 식과 같다.

$$p_i\gamma_{ij} = p_j\gamma_{ji} \tag{11.67}$$

따라서 $X(t)$는 식 (11.67)이 만족되는 경우에 한해서 가역적이라고 결론짓는다. 이산시간의 경우와 같이 식 (11.67)은 $X(t)$가 상태 i에서 상태 j로 가는 비율은 $X(t)$가 상태 j에서 상태 i로 가는 비율과 같다는 것에서 출발하여 설명할 수 있다.

예제 11.45 연속시간 출생과 사망 과정

예제 11.40에 소개된 일반적인 연속시간 출생과 사망 과정을 생각해보자. 이 과정에서 내장 마코프 체인은 예제 11.44에서 언급한 형태의 이산시간 출생과 사망 과정이다. 그러므로 그것은 모든 연속시간 출생과 사망 과정들은 시간 가역적임을 따른다.

12장에서는 어떤 마코프 체인의 시간 가역은 대기 시스템의 출발 과정에 대한 주목할 만한 성질들을 포함하고 있음을 보게 될 것이다.

11.6 마코프 체인을 위한 수치적 방법

본 절에서는 마코프 체인의 해석에 유용한 몇몇 수치적 방법을 제시한다. 이 절의 앞부분은 마코프 체인의 상태 확률에 대한 일시적인 해와 시불변 해를 구하기 위한 방법들을 보인다. 이 절의 두 번째 부분은 이산시간 및 연속시간 마코프 체인들의 모의실험에 대하여 언급한다.

11.6.1 마코프 체인의 시불변 확률

유한 상태 이산시간 마코프 체인에 대한 가장 기본적인 계산은 그들의 시불변 상태 확률을 구하는 것이다. 시불변 상태 확률을 구하기 위하여 다음 방정식을 고려하자.

$$\boldsymbol{\pi} = \boldsymbol{\pi}P \text{ 또는 동등하게 } \mathbf{0} = \boldsymbol{\pi}(P - I) \tag{11.68a}$$

일반적으로 위와 같은 선형 방정식들 집합은 결정되지 않는다. 이를 보이기 위하여 행렬 $P-I$의 열들의 합이 영임에 주목하자. 그러므로 정규방정식 $\pi_1 + \pi_2 + \cdots \pi_K = 1$을 필요로 한다. $P-I$의 열 벡터 중 하나를 원소가 모두 1인 열 벡터로 치환하여 이 방정식을 반영시킬 수 있다. Q를 $P-I$의 첫 열을 치환하여 얻어지는 행렬이라고 하자. 선형 시스템은 다음과 같이 된다.

$$\mathbf{b} = \boldsymbol{\pi}Q \tag{11.68b}$$

여기서 **b**는 첫 원소가 1이고 나머지는 영인 행 벡터이다. 만약 마코프 체인이 기약이라면 유일한 시불변 pmf가 존재하고 위 등식의 역을 취하여 얻는다.

예제 11.46 **구글 PageRank**

예제 11.30의 PageRank 알고리즘에 대한 시불변 pmf를 구하라.

예제로부터 $P-I$를 취한 다음 첫 열을 모두 1로 치환하면 다음을 얻는다.

$$Q = \begin{bmatrix} 1 & 0.4550 & 0.4550 & 0.0300 & 0.0300 \\ 1 & -0.8000 & 0.2000 & 0.2000 & 0.2000 \\ 1 & 0.3133 & -0.9700 & 0.3133 & 0.0300 \\ 1 & 0.0300 & 0.0300 & -0.9700 & 0.8800 \\ 1 & 0.0300 & 0.4550 & 0.0300 & -0.5450 \end{bmatrix}$$

Q의 역행렬을 이용하면 다음 pmf를 얻는다.

$$\boldsymbol{\pi} = (0.13175, 0.18772, 0.24642, 0.13172, 0.30239)$$

위 절차에 대한 Octave 명령어들은 다음과 같이 주어진다.

```
> Q=[1 0.455 0.455 0.03 0.03
> 1 -.8 .2 .2 .2
> 1 0.3133 -.97 0.3133 0.03
> 1 0.03 0.03 -0.97 0.88
> 1 0.03 0.455 0.03 -.545];
> b=[1 0 0 0 0];
> p=b*inv(Q)
p =
  0.13175 0.18772 0.24642 0.13172 0.30239
```

무한 상태 마코프 체인의 경우, 상태 확률이 무시할 만한 값을 갖는 상태를 제거하여 상태 공간을 줄임으로써 행렬의 역을 적용할 수 있다. 또 다른 방법은 다음 장에서 설명되겠지만 시스템의 상태를 위한 확률 발생 함수를 응용하는 것과 연관된다.

유한 상태 연속시간 마코프 체인의 시불변 pmf를 구하기 위하여 정규 조건뿐 아니라 식 (11.40a)를 만족하는 pmf를 구할 필요가 있다.

$$\mathbf{0} = \mathbf{p}\Gamma \text{ 그리고 } 1 = \mathbf{pe} \tag{11.69a}$$

여기서 Γ와 **e**는 다음과 같다.

$$\Gamma = \begin{bmatrix} -v_0 & \gamma_{01} & \gamma_{02} & \gamma_{03} \\ \gamma_{10} & -v_1 & \cdots & \gamma_{1K-1} \\ \cdots & \cdots & \cdots & \cdots \\ \gamma_{K-10} & \gamma_{K-11} & \cdots & -v_{K-1} \end{bmatrix} \text{ 그리고 } \mathbf{e} = \begin{bmatrix} 1 \\ 1 \\ \cdots \\ 1 \end{bmatrix} \tag{11.69b}$$

Γ의 열 벡터의 합은 영이 되고 따라서 전과 마찬가지로 Γ의 열 벡터를 **e**로 치환할 필요가 있다. 결과적으로 얻어지는 행렬의 역을 **b**에 곱하여 **p**를 얻는다.

예제 11.47 **카트리지 재고**

한 사무실에서 4개의 한 묶음 레이저 프린터 카트리지를 주문한다. 각 카트리지는 평균 한 달인 지수적으로 분포된 시간 동안 지속된다. 새로운 4개의 한 묶음은 이전 묶음의 마지막 카트리지가 떨어지자마자 사용할 수 있다고 가정하자. 시간 t에 가용한 카트리지들의 수를 $N(t)$라고 할 때, $N(t)$에 대한 시불변 pmf를 구하라.

$N(t)$는 집합 {1, 2, 3, 4}의 한 값을 취하고, 주기적인 수열 $4 \rightarrow 3 \rightarrow 2 \rightarrow 1 \rightarrow 4 \ldots$를 따른다. 각 상태의 나오는 비율은 1이고, 전 상태로부터 각 상태로 진입하는 비율들은 또한 1이다. 그러므로 천이율 행렬과 변형된 대역 균형방정식은 다음과 같다.

$$\Gamma = \begin{bmatrix} -1 & 0 & 0 & 1 \\ 1 & -1 & 0 & 0 \\ 0 & 1 & -1 & 0 \\ 0 & 0 & 1 & -1 \end{bmatrix} \qquad \mathbf{b} = \mathbf{p}\begin{bmatrix} 1 & 0 & 0 & 1 \\ 1 & -1 & 0 & 0 \\ 1 & 1 & -1 & 0 \\ 1 & 0 & 1 & -1 \end{bmatrix}$$

$\mathbf{p} = (1/4, 1/4, 1/4, 1/4)$임을 보이는 것은 쉽다. 더 복잡한 경우에 대해서는 **p**를 풀기 위해 수치해석적 역을 사용한다.

11.6.2 마코프 체인의 시간종속 확률

식 (8.16b)로 주어진 이제 유한 상태 이산시간 마코프 체인의 시간종속 확률을 구하여 보자. 예제 11.9는 P^n을 구하기 위한 일반적인 접근 방법을 설명하였다. 그렇지만 먼저 천이 확률 행렬 P에 대한 몇몇의 사실들에 주목하자.

확률 행렬은 각 행의 원소합이 1인 음수가 아닌 행렬로 정의한다. 그러므로 P는 확률 행렬이다. 확률 행렬은 고유값으로 항상 $\lambda = 1$이며, 우측 고유벡터(eigenvector) $1\mathbf{e} = P\mathbf{e}$ 값으로 항상 $\mathbf{e}^T = (1, \ldots, 1)$이다. 이것은 P의 모든 행 원소들은 1씩 더해졌다는 사실로부터 따른 것이다. 반면, 불변 pmf π는 P의 $\lambda = 1$의 고유값에 대해 좌측 고유벡터 $1\boldsymbol{\pi} = \boldsymbol{\pi} P$이다. [Galler, 116–117페이지]에도 나와 있듯이, 만약 P가 비주기적 기약적 마코프 체인에 대응된다면 $\lambda = 1$은 가장 큰 고유값이 되며 다른 모든 고유값들의 크기는 1보다 작게 된다.

P는 비주기인 기약적 마코프 체인에 대응된다고 하자. 예제 11.19에 이어 P^n을 구하기 위해 $1 = \lambda_1 > |\lambda_2| > \ldots > |\lambda_K|$ 의 고유값과 P의 우측 고유벡터 $\mathbf{e}_1, \mathbf{e}_2 \ldots, \mathbf{e}_K$을 먼저 찾는다. **E**는 열 고유벡터를 가진 행렬이라고 하면 다음과 같은 결과를 얻을 수 있다.

$$P^n = \mathbf{E}\Lambda^n\mathbf{E}^{-1}$$
$$= \mathbf{E}\begin{bmatrix} 1 & 0 & \ldots & 0 \\ 0 & \lambda_2^n & \ldots & 0 \\ 0 & 0 & \ldots & 0 \\ 0 & 0 & \ldots & \lambda_K^n \end{bmatrix}\mathbf{E}^{-1} \tag{11.70}$$

n이 증가함에 따라 대각 행렬에서 1행 1열을 제외한 모든 값은 0으로 접근함을 알 수 있다. **E**의 첫 번째 열은 모든 1의 벡터임을 알 수 있다. 이것은 $\mathbf{E}^{-1}$의 첫 번째 행은 불편 pmf π를 포함하고 있음을 의미한다. 옥타브에서 P의 고유값과 고유벡터는 `eig(p)` 함수를 이용하여 얻는데, 이것은 10.7절에서 이미 언급됐다. 실제로 `p^n` 명령어를 사용하는 것이 더욱 간단하고 편리하다.

다음은 식 (11.39)에 해인 유한 상태 연속시간 마코프 체인의 시간종속 확률들을 찾는 것을 알아보자

$$\mathbf{p}'(t) = [p_j'(t)] = \sum_{i=1}^{K} p_i(t)\gamma_{ij} = \mathbf{p}(t)\Gamma,\ \ \mathbf{p}(0) = (p_i(0), \ldots, p_K(0))\text{을 만족하는} \tag{11.71}$$

이제부터는 1차 벡터 미분방정식을 다룬다. 전자공학 학생들은 선형 시스템 입문과정에서 위 식을 접하게 되는데 해는 다음과 같다.

$$\mathbf{p}(t) = \mathbf{p}(0)P(t) = \mathbf{p}(0)e^{\Gamma t} \tag{11.72a}$$

여기서 $P(t) = e^{\Gamma t}$는 t초의 길이 간격에 있는 천이 확률의 행렬이며, 지수 행렬 함수는 다음 식과 같이 정의된다.

$$P(t) = [p_{ij}(t)] = e^{\Gamma t} = \sum_{j=0}^{\infty} \frac{(\Gamma t)^j}{j!} \tag{11.72b}$$

또한 대각 행렬을 사용함으로써 지수 행렬은 다음과 같이 측정할 수 있다.

$$P(t) = \mathbf{E}[e^{\lambda_i t}]\mathbf{E}^{-1} \tag{11.72c}$$

E 행렬의 열들은 **Γ**의 고유벡터이며, 가운데 행렬은 지수 함수 성분을 갖는 대각 행렬이다. [Gallager, 194페이지]는 마코프 체인이 유한 상태이며 기약적이면 **Γ**는 우측 고유벡터 $\mathbf{e}^T = (1, \ldots, 1)$을 갖는 고유값 $\lambda = 0$를 갖는다는 것을 보여준다. 또 **Γ**는 유일한 불변 상태 pmf인 $\lambda = 0$에 대응되는 좌측 고유벡터 **P**를 갖는다. 게다가 **Γ**의 남은 고유값들은 음의 실수 부분을 갖는다. 이것은 대각 행렬에서 $\lambda = 0$을 제외한 모든 지수 항목은 t가 증가함에 따라 0으로 감소함을 의미한다. 만약 $\lambda = 0$이 대각 행렬에서 1행 1열을 차지한다고 하면, $t \to \infty$로 감에 따라 $P(t)$는 **e**와 $\mathbf{E}^{-1}$의 첫 번째 행의 곱으로 접근한다.

예제 11.48 카트리지 재고

예제 11.47에서 $N(0) = 4$일 때 $N(t)$에 대한 상태 확률들을 찾아라.

`eig(Γ)` 함수를 사용하여 **Γ**의 고유값과 고유벡터를 얻고 또 연관 행렬들 **E**, **Λ**, $\mathbf{E}^{-1}$을 얻는다.

$$\mathbf{E} = \frac{1}{2}\begin{bmatrix} 1 & 1 & 1 & 1 \\ 1 & j & -j & -1 \\ 1 & -1 & -1 & 1 \\ 1 & -j & j & -1 \end{bmatrix} \quad \Lambda = \begin{bmatrix} 0 & 0 & 0 & 0 \\ 0 & -1-j & 0 & 0 \\ 0 & 0 & -1+j & 0 \\ 0 & 0 & 0 & -2 \end{bmatrix} \quad \mathbf{E}^{-1} = \frac{1}{2}\begin{bmatrix} 1 & 1 & 1 & 1 \\ 1 & -j & -1 & j \\ 1 & j & -1 & -j \\ 1 & -1 & 1 & -1 \end{bmatrix}$$

두 개의 고유값들과 대응되는 고유벡터들이 복잡함을 알 수 있다. 상태 확률들은 다음과 같이 주어진다.

$$\mathbf{p}(t) = \mathbf{p}(0)\mathbf{E}\begin{bmatrix} 1 & 0 & 0 & 0 \\ 0 & e^{-(1+j)t} & 0 & 0 \\ 0 & 0 & e^{-(1-j)t} & 0 \\ 0 & 0 & 0 & e^{-2t} \end{bmatrix}\mathbf{E}^{-1}$$

$$= (0, 0, 0, 1)\frac{1}{4}\begin{bmatrix} 1 & 1 & 1 & 1 \\ 1 & j & -j & -1 \\ 1 & -1 & -1 & 1 \\ 1 & -j & j & -1 \end{bmatrix}\begin{bmatrix} 1 & 0 & 0 & 0 \\ 0 & e^{-(1+j)t} & 0 & 0 \\ 0 & 0 & e^{-(1-j)t} & 0 \\ 0 & 0 & 0 & e^{-2t} \end{bmatrix}\begin{bmatrix} 1 & 1 & 1 & 1 \\ 1 & -j & -1 & j \\ 1 & j & -1 & -j \\ 1 & -1 & 1 & -1 \end{bmatrix}$$

$$= \frac{1}{4}(1, -j, j, -1)\begin{bmatrix} 1 & 1 & 1 & 1 \\ e^{-(1+j)t} & -je^{-(1+j)t} & -e^{-(1+j)t} & je^{-(1+j)t} \\ e^{-(1-j)t} & je^{-(1-j)t} & -e^{-(1-j)t} & -je^{-(1-j)t} \\ e^{-2t} & -e^{-2t} & e^{-2t} & -e^{-2t} \end{bmatrix}$$

$$= \frac{1}{4}(1 - 2e^{-t}\sin t - e^{-2t}, 1 - 2e^{-t}\cos t + e^{-2t}, 1 + 2e^{-t}\sin t - e^{-2t}, 1 + 2e^{-t}\cos t + e^{-2t})$$

그림 11.18은 시간에 따른 4개의 상태 확률들을 나타내고 있다. 모든 확률의 질량은 초기에는 상태 4에 있다가 상태 3으로 변화고 다시 상태 2로 그리고 마침내 상태 1이 된다. 결국 모든 상태 확률들은 1/4의 안정된 상태값에 이르게 된다.

11.6.3 마코프 체인의 모의실험

기초가 되는 확률 경험들을 모방하여 마코프 체인을 모의실험한다. 초기 상태 pmf에 따라 초기 상태를 선택함으로써 시작한다. 그러면 관련된 천이 확률들에 따른 결과들을 곱함으로써 상태 수열을 발생시킨다. 연속시간 마코프 체인의 경우에 각 상태 천이가 결정된 후 상태 점유 시간을

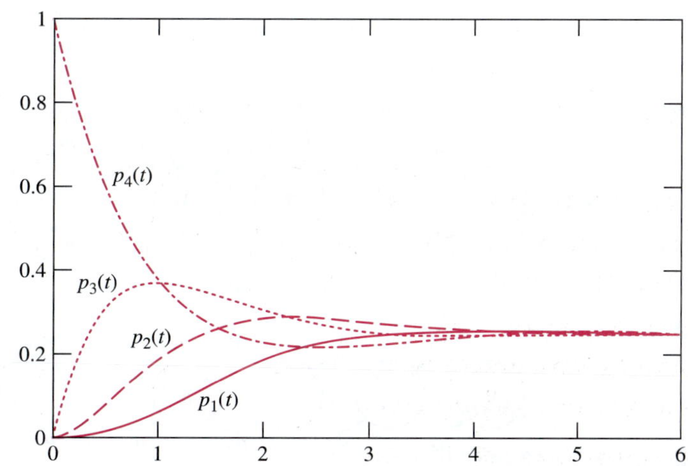

그림 11.18 ● 카트리지 재고에서 시간종속 확률

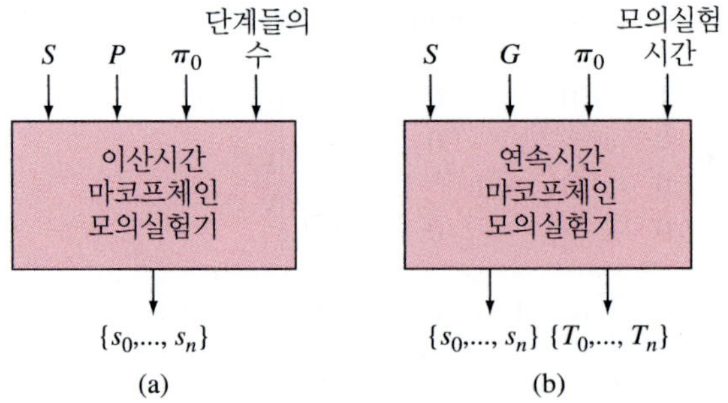

그림 11.19 ● 마코프 체인을 모의실험하기 위한 발생 모듈

발생시킬 필요가 있다. 그림 11.19는 마코프 체인의 실현을 위한 일반적인 모듈의 입출력을 보여주고 있다.

이산시간 마코프 체인 마코프 체인을 위한 상태 수열을 발생시키기 위한 모듈은 다음과 같은 입력이 필요하다. i) 상태 공간, ii) 상태 천이 확률들의 행렬, iii) 초기 상태 확률 질량 함수, iv) 모의실험 수열에서 단계의 수 모듈은 다음과 같이 동작한다.

1. π_0에 따라 초기 상태를 발생시킨다.
2. 현재 상태의 천이 확률들에 따라 다음 상태를 반복적으로 발생시킨다.
3. 필요한 단계의 수가 모의실험되었을 때 멈춘다.

예제 11.49 이산시간 마코프 체인

그림 11.20(a)에 보인 것과 같이 상태 천이 다이어그램을 가진 마코프 체인을 발생시키기 위한 프로그램 개발해보자. 마코프 체인은 상태부터 자기 자신까지 천이들이 허락되었다는 것을 제외하고는 출생 사망 과정의 천이들과 비슷하다는 것에 주목하자. 각 시간 장치 내에 패킷은 확률 a로 수신되며, (또는) 확률 b를

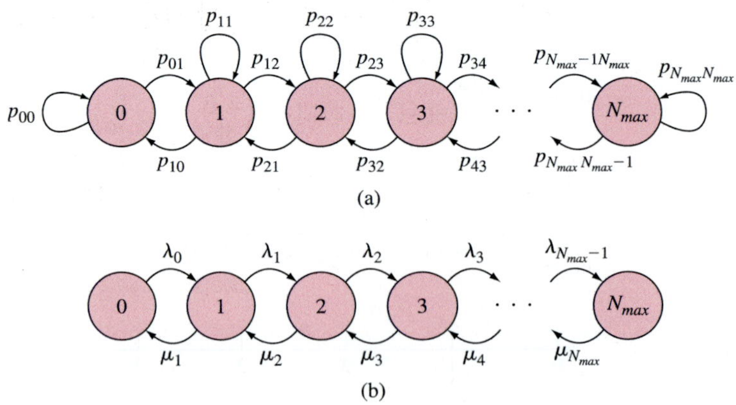

그림 11.20 ● 일반적인 마코프 체인 (a) 이산시간; (b) 출생 사망 연속시간

가진 그 버퍼로부터 전송하는 데이터 다중화기 내에 1,000번 단계를 모의실험하기 위한 프로그램을 사용하자. 초기의 데이터 다중화기는 비었다고 가정한다.

이 예제를 위해 `Discrete_MC(Nmax, P, IC, L)` 함수를 사용했다. 상태 공간은 $\{0, 1, \ldots, N_{max}\}$이다. 옥타브는 전진 1부터 인덱스를 사용하기 때문에 배열 상태는 1부터 $N_{max}+1$까지 걸쳐 있다. 마코프 체인을 고려하여 각 상태의 천이 확률에 대한 단지 3개 확률만을 규격화할 필요가 있다. 그러므로 행렬은 $N_{max}+1$행 3열이 된다. 초기 상태 pmf는 $N_{max}+1$행과 1열의 벡터이다. 함수의 결과는 크기 L 상태의 벡터이다.

데이터 다중화기를 위한 마코프 체인은 다음과 같은 천이 확률들을 갖는다. 만약 $N=0$이라면 그 시스템은 비어있고, 다음 상태는 적어도 a 확률을 갖은 $N=1$이거나 또는 확률 $1-a$를 갖는 $N=0$이다. 즉, $p_{00}=1-a$, $p_{01}=a$이다. 만약 $N=n>0$이면 다음 상태는 확률 $(1-b)a$를 갖는 $n+1$; ab 확률을 갖는 n; 확률 $b(1-a)$갖는 $n-1$이 된다. 즉, $p_{n\,n+1}=(1-b)a$, $p_{n\,n}=ab$, $p_{n-1\,n}=(1-a)$이다. 만약 $N=N_{max}$이면 다음 상태는 확률 $(1-a)$를 갖는 $N_{max}-$; 또는 확률 $1-b(1-a)$를 갖는 N_{max}이다. 왜냐하면 그 시스템은 N_{max}를 초과하여 증가하도록 허용되지 않았기 때문이다.

아래에 `Discrete_MC(S, P ,IC, N)` 함수라 불리는 입력 코드가 기록되어 있다. 함수의 기본 단계에는 체인이 1에 의해 증감하였는지 똑같이 남아있는지를 결정하는 이산 확률 변수 발생을 포함한다.

```
Nmax=50;
P=zeros(Nmax+1,3);
a=0.45;
b=0.50;
P(1,:)=[0,1-a,a];
r=[(1-a)*b,a*b+(1-a)*(1-b),(1-b)*a];
for n=2:Nmax;
     P(n,:)=r;
end
P(Nmax+1,:)=[(1-a)*b,1-(1-a)*b,0];
IC=zeros(Nmax+1,1);
IC(1,1)=1;
L=1000
Seq=Discrete_MC(Nmax,P,IC,L);
plot(Seq-1)
function stseq = Discrete_MC(Nmax,P,IC,L)
stseq=zeros(1,L);
s=[1:Nmax+1];
step=[-1,0,1];
InitSt=discrete_rnd(1,s,IC);
stseq(1)=InitSt;
for n=2:L+1;
     nextst=stseq(n-1)+discrete_rnd(1,step,P(stseq
     (n-1),:));
     stseq(n)=nextst;
end
```

그림 11.21(a)는 마코프 체인의 1,000단계 실행의 그래프를 보여주고 있다. 모의실험에 사용된 매개변수 a는 0.45, b는 0.5이다. 패킷은 시스템을 떠나기 전 서비스 평균에 대해 두 개의 시간 단위가 필요하다는 것을 a값은 의미한다. 위의 패킷을 서비스하기 위해 걸리는 두 개 시간 단위 동안에 평균 0.9패킷들이 도착한다. 이것은 모의실험에서 보인 패킷의 산발적이며 지속적이지 않은 체증에 의해 특징지어지는 교

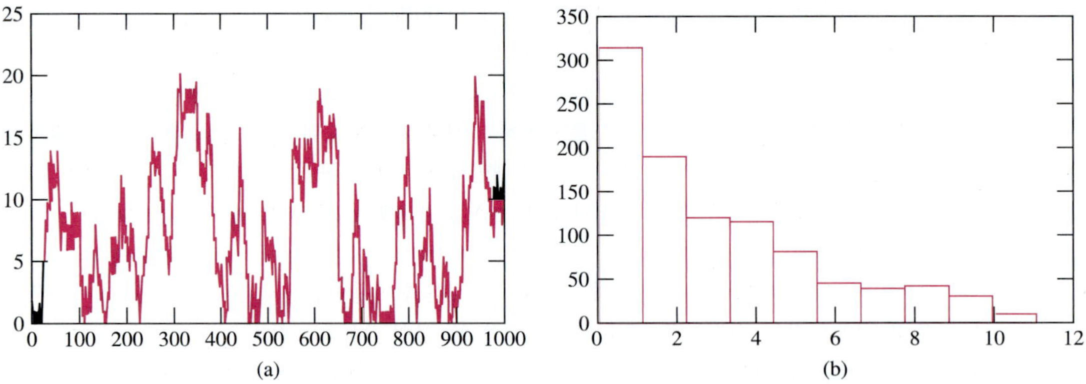

그림 11.21 ● (a) 이산시간 데이터 다중화기 모의실험; (b) 데이터 다중화기 내 패킷수의 히스토그램

통체증 상황의 예이다. 그림 11.21(b)는 모의실험에서 상태 발생의 히스토그램을 보여주는데, 확률 질량은 더 낮은 상태값에 집중되어 있음을 알 수 있다.

연속시간 마코프 체인 연속 마코프 체인을 위한 상태 수열을 발생시키기 위해 다음과 같은 입력들이 필요하다. i) 상태 공간, ii) 상태 천이율의 행렬, iii) 초기 상태 확률 질량 함수, iv) 모의실험 지속 시간 모듈은 다음과 같이 작동된다.

1. π_0에 따라 초기 상태를 발생시킨다.
2. 현재 상태부터 천이 확률을 사용함에 따라 그리고 새로운 상태를 위한 상태 점유 시간들을 사용함에 따라 다음 상태를 반복적으로 발생시킨다.
3. 경과된 시간만큼 모의실험되었을 때 멈춘다.

예제 11.50 **연속시간 출생 사망 과정**

그림 11.20(b)에 보인 것과 같이 상태 천이 다이어그램을 가진 연속시간 마코프 체인을 발생시키기 위한 프로그램을 개발해보자. M/M/1 대기 시스템의 1,000초를 흉내 내기 위한 프로그램을 사용하자. 이 시스템의 초기값은 비어있다고 가정하자.

이 예제를 위해 아래에 `Continuous_MC(S, G, IC, T)` 함수를 사용하였다. 모듈은 내장된 마코프 체인 접근을 사용하여 순차적으로 다음 상태와 점유 시간을 발생시킨다. 내장된 마코프 체인에 대한 천이 확률은 $\{\tilde{q}_{jj-1} = \mu_j/(\lambda_j + \mu_j), \tilde{q}_{jj+1} = \lambda_j/(\lambda_j + \mu_j)\}$이며, 평균 점유 시간은 평균 $\{1/(\lambda_j + \mu_j)\}$을 갖는 지수적 확률 변수이다. 기본적 단계는 체인이 1에 의해 증감했는지를 결정하는 이진 확률 변수 발생을 포함한다. 그리고 결과적으로 나타나는 상태 내 점유 시간을 결정하는 결과를 나타내는 상태에 점유 시간을 결정한다.

```
function [stseq,OccTime,n] = Continuous_MC(Nmax,G,IC,T)
Taggr=-1;
L=T*(G(Nmax-1,1)+G(Nmax-1,2)); % Estimate max number of state transitions
stseq=zeros(1,L);
OccTime=zeros(1,L);
Q=zeros(1,2);
```

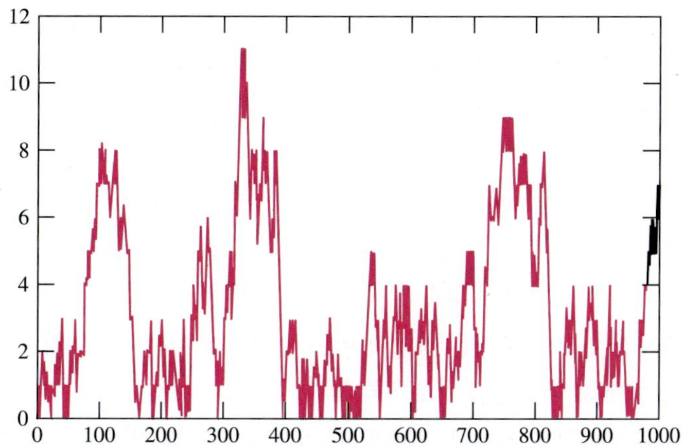

그림 11.22 ● 연속시간 마코프 체인의 M/M/1 대기 시스템의 모의실험

```
s=[1:Nmax+1];
step=[-1,1];
InitSt=discrete_rnd(1,s,IC);
stseq(1)=InitSt;
n=1;
OccTime(n)=exponential_rnd(G(stseq(n),1)+G(stseq(n),2));
Taggr=OccTime(n);
while (Taggr < T);
    n=n+1;
    Q(stseq(n-1),:)=[G(stseq(n-1),1),G(stseq(n-1),2)]/(G(stseq
    (n-1),1)+G(stseq(n-1),2));
    nextst=stseq(n-1)+discrete_rnd(1,step,Q(stseq(n-1),:));
    stseq(n)=nextst;
    OccTime(n)=exponential_rnd((G(stseq(n),1)+G(stseq(n),2)));
    Taggr=Taggr+OccTime(n);
End
```

다음 그림 11.22는 연속시간 마코프 체인의 M/M/1 대기 시스템의 모의실험 그래프이다. 모의실험된 대기 시스템은 초당 $\lambda = 0.9$ 직업의 도착률을 가지고 있으며, 초당 $\mu = 1$의 평균 작업 서비스 시간을 갖는다. 그러므로 그 시스템은 교통체증 속에서 동작되며 남아있는 작업이 있어 큰 어려움을 겪는다. 시스템이 각 상태 내에서 소비한 시간의 비율을 계산하는 것은 이산시간 시스템보다 더욱 복잡하다. 왜냐하면 점유 시간이 고려되어야 하기 때문이다. 이러한 계산에 대한 내용은 다음 장에서 알아보도록 할 것이다.

요약

- 현재 주어진 과정의 미래가 과거에 독립이라면 확률 과정은 마코프가 된다고 한다.
- 마코프 체인은 정수값 마코프 과정이다.
- 여러 시간 순간의 마코프 체인에 대한 결합 pmf는 처음 시간 순간에서 상태 확률과 연속적인 상태 천이(식 11.3) 확률의 곱과 같다.

- 이산시간 마코프 체인에 대해 (1) n단계 천이 확률 행렬 $P(n)$은 P^n과 같다. 여기에서 P는 한 단계 천이 확률이다. (2) n단계 후의 상태 확률 $\mathbf{p}(n)$은 $\mathbf{p}(0)P^n$과 같다. 여기에서 $\mathbf{p}(0)$는 초기 상태 확률이다. (3) P^n은 정상 상태로 귀착되는 마코프 체인에 대해 $n \to \infty$에 따라서 상수에 근접한다.
- 이산시간 마코프 체인의 상태들은 분리된 클래스들로 나뉠 수 있다. 마코프 체인의 장기간 동작은 그 클래스들의 성질에 의해 결정된다. 특히 에르고딕 마코프 체인에 대하여 불변 상태 확률들은 각 상태에서 장기간 시간 소비의 비율을 뜻한다.
- 연속시간 마코프 체인은 상태 천이를 결정하는 이산시간 내장 마코프 체인과 지수적으로 분포된 상태 점유 시간의 구성으로 볼 수 있다.
- 연속시간 마코프 체인에 대하여 (1) 상태 확률들과 천이 확률 행렬은 식 (11.39)를 해결함으로써 구할 수 있다. (2) 정상 상태 확률들은 대역적 균형방정식 (11.40b) 또는 (11.40c)를 해결함으로써 구할 수 있다.
- 연속시간 마코프 체인은 그의 내장 마코프 체인이 대역적 균형방정식의 해에서 주어진 유일한 불변 pmf를 갖는 기약적 그리고 양의 회귀적이라면 정상 상태를 갖고 있다.
- 마코프 체인의 시가역적 변형은 또한 마코프 체인이다. 이산시간(연속시간) 기약적, 불변 에르고딕 마코프 체인은 순방향과 역방향 과정들에 대한 천이 확률 행렬(천이율 행렬)이 같다면 가역적이다.
- 행렬 수치적 방법은 마코프 체인의 시간종속 확률이나 불변 확률들을 찾기 위해 사용되어질 수 있다.

주요 용어

가역 마코프 체인
공 회귀 상태
내장된 마코프 체인
동종 천이 확률
마코프 성질
불편 상태 확률 질량 함수
상태 점유 시간
상태 확률
시가역적 마코프 체인
에르고딕 마코프 체인
접근가능한 상태
천이 확률 행렬
통계적 행렬
회귀 상태/클래스
격자 다이어그램
기약 마코프 체인
대역적 균형방정식
마코프 과정
마코프 체인
상태
상태 클래스
상태/클래스의 주기
양의 회귀 상태
일시적 상태/클래스
챔프맨-콜모고로프 방정식
출생과 사망 과정
평균 회귀 시간

참고문헌

참고문헌 [1]과 [2]는 이산시간 마코프 체인에 대한 매우 좋은 토론들을 포함하고 있다. 특히 Feller는 읽기에 유익하며 풍부한 클래스 예제 집합들을 보여주고 있다. 참고문헌 [3]은 마코프 체인에 대해 간결하면서도 완변한 소개를 해주고 있다. 참고문헌 [4]는 이 장과 같은 내용의 이산시간과 연속시간 마코프 체인에 대해 소개하고 있으며, 참고문헌 [6]과 [7]은 마코프 체인과 과정들의 한층 엄밀하고 완전한 적용을 제공한다.

1. K. L. Chung, *Elementary Probability Theory with Stochastic Processes*, Springer–Verlag, New York, 1975.
2. W. Feller, *An Introduction to Probability Theory and Its Applications*, vol. 1, Wiley, New York, 1968.
3. Y. A. Rosanov, *Probability Theory*: A Concise Course. Dover Publications, New York, 1969.
4. S. M. Ross, *Introduction to Probability Models*, Academic Press, Orlando, FL. 2003.
5. S. M. Ross, *Stochastic Processes*, Wiley, New York, 1983.
6. D. R. Cox and H. D. Miller, *The Theory of Stochastic Processes*, Chapman and Hall, London, 1972.
7. R. G. Gallage, *Discrete Stochastic Processes*, Kluwer Academic Press, Boston, 1996.
8. J. Kohlas, *Stochastic Method of Operations Research*, Cambridge University Press, Londin, 1982
9. H. Anton, *Elementary Linear Algebra*, Wiley, New York, 1981.
10. A. M. Langville and C. D.Meyer, *Google' s PageRank and Beyond*, Princeton University Press, Princeton, NJ, 2006.

연습문제

11.1절 : 마코프 과정

11.1. 처음 항아리에는 5개의 검은 공과 5개의 흰 공이 담겨 있었다. 공 하나를 항아리에서 꺼내고 그 공이 흰색이면 다시 항아리에 넣고, 그렇지 않으면 그대로 밖에 놓는 실험을 무수히 반복한다. X_n은 항아리에서 n번 꺼낸 후 항아리에 남아있는 검은 공의 수라고 하자.

(a) X_n은 마코프 과정인가? 그렇다면 적절한 천이 확률들을 구하고 대응되는 격자 다이어그램을 그려라.

(b) 천이 확률들은 n에 의존하는가?

(c) 처음 항아리에 K개의 검은 공과 K개의 흰 공을 가지고 있다면 문제 (a)를 반복하라.

11.2. 처음 항아리에는 1개의 검은 공과 1개의 흰 공이 담겨 있었다. 공 하나를 항아리에서 꺼내어 확률이 a이면 공의 색깔을 바꾸어 다시 항아리에 넣고, 그렇지 않으면 바꾸지 않은 채 항아리에 다시 넣는 실험을 무수히 반복한다. X_n은 항아리에서 n번 꺼낸 후 항아리에 있는 검은 공의 수라고 하자.

(a) X_n은 마코프 과정인가? 그렇다면 적절한 천이 확률들을 구하라.

(b) 천이 확률들은 n에 의존하는가?

(c) $a = 1$이며 문제 (a)를 반복하여라. 무슨 변화가 있는가?

(d) 항아리에 K개의 검은 공과 K개의 흰 공이 들어있다면 문제 (a)와 (c)를 반복하여라.

11.3. 초기에 마이클과 마리사는 각각 3개의 펜을 가지고 있었다. 6개의 펜 중에 절반은 좋고 절반은 좋지 않다. 마이클과 마리사가 6개 중에서 무작위로 선택한 편을 서로 교환하는 실험을 무수히 반복한다. X_n은 n번 꺼낸 후 마리사의 것에 있는 좋은 펜의 개수라고 하자.

(a) X_n은 마코프 과정인가? 그렇다면 적절한 천이 확률들을 구하라.

(b) 천이 확률들은 n에 의존하는가?

(c) 마이클과 마리사가 처음에 K개의 좋은 펜과 K개의 좋지 않은 펜을 가지고 있다면 문제 (a)를 반복하여라.

11.4. 마코프 과정이 독립된 증분을 하는가? 힌트: 연습문제 11.1의 과정을 참고하여라.

11.5. X_n을 베르누이 독립항등분포 과정이라고 하고, Y_n 은 다음 식과 같이 주어진다고 하자.

$$Y_n = X_n + X_{n-1}$$

Y_n이 마코프 과정이 아니라는 것은 예제 11.2에 보였다. $\mathbf{Z}_n = (X_n, X_{n-1})$로 정의된 벡터 과정을 생각하자.

(a) $\mathbf{Z}_n$이 마코프 과정임을 보여라.

(b) $\mathbf{Z}_n$에 대한 상태 천이 다이어그램을 구하라.

11.6. **(a)** 다음의 자기회귀 과정이 마코프 과정임을 보여라.

$$Y_n = rY_{n-1} + X_n \qquad Y_0 = 0$$

여기서 X_n은 독립항등분포 과정이다.

(b) X_n이 독립항등분포 가우스 수열이라면 천이 pdf를 구하라.

11.2절 : 이산시간 마코프 과정

11.7. X_n을 iid 정수값의 불규칙 과정이라고 하자. X_n이 마코프 과정임을 보이고 이것의 한 단계 천이 확률 행렬을 구하라.

11.8. 정보원은 $P[0] = a = 1 - P[1]$에 대한 독립항등분포 비트 X_n을 발생시킨다.

(a) X_n은 오류 확률 ε를 가진 이진 대칭 채널로 전송됐다라고 하자. 채널의 출력 확률을 구하라.

(b) X_n은 K개의 연속적 동일한 독립 이진 대칭 채널을 통해 전송됐다라고 하자. 채널 출력의 수열은 마코프 체인을 형성하는가?

(c) K번째 채널의 근원지부터 출력까지 입력 비트를 관련시키는 K단계 천이 확률을 구하라.

(d) $K \to \infty$로 감에 따라 K번째 채널의 출력 확률은 무엇인가?

11.9. 각 시간 장치에 데이터 다중송신 방식은 확률 a를 가진 패킷을 수신하고 (혹은) 데이터 다중송신 방식은 확률 b를 가진 버퍼로부터 패킷을 보낸다. 다중송신 방식은 거의 N개의 패킷을 수용할 수 있다고 가정하고, X_n은 n차 다중송신 방식에서 패킷의 숫자라고 하자.

(a) 시스템이 마코프 체인으로 모델화될 수 있음을 보여라.

(b) 천이 확률 행렬 P를 찾아라.

(c) 불변 pmf를 찾아라.

11.10. X_n이 연습문제 11.1의 항아리 실험을 위해 정의된 마코프 체인이라고 하자.

(a) X_n에 대한 1단계 천이 확률 행렬 P를 구하라.

(b) 행렬 곱셈에 의한 2단계 천이 확률 행렬 P^2를 구하라. $p_{54}(2)$를 계산하여 답을 검사하여라. 그것을 P^2에 있는 상응하는 항목과 비교하라.

(c) n이 무한대로 근접함에 따라 X_n은 무슨 일이 생기는가? $n \to \infty$에 따라 P^n의 극한을 추정하기 위해 당신의 답변을 이용하라.

11.11. X_n이 연습문제 11.2에 정의된 마코프 체인이라고 하자.

(a) $a = 1/1$의 확률을 가진 X_n에 대한 1단계 천이 확률 행렬 P를 구하라.

(b) 행렬 곱셈에 의한 행렬 P^2, P^4 그리고 P^8를 구하라.

(c) n이 무한대로 근접함에 따라 X_n은 무슨 일이 생기는가?

(d) $a = 1$일 때 (a)~(c)를 반복하여라.

11.12. Ehrenfest 열교환 모델 내부 안의 두 개 용기에는 ρ입자 전체가 담겨져 있다[Feller. 121페이지 참조]. 각 순간 시간에서 입자는 불규칙적으로 선택되어 다른 용기로 옮겨진다. X_n을 첫 번째 용기 안의 입자의 개수라고 하자.

(a) 이 모델이 연습문제 11.2(d)와 같음을 보여라.

(b) 상태 천이 다이어그램을 사용하여 왜 그 모델이 'central force'를 나타내는지 설명하여라.

(c) 불변 pmf가 매개변수 ρ과 1/2로 주어진 이항식 pmf에 의해 표현됨을 보여라. 이와 같은 결과에 대한 직관적인 설명을 하여라.

11.13. X_n이 연습문제 11.3에 정의된 펜 교환 마코프 체인이라고 하자.

(a) 확률 P를 찾아라

(b) 옥타브를 사용하거나 수치 프로그램을 사용하여 행렬 곱셈에 의한 행렬 P^2, P^4 그리고 P^8를 구하라.

(c) $n \to \infty$에 따라 X_n은 어떤 일이 생기는가?

11.14. 확산을 위한 베르누이 라플라스 모델에서 2ρ입자의 전체는 두 개의 용기 사이에 분포되어 있다. 입자의 절반은 검정색이고 절반은 흰색이다(Feller, 1968. 378페이지 참조). 각 순간 시간에 입자는 각각 용기로부터 불규칙적으로 선택되어 다른 컨테이너 이동된다. X_n을 첫 번째 용기 안의 흰색 입자의 개수라고 하자.

(a) 이 모델이 연습문제 11.3(c)와 같음을 보여라.

(b) 불변 pmf가 다음과 같음을 보여라.

$$\pi_j = \binom{\rho}{j}^2 \Big/ \binom{2\rho}{\rho} \qquad j = 0, 1, \ldots, \rho \text{에 대해}$$

11.15. 연습문제 11.5에 있는 벡터 과정 $\mathbf{Z}_n$은 4가지 가능한 상태가 있다. 사실상 그것은 상태 {0, 1, 2, 3}을 갖는 마코프 체인과 같다.

(a) 1단계 천이 확률 행렬 P를 구하라.

(b) P^2를 구하고 2단계로 상태 (0, 1)에서 상태 (0, 1)로 가는 확률 계산에 따라 답변을 검증하라.

(c) 모든 $n > 2$일 때 $P^n = P^2$임을 보여라. 이 확률 과정에 대하여 이것이 왜 사실인지에 대한 직관적으로 정당화하여 보여라.

(d) 그 과정에 대한 정상 상태 확률들을 구하라.

11.16. 성공 확률이 p인 베르누이 시도의 수열을 생각해보자. X_n은 n번까지 연속적인 성공 횟수라고 하자.

(a) X_n이 마코프 체인임을 보여라

(b) 1단계 천이 확률을 찾고, 대응되는 상태 천이 다이어그램을 그려라.

(c) $p < 1$라고 가정할 때 불변 pmf를 찾아라.

11.17. 두 명의 도박꾼이 다음 게임을 한다. 온전한 동전을 던진다. 만약 결과가 앞면이면 A가 B에게 1달러를 지불한다. 결과가 뒷면이라면 B가 A에게 1달러를 지불한다. 그 게임은 둘 중 하나가 파산할 때까지 계속한다. 초기에 A는 1달러, B는 2달러를 가져 총 3달러라고 가정한다. X_n은 n번 시도 후에 A가 갖고 있는 달러를 나타낸다.

(a) X_n이 마코프 체인임을 보여라.

(b) X_n에 대한 상태 천이 다이어그램의 개략을 그리고 1단계 천이 확률 행렬 P를 산출하라.

(c) n이 짝수(즉, $n = 2k$)일 때 다음 식을 보이는 데 도움을 주기 위해 상태 천이 다이어그램을 이용하라.

$$p_{ii}(n) = \left(\frac{1}{2}\right)^n \quad i = 1, 2\text{에 대하여 그리고} \quad p_{10}(n) = \frac{2}{3}\left(1 - \left(\frac{1}{4}\right)^k\right) = p_{23}(n)$$

(d) (c)를 이용해 짝수 n에 대한 n단계 천이 확률 행렬을 구하라.

(e) $n \to \infty$에 따라 P^n의 극한을 구하라.

(f) 결국 A가 승리할 확률을 구하라.

11.18. 기계의 어떤 부품은 작업 중이거나 수리 중인 두 상태로 될 수 있다. 작업 부품은 하루 동안에 확률 a로 실패한다. 수리 중인 부품은 하루 동안에 확률 b로 작업 명령을 받는다. X_n을 부품의 상태라 한다.

(a) X_n가 3상태 마코프 체인임을 보이고 그것의 1단계 천이 확률 행렬 P를 계산하여라.

(b) 정상 상태 pmf π가 $p = b/(a+b)$의 매개변수를 갖는 이항식임을 보여라.

(c) n부분으로 구성되는 기계에 대해 정상 상태 pmf를 무엇이라 기대하는가?

11.19. 통계 행렬이 각 행의 원소에 1씩 더하는 음이 아닌 행렬로서 정의된다.

(a) 마코프 체인에 대한 P천이 확률 행렬이 확률 행렬임을 보여라.

(b) 만일 P와 Q가 확률 행렬이라면 PQ도 역시 확률 행렬임을 보여라

(c) P가 확률 행렬이며 P^n도 역시 확률 행렬임을 보여라.

11.20. P^k가 같은 행을 갖는다면 P^j는 모든 $j \geq k$에 대해 같은 행임을 보여라.

11.21. 귀납법에 의해 식 (11.14)를 증명하라.

11.3절 : 상태의 클래스, 회귀 성질, 극한 확률

11.22. **(a)** 다음의 천이 확률 행렬들을 갖는 마코프 체인에 대한 상태 천이 다이어그램을 개략적으로 그려라.

(b) 마코프 체인의 클래스를 상술하고 회귀적 또는 일시적으로 분류하라.

(c) 각 행렬의 첫 번째 몇 개의 파워를 구하기 위해 옥타브를 이용하라. 흥미로운 성질들이 있는지 주목하라.

$$\text{(i)} \begin{bmatrix} 0 & 1 & 0 \\ 1/2 & 0 & 1/2 \\ 1 & 0 & 0 \end{bmatrix} \qquad \text{(ii)} \begin{bmatrix} 1 & 0 & 0 \\ 0 & 0 & 1 \\ 0 & 1 & 0 \end{bmatrix} \qquad \text{(iii)} \begin{bmatrix} 1/2 & 1/2 & 0 \\ 0 & 1 & 0 \\ 1/2 & 0 & 1/2 \end{bmatrix}$$

$$\text{(iv)} \begin{bmatrix} 0 & 1/2 & 1/2 & 0 \\ 0 & 0 & 1 & 0 \\ 0 & 0 & 1 & 0 \\ 1 & 0 & 0 & 0 \end{bmatrix} \quad \text{(v)} \begin{bmatrix} 1/2 & 1/2 & 0 & 0 \\ 1 & 0 & 0 & 0 \\ 1/2 & 0 & 1/4 & 1/4 \\ 0 & 1/4 & 1/4 & 1/2 \end{bmatrix}$$

11.23. 연습문제 11.25에서 마코프 체인의 장기간 행동 특성을 기술하라. 각 상태에서 시간 소비의 장기간 비율을 구하라. 적용 가능한 곳의 불변 pmf를 구하고 유일한지를 판단하라.

11.24. 3상태 마코프 체인을 생각해보자. 천이 확률을 선택하고 다음과 특성들을 구하기 위한 관련된 천이 다이어그램을 개략적으로 그려라.

(a) X_n은 기약적이다.

(b) X_n은 한 개의 일시적 클래스를 가지고 한 개의 회귀적 클래스를 가진다.

(c) X_n은 두 개의 회귀적 클래스를 갖는다.

11.25. **(a)** 그림 P11.1과 같이 상태 천이 다이어그램을 갖는 마코프 체인에 대한 천이 확률 행렬을 구하라.

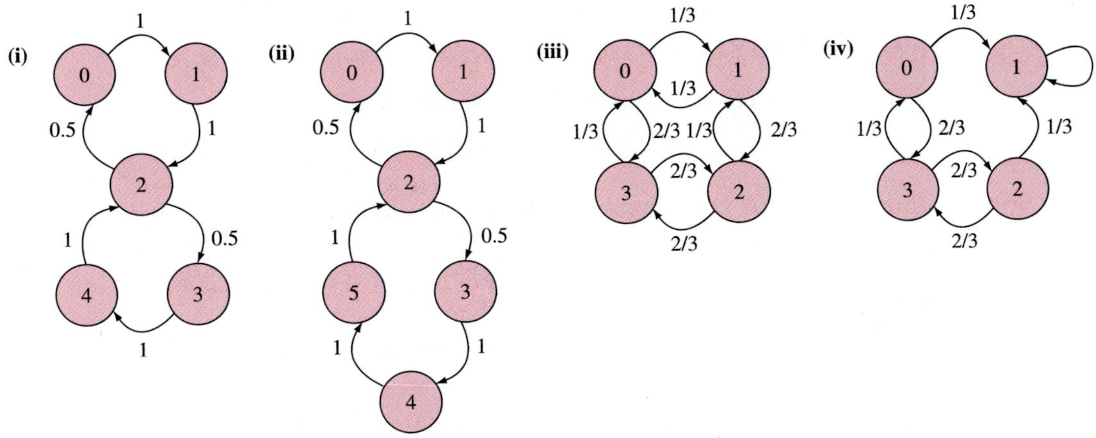

그림 P11.1

(b) 마코프 체인의 클래스를 상술하고 회귀적 또는 일시적으로 분류하라.

(c) 마코프 체인의 장기간 행동 특성을 기술하라. 그리고 각 상태에서 시간 소비의 장기간 비율과 적용 가능한 곳의 불변 pmf를 구하라.

(d) 옥타브를 사용하여 $n = 1, 2, 3, 4, 5$에 대해 P^n를 평가하라. 찾아낸 재미있는 결과를 설명해보라.

11.26. **(a)** 천이 확률 행렬을 찾기 위해 연습문제 11.25의 마코프 체인에 PageRank 모델링 과정을 적용하라.

(b) 각 노드에 대한 PageRank를 구하라.

11.27. 다음과 같은 천이 확률들을 갖는 집합 $\{0, 1, \ldots, M\}$에서 확률 보행을 생각하자.

$$p_{01} = 1, p_{M,M-1} = 1 \text{ 그리고 } p_{i,i-1} = q \qquad p_{i,i+1} = p \quad i = 1, \ldots, M-1\text{에 대해서}$$

(a) 상태 천이 다이어그램을 개략적으로 그려라.

(b) 각 상태에서 시간 소비의 장기간 비율을 구하고, $n \to \infty$에 따른 $p_{ii}(n)$의 극한을 구하라. $p = 1/2$인 특별한 경우에 대해 값을 구하라.

11.28. 다음과 같이 확률 보행이 수정되었을 때 앞의 연습문제 11.27을 반복하여 구하라.

$$p_{01} = p, p_{00} = q, p_{M,M-1} = q \text{ 그리고 } p_{M,M} = p$$

11.29. 상태 i는 유한 상태 마코프 체인의 회귀적 클래스에 속하고, $p_{ii}(1) > 0$라고 가정하자. i가 비주기적인 클래스 속함을 보여라.

11.30. 양의 회귀와 영 회귀가 클래스의 특성임을 증명하라.

11.31. 본 문제에서는 회귀 확률들과 기대값에 대한 표현을 유도한다. $a_n = f_{ii}(n)$이 n단계 후 상태 i에서 상태 i까지 첫 i번째 복귀가 일어나는 확률이라 하자. 그리고 $b_n = p_{ii}(n)$은 n단계 상태 i에서 상태 i까지 복귀 확률이라 하자.

(a) $b_0 = 1, a_0 = 0$인 $b_n = \sum_{j=0}^{n} b_j a_{n-j}$ 임을 증명하라. 힌트: 조건 확률을 사용하라.

(b) $A(z)$와 $B(z)$가 식 (4.84)에 정의된 것과 같은 $\{a_n\}$과 $\{b_n\}$의 발생 함수라고 하자. $|z| < 1$에 대해 왜 수열이 수렴하는지 설명하고, $B(z) = \dfrac{1}{1 - A(z)}$ 임을 보여라.

(c) $f_i = \lim_{z \to 1} A(z)$ 임을 보여라.

(d) 만일 $f_i = \lim_{z \to 1} B(z) = \infty$이면 상태 i는 회귀적이다.

11.32. 상태 공간 $\{0, 1, 2, \ldots\}$과 다음과 같은 천이 확률을 갖은 마코프 체인을 생각해보자.

$$p_{0j} = f_j \text{ 그리고 } p_{jj-1} = 1 \text{ 이때 } 1 = f_1 + f_2 + \cdots + f_j + \cdots \text{이다.}$$

(a) 상태 천이 다이어그램을 개략적으로 그려라.

(b) 마코프 체인이 기약적인지를 결정하라.

(c) 상태 0이 일시적이거나 공적/양적 회귀적인지를 판단하라.

(d) 불변 pmf에 대한 식이 존재한다면 그 식을 구하라.

(e) 만일 $\{f_i\}$가 다음과 같은 pmf로 주어진다면 (c)와 (d)에 대한 상세한 답을 증명하라. **(i)** 기하학적 **(ii)** Zipf. (식 (3.51) 참조)

11.33. 상태 공간 $\{1, 2, \ldots\}$과 다음과 같은 천이 확률을 갖은 마코프 체인을 생각해보자.

$$p_{jj+1} = a_j \text{ 그리고 } p_{j1} = 1 - a_j \text{ 이때 } 0 < a_j < 1 \text{이다.}$$

(a) 상태 천이 다이어그램을 개략적으로 그려라.

(b) 마코프 체인이 기약적인지를 결정하라.

(c) 상태 0이 일시적이거나 영/양의 회귀적인지를 판단하라.

(d) 불변 pmf에 대한 식이 존재한다면 그 식을 구하라.

(e) 만일 a_j가 다음과 같다면 (c)와 (d)에 대한 상세한 답을 증명하라.

(i) 모든 j에 대해 $a_j = 1/2$ **(ii)** $a_j = (j-1)/2$ **(iii)** $a_j = 1/2$

(iv) $a_j = (1/2)^j$ **(v)** $a_j = 1 - (1/2)^j$

11.34. X_n과 Y_n은 각각 서로 다른 천이 확률 행렬 P_1, P_2이며, 서로 다른 불변 pmf을 가지며, 같은 상태 공간을 갖는 두 개의 에르고딕 마코프 체인이라고 하자.

(a) 새로운 과정이 다음과 같이 구성된다. 동전을 던져서 앞면이 나오면 P_1이 전체 순서를 발생시키기 위해 사용된다. 만일 뒷면이 나오면 P_2가 대신 사용된다. 결과 과정이 마코프인가? 불편 pmf를 가지는가? 에르고딕인가?

(b) 다시 과정이 다음과 같이 재구성된다. 모든 순간 시간 전에 동전을 던져서 관련된 천이 확률 행렬이 다음 상태를 결정하는 데 사용된다라고 할 때 (a)를 반복하라.

(c) 홀(짝) 순간 시간이 $P_1(P_2)$에 따라 결정된다라고 할 때 (a)를 반복하라.

11.35. X_n과 Y_n은 문제 11.33(e)의 서로 다른 기하학적 pmf (i)과 (iv)를 가진 두 개의 과정들이라고 하자. 11.34(a–c) 안에 있는 과정들에 대한 상태 1의 확률을 찾아라.

11.36. 다음과 같은 특성을 지닌 다중클래스의 무한 상태 마코프 체인을 구성하자.

(a) 한 집단은 일시적이고 한 집단을 영 회귀적이다.

(b) 한 집단은 공 회귀적이고 한 집단은 양의 회귀적이다.

11.4절 : 연속시간 마코프 체인

11.37. 예제 11.36에서 언급된 단순한 대기 시스템을 생각하자.

(a) 상태 천이 확률 행렬을 구하기 위해 예제 11.36에 있는 결과를 사용하라.

(b) 다음 확률을 구하라.

$$P[X(1.5)=1, X(3)=1|X(0)=0]$$
$$P[X(1.5)=1, X(3)=1]$$

11.38. 저장고 내 충전 가능한 배터리가 완전충전, 사용 중, 충전중 3가지 상태 중 한 가지 상태로 놓여 있다. 각 상태에 따른 평균 시간은 $1/\lambda$, 1시간, 3시간이다. 배터리가 완전히 충전되지 않았다면 사용할 수 없다.

(a) 배터리 상태에 대한 마코프 모델을 구하고 상태 천이 다이어그램을 개략적으로 그려라.

(b) 불변 pmf를 구하고 λ를 가진 pmf 어떻게 변하는지 설명하라.

11.39. 연습문제 11.38의 저장고에 두 개의 배터리를 가지고 있다고 가정하자. 시간 t에서 상태를 $\{N_F(t), N_U(t), N_C(t)\}$에 의해 정의하자. 즉, 각 상태 내 배터리의 수에 의한 정의이다.

(a) 시스템에 대한 6개의 상태 마코프 체인에 대한 상태 천이 다이어그램을 개략적으로 그려라.

(b) 불변 pmf를 구하고 λ의 다양한 값에 대한 pmf 값을 구하라.

11.40. 치와와 롤로는 낮 시간을 부엌에서 잠자는 데 보냈다. 부엌에 사람이 들어오면 롤로는 인사를 하고 꼬리를 평균 1분 동안 흔든다. 1/4 확률로 먹이를 먹고, 5/8의 확률로 쓰다듬어지고, 1/8 확률만큼 산보하기도 한다. 만약 먹이를 먹는다면 롤로는 먹는 데 평균 2분간 소모한다. 평균 15분간 산보한다. 먹고 쓰다듬어지거나 걸은 후 다시 잔다. 평균 1시간마다 사람들이 부엌에 들어온다고 가정하자.

(a) 4개의 상태(잠자는 것, 인사하는 것, 먹는 것, 산보하는 것)의 마코프 모델을 구하라. 상태 비율 행렬을 상세화하라.

(b) 정상 상태 확률을 구하라.

11.41. 기계 공장은 처음에 작업 중인 n개의 같은 기계를 갖고 있다. 각 기계에 대해 고장날 때까지의 시간이 매개변수 $\alpha=1$를 갖는 지수적으로 분포된 불규칙 변수라고 가정하자. $N(t)$는 시간 t에 작업하는 순서에 있는 기계들의 수라고 하자.

(a) $p_{ij}(t)=P[N(s+t)=j|N(s)=i]$를 구하라.

(b) 천이 확률 행렬을 구하라.

(c) $N(t)$가 매개변수 $p=e^{-\alpha t}$를 가진 이항 불규칙 변수임을 보여라.

(d) $j=0, 1, 2, 3, 4$에 대한 시간 대 $p_j(t)$를 그려라.

(e) 임의의 $\alpha>0$과 n에 대해 $p_j(t)$에 대한 일반해를 구하라.

11.42. 어느 한 가게는 n개의 기계와 그것을 수리하는 한 명의 전문가가 있다. 기계는 매개변수 $\mu=1/3$를 갖는 지수적으로 분포된 시간에 대한 작업 상태에 있다. 전문가는 한 시점에 한 기계에서 작업하고,

각 기계를 수리하기 위해 비율 $\alpha = 1$의 지수적으로 분포된 시간을 사용한다. $X(t)$를 시간 t에서 작업하는 기계의 수라고 하자.

(a) $X(t) = k$일 때 다음 기계가 고장날 때까지의 시간은 비율 $k\mu$를 갖는 지수적으로 분포된 랜덤 변수임을 보여라.

(b) 천이율 행렬 $[\gamma_{ij}]$를 구하고 $X(t)$에 대한 천이율 다이어그램을 그려라.

(c) 대역적 균형방정식을 쓰고 $X(t)$에 대한 정상 상태 확률들을 구하라.

(d) 수리 전문가를 2명으로 늘릴 때 (b)와 (c)를 다시 구하라.

(e) n, α 그리고 μ의 임의의 값에 대한 정상 상태 확률을 구하라.

11.43. 스피커는 음성 활동 기간과 휴지 기간 사이에 번갈아 사용된다. 전자는 매개변수 $1/\alpha = 200$ m를 갖고 지수적으로 분포되고, 후자는 매개변수 $1/\beta = 400$ m를 갖고 지수적으로 분포된다고 가정한다. $n = 4$개 독립 스피커 그룹을 생각하자. $N(t)$는 시간 t에 음성 활동 중인 스피커의 수를 나타낸다.

(a) 이 시스템에 대한 천이율 다이어그램과 천이율 행렬을 구하라.

(b) 대역적 균형방정식을 쓰고 이항 분포로 주어진 정상 상태 pmf를 구하라. 해가 의외가 아닌 이유는 무엇인가?

(c) 임의의 변수 n, α 그리고 β에 대한 정상 상태 확률을 구하라.

11.44. 연속시간 마코프 체인 $X(t)$는 간단한 시간 이산시간 마코프 체인 $X_n = X(n\delta)$에 의해 접근될 수 있다. 이때 샘플링 간격은 δ초이다.

(a) 만약 $X(t)$가 연습문제 11.39에 있는 M/M/I 대기 시스템이라면 X_n에 대한 천이 확률을 구하라.

(b) (a)에 대한 불변 pmf를 구하라. 예제에서 그 답을 비교해보라.

11.45. 예제 11.39에 있는 단일 서버 대기 시스템을 생각하자. 최대 K 고객들이 어떤 시간에 시스템에 있다고 가정하자. $N(t)$는 시간 t에서 시스템에 있는 고객들의 수라고 하자. $N(t)$에 대한 정상 상태 확률들을 구하라.

11.46. **(a)** 예제 11.39에서 설명된 과정에 대한 내장된 마코프 체인을 구하라.

(b) 내장된 마코프 체인의 불변 pmf를 구하라.

(c) 식 (11.50)을 사용하여 과정의 장기간 확률들의 특징을 기술하라.

11.47. 예제 11.40에 언급된 과정에 대해 연습문제 11.46을 반복하여라.

11.5절 : 시간 가역적 마코프 체인

11.48. N개 공이 2개의 항아리에 분산되어 있다. 시간 n에서 공 하나를 불규칙적으로 선택하고, 현재 항아리에서 다른 항아리로 옮긴다. X_n을 항아리 1에 있는 공의 수라고 하자.

(a) X_n에 대한 천이 확률들을 구하라.

(b) 과정이 시간 가역적임을 입증하고, X_n에 대한 정상 상태 확률들을 구하라.

11.49. 한 점이 $\pm 90°$의 도약으로 단위 원주 안으로 이동한다. 과정은 초기에 $0°$에 있고, $+90°$의 확률은 p라고 가정한다.

(a) 결과적인 마코프 체인에 대한 천이 확률들을 구하고 정상 상태 확률들을 구하라.

(b) 그 과정은 가역적인가? 왜 그런가?

11.50. 연습문제 11.28에 언급된 확률 보행의 시간 가역된 변형에 대한 천이 확률들을 구하라. 그 과정은 가역적인가?

11.51. 연습문제 11.14에서 마코프 체인은 시간 가역적인가?

11.52. 연습문제 11.15에서 마코프 체인은 시간 가역적인가?

11.53. **(a)** 연습문제 11.48에 정의된 과정의 시간 가역적 변형을 상세화하여라. 이 과정은 가역적인가?

(b) 식 (11.67)을 사용하여 과정의 정상 상태 확률을 구하라.

11.54. 예제 11.42의 결과를 사용하여 연습문제 11.33(i)에 있는 마코프 체인의 불변 pmf를 구하라.

11.55. 예제 11.36에서 단순 대기 시스템이 가역적인지를 판단하여라.

11.6절 : 마코프 체인을 위한 수치적 방법

11.56. 연습문제 11.1에서 항아리 실험을 생각해보자.

(a) 행렬 대각화를 사용하여 시간 함수로서 상태 pmf를 위한 식을 구하라. 상태 pmf 대 시간의 그림을 그려라.

(b) 이 항아리 실험을 100번 한다고 할 때, 마지막 검은 공이 제거될 때까지 발생하는 각 단계들의 수에 따른 히스토그램을 만들어 보라.

(c) 마지막 검은 공이 제거될 때까지 경과되는 단계 수에 대한 pmf를 구하라. (b)에서 관찰된 히스토그램과 이론적 pmf를 서로 비교해보라.

11.57. 연습문제 11.14로부터 $\rho = 5$를 가진 베르누이 라플라스 확산모델을 생각해보자.

(a) 행렬 대각화를 사용하여 시간종속 상태 pmf에 대한 식을 구하라. 다른 초기 조건에 대해 상태 pmf 대 시간을 그려라.

(b) 모델에 대한 모의실험을 작성하고 몇몇의 200단계 샘플 함수를 관찰하여라. 이 과정은 에르고딕인가? 과정의 다중 현실화를 이루기 위해 필요한가? 또는 한 개 긴 현실화로부터 통계를 수집하기에 충분한가?

(c) 상태 점유의 히스토그램을 비교하라. 그리고 이론적인 결과를 비교하라: 200단계의 5개 분리된 현실화, 1,000단계의 1개 현실화.

(d) 과정의 분산 함수 추정하기 위해 옥타브 내의 `autocov` 함수를 사용하라.

11.58. 연습문제 11.9에 데이터 다중화기를 생각해보자.

(a) $N = 100$인 최대 상태라고 가정한 다중화기에 대한 천이 확률을 구하라. 매개변수가 다음과 같은 안정 상태 pmf를 구하라. $b = 0.5$ 그리고 $a = 0.1$, $a = 0.25$, $a = 0.50$

(b) (a)문제의 각각의 경우에 대한 데이터 다중화기를 가상구현을 해보라. 1,000단계 동안 모의실험을 하여라.

(c) 각 현실화를 위해 한가한 주기(시스템이 연속적으로 비어있을 때)와 바쁜 주기(시스템이 연속적으로 비어있지 않을 때)의 길이의 히스토그램을 기록하라. 혼잡함과 한산함에 대응되는 매개변수 중 3개씩을 골라라.

11.59. 연습문제 11.17의 도박 실험을 고려하자. A는 6달러를 가지고 게임을 시작하고 B는 3달러를 가지고 있다.

(a) 전이 확률 P를 구하고 P^n에 대한 식을 구하라. A가 이길 확률은 얼마인가? A가 이길 때까지 평균 시간은 어느 정도인가?

(b) 500번 시도한 것을 모의실험해보자. A가 이길 상대적인 빈도를 찾아서 이론적인 결과와 비교해보라.

(c) A가 이길 평균 시간을 구하라. B가 이길 때까지의 시간은? 이론적인 결과와 비교해보라.

11.60. 연습문제 11.36의 나이(age) 과정을 살펴보자. 상태가 100인 기계라 가정하자.

(a) 평균 5를 갖는 등비수열의 불규칙 변수를 갖는 과정의 1000단계를 모의실험하라. 상태 pmf의 히스토그램을 기록하고, 구현된 바의 자기공분산를 구하라.

(b) 평균 5의 Zipf 불규칙 변수를 갖는 경우 (a)를 반복하라. (a)에서 구한 히스토그램 및 자기공분산 값과 비교하라.

11.61. 연습문제 11.36의 나머지의 수명 과정을 생각해보자. 상태가 100인 기계라 가정하자.

(a) $a_j = (j-1)/j$를 가진 과정의 1,000단계를 모의실험하자. 기대된 대로 그 과정은 행동하는가?

(b) $a_j = 1 - (1/2)^j$를 가질 때 문제 (a)를 반복하라.

11.62. 연습문제 11.39에서 배터리 실험을 생각해보자.

(a) $\lambda = 0.1, 1, 1$일 때 행렬 다각화를 사용하여 시간종속 상태 천이 확률을 구하라. 안정 상태 확률은 어떻게 되는가? 대응되는 내장된 상태 확률은 어떻게 되는가?

(b) 500시간의 조작을 모의실험하여 내장된 상태 점유 시간의 히스토그램을 관찰하라. 이론값과 그 결과를 비교하라.

11.63. 문제 11.41에 기계수리 모델을 생각하자. $n = 10$인 기계이고, 평균 작업 시간은 $\mu = 1/10$이며, $\alpha = 1$이라고 가정하자.

(a) 1과 2 기술자에 대한 시간종속 상태 천이 확률을 구하라. 정상 상태 확률은 얼마인가? 대응되는 내장된 상태 확률은 얼마인가?

(b) 1,000시간의 조작을 모의실험해서 내장된 상태 점유의 히스토그램을 관찰하라. 이론적인 결과값과 비교해보라.

11.64. 예제 11.49에서 개발된 모의실험기를 사용하여 그림 11.20(b)에 보여준 출생 사망 과정으로 표본화된 시간 접근을 모의실험해라. 작업은 초당 $\lambda = 0.9$ 비율로 시작하여 매 초당 1작업의 비율로 과정을 완성한 M/M/I 대기 시스템의 200초를 모의실험하라. 단, 시스템은 초기에 비어있다고 하자. 표본화된 과정의 현실화를 보이고 각 상태에 소요되는 시간의 비율을 측정하라. 이론적인 값과 비교하라.

응용학습문제

11.65. **(a)** 그림 11.6(b)에 마코프 체인은 시간 0에 상태 0에서 출발한다. 짝수 홀수 단계에 대해 n단계 천이 확률 행렬을 구하라. $n \to \infty$일 때 어떻게 되는가?

(b) X_n이 정상 상태에서 기약적 주기적 양의 회귀적 마코프 체인이라 하자. X_n이 순환 불변 확률 과정인가?

11.66. X_n이 에르고딕 마코프 체인이라 하자. $I_j(n)$은 시간 n에서 상태 j에 대한 정의 함수라고 하자. 즉, $I_j(n)$은 시간 n에서 상태가 j이면 1이고, 그렇지 않으면 0이다. $I_j(n)$의 평균 시간의 극한 값은 얼마인가? 이 결과는 에르고딕 정리인가?

11.67. $X(t)$를 음성 활동에 대한 연속시간 모델이라고 하자. 여기서 스피커는 비율 α를 갖는 지수적으로 분포된 시간에 대해 활동(상태 1)이고 비율 β를 갖는 지수적으로 분포된 시간에 대해 침묵(상태 0)이다. 모든 활동과 침묵들은 독립 랜덤 변수라고 가정한다.

(a) $X(t)$에 대한 2상태 마코프 체인을 구하라.

(b) $p_0(t)$와 $p_1(t)$를 구하라.

(c) $X(t)$의 자기상관 함수를 구하라.

(d) $X(t)$가 점근적으로 WSS일 때 그것의 전력 스펙트럼 밀도를 구하라.

(e) n개 독립 스피커를 갖고 있다고 가정하자. $N(t)$는 시간 t에서 활동 중인 스피커의 수라고 한다. $N(t)$의 자기상관 함수를 구하고, 점근적으로 WSS일 때 전력 스펙트럼 밀도를 구하라.

11.68. X_n은 연속적인 값을 지닌 이산시간 마코프 체인이라고 하자.

(a) 식 (11.5)에 대응되는 연결 pdf에 대한 식을 구하라.

(b) 식 (11.12a)에 대응되는 2단계 천이 pdf에 대한 식을 구하라.

11.69. 연말에 대수층 내에 있는 물의 양은 불규칙 변수 X_n이다. 1년 안에 대수층으로부터 뽑아낸 물의 양은 불규칙 변수 D_n이며, 비에 의해 저장된 물의 양은 W_n이다.

(a) 대수층 내에 물 X_n의 전체 양을 기술하기 위한 식들의 집합을 찾아라.

(b) 어떤 조건 하에서 X_n은 마코프 체인인가?

(c) n년 내 물의 양의 관점에서 사용을 위해 뽑아낸 양을 D_n, 비에 의해 저장된 양을 W_n, $n+1$년 내 대수층 내 물의 양 X_{n+1}에 대한 귀납식을 구하라. 물의 양은 음수가 아님에 주목하라.

(d) X의 정상 상태 pdf를 W와 D의 pdf와 관련시키는 정수식을 구하라. W와 D는 서로 독립이며 가우스 랜덤 변수라고 하자. 이 방정식을 해결하기 위한 가능한 접근 방법을 제안하여라.

(e) W와 D의 함수로 가정하고 X의 분포를 조사하기 위해 컴퓨터 모의실험을 작성하여라. W_n은 평균을 갖은 독립항등분포 불규칙 변수이다. D_n는 독립항등분포 불규칙 변수이나 W_n는 전체 주기를 평균했을 때 D_n의 평균과 동일한 서서히 변하는 평균(주기 100년)을 지니며 독립적이다.

CHAPTER 12

대기 이론 입문

Introduction to Queueing Theory

대다수의 애플리케이션에서 컴퓨터와 통신선 같은 값비싼 자원들은 사용자들 사이에 공유된다. 사용자들은 임의의 시간에 자원을 요구하고, 지속 시간이 확률적인 시간 주기 동안 이들 자원을 사용하고자 한다. 자원이 사용 중인 동안에도 자원에 대한 피할 수 없는 요구가 일어나고, 자원에 대해 순서적으로 접근할 수 있게 하는 기법이 요구된다. 가장 평범한 접근 제어 기법은 은행에서 고객들이 서비스 받기 위해 기다리는 형태와 같은 대기선(waiting line) 또는 큐(queue)에 사용자의 요구를 줄지어 등록하는 것이다. 자원을 나누는 것은 매우 큰 크기, 예를 들면 P2P 회로망과 같은 시스템에서 발생할 수 있다. 그래서 대기 시스템은 쉽게 식별할 수 있을 것 같지는 않다.

대기 이론은 대기선과 자원 공유에 관한 학문에 대해 다룬다. 고객들의 요구 행위의 랜덤 성질은 그런 시스템들의 성능을 근사하기 위해 평균 지연, 평균 처리량, 지연 백분위수와 같은 확률적인 척도가 필요함을 뜻한다. 대기 이론은 이들 척도를 평가하기 위해 필요한 확률 도구들을 제공한다.

이 절은 다음과 같이 구성된다.

- 12.1절은 대기 시스템에 대한 기본 구조를 소개한다.
- 12.2절은 대부분의 대기 시스템들에서 적용 가능한 기본 관계식인 리틀(Little)의 공식을 개발한다.
- 12.3절에서 M/M/1을 살펴보고, 이를 이용하여 대기 시스템들에 대한 여러 가지 기본 지식을 배운다.
- 12.4와 12.5절은 다중 서버 시스템에 대하여 전개하고 마코프 체인에 의해 표현되는 유한 소스 시스템들에 대하여 전개한다.
- 12.6과 12.7절은 좀 더 복잡함 모델을 요구하는 M/G/1 대기들에 대하여 전개한다.
- 12.8과 12.9절은 대기(queues)들의 네트워크를 모델링하기 위하여 버키(Burke)와 잭슨(Jackson)의 정리에 대해 보인다.
- 마지막으로 12.10절은 대기 시스템들에 대한 모의실험에 대하여 설명한다.

12.1 대기 시스템 요소

그림 12.1(a)는 전형적인 대기 시스템을 나타내고, 그림 12.1(b)는 대기 시스템 모델의 요소들을 나타내고 있다. 어떤 모집단으로부터 고객들이 랜덤 도착 시간 $S_1, S_2, S_3, \ldots, S_i, \ldots$의 시스템에

도착한다. 여기에서 S_i는 i번째 고객의 도착 시간을 나타낸다. **고객 도착률(arrival rate)**은 λ로 표시한다.

대기 시스템은 그림 12.1(a)와 같이 하나 또는 그 이상의 같은 서버를 갖고 있다. i번째 고객이 한 서버에서 τ_i초의 **서비스 시간(service time)**이 필요한 서비스를 구하는 시스템에 도착한다. 만약 모든 서버가 사용 중이라면 도착하는 고객은 서버 사용이 가능할 때까지 머무르는 큐에 들어간다. 때때로 제한된 대기 공간의 수만 사용 가능하기에 공간이 없을 때 도착하는 고객들은 들어오지 못한다. 그런 고객들은 봉쇄되었다(blocked)고 하고 고객들이 들어오지 못하게 되는 비율을 λ_b로 나타낼 것이다.

큐(queue) 또는 **서비스 규칙(service discipline)**은 큐에서 고객들이 선택되고 서비스가 허락되는 순서를 지정한다. 예를 들어, 어떤 평범한 대기 정책들은 먼저 오는 것이 우선 서비스되거나 나중에 오는 것이 우선 서비스된다. 대기 정책은 그것이 서비스에 들어가는 시간까지 i번째 고객의 도착 시간으로부터 경과하는 **대기 시간(wating time)** W_i에 관계된다. 시스템에 있는 i번째 고객의 **총 지연(total time)** T_i는 대기 시간과 서비스 시간의 합이다.

$$T_i = W_i + \tau_i \tag{12.1}$$

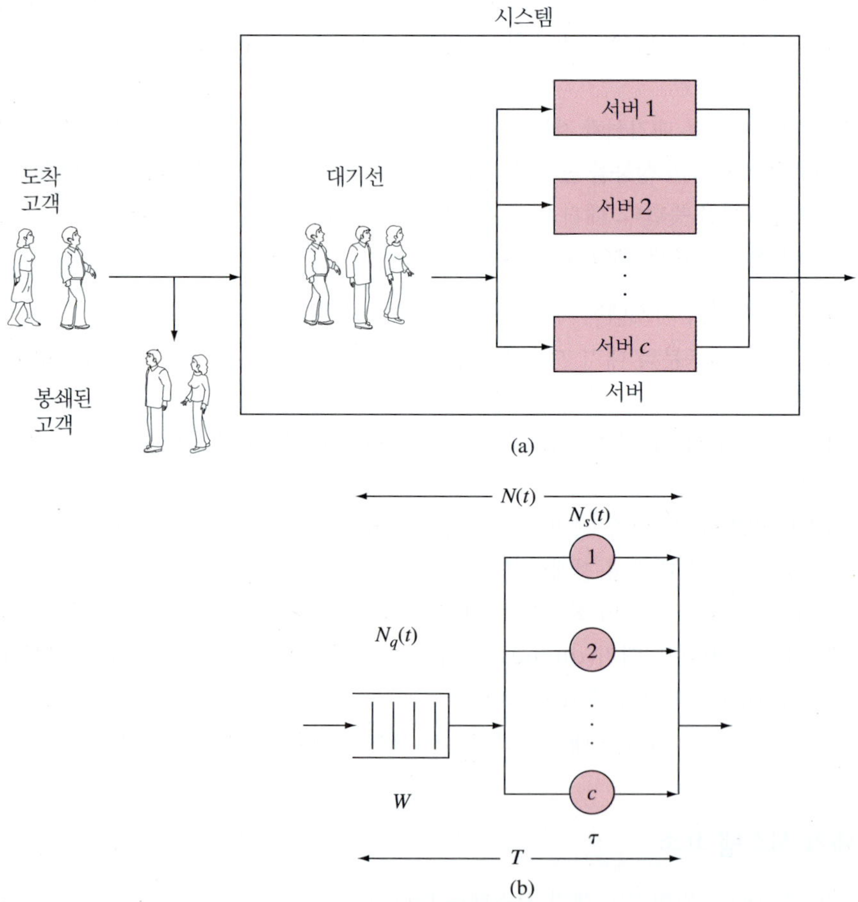

그림 12.1 ● (a) 대기 시스템 모델의 요소; (b) 대기 시스템 모델의 요소: 시스템에 있는 수 $N(t)$, 큐에 있는 수 $N_q(t)$, 서비스에 있는 수 $N_s(t)$, 큐에서 대기 시간 W, 서비스 시간, τ 시스템에 있는 총 시간 T.

고객의 관점에서 시스템의 성능은 대기 시간 W와 총 지연 T, 봉쇄된 고객들의 비율 λ_b/λ의 통계로 주어진다. 자원 할당의 관점에서 시스템의 성능은 각 서버가 활용되는 시간의 비와 시스템이 고객에게 서비스하는 비율 $\lambda_d = \lambda - \lambda_b$로 측정된다. 이들 양들은 시간 t에 시스템에 있는 고객의 수 $N(t)$와 시간 t에 큐에 있는 고객의 수 $N_q(t)$의 함수다.

표기법 $a/b/m/K$는 대기 시스템을 기술하는 데 사용된다. 여기에서 a는 도착 과정의 유형을 지정하고, b는 서비스 시간 분포를 나타내고, m은 서버의 수를 지정하고, K는 언제라도 시스템에서 허용된 고객의 최대 수를 나타낸다. 만약 a가 M으로 주어지면 도착 과정은 포아송이고, 도착 사이의 시간들은 서로 독립이며, 균등하게 분포된(독립항등분포) 지수 확률 변수들이다. 만약 b가 M으로 주어지면 서비스 시간들은 독립항등분포 지수 확률 변수이다. 만약 b가 D로 주어지면 서비스 시간들은 상수, 즉 결정적(deterministic)이다. 만약 b가 G로 주어지면 서비스 시간들은 어떤 일반적인 분포를 따르는 독립항등분포이다. 예를 들어, 이 장에서는 M/M/1, M/M/1/K, M/M/c, M/M/c/c, M/D/1, M/G/1 큐를 다룰 것이다.

대기 시스템은 전기 및 컴퓨터 공학에서 많은 응용에 적용된다. 그림 12.1에 보인 서버들은 동작하는 다양한 자원을 나타낸다. 예를 들어, 통신 네트워크에서 서버는 정보 패킷을 전송하는 통신선로를 나타낼 수 있다. 컴퓨터 시스템에서 서버는 특정 고객으로부터의 웹 대기들을 각기 처리하는 컴퓨터의 프로세스들을 나타낸다. 현대 분산 응용들은 이들 통신과 통신자원을 상호 작용하는 대기 시스템들의 거대한 네트워크로 결합한다.

12.2 리틀의 공식

정상 상태에 도달하는 시스템에서 시스템에 있는 고객들의 평균 수는 시스템의 평균 도착률과 평균 소비 시간의 곱과 같다는 **리틀(Little)의 공식**은 다음과 같다.

$$E[N] = \lambda E[T] \tag{12.2}$$

이 식은 매우 일반적인 조건 하에서 유용하고, 그래서 여러 가지 다양한 상황에 적용 가능하다.

그림 12.2의 대기 시스템을 생각하자. 시스템은 시간 $t = 0$에서 비어있고 고객 도착 시간은 $S_1, S_2, \ldots$ 로 나타낸다. $A(t)$를 시간 t까지의 고객 도착 수라고 하자. i번째 고객은 시스템에서 시간 T_i를 소비하고 시간 $D_i = S_i + T_i$에 떠난다. $D(t)$는 시간 t까지 떠나는 고객 수이다. 시간 t에 **시스템에 있는 고객 수**는 시스템을 아직 떠나지 않은 도착 수이다.

$$N(t) = A(t) - D(t) \tag{12.3}$$

그림 12.3은 먼저 도착하면 먼저 서비스를 받는(first come, first served) 대기 시스템에서

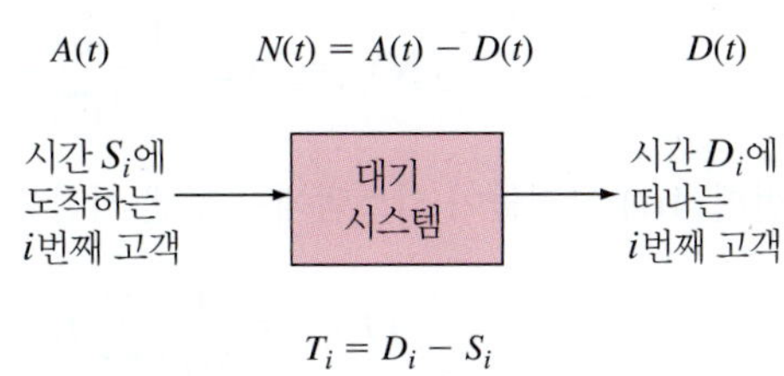

그림 12.2 ● 시스템에 있는 시간은 출발 시간 빼기 도착 시간이다. 시간 t에 시스템에 있는 수는 도착의 수 빼기 출발의 수이다.

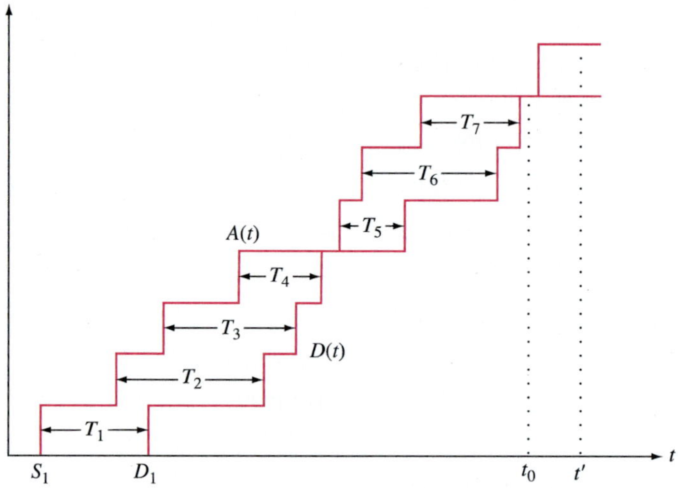

그림 12.3 ● 처음 일곱 고객들에 의한 총 시간 소비는 시간 t_0까지 $A(t) - D(t)$에 있는 면적이다.

$A(t)$, $D(t)$, $N(t)$에 대한 가능한 표본 경로를 나타낸다.

구간 $[0, t]$ 동안에 시스템에 있는 고객들의 평균 수 $N(t)$를 생각하자.

$$\langle N \rangle_t = \frac{1}{t}\int_0^t N(t')\,dt' \tag{12.4}$$

그림 12.3에서 $N(t)$는 $A(t)$와 $D(t)$ 사이의 영역이므로 위의 적분은 시간 t까지 포함된 영역의 면적으로 주어진다. 시간 t에 시스템을 출발한 각 고객은 T_i만큼 적분에 기여하는 것으로 간주될 수 있고, 따라서 적분은 단순히 모든 고객들이 시간 t까지 시스템에서 보낸 총 시간이다.

이제 그림 12.3과 같이 $N(t) = 0$에 대한 시간 순간 $t = t_0$를 생각하면 적분은 첫 번째 $A(t)$ 고객들의 T_i의 합으로 정확하게 주어진다.

$$\langle N \rangle_t = \frac{1}{t}\sum_{i=1}^{A(t)} T_i \tag{12.5}$$

시간 T까지의 평균 도착률은 다음 식으로 주어진다.

$$\langle \lambda \rangle_t = \frac{A(t)}{t} \tag{12.6}$$

t에 대해서 식 (12.6)을 풀고 식 (12.5)에 대입하면 다음을 얻는다.

$$\langle N \rangle_t = \langle \lambda \rangle_t \frac{1}{A(t)}\sum_{i=1}^{A(t)} T_i \tag{12.7}$$

$\langle T \rangle_t$를 첫 번째 $A(t)$ 고객들이 시스템에서 보낸 시간들의 평균으로 놓으면 다음 식과 같다.

$$\langle T \rangle_t = \frac{1}{A(t)}\sum_{i=1}^{A(t)} T_i \tag{12.8}$$

식 (12.7)과 (12.8)을 비교해 다음의 결론을 얻는다.

$$\langle N \rangle_t = \langle \lambda \rangle_t \langle T \rangle_t \tag{12.9}$$

결국 $t \to \infty$에 따라 확률 1을 갖고 위의 시간 평균은 정상 상태 확률 과정에 맞먹는 기대치에 수렴한다고 가정한다.

$$\begin{aligned} \langle N \rangle_t &\to E[N] \\ \langle \lambda \rangle_t &\to \lambda \\ \langle T \rangle_t &\to E[T] \end{aligned} \tag{12.10}$$

식 (12.9)와 (12.10)은 다음과 같은 리틀의 공식을 의미한다.

$$E[N] = \lambda\, E[T] \tag{12.11}$$

$N(t_0) = 0$인 t_0 순간에 대해서 t에 대한 제한은 불필요하다. 그림 12.3과 같이 임의의 시간 t'까지 $N(t)$의 시간 평균은, 시간 t_0까지 평균과 t_0부터 t'까지 구간으로부터의 기여의 합으로 주어진다. 만약 $E[N] < \infty$라면 t가 커짐에 따라 이 기여는 무시할 만하다.

먼저 도착하는 것을 먼저 서비스하는 정책의 가정은 불필요하다. 그것은 리틀의 공식이 많은 서비스 규율에 효력이 있다는 사실이 밝혀졌다. 예를 들어 연습문제 12.2를 보라. 게다가 리틀의 공식은 임의의 서버 수를 갖는 시스템들에 대해 유효하다.

이 점에 이르기까지 시스템은 완전히 대기 시스템이고, 따라서 N은 대기 시스템에 있는 수이며, T는 대기 시스템에서 보내는 시간이라고 암암리에 가정되었다. 그러나 리틀의 공식이 매우 일반적이어서 많은 시스템 해석에 적용한다. 예제 12.1과 12.2는 시스템에 대한 다른 지적들을 나타낸다.

예제 12.1 **큐에서의 평균 수**

$N_q(t)$를 큐에서 사용 가능한 서버를 기다리는 고객의 수라 하고 확률 변수 W는 대기 시간을 나타낸다고 하자. 큐를 시스템이라고 지정하면 리틀의 공식은 다음과 같다.

$$E[N_q] = \lambda E[W] \tag{12.12}$$

예제 12.2 **서버 활용**

$N_s(t)$를 시간 t에 서비스 받고 있는 고객의 수라 하고 τ를 서비스 시간을 나타낸다고 하자. 만약 서버들의 집합을 시스템이라고 지정하면 리틀의 공식은 다음 식과 같다.

$$E[N_s] = \lambda E[\tau] \tag{12.13}$$

$E[N_s]$는 정상 상태에 있는 시스템에서 사용 중인 서버들의 평균 수이다. 단일 서버 시스템에서 $N_s(t)$는 0 또는 1이 될 수 있고, $E[N_s]$는 서버가 사용 중인 시간의 비율을 뜻한다. 만약 $p_0 = P[N(t) = 0]$이 시스템이 비어있는 정상 상태 확률을 나타낸다면 다음과 같은 식을 가져야 한다.

$$1 - p_0 = E[N_s] = \lambda E[\tau] \tag{12.14}$$

또는 다음과 같다.

$$p_0 = 1 - \lambda E[\tau] \tag{12.15}$$

여기서 $1 - p_0$는 서버가 사용 중인 시간의 비율이다. 이런 까닭에 **단일 서버 시스템의 활용**은 다음 식으로 정의된다.

$$\rho = \lambda E[\tau] \tag{12.16}$$

비슷한 방법으로 **c-서버 시스템의 활용**은 다음 식으로 정의할 것이다.

$$\rho = \frac{\lambda E[\tau]}{c} \tag{12.17}$$

식 (12.13)에서 ρ는 사용 중인 서버들의 평균율을 뜻한다.

12.3 M/M/1 대기

고객들이 비율 λ의 포아송 과정에 따라 도착하는 단일 서버 시스템을 생각하자. 그래서 **도착 간격 시간**은 평균 $1/\lambda$을 갖는 독립항등분포 지수 확률 변수들이다. 서비스 시간은 평균이 $1/\mu$인 독립항등분포 지수 확률 변수들이고 도착 간격과 서비스 시간은 독립이라고 하자. 게다가 시스템은 고객의 수를 무제한 수용할 수 있다고 가정한다. 결과적인 시스템은 M/M/1 대기 시스템이다. 이 절에서는 $N(t)$의 정상 상태 pmf, 시스템에 있는 고객의 수, 시스템에서 총 고객 지연 T의 pdf를 구한다.

12.3.1 시스템에 있는 수의 분포

M/M/1 시스템에서 고객의 수 $N(t)$는 연속시간 마코프 체인이다. 왜 그럴까? $N(t) = k$라고 가정하고 시스템에 있는 수에서 다음 가능한 변화를 생각하자. 다음 도착까지의 시간은 지수 확률 변수이고, 이미 시스템에 있는 고객들의 서비스 시간들에 독립이다. 지수 확률 변수의 무기억 성질은 이 도착 간격 시간이 $N(t)$의 현재와 과거 이력에 독립임을 뜻한다. 시스템이 비어있지 않다면 (즉, $N(t) > 0$) 다음 출발까지의 시간 또한 지수 확률 변수다. 무기억 성질은 다음 출발까지의 시간이 이미 서비스에서 보낸 시간에 독립이다. 따라서 $N(t) = k$임을 알고 있다면 시스템의 과거 이력은 미래 상태의 확률들이 관계되는 한 무관하다. 이것은 마코프 체인의 성질이다.

$N(t)$에 대한 천이율을 구하기 위해 $N(t)$가 바뀔 수 있는 여러 가지 방법들의 확률들을 생각하자.

(i) 길이 t 구간에 도착의 수 $A(t)$는 포아송 과정이므로 길이 δ 구간에 하나가 도착할 확률은 다음과 같다.

$$\begin{aligned} P[A(\delta) = 1] &= \frac{\lambda\delta}{1!}e^{-\lambda\delta} = \lambda\delta\left\{1 - \frac{\lambda\delta}{1!} + \frac{(\lambda\delta)^2}{2!} - \cdots\right\} \\ &= \lambda\delta + o(\delta) \end{aligned} \tag{12.18}$$

(ii) 마찬가지로 한 개 이상이 도착할 확률은 다음 식과 같다.

$$P[A(\delta) \geq 2] = o(\delta) \tag{12.19}$$

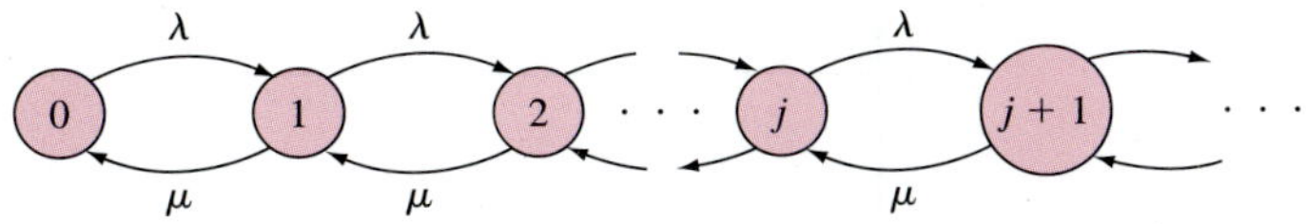

그림 12.4 ● M/M/1 시스템에 대한 천이율 다이어그램

(iii) 서비스 시간이 지수 확률 변수 τ이므로 고객이 서비스에서 보낸 시간은 τ의 무기억 성질 때문에 서비스에 얼마나 오래 남아있을 것인지에 독립이다. 특히 다음 δ초 내에 서비스를 완료하는 단계에 있을 고객의 확률은 다음과 같다.

$$P[\tau \le \delta] = 1 - e^{-\mu\delta} = \mu\delta + o(\delta) \tag{12.20}$$

(iv) 서비스 시간과 도착 과정이 독립이므로 길이 δ의 구간에 하나 도착과 하나 출발의 확률은 식 (12.18)과 (12.20)로부터 다음과 같다.

$$P[A(\delta) = 1, \tau \le \delta] = P[A(\delta) = 1]P[\tau \le \delta] = o(\delta) \tag{12.21}$$

비슷한 방법으로 단일 도착이나 단일 출발보다 많이 포함하는 어떤 변화의 확률은 $o(\delta)$이다.

성질 (i)에서 (iv)까지는 $N(t)$가 그림 12.4의 천이율 다이어그램을 갖는다는 것을 내포한다. 정상 상태 확률들에 대한 대역적 균형방정식은 다음과 같다.

$$\begin{aligned} \lambda p_0 &= \mu p_1 \\ (\lambda + \mu)p_j &= \lambda p_{j-1} + \mu p_{j+1} \qquad j = 1, 2, \ldots. \end{aligned} \tag{12.22}$$

예제 11.39에서 정상 상태 해는 $\rho = \lambda/\mu < 1$일 때 다음과 같이 존재함을 알았다.

$$P[N(t) = j] = (1 - \rho)\rho^j \qquad j = 0, 1, 2, \ldots. \tag{12.23}$$

조건 $\rho = \lambda/\mu < 1$은 $N(t)$가 끝없이 커지지 않는다는 뜻에서 시스템이 안정하게 된다면 합치되어야 한다. μ는 서버가 고객들을 처리할 수 있는 최대율이므로 조건 $\rho < 1$은 다음 식과 같다.

$$\text{도착률} = \lambda < \mu = \text{최대 서비스율} \tag{12.24}$$

부등식이 만족되지 못한 경우 그들이 처리하고 발송할 수 있는 것보다 빨리 시스템에 도착하는 고객들이 있다. 이것은 큐에 있는 수가 경계 없이 꾸준히 커질 불안정한 상태다. 시스템에 있는 고객의 평균 수는 다음과 같다.

$$E[N] = \sum_{j=0}^{\infty} jP[N(t) = j] = \frac{\rho}{1 - \rho} \tag{12.25}$$

여기서 N은 기하학적 분포(표 3.1 참고)를 갖는다는 사실을 사용했다.

시스템에서 평균 총 고객 지연은 식 (12.25)와 리틀의 공식에서 다음과 같이 구한다.

$$\begin{aligned} E[T] &= \frac{E[N]}{\lambda} = \frac{\rho/\lambda}{1 - \rho} \\ &= \frac{1/\mu}{1 - \rho} = \frac{E[\tau]}{1 - \rho} = \frac{1}{\mu - \lambda} \end{aligned} \tag{12.26}$$

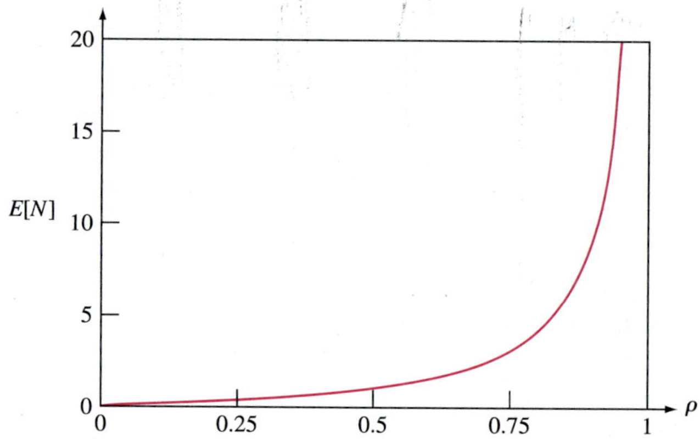

그림 12.5 ● 시스템에 있는 고객의 평균 수 대 M/M/1 큐에 대한 활용

큐에서의 평균 대기 시간은 시스템에서 총 시간의 평균에서 서비스 시간을 빼 다음과 같이 구한다.

$$E[W] = E[T] - E[\tau] = \frac{E[\tau]}{1-\rho} - E[\tau] = \frac{\rho}{1-\rho}E[\tau] \tag{12.27}$$

리틀의 공식은 큐에 있는 평균 수를 제공한다.

$$E[N_q] = \lambda E[W] = \frac{\rho^2}{1-\rho} \tag{12.28}$$

서버 활용은(예제 12.2에 정의되었음) 다음과 같이 주어진다.

$$1 - p_0 = 1 - (1-\rho) = \rho = \frac{\lambda}{\mu} \tag{12.29}$$

그림 12.5와 12.6은 $E[N]$과 $E[T]$ 대 ρ를 나타낸다. ρ가 1에 접근함에 따라 시스템에서 평균 수와 시스템 지연은 제멋대로 커진다.

예제 12.3

라우터(router)는 터미널 군(group)에서 메시지들을 수신하고 그들을 단일 전송선으로 송신한다. 메시지들은 매 4 ms마다 한 개의 비율로 포아송 과정에 따라 도착하고, 메시지 전송 시간은 평균 3 ms로 지수적으로 분포한다고 가정한다. 시스템에 있는 메시지의 평균 수를 구하고 시스템에서 평균 총 지연을 구하라. 위의 평균 총 지연의 두 배가 되는 도착률에서 백분율은 얼마나 증가하나?

도착률은 1/4 메시지/ms이고 평균 서비스 시간은 3 ms이다. 활용은 다음 식과 같다.

$$\rho = \frac{1}{4}(3) = \frac{3}{4}$$

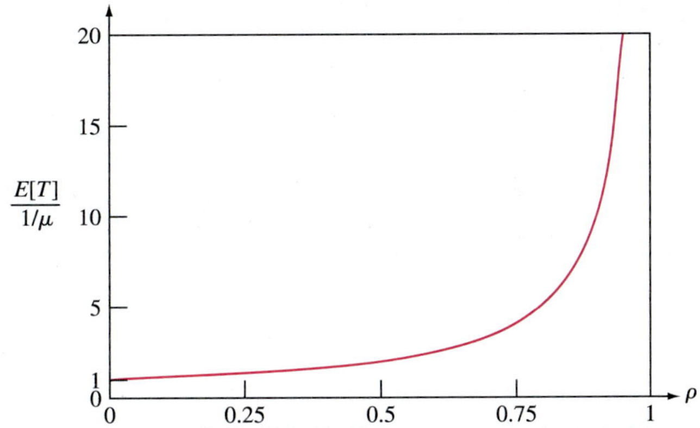

그림 12.6 ● 평균 총 고객 지연 대 M/M/1 큐에 대한 활용. 지연은 평균 서비스 시간의 배수로 표현된다.

시스템에서 고객들의 평균 수는 다음과 같다.

$$E[N] = \frac{\rho}{1-\rho} = 3$$

시스템에서 평균 시간은 다음 식과 같다.

$$E[T] = \frac{E[N]}{\lambda} = \frac{3}{1/4} = 12 \text{ ms}$$

시스템에 있는 평균 시간은 다음과 같을 때 24 ms로 두 배가 될 것이다.

$$24 = \frac{E[\tau]}{1-\rho'} = \frac{3}{1-\rho'}$$

결과적인 활용은 $\rho' = 7/8$이고 그에 부합하는 도착률은 $\lambda' = \rho'\mu = 7/24$이다. 원 도착률은 6/24였다. 따라서 $1/6 = 17\%$의 도착률 증가는 평균 시스템 지연에서 100% 증가를 이끌어낸다.

이 예제의 관점은 폭주는 순식간에 시작된다는 것이다. 일단 이용이 어떤 점을 넘어서 증가하면 평균 지연은 빠르게 증가한다.

예제 12.4 **스케일(scale)의 집중과 효과**

큰 프로세서가 초당 $K\mu$ 작업의 비율로 일처리를 한다. 작업들은 초당 K_λ 작업 비율의 포아송 과정에 따라 도착하고, 트랜잭션은 지수적으로 분포된 양의 처리 시간을 필요로 한다고 가정한다. 큰 프로세서를 제거하고 초당 μ 작업 처리율과 도착률 λ를 갖는 K개 프로세서들로 대치한다고 가정한다. 기존의 시스템과 새 시스템의 평균 지연 성능을 비교하라.

큰 프로세서 시스템은 도착률 $K\lambda$, 서비스율 $K\mu$, 활용 $\rho = K\lambda/K\mu = \lambda/\mu$를 갖는 M/M/1 큐이다. 평균 지연은 식 (12.26)에 따라 다음과 같다.

$$E[T] = \frac{E[\tau]}{1-\rho} = \frac{1/K\mu}{1-\rho}$$

작은 프로세서들은 도착률 λ, 서비스율 μ, 활용 $\rho = \lambda/\mu$를 갖는 M/M/1 시스템이다. 평균 지연은 다음 식과 같다.

$$E[T'] = \frac{E[\tau']}{1-\rho} = \frac{1/\mu}{1-\rho} = KE[T]$$

따라서 처리율 $K\mu$인 큰 프로세서 하나를 갖는 시스템은 각각 비율 μ인 작은 프로세서 K개를 갖는 시스템보다 평균 지연이 적다. 바꾸어 말하면 단일 시스템에 고객의 요구를 집중시키는 것이 성능 지연을 개선하는 데 효과가 있다.

12.3.2 M/M/1 시스템에서 지연 분포와 도착 고객의 분포

N_a를 고객들이 도착함으로써 시스템에서 발견되는 고객 수를 나타낸다고 하자. $P[N_a = k]$는 도착하는 고객들의 분포라고 하자. 이제 도착이 포아송이고 시스템 상태와 고객 서비스 시간에 독립이면 도착하는 고객들의 분포는 시스템에 있는 수에 대한 정상 상태 분포와 같음을 보인다. 시간 $t+\delta$에 도착하는 고객이 $N(t) = k$인 시스템에서 k를 발견한다. 따라서 다음과 같다.

$$\begin{aligned} P[N_a(t) = k] &= \lim_{\delta\to 0} P[N(t) = k \mid A(t+\delta) - A(t) = 1] \\ &= \lim_{\delta\to 0} \frac{P[N(t) = k, A(t+\delta) - A(t) = 1]}{P[A(t+\delta) - A(t) = 1]} \\ &= \lim_{\delta\to 0} \frac{P[A(t+\delta) - A(t) = 1 \mid N(t) = k]P[N(t) = k]}{P[A(t+\delta) - A(t) = 1]} \end{aligned}$$

여기서 조건부 확률의 정의를 사용했다. 구간 $(t, t+\delta]$에서 도착 확률은 $N(t)$에 독립이고, 따라서 다음과 같다.

$$\begin{aligned} P[N_a(t) = k] &= \lim_{\delta\to 0} \frac{P[A(t+\delta) - A(t) = 1]P[N(t) = k]}{P[A(t+\delta) - A(t) = 1]} \\ &= P[N(t) = k] \end{aligned}$$

따라서 $N_a = k$인 확률은 단순히 시스템이 k개의 고객을 갖고 있는 동안의 시간의 비다. 고려의 대상이 되는 M/M/1 대기 시스템에 대해 다음 식을 얻는다.

$$P[N_a = k] = P[N(t) = k] = (1-\rho)\rho^k \tag{12.30}$$

이제 고객이 M/M/1 시스템에서 보내는 총 시간 T에 대한 분포를 계산할 수 있다. 도착하는 고객이 시스템에서 k 고객이 있음을 알았다고 가정하자. 즉, $N_a = k$이다. 만약 먼저 오면 먼저 서비스 규칙이라면, T는 서비스에서 발견된 고객의 잔여 서비스 시간이고, 큐에서 발견된 $k-1$고객들의 서비스 시간, 그리고 도착하는 고객의 서비스 시간이다. 지수 서비스 시간의 무기억 성질은 서비스에서 발견된 고객의 잔여 서비스 시간이 완전한(전체) 서비스 시간과 같은 분포를 갖는다는 것을 뜻한다. 따라서 T는 $k+1$ 독립항등분포 지수 확률 변수들의 합이다. 예제 7.5에서 이 합은 다음과 같은 감마 pdf를 갖는 것을 보았다.

$$f_T(x \mid N_a = k) = \frac{(\mu x)^k}{k!}\mu e^{-\mu x} \qquad x > 0 \tag{12.31}$$

T의 pdf는 도착하는 고객들이 시스템에서 k 메시지들을 찾는 확률 $P[N_a = k]$에 의해서 평균하는 것으로 구해진다. 따라서 T의 pdf는 다음과 같다.

$$\begin{aligned} f_T(x) &= \sum_{k=0}^{\infty}\frac{(\mu x)^k}{k!}\mu e^{-\mu x}P[N(t) = k] \\ &= \sum_{k=0}^{\infty}\frac{(\mu x)^k}{k!}\mu e^{-\mu x}(1 - \rho)\rho^k \\ &= (1 - \rho)\mu e^{-\mu x}\sum_{k=0}^{\infty}\frac{(\mu\rho x)^k}{k!} \\ &= (1 - \rho)\mu e^{-\mu x}e^{\mu\rho x} \\ &= (\mu - \lambda)e^{-(\mu-\lambda)x} \qquad x > 0 \end{aligned} \tag{12.32}$$

따라서 T는 평균 $1/(\mu - \lambda)$을 갖는 지수 확률 변수다. 이것은 리틀의 공식으로 얻은 T의 평균이 식 (12.26)과 일치한다는 것에 주목하자.

비슷한 방법으로 대기 시간에 대한 pdf는 다음 식과 같음을 보일 수 있다.

$$f_W(x) = (1 - \rho)\delta(x) + \lambda(1 - \rho)e^{-\mu(1-\rho)x} \qquad x > 0 \tag{12.33}$$

예제 12.5

총 지연의 95% 백분위수를 구하라.

T의 p번째 백분위수는 다음 식에 대한 x의 값이다.

$$\begin{aligned} p &= P[T \le x] \\ &= \int_0^x (\mu - \lambda)e^{-(\mu-\lambda)y}\,dy = 1 - e^{-(\mu-\lambda)x} \end{aligned}$$

이로부터 다음을 얻는다.

$$x = \frac{1}{\mu - \lambda}\ln\frac{1}{1 - p} = -E[T]\ln(1 - p) \tag{12.34}$$

95% 백분위수는 위에 $p = 0.95$를 대입해서 얻는다. 결과는 $x = 3.0\ E[T]$이다.

12.3.3 유한 수용량을 갖는 M/M/1 시스템

실제 시스템은 단지 유한 수의 고객만 수용할 수 있지만 무한 수용량의 가정은 시스템이 가득 찰 확률이 무시할 만할 때 편리하다. 시스템에서 단지 최대의 K 고객들이 유지할 수 있다는 예외를 갖는 M/M/1 시스템과 동일한 M/M/1/K 대기 시스템을 생각해보자. 시스템이 완전히 차 있을 때 도착하는 고객들은 들어오지 못하게 된다.

이 시스템에 대한 과정 $N(t)$는 그림 12.7과 같은 천이율 다이어그램을 갖는 집합 $\{0, 1, \ldots, K\}$에서 값을 취하는 이산시간 마코프 체인이다. $N(t) = K$일 때 이제 시스템의 경우와 도착률이

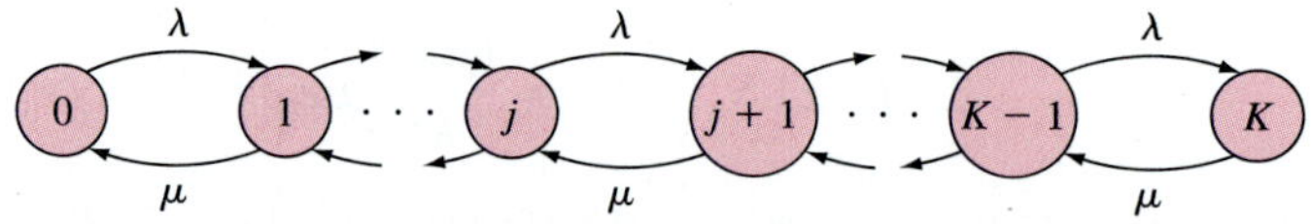

그림 12.7 ● M/M/1/K 시스템에 대한 천이율 다이어그램

0임을 알 수 있다. 다른 상태로부터의 천이율은 M/M/1 시스템의 경우와 같다.

대역적 균형방정식은 다음과 같다.

$$\lambda p_0 = \mu p_1$$
$$(\lambda + \mu)p_j = \lambda p_{j-1} + \mu p_{j+1} \qquad j = 1, 2, \ldots, K - 1$$
$$\mu p_K = \lambda p_{K-1} \tag{12.35}$$

$\rho = \lambda/\mu$라고 하자. $\rho < 1$ 또는 $\rho > 1$에 대해서 정상 상태 확률이 다음과 같음은 즉시 보일 수 있다(연습문제 12.14 참고).

$$P[N = j] = \frac{(1 - \rho)\rho^j}{1 - \rho^{K+1}} \qquad j = 0, 1, 2, \ldots, K \tag{12.36}$$

$\rho = 1$일 때 모든 상태들은 동일한 가능성을 갖는다. 그림 12.8은 ρ의 다양한 값에 대해 정상 상태 확률들을 나타내고 있다.

시스템에서 고객들의 평균 수는 다음 식으로 주어진다.

$$E[N] = \sum_{j=0}^{K} jP[N(t) = j]$$

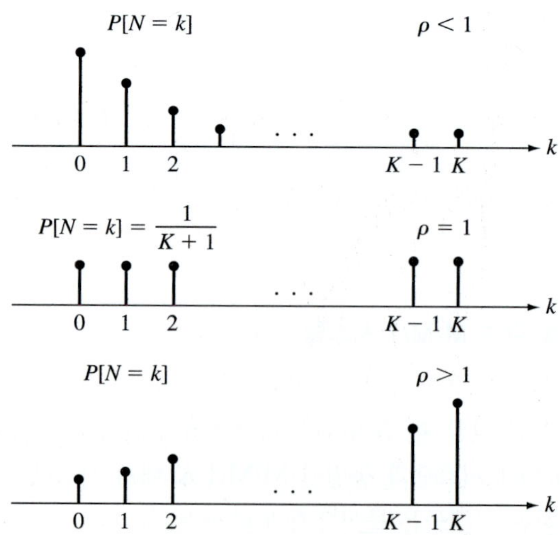

그림 12.8 ● M/M/1/K 시스템의 $N(t)$에 대한 전형적인 pmf들

$$= \begin{cases} \frac{\rho}{1-\rho} - \frac{(K+1)\rho^{K+1}}{1-\rho^{K+1}} & \rho \neq 1 \\ \frac{K}{2} & \rho = 1 \end{cases} \tag{12.37}$$

고객들이 시스템에서 보낸 평균 총 시간은 실제로 시스템에 들어가는 도착 비율 λ_a를 갖는 리틀의 공식에 따라 식 (12.37)에서 구해진다. 시스템이 고객들을 들어오지 못하게 할 때 시간의 비율은 $P[N(t) = K] = p_K$ 이다. 따라서 시스템은 다음 식과 같은 비율로 고객들을 들어오지 못하게 한다.

$$\lambda_b = \lambda p_K \tag{12.38}$$

그리고 시스템으로의 실제적인 도착률은 다음과 같다.

$$\lambda_a = \lambda(1 - p_K) \tag{12.39}$$

식 (9.37)에 리틀의 공식을 적용해 다음을 얻는다.

$$E[T] = \frac{E[N]}{\lambda_a} = \frac{E[N]}{\lambda(1 - p_K)} \tag{12.40}$$

유한 수용량 시스템에서 시스템에 제공된 트래픽 부하와 시스템의 실제 부하를 구별할 필요가 있다. **제공된 부하(offered load)** 또는 **교통 강도(traffic intensity)**는 시스템에 밀려든 요구의 척도이고 다음과 같이 정의된다.

$$\lambda \frac{\text{고객}}{\text{초}} \times E[\tau] \frac{\text{서비스 초}}{\text{고객}} \tag{12.41}$$

수행된 부하(carried load)는 시스템에 의해 충족된 실제 요구이고 다음과 같이 정의한다.

$$\lambda_a \frac{\text{고객}}{\text{초}} \times E[\tau] \frac{\text{서비스 초}}{\text{고객}} \tag{12.42}$$

예제 12.6 **평균 지연과 수행된 부하 대 K**

그림 12.9(a)는 K의 두 값에 대해 수행된 부하 대 제공된 부하 ρ를 비교한다. 수용량 K의 증가는 시스템이 더 많은 고객을 허락하기 때문에 수행된 부하가 증가한다는 것을 볼 수 있다. 그림 12.9(b)는 평균 지연에 대해 그에 맞먹는 값들을 제공한다. K의 증가는 다시 더 많은 고객을 시스템이 허락하기 때문에 지연이 증가하는 것을 볼 수 있다.

예제 12.7

M/M/1 모델이 수용량 K인 시스템에 사용되고, 고객을 거부하는 확률은 $P[N = K]$로 근사된다고 가정한다. 이 근사를 M/M/1/K 모델로 주어진 정확한 확률과 비교하라.

M/M/1 시스템에 대해서 위의 확률은 다음으로 주어진다.

$$P[N = K] = (1 - \rho)\rho^K$$

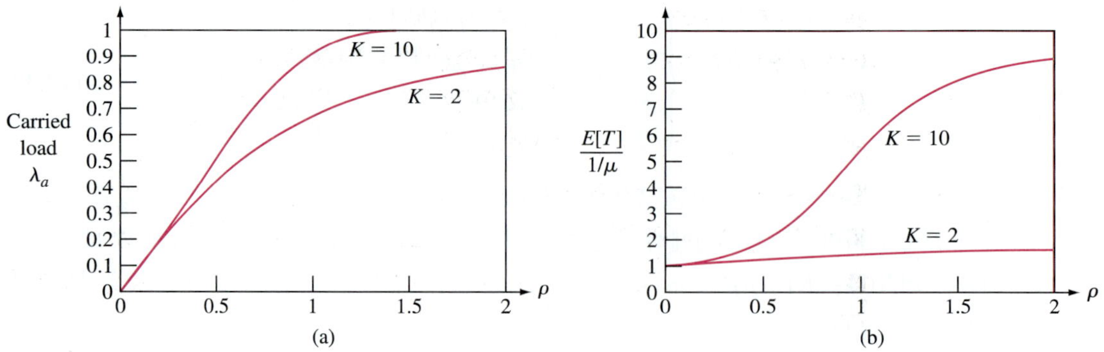

그림 12.9 ● (a) $K=2$와 $K=10$을 갖는 M/M/1/K 시스템에 대한 수행된 부하 대 제공된 부하; (b) $K=2$와 $K=10$을 갖는 M/M/1/K 시스템에서 평균 고객 지연 대 제공된 부하

$\rho<1$에 대해 M/M/1/K 시스템이 고객을 거부할 확률은 다음과 같다.

$$P[N' = K] = \frac{(1-\rho)\rho^K}{1-\rho^{K+1}} = (1-\rho)\rho^K\{1 + \rho^{K+1} + (\rho^{K+1})^2 + \cdots\}$$

$\rho<1$이고 큰 K에 대해 $P[N=k] \simeq P[N'=K]$이다. $\rho>1$에 대해 M/M/1 근사는 위반되고 음의 확률을 산출한다.

12.4 다중 서버 시스템: M/M/c, M/M/c/c, M/M/∞

이제 다중 서버를 갖는 대기 시스템을 살펴보기 위해 M/M/1 시스템을 수정한다. 특히 독립항등분포 지수 도착 간격 시간과 독립항등분포 지수 서비스 시간을 갖는 시스템을 생각하자. M/M/1 시스템의 경우와 같이 결과적인 시스템은 연속시간 마코프 체인으로 모델화될 수 있다.

12.4.1 M/M/c 시스템에서 수의 분포

M/M/c 시스템에 대한 천이율 다이어그램은 그림 12.10과 같다. 도착은 앞에서와 같이 비율 λ로 발생한다. 차이점은 k 서버들이 사용 중일 때 출발률은 $k\mu$라는 것이다. 왜 그런지 살펴보자. k 서버들이 사용 중이라고 가정하면 다음 출발까지의 시간은 다음과 같다.

$$X = \min(\tau_1, \tau_2, \ldots, \tau_k)$$

여기서 τ_i는 매개변수 μ를 갖는 독립항등분포 지수 확률 변수들이다. 이 확률 변수의 상보적(complementary) cdf는 다음 식과 같다.

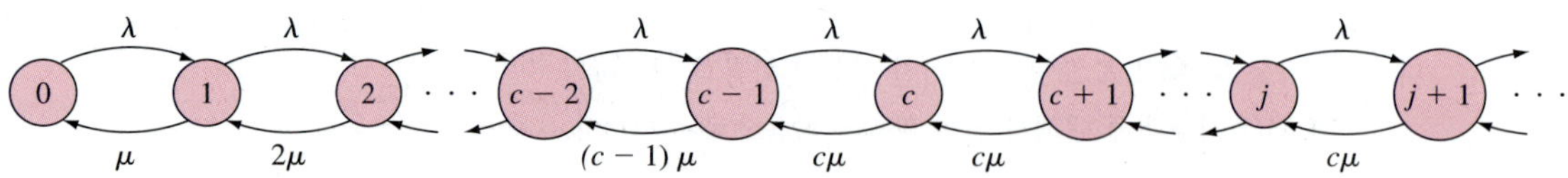

그림 12.10 ● M/M/c 시스템에 대한 천이율 다이어그램

$$\begin{aligned}P[X>t] &= P[\min(\tau_1, \tau_2, \ldots, \tau_k)>t] \\ &= P[\tau_1>t, \tau_2>t, \ldots, \tau_k>t] \\ &= P[\tau_1>t]P[\tau_2>t] \ldots P[\tau_k>t] \\ &= e^{-\mu t}e^{-\mu t} \cdots e^{-\mu t} \\ &= e^{-k\mu t} \end{aligned} \tag{12.43}$$

따라서 다음 출발까지의 시간은 평균 $1/k\mu$인 지수 확률 변수다. 따라서 k 서버들이 사용 중일 때 고객들은 비율 $k\mu$로 출발한다. 시스템에서 고객의 수가 c보다 클 때 모든 c 서버들은 사용 중이고 출발률은 $c\mu$이다.

예제 11.40에서 구한 출생과 사망 과정에 대한 일반해에서 M/M/c 시스템에 대한 정상 상태 확률을 얻는다. 처음 c 상태들의 확률은 다음 재귀식에서 얻는다(식 (11.36) 참고).

$$p_j = \frac{\lambda}{j\mu}p_{j-1} \qquad j = 1, \ldots, c$$

이는 다음 식을 이끈다.

$$p_j = \frac{a^j}{j!}p_0 \qquad j = 0, 1, \ldots, c \tag{12.44}$$

여기서 다음을 얻는다.

$$a = \frac{\lambda}{\mu} \tag{12.45}$$

상태들이 c와 같거나 큰 경우, 상태들에 대한 확률들은 다음 재귀식으로부터 얻어진다.

$$p_j = \frac{\lambda}{c\mu}p_{j-1} \qquad j = c, c+1, c+2, \ldots$$

이는 다음 식을 이끈다.

$$p_j = \rho^{j-c}p_c \qquad j = c, c+1, c+2, \ldots \tag{12.46a}$$

$$= \frac{\rho^{j-c}a^c}{c!}p_0 \tag{12.46b}$$

여기서 $j = c$를 갖는 식 (12.44)를 사용했고, 또한 ρ는 다음과 같다.

$$\rho = \frac{\lambda}{c\mu} \tag{12.47}$$

결국 p_0는 정규화 조건에 따라 다음과 같다.

$$1 = \sum_{j=0}^{\infty}p_j = p_0\left\{\sum_{j=0}^{c-1}\frac{a^j}{j!} + \frac{a^c}{c!}\sum_{j=c}^{\infty}\rho^{j-c}\right\}$$

대괄호 안의 항이 유한하다면 시스템은 안정되고 정상 상태를 갖는다. 이것은 두 번째 급수가 수렴하는 경우로, $\rho < 1$이고 또는 동등하게 다음과 같다.

$$\lambda < c\mu \tag{12.48}$$

다시 말해 c 서버들이 고객을 처리할 수 있는 총 비율보다 고객 도착률이 적으면 시스템은 안정적이다. p_0에 대한 최종 형태는 다음 식과 같다.

$$p_0 = \left\{ \sum_{j=0}^{c-1} \frac{a^j}{j!} + \frac{a^c}{c!} \frac{1}{1-\rho} \right\}^{-1} \tag{12.49}$$

도착하는 고객이 모든 서버들이 사용 중임을 발견하고 큐에서 기다리는 확률은 M/M/c 시스템의 중요한 매개변수다.

$$P[W > 0] = P[N \geq c] = \sum_{j=c}^{\infty} \rho^{j-c} p_c = \frac{p_c}{1-\rho} \tag{12.50}$$

이 확률을 **얼랭(Erlang) *C*공식**이라 하고 $C(c, a)$로 쓴다.

$$C(c, a) = \frac{p_c}{1-\rho} = P[W > 0] \tag{12.51}$$

큐에 있는 평균 고객의 수는 다음과 같다.

$$\begin{aligned} E[N_q] &= \sum_{j=c}^{\infty} (j-c) \rho^{j-c} p_c = p_c \sum_{j'=0}^{\infty} j' \rho^{j'} \\ &= \frac{\rho}{(1-\rho)^2} p_c \\ &= \frac{\rho}{1-\rho} C(c, a) \end{aligned} \tag{12.52}$$

평균 대기 시간은 리틀의 공식에 따라 다음과 같이 구한다.

$$\begin{aligned} E[W] &= \frac{E[N_q]}{\lambda} \\ &= \frac{1/\mu}{c(1-\rho)} C(c, a) \end{aligned} \tag{12.53}$$

시스템에서 평균 총 시간은 다음과 같다.

$$E[T] = E[W] + E[\tau] = E[W] + \frac{1}{\mu} \tag{12.54}$$

결국 시스템에 있는 평균 수는 리틀의 공식에 따라 다음과 같이 구한다.

$$E[N] = \lambda E[T] = E[N_q] + a \tag{12.55}$$

여기서 식 (12.54)를 사용했다.

예제 12.8

한 회사는 두 현장을 연결하는 두 개의 1메가비트 전화선을 갖고 있다. 이들 전화선의 패킷은 매 초마다 150 패킷의 비율로 포아송 과정에 따라 도착한다고 가정하고, 패킷은 평균 10 k비트를 갖고 지수적으로 분포되었다고 가정한다. 두 전화선이 사용 중일 때 그 시스템은 패킷을 기다리고 한 선이 사용 가능하면 패킷들을 전송한다. 패킷이 기다려야 할 대기열에 기다려야 하는 확률을 구하라.

우선 p_0를 계산해야 한다. 시스템 매개변수는 $c = 2$, $\lambda = 150$패킷/초이다. $1/\mu = 10$ kbit/1Mbit/s = 10 ms, $a = \lambda/\mu = 1.5$, $\rho = \lambda/c\mu = 3/4$이다. 그러므로 p_0는 다음과 같다.

$$p_0 = \left\{1 + 1.5 + \frac{(1.5)^2}{2!}\frac{1}{1 - 3/4}\right\}^{-1} = \frac{1}{7}$$

그러면 대기해야 하는 확률은 다음 식과 같다.

$$C(2, 1.5) = \frac{(1.5)^2}{2!}p_0\frac{1}{1 - \rho} = \frac{9}{14}$$

예제 12.9 **M/M/1 대 M/M/c**

그림 12.11의 두 시스템의 평균 지연과 평균 대기 시간 성능을 비교하라. 두 시스템의 처리율이 같다는 것에 주목하라.

M/M/1 시스템은 $\rho = \lambda/\mu = (1/2)/1 = 1/2$이다. 따라서 평균 대기 시간은 다음과 같다.

$$E[W] = \frac{\rho/\mu}{1 - \rho} = 1\text{ s}$$

그리고 평균 총 지연은 다음과 같다.

$$E[T] = \frac{1/\mu}{1 - \rho} = 2\text{ s}$$

M/M/2 시스템에 대해서 $a = \lambda/\mu' = 1$, $\rho = \lambda/2\mu' = 1/2$이다. 비어있는 시스템의 확률은 다음과 같다.

$$p_0 = \left\{1 + a + \frac{a^2/2}{1 - 1/2}\right\}^{-1} = \frac{1}{3}$$

얼랭 C 공식은 다음과 같다.

$$C(2, 1) = \frac{a^2/2}{1 - \rho}p_0 = \frac{1}{3}$$

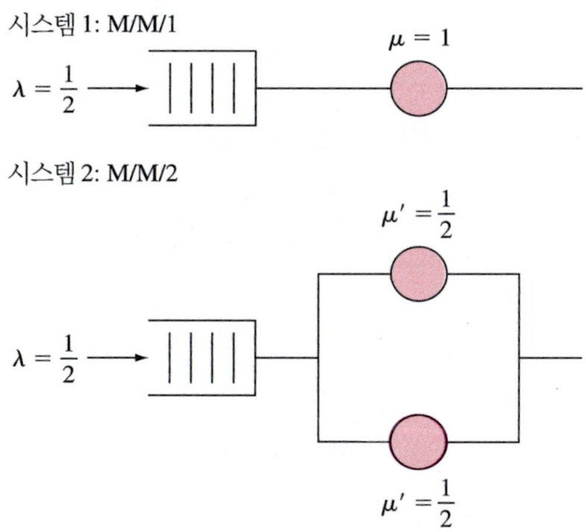

그림 12.11 ● 같은 도착률과 같은 최대 처리율을 갖는 M/M/1과 M/M/2 시스템

평균 대기 시간은 다음과 같다.

$$E[W'] = \frac{1/\mu'}{2(1-\rho)}C(2,1) = \frac{2}{3}$$

그리고 평균 지연은 다음과 같다.

$$E[T'] = \frac{2}{3} + \frac{1}{\mu'} = \frac{8}{3}$$

따라서 M/M/1 시스템은 M/M/2보다 총 지연은 더 작지만 대기 시간이 더 크다. 일반적으로 서버 수가 증가하면 대기 시간은 감소하지만 총 지연은 증가한다.

12.4.2 M/M/c에 대한 대기 시간 분포

대기 시간의 pdf를 계산하기 전에, 모든 서버들이 사용 중(즉, $N(t) \geq c$)일 때 큐에서 $j-c>0$인 고객들이 있을 조건부 확률을 생각하자.

$$P[N(t) = j \mid N(t) \geq c] = \frac{P[N(t) = j, N(t) \geq c]}{P[N(t) \geq c]} = \frac{P[N(t) = j]}{P[N(t) \geq c]} \qquad j \geq c$$

$$= \frac{\rho^{j-c} p_c}{p_c/(1-\rho)} = (1-\rho)\rho^{j-c} \qquad j \geq c \tag{12.56}$$

이 기하학적인 pmf는 모든 서버들이 사용 중일 때 M/M/c 시스템이 M/M/1 시스템과 같이 행동하는 것을 시사한다. W의 cdf를 계산하는 데 이 사실을 이용한다.

큐에 k 고객들이 있을 때, 한 고객이 도착한다고 가정하자. 고객이 서비스에 들어가기 전에 $k+1$ 서비스 완료가 있어야 한다. 식 (12.43)에서 각 서비스 완료는 비율 $c\mu$를 갖고 지수적으로 분포한다. 따라서 고객에 대한 서비스 시간은 매개변수 $c\mu$를 갖는 $k+1$ 독립항등분포 지수 확률 변수들의 합이다. 우리가 아는 것은 매개변수 $c\mu$를 갖는 감마 확률 변수다.

$$f_W(x \mid N = c + k) = \frac{(c\mu x)^k}{k!} c\mu e^{-c\mu x} \tag{12.57}$$

$W>0$ 또는 동등하게 $N \geq c$로 주어진 W에 대한 cdf는 식 (12.56)과 (12.57)을 결합해서 얻는다.

$$\begin{aligned}
F_W(x \mid W > 0) &= \sum_{k=0}^{\infty} F_W(x \mid N = c+k) P[N = c+k \mid N \geq c] \\
&= \sum_{k=0}^{\infty} \int_0^x \frac{(c\mu y)^k}{k!} c\mu e^{-c\mu y}\, dy (1-\rho)\rho^k \\
&= (1-\rho) \int_0^x \sum_{k=0}^{\infty} \frac{(c\mu y)^k}{k!} \rho^k c\mu e^{-c\mu y}\, dy \\
&= (1-\rho)c\mu \int_0^x e^{-c\mu(1-\rho)y}\, dy \\
&= 1 - e^{-c\mu(1-\rho)x}
\end{aligned}$$

W의 cdf는 다음과 같다.

$$\begin{aligned} P[W \le x] &= P[W = 0] + F_W(x \mid W > 0)P[W > 0] \qquad x > 0 \\ &= (1 - C(c, a)) + (1 - e^{-c\mu(1-\rho)x})C(c, a) \\ &= 1 - C(c, a)e^{-c\mu(1-\rho)x} \end{aligned} \tag{12.58}$$

$T = W + \tau$이고 여기서 W와 τ는 독립 확률 변수들이므로, $a \neq c - 1$이라면 T의 cdf는 다음 식과 같음을 쉽게 알 수 있다.

$$P[T \le x] = 1 + \frac{a - c + P[W = 0]}{c - 1 - a}e^{-\mu x} + \frac{C(c, a)}{c - 1 - a}e^{-c\mu(1-\rho)x} \tag{12.59}$$

예제 12.10

예제 12.8에서 논의된 시스템에서 패킷이 1분 이상 기다려야 하는 확률은 얼마인가?

예제 12.8에서 $p_0 = 1/$을 구했고 대기하는 확률은 다음 식과 같다.

$$C(2, 1.5) = \frac{9}{14}$$

1분 이상 대기할 확률은 다음과 같다.

$$\begin{aligned} P[W > 1] &= 1 - P[W \le 1] \\ &= C(c, a)e^{-c\mu(1-\rho)1} = \frac{9}{14}e^{-200(1/4)(0.040)} \\ &= \frac{9}{14}e^{-2} = 0.3045 \end{aligned}$$

12.4.3 M/M/*c*/*c* 대기 시스템

M/M/c/c 대기 시스템은 대기실이 없는 c개 서버를 갖고 있다. 모든 서버들이 사용 중일 때 도착하는 호출들은 들어오지 못한다. 이 시스템에 대한 천이율 다이어그램은 그림 12.12와 같다. 여기서 도착률은 $N(t) = c$일 때 0임을 볼 수 있다.

이 시스템에 대한 정상 상태 확률들은 M/M/c 시스템에서 상태들 $0, \ldots, c$에 대한 것과 같은 형태를 갖는다.

$$p_j = \frac{a^j}{j!}p_0 \qquad j = 0, \ldots, c \tag{12.60}$$

여기서

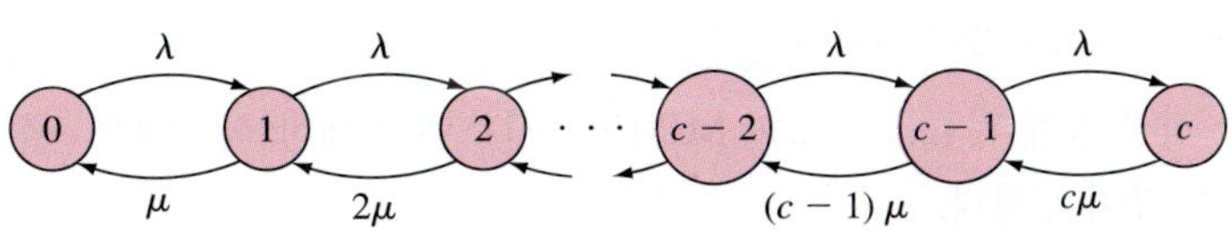

그림 12.12 ● M/M/c/c 시스템에 대한 천이율 다이어그램

$$a = \frac{\lambda}{\mu} \tag{12.61}$$

이다. 이는 제공된 부하이고 p_0는 다음과 같다.

$$p_0 = \left\{ \sum_{j=0}^{c} \frac{a^j}{j!} \right\}^{-1} \tag{12.62}$$

얼랭 B 공식은 모든 서버들이 사용 중인 확률로 다음과 같이 정의된다.

$$B(c, a) = P[N = c] = p_c = \frac{a^c/c!}{1 + a + a^2/2! + \cdots + a^c/c!} \tag{12.63}$$

시스템의 실제적인 도착률은 다음과 같다.

$$\lambda_a = \lambda(1 - B(c, a) \tag{12.64}$$

시스템에 있는 평균 수는 리틀의 공식으로 다음과 같이 얻는다.

$$E[N] = \lambda_a E[\tau] = \frac{\lambda}{\mu}(1 - B(c, a)) \tag{12.65}$$

$E[N]$은 또한 식 (12.42)로 정의된 것과 같이 수행된 부하와 같다는 것에 주목하자.

얼랭 B 공식은 단지 도착률 λ, 평균 서비스 시간 $E[\tau] = 1/\mu$, 서버들 수 c에 의존한다. 식 (12.63) 또한 M/G/c/c 시스템들에 대한 봉쇄(blocking) 확률을 제공한다는 것을 밝힌다(Ross, 1983 참고).

예제 12.11

한 회사가 두 지사 사이에 화상회의를 전송하기 위한 초당 1메가비트 전화선을 5개 가지고 있다. 각 화상회의는 초당 1메가비트가 필요하고 평균 1시간 동안 지속된다고 하자. 시간당 3개 호출 비율을 가진 포아송 과정에 따라 화상회의를 위한 요구들이 도착한다고 가정하자. 전화선의 부족으로 인해 호출 요구가 방해되는 확률을 구하라.

제공되는 부하는 $a = \lambda/\mu = 3$ calls/hr $\times$ 1 hr/call $= 3$. 차단 확률은 다음과 같다.

$$B(5, 3) = \frac{3^5/5!}{1 + 3 + 9/2 + 27/6 + 81/24 + 243/120} = 0.11$$

12.4.4 M/M/∞ 대기 시스템

포아송 도착과 지수 서비스 시간을 갖는 시스템을 생각하자. 그리고 서버들의 수가 너무 많아서 도착하는 고객들은 항상 서버가 사용 가능하다는 것을 안다고 가정한다. 요컨대 무한 수의 서버들을 갖고 있다. M/M/c/c 시스템에서 c를 무한대로 근사하도록 허락한다면 그림 12.13의 천이율 다이어그램을 갖는 M/M/∞ 시스템을 얻는다.

정상 상태 확률들은 또한 M/M/c/c 시스템에 대한 식들에서 c를 무한으로 근사시킴으로써 다음과 같이 구한다.

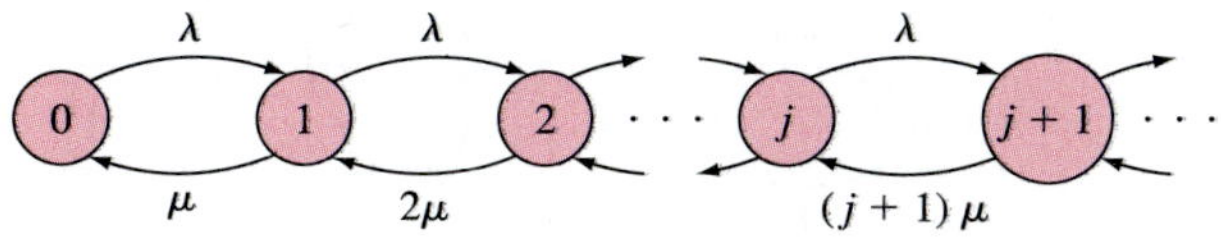

그림 12.13 ● M/M/∞ 시스템에 대한 천이율 다이어그램

$$p_j = \frac{a^j}{j!}e^{-a} \qquad j = 0, 1, 2, \ldots \tag{12.66}$$

여기서 $a = \lambda/\mu$이다. 따라서 시스템에서 고객의 수는 포아송 확률 변수다. 시스템에서 고객들의 평균 수는 다음과 같다.

$$E[N] = a$$

예제 12.12

가입자들은 1분당 네 사람의 비율로 대학의 온라인 카탈로그에 접속한다. 작업시간은 평균 5분 동안 지속된다. 온라인에 25명 이상 접속되는 확률을 구하라. 제공되는 부하는 $a = \lambda/\mu = 4$명/분 $\times$ 5분/명 $= 20$이다. 연결된 사용자의 수에 대한 pmf는 평균 20을 가진 포아송 랜덤 변수이다. 그 시스템에서 25명 이상일 확률은 다음과 같다.

$$P[N > 25] = 1 - \sum_{j=0}^{25} \frac{20^j}{j!}e^{-20} = 0.888$$

여기서 `poisson_cdf(25, 20)` 옥타브 함수를 사용하였다.

12.5 유한공급 대기 시스템

그림 12.14(a)에 보인 바와 같은 K 공급원들에 서비스하는 단일 서버 대기 시스템을 생각하자. 각 공급원은 두 상태 중 하나에 있을 수 있다. 첫 번째 상태에서 공급원은 서버로부터 서비스를 위한 요구를 준비하고 있다. 두 번째 상태에서 공급원은 큐에 대기하고 있어야 할지 서비스되어야 할지에 대한 요구를 발생했다. 예를 들어, 공급원은 K 기계로, 서버는 기계가 고장났을 때 기

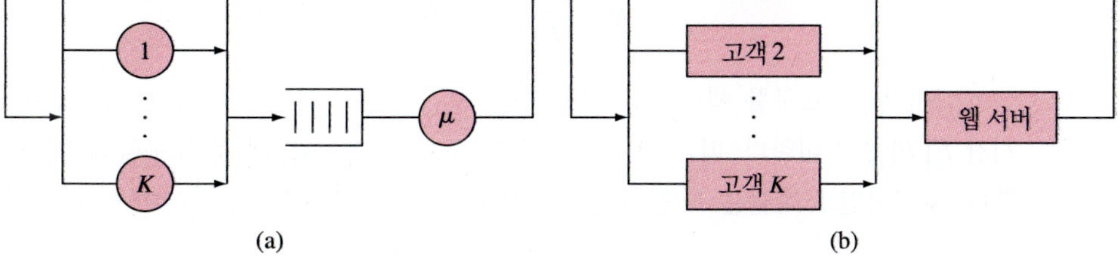

그림 12.14 ● (a) 유한공급원 단일 서버 시스템; (b) 다중 사용자 컴퓨터 시스템

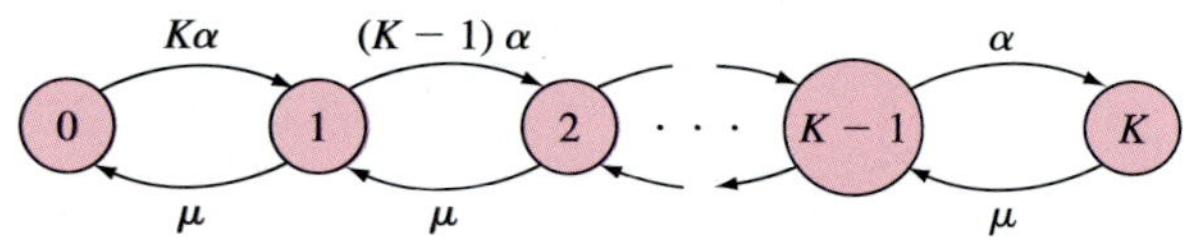

그림 12.15 ● 유한공급원 단일 서버 시스템에 대한 천이율 다이어그램

계를 고치는 수리공으로 표현할 수 있다. 다른 예로, K 공급원들은 그림 12.14(b)와 같은 컴퓨터 시스템에서 작업을 일으키는 터미널로 나타낼 수 있다.

$N(t)$를 시스템에 있는 처리 요구들의 수라고 하자. 각 공급원은 각 서비스 요구를 준비하는 평균이 $1/\alpha$인 지수적으로 분포된 양의 시간을 소비한다고 가정한다. 따라서 사용되지 않을 때 공급원은 확률이 $\alpha\delta + o(\delta)$이고 구간 $(t, t+\delta)$에서 서비스를 위한 요구를 발생한다. 만약 시스템의 상태가 $N(t)=k$라면 사용되지 않는 공급원의 수는 $K-k$이고, 서비스 요구가 발생되는 비율은 $(K-k)\alpha$이다. 또한 각 요구를 서비스하는 데 필요한 시간은 평균이 $1/\mu$인 지수적으로 분포된 시간의 양이다. $N(t)$는 그림 12.15의 천이율 다이어그램을 갖는 연속시간 마코프 체인이다.

정상 상태 확률은 예제 11.40에서 얻은 결과를 이용해 구한다.

$$p_k = \frac{K!}{(K-k)!}\left(\frac{\alpha}{\mu}\right)^k p_0 \qquad k = 0, 1, \ldots, K \tag{12.67}$$

여기서 p_0는 다음과 같다.

$$p_0 = \left\{\sum_{k=0}^{K}\frac{K!}{(K-k)!}\left(\frac{\alpha}{\mu}\right)^k\right\}^{-1} \tag{12.68}$$

먼저 평균 도착률 λ와 평균 지연 $E[T]$를 간접적으로 계산할 것이다. 이 절의 마지막 부분에서는 그것들이 직접적으로 어떻게 계산되는지를 보일 것이다. 서버 활용 ρ는 시스템이 사용 중일 때 시간의 비율이고, 따라서 다음과 같다.

$$\rho = 1 - p_0 \tag{12.69}$$

여기서 p_0는 식 (12.68)에서 주어진다. 큐의 평균 도착률은 서버로 정의된 시스템을 갖고 리틀의 공식에서 다음과 같이 구할 수 있다.

$$\lambda E[\tau] = \rho = 1 - p_0$$

이는 다음을 뜻한다.

$$\lambda = \frac{\rho}{E[\tau]} = \mu\rho = \mu(1 - p_0) \tag{12.70}$$

공급원은 요구를 생성하기 위해 평균 시간 $1/\alpha$을 취하고 대기 시스템에서 서비스되는 데 시간 $E[T]$를 소비한다. 따라서 각 공급원은 초당 $(1/\alpha + E[T])^{-1}$ 요구들의 비율로 요구를 발생한다. 실제적인 도착률은 K 공급원들이 요구를 발생하는 비율과 같아야 하므로 다음 식과 같다.

$$\lambda = \frac{K}{1/\alpha + E[T]} \tag{12.71}$$

각 요구에 대한 시스템에서 평균 지연은 $E[T]$를 해결해서 구한다.

$$E[T] = \frac{K}{\lambda} - \frac{1}{\alpha} \tag{12.72}$$

결국 다음 식과 같은 시스템에 있는 평균 수를 얻기 위해 식 (12.72)에 리틀의 공식을 적용할 수 있다.

$$E[N] = \lambda E[T] = K - \frac{\lambda}{\alpha} \tag{12.73}$$

이것은 λ/α이 사용되지 않는 공급원의 평균 수를 의미한다는 것에 주목하자. 평균 대기 시간은 $E[T]$에서 평균 서비스 시간을 빼서 얻는다.

$$E[W] = E[T] - \frac{1}{\mu} \tag{12.74}$$

공급원이 서비스 요구가 완료되기를 기다리며 보내는 시간의 비율은 평균 사이클 시간을 위해 시스템에서 보내는 시간의 비율이다.

$$P[\text{공급원 분주}] = \frac{E[T]}{E[T] + 1/\alpha} \tag{12.75}$$

예제 12.13 **웹 서버 시스템**

어떤 웹 서버 설계는 주어진 시간에 웹 서버를 가지고 상호 작용할 수 있는 터미널의 수에 대해 극한 K를 부여한다. K개 세트 터미널들은 다음과 같이 웹 서버에 대한 질문을 한다. 각 터미널은 트랜잭션 요구를 준비하는 데 지수적으로 분포된 사고(thinking) 시간을 보내고, 서버는 각 요구를 처리하는 데 지수적으로 분포된 시간을 취한다. 서버의 처리능력은 트랜잭션들을 완료하는 비율로 정의된다. 응답 시간은 트랜잭션이 서버에서 보내는 총 시간이다. K가 작거나 K가 큰 두 개의 극단적인 경우에 대해 처리량과 응답 시간의 표현식들을 구하라.

K가 충분히 작을 때 큐에는 대기하는 것이 없다. 그러므로 다음과 같다.

$$E[T] \simeq \frac{1}{\mu} \qquad K\text{가 작은 경우} \tag{12.76}$$

그리고 식 (12.71)에 따라 다음을 얻는다.

$$\lambda = \frac{K}{1/\alpha + 1/\mu} \qquad K\text{가 작은 경우} \tag{12.77}$$

따라서 λ는 K에 따라 선형적으로 커진다. K가 증가함에 따라 서버는 결국 완전히 이용되고, 최대 비율, 즉 초당 μ 작업처리 비율로 작업들을 출력한다.

$$\lambda \simeq \mu \qquad K\text{가 큰 경우} \tag{12.78}$$

그리고 식 (12.72)는 다음과 같이 된다.

$$E[T] = \frac{K}{\mu} - \frac{1}{\alpha} \qquad K\text{가 큰 경우} \tag{12.79}$$

처리량과 응답 시간에 대한 점근적 표현들은 그림 12.16(a)와 (b)에서 보여준다. $E[T]$에 대한 두 점근선이 교차하는 K의 값은 다음과 같고 시스템 포화점(*system saturation point*)이라고 한다.

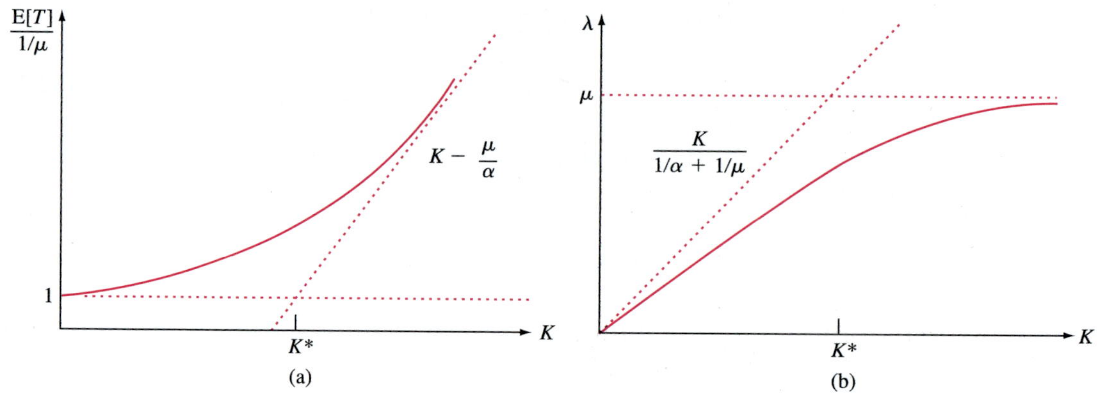

그림 12.16 ● 공급원 수의 함수로서 유한공급원 시스템에 대한 지연과 처리량. 점선은 작은 K와 큰 K 점근선을 나타낸다.

$$K^* = \frac{1/\mu + 1/\alpha}{1/\mu} \tag{12.80}$$

K가 K^*보다 클 때 터미널의 요구는 다른 것과 간섭하는 것이 확실하고 응답 시간도 따라서 증가한다.

12.5.1 *도착 고객 분포

이상의 논의에서는 포괄적인 방법으로(식 (12.70), (12.71), (12.72) 참고) λ, $E[N]$, $E[T]$를 구했다. $E[T]$를 직접적으로 계산하기 위해 다음을 논한다. 만약 먼저 도착하면 먼저 서비스하는 정책을 가정하면 대기 시스템에 $N_a = k$ 요구들이 있을 때 도착하는 고객은 1 잔류 서비스 시간, $k-1$ 서비스 시간, 고객의 서비스 시간의 합과 같은 시스템에서 총 시간을 보낸다. 이들 모든 시간들이 평균 $1/\mu$를 갖는 독립항등분포 지수 확률 변수들이므로 요구에 대한 시스템에서 평균 시간은 다음과 같다.

$$E[T \mid N_a = k] = \frac{k+1}{\mu}$$

시스템에서 평균 시간은 N_a에 대해 평균을 구함으로써 얻는다.

$$E[T] = \frac{1}{\mu}\sum_{k=0}^{K-1}(k+1)P[N_a = k] \tag{12.81}$$

위 식의 어려움은 도착들이 포아송이 아니라는 것이다. 도착률이 $(K - N(t))\alpha$임을 기억면 시스템의 상태에 의존한다. 결과적으로 도착하는 고객이 본 상태들의 분포는 대기 시스템에서 k 요구들이 있는 시간의 비율 $P[N = k]$와 같지 않다. 예를 들어, 서비스 요구는 모든 공급원이 시스템에서 요구들을 가질 때 생성될 수 없다. 즉, $N(t) = k$이고, $P[N_a = K] = 0$이다. 그러나 $P[N = K]$는 대기 시스템에서 모든 공급원에 대해 동시에 요구를 갖는 것이 가능하므로 0이 아니다.

$P[Na = k]$를 구하기 위해 도착하는 고객들이 시스템에서 k 고객들을 찾는 장기간 시간의 비율을 구할 필요가 있다. $p_k = P[N(t) = k]$가 장기간 시간의 비율이므로 그 시스템은 상태 k에

있고, 지속 기간 T'의 매우 긴 시간 구간에서 대략 $p_k T'$초들이 상태 k에서 소비되었다. $N(t) = k$일 때 도착률은 초당 $(K - k)\alpha$ 요구들이다. 따라서 k 요구들을 발견하는 도착들의 수는 대략 다음 식과 같다.

$$(K - k)\alpha \text{ 고객/초} \times p_k T' \text{ 상태 } k\text{에서의 초} \tag{12.82}$$

시간 T'에 총 도착 수는 모든 상태를 더해서 얻는다.

$$\sum_{j=0}^{K} (K - j)\alpha p_j T' \tag{12.83}$$

따라서 시스템에서 k 요구들을 찾는 도착들의 비율은 다음 식과 같다.

$$\begin{aligned} P[N_a = k] &= \frac{(K - k)\alpha p_k T'}{\sum_{j=0}^{K}(K - j)\alpha p_j T'} = \frac{(K - k)p_k}{\sum_{j=0}^{K}(K - j)p_j} \\ &= \frac{(K - k)[K!/(K - k)!](\alpha/\mu)^k p_0}{\sum_{j=0}^{K}(K - j)[K!/(K - j)!](\alpha/\mu)^j p_0} \\ &= \frac{[(K - 1)!/(K - k - 1)!](\alpha/\mu)^k}{\sum_{j=0}^{K-1}[(K - 1)!/(K - j - 1)!](\alpha/\mu)^j} \qquad 0 \le k \le K - 1 \end{aligned} \tag{12.84}$$

식 (12.84)와 식 (12.67)을 비교하면 식 (12.84)는 $K - 1$ 공급원들을 갖는 시스템에서 k 고객들을 갖는 정상 상태 확률임을 알 수 있다. 바꾸어 말하면 요구를 부과할 때 공급원은 마치 공급원이 전혀 존재하지 않았던 것처럼 행동하는 대기 시스템을 바라본다.

식 (12.84)와 (12.81)이 식 (12.72)로 주어진 것과 같은 $E[T]$를 가리킴은 독자에게 연습문제 12.37로 남겨 둔다. 실제로 이와 같은 접근 방법은 T의 pdf를 구하는 데 사용할 수 있다.

12.6 M/G/1 대기 시스템

이제 도착들은 포아송 과정을 따르지만 서비스 시간이 지수적으로 분포될 필요가 없는 단일 서버 대기 시스템을 생각하자. 서비스 시간이 독립이고, 일반적인 pdf $f_\tau(x)$를 갖는 동일하게 분포된 확률 변수라고 가정하자. 결과적인 대기 시스템은 M/G/1로 나타낸다.

M/G/1 시스템에 있는 고객의 수 $N(t)$는 연속시간 확률 과정이다. 시스템의 상태는 미래 사건들의 확률들에 관련된 시스템의 과거 역사에 대한 정보임을 기억하자. 이전 절들에서는 고객 도착 시간과 서비스 시간은 지수 분포이고, $N(t)$는 항상 시스템의 상태였다. 이것은 더 이상 M/G/1 시스템의 예가 아니다. 예를 들어, 서비스 시간이 일정하다면 고객이 서비스를 시작할 때에 대한 지식은 고객의 미래 출발 시간을 지정한다. 따라서 시간 t에서 M/G/1 시스템의 상태는 $N(t)$와 함께 시간 t에서 서비스 받고 있는 고객의 남아있는(잔류) 서비스 시간으로 상술된다.

이 절에서는 M/G/1 시스템에서 평균 대기 시간과 평균 지연을 제공하는 리틀의 공식에 기초를 둔 간단한 접근법을 소개한다. 또한 우선순위 클래스들을 갖는 M/G/1 시스템에서 평균 대기 시간을 구하기 위해 이 간단한 접근법을 사용한다.

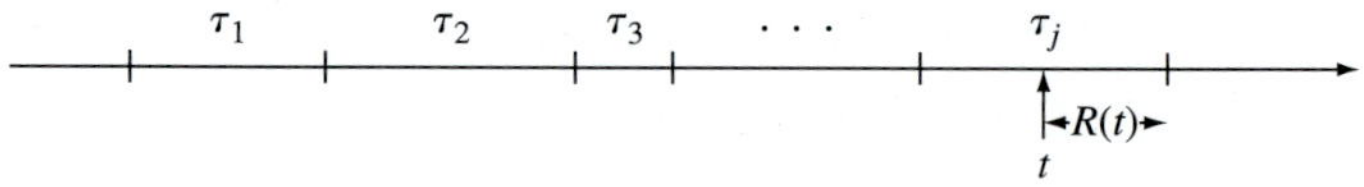

그림 12.17 ● 서비스 시간 열과 잔류 서비스 시간

12.6.1 잔류 서비스 시간

도착하는 고객이 서버가 사용 중인 것을 발견한다고 가정하고, 서비스에서 발견된 고객의 잔류 시간을 생각하자. $\tau_1, \tau_2, \ldots$ 를 M/G/1 시스템에서 고객들의 서비스 시간들의 독립항등분포 열이라고 하고, 그림 12.17과 같이 양의 시간 축을 길이 $\tau_1, \tau_2, \ldots$ 의 분절로 나눈다고 가정하자. 이 시간 축 상에서 임의로 한 점을 선택함으로써 서버가 사용 중일 때 도착하는 고객들을 볼 수 있다. **잔류 서비스 시간(residual service time)**은 그림 12.17과 같이 차단된 세그먼트(segment)에서 나머지 시간이다.

예제 7.29에서 잔류 서비스 시간이 x를 초과하는 장기간 시간 비율이 다음 식과 같음을 살펴보았다.

$$\frac{1}{E[\tau]}\int_x^\infty (1 - F_\tau(y))\, dy \tag{12.85}$$

포아송 고객들의 도착 시간은 시스템 상태에 독립이므로 식 (12.85)는 또한 서비스에서 발견된 고객의 잔류 서비스 시간 R이 x를 초과할 확률이다.

$$P[R > x] = \frac{1}{E[\tau]}\int_x^\infty (1 - F_\tau(y))\, dy \tag{12.86}$$

R의 pdf는 다음과 같다.

$$f_R(x) = -\frac{d}{dx}P[R > x] = \frac{1 - F_\tau(x)}{E[\tau]} \tag{12.87}$$

평균 잔류 시간은 다음 식과 같다.

$$E[R] = \int_0^\infty x\frac{1 - F_\tau(x)}{E[\tau]}\, dx$$

$u = (1 - F_\tau(x))/E[\tau]$와 $dv = x\, dx$를 갖는 부분으로 적분하여 다음을 얻는다.

$$\begin{aligned} E[R] &= (1 - F_\tau(x))\frac{x^2}{2E[\tau]}\bigg|_0^\infty + \frac{1}{2E[\tau]}\int_0^\infty x^2 f_\tau(x)\, dx \\ &= \frac{E[\tau^2]}{2E[\tau]} \end{aligned} \tag{12.88}$$

예제 12.14

각각 평균 m의 지수 서비스 시간과 평균 m의 상수 서비스 시간을 갖는 두 시스템의 잔류 서비스 시간을 비교하라.

평균 m의 지수 서비스 시간에 대해서 두 번째 모멘트는 $2m^2$이고, 평균 잔류 서비스 시간은 식 (12.88)에 의해 다음과 같다.

$$E[R_{\text{exp}}] = \frac{2m^2}{2m} = m$$

따라서 평균 잔류 시간은 한 고객의 전체 서비스 시간과 같다. 이것은 지수 확률 변수의 무기억 성질과 일치한다.

값 m의 상수 확률 변수의 두 번째 모멘트는 m^2이다. 따라서 평균 잔류 서비스 시간은 다음과 같다.

$$E[R_{\text{const}}] = \frac{m^2}{2m} = \frac{m}{2}$$

이것은 기대했던 바인데, 평균하여 서비스 시간의 반을 기다리는 것을 예상한다.

12.6.2 M/G/1 시스템에서 평균 지연

M/G/1 시스템에서 서비스를 기다리는 고객이 소비하는 시간 W를 생각하자. 만약 서비스 규칙이 먼저 오면 먼저 서비스하는 것이라면 W는 서비스에서 발견된 고객(만약에 있다면)의 잔류 서비스 시간 R'와 큐에서 발견된 고객들(만약에 있다면)의 $N_q(t) = k - 1$ 서비스 시간들의 합이다. 따라서 평균 대기 시간은 다음과 같다.

$$E[W] = E[R'] + E[N_q(t)]E[\tau] \tag{12.89}$$

서비스 시간들은 평균이 $E[\tau]$인 독립항등분포이다(식 (7.13) 참고). 리틀의 공식에서 $E[N_q(t)] = \lambda E[W]$이므로 다음을 얻을 수 있다.

$$E[W] = E[R'] + \lambda E[W]E[\tau] = E[R'] + \rho E[W] \tag{12.90}$$

도착하는 고객이 만나는 잔류 서비스 시간 R'는 시스템이 빈 채로 발견되면 0이다. 그리고 고객이 서비스에서 발견되면 앞의 절에서 정의된 R이다.

$$\begin{aligned} E[R'] &= 0P[N(t) = 0] + E[R](1 - P[N(t) = 0]) \\ &= \frac{E[\tau^2]}{2E[\tau]}\lambda E[\tau] \\ &= \frac{\lambda E[\tau^2]}{2} \end{aligned} \tag{12.91}$$

여기서 $E[R]$을 위해서는 식 (12.88)을 사용했고, $1 - P[N(t) = 0] = \rho = \lambda E[\tau]$라는 사실에 대해서는 식 (12.14)를 사용했다.

M/G/1 시스템에서 고객의 **평균 대기 시간 E[W]**는 식 (12.90)에 식 (12.91)을 대입해서 구하고, $E[W]$에 대해서 풀면 다음과 같다.

$$E[W] = \frac{\lambda E[\tau^2]}{2(1 - \rho)} \tag{12.92}$$

$E[\tau^2] = \sigma_\tau^2 + E[\tau]^2$에 주목함으로써 $E[W]$에 대한 다른 표현식을 얻을 수 있다.

$$E[W] = \frac{\lambda(\sigma_\tau^2 + E[\tau]^2)}{2(1-\rho)} = \lambda E[\tau]^2 \frac{(1 + C_\tau^2)}{2(1-\rho)}$$
$$= \frac{\rho(1 + C_\tau^2)}{2(1-\rho)} E[\tau] \quad (12.93)$$

여기서 $C_\tau^2 = \sigma_\tau^2 / E[\tau]^2$는 서비스 시간의 변동 계수다. 식 (12.93)은 **Pollaczek-Khinchin 평균값 공식**이라고 한다.

평균 지연 $E[T]$는 평균 서비스 시간을 $E[W]$에 더해서 구한다.

$$E[T] = E[\tau] + E[\tau] \frac{\rho(1 + C_\tau^2)}{2(1-\rho)} \quad (12.94)$$

식 (12.93)과 (12.94)에서 평균 대기 시간과 평균 지연 시간은 평균 서비스 시간과 서버 활용뿐만 아니라 서비스 시간의 변동 계수에도 영향 받는다는 것을 알 수 있다. 따라서 C_τ^2로 측정된 것과 같은 서비스 시간들의 무질서 정도가 이들 지연에 영향을 준다.[1)]

예제 12.15

M/M/1과 M/D/1 시스템들에 대한 $E[W]$를 비교하라. 지수와 상수 확률 변수들의 2차 모멘트들은 예제 12.14에서 구했다. 지수 서비스 시간은 1과 같은 변동 계수를 갖고 있다. 따라서 식 (12.93)은 다음을 뜻한다.

$$E[W_{\text{M/M/1}}] = \frac{\rho}{(1-\rho)} E[\tau] \quad (12.95)$$

상수 서비스 시간은 0분산을 가지므로 그것의 변동 계수는 0이다.

$$E[W_{\text{M/D/1}}] = \frac{\rho}{2(1-\rho)} E[\tau] \quad (12.96)$$

따라서 M/D/1에서 대기 시간은 M/M/1 시스템의 절반임을 알 수 있다.

12.6.3 우선순위 서비스 정책을 갖는 M/G/1 시스템에서 평균 지연

고객들의 K개의 우선순위 클래스를 처리하는 대기 시스템을 생각하자. 유형 k 고객들은 비율 λ_k의 포아송 과정에 따라 도착하고, pdf가 $f_{\tau_k}(x)$이고, 평균이 $E[\tau_k]$인 서비스 시간을 갖는다. 분리된 큐는 각 우선순위 클래스에 대해 유지되고, 서버가 사용 가능해질 때마다 가장 높은 우선순위의 비어있지 않은 큐에서 다음 고객을 선택한다. 이 서버 정책은 종종 **라인 선두 우선 서비스(head-of-line priority service)**로 인용된다. 고객들은 일단 그들의 서비스가 시작되면 바꿀 수 없다고 가정한다.

유형 k 고객들의 서버 활용은 다음과 같다.

$$\rho_k = \lambda_k E[\tau_k]$$

총 서버 활용이 1보다 작다고 가정하자.

[1)] 한편, 서비스 시간 분포의 두 모멘트들만이 E[W]와 E[T]에 영향은 미치는 것이 오히려 놀랍다.

$$\rho = \rho_1 + \cdots + \rho_K < 1 \tag{12.97}$$

이것이 그 경우가 아니라면 하나 또는 그 이상의 낮은 우선순위 큐들은 불안정하게 된다. 즉, 끝없이 커진다.

가장 높은 우선순위(유형 1) 고객들의 평균 대기 시간 W_1을 생각하자. 만약 도착하는 유형 1 고객이 큐에서 $N_{q_1}(t) = k_1$ 유형 1 고객들을 찾는다면, 그리고 서비스 정책이 각 클래스 안에서 먼저 오고 먼저 서비스된다면, W_1은 서비스에서 발견된 고객들(만약에 있다면)의 잔류 서비스 시간 R''와 큐에서 발견된 유형 1 고객들(만약에 있다면)의 $N_{q_1}(t) = k_1$ 서비스 시간들의 합이다. 따라서 다음과 같다.

$$E[W_1] = E[R''] + E[N_{q_1}]E[\tau_1]$$

앞 절에서 식 (12.89)를 추정했던 것과 같은 전개를 따라, **유형 1 고객들을 위한 평균 대기 시간**에 대한 다음의 표현식을 얻는다.

$$E[W_1] = \frac{E[R'']}{1 - \rho_1} \tag{12.98}$$

도착하는 유형 2 고객이 큐에서 대기하고 있는 $N_{q_1}(t) = k_1$ 유형 1과 $N_{q_2}(t) = k_2$ 유형 2 고객들을 찾는다면, W_2는 서비스에서 발견된 고객(만약에 있다면)의 잔류 서비스 시간 R'', 큐에서 발견된 유형 1 고객들(만약에 있다면)의 k_1 서비스 시간, 큐에서 발견된 k_2 유형 2 고객들의 서비스 시간, 그리고 고객들이 큐에서 대기하는 동안에 도착하는 높은 우선순위 유형 1 고객들의 서비스 시간의 합이다. 따라서 다음과 같다.

$$E[W_2] = E[R''] + E[N_{q_1}]E[\tau_1] + E[N_{q_2}]E[\tau_2] + E[M_1]E[\tau_1] \tag{12.99}$$

여기서 M_1은 고객들의 대기 시간 동안에 도착하는 유형 1의 수를 나타낸다. 리틀의 공식에 따라 $E[N_{q_1}] = \lambda_1 E[W_1]$과 $E[N_{q_2}] = \lambda_2 E[W_2]$를 얻는다. 또한 $E[W_2]$초 동안에 도착하는 유형 1의 평균 수는 $E[M_1] = \lambda_1 E[W_2]$이다. 이들 식을 식 (12.99)에 대입하면 다음 식을 얻는다.

$$E[W_2] = E[R''] + \rho_1 E[W_1] + \rho_2 E[W_2] + \rho_1 E[W_2]$$

$E[W_2]$에 대해서 풀면 다음과 같다.

$$\begin{aligned} E[W_2] &= \frac{E[R''] + \rho_1 E[W_1]}{1 - \rho_1 - \rho_2} \\ &= \frac{E[R'']}{(1 - \rho_1)(1 - \rho_1 - \rho_2)} \end{aligned} \tag{12.100}$$

여기서 $E[W_1]$에 식 (12.98)을 사용했다.

둘 이상 클래스의 고객들이 있다면 위의 방법은 유형 k 고객에 대한 평균 대기 시간을 나타내는 데 사용할 수 있다.

$$E[W_k] = \frac{E[R'']}{(1 - \rho_1 - \cdots - \rho_{k-1})(1 - \rho_1 - \cdots - \rho_k)} \tag{12.101}$$

도착하는 고객들이 서비스에서 발견하는 고객은 어떤 유형이 될 수 있고, R''는 모든 유형의 고객들의 잔류 서비스 시간이다.

$$E[R''] = \frac{\lambda E[\tau^2]}{2} \tag{12.102}$$

여기서 λ는 총 도착률이다.

$$\lambda = \lambda_1 + \cdots + \lambda_K \tag{12.103}$$

그리고 $E[\tau^2]$은 모든 유형의 고객들의 서비스 시간의 이차 모멘트이다. 유형 k인 고객들의 비율은 λ_k/λ이고, 따라서 $E[\tau^2]$은 다음과 같다.

$$E[\tau^2] = \frac{\lambda_1}{\lambda}E[\tau_1^2] + \cdots + \frac{\lambda_K}{\lambda}E[\tau_K^2] \tag{12.104}$$

결국 **유형 k 고객들의 평균 대기 시간**에 대한 다음의 표현식을 얻는다.

$$E[W_k] = \frac{\sum_{j=1}^{K}\lambda_j E[\tau_j^2]}{2(1-\rho_1-\cdots-\rho_{k-1})(1-\rho_1-\cdots-\rho_k)} \tag{12.105}$$

유형 k 고객들에 대한 평균 지연은 다음과 같다.

$$E[T_k] = E[W_k] + E[\tau_k] \tag{12.106}$$

식 (12.105)는 서로의 우선순위 클래스들의 효과를 나타낸다. 클래스 k 고객들은 낮은 우선순위 고객들에 의해 식 (12.105)의 분자에 있는 잔류 서비스 시간을 통해서만 영향을 미친다. 반면에 첫 번째 $k-1$ 클래스들의 서버 활용이 1을 초과한다면 클래스 k 고객들을 위한 큐는 불안정하다.

예제 12.16

컴퓨터는 두 가지 유형의 작업을 다룬다. 유형 1 작업들은 1 ms의 일정한 서비스 시간이 필요하고, 유형 2 작업들은 평균 10 ms를 갖는 지수적으로 분포된 양의 시간이 필요하다. 시스템이 다음과 같이 작동할 때 평균 대기 시간을 구하라. (1) 보통의 M/G/1 시스템, (2) 유형 1 작업들에 부여된 우선순위를 갖는 2-우선순위 M/G/1 시스템. 두 클래스들의 도착률들이 같은 비율을 갖는 포아송이라고 가정한다.

서비스 시간의 처음 두 모멘트들은 다음과 같다.

$$E[\tau] = \frac{1}{2}E[\tau_1] + \frac{1}{2}E[\tau_2] = 5.5$$
$$E[\tau^2] = \frac{1}{2}E[\tau_1^2] + \frac{1}{2}E[\tau_2^2] = \frac{1}{2}(1^2 + 2(10^2)) = 100.5$$

각 클래스에 대한 트래픽 강도와 총 트래픽 강도는 다음과 같다.

$$\rho_1 = 1\frac{\lambda}{2}, \qquad \rho_2 = 10\frac{\lambda}{2},$$
$$\rho = \lambda E[\tau] = 5.5\lambda$$

여기서 λ는 총 도착률이다. 평균 잔류 서비스 시간은 다음이다.

$$E[R] = \frac{\lambda E[\tau^2]}{2} = 50.25\lambda$$

식 (12.92)에서 M/G/1 시스템에 대한 평균 대기 시간은 다음과 같다.

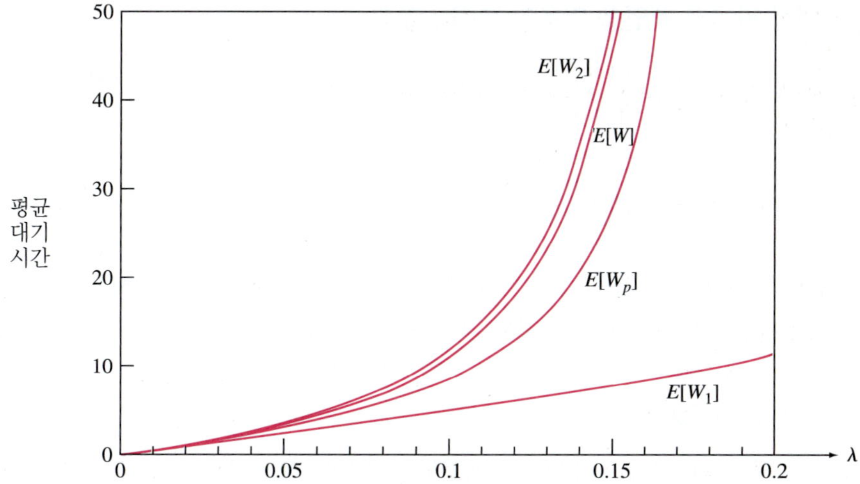

그림 12.18 ● 우선순위와 비우선순위 M/G/1 시스템들에서 상대적 평균 대기 시간: M/G/1 시스템에서 평균 대기 시간 $E[W]$, 우선순위 시스템에서 유형 1과 유형 2 고객들에 대한 평균 대기 시간 $E[W_1]$와 $E[W_2]$, 우선순위 시스템에서 전체적인 평균 대기 시간 $E[W_P]$

$$E[W] = \frac{E[R]}{1-\rho} = \frac{50.25\lambda}{1-5.5\lambda} \tag{12.107}$$

우선순위 시스템에 대해서는 다음을 얻는다.

$$E[W_1] = \frac{E[R]}{1-\rho_1} = \frac{50.25\lambda}{1-0.5\lambda} \tag{12.108}$$

그리고

$$E[W_2] = \frac{E[R]}{(1-\rho_1)(1-\rho)} = \frac{50.25\lambda}{(1-0.5\lambda)(1-5.5\lambda)} \tag{12.109}$$

식 (12.107)로 식 (12.108)과 (12.109)를 비교하는 것은, 유형 1 고객들의 대기 시간이 $(1-\rho)/(1-\rho_1)$의 양만큼 개선된다는 것과 유형 2의 것은 $1/(1-\rho_1)$의 양만큼 악화된다는 것을 나타낸다.

우선순위 시스템에 대한 종합적인 평균 대기는 다음과 같다.

$$\begin{aligned} E[W_p] &= \frac{1}{2}E[W_1] + \frac{1}{2}E[W_2] = \frac{1}{2}\left(\frac{E[R]}{1-\rho_1}\right)\left(1+\frac{1}{1-\rho}\right) \\ &= \left(\frac{1-\rho/2}{1-\rho_1}\right)\left(\frac{E[R]}{1-\rho}\right) \\ &= \frac{1-2.75\lambda}{1-0.5\lambda}E[W] \end{aligned}$$

여기서 $E[W]$는 우선순위들이 없는 M/G/1 시스템의 평균 대기 시간이다. 그림 12.18은 $E[W]$, $E[W_p]$, $E[W_1]$, $E[W_2]$를 나타낸다. 짧은 작업 유형이 먼저라는 정책이 평균 대기 시간을 개선하는 데 사용되는 것을 볼 수 있다. $E[W_1]$과 $E[W_2]$에 대한 그래프 또한 $\lambda = 2/11$에서 낮은 우선순위 큐는 불안정하지만 높은 우선순위는 $\lambda = 2$까지 안정하게 남아있음을 보여준다.

12.7 내장 마코프 체인을 이용한 M/G/1 분석

앞 절에서 M/G/1 대기 시스템의 상태는 시스템에 있는 고객의 수 $N(t)$와 서비스에 있는 고객들의 잔류 서비스 시간으로 주어짐에 주목하였다. 잔류 서비스 시간이 0이 되는 순간에(즉, j번째 서비스 완료가 발생하는 순간 D_j에) $N(t)$를 관찰한다고 가정하면 미래 사건들의 확률에 관련된 모든 정보는 j번째 출발한 고객에 의해 남겨진 고객의 수 $N_j = N(D_j)$로 구체적으로 표현된다. N_j 수열은 이산시간 마코프 체인이고 고객 출발 순간의 정상 상태 pmf가 임의의 시간 순간에 그 시스템의 정상 상태 pmf와 같음을 보일 것이다. 따라서 연쇄 N_j에 대한 정상 상태 pmf를 구할 수 있다면 $N(t)$의 정상 상태 pmf를 구할 수 있다.

12.7.1 내장 마코프 체인

우선 $N_j = N(D_j)$ 수열이 마코프 체인임을 보인다. N_j와 N_{j-1}의 관계를 생각하자. 만약 $N_{j-1} \geq 1$이라면, 고객은 시간 D_j에 즉시 서비스에 들어간다. 그림 12.19(a)와 같이 N_j는 N_{j-1}에서 중간에 서비스된 고객을 빼고, j번째 고객의 서비스 시간 동안에 도착하는 고객의 수 M_j를 더한 것과 같다.

$$N_j = N_{j-1} - 1 + M_j \qquad N_{j-1} \geq 1\text{일 경우} \tag{12.110a}$$

만약 $N_{j-1} = 0$이면 그림 12.19(b)와 같이 j번째 고객이 도착하고 그의 서비스를 마칠 때까지 출발은 없다. N_j는 이 서비스 시간 동안에 도착하는 고객의 수다.

$$N_j = M_j \qquad N_{j-1} = 0\text{일 경우} \tag{12.110b}$$

따라서 N_j는 단지 N_{j-1}과 M_j를 통해 과거에 의존한다. M_j는 독립항등분포 수열을 형성하는데, 왜냐하면 서비스 시간이 독립항등분포이고 포아송 도착들의 무기억 성질을 갖기 때문이다. 따라서 N_j는 단지 N_{j-1}을 통해 시스템의 과거에 의존한다. 그래서 N_j 수열은 마코프 체인이라고 결론짓는다.

다음에 $N(t)$의 정상 상태 pmf가 N_j의 정상 상태 pmf와 같음을 보일 필요가 있다. 두 가지 단계로 하는데, 첫 번째로 M/G/1 시스템에서 도착하는 고객들이 발견한 고객들의 분포는 출발하는 고객들에 의해 뒤로 남겨진 것과 같음을 보인다. 두 번째로, M/G/1 시스템에서 도착하는 고객들이 발견한 고객들의 분포는 $N(t)$의 정상 상태 분포와 같음을 보인다. 그것은 $N(t)$와 N_j의 정상 상태 pmf가 같다는 것을 따른다.

먼저 고객들이 시간당 한 명 도착하고 시간당 한 명 출발하는(즉, *M/G/1* 시스템들) 시스템에 대해 도착하는 고객들이 알게 되는 분포는 출발하는 고객들에 의해 뒤로 남겨진 것과 같음을 보일 필요가 있다. $U_n(t)$를 구간 $(0, t)$에서 시스템이 n에서 $n+1$로 가는 횟수라고 하면, $U_n(t)$는 도착하는 고객

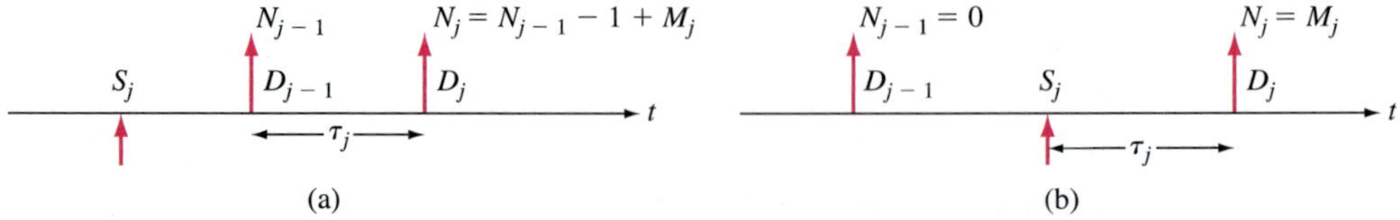

그림 12.19 ● (a) 시간 D_{j-1}에 고객 j − 1이 시스템을 비어두지 않고 떠난다. (b) 시간 D_{j-1}에 고객 j − 1이 시스템을 비어두고 떠난다.

이 시스템에서 n 고객들을 찾는 횟수다. 비슷한 방법으로, $V_n(t)$는 시스템이 $n+1$에서 n으로 가는 횟수라고 하면 $V_n(t)$는 출발하는 고객들이 n을 떠나는 횟수다. n에서 $n+1$로의 천이는 시스템에 있는 수가 한 번 더 n으로 떨어진 후까지(즉, $n+1$에서 n으로 천이가 재발생하는 이후까지) 다시 발생하지 않는다. 따라서 $U_n(t)$와 $V_n(t)$는 기껏해야 1만큼 다르다. t가 커짐에 따라 이러한 천이들 둘 다 많은 횟수로 발생하고, n에서 $n+1$로의 천이율은 $n+1$에서 n으로의 비율과 같다. 따라서 시스템에서 고객 도착들이 n을 찾는 비율은 시스템에서 출발이 n을 떠나는 비율과 같다. 그것은 도착이 시스템에서 n을 찾는 확률이 출발이 뒤에 n을 남겨놓는 확률과 같다.

M/G/1 시스템에서 도착들이 포아송이고 고객 서비스 시간에 독립이므로, 고객 도착시간은 시스템의 상태에 독립이다. 따라서 도착이 시스템에서 n 고객들을 찾을 확률은 시스템이 n 고객들을 갖는 시간의 비례, 즉 정상 상태 확률 $P[N(t)=n]$과 같다. 따라서 도착하는 고객들이 알게 된 상태들의 분포는 정상 상태 분포와 같다.

앞의 두 단락의 결과들을 통합하여, M/G/1 시스템의 고객 출발점에서 상태 N_j의 pmf는 $N(t)$의 정상 상태 pmf와 같음을 얻는다. 다음 절에서는 N_j의 생성 함수와 $N(t)$의 생성 함수를 구한다.

12.7.2 M/G/1 시스템에서 고객의 수

이제 N_j의 정상 상태 pmf에 대한 생성 함수를 구한다. N_j에 대한 천이 확률들은 식 (12.110a)와 (12.110b)에서 추론할 수 있다.

$$p_{ik} = P[N_j = k \mid N_{j-1} = i] = P[M_j = k - i + 1] \qquad i > 0 \tag{12.111a}$$

$$p_{0k} = P[N_j = k \mid N_{j-1} = 0] = P[M_j = k] \tag{12.111b}$$

$k-i+1<0$에 대해 $p_{ik}=0$임에 주목하자. 시간 j에서 시스템에 $N_j=k$ 고객들이 있는 확률은 다음 식과 같다.

$$\begin{aligned} P[N_j = k] &= \sum_{i=0}^{\infty} P[N_{j-1} = i]p_{ik} \\ &= P[N_{j-1} = 0]P[M_j = k] \\ &\quad + \sum_{i=1}^{k+1} P[N_{j-1} = i]P[M_j = k + 1 - i] && (12.112a) \\ &= P[N_{j-1} = 0]P[M_j = k] \\ &\quad + \sum_{i=1}^{\infty} P[N_{j-1} = i]P[M_j = k + 1 - i] && (12.112b) \end{aligned}$$

여기서는 $i>k+1$에 대해 $P[M_j=k+1-i]=0$이라는 사실을 사용했다.

만약 과정 N_j가 $j\to\infty$에 따라 정상 상태에 도달한다면 $P[N_j=k]\to P[N_d=k]$이고 위의 식은 다음과 같이 된다.

$$\begin{aligned} P[N_d = k] &= P[N_d = 0]P[M = k] \\ &\quad + \sum_{i=1}^{\infty} P[N_d = i]P[M = k + 1 - i] \end{aligned} \tag{12.113}$$

여기서 N_d는 출발하는 고객에 의해 뒤에 남겨진 고객의 수를 나타낸다.

N_j의 정상 상태 pmf는 $N(t)$의 것과 같으므로 식 (12.113) 또한 $N(t)$의 정상 상태 pmf를 유지한다. 식 (12.113)은 확률 생성 함수를 이용해 $N(t)$의 생성 함수를 이미 해결했다. 에 대한 생성 함수와 M에 대한 생성 함수는 다음 식과 같다.

$$G_N(z) = \sum_{k=0}^{\infty} P[N = k]z^k \qquad \text{그리고} \qquad G_M(z) = \sum_{k=0}^{\infty} P[M = k]z^k$$

식 (12.113)의 양변에(N_d를 N으로 대치하여) z_k를 곱하고 0부터 무한대까지 합하면 다음과 같다.

$$\sum_{k=0}^{\infty} P[N = k]z^k = \sum_{k=0}^{\infty} P[N = 0]P[M = k]z^k + \sum_{k=0}^{\infty}\sum_{i=1}^{\infty} P[N = i]P[M = k + 1 - i]z^k \tag{12.114}$$

N과 M에 대한 생성 함수들은 첫 두 합계에서 즉시 알아볼 수 있다.

$$G_N(z) = P[N = 0]G_M(z) + z^{-1}\sum_{i=1}^{\infty} P[N = i]z^i \sum_{k=0}^{\infty} P[M = k + 1 - i]z^{k+1-i}$$

첫 번째 합계는 $i = 0$항이 빠진 N에 대한 생성 함수다. 두 번째 합계에서 $k' = k + 1 - i$라 하고 $k' < 0$에 대해 $P[M = k'] = 0$임을 주의하면 다음을 얻는다.

$$\begin{aligned} G_N(z) &= P[N = 0]G_M(z) + z^{-1}\{G_N(z) - P[N = 0]\}\left\{\sum_{k'=0}^{\infty} P[M = k']z^{k'}\right\} \\ &= P[N = 0]G_M(z) + z^{-1}(G_N(z) - P[N = 0])G_M(z) \end{aligned} \tag{12.115}$$

N에 대한 생성 함수는 $G_N(z)$를 해결함으로써 구한다.

$$G_N(z) = \frac{P[N = 0](z - 1)G_M(z)}{z - G_M(z)} \tag{12.116}$$

$z \to 1$과 같이 나타냄으로써 $P[N = 0]$을 구할 수 있고 다음을 얻는다.

$$G_N(z) = \sum_{k=0}^{\infty} P[N = k]z^k \to 1 \tag{12.117}$$

식 (12.116)에서 극한 $z \to 1$을 취할 때 분자와 분모가 0이 된다. L'Hopital의 규칙을 적용해 다음을 얻는다.

$$1 = P[N = 0]\frac{G_M(z) + (z - 1)G'_M(z)}{1 - G'_M(z)}\bigg|_{z=1} = \frac{P[N = 0]}{1 - E[M]} \tag{12.118}$$

따라서

$$P[N = 0] = 1 - E[M] \tag{12.119}$$

그리고

$$G_N(z) = \frac{(1 - E[M])(z - 1)G_M(z)}{z - G_M(z)} \tag{12.120}$$

을 얻는다. 식 (12.119)에서 $P[N=0] \geq 0$이므로 $E[M] < 1$을 얻는다는 것에 주목하자. 이 안정도 조건은 고객에게 서비스할 시간 동안 평균적으로 1보다 적은 고객이 도착해야 함을 내포하고 있으므로 사리에 맞다.

이제 서비스 시간 동안 도착의 수에 대한 생성 함수 $G_M(z)$를 다음 식과 같이 결정한다.

$$\begin{aligned} G_M(z) &= \sum_{k=0}^{\infty} P[M = k] z^k \\ &= \sum_{k=0}^{\infty} \int_0^{\infty} P[M = k \mid \tau = t] f_\tau(t)\, dt\, z^k \end{aligned} \tag{12.121a}$$

t초 동안에 도착들의 수는 포아송 확률 변수임에 주목하여 다음을 얻는다.

$$\begin{aligned} G_M(z) &= \sum_{k=0}^{\infty} \int_0^{\infty} \frac{(\lambda t)^k}{k!} e^{-\lambda t} f_\tau(t)\, dt\, z^k \\ &= \int_0^{\infty} e^{-\lambda t} f_\tau(t) \sum_{k=0}^{\infty} \frac{(\lambda t)^k}{k!} z^k\, dt \\ &= \int_0^{\infty} e^{-\lambda t} f_\tau(t) e^{\lambda t z}\, dt \\ &= \int_0^{\infty} e^{-\lambda(1-z)t} f_\tau(t)\, dt \\ &= \hat{\tau}(\lambda(1 - z)) \end{aligned} \tag{12.121b}$$

여기서 $\hat{\tau}(s)$는 τ의 pdf의 라플라스 변환이다.

$$\hat{\tau}(s) = \int_0^{\infty} e^{-st} f_\tau(t)\, dt \tag{12.122}$$

$G_M(z)$의 미분을 취해 M의 모멘트를 얻을 수 있다.

$$\begin{aligned} E[M] &= \frac{d}{dz} G_M(z) \bigg|_{z=1} = \frac{d}{du} \hat{\tau}(u) \frac{d}{dz} \lambda(1 - z) \bigg|_{z=1} \\ &= \hat{\tau}'(\lambda(1 - z))(-\lambda) \big|_{z=1} \\ &= -\lambda \hat{\tau}'(0) = \lambda E[\tau] = \rho \end{aligned} \tag{12.123}$$

여기서는 두 번째 등호에서 체인 규칙(chain rule)을 사용했다. 비슷한 방법으로 다음을 얻는다.

$$E[M(M - 1)] = \lambda^2 \hat{\tau}''(0) = \lambda^2 E[\tau^2]$$

따라서 다음과 같다.

$$\begin{aligned} \sigma_M^2 &= E[M^2] - E[M]^2 = \lambda^2 E[\tau^2] + \lambda E[\tau] - (\lambda E[\tau])^2 \\ &= \lambda^2 \sigma_\tau^2 + \lambda E[\tau] \end{aligned} \tag{12.124}$$

식 (12.123)과 (12.121b)를 식 (12.120)에 치환하면 다음과 같은 **Pollaczek-Khinchin 변환식**을 얻는다.

$$G_N(z) = \frac{(1-\rho)(z-1)\hat{\tau}(\lambda(1-z))}{z - \hat{\tau}(\lambda(1-z))} \tag{12.125}$$

$G_N(z)$는 활용 ρ, 도착률 λ, 서비스 시간 pdf의 라플라스 변환에 의존한다.

예제 12.17 **M/M/1 시스템**

Pollaczek-Khinchin 공식을 사용하여 M/M/1 시스템에서 $N(t)$에 대한 pmf를 구하라.

평균 $1/\mu$인 지수 서비스의 pdf에 대한 라플라스 변환은 다음과 같다.

$$\hat{\tau}(s) = \frac{\mu}{s+\mu}$$

따라서 Pollaczek-Khinchin 변환 공식은 다음과 같다.

$$\begin{aligned} G_N(z) &= \frac{(1-\rho)(z-1)[\mu/(\lambda(1-z)+\mu)]}{z - [\mu/(\lambda(1-z)+\mu)]} \\ &= \frac{(1-\rho)(z-1)\mu}{(\lambda - \lambda z + \mu)z - \mu} = \frac{1-\rho}{1-\rho z} \end{aligned}$$

여기서 분자와 분모에서 $z-1$을 상쇄하고 $\rho = \lambda/\mu$라고 적었다. 멱급수로 $G_N(z)$를 확장하여 다음 식을 얻는다.

$$G_N(z) = \sum_{k=0}^{\infty}(1-\rho)\rho^k z^k = \sum_{k=0}^{\infty} P[N=k]z^k$$

이 식은 정상 상태 pmf가 다음 식과 같음을 의미한다.

$$P[N=k] = (1-\rho)\rho^k \qquad k = 0, 1, 2, \ldots$$

이 식은 M/M/1 시스템의 이전의 결과들과 일치한다.

예제 12.18 **M/H_2/1 시스템**

그림 12.20에서 확률 1/12로 비율 λ의 지수 서비스 시간과 확률 8/12로 비율 2λ의 지수 서비스 시간을 선택할 때의 하이퍼 지수 서비스 시간 결과 도착률이 λ인 M/G/1 시스템에 있는 고객의 수에 대한 pmf를 구하라. 여기서 서비스 시간들은 그림 12.20과 같이 등급 2의 하이퍼 지수(hyperexponential) 확률 변수들이다. 바꾸어 말하면 1/12 확률의 서비스 시간은 평균이 $1/\lambda$이고 지수적으로 분포하며, 8/12 확률의 서비스 시간은 평균이 $1/2\lambda$이고 지수적으로 분포한다.

$\hat{\tau}(s)$를 구하기 위해 τ의 pdf는 다음 식과 같음에 주목하자.

$$f_\tau(x) = \frac{1}{9}\lambda e^{-\lambda x} + \frac{8}{9}2\lambda e^{-2\lambda x} \qquad x > 0$$

따라서 평균 서비스 시간은 다음이다.

$$E[\tau] = \frac{1}{9\lambda} + \frac{8}{9(2\lambda)} = \frac{5}{9\lambda}$$

서버 활용은 $\rho = \lambda E[\tau] = 5/9$이다. $f_\tau(x)$의 라플라스 변환은 다음과 같다.

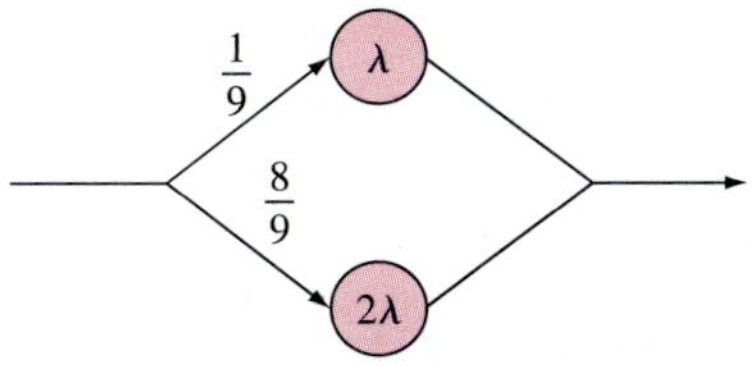

그림 12.20 ● 확률 1/9로 지수적 서비스 시간 비율 λ, 확률 8/9로 지수적 서비스 시간 비율 2λ를 선택한 경우에 하이퍼 지수적 서비스 시간이 생긴다.

$$\hat{\tau}(s) = \frac{1}{9}\frac{\lambda}{s+\lambda} + \frac{8}{9}\frac{2\lambda}{s+2\lambda} = \frac{18\lambda^2 + 17\lambda s}{9(s+\lambda)(s+2\lambda)}$$

식 (12.125)에 $\hat{\tau}(\lambda(1-z))$을 치환하면 다음 식을 얻는다.

$$\begin{aligned} G_N(z) &= \frac{(1-\rho)(z-1)(18\lambda^2 + 17\lambda^2(1-z))}{9(\lambda - \lambda z + \lambda)(\lambda - \lambda z + 2\lambda)z - (18\lambda^2 + 17\lambda^2(1-z))} \\ &= \frac{(1-\rho)(z-1)(35-17z)}{9(2-z)(3-z)z - (35-17z)} \end{aligned}$$

여기서는 분자와 분모에서 λ^2을 상쇄했다. 분모를 인수분해하면 다음 식을 얻는다.

$$\begin{aligned} G_N(z) &= \frac{(1-\rho)(35-17z)(z-1)}{9(z-1)(z-7/3)(z-5/3)} \\ &= (1-\rho)\left\{\frac{1/3}{1-3z/7} + \frac{2/3}{1-3z/5}\right\} \end{aligned}$$

여기서 부분분수를 전개했다. 결국 $G_N(z)$가 $|z| < 1$에 대해 수렴하므로 $G_N(z)$를 다음과 같이 확장할 수 있다.

$$G_N(z) = (1-\rho)\left\{\frac{1}{3}\sum_{k=0}^{\infty}\left(\frac{3}{7}\right)^k z^k + \frac{2}{3}\sum_{k=0}^{\infty}\left(\frac{3}{5}\right)^k z^k\right\}$$

z^k의 계수가 $P[N=k]$이므로 결국 다음 식을 얻는다.

$$P[N=k] = \frac{4}{27}\left(\frac{3}{7}\right)^k + \frac{8}{27}\left(\frac{3}{5}\right)^k \qquad k = 0, 1, \ldots$$

여기서 $\rho = 5/9$라는 사실을 이용했다.

12.7.3 M/G/1 시스템에서 지연과 대기 시간 분포

이제 먼저 도착하면 먼저 서비스 받는 규칙을 갖는 M/G/1 시스템의 지연과 대기 시간 분포를 구한다. 고객이 대기 시스템에서 T_j초를 보낸다면 시스템에서 뒤에 남겨지는 고객의 수 N_d는 고객들이 도착 순으로 서비스를 받으므로 이들 T_j초 동안에 도착하는 고객의 수다. N_d에 대한 생성 함수 표현식은 식 (12.121a)와 같이 처리하여 다음과 같이 구한다.

$$\begin{aligned} G_{N_d}(z) &= \sum_{k=0}^{\infty}\int_0^{\infty} P[N_d = k \,|\, T = t] f_T(t)\,dt\, z^k \\ &= \hat{T}(\lambda(1-z)) \end{aligned} \qquad (12.126)$$

여기서 $\hat{T}(s)$는 시스템에서 총 지연 T의 pdf의 라플라스 변환이다. $N_d(t)$와 $N(t)$의 정상 상태 분포는 같으므로 $G_N(z) = G_Nd(z)$를 얻고, 따라서 식 (12.125)와 (12.126)을 결합하여 다음을 얻는다.

$$\hat{T}(\lambda(1-z)) = \frac{(1-\rho)(z-1)\hat{\tau}(\lambda(1-z))}{z-\hat{\tau}(\lambda(1-z))} \tag{12.127}$$

만약 $s = \lambda(1-z)$로 놓으면 식 (12.127)에 $\hat{T}(s)$에 대한 표현식을 얻는다.

$$\hat{T}(s) = \frac{(1-\rho)s\hat{\tau}(s)}{s-\lambda+\lambda\hat{\tau}(s)} \tag{12.128}$$

T의 pdf는 $\hat{T}(s)$의 역변환에서 해석적 또는 수치적으로 구한다.

$T = W + \tau$, 여기서 W와 τ는 독립 확률 변수이므로 다음 식을 얻는다.

$$\hat{T}(s) = \hat{W}(s)\hat{\tau}(s) \tag{12.129}$$

식 (12.128)과 (12.129)는 대기 시간 pdf의 라플라스 변환으로 풀 수 있다.

$$\hat{W}(s) = \frac{(1-\rho)s}{s-\lambda+\lambda\hat{\tau}(s)} \tag{12.130}$$

또한 식 (12.128)과 (12.130)은 **Pollaczek-Khinchin 변환식**들로 언급된다.

예제 12.19 M/M/1

M/M/1 시스템에서 W와 T의 pdf를 구하라. $\hat{\tau}(s) = \mu/(s+\mu)$를 식 (12.128)에 치환해 다음 식을 얻는다.

$$\hat{T}(s) = \frac{(1-\rho)s\mu}{(s+\mu)(s-\lambda)+\lambda\mu} = \frac{(1-\rho)\mu}{s-(\lambda-\mu)} \tag{12.131}$$

이 식은 다음 식을 얻기 위해 쉽게 역변환된다.

$$f_T(x) = \mu(1-\rho)e^{-\mu(1-\rho)x} \qquad x > 0 \tag{12.132}$$

비슷한 방법으로 식 (9.130)에서 다음 식을 얻는다.

$$\hat{W}(s) = \frac{(1-\rho)s}{s-\lambda+\lambda\mu/(s+\mu)} = (1-\rho)\frac{s+\mu}{s+\mu-\lambda}$$

이 표현식을 역변환하기 위해서 분자 다항식은 분모 다항식보다 차수가 낮아야 한다. 이것은 분자를 분모로 나누어 얻는다.

$$\hat{W}(s) = (1-\rho)\frac{s+\mu-\lambda+\lambda}{s+\mu-\lambda} = (1-\rho)\left\{1+\frac{\lambda}{s+\mu-\lambda}\right\} \tag{12.133}$$

그러면 다음을 얻는다.

$$f_W(x) = (1-\rho)\delta(x) + \lambda(1-\rho)e^{-\mu(1-\rho)x} \qquad x > 0 \tag{12.134}$$

0 값에서의 델타 함수는 고객이 확률 $(1-\rho)$로 0 대기를 한다는 사실에 부합한다. 식 (12.132)와 (12.134)는 12.3절에서 다른 방법을 통해 식 (12.32)와 (12.33)으로 이미 구했다.

예제 12.20 **M/H$_2$/1**

예제 12.18에서 논의된 M/H$_2$/1 시스템에서 대기 시간의 pdf를 구하라.

예제 12.18에서 $\hat{\tau}(s)$를 식 (12.130)에 치환하여 다음 식을 얻는다.

$$\begin{aligned}\hat{W}(s) &= \frac{9s(1-\rho)(s+\lambda)(s+2\lambda)}{9(s-\lambda)(s+\lambda)(s+2\lambda)+\lambda(18\lambda^2+17\lambda s)} \\ &= \frac{(1-\rho)(s+\lambda)(s+2\lambda)}{s^2+2\lambda s+8\lambda^2/9} \\ &= (1-\rho)\frac{9s^2+27\lambda s+18\lambda^2}{9s^2+18\lambda s+8\lambda^2} \\ &= (1-\rho)\left\{1+\frac{9\lambda s+10\lambda^2}{9s^2+18\lambda s+8\lambda^2}\right\} \\ &= (1-\rho)\left\{1+\frac{2\lambda/3}{s+2\lambda/3}+\frac{\lambda/3}{s+4\lambda/3}\right\}\end{aligned}$$

여기서 예제 12.18과 같은 순서를 따랐고 부분분수를 전개했다. 역 라플라스 변환으로 다음 식을 얻는다.

$$f_W(x) = \frac{4}{9}\left\{\delta(x)+\frac{2\lambda}{3}e^{-2\lambda x/3}+\frac{1}{4}\frac{4\lambda}{3}e^{-4\lambda x/3}\right\} \qquad x>0$$

예제 12.18과 12.19는 Pollaczek-Khinchin 변환식들이 서비스 시간 pdf의 라플라스 변환이 s의 유리 함수일 때, 즉 s에 관한 다항식들의 비일 때, $N(t)$의 pmf와 W와 T의 pdf에 대한 닫힌 형태(closed-form)의 표현식을 얻는 데 사용할 수 있다. 이 결과는 어느 서비스 시간 pdf의 라플라스 변환이 s의 유리 함수로 임의로 꼭 맞게 근사될 수 있음을 보일 수 있기 때문에 특별히 중요하다. 따라서 원칙적으로 $N(t)$의 pmf와 W와 T의 pdf에 대한 정확한 표현식을 얻을 수 있다.

덧붙여 *Pollaczek-Khinchin* 변환식들은 5장에서 논의된 것과 같은 FFT(fast Fourier transform)를 이용해 수치적으로 역변환할 수 있다. 이 수치적인 접근은 pdf의 라플라스 변환이 s의 유리 함수임을 필요로 하지 않는다.

12.8 버키의 정리: M/M/c 시스템에서 출발

많은 문제들에서 임무가 완료되기 전에 여러 서비스 스테이션으로부터 고객은 서비스를 요구한다. 이런 문제들에서 우리는 대기열 망 시스템을 생각할 필요가 있다. 그런 망에서는 어떤 큐에서의 출발은 다른 큐로의 도착이다. 이것은 큐에서 출발 과정의 통계적인 성질에 흥미를 갖게 되는 이유다.

그림 12.21과 같은 직렬인 두 큐를 생각하자. 여기서 첫 번째 큐에서의 출발들은 두 번째 큐의 도착이 된다. 첫 번째 큐에 도착들은 비율 λ를 갖는 포아송이고, 큐 1에서 서비스 시간은 비율 $\mu_1 > \lambda$를 갖고 지수적으로 분포한다고 가정한다. 또한 큐 2에서 서비스 시간은 비율 $\mu_2 >$

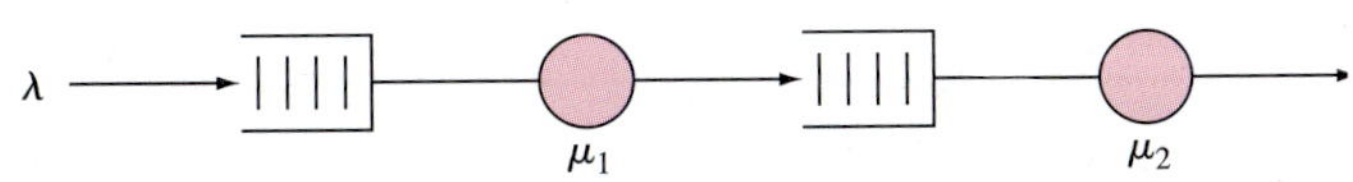

그림 12.21 ● 포아송 입력을 갖는 두 직렬 지수 큐

λ를 갖고 지수적으로 분포한다. 그림 12.21과 같은 직렬인 두 큐를 생각하자. 여기서 첫 번째 큐에서의 출발들은 두 번째 큐의 도착이 된다. 첫 번째 큐에 도착들은 비율 λ를 갖는 포아송이고, 큐 1에서 서비스 시간은 비율 $\mu_2 > \lambda$를 갖고 지수적으로 분포한다고 가정한다. 또한 큐 2에서 서비스 시간은 비율 $\mu_1 > \lambda$를 갖고 지수적으로 분포한다.

이 시스템의 상태는 두 개의 큐$(N_1(t), N_2(t))$에 있는 고객의 수로 상술된다. 이 상태 벡터는 그림 12.22의 천이율 다이어그램과 다음 식과 같은 대역적 균형방정식을 갖는 마코프 과정을 형성한다.

$$\lambda P[N_1 = 0, N_2 = 0] = \mu_2 P[N_1 = 0, N_2 = 1] \tag{12.135a}$$

$$\begin{aligned}(\lambda + \mu_1)P[N_1 = n, N_2 = 0] = {} & \mu_2 P[N_1 = n, N_2 = 1] \\ & + \lambda P[N_1 = n-1, N_2 = 0] \qquad n > 0\end{aligned} \tag{12.135b}$$

$$\begin{aligned}(\lambda + \mu_2)P[N_1 = 0, N_2 = m] = {} & \mu_2 P[N_1 = 0, N_2 = m+1] \\ & + \mu_1 P[N_1 = 1, N_2 = m-1] \qquad m > 0\end{aligned} \tag{12.135c}$$

$$\begin{aligned}(\lambda + \mu_1 + \mu_2)P[N_1 = n, N_2 = m] = {} & \mu_2 P[N_1 = n, N_2 = m+1] \\ & + \mu_1 P[N_1 = n+1, N_2 = m-1] \\ & + \lambda P[N_1 = n-1, N_2 = m] \\ & n > 0, m > 0\end{aligned} \tag{12.135d}$$

다음의 결합 상태 pmf가 식 (12.135a)부터 (12.135d)를 만족한다는 것을 검증하기는 쉽다.

$$P[N_1 = n, N_2 = m] = (1 - \rho_1)\rho_1^n (1 - \rho_2)\rho_2^m \qquad n \ge 0, m \ge 0 \tag{12.136}$$

여기서 $\rho_i = \lambda/\mu_i$이다. 첫 번째 큐는 M/M/1 시스템이라는 것을 알고 있다. 그래서 다음을 얻는다.

$$P[N_1 = n] = (1 - \rho_1)\rho_1^n \qquad n = 0, 1, \ldots. \tag{12.137}$$

모든 n에 대해 식 (12.136)을 합해서 두 번째 큐의 한계 상태 pmf를 얻는다.

$$P[N_2 = m] = (1 - \rho_2)\rho_2^m \qquad m \ge 0 \tag{12.138}$$

식 (12.136)에서 (12.138)은 다음을 의미한다.

$$P[N_1 = n, N_2 = m] = P[N_1 = n]P[N_2 = m] \qquad \text{모든 } n, m\text{에 대해서} \tag{12.139}$$

말하자면, 같은 시간 순간에 큐 *1*에 있는 고객의 수와 큐 *2*에 있는 수는 독립 확률 변수다. 더구나 두 번째 큐에서 정상 상태 *pmf*는 포아송 도착률 λ와 지수 서비스 시간 μ_2를 갖는 *M/M/1* 시스템의 것과 같다.

다양한 큐들에서 고객 수 벡터의 결합 pmf가 각 큐에서의 수의 한계 pmf의 곱과 같을 때 대기열 망은 **곱 형태의 해**를 갖는다고 말한다. 이제 식 (12.139)에 있는 곱 형태 해의 근원이 되는 기본적인 결과를 말하는 버키(Burke)의 정리를 논의한다.

버키의 정리

도착률 λ를 갖는 정상 상태에 있는 M/M/1, M/M/c, M/M/∞ 대기 시스템을 생각하자.

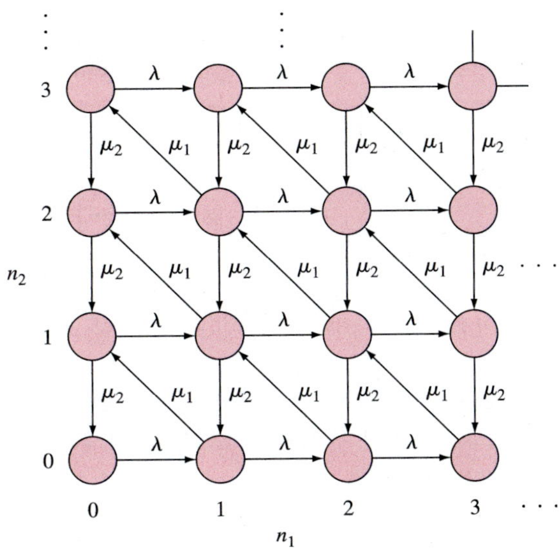

그림 12.22 ● 포아송 입력을 갖는 두 직렬 지수 큐에 대한 천이율 다이어그램

1. 출발 과정은 비율 λ를 갖는 포아송이다.

2. 각 시간 t에서 시스템 $N(t)$에 있는 고객의 수는 t에 앞선 출발 시간들의 수열에 독립이다.

두 개의 직렬 큐들에 대한 곱 형태 해는 버키의 정리를 따른다. 큐 1은 M/M/1 큐이고, 정리 1번에 따라 큐 1로부터의 출발들은 포아송 과정을 형성한다. 따라서 큐 2로의 도착들은 포아송 과정이고, 두 번째 큐 또한 식 (12.138)로 주어진 정상 상태 pmf를 갖는 M/M/1 시스템이다. 그것은 같은 시간 순간에 두 큐에 있는 고객의 수는 독립 확률 변수라는 것을 보이기 위해 남아있다.

시간 t에 앞서 큐 2로의 도착들은 시간 t에 앞서 큐 1에서부터의 출발들이다. 버키의 정리 2번에 따라 시간 t에 앞선 큐 1에서의 출발들, 그러므로 큐 2로의 도착들은 $N_1(t)$에 독립이다. $N_2(t)$가 시간 t에 앞선 큐 1에서의 도착들의 열과 서비스 시간들의 독립 수열로 결정되므로, 그것은 $N_1(t)$와 $N_2(t)$는 독립임을 따른다. 즉, 식 (12.139)라는 결론이 된다. 버키의 정리는 $N_1(t)$와 $N_2(t)$가 독립 확률 과정이라고 하지 않는다는 것에 주목하자. 이것은 $N_1(t_1)$과 $N_2(t_2)$가 모든 t_1과 t_2에 대해서 독립 확률 변수일 필요가 있을 것이다. 이것은 명백히 그러한 경우가 아니다.

버키의 정리는 식 (12.139)의 일반화는 어떤 수의 M/M/1, M/M/c, M/M/∞ 큐들의 직렬 조합을 지속한다는 것을 내포한다. 실제로 그 결과는 고객이 한 번 이상 큐를 방문할 수 없는 어떤 피드 포워드(feedforward) 대기열 망에 만족된다.

예제 12.21

그림 12.23의 대기열 망에 대한 결합 상태 pmf를 구하라. 여기서 큐 1은 비율 λ_1의 포아송 과정으로 수행되고, 큐 1에서의 출발들은 큐 2와 3으로 경로를 따라 임의로 보내지고, 큐 3 또한 비율 λ_2의 부가적인 독립 포아송 도착 흐름을 갖고 있다.

버키의 정리에 따라 $N_1(t)$와 $N_2(t)$는 $N_1(t)$와 $N_3(t)$처럼 독립이다. 포아송 과정의 확률 스플릿

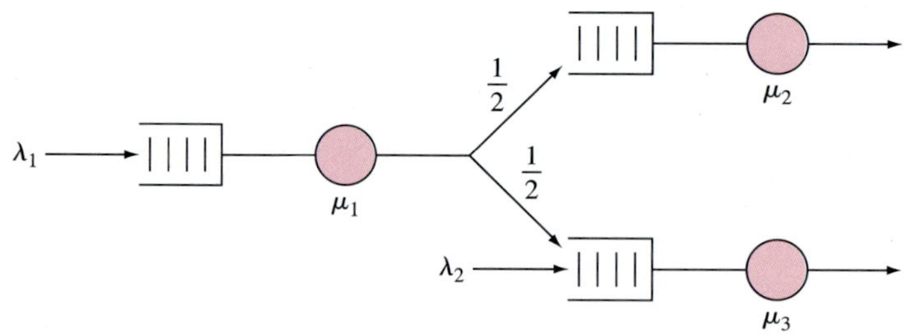

그림 12.23 ● 큐의 feedforward 망

(split)은 독립 포아송 과정을 산출하므로 큐 2와 3으로의 입력들은 독립이다. 큐 2로의 입력은 $\lambda_1/2$ 비율의 포아송이다. 큐 3으로의 입력은 두 독립 포아송 과정들의 융합 또한 포아송이므로 비율 $\lambda_1/2+\lambda_2$의 포아송이다. 따라서 다음을 얻는다.

$$P[N_1(t)=k, N_2(t)=m, N_3(t)=n]$$
$$=(1-\rho_1)\rho_1^k(1-\rho_2)\rho_2^m(1-\rho_3)\rho_3^n \qquad k,m,n\geq 0$$

여기서 $\rho_1=\lambda_1/\mu_1$, $\rho_2=\lambda_1/\mu_2$, $\rho_3=(\lambda_1/2+\lambda_2)/\mu_3$이며, 대기의 모든 값은 안정적이라 하자.

*12.8.1 시간 가역을 이용한 버키의 정리의 증명

그림 12.24(a)와 같은 M/M/1, M/M/c 또는 M/M/∞ 시스템의 표본 경로를 생각하자. 순방향 과정에서 도착은 시간 가역된 과정에서 출발에 해당한다는 것에 주목하자. 11.5절에서 정상 상태의

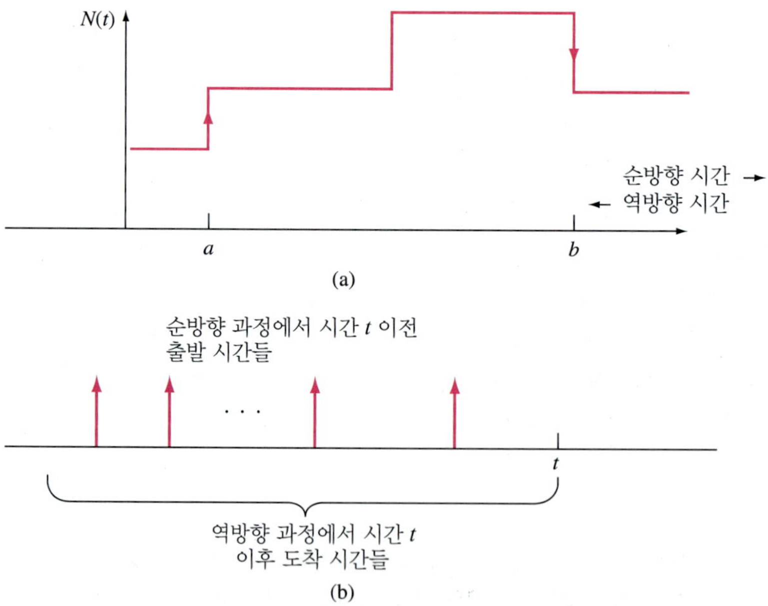

그림 12.24 ● (a) 시간 순간 a는 순방향 과정에서 도착시간이고 역방향 과정에서 출발시간이다. 시간 순간 b는 순방향 과정에서 출발이고 역방향 과정에서 도착이다. (b) 순방향 과정에서 시간 t에 앞선 출발시간들은 정확하게 역방향 과정에서 시간 t 이후의 도착시간들에 상당한다.

출생과 사망 마코프 체인은 시간 가역 과정임을 보였다. 즉, 시간에 역방향으로 향한 과정의 표본 함수들은 순방향 과정과 같은 통계를 갖는다. M/M/1, M/M/c 또는 M/M/∞ 시스템들이 출생과 사망 마코프 체인이므로 그들의 상태는 가역 과정이다. 따라서 시간에 역방향으로 향한 이들 시스템의 표본 함수는 같은 유형의 대기 시스템의 표본 함수다. 시간 가역된 시스템의 도착 과정은 포아송 과정을 따른다.

버키의 정리 1번을 증명하기 위해 순방향 시간 시스템의 출발 간격 시간들은 시간 가역된 시스템의 도착 간격 시간들임에 주목하자. 시간 가역된 시스템의 도착 과정이 포아송이므로 순방향 시스템의 출발 과정 또한 포아송이다. 따라서 M/M/1, M/M/c 또는 M/M/∞ 시스템의 출발 과정은 포아송임을 보였다.

버키의 정리 2번을 증명하기 위해 그림 12.24(b)와 같은 시간 t를 고정한다. 순방향 시스템에서 시간 t 이전의 출발은 가역 시스템에서 시간 t 이후의 도착들이다. 가역 시스템에서 도착들은 포아송이고 따라서 시간 t 이후의 도착 시간은 $N(t)$에 의존하지 않는다. 이들 가역 과정의 도착 순간들은 순방향 과정에서 t 이전의 출발 순간들이다. 그것은 $N(t)$와 t에 앞선 출발 순간들은 독립이라는 것을 따르고, 그러므로 2번이 증명되었다.

12.9 대기열 망: 잭슨의 이론

많은 대기열 망에서 고객은 한 번 이상 특별한 큐를 방문하도록 허락된다. 버키의 이론은 그런 시스템에서는 효력이 없다. 이 절에서는 대기열 망의 폭넓은 클래스에 대한 정상 상태 pmf를 위한 곱 형태의 해를 확장하는 잭슨(Jackson)의 이론을 다룬다.

한 고객이 한 번 이상 한 큐를 방문하도록 허락된다면, 그 큐에 도착하는 과정은 포아송이 아닐 것이다. 예를 들어서, 그림 12.25의 피드백을 갖는 간단한 M/M/1 큐를 생각하자. 여기서 외부 고객들은 비율 λ의 포아송 과정에 따라 도착하고 출발은 0.12의 확률로 순간적으로 시스템에 피드백된다. 만약에 도착률이 출발률보다 훨씬 적다면 최종적인 도착 과정(즉, 외부와 피드백 도착들)은 전형적인 피드백 도착들의 버스트(burst)에 의해 뒤따르는 고립된 외부 도착들로 구성한다. 따라서 도착 과정은 독립 증분을 갖지 않으므로 포아송이 아니다.

12.9.1 개회로망 대기열

고객들은 비율 α_k의 독립 포아송 과정에 따라 망 밖에서 큐 k로 도착하는 K개 큐의 망을 생각하자. 큐 k에서 한 고객의 서비스 시간은 비율 μ_k로 지수적으로 분포되고, 모든 다른 서비스 시간과 도착 과정에 독립이라고 가정한다. 또한 큐 k는 c_k 서버를 갖는다고 가정한다. 큐 k에서 서

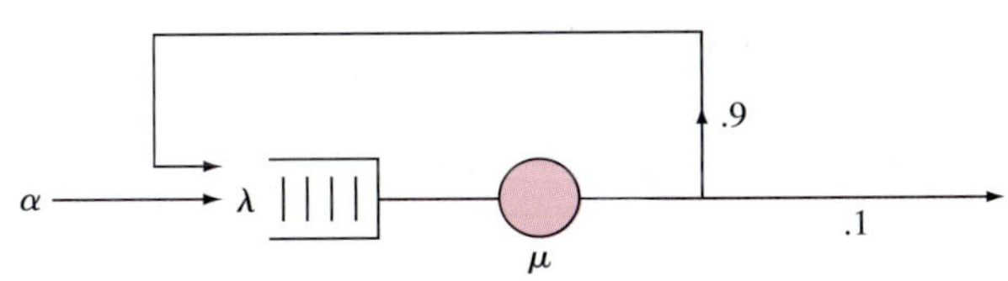

그림 12.25 ● 피드백을 갖는 큐

비스 완료 후에 고객은 확률 P_{ki}로 큐 i로 진행하고 다음과 같은 확률로 망을 빠져 나온다.

$$1 - \sum_{i=1}^{K} P_{ki}$$

큐 k로의 총 도착률 λ_k는 외부 도착률과 내부 도착률의 합이다.

$$\lambda_k = \alpha_k + \sum_{j=1}^{K} \lambda_j P_{jk} \qquad k = 1, \ldots, K \tag{12.140}$$

식 (12.140)은 언제까지나 망에 남아있는 고객들이 없다면 유일한 해로 보일 수 있다. 그러한 망을 **개방 대기열 망(open queueing networks)**이라고 한다. 모든 큐에서 고객들 수의 벡터 $\mathbf{N}(t) = (N_1(t), N_2(t), \ldots, N_K(t))$는 마코프 과정이다. 잭슨의 정리는 $\mathbf{N}(t)$에 대해 정상 상태 pmf를 부여한다.

잭슨의 정리

만약 $\lambda_k < c_k\mu_k$이면 어떤 가능한 상태 $\mathbf{n} = (n_1, n_2, \ldots, n_K)$에 대해서

$$P[\mathbf{N}(t) = \mathbf{n}] = P[N_1 = n_1]P[N_2 = n_2]\ldots P[N_K = n_K] \tag{12.141}$$

이다. 여기서 $P[N_k = n_k]$는 도착률 λ_k와 서비스율 μ_k를 갖는 M/M/c_k 시스템의 정상 상태이다.

잭슨의 정리는 시간 t에서 큐에 있는 고객의 수는 독립 확률 변수임을 식으로 나타낸다. 게다가 각 큐의 정상 상태 확률들은 M/M/c_k 시스템의 것임을 나타낸다. 이것은 일반적으로 큐에 대한 입력 과정은 이 절의 시작에서 언급한 피드백을 갖는 단일 큐에서 실증된 것처럼 포아송이 아니므로 굉장한 결과이다.

예제 12.22

메시지는 비율 α의 포아송 과정에 따라 집선 장치에 도착한다. 메시지를 전송하고 긍정응답을 수신하는 데 필요한 시간은 평균 $1/\mu$을 갖고 지수적으로 분포한다. 메시지는 확률 p로 재전송될 필요가 있다고 가정한다. 집선 장치에 있는 메시지들의 수에 대해 정상 상태 pmf를 구하라.

전체적인 시스템은 그림 12.25의 피드백을 갖는 단순한 큐로 나타낼 수 있다. 큐로의 순수한 도착률은 $\lambda = \alpha + \lambda_p$이다. 즉, 다음을 얻는다.

$$\lambda = \frac{\alpha}{1 - p}$$

따라서 집선 장치에 있는 메시지 수에 대한 pmf는 다음과 같다.

$$P[N = n] = (1 - \rho)\rho^n \qquad n = 0, 1, \ldots$$

여기서 $\rho = \lambda/\mu = \alpha/(1 - p)\mu$이다.

예제 12.23

새로운 프로그램들이 그림 12.26과 같이 비율 α의 포아송 과정에 따라 CPU에 도착한다. 프로그램은 CPU

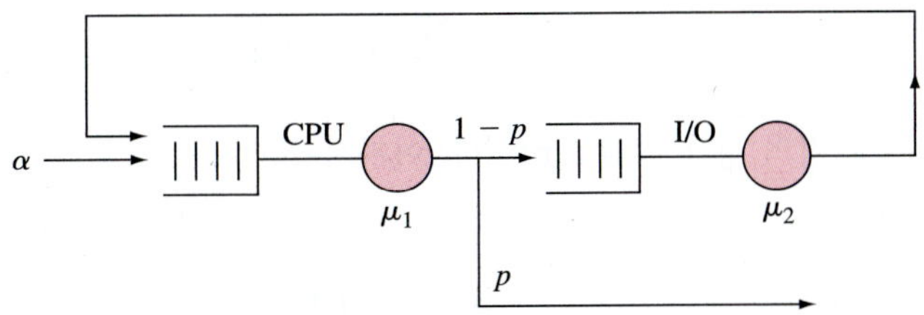

그림 12.26 ● 컴퓨터 시스템에 대한 열린 대기망 모델

에서 평균 $1/\mu_1$의 지수적으로 분포된 실행 시간을 소비한다. 이 서비스 시간의 마지막에서 프로그램 실행은 확률 p로 완료하거나 확률 $1-p$로 두 번째 저장장치에서 부가적인 정보를 검색해야 한다. 두 번째 저장장치에서의 정보 검색은 평균 $1/\mu_2$을 갖는 지수적으로 분포된 시간의 양을 필요로 한다. 각 프로그램이 시스템에서 소비하는 평균 시간을 구하라.

두 개 큐로의 순수한 도착률은 다음과 같다.

$$\lambda_1 = \alpha + \lambda_2, \lambda_2 = (1-p)\lambda_1$$

따라서 다음을 얻는다.

$$\lambda_1 = \frac{\alpha}{p} \qquad \text{그리고} \qquad \lambda_2 = \frac{(1-p)\alpha}{p}$$

각 큐는 M/M/1 시스템과 같이 작용하므로 다음과 같다.

$$E[N_1] = \frac{\rho_1}{1-\rho_1} \qquad \text{그리고} \qquad E[N_2] = \frac{\rho_2}{1-\rho_2}$$

여기서 $\rho_1 = \lambda_1/\mu_1$과 $\rho_2 = \lambda_2/\mu_2$이다. 그러면 리틀의 공식은 다음과 같이 시스템에서 보낸 총 시간에 대한 평균을 제공한다.

$$E[T] = \frac{E[N_1 + N_2]}{\alpha} = \frac{1}{\alpha}\left[\frac{\rho_1}{1-\rho_1} + \frac{\rho_2}{1-\rho_2}\right]$$

*12.9.2 잭슨의 정리 증명

잭슨의 정리는 대기 망에 대한 대역적 균형방정식들을 기록하고 해가 식 (12.141)에 따라 주어짐을 검증함으로써 증명할 수 있다. 후진(time-reversed)한 마코프 체인의 결과를 이용해 정리의 대체 증명을 소개한다. 기호적인 단순화를 위해 단일 서버 큐 망의 경우를 생각한다.

$\mathbf{n}$과 $\mathbf{n}'$는 망의 두 가지 가능한 상태라 하고, $v_{\mathbf{n},\mathbf{n}'}$은 $\mathbf{n}$과 $\mathbf{n}'$에서의 천이율을 나타낸다고 하자. 11.5절에서 만약 상태 pmf $P[\mathbf{n}]$과 다음 식과 같은(식 (11.65)) 역방향 과정에 대한 천이율의 집합 $\hat{v}_{\mathbf{n}',\mathbf{n}}$을 추정할 수 있다면 다음을 얻는다.

$$P[\mathbf{n}]v_{\mathbf{n},\mathbf{n}'} = P[\mathbf{n}']\hat{v}_{\mathbf{n}',\mathbf{n}} \tag{12.142a}$$

그리고 상태 $\mathbf{n}$을 벗어난 총 비율이 순방향과 역방향 과정들에서와(j에 대해 합산된 식 (11.64)) 같다면 다음과 같다.

$$\sum_{\mathbf{m}} v_{\mathbf{n},\mathbf{m}} = \sum_{\mathbf{m}} \hat{v}_{\mathbf{n},\mathbf{m}} \tag{12.142b}$$

$P[\mathbf{n}]$은 그 과정의 정상 상태 pmf이다. 여기서 살펴보는 경우의 pmf에 대한 추정은 다음 식과 같다.

$$P[\mathbf{n}] = \prod_{j=1}^{K}(1 - \rho_j)\rho_j^{n_j} \tag{12.143}$$

그러므로 증명은 식 (12.142a)와 (12.142b)를 만족하는 역방향 과정에 대한 천이율들의 일관성 있는 집합을 구하는 것으로 귀착된다. $v_{\mathbf{n},\mathbf{n}'}$는 알고 있고, $P[\mathbf{n}]$과 $P[\mathbf{n}']$는 식 (12.143)으로 지정되었고, 식 (12.142a)는 역방향 과정의 천이율들에 대해 다음과 같이 해결될 수 있음에 주의한다.

$$\hat{v}_{\mathbf{n}',\mathbf{n}} = \frac{P[\mathbf{n}]v_{\mathbf{n},\mathbf{n}'}}{P[\mathbf{n}']} \tag{12.144}$$

$\mathbf{n} = (n_1, \ldots, n_k)$는 망에 대한 상태를 나타내고, $\mathbf{e}_k = (0, \ldots, 0, 1, 0, \ldots, 0)$이라고 하자. 여기서 1은 k번째 요소에 위치한다. 대기망의 상태에서 단지 3개 유형의 천이들이 0이 아닌 확률을 갖고 있다. 첫 번째 유형의 천이에서 큐 k에 대한 외부의 도착은 $\mathbf{n}$에서 $\mathbf{n} + \mathbf{e}_k$까지의 상태를 취한다. 두 번째 유형의 천이에서 큐 k에서 출발이 망을 나오고 $\mathbf{n}$에서 $\mathbf{n} - \mathbf{e}_k$까지의 상태를 취한다. 여기서 $n_k > 0$이다. 세 번째 유형의 천이에서 고객은 큐 k를 떠나고 큐 j로 진행한다. 따라서 $\mathbf{n}$에서 $\mathbf{n} - \mathbf{e}_k + \mathbf{e}_j$까지의 상태를 취하고, 여기서 $n_k > 0$이다. 표 12.1은 세 가지 유형의 천이들과 순방향 과정에서 그에 해당하는 비율들을 나타낸다.

역방향 과정의 천이율들이 일치하는 집합은 세 가지 유형의 가능한 천이들에 대한 식 (12.144)를 해결하여 얻는다. 예를 들어, 만약 $\mathbf{n}' = \mathbf{n} + \mathbf{e}_k$라 하면 순방향 과정에서 천이 $\mathbf{n} \to \mathbf{n} + \mathbf{e}_k$는 역방향 과정에서 천이 $\mathbf{n} + \mathbf{e}_k \to \mathbf{n}$에 대응한다.

$$\hat{v}_{\mathbf{n}',\mathbf{n}} = \frac{\alpha_k \prod_{j=1}^{K}(1 - \rho_j)\rho_j^{n_j}}{\rho_k \prod_{j=1}^{K}(1 - \rho_j)\rho_j^{n_j}} = \frac{\alpha_k}{\rho_k} = \frac{\alpha_k}{\lambda_k/\mu_k} = \frac{\alpha_k \mu_k}{\lambda_k}$$

다른 역방향 과정 천이율들은 같은 방법으로 구한다. 표 12.1은 식 (12.144)에 따라 암시적으로 정의된 역방향 과정의 천이율들에 대한 결과를 나타낸다.

식 (12.143)에 있는 pmf는 대기열 망의 정상 상태 pmf를 부여함에 대한 증명은, 어떤 상태 $\mathbf{n}$의 밖으로 총 천이율이 순방향과 역방향 과정에서 같음을 보임으로써 완료된다. 즉, 식 (12.142b)를 적용한다. 순방향 과정에서 상태 $\mathbf{n}$ 밖으로의 총 천이율은 표 12.1에 있는 순방향 과정에 대한 목록들을 더해서 얻는다.

$$\sum_{\mathbf{m}} v_{\mathbf{n},\mathbf{m}} = \sum_{k} \alpha_k + \sum_{k:\, n_k > 0} \mu_k \tag{12.145a}$$

역방향 과정에 대해 표 12.1에서 다음 식을 얻는다.

표 12.1 잭슨 망에서 허용할 수 있는 천이들과 순방향과 역방향 과정에서 그들에 상당하는 비율

순방향 과정		
천이	비율	
$\mathbf{n} \to \mathbf{n} + \mathbf{e}_k$	α_k	모든 k
$\mathbf{n} \to \mathbf{n} - \mathbf{e}_k$	$\mu_k\left(1 - \sum_{j=1}^{K} P_{kj}\right)$	모든 k: $n_k > 0$
$\mathbf{n} \to \mathbf{n} - \mathbf{e}_k + \mathbf{e}_j$	$\mu_k P_{kj}$	모든 k: $n_k > 0$, all j
역방향 과정		
천이	비율	
$\mathbf{n} \to \mathbf{n} + \mathbf{e}_k$	$\lambda_k\left(1 - \sum_{j} P_{kj}\right)$	모든 k
$\mathbf{n} \to \mathbf{n} - \mathbf{e}_k$	$\dfrac{\alpha_k \mu_k}{\lambda_k}$	모든 k: $n_k > 0$
$\mathbf{n} \to \mathbf{n} - \mathbf{e}_k + \mathbf{e}_j$	$\dfrac{\lambda_j P_{jk} \mu_k}{\lambda_k}$	모든 k: $n_k > 0$, 모든 j

$$\sum_{\mathbf{m}} \hat{v}_{\mathbf{n},\mathbf{m}} = \sum_k \lambda_k\left(1 - \sum_j P_{kj}\right) + \sum_{k:\, n_k>0} \left\{\frac{\alpha_k \mu_k}{\lambda_k} + \sum_j \frac{\lambda_j P_{jk} \mu_k}{\lambda_k}\right\} \qquad (12.145\text{b})$$

식 (12.145a)와 (12.145b)의 우변은 같음을 보일 필요가 있다. 우선, 식 (12.140)은 다음을 의미함에 주목하자.

$$\lambda_k - \alpha_k = \sum_{j=1}^{K} \lambda_j P_{jk}$$

식 (12.145b)의 우변은 다음과 같다.

$$\begin{aligned}
&\left(\sum_k \lambda_k - \sum_j \sum_k \lambda_k P_{kj}\right) + \sum_{k:\, n_k>0} \left\{\frac{\alpha_k \mu_k}{\lambda_k} + \frac{\mu_k}{\lambda_k} \sum_j \lambda_j P_{jk}\right\} \\
&= \sum_k \lambda_k - \sum_j (\lambda_j - \alpha_j) + \sum_{k:\, n_k>0} \left\{\frac{\alpha_k \mu_k}{\lambda_k} + \frac{\mu_k}{\lambda_k}(\lambda_k - \alpha_k)\right\} \\
&= \sum_k \alpha_k + \sum_{k:\, n_k>0} \mu_k
\end{aligned}$$

따라서 식 (12.145a)와 (12.145b)의 우변은 같고, 식 (12.143)은 대기열 망의 정상 상태 pmf이다. 이것은 단일 서버 대기열 망에 대한 잭슨의 정리 증명을 완결한다.

12.9.3 대기 행렬의 폐회로망

몇몇 문제들에서 고정된 고객들의 수, 말하자면 I는 **대기 행렬의 폐회로망(closed network)**에서 끝없이 순환한다. 예를 들면, 몇몇 컴퓨터 시스템 모델은 언제라도 고정된 수의 프로그램들이 그림 12.27과 같은 컴퓨터의 CPU와 입출력(I/O) 자원을 사용한다고 가정한다. 이제 앞에서 언급한 **개회로망(open network)**과 외부 도착률이 0이고 망은 항상 고정된 수의 고객 I를 포함하

는 것을 제외하고는 같은 대기망을 생각하자. 그런 시스템들에 대한 정상 상태 pmf는 곱 형태지만 큐들의 상태는 더 이상 독립이 아님을 나타낸다.

큐 k로의 순수 도착률은 다음과 같다.

$$\lambda_k = \sum_{j=1}^{K} \lambda_j P_{jk} \qquad k = 1, \ldots, K \tag{12.146}$$

이 식들은 천이 확률 P_{jk}를 갖는 이산시간 마코프 체인에 대한 불변 pmf를 정의하는 식들의 집합과 같은 형태임에 주목하자. 단지 하나의 차이는 λ_k의 합이 1일 필요는 없다는 것이다. 따라서 식 (12.146)에 대한 해 벡터는 $\{P_{jk}\}$에 부합하는 불변 pmf $\{\pi_j\}$에 비례해야 한다.

$$\lambda_k = \lambda(I)\pi_k \tag{12.147}$$

여기에서

$$\pi_k = \sum_{j=1}^{K} \pi_j P_{jk} \tag{12.148}$$

그리고 $\lambda(I)$는 대기 시스템에 있는 고객의 수인 I에 의존하는 상수다. 식 (12.147)의 양변을 k에 대해서 합산하면 $\lambda(I)$는 망에 있는 모든 큐에서 도착률의 합이라는 것과 $p_{ik} = \lambda_k/\lambda(I)$는 큐 k의 총 도착들의 단편(fraction)임을 발견한다.

정리

$\lambda_k = \lambda(I)\pi_k$는 식 (12.146)에 대한 해라 하고, $\mathbf{n} = (n_1, n_2, \ldots, n_K)$는 망의 어떤 상태라고 하자. 여기서 $n_1, \ldots, n_K \geq 0$이다.

$$n_1 + n_2 + \cdots + n_K = I \tag{12.149}$$

따라서 다음과 같다.

$$P[\mathbf{N}(t) = \mathbf{n}] = \frac{P[N_1 = n_1]P[N_2 = n_2] \ldots P[N_K = n_K]}{S(I)} \tag{12.150}$$

여기서 $P[N_k = n_k]$는 도착률 λ_k와 서비스율 μ_k를 갖는 M/M/c_k 시스템의 정상 상태 pmf이다. 여기서 $S(I)$는 다음 식으로 주어지는 정규화 상수다.

$$S(I) = \sum_{\mathbf{n}: n_1 + \cdots + n_K = I} P[N_1 = n_1]P[N_2 = n_2] \ldots P[N_K = n_K] \tag{12.151}$$

식 (12.150)은 $P[\mathbf{N}(t) = \mathbf{n}]$은 곱 형태를 갖는다는 것을 나타낸다. 그러나 $P[\mathbf{N}(t) = \mathbf{n}]$는

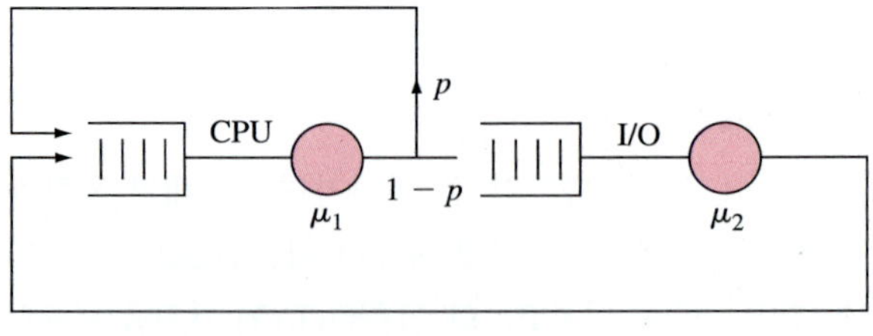

그림 12.27 ● 컴퓨터 시스템에 대한 닫힌 대기망 모델

정규화 상수 $S(I)$ 때문에 더 이상 한계 pmf의 곱과 같지 않다. 이 상수는 망에 항상 I 고객들이 있는 것은 허용 가능한 상태 **n**이 식 (12.149)를 만족해야 함을 뜻한다는 것 때문에 발생한다. 그 정리는 앞에서 설명한 잭슨의 정리를 증명하는 데 사용한 접근법을 취하여 증명할 수 있다.

예제 12.24

예제 12.23에 있는 컴퓨터 시스템이 시스템에 항상 I 프로그램들이 있도록 가동된다고 하자. 결과적인 대기열 망은 그림 12.27에 보인다. CPU 주변의 피드백 루프는 완료된 작업과 다른 작업이 순간적으로 대치되는 것을 나타낸다. 시스템의 정상 상태 pmf를 구하라. 프로그램이 완료된 비율을 구하라.

식 (9.146)과 연관된 불변 확률들은 다음을 풀어 구한다.

$$\pi = p\pi_1 + \pi_2, \qquad \pi_2 = (1-p)\pi_1, \qquad \text{그리고} \qquad \pi_1 + \pi_2 = 1$$

따라서 불변 확률들은 다음과 같다.

$$\pi_1 = \frac{1}{2-p} \qquad \text{그리고} \qquad \pi_2 = \frac{1-p}{2-p} \tag{12.152}$$

그리고 도착률들은 다음과 같다.

$$\lambda_1 = \lambda(I)\pi_1 = \frac{\lambda(I)}{2-p} \qquad \text{그리고} \qquad \lambda_2 = \frac{(1-p)\lambda(I)}{2-p} \tag{12.153}$$

망에 대한 불변 pmf는 다음이다.

$$P[N_1 = i, N_2 = I - i] = \frac{(1-\rho_1)\rho_1^i(1-\rho_2)\rho_2^{I-i}}{S(I)} \qquad 0 \le i \le I \tag{12.154}$$

여기서 $\rho_1 = \lambda_1/\mu_1$이고 $\rho_2 = \lambda_2/\mu_2$이다. 그리고 $N_1 = i$라면 $N_2 = I - i$라는 사실이 사용되었다. 그러면 정규화 상수는 다음과 같다.

$$\begin{aligned} S(I) &= (1-\rho_1)(1-\rho_2)\sum_{i=0}^{I}\rho_1^i\rho_2^{I-i} \\ &= (1-\rho_1)(1-\rho_2)\rho_2^I\frac{1-(\rho_1/\rho_2)^{I+1}}{1-(\rho_1/\rho_2)} \end{aligned} \tag{12.155}$$

식 (12.155)를 식 (12.154)에 대입하면 다음이다.

$$P[N_1 = i, N_2 = I - i] = \frac{1-\beta}{1-\beta^{I+1}}\beta^i \qquad 0 \le i \le I \tag{12.156}$$

여기서 다음을 구할 수 있다.

$$\beta = \frac{\rho_1}{\rho_2} = \frac{\pi_1\mu_2}{\pi_2\mu_1} = \frac{\mu_2}{(1-p)\mu_1} \tag{12.157}$$

식 (12.156)의 형태는 큐 1이 M/M/1/K와 같이 행동하는 사실에 주목하자. 이 큐에 대한 명백한 부하는 β이다. 이는 I/O의 비율 대 CPU 서비스 비율에 비례하고 I/O로 가려고 하는 확률에 반비례한다.

프로그램이 완료되는 비율은 $p\lambda_1$이다. λ_1은 서버 활용과 비어있는 시스템의 확률 사이의 관계에서 구한다.

$$1 - \lambda_1/\mu_1 = P[N_1 = 0] = \frac{1-\beta}{1-\beta^{I+1}}$$

이는 다음을 뜻한다.

$$p\lambda_1 = p\mu_1 \frac{\beta(1-\beta^I)}{1-\beta^{I+1}}$$

예제 12.25

송신기(그림 12.28의 큐 1)는 메시지 전송을 위한 두 개의 허가(permit)를 갖고 있다. 송신기가 허가 ($N_1 > 0$)를 갖고 있는 한 그것은 비율 λ의 지수적 도착 간격 시간을 갖는 메시지들을 생성한다. 그 메시지들은 전송 시스템으로 들어가고 스테이션 2에서 지수적 서비스 시간을 필요로 한다. 메시지가 전송 시스템의 다른 쪽에 도착하자마자 그에 부합하는 허가는 스테이션 3을 통해 뒤로 보내진다. 따라서 송신기는 기껏해야 어떤 주어진 시간에 망에서 발행된 두 개의 메시지를 가질 수 있다. 대기열 망에 대한 정상 상태 pmf를 구하라. 메시지가 전송 시스템에 들어가는 비율을 구하라.

두 허가는 대기열 망을 순환하는 두 고객들로 간주할 수 있다. $P_{1,2} = P_{2,3} = P_{3,1} = 1$이므로 $\pi_1 = \pi_2 = \pi_3 = 1/3$을 갖는다.

$$\lambda_1 = \lambda_2 = \lambda_3 = \frac{\lambda(2)}{3}$$

망에 대한 정상 상태 pmf는 다음 식과 같다.

$$P[N_1 = i, N_2 = j, N_3 = 2-i-j] = \frac{(1-\rho_1)\rho_1^i(1-\rho_2)\rho_2^j(1-\rho_3)\rho_3^{I-i-j}}{S(2)}$$

$0 \le i \le 2, 0 \le j \le 2 - i$에 대해서

여기서 $\rho_1 = \lambda(2)/3\lambda$이고 $\rho_2 = \rho_3 = \lambda(2)/3\mu$이다. 정규화 상수 $S(2)$는 위의 결합 pmf를 모든 가능한 상태에 대해 합하고 결과를 1과 같게 함으로써 얻는다. 여섯 개의 가능한 망 상태 (2, 0, 0), (0, 2, 0), (0, 0, 2), (1, 1, 0), (1, 0, 1), (0, 1, 1)이 있다. 따라서 정규화 상수는 다음과 같다.

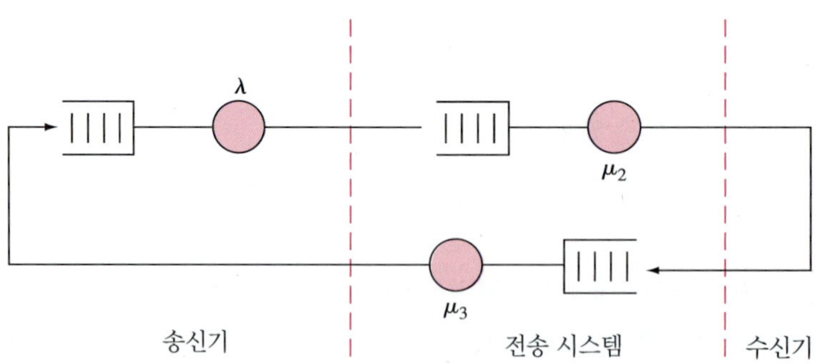

그림 12.28 ● 메시지 전송 시스템에 대한 닫힌 대기망 모델

$$S(2) = (1-\rho_1)(1-\rho_2)(1-\rho_3)\{\rho_1^2 + \rho_2^2 + \rho_3^2 + \rho_1\rho_2 + \rho_1\rho_3 + \rho_2\rho_3\}$$
$$= (1-\rho_1)(1-\rho_2)^2\{\rho_1^2 + 2\rho_2^2 + 2\rho_1\rho_2 + \rho_2^2\}$$

여기서 $\rho_2 = \rho_3$이라는 사실을 이용했다. 메시지들이 시스템으로 들어가는 비율은 다음 식과 같다.

$$\lambda_1 = \lambda(1 - P[N_1 = 0])$$

여기서 다음을 구할 수 있다.

$$P[N_1 = 0] = P[\mathbf{N} = (0,2,0)] + P[\mathbf{N} = (0,0,2)] + P[\mathbf{N} = (0,1,1)]$$
$$= \frac{3\rho_2^2}{\rho_1^2 + 2\rho_1\rho_2 + 3\rho_2^2} = \frac{3/\mu^2}{1/\lambda^2 + 2/\lambda\mu + 3/\mu^2}$$

12.9.4 평균값 분석

예제 12.25는 닫힌 대기열 망으로 정규화 상수를 평가하기는 근본적으로 어렵다는 것을 보여준다. 다행히 상수를 평가하지 않고 관심 있는 어떤 평균 양들을 얻는 방법이 개발되었다. 이 평균값 분석법은 다음 정리에 기초를 둔다.

도착 정리

I 고객을 갖는 닫힌 대기열 망에서 큐 j로의 고객 도착에 의해 보인 시스템은 1보다 적은 고객을 갖는 같은 망의 정상 상태 pmf이다.

이미 12.5절의 유한공급 대기 시스템의 설명에서 이 결과를 보았다. 이 절의 마지막 부분에서 그 결과를 증명한다. 이제 평균값 분석법을 전개하기 위해 그 결과를 이용한다.

$E[N_j(I)]$를 I 고객들을 갖는 망에 대한 j번째 큐에서 고객들의 평균 수라 하고, $E[T_j(I)]$는 큐 j에서 고객이 소비한 평균 시간을 나타낸다고 하고, $\lambda_j(I)$는 큐 j의 평균 고객 도착률이라고 하자. 큐 j에서 고객이 소비한 평균 시간은 고객의 서비스 시간에 도착 시 큐에서 발견한 고객들의 서비스 시간을 더한 시간이다.

$$\begin{aligned} E[T_j(I)] &= E[\tau_j] + E[\tau_j] \times \text{도착과 동시에 발견된 평균 수} \\ &= E[\tau_j] + E[\tau_j]E[N_j(I-1)] \\ &= \frac{1 + E[N_j(I-1)]}{\mu_j} \end{aligned} \tag{12.158}$$

여기서 $E[N_j(I-1)]$은 도착 정리에 따라 도착과 동시에 발견된 평균 수이다. 리틀의 공식에 따라 망에 I가 있을 때 큐 j에 있는 고객의 평균 수는 다음과 같다.

$$E[N_j(I)] = \lambda_j(I)E[T_j(I)] = \lambda(I)\pi_j E[T_j(I)] \tag{12.159}$$

모든 큐에 있는 고객의 합은 이전 식에서 I이므로 다음 식을 갖는다.

$$I = \sum_{j=1}^{K} E[N_j(I)] = \lambda(I)\sum_{j=1}^{K} \pi_j E[T_j(I)] \qquad (12.160)$$

따라서

$$\lambda(I) = \frac{I}{\sum_{j=1}^{K} \pi_j E[T_j(I)]} \qquad (12.161)$$

이다. 평균값 분석법은 다음의 방법에서 식 (12.158)에서 식 (12.161)을 통해 결합한다. 먼저 식 (12.148)을 해결하여 p_{ij}를 계산한다. $I = 0$에 대해서 다음과 같다.

$$E[N_j(0)] = 0,\ j = 1, \ldots, K$$

$I = 1, 2, \ldots$ 에 대해서는 다음과 같다.

$$E[T_j(I)] = \frac{1}{\mu_j} + \frac{E[N_j(I-1)]}{\mu_j} \qquad j = 1, \ldots, K \qquad (12.158)$$

$$\lambda(I) = \frac{I}{\sum_{i=0}^{K} \pi_i E[T_j(I)]} \qquad (12.161)$$

$$E[N_j(I)] = \lambda(I)\pi_j E[T_j(I)] \qquad j = 1, \ldots, K \qquad (12.159)$$

따라서 평균값 알고리즘은 시스템를 비운 채로 시작한다. 위의 세 식을 이용해 원하는 수의 고객들을 갖는 망까지 확립한다. 이 방법은 닫힌 대기열 망의 수학적인 해를 아주 간단히 하고, 분석할 수 있는 망 크기의 영역을 확장한다.

예제 12.26

예제 12.24에서 $\mu_1 = \mu_2 = 1$, $p = 1/2$이다. 프로그램들이 $I = 2$일 때 완료되는 비율을 구하라.

프로그램 완료 비율이 $p\lambda_1(2) = p\pi_1\lambda(2)$로 예제 12.24에서 이미 지적되었다. 식 (12.152)에서 $\pi_1 = 1/(2-p) = 2/3$이다. 따라서 단지 $I = 2$를 갖는 망의 총 도착률 $\lambda(2)$를 구할 필요가 있다.

$I = 1$을 갖는 평균값 방법을 시작하여 다음 식을 얻는다.

$$E[T_1(1)] = \frac{1}{\mu_1} = 1 \qquad E[T_2(1)] = \frac{1}{\mu_2} = 1$$

$$\lambda(1) = \frac{1}{\pi_1 T_1(1) + \pi_2 T_2(1)} = 1$$

$$E[N_1(1)] = \lambda(1)\pi_1 E[T_1(1)] = \frac{2}{3}$$

$$E[N_2(1)] = \lambda(1)\pi_2 E[T_2(1)] = \frac{1}{3}$$

$I = 2$로 시작해 다음 식을 얻는다.

$$E[T_1(2)] = \frac{1}{\mu_1} + \frac{E[N_1(1)]}{\mu_1} = \frac{5}{3}$$

$$E[T_2(2)] = \frac{1}{\mu_2} + \frac{E[N_2(1)]}{\mu_2} = \frac{4}{3}$$

$$\lambda(2) = \frac{2}{\pi_1 E[T_1(2)] + \pi_2 E[T_2(2)]} = \frac{9}{7}$$

따라서 프로그램 완료율은 다음과 같다.

$$p\pi_1\lambda(2) = \frac{3}{7}$$

이것이 예제 12.24의 결과와 일치함을 검증해야 한다.

예제 12.27

예제 12.25에서 $1/\lambda = a$와 $\mu = 1$이라 하자. $I = 2$일 때 메시지가 시스템에 들어가는 비율을 구하라. $\pi_1 = \pi_2 = \pi_3 = 1/3$이라는 것과 다음 식은 이미 구했다.

$$\lambda_1(I) = \lambda_2(I) = \lambda_3(I) = \frac{\lambda(I)}{3}$$

$I = 1$을 갖는 평균값 방법을 시작하여 다음을 얻는다.

$$E[T_1(1)] = a \qquad E[T_2(1)] = E[T_3(1)] = 1$$

$$\lambda(1) = \frac{1}{\pi_1 E[T_1(1)] + \pi_2 E[T_2(1)] + \pi_3 E[T_3(1)]} = \frac{3}{a+2}$$

$$E[N_1(1)] = \lambda(1)\pi_1 E[T_1(1)] = \frac{a}{a+2}$$

$$E[N_2(1)] = \lambda(1)\pi_2 E[T_2(1)] = \frac{1}{a+2} = E[N_3(1)]$$

$I = 2$로 시작해 다음을 얻는다.

$$E[T_1(2)] = a + aE[N_1(1)] = \frac{2a^2 + 2a}{a+2}$$

$$E[T_2(2)] = 1 + 1E[N_2(1)] = \frac{a+3}{a+2} = E[T_3(2)]$$

$$\lambda_2(2) = \frac{2}{(1/3)\{(2a^2 + 2a)/(a+2) + [2(a+3)/(a+2)]\}}$$

$$= \frac{3(a+2)}{a^2 + 2a + 3}$$

결국, 메시지들은 비율 $\lambda_1(2) = \lambda(2)/3$에서 전송망으로 들어간다.

$$\lambda_1(2) = \frac{a+2}{a^2 + 2a + 3}$$

이것이 예제 12.25에서 얻은 결과와 일치함을 검증해야 한다.

---

*12.9.5 도착 정리의 증명

고객이 큐 j를 떠나고 큐 k로 진행하는 순간을 생각하자. 이들 도착 순간들에 시스템 상태의 pmf에 관심이 있다. 이 순간에 시스템에서 떠난 고객을 갖고, 고객은 상태 $\mathbf{n} = (n_1, \ldots, n_K)$인 망을 본다. 이것은 단지 망 상태가 상태 $\mathbf{n}' = (n_1, \ldots, n_j + 1, \ldots, n_K)$에서 상태 $\mathbf{n}'' = (n_1, \ldots, n_j, \ldots, n_k + 1, \ldots, n_k)$로 가는 때에만 발생한다. 따라서 다음을 얻는다.

$$\begin{aligned}
&P[\text{고객이 상태 }\mathbf{n}\text{을 본다} \mid \text{고객이 }j\text{로부터 }k\text{로 옮겨 간다}]\\
&= \frac{P[\text{고객이 상태 }\mathbf{n}\text{을 본다, 고객이 }j\text{로부터 }k\text{로 옮겨 간다}]}{P[\text{ 고객이 }j\text{로부터 }k\text{로 옮겨 간다}]}\\
&= \frac{P[\text{ 고객이 }j\text{로부터 }k\text{로 옮겨 간다 } \mid \text{상태} = \mathbf{n}']P[\mathbf{N}(I) = \mathbf{n}']}{P[\text{ 고객이 }j\text{로부터 }k\text{로 옮겨 간다}]}\\
&= \frac{\mu_j P_{jk} P[\mathbf{N}(I) = \mathbf{n}']}{\mu_j P_{jk} P[N_j(I) > 0]}\\
&= \frac{P[\mathbf{N}(I) = \mathbf{n}']}{P[N_j(I) > 0]} \qquad (12.162)
\end{aligned}$$

간단히 표기하기 위해서 M/M/1 대기열 망을 다룬다고 가정하자.

$$\begin{aligned}
P[\mathbf{N}(I) = \mathbf{n}'] &= \frac{P[N_1 = n_1]\ldots P[N_j = n_j + 1]\ldots P[N_K = n_K]}{S(I)}\\
&= \rho_j \prod_{m=1}^{K} \frac{\rho_m^{n_m}}{S'(I)} \qquad (12.163)
\end{aligned}$$

여기서 $S'(I)$는 $P[N_m = n_m]$과 연관된 모든 상수들을 다음과 같이 병합한다.

$$S'(I) = \sum_{\mathbf{n}:n_1+\cdots+n_K=I} \prod_{m=1}^{K} \rho_m^{n_m} \qquad (12.164)$$

다음에 큐 j가 비어있지 않은 확률을 생각하자.

$$\begin{aligned}
P[N_j(I) > 0] &= \sum_{\mathbf{n}:n_1+\cdots+n_K=I-1} P[N_1 = n_1]\ldots P[N_j = n_j + 1]\ldots P[N_K = n_k]\\
&= \sum_{\mathbf{n}:n_1+\cdots+n_K=I-1} \rho_j \frac{\prod_{m=1}^{K} \rho_m^{n_m}}{S'(I)}\\
&= \frac{\rho_j}{S'(I)} \sum_{\mathbf{n}:n_1+\cdots+n_K=I-1} \prod_{m=1}^{K} \rho_m^{n_m}\\
&= \frac{\rho_j S'(I-1)}{S'(I)} \qquad (12.165)
\end{aligned}$$

여기서 위의 합은 $I - 1$ 고객들을 갖는 망에 대한 정규화 상수 $S'(I - 1)$을 나타낸다.

결국, 식 (12.165)와 (12.163)을 식 (12.162)에 대입하여 다음을 얻는다.

$$P[\text{고객이 }\mathbf{n}\text{을 안다} \mid \text{고객이 }j\text{에서 }k\text{로 간다}]$$

$$= \frac{\rho_j \prod_{m=1}^{K} \rho_m^{n_m} / S'(I)}{[\rho_j S'(I-1)]/S'(I)}$$
$$= \prod_{m=1}^{K} \frac{\rho_m^{n_m}}{S'(I-1)}$$
$$= P[\mathbf{N}(I-1) = \mathbf{n}]$$

이것은 $I-1$고객들을 갖는 망에서 $\mathbf{n}$에 대한 정상 상태 확률이다. 이것은 도착 정리의 증명을 완료한다.

12.10 대기 시스템의 모의실험과 데이터 분석

이 절에서는 대기 시스템의 모의실험에 대한 기본적인 소개를 한다. 분석적 방법은, 주어진 모델에서 논점들과 타협점을 탐구하도록 하는 용이함 때문에 값진 것이다. 특별히 과도기적이고 역동적인 행동에 흥미가 있다면 수치적 기법은 분석적 방법을 보충할 수 있고 추가의 상세한 정보를 제공할 수 있다.

그러나 많은 상황에서 분석적이고 수치적 방법은 충분하지 않아서 복잡한 시스템의 행동을 조사하기 위해 모의실험이 유연한 수단을 제공한다. 이 절에서는 대기 시스템을 모의실험하기 위해 이용 가능한 기본적인 접근법을 소개한다. 논의를 통해 효과적인 결론을 내리기 위해 관찰에 대한 통계적 방법의 세심한 적용을 위한 필요와 마찬가지로 모의실험의 주의 깊은 디자인에 대한 필요를 강조한다.

12.10.1 모의실험에 대한 접근 방법

대기 시스템의 역학은 한 개 또는 그 이상의 불규칙 과정들에 의해 표현된다. 그래서 모의실험하는 불규칙 과정들에 대한 일반적인 고려사항들이 적용된다. 매우 기본적인 선택은 확률 과정의 한 개 구현 또는 다중 구현 중 어떤 것을 사용할 것인가 있다.

통계적으로 독립인 다중 구현은 독립항등분포 불규칙 변수를 분석하기 8장에서 소개된 표준 통계적 방법을 우리에게 사용하도록 한다. 불규칙 과정의 단일 구현은 통계적 수단들에 대하여 더 많은 제한을 우리에게 허용하고, 표준도구들을 사용할 수 있도록 종종 독립항등분포인 관찰값 집합을 제공하도록 시도하는 방법들에 귀착된다. 몇몇의 실제 실험 상황에서 이용할 수 있는 하나의 구현을 가질 수 있으며, 그래서 다른 선택이 없을 수도 있다. 그렇지만 적절한 설계를 갖는 컴퓨터 모의실험에 있어 독립적인 관찰[2)]들을 생산하기 위해 다수의 실험 반복을 행한다. 일반적으로 가능하다면 얼마간의 반복을 이용한 실증적인 접근을 권한다.

한 개의 구현에 기반한 모의실험 연구는 항상 불변성과 에르고딕이란 가정과 관계되며, 그래서 시간에 대한 과정의 행동은 앙상블 평균과 확률을 드러낸다. 그러한 과정의 예로는 불변적이며 독립적인 증가를 가진 과정과 에르고딕 마코프 체인과 연관된 과정들이 있다. 과정에 대한

[2)] 각 반복에서 불규칙 수 발생기의 시드(seed)가 다름을 보장해야 한다.

이 두 부류는 초기 과도기적 행동과 연관되고, 따라서 모의실험의 초기 시간에 얻어진 관찰들을 유지할 것인지 아니면 버릴 것인지 결정해야 한다. 만약 버린다면, 과도기적인 단계가 끝나고 과정이 정상 상태에 이르게 된 때를 확인할 필요가 있다. 이것은 [Pawlikowski]에서 광범위하게 논의된 것처럼 쉬운 일은 아니다. 그리고 시스템이 정상 상태에 이르렀음을 결정하기 위해 적용할 수 있는 다양한 기준들이 있다. 반복하여 모의실험을 함으로써 과정의 과도기적 단계를 특징지을 수 있게 도와줄 수 있음을 알 수 있다(연습문제 12.67 참조).

모의실험 설계는 측정과 관측에 있어 관심이 있는 행동과 매개변수들을 고려해야만 한다. 표면적으로 상태 확률을 결정하는 것 같은 쉬운 질문들은 그렇게 간단하지 않다. 시스템이 상태에서 보내게 될 장시간, 도착하는 고객들에게 보이는 상태들, 또는 출발하는 고객들 뒤에 남겨지는 상태들 조차에게도 관심을 가질 수 있다. 이러한 양들은 같을 필요가 없다는 것을 파악해 왔다. 모의실험 설계는 특별한 매개변수의 측정을 쉽게 할 수도 어렵게 할 수도 있다. 이 절의 나머지 부분에서는 정상 상태에 있을 때의 시스템의 매개변수에 관심이 있다. 일반적으로 시스템 내의 고객의 평균 수이든지 시간의 장기간 비율이든지간에 시스템은 특정한 수의 고객들을 갖는다. 다음의 접근 방법이 모의실험하는 대기 시스템을 나타낸다.

- 독립적인 반복을 통한 모의실험
- 시간 샘플화된 과정: $\{N(k\delta)\}$
- 내장된 마코프 체인과 상태 점유: $\{N(t_k), T_k\}$
- 재생적 순환을 통한 반복

12.10.2 독립적인 반복을 통한 모의실험

독립적인 반복을 통한 모의실험은 R개의 독립적인 관측의 집합 $\{X(t, \zeta_1), X(t, \zeta_2), \ldots, X(t, \zeta_R)$를 얻기 위한 R회의 모의실험 과정을 포함한다. 불규칙 과정의 매개변수 θ를 측정하기 위해 관측들에 대한 다음 함수를 사용한다.

$$\hat{\Theta}(\mathbf{X}_R) = g(X(t, \zeta_1), X(t, \zeta_2), \ldots, X(t, \zeta_R))$$

예를 들어, 시간 t에서 과정의 평균을 측정하기 위해 다음을 이용한다.

$$\overline{X}_R(t) = \frac{1}{R}\sum_{r=1}^{R} X(t, \zeta_r) \tag{12.166}$$

시간 t에서 과정의 분산을 측정하기 위해 다음을 이용한다.

$$\hat{\sigma}_R^2(t) = \frac{1}{R-1}\sum_{r=1}^{R}(X(t, \zeta_r) - \overline{X}_R(t))^2 \tag{12.167}$$

설계에 의해 관측은 독립 랜덤 변수이다. 실험을 진행을 위해 관측은 가우스 불규칙 변수라는 가정이 필요하다. 충분히 많은 수의 변수의 합을 구하고 중심극한정리를 사용하는 일반적인 접근이 적용된다. 샘플들이 가우스 분포에 닫혀있는지를 체크하기 위해 통계적 실험을 할 수 있다. 일단 가우스 관측을 갖는다면 식 (8.58)에 의해 신뢰 구간을 다음과 같이 얻을 수 있다.

$$(\overline{X}_R - t_{\alpha/2,n-1}\hat{\sigma}_R/\sqrt{n}, \overline{X}_R + t_{\alpha/2,n-1}\hat{\sigma}_R/\sqrt{n}) \tag{12.168}$$

식 (12.168)은 대략의 신뢰 구간을 얻는 데 광범위하게 사용된다.

식 (12.166)과 식 (12.167)에서 표본 평균이나 분산의 추정기에 주목하여, 연관된 신뢰 구간들은 불규칙 과정의 행동에 있어서 시간 종속성들을 확인하도록 해준다. 특별히 다음 예제에서 그 식들을 정상 상태를 갖는 불규칙 과정의 과도기를 식별하기 위하여 사용한다.

불규칙 과정이 시간의 연속 함수일 때 추정기는 적분 형태를 취할 수 있다. 예를 들어, 마코프 체인 과정에 대해 시간 T의 간격 동안 적분함으로써 r번 반복하여 j 상태에 대한 과정의 시간 평균 또는 시간의 비율을 추정할 수 있다.

$$\hat{N}_r = \frac{1}{T}\int_0^T N(t,\zeta_r)\,dt \qquad \text{그리고} \qquad \hat{p}_j^{(r)} = \frac{1}{T}\int_0^T I_j(N(t,\zeta_r))\,dt \tag{12.169}$$

$\hat{N}_r$과 $\{\hat{p}_j^{(r)}\}$은 독립 불규칙 변수를 나타내며, $N(t)$의 시간 평균과 $N(t) = j$라는 시간의 비율에 대해 신뢰 구간을 구하는 데 사용될 수 있다.

12.10.3 시간-표본화된 과정 모의실험

연속시간 대기 시스템을 모의실험하기 위한 간단한 방법은 **시간-표본화된 모의실험**을 사용하는 것이다. 시간축은 길이가 δ인 작은 간격으로 나뉘고 이산시간 과정이 모의실험된다. 다음 예제를 통해 방법을 설명한다.

예제 12.28 표본화된 시간을 사용한 M/M/1 대기의 과도 현상

시간 표본화 방법을 사용하여 M/M/1 대기 시스템에 있는 고객들의 수 $N(t)$의 과도기적 행동을 조사하라. 이 시스템이 초기에는 비어있다고 가정하자. 초당 μ = 작업을 갖고 $\delta = 0.1$초의 2000 단계를 발생시켜서 초당 $\lambda = 0.5$, $\lambda = 0.9$ 작업을 갖는 두 개의 경우를 구동시키자. 20번 모의실험을 반복하고, 20번 반복(식 (12.166))에 따른 과정의 표본 평균을 그려라. 각 실현을 위한 공분산 함수를 구하고, 20회 반복에 따른 공분산 함수의 평균을 그려라.

표본화된 시간 근사법은 δ초의 작은 단계들로 시스템을 모의실험하는 것과 연관된다. $j > 0$ 상태에 출생 사망과정(M/M/I 대기처럼)에서 3가지 출력이 δ초 안에 나타날 수 있다. (1) 확률 $1 - (\lambda_j + \mu_j)\delta$로 어떤

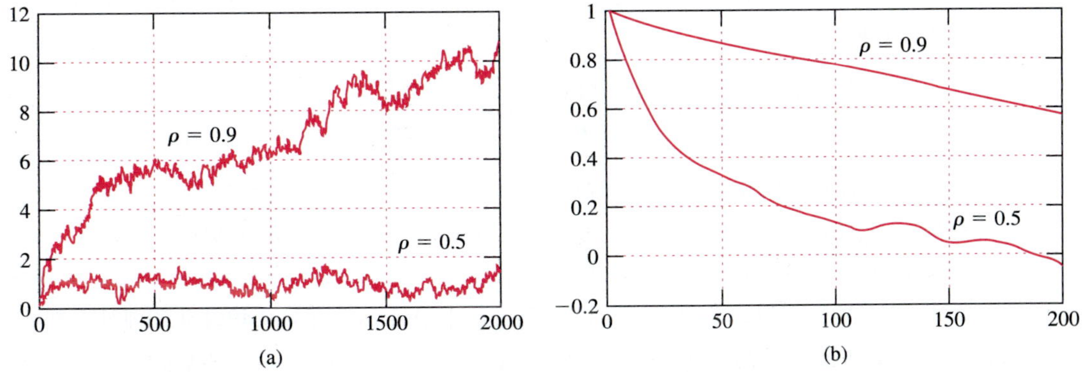

그림 12.29 ● (a) 표본화된 시간 방법을 사용하는 M/M/1 큐의 과도 현상, $\rho = 0.5$, 0.9; (b) M/M/1 큐의 정규화된 공분산 $\rho = 0.5$, 0.9

도착도 어떤 출발도 일어나지 않는다. (2) 한 개의 도착이 $\lambda_j\delta$의 확률만큼 발생한다. (3) 한 개의 출발이 확률 $\mu_j\delta$만큼 발생한다. $\mu_0 = 0$이라 놓아 $j = 0$ 상태를 조정할 수 있고, $\lambda_{N_{max}} = 0$이라 놓아 $j = N_{max}$ 상태를 조정할 수 있다. 이 같은 표본화된 시간 대기 시스템의 상태-천이 다이어그램은 예제 11.49의 이산시간 마코프 체인의 구조를 가진다는 것에 주목하자. 예를 들어 200초에 대응되는 $N(k\delta)$의 2000단계의 20회 실현을 일으키기 위해 그 예제의 코드를 사용한다.

그림 12.29(a)는 $N(t)$의 20회 구현의 표본 평균을 보여준다. 이러한 표본 평균은 그림 11.20과 11.21에서 알 수 있듯이 많은 변화를 나타낼 수 있는 20회 과정에 대한 결과를 평균한 것이다. 결론적으로 평균화된 실구현은 여전히 많은 양의 변화를 나타낸다. 아래쪽 곡선은 $\rho = 0.5$에 대응되며, 그 곡선은 약 100단계(10초) 후에 약 $E(N) = 1$ 이라는 진짜 평균값에 도달하여 변하는 것처럼 보일 수 있다. $\rho = 0.9$에 해당하는 위쪽 곡선은 훨씬 높은 효율이다. 이 경우 참 평균은 $E(N) = 9$이며, 모의실험 구현의 평균은 약 1400단계까지 평균 범위에 도달하지 않는 것처럼 보일 수 있다. 그러므로 이용도가 1에 접근함에 따라 과도기적 주기는 역동적으로 증가한다.

그림 12.29(b)는 $N(t)$의 20회 구현의 정규화된 공분산 함수의 표본 평균을 보여준다. $\rho = 0.5$에서 약 200단계가 될 때까지 자기공분산은 0에 이르지 않는다. 게다가 $\rho = 0.9$에서 자기공분산은 200단계 후에 거의 0.6에 이른다. 훨씬 길게 유지되는 이러한 상관관계는 이용도가 증가됨에 따라 과도기적 시간이 증가한다는 표식이다.

대기 과정을 정확하게 근사하기 위하여 표본화된 시간 방법은 작은 단계 크기를 사용할 것을 요구한다. 모의실험 양을 수행하기 위하여 요구되는 계산량의 증가와 함께, 작은 단계 크기는 인접하는 표본들이 높은 값으로 상관되도록 하는 효과를 갖는다. 이것들은 위 예제에서 관측된 자기공분산 함수에서 매우 명백하다.

표본값들의 상관관계는 단일 구현으로부터 대기 과정의 매개변수들을 추정함에 있어 문제를 유발한다. 다음과 같은 과정의 단순 구현으로부터 $\{N(k\delta)\}$의 평균을 추정하는 것에 관심이 있다고 하자.

$$\overline{N}_n = \frac{1}{n}\sum_{k=1}^{n} N(k\delta) \tag{12.170}$$

수열 $\{N(k\delta)\}$에서 각 항들은 서로 상관되어 있으며, 따라서 식 (9.108)로부터, 과정이 광의의 정상 상태라고 가정하면 표본 평균의 분산은 다음과 같은 독립항등분포 표본들인 경우에 비하여 더 크다.

$$\text{VAR}[\overline{N}_n] = \frac{1}{n}\left[C_N(0) + 2\sum_{k=1}^{n-1}\left(1 - \frac{k}{n}\right)C_N(k)\right] \tag{12.171}$$

여기서 $C_N(k)$는 $N(t)$의 공분산 함수이다. 관측들이 서로 상관되어 있지 않다면, N의 분산에 대응되는 $C_N(0)$만이 존재할 것이다. 예제 12.28은 대기 시스템에 있는 $N(t)$가 시간의 중요한 주기에 대해서 어떻게 중요한 상관관계를 유지하는지를 설명해준다. 이 예제는 이용도가 증가함에 따라 과정 $N(t)$가 어떻게 더욱 연관이 되는지를 설명해준다. 예제 9.49와 9.50에서 논의했던 것처럼 순수한 효과는 $E(t)$에 대한 표본 평균의 수렴이, 표본들이 독립인 경우보다 더 느리다는 것이다. 이와 같은 더 큰 분산은 공분산 항들 $C_N(k)$의 추정값들을 모아 신뢰 구간의 계산에 있어 식 (12.168)을 사용함으로써 고려될 수 있다(신뢰 구간에 대한 논의는 Law, 556페이지 참조).

상태들의 상대 빈도들은 각 상태에서 소비되는 장시간 부분에 대한 추정값들을 제공한다.

$$\hat{p}_j = \frac{1}{n}\sum_{k=1}^{n} I_j(k\delta) \tag{12.172}$$

여기서 I_j는 사건 $\{N(k\delta) = j\}$에 대한 표시 함수이다. 상대적 빈도들은 샘플 평균들의 특별한 경우이다. 그래서 예측값의 분산과 수렴률에 관하여 동일한 같은 주의가 적용된다.

8.4절에서 소개된 **배치 평균 방법(method of batch mean)**은 표본들 간의 상관도를 다루기 위한 방법을 제공한다. 장시간의 모의실험은 서로 다른 분절로부터의 표본들이 낮은 상관도를 갖도록 충분히 긴 여러 분절로 나뉜다. 예를 들면 샘플 평균, 상대 빈도와 같은 서로 다른 분절들로부터 얻어진 매개변수 예측값들은 독립 불규칙 변수로서 취급된다. 그리고 표준 확률 도구들이 배치 평균과 배치 상태 빈도들에 적용된다.

예제 12.29 **배치 평균을 이용한 신뢰 구간**

$\lambda = 0.5$이고 초당 $\mu = 1$인 작업인 M/M/1 큐의 평균을 추정하기 위해 배치 평균의 방법을 사용하라. 각 실현은 600단계의 8개 배치로 구성된다. 각 모의실험을 5회씩 반복하여라.

5,000단계 구현의 5회 반복이 실행되었다. 각 구현으로부터 먼저 200개 샘플들은 초기 과도기 현상으로부터 바이어스를 제거하기 위해 제거된다. 각 구현에 남아있는 4,800개 표본들은 8개의 배치로 나눠는데, 표 12.2(a)는 각 표본 평균과 표준 편차는 표 12.2(b)와 같다. 각각에 대해 신뢰 구간이 계산되었다. 90% 신뢰 수준 ($a = 10\%$)에 대해 $t_a/2 = 1.8946$이며 $\delta = t_{a/2}\sigma/\sqrt{8}$ 이다. 과정의 평균에 대한 신뢰 구간의 최상위와 최하위 값은 표 12.2(b)의 우측 2개의 열에 나타나 있다. 모든 신뢰 구간은 1값을 포함하는데 그 값은 $\rho = 1/2$일 때 M/M/1 대기의 기대값이 된다.

표 12.2(c) 는 90% 신뢰 구간을 보여주는데, 서로 다른 반복을 걸쳐 배치 평균을 대한 계산된 것이다. 이러한 배치들은 실제로 독립적이며 상관 효과에 영향을 받지 않을 것이다. 초기 과도기 때문에 초기

표 12.2a 5회 반복에 대한 배치 평균의 수열

r/b	1	2	3	4	5	6	7	8
1	0.84500	0.70667	0.51500	4.57167	0.30500	3.56000	1.75167	0.91167
2	0.83000	0.66000	0.97667	1.21833	1.14667	1.16333	2.39833	0.61000
3	0.96000	0.55333	0.89833	0.62500	0.31000	3.39167	0.86167	0.43333
4	2.73333	1.06167	0.62167	0.45667	2.17333	1.30000	0.57667	0.88167
5	1.14000	0.85667	0.82500	1.07167	0.67833	1.02167	1.08833	1.44667

표 12.2b 5회 반복의 평균에 대한 신뢰 구간

r/b	평균	σ	δ	하위	상위
1	1.6458	1.57547	1.05532	0.59052	2.7011
2	1.1254	0.56347	0.37744	0.74798	1.5029
3	1.0042	0.99199	0.66448	0.33969	1.6686
4	1.2256	0.81934	0.54883	0.67679	1.7745
5	1.0160	0.23455	0.15711	0.85893	1.1732

표 12.2c 5회 반복을 통한 배치 신뢰 구간들의 열

r/b	1	2	3	4	5	6	7	8
Mean	1.3017	0.7677	0.7673	1.5887	0.9227	2.0873	1.3353	0.8567
σ	0.8099	0.1972	0.1931	1.6965	0.7796	1.2727	0.7356	0.3846
δ	0.7721	0.1880	0.1841	1.6174	0.7432	1.2134	0.7013	0.3667
Upper	2.0738	0.9557	0.9515	3.2061	1.6659	3.3007	2.0366	1.2234
Lower	0.5296	0.5796	0.5832	−0.0287	0.1795	0.8739	0.6340	0.4900

배치들에 편이(bias)에 대한 어떤 증거가 존재하는지를 결정하는 것이 중요하다. 2번째와 3번째 열은 작은 마진으로 인해 1값을 포함하지 않음을 알 수 있다.

조합된 40개의 배치들에 대한 90% 신뢰 구간을 계산하여 (1.2034 − 0.24575, 1.2034 + 0.24575) = (0.95765, 1.449)를 얻었다. 결국 5회 실현의 샘플 평균에 기반을 둔 90% 신뢰 구간을 계산하였고, (1.2034 − 0.25096, 1.2034 + 0.25096) = (0.95244, 1.4544)를 얻었다. 뒤 5개의 구현들은 정확히 독립이며, 반복 방법의 순수한 응용(배칭(batching) 아님)을 구성함에 주목하자.

12.10.4 내장된 마코프 체인을 이용한 모의실험

많은 대기 시스템들은 이산시간 마코프 체인들로 이르게 하는 본래 내장하고 있는 사항들을 가지고 있다. 11장에서 보았듯이 연속시간 마코프 체인에 의해 모델링된 대기 시스템들은 내장된 마코프 체인과 지수적으로 분포된 상태 점유 시간을 이용하여 정의될 수 있다. 본 장에서는 M/G/1 시스템에서 고객의 정상 상태 수의 분포는 내장된 마코프 체인을 통해 관측될 수 있음을 살펴보았다. 이 절에서는 내장된 마코프 체인에 기반을 둔 모의실험에 대해 논의해보자.

먼저 $N(t)$를 연속시간 마코프 체인에 의해 구성된 대기 시스템내의 고객의 수라고 하자. 과정을 위한 천이율 행렬 Γ는 상태 점유 시간과 같이 내장된 체인의 천이 확률을 제공해준다(식 11.35 참조). 예제 11.50에서 M/M/1 대기의 구현을 발생시키기 위해 이러한 접근 방법을 사용했다. 이러한 모의실험 출력은 상태 $\{N_i\}$ 수열과 이에 상응하는 상태 점유 시간 $\{T_i\}$이다. 상태의 수열로부터 얻어진 상대적인 빈도수들은 내장된 마코프 체인의 상태 확률 $\{\pi_j\}$에 대한 예측값을 제공해준다. 대응하는 상태에 따른 점유 시간들, 예를 들면 상태 j에 대해 $\{T_k(j), k = 1, \ldots, n_j\}$은 또한 상태 점유 시간들에 대한 예측값을 제공하여 준다.

$N(t)$의 평균에 대한 예측값을 직접 얻을 수 있는데 다음과 같다.

$$\hat{N} = \frac{1}{T}\int_0^T N(t)\,dt = \frac{1}{T}\sum_{k=1}^{n} N_k T_k \tag{12.173}$$

상태 j에서 시간의 장기간 비율에 대한 예측값은 유사하게 얻어진다.

$$\hat{p}_j = \frac{1}{T}\int_0^T I_j(t)\,dt = \frac{1}{T}\sum_{k=1}^{n_j} T_k(j) \tag{12.174}$$

시스템을 모델링하는 마코프 체인이 에르고딕이라면 위 예측값은 정확한 정상 상태 값으로 수렴하게 될 것이다.

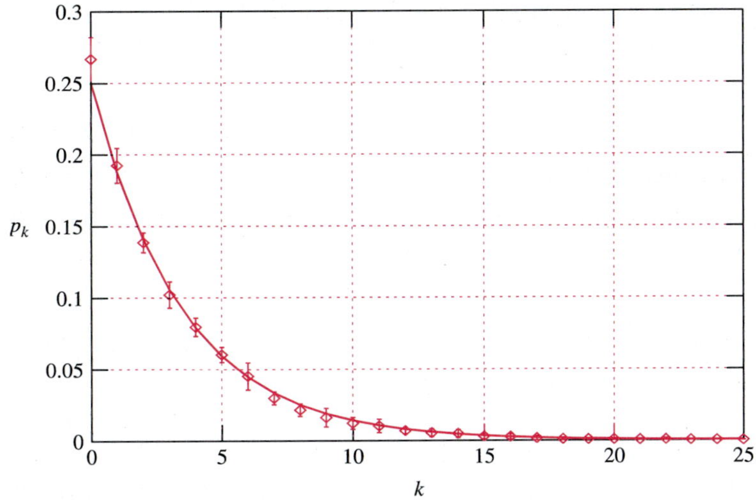

그림 12.30 ● M/M/1 pmf 안정 상태에 대한 신뢰 구간

예제 12.30 **내장된 마코프 체인을 사용한 M/M/1 정상 상태 확률**

$\lambda = 0.75$ 그리고 $\mu = 1$을 가진 M/M/1시스템에서 상태 확률을 예측하기 위해 내장된 마코프 체인 방법을 이용하라. 각 상태에 소비되는 시간의 비율을 구하고 반복을 이용하여 이러한 값들에 대한 신뢰 구간을 구하라.

예제 11.50에 있는 코드는 모의실험기가 각 새로운 상태나 점유 시간을 발생하면서 각 상태에서 소비되는 전체 시간을 축적함으로써 식 (12.174)를 계산하기 위해 변형될 수 있다. 각 구현은 1,800초간 지속되었으나, 모의실험의 처음 300초 동안은 어떠한 데이터도 모아지지 않았다. 8개의 pmf 추정값이 얻어지고, 각 상태 확률에 대한 90% 신뢰 구간과 함께 샘플 평균과 표준 편차가 반복으로부터 8개 독립적인 예측값을 사용함으로 계산되었다. 그 결과를 그림 12.30에 보였다. 이론적인 pmf와 신뢰 구간 사이에 일반적으로 잘 일치함을 알 수 있다.

다음 예제는 내장된 마코프 체인의 또 다른 형태를 이용하여 M/G/1 시스템을 모의실험을 할 수 있음을 보여주고 있다.

예제 12.31 **내장된 마코프 체인을 이용한 M/G/1 모의실험**

12.7절에는 M/G/1 상태에서 고객의 수에 대한 정상 상태 분포는 고객의 출발 후에 남아있는 수에 대한 분포와 같다. 더욱 j번째 고객의 출발 뒤에 남아있는 고객들의 수, N_j는 다음과 같은 이산시간 마코프 체인을 형성한다.

$$N_j = (N_{j-1} - 1)^+ + M_j \tag{12.175}$$

여기서 M_j는 j번째 고객의 서비스 시간 동안 도착의 수이다.

$$(x)^+ \triangleq \max(0, x)$$

그러므로 식 (12.175)와 관련된 천이 확률 행렬을 구함으로써, 그리고 11.6절에서 전개된 방법을 적용함으로써 M/G/1 시스템의 $N(t)$에 대한 정상 상태 pmf를 얻을 수 있다. 연습문제에서 이와 같은 접근을 더 다뤄보도록 하자.

다음은 내장된 마코프 체인 방법의 마지막 적용으로써 *G/G/1* 시스템에 대기 시간에 대한 린들리(*Lindley*)의 회귀를 소개한다. 고객 도착 간격 시간과 서비스 시간은 임의의 분포를 가진 독립적 불규칙 변수이다. 도착하는 고객에 의해 경험된 대기 시간에 초점을 맞추고, 대기 시간의 수열은 마코프 체인을 형성한다는 것을 보일 것이다.

$a_1, a_2, \ldots$는 고객 도착 간격 시간이며, $\tau_1, \tau_2, \ldots$는 대응되는 서비스 시간이라고 하자. W_n은 n번째 고객의 대기 시간이라고 할 때, 그림 12.31(a)에서처럼 $(n+1)$번째 고객이 비어있지 않는 시스템에 도착하는 시간을 예측하여 보아라.

$$W_n + \tau_n = a_{n+1} + W_{n+1}$$

도착하는 고객이 비어있지 않는 시스템을 찾기 위해 위 식이 만족되어야 함에 주목하자. 그리고 다음과 같이 $(n+1)$번째 고객에 대한 대기 시간은 다음 식과 같아야 한다.

$$W_{n+1} = W_n + \tau_n - a_{n+1} \quad W_n + \tau_n - a_{n+1} \geq 0\text{일 경우} \tag{12.176a}$$

한편, 도착 고객은 다음 조건 하에서 비어있는 시스템(그림 12.31b)을 찾는다.

$$W_{n+1} = 0 \quad W_n + \tau_n - a_{n+1} < 0\text{일 경우} \tag{12.176b}$$

그러므로 대기 시간 수열은 다음과 같은 **린들리의 회귀(Limdley's recursion)**로 주어짐을 알 수 있다.

$$W_{n+1} = \max(0, W_n + \tau_n - a_{n+1}) \tag{12.177}$$

여기서 W_{n+1}는 W_n과 τ_n의 과거와 a_{n+1}에 종속적이다. τ_n과 a_{n+1}은 독립항등분포 수열로부터 발생하였고 서로 상호 독립이기 때문에, W_{n+1}는 불변 천이 확률을 가진 마코프 과정으로 결론 내릴 수 있다. W_n는 연속값이라 가정하자. $T_n = W_n + a_n$식과 같이 고객의 수열에 의해 경험된 총 지연 수열을 발생시킬 수 있다.

식 (12.177)은 G/G/1 시스템에서 고객들의 정상 상태 대기 시간에 대한 적분식 유도를 위해 사용될 수 있다(Kleinrock의 282페이지 참조). 그 식은 Winer-Hop식과 비슷한데 10.4절에서 다뤘고, 일반적으로 문제해결을 위해 변형 방법들이 필요하다. 그러나 식 (*12.177*)은 모의실험을 사용하기 위한 매우 간단한 식이다.

예제 12.32 린들리의 회귀를 이용한 대기 시간 분포 예측하기

$\lambda = 0.9$이고 초당 $\mu = 1$인 작업일 때, M/M/1 대기에서 고객 대기 시간의 분포를 예측하여라. 시스템에서 관측된 전체 시간의 경험적 cdf와 이론적인 분포값을 비교해보라. 린들리의 회귀는 옥타브에서 쉽게 구현될 수 있다. $\lambda = 0.9$를 가진 지수적인 도착 간격 시간들의 배열과 초당 $\mu = 1$ 작업을 가진 서비스 시간은 초기에 발생된다. 린들리의 회귀는 대기 시간의 수열을 계산하는 데 사용되며, 고객의 수열에 대한 전체 지연을 계산하기 위해 사용된다.

옥타브 함수 `empirical_cdf`는 관측의 cdf를 얻기 위해 사용된다. 모의실험에서 2,000번 대기 시간과 전체 시간의 수열이 모아지고 초기 과도기적인 주기를 고려하기 위해 어떤 데이터도 제거되지 않는

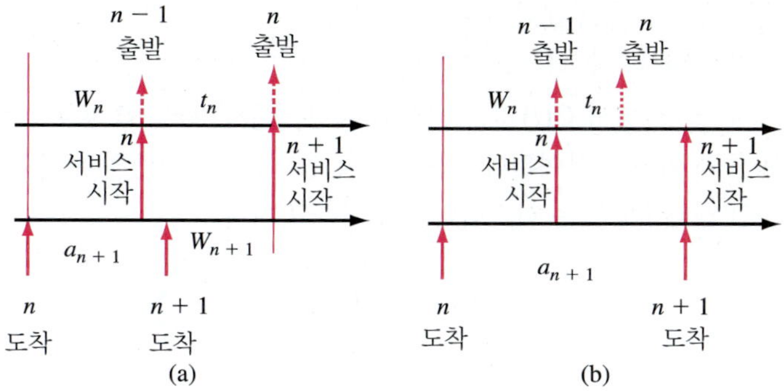

그림 12.31 ● G/G/1 대기에 있는 출발 고객과 도착 고객

다. 그림 12.32는 $\rho = 0.9$를 가진 M/M/1 시스템의 경험적 cdf값과 대기 시간에 대한 분포값을 비교하고 있다. Kolmogorov-Smirnov 실험과 같은 실험은 가설적인 분포에 대한 경험적인 분포의 적합성이 우수한지를 평가하기 위해 적용될 수 있다.

12.10.5 재생적 순환을 통한 반복

7.5절에서 시간이 양의 불규칙 변수 $\{x_i\}$의 독립항등분포 수열에 따라 간격들로 나누어지는 갱신 과정을 살펴보았다. 각 간격 X_i를 비용 C_i와 연관시켰으며, 다음과 같은 결과 식 (7.47)을 증명하였다.

$$\lim_{t\to\infty}\frac{1}{t}\sum_{j=1}^{M(t)}C_j = \frac{E[C]}{E[X]} \tag{12.178}$$

여기서 $E[C]$는 단위 순환당 평균 비용 E[X]는 평균 순환 길이이다.

모의실험을 위한 재생적 방법은 과정이 대기 시스템에서 그 자신을 재시작하여서 그것의 미래가 과거와 독립적인 갱신되는 점을 찾는 것과 연관된다. 예를 들면, 많은 대기 시스템에서 이러한 재생이나 갱신이 고객이 비어있는 시스템에 도착할 때 발생한다. 서로 다른 순환 동안

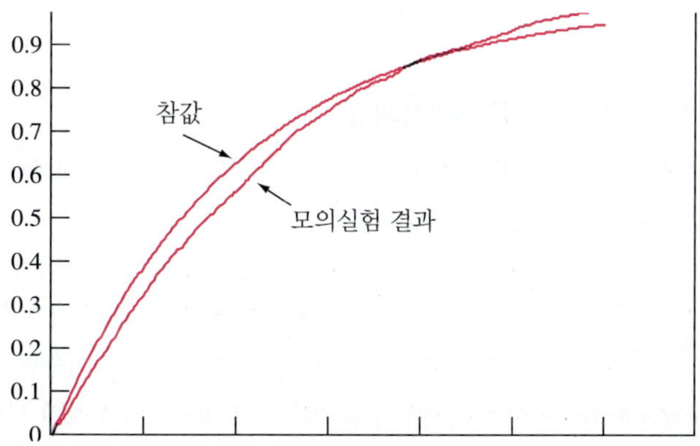

그림 12.32 ● $\rho = 0.9$에서 린들리의 회귀를 이용한 M/M/1 대기의 경험적 cdf

구한 측정은 독립적인 랜덤 변수이다. 따라서 사실상 재생적 방법은 단순한 모의실험을 여러 개의 독립적인 반복으로 나누는 것이다.

식 (12.78)에서 $C(t)$의 장기간의 시간 평균은 C를 측정하기 위한 표본 평균과 X에 대한 표본 평균의 비율로 부여된다. 예를 들면, 상태 j인 시스템의 확률에 관심이 있다면, C_j를 j번째 주기 동안 상태 j에 있는 시스템의 시간이라고 하자.

$$C_i = \int_{R_{i-1}}^{R_i} I_j(t)\, dt = \sum_{k=1}^{n_i(j)} T^i_k(j) \tag{12.179}$$

$n_i(j)$는 i번째 주기 동안 발생하는 상태 j의 수이다. $T_k{}^i(j)$는 i번째 주기 동안 상태 j의 j번째 발생의 점유 시간이다. 상태에서 시간의 비율에 대한 대응되는 예측은 다음과 같다.

$$\hat{p}_j = \frac{\dfrac{1}{n}\displaystyle\sum_{k=1}^{n_i(j)} T^i_k(j)}{\dfrac{1}{n}\displaystyle\sum_{i=1}^{n} X_i} \tag{12.180}$$

한편으로 $N(t)$의 평균에 관심이 있다면 다음 식과 같이 쓸 수 있다.

$$C_i = \int_{R_{i-1}}^{R_i} N(t)\, dt = \sum_{k=1}^{n_i} N^i_k T^i_k \tag{12.181}$$

n_i는 i번째 주기 동안 방문한 상태의 수이다. 평균에 대한 대응되는 값은 다음과 같다.

$$\hat{N} = \frac{\dfrac{1}{n}\displaystyle\sum_{i=1}^{n}\sum_{k=1}^{n_i} N^i_k T^i_k}{\dfrac{1}{n}\displaystyle\sum_{i=1}^{n} X_i} \tag{12.182}$$

식 (12.180)과 식 (12.182)에서 분자 분모는 대응되는 매개변수들에 대해 각각이 매우 일치하는 추정량들이다. 그러므로 식 (12.180)과 식 (12.182)에서 비율을 취함으로써 형성되는 추정량들도 역시 매우 일정하다. 그러나 비율은 바이어스된 추정치를 제공함을 주의해야 한다. 다음 예제를 통해 신뢰 구간을 논의하자.

예제 12.33 M/M/1 모의실험을 위한 재생식 방법

린들리의 회귀에 의해 만들어진 대기 시간의 열을 분석하기 위해 재생적 방법을 사용하여 예제 12.28의 시스템에 고객의 평균 대기 시간을 예측하여라.

한 순환은 고객들이 비어있는 시스템에 도착할 때부터 다음 비어있는 시스템에 도착할 때까지로 구성되었다고 하자. 오랜 주기 동안에 고객에 의해 경험된 평균 대기 시간에 관심이 있다. 사이클 $\{N_c(i)\}$의 수열에서 서비스되는 고객들의 수와 사이클 $\{W_{agg}(i)\}$에서 모든 고객들의 총 대기 시간을 측정한다고 가정하자. 각 수열들은 독립항등분포이며, 각 수열은 각각 평균에 수렴하게 된다. 두 표현의 비율은 평균 대기 시간에 대한 예측값을 제공해준다(연습문제 12.78을 참고).

표 12.3 M/M/1 대기를 위한 재생식 주기에 대한 통계

M/M/1 평균 대기 시간	
L = 4000	Tot 주기 = 366
평균 주기 = 11.913	STD 주기 = 41.374
평균 카운트 = 10.842	STD 카운트 = 39.236
평균 주기 대기 = 95.424	STD 주기 대기 = 612.20
평균 대기 = 8.8017	

$$\hat{W} = \frac{\frac{1}{n}\sum_{i=1}^{n} W_{agg}(i)}{\frac{1}{n}\sum_{i=1}^{n} N_c(i)} \tag{12.183}$$

린들리의 반복을 이용하여 $\{N_c(i)\}$, $\{W_{agg}(i)\}$그리고 순환 시간 길이의 수열 $\{X_i\}$을 모으기 위한 모의실험을 준비하는 것은 쉽다. 왜냐하면 각 재생 점은 0 대기 시간을 갖는 도착 고객에 의하여 표시되기 때문이다. 결과로 얻어지는 수열은 그들 각각의 순화들에 따라 탐색될 수 있고 위의 순환에 대한 통계들은 수집될 수 있다. $\lambda = 0.9$이고 $\mu = 1$을 가진 M/M/1 시스템에서 4,000명 고객 도착을 가진 모의실험이 수행되었고, 그 결과가 표 12.3에 구해졌다. 4,000명 도착 고객들은 366개의 순환을 만들었다. 한 순환에서 서비스되는 평균 고객수의 평균 순환 기간에 대한 비는 다음과 같은 도착률에 대한 예측값으로 주어진다.

$$\text{도착률 예측값} = 10.842/11.913 = 0.91$$

이 값은 $\lambda = 0.9$에 가깝다. 식 (12.183)에 있는 비율로부터 얻어진 평균 대기 시간에 대한 예측값은 8.80이다. 식 (9.27)로부터 M/M/1 대기에 대한 평균 대기 시간은 $E[W] = 9$로서 매우 가까운 값이다.

물론 독립적인 관측을 얻기 위한 온전한 관점은 신뢰 구간을 구하는 것이다. (Law의 559페이지 참조)에 의하면 대략적인 신뢰 구간은 식 (12.183)에 있는 형태의 추정기에 대해 개발된다. $(W_{agg}(i),\ N_c(i))$ 쌍은 독립항등분포 수열을 이루나 일반적으로 $W_{agg}(i)$와 $N_c(i)$는 상관된다. 큰 n에 대해 식 (12.183)에 있는 추정량은 평균 $E[W]$와 분산을 가진 점근적 가우스이다.

$$\hat{\sigma}_{\hat{W}}{}^2(n) = \hat{\sigma}^2_{W_{agg}}(n) - 2\hat{W}(n)\hat{\sigma}^2_{W_{agg},N_c} + (\hat{W}(n))^2\hat{\sigma}^2_{N_c}(n) \tag{12.184}$$

여기서 $\hat{\sigma}^2_{W_{agg},N_c}$는 $W_{agg}(i)$와 $N_c(i)$의 공분산에 대한 추정량이다. 이러한 결과는 다음과 같은 신뢰 구간을 만들어낸다.

$$\left(\hat{W} - \frac{z_{1-\alpha/2}\hat{\sigma}_{\hat{W}}\sqrt{n}}{\hat{N}_c}, \hat{W} + \frac{z_{1-\alpha/2}\hat{\sigma}_{\hat{W}}\sqrt{n}}{\hat{N}_c}\right) \tag{12.185}$$

$W_{agg}(i)$의 분산과 공분산에 대한 필요한 추정량 $N_c(i)$는 한 주기(per-cycle)의 통계값으로부터 만들 수 있다.

실제로 재생식 방법은 적용하기 어렵다. 왜냐면 재생식 순간의 발생은 제어할 수 없기 때문이다. 예를 들어, 교통체증 상태에 있는 대기 시스템의 바쁜 주기는 역동적으로 변하여서 재생 점들의 발생은 매우 예측 불가능해진다.

결론적으로 이론적인 모델과 현실 세계 사이에서 모의실험은 자리를 충분히 차지하지 못

한다. 대기 시스템을 위한 모의실험 방법에 대한 기본적인 소개는 현실 세계 문제점에 대한 확률 모델의 응용적 측면에서 통계적 기술의 역할을 설명하기 위한 훌륭한 기회를 제공해준다.

과도기적 영향의 존재와 관측된 데이터에 있어 상관 관계는 주의 깊게 통계적인 틀과 확률 모델을 적용하는 것이 필요함을 강조하는 훌륭한 기회를 제공한다. 그러나 긍정적인 면에서 책을 끝마치려 한다. 즉, 풍부한 효용성과 저렴한 계산 능력은 새로운 분야에 이론 모델과 가상 실현 모델의 미치는 범위를 확장하도록 해준다.

요약

- 대기 시스템은 도착 과정, 서비스 시간 분포, 서버의 수, 대기 장소, 대기 규칙으로 상술된다.
- 리틀의 공식은 다음과 같은 매우 일반적인 상태 하에서 식으로 나타난다. 시스템에서 평균 수는 평균 도착률과 시스템에서 평균 시간 소비의 곱과 같다.
- M/M/1, M/M/1/K, M/M/c, M/M/c/c, M/M/∞ 대기 시스템에서, 시스템의 고객 수는 연속시간 마코프 체인이다. 시스템에서 수에 대한 정상 상태 분포는 마코프 체인에 대한 대역적 균형 방정식을 해결하여 구한다. 먼저 오면 먼저 서비스될 때 대기 시간과 지연 분포는 도착 고객의 분포로 구한다.
- 대기 시스템에서 도착이 포아송 과정이고 고객 도착 간격 시간이 서비스 시간에 독립이라면, 도착 고객 분포는 대기 시스템의 정상 상태 분포와 같다.
- M/G/1 대기 시스템에서 도착 고객 분포와 출발 고객 분포는 둘 다 대기 시스템의 정상 상태 분포와 같다. M/G/1 시스템에서 고객 수에 대한 정상 상태 분포는 고객 출발 순간에 이산시간 마코프 체인을 내장함으로써 구할 수 있다.
- 버키의 정리(Burke's theorem)는 정상 상태에서 M/M/1, M/M/c, M/M/∞ 시스템들의 출력 과정이 포아송 과정이고, 시간 t에 앞선 출발 순간은 시간 t의 시스템 상태에 독립이라고 주장한다. 그 결과 지수적 서비스 시간을 갖는 대기 시스템의 피드포워드(feedforward) 결합은 곱 형태의 해를 갖는다.
- 잭슨 이론(Jackson' s theorem)은 지수적 서비스 시간과 외부의 포아송 입력과정을 갖는 대기 시스템의 네트워크에 대해 결합 상태 pmf는 곱 형태이다. 대기열 망이 열린다면 각 큐의 한계 상태 pmf는 같은 비율의 포아송 도착을 갖는 분리(격리)에서 큐의 것과 같다. 대기열 망이 닫힌 채 결합 상태 pmf를 구하려면 정규화 상수를 찾아야 한다. 평균값 분석 방법은 각 큐에서 평균 수, 각 큐에서 평균 시간 소비, 닫힌 대기열 망에서 각 큐의 도착률을 구하도록 허용한다.
- 대기 시스템들을 모의실험하기 위한 방법들은 반복, 시간 표본화, 그리고 내장된 마코프 체인을 포함한다. 관측들에 대한 분석은 관측들의 상관 관계는 물론 과도기적 행동의 효과도 다루어야만 한다.

주요 용어

곱셈 형태의 해	교통 강도
내장된 마코프 체인에 기반을 둔 모의실험	대기 시간

대기열의 개회로망
대기열의 폐회로망
도착 간격 시간
도착 고객의 분포
도착률
독립적 반복을 통한 모의실험
리틀의 공식
린들리의 회귀
모의실험의 재생식 방법
배치 평균의 방법
버키의 정리
서버 활용
서비스 시간
수행된 부하
얼랭 B식
얼랭 C식
유한공급 대기 시스템
잔류 서비스 시간
잭슨 이론
제공된 부하
체인
총 지연
출발 고객 분포
큐 정책
평균값 분석
표본화된 시간 과정 모의실험
b/m/K
M/G/1 대기 시스템
M/M/1 대기 시스템
M/M/1/K 대기 시스템
M/M/c 대기 시스템
M/M/c/c 대기 시스템
Pollaczek-Khinchin의 변환식
Pollaczek-Khinchin의 평균값 공식

참고문헌

참고 [1]부터 [2]는 여기에 소개한 것보다 조금 높은 수준의 대기 이론에 대한 입문을 제공한다. 참고문헌 [2]는 전화 문제에 집중된 고전적인 대기 이론의 매우 귀중한 원천이다. 참고문헌 [3]는 데이터 통신망에 대기 이론의 적용을 실증한다. 참고문헌 [1-7]은 대기 시스템을 모의실험하고 결과 데이터를 분석하기 위한 기술들을 언급한다. [8-10]은 가역적 과정에 대한 훌륭한 토론과 M/G/c/c와 M/G/∞을 제시하고 있다.

1. L. Kleinrock, *Queueing Systems*, vol. 1, Wiley, New York, 1975.
2. R. B. Cooper, *Introduction to Queueing Theory*, 2nd ed., North Holland, 1981. Reprinted by CEE Press of the George Washington University.
3. D. Bertsekas and R. Gallager, *Data Networks*, Prentice-Hall, Englewood Cliffs, N.J., 1987.
4. A. M. Law and W. D. Kelton, *Simulation, Modeling, and Analysis*, McGraw-Hill, New York 1982.
5. J. Banks, J. S. Carson Ⅱ, and B. L. Nelson, *Discrete-Event System Simulation*, Prentice-Hall, Upper Saddle River, NJ, 1996.
6. G. S. Fishman, *Discrete-Event Simulation: Modeling, Programming, and Analysis*, Springer-Verlag, New Yo가, 2001.
7. S. M. Ross, *Stochastic Processes*, Wiley, New York, 1983.
8. M. Reiser and S. S. Lavenberg, "Mean-value Analysis of Closed Multichain Queueing Networks," *J. Assoc. Comput. Mach.* 27: 313-322, 1980.

9. S. S. Lavenberg, *Computer Performance Modeling Handbook*, Academic Press, New York, 1983.

10. K. Pawlikowski, "Steady-state simulation of queueing processes: survey of problems and solutions," *ACM Computing Surveys*, Vol. 22, No 2, pp. 123-170, 1990.

연습문제

12.1과 12.2절 : 대기 회로망의 요소와 리틀의 공식

12.1. 다음의 대기 시스템들을 설명하라. M/M/1, M/D/1/*K*, M/G/3, D/M/2, G/D/1, D/D/2.

12.2. 대기 시스템이 시간 $t = 0$에서 비어있다고 가정한다. 첫 번째 여섯 고객들의 도착 시간이 1, 3, 4, 7, 8, 15라 하고, 그들 각각의 서비스 시간은 3.5, 4, 2, 1, 1.5, 4라고 하자. $i = 1, \ldots, 5$에 대해서 S_i, τ_i, D_i, W_i, T_i를 구하라. t에 대한 $N(t)$의 개략을 그려라. 다음 세 가지 서비스 규칙의 각각에 대해서 $\langle N \rangle_t$, $\langle \lambda \rangle_t$, $\langle T \rangle_t$ 계산에 의해 리틀의 공식을 조사하라.

(a) 먼저 도착하면 먼저 서비스 받음

(b) 나중에 도착하면 먼저 서비스 받음

(c) 가장 간단한 일을 먼저 함(각 일에 대한 정확한 서비스 시간이 서비스 시작하기 전에 알려진다고 가정)

12.3. 데이터 통신선은 10 μs마다 정보의 블록을 배달한다. 복호기는 각 블록의 오류를 조사하고 가능하다면 오류를 수정한다. 블록이 어떤 오류를 갖고 있는지 아닌지를 결정하는 데 1 μs가 걸린다. 블록이 한 개의 오류를 갖고 있다면 그것을 수정하는 데 5 μs가 걸리고, 하나 이상의 오류를 갖고 있다면 20 μs 걸린다. 복호기가 뒤로 처질 때 블록들은 큐(대기 행렬)에서 기다린다. 복호기가 초기에 비어있고 처음 10블록에서 오류의 수는 0, 1, 3, 1, 0, 4, 0, 1, 0, 0이다.

(a) 시간의 함수로서 복호기에 있는 블록들의 수를 그려라.

(b) 복호기에 있는 블록들의 평균 수를 구하라.

(c) 복호기가 비어있는 것은 시간의 몇 %인가?

12.4. 세 개의 큐들이 그림 P12.1과 같이 루프(만곡선)로 배열되어 있다. 대기 i에서 평균 대기 시간은 $m_i = 1/\mu_i$이라고 가정하자.

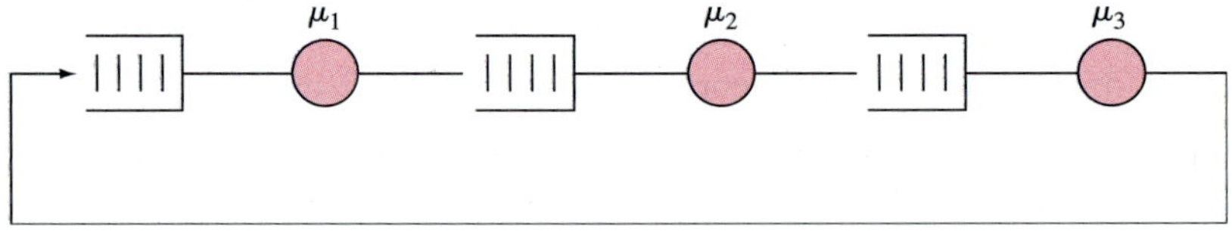

그림 p12.1

(a) 큐는 루프에서 순환하는 단 하나의 고객을 갖는다고 가정하자. 고객이 루프를 도는 사이클(순환)에 걸리는 평균 시간 $E[T]$를 구하라. 각 큐들에서 평균 도착률 λ를 $E[T]$에서 추론하라. 리틀의 공식이 이들 두 양에 효력이 있음을 증명하라.

(b) 루프를 순환하는 N 고객들이 있다면 평균 도착률과 평균 사이클 시간은 얼마나 관련이 있는가?

12.5. 평판이 매우 좋은 이발소는 항상 손님이 가득하다. 가게는 두 명의 이발사와 세 개의 대기 의자가 있고, 고객은 그의 서비스가 완료되자마자 가게를 나가고 다른 사람이 가게로 들어온다. 평균 서비스 시간은 m이라고 가정한다.

(a) 도착률과 가게에서 보낸 평균 시간을 관련시키기 위해 리틀의 공식을 이용하라.

(b) 도착률과 서비스에 보낸 평균 시간을 관련시키기 위해 리틀의 공식을 이용하라.

(c) 평균 서비스 시간의 항으로 시스템에서 보낸 평균 시간을 위한 식을 구하는 데 위의 식을 이용하라.

12.6. 연습문제 12.3에서 0, 1, 하나 이상 오류의 확률들을 각각 p_0, p_1, p_2라고 가정하자. 복호기에서 블록들의 평균 수를 구하기 위해 리틀의 공식을 이용하라.

12.7. 통신망이 평균 도착률 $\lambda_1, \ldots, \lambda_R$로 R 정보원으로부터 메시지를 수신한다. 평균적으로 망에는 정보원 i로부터 $E[N_i]$ 메시지가 있다.

(a) 망에서 유형 i 고객들이 보낸 평균 시간 $E[T_i]$를 구하기 위해 리틀의 공식을 이용하라.

(b) λ를 망에서의 전체 도착률이라고 하자. $E[N_i]$의 항으로 망에서 고객들(모든 유형)이 보낸 평균 시간 $E[T]$에 대한 식을 구하는 데 리틀의 공식을 이용하라.

(c) $E[T_i]$의 항으로 $E[T]$에 대한 식을 얻기 위해 (a)와 (b)의 결과를 결합하라. 각 유형에 대한 $A(t)$ 도착 과정들을 사용하여 같은 식을 유도하여라.

12.3절 : M/M/1 대기

12.8. **(a)** M/M/1 시스템에서 $P[N \geq n]$를 구하라.

(b) $P[N \geq 10] = 10^{-3}$이 요구된다면, 서비스율 μ를 갖는 시스템에서 최대 허용 가능한 도착률은 얼마인가?

12.9. 두 기계 중 하나를 구입하려고 한다. 기계 1은 시간당 처리율이 μ이고 가동하는 데 시간당 B달러의 비용이 든다. 기계 2는 두 배 빠르지만 가동하는 데도 두 배의 비용이 든다. 트랜잭션들은 비율 λ를 갖는 포아송 과정에 따르는 시스템에 도착하고 트랜잭션 처리 시간은 지수적으로 분포한다고 가정하자. 시스템의 전체 비용은 가동 비용에 고객이 대기하는 각 시간에 대해 A달러의 비용을 더한다.

(a) 각 시스템들에 대한 시간당 전체 비용의 식을 구하라. 이 비용 대 도착률을 그려라.

(b) $A = B/10$라면 기계 1이 더 저렴한 것은 도착률의 어떤 영역인가? $A = 10$을 반복하여라.

12.10. 각 고객 도착은 5달러의 수익을 가져오지만 각 단위 지연 시간은 시스템에 1달러의 경비가 드는 M/M/1 대기 시스템을 생각하자. 시스템이 순익을 내기 위한 도착률의 영역을 구하라.

12.11. 도착률 λ 고객들/초를 갖는 M/M/1 대기 시스템을 생각하자.

(a) 평균 대기가 다섯 고객들(즉, $E[N_q] = 5$)이기 위해 필요한 서비스율을 구하라.

(b) 형성하는 대기가 때때로 평균 5(즉, $E[N_q|N_q > 0] = 5$)이기 위해 필요한 서비스율을 구하라.

(c) 두 기준 $E[N_q]$ 또는 $E[N_q|N_q > 0]$ 중 어느 것이 좀 더 적절하다고 생각하는가?

12.12. M/M/1 시스템에서 대기 시간의 p번째 백분위수가 다음과 같음을 보여라.

$$x = \frac{1/\mu}{1 - \rho} \ln\left(\frac{\rho}{1 - p}\right)$$

12.13. 1초당 두 고객 서비스율을 갖는 M/M/1 대기 시스템을 생각하자.

(a) 고객의 90%가 3초 이상의 지연을 갖지 않아야 한다면 최대 허용 가능한 도착률을 구하라.

(b) 고객의 90%가 서비스를 위해 2초 이상 대기하지 않아야 한다면 최대 허용 가능한 도착률을 구하라. 연습문제 12.12의 결과를 사용하고, 시행착오에 의해 λ를 구하라.

12.14. M/M/1/K 시스템의 정상 상태 pmf에 대해 식 (12.36)을 증명하라.

12.15. 시스템으로 받아들여진 각 고객은 5달러의 소득을 가져오고 거부된 각각의 고객은 1달러의 손실을 가져오는 M/M/1/2 대기 시스템을 생각하자. 그 시스템이 이득이 없게 되는 도착률을 구하라.

12.16. M/M/1/K 시스템에 대해 다음을 증명하라.

$$P[N = k \mid N < K] = \frac{P[N = k]}{1 - P[N = K]} \qquad 0 \leq k < K$$

왜 이 확률은 실제로 시스템에 들어가 시스템에서 정확하게 k 고객들을 찾아내는 도착하는 고객들의 비를 나타내는가?

12.17. **(a)** 다음 조건과 같은 M/M/1/5 대기에서 상태 pmf에 대한 과도기적인 해를 찾기 위해 식 (11.72)의 행렬지수적 방법을 사용하라.

(i) $\rho = 0.5$이며 $N(0) = 0$, $N(0) = 2$, $N(0) = 5$

(ii) $\rho = 1$이며 $N(0) = 0$, $N(0) = 2$, $N(0) = 5$

(b) (a)와 같은 경우에 대한 $E[N(t)]$ 대 t를 그려라.

12.18. 비율 $\lambda/2$의 독립 포아송 과정에 따르는 대기 시스템에서 두 유형의 고객들이 도착한다고 가정하자. 두 유형의 고객들 모두 비율 μ를 갖는 지수적으로 분포된 서비스 시간을 요구한다. 유형 1 고객들은 항상 시스템으로 받아들여지고, 유형 2 고객들은 시스템에 있는 총 고객수가 K를 초과할 때 들어오지 못하게 된다.

(a) 시스템에 있는 고객들의 총 수 $N(t)$에 대한 천이율 다이어그램의 개략을 그려라.

(b) $N(t)$의 정상 상태 pmf를 구하라.

12.19. $K = 5$와 10명 고객의 최대 시스템 점유를 갖고 있는 연습문제 12.18의 대기 시스템을 생각하자. 이 문제에서 식 (11.72)의 행렬 지수적 방법을 사용하여 부하 상태에서 시스템이 갑자기 증가하기 위해 어떻게 조절하는지를 조사하여라.

(a) $\lambda = 1/2$과 $\mu = 1$의 시스템에서 과도기적 상태 pmf를 구하라. 초기에 시스템에는 5명의 고객이 있다고 가정하자.

(b) 20초에서 λ가 1로 증가한다고 가정하자. 소통에 있어서 서지(surge)후 과도기적 상태 pmf를 구하라.

12.4절 : 다중 서버 시스템 : M/M/c, M/M/c/c, M/M/∞

12.20. M/M/c 시스템에 대하여 $P[N \geq c + k]$를 구하라.

12.21. 고객들은 시간당 12명 비율의 포아송 과정에 따라 가게에 도착한다. 그 가게에는 고객들을 응대하기 위한 점원이 2명 있다. 한 고객에게 평균 5분 동안 서비스하는, 지수적으로 분포된 시간의 양을 점원이 사용한다고 가정한다.

(a) 도착하는 고객이 서비스 받기 위해 기다려야 할 확률은?

(b) 시스템에 있는 고객들의 평균 수를 구하고 시스템에서 보내는 평균 시간을 구하라.

(c) 시스템에 4명 이상의 고객이 있을 확률을 구하라.

12.22. 서버에 적용된 리틀의 공식은 사용 중인 서버의 평균 수가 $\lambda E[\tau]$임을 뜻한다. M/M/c 시스템에서 사용 중인 서버의 평균 수에 명시된 계산으로 이것을 검증하라.

12.23. 조회들이 초당 10회 비율의 포아송 과정으로 정보 센터에 도착한다. 각 질문에 대한 답변을 위하여 1/2초 동안 서버를 차지한다.

(a) 각 조회에 대하여 평균 총 지연이 4초를 넘지 않고, 모든 조회들의 90%가 8초 미만을 기다려야 한다면 얼마나 많은 서버가 필요한가?

(b) 모든 서버들이 사용 중일 확률과 모든 서버들이 사용되지 않을 확률은?

12.24. 최대 처리율이 초당 $c\mu$ 고객들인 대기 시스템을 생각하자. k를 시스템에 있는 고객의 수라고 한다. $k \geq c$일 때 c고객들이 각각 비율 μ로 서비스된다. $0 < k \leq c$일 때 이들 k 고객들은 각각 비율 $c\mu/k$로 서비스된다. 비율 λ의 포아송 도착들과 지수적으로 분포된 시간들을 가정한다.

(a) 이 시스템에 대한 천이율 다이어그램을 구하라.

(b) 시스템에 있는 수에 대한 정상 상태 pmf를 구하라.

(c) $E[W]$와 $E[T]$를 구하라.

(d) $c = 2$에 대하여 이 시스템의 $E[W]$와 $E[T]$를 똑같은 최대 처리율을 갖는 M/M/1과 M/M/2 시스템들의 것들과 비교하라.

12.25. (a) 연습문제 12.24에서 대기 시스템이 웹 서버를 만든다고 가정하자. 여기서 c는 같은 시간에서 질문을 제출하도록 허락된 고객의 최대 수이다. 대기와 전체 지연 성능에 대한 매개변수 c의 선택의 영향을 논의하여라.

(b) 웹 서버로 연결된 동안 고객이 다음과 같은 세 가지 상태에서 시간을 보냈다는 사실을 생각해 보자: 질문을 보내고, 응답을 기다리고, 각 응답 후 생각한다. 이것은 c의 선택에 어떠한 영향을 미치는가? 시스템은 고객의 연결 시간에 시간 제한을 부과하였는가?

12.26. 얼랭 B 공식이 다음의 재귀식을 만족함을 보여라.

$$B(c, a) = \frac{aB(c-1, a)}{c + aB(c-1, a)}$$

여기서 $a = \lambda E[\tau]$이다.

12.27. 도착률이 분당 10 고객들이고 평균 서비스 시간이 1/2분인 M/M/5/5 시스템을 생각하자.

(a) 고객을 방해하는(blocking) 확률을 구하라. 힌트: 연습문제 12.26의 결과를 이용하라.

(b) 방해하는 확률이 10%로 감소하려면 얼마나 많은 서버가 필요한가?

12.28. 도구 임대 가게는 바닥에 모래를 뿌리는 기계를 4대 갖고 있다. 이 기계를 사용하려는 고객들이 매 2일당 한 고객의 비율로 포아송 과정에 따라 도착한다. 평균 임대 시간은 2일이며 지수적으로 분포한다. 만약 가게에 사용 가능한 기계가 없다면 고객들은 큰길 건너편 가게로 간다.

(a) 큰길 건너편 가게로 가는 고객들의 비율을 구하라.

(b) 임대된 기계의 평균 수는?

(c) 기계 중 하나가 고장난 후 대체되지 않았다면 고객을 얼마나 더 잃게 되는가?

12.29. (a) 얼랭 C 공식이 다음 식에 의해 얼랭 B 공식과 관계됨을 보여라.

$$C(c, a) = \frac{cB(c, a)}{c - a\{1 - B(c, a)\}} \qquad c > a\text{에 대해서}$$

(b) 이것은 $C(c,a) > B(c,a)$를 내포하고 있음을 보여라.

12.30. 어떤 회사에서 부서 A는 두 사이트에 연결된 세 개의 사설 전화선을 갖고 있다. 호출(call)은 초당 1 호출 비율의 포아송 과정에 따라 도착하고, 2분의 지수적으로 분포된 보류(holding) 시간을 갖는다. 세 회선이 사용 중일 때 도착한 호출들은 공중전화선으로 자동적으로 방향이 돌려진다. 부서 B도 같

은 사이트에 연결된 세 개의 사설 전화선이 있고, 같은 도착과 서비스 통계를 갖고 있다고 하자.

(a) 공중전화선으로 방향이 돌려진 호출의 비율을 구하라.

(b) 두 부서의 전화 통화량을 합병하고 모든 호출은 여섯 선을 공유한다고 가정하자. 공중전화선으로 방향이 돌려진 호출의 비율은?

12.31. $c = 10$인 서버 차단 시스템은 각각 λ/비율로 도착하는 고객들의 두 가지의 흐름을 다룬다. 1 유형의 고객들은 1이라는 시간 단위의 평균 서비스 시간을 가지고 있다. 2 유형의 고객들은 3이라는 시간 단위의 서비스 시간을 가지고 있다. 각각의 집단에 절반의 서버들을 배정하는 사람과는 대조로 고객들에게 어떤 이용 가능한 서버로 접근할 수 있도록 허락해주는 시스템의 차단 성능을 비교해보라. 스케일이 문제인가? 만약 $c = 100$이라면 대답은 달라지는가?

12.32. M/M/c 시스템에서 서버의 수를 선택하는 데 $B(c, a)$를 근사하기 위해 M/M/∞ 시스템에서 $P[N = c]$를 사용한다고 가정하자. 결과적인 설계는 낙관적인가 비관적인가?

12.33. 저녁 퇴근시간 동안 초당 10명의 사용자의 비율로 회로망에 접근한다. 각 사용자는 평균 1시간 회로망에 연결되어 있다.

(a) 1:1 회로망에 입장한 고객들의 수에 대해서 정상 상태 pmf는 무엇인가?

(b) 정상 상태가 이루어지는가?

(c) 시스템에서 고객의 수에 대해 가우스 분포로 가정하는 것이 타당한가?

12.5절 : 유한공급 대기 시스템

12.34. 컴퓨터는 그림 12.14(b)와 같이 15명의 사용자가 공유한다. 평균 서비스 시간은 2초이고, 평균 생각 시간은 30초, 이들 시간 둘 다 지수적으로 분포한다고 가정한다.

(a) 시스템의 평균 지연과 평균 처리량을 구하라.

(b) 이 시스템에 대한 시스템 포화점 K^*는?

(c) 5명의 사용자가 시스템에 더해진 경우 (a)를 반복해서 구하라.

12.35. 연결된 고객들의 수가 최대인 웹 서버는 그림 12.14(b)에 있는 시스템처럼 구성되었다. 시스템이 10 ms 상태에서 질문을 다룰 수 있고, 사용자는 새로운 질문들을 5초마다 1개씩의 비율로 클릭하여 받아들인다고 가정하자.

(a) 시스템에서 K^*의 값을 구하라.

(b) 도착하는 질문에 의해 큐 상태에서 발견되는 요청들의 수에 대한 pmf를 구하라.

12.36. 두 개 서버 유한공급 대기 시스템에 대한 천이율 다이어그램과 정상 상태 pmf를 구하라.

12.37. 식 (12.84)와 (12.81)이 식 (12.72)와 같이 $E[T]$를 산출함을 검증하라.

12.38. 서비스를 위해 대기를 허락하지 않는 유한공급원 대기 시스템인 c-서버를 생각하자. 모든 서버가 사용 중일 때 도착하는 요구들은 들어오지 못하고, 그에 부합하는 공급원은 즉시 생각 상태로 돌아가고, 서비스를 위한 또 다른 요구를 제출하기 전에 또 다른 지수적으로 분포된 생각 시간을 소비한다.

(a) 천이율 다이어그램을 구하고 시스템의 상태에 대하여 정상 상태 pmf가 다음과 같음을 보여라.

$$P_K[N = j] = \frac{\binom{K}{j} p^j (1 - p)^{K-j}}{\sum_{i=0}^{c} \binom{K}{i} p^i (1 - p)^{K-i}} \qquad i = 0, \ldots, c$$

여기서 c는 서버의 수이고 K는 공급원의 수다.

$$p = \frac{\alpha/\mu}{1 + \alpha/\mu}$$

(b) 모든 서버가 사용 중인 확률을 구하라.

(c) 들어오지 못하는 도착들의 단편(fraction)이 $P_{K-1}(c)$로 주어짐을 보이기 위해 도착하는 고객들은 공급원보다 적은 수를 갖는 시스템의 정상 상태 pmf를 안다는 사실을 이용하라. 결과적인 표현식은 Engset 공식이라고 한다.

12.39. 주문형 비디오 시스템은 K명의 고객들로부터 비디오 문제들을 다루는 $c = 10$인 서버 시스템으로 구성되었다. 시스템들은 연습문제 12.38의 Engset 시스템에 의해 구성되었다고 가정하자. 또 사용자들은 초당 한 사람의 비율로 요구하고 각 서버는 0.1초 내에 요구들을 접한다고 가정하자. 요구를 거절할 수 있는 확률이 10%? 1%?라면 접촉할 수 있는 고객의 수를 찾아라.

12.6절 : M/G/1 대기 시스템

12.40. 서비스 시간이 평균 $1/\mu$를 갖는 k-얼랭 확률 변수(표 4.1 참고)인 M/G/1 시스템에서 평균 대기 시간과 평균 지연을 구하라. M/M/1과 M/D/1 시스템에 대한 결과를 비교하라.

12.41. $k = 2$인 하이퍼 지수 확률 변수가 그림 P12.2와 같은 두 지수적 확률 변수 중 하나에서 임의로 서비스 시간을 선택한다. 이 하이퍼 지수 서비스 시간 분포를 갖는 M/G/1 시스템에서 평균 지연을 찾아라.

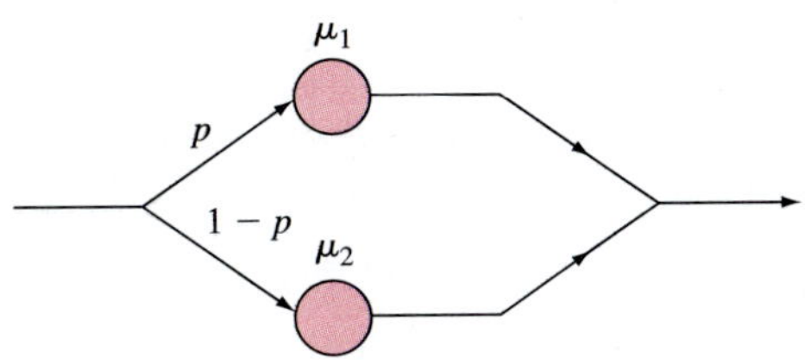

그림 P12.2

12.42. 고객들은 비율 λ의 포아송 과정에 따라 대기 시스템에 도착한다. 고객들의 단편 α는 고정된 서비스 시간 d를 필요로 하고, 단편 1-α는 평균 $1/\mu$의 지수적 서비스 시간을 필요로 한다. 결과적인 M/G/1 시스템에서 평균 대기 시간과 평균 지연을 구하라.

12.43. 서비스 시간이 고정된 시간 d와 평균 $1/\mu$의 지수적으로 분포된 시간의 합으로 구성되어 있는 M/G/1 시스템에서 평균 대기 시간과 평균 지연을 구하라.

12.44. 고정된 길이 메시지들이 비율 λ의 포아송 과정에 따라 송신기에 도착한다. 메시지를 송신하고 긍정 응답을 받는 데 필요한 시간은 d초이다. 정확하게 수신되었다고 응답을 받게 되면 송신기는 다음 메시지를 진행한다. 메시지가 틀리게 수신되었다고 응답 받으면 송신기는 메시지를 다시 송신한다. 메시지 전송에 오류가 있을 확률은 p이고, 전송 오류는 독립적이라고 가정하자.

(a) 유효한 메시지 서비스 시간의 평균과 분산을 구하라.

(b) 평균 메시지 지연을 구하라.

12.45. 초당 1기가비트 전송 선로를 가진 라우터에 패킷이 초당 λ패킷의 비율로 도착한다. 패킷의 절반은 40바이트 길이이고 절반의 패킷은 1500바이트 길이라고 할 때, λ의 함수에 따라 평균 패킷 지연을 구하라.

12.46. 파일 서버는 초당 λ요구의 비율로 요구를 받는다. 서버가 초당 12.5기가바이트 비율로 파일을 전송할 수 있다. 파일 길이는 평균 1메가바이트를 가진 파레토(Pareto) 분포를 가진다고 가정하자.

(a) 파일 요구가 받아들여질 때 평균 지연을 구하라.

(b) 시스템 성능에 대한 파레토 분포 매개변수의 효과를 이야기해보라.

12.47. 작업은 비율 λ의 포아송 과정에 따라 기계에 도착한다. 작업에 대한 서비스 시간은 평균 $1/\mu$을 갖고 지수적으로 분포한다. 그 기계는 고객들을 서비스하는 동안에 고장나는 경향을 갖고 있는데 특정한 서비스 시간이 t라면 이 서비스 시간 동안에 k시간 고장날 확률은 평균 αt를 갖는 포아송 확률 변수다. 그것은 기계를 수리하는 데 평균 $1/\beta$을 갖는 지수적으로 분포된 시간을 사용한다. 기계는 작업을 시작할 때면 항상 일한다고 가정한다.

(a) 작업을 마치는 데 필요한 총 시간의 평균과 분산을 구하라.

(b) 이 시스템을 위한 평균 작업 지연을 구하라.

12.48. 2-클래스 선매권이 없는(nonpreemptive) 우선순위 대기 시스템을 생각하고, 낮은 우선순위 클래스는 포화된다고 가정하자(즉, $\lambda_1 E[\tau_1] + \lambda_2 E[\tau_2] > 1$).

(a) 시스템에 의해 서비스 받는 낮은 우선순위 고객들의 비율은 $\lambda_2' = (1 - \lambda_1 E[\tau_1])/E[\tau_2]$임을 보여라. 클래스 2 고객들을 갖는 서버가 사용 중인 시간의 비율은?

(b) 클래스 1 고객들에 대한 평균 대기 시간이 다음과 같음을 보여라.

$$E[W_1] = \frac{(1/2)\lambda_1 E[\tau_1^2]}{1 - \lambda_1 E[\tau_1]} + \frac{E[\tau_2^2]}{2E[\tau_2]}$$

12.49. 큐를 비울 때마다 서버가 휴식(사용할 수 없게 됨)하는 M/G/1 시스템을 생각하자. 만약에 휴식에서 돌아올 때 시스템이 아직 비어있다면 서버는 또 다시 휴식을 갖고, 시스템에 있는 고객들을 발견할 때까지 계속된다. 휴식 시간들은 시스템에서 서로 독립이고 다른 변수와도 독립이라고 가정한다. 이 시스템에서 고객들에 대한 평균 대기 시간이 다음과 같음을 보여라.

$$E[W] = \frac{(1/2)\lambda E[\tau^2]}{1 - \lambda E[\tau]} + \frac{E[V^2]}{2E[V]}$$

여기서 V는 휴식 시간이다. 힌트: 이 시스템이 선매권이 없는 우선순위 시스템과 같음을 보이고, 연습문제 12.48의 결과를 이용하라.

12.50. 고정 길이 패킷들은 동기 전송 시스템에 들어가는 집선 장치에 도착한다. 패킷들은 비율 λ의 포아송 과정에 따라 도착하지만 전송 시스템은 단지 시간 id, $i = 1, 2, \ldots$에 패킷 전송을 시작할 것이다. 여기서 d는 단일 패킷에 대한 전송 시간이다. 평균 패킷 대기 시간을 구하라. 힌트: 이것은 연습문제 12.49번과 같은 휴식을 갖는 M/D/1 큐임을 보여라.

12.51. 대기 시스템은 두 종류의 트래픽을 취급한다. i형 트래픽은 포아송 과정에 따라 도착하고, $i = 1, 2$에 대해서 평균 $1/\mu_i$을 갖는 지수적으로 분포된 서비스 시간을 갖는다. 유형 1 고객들은 선매권이 없는 우선순위로 주어진다고 가정한다. $\lambda_1 = \lambda_2 = \lambda$, $\mu_1 = 1$, $\mu_2 = 1/10$일 때 λ와 대비하여 전체 및 클래스 당 평균 대기 시간을 그려라.

12.52. 높은 우선순위 고객의 도착들은 서비스에서 발견된 낮은 우선순위 고객들을 선점하는 두 클래스 우선순위 M/G/1 시스템을 생각하자. 선점된 낮은 우선순위 고객들은 큐의 상부에 위치하고 그들은 그 서버가 다시 낮은 우선순위 고객들에 대해 유용하게 될 때 서비스를 재개한다.

(a) 높은 우선순위 고객들에 대한 평균 대기 시간과 평균 지연은?

(b) 시스템으로 유형 2 도착자에 의해 발견된 모든 고객들을 서비스하기 위해 필요한 시간이 다음과 같음을 보여라.

$$\frac{R_2}{1-\rho_1-\rho_2}$$

여기서 $\rho_j = \lambda_j E[\tau_j]$ 그리고 다음이다.

$$R_2 = \frac{1}{2}\sum_{j=1}^{2}\lambda_j E[\tau_j^2]$$

(c) 유형 2 고객이 시스템에서 보내는 시간 동안에 도착하는 모든 유형의 1 고객들을 서비스하는데 필요한 시간이 $\rho_1 E[T_2]$임을 보여라.

(d) 다음을 보이기 위해 (b)와 (c)를 이용하라.

$$R_2 = \frac{1}{2}\sum_{j=1}^{2}\lambda_j E[\tau_j^2]$$

12.53. 연습문제 12.51에 기술된 두 가지 트래픽 클래스를 이용하여 연습문제 12.52에서 밝혀진 식들을 평가하라.

***12.7절 : 내장 마코프 체인을 이용한 M/G/1 분석**

12.54. M/G/1 시스템에서 서비스 시간은 평균 $1/\mu$과 $\lambda = \mu/2$를 갖는 $k = 2$ 얼랭 분포를 갖는다.

(a) $G_N(z)$와 $P[N = j]$를 구하라.

(b) $\hat{W}(s)$와 $\hat{T}(s)$, 그리고 그에 부합하는 pdf를 구하라.

12.55. (a) 연습문제 12.47에서 고객의 서비스를 완료하기 위해서 필요한 총 시간 τ에 대한 pdf의 라플라스 변환이 다음과 같음을 보여라.

$$\hat{\tau}(s) = \frac{\mu(s+\beta)}{(s+\beta)(s+\mu)+\alpha s}$$

힌트: $E[e^{-s\tau}]$를 계산하는 데 조건부 기대치를 사용하고, 고장의 수는 고객의 서비스 시간에 의존한다는 것에 주목하자.

(b) $\hat{W}(s)$와 $\hat{T}(s)$, 그리고 그에 부합하는 pdf를 구하라.

12.56. (a) 식 (12.110a)와 (12.110b)가 다음과 같이 쓰일 수 있음을 보여라.

$$N_j = N_{j-1} - U(N_{j-1}) + M_j \tag{12.186}$$

여기에서

$$U(x) = \begin{cases} 1 & x > 0 \\ 0 & x \le 0 \end{cases}$$

(b) $P[N > 0]$에 대한 식을 얻기 위해서 식 (12.186)의 양변의 기대값을 사용하라.

(c) 식 (12.186)의 양변을 제곱하고, $E[N]$에 대한 Pollaczek-Khinchin 식을 얻기 위하여 기대값을 사용하라.

12.57. (a) M/D/1 시스템에 대해 다음을 보여라.

$$G_N(z) = \frac{(1-\rho)(1-z)}{1-ze^{\rho(1-z)}}$$

(b) 기하학적 급수로 분모를 전개하고, 다음 식을 얻기 위해서 z^{k} 의 계수를 확인하라.

$$P[N = k] = (1 - \rho)\sum_{j=0}^{k}\frac{(-j\rho)^{k-j-1}(-j\rho - k + 1)e^{j\rho}}{(k - j)!}$$

12.58. **(a)** 식 (12.130)이 다음과 같이 쓰일 수 있음을 보여라.

$$\hat{W}(s) = \frac{1 - \rho}{1 - \rho\hat{R}(s)} \tag{12.187}$$

여기서

$$\hat{R}(s) = \frac{1 - \hat{\tau}(s)}{sE[\tau]}$$

는 잔여 서비스 시간의 pdf의 라플라스 변환이다.

(b) 기하학적 급수로 식 (12.187)의 분모를 전개하고, 다음 식을 보이기 위해 결과적인 변환식을 역변환하라.

$$f_W(x) = \sum_{k=0}^{\infty}(1 - \rho)\rho^k f^{(k)}(x) \tag{12.188}$$

여기서 $f^{(k)}(x)$는 잔여 서비스 시간의 k차 컨벌루션(convolution)이다.

12.59. 식 (12.188)의 $k = 0, 1, 2$항을 이용해 M/D/1 시스템에 대한 $f_W(x)$를 근사하라. $\rho = 1/2$에 대해 결과적인 pdf의 개략을 구하라.

12.8절 : 버키의 정리 : M/M/*c* 시스템에서 출발

12.60. 정상 상태에서 안정한 M/M/1 시스템에서 출발 사이의 시간들을 생각하자.

(a) 출발이 시스템을 비우지 않고 떠난다면 다음 출발을 위한 시간은 평균 $1/\mu$을 갖는 지수적 확률 변수임을 보여라.

(b) 출발이 시스템을 비우고 떠난다면 다음 출발을 위한 시간은 각각 평균 $1/\lambda$과 $1/\mu$의 두 독립 지수 확률 변수의 합을 보여라.

(c) 출발 사이의 시간들이 평균 $1/\lambda$을 갖는 지수 확률 변수들임을 보이기 위하여 (a)와 (b)의 결과를 결합하라.

12.61. 그림 P12.3의 망에서 큐에 있는 고객 수에 대한 결합 pmf를 구하라.

12.62. 그림 P12.4의 피드포워드 망에 대한 균형식들을 쓰고 결합 상태 pmf가 곱 형태임을 검증하라.

12.63. 식 (12.139)에 의해 식 (12.137)이 식 (12.135)를 만족함을 증명하여라.

12.9절 : 대기열 망 : 잭슨의 이론

12.64. 그림 P12.5의 열린 대기열 회로망에 대한 결합 상태 pmf를 구하라.

12.65. 컴퓨터 시스템 모델은 그림 P12.6에 보인 대기열 회로망에서 순환하는 세 개의 프로그램을 갖고 있다.

(a) 시스템의 결합 상태 pmf를 구하라.

(b) 평균 프로그램 완료율을 구하라.

12.66. 연습문제 12.65(b)에 답하기 위하여 평균값 분석 알고리즘을 사용하라.

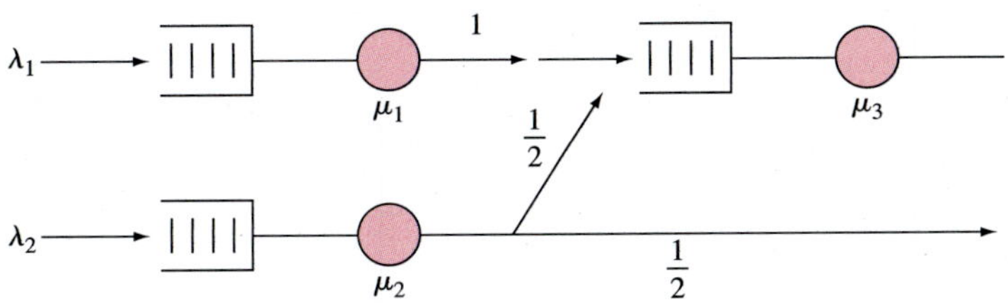

그림 P12.3

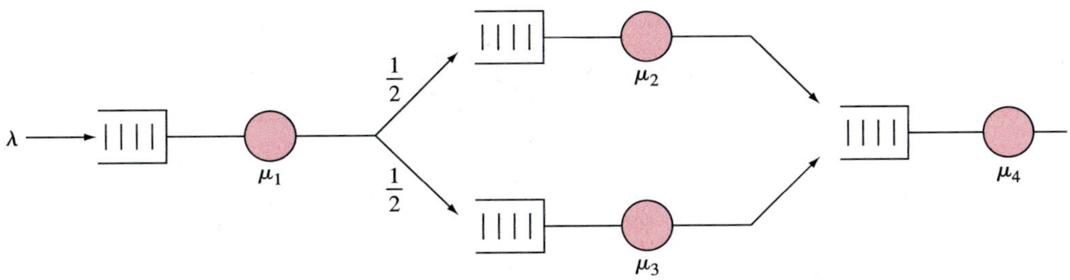

그림 P12.4

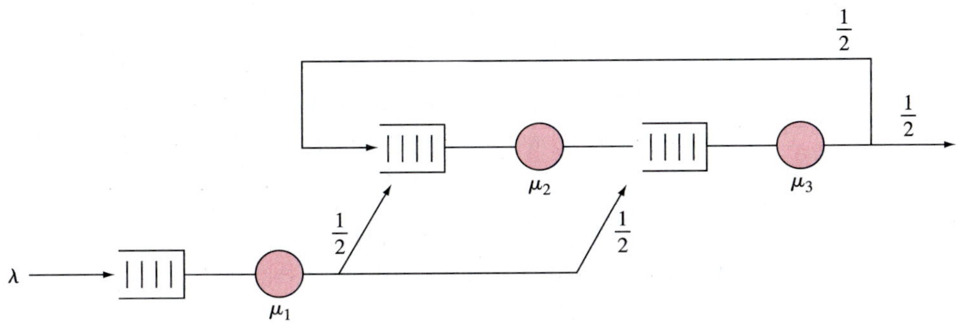

그림 P12.5

12.10절 : 대기 시스템의 모의실험과 데이터 분석

12.67. **(a)** $\rho = 0.5, 0.7$ 그리고 0.9를 가진 M/M/1 시스템에 대하여 예제 12.28의 실험을 반복하라. 과도기적인 행동을 표현하기 위해 25회 반복에 근거한 $N(t)$에 대해 표본 평균을 사용하라. 시간에 따라 움직이는 평균 필터를 사용함으로 표본 평균을 부드럽게 해보라. 이와 같은 시스템에서 정상 상태에 도달하기 위한 시간을 예측하여 보아라.

(b) 이제 과도기적인 단계 기간에 초기 조건의 영향을 조사하자. 위의 각각의 효율성에 대해 초기 상태가 $N(0) = 0$; $N(0) = 5$; $N(0) = 10$일 때 과도기적 기간을 비교하여라.

12.68. 문제 12.67의 실험을 통해 각 구현을 위한 표본 공분산을 구하고 25회 반복을 통한 평균도 구하라. 상관 관계가 0으로 떨어질 때까지 r의 값에 대한 요구되는 지연의 수를 구하라. 배치 평균 접근의 방법이 사용되어질 수만 있다면 배치의 크기에 대한 관련성을 말하여 보라.

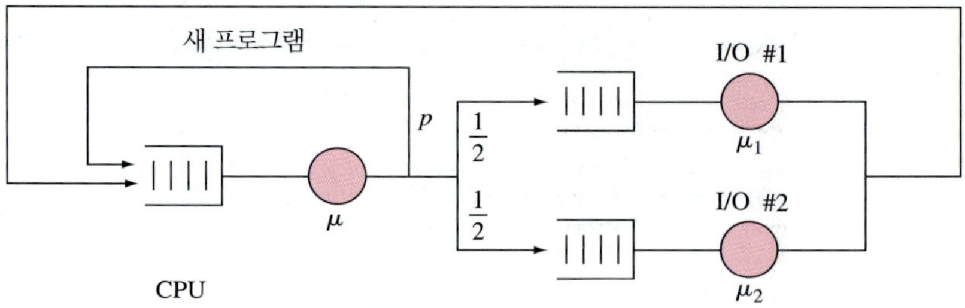

그림 P12.6

12.69. M/M/1 시스템에서 $N(t)$의 상관 관계는 다음과 같은 기하학적 형태의 상위 한계를 가지고 있다 [Fishman].

$$\rho_j \le \left[\frac{4\rho}{(1+\rho)^2}\right]^j \quad j = 0, 1, 2, \ldots \text{에 대해서}$$

$\rho = 0.5, 0.75, 0.9, 0.99$일 때 독립항등분포 과정에 대한 이러한 과정에 대한 샘플 평균 추정량의 분산 비율을 예측하여라.

12.70. 예제 12.29의 실험을 50회 모의실험하여라. 각 모의실험에서 배치 평균 방법을 이용하여 신뢰 구간을 만들어라. 실제적인 평균 $E[N]$을 나타내는 신뢰 구간의 분수를 결정하여라. 식 (12.168)에서 주어진 신뢰 구간의 정확성을 말하여 보아라.

12.71. 초당 $\lambda = 2$의 고객과 초당 $\mu = 1$의 고객을 가진 M/M/3 시스템의 모의실험 모델을 개발하여라. 도착 고객이 서비스를 위해 대기해야 하는 확률을 예측하기 위해 예제 12.29와 같이 배치 평균의 방법을 사용하여라. 적절한 신뢰 구간을 구하여라.

12.72. **(a)** 내장된 마코프 체인 방법을 정상 상태 pmf를 예측하기 위해 사용하는 예제 12.30의 모의실험을 생각해보자. $\rho = 0.5$와 $\rho = 0.9$에 대해 pmf 예측값에 대한 초기 과도 현상의 효과를 조사하기 위해 서로 다른 워밍업 주기를 사용하여라.

(b) 반복되는 수를 두 배로 늘리고 신뢰 구간에 대한 영향을 관측하여라.

12.73. 식 (12.172)에 있는 내장된 마코프 체인을 사용하여 $\rho = 0.7$을 가진 M/D/1 시스템에 대한 모의실험을 개발하여라. 시스템에서 평균 수와 마찬가지로 시스템에서 고객의 수에 대한 pmf를 예측하기 위한 모의실험을 설계하여라.

(a) 이러한 접근에서 어떠한 과도기적 효과가 예측될 수 있는지를 논의해 보아라.

(b) 시스템에서 고객의 평균 수에 대한 예측값을 개발하기 위해 배치 평균의 방법을 사용하여라. 배치 크기와 워밍업 주기의 선택에 관해 논의하여라. 몇 가지 실현에 의해 만들어진 신뢰 구간의 값을 구하여라.

12.74. $\rho = 0.5$이고 $\rho = 0.7$인 M/D/1 시스템에서 고객의 대기 시간 분포를 예측하기 위해 린들리의 회귀를 사용하여라. 분포에 관해 특별한 사항이 있는가?

12.75. $\rho = 0.5$이고 $\rho = 0.7$인 D/M/1 시스템에서 고객의 대기 시간 분포를 예측하기 위해 린들리의 회귀를 사용하여라.

12.76. $\rho = 0.5$이고 $\rho = 0.7$인 M/G/1 시스템에서 고객의 대기 시간 분포를 예측하기 위해 린들리의 회귀를 사용하여라. 여기서 서비스 시간 분포는 $\alpha = 2.5$ 매개변수를 갖는 파레토(Pareto)이다. $\alpha = 1.5$를 갖는 모의실험도 해보라. 특별한 일이 발생하는가?

12.77. 예제 12.33에 실험을 반복하여라. 그러나 평균 대기 시간에 대한 신뢰 구간을 제공하기 위해 배치 평균의 방법을 사용하여라.

12.78. 식 (12.183)에서 왜 추정기가 대기 시간의 예측된 값에 수렴하는 이유를 설명하여라.

12.79. 시스템에서 평균 수와 M/D/1 시스템에서 시스템이 비어있는 확률을 예측하기 위해 재생적 방법을 사용하여라. 식 (12.185)에 의해 주어진 신뢰 구간의 값을 구하라.

응용학습문제

12.80. 한 서버가 다른 서버보다 두 배 빠른 M/M/2/2 시스템을 생각하자.

(a) 그 시스템의 상태의 어떤 정의가 연속시간 마코프 체인으로 귀착하는가?

(b) 비어있는 시스템에 도착하는 고객들은 항상 빠른 서버로 발송된다면 시스템에 대한 정상 상태 pmf를 구하라.

(c) 비어있는 시스템에 도착하는 고객들은 양 서버로 같은 정도로 발송된다면 시스 템에 대한 정상 상태 pmf를 구하라.

12.81. **(a)** 시간 0에서 비어있는 상태로 있는 M/M/1/2 시스템에 대한 과도기적 pmf $P[N(t) = j]$를 구하라.

(b) 시간 0에서 완전히 찬 시스템일 때 (a)를 반복하라.

12.82. **(a)** M/G/1 시스템에서 고객들이 비어있는 시스템에 도착할 때 시간들의 집합이 갱신 순간인 까닭은?

(b) 그 시스템에서 고객의 수에 대한 pmf를 추정하기 위해 7.6절에 있는 갱신 이론의 결과를 어떻게 적용하는가?

(c) $P[N(t) = j]$에 대한 신뢰 구간은 어떻게 얻는가?

12.83. $N(t)$는 매개변수 λ를 갖는 포아송 확률 과정이라고 하자. 사건이 발생하는 각 시간에 동전이 던져지고 결과가 기록된다고 가정한다. 윗면의 확률은 도착 시간에 의존하고 $p(t)$로 표기된다. $N_1(t)$와 $N_2(t)$는 각각 시간 t까지 기록된 윗면과 아랫면의 수다.

(a) $N_1(t)$와 $N_2(t)$는 비율 $p\lambda$와 $(1-p)\lambda$를 갖는 독립 포아송 확률 변수들임을 보여라.

$$p = \frac{1}{t}\int_0^t p(t')\,dt'$$

(b) $N_1(t)$와 $N_2(t)$는 독립 포아송 확률 과정들인가? 만약 그렇다면 이것을 어떻게 보일 것인가?

12.84. 고객들이 비율 λ로 도착하고, 고객 서비스 시간이 분포 $F_X(x)$를 갖는 M/G/∞ 시스템을 생각하자. 시스템은 시간 0에서 비어있다고 가정한다. $N_1(t)$는 시간 t에 서비스가 완료되는 고객의 수라고 하고, $N_2(t)$는 시간 t에 아직 시스템에 있는 고객의 수라고 하자.

(a) $N_1(t)$와 $N_2(t)$의 결합 pmf를 구하기 위하여 연습 문제 12.83의 결과를 이용하라.

(b) M/G/∞ 시스템에서 고객 수에 대한 정상 상태 pmf는?

(c) 시스템에 있는 평균 고객 수를 계산하기 위하여 리틀의 공식을 적용하라. 그 결과는 (b)에서의 결과와 일치하는가?

APPENDIX A 수학 목록

Mathematical Tables

A 삼각 함수

$$\sin^2\alpha + \cos^2\alpha = 1$$

$$\sin(\alpha+\beta) = \sin\alpha\,\cos\beta + \cos\alpha\,\sin\beta$$

$$\sin(\alpha-\beta) = \sin\alpha\,\cos\beta - \cos\alpha\,\sin\beta$$

$$\cos(\alpha+\beta) = \cos\alpha\,\cos\beta - \sin\alpha\,\sin\beta$$

$$\cos(\alpha-\beta) = \cos\alpha\,\cos\beta + \sin\alpha\,\sin\beta$$

$$\sin 2\alpha = 2\sin\alpha\,\cos\alpha$$

$$\cos 2\alpha = \cos^2\alpha - \sin^2\alpha = 2\cos^2\alpha - 1 = 1 - 2\sin^2\alpha$$

$$\sin\alpha\sin\beta = \frac{1}{2}\cos(\alpha-\beta) - \frac{1}{2}\cos(\alpha+\beta)$$

$$\cos\alpha\cos\beta = \frac{1}{2}\cos(\alpha-\beta) + \frac{1}{2}\cos(\alpha+\beta)$$

$$\sin\alpha\cos\beta = \frac{1}{2}\sin(\alpha+\beta) + \frac{1}{2}\sin(\alpha-\beta)$$

$$\cos\alpha\sin\beta = \frac{1}{2}\sin(\alpha+\beta) - \frac{1}{2}\sin(\alpha-\beta)$$

$$\sin^2\alpha = \frac{1}{2}(1-\cos 2\alpha)$$

$$\cos^2\alpha = \frac{1}{2}(1+\cos 2\alpha)$$

$$e^{j\alpha} = \cos\alpha + j\sin\alpha$$

$$\cos\alpha = (e^{j\alpha} + e^{-j\alpha})/2$$

$$\sin\alpha = (e^{j\alpha} - e^{-j\alpha})/2j$$

$$\sin\alpha = \cos(\alpha - \pi/2)$$

B 무한 적분

$$\int u\,dv = uv - \int v\,du \qquad u\text{와 } v\text{는 } x\text{의 함수}$$

$$\int x^n\,dx = x^{n+1}/(n+1) \qquad n = -1\text{인 경우 제외}$$

$$\int x^{-1}\,dx = \ln x$$

$$\int e^{ax}\,dx = e^{ax}/a$$

$$\int \ln x\,dx = x\ln x - x$$

$$\int (a^2 + x^2)^{-1}\,dx = (1/a)\tan^{-1}(x/a)$$

$$\int (\ln x)^n/x\,dx = (1/(n+1))(\ln x)^{n+1}$$

$$\int x^n \ln ax\,dx = (x^{n+1}/(n+1))\ln ax - x^{n+1}/(n+1)^2$$

$$\int xe^{ax}\,dx = e^{ax}(ax-1)/a^2$$

$$\int x^2e^{ax}\,dx = e^{ax}(a^2x^2 - 2ax + 2)/a^3$$

$$\int \sin ax\,dx = -(1/a)\cos ax$$

$$\int \cos ax\,dx = (1/a)\sin ax$$

$$\int \sin^2 ax\,dx = x/2 - \sin(2ax)/4a$$

$$\int x\sin ax\,dx = (1/a^2)(\sin ax - ax\cos ax)$$

$$\int x^2 \sin ax\,dx = \{2ax\sin ax + 2\cos ax - a^2x^2\sin ax\}/a^3$$

$$\int \cos^2 ax\,dx = x/2 + \sin(2ax)/4a$$

$$\int x \cos ax\, dx = (1/a^2)(\cos ax + ax \sin ax)$$

$$\int x^2 \cos ax\, dx = (1/a^3)\{2ax \cos ax - 2 \sin ax + a^2x^2 \sin ax\}$$

C 유한 적분

$$\int_0^\infty t^{n-1}e^{-(a+1)t}\, dt = \frac{\Gamma(n)}{(a+1)^n} \qquad n > 0, a > -1$$

$\Gamma(n) = (n-1)!$ $\quad$ n이 정수이고, $n > 0$인 경우

$$\Gamma\left(\frac{1}{2}\right) = \sqrt{\pi}$$

$$\Gamma\left(n + \frac{1}{2}\right) = \frac{1\cdot 3\cdot 5\cdots(2n-1)}{2^n}\sqrt{\pi} \qquad n = 1, 2, 3, \ldots$$

$$\int_0^\infty e^{-\alpha^2x^2}\, dx = \sqrt{\pi}/2\alpha$$

$$\int_0^\infty xe^{-\alpha^2x^2}\, dx = 1/2\alpha^2$$

$$\int_0^\infty x^2e^{-\alpha^2x^2}\, dx = \sqrt{\pi}/4\alpha^3$$

$$\int_0^\infty x^ne^{-\alpha^2x^2}\, dx = \Gamma((n+1)/2)/(2\alpha^{n+1})$$

$$\int_0^\infty a/(a^2 + x^2)\, dx = \pi/2 \qquad a > 0\text{인 경우}$$

$$\int_0^\infty \frac{\sin^2 ax}{x^2}\, dx = |a|\pi/2 \qquad a > 0\text{인 경우}$$

$$\int_0^1 x^{a-1}(1-x)^{b-1}\, dx = B(a, b) = \frac{\Gamma(a)\Gamma(b)}{\Gamma(a+b)}$$

APPENDIX B

푸리에 변환 목록

Tables of Fourier Transforms

A 푸리에 변환 정의

$$G(f) = \mathscr{F}\{g(t)\} = \int_{-\infty}^{\infty} g(t)e^{-j2\pi ft}\,dt$$

$$g(t) = \mathscr{F}^{-1}\{G(f)\} = \int_{-\infty}^{\infty} G(f)e^{j2\pi ft}\,df$$

B 특성

선형(Linearity):	$\mathscr{F}\{ag_1(t) + bg_2(t)\} = aG_1(f) + bG_2(f)$
시간 비례(Time Scaling):	$\mathscr{F}\{g(at)\} = G(f/a)/\lvert a\rvert$
쌍대성(Duality):	만약 $\mathscr{F}\{g(t)\} = G(f)$ 이면 $\mathscr{F}\{G(t)\} = g(-f)$
시간 이동(Time shifting):	$\mathscr{F}\{g(t - t_0)\} = G(f)e^{-j2\pi ft_0}$
주파수 이동(Frequency shifting):	$\mathscr{F}\{g(t)e^{j2\pi f_0 t}\} = G(f - f_0)$
미분(Differentiation):	$\mathscr{F}\{g'(t)\} = j2\pi fG(f)$
적분(Integration):	$\mathscr{F}\left\{\int_{-\infty}^{t} g(s)ds\right\} = G(f)/(j2\pi f) + (G(0)/2)\delta(f)$
시간의 곱(Multiplication in time):	$\mathscr{F}\{g_1(t)g_2(t)\} = G_1(f) * G_2(f)$
시간의 합성(Convolution in time):	$\mathscr{F}\{g_1(t) * g_2(t)\} = G_1(f)G_2(f)$

C 변환 쌍

$g(t)$	$G(f)$
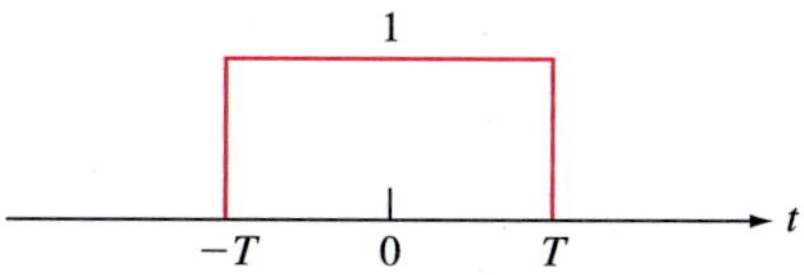	$2T \sin 2\pi fT/(2\pi fT)$
$2W \sin(2\pi Wt)/2\pi Wt$	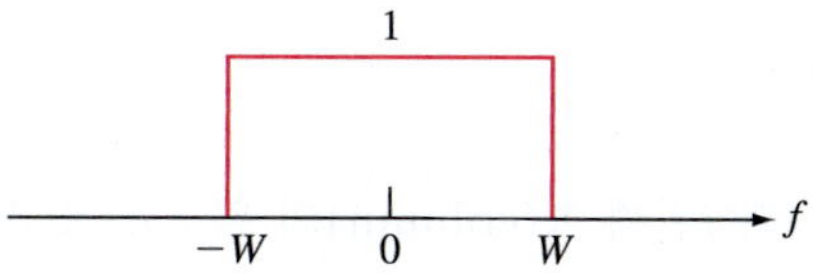
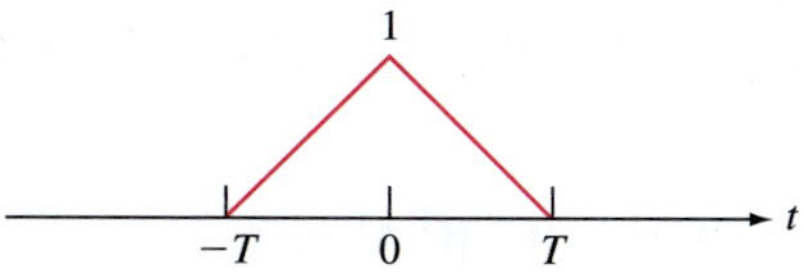	$T(\sin(\pi fT)/\pi fT)^2$
$e^{-at}u(t), \quad a > 0$	$1/(a + j2\pi f)$
$e^{-a\|t\|}, \quad a > 0$	$2a/(a^2 + (2\pi f)^2)$
$e^{-\pi t^2}$	$e^{-\pi f^2}$
$\delta(t)$	1
1	$\delta(f)$
$\delta(t - t_0)$	$e^{-j2\pi f t_0}$
$e^{j2\pi f_0 t}$	$\delta(f - f_0)$
$\cos(2\pi f_0 t)$	$\frac{1}{2}\delta(f - f_0) + \frac{1}{2}\delta(f + f_0)$
$\sin(2\pi f_0 t)$	$(1/2j)\{\delta(f - f_0) - \delta(f + f_0)\}$
$u(t)$	$\frac{1}{2}\delta(f) + 1/(j2\pi f)$

APPENDIX C

행렬과 선형 대수

Matrices and Linear Algebra

A 기본 정의

$\mathbf{A} = [a_{ij}]$를 i번째 열(row)과 j번째 행(column)의 원소 a_{ij}를 가지는 m열, n행의 행렬(matrix)이라 하자. 만일 $m = n$이면, 이 행렬은 **장방형(square)** 이다.

행렬 $\mathbf{A}$의 **전치(transpose)** 는 j번째 열과 i번째 행의 원소 a_{ij}를 가지는 n열, m행의 행렬 $\mathbf{A}^T = [a_{ij}]^{\mathrm{T}}$이 된다. 이것은 $\mathbf{A}$의 행과 열을 교환하여 구해진다. 행렬 곱의 전치는 역순으로 전치를 곱하는 것과 같다.

$$(\mathbf{AB})^{\mathrm{T}} = \mathbf{B}^{\mathrm{T}}\mathbf{A}^{\mathrm{T}} \text{ 이고 } (\mathbf{ABC})^{\mathrm{T}} = \mathbf{C}^{\mathrm{T}}\mathbf{B}^{\mathrm{T}}\mathbf{A}^{\mathrm{T}} \text{ 이다.}$$

항등(identity) 행렬 I는 대각선 원소는 1이고, 대각선이 아닌 원소는 0인 장방형 행렬이다. 장방형 행렬 $\mathbf{A}$에 대하여 다음 식이 성립한다.

$$\mathbf{AI} = \mathbf{IA} = \mathbf{A}$$

장방형 행렬 $\mathbf{A}$의 **역(inverse)** 은 장방형 행렬 $\mathbf{A}^{-1}$이고, 다음 식이 성립한다.

$$\mathbf{AA}^{-1} = \mathbf{A}^{-1}\mathbf{A} = \mathbf{I}$$

$\mathbf{A}^{-1}$이 존재하면 **가역(invertible)** 이라 하고, 아니면 **유일(singular)** 하다고 할 수 있다.

B 대각화

아래 조건을 만족한다면 0이 아닌 벡터 $\mathbf{e} = (\mathbf{e}_1, \mathbf{e}_2, \ldots, \mathbf{e}_n)^{\mathrm{T}}$는 $n \times n$행렬의 **고유벡터(eigenvector)** 이다.

$$\mathbf{Ae} = \lambda\mathbf{e}$$

여기서 λ는 스칼라(scalar)이다. λ는 $\mathbf{A}$의 **고유값(eigenvalue)** 으로 불리며, $\mathbf{e}$는 λ에 대응하는 $\mathbf{A}$의 고유벡터이다.

$\mathbf{A}$의 고유값은 아래 다항식의 근(root)을 찾으면 구할 수 있다.

$$\det(\lambda\mathbf{I} - \mathbf{A}) = 0$$

$\mathbf{P}^{-1}\mathbf{AP} = \mathbf{D}$인 대각 행렬이나 같은 식으로, $\mathbf{AP} = \mathbf{P}$인 가역 행렬 $\mathbf{P}$가 존재하다면 $n \times n$행렬 $\mathbf{A}$를 **대각화 가능(diagonalizeable)** 이라고 부른다.

정리

A는 **A**가 n개의 선형 독립 고유값을 가지는 경우에 한하여 대각화 가능하다.

장방형(square) 행렬 **P**가 $\mathbf{P}^{-1} = \mathbf{P}^{\mathrm{T}}$이거나, 같은 식으로 $\mathbf{AA}^{\mathrm{T}} = \mathbf{A}^{\mathrm{T}}\mathbf{A} = \mathbf{I}$이면 **직교(orthogonal)** 라고 한다.

서로 다른 벡터가 직교이면, 즉 $i \neq j$인 경우는 $\mathbf{e}_i{}^{\mathrm{T}}\mathbf{e}_j = 0$이고, $i = 1, \ldots, n$인 경우는 $\mathbf{e}_i{}^{\mathrm{T}}\mathbf{e}_j = 1$이면 벡터 집합 $\{\mathbf{e}_1, \mathbf{e}_2, \ldots, \mathbf{e}_n\}$을 **직교정규(orthonormal)**라 부른다.

정리

벡터의 집합 $\{\mathbf{e}_1, \mathbf{e}_2, \ldots, \mathbf{e}_n\}$이 0이 아니고 대각이면, 그것은 선형으로 독립이다.

$n \times n$ 행렬 **A**는 $\mathbf{P}^{\mathrm{T}}\mathbf{AP} = \mathbf{D}$인 대각 행렬이나 같은 식으로 $\mathbf{AP} = \mathbf{PD}$인 직교 행렬 **P**가 존재하면, **대각으로 직교하다(orthogonally diagonalizable)**라고 한다.

$n \times n$행렬 **A**는 $\mathbf{A} = \mathbf{A}^{\mathrm{T}}$이면 **대칭(Symmetric)**이다

정리

대칭 행렬(symmetric matrix) **A**는 실수 고유값을 가진다.

정리

다음 조건은 동일하다.

a. **A**는 대각으로 직교이다.

b. **A**는 n 고유벡터의 직교 집합을 가진다.

c. **A**는 대칭 행렬이다.

C 이차 형식

$n \times n$의 실수 대칭 행렬 **A**와 $n \times 1$ 행 벡터 $\mathbf{x} = (x_1, x_2, \ldots, x_n)^{\mathrm{T}}$는 다음과 같은 이차 형식(quadratic forms)을 가진다.

$$\mathbf{x}^{\mathrm{T}}\mathbf{Ax} = \sum_{i=1}^{n}\sum_{j=1}^{n} a_{ij}x_i x_j$$

A는 모든 **x**에 대하여 $\mathbf{x}^{\mathrm{T}}\mathbf{Ax} \geq 0$이면 0이 아닌 확정(definite)이고, 모든 0이 아닌 x에 대하여 $\mathbf{x}^{\mathrm{T}}\mathbf{Ax} > 0$이면 양수인 확정이다.

$\mathbf{A} = [a_{ij}]$를 $n \times n$행렬이라 하면, **A**의 k번째 기본 부행렬(principal submatrix)은 i번째 열과 j번째 행 a_{ij}를 원소로 하는 $k \times k$행렬 $\mathbf{A}_k = [a_{ij}]$이다.

정리

대칭 행렬 $\mathbf{A}$는 아래 조건을 만족하는 한 양수 확정(음이 아닌 확정: nonnegative definite)이다.

a. 모든 고유값이 양(음이 아님)이고,

b. 모든 기본 부행렬의 행렬식(determinant)은 양(음이 아님)이다.

만약 $\mathbf{A}$가 양인 확정 행렬이면, $\mathbf{x}^T\mathbf{A}^{-1}\mathbf{x} = 1$은 원점에 중심이 있는 타원체의 함수이다. 타원체의 k번째 반축(semiaxis)은 $\mathbf{e}_k/\sqrt{\lambda_k}$으로 주어지는데, 고유벡터는 반축의 방향을 결정하고, 고유값은 대응하는 길이를 결정한다.

찾아보기

Index

국문 찾아보기

[ㅅ]

[ㅇ]

[ㅋ]

[ㅌ]

[ㅍ]

[ㅎ]

[기타]

영문 찾아보기

[A]

[B]

[C]

[D]

[E]

[F]

[G]

[H]

[I]

[J]

[K]

[L]

[M]

[N]

[O]

[P]

[Q]

[R]

[S]

[T]

[U]

| 역자 |

고한석(hsko@korea.ac.kr)
고려대학교 전기전자공학부 교수

김순자(snjkim@ee.knu.ac.kr)
경북대학교 전자전기컴퓨터학부 교수

김진영(beyondi@chonnam.ac.kr)
전남대학교 전자컴퓨터공학부 교수

박승권(sp2996@hanyang.ac.kr)
한양대학교 전자통신컴퓨터공학부 교수

조성호(shcho@casp.hanyang.ac.kr)
한양대학교 정보통신대학 교수

최상방(sangbang@inha.ac.kr)
인하대학교 전자공학과 교수

홍광석(kshong@skku.ac.kr)
성균관대학교 정보통신공학부 교수

황찬식(cshwang@knu.ac.kr)
경북대학교 전자전기컴퓨터학부 교수

확률 및 랜덤 프로세스 제3판

Probability, Statistics, and Random Processes for Electrical Engineering 3th Edition

|저 자 Alberto Leon-Garcia
|역 자 고한석 · 김순자 · 김진영 · 박승권 · 조성호 · 최상방 · 홍광석 · 황찬식
|펴 낸 이 주정희
|펴 낸 곳 자유아카데미
|주 소 경기도 파주시 회동길 37-42
파주출판도시
|전 화 031-955-1321
|팩 스 031-955-1322
|전자우편 main@freeaca.com(대표)
editor@freeaca.com(편집)
|홈페이지 www.freeaca.com
|등 록 제406-2003-017호, 1980. 7. 12
|제 3 판 2008년 12월 27일 발행
|정 가 32,000원

Printed in Korea
ISBN 979-11-5808-029-7 93560

